丛书

动 程

鸭瘟

DUCK PLAGUE

程安春 | 主编

中国农业出版社

图书在版编目（CIP）数据

鸭瘟／程安春主编．—北京：中国农业出版社，2015.12

（动物疫病防控出版工程／于康震主编）

ISBN 978-7-109-21140-7

Ⅰ.①鸭… Ⅱ.①程… Ⅲ.①鸭瘟-防治 Ⅳ.①S855.3

中国版本图书馆CIP数据核字（2015）第271672号

中国农业出版社出版
（北京市朝阳区麦子店街18号楼）
（邮政编码 100125）
策划编辑 黄向阳 邱利伟
责任编辑 刘 玮 王森鹤 周锦玉 周晓艳
郭永立 张艳晶 肖 邦

北京通州皇家印刷厂印刷 新华书店北京发行所发行
2015年12月第1版 2015年12月北京第1次印刷

开本：710mm×1000mm 1/16 印张：36.75
字数：650千字
定价：150.00元

本书编写人员

主　　编　程安春

参编人员　汪铭书　贾仁勇　朱德康
陈　舜　刘马峰　孙昆峰
杨　乔　吴　英

总 序

近年来，我国动物疫病防控工作取得重要成效，动物源性食品安全水平得到明显提升，公共卫生安全保障水平进一步提高。这得益于国家政策的大力支持，得益于广大动物防疫人员的辛勤工作，更得益于我国兽医科技不断进步所提供的强大支撑。

当前，我国正处于加快建设现代养殖业的历史新阶段，人民生活水平的提高，不仅要求我国保持世界最大规模的养殖总量，以满足动物产品供给；还要求我们不断提高养殖业的整体质量效益，不断提高动物产品的安全水平；更要求我们最大限度地减少养殖业给人类带来的疫病风险和环境压力。要解决这些问题，最根本的出路还是要依靠科技进步。

2012年5月，国务院审议通过了《国家中长期动物疫病防治规划（2012—2020年）》，这是新中国成立以来，国务院发布的第一个指导全国动物疫病防治工作的综合性规划，具有重要的标志性意义。为配合此规划的实施，及时总结、推广我国最新兽医科技创新成果，同时借鉴国外先进的研究成果和防控经验，我们通过顶层设计规划了《动物疫病防控出版工程》，以期通过系列专著出版，及时将研究成果转化和传播到疫病防控一线，全面提高从业人员素质，提高我国动物疫病防控能力和水平。

本出版工程站在我国动物疫病防控全局的高度，力求权威性、科学性、指导性和实用性相兼容，致力于将动物疫病防控成果整体规划实施，重点把国家优先防治和重点防范的动物疫病、人兽共患病和重大外来动物疫病纳入项目中。全套书共31分册，其中原创专著21部，是根据我国当前动物疫病防控工作的实际需要而规划，每本书的主编都是编委会反复酝酿选定的、有一定行业公认度的、长期在单个疫病研究领域有较高造诣的专家；同时引进世界兽医名著10本，以借鉴世界同行的先进技术，弥补我国在某些领域的不足。

本套出版工程得到国家出版基金的大力支持。相信这些专著的出版，将会有力地促进我国动物疫病防控水平的提升，推动我国兽医卫生事业的发展，并对兽医人才培养和兽医学科建设起到积极作用。

农业部副部长

前言

1923年Baudet在荷兰首次报道了世界上第一例鸭瘟病例，此后世界大多数养鸭国家先后出现了此病的发生和流行。该病是发生在鸭、鹅、天鹅、雁及其他雁形目禽类中的一种急性、热性、败血性、接触性病毒传染病。该病的病原被称为鸭瘟病毒，由于其感染水禽后可引起严重的肠道特征性病变，又被称为鸭肠炎病毒。研究表明，该病毒在分类上属于疱疹病毒科、α疱疹病毒亚科、马立克氏病病毒属的成员之一。

我国的第一例鸭瘟最早由华南农业大学（原华南农学院）黄引贤教授于1957年在广东发现。此后，我国其他地区先后报道了鸭瘟的发生和流行。由于该病死亡率高达90%或以上，传播速度快，极易在鸭群密度高、流动频繁的水禽养殖地区广泛流行，且康复后的感染鸭体内的病毒常处于潜伏状态，极易向体外排毒，造成鸭瘟的二次暴发和流行，长期危害水禽养殖业。我国是世界上饲养水禽（鸭、鹅）数量最多的国家，积极开展鸭瘟的防控工作，不仅有利于控制该病在我国的流行，提高经济效益，同时对于该病在世界范围内水禽中的流行也具有重要意义。本书正是在这样的背景下进行编撰的，书中大部分内容来源于编者20多年来主持此项工作积累的研究资料和四川农业大学10余位教授、60余位博（硕）士研究生，以及国内一些教学科研单位的研究成果，包括编者认同的文字描述均原文收录。希望这些研究成果的编撰、汇总有助于鸭瘟病毒的进一步研究和鸭瘟防控技术的进步。

此外，由于鸭瘟病毒的分子生物学研究相对落后于疱疹病毒家族的其他成员，因此在涉及鸭瘟病毒的基因组、功能基因及其编码蛋白的时候，为了更好地进行系统阐述，本书引用了其他疱疹病毒的相关研究成果，以期为鸭瘟病毒的进一步研究提供参考。

本书中的参考资料已注明来源，在此对这些资料的作者们表示感谢！

由于编者水平有限，难免有错漏之处，敬请读者批评指正！

目　录

第一章

概　　述

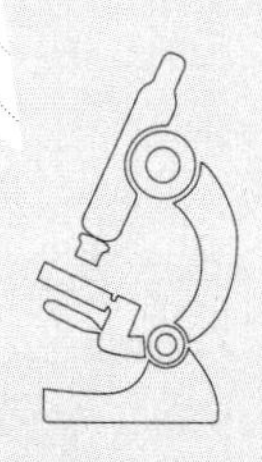

第一节 鸭瘟的定义和流行史

一、鸭瘟的定义

鸭瘟（duck plague）又称鸭病毒性肠炎（duck viral enteritis，DVE），在我国俗称“大头瘟”，是由鸭瘟病毒（duck plague virus）引起的鸭、鹅、天鹅、雁及其他雁形目禽类的急性、热性、败血性、接触性传染病。其特征是血管损伤，组织出血，消化道黏膜某些特定部位有疹状损害，淋巴样器官出现特异性病变及实质器官退行性变化。患病鸭临床诊断表现为高热稽留，排绿色稀粪，两脚麻痹，流泪和部分病鸭头颈肿大；食管黏膜有出血，常有灰黄色假膜覆盖或溃疡，泄殖腔黏膜充血、出血、水肿和有假膜覆盖；肝有大小不等的出血点和灰白色坏死灶。本病传播迅速，发病率和病死率都很高。

二、鸭瘟的流行史

Baudet（1923）在荷兰首次报道该病的发生和流行，表现为饲养家鸭的一种急性、出血性疾病，细菌培养为阴性，家鸭接种无菌过滤的肝悬液后可表现该病，当时认为该病的病原为鸭的特异性鸡瘟（流感）病毒（因为当时发病区域的鸡、鸽等动物也有临床反应）；Bos（1942）对前人的工作进行了验证，并观察了新暴发的病例，对鸭的病理损伤、临床特征、免疫反应进行了深入研究，证实该病的病原并不感染鸡、鸽、兔、豚鼠、小鼠等，是感染鸭的一种新的病毒性疾病，称为“鸭瘟”；Jansen 等（1949）根据该病的病原学、病理学、免疫学等研究结果，在第 14 届国际兽医学会上建议将该病命名为“鸭瘟”，并获采纳。

首次报道鸭瘟后 25 年，法国发生鸭瘟（Lucam 等，1949），此后美国（Levine 等，1950）、印度（Mukerji 等，1963）、比利时（Devos 等，1964）、英国（Hall 等，1972）、泰国（1976）和加拿大（1976）等国相继发生，流行范围、感染禽类的种类有逐步扩大的趋势，至少 48 种雁形目中的禽类对 DPV 易感（Kaleta 等，2007）。

自从首次报道自由飞翔的水禽（鸭、鹅和天鹅）发病以来（Leibovitz 等，1968），在迁徙的水禽中已暴发过多次，而且死亡率高（Friend 等，1973）。动物园和狩猎场的鸟群也暴发过此病（Leibovitz 等，1968；Jansen 等，1976；Montali 等，1976）。Wozniakowsld 等（2013）首次在波兰从自由活动的水禽中检测到 DPV，阳性率高达 72.7%。

黄引贤（1957）首次报道我国广东省发现鸭瘟，根据文中描述，该病在1949年以前在广东省就已经存在。相关数据显示，1957—1965年，该病广泛流行于我国南部、中部和东部的一些养鸭业较为发达的地区（蔡宝祥等，2001），廖德惠等（1983）报道了四川省自1979年以来有鸭瘟的发生和流行，并且分离到鸭瘟病毒。至今，我国主要养鸭地区均有该病的报道。近年来，该病的流行特点又有了新的变化，主要表现为对成年鸭的致病力有所减弱，临床症状不典型，疫苗免疫失败的病例时有发生；对雏鸭致病力有所增强，发病率高。

三、近年（2006—2014）中国鸭瘟流行情况

根据中华人民共和国农业部兽医公报公布的数据，除香港、澳门、台湾以外，2006—2014年共有31个省（自治区、直辖市）公布了鸭瘟疫情，对数据进行汇总分析，得到的结果如图1-1所示。

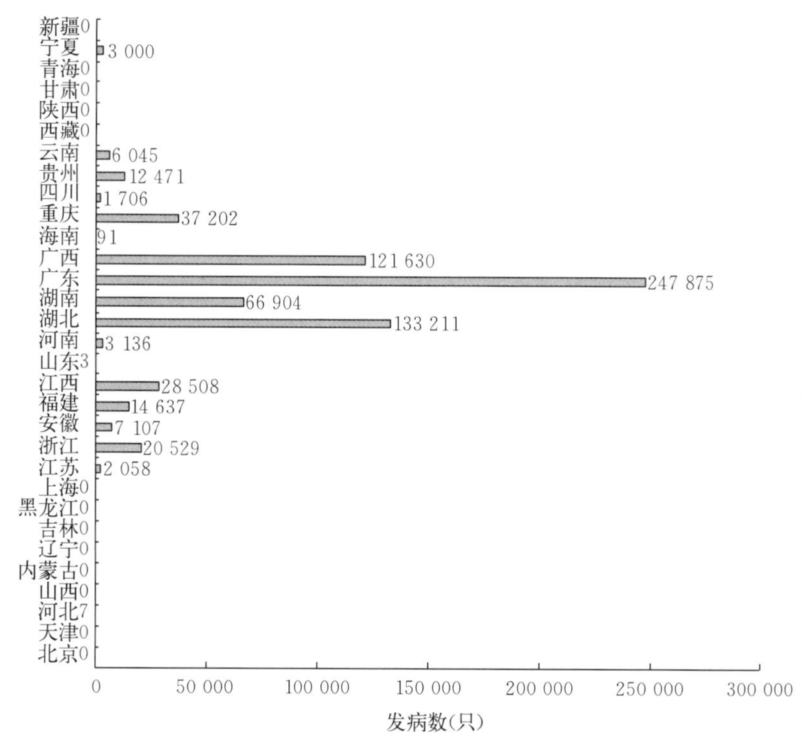

图1-1 2006—2014年不同省份鸭瘟引起鸭发病的数量

（程安春，杨乔）

由图1-1可以看出，2006—2014年的9年间，鸭瘟发病总数最多的省份前三名依次是广东省、湖北省和广西壮族自治区，其中广东共计有247 875只鸭发生鸭瘟，湖

北、广西分别有 133 211 只和 121 630 只鸭发生鸭瘟。第 4、第 5 位的是湖南省和重庆市，分别有 66 904 只和 37 202 只鸭患鸭瘟。

2006—2014 年江西、浙江、福建和贵州 4 省发生鸭瘟的数量均在 1 万只以上。安徽、云南、河南、宁夏、江苏、四川 6 省（自治区）发病数在 1 000～10 000 只。海南、山东、河北 3 省偶有鸭瘟疫情发生，发病数基本在 100 只以下。有 13 个省（自治区、直辖市）没有报告鸭瘟疫情。

第二节 鸭瘟的危害

鸭瘟病毒除感染鸭、鹅、天鹅、雁及其他雁形目禽类导致发病和死亡外，尚未发现能够感染其他禽类、哺乳动物和人类并导致发病。鸭瘟是一种主要引起经济损失的疾病，尚不具备公共卫生意义。

鸭瘟已经被世界动物卫生组织认定为 B 类传染病；《中华人民共和国动物防疫法》也将其列入二类动物疫病（张志美等，2008），是兽医公报需按时公布的传染病。

对于没有免疫力的鸭、鹅、天鹅、雁及其他雁形目禽类，鸭瘟病毒的感染常常造成严重的发病和死亡，对群体造成毁灭性打击，如 1973 年 1 月在美国南达科他州的安地湖地区暴发的一次鸭瘟中，当地鸭、鹅（总饲养数为 10 万只）发病死亡数估计达 4.3 万只。同时，这次鸭瘟还波及短脚鸭、针尾鸭、绿头鸭及其杂交种、美洲赤头鸭、普通秋沙鸭、鹊鸭、帆背潜鸭、北美赤颈凫、姻鸭和加拿大黑雁等野禽。

1967 年，美洲大陆第一次报道了鸭瘟病毒在长岛的规模化北京鸭养殖区暴发。此外，在长岛的 7 个不同地方，野生、自由飞翔的水禽也曾暴发鸭瘟。该病引起患病鸭死亡、淘汰和产蛋量下降，对发病地区造成很大经济损失。美国 1967 年首次暴发该病时，在规模虽小但养鸭较密集的纽约长岛，一年的损失即超过 100 万美元（Leibovitz 等，1968）。

多年来鸭瘟以高达 90%的死亡率引起社会广泛关注。该病传播速度很快，加之集约化养鸭业鸭群密度高、流动频繁，极易引起流行，而且该病在一个大流行期后常呈地方性流行，长期危害养鸭业，造成巨大的经济损失，已经成为困扰我国养鸭业发展的主要疫病之一。

（程安春）

第二章

病 原 学

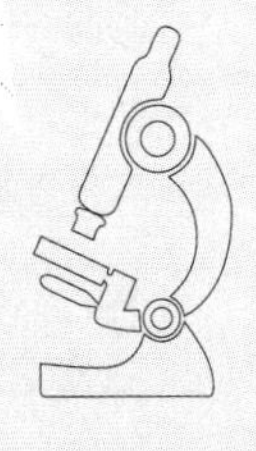

第一节 分类和命名

鸭瘟病毒（duck plague virus，DPV），又称鸭肠炎病毒（duck enteritis virus，DEV），也称鸭疱疹病毒1型（anatid hepresvirsu l，AnHV-1），是疱疹病毒科成员之一（Metwally等，2013）。疱疹病毒在自然界分布广泛，可感染两栖类（蛙）、禽类（鸡、鸭、鹅、飞鸟）、哺乳类（兔、马、牛、猪、猫），也能感染灵长类（猴）和人类。疱疹病毒颗粒的直径是所有DNA肿瘤病毒中最大的，其病毒颗粒外面包有糖蛋白组成的被膜。目前，对于疱疹病毒的分类常常依据以下原则来进行：

① 根据分离病毒的宿主类型来命名，如禽疱疹病毒、猴疱疹病毒等。

② 根据病毒引起的疾病类型来命名，如单纯疱疹病毒、蛙肾腺癌疱疹病毒等。

③ 根据病毒的首先发现者来命名，如EB病毒（Epstein-Barr病毒）、Lucke疱疹病毒和Marek疱疹病毒等。

④ 根据病毒的生物学特征和基因结构，疱疹病毒可分为α、β和γ三个亚科。其中，α疱疹病毒宿主范围最广，且感染速度快，在数小时之内就能引起细胞病变释放出病毒粒子，并在感官神经中枢建立潜伏；β疱疹病毒宿主范围较窄且复制速度慢，感染细胞后使细胞变大。γ疱疹病毒感染淋巴母细胞，并特异性地感染T淋巴细胞或B淋巴细胞，在淋巴组织中建立潜伏而且其繁殖较慢。疱疹病毒的α、β和γ亚科成员都能够转化细胞，但是只有γ疱疹病毒亚科才能诱导实验动物产生肿瘤。还有几种疱疹病毒是自然宿主的癌原因子，如鸡的马立克氏病病毒（MDV）、蛙的Lucke氏癌、松鼠猴疱疹病毒和蛛猴疱疹病毒是灵长类的高度致癌性的疱疹病毒，它们能引起几种灵长类动物试验性肿瘤，但不会使它们的自然宿主产生癌。

在鸭瘟病毒全基因组序列公布之前，国际病毒分类委员会（ICTV）并未正式确定鸭瘟病毒的分类地位。几十年来，在分类地位上，鸭瘟病毒一直以鸭疱疹病毒1型（根据宿主命名的惯例，雁形目）的名称被非正式地归于疱疹病毒家族中未分类的病毒。有研究者通过对鸭瘟病毒UL6编码氨基酸序列进行比对分析，认为鸭瘟病毒属于α疱疹病毒亚科（Plummer等，1998；Shawky等，2002；Kaleta等，1990；Breese等，1968），但对于其分属并未有确切的定义。在2005年ICTV的第八次病毒分类报告中，鸭瘟病毒依然被划为α疱疹病毒亚科中尚未分类的病毒（Fauquet等，2005），在这之后随着鸭瘟病毒分子生物学研究的发展和全基因组序列的公布，鸭瘟病毒在疱疹病毒中的分类才有了新的定义。

2009 年 Li 等在研究报告中指出，鸭瘟病毒属于 α 疱疹病毒亚科中尚未分属的“中间型”（位于连接两组不同生物的中间位置）病毒，也就是分类地位“待定”。其依据主要是：

① 鸭瘟病毒的基因组结构为由独特长区和短区通过共价结合组成，包括末端和两侧的重复序列，其基因组结构类型介于水痘病毒属和传染性喉气管炎病毒属成员之间。

② 鸭瘟病毒的 UL 区域包括两个仅特异性存在于马立克氏病病毒属的基因（编码 LORF4 蛋白和脂肪酶），指示其禽宿主特异性。

③ 鸭瘟病毒的 US 区域包括一个仅存在于禽疱疹病毒的马立克氏病病毒属和传染性喉气管炎病毒属 SORF3 基因；还包括两个存在于除马立克氏病毒属以外的其他 α 疱疹病毒亚科成员中的基因（US4、US5）。

④ 用邻接法构建的基于单基因、胸苷激酶、DNA 聚合酶和脱氧尿苷的进化树分析表明，鸭瘟病毒在分类上与马立克氏病病毒属的成员关系最接近。而基于 ICP4 和糖蛋白 D 的进化分析结果则表明，鸭瘟病毒应被归为水痘疱疹病毒属成员。然而，近年来大量基于糖蛋白 D、E、J 的进化树分析表明，鸭瘟病毒应该被归为马立克氏病病毒属的成员（Zhao 和 Wang，2010）。

根据这些发现，作者得出了鸭瘟病毒的分类地位待定的结论。然而，疱疹病毒从种到属的这种分类依据仅仅是依赖于病毒的分子进化，而未考虑病毒的其他基因组特征。ICTV 疱疹病毒研究小组对 6 个大型、保守性强的 DPV 基因和 19 个 α 疱疹病毒亚科成员进行了氨基酸序列的比对，以构建具有鉴别特征的进化树。这些基因包括编码单链 DNA 结合蛋白、糖蛋白 B、主要衣壳蛋白、DNA 聚合酶和 DNA 包装末端酶的两个亚基（UL29、UL27、UL19、UL30、UL15、UL28）。比对结果通过校正，最终生成了一个 5 104 个残基长度的比对结果。根据先前的经验，这个长度的比对结果适合构建一个大致的进化树。

在最初通过邻接法构建的进化树中（未展示），除单纯疱疹病毒和马立克氏病病毒属的顺序发生了逆转外，进化树上的其余分支均符合 α 疱疹病毒亚科的标准分支模式（McGeoch 等，2000）。但这种例外并不影响现在的分类。在此次构建的进化树中，鸭瘟病毒落在代表马立克氏病病毒属的分支上，自助法校验值（100 次重复）最大限度地支持了除单纯疱疹病毒和马立克氏病病毒属的分支顺序外的所有分类结点。

执行加强型计算的贝叶斯蒙特卡罗马尔可夫链（MrBayes 程序）程序 100 万次，每隔 100 次取样检测一次并执行强化筛选。构建出来的进化树的拓扑学结构（ICTV Taxonomy proposal for Anatid herpesvirus 1，2010），在所有结点展示出最大后验概率，乌龟病毒

（龟鳖目疱疹病毒5）则位于进化树分支外群。鸭瘟病毒和马立克氏病病毒属中具有最近亲缘关系的成员之间的距离和其与其他种属如水痘疱疹病毒属的成员距离接近。

根据这个结果，ICTV疱疹病毒研究小组认为鸭瘟病毒应该被归为包括禽疱疹病毒2、3型及吐绶鸡疱疹病毒1型在内的马立克氏病病毒属中的一个新物种——鸭疱疹病毒1型，而非其他的任何一个已存在的属或者新的属。疱疹病毒研究小组于2010年向ICTV提交了关于鸭瘟病毒分类的提议，并在2012年ICTV的第九次病毒分类报告中公布了Davison等关于鸭瘟病毒分类地位的报告（King等，2012）。至此，鸭瘟病毒的分类地位尘埃落定，被明确地划分为疱疹病毒目（Herpesvirales）、疱疹病毒科（Herpesvirales）、α疱疹病毒亚科（Alphaherpesvirinae）、马立克氏病病毒属（*Mardivirus*）的成员之一。同时，GenBank也将鸭瘟病毒按照这种分类法进行注释。

（吴英，程安春）

第二节 形态结构、形态发生和化学组成

一、鸭瘟病毒纯化病毒粒子形态结构

郭宇飞、程安春等（2005）对培养于鸭胚成纤维细胞（DEF）的DPV中国强毒株CHv株的病毒液用0.22 μm（标称孔径）和1 000 kD（标称截留分子量）超滤膜进行超滤，然后样品经Sepharose 4B柱层析，收集第1峰通过30%、40%、50%、60%（*W/W*）进行蔗糖密度梯度离心，形成了较为明显的3个条带（图2-1），而DEF细胞对照样品层析第1峰经蔗糖密度梯度离心后未见形成图2-1所示的条带（图2-2）。在条带3中得到了DPV成熟病毒纯化粒子，表明在蔗糖中的浮密度在1.23～1.29 g/cm^3，此结果与陈宏武等（1986）通过CsCl平衡密度梯度离心所测得的DEV浮密度为1.272 g/cm^{3}的结果相似。

多数病毒粒子直径大小在150～200 nm；病毒芯髓具有很高电子致密度，多数病毒芯髓的直径在60 nm左右，最大可达80 nm（图2-3）。

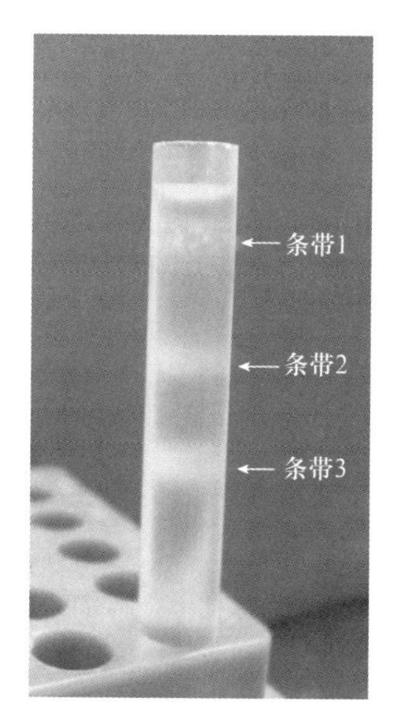

图 2-1 DPV 样品层析第 1 峰蔗糖密度梯度离心结果

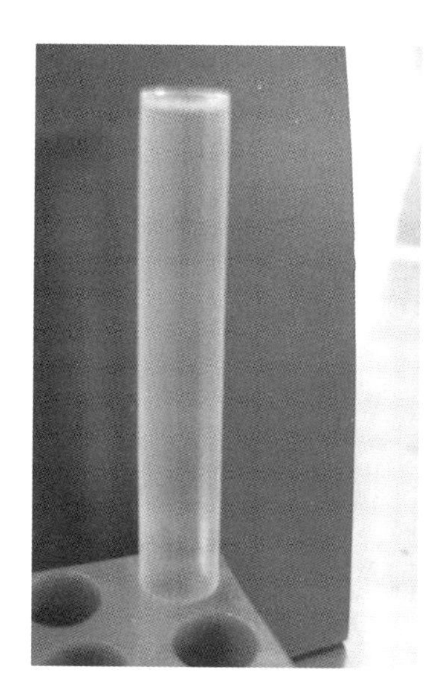

图 2-2 DEF 细胞对照样品层

图 2-3 纯化 DPV 粒子
（箭头所示）

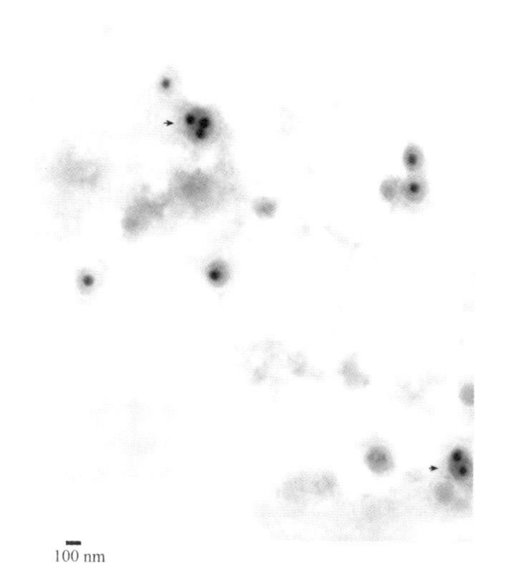

图 2-4 包含有 2 个或 3 个核衣壳的成熟 DPV 粒子
（箭头所示）

可以观察到具有2个或3个（图2-4）核衣壳的成熟病毒粒子；还可以观察到具有5个核衣壳（图2-5）的成熟病毒粒子，此类病毒粒子的直径可达300 nm以上。

对病毒粒子进行高倍放大（×250 000），可清晰辨别DPV的芯髓、衣壳、皮层和囊膜结构（图2-6）。

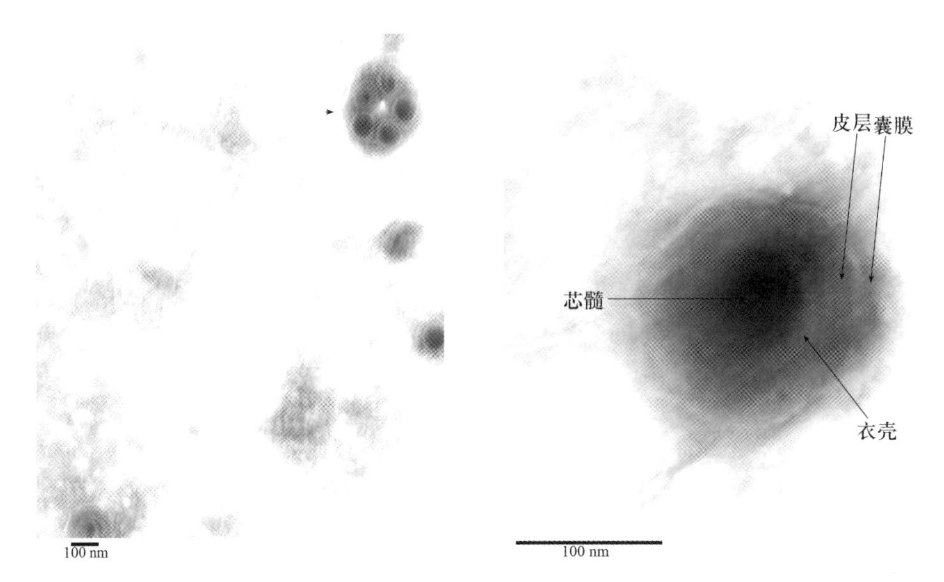

图2-5　成熟DPV颗粒内有5个病毒核衣壳（箭头所示）

图2-6　成熟DPV粒子的结构

二、DPV强毒感染宿主细胞中的形态结构和形态发生

郭宇飞、程安春等（2005）将DPV中国强毒株接种到刚长成致密单层的DEF细胞单层上。在接毒后40 min、90 min、160 min、240 min分别取样，240 min后每隔4 h取样一次，取样的同时用倒置显微镜对细胞单层的病变情况进行观察，细胞病变明显后缩短取样时间为每隔3 h取样一次，直至细胞病变达80%为止。将样品制备成超薄切片后经透射电子显微镜进行观察，DPV强毒在鸭胚成纤维细胞（DEF）中的形态结构和形态发生如下。

（一）形态结构

1. 病毒核酸　DPV核酸呈球形颗粒状，直径35～45 nm，具有很高的电子密度，且在DEF细胞核内常集中分布（图2-7、图2-9、图2-10、图2-22和图2-25）。

有时还可以观察到病毒核酸正在装入核衣壳时的情形（图2-8）。

另外，还常观察到一种直径为19～24 nm的微管状物质在细胞核内伴随病毒核酸物质而出现（图2－9至图2－11）。

2. 病毒核衣壳 核衣壳呈圆形，直径90～100 nm，在DEF的胞核、胞浆内都有分布（图2－11）。在DEF细胞核内有时可以观察到DEV核衣壳围绕在核内的空泡周围，呈环形排列（图2－12、图2－13）。

病毒核衣壳根据其所含核酸形态的差异，可分为以下4种：空心核衣壳，即中心具有电子透明区的核衣壳；内壁附有颗粒型核衣壳，常见3、4、5或6个电子致密的核酸颗粒结构分布在核衣壳内壁上，使核衣壳的内部呈现三角星形、四角星形、五角星形或六角星形；同心圆形核衣壳，即核衣壳的内部有一个电子致密的环状结构；实心核衣壳，即具有电子致密的近似圆形的核心（图2－7、图2－9、图2－12、图2－14、图2－15、图2－16和图2－17）。

这4种核衣壳中，同心圆形核衣壳多分布于核内，极少分布于胞质内（图2－26），其余3种类型的核衣壳在细胞核内和胞质内均有分布，但以实心核衣壳在胞质中分布较多。同心圆形核衣壳在病毒的整个发生过程中都可以观察到，但以病毒感染早期的细胞核内多见。内壁附有颗粒型核衣壳中以四角星形、五角星形核衣壳多见，三角星形和六角星形核衣壳较少见。

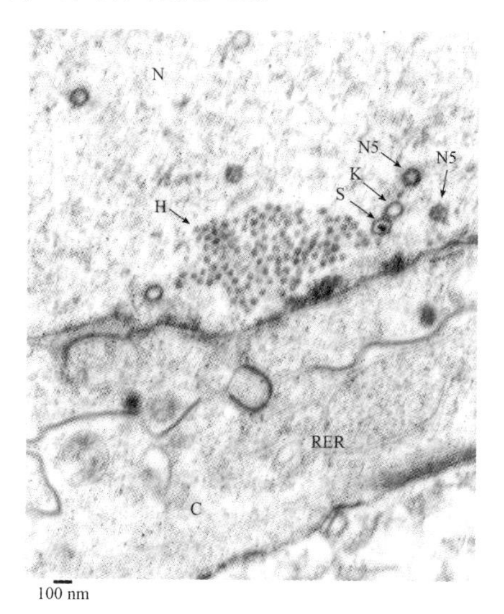

图2－7 DPV核酸和核衣壳形态

箭头H：颗粒状核酸，35～45 nm，在胞核内常集中分布 箭头K：空心核衣壳 箭头S：实心核衣壳 箭头N5：五角星形核衣壳 RER：粗面内质网 N：胞核 C：胞质

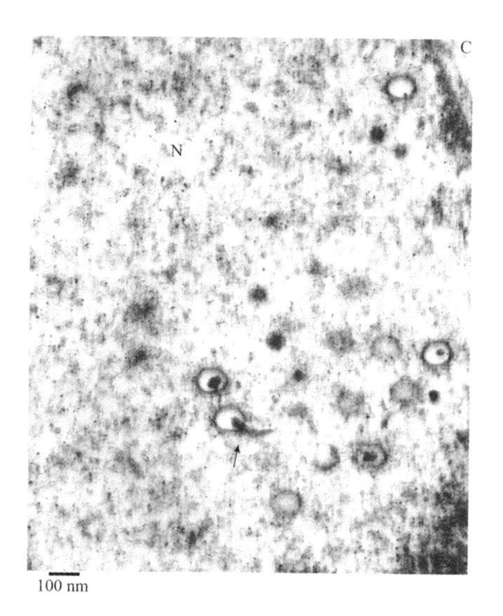

图2－8 DPV核酸和核衣壳形态

箭头：核酸正在装入核衣壳 N：胞核 C：胞质

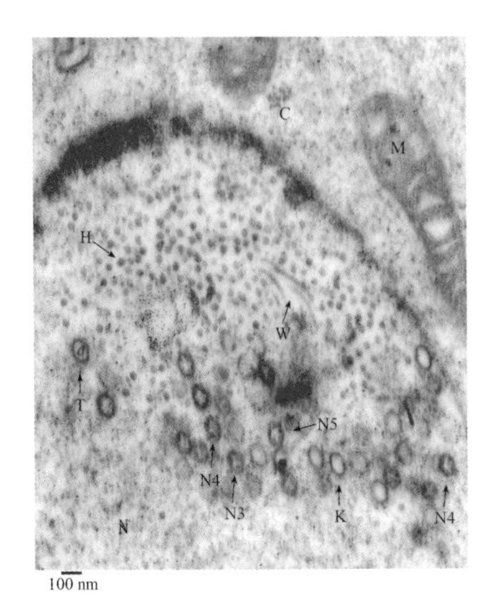

图 2-9 DPV 核酸和核衣壳形态

箭头 H：核酸 箭头 W：核内微管状物质 箭头 K：空心核衣壳 箭头 T：同心圆形核衣壳 箭头 N3：三角星形核衣壳 箭头 N4：四角星形核衣壳 箭头 N5：五角星形核衣壳 N：胞核 C：胞质 M：有囊膜核衣壳

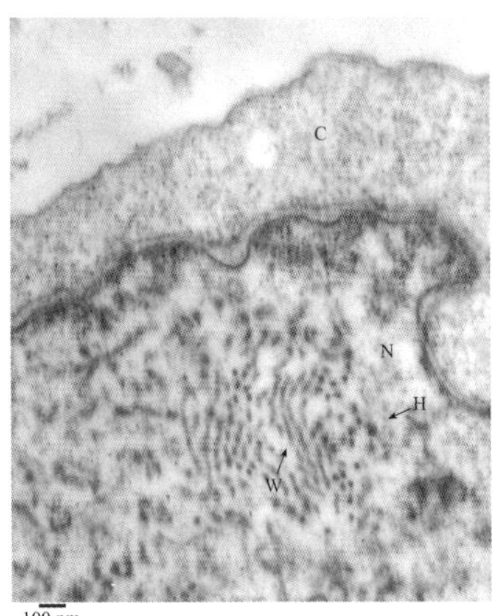

图 2-10 DPV 核酸和核衣壳形态

箭头 H：核酸 箭头 W：核内微管状物质 N：胞核 C：胞质

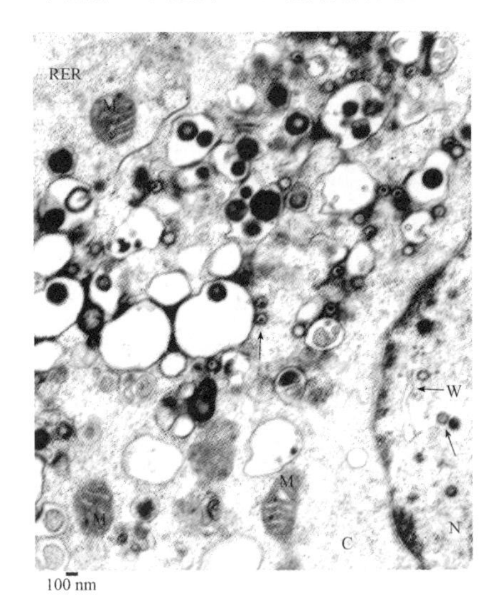

图 2-11 DPV 核衣壳在胞核和胞质内的形态和分布

箭头：核衣壳分布于胞核和胞质中 箭头 W：核内微管状物质 RER：粗面内质网 N：胞核 C：胞质 M：有囊膜核衣壳

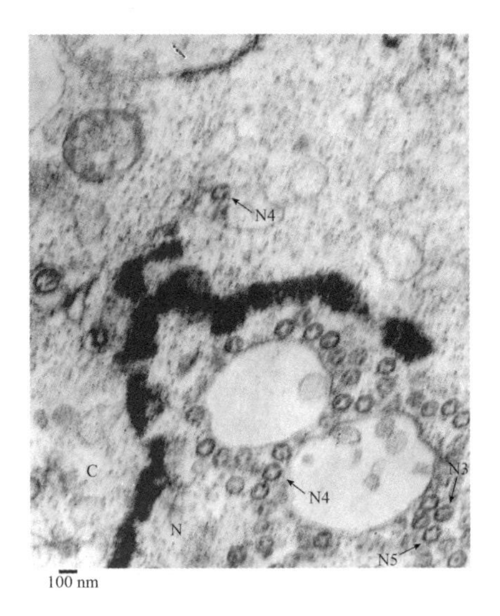

图 2-12 DPV 核衣壳在胞核和胞质内的形态和分布

核衣壳环绕胞核内空泡排列。箭头 N3：三角星形核衣壳 箭头 N4：四角星形核衣壳 箭头 N5：五角星形核衣壳 N：胞核 C：胞质

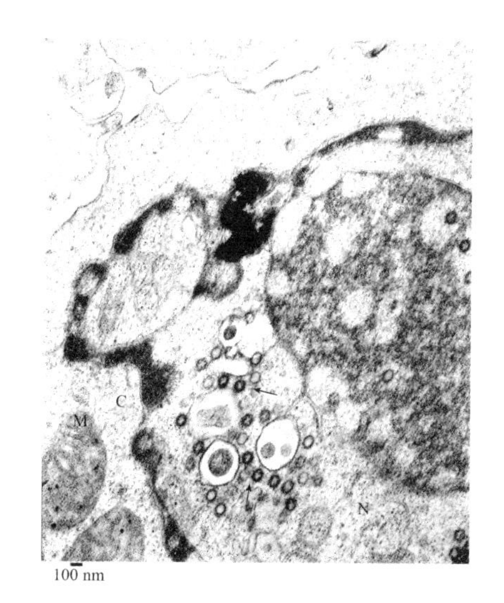

图 2－13　DPV 核衣壳在胞核和胞质内的形态和分布

箭头：核衣壳在核内环绕核内空泡排列
N：胞核　C：胞质　M：有囊膜核衣壳

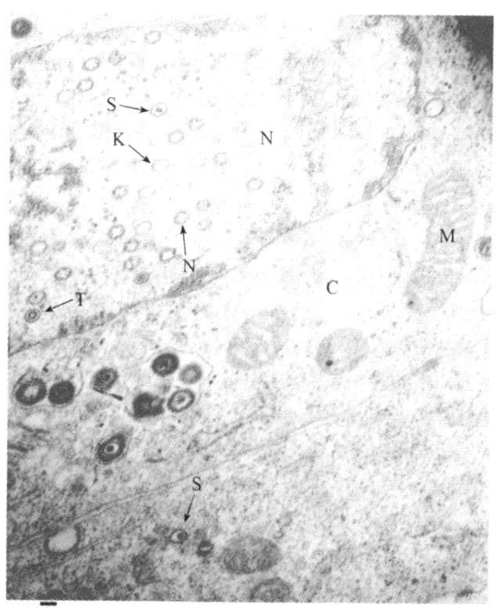

图 2－14　DPV 核衣壳在胞核和胞质内的形态和分布

箭头 K、S、T、N：空心、实心、同心圆形和内壁附有颗粒型核衣壳　C：胞质　M：有囊膜核衣壳

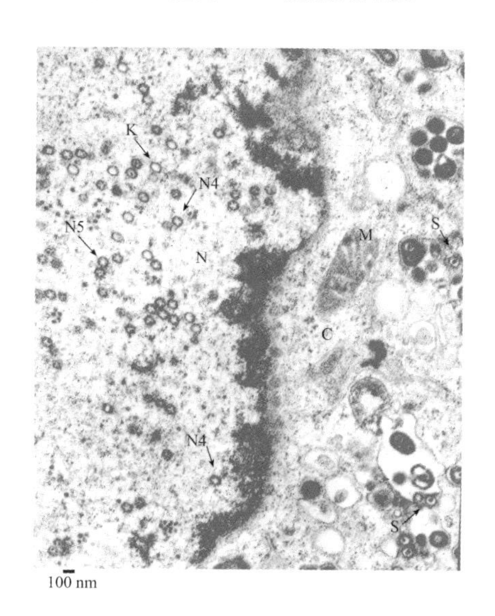

图 2－15　DPV 核衣壳在胞核和胞质内的形态和分布

箭头 K：空心核衣壳　箭头 S：实心核衣壳
N4：四角星形核衣壳　N5：五角星形核衣壳
N：胞核　C：胞质　M：有囊膜核衣壳

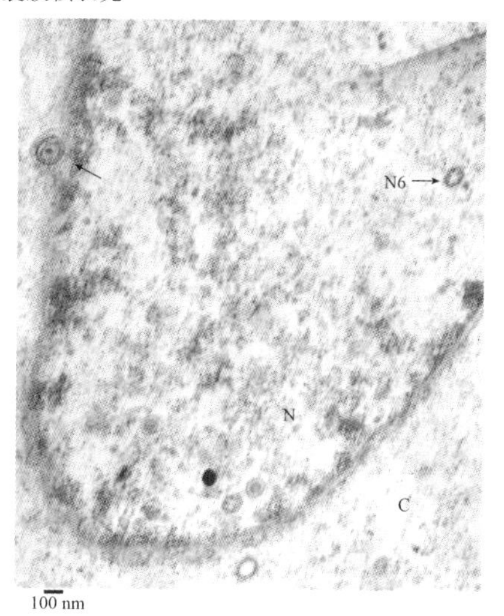

图 2－16　DPV 核衣壳在胞核和胞质内的形态和分布

箭头：核膜间隙有囊膜的核衣壳　箭头 N6：六角星形核衣壳　N：胞核　C：胞质

3. 有囊膜的核衣壳 DPV 有囊膜的核衣壳呈圆形，直径 120～130 nm，多见于核膜间隙，偶见于细胞核的内核膜附近（图 2-16、图 2-17、图 2-18 和图 2-23），可见病毒核衣壳外有一层囊膜包裹，该囊膜物质可能来自于细胞的内层核膜（图 2-16、图 2-17和图 2-18），或者核内的内质网膜系统（图 2-19、图 2-20）。

此外，由图 2-19、图 2-20 和图 2-21 可以看出，DEF 的内质网和核膜其实是一个整体系统，核膜可认为是细胞内质网膜结构的一部分。

4. 成熟 DPV 的形态结构 成熟 DPV 具有囊膜和皮层结构，为直径 150～300 nm 的球形颗粒状结构，常见位于胞质空泡内（图 2-22、图 2-23 和图 2-24），也可见成群分布于胞外（图 2-25）。其皮层为具有很高电子致密度的一种物质，将病毒核衣壳包裹于其内。

成熟 DPV 多数只含一个核衣壳，但也常见到病毒颗粒的一个切面上沿直径排列有 2 或 3 个核衣壳（图 2-26）的情况，这使得成熟 DPV 颗粒在形态上不一致，在大小上也有很大差异（成熟 DPV 颗粒直径最大可达 300 nm，从理论上进行计算，这样的病毒颗粒内可能含有十多个核衣壳）。

DPV 的囊膜结构由于难以和病毒的皮层结构相区分，所以常常不容易被观察到，仅在病毒出芽释放到胞质空泡内获得囊膜（图 2-24、图 2-27），并和成熟 DPV 之间由囊膜物质相互粘连起来时（图 2-27），才较容易观察。

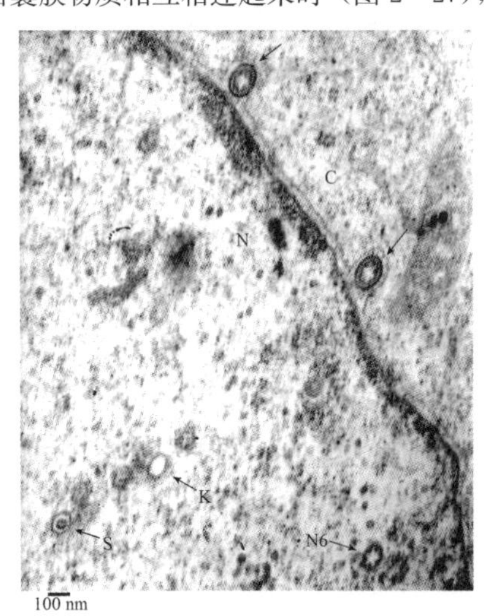

图 2-17 DPV 核衣壳在胞核和胞质内的形态和分布

箭头：核膜间隙有囊膜的核衣壳 箭头 K：空心核衣壳 箭头 S：实心核衣壳 箭头 N6：六角星形核衣壳 N：胞核 C：胞质

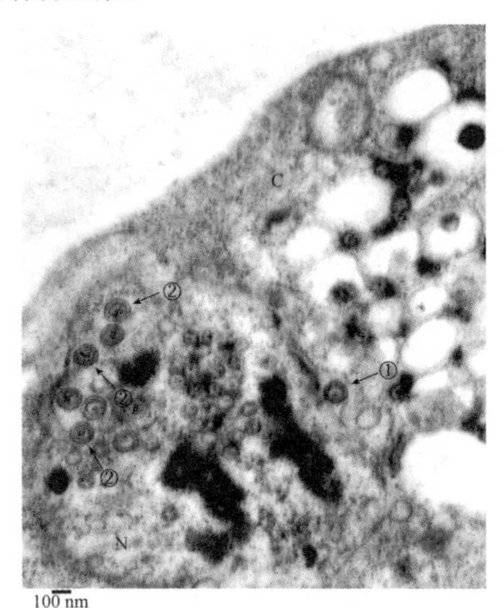

图 2-18 DPV 有囊膜的核衣壳

箭头①：核膜间隙有囊膜的核衣壳 箭头②：核内膜附近有囊膜的核衣壳 N：胞核 C：胞质

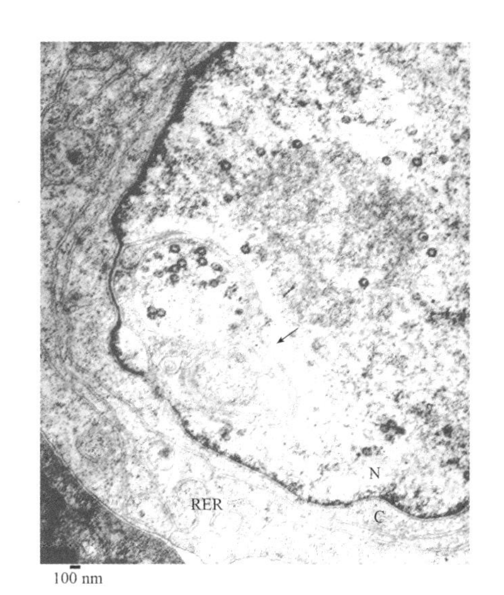

图 2－19　DEF 的核膜-内质网膜系统

箭头：核内的内质网膜系统　RER：粗面内质网　N：胞核　C：胞质

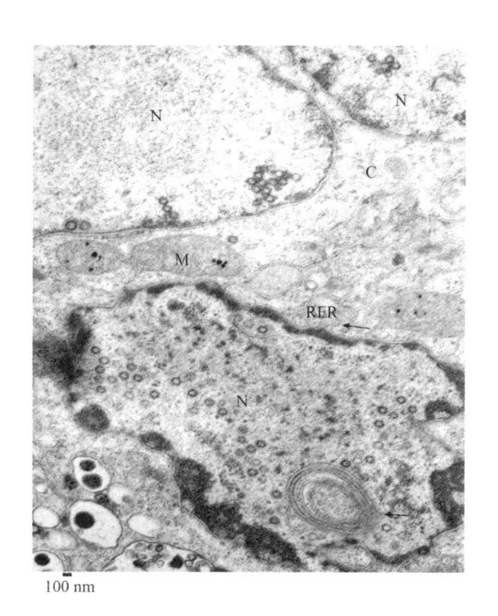

图 2－20　DEF 的核膜-内质网膜系统

箭头：核内的内质网膜系统、胞质中的内质网膜系统和细胞核膜为一整体系统　RER：粗面内质网　N：胞核　C：胞质　M：有囊膜核衣壳

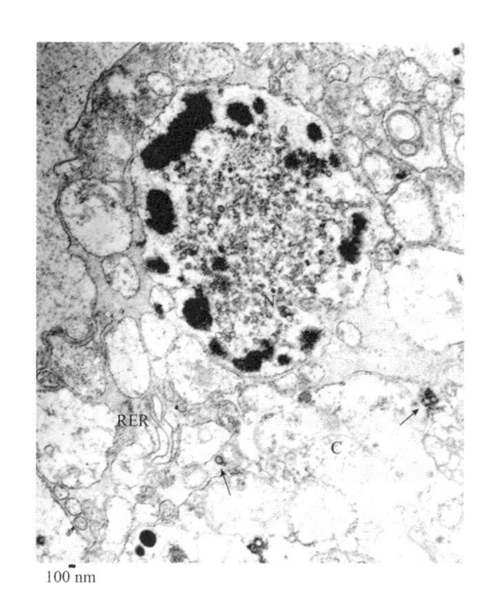

图 2－21　DEF 的核膜-内质网膜系统

胞质中的内质网膜系统和细胞核膜为一整体系统。箭头：内质网池中的 DEV－CHv 核衣壳　RER：粗面内质网　N：胞核　C：胞质

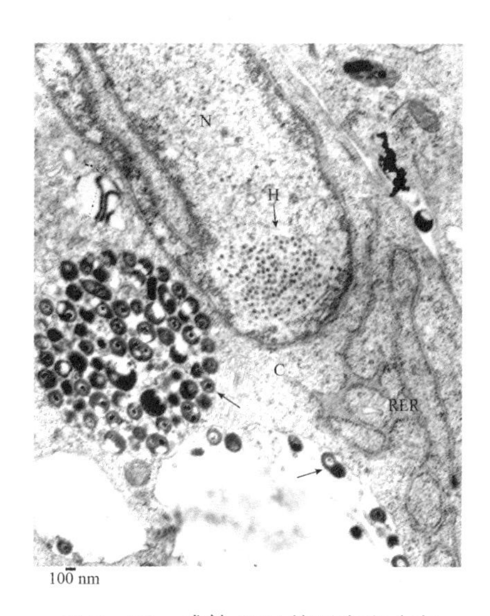

图 2－22　成熟 DPV 的形态和分布

箭头：成熟病毒位于胞质空泡内，为直径 150～300 nm 的球形颗粒状结构　箭头 H：病毒核酸　RER：粗面内质网　N：胞核　C：胞质

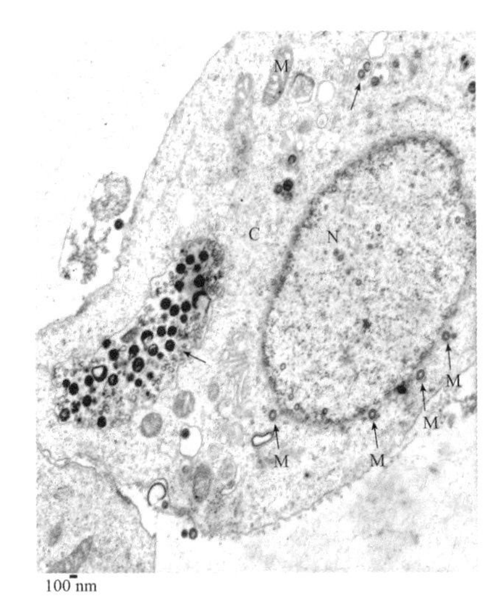

图 2－23　成熟 DPV 的形态和分布

箭头：位于胞质空泡内的成熟病毒粒子　箭头 M：核膜间隙内有囊膜的核衣壳　RER：粗面内质网　N：胞核　C：胞质　M：有囊膜的核衣壳

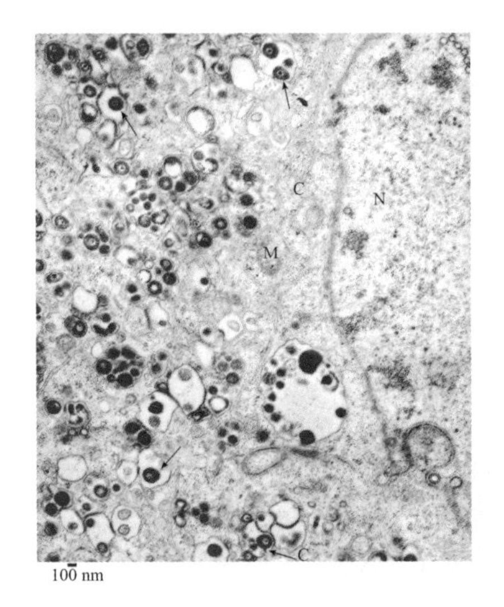

图 2－24　成熟 DPV 的形态和分布

箭头：胞质空泡内的成熟病毒粒子　箭头 C：向细胞空泡出芽释放获得囊膜　N：胞核　C：胞质　M：有囊膜核衣壳

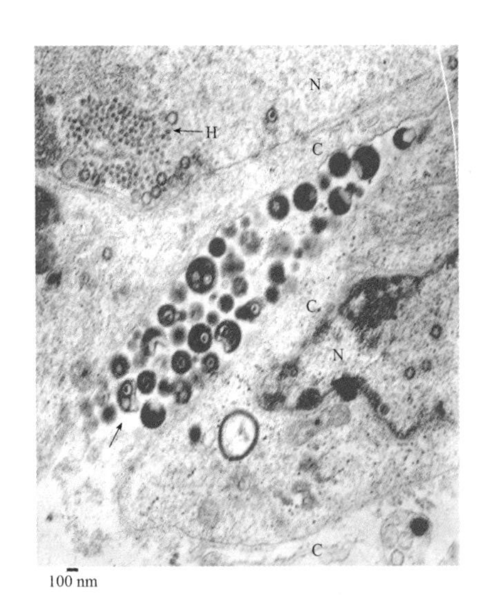

图 2－25　成熟 DPV 的形态和分布

箭头：成群分布于胞外的成熟病毒粒子　箭头 H：病毒核酸　N：胞核　C：胞质

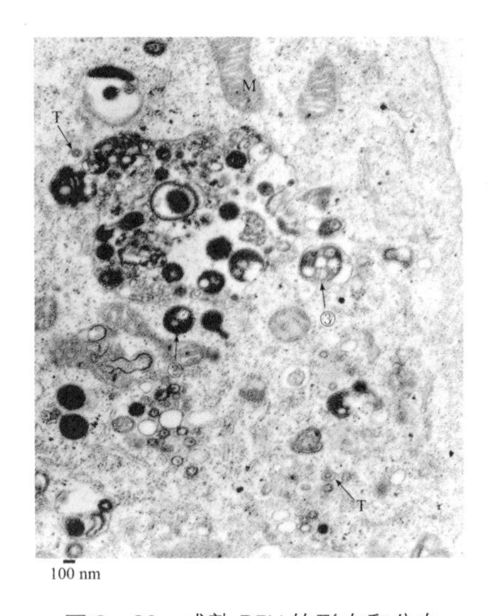

图 2－26　成熟 DPV 的形态和分布

箭头②和箭头③：沿直径方向分别有 2 个和 3 个核衣壳的成熟病毒颗粒　箭头 T：胞质内较少见到的同心圆形核衣壳　M：有囊膜核衣壳

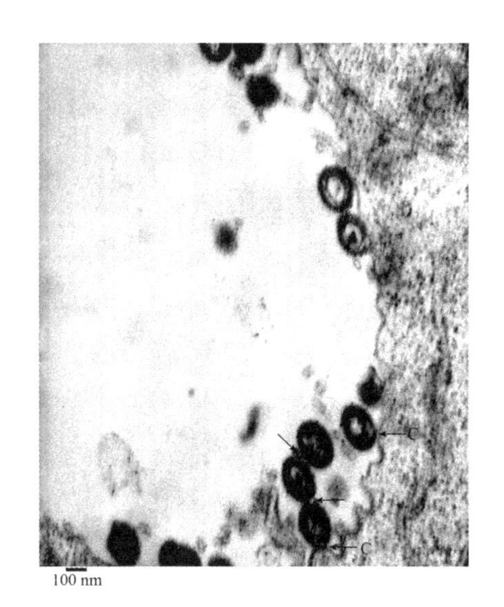

图 2－27 成熟 DPV 的形态和分布

箭头：成熟 DEV 之间的囊膜 箭头 C：病毒出芽释放获得囊膜

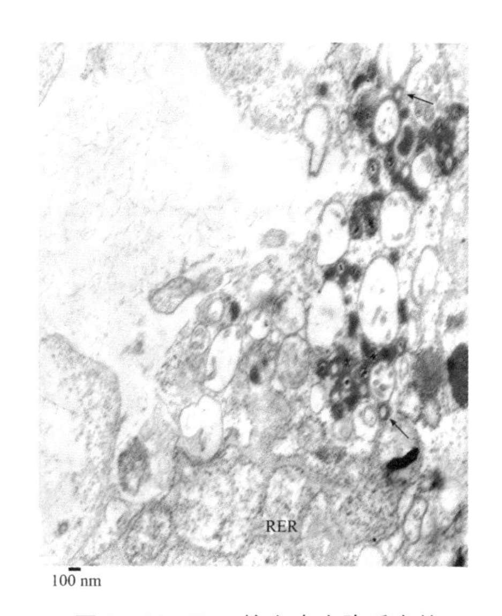

图 2－28 DPV 核衣壳在胞质中的分布和排列

箭头：内质网池中的核衣壳 RER：粗面内质网

5. DPV 核衣壳在胞质内的分布及排列特性 从细胞内容物溢出，仅剩粗面内质网（RER）框架结构的 DEF 超薄切片上可以明显地观察到粗面内质网池中有多量 DPV 核衣壳的存在（图 2－20、图 2－28），同时可以观察到具有很高电子致密度的病毒皮层物质也位于内质网池中，并将核衣壳包围；在正常的切片中由于有细胞内容物的存在所以不容易观察到以上结果，但是胞质中是否有游离状态的 DPV，或者 DPV 是否还存在于除内质网池以外的其他细胞器中，本研究尚不能确定。通过观察还发现，DPV 核衣壳在胞质中往往围绕在细胞空泡周围呈环形排列（图 2－29、图 2－30）。

6. DPV 在 DEF 中形成的胞质内和胞核内包含体 DPV 核衣壳和释放到胞质空泡内的成熟病毒常常以一个相对独立的结构存在于胞质中。该结构连带被卷入的一些细胞器一同构成了病毒的胞质内包含体，因为有皮层物质的参与，所以该包含体结构具有很高的电子密度。一个细胞切面上常可见到多个这样的胞质内包含体（图 2－31、图 2－32、图 2－33 和图 2－34）。

DPV 核衣壳有时在细胞核内某一区域呈密集排列状，且有着较高的电子密度，这一区域构成了 DPV 的核内包含体结构（图 2－35、图 2－36）。

7. DPV 发生过程中 DEF 胞质内出现的电子致密结构 随着子代病毒核衣壳在细胞内的出现，DEF 的胞质内出现了豆荚状、马蹄形、半圆形、圆形、同心圆形等形状的电子致密结构（图 2－37、图 2－38、图 2－39、图 2－40、图 2－41、图 2－42、图 2－43 和图 2－44），有时还可以观察到这些结构内的病毒核衣壳（图 2－41）。

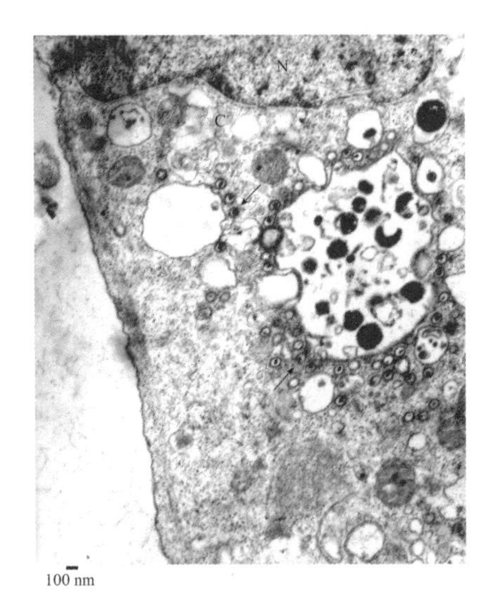

图 2－29　DPV 核衣壳在胞质中的分布和排列

箭头：核衣壳在胞质中往往围绕在细胞空泡周围呈环形排列　N：胞核　C：胞质

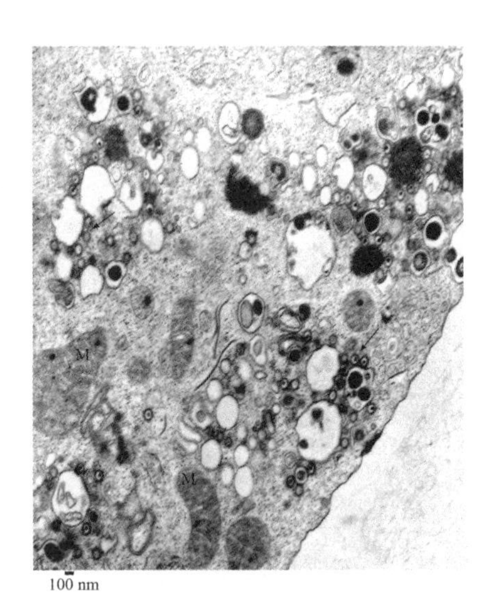

图 2－30　DPV 核衣壳在胞质中的分布和排列

箭头：核衣壳在胞质中往往围绕在细胞空泡周围呈环形排列　M：有囊膜核衣壳

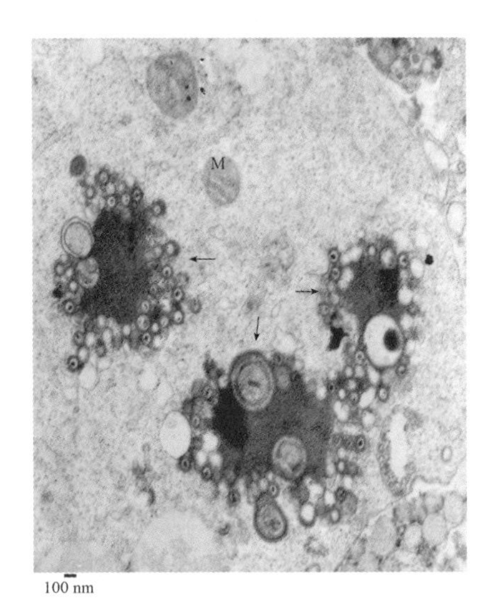

图 2－31　DPV 形成的胞质内包含体

M：有囊膜核衣壳

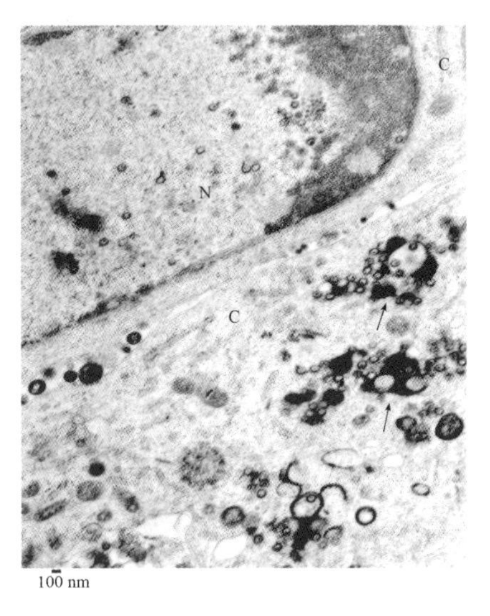

图 2－32　DPV 形成的胞质内包含体

N：胞核　C：胞质

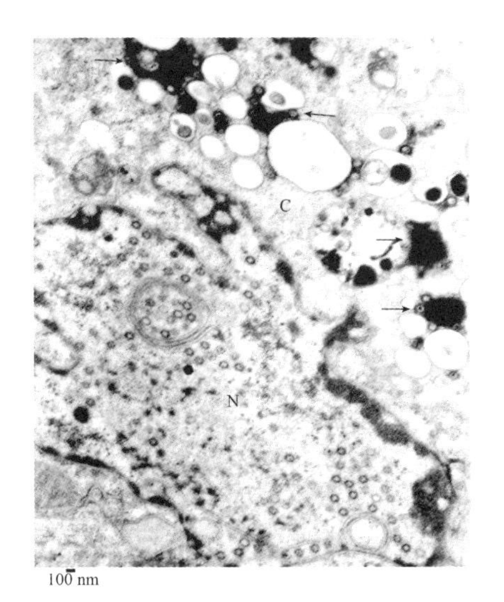

图 2－33 DPV 形成的胞质内包含体

N：胞核 C：胞质

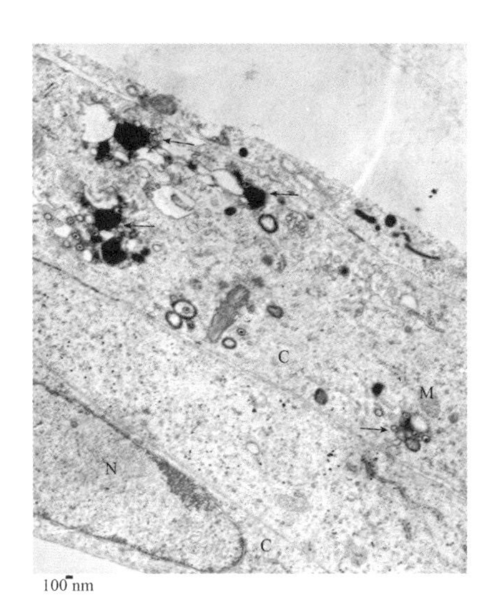

图 2－34 DPV 形成的胞质内包含体

N：胞核 C：胞质 M：有囊膜核衣壳

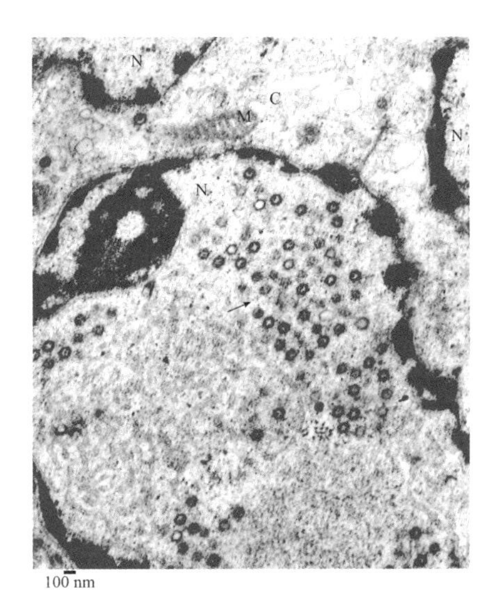

图 2－35 DPV 形成的胞质内包含体

N：胞核 C：胞质

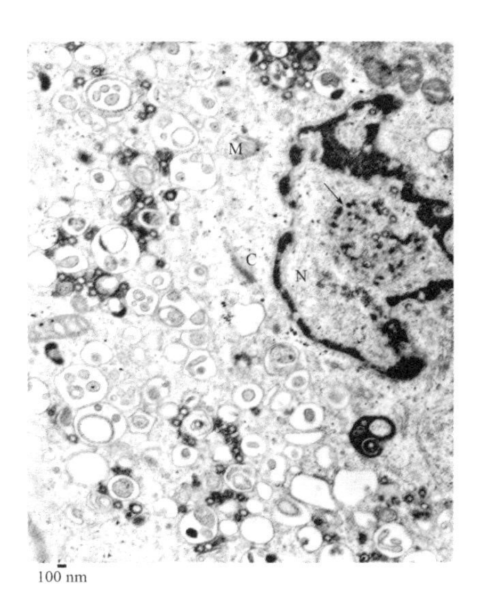

图 2－36 DPV 形成的胞质内包含体

N：胞核 C：胞质 M：有囊膜核衣壳

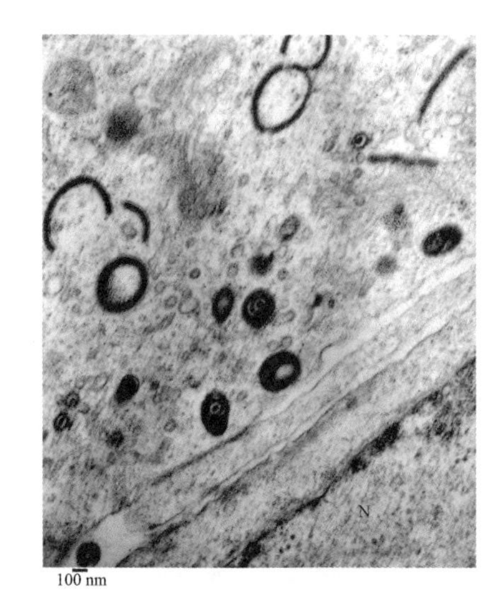

图 2－37　DPV 感染 DEF 细胞的胞质内出现的具有多种形状的电子致密结构

N：胞核　C：胞质

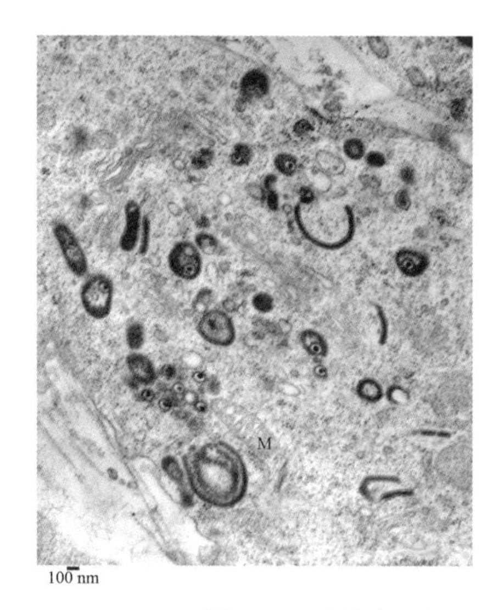

图 2－38　DPV 感染 DEF 细胞的胞质内出现的具有多种形状的电子致密结构

M：有囊膜核衣壳

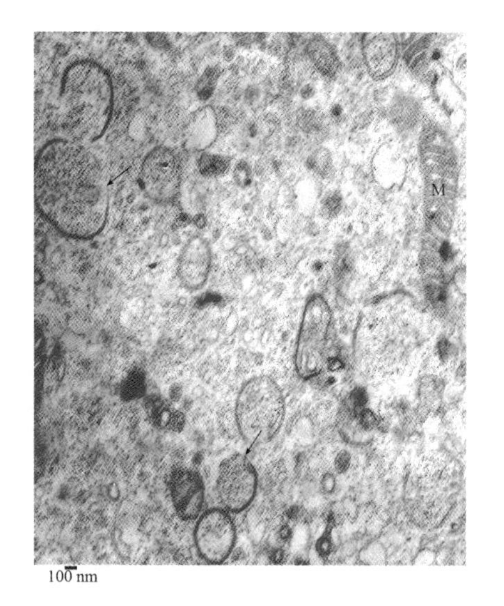

图 2－39　DPV 感染 DEF 细胞的胞质内出现的具有多种形状的电子致密结构

箭头：细胞器膜局部受皮层物质作用而呈现电子致密结构

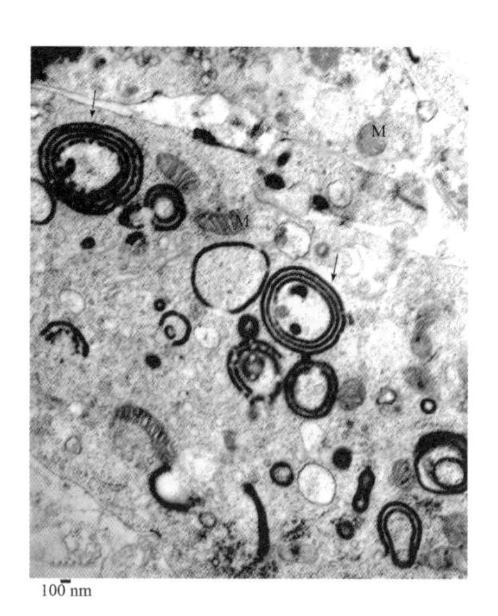

图 2－40　DPV 感染 DEF 细胞的胞质内出现的具有多种形状的电子致密结构

箭头：细胞器膜整体受皮层物质作用而呈现电子致密结构

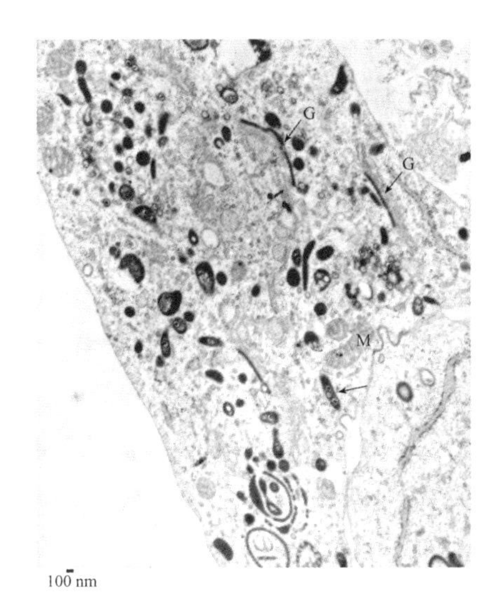

图 2－41　DPV 感染 DEF 细胞的胞质内出现的具有多种形状的电子致密结构

箭头：电子致密结构中的核衣壳　箭头 G：部分膜结构变成电子浓染状的高尔基体　M：有囊膜核衣壳

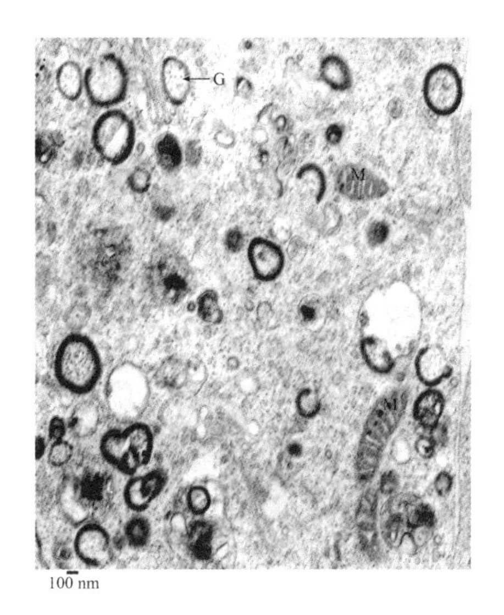

图 2－42　DPV 感染 DEF 细胞的胞质内出现的具有多种形状的电子致密结构

箭头 G：部分膜结构变成电子浓染状的高尔基体

可以发现，胞质内细胞器的膜结构所形成的腔隙中有病毒皮层物质出现是导致上述结构形成的原因，上述各种不同形状是细胞器的膜结构局部（图 2－39）或整体（图 2－40）受病毒皮层物质作用而形成的。

通过观察发现，细胞的细胞器中至少有高尔基复合体（图 2－41、图 2－42、图 2－43和图 2－44）参与了上述形状电子致密结构的形成。如果对胞质内的这些电子致密的膜结构用更高的放大倍数进行观察，会发现该结构并非均一染色，而是呈现中间电子密度较高、两边电子密度较低的电子染色（图 2－45）。

8. DPV 发生过程中 DEF 胞质内出现的多泡状结构　DPV 在 DEF 中增殖的过程中，在 DEF 胞质中靠近胞核的位置常常可以观察到一种多泡状结构（图 2－46、图 2－47 和图 2－48），并且在该结构中还可以发现 DPV 核衣壳及皮层物质（图 2－46、图 2－47 和图 2－48）的存在。从该泡状结构与 DEF 细胞核膜内质网膜系统相连（图 2－47、图 2－48）可以推测，该结构由细胞的粗面内质网系统演化而来。而该结构区域附近常常有大量 DPV 核衣壳和成熟 DPV 粒子的存在，表明该结构与 DPV 在 DEF 中的发生有着密切的关系。

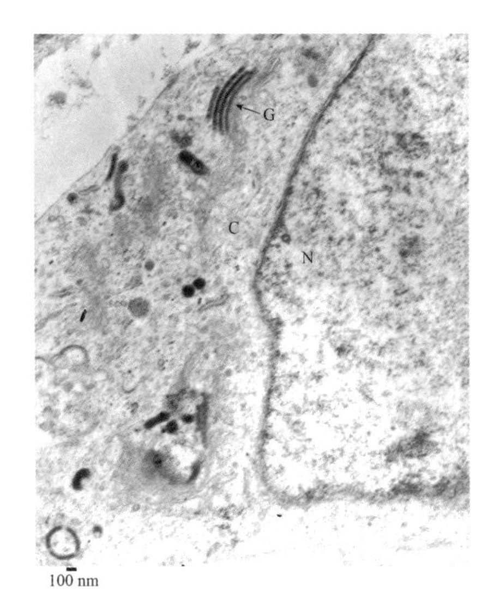

图 2－43 DPV 感染 DEF 细胞的胞质内出现的具有多种形状的电子致密结构

箭头 G：部分膜结构变成电子浓染状的高尔基体 N：胞核 C：胞质

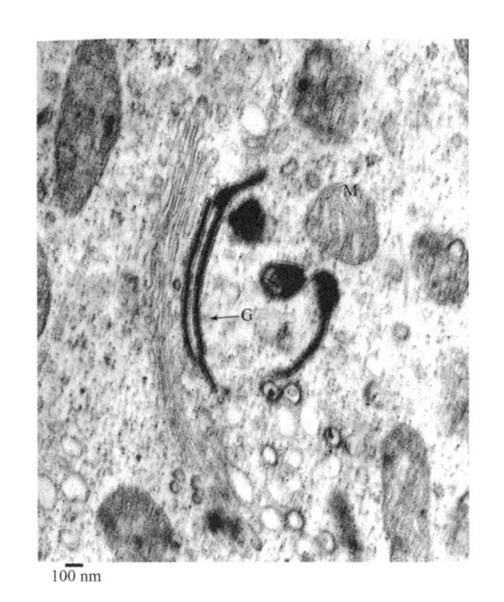

图 2－44 DPV 感染 DEF 细胞的胞质内出现的具有多种形状的电子致密结构

箭头 G：部分膜结构变成电子浓染状的高尔基体 M：有囊膜核衣壳

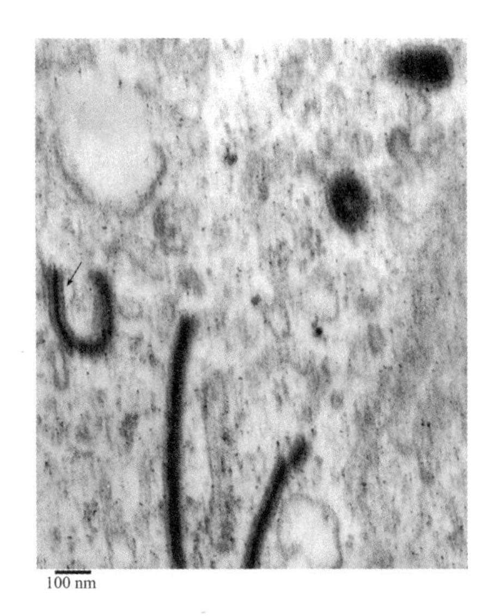

图 2－45 DPV 感染 DEF 细胞的胞质内出现的具有多种形状的电子致密结构

箭头：电子致密的膜结构呈现中间电子密度较高，两边电子密度较低的电子染色

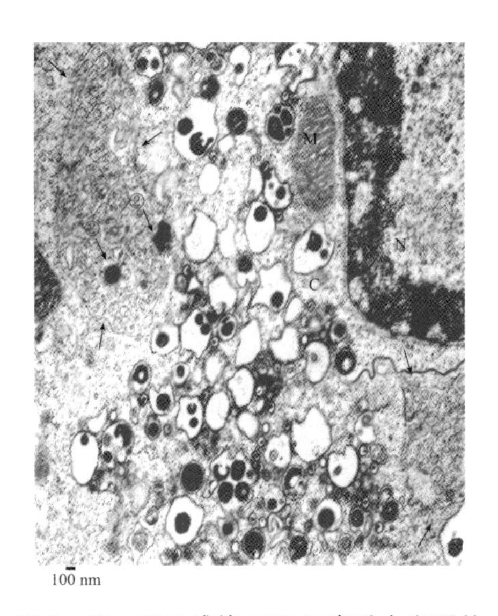

图 2－46 DPV 感染 DEF 细胞质中出现的多泡状结构

箭头：胞质内与核膜-内质网膜系统有密切关系的多泡状结构 箭头②：该多泡状结构内的 DPV 皮层物质 N：胞核 C：胞质 M：有囊膜核衣壳

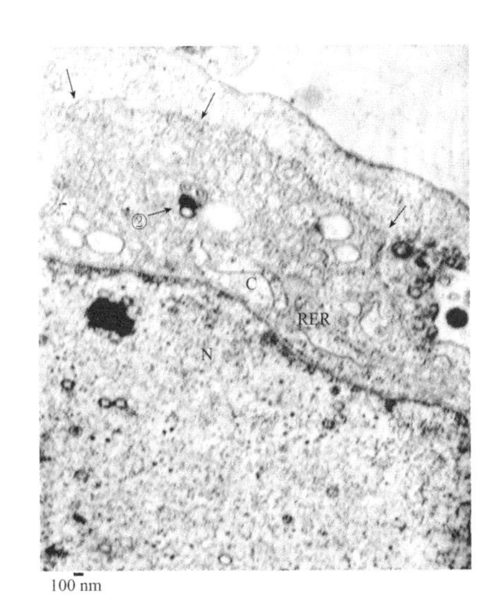

图 2－47　DPV 感染 DEF 细胞质中出现的多泡状结构

箭头：胞质内与核膜-内质网膜系统有密切关系的多泡状结构　箭头②：该多泡状结构内的 DPV 皮层物质　RER：粗面内质网　N：胞核　C：胞质

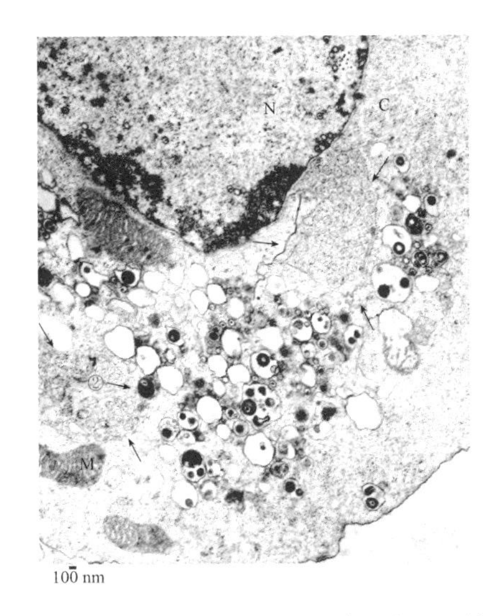

图 2－48　DPV 感染 DEF 细胞质中出现的多泡状结构

箭头：胞质内与核膜-内质网膜系统有密切关系的多泡状结构　箭头②：该多泡状结构内的 DPV 皮层物质　N：胞核　C：胞质　M：有囊膜核衣壳

（二）形态发生

1. 病毒入侵细胞的方式　DPV 感染细胞后 240 min 内所取样品中观察到 DPV 粒子正吸附于 DEF 表面时的情形（图 2－49），对该情形作更高倍数的放大则可以更清晰地观察到吸附到 DEF 细胞表面的 DPV 粒子的囊膜正在与细胞膜发生融合时的情形（图 2－50）。

此外，在该时间段所取样品的超包切片中还观察到细胞溶酶体内有 DEV 病毒核衣壳及具有很高电子致密度的 DPV 皮层物质的存在（图 2－51），由该图同时还可以发现病毒的皮层物质已经部分脱离于 DPV 粒子。

上述这些现象表明，DPV 颗粒通过吸附到细胞表面，然后病毒囊膜与细胞膜间发生融合的方式侵入细胞，侵入细胞的 DPV 还要受到溶酶体的作用脱去皮层物质以便病毒核酸的释放。

2. DPV 子代病毒首次在细胞内的出现　接种病毒后 12 h 开始观察到细胞内出现子代病毒（图 2－52）。此时的 DPV 子代病毒在胞核和胞质内均有分布，且仅以核衣壳的形式存在，尚未观察到病毒具有皮层结构。

在 DPV 子代病毒首次出现于细胞内的同时，DEF 胞质内已经有电子致密结构开始

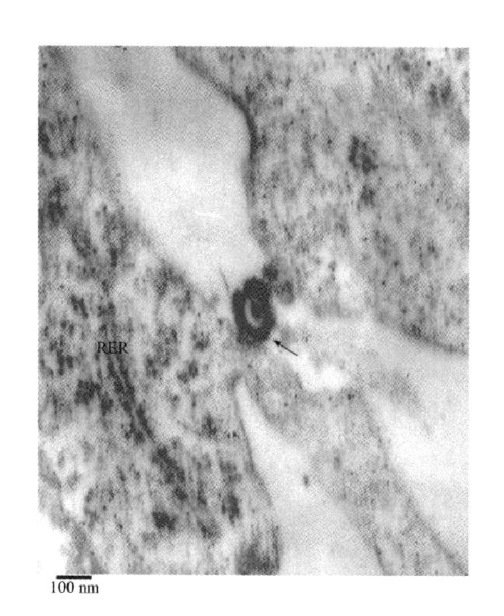

图 2－49 DPV 正吸附于 DEF 细胞膜表面

RER：粗面内质网

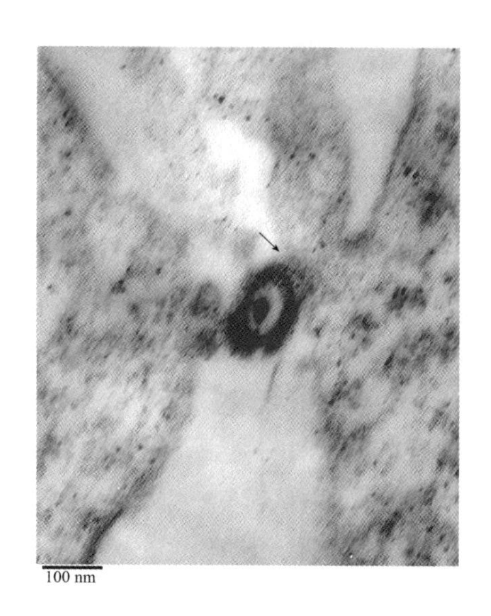

图 2－50 DPV 正吸附于 DEF 细胞膜表面

箭头：DPV 囊膜正在与细胞膜发生融合

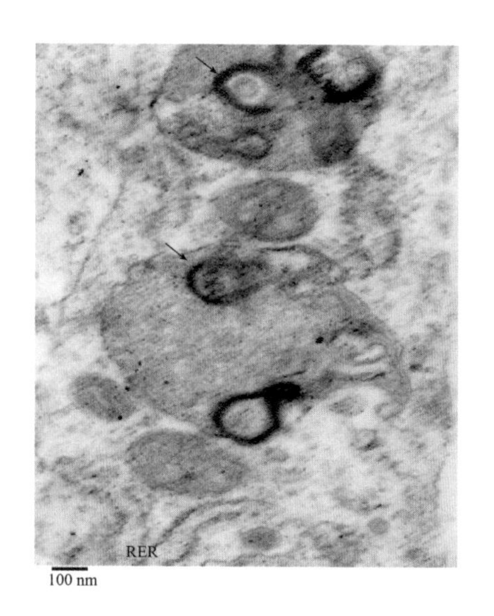

图 2－51 DPV 受溶酶体的消化作用

箭头：溶酶体内的 DPV 核衣壳及部分溶解的皮层物质 RER：粗面内质网

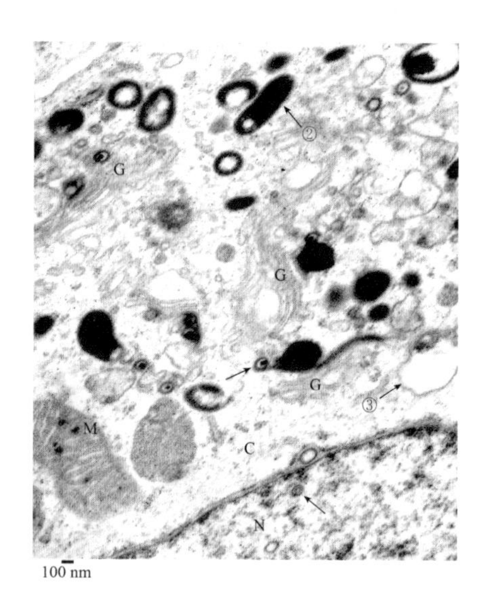

图 2－52 接种病毒后 12 h 观察到 DPV 子代病毒首次在 DEF 中出现

G：高尔基体 N：胞核 C：胞质 M：有囊膜核衣壳

出现，DEF 胞质内也已经有空泡结构出现，但此时病毒尚未开始向其中释放。

3. 成熟 DPV 首次在细胞内的出现 DPV 接种细胞后 23 h 开始观察到具有皮层和囊膜结构的子代病毒出现于细胞内。可以看出，成熟 DPV 存在于胞质中的细胞空泡内（图 2－53），病毒由于有电子致密度较高的皮层物质存在而呈电子浓染状。

4. 病毒获取囊膜的方式 至少有 2 种形式的具有囊膜成分的 DPV，一种为有囊膜的核衣壳，另一种为有囊膜的成熟病毒粒子。

有囊膜的核衣壳常见存在于核膜间隙（图 2－16、图 2－17、图 2－18、图 2－23、图 2－54 和图 2－55），偶见存在于核内膜附近（图 2－18）。其中，核膜间隙核衣壳的囊膜物质来源于内层核膜，为 DPV 核衣壳通过出芽方式进入核膜间隙时所获得，核内膜附近核衣壳的囊膜可能来源于核内的膜性物质。

有囊膜的成熟病毒粒子存在于胞质空泡中，其囊膜物质来源于空泡膜，为 DPV 向细胞空泡出芽释放时所获得（图 2－24、图 2－27、图 2－53 和图 2－56）。

5. 成熟病毒向细胞外释放的方式 成熟 DPV 可通过细胞的胞吐作用被释放到细胞外，在这一过程中细胞将胞质空泡内的成熟 DPV 粒子（图 2－57、图 2－58）和胞质空泡内的小泡（图 2－58）一同释放到细胞外。

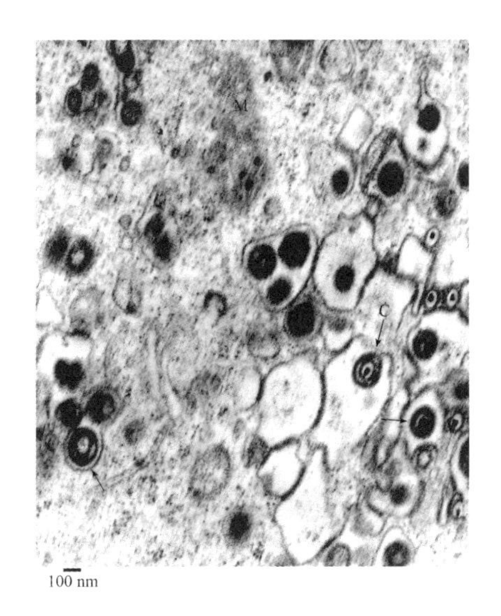

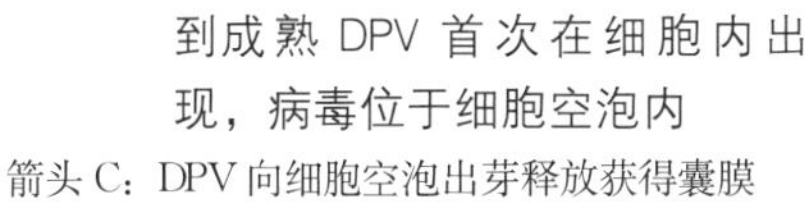
图 2－53　病毒接种细胞后 23 h 开始观察到成熟 DPV 首次在细胞内出现，病毒位于细胞空泡内

箭头 C：DPV 向细胞空泡出芽释放获得囊膜

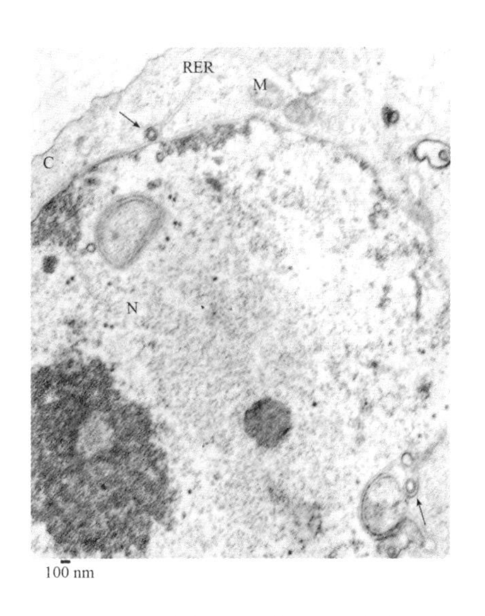

图 2－54　核内的 DPV 核衣壳通过向核内膜出芽，进入核膜-内质网膜系统时获得囊膜

RER：粗面内质网　N：胞核　C：胞质

M：有囊膜核衣壳

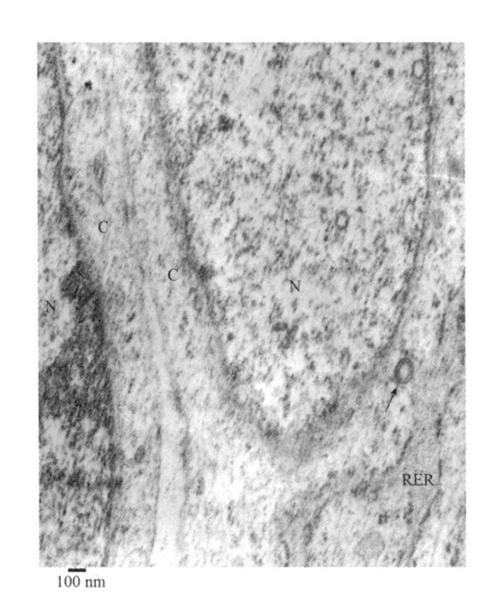

图 2－55　核内的 DPV 核衣壳通过向核内膜出芽，进入核膜-内质网膜系统时获得囊膜

RER：粗面内质网　N：胞核　C：胞质

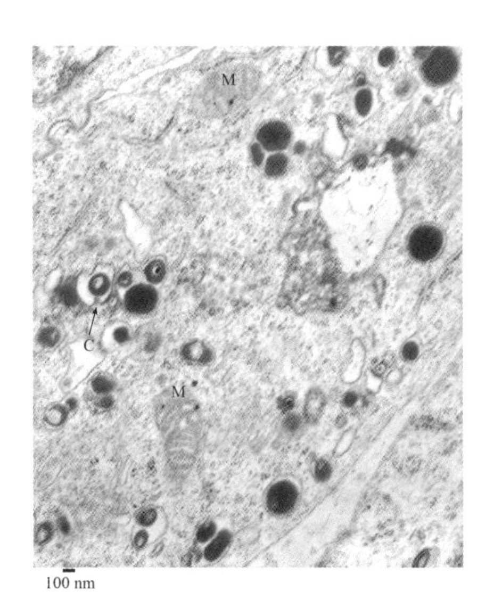

图 2－56　胞质内的 DPV 向细胞空泡出芽释放时获得囊膜时的情形

箭头 C：DPV 向细胞空泡出芽释放获得囊膜　M：有囊膜核衣壳

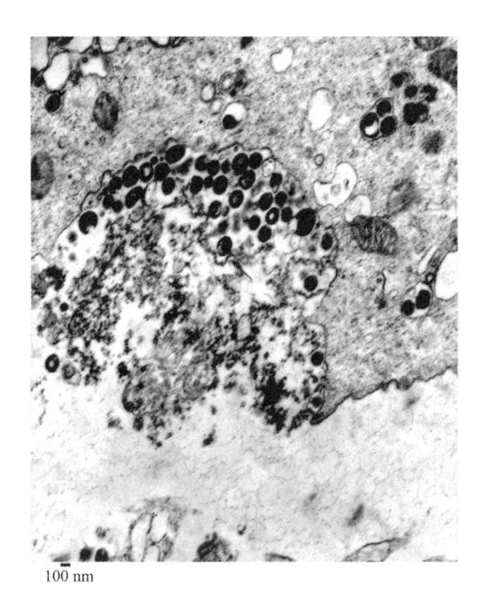

图 2－57　成熟 DPV 粒子通过细胞的胞吐作用被释放到细胞外

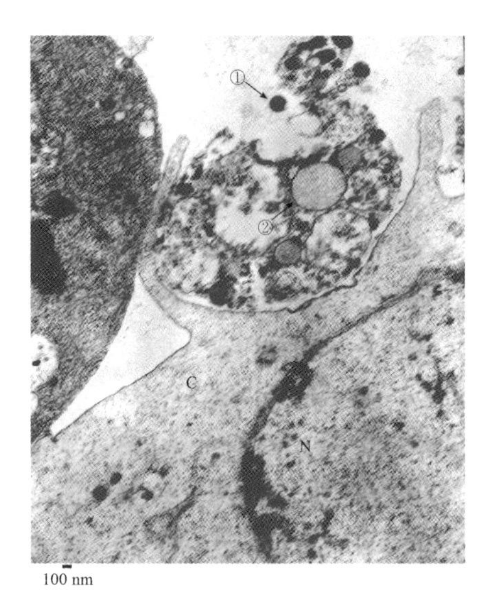

图 2－58　成熟 DPV 粒子通过细胞的胞吐作用被释放到细胞外

箭头①：成熟 DPV　箭头②：空泡　N：胞核　C：胞质

除胞吐方式外，DPV也可在细胞空泡发生破裂时被释放到胞外（图2-59）。成熟DPV经常成簇出现于胞外的现象（图2-60），也符合并支持对上述两种病毒释放模式的解释。

6. 细胞空泡的形成和演化 DPV向其中释放的细胞空泡的来源与DEF细胞内质网（图2-46、图2-47、图2-48和图2-64）和高尔基复合体（图2-61、图2-62和图2-63）有关。

这些细胞内空泡结构在病毒的形态发生过程中又会彼此间发生融合，空泡间膜性物质溶解消失（图2-64、图2-65），结果在DPV致细胞病变晚期，在胞质中常常可以发现具有很大体积的细胞空泡（图2-66、图2-67和图2-68）。

成熟DPV颗粒常位于大空泡边缘的现象（图2-69），也符合并支持对上述空泡融合现象的解释。

7. DPV核衣壳从胞核转运到胞质内的方式 经常观察到DPV核衣壳通过向核内膜出芽的方式释放到核膜间隙中并获得一层囊膜结构（图2-16、图2-17、图2-18、图2-23、图2-54和图2-55），但从未观察到核膜间隙中的DPV核衣壳通过向核膜外层出芽而向胞质基质中释放的现象，那么DEF胞核中的DPV核衣壳是怎样转运到胞质中的呢？在进行了深入细致的观察和分析后发现，DPV核衣壳实际上是通过一个整体的核膜-内质网膜系统（图2-19、图2-20和图2-21）从胞核转运到内质网池内，由此完成病毒核衣壳从胞核到胞质这一转运过程。

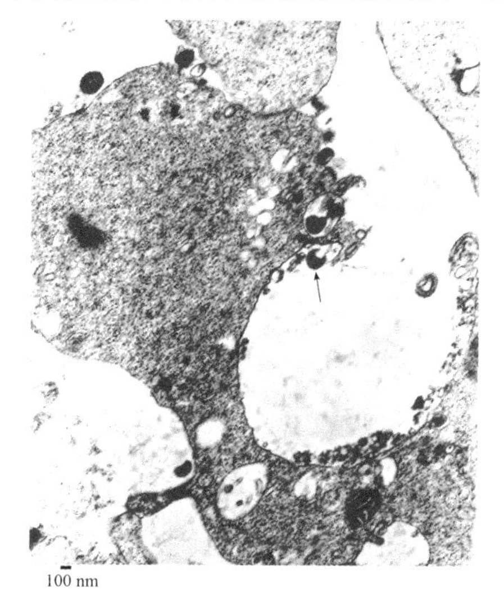

图2-59 DPV在细胞空泡发生破裂时被释放到细胞外

箭头：破裂空泡内的病毒

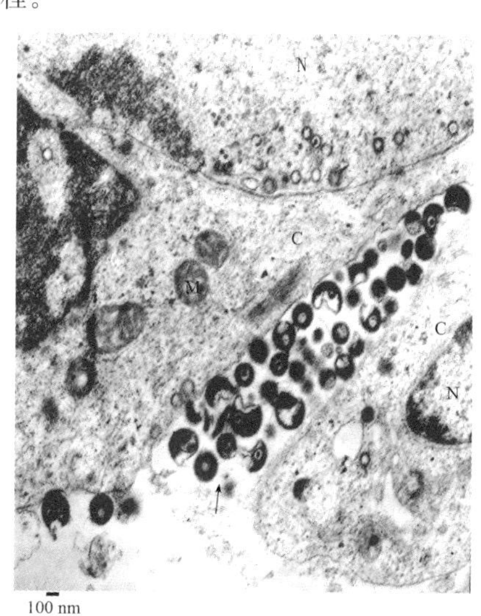

图2-60 成簇出现于细胞外的成熟DPV

N：胞核 C：胞质 M：有囊膜核衣壳

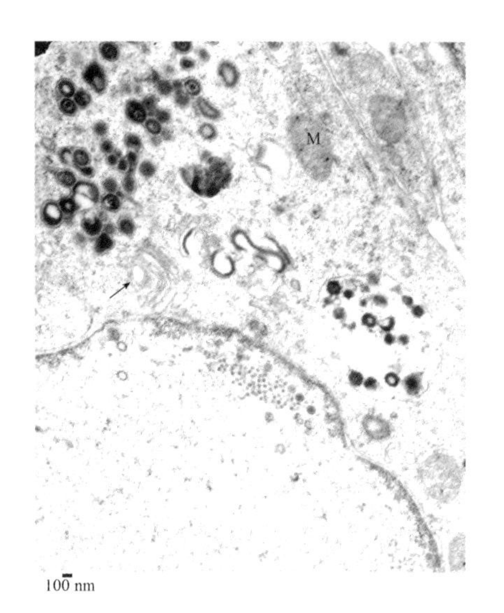

图 2－61　与高尔基体有关的细胞空泡

M：有囊膜核衣壳

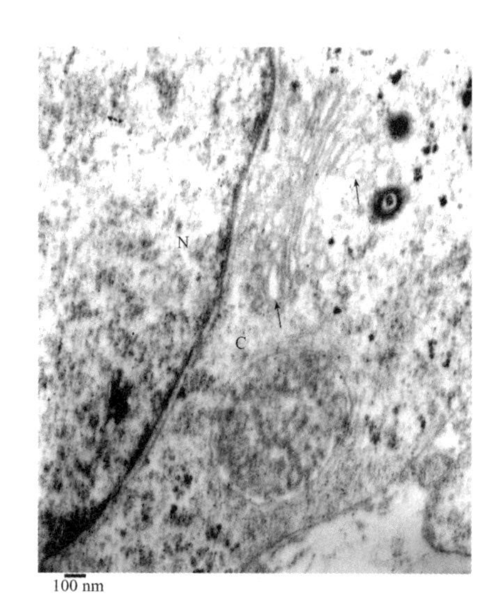

图 2－62　与高尔基体有关的细胞空泡

N：胞核　C：胞质

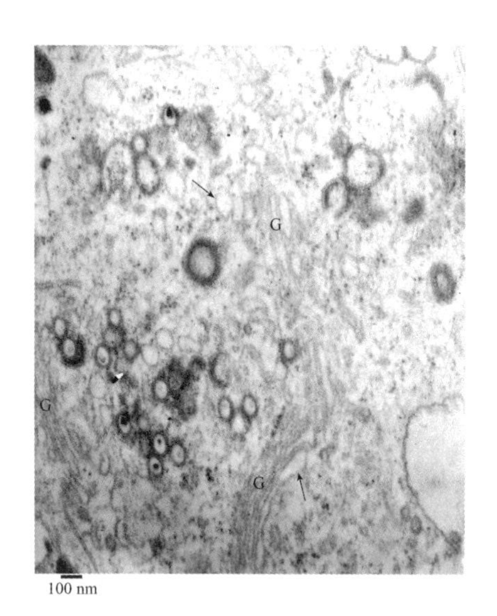

图 2－63　与高尔基体有关的细胞空泡

G：高尔基体

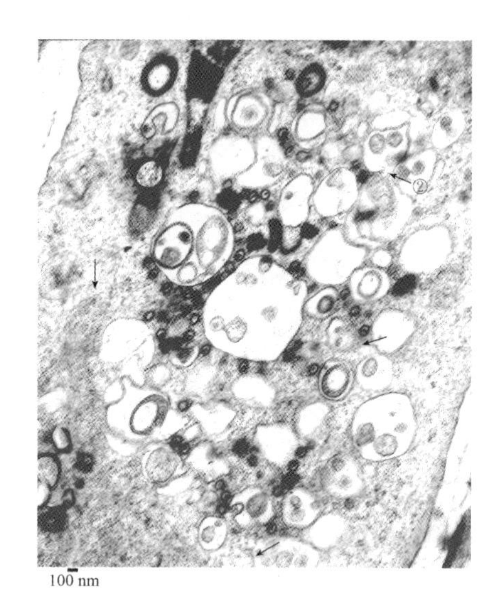

图 2－64　细胞空泡间发生融合

箭头：与内质网-核膜系统密切相关的多泡体结构　箭头②：细胞空泡间正在发生融合

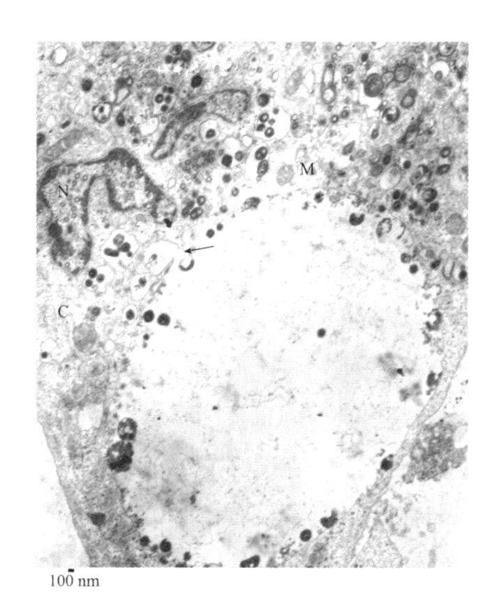

图2-65 细胞空泡间发生融合

箭头：细胞空泡间正在发生融合 N：胞核 C：胞质 M：有囊膜核衣壳

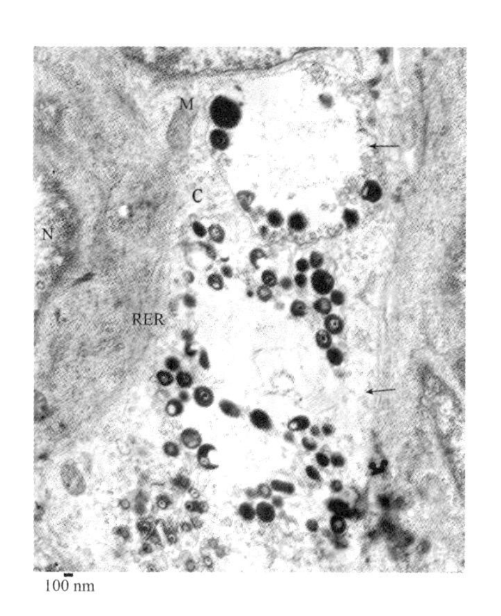

图2-66 胞质内出现大的细胞空泡

箭头：胞质空泡间的融合使胞质内出现大的细胞空泡 RER：粗面内质网 N：胞核 C：胞质 M：有囊膜核衣壳

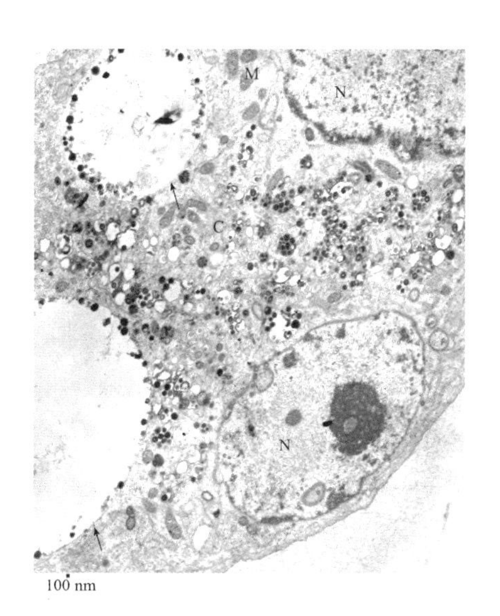

图2-67 胞质内出现大的细胞空泡

N：胞核 C：胞质 M：有囊膜核衣壳

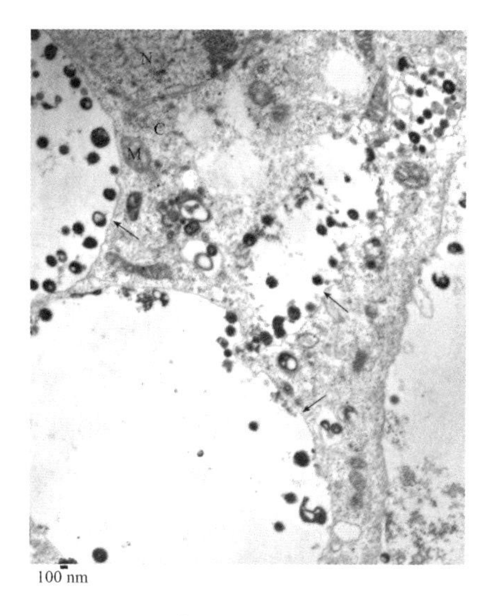

图2-68 胞质内出现大的细胞空泡

N：胞核 C：胞质 M：有囊膜核衣壳

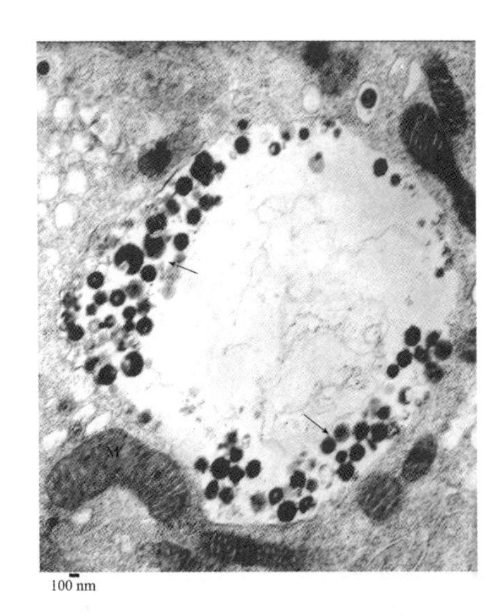

图 2－69　胞质内出现大的细胞空泡

箭头：成熟 DPV 颗粒常见于胞质空泡内的边缘位置

三、病毒的化学成分

Breese（1968）通过超薄切片后电镜观察，核糖核酸酶对病毒的形态不起作用，而脱氧核糖核苷酸酶则能抽提病毒的中央芯髓而不影响其囊膜。用吖啶橙对细胞培养物染色，可见核内包含体发出荧光，因此 DPV 的核酸类型为脱氧核糖核苷酸（DNA）。

DPV 还含有主要的酯类，胰脂酶可使其非活动化。

（程安春，汪铭书）

第三节 生物学特性和理化特性

一、病毒的复制

Breese 等（1968）研究了细胞培养中病毒的发育及细胞内和细胞外病毒的生长曲

线。超薄切片的电镜检查证实，接种后 12 h，核内出现发育形体，24 h 后，除核内有病毒形体外，胞质内还有披上囊膜的较大颗粒。

对类似的细胞培养进行病毒滴定证明，接种后 4 h 能显示出新的细胞结合病毒，接种 48 h 则达到最高滴度。又在接种后 6～8 h 可以开始测出细胞外的病毒，在 60 h 后达到最高滴度；在细胞培养中有形成空斑的能力。

Kocan 等（1976）用 7 个不同种的鸭胚成纤维细胞作病毒产量和空斑质量比较，认为番鸭（Muscovy duck）比姻鸭（Wood duck）好，其次为北京鸭（Peking duck）、短脚鸭（Black duck）和美洲赤头鸭（Redhead duck），最差是针尾鸭（Pintails）和兰咀小潜鸭（Lesser scaup）。在番鸭细胞上测定病毒生长曲线时，发现其潜伏期为 6 h，病毒滴度在 36 h 最高。

Wolf 等（1976）将鸭胚成纤维细胞原代培养与 CCL－14 传代细胞培养在繁殖鸭瘟疱疹病毒方面作了比较，认为 18 h 后两种培养物中均出现病毒，而高峰则约在 36 h。又认为原代细胞所产生的病毒约为细胞系的 5.6 倍，但在后者更易看出病变。

二、病毒的抵抗力

关于 DPV 的保存温度，各实验室报道不一。笔者所在实验室数据显示，感染 DPV 死亡的鸭脑组织不加任何处理，保存在－20 ℃的低温冰箱中，5 年仍然能够感染并致死易感鸭。黄引贤（1962）将死于本病的鸭的肝脏不加任何处理，保存在－20～－10 ℃的低温冰箱中，历时 347 d，将其做成组织悬浮液注射健康鸭 2 只，一只死于鸭瘟，另一只病后康复。朱熹（1963）将病毒保存于－5～0 ℃，发现病毒在 120 d 后即告死亡；在夏季室温下，泥土表面的病毒在 24～48 h 后即失去感染能力。

Breese 等（1968）进行加热灭能的研究，发现加热至 56 ℃ 10 min，此病毒就被杀灭，温度为 50 ℃时，需要 90～120 min 才使病毒灭活。室温（22 ℃）则要经 30 d 此病毒才失去传染力。在 22 ℃，并在氯化钙上干燥，9 d 后就可灭活此病毒。

Breese 等（1968）发现此病毒对乙醚和氯仿敏感。经胰蛋白酶、胰凝乳酶和胰脂酶在 37 ℃ 18 h 的处理后，病毒明显减少或变为非活动化。但是，番木瓜酶、溶菌酶、纤维素酶和核糖核酸酶则无影响。当病毒处于 pH 为 7.8 和 9 时，6 h 后，其滴度并不降低；但 pH 为 5.6 和 10 并经历同一时间，其滴度就会降低相当多；在 pH 为 3 和 11，病毒即被迅速灭能；在 pH 为 10～10.5 时，灭能率有明显的差异。

一般磺胺类药物和青霉素、链霉素、土霉素和金霉素等抗生素对此病毒均无作用。

常用的消毒剂如 0.1%升汞 10～20 min，75%酒精 5～30 min，0.5%石炭酸 60 min，0.5%漂白粉与 5%生石灰 30 min 对鸭瘟病毒有致弱和杀死作用。

黄引贤等（1957—1964）发现，0.2%～0.4%甲醛、0.4%结晶紫、0.2%硫柳汞和0.25%甲苯等药物在 37 ℃ 24～48 h，对鸭瘟病毒有灭活作用并且性能相当稳定。结晶紫脏器苗在室温（20～36 ℃）及 2～4 ℃冰箱中，经保存 117 d 后，其免疫保护率分别为 50%及 100%；甲醛及甲苯鸭胚灭能苗存入 8～15 ℃冷暗处，经过 655 d 后仍然保有各 100%免疫保护率。此外，吴志达等（1963）报道，甲醛鸭胚灭能苗保存于 0～4 ℃经 180 d 和 240 d，保护率分别为 66.7%和 50%。农业部南京兽药厂的甲醛鸭胚苗保存在 4～10 ℃ 291 d 及 1 年，保护率分别为 100%及 75%。

三、病毒的毒力

国内所分离的毒株在毒力方面有强弱之分，表现在含毒量、发病率和死亡率等各方面有所不同。据黄引贤等（1962—1964）报道，先后共分离与鉴定 14 个毒株，结果多数毒力较强，少数毒力较弱。其中 S 系的病鸭组织含毒量在 10^{-6} 至 10^{-8}，而 M 系鸭胚含毒量则在 10^{-7} 至 10^{-9}，但 J 系组织毒以其仅作 5 倍稀释这样高的浓度注射 1 mL 于健康鸭时，也只能引起体温升高而不能致死。

关于此病毒的半数致死量，按 Reed 与 Muench 的计算法测定，华南农学院（今华南农业大学）的试验结果 S 系毒株对小鸭的 LD_{50} 为 $10^{-7.23}$；上海市农业科学院的 M 系（即 S 系）毒株对鸡胚的 LD_{50} 为 $10^{-3.83}$。此外，有关半数细胞培养致病变量测定结果，南京农学院（今南京农业大学）的广州毒株在鸭胚细胞培养中的 $TCLD_{50}$ 为 10^{-8}，而上海市农业科学院的鸡胚细胞培养 $TCLD_{50}$ 为 10^{-4}。

四、病毒抗原

黄引贤（1962）曾用本病毒将鸭免疫，所获得的抗体能够中和此病毒。这些结果也被上海市农业科学院（1964）所证实。

黄引贤（1962）先后用过 6 个毒株，反复做过 4 次试验，结果发现，毒株对鸡、火鸡、鸭、鹅、鸽、家兔、豚鼠、绵羊、山羊、黄牛、水牛、荷兰牛、马、驴及骡 15 种动物的红细胞没有凝集现象。南京农学院（1964）和上海市农业科学院（1964）也获得相似的结果，因此说明鸭瘟病毒不存在血细胞凝集素。

五、病毒的免疫原性

DPV 和其他多数病毒一样，经感染恢复后的动物能够获得坚强的免疫力，经注射免疫血清后的健康鸭也能耐受强毒的击，表明它具有较好的免疫原性。

目前，世界上所分离到的鸭瘟病毒株，在免疫原性上未发现有不同的类型。黄引贤（1962）的试验资料指出，在鸭体内产生的中和抗体，经测知能中和S系毒株鸭胚液强毒的10^{-7}稀释液。上海市农业科学院（1964）证明此病毒与免疫血清不能引起补体结合作用。

各地分离的DPV均能交互免疫，如黄引贤（1962）从广东、广西、上海等省（自治区、直辖市）分离的13个鸭瘟病毒株均能交互免疫，未发现有抗原性不同的类型；国内其他研究者如陈肇基、罗清生、方陔等也得到类似的结论。也就是说，我国各地所分离的鸭瘟毒株，其抗原性基本相同。另外，黄引贤曾于1958年应荷兰库斯特教授的请求寄去高度免疫的鸭瘟血清，经中和试验证明，我国鸭瘟病毒的抗原性与荷兰的相同。

六、病毒的毒力等变异性

总体来讲，鸭瘟病毒抗原性是很稳定的，其他特性存在一些变化。

1. 自然环境中的变异 自从1957年在广东发现鸭瘟后的20多年，科技工作者认为，鸭瘟在天然流行过程中的下列两种现象值得注意。

（1）DPV对鸭的致病力有所减弱 黄引贤根据对13个病毒株的感染鸭只情况来看，1961年以来所分离的毒株对鸭的潜伏期多数在18～36 h，在以后平均为2～3 d；在症状方面，肿头流泪也较早期普遍，病期也长，平均5～6 d；在病理变化方面，过去消化道黏膜和肝的病变是典型特征，且占比也高，而心脏则出血点少。后来情况有所变化，总的来讲发病率与死亡率均有所降低，而且流行速度缓慢。

（2）DPV对鹅的致病力明显增强 黄引贤据1963年以前各地大量调查报告得出，在鸭大批发生该病期间，仅个别鹅感染。后来情况有所变化，该病在鹅群中的发病率与死亡率都较过去大为提高。

2. 在实验室内的变异情况

（1）DPV在鸭胚很容易生长繁殖，并且随着继代的代次增加，胚胎死亡时间缩短，死亡率和病变率也随之增高。相反其对大鸭的致病力越来越弱，待通过一定代次时则有可能失去致病力而保持不同程度的免疫原性。

黄引贤（1962）曾用3个毒株分别通过鸭胚16代、20代和22代后对鸭已失去致病力，但免疫原性较差且不稳定。后来（1964）又将4个毒株以同样方法分别通过21代、29代、30代和31代后，毒力也有所减弱并且保持一定的免疫原性。广东省农业科学院的石井系毒株，从通过鸭胚35～75代的41代次中对健康鸭既安全而又有效，成为很好的弱毒疫苗。

（2）DPV 只有通过鸭胚一定代次后（荷兰通过 12 代、华南农学院通过 6 代、南京农学院通过 2 代或 8 代）才能适应生长于鸡胚，并且随着通过鸡胚代次的增高，对鸡胚毒力越来越强，而对鸭的毒力则越来越弱，而且保持着良好的免疫原性，待通过一定代次后就有可能成为弱毒疫苗。

（3）通过组织培养方法也能引起该病发生变异。据黄均建等报道，W 毒株通过鸭胚 6 代、鹅胚 1 代、鸡胚 11 代和鸡胚单层细胞 35 代后即能育成 W 弱毒株，另外又以 K 毒株通过鸭胚 9 代、鸡胚 15 代及鸡胚单层细胞 30 代，结果又培育出 K 株弱毒。南京农学院以鸭瘟病毒分别通过鸭胚细胞、鸡胚细胞及先鸭胚后鸡胚细胞等方法进行培养，结果也获得弱毒株。

（4）DPV 对 1 日龄雏鸡是能感染的，至于较大年龄的小鸡采取静脉注射大剂量病毒的方法，也能使其在鸡体中逐步适应，随着通过鸡体代数的增加对鸭的致病力也在逐步减弱。

（5）通过其他各种方法与途径均能引起 DPV 的毒力变异，欧守杼等采用通过鸭胚、1 日龄小鸡和鸭胚交替，又通过鸡胚，然后回到鸭胚去连续继代的方法，以及方定一等采用通过鹅脑和鸡胚继代法等都能培育成功弱毒疫苗。另外，Bhattacharya 等（1977）用重新通过鸭胚的方法，复活了一株对鸡胚致死性不稳定的退化了的鸡胚化鸭瘟病毒，从该复活的毒株制备的疫苗，在安全性的效价方面均良好。这也说明鸭瘟病毒的致病性、免疫原性是可变的。

（程安春）

第四节 实验室宿主系统

DPV 的实验室宿主范围较广，简述如下。

一、鸭胚

国内外大量试验资料表明，DPV 很容易在易感鸭胚中生长繁殖并能连续继代。黄引贤（1962）的试验指出，将一个毒株利用绒毛尿囊膜、尿囊腔、羊膜腔和卵黄囊 4 种方法接种，该病毒均能生长繁殖。后来又以另外 8 个毒株单用尿囊腔方法接种，结果也能顺利继代。病毒在鸭胚中生长繁殖时，一些毒株能在几天内引起部分胚胎死亡，随着代数的增加，胚胎死亡率增高，而死亡时间也随之而缩短，继代到一定代数时则呈相对稳定，一般在 3～5 d 死亡。当剖检胚胎时，常见皮肤有小点出血，肝脏有出血和坏死病灶，部分绒毛尿囊膜充血、出血及水肿。肝的病变具有很大的诊断作用。为此，后来又对 4 个毒株进行了观察和比较，结果 S 系毒株在 802 个胚胎中肝有病变的占 63%，M 系毒株在 245 个中占 55.5%，G 系在 98 个中占 35.7%，GD 系在 101 个中占 34.6%，看来肝的病变率高低，除不同毒株的特性外，还可能与种毒接种量、胚胎死亡时间等多种因素有着密切的关系。

关于免疫母鸭所产的蛋对该病毒生长发育的影响问题，黄引贤等（1964）进行了观察，认为免疫组鸭的胚胎的死亡率较非免疫组的低，而肝的病变率则较非免疫组的高。在免疫原性方面，如用该病毒制成灭活苗，则免疫组的鸭胚毒似略低于非免疫组的。但在弱毒疫苗制造过程中也常发现免疫鸭胚肝的病变率低于非免疫鸭胚的。所以，免疫母鸭所产的蛋内含有母源抗体，可妨碍病毒的生长繁殖，并影响其免疫原性，在利用鸭胚进行继代或生产疫苗时应加以注意。

二、鹅胚

据南京农学院（1964）报道，将广州系毒株在鸭胚中传至 10 代，然后经尿囊腔接种于 13～15 日龄鹅胚，病毒可在其中生长。此鸭胚毒在鹅胚中继代时，第 1～4 代鹅胚经 6～7.5 d 死亡，第 5 代起缩短到 4～5 d 死亡。胚胎病变明显，整个绒毛尿囊膜水肿并有许多灰白色坏死灶。胚胎全身广泛出血，肝呈槟榔样变化。

三、鸡胚

DPV 不能直接传代于鸡胚，只有通过鸭胚一定代数后，才能在鸡胚中适应生长。

黄引贤（1962）报道曾用绒毛尿囊膜、尿囊腔及卵黄囊 3 种方法将病毒接种于鸡胚，分别通过 5 代、6 代、8 代后，所有接种鸡胚未发现任何变化，最后测定病毒是否存在时，证明已全部消失。但用鸭胚进行初次分离，通过 6 代后转接于鸡胚的绒毛尿膜，继代 3 次均可引起鸡胚的死亡，并具有典型的鸭瘟病理变化，即绒毛尿膜水肿和肝有灰黄色坏死病灶。后来为了探讨本病毒在鸡胚中的继代特性，又进一步作出观察，分别以通过鸭胚的S系毒株的41代和M系的21代接种于鸡胚连续18代，结果在种毒接种后，鸡胚多在5～10 d死亡，其死亡率平均达98%以上，而鸡胚的病变S系占84.9%，M系仅达72.3%。

此外，南京农学院（1964）的研究也表明，鸭瘟病毒不能用鸡胚直接分离。首先要通过鸭胚2代（南京毒株）或8代（广州毒株）才能适应于鸡胚，以后就可以在鸡胚中连续传代。上海市农业科学院（1964）也得到相似的结果，他们将W系毒株通过鸭胚6代和鹅胚1代后才能生长繁殖于鸡胚。上述两单位所见的鸡胚变化与前述的基本相同。

四、细胞

1. 总体情况 黄均建等（1962—1964）开展了鸭瘟病毒细胞培养的研究。他们当时的结论是：①鸭瘟强毒不能直接适应于鸡胚单层细胞，当病毒通过鸡胚传代后就能提高病毒对细胞的感染性；②鸭瘟鸡胚毒对于鸡胚单层细胞有强大的毒力，感染后细胞发生透明度降低、颗粒增加、胞质浓缩、细胞变圆等病变，24～30 h细胞全部破坏脱落；③鸭瘟鸡胚毒能够在鸡胚单层细胞上连续继代，能通过细胞培养途径培育弱毒和制备疫苗；④鸭瘟鸡胚毒能在鸡、鸭肾单层细胞上繁殖继代；⑤鸭瘟病毒对乳兔肾、乳鼠肾、猪肾及人胚肾等单层细胞不能产生明显病变。

南京农学院（1962—1964）的研究得到如下结论：鸭瘟病毒可以适应鸭胚细胞培养，引起细胞病变，通过鸭胚和鹅胚后更易适应。目前，在鸭胚细胞培养中已传至75代。通过鸭胚、鹅胚或鸭胚细胞培养的毒株也能适应鸡胚细胞培养，传至76代和83代。病毒通过鸡胚细胞培养60代毒力已减弱，对鸭无致病力也无体温反应，而接种鸭有坚强的免疫力。

2. 原代鸭胚成纤维细胞 实际工作中，鸭胚容易获得，鸭胚成纤维细胞制作方法简便，是实验室应用最为广泛的宿主细胞，郭宇飞等（2005）对原代鸭胚成纤维细胞培养DPV进行了较为详细记录，通常1枚10日龄鸭胚可制备4瓶100 mL容积细胞瓶的细胞，经过36 h左右培养即可长成致密的细胞单层（图2-70）。

适应于鸭胚的DPV中国强毒CHv株致死鸭胚尿囊液接种DEF后40 h开始观察到细胞病变的出现，细胞病变的特点表现为细胞单层变圆变亮，DEF细胞失去其典型的纤维状形态特征但未见脱落（图2-71）。第2、3、4次传代时，DEF细胞表现出细胞变圆、折光度增强、细胞单层上有颗粒状缺失出现（图2-72、图2-73和图2-74），此缺失进一步扩大，融合形成蚀斑的病变特征（图2-75至图2-79）。

DEV-CHv在DEF上连续传代6次后，细胞病变开始出现的时间稳定在接毒后

30 h 左右，此时细胞的变圆、折光度增高、DEF 单层上有颗粒状缺失不再是细胞病变的主要特征，此时细胞病变以细胞脱落为主要病变特征（图 2－80 至图 2－86）。

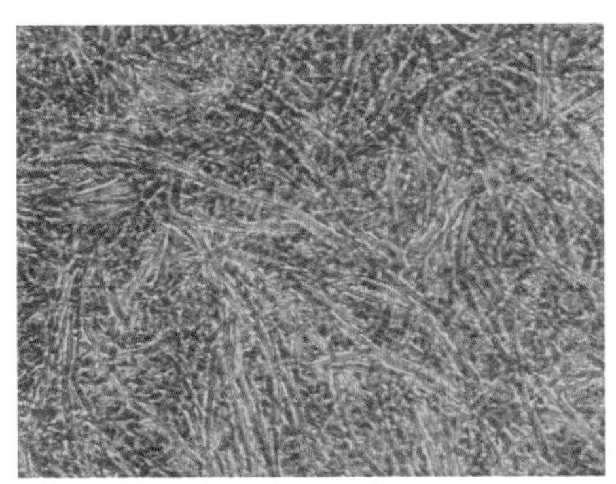

图 2－70 DEF 对照细胞形态特征（3.3×10 倍）

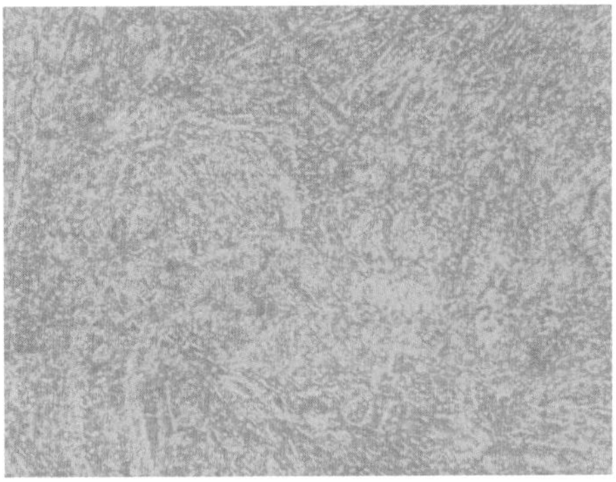

图 2－71 DEF 变圆变亮（3.3×4 倍）

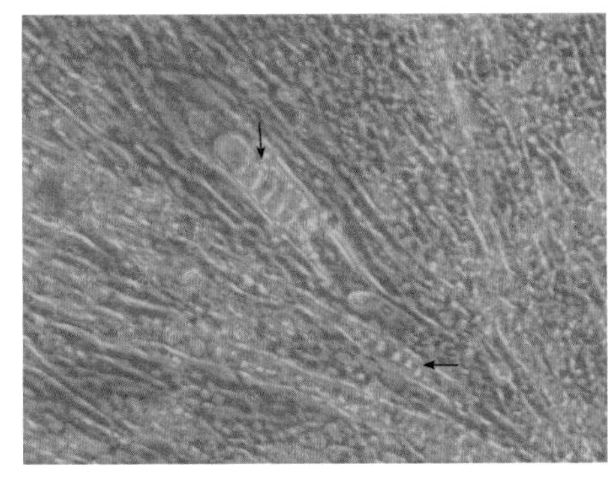

图 2－72 DEF 单层上的颗粒状缺失（3.3×10 倍）

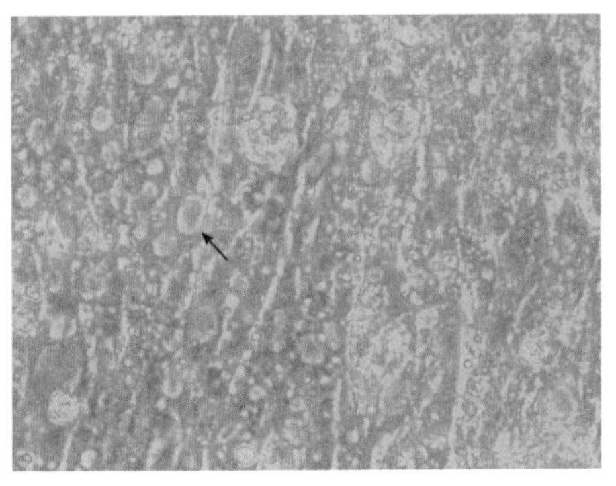

图 2－73 DEF 单层上的颗粒状缺失（3.3×10 倍）

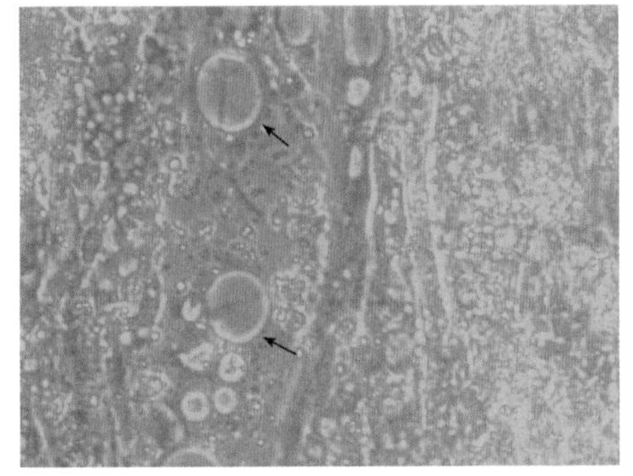

图 2－74 DEF 单层上有颗粒状缺失（3.3×20 倍）

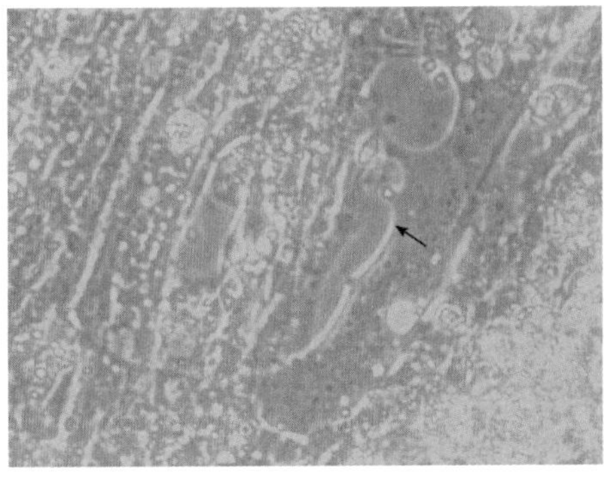

图 2－75 DEF 单层上的颗粒状缺失（3.3×20 倍）

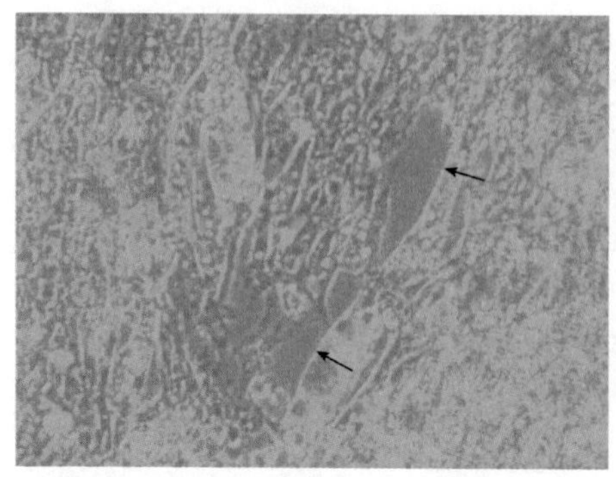

图 2－76　DEF 上形成蚀斑（3.3×10 倍）

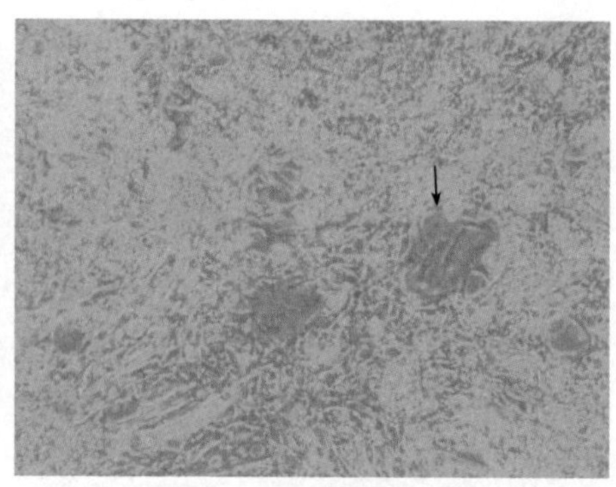

图 2－77　DEF 上形成蚀斑（3.3×10 倍）

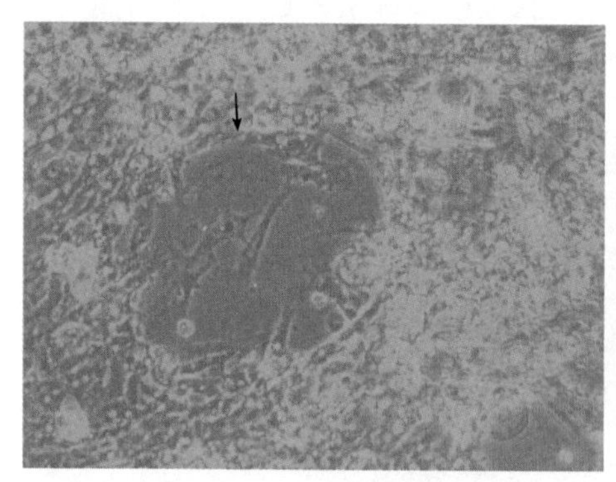

图 2－78　DEF 上形成蚀斑（3.3×10 倍）

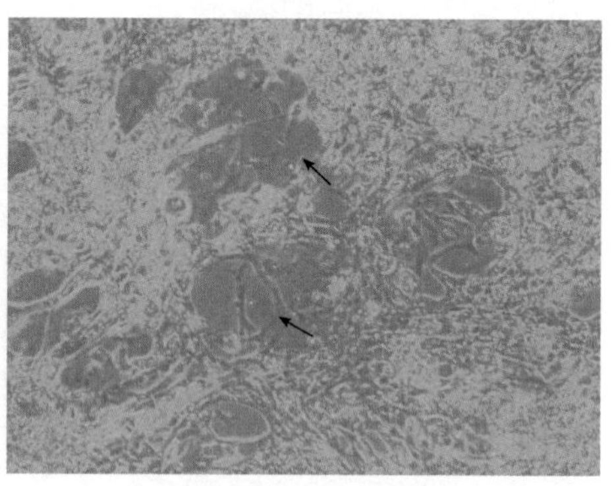

图 2－79　DEF 上形成蚀斑（3.3×10 倍）

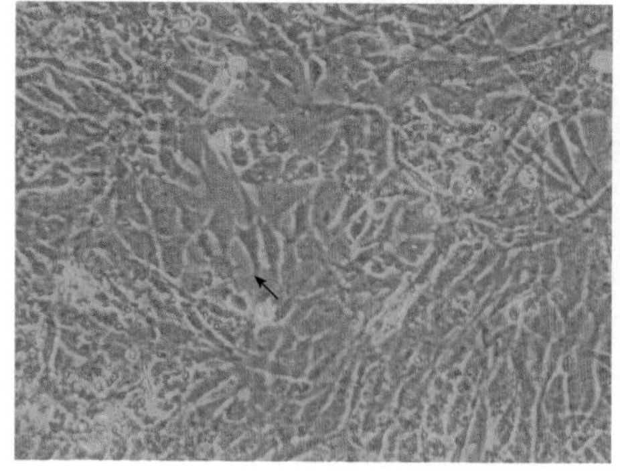

图 2－80　DEF 轻微脱落（3.3×20 倍）

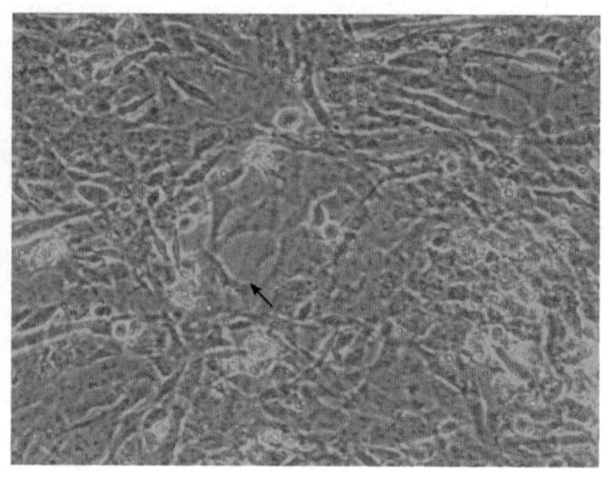

图 2－81　DEF 轻微脱落（3.3×20 倍）

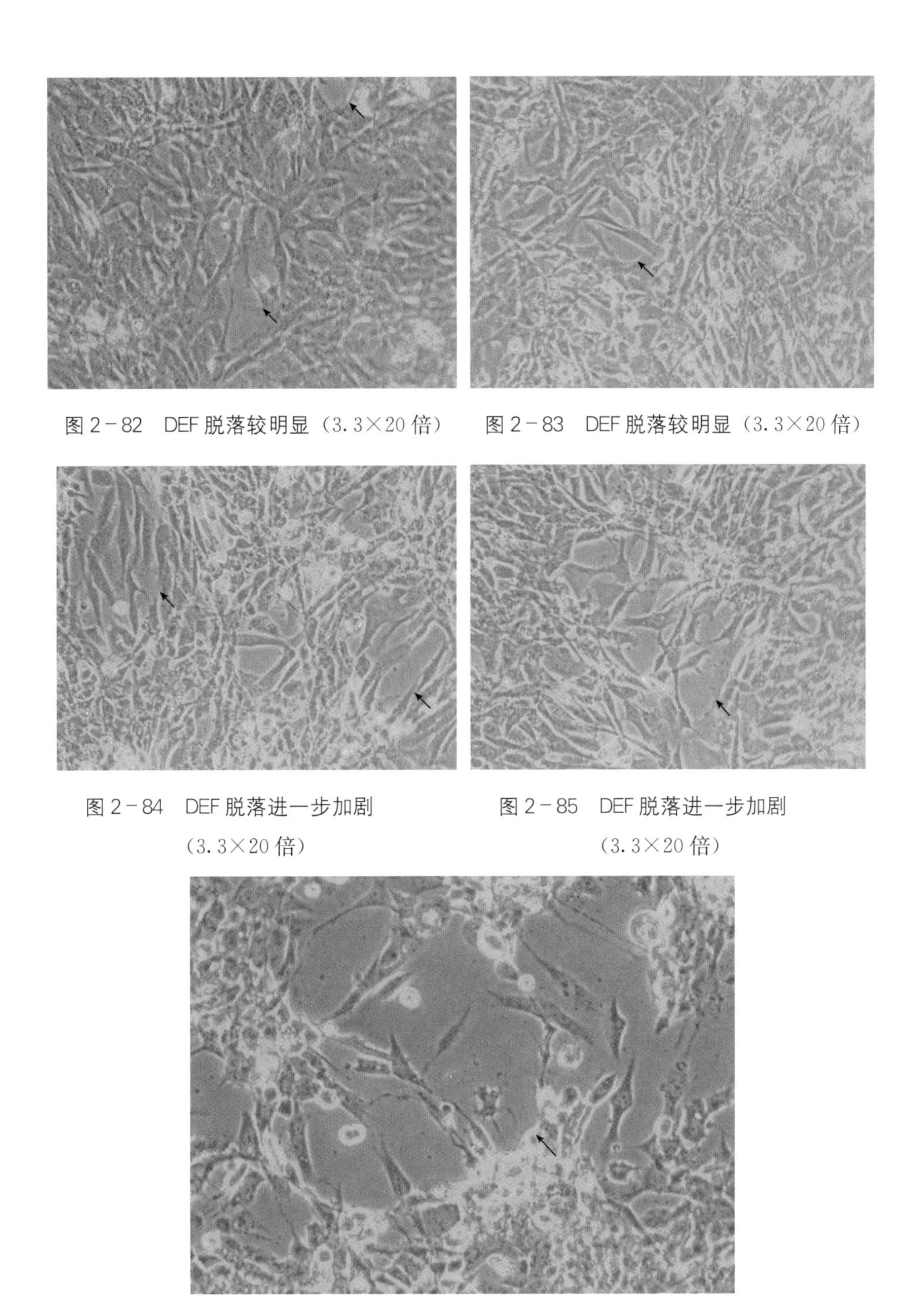

图 2－82 DEF 脱落较明显（3.3×20 倍）

图 2－83 DEF 脱落较明显（3.3×20 倍）

图 2－84 DEF 脱落进一步加剧（3.3×20 倍）

图 2－85 DEF 脱落进一步加剧（3.3×20 倍）

图 2－86 形成大的蚀斑（3.3×20 倍）

3. **传代鸭胚成纤维细胞** 鸭胚传代成纤维细胞 DF-1 是实验室培养 DPV 的良好实验室宿主系统，其接种 DPV 后所致细胞病变与原代鸭胚成纤维细胞显示更容易观察。

五、易感鸭

DPV 强毒接种易感鸭后，可引起鸭发病和死亡，死于 DPV 强毒感染鸭的脑、肝等器官，是保存 DPV 强毒特性的良好材料。目前，我国已经能够生产 SPF 鸭，使得应用易感鸭来作为研究、保存 DPV 强毒的实验室宿主系统有了更多的选择。

（程安春，汪铭书，朱德康）

基因组结构和功能

一、病毒基因组结构和碱基组成

鸭瘟病毒的基因组和所有疱疹病毒家族成员一样，为双股螺旋线状 DNA，当其进入感染细胞核后便迅速与核衣壳分离、环化。疱疹病毒家族成员的基因组序列（Field's Virology 6th ed，2013），根据其重复序列单元的位置和数量，疱疹病毒基因组被划分为 A～F 六型。以 HHV-6 为代表的 A 型基因组，其中一个末端的大片段序列直接在另外一个末端发生重复。以 SaHV-2 为代表的 B 型基因组，末端序列在两个末端直接发生多次重复，且重复单元的数量不一定相同。以 EBV 为代表的 C 型基因组，末端序列直接重复的数量相对较少。此外，C 型基因组包括能将独特（或准独特）序列划分为几个区域的其他序列串。以 VZV 为代表的 D 型基因组，一个末端的重复序列在其内部发生反向重复。在这些基因组中，由反向重复序列包围的短独特序列（US）相对于长独特序列（UL）可以发生反转，因此从感染细胞或病毒粒子中提取的 DNA 包括由两个不同方向 US 组成的两个摩尔种群的同分异构体。以 HSV 和 HCMV 为代表的 E 型病毒基因组，双末端序列发生反向重复并在基因组内部并列排列，将基因组划分为两个部分，每个部分由不相关的一对反向重复序列包围的独特区域组成。在这种情况下，相对于另外一个，两个部分都能发生反转，从感染细胞和病毒粒子中提取的 DNA 包括由 UL 和 US 两部分相对不同方向的四个摩尔种群的同分异构体（图 2－87）。以 TuHV－1 为代表的 F 型基因组，不存在相同的末端序列，也不存在末端序列的直接或反向重复（Roizman 等，2013）。尽管反向重复序列是导致序列倒置和基因扩大的潜在因素，但它们在病毒复制中的角色和作用还不甚明了。迄今为止，所有的疱疹病毒基因组都包含对包装 DNA 进衣壳，以及剪切基因组为单位长度的末端保守性顺式作用信号（剪切/包装）。

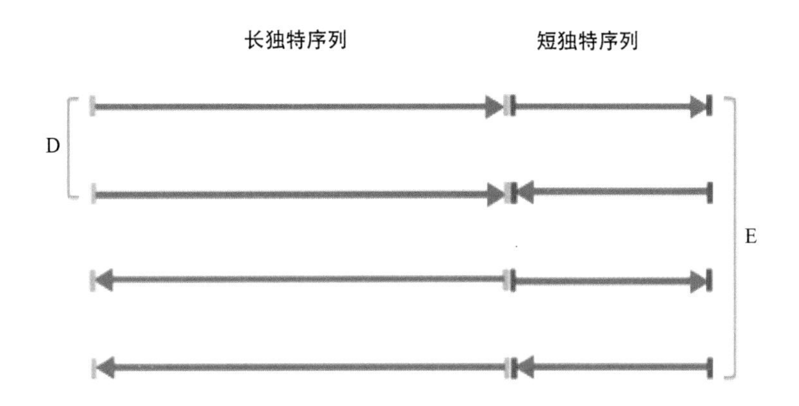

图 2－87 疱疹病毒基因组同分异构体（参考 Field's Virology 6th ed，2013）

D：D 型疱疹病毒基因组的两种异构体形式 E：E 型疱疹病毒基因组的四种异构体形式

疱疹病毒的基因组，除在大范围的结构上有差异外，在内部序列结构和基因组末端结构上也有差别，但几乎所有疱疹病毒 DNA 末端都含有一组 28 bp 的保守序列：CCCCGGGGGGTGTTTTTGATGGGGGG（蔡铭升，2009）。鸭瘟病毒全基因组测序结果表明鸭瘟病毒的基因组由共价结合的两个区域组成，包括长独特序列（UL）、短独特序列（US），以及内部和末端的反向重复序列，构成 UL－IRS－US－TRS 结构的病毒基因组（图 2－88）。与人带状疱疹病毒一样，鸭瘟病毒基因组具有典型的 D 型疱疹病毒基因组结构（Riozmann 等，1992；Lee 等，2000；McGeoch 等，1988；Dolan 等，1998；Izumiya 等，1999；Wang 等，2011；Wu 等，2012）。疱疹病毒基因组的长度和碱基组成是其区别于其他病毒的特征，目前已知全基因组序列的鸭瘟病毒基因组长度为 158～162 kb。在疱疹病毒家族中不同病毒的基因组长度由于其普遍多态性而存在显著差异。由于疱疹病毒基因组包括的内部和末端重复序列在拷贝数上存在显著差别，同时这些序列在细胞培养传代中可能会发生丢失或重复，导致物种间在基因长度上的差别可能达到

10kb 以上。不同鸭瘟病毒毒株基因组之间的 GC 含量极为接近，均为 45%左右。

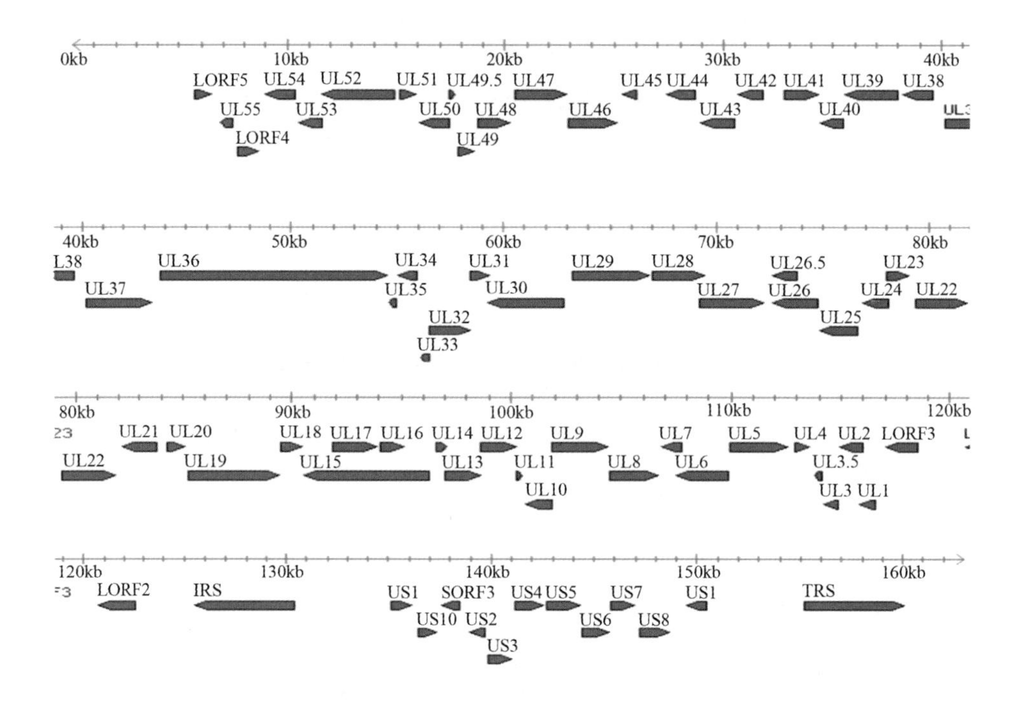

图 2－88 鸭瘟病毒 CHv 强毒株基因组图谱

二、鸭瘟病毒基因组基因及其编码产物

（一）鸭瘟病毒基因

大多数疱疹病毒基因为一个单一的开放阅读框，包括位于 TATA 盒上游 50～200 bp的启动子/调节序列元件、TATA 盒下游 20～25bp 的转录起始位点、5′端非编码区 30～300 bp 的前导序列、满足宿主高效启动需求的翻译起始密码子、3′端非编码区 10～30 bp 和典型 poly(A) 信号尾巴等元件。同时，还存在着变异和例外的情况。有研究发现疱疹病毒存在没有 TATA 盒的基因（如 HSV－1 γ1 34.5 基因）和从第二链中的蛋氨酸开始启动翻译的情况。在 HSV 晚期基因中，启动子-调节序列可能位于 TATA 盒的 3′端。

基因重叠的现象在疱疹病毒中很普遍。在基因头尾排列的情况中，上游基因与下游基因的启动子-调节序列可能发生重叠。在另外一些情况下，镶嵌于一个蛋白编码区内部的第二个转录单元在较大蛋白的编码区内部的蛋氨酸开始启动翻译，产生了一个较小的多肽（如 HSV UL26 和 UL26.5）。由此产生的两种蛋白共用相同的氨基酸序列区域，产生不同的功能蛋白。单纯疱疹病毒 1 型（herpes simplex virus 1，HSV-1）UL26.5 由 UL26 转录起始位点大约+1 000 bp 的 mRNA 转录，+1 099 bp 的起始密码子甲硫氨酸开始翻译。与重叠基因 UL26 和 UL26.5 相似的基因排列顺序在所有的疱疹病毒中都有发现。

鸭瘟病毒中国强毒株（DPV CHv，JQ647509）基因组是目前 NCBI 公布了全基因组序列的鸭瘟病毒中最长的。对其进行分析发现，DPV CHv 5′UTR 包含 25 个 TATA 盒、8 个 CAAT 盒、8 个 poly（A）和 1 个 GC 盒；3′UTR 包含 3 个 TATA 盒、13 个 CAAT 盒、4 个 poly（A）和 7 个 GC 盒，均为潜在的转录调控元件。同时 3′UTR 中包含 7 个长度为 40bp 的串联微卫星结构（Ying 等，2012）。DPV 基因组共包括 78 个开放阅读框（ORF），其中有 65 个 ORF 位于 UL 区，11 个 ORF 位于 US 区，另外 2 个 ORF 完全位于 IRS 和 TRS 区域（表 2-1）。UL15 基因的区域被 UL16 和 UL17 分成两个独立的外显子。UL26.5 基因位于长独特序列（UL），与 UL26 基因内部重叠，具有共同的 3′端，但是启动子各不相同，UL26.5 的启动子位于起始密码子上游的 UL26 序列中。UL26.5 基因编码与 UL26 共 C 端的多肽，产物分别为支架蛋白前体和蛋白酶（张瑶，2009）。

表 2-1 鸭瘟病毒中国强毒株 CHv 株基因预测

基因名称	编码蛋白	起始编码	终止编码	基因长度（bp）
LORF5	LORF5	5 687	6 409	723
UL55	UL55	6 876	7 436	561
LORF4	LORF4	7 694	8 662	969
UL54	UL54	8 965	10 341	1 377
UL53	糖蛋白 K	10 513	11 544	1 032
UL52	UL52	11 544	14 918	3 375
UL51	皮层蛋白 UL51	15 155	15 913	759
UL50	脱氧尿苷三磷酸酶	16 064	17 407	1 344
UL49.5	糖蛋白 N	17 406	17 693	288
UL49	皮层蛋白 UL49	17 822	18 583	762

（续）

基因名称	编码蛋白	起始编码	终止编码	基因长度（bp）
UL48	皮层蛋白 UL48	18 774	20 198	1 425
UL47	皮层蛋白 UL47	20 480	22 846	2 367
UL46	皮层蛋白 UL46	22 912	25 131	2 220
UL45	皮层/囊膜蛋白 UL45	25 353	26 027	675
UL44	糖蛋白 C	27 419	28 714	1 296
UL43	UL43	28 941	30 443	1 503
UL42	UL42	30 666	31 757	1 092
UL41	UL41	32 792	34 285	1 494
UL40	UL40	34 404	35 471	1 068
UL39	核（糖核）苷酸还原酶大亚基	35 509	37 941	2 433
UL38	UL38	38 240	39 637	1 398
UL37	UL37	40 147	43 347	3 201
UL36	UL36	43 766	54 529	10 764
UL35	UL35	54 592	54 945	354
UL34	UL34	55 040	55 870	831
UL33	UL33	56 079	56 486	408
UL32	UL32	56 446	58 407	1 962
UL31	UL31	58 400	59 332	933
UL30	DNA 聚合酶	59 256	62 876	3 621
UL29	UL29	63 249	66 833	3 585
UL28	UL28	66 988	69 399	2 412
UL27	糖蛋白 B	69 189	72 191	3 003
UL26	UL26	72 644	74 767	1 074
UL26. 5	UL26. 5	72 644	73 717	2 124
UL25	UL25	74 845	76 641	1 797
UL24	UL24	76 828	78 057	1 230
UL23	胸苷激酶	77 994	79 070	1 077
UL22	糖蛋白 H	79 344	81 848	2 505
UL21	UL21	82 134	83 819	1 686
UL20	UL20	84 272	85 093	822
UL19	UL19	85 256	89 398	4 143
UL18	UL18	89 516	90 484	969

（续）

基因名称	编码蛋白	起始编码	终止编码	基因长度（bp）
UL15	UL15	90 577	96 281	5 704
UL17	UL17	91 812	93 866	2 055
UL16	UL16	94 053	95 141	1 089
UL14	UL14	96 584	97 048	465
UL13	UL13	97 009	98 583	1 575
UL12	UL12	98 589	100 277	1 689
UL11	UL11	100 220	100 483	264
UL10	糖蛋白 M	100 627	101 856	1 230
UL9	UL9	101 846	104 425	2 580
UL8	UL8	104 447	106 717	2 271
UL7	UL7	106 810	107 775	966
UL6	UL6	107 507	109 879	2 373
UL5	UL5	109 984	112 551	2 568
UL4	UL4	112 842	113 558	717
UL3. 5	UL3. 5	113 765	114 127	363
UL3	UL3	114 142	114 861	720
UL2	UL2	114 940	115 941	1 002
UL1	糖蛋白 L	115 802	116 512	711
LORF3	LORF3	117 026	11 8468	1 443
LORF2	LORF2	120 673	12 2565	1 893
-N/A-	ICP22	123 236	123 640	405
IRS	IRS	125 488	130 368	4 881
US1	US1	135 092	136 081	990
US10	US10	136 393	137 361	969
SORF3	SORF3	137 574	138 461	888
US2	US2	138 937	139 656	720
US3	蛋白激酶	139 869	141 026	1 158
US4	糖蛋白 G	141 165	142 544	1 380
US5	糖蛋白 J	142 704	144 323	1 620
US6	糖蛋白 D	144 429	145 697	1 269
US7	糖蛋白 I	145 811	146 926	1 116
US8	糖蛋白 E	147 150	148 622	1 473
US1	US1	149 484	150 473	990
TRS	IRS	155 197	160 077	4 881

（二）鸭瘟病毒编码蛋白

鸭瘟病毒基因组编码的 70 多个蛋白主要用于参与病毒的生命周期。按照其功能可以分为结构蛋白和功能蛋白两大类。结构蛋白主要参与形成病毒衣壳、间层及囊膜等；而功能蛋白则作为病毒的非结构蛋白，参与病毒的复制、装配等，如胸苷激酶、DNA 多聚酶、DNA 复制酶-解旋酶等。此外，还有一些其他的蛋白质，位于囊膜与衣壳之间的皮层中。

1. 结构蛋白

（1）囊膜蛋白　疱疹病毒的囊膜蛋白均为糖基化蛋白，包括糖蛋白 gB、gC、gD、gE、gG、gH、gI、gJ、gK、gL、gM 11 种（Li 等，2009；Wisner 等，2009；Liu 等，2008；Zhang 等，2010；韩先杰等，2006；Chang 等，2009；Zhao 等，2009；Li 等，2011）。糖蛋白具有吸附、穿入敏感细胞、融合细胞及细胞间传播的功能，同时还携带抗原决定簇，可诱导机体免疫应答反应，同时造成组织的病理损伤。疱疹病毒的病毒囊膜是由宿主细胞质膜衍生而来的脂质双层结构，是位于病毒颗粒最外层的包被物，表面有放射状排列的纤突，长度为 8～10 nm。病毒囊膜由多种蛋白质构成，其中大部分蛋白质被糖基化，修饰成为糖蛋白，构成病毒粒子表面的抗原决定簇。此外，病毒囊膜上还含有非糖基化的膜蛋白，如 UL3、UL20、UL34 和 UL43 基因的产物。囊膜蛋白在病毒的吸附与穿入的过程中起重要作用。病毒与易感细胞接触时，病毒外膜糖蛋白（主要是 gB）通过与相应的细胞受体结合介导病毒核衣壳进入细胞，并在细胞之间相互转染，诱导病毒从核膜出芽、释放过程等。

（2）皮层蛋白　疱疹病毒的皮层蛋白位于病毒囊膜和衣壳之间，目前确定的 7 种皮层蛋白包括 UL7、UL11、UL14、UL16、UL36、UL37 和 UL51（Shen 等，2009；Li 等，2012；He 等，2011；Li 等，2009）。UL7 是病毒复制非必需基因，UL7 在 HSV-2 和 PRV 中参与病毒粒子的形成和病毒释放；UL11 与 UL16 是一个十四烷基和十六烷基蛋白，共同作用在病毒的释放及胞质内次级囊膜化中起重要作用；UL36 分子量巨大，与 UL37 相互作用，在病毒侵入时影响病毒 DNA 从衣壳内释放。

（3）衣壳蛋白　由于疱疹病毒衣壳形态相似，组成成分同源性高，因此对疱疹病毒衣壳的组成及结构的研究主要是根据 HSV-1 的研究结果进行推证的，其衣壳主要由 UL18、UL19、UL26、UL26.5、UL35 和 UL38 等基因的产物组成，为六角形立体对称的正二十面体。包括三层：中层和内层是无特定形态的蛋白质薄膜，外层衣壳的形态结构是疱疹病毒科的重要特征。通常由 162 个互相连接呈放射状排列且有中空轴孔的壳粒构成（包括 12 个五邻体、150 个六邻体）。壳粒呈规律性分布排列，每个正二十面体衣壳都由五邻体和六邻体组成，大小为12.5 nm×9.5 nm，主要成分为多肽，组成的核衣壳直径为80～110 nm（Trus等，1996）。UL6为病毒次要衣壳蛋白，是DNA进入衣壳的通道（Trus等，1996；Newcomb等，2001）；主要衣壳蛋白UL19是六邻体和五邻体的组成成分（Dai等，2012）；UL18是六邻体和五邻体之间内部衣壳化时的组成成分（Chen等，2011）；UL19和UL18形成的三联体构成病毒核衣壳五邻体和六邻体的基本单位（Newcomb等，1993）。UL38与UL18功能类似（Xiang等，2009）；UL35是位于六邻体项端的小衣壳蛋白（An等，2007）；UL26则是一种成熟蛋白酶，产生成熟形式的支架蛋白；UL26.5与UL26蛋白共用C末端的部分，是一种支架蛋白，在DNA包装时从衣壳蛋白内移出（Liu等，2010）。

2. 非结构蛋白　疱疹病毒非结构蛋白包括病毒DNA复制的机器装置UL30、UL42、UL9、UL5、UL8、UL52、UL29（陈普成等，2009；Pan等，2008；Muylaert等，2012；李阳，2008；Liu等，2007）；DNA复制以外的酶UL23、UL39、UL40、UL50、UL2（Li等，2006；Lu等，2013）；在病毒DNA包装和加工过程中起重要作用的蛋白UL12、UL15、UL28、UL6、UL25、UL32、UL33、UL17（An等，2007；娄昆鹏等，2010；Zhu等，2011；陈淑红等，2006；Wen等，2013）；以及参与衣壳从核内释放的蛋白UL31和UL34（Xie等，2010；Zhong等，2009）。

三、疱疹病毒基因表达调控

疱疹病毒蛋白的合成遵循级联瀑布式规律，并根据基因转录的先后，分为立即早期α（immediate early，IE）、早期β（early，E）和晚期γ（late，L）基因（Feldman等，1979）。疱疹病毒α基因的转录出现在病毒DNA复制之前，因此α基因的表达并不依赖病毒蛋白质的合成。一些早期（E）基因即β基因参与核苷酸代谢和DNA合成，如编码合成胸苷激酶（thymidine kinase，TK）（Coen等，1989；Kit等，1985）、DNA聚合酶等。晚期基因即γ基因编码包括主要衣壳蛋白、主要间层蛋白和包膜糖蛋白（Gale等，2000）。

疱疹病毒基因具有几个调控类别，且它们的表达调控系统异常复杂。单以EBV为例，其表达的基因在潜伏期就存在多种形式。疱疹病毒基因在感染细胞中的表达代表一种典型的级联调控模式（Lamberti等，1998），这种调节特征在疱疹病毒家族中保守。疱疹病毒感染宿主细胞后，根据基因的表达顺序和机制，疱疹病毒基因至少分为四类：需要新蛋白合成（细胞或病毒）的α基因（立即早期基因）、依赖于病毒DNA合成的β基因（早期基因）、表达量随着病毒DNA的合成而增加的$\gamma1$基因（leaky－late），以及完全依赖于病毒DNA合成的$\gamma 2$基因（真正晚期基因）（Weir等，2001）。立即早期、早期和晚期基因的命名是基于早期的研究；它具有对感染细胞内发生的事件进行即时反应的优点，但对所有事件概括的不全面。这两种系统都应用广泛、可以互换。

就如我们提到过的，大多数疱疹病毒基因受宿主RNA聚合酶Ⅱ转录及大量病毒和细胞蛋白的调控。转录调控的一个重要方面与病毒基因组的染色质化时期密切相关。病毒基因组的染色质化从感染初期病毒基因组注入细胞核开始不断受到病毒和细胞特异性调控，并贯穿溶裂解性复制、潜伏感染的建立、维持和活化等整个过程（Field's Virology 6th ed，2003）。疱疹病毒基因在裂解性复制期间的转录表达受到病毒DNA进入细胞核时宿主对病毒基因连续去阻遏作用的抑制调节。至少对HSV-1来讲，病毒基因的转录起始阶段在从神经元潜伏期的活化期间受到病毒基因种类的干扰。说明病毒从潜伏期的活化普遍涉及非定向的病毒基因表达去阻遏作用。

（吴英，程安春）

第六节 基因组的转录与复制

一、疱疹病毒的转录与复制

目前，关于鸭瘟病毒复制周期的研究资料尚很缺乏，但疱疹病毒科其他病毒在这方面已有较多文献。众多研究结果表明当疱疹病毒粒子进入感染细胞后，病毒先通过囊膜糖蛋白吸附到宿主细胞受体上（Mettenleiter等，2002；李成等，1987；Granzow等，2001），然后病毒DNA进入核内复制，启动病毒立即早期（immediate-early）、早期（early）和晚期（late）基因的串联表达（Feldmann等，1979）。之后疱疹病毒在感染细胞核内形成衣壳并装配入核酸（李成等，1987）；疱疹病毒核衣壳在核内膜以“出芽方式”获得初级囊膜进入核间隙，然后于外层核膜脱去初级囊膜进入胞质并在其中获得皮层和终级囊膜而达到成熟（Mettenleiter等，2002，2006）；子代病毒通过细胞的胞吐或内质网系统排到细胞外（Richard D DIX，Pathogenesis of Herpes Simplex Ocular Disease，2002)。疱疹病毒感染细胞中往往会出现多种特殊的与病毒复制相关或不相关的结构。疱疹病毒感染细胞后能影响细胞的基本代谢，可出现不同程度的肿胀变性坏死，也能通过直接或间接机制诱导感染细胞凋亡来杀死感染细胞（Gillet 等，2005；Pagnini 等，2005；Secchiero 等，1997；Feng 等，2002)。在与宿主长期相互适应和进化的过程中疱疹病毒也形成了各种抑制细胞凋亡的机制，以保证自己最大限度地增殖和传播，而对细胞凋亡的抑制则在嗜神经性疱疹病毒引起的潜伏感染中起着关键的作用（李祥敏等，2000；王健译等，2001)。

（一）病毒的吸附、进入和脱壳

病毒的吸附是病毒感染细胞的第一步，这个过程往往在几分钟到几十分钟的时间内就可以完成（李成等，1987)。对于疱疹病毒而言，感染早期，病毒颗粒囊膜糖蛋白吸附于细胞表面特异受体上，吸附的病毒颗粒膨胀，病毒囊膜与细胞膜融合，吸附处常见质膜增厚，电子密度增加（Mettenleiter 等，2002；李成等，1987；Granzow 等，2001)。病毒一旦被吸附就出现活跃的吞噬现象，细胞内陷而被吞噬，并出现在细胞质内的吞噬泡中。关于疱疹病毒进入细胞方式虽然有不同的报道，大部分研究者支持细胞吞噬方式，但也有研究者认为病毒的进入需要通过细胞吞噬作用和病毒包膜与细胞膜融合两种方式（侯云德等，1990)。感染早期的细胞基质和吞噬泡内的病毒颗粒显示不同程度的退变现象，囊膜及壳体膨胀，包膜和壳体松散，解体成为细粒无定形物而释放出DNA，通过核孔迁移至细胞核内（李成等，1987；黄金华等，1997；Prasad 等，1980)。

（二）病毒核酸复制与基因转录

疱疹病毒进入细胞开始脱壳后，病毒颗粒随即消失，进入病毒感染的“隐蔽期”。这个“隐蔽期”是病毒增殖过程中最主要的阶段，此时病毒的遗传信息向细胞传达，细胞在病毒遗传信息的控制下合成疱疹病毒的各种组成成分及其所需的酶类。目前，关于鸭瘟病毒基因的转录虽然还没有详细报道，但对同属于 α 疱疹病毒亚科的同类成员如 HSV-1（寸铧等，2003)、PRV（马相如等，2002）的转录情况已有总结。在疱疹病毒中，病毒基因的转录是按照级联的方式而有条不紊地进行的，其基因组的表达具有很高的时序性。疱疹病毒感染靶细胞后，进入核内的线状双链 DNA 分子环化，病毒基因按一定的顺序以 θ 形式进行转录（Feldmann 等，1979)，并按照转录的先后顺序分为立即早期基因（immediate early gene，IE，α)、早期基因（early gene，E，β）和晚期基因（late gene，L，γ)。晚期基因 γ 又分为 $\gamma1$（部分依赖病毒 DNA 的合成）和 $\gamma2$（高度依赖病毒 DNA 的合成）基因两类。

编码调节蛋白的立即早期基因最先转录，它的转录即使在细胞蛋白质合成被放线菌酮抑制的情况下也能进行。病毒一旦进入细胞，α TIF 蛋白就立即参与、辅助病毒粒子的立即早期基因转录。立即早期基因表达产物对早期基因和晚期基因的转录起调节作用。目前，已鉴定的疱疹病毒立即早期基因相对较少，但在 HSV 中有几个立即早期基因已被鉴定，它们是 ICP4、ICP0、ICP22 和 ICP27，但它们在 PRV 中的同源物 EP0、Rsp40 和 UL54 却不是立即早期基因。到目前为止，PRV 基因组中仅有一个立即早期基因被鉴定，该基因编码立即早期蛋白（IE180），它是早期基因的反式激活因子，当 IE180 与恰当病毒启动子的识别序列结合后，能调动细胞的转录装置，从而有效地反复起始转录，大量合成病毒所需蛋白质。其中 PRV 的 EP0 是一个早期基因，Rsp40 也可能是一个早期基因（Banmeister 等，1995）。

早期基因被立即早期蛋白激活后，在病毒 DNA 复制前进行转录，在复制开始后达到最高转录水平，编码病毒复制相关蛋白质的基因，也包括一些编码具有酶学功能蛋白质的基因，如胸苷激酶基因。转录的早期蛋白一般被用于调节病毒复制。

晚期基因，主要编码病毒的结构蛋白，其表达需要早期基因表达产物的调节，往往在整个转录阶段的最后时期被表达（Gale 等，2000）。构成病毒粒子的结构蛋白成分，用于形成衣壳或者病毒表面的受体。需要特别指出的是，按表达时期划分基因类别并不是绝对的，如一些早期基因在 DNA 复制前转录，但是在复制开始后表达量才会达到最大。

此外，据报道，病毒的宿主关闭蛋白（VHS or UL41）对于病毒的复制非常重要（Matis 等，2001），它编码的酶可以关闭宿主蛋白的合成、降解宿主的 mRNA、帮助病毒复制并调节病毒蛋白的基因表达。合成的病毒基因组立刻转移到核内，但宿主关闭蛋白依旧留在细胞质中（Taddeo 等，2006；Skepper 等，2001）。

（三）病毒核衣壳装配

新合成的病毒成分在感染细胞内逐步成熟装配成完整的病毒粒子。病毒衣壳蛋白亚单位以最佳的物理方式形成衣壳，然后串联的病毒基因组被切割并包装进入衣壳形成核衣壳（李成等，1987）。衣壳蛋白在胞质中合成后，进入核内并自我组装成衣壳前体，又称前衣壳（Newcomb 等，1999）。衣壳的形成过程目前尚不是十分清楚，HSV 病毒粒子表明不同的核衣壳与不同阶段的衣壳形成有关，目前已知有 A、B、C 三种核衣壳形态（黄文林等，2002）。衣壳 A 无病毒 DNA 和包膜，衣壳 B 无包膜而有病毒 DNA，衣壳 C 与衣壳 B 相似，无包膜但有病毒 DNA，即去除完整病毒颗粒的包膜所得。郭宇飞等（2005）曾对 DPV－CHv 强毒株感染鸭胚成纤维细胞做过超微结构观察，对鸭瘟病毒粒子的核衣壳形态有所证实。Granzow 等（1997）也曾利用电镜对 PRV 病毒粒子做过超微结构观察，表明衣壳粒是逐步装配到衣壳前体上的，即病毒粒子首先在核内形成具有支架结构的空衣壳- B 型衣壳，在 DNA 的包装过程中，支架结构逐渐解体，并最终在核内膜上形成有囊膜的 C 型衣壳，而不具有病毒 DNA 和支架结构的 A 型衣壳是包装过程不完全的产物。

研究表明，疱疹病毒的转录、DNA 复制、蛋白质合成、核衣壳的形成和病毒核酸的装入发生在细胞核内（Mettenleiter 等，2002，2006；殷震等，1997；李成等，1987；翟中和等，1982；Gibson 等，1996；Rixon 等，1993）。而在 DPV 中却发现了细胞质装配途径，翟中和等（1982）通过放射自显影研究发现，DPV 除在细胞核进行 DNA 合成和装配外，还能在细胞质中合成病毒 DNA 并装配形成核衣壳，虽然目前关于疱疹病毒细胞质内装配途径还有很多未明了之处，但也为疱疹病毒 DNA 合成和核衣壳的装配提供了新的理念。

（四）疱疹病毒的成熟和释放

疱疹病毒粒子的成熟需要经过一个初次包膜——去包膜——二次包膜的过程，即病毒在核内进行 DNA 的复制、病毒的转录、核衣壳的组装和包裹，随后在核内形成的核衣壳与核膜内层作用，获得了一层外膜，介导病毒以出芽的方式从核内释放。

研究发现单纯疱疹病毒（herpes simplex virus，HSV）1 型感染后，细胞核纤层出现部分解离，这可能是细胞核内核衣壳到达内层核膜的必要前提（Scott 等，2001）。疱疹病毒接下来的成熟过程在一段时间内一直争论不休。一种观点来自对 HSV -1 的研究，认为内外层核膜间的病毒保持着原有结构并由分泌途径离开细胞（Penfold 等，1994）。该观点认为，内外层核膜间的病毒在此时已经获得了细胞外成熟病毒所具有的那种完整的被膜和囊膜（Granzow 等，2001；Card 等，1993）。另一种观点认为，病毒初级囊膜与外层核膜（或与外层核膜紧密相邻的内质网膜）相融合，使病毒脱去初级囊膜和初级被膜，并使病毒衣壳释放到胞质中，之后病毒在细胞质中获取其终级被膜和终级囊膜（Mettenleiter 等，2002，2006）。对 HSV、人巨细胞病毒（human cytomegalovirus，HCMV）、人疱疹病毒（human herpesvirus，HHV）、伪狂犬病毒（pseudorabies virus，PRV）、水痘-带状疱疹病毒（varicella zoster virus，VZV）、蛙疱疹病毒（ranid herpesvirus，RHV）等多种疱疹病毒的研究结果都支持病毒脱囊膜/重获囊膜这一理论模型（Jones 等，1988；Radsak 等，1996；Roffman 等，1990；Whealy 等，1991；Mettenleiter 等，2006；Gershon 等，

1994；Stackpole 等，1969；Granzow 等，1997）。并且已有研究通过免疫电镜技术的方法证明，内外层核膜间的病毒与成熟的病毒在组成上有所不同，胞外成熟疱疹病毒的囊膜与宿主核膜所含的磷脂在组成上有差异（van Genderen 等，1994；Klupp 等，2000），这些差异只能用囊膜的两步获得模型来加以解释。这些多方面的研究结果都支持两步获得囊膜的模型，并使之成为疱疹病毒形态发生的统一模型。

疱疹病毒获取皮层及其后的病毒成熟过程很大程度上还是一个未知的领域。目前的研究大多认为，病毒核衣壳进入细胞质中后，在细胞质获得皮层或者在通过出芽到细胞质高尔基体或者其他膜性结构中的过程中同时获得皮层和囊膜（Mettenleiter 等，2002，2006；李成等，1987），在这一过程中 UL3.5 基因的产物是必需的。大量研究资料证明，疱疹病毒核衣壳在细胞质中空泡膜上往往附着数量和厚度不等的电子致密物质，成熟疱疹病毒的释放可能是通过在这个有致密物质的膜处向细胞空泡中出芽，或通过空泡与质膜融合来释放（Guo 等，1993），而其他的疱疹病毒如豚鼠疱疹病毒（Nayak 等，1971）、传染性喉气管炎病毒等还存在病毒释放的细胞质通道（黄金华等，1997；王世礼等，1994）。成熟的疱疹病毒也可通过感染细胞的被破坏裂解而释放。进入细胞质空泡中的病毒颗粒不仅带有从空泡膜上获得的囊膜，还带有一层与空泡膜上附着物质电子密度类似的皮层结构。在感染疱疹病毒的细胞内常可观察到多种形态各异的微丝微管状特殊结构。在感染 ILTV 鸡胚肾细胞核内观察到一种与病毒核壳体装配密切相关的微管结构，管径约为 65nm，长度差异大，最长可达 2 000 nm，微管中间有电子致密的芯样结构，有的直接插入毒浆中，同时它又和不同形态的核壳体交织在一起（黄金华等，1997）。Peixuan Guo 在 ILTV 感染细胞胞质发现大量管状结构，直径为 45～50 nm，长约 1 μm，并见病毒核衣壳在这个结构的末端形成泡状（Guo 等，1993）。另外，在 DPV 的感染鸡胚成纤维细胞核内除常见包含体外，还可以看到直径为 20～25 nm 的粗线状结构，或紧密或松散，而通过放射自显影方法研究表明这种结构并非病毒 DNA（翟中和等，1982）。

高尔基体小泡包裹着成熟病毒粒子移向胞膜并与之融合，最终将病毒粒子释放到胞外。令人不解的是，释放出的病毒并不能马上重新进入它们刚刚离开的细胞。有研究表明，gK 可能阻止病毒与细胞间的再次融合。此外，疱疹病毒感染细胞中还可以观察到一种不完全子代病毒粒子（即 L 病毒颗粒，L-particle），这种病毒颗粒只有被膜和囊膜，缺少衣壳，不具有感染性（Aleman 等，2003；Irmiere 等，1983；McLauchlan 等，1992）。

二、鸭瘟病毒复制的部分特点

经研究报道，DPV可在9～14日龄鸭胚中生长繁殖，并引起胚胎死亡。病毒在鸭胚上生长适应以后还可感染鸡胚和鸡胚成纤维细胞，产生蚀斑并形成核内包含体。DPV还可在成纤维传代细胞系CCL-141中生长并具有蚀斑易于观察的特点，但病毒产量较原代细胞少5.6倍（郭宇飞等，2006）。有研究报道，1株DPV弱毒接种鸭胚成纤维细胞后，对其生长情况进行的研究结果表明，接毒后4 h可在胞内检测到DPV，在48 h病毒滴度达到最高；接毒后6～8 h可在胞外检测到DPV，在60 h病毒滴度达最高，病毒在细胞内的复制周期为6～8 h，成熟病毒子的释放与细胞发生病变的时间相一致。丁明孝（1985）的研究结果进一步证实，鸭瘟病毒DNA的合成是持续地进行的，在被感染细胞中病毒DNA的复制与壳体的装配，病毒粒子的成熟与释放也是同时进行的，即病毒一边装配与成熟，一边仍在合成新的DNA。脉冲试验证明鸭瘟病毒DNA复制与核壳体的装配在时间上不是截然分开的，不仅不像某些痘病毒那样，随着病毒的形态发生而导致病毒DNA合成速率的降低，根据文献对单纯疱疹病毒、马疱疹病毒与伪狂犬病毒研究的结果表明，当病毒进行装配时，病毒DNA复制即完全停止。然而当DPV核壳体在大量装配时，病毒DNA的合成还在以很高的速率进行。甚至在一些病毒已大量成熟与释放，濒临裂解的细胞内，3H-TdR仍在向细胞核内渗入。DPV的基因产物似乎失去了对病毒DNA合成的调控能力，结果合成大量“多余”的DNA。DNA复制的持续时间很长是DPV的特征之一，这相应说明它们在宿主细胞内具有较长时间的持续性的繁殖（翟中和等，1983）。

对DPV弱毒株在鸡胚成纤维细胞中的成熟和释放方式进行研究发现，DPV获得囊膜的方式有2种：一是核衣壳可通过空泡出芽的方式获得囊膜；二是在核内依靠膜物质在核衣壳周围积累而获得囊膜。深入研究结果表明，DPV存在2种装配方式：①病毒核衣壳进入宿主细胞后，在核内获得皮层蛋白，部分核内膜形成囊膜从而成为成熟病毒子，称为胞核装配方式；②核衣壳通过内外核膜进入胞质，在其中获得皮层蛋白，然后通过向高尔基体或者内质网腔出芽释放时获得囊膜，形成成熟病毒子释放到细胞外，称为胞质装配方式（李成等，1996；Granzow等，2001）。前者是DEV核衣壳主要的装配方式。但是翟中和等（1983）通过大量的观察和应用电子显微镜放射自显影技术，证明了DPV第二种装配方式的存在，即在细胞质内的装配过程。其后丁明孝（1985）也观察到DPV在细胞质中的成熟过程。DEV的复制过程，特别是在病毒复制的前期阶段，如基因的转录、蛋白合成及DNA复制等仍然缺乏详细的资料。

（吴英）

致病性分子基础

鸭瘟病毒侵入宿主细胞后进行复制增殖，释放大量子代病毒，细胞被裂解死亡。由于鸭瘟病毒致病的分子机制研究较少，有关资料主要集中在其他疱疹病毒，因此本节参照相关文献（Kerr 等，1972；徐耀先等，2000；李静，2003；王艾琳等，2004；郭宇飞等，2005；李琦涵，2009；范薇，2013；曹雪莲，2014），很多内容将主要以其他疱疹病毒为介绍对象，以便为进一步研究同属疱疹病毒的鸭瘟病毒提供些许参考资料。

一、疱疹病毒裂解性感染分子机制

（一）疱疹病毒与细胞受体结合并进入细胞的过程

疱疹病毒编码至少 30 多种糖蛋白，其中最重要的结构蛋白就是囊膜蛋白，在病毒的成熟、吸附、穿入与释放的过程中起重要作用。囊膜蛋白大部分为糖蛋白。一种或几种糖蛋白通过与细胞受体结合形成复合体的形式介导病毒进入细胞，促使细胞融合，诱导病毒核酸释放等。迄今为止，已经明确功能的疱疹病毒糖蛋白有 11 种，即 gB、gC、gD、gE、gG、gH、gI、gK、gL、gM 和 gN。其中除 gG 分泌到胞外之外，这些糖蛋白都包裹在成熟的病毒粒子囊膜表面形成纤突，构成病毒的表面抗原决定簇。目前，这 11 种糖蛋白在病毒感染中的作用已经基本清楚。这些糖蛋白以独立或复合体的形式参与疱疹病毒复制循环，在病毒的感染及对宿主致病的过程中发挥不同的作用。鸭瘟病毒同样编码有这 11 种蛋白。

与疱疹病毒结合的受体是多种多样的，有些仅仅是结合受体，它的功能仅仅是与病毒颗粒相结合，并借此将病毒聚集于细胞表面。另一些受体是介导病毒进入细胞的受体，它们与病毒颗粒的结合可以启动一系列关于细胞膜与病毒囊膜发生融合的事件。这类受体对疱疹病毒的成员来说，可能不止一个，但只要病毒与其中一个受体结合，就有可能引发病毒进入细胞的过程。根据已有的资料，可以肯定参与和受体结合并介导病毒进入细胞的糖蛋白至少有三种，分别是 gB、gH 和 gL。相关的突变试验已证明，这些糖蛋白的缺失将严重影响病毒与受体的结合。从基因上看，这几个蛋白的基因在疱疹病毒成员中具有很高的保守性，其中 gB 基因具有最高的同源性，该蛋白质在多数病毒中都呈同源二聚体或三聚体，并在囊膜表面形成主要棘突结构，而 gH 和 gL 则通常可以形成异源二聚体。正是病毒囊膜上的这些糖蛋白和相关受体，共同决定了病毒以具有一定差异的不同形式进入细胞的过程。

1. 疱疹病毒进入细胞和与细胞受体作用的具体过程 疱疹病毒感染宿主是通过病毒囊膜和细胞膜融合的方式进行的。病毒首先通过 gD 与细胞上相应受体结合后启动 gB－gH－gL复合物形成，gB 作为膜融合剂促进细胞膜与病毒囊膜发生融合后释放核衣壳进入靶细胞内完成入侵过程。细胞上 gB、gD、gH 和 gL 四种糖蛋白对于疱疹病毒的入侵非常重要，是融合发生的最小活性单元。以人类 α 疱疹病毒，单纯疱疹病毒（herpes simplex virus，HSV）的研究为例，在 HSV 的囊膜上至少具有十余种糖蛋白，其中大概只有 5 种是和病毒进入细胞的过程直接相关。其中，糖蛋白 gB 和/或 gC 所引起的作用是附着结合于细胞表面的硫酸肝素分子，在组织培养细胞上的研究结果显示，gC 对病毒的感染不是绝对必需的，但它的存在能够提高病毒结合细胞的效率。使用突变病毒的感染试验表明，gB、gD、gH 和 gL 对于病毒进入细胞的步骤是必要的，但在 gL 存在的情况下它们对病毒附着于细胞表面又不是必需的。Ku 等（2004）研究认为，gB、gD、gH 和 gL 发挥的功能主要是引起病毒囊膜和细胞囊膜的融合。其中，能够与细胞的融合受体作用并启动融合过程的主要糖蛋白就是 gD。gD 胞外区包含两个功能区：N 端为受体结合位点，C 端连接融合区域。gD 与另外三个糖蛋白 gB、gH、gL 形成复合体，与细胞膜或小囊泡进行融合。抗 HSV gD 不同位点的单克隆抗体可在连续的不同阶段阻断 HSV 对细胞的吸附。对于伪狂犬病毒的研究结果表明，gD 蛋白与受体的结合有可能诱导了 gD 构象的变化，这一变化使得其可与 gB 或是 gH－gL 产生作用，最终激活了病毒囊膜与细胞膜的融合。但也有试验表明，gB 和/或 gH－gL 也存在相应的异构体，这些蛋白和相应受体结合时，也能够在不需要 gD 的情况下启动融合过程。在这一点上，卡波西肉瘤疱疹病毒（HHV－8）也表现出相同的现象，其进入细胞的过程中，只需要 gB、gH 和 gL 即可完成其囊膜与细胞膜的融合，但这一情况的具体机制尚不是十分清楚。

鸭瘟病毒编码 gC 蛋白，在不同的分离株具有较高的保守性，转录和表达时相表明，gC 基因是晚期（γ2）基因，亚细胞定位显示 gC 蛋白主要分布在鸭胚成纤维细胞的胞质区。生物信息学分析揭示鸭瘟病毒 gC 存在可能与硫酸乙酰肝素结合的序列，然而 Yong 等（2013）研究表明鸭瘟病毒 gC 在病毒吸附的过程中发挥作用，但这种吸附作用不是硫酸肝素依赖性的。鸭瘟病毒 gD 蛋白定位在核膜，细胞膜和细胞质，推测与其他疱疹病毒具有相似的功能，能够与宿主细胞的多种受体结合，介导病毒的穿膜，促进病毒间扩散和释放。

2. 疱疹病毒与细胞受体结合后所产生的信号转导及其生物学效应 疱疹病毒与细胞表面的受体结合时可以特定识别并结合一个相应的细胞表面分子。这些细胞表面分子在正常的生理状态下，都执行相应的生物学功能。在结合细胞外特定的配体后，向细胞内导入特定的信号，并引起细胞内一定的生物学反应。配体与受体相互识别和相互作用后会引起受体分子结构构象的热动力学变构，而此变构常常可引起后续偶联蛋白质分子的相应修饰，如磷酸化、去磷酸化、甲基化、去甲基化、乙酰化、去乙酰化等。其结果，也就激活相应的后续信号转到链中的相应成分，经过系列变构及可能的分子修饰作用，向细胞内导入具有一定意义的信号。该信号循其特定的途径，引起细胞的生物学反应变化。

以卡波氏肉瘤相关疱疹病毒（Kaposi's sarcoma－associated herpesvirus，KSHV）研究为例，KSHV 在结合靶细胞时，能够与细胞表面的整联蛋白 $\alpha_3\beta_1$ 结合。整联蛋白是一类细胞膜上的跨膜蛋白家族，它们包括有 24 个 α 分子和 9 个 β 分子，以异源二聚体的方式结合形成受体分子。α 分子和 β 分子的不同组合可形成多种 $\alpha\beta$ 二聚体，目前已知有 24 种。不同的细胞表达的 $\alpha\beta$ 二聚体有所差异，而每种 $\alpha\beta$ 二聚体所结合的配体都不一样。因此，它作为信号受体传递的信号也就各异。从生理学的角度看，整联蛋白通常与不同的细胞外基质蛋白（ECM）发生相互作用，使细胞发挥其正常的功能，最常见的就是导致细胞内黏着斑激酶和细胞骨架成分的激活。当 KSHV 附着于细胞表面时，与 $\alpha_3\beta_1$ 结合的囊膜蛋白 gB 以其特有的 RGD 结构域在一定程度上模拟细胞外基质蛋白分子与整联蛋白的结合，所引起的直接结果就是 FAK 的磷酸化，激活细胞内相应的信号通路。

与 KSHV 感染类似，人巨细胞病毒（human cytomegalovirus，HCMV）的囊膜糖蛋白 gH 可以和 $\alpha_v\beta_3$ 结合，使病毒糖蛋白 gB 和 HCMV 主要受体 EGFR 的结合成为可能，这两对蛋白质分子的结合，使得 $\alpha_v\beta_3$ 和 EGFR 在细胞膜中出现相应的位移及相互的直接作用。有试验表明，$\alpha_v\beta_3$ 和 EGFR 之间的这一直接作用，将会引起细胞膜上与这两个分子偶联的其他分子随即出现多聚组合而形成一个复合体，其中包括这两个分子各自信号通路中的下游分子。而由于这个复合体分子的形成，使得 HCMV 感染细胞中与 EGFR 相关的 PI3－K 信号通路和 $\alpha_v\beta_3$ 相关的 Src 信号通路均能够被激活。这些信号通路的激活，将可能使细胞在凋亡和细胞增殖的调控方面发生改变。

（二）疱疹病毒基因转录调控过程与细胞相关系统的作用

由于疱疹病毒具有复杂的基因结构和较为系统的转录调控能力，因此在病毒基因的转录调控过程中，表现出了非常复杂的与细胞相关系统的相互作用。

试验表明，1 型单纯疱疹病毒，HSV-1 在感染细胞时，其基因组 DNA 常附着于 PML（核小体的一种组分）之上。而且，DNA 的复制过程也与 PML 具有拓扑学上的相关关系。提示，当疱疹病毒移至细胞核膜，并将其基因组 DNA 经核膜孔注入细胞核后，病毒基因组 DNA 分子能够以 PML 为其靶部位。而且，试验已证实，仅是那些能够最终形成完整增殖性感染的病毒，才会出现其基因组 DNA 靶向移动至 PML 并停留于此。这似乎意味着，病毒基因 DNA 停留于 PML，是因为病毒 DNA 需要 PML 的相关组分为病毒基因提供一个高效转录的活性部位。Ishov 等（2002）研究发现，HCMV 基因组 DNA 聚集附着于 PML 小体，并在其相关转录调控蛋白 IE72 和 IE86 的支持下，使得 PML 临近的 sc35 结构域与之共同作用，使 HCMV 的转录启动而产生相应的转录本。在这里，以含有特定剪接成分的 sc35 结构域而完成病毒最终转录本的剪接。基于 HCMV 病毒蛋白 IE72 和 IE86 这两个作为病毒立即早期蛋白的转录激活子的分析，表明病毒基因组 DNA 附着于 PML 小体，确实是出于其转录所需的策略。随后，其他研究也证明了 HSV-1 也是利用于 PML 的结构基础和类似的机制完成其转录的起始。因而从这个意义上讲，疱疹病毒基因组 DNA 结合于 PML 是其增殖的基本步骤。

此外，PML 还参与了疱疹病毒基因 DNA 的复制过程，这一过程也是多种病毒成分与 PML 小体相互作用的过程。早先的研究表明，HSV-1 感染细胞时，病毒的感染细胞多肽（infected cell polypeptides，ICPs）ICP0 蛋白会破坏 PML 小体。在 PML 小体被破坏后，其组分常常在病毒基因组复制的区域中聚集，这一现象提示病毒基因的复制过程需要 PML 小体中的相关成分。然而，也有试验表明，HSV-1 ICP0 基因的突变株仍然能够在细胞中进行正常的 DNA 的复制。基于这样的观察，有人认为 PML 小体对病毒基因 DNA 复制的进行具有特点的意义，但不是必需的。

（三）疱疹病毒在其基因表达过程中与细胞相关系统的相互作用

疱疹病毒所具有的复杂的基因组结构和由此而产生的复杂的基因转录调控系统，均能够通过与宿主细胞的基因转录调控系统的相互作用及对其的修饰作用，从而为病毒的复制创造有利的环境。由于疱疹病毒在基因转录调控方面具有多种调控成分，能够依据宿主细胞内环境而表现出不同增殖方式，因此这些病毒杂感染时实施其为增殖所需的各种功能时，肯定会与宿主细胞成分产生多层次和多方面的相互作用。

1. 疱疹病毒转录激活子与细胞相关分子的相互作用 在疱疹病毒中，具有特定的基因转录激活蛋白，最受关注的代表就是 HSV-1 的 VP16。VP16 可以和 HCF、Oct-1 结合并发挥作为病毒立即早期基因转录激活子的生物学作用。试验表明，病毒感染细胞后 VP16 主要聚集在细胞核内与病毒复制相关的区域，但同时也可见到其在细胞质内存在，而且是先呈弥散状，再逐渐聚集到类囊状细胞器区域，如高尔基体。当 VP16 在核内聚集成簇时，它总是和另一个病毒间层蛋白 VP22 相关联。还有试验表明，另一间层蛋白 VP13 在感染细胞内也和 VP22 共同关联位于核内的复制区。这些资料证明，VP16 在感染细胞内发挥的功能，除与 Oct－1 和 HCF－1 一起激活病毒基因转录的功能外，还可能和其他病毒间层蛋白一同涉及某些尚不清楚的功能。此外，VP16 还可以和细胞中人类激活子聚集辅助因子家族成员（ARC92）表现明显的相互作用。这些作用表明 VP16 在执行其转录激活作用时，是以一个综合多重作用蛋白质的方式发挥功能的。类似 VP16 的蛋白也在其他疱疹病毒成员中被发现，如 EB 病毒、KSHV、鸭瘟病毒等。

2. 疱疹病毒立即早期蛋白与宿主细胞相关分子的相互作用 当疱疹病毒在其转录激活分子的启动下开始转录表达后，首先产生的就是立即早期蛋白的 α 基因产物。疱疹病毒各成员拥有的立即早期蛋白种类是各异的，目前对它们的研究还不是很全面。比较而言，单纯疱疹病毒 HSV 的立即早期蛋白 ICP 得到了较为深入的研究。立即早期蛋白在病毒早期基因、晚期基因转录表达过程中具有重要的启动意义。同时，它们通过与细胞多种相关分子的作用，作为病毒复制的策略之一，为病毒随后的增殖过程提供了多重意义上的环境基础，使得病毒感染的大多数步骤得到了一个由病毒分子和细胞分子共同形成的系统支持。

立即早期蛋白本身并不显著表现某一特定的生物化学作用，但其可以和多种蛋白分子发生相互作用，从而介导及影响许多生物学功能。例如，HSV 的 ICP0 作为一个重要的转录调节蛋白，不仅和一些相关的病毒蛋白，如 ICP4、ICP27 相互作用，在病毒早期基因和晚期基因的转录调控过程中发挥作用，同时也在细胞内和多种细胞分子发生相互作用，影响细胞分子原有的生理功能，并使之服务于病毒增殖战略。例如，ICP0 可以与泛素-蛋白酶体发生相互作用，为病毒的复制提供一个更为合适和有效的环境；ICP0 可以和细胞内的一个转录因子 BMAL1 发生相互作用，影响双方的生物学活性；ICP0 能够与干扰素调节蛋白家族中的成员 IRF3 和 IRF7 发生相互作用，抑制这两个干扰素调节蛋白介导的干扰素刺激基因的激活；ICP0 可以和细胞翻译系统中的延伸因子 18 发生相互作用，从而改变在体外系统中病毒 mRNA 的翻译效率。HSV 的另外两个立即早期蛋白，ICP27 和 ICP4，表现出类似的特性。总之，疱疹病毒的立即早期蛋白，除在发挥其作为自身基因转录调控蛋白的功能的同时，能够表现与多种宿主细胞蛋白结合的特性，这种特性使得病毒通过它们与宿主细胞在不同方面的相互作用，形成了为病毒增殖综合服务的系统效应。

3. 疱疹病毒对宿主细胞翻译系统的作用及影响

（1）疱疹病毒与宿主细胞蛋白合成的关闭 疱疹病毒感染宿主细胞过程中依次出现 α 基因、β 基因、γ 基因的转录表达。除 α 基因外，即前面描述的立即早期基因表达的蛋白质，β 基因和 γ 基因既编码病毒的结构蛋白，也编码一些用于病毒基因复制，同时作用于细胞的翻译系统的蛋白质。所有的病毒增殖所需的功能及结构蛋白都需要通过细胞的翻译系统而产生，因此疱疹病毒感染宿主细胞后 3 h 内，宿主细胞蛋白质的合成和 mRNA 的水平下降近 90%。随后便是病毒的蛋白质合成迅速上升呈主导地位，这一过程是由病毒多种蛋白质执行的多种机制所导致的，总体上可分为两个阶段：第一阶段的特征是宿主细胞内原先存在的多聚核糖体的迅速分解，以及一些细胞 mRNA 和病毒 mRNA 分子的迅速降解，这一过程发生迅速，通常在病毒感染后的早期即可出现；第二阶段的特征则是宿主细胞蛋白质合成系统在感染的过程出现关闭，其出现的前体是某些病毒基因已经得以表达。

有关疱疹病毒作用及影响宿主细胞蛋白质合成的详细机制不甚清楚。但一些初步的分析表明，在第一阶段宿主蛋白质合成系统关闭的过程中，至少有一个蛋白，UL41 基因编码蛋白，VHS 病毒宿主关闭蛋白，在其中发挥了作用，其中包括 mRNA 去稳定，这在一定程度上导致了多聚核糖体的解离。例如，HSV-2 感染细胞 2 h 后，VHS 就能将细胞中的 mRNA 全部降解。当宿主细胞感染 HSV 后，其 VHS 蛋白在病毒各基因表达前会立即介导关闭细胞大分子的合成，此过程的有效进行需要 ICP27。疱疹病毒感染的裂解期，VHS 蛋白作为皮层的组成部分，已进入细胞质就立刻介导关闭宿主细胞蛋白质合成和降解细胞内 mRNA。通过降解细胞内宿主细胞和病毒的 mRNA，VHS 蛋白使宿主细胞从表达宿主基因进而转向表达病毒基因，加速病毒 mRNA 的更新，并推动立即早期基因、早期基因、晚期基因的有序表达。关于这个蛋白如何引起 mRNA 降解的机制还不太明确。鸭瘟病毒 UL41 研究表明，UL41 基因在感染鸭胚成纤维细胞后 6 h 开始转录，36 h 达到高峰。亚细胞定位发现，UL41 蛋白定位在鸭胚成纤维细胞的细胞质，是否鸭瘟病毒 UL41 蛋白也具有类似的功能，有待进一步研究。

在第二阶段宿主蛋白质合成关闭的作用机制中，初步发现 ICP27 扮演了一个重要的角色。ICP27 能够干扰宿主细胞 pre-mRNA 分子的剪切过程，此作用的结果是使某些细胞内的剪切转录水平降低，同时引起其 pre-mRNA 分子在细胞核内的聚集而无法被剪切，其结果就是进一步被细胞自身所降解。当然，也就无法输出至细胞质中进行下一步的翻译过程，这对于病毒来说显然是大有裨益的，毕竟大多数病毒的 mRNA 转录本是无需剪切的。

（2）疱疹病毒感染时细胞 mRNA 翻译起始的选择性抑制和病毒 mRNA 的选择性翻

译 疱疹病毒在感染宿主细胞时，出于其复杂策略的需要，以尚不清楚的方式来选择性地抑制宿主细胞的mRNA，仅保留其所需的细胞mRNA的翻译，这种发生在翻译起始步骤上的选择性抑制，有效地保证了病毒自身蛋白的翻译合成。另外，当单纯疱疹病毒（HSV）感染时，病毒本身所产生的蛋白激酶，如UL13基因编码的产物，可以使一些病毒蛋白和细胞蛋白发生磷酸化，这些作用也可能以某些未知的方式来对细胞的翻译过程产生影响。鸭瘟病毒UL13基因编码的产物功能还未被揭示。

（四）疱疹病毒对细胞周期调控系统的作用及功能控制

病毒感染细胞后，宿主细胞针对病毒感染所形成的反应之一，就是细胞凋亡。细胞凋亡由细胞外或细胞内部的特定信号所引发，以细胞自然死亡的方式，有效地消灭寄生于细胞内的病毒或其他病原体，这使得要利用感染细胞内核酸和蛋白质合成机器来为自身的增殖服务的病毒在其尚未完全成熟时，即丧失其生存的环境。而对病毒而言，在感染细胞后，需要使用一套简洁的方法来直接影响细胞周期及程序性死亡的调控及实施过程，以最优效率原则谋其自身所需。

1. 疱疹病毒在感染过程中与细胞周期的相互关系 对于不能编码自身增殖所需DNA聚合酶的DNA病毒，必须依赖于细胞增殖的周期调控系统来支持其DNA基因的复制。而疱疹病毒是一类可以编码产生DNA聚合酶及其相应的辅助因子以支持自身的基因DNA复制的病毒，也需要影响细胞的周期调控系统而支持自身的复制。总的来看，疱疹病毒在感染过程中对细胞周期的作用，似乎是使其停留在一个适于病毒生存的平衡点上，使得病毒的增殖从细胞的状态得到最大的益处，其作用机制是非常复杂。

以人单纯疱疹病毒HSV为例，早期研究表明，HSV感染可以导致宿主细胞DNA的合成受阻。随后，用不含DNA的病毒颗粒感染细胞也可以阻断细胞的生长，但不会引起细胞凋亡，这说明病毒颗粒中存在能对细胞周期进程产生抑制的效应成分。这种抑制作用是因为病毒感染引起了细胞周期调控的转录因子复合物、EIF家族复合物的异常所致，这种异常可以抑制细胞进入S期。另有研究表明，HSV感染时引起的细胞周期的停滞，是与HSV的一个立即早期蛋白ICP0相关联的。利用血清饥饿的HEL细胞感染一个只表达ICP0的HSV突变体，感染后的细胞在加入血清后都发生了内阻滞而不能进入S期。以同步化的Hep2细胞也证实，转染ICP0基因的细胞通常停留在G1期，而细胞同步化于G2期再接受ICP0基因转染时，则细胞停留在G2/M期。有人利用去除了ICP0的突变病毒感染细胞，结果表明，同样可以引起细胞的生长停滞。进一步分析表明，同样可以引起细胞增殖停滞的是ICP27。病毒相关功能分子参与细胞周期调控过程是因为它们与某些调控蛋白相互作用，由于许多作用常常是多向的，因而尚无法确定一种清楚的直接逻辑关系。

2. 疱疹病毒编码细胞周期调控蛋白同源分子 在 γ 疱疹病毒 KSHV 中，有一个蛋白分子与细胞的周期调节及凋亡相关蛋白分子 Bcl－2 有很高的同源性，被命名为 vBcl－2。vBcl－2 可以抑制由细胞蛋白 BAX 过表达引起的细胞凋亡。其同源分子也在非洲淋巴细胞瘤病毒（EBV）中被发现。虽然在 α 疱疹病毒和 β 疱疹病毒不编码 vBcl－2，但它们编码的其他分子也能够通过不同的途径来抑制细胞凋亡。编码一类具有与细胞周期调控分子相似的蛋白质分子，是疱疹病毒的一个重要战术策略，因为这类分子可以被病毒感染加以巧妙地应用，从而为病毒的增殖创造最有利的生物化学环境。

3. 疱疹病毒编码的蛋白分子对细胞凋亡的影响 疱疹病毒感染能够抑制细胞凋亡的发生。例如，人疱疹病毒 6 型（HHV－6）感染多种组织细胞，均能使 P53 蛋白水平在感染后很快上升。进一步研究发现，原因是由于 HHV－6 感染细胞中，P53 的稳定性增加而泛素化水平降低。在 EBV 和 KSHV 感染的某些细胞中也发现有类似的现象，KSHV 基因 ORF50 能够编码一个病毒的转录激活子，可以抑制 P53 的转录活性，还能够抑制 P53 通过与 CBP 结合而启动的细胞凋亡过程。从这些资料可以看出，P53 作为宿主细胞中一个重要的凋亡调控蛋白，被疱疹病毒作为靶蛋白分子，利用对其的结合而影响细胞凋亡的。

同样，其他疱疹病毒也可以作用于细胞中凋亡调控体系中的其他成分而抑制细胞凋亡的发生。例如，KSHV 的 K7 基因能够在其感染过程中编码一个小分子的类线粒体膜蛋白成分，这个蛋白能够特异性作用于细胞的钙调亲环蛋白配体（CAML）。当 K7 基因编码产物结合 CAML 后，可以在细胞受到凋亡信号刺激时，显著地增强细胞内钙离子浓度的动力学过程，其结果就是保护细胞免受线粒体损坏和细胞凋亡的影响。在对 HCMV 的研究中也发现，HCMV 也能够以其 UL37 基因编码一个病毒蛋白，它停留于感染细胞的线粒体内，可以抑制 Fas 介导的细胞凋亡作用。总之，疱疹病毒每个成员可以从不同的角度，针对细胞凋亡调控系统中的不同靶分子，利用其编码的特定蛋白质，对细胞凋亡发生的过程施以间接或直接的影响。这些影响的基本目的都是在为病毒在有限的感染周期内最大限度地完成子代病毒增殖提供服务。

二、疱疹病毒潜伏感染的分子基础

对于疱疹病毒而言，潜伏感染是其特征性的标志。在潜伏感染的过程中，疱疹病毒的基因组是以完整的形式存在于细胞中，但病毒基因转录及表达相关的一整套系统的调控事件都处于停滞状态。对于不同的疱疹病毒来讲，尽管其潜伏性感染过程中所涉及的病毒蛋白质分子和相关基因有所不同，具体分子机制也各有特点，但就总体而言，这一特征性事件则遵守一些基本规律。

疱疹病毒引起的潜伏性感染的过程通常包括三个阶段：第一个阶段是潜伏性感染的建立；第二个阶段是潜伏性感染的维持；第三个阶段是潜伏性感染的再激活。在第一阶段中，病毒进入合适的细胞后，病毒的基因即由某种尚不完全清楚的方式加以表达限制，使得其不可能进入能够导致溶胞性感染的感染周期。当病毒已建立起潜伏感染，则病毒的全部策略就是使病毒基因持续存在于细胞内，并保持一种可以在外来干涉因素引起再激活时迅速进入复制增殖的状态。疱疹病毒不同成员的潜伏感染可以发生在不同的宿主细胞中，但多数病毒成员均以神经细胞为主要的潜伏场所。其中，以 HSV-1 和 HSV-2 最为典型。本部分内容主要以 HSV 在神经细胞中的潜伏感染为介绍对象。

人单纯疱疹病毒 HSV 在人体内感染的重要步骤之一就是在三叉神经节细胞建立潜伏性感染。在三叉神经节的潜伏感染通常发于角膜、口腔、鼻咽部的原发感染。HSV 的潜伏感染的建立，是在急性感染之后病毒以特定方式将其基因组转移进入神经细胞所致。

1. HSV 潜伏感染相关基因（LAT）及其表达 HSV 基因在建立其潜伏感染的过程中终止了除 LAT 基因之外的所有基因的表达，提示 LAT 基因可能是病毒形成潜伏感染的遗传学原因。LAT 基因包含病毒即刻早期基因中编码 ICP0 和 ICP34.5 的外显子和内含子区域，而在 HSV 引起的神经细胞潜伏感染中，LAT 基因最为丰富的存在形式就是一类 HSV 基因上的稳定的内含子。但也有报道认为，它们在某些细胞中可能也不稳定，如神经细胞瘤细胞。LAT 基因位于病毒基因组的长末端重复序列，为一高度重复区，编码多个转录物，包括：8.3 kb LAT、2.0 kb LAT 和 1.5 kb LAT。2.0 kb LAT 经 8.3 kb LAT 剪切而来，是一稳定的内含子，在神经细胞内，2.0 kb LAT 经过剪切形成 1.5 kb LAT。1.5 kb LAT 在神经细胞中仅在潜伏期可检测到，2.0 kb LAT 无论在潜伏期还是在急性感染期均可检测到，而 8.3 kb LAT 在潜伏期和急性感染期均难以检测到。

2. 立即早期基因 在 HSV 潜伏感染过程中产生的 LAT 转录子，实际上来源于 HSV 基因组中立即早期基因的编码区及非编码区序列。立即早期基因编码的蛋白有 5 个，它们是 ICP0、ICP4、ICP22、ICP27 和 ICP47，其中，与病毒潜伏感染激活相关的主要是 ICP0 和 ICP4。ICP0 是一个多功能环指蛋白，可促进所有 HSV 基因的转录，可单独或与 ICP4 协同促进基因表达。在小鼠三叉神经节培养模型，与野生株比较，ICP0 突变株不能被有效激活，表明 HSV 由潜伏感染的神经元内有效激活需要 ICP0。ICP4 是 HSV 产生裂解性感染所必需，对 HSV 基因转录起主要的调节作用。使用缺失 ICP4

的HSV感染小鼠则能够引起潜伏感染。

3. LAT对IE基因表达的抑制 在对疱疹病毒潜伏感染的研究中，LAT的发现是一个重要的事件。用缺失LAT的突变株病毒去感染细胞，可以导致病毒难以从潜伏感染的状态中再激活，说明LAT缺失抑制HSV的再激活。利用细胞转染技术研究表明，HSV的TK启动子被ICP0激活启动之后，可以被LAT基因表达的2 kb RNA分子所抑制。而当缺乏LAT基因表达的情况下，ICP0的转录表达大大增加，并使较大比例受HSV感染的神经细胞进入裂解性感染状态，仅在神经节中留下了少量潜伏感染细胞。也有试验证实，用LAT基因缺失病毒感染动物，在其三叉神经节细胞中，可以发现病毒立即早期基因和早期基因的RNA的聚集比正常病毒感染快得多，说明LAT基因的表达确实对HSV裂解性感染具有抑制效应，由于LAT基因的缺失，使得HSV在特定情况下对IE基因的转录抑制作用得以解除，所以有更高比例的裂解性感染发生。缺失LAT基因并不能使病毒完全丧失建立潜伏感染的能力，提示有两种可能性存在：其一，不同神经细胞内的具体环境可能有所差别；其二，可能涉及病毒的其他调控机制，使其在LAT缺失的情况下发挥作用，使病毒在适宜的神经细胞中建立并维持潜伏感染。总之，LAT基因产物和HSV潜伏感染的联系机制，还有许多环节仍未清楚。

三、鸭瘟强毒致细胞凋亡

细胞凋亡由Kerr等（1972）首先提出，又称细胞程序性死亡，是指在一定的生理、病理情况下，机体为维护内环境的稳定，通过基因调控，高度有序地在一系列酶参与下，使生物体内一些细胞自动死亡的过程。细胞凋亡是生物体内一种普遍存在的现象，贯穿于机体的整个生命过程，从胚胎的形成、新旧细胞的交替、前T淋巴细胞的清除，以及某些组织的正常退化、萎缩与增生和肿瘤细胞的抑制等，都与细胞凋亡有密切的关系。

众多的研究发现，越来越多的病毒参与了细胞凋亡的诱导和抑制（王艾琳等，2004）。病毒感染常可致多种基因表达及蛋白酶激活而引起细胞凋亡，而持续性感染与肿瘤性转化则是由于病毒抑制了宿主细胞的凋亡，致使细胞能永久性生存。迄今为止已发现近20种病毒可调节靶细胞凋亡（李静，2003）。在这些过程中相关的病毒基因的表达和相应蛋白的合成起着关键性的作用，而细胞因子也直接或间接地参与了该过程，对于这些问题的研究有助于阐明病毒感染细胞后病毒和细胞相互作用的分子机制。

（一）致细胞培养的细胞凋亡

郭宇飞、程安春等（2005）应用苏木精-伊红（H. E.）染色光镜观察法、脱氧核糖核苷酸末端转移酶介导的缺口末端标记（TUNEL）法、DNA 梯带（DNA Ladder）检测法、电子显微镜观察法，对 DPV 中国强毒 CHv 株致 DEF 发生细胞凋亡的作用进行研究，获得的初步结果表明，DPV 对 DEF 具有显著的致细胞凋亡作用；DPV 可以在 DEF 细胞核内形成嗜酸性包含体；可以使 DEF 细胞发生融合，形成其中具有 10 多个细胞核的合胞体，对阐明 DPV 的致病机制提供了有用的数据。

1. H. E. 染色检测 DPV 致 DEF 细胞凋亡 DPV 感染 DEF 细胞中发现了染色质颗粒化（图 2－89）、细胞核变形（图 2－89、图 2－90）等显著的细胞凋亡特征，而相应的 DEF 对照细胞（图 2－91）则缺乏上述特征。

2. TUNEL 法检测 DPV 致 DEF 细胞凋亡 飞片经 TUNEL 试剂盒处理、显色并进行苏木精染色后进行光镜观察。结果在 DEF 接毒细胞胞核内发现许多棕黄色的 DAB 显色颗粒（图 2－92），而在相对应的对照 DEF 细胞（图 2－93）中则未发现此特征性的 DAB 显色颗粒物质的存在。

3. DNA 梯带法检测 DPV 致 DEF 细胞凋亡 对细胞培养物进行 DNA Ladder 检测，结果发现，接毒细胞染色质的电泳图谱表现出了典型的细胞凋亡所特有的梯带特征，而相应的对照细胞则缺乏该特征（图 2－94）。由该图可以看出，泳道 2 中的 DEF 接毒样品在其电泳图谱上表现出了 4 条明显的 DNA 梯带。可以看出，这 4 条 DNA 梯带的分子量为 180～200bp 及其整数倍，符合细胞凋亡所产生 DNA 梯带的分子量特征。

4. 电子显微镜观察法检测 DPV 致 DEF 细胞凋亡 通过电镜观察发现，DEF 接毒细胞表现出了染色质浓缩、边移（图 2－95、图 2－96）、胞核（图 2－95）和胞质（图 2－95、图 2－96）严重空泡化、细胞核严重变形（图 2－97）、核碎裂（图 2－98）、形成凋亡小体等典型的凋亡细胞特征。图 2－99 至图 2－103 分别示具有不同形态特征的凋亡小体。通过观察可以发现，这些凋亡小体由膜物质包裹，并且同周围组织相比具有很高电子致密度。其中图 2－99 箭头所示凋亡小体内包裹有细胞器成分，但没有见到核物质存在；其余的凋亡小体（图 2－100 至图 2－103）内除含有碎裂后的核物质外，还含有细胞空泡、DPV 等多种成分。DEF 对照细胞（图 2－94）则缺乏上述细胞凋亡特征。

5. H. E. 染色法镜检观察 DPV 在 DEF 中形成的包含体 DEF 接毒细胞的胞核内发现了 DPV 所形成的嗜酸性核内包含体结构（图 2－105），相对应的 DEF 对照细胞（图 2－90）中未发现此结构。

6. 关于DPV致DEF发生的细胞融合作用 在通过H.E.染色和TUNEL法检测DPV致DEF发生细胞凋亡作用的同时，常可以观察到接种DPV的DEF细胞单层内有合胞体（图2-92）存在的现象。从该图可以看出，DEF细胞核经过苏木精的染色而呈现蓝色，DEF细胞质由于没有经过染色而呈现较淡的背景色。由于飞片上DEF细胞的层叠现象，DEF细胞核也可出现层叠和有时排列很密集的现象。尽管这样，具有很大胞质，胞质内有十多个细胞核呈密集排列状的合胞体仍然很容易被识别和观察到。

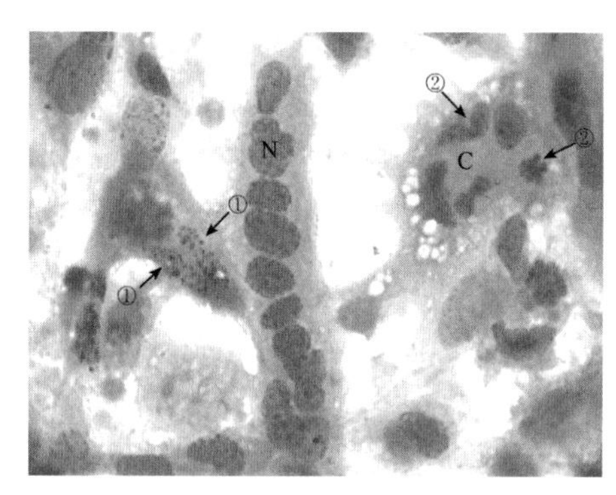

图2-89 H.E.染色法镜检检测DPV致DEF细胞凋亡（×1 000）
箭头①：染色质颗粒化 箭头②：核变形
N：胞核 C：胞质

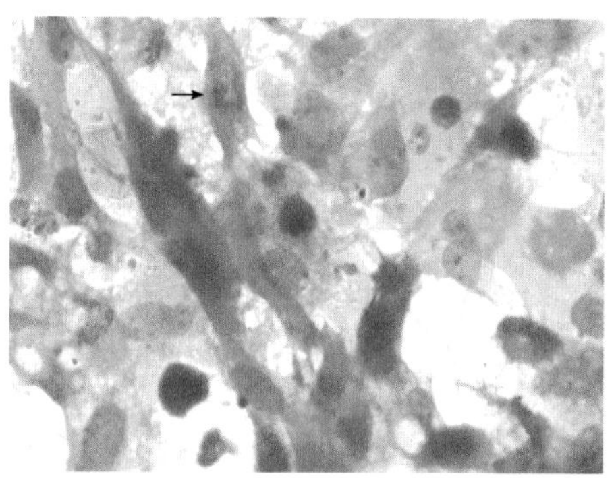

图2-90 H.E.染色法镜检检测DPV致DEF细胞凋亡（×1 000）
箭头：细胞核严重变形

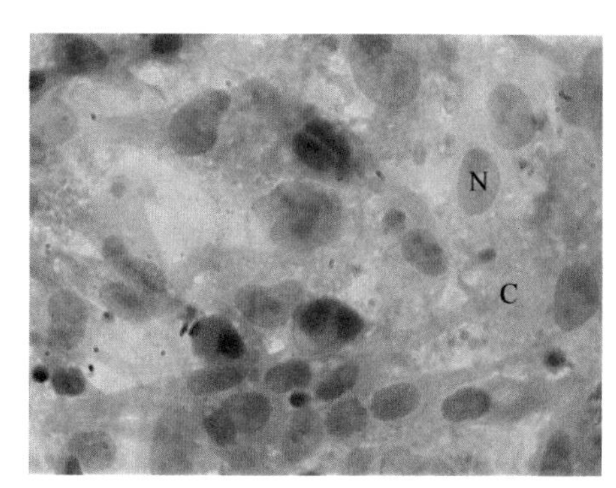

图2-91 H.E.染色法镜检检测DPV致DEF细胞凋亡的对照细胞（×1 000）
N：胞核 C：胞质

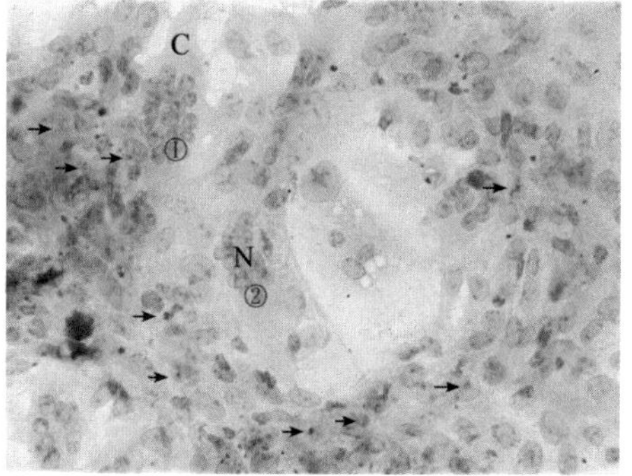

图2-92 TUNEL法检测DEV-CHv致DEF细胞凋亡（×400）
C：胞质 ①、②：标示不同区域合胞体发生情况

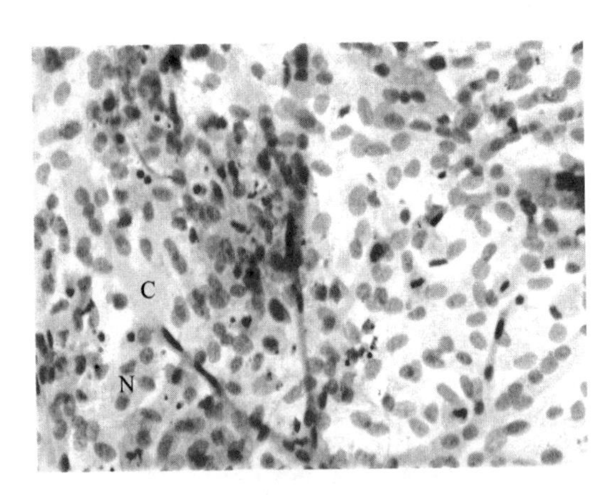

图 2－93 TUNEL 法检测 DPV 致 DEF 细胞凋亡用对照细胞（×400）

N：胞核 C：胞质

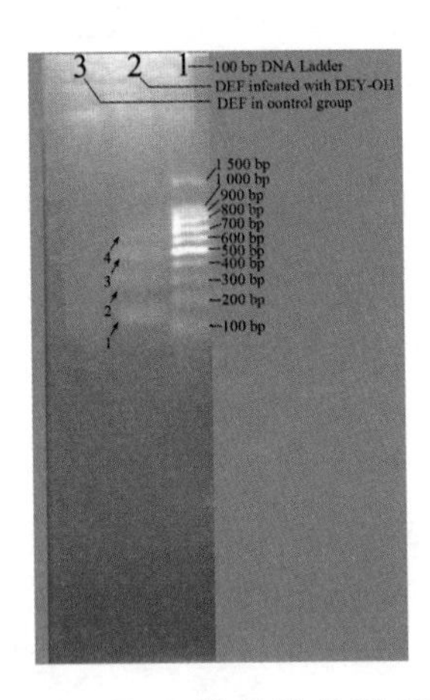

图 2－94 DNA 梯带法检测 DPV 致 DEF 细胞凋亡

泳道 1：DNA Marker 泳道 2：接毒细胞染色质样品 泳道 3：对照细胞 泳道 2 中箭头 1、2、3、4：分子量由低到高依次排列的 4 个 DNA 梯带

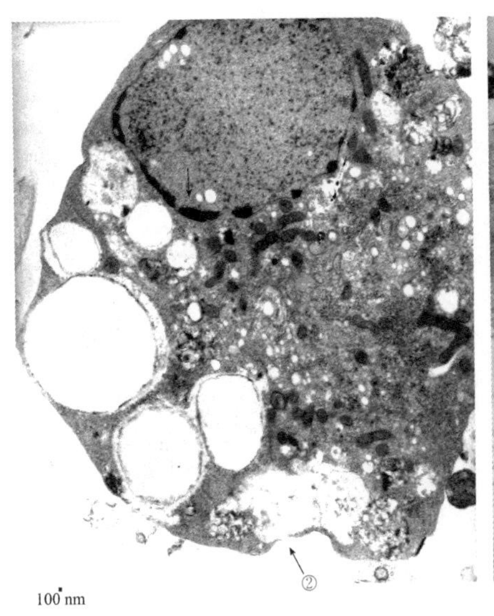

图 2－95 染色质浓缩边移、胞质空泡化

箭头：浓缩边移的染色质 箭头②：发生破裂的胞质空泡

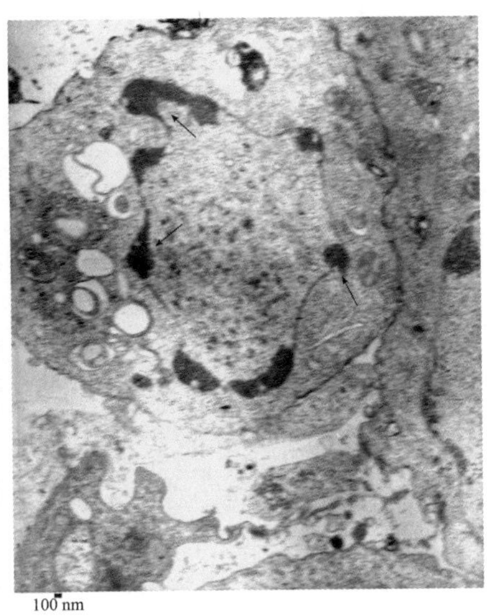

图 2－96 染色质浓缩边移、胞质空泡化

箭头：浓缩边移的染色质

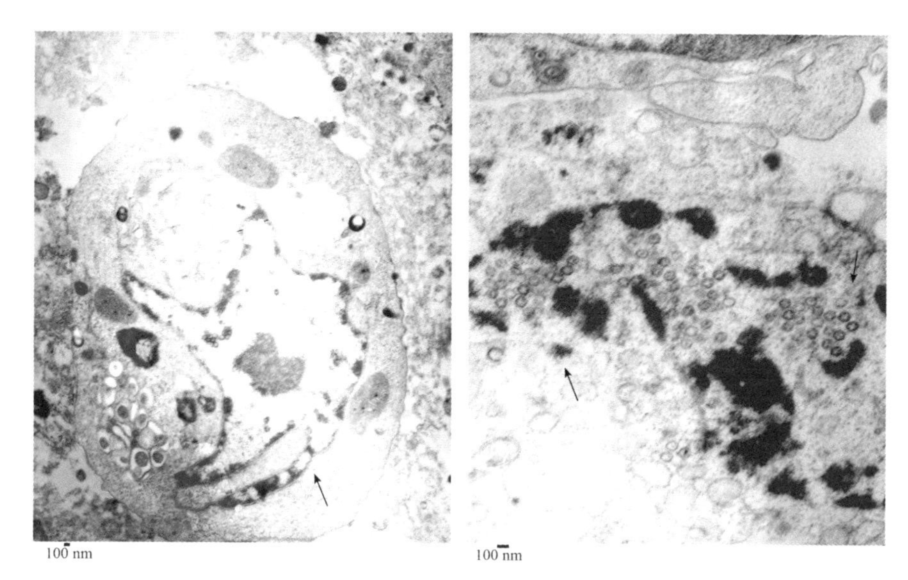

图 2－97 细胞核严重变形

图 2－98 细胞核碎裂

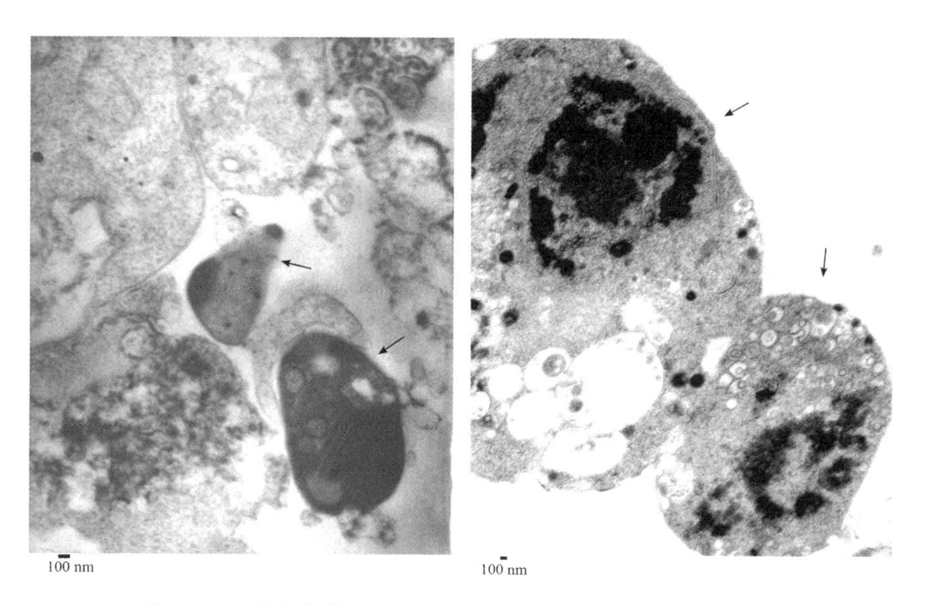

图 2－99 凋亡小体

图 2－100 凋亡小体

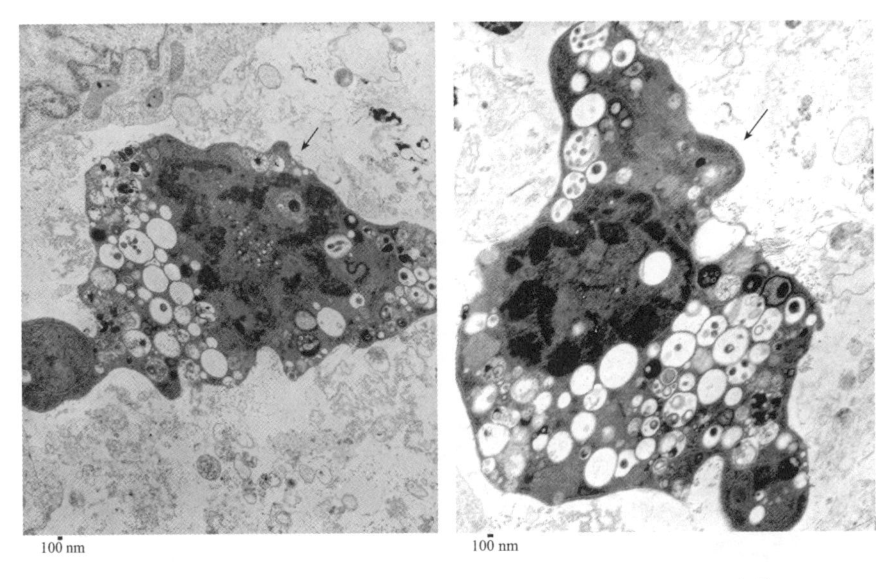

图 2－101　凋亡小体

图 2－102　凋亡小体

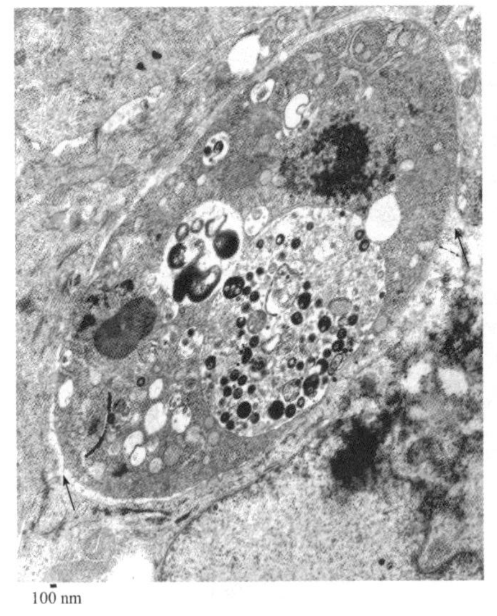

图 2－103　凋亡小体

箭头：凋亡小体与周围细胞交界处

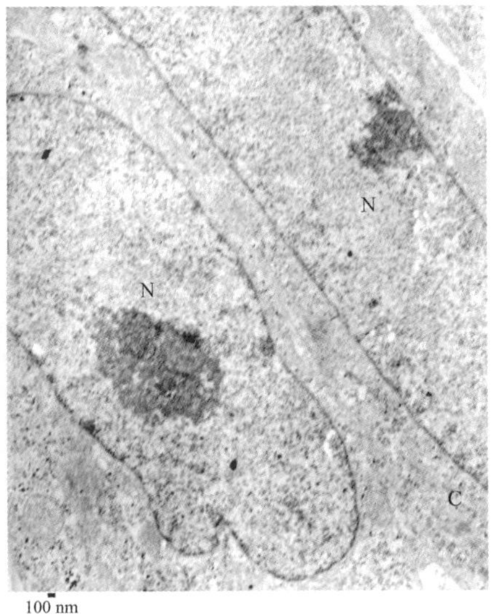

图 2－104　对照 DEF 细胞

N：胞核　C：胞质

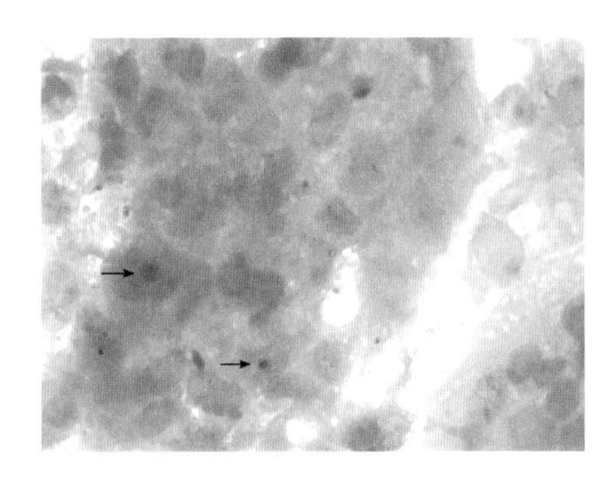

图 2－105　DPV 在 DEF 中形成核内嗜酸性包含体（×1 000）

（二）致感染鸭的细胞凋亡

袁桂萍、程安春等（2007）将 DPV 中国强毒 CHv 株人工感染 2 月龄北京鸭，用透射电子显微镜法、DNA 电泳分析法、TUNEL 法等检测肝、脾、肾、胰腺、法氏囊、心、十二指肠、胸腺、大脑等组织器官的细胞凋亡情况，结果表明，DPV 强毒感染鸭的脾、胸腺、法氏囊及小肠固有层中的淋巴细胞在感染在出现细胞坏死的同时还出现凋亡。

1. DPV 感染后宿主细胞凋亡的电镜观察　通过电镜观察，DPV 人工感染 24 h 后，胸腺、脾和法氏囊中的一部分淋巴细胞开始出现凋亡的早期现象。凋亡早期表现为体积缩小，与周围细胞脱离（图 2－106），细胞核核仁消失或边集，染色质聚集成团，常分布于细胞核膜的周边，形成新月形或花环形的结构（图 2－107）。随着感染时间的增长，

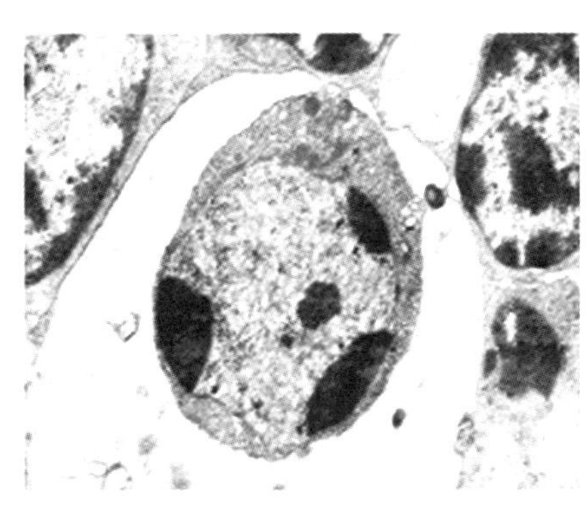

图 2－106　淋巴细胞凋亡早期现象：细胞核凝聚碎裂，细胞体积缩小（×10 000）

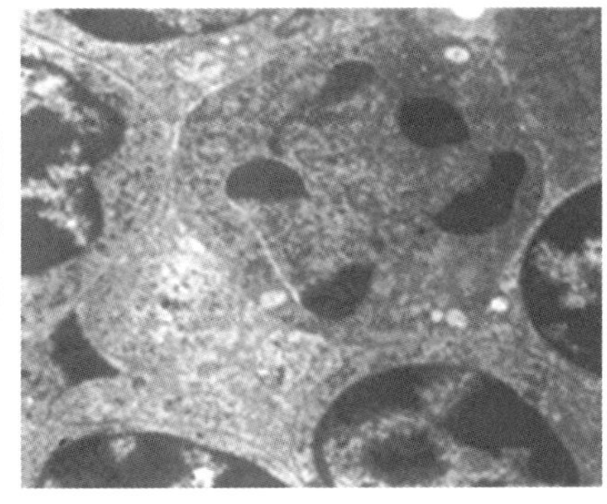

图 2－107　淋巴细胞凋亡早期现象：细胞固缩，细胞核凝聚碎裂（×10 000）

出现凋亡变化的淋巴细胞逐渐增多。凋亡的淋巴细胞出现染色质固缩、破碎成团块样，胞质浓缩深染，细胞膜上出现许多空泡，出现大小不等的圆形凋亡小体，被单位膜包绕，内有致密的核样物质（图 2－108、图 2－109），凋亡小体或整个凋亡细胞被临近网状内皮细胞或巨噬细胞吞噬、消化（图 2－110、图 2－111）。淋巴细胞的凋亡和坏死常可同时观察到（图 2－112、图 2－113）。凋亡淋巴细胞的胞质逐渐溶解，细胞膜出现皱褶（图 2－114）。此外，在死亡鸭的肝组织和十二指肠固有层中也观察到少量具有典型凋亡形态的细胞（图 2－115）。而其他组织器官没有观察到具有明显凋亡形态的细胞。

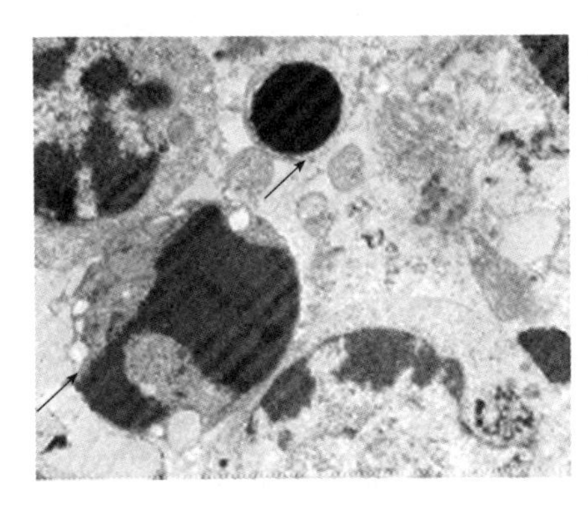

图 2－108　凋亡细胞和单位膜包裹的凋亡小体（×10 000）

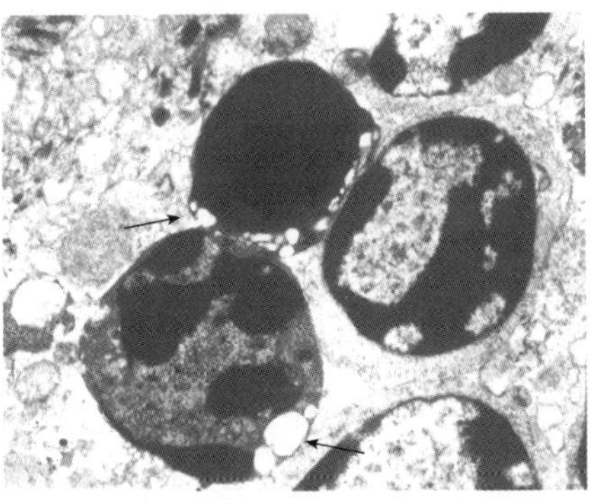

图 2－109　凋亡细胞和凋亡小体上的空泡（×10 000）

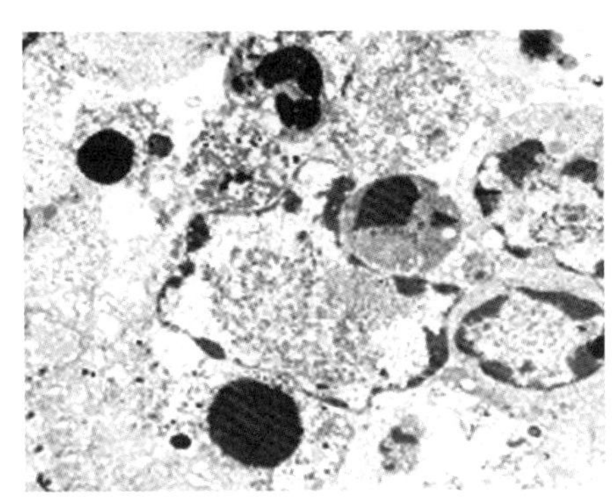

图 2－110　被巨噬细胞吞噬消化中的凋亡细胞（×10 000）

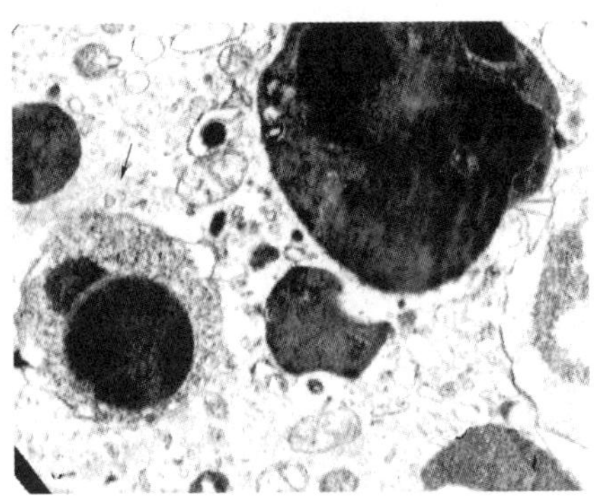

图 2－111　被巨噬细胞吞噬消化中的凋亡细胞和带有明显膜包裹的凋亡小体（×10 000）

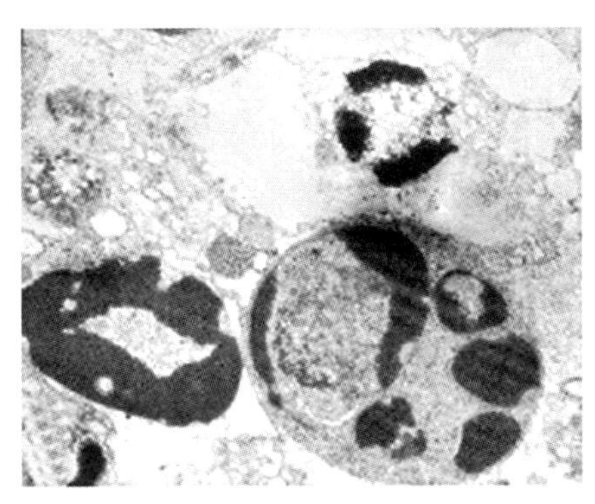

图 2－112 胸腺淋巴细胞坏死和凋亡的淋巴细胞共存（×10 000）

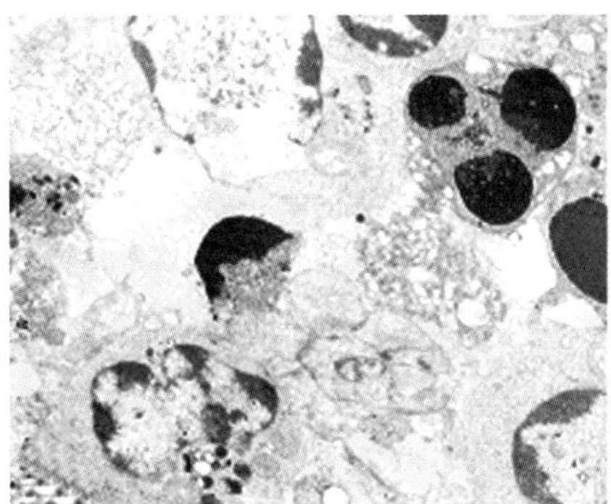

图 2－113 法氏囊凋亡和坏死的淋巴细胞共存（×10 000）

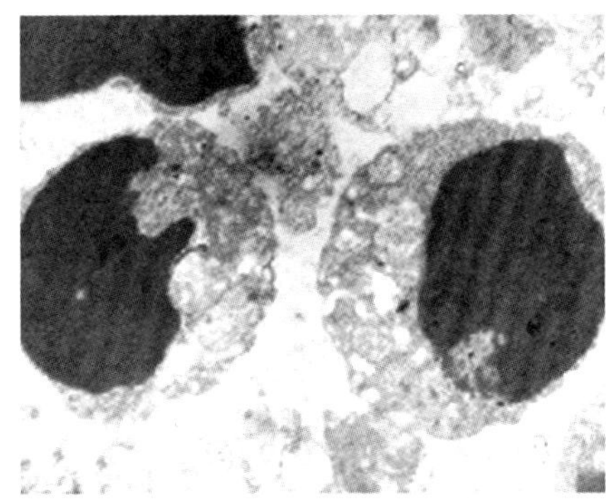

图 2－114 凋亡末期的淋巴细胞：核固缩，细胞膜空泡破裂，细胞膜缺损（×10 000）

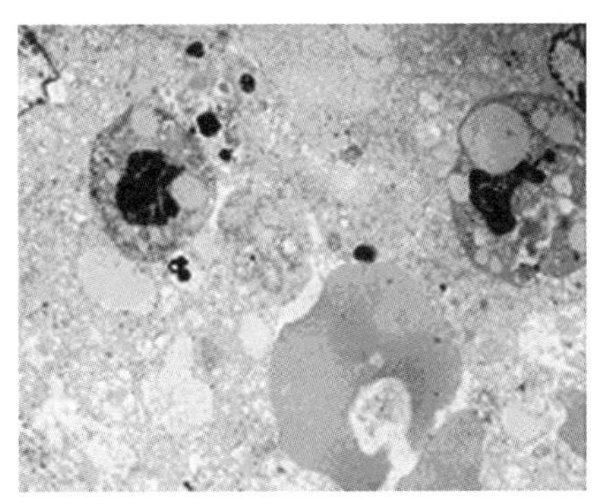

图 2－115 肝脏中的凋亡细胞（×6 000）

2. DPV 感染后宿主细胞凋亡的 DNA ladder 检测 对电镜观察中出现细胞凋亡最明显的胸腺、脾、法氏囊这三个器官的样品进行组织核酸的常规抽提，通过凝胶电泳，观察这几个组织 DNA 的状态。接毒后 24 h 可见感染鸭的胸腺、法氏囊、脾开始出现少量 180～200 bp 的梯状条带，从接种 48 h 和 72 h 后的这些组织细胞 DNA 提取物均出现细胞凋亡的典型梯状条带（Ladder）（图 2－116），而死亡鸭的淋巴组织 DNA 提取物电泳后多出现模糊的涂片状条带。对照组鸭的胸腺、法氏囊、脾的组织核酸由于较为完整，分子量大，电泳迁移距离短，所以停留在加样孔附近，呈现单一条带。

3. DPV 感染后宿主细胞凋亡的 TUNEL 法检测 胸腺、脾和法氏囊的石蜡切片经 TUNEL 法检测细胞凋亡情况。结果显示，正常细胞的胞核呈蓝色，凋亡细胞的胞核被

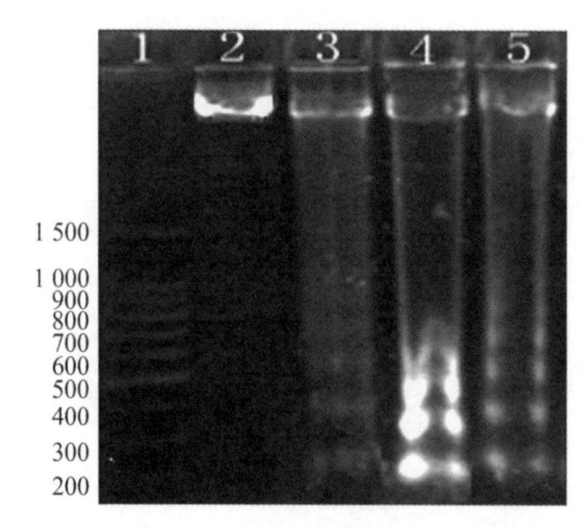

图 2－116　组织核酸凝胶电泳分析

泳道 1：100bp marker　泳道 2：正常组织核酸　泳道 3：脾组织核酸　泳道 4：法氏囊组织核酸　泳道 5：胸腺组织核酸

染成棕黄色或棕褐色，阳性细胞呈散在分布。光镜下观察阳性细胞的细胞核出现棕褐色颗粒或团块，位于细胞核内，易于辨认。观察发现，阴性对照切片和正常组织切片中未见 TUNEL 染色阳性细胞；感染 24 h 后，在这些组织中开始出现少量的阳性细胞；48 h 后法氏囊（图 2－117）、胸腺（图 2－118）组织中呈棕黄色或棕褐色的细胞核逐渐增多，而脾组织中出现少量的棕色阳性细胞核（图 2－119）；感染 72 h 后各个组织通过光镜下计数，其凋亡细胞百分比数可达到胸腺 22%、法氏囊 15%、脾 7%；感染鸭死亡后的胸腺、法氏囊、脾组织切片中细胞广泛被染成棕黄色或棕褐色（图 2－120）。

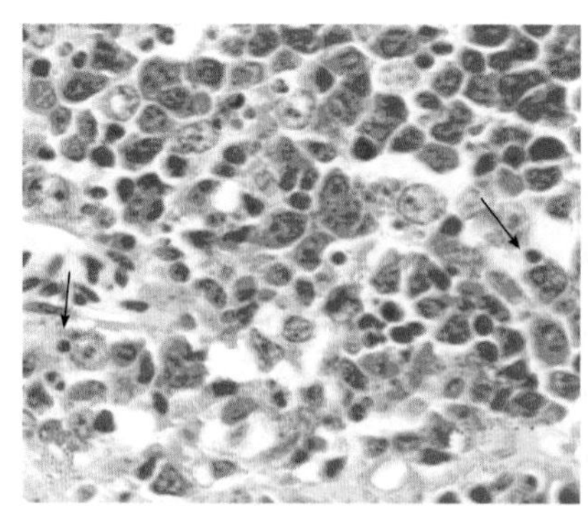

图 2－117　感染 DPV 后 48 h 法氏囊 TUNEL 染色结果（×400）

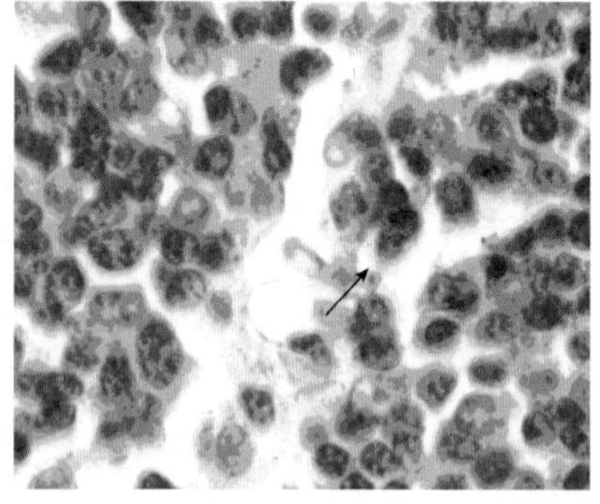

图 2－118　感染 DPV 后 48 h 胸腺 TUNEL 染色结果（×400）

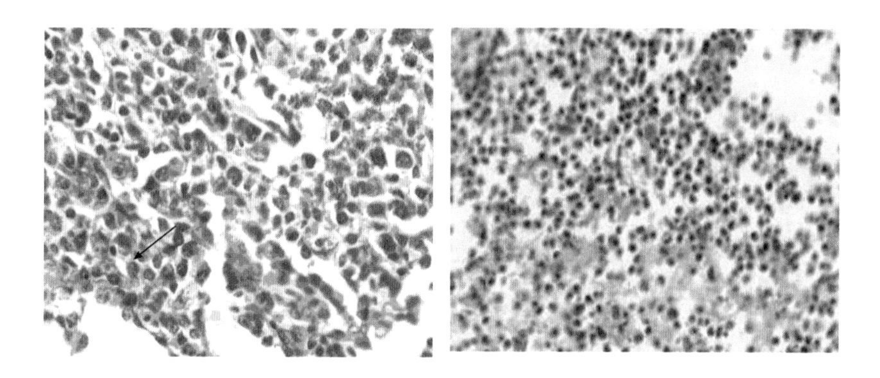

图 2－119 感染 DPV 后 48 h 脾 TUNEL 染色结果（×400）

图 2－120 感染 DPV 死亡鸭胸腺 TUNEL 染色结果（×200）

（刘马峰，程安春）

第三章

鸭瘟病毒编码基因及其功能

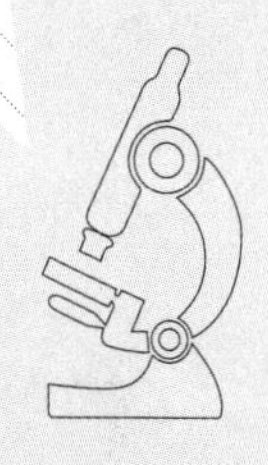

第一节 编码结构蛋白基因及其功能

一、囊膜糖蛋白

（一）US4 基因及其编码蛋白

鸭瘟病毒 US4（gG）基因研究资料很少，以下有关疱疹病毒 US4（gG）基因的研究资料（杨晓园等，2011）对进一步开展鸭瘟病毒 US4（gG）基因的研究将有重要参考作用。

1. 疱疹病毒 US4 基因及其编码蛋白的特点

（1）US4 基因及其编码蛋白的特点　US4 基因位于疱疹病毒的 US 特定短区，对病毒的复制是非必需的。牛疱疹病毒 1 型（BHV－1）US4 基因（Nakamichi 等，2001；Nakamichi 等，2002）、禽传染性喉气管炎病毒（ILTV）US4 基因都是病毒复制的非必需基因（Helferich 等，2007），但是单独缺失 US4 基因会减弱 ILTV 的毒力（Devlin 等，2006）；人单纯疱疹病毒 1 型（HSV－1）和猪伪狂犬病病毒（PRV）US4 基因也都是非必需基因（Balan 等，1994；Kimman 等，1992）。HSV－1 缺失 US4 后在体外没有异常表现，但在体外组织中所产生的滴度降低（Balan 等，1994）。US4 基因编码糖蛋白 gG（Helferich 等，2007），在 α 疱疹病毒中，除水痘-带状病毒（VZV）不含 gG 蛋白外（Davison 等，1986），其他 α 疱疹病毒都存在 gG 蛋白，并在各自所在病毒中起重要作用（Gomi 等，2002）。

（2）US4 编码蛋白的作用

① 影响趋化因子活性　病毒在进化过程中逐渐获得了一套独特的免疫逃避机制，以逃避宿主的清除反应，从而有利于其感染宿主细胞。例如病毒可通过接触重要免疫分子来调控这些分子的活动，趋化因子、与趋化因子结合的趋化因子结合蛋白（vCKBP）及趋化因子受体是这类分子中最为重要的两类（Dagna 等，2007；Zernecke 等，2008；Alexander，2008）。

趋化因子在调节病毒感染机体所致的炎性反应中起到重要作用，病毒即可采取措施来避免或调节趋化因子的这种活性对病毒感染宿主的影响，从而有利于其感染宿主细胞。当前，在对疱疹病毒和痘病毒的研究表明（Mc Fadden 等，1998；Lusso 等，2000；Lalani，2000），病毒的这种逃避宿主清除反应的措施可分为以下三类：①病毒编码趋化因子。例如α疱疹病毒中的马立克氏病病毒（MDV）基因组中包含有可编码趋化因子 IL－8 的基因序列，除了高度保守的 ELR 序列不同外，MDV 基因组中编码 IL－8 的基因序列与哺乳动物及鸡的基因组中编码 IL－8 的基因序列具有较高的相似性。体外趋化活性试验表明，MDV 病毒 IL－8（vIL－8）可吸引鸡的单核细胞，而对体内缺失 vIL－8 的突变体试验显示，病毒的侵染性及毒力水平明显下降（Parcells 等，2001）。②病毒编码趋化因子受体。由病毒编码的趋化因子受体被证实，其也可以与趋化因子结合并诱导细胞内信号。③病毒编码趋化因子结合蛋白（vCKBP）。疱疹病毒大家族的许多成员被证实能够编码与趋化因子高度紧密结合的 vCKBP（Van 等，2007）。近年来，许多α疱疹病毒的 gG 蛋白被证明是具有结合趋化因子功能的蛋白（Viejo－Borbolla 等，2010；Bryant 等，2003）。而进一步的研究证实，疱疹病毒 gG 蛋白是 vCKBP－4 家族的一个成员，其结构域对于结合趋化因子及其生物学活性至关重要，但具体机制尚不清楚（Van 等，2009）。

② US4 编码蛋白在调理细胞方面的作用　缺失 US4 基因的 BHV－1 在感染细胞中生长时，感染细胞出现明显的形态缺陷。用未缺失的病毒同样感染宿主细胞时发现，未缺失的病毒感染时，被盼蓝着色的细胞较少；而缺失的病毒感染时，被盼蓝着色的细胞相对较多，由此可以说明缺失 US4 基因的 BHV－1 对感染细胞有更大的危害性。另外，未缺失的病毒感染时，12～16 h 后开始产生细胞凋亡；缺失的病毒感染宿主细胞时，细胞凋亡发生在感染后 8 h，当半胱天冬酶抑制因子（Z－Asp－CH2－DCB）存在时，缺失的病毒比未缺失的病毒表现出更快的繁殖速度，由此说明当 BHV－1 感染宿主细胞时，gG 蛋白在稳定细胞结构方面起作用，并且能够推迟感染的宿主细胞发生凋亡的时间，从而促进 BHV－1 在感染细胞中的有效复制（Nakamichi 等，2001）。

（3）US4 编码蛋白与其他蛋白的相互作用

① US4 编码蛋白与 US3 蛋白的相互作用　缺失 gG 的 HSV－1，可能影响 US3 蛋白激酶基因的表达。另外，缺失 gG 的 HSV－1 体外培养没有表现出异常，但在体外组织中滴度降低，这一现象是 gG 缺失的结果还是由于其缺失间接导致 US3 基因表达受影响尚不清楚（Balan 等，1994；Kimman 等，1992）。

② US4 编码蛋白与 US8 蛋白（gE）的相互作用　Nakamichi（2001，2002）通过分别缺失 gE 和 gG 发现，BHV－1 gE 蛋白正确定位在相邻感染细胞接合的边界时需要 gG，当 gG 缺失时，gE 或 gE－gI 蛋白将发生积累，从而使病毒从细胞到细胞的直接感染的效率降低。另外，有试验证实，分别将 BHV－1 缺失 gG 或 gE，或将 gE 和 gG 都

缺失时，感染病毒在体内外的滴度都不发生改变，这表明 BHV－1 gG 不会影响病毒粒子的包装及成熟病毒粒子的释放。单独缺失 gE 时，噬斑直径减小 45%；单独缺失 gG 时，噬斑直径的减小不超过 19%；gE 和 gG 都缺失时，噬斑直径减小超过 55%，这表明当病毒发生从细胞到细胞的直接感染时，gE 起主要作用，而 gG 发挥次要作用（Trapp 等，2003）。

另外，Nakamichi 等（2001，2002）的研究发现，当 BHV－1 缺失 gG 时，邻近结合在一起的受缺失病毒感染的细胞发生分离，引起这一现象的原因是由于 gE 与促进细胞结合的一些蛋白分子发生积累，且位置发生改变，而同时 F-肌动蛋白的含量没有变化。由此说明，当 gG 发生缺失时，受病毒感染的邻近结合在一起的细胞的 F-肌动蛋白形成细胞骨架的过程将受阻，而当 gE 缺失时这些结合在一起的邻近细胞没有发生分离，以上试验结果说明，gG 可以通过调调节细胞内骨架的形成，使这些相邻细胞之间的结合更加紧密，从而有利于 gE 在病毒从细胞到邻近结合的细胞的传染中发挥其作用。

2. 鸭瘟病毒 US4（gG）基因及其编码蛋白 杨晓园、程安春等（2011）对 DPV US4 的研究获初步结果。

（1）DPV US4 基因的分子特性　DPV US4 基因全长 1 380 bp，编码一条由 459 个氨基酸残基组成的多肽。序列比对结果发现，DPV US4 蛋白（gG）与 α 疱疹病毒 gG 蛋白的氨基酸序列有较高的同源性。DPV gG 推导肽链包含许多膜蛋白的特征，包括含有一个 N 端信号肽序列、2 个跨膜区及 9 个 N 端糖基化位点。进一步的分析显示，其属于Ⅰ型跨膜蛋白；蛋白亚细胞定位的分析表明，该蛋白分别定位于高尔基体、内质网和细胞膜；蛋白二级结构及抗原表位预测结果表明，DPV gG 具有良好的免疫原性。

（2）DPV US4 基因的克隆、表达及多克隆抗体　通过 T 克隆及双酶切，将 US4 基因插入 pET－32a（+）从而构建重组表达质粒 pET－32a（+）/US4。将重组表达质粒 pET－32a（+）/US4 转化入表达宿主菌 BL21（DE3）并用 IPTG 进行诱导表达，得到与预期大小相一致的重组蛋白。IPTG 浓度为 1.0 mmol/L、25 ℃诱导过夜时，可获得最佳表达效果，表达的重组融合蛋白主要以包含体形式存在。运用亲和层析方法对表达蛋白进行纯化，并用纯化后的蛋白免疫家兔制备兔抗 gG 高免血清。通过 western blotting 检测，US4 重组蛋白能作为抗原被鸭抗 DPV 全病毒血清识别，具有较好的免疫原性，同时，制备的抗兔 gG 血清具有较高的特异性，可用其对 DPV US4 基因产物进行更深入的研究。

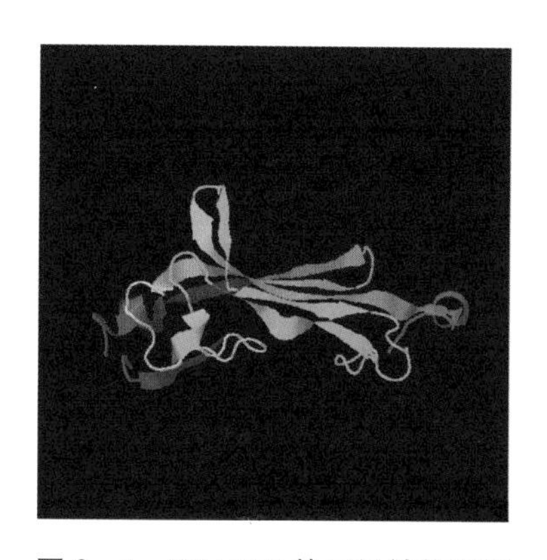

图3－1 DPV US4的三级结构预测

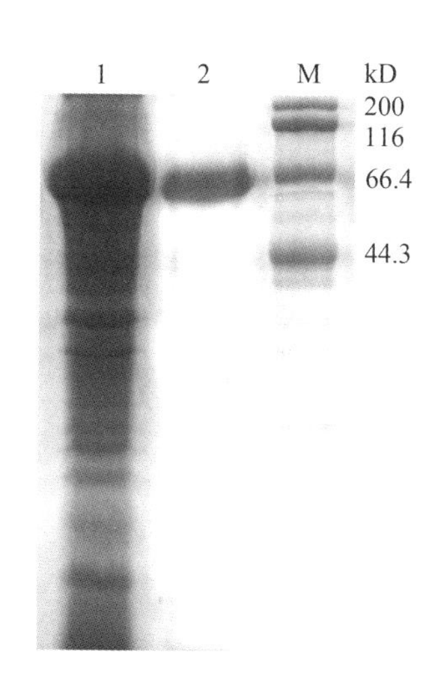

图3－2 DPV US4重组表达蛋白纯化产物的SDS－PAGE分析

1. 未纯化重组蛋白 2. 纯化重组蛋白 M. 蛋白质分子量标准

（3）DPV US4基因类型 US4基因的表达不依赖于病毒DNA的合成，其转录受早期启动子的调控，是一个早期基因。

（程安春，汪铭书）

（二）US5（gJ）基因及其编码蛋白

鸭瘟病毒US5（gJ）基因研究资料很少，以下有关疱疹病毒US5（gJ）基因的研究资料（胡小欢等，2014）对进一步开展鸭瘟病毒US5（gJ）基因的研究将有重要参考作用。

1. 疱疹病毒US5（gJ）基因及其编码蛋白的特点

（1）US5基因的序列特点 单纯疱疹病毒1型（herpes simplex virus 1，HSV－1）糖蛋白J为US5基因所编码（Ghiasi等，1998）；而马疱疹病毒1型（equid herpesvirus 1，EHV－1）糖蛋白J基因为ORF71基因所编码（Telford等，1992）；鹦鹉疱疹病毒1型（psittacid herpesvirus 1，PsHV－1）糖蛋白J为sORF2基因所编码（Thureen等，1993）。此基因还存在于单纯疱疹病毒2型（herpes simplex virus 2，HSV－2）、猕猴科疱疹病毒2型（cercopithecine herpesvirus 2，CeHV－2）、松鼠猴疱疹病毒1型（Tyler S等，2011） （herpesvirus saimiri 1，HVS－1）、猴B疱疹病毒（Bennett A M等，

1992）（simian herpes B virus，SHBV）、禽传染性喉气管炎病毒（infectious laryngotracheitis virus，ILTV）、阔鼻猴疱疹病毒 2 型（herpesvirus platyrrhine 2，HVP2）、马疱疹病毒 4 型（equid herpesvirus 4，EHV－4）、马疱疹病毒 9 型（Crabb B S 等，1990）（equid herpesvirus 9，EHV－9），以及鸭肠炎病毒（duck enteritis virus，DEV）。此基因在许多其他 α 疱疹病毒中不存在，并且为最不保守的基因之一（Wu Y 等，1990）。如在牛疱疹病毒 1 型（bovine herpesvirus 1，BHV－1）、伪狂犬病毒（pseudorabies virus，PRV）、水痘-带状疱疹病毒（varicella zoster virus，VZV）及马立克氏病病毒（Marek's disease virus，MDV）中缺少与 US5 同源的区段（Ross 等，1991；Lee 等，2000；Tulman 等，2000；Schwyzer 等，2002）。

（2）US5 基因的基因类型及特点　gJ 为一个晚期基因（又称 γ 基因）。病毒 γ 基因根据是否需要病毒 DNA 的合成可分成 γ1 和 γ2 基因，γ 基因是病毒复制晚期的基因产物。在感染的早期阶段，主要由 γ1 基因参与表达，不依赖于病毒 DNA 的合成且不受 DNA 合成抑制物的影响；相反，γ2 基因依赖病毒 DNA 的合成并且仅在感染的晚期表达。病毒 γ 基因表达产物 γ 蛋白主要为病毒的结构蛋白。单纯疱疹病毒糖蛋白 gB 基因，是 γ1 基因；其他如 gC，是 γ2 基因。gJ 似乎更满足 γ1 基因的定义，在其表达中有显著但不严格依赖于病毒 DNA 的复制（Martine A 等，1990）。

（3）US5 编码蛋白特征　US5 基因在 HSV－1 和 HSV－2 中编码的Ⅰ型跨膜糖蛋白 J（glycoprotein J，gJ），在某些疱疹病毒中有其特定称谓，如在马疱疹病毒 1 型（EHV－1）中称 gp2，马疱疹病毒 4 型（EHV－4）中也称 gp300（Telford 等，1990；Damiani 等，1999），在禽传染性喉气管炎病毒（ILTV）中称 gp60（Thureen 等，1993）。gJ 蛋白在不同疱疹病毒中大小不一，范围从 HSV－1 的 92 位氨基酸到 PsHV－1 的 991 位氨基酸，序列不具备保守性（Kongsuwan 等，1993；Kongsuwan 等，1995）。EHV－1 和 EHV－4 gp2 在分子量上有显著变化，为 200～450kD（Whittaker 等，1990；Zheng 等，1995）。EHV－1 和 EHV－4 的 gp2 蛋白都富含丝氨酸和苏氨酸（Telford E A 等，1990），EHV－1 gp2 是最具有免疫原性的囊膜蛋白之一，有大量的 O 糖基化和部分的蛋白酶裂解位点，有 9 个潜在的糖基化位点。其在感染的细胞内被部分地切割成两段多肽，一段是包含跨膜域的富含半胱氨酸的 42 kD 的 C 末端亚基，一段是丝/苏氨酸富集的高度糖基化的 N 末端区域（Wellington 等，1996；Huang J 等，2002）。DEV gJ 包含 539 个氨基酸，包括 16 个推定的 N 连接糖基化位点，分别位于 38、78、84、98、109、118、126、157、168、172、176、208、296、332、370 和 455 位氨基酸。ILTV gJ 全长为 2 958 bp，编码 986 个氨基酸，其蛋白包含 9 个预测的 N－糖基化位点，DEV gJ 和 ILTV gJ 在其 N 末端和 C 末端都有疏水区域，可能分别作为信号序列和膜固着点（Zhao Y 等，2009）。HVS－1 US5 蛋白有一个 N 连接糖基化位点，一个预测的膜蛋白域 23 个氨基酸，在 N 末端有一个预测的疏水的信号肽，C 末端有一个高度带电的区域。SHBV gJ 含 117 个氨基酸，其核苷酸序列与 HSV－1 US5 有 57%的相似度，其氨基酸序列与 HSV－1 US5 有 48%的相似度（Bennett 等，1992）。PsHV－1 gJ 包含 991 个氨基酸，与 ILTV gJ 只有 18%的氨基酸一致性，尽管 9/10 的半胱氨酸残基是保守的。Tyler 等（2005）发现 HVS－1 US5 蛋白预测的胞外域有 5 个半胱氨酸残基，而 HSV－2 gJ 只有 1 个，HSV－1、SHBV、CeHV－2 和 HVP2 的 gJ 糖蛋白一个都没有。

2. 疱疹病毒 US5（gJ）基因表达和定位　Aubert 等（2006）研究发现 US5 作为一个晚期基因，其表达部分依赖于 HSV DNA 的复制。US5 表达在 ICP22 缺失的情况下被推迟，但其表达并不完全依赖于 ICP22。此外，转染表达 US5 的细胞可免受缺失 ICP27 的 HSV－1 突变株诱导的细胞凋亡，这表明 ICP22 和 ICP27 的抗凋亡作用在某种程度上影响 gJ 的表达。此外，他们发现在 HSV 感染或 US5 转染的细胞内，gJ 分布广泛，尤其是内质网、转运高尔基网、早期核内体。其他 HSV 糖蛋白也有相似的细胞内分布，包括 gM（Baines 等，2007）、gB（Beitia 等，2004）、gE/gI（Farnsworth 等，2005）、gK（Foster 等，2004）和 gD（Krummenacher 等，2003）。gJ 分布于整个细胞的膜结构，开启了糖蛋白调节细胞功能的可能性。

3. 疱疹病毒 US5（gJ）基因功能

（1）US5 与细胞凋亡　细胞凋亡是由一些细胞凋亡相关基因主动参与且相互作用导致细胞自我毁灭的过程。因为病毒感染对细胞是有害的，而病毒又只能在宿主细胞中生存与繁殖，所以那些被感染的细胞有些为了清除病毒而自身凋亡，有些则被免疫系统消灭。通过漫长的进化，为了维系自己的生存与繁殖，病毒也已形成了一些逃避宿主防御反应的有效机制，抗凋亡就是其中之一。

HSV－1 的 US5 基因有助于抑制 Fas 和紫外线辐射诱导的细胞凋亡。Jerome 等（Jerome 等，1999；Jerome 等，2001）的试验表明，表达 gJ 的转染细胞对 Fas 或紫外线诱发的细胞凋亡有抵抗力。另外的试验表明，HSV－1 gJ 抑制颗粒酶 B（granzyme）诱导的半胱天冬酶的激活。然而，缺失 gJ 的 HSV 仍可抑制颗粒酶 B 诱导细胞凋亡，表明其他的 HSV 基因产物在缺失 gJ 的情况下可以执行此功能。此外，Zhou 等（2003）的试验表明，无论是 gJ 或 gD 都能阻止由缺失 gD 的 HSV 变异病毒株诱导的细胞凋亡。

Aubert 等（2006）的试验结果表明，细胞溶解、细胞凋亡和病毒产率在感染细胞受细胞毒性 T 细胞攻击之后没有必然的联系。此外，US3、US5 和 US12 病毒基因对不同的 T 淋巴细胞细胞毒素影响均各自有独特的抑制作用。综合来看，这些结果表明

HSV细胞免疫逃避是多因素、复杂的。

（2）US5与病毒复制、转录和翻译　HSV-1 gJ蛋白和EHV-1 gp2基因对病毒在细胞中的复制来说不是必要的（Sun Y等，1994）。虽然gp2对病毒在细胞或鼠体内的生长不是必需的（Sun Y等，1996），但是gp2的缺失还是会对病毒在细胞间的传播、再吸附及二级包封有损害作用（Rudolph等，2002；Fuchs等，2005；Mundt等，2011）。由于gp2蛋白的缺失影响到了病毒胞出的过程，导致缺失gp2的EHV-1形成的空斑变小（Sun等，1996）。

Shaun等（2005）发现在猕猴科疱疹病毒2型（CeHV-2）中，在US5之后有一个聚腺苷酸化信号，这表明US3、US4和US5被转录为一个单元。在HSV中这个聚腺苷酸化信号是在US4的下游，表明US5是连同US6和US7一起转录。

在目前的研究中，ILTV gJ的转录、翻译和加工都被研究。Fuchs等（2005）发现，编码gD的US6基因和编码gI的US7基因在gJ基因的下游，gJ基因能与其形成3′共末端的转录基因簇，转录出1个能编码完整gJ开放阅读框的5.5kb的病毒特异的RNA，和1个由mRNA剪辑形成的4.3kb的病毒特异RNA。gJ基因转录生成了2个gJ mRNAs的蛋白，其大小分别为107、67 kD。gJ基因翻译的产物能在病毒感染的细胞中检测到，其大小为85、115、160和200 kD，4.3 kb的mRNA翻译后进一步加工形成85 kD蛋白；5.5 kb的mRNA翻译后再加工形成115 kD蛋白；经蔗糖梯度纯化证明了160 kD的蛋白是一种未成熟的加工中间体；经过蛋白降解作用形成了200 kD的蛋白，含有丝氨酸和/或苏氨酸、天冬酰胺相连的糖链，形成了一个成熟的糖基化gJ蛋白。

Fuchs等（2005）构建了两株gJ基因缺失的突变病毒，用同源重组的办法将第一个重组病毒插入一个编码EGFP的报告基因盒，筛选发荧光的细胞获得突变的重组病毒（ILTV-ΔgJG）。在其基础上筛选不发荧光的噬斑，得到保留了长为272 bp的代表SV40的Poly（A）信号的外源DNA但缺失P-HCMV和EGFP（ILTV-ΔgJ），作为获得的重组病毒ILTV-ΔgJ基因组的标记。再从突变的重组病毒ILTV-ΔgJG得到一株突变病毒ILTV-gJR。这两株gJ基因缺失的突变病毒ILTV-ΔgJG和ILTV-ΔgJ都缺失ORF5的密码子1～729位。通过试验发现，缺失gJ基因对病毒在细胞间的传播影响不大，而且gJ基因对病毒在细胞上的复制不是必要的。gJ蛋白对病毒在天然宿主内的复制是必需的，因为其主要参与病毒感染性病毒粒子的形成。

（3）US5与免疫原性　经过气管感染8周龄的鸡，按每只鸡2×10^4 PFU的量感染ILTV-gJR、ILTV-ΔgJ、ILTV-A489三种病毒。结果感染ILTV-ΔgJ的鸡都健康，而感染野生毒的鸡死亡率为58%，感染ILTV-gJR的鸡死亡率为25%。且ILTV-ΔgJ组的平均排毒滴毒比其余两者小10倍。为了得知由gJ缺失的病毒诱导的免疫反应能否对动物抵抗随后的强度攻击起保护作用，免疫的鸡群和5只未免疫的鸡在初次感染28 d后攻毒ILTV－A489，按每只鸡10^5PFU的量经气管感染。结果，在感染后7 d内，5只鸡中有4只死亡，而所有未免疫鸡临床症状明显；而先前免疫过ILTV－ΔgJ、ILTV－gJR、ILTV－A489的鸡临床症状很轻微或几乎没有，没有感染毒排出且所有的鸡都存活，对照组的鸡气管有出血性炎症而免疫鸡没有。经过动物试验证实，gJ缺失的病毒毒力致弱，能提供保护性免疫，gJ蛋白可能用于疫苗免疫动物血清学及野毒感染的鉴别（Fuchs等，2005）。

Knogsuwan等（1993）在噬菌体和*E. coli*中表达的gp60和gG蛋白都具有抗原特性。Chang等（2002）在*E. coli*中表达了gp60、gE和gC三种蛋白，以它们为ELISA抗原，检测ILTV特异性抗体，试验结果也均有免疫原性。其中，gC蛋白不是可溶性蛋白，而gp60和gE蛋白是可溶性蛋白。而且可溶性蛋白gp60和gE可用以区分未免疫的鸡和免疫过的鸡，因为它们可以用作ELISA抗原，检测免疫的SPF鸡和非SPF鸡的抗体。gJ可被多个实验室制备的单克隆抗体检测到（Fuchs等，2007）。Veits等（2003）已经证实了ILTV gJ对于体液免疫应答可能是一个优势抗原。York（1987，1990）的研究结果也表明其感染禽类能产生体液免疫应答和细胞介导的免疫应答，制备出的抗体血清可以特异性识别gp60蛋白，而且用单克隆抗体去除gp60的糖蛋白制备物的免疫效能不会降低。

EHV－1 KyA株是一株在体外异源细胞上多次传代后形成的突变株，该突变株既可以在小鼠中也可以在马匹中持续产生免疫但不引起疾病（Colle等，1996；Matsumura等，1996）。通过将大肠杆菌LacZ基因插入到EHV－1糖蛋白基因中构建了多个突变株，其中由强毒株Ab4构建的gp2突变株ED71在小鼠中不具致病性，并在随后的攻毒中显示出免疫保护作用（Marshall等，2007）。KyA除了一些小的突变外，在基因组的最左边缺失了gene1和gene2，在特异短区（US）缺失了gene73、74、75和gene76的启动子，导致病毒无法表达gE、gI、gene75和US9蛋白，在编码病毒主要胞出相关蛋白gp2的gene71中缺失了1 242 bp序列。完整的gene71可表达大于250 kD的gp2蛋白，而KyA株由于上述突变只能表达80 kD的蛋白。完整的gp2和截短的gp2都可整合到病毒粒子中（Einem等，2007）。通过将野毒中完整的gp2蛋白替换为KyA截短了的gp2蛋白，可以使野毒毒力减弱。与拥有完整gp2蛋白的野毒相比，gp2突变体感染的小鼠体内炎症因子和趋化因子的表达下降，表明KyA疫苗株的免疫调控能力减弱（Smith等，2007）。

Learmonth等（2002）发现EHV－1 gp2的C末端区域抗原性不同于EHV－4 gp2，并且只在EHV－1特异性免疫应答之后才被检测到。他们证实了EHV－1 gp2的C末端区域不能被任何抗 EHV－4 的马血清测试所识别。所有含 EHV－1 抗体的马能识别 EHV－1 gp2 的 C 末端区域，这可能为 EHV－1 特异性诊断测试提供依据。

（4）US5 与病毒感染 Balan 等（2005）构建了 HSV－1 野生型 SC16 株的突变体，该缺乏糖蛋白 gG、gE、gI 和 gJ 的 HSV－1 突变体是通过在基因 US4、US8、US7 和 US5 分别插入一个 lacZ 表达暗盒构建的。将 HSV－1 gJ 基因缺失突变体通过耳部接种感染小鼠，对其在接种点、对外周或中枢神经系统的侵入和繁殖没有影响。这个结果表明，US5 基因在体内或体外研究时为外来基因的插入提供了一个方便的位点。

Dingwell 等（1995）研究了 HSV－1 gD、gE、gI 和 gJ 在神经元之间的传递，将不能表达这些糖蛋白的突变体注射到小鼠眼中的玻璃体内，发现 gJ 突变株与野型HSV－1 一样能在突触连接视网膜神经细胞间快速传播，并且有效地感染了大脑中主要的视网膜受体区域。gD 在病毒进入细胞和细胞间的传播中是被需要的，然而 gJ 不影响这些过程。

Nicholas 等（1994）证实，HSV－1 的 gC、gG、US5 和 UL43 对感染细胞合胞体的形成是非必需的，而 gD、gH、gL、gE、gI 和 gM 对细胞膜的融合是必需的，缺失 US5 的突变株能存活并与其亲代病毒株相比有正常的病毒颗粒成熟率。

4. 鸭瘟病毒 US5（gJ）基因及其编码蛋白 胡小欢、程安春等（2014）对 DPV US5 的研究获初步结果。

（1）DPV US5 基因的分子特性 US5 基因大小为 1 620 bp，编码的 gJ 蛋白含 539 个氨基酸，理论等电点为 6.037，N 端有信号肽，C 端有一个跨膜区；阈值为 0.5 时，共有 32 个潜在的磷酸化位点，这些位点包括 15 个丝氨酸位点、9 个苏氨酸位点、8 个酪氨酸预测位点。gJ 蛋白二级结构无规则卷曲的氨基酸含量高（占 50.65%），为蛋白抗原表位提供了良好的空间。其 ORF 含 62 个稀有密码子，含量占 33.3%，包括 9 个连续的稀有密码子串。

（2）DPV US5 基因的表达特点及多克隆抗体 构建 US5 基因全基因和主要抗原域的重组原核表达质粒 pET－32a－gJ 和 pET－32a－gJ（M），并将其转化入大肠杆菌 BL21（DE3）菌中。IPTG 诱导结果表明，US5 基因全基因不能有效表达，而主要抗原域基因能够高效表达约 30 kD 的不可溶性蛋白 gJ（M）。对诱导表达条件进行优化，得出最佳表达条件为加 0.1mmol/L IPTG，在 30 ℃水浴条件下诱导 5 h。纯化的重组蛋白免疫兔子制备的兔抗 gJ（M）抗体能特异性地识别 gJ 蛋白。

（程安春，汪铭书）

（三）US6（gD）基因及其编码蛋白

鸭瘟病毒 US6（gD）基因研究资料很少，以下有关疱疹病毒 US6（gD）基因的研究资料（范微等，2012）将对进一步开展鸭瘟病毒 US6（gD）基因的研究有重要的参考作用。

1. 疱疹病毒 US6 基因及其编码蛋白的特点

（1）US6 基因在基因组中的定位及复制类型　疱疹病毒 US6 基因位于基因组的 US 区的 0.9 位处，编码 gD 蛋白。不同的疱疹病毒 gD 基因其核苷酸序列长度差异明显，如 HSV－1（McGeoch 等，1985）的核苷酸序列长度为 1 185 bp、HSV－2（Dolan 等，1998）为 1 182 bp、CeHV－1（BV）（Perelygina 等，2003）为 1 185 bp、CeHV－2（Tyler 等，2005）（SA8 病毒）为 1 188 bp、ILTV（Johnson 等，1995）为 1 185 bp、FeHV（Costes 等，2005）为 1 125 bp、牛传染性鼻气管炎病毒（Tikoo 等，1990）（IBRV）gD 为 1 251 bp 等。gD 基因结构特征和所有真核基因类似，都包含启动子序列、Poly（A）信号序列 TA box 和 Kozak 序列，以及编码区等。Zhao Y 等（2010）分析 DPV VAC 株发现：gD 基因的 polyA 序列，AATAAA 位于 US8 下游，与 US7 和 US8 共用；TAbox 的序列为 ATATATA，在翻译起始序列之前有 Kozak 序列。序列分析发现，在不同种属的疱疹病毒之间，gD 基因的同源性并不高。

（2）US6（gD）蛋白结构　目前已确知功能的疱疹病毒囊膜糖蛋白主要有 11 种，是疱疹病毒的结构蛋白和主要保护性抗原，介导病毒进入细胞，促进细胞融合及病毒的释放与穿膜，诱导机体产生中和抗体或者出现潜伏感染等。根据程安春等（2006）构建的基因文库，通过序列拼接发现，DEV 的 gD 蛋白由 US6 基因编码，基因全长 1 269 bp，含有 423 个氨基酸，是病毒包膜的主要成分。疱疹病毒的 gD 蛋白结构特征如下：在 gD 的 N 端有一段疏水性的信号肽。信号肽是 gD 在细胞中定位必需的，在肽链导入内质网后被切除。gD 的 C 末端存在一个 β 折叠结构的疏水区，为疱疹病毒 gD 蛋白的跨膜区，是 gD 吸附进入细胞膜的位点。有的疱疹病毒在信号肽之后还有一个跨膜区。信号肽和跨膜区之间为 gD 的外膜区，含有疱疹病毒 gD 抗原表位、O－糖基化位点、N－糖基化位点等。以 HSV－I gD 为例，其 gD 基因共有 394 个氨基酸，其中 N 端 25 个疏水性氨基酸为信号肽，跨膜区位于第 340～364 位氨基酸，最后 30 个氨基酸（第 365～394 位氨基酸）为胞质区（Nicola 等，1996）。Andrew Pilling 等在电镜下观察到腺病毒表达的可溶性 HSV gD 主要以四聚体形式存在，单体的 gD 二级结构中主要以 β 折叠形式存在，结构类似于一个圆锥形，4 个邻近的单体相互连接，中间形成一个极显著的口袋结构。聚合体中部的此口袋形结构突出于病毒表面，与抗原相结合。

（3）US6（gD）蛋白功能　疱疹病毒 gD 蛋白是病毒的囊膜糖蛋白之一（Perez 等，2005），是宿主受体结合蛋白，主要功能是可阻断细胞凋亡，参与病毒的吸附、释放，介导病毒的穿膜，限制病毒在不同的细胞上增殖，以及促进病毒导致的细胞融合等。

Whalley JM 等（2007）、Azab 等（2012）发现，EHV-4 对宿主细胞有严格限制，其中起主要作用的是 gD，gD 与特定细胞上的受体相结合，从而介导病毒的吸附、穿膜、细胞融合，最终导致病毒的释放而对宿主产生感染。体外表达全长的 gD 蛋白能阻止病毒对宿主细胞的感染。gD 在 N 端和 C 端各存在一个抗体结合位点，当 gD 与受体结合时，蛋白构象发生改变，由于 N 端构象改变之后，病毒可使用其他结合位点。gD 基因缺失的突变株可以产生成熟的病毒粒子，但不具有感染性（Karger 等，1998）。

（4）US6（gD）与病毒的吸附及释放　疱疹病毒的穿膜必须依赖 gD 胞外区，gD 胞外区包含两个功能区：N 端为受体结合位点，C 端连接融合区域。gD 与另外三个糖蛋白 gB、gH、gL 形成复合体，与细胞膜或小囊泡进行融合。gD 是宿主受体结合蛋白，可与 HVEM、nectin 和硫酸乙酰肝素聚糖（Deepak Shukla 等，2001）三个受体结合。其 N 端由三个部分组成：两个扩展区及一个抗体结合位点，由含两个 β 片层的 β 转角组成；N 端与受体 HVEM（herpesvirus entry mediator）结合后，就由无规则的构象转化为发夹结构。此种结构有利于保持 gD-HVEM 复合物的稳定性，同时也导致 gD 本身构象上的改变（Kopp 等，2012）。gD 的另一个结合受体是 nectin，通过缺失或者突变的方法发现，gD 与 nectin 的结合位点分布更为广泛。不同疱疹病毒受体结合位点略有不同，如 Fan 等（2012）报道，B 病毒 gD 的受体是 nectin-1，而不是 HVEM。gD 与受体的结合最终导致细胞的融合。抗 HSV gD 不同位点的单克隆抗体可在连续的不同阶段阻断 HSV 对细胞的吸附。在对构建疱疹病毒如 PRV、HSV-1、BHV-5、BHV-1 等的 gD 基因突变株和 gD 缺失株的研究中发现：gD 缺失或突变的病毒不能吸附在宿主细胞上或者吸附的能力明显降低。抗 gD 抗体可阻止 HSV 病毒与细胞的融合，从而抑制 HSV 诱导的细胞融合。PRV gD 对感染细胞与邻近非感染细胞的融合是非必需的（Trybala 等，1996；Mettenleiter 等，1996；Nauwynck 等，1997）。Nick De Regge 等（2006）在体外培养的神经元细胞中接种 PRV 病毒，发现在沿着三叉神经节细胞的轴突上面会形成瘤状突起，而 gD 蛋白缺失株就不会引起上述改变，同时他们还使用 gD 重组蛋白和抗 nectin-1 抗体，也引起了神经细胞轴突同样的瘤状改变。这说明这种瘤状改变是由 gD 蛋白引起的，而这种瘤状结节就是 PRV 病毒在体内的释放位点。

（5）US6（gD）与病毒的免疫　gD 是疱疹病毒的主要免疫原，原核和真核表达的 gD 蛋白可作为诊断疱疹病毒的抗原和保护性蛋白。gD 可诱导宿主免疫系统全面反应，包括体液免疫、细胞免疫、诱发特定细胞毒 T 淋巴细胞（CTL）、诱导机体产生中和抗体等（Alber 等，2000）。研究表明，抗 HSV-1 单克隆抗体可阻断病毒在裸鼠体内增殖。抗体对裸鼠的这种保护作用也可发生转移且与抗体的中和活性无关，但与抗体依赖性细胞介导的细胞毒性（antibody-dependent cell-medicate cytotoxicity，ADCC）作用有关。提示 ADCC 作用比中和作用或溶细胞作用更重要。用纯化的体外表达 gD 蛋白免疫动物也可产生保护作用（Blacklaws 等，1990）。纯化的 HSV－1 gD 免疫小鼠可使小鼠免受HSV－1的致死性感染。用体外表达的 PRV gD 蛋白免疫怀孕母猪后，除仔猪可在子宫中获得母源抗体之外，在乳汁中也能产生中和抗体使仔猪得到保护（Monteil 等，1997）。用表达 PRV gD 的 CHO 细胞培养物纯化后免疫猪，能保护猪免受 PRV 强毒的攻击。针对 PRV gD 的抗血清能保护小鼠、猪等抵抗强毒的攻击。Caselli 等（2005）使用联合表达 BHV gB 和 gD 蛋白的基因疫苗，可使小鼠产生抗 BHV 抗体，从而免受 BHV 的感染。Peralta 等（2007）使用杆状病毒表达 BHV－1 gD 蛋白来进行免疫，也取得了较好效果。Khattar 等（2005）使用表达 BHV－1 gD 的新城疫病毒免疫牛可产生中和性抗体，能部分抵抗 BHV－1 的感染。表达 gD 基因的重组疫苗可用作活疫苗，保护小鼠免于 HSV 的感染。使用大肠杆菌、杆状病毒、腺病毒、痘苗病毒及酵母等多种表达载体，对多种疱疹病毒如 HSV－1、PRV（Monteil 等，1997；Haagmans 等，1999；Van Rooij 等，2010；Shiau 等，2001）、EHV（Weerasinghe 等，2006）等的 gD 基因进行了原核和真核表达，结果发现都能产生较高滴度的中和抗体，抵抗病毒的感染。Foote 等（2005）用纯化的杆状病毒表达的 EHV－1gD 蛋白免疫孕马，发现在母体及幼驹均可检测到中和抗体，可阻止病毒感染。gD 蛋白可抑制潜伏感染的发生，诱导迟发性超敏反应及抗体的产生，并可刺激 Tc 细胞增生。此外，gD 也是特定细胞毒 T 淋巴细胞（CTL）的主要靶标之一。

gD 同核酸免疫酶、蛋白激酶及 gJ 联合作用时，可阻止细胞凋亡。gD 阻止细胞凋亡的功能是通过缺乏 gD 基因或（和）gD 蛋白的突变株的研究发现的。使用缺乏 gD 基因也不含有 gD 蛋白（gD－/－），或是缺乏 gD 基因但含有表达 gD 蛋白细胞（gD－/－）的疱疹病毒突变株能引起细胞凋亡，但这种细胞凋亡能被体外表达的 gD 所抑制。

2. 鸭瘟病毒 US6（gD）基因及其编码蛋白 范微、程安春等（2012）对 DPV US6（gD）的研究获初步结果。

（1）DPV US6（gD）基因的分子特性 DPV US6 基因完整编码区（ORF）全长 1 269 bp，C＋G 共 557 bp，含量为 44％。编码的 gD 蛋白含有 422 个氨基酸，分子量为 47.5 kD，理论等电点（PI）为 6.66。进化树分析 gD 基因与猫疱疹病毒－1 型（FeHV－1）、海豹疱疹病毒 1 型（PhoHV－1）及犬疱疹病毒亲缘性较高；而 gD 蛋白与鸡传染性喉气管炎病毒（ILTV、GaHV－1）的 gD 亲缘性最高。gD 具有一个特征性的信号肽，位于氨基酸序列 1～22 位；在 7～29、360～382 位氨基酸有一跨膜区；gD 蛋白主要定位于内质网中（44.4％），其次在胞质、分泌小囊泡、生物膜外（包括细胞膜）、线粒体和细胞核中呈相同分布（11.1％）。gD 有 4 个 N－糖基化位点和 9 个 O－糖基化位点。gD富含无规卷曲（coil），含量高达59.72%；其次为β折叠（strand），含量为24.64%；而α螺旋（helix）含量较低占15.64%。

（2）DPV US6（gD）基因胞外区原核表达、产物纯化及其抗体　根据DPV gD基因序列，设计一对引物扩增DPV gD基因胞外区并将其克隆至pGEM－T载体中，经酶切和DNA测序鉴定正确后，将gD胞外区基因插入pET－32a载体的*Msc* Ⅰ与*Hind*Ⅲ之间。成功构建重组表达质粒pET－32a－gD。将pET－32a－gD转化感受态宿主菌*E. coli* BL21（DE3），IPTG诱导后经SDS－PAGE电泳检测出大小约为30kD的重组蛋白，重组蛋白以可溶和不可溶包含体两种形式表达。western blotting检测发现，该蛋白能与DPV阳性血清发生特异性反应。大量表达gD蛋白，使用Ni－NTA亲和层析进行纯化，将纯化后的gD胞外区蛋白与弗氏佐剂混合后免疫家兔，抗gD多克隆ELISA抗体效价可达1∶256 000。

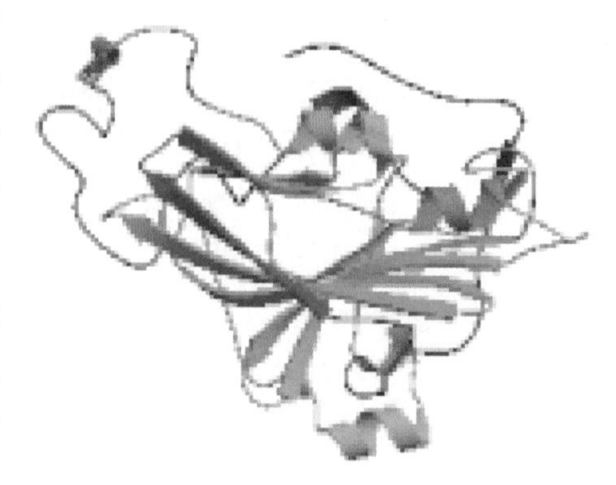

图3－3　DPV US6的三级结构预测

（3）DPV US6（gD）基因在COS－7细胞中的瞬时表达　根据DPVgD基因序列，设计一对特异引物，用PCR方法从DPV基因组中扩增目标基因全序列，将其正向插入真核表达载体pEGFP－N1和pcDNA3.1（＋）多克隆位点*Nhe* Ⅰ和*Hind*Ⅲ酶切位点之间，成功构建了重组真核表达质粒pEGFP－N1－gD和pcDNA3.1（＋）－gD，脂质体介导转染至COS－7细胞中，采用激光共聚焦显微镜直接观察、western blotting

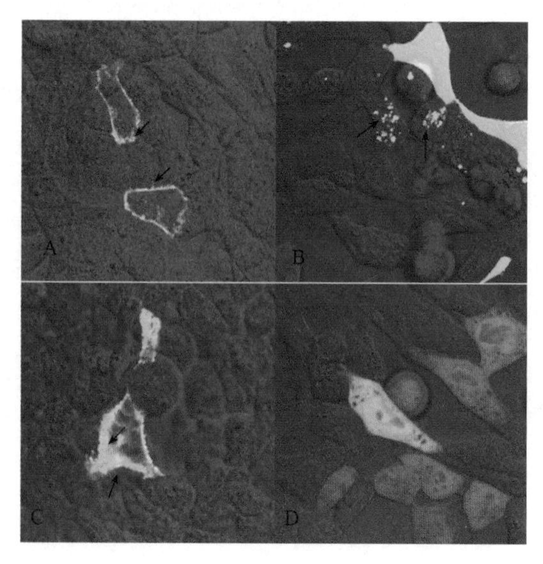

图3－4　DPV US6在COS－7细胞中的瞬时表达（激光共聚焦显微镜直接观察）

A、B和C. 转染pEGFP－N1－gD质粒的COS－7细胞　箭头所指为表达的gD蛋白　D. 转染pEGFP－N1质粒的COS－7细胞

及间接免疫荧光方法检测 gD 蛋白的表达。激光共聚焦显微镜下可见转染了pEGFP-N1-gD 质粒的 COS-7 细胞质内及细胞膜上出现荧光蛋白的点状聚集现象，主要定位于细胞膜上。Western blotting 显示 gD 在 COS-7 细胞中得表达产物的分子量为 55 kD 左右，比 gD 预测分子量要大；间接免疫荧光检测 gD 在 COS-7 细胞中的胞质、核内及细胞膜上均出现荧光蛋白的点状聚集现象，主要定位于细胞膜上。

（4）DPV US6（gD）基因转录和表达时相、在宿主细胞中的亚细胞定位　该基因在 DPV 感染 DEF 细胞后 2 h 时已经开始转录，8 h 开始表达，12 h 后转录和表达量迅速增加，一直持续至 60 h；该基因在细胞中的表达产物呈现高丰度现象，主要为分子量 55 kD 的成熟糖蛋白，而 gD 蛋白在 DEF 细胞中的定位是一个动态变化过程，最早在接种后 8 h 观察到定位于胞质，12 h 见除胞质外还定位于细胞核膜上，24 h 荧光主要定位于细胞膜，48 h 在细胞核核膜、细胞膜及胞质中均有定位。

（5）DPV US6（gD）胞外区蛋白作为包被抗原检测鸭瘟抗体间接 ELISA　以 pET-32a 为载体原核表达的 DPV gD 蛋白作包被抗原，可进行间接 ELISA 检测 DPV 血清。最适包被重组抗原蛋白浓度为 100ng/孔（1μg/mL，100μL/孔），包被后 37 ℃ 1 h，然后于 4 ℃条件下过夜，最佳血清稀释度为 1∶80，0.5%的明胶 PBST 作封闭液，阴阳性的临界值（cut off 值）为阴性样本 OD 值的平均值（x）+ 3SD。用建立的间接 ELISA 检测方法对收集到的 DPV 阳性血清、DHBV 阳性血清、DHV 阳性血清及 GPV 阳性血清作 1∶80 稀释，ELISA 测定发现其只与 DPV 发生反应。与 DPV 全病毒 ELISA 试剂盒平行检测临床样本血清 90 份，吻合率为 94%，检出率差异不显著。这表明建立的 gD ELISA 检测方法具有很好的特异性和敏感性，可以用于 DPV 感染的诊断和疫苗免疫后的抗体监测。

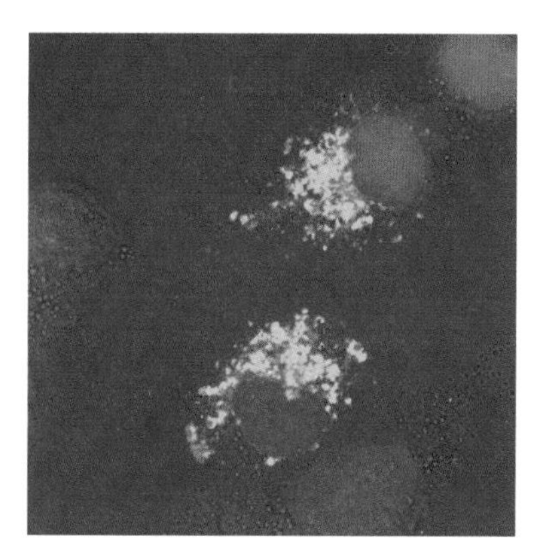

图 3-5　DPV 感染细胞 12 h 时 gD 的亚细胞定位（激光共聚焦显微镜直接观察）

（6）基于 DPV US6（gD）基因的 PCR 检测方法　依据 DPV gD 基因无信号肽片段序列设计引物，可建立检测 DPV gD 基因 PCR 方法。特异性试验中，从正常 DEF 细胞、鸭胚尿囊液及鸭肝炎病毒、鸭乙型肝炎病毒、小鹅瘟病毒 DNA 中均未扩增出阳性条带，同时对同为疱疹病毒的 HSV-1、HSV-2 和 BV 来说，可从病毒 DNA 中能扩增出条带，说明了 gD 蛋白在同科病毒中的同源性；而扩增出的片段大小并不与 gD 基因预计扩增片段大小相同，说明了gD基因PCR引物及方法的特异性。敏感性试验结果显示能检测出1pg左右的DPV DNA；应用该PCR方法对DPV感染病料肝脏、脾脏、胸腺、淋巴结和法氏囊等免疫相关器官组织进行检测，均能扩增出与预期大小一致及序列吻合的特异性条带，正常组织中未检出阳性条带。证实该方法可应用于临床DPV的检测。

（程安春，汪铭书）

（四）US7（gI）基因及其编码蛋白

鸭瘟病毒US7（gI）基因研究资料很少，以下有关疱疹病毒US7（gI）基因的研究资料（李丽娟等，2011）将对进一步开展鸭瘟病毒US7（gI）基因的研究有重要参考作用。

1. 疱疹病毒US7（gI）基因及其编码蛋白的特点

（1）US7基因的序列特点　US7基因位于Us特定短区，研究发现HSV-1 US7基因存在多态串联重复（TR）区域，可能是不对等交换产生的同源重组结果。该区域编码的丝氨酸、苏氨酸和脯氨酸重复（氨基酸序列如STPSTTT，STPSTTI或PAPST-TI）恰为典型的O-连接糖基化位点，推测为黏蛋白功能区域（Norberg等，2007）。

（2）US7基因编码蛋白特点　US7基因编码产生的囊膜糖蛋白（gI），在某些疱疹病毒中有其特殊称谓，如PRV称为gp63、VZV称为gpIV。以HSV-1 gI蛋白为例，它包含390个氨基酸，包括N端疏水性前导序列，含有248个氨基酸残基的胞外区、1个跨膜卷曲、含有94个氨基酸残基的C端胞质尾区，属于典型的Ⅰ型跨膜蛋白（Sprague等，2004）。在HSV-1和猕猴疱疹病毒1型（cercopithecine herpesvirus 1，CeHV-1）中，gI胞外区存在一个高度变异序列，该序列含有大量Pro/Ser/Thr残基，据推测这些残基为O-连接糖基化修饰位点（Ohsawa等，2002）。所有α疱疹病毒gI胞外区均含有半胱氨酸富集区（Tyborowska等，2000）。gI与gE经由N-连接糖基化修饰，在合成后不久即相互连接，在感染或转染细胞中以非共价键复合体形式存在。有趣的是在不同灵长类动物疱疹病毒中，gI与gE结合同时也是与IgG相互作用的区域，其保守性并不高（Dubin等，1994；Basu等，1995，1997）。不同疱疹病毒gI差异较大，比如VZV和HSV-1 gI氨基酸序列只有24%的相似性（Mallory等，1997）。

（3）US7蛋白亚细胞定位　许多研究都证实，在单纯疱疹病毒（herpes simplex virus，HSV）感染上皮细胞早期，gI和gE在高尔基体反面网状结构（tans Golgi network，TGN）和胞内体（endosome）聚集，TGN和胞内体是病毒粒子在感染细胞内囊膜化的位点，也涉及胞吞作用。gE和gI的胞质区含有若干与TGN分拣机制有关的基序（motif），如含酪氨酸的YXXØ（Ø是一个疏水性残基）模型、酸性氨基酸残基聚合物、双亮氨酸模型、磷酸纤维化丝/苏氨酸模型等，它们能与高尔基体上的特定蛋白作用，介导胞吞，从而影响病毒粒子在细胞内的分拣模式。例如，gE/gI胞质区的含酪氨酸基序YXXL和双亮氨酸模型能与高尔基体上胞质表面的一类结合素蛋白AP-1特异结合，再由AP-1协助胞吞入TGN，gD经过6-磷酸甘露糖活化后也有类似功能，定位研究推测gE/gI在细胞内特定位点聚集与病毒的装配有关（Johnson等，2002；Wisner等，2002；farnsworth等，2006）。在感染晚期，gE/gI将特异性地迁移至细胞连接点（Dingwell等，1998）。该现象与gE/gI促进病毒粒子胞间转染机制密切相关。

然而，有些疱疹病毒gI定位在内质网而不是高尔基体中。Mijnes等（1996）利用痘苗病毒vTF7-3表达系统研究猫疱疹病毒1型（feline herpevirus 1，FHV-1）gE和gI蛋白生物合成发现，gE/gI复合体能在内质网中快速转运，荧光免疫检测到gI主要存在于内质网中，也存在于胞膜中，缺失gI基因的FHV-1突变体不能形成成熟的gE蛋白，推测gE仍然存在内质网中，可能与分子伴侣有关，只有与gI蛋白复合时才能具有运输活性。Huber（1996）等用缺陷腺病毒作载体表达人巨细胞病毒（human cytomegalovirus，HCMV）gI基因发现，表达的蛋白对内切糖苷酶H敏感，用共聚焦显微检测法测得其主要存在于弥散的细胞质和内质网中，并与内质网中的两种细胞蛋白即钙调蛋白和二硫键异构蛋白结合出现，而不在细胞表面，可能β疱疹病毒gI蛋白并不参与病毒的胞间扩散。

（4）US7蛋白功能　糖蛋白gI和gE形成非共价的异源二聚体，促进病毒在细胞间的转染，但在外来病毒粒子进入细胞的过程中不起作用。HSV-1、VZV和PRV gE/gI复合体可作为IgG Fc受体组成部分与Fc结合，通过改变或阻断Fc功能，参与免疫逃避机制。

① US7蛋白与病毒胞间转染　疱疹病毒粒子在核内进行核衣壳的装配后出芽分泌到核周质，分泌过程中获得一层囊膜，然后又在外核包被时融掉这层囊膜，释放核衣壳入细胞质。接下来核衣壳将获得间层蛋白，并且在胞质TGN或核内体进行囊膜包被，然后被运送至细胞表面。α疱疹病毒能够迅速穿越上皮组织和突触连接的神经细胞，这种快速转移得益于病毒粒子的胞间转染（Diefenbach等，2008）。HSV-1、VZV、PRV都是利用囊膜糖蛋白gE/gI复合体与细胞连接点特异性结合进行细胞间转移，这种胞间转移方式能够提高病毒扩散效率，逃避宿主免疫（Johnson等，2001）。

α疱疹病毒gE/gI复合物在TGN或胞内体聚集，与其他病毒粒子蛋白如gM结合，促进其他囊膜蛋白和间层结构在此积聚，gE/gI复合体胞质区的分拣基序引导病毒粒子胞吞入高尔基体，在 TGN 内完成病毒粒子的包被后，一种源于 TGN 的运输囊泡将新生病毒转运到相连细胞的空隙中，引起相邻细胞的感染。这些蛋白引导病毒向相连细胞侧极移动，而不是向细胞的上表面移动（Johnson 等，2002）。gE/gI 复合物胞外区通过结合一些细胞连接点的受体，如钙调蛋白 CAMs，朝向邻近细胞移动，对病毒胞间转染发挥重要功能。这也对 gE/gI 特异性地分布在细胞连接点处的现象作出了合理解释（Dingwell 等，1998；Mcmillan 等，2001）。进一步研究发现 HSV gE/gI 在神经轴突间转染时，会协同其他囊膜糖蛋白 gB、gD 转运，但与衣壳无关（Snyder 等，2008）。Balan 等（1994）用 HSV-1 gI 缺失病毒接种小鼠耳部发现病毒毒力显著减弱，病毒粒子迅速从接种位点被清除，并且几乎不能在感觉神经节或中枢神经被检测到。对活体上皮接种发现，gI 缺失体吸附与进入细胞的过程与非缺失体无异，但进入细胞后即形成小髓鞘，失去通过胞间连接路径进行病毒转移的能力，该结果与 gI 介导病毒胞间转染，但对胞外病毒进入细胞不起作用的观点相符。

② US7 蛋白与病毒毒力　gI 蛋白与 α 疱疹病毒的毒力有较密切的关系，gI 介导病毒在细胞间的扩散，而这正是 α 疱疹病毒感染及致病机制中非常重要的方面。α 疱疹病毒中 gD 有介导病毒吸附穿入和胞间转染的功能，VZV 无 gD 蛋白，gE、gI 在病毒感染过程中承担起了一部分有别于其他疱疹病毒的功能。gI 虽然不是 VZV 复制过程中的必需蛋白，但是缺失或突变 gI 后，病毒感染区域显著降低，合胞体形成受阻，且 gE 的构型及在感染细胞中的分布被改变。VZV gI 蛋白的完整表达，对病毒复制过程中膜的有效融合是必需的（Mallory 等，1997）。gI 作为一个附属成分促进 gE 的胞吞作用，提高 gE 在感染细胞表面作为 Fc 受体的活性（Cohen J I 等，1997；Olson 等，1998）。Zerboni 等（2007）研究发现 gI 对 VZV 神经趋向性影响重大，缺失 gI 的病毒粒子在人类背根神经节中（DRGs）复制延迟并且不能在内质网中转移。因此，可以通过缺失 gI 基因以降低 VZV 的神经毒力，从而延长 VZV 在 DRGs 中的感染活力，这对研究由 VZV 感染引起的神经性发病机制具有一定意义。新近研究资料表明，gI 能够促进 HSV-1（Mcgraw 等，2009）和 PRV（Mcgraw 等，2000）在神经轴突间的顺向扩散，维持神经毒力。PRV 的 gI 与 VZV 类似，虽不是病毒复制所必需，但它通过促进细胞融合发挥病毒毒力，属毒力基因（Kimman 等，1992）。国内学者构建了 PRV 基因缺失疫苗株，缺失基因包括主要毒力基因 gE、gI 在内，此类基因缺失苗毒力显著降低，具有较好的免疫保护性和生物安全性。研究者同时考虑利用 gI/gE 复合体作为诊断抗原，通过血清学等方法将疫苗免疫猪和自然感染野毒猪区分开来，对加快我国猪伪狂犬根除进程具有重要意义（刘正飞等，2004；姜焱等，2004；肖少波等，2002；吕素芳等，2009）。

③ US7 蛋白与免疫逃避机制　HSV-1、VZV 和 PRV gE/gI 异源二聚体与 IgG 的

Fc受体相结合，也是Fc受体组成部分，可能通过阻断或改变Fc功能，参与免疫逃避。免疫性IgG的Fab段与疱疹病毒抗原结合，而Fc段与gE/gI复合物结合，这种作用称为双极桥作用（bi-polar bridging），由于Fc段被gE/gI复合物结合，便不能与补体Clq结合，从而阻止其补体经典途径的激活，干扰抗病毒免疫反应（Sprague等，2006）。gE/gI与Fc片段C（H）2-C（H）3位点结合，该位点也是某些哺乳动物和细菌Fc结合蛋白的作用位点，对pH具有高度依赖性。有资料（Sprague E R，等，2004）表明HSV gE/gI在中性或稍偏碱条件（pH7.4）下与Fc紧密结合，酸性条件（pH6.0）几乎不能结合，该发现有力地阐明了以下过程机制：疱疹病毒gE/gI在细胞表面的碱性环境下与IgG结合，再至溶酶体的酸性环境下将其释放，促进抗病毒抗体的降解。HSV-1中gI的128～145位氨基酸是结合IgG Fc段的关键区，缺失gI的病毒也丧失了结合IgG的能力（Basu S等，1997）。Bell等（1990）用杆状病毒为载体在Hela细胞中表达gE、gI发现，虽然单独表达的gI无Fc受体活性，但是共表达gI与gE，二者形成膜锚定复合物后对IgG Fc片段的亲和力比gE单独存在时更高。当然，并不是所有疱疹病毒gE/gI都有Fc受体活性，如BHV-1（Whitbeck J C等，1996）gE/gI不能与Fc结合，这一点有别于以上三种疱疹病毒。其他疱疹病毒gE/gI是否有相应特征尚待研究。

④ US7蛋白的抗原性　gI作为囊膜糖蛋白是病毒颗粒表面的抗原决定簇，具有一定免疫原性。Ghiasi等（1994，1996）比较了HSV-1 gB、gD、gC、gE、gG、gH、gI 7种囊膜糖蛋白在小鼠眼部感染中的免疫保护作用，杆状病毒表达系统表达的HSV-1 gI可产生52、56 kD两种大小的蛋白，分布在感染细胞膜上，接种重组gI蛋白的小鼠在体内产生高滴度中和HSV-1抗体，具有明显免疫保护作用。进一步把7种囊膜糖蛋白混合起来进行免疫比较发现，7种混合囊膜糖蛋白的免疫保护效果要好于单独免疫时效果最好的gD。因此，gI对HSV-1亚单位疫苗的开展具有应用价值，与其他囊膜糖蛋白混合成多价免疫苗可提高免疫保护效率。牛疱疹病毒5型（bovine herpesvirus 5，BHV-5）（Hubner S O等，2005）、马疱疹病毒1型（equine herpesvirus 1，EHV-1）（Matsumura T等，1998）gI缺失突变情况下，毒力几乎完全消失，免疫原性降低，说明gI在相应病毒中具有较好免疫原性。我国研究者发现，马立克氏病病毒（Marek's disease virus，MDV）gI蛋白具有较好的免疫原性，并制备了MDV gI的单克隆抗体，为分析比较在免疫转印试验中不同致病型MDV在gI表达量上的差异提供了有效试剂（陈志琳等，1998；韩凌霞，2001）。

（5）US7蛋白与其他蛋白的相互作用

① 与gE蛋白的相互作用　gI在感染的细胞中常与gE以功能性非共价复合物的形

式存在并发挥功能，二者以近乎相同的方式影响病毒的生物学特性。gI 和 gE 都是Ⅰ型跨膜蛋白，且胞外区都富含半胱氨酸。对 VZV 和 BHV－1 的研究发现，gE 第一个半胱氨酸富集区是与 gI 结合成异源二聚体的关键区域（Wisner T 等，2000；Berarducci B 等，2009）。gE/gI 复合体在介导病毒粒子胞间转染方面发挥重要功能。Schumacher 等（2001）对马立克氏病病毒血清 1 型（Marek's disease virus serotype 1，MDV－1）的 gI 和 gE 蛋白的研究发现，缺失 gI 后，病毒不能在鸡胚成纤维细胞或鹌鹑肌细胞间转染，gI 缺失突变体病毒与 gI 表达质粒共转染入鸡胚成纤细胞后病毒又获得细胞间转染的能力，gE 缺失突变体病毒具有相同特征，然而双缺失突变体与 gI 或 gE 表达质粒共转染后都不具有细胞间转移能力，通过间接免疫荧光只能在单个细胞中检测到。在众多 α 疱疹病毒中，该结果首次证明 gE 和 gI 同时存在对病毒在细胞间转移是必需的。Devlin 等（2006）通过构建禽传染性喉气管炎病毒（infectious laryngotracheitis virus，ILTV）gE、gI 双缺失突变体研究表明病毒在细胞间转染能力显著降低，推测 ILTV gE/gI 促进病毒胞间转染作用比其他 α 疱疹病毒更明显。

gE/gI 胞质区含有分拣基序，影响单纯疱疹病毒在细胞内分拣的工作模式，促进病毒在高尔基体亚结构中包封，而这个亚结构正如一个运输载体，特异性地将新生病毒粒子沿细胞表面横向运输（Johnson D C 等，2001；Mcmillan T N 等，2008）。在病毒感染早期，gE 胞质区促进 gE/gI 在 TGN 的大量聚集。当 gE 或只是 gE 胞质区被删除，病毒粒子将向细胞顶端移动而不是横向移动到细胞连接处。gE 胞质区是病毒包被并转移至上皮细胞连接处所必需的蛋白（Mcmillan T N 等，2008）。gE/gI 胞外区对病毒包间扩散也有重要功能。在感染晚期，gE/gI 集中在细胞连接处，以类似于细胞黏附分子的方式连接于表面，在 gE 胞外区域插入一段小分子物质。它并不降低细胞表面表达、组装入病毒粒子或者与 gI 形成复合物，但是它却能使 gE/gI 复合体失去促进病毒在细胞间转染的能力（Polcicova K 等，2005）。gE/gI 胞外区域与细胞连接处选择性表达的受体相结合，从而促进病毒在细胞间转染（Collins W J 等，2003）。

目前，人们对 HSV 病毒粒子在细胞间转染过程知之甚少，胞间转染涉及多种囊膜糖蛋白，这些蛋白往往同时参与介导病毒粒子直接侵染细胞和胞间转染，而 gE/gI 只参与介导病毒粒子胞间转染。故 gE/gI 将作为一个重要的分子工具，在胞间转染研究中发挥其特殊作用。

② 与 gD 蛋白的相互作用　HSV 囊膜糖蛋白 gI、gE、gD 由邻近基因所编码，胞外区显示出一定的结构相似性，包括半胱氨酸的分布情况。有证据表明，gI/gE 和 gD 源于一个共同的祖先，gE/gI 作为一种受体结合蛋白促进病毒进入受体细胞，与 gD 的作用相似（Johnson D C 等，2002）。另外，gE/gI 协同 gD 完成 HSV 的次级囊膜化，在这

个过程中，病毒粒子通过出芽进入 TNG 或胞内体获得核衣壳外面的间层结构，gE/gI 和 gD 所起的作用是必需性的而非丰余性的（Farnsworth A 等，2003）。

2. 鸭瘟病毒 US7（gI）基因及其编码蛋白 李丽娟、汪铭书等（2011）对 DPV US7（gI）的研究获初步结果。

（1）DPV US7 基因的分子特性 DPV US7 基因开放性阅读框（ORF）长度为 1 116 bp，编码 371 个氨基酸的蛋白多肽（gI）。多序列比对发现与疱疹病毒 gI 基因家族具有较高的相似性。该蛋白具有一些囊膜糖蛋白的典型特征，包括具有 N 端信号肽，3 个潜在的 N-连接糖基化位点及 C 端跨膜区。另外分析表明，DPV gI 蛋白有 19 个潜在的磷酸化位点、13 个抗原位点，亚细胞定位分析表明蛋白主要定位于胞质网状结构中（55.6%）。密码子偏爱性分析表明，DPV gI 基因中同义密码子第三位 A、T 碱基的使用频率更高，且密码子偏性较低，推测为低表达基因。与大肠杆菌、酵母和人比较，使用偏爱性差异较大的密码子数分别为 26、24 和 31 个。因此，DPV gI 的密码子偏爱性与原核生物和真核生物均较为接近，其基因表达可选择大肠杆菌或酵母表达系统。

（2）DPV US7 基因的表达特点及多克隆抗体 PCR 扩增出一条长为 1 221 bp 的核酸片段，该片段涵盖了完整的 gI 基因，将该片段插入 T-克隆载体 pMD18-T，构建重组质粒 pMD18-T-gI。通过 *Bam*HⅠ和 *Xho* Ⅰ双酶切消化 pMD18-T-gI 质粒提取插入片段，再将该片段定向插入原核表达载体 pET-32a（+），构建重组质粒 pET-32a（+）-gI。经 PCR、双酶切及测序鉴定后将重组质粒 pET-32a（+）-gI 转化入大肠杆菌 BL21（DE3）感受态细胞进行表达。DPV gI 基因在 IPTG 的诱导下成功表达。SDS-PAGE 分析表明，含有 6×His 标签的 gI 蛋白分子量约为 61 kD。蛋白最佳表达条件为加入终浓度为 0.2 mmol/L IPTG，37 ℃下诱导表达 6 h，可溶性分析表明目的蛋白主要以细胞沉淀（包含体）形式表达。用镍柱亲和层析方法对带 6×His 标签的重组蛋白进行纯化，获得较高纯度的重组蛋白 6×His-gI。重组蛋白经 western blotting 检测显示能被兔抗 DPV 阳性血清识别。利用纯化蛋白对家兔进行免疫，制备兔高免血清。琼脂扩散试验检测血清效价达 1∶32。该血清经 western blotting 检测显示能识别表达的重组蛋白，具有较好特异性。

（3）DPV US7 基因类型 通过荧光定量 PCR 方法对 DPV gI 基因在鸭胚成纤维细胞的转录分析表明，在感染早期 DPV gI 基因的转录水平较低，12 h 前呈缓慢增长状态，12 h 后急剧上升，至 48 h 时达到高峰，然后有所下降。DPV gI 基因在感染晚期大量转录的现象提示，基因编码产物可能参与成熟病毒粒子的囊膜化装配。除此之外，还采用核酸蛋白合成抑制方式研究 gI 基因的转录情况，即在核酸抑制剂阿昔洛韦（ACV）和蛋白合成抑制剂放线菌酮（CHX）作用下 gI 基因的转录情况。结果显示，gI 基因的转录受到 ACV 和 CHX 的抑制，说明该基因的转录依赖宿主蛋白的表达，且在 DNA 复制完成以后。因此，综上转录模式的分析，可推断 DPV gI 基因为疱疹病毒晚期基因。

（4）DPV gI 蛋白的亚细胞定位　以兔抗 DPV gI 重组蛋白血清为一抗，采用免疫荧光技术进行 DPV 感染鸭胚成纤维细胞后 gI 蛋白的定位检测。结果表明，最早可在感染 4 h 的细胞质中观测到微弱的特异荧光，随着感染时间延长，感染 12 h 和 24 h 均可观测到强烈的特异荧光，荧光在靠近胞核的细胞质中呈局域性集中分布（图 3－6），该分布模式提示 gI 蛋白可能大量积聚于诸如高尔基体类的细胞器中。在感染晚期，随着一系列形态学病变，细胞质大量裂解，细胞核破碎，特异荧光逐渐衰减。因此，从 gI 蛋白的分布特征可以推测该蛋白主要在细胞质中合成。

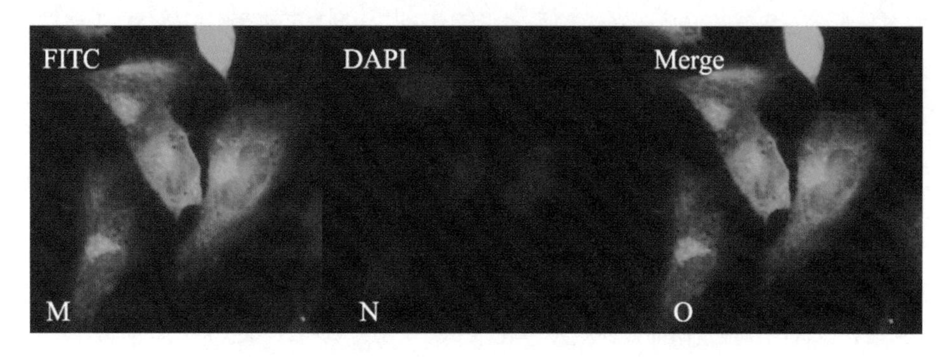

图 3－6　DPV 感染细胞 24 h 时 gI 蛋白的亚细胞定位

M. 免疫荧光染色　N. 胞核染色　O. M 和 N 的叠加

（程安春，汪铭书）

（五）US8（gE）基因及其编码蛋白

鸭瘟病毒 US8（gE）基因研究资料很少，以下有关疱疹病毒 US8（gE）基因的研究资料（常华等，2011）对进一步开展鸭瘟病毒 US8（gE）基因的研究将有重要参考作用。

1. 疱疹病毒 US8（gE）基因序列特点　已有研究表明，HSV－2、MDV－1、MDV－2等与 HSV－1 基因组的排列方式相同（Dolan A 等，1998；Zumiya Y 等，1998；Lee L F 等，2000）。鸭瘟病毒 gE 基因位于 DPV US 区域右侧末端，在基因组 143 067～144 539 bp 的位置。伪狂犬病毒 gE 基因也位于病毒基因组 US 区域的右侧，在其基因组 123 502～125 235 bp 的位置。HSV－1病毒 gE 基因位于病毒基因组 US 区域的右侧，在其基因组 141 243～142 895 bp 的位置。疱疹病毒 β 和 γ 亚科的病毒基因组排列方式差异较大，与 α 疱疹病毒 gE 基因同源的基因，如 human herpesvirus 5，HHV5、 panine herpesvirus 2，PnHV2、alcelaphine herpesvirus 1，PnHV2 中 gE 基因在基因组中的定位也各有不同（Davison A 等，2003；Dolan A 等，2004）。

2. 疱疹病毒 US8 基因编码蛋白的结构及功能

（1）gE 蛋白结构特点　膜蛋白根据多肽链在膜上的穿越特点将其分为 5 种类型，其中Ⅰ型为多肽链跨膜一次，且多肽链的 N 端在胞膜外，C 端在胞内（Singer S 等，1990）。α 疱疹病毒糖蛋白 gE 是典型的Ⅰ型膜蛋白，以 PRV gE 糖蛋白为例，PRV 中 gE 糖蛋白 N 端 429 个氨基酸组成胞外区、中间 24 个氨基酸组成跨膜区、C 端 124 个氨基酸组成胞内区（王勤等，2003）。在 PRV gE 蛋白的 N 端有 5 个重要的抗原决定簇（Fuchs W 等，1990；acobs L 等，1994；Jacobs L 等，1994），在第 52～123 位氨基酸中包含 3 个抗原决定簇，在 78～238 位氨基酸中包含 2 个抗原决定簇。同时用生物信息学软件分析表明，PRV gE 糖蛋白有 2 个 N 端-糖基化位点。

（2）gE 蛋白功能

① 胞外区的功能　糖蛋白 gE 胞外区较长。含有与 gI 相结合的位点。Tyborowska J 等（2006）通过放射免疫沉淀反应研究分析表明，在 PRV 糖蛋白 gE 的 N 端区域与糖蛋白 gI 的第 122 位和 106 位氨基酸是 gE/gI 形成复合物所必需的。而且 PRV 糖蛋白 gE 的胞外氨基酸第 125 位缬基酸和第 126 位半胱氨酸对病毒的生物学功能有重要影响，缺失了这两个氨基酸能使病毒的毒力嗜神经性降低，但不影响 gE 蛋白的免疫原性（姜焱等，2002）。牛疱疹病毒（BHV－1）糖蛋白 gE 和 gI 都是典型的Ⅰ型膜蛋白，BHV－1gE 基因编码 575 个氨基酸，gI 基因编码 382 个氨基酸，这两种蛋白的胞外区富含半胱氨酸区域（Rebordosa X 等，1996）。糖蛋白 gE 的胞外区含有两段保守的半胱氨酸区域（C1 和 C2），通常 C1 区包括 4 个半胱氨酸残基，而 HSV－1 的 C1 区只包括 2 个半胱氨酸残基，PRV gE C1 区对于 gE 的功能是非常重要的区域（Jacobs L 等，1993），C2 区包含 6 个半胱氨酸残基。Tyborowska 等（Tyborowska J 等，2000）将 gE 和 gI 重组在杆状病毒进行表达，研究表明将这两种蛋白共转染后可以形成 gE/gI 复合体，如将由 gE 蛋白前 246 个氨基酸组成的多肽与 gI 共表达，也可形成 gE/gI 复合体，但是将 gE 蛋白的 C1 区域去掉，再进行表达则不能形成复合体，可见 BHV－1 gE 的胞外 C1 区是形成两者复合体所必需的。

当 gE 的胞外区发生突变后，虽可与 gI 形成复合体，但却抑制病毒在细胞间的传播。推测 gE 的胞外区可能通过受体机制与细胞连接处的组成成分相结合，促进病毒传递至相邻的细胞（Dingwell K 等，1998；Wisner T 等，2000；Johnson D 等，2001，2002）。Katarina 研究表明，HSV－1gE 胞外区域是 gE/gI 复合物促进病毒所必需的，将胞外区构建了突变株，结果表明在胞外区 256～291 位氨基酸或者 348～380 位氨基酸发生突变后，病毒在细胞间的传播力降低。在第277、291、348位氨基酸位置的突变株虽可以与gI形成复合体到达细胞的外侧面，但在感染细胞后形成的空斑变小与gE全基因缺失株病变相似，而且这三种突变株在角膜上皮中的传递受到限制，可见gE胞外区域对于gE/gI复合物促进病毒在细胞间传播起重要作用。同时推测这种在细胞间传播的能力与gE/gI复合物作为受体与免疫球蛋白的Fc片段结合有关，使表达gE或gI蛋白的细胞不能被任何免疫机制所识别并杀死，逃避了机体的免疫系统，从而病毒在细胞间可以不断的传播增殖（Polcicova K等，2005）。

疱疹病毒gE基因是疱疹病毒从视网膜、嗅觉上皮细胞、三叉神经节侵入中枢神经组织所必需的毒力基因，对疱疹病毒在体内毒力表达、侵袭神经和沿着神经传递起着决定性的作用。且囊膜糖蛋白gE有助于感染细胞与临近非感染细胞的融合，从而促进病毒在细胞之间扩散（Tirabassi R等，1998；Brideau A等，2000；Ao J等，2003；Mettenleiter T等，2003）。有4种糖蛋白对于病毒在细胞间的传播是必需的，其中gB、gD、gH/gL对于细胞间的传播及胞外病毒进入细胞是必需的，gE/gI主要在细胞间传播起重要作用（Wisner T等，2000）。已有相关报道，HSV病毒在上皮组织和神经组织中的细胞间传播过程中，新生病毒粒子在特定的细胞表面区域组装（如在上皮细胞间的连接处），这能促使病毒进入邻近的未感染的细胞。当有囊膜的病毒粒子释放到相邻上皮细胞间的空隙处再进入邻近的细胞，这个过程类似胞外病毒或者游离病毒颗粒进入细胞的过程，但这个过程又不同于感染细胞与未感染细胞的融合（两个细胞的融合是指表达晚期病毒蛋白的感染细胞与未感染细胞融合形成混合的细胞质和两个细胞核）。胞外病毒颗粒进入细胞及细胞间的传播较为复杂，由US6编码的gD蛋白与邻近的gI蛋白共同作为受体（Johnson D等，1988），与细胞间的结合素-1（细胞连接处的细胞黏附分子）相结合发挥作用（Geraghty R等，1998；Spear P等，2003）。还有gB与gH/gL共同影响病毒与细胞膜的融合，及病毒在细胞间的传播（Forrester A等，1992；Roop C等，1993）。gE/gI并不是胞外病毒进入细胞所必需的，但是gE或gI的缺失将会大大降低HSV在上皮细胞间的传播。同时，HSV gE/gI的胞外区对于gE/gI复合物促进病毒在细胞间的传播是必需的，促进病毒在上皮细胞连接处的传递（Johnson D等，2001；Collins W等，2003）。gE/gI的胞外区参与病毒在细胞间的传递过程，gE/gI复合物主要是在HSV感染上皮细胞后在中期到晚期阶段累积在细胞的连接处，出现在细胞的外侧面而不是细胞的顶端表面。gE的胞质区含有酪氨酸基序，可使gE/gI在感染细胞内发生细胞内吞作用，而且还有识别TNG的基序，并将gE/gI复合物运输到高尔基体外侧网络（Voorhees P等，1993；Ones B等，1993）。同时，gE的细胞质区是对于传送gE/gI复合物到细胞的外侧面起重要作用，如果缺失掉这个区域，不会影响病毒囊膜的包裹，gE/gI 则会在上皮细胞的顶端表面，然而细胞质区含有传送信号，如果没有信号，gE/gI 大量积累在细胞的连接处，同时也证明 gE 的胞外区是调节 gE/gI 复合物累积在细胞连接处（Wisner T 等，2000）。

② 细胞质区功能：随着对疱疹病毒 gE 基因的不断深入研究，人们更加重视糖蛋白 gE 细胞质区的功能研究。BHV－1 gE 的细胞质区包含 127 个氨基酸，其中包含两个保守的基序 YXXL；PRV gE 的细胞质区也包含 2 个 YXXL，其中 Y 为酪氨酸、X 为任意氨基酸、L 为疏水性氨基酸（Tirabassi R 等，1999），该基序对病毒糖蛋白在细胞膜上的分布及信号在细胞内的传导有重要作用（Tirabassi R 等，1999；Olson J 等，1997、1998；）。疱疹病毒糖蛋白在病毒的吸附、侵入、装配、释放及病毒在细胞间的传播中都起重要作用，而在受体调节及抗原递呈过程中细胞吞噬现象十分重要，糖蛋白往往由于细胞表面的吞噬作用而发生自发的内吞作用。已有研究表明，糖蛋白 gE 的基序 YXXL 在细胞内吞过程中起重要作用，当糖蛋白 gE 被内吞进入细胞质，通过高尔基体输送到特定部位，以供病毒囊膜的形成，有利于完整病毒粒子的组装（如 PRV gE（Ao J 等，2003）和 BHV－5 gE）。以 BHV－5 gE 为例，缺失了 gE 细胞质区 YXXL 基序的 BHV－5 gE 突变株与缺失了 gE 胞外区重要抗原位点区域的 BHV－5 gE 突变株，以及野毒株三者的毒力比较表明：缺失了细胞质区基序的 BHV－5 gE 突变株，仍可在宿主细胞上产生小的蚀斑，但会影响病毒粒子感染时 gE 蛋白的内吞作用（Al－Mubarak A 等，2007）。对其 α 疱疹病毒家族同系物 PRV 的研究表明，C 端的 478 位酪氨酸对 PRV 病毒在感染初期 gE 从细胞膜内吞作用过程中必不可少。病毒糖蛋白的帽化结构及 gE 糖蛋白在感染早期时自发的内吞现象，与早期的研究结果如 Tirabass 等都证实了 PRV gE 的胞质区与病毒的内吞作用有关（Tirabassi R 等，1997；Ao J 等，2003）。此外，细胞质区还与病毒的毒力有关（Brack A 等，2000），如 PRV gE 缺失掉细胞质区，还可与 gI 结合形成复合体，但该突变株神经毒性降低，在动物试验时尽管可以侵袭动物的神经中枢但是突变株的毒力降低，由上述表明。另外，姜焱采用 PCR 方法扩增伪狂犬病病毒的 gE 和部分 gI 基因，然后用酶切的方法缺失掉 gE 基因 5′端的毒力部分，成功构建 PRV gE 基因缺失株，结果显示 PRV gE 基因的缺失使伪狂犬病毒的毒力降低，而且在一定程度上降低了潜伏感染率（姜焱等，2002）。还有国外 David 等研究表明，gE/gI 基因缺失细胞质区序列会使 HSV－1 病毒毒力明显降低。

在 α 疱疹病毒如 HSV、PRV 基因组中都含有许多病毒复制的非必需基因。通过对其分子生物学方面的深入研究表明，gE 基因是一个非必需基因，同时又是一个非常重要的毒力基因，它的缺失将使病毒的毒力大大降低，但是病毒仍可以复制（Jacobs L 等，1993；Polcicova K 等，2005）。但在 VZV 中 gE 对于 VZV 病毒的复制是必需的。

VZV gE蛋白的细胞质区包含有2个酪氨酸基序（YXXL），胞质区有与装配蛋白AP-1结合位点，并同装配蛋白AP-2相互作用影响病毒在高尔基体及细胞膜上的分布，及在膜蛋白在胞内运输过程中起重要作用（Olson J等，1997，1998；Alconada A等，1999）。研究表明，VZV gE的细胞质区域C端有重要的基序，即582～585位氨基酸YAGL，这一基序是调节gE的细胞内吞作用，试验中将其进行突变Y582G；568～571位氨基酸AYRV基序是调节gE蛋白输送到高尔基体，试验中将其进行突变Y569A；588～601位氨基酸组成了磷酸化基序SSTT，试验中将其进行突变S593A、S595A、T596A、T598A，结果表明在体外缺失了gE的C端及突变YAGL后将使VZV病毒的复制终止（Moffat J等，2004）。

3. 疱疹病毒gE蛋白与其他蛋白的相互作用

（1）与gI蛋白的相互作用　疱疹病毒gE蛋白与gI蛋白对于病毒感染及复制都是非必需的。已有研究表明，在病毒感染的细胞质膜和病毒囊膜表面，两种糖蛋白通过非共价键彼此结合形成异源二聚体gE/gI（BHV-1、HSV-1、PRV、VZV及FHV-1（Bell S等，1990；Yao Z等，1993；Whitbeck J等，1996；Mijnes J等，1997；Tyborowska J等，2000），该复合物在信号传导过程中起重要作用（Whealy M等，1993；Brideau A等，2000；Brack A等，2000；Farnsworth A等，2006；Snyder A等，2006）。研究表明，这两种蛋白胞外的功能区通过非共价键在内质网形成复合体，两蛋白复合体的形成有利于将两种蛋白运输出内质网，到达高尔基体的特定部位。当gI缺失时，gE蛋白运输出内质网到达高尔基体的量显著减少。Tyborowska等（2006）通过放射免疫沉淀反应研究分析可知，在PRV gE和gI N端的122位和106位氨基酸是gE/gI形成复合物所必需的。而gE的胞质区氨基酸又含有疱疹病毒在感染早期将gE/gI复合物运送到高尔基体的识别位点（Alconada A等，1999）。

此外，疱疹病毒中，囊膜糖蛋白不仅介导病毒对靶细胞的感染而且还是被感染的宿主免疫系统识别的主要抗原。以HSV-1为例，在感染HSV后表达的糖蛋白如gB、gD的细胞都能被巨噬细胞和补体系统识别并杀死，而表达gE糖蛋白的细胞不能被任何免疫机制所识别并杀死。这一现象与疱疹病毒gE-gI的Fc受体作用有关。HSV-1 gE糖蛋白可以与免疫球蛋白的Fc结合，从而促进病毒在细胞内的传播。但不是gE单独与Fc结合，而是gE和gI形成复合体，共同与Fc受体结合。Johnson等（2001）对HSV病毒的体外和体内研究表明，gE-gI的Fc受体在免疫系统的抗体依赖性逃避机制中起重要作用。

gE与gI形成复合体影响病毒的毒力，而且促进感染细胞与邻近非感染细胞的融合，促进细胞间病毒的传递。Johnson等（2001）研究表明，HSV gE/gI复合体在病毒感染的早期阶段主要集中在高尔基体外侧网络，随着感染时间的延长，该复合体促进病毒在细胞间的传播。如 Tirabassi R S 研究表明，HSV－1 中 gE 基因与 gI 基因形成复合体影响病毒的毒力（Dingwell K 等，1994；Dingwell K 等，1995），影响细胞间融合后病毒在细胞间的传播，影响病毒的生长及病毒的释放（Dingwell K 等，1998）。Dingwell等（1994）研究发现，将两者的复合体缺失后，通过角膜感染试验动物兔子和小鼠，感染野生型 HSV－1 会引起角膜上皮的损害，导致病毒性脑炎，而感染突变株病毒不会引起很严重的角膜上皮损害，不会有角膜病及病毒性脑炎。突变株病毒在成纤维上皮细胞中病毒蚀斑不明显，而且病毒在细胞间的传播大大减慢，gE 和 gI 缺失后不可以与 Fc 结合，阻断了病毒在细胞内的传播。此外，gE 的膜内结构域与 HSV－1 在组织培养的极性细胞及神经细胞之间的传递过程有明显关系，这可能是由于 gE/gI 复合物通常结合于细胞-细胞之间的结合部所致。当然也有推论认为，这一现象可能就是 gE/gI 引导间质化的核衣壳体通过特定囊泡膜部位形成出芽的原因（Tirabassi R 等，1998）。HSV－1、HSV－2、VZV 和 PRV 表达形成 gE/gI 复合物，其在影响细胞间病毒传递的过程中起重要作用（Straus H 等，1997；Zuckermann F 等，1998；Collins W 等，2003；Johnson D 等，2002）。没有 gE/gI 复合体，病毒在感染细胞时病变形成的空斑变小，且病毒在体内各组织中的传播降低。与野毒株相比，gE 缺失株感染视网膜上皮细胞的数量仅为野毒株感染细胞数量的 15%（Wisner T 等，2000）。gE 或 gI 的缺失株感染角膜上皮细胞的数量仅为 4%～6%；如将两者都缺失，则感染的细胞仅为 2%（Policicova K 等，2005）。

（2）与 VP22、gM、gD 蛋白的相互作用　在疱疹病毒的装配过程中，gE 蛋白与 VP22、gM、gD 蛋白的相互作用促进成熟病毒粒子的形成。疱疹病毒经过转录、DNA 复制及 DNA 在衣壳体中的装配形成完整的核衣壳体。核衣壳体在核内形成后，从细胞核内逸出至细胞质经历第一次囊膜装配—到达细胞质后去除第一次囊膜—完成一个间质蛋白层化的过程，在核衣壳体外形成一层间质蛋白—再次穿越细胞质膜，经历第二次囊膜装配而逸出细胞，形成最终的成熟病毒颗粒。以 HSV－1 为例，研究表明在 HSV－1 感染细胞后，核衣壳体在细胞核的内膜上形成出芽状态，经过此出芽过程，穿越细胞核膜进入细胞质，同时获得来自于细胞核膜的内膜叶，完成第一次囊膜装配。进入核周间隙中，病毒的第一次囊膜与核膜的外周层状叶（内质体膜）融合，此时病毒完成去除第一次囊膜的过程。随后移至细胞质中，进行间质蛋白装配和囊膜装配过程。间质蛋白化过程是在一类复杂的蛋白质分子之间相互作用的网络系统反应之后，按照动力学规律形成的。完成间质化之后，下一步就是第二次囊膜装配。从形态学过程看，这一次囊膜的装配是由处于细胞质中的核衣壳体经过在胞质中的囊膜上的芽生过程，从而形成一个完整的病毒颗粒。随后包裹这个病毒颗粒的囊泡再与细胞质膜融合，将包含在其中的成熟病毒颗粒释放出细胞（Mettenleiter T 等，2002）。

间质蛋白一方面与病毒的核衣壳体结构结合，另一方面又与病毒囊膜糖蛋白的尾端相结合，使得它们成为保证病毒颗粒完整结构的中间部分。已有研究表明，间质化的病毒核衣壳体将在细胞质内聚集，用抗间质蛋白的抗体可以标记或沉淀这些聚集的核衣壳体，而且核衣壳体周围有一层蛋白质带状物，这是间质蛋白的包绕。在第二次囊膜装配过程中，病毒糖蛋白在囊泡膜上的排列具有严格的方向，可使糖蛋白的尾部保证与已经间质化的核衣壳体结合。HSV－1 VP22 蛋白是由 UL49 基因编码的 301 个氨基酸。Kevin 等（2007）用免疫共沉淀的方法研究 VP22 和 gE 蛋白尾部的相互作用，结果表明在 VP22 蛋白的第 165～270 位氨基酸是 VP22 蛋白与 gE 蛋白尾部相互作用所必需的。在病毒的装配过程中，病毒糖蛋白的尾部与间层蛋白的相互作用，利于间层蛋白装配在成熟的病毒粒子中。Fuchs 等（2002）利用酵母双杂交试验确证，PRV gE、gM 蛋白的胞质区与 UL49 基因编码的间质蛋白 VP22 的 C 端区域有特异的相互作用，是促进第二次囊膜装配的主要原因。如果缺失掉 VP22 蛋白，病毒复制并不受影响，表明 VP22 对于 PRV 病毒是非必需基因；如果缺失掉 gE 或 gM，还可将 VP22 装配在病毒颗粒中；如果将 gE/gI 复合物与 gM 都缺失，尽管未改变细胞质中 VP22 蛋白的表达量，但未能将 VP22 装配在病毒颗粒。Brack 等（2000）的研究也表明，当 gM 与 gE/gI 复合物都缺失时，在细胞质中间层蛋白包裹核衣壳体的形成减少，在成熟病毒粒子中 VP22 蛋白大量减少。

第二次囊膜装配过程与囊膜糖蛋白相关。Farnsworth（2003）研究表明，缺失个别蛋白 gE、gD 或 gM 对于病毒的装配影响很小；然而，同时缺失掉两种糖蛋白（如 HSV－1 gD 和 gE/gI 或者 PRV 的 gM 和 gE/gI）会使核衣壳体在细胞质中大量累积，严重影响病毒的装配。此外，UL13 编码的激酶可使囊膜蛋白 gE 及间层蛋白 VP22 磷酸化，这些蛋白质的磷酸化与去磷酸化，对间质蛋白与部分囊膜蛋白在细胞质的组装具有调控作用（Spear G 等，1993）。HSV－1 编码的部分囊膜糖蛋白（gE、gI、gM、gG、gJ）对病毒的感染及复制增殖并非是必需蛋白，gE/gI 复合物与 gM 相互作用作为受体延着极性细胞基底外侧或者非极性细胞间促进病毒的传播。当缺失病毒糖蛋白 gE、gI 及 gM 时，病毒在敏感细胞上的蚀斑形成将受到明显抑制（Muggeridge M 等，2000）。

（3）与 US9 蛋白的相互作用　*α* 疱疹病毒 PRV US7、US8 及 US9 分别编码囊膜糖蛋白 gI、gE 和 US9，这三种蛋白调节病毒在神经系统中的顺行传播（Lyman M 等，2000；Ching T 等，2007）。HSV－1 的 gE 与 gI 及 BHV－1、BHV－5 的 gE 与 US9 都是顺行传播所必需的蛋白（Brideau A 等，2000；Wang F 等，2005；Butchi N 等，

2007；Snyder A 等，2008；Curanovic D 等，2009）。研究表明，在视网膜感染试验中 HSV-1 的 gE 蛋白要比 PRV gE 蛋白在神经系统顺行传播过程所起的作用更强。另外，PRV US9 缺失会导致降低病毒从鼠体内的视网膜到脑部病毒的顺行传播能力，而在 HSV-1 中 US9 影响病毒传播的作用较低。PRV gI、gE 和 US9 任何一种蛋白缺失都会阻碍病毒在神经系统的顺行传播。Brideau 等（2002）研究表明，在 US9 缺失后突变株在感染的细胞上形成的病变没有明显变化，但是当 gE/gI 缺失后，突变株在感染细胞时形成的空斑变小。

PRV 感染动物后，病毒在体内有两种传播途径影响病毒在体内的复制：①US9 促进病毒膜蛋白成分传播至神经轴突；②gE/gI 对于神经系统内的直接传播是必需的，即在感染的神经元和邻近的细胞间的（非神经元细胞间的）传播（Tomishima M 等，2001；Enquist L 等，2002）。研究结果表明，US9 与 gE 或 gI 影响病毒传播的机制不同，通过免疫荧光显微技术观察野毒株及 US9 突变株在感染神经元细胞后，在不同时间点，病毒结构蛋白在轴突的存在或缺失，结果表明在 US9 突变株感染细胞后病毒膜蛋白没有在轴突，但是衣壳蛋白与间层蛋白在轴突，可见 US9 蛋白对于调节病毒膜蛋白从一个神经元传递到另一个神经元有非常重要的作用，例如 gB 蛋白不能被传送到轴突末端导致不能传递到下一个神经元。

另外，易于在神经组织中建立潜伏感染的 α 疱疹病毒，其病毒颗粒通常在感染神经组织内沿轴突到轴突末端，及从神经元细胞到上皮细胞间进行传播。Snyder 等（2008）研究发现，HSV 和 PRV 的 gE/gI 与 US9 蛋白在上皮组织及神经组织的传播中起重要作用。gE/gI 复合物促进病毒在上皮细胞内的传播，gE/gI 与 US9 促进病毒在神经细胞内的传播。HSV 和 PRV 的 gE/gI 的缺失突变株在上皮组织及神经组织中传播力降低，而 US9 的缺失并不影响病毒在上皮细胞及上皮组织中的传播，但严重影响病毒从神经节到角膜的传递。

4. 鸭瘟病毒 US8（gE）基因及其编码蛋白 常华、程安春等（2011）对 DPV US8（gE）的研究获初步结果。

（1）DPV US8 基因的分子特性 DPV US8 基因全长 1 473 bp（GenBank 登录号 EU071044），为编码 490 个氨基酸的多肽（gE 蛋白），含有信号肽切割位点，在整个多肽链中存在 21 个抗原决定簇、4 个潜在的酰基化位点、29 个磷酸化位点和 6 个 N-糖基化位点；gE 糖蛋白是典型的Ⅰ型膜蛋白，N 端由 396 个氨基酸组成胞外区，中间为 23 个氨基酸组成跨膜区，C 端为 71 个氨基酸组成胞内区。

（2）DPV US8 基因的表达特点及多克隆抗体 将 gE 基因片段克隆至 pMD18-T 载体中，用双酶切（*Eco*RⅠ和 *Xho*Ⅰ）方法和 DNA 测序鉴定正确后，命名为 pMD18-

T-gE。并采用酶切的方法将 gE 基因正向插入原核表达载体 pET-32a（+）（*Eco*RⅠ和 *Xho*Ⅰ位点间），成功构建了重组表达质粒 pET-32a-gE。将该重组表达质粒转化到表达宿主菌 BL21（DE3）、BL21（pLysS）和 Rosseta 中，用 IPTG 诱导，经过对表达宿主菌、诱导温度、诱导时间的优化，确定了该重组表达质粒的最佳诱导条件为在表达宿主菌 Rosseta 中用 0.2mmol/L IPTG，30 ℃条件下诱导 4.5 h，表达出了大小约为 74 kD 的重组蛋白 pET-32a/DPV-gE，且主要以包含体形式存在。将表达产物用包含体洗涤方法纯化后，高纯度的表达蛋白与等量弗氏佐剂混合作为免疫原，经过四次免疫家兔，获得了兔抗重组蛋白 pET-32a/DPV-gE 的多克隆抗体。血清用饱和硫酸铵法粗提 IgG，并经 High Q 阴离子交换柱层析纯化后，得到了特异性强的兔抗重组蛋白 pET-32a/DPV-gE 的抗体 IgG。

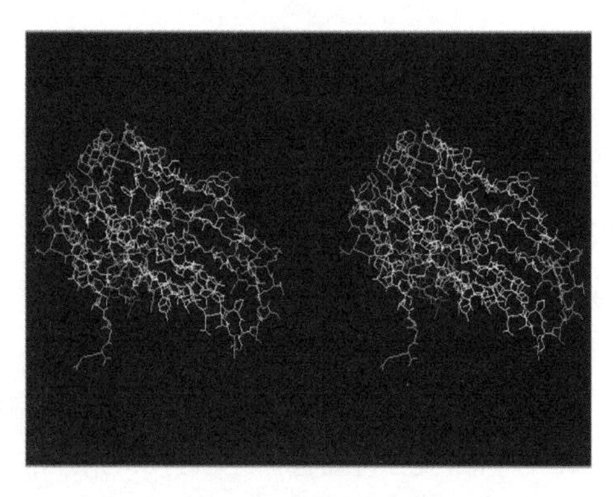

图 3-7 DPV gE 基因推导蛋白质的三级结构预测

红色是 α 螺旋结构；黄色是 β 折叠；灰色是无规则卷曲和 β 转角

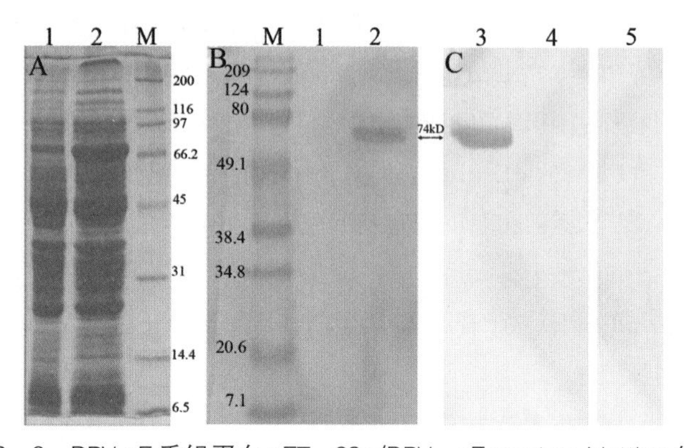

图 3-8 DPV gE 重组蛋白 pET-32a/DPV-gE western blotting 分析

A. 重组蛋白 pET-32a/DPV-gE 的 SDS-PAGE 分析 B. western blotting 分析时以兔抗 DPV 的血清作为一抗检测重组蛋白 pET-32a/DPV-gE C. western blotting 分析时用兔抗 pET-32a/DPV-gE 的血清抗体检测重组蛋白

M. 预染蛋白标准分子量 1. 重组蛋白 pET-32a/DPV-gE 未经 IPTG 诱导 2. 重组蛋白 pET-32a/DPV-gE 经 IPTG 诱导 3. 重组蛋白 pET-32a/DPV-gE 经 IPTG 诱导 4. 重组蛋白 pET-32a/DPV-gE 未经 IPTG 诱导 5. 经 IPTG 诱导的重组蛋白 pET-32a/DPV-gE 用兔阴性血清进行 western blotting 检测

（3）DPV gE 蛋白在病毒感染宿主细胞中的定位 将纯化的兔抗重组蛋白 pET-32a/DPV gE IgG 作为一抗，用间接免疫荧光技术检测 DPV gE 蛋白在病毒感染鸭胚成纤维细胞内的定位。结果显示，早在感染 DPV 5.5 h 后，细胞质中检测到特异性荧光点；在感染后 9～24 h 荧光强度增强（图 3-9）；在感染 36 h 时绿色荧光广泛分布在细胞质中；之后随着细胞病变，在 48 h 时胞质中的绿色荧光开始减弱，且一些绿色荧光聚集并靠近核区域；60 h 细胞病变脱落形成空斑，此时绿色荧光减少且减弱。

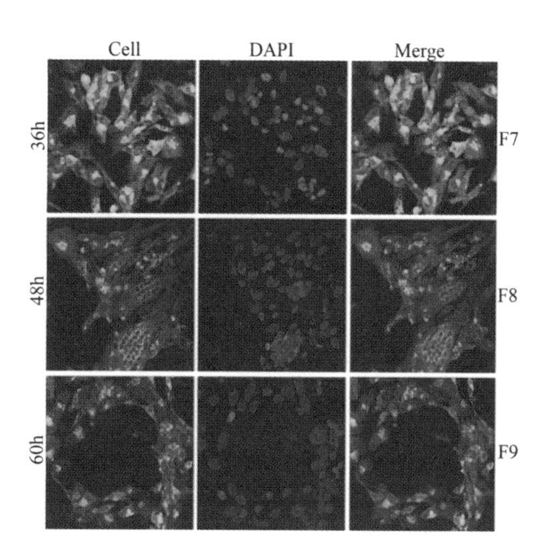

图 3-9 DPV 感染细胞 24 h 时 gE 蛋白的亚细胞定位

F7. 感染后 36 h 的细胞 F8. 感染后 48 h 的细胞 F9. 感染后 60 h 的细胞

（4）DPV gE 基因在感染宿主细胞中的转录和表达特征 应用实时荧光定量 PCR 方法和 western blotting 检测 DPV 感染鸭胚成纤维细胞后 DPV gE 基因的转录和表达情况。结果表明，gE 基因在 DPV 感染后 4 h 时开始转录，8 h 检测到表达，在感染 36 h 后转录和表达量最高，随后逐渐降低。且 DPV gE 基因在鸭胚成纤维细胞中表达产物的分子量约为 54 kD。

（5）DPV gE 蛋白在感染鸭组织中的分布规律 DPV 强毒人工感染 30 日龄鸭，在感染病毒后于不同的时间点采集不同的器官或组织，并制备切片，用兔抗重组蛋白 pET-32a/DPV-gE IgG 作为一抗，用间接免疫荧光（IF）检测 DPV gE 蛋白在感染鸭组织中的分布规律。结果显示，感染鸭瘟病毒后 DPV gE 蛋白分布在免疫器官（脾脏、法氏囊、胸腺、哈德

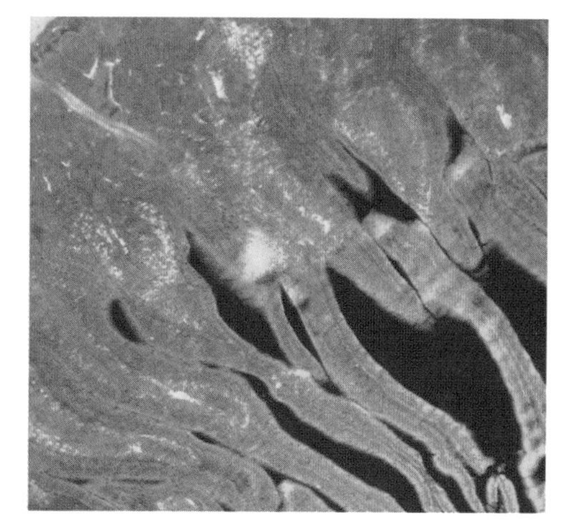

图 3-10 DPV 感染鸭 24 h 时 gE 蛋白在感染鸭小肠的分布

阳性细胞显色为荧光黄绿色

氏腺)、消化器官（肝脏、肠道、食管、腺胃）及实质器官（肾、心、脑及肺）。感染后4 h，DPV gE蛋白首先在脾脏和法氏囊中检测到；随后于感染后8 h，在哈德氏腺、胸腺、肝脏和肠道也检测gE蛋白；感染后12 h，在肾、心、肺和脑中也开始检测到弱阳性信号；随感染时间的延长，在12～216 h时阳性信号逐渐增多。

（6）基于重组gE蛋白的间接ELISA检测鸭瘟抗体　将纯化的重组蛋白gE作为包被建立间接ELISA方法检测DP抗体，最佳包被稀释度为1∶100（2 μg/100 μL），最佳酶标二抗的稀释度为1∶1 000，最佳血清稀释度为1∶160。用建立的DPV－gE－ELISA方法检测鸭沙门菌（*S. anatum*）、鸭大肠杆菌（*E. coli*）、鸭疫里默氏菌（RA）和鸭病毒性肝炎病毒（DHAV－1）阳性血清的结果均显示阴性；批内或批间重复试验的变异系数均小于10%；可以检测出经1∶1 280倍稀释的DPV阳性血清。用DPV－gE－ELISA与DPV全病毒ELISA法（DPV－ELISA）对55份地方鸭血清进行检测的符合率为87.27%。

（程安春，汪铭书）

（六）UL1（gL）基因及其编码蛋白

鸭瘟病毒UL1（gL）基因研究资料很少，以下有关疱疹病毒UL1（gL）基因的研究资料（左伶洁等，2014）对进一步开展鸭瘟病毒UL1（gL）基因的研究将有重要参考作用。

1. 疱疹病毒UL1（gL）蛋白的特点　gL的氨基酸序列在不同疱疹病毒中有较大差异（Dean H等，1993），但是gL却有关键的结构特征与保守残基（cys）。例如，HSV－2 gL与EBV gL蛋白的序列差异较大，但他们的空间结构却保持一致（Chowdary T K等，2010；Matsuura H等，2010）。而且他们的空间结构与一些趋化因子的结构也十分一致，并且通过序列比对发现，在这些趋化因子结构中保守存在的二硫键也出现在这些gL糖蛋白结构中。因此，根据这些种种相似之处，有人又提出了一个观点，认为gL糖蛋白很可能起源于趋化因子（Malkowska M等，1993）。但是，gL是否拥有和趋化因子相似的功能还有待进一步研究。

对于HSV－1、HSV－2的gL糖蛋白，发现位于第44、76、149、160位的半胱氨酸有很重要的功能，这四个位于gL上的cys对于gH/gL能否适当正确地加工成熟、运输，以及对其功能有重要影响。因为在试验中发现，替换掉这四个cys中的任何一个都会破坏gH/gL的成熟与功能（Cairns M等，2005）。

这个发现与之前Peng等发表的研究结果一致，在Peng等的试验研究中，发现能够与最小的 gH 片段相互结合形成 gH/gL 复合物的 gL 的最小截段形式，恰恰就是刚好保留了这四个 cys 的片段（Peng T 等，1998）。

2. 疱疹病毒 UL1（gL）gL 蛋白的功能 在大多数疱疹病毒中，糖蛋白 gH 与 gL 的共同表达是这两种糖蛋白进行正常的翻译后加工及胞内转运的关键条件（Hutchinson L 等，1992；Yaswen R 等，1993；Spaete 等，1993；RLiu D 等，1993；Khattar S 等，1996；Duus K 等，1996）。糖蛋白 gH 和 gL 的同源蛋白质在大多数疱疹病毒中都存在，但是它们之间相互作用的方式却不同。HCMV 和 HHV－6 糖蛋白 gH 和糖蛋白 gL 之间是以共价连接方式形成二硫键，在 HSV－1、VZV、BHV－1 中则是以非共价反应相互连接。在 EBV 和 HCMV 中，均发现了还有第三种蛋白和 gH、gL 一起形成复合物，大小分别约为 42 kD 和 125 kD（Kaye J 等，1992；Li Q 等，1995）；而在 HHV－6 中，发现了两种三聚体复合物 gH－gL－gQ 和 gH－gL－gO（Mori Y 等，2004）。

通常认为，在复合物 gH/gL 中，gH 蛋白在引发膜融合过程中起着关键作用，而糖蛋白 gL 则是扮演分子伴侣的角色，协助 gH 正确折叠、加工和运输。糖蛋白 gH 是 HSV－1 的必需蛋白，但若糖蛋白 gH 缺乏糖蛋白 gL 的辅助则会出现不完整的加工、错误的折叠、无法运输至细胞表面等情况，这表明糖蛋白 gL 也可能是 HSV－1 的必需蛋白（Gompels U 等，1989；Roberts S 等，1991；FoàL 等，1991）。试验发现在缺失糖蛋白 gL 的条件下，HSV－1 虽然能吸附在宿主细胞上，但却不能侵入细胞；而在感染细胞中缺失了糖蛋白 gL，则感染细胞释放出来的病毒颗粒中同样也会缺乏糖蛋白 gH（Roop C 等，1993）。所以 HSV－1 糖蛋白 gL 对于 HSV－1 的感染力是必需的，并且若要糖蛋白 gH、gL 能定位于病毒粒子表面，则需要它们两者的共同表达。HSV－1 糖蛋白 gH 和 gL 共同表达并结合形成复合物 gH/gL 后，复合物 gH/gL 会经过高尔基体，在上面进行糖基化、加工成熟，然后再锚定到质膜上（Roop C 等，1993）。

从已公布的 HSV 和 EBV 的 gH/gL 晶体结构分析看来，gL 还是 gH 的架构蛋白。gL 对于 gH 蛋白能正确的折叠加工、表面表达，以及执行功能都是必需的（Hutchinson L 等，1992；Yaswen R 等，1993；Roop C 等，1993；Cairns T 等，2006）。

另外，对于 HSV－1 gH 的突变研究表明，gH/gL 的跨膜区与胞质尾区在膜融合过程中扮演着重要角色，若缺少这些区域就不能调控细胞与细胞间的融合。另外，在跨膜区域的第 812 位 gly 是保守氨基酸，它对于融合来说至关重要（Harman A 等，2002）。

3. 疱疹病毒 gH/gL 复合物 而对于 gH/gL 复合物，在所有疱疹病毒中，gH、gL 都会以 1∶1 的形式形成一个稳定的复合物，gH 有一个很大的胞外域及一个 C 端信号肽跨膜区，gL 有信号肽但没有跨膜区（Kaye J 等，1994；Yoshida S 等，1994；Duus K 等，1996；Peng T 等，1998）。

HSV－2的gH、gL糖蛋白构成的异源二聚体的外形像一个靴子，而EBV的gH/gL复合物的外形是一个圆筒状。gH/gL复合物由DⅠ、DⅡ、DⅢ和DⅣ4个连续的半自主区域构成，其中糖蛋白gL与gH的N端氨基酸一起组成了DⅠ区域，而且DⅠ这个区域的功能是调控运送gH锚定到细胞膜上（Chowdary T K等，2010；Matsuura H等，2010）；DⅡ区域是由8个β折叠以及在其后面的5个螺旋组成，同时在该区域还有个显著的KDG环，决定gH/gL复合物能够和gp42、一些上皮细胞受体及部分整合素结合（Chesnokova L等，2009；Chen J等，2014）。

4. 鸭瘟病毒UL1（gL）基因及其编码蛋白 左伶洁、汪铭书等（2014）对DPV UL1（gL）的研究获初步结果。

（1）DPV UL1基因的分子特性 DPV UL1基因编码的蛋白由236个氨基酸组成，分子量约为26 221.08 Da，等电点为8.480，其中Val、Gly、Arg的含量最高，分别为9.8%、8.5%、8.1%。对其编码蛋白的氨基酸序列进行进化树分析，表明DPV更接近α疱疹病毒亚科的*Simplexvirus*属。DPV UL1基因编码蛋白有信号肽、无跨膜区，其抗原表位主要集中在第27～33、63～64、87～106、151～153、155～157、167～196、204～210、214～236位氨基酸。预测DPV UL1编码蛋白可能含有5个O-糖基化位点、7个丝氨酸位点、2个苏氨酸位点、1个酪氨酸位点。亚细胞定位分析表明，DPV UL1基因编码蛋白存在于细胞核、细胞质及线粒体中的可能性分别为4.3%、17.4%和47.8%。

（2）DPV UL1基因的表达特点及多克隆抗体 初步研究表明，DPV UL1的全基因在原核表达系统中无法表达，所以根据生物信息学分析，设计了一对特异性引物，扩增UL1基因上除去信号肽部分但包含了主要抗原表位的区域，共计468个碱基。克隆到pMD19－T中，经双酶切后，再定向插入原核表达载体pET－32a（＋）中，最终构建了pET－32a（＋）－gLt（UL1截段基因）重组质粒。接下来分别对原核表达宿主菌、IPTG浓度及诱导温度等诱导表达条件进行优化，以获得pET－32a（＋）－gLt在原核表达系统中的最高表达水平，最终确定pET－32a（＋）－gLt重组质粒诱导表达的最佳条件是于BL21（DE3）表达菌中，37℃条件下，0.8mmol/L IPTG诱导表达8 h。获得的gLt重组蛋白的大小约为35 kD，重组蛋白的western blotting检测结果表明其具有较好的反应原性，而且纯化后的重组蛋白，其纯度能够达到制备兔抗gLt重组蛋白血清的标准。将纯化的gLt重组蛋白免疫家兔，然后分离出血清，其琼脂扩散效价可达到1∶32。

（3）DPV gL蛋白在细胞中的定位 通过构建和优化间接免疫荧光检测方法，观察DPV gL蛋白在感染了DPV的鸭胚成纤维细胞中的动态分布。结果显示，DPV感染2 h、7 h时未观察到明显的特异性荧光；感染12 h开始观察到特异性荧光，呈颗粒状弥散分布于细胞质内；12～36 h时，可以明显观察到弥散分布的gL蛋白开始慢慢聚集起来；感染46 h时，gL蛋白完全聚集浓缩为一个单一的点，并且极化分布于细胞核一侧；感染至60 h时，随着细胞核开始发生皱缩或裂解，此时UL1基因编码蛋白又变成弥散分布的状态。

（4）DPV gL基因转录和表达特征、基因类型　利用药物抑制分析UL1基因的类型及采用western blotting法研究DPV UL1基因在感染了DPV的鸭胚成纤维细胞中的表达时相。在更昔洛韦、放线菌素两种抑制剂的分别作用下，均不能检测到UL1基因，这说明UL1基因应该属于DPV的一个晚期基因。而表达时相结果显示，病毒感染细胞4 h时，在26 kD附近未能找到相应条带；当病毒感染后8 h，才观察到相应的蛋白条带；感染24 h，gL蛋白的表达量达到最大，随后开始逐渐下降，表明DPV gL蛋白属于晚期蛋白。

（5）DPV UL1蛋白与gH蛋白相互作用的初探　利用细胞免疫荧光双标技术，将构建的真核表达载体pCMV－Myc－gL与pCMV－HA－gH共转染HEK293，共同表达30 h后，经洗涤、固定、封闭，分别用鼠源HA单克隆抗体与兔源Myc单克隆抗体，以及鼠源HA单克隆抗体与自制的兔源gLt蛋白多克隆抗体这两种一抗组合来检测gH、gL在HEK293细胞内的分布。gH蛋白用TRITC标记（红光），gL蛋白用FITC标记（绿光），通过免疫荧光显微镜观察蛋白分布，结果发现在共同表达的细胞中二者有明显的共定位，这说明二者在空间上有相互作用的可能性。

（程安春，汪铭书，朱德康）

（七）UL10（gM）基因及其编码蛋白

鸭瘟病毒UL10（gM）基因研究资料很少，以下有关疱疹病毒UL10（gM）基因的研究资料（周涛等，2010）对进一步开展鸭瘟病毒UL10（gM）基因的研究将有重要参考作用。

在囊膜糖蛋白中，UL10蛋白的研究相对较少。已经证实在大部分疱疹病毒中，UL10蛋白和UL49.5蛋白都以复合物的形式存在，并且二者存在依存关系，但在UL49.5蛋白对UL10蛋白的有效折叠和成熟是必需的这一点上存在分歧。比如在抑制融合方面，HSV－1 UL10蛋白在缺失UL49.5蛋白后仍然产生抑制效应，后者只是使UL10蛋白抑制作用更加明显；PRV中，UL49.5蛋白的缺失不会对UL10蛋白的抑制融合作用产生影响。

UL10蛋白是一个含有7～8个跨膜区的高度疏水的膜蛋白，与膜的紧密结合降低了它的流动性，以致减弱了其融合的能力。目前认为UL10蛋白抑制融合是由于移除了细胞表面的“促融合”蛋白，对UL10蛋白是怎样改变膜蛋白的定位，除上述两种解释外，也不能排除UL10蛋白以其他方式重新定位膜蛋白的可能性。对于UL10蛋白抑制膜融合的机制还是推论。

1. **疱疹病毒UL10（gM）蛋白的特点**

（1）UL10基因序列的特点　疱疹病毒UL10基因为核心基因（Nishiyama，2004），与UL9和UL11部分重叠。PRV UL10包含2个起始密码子，作为启动子组成元件的TATA框位于第二个起始密码子上游－84 bp。类似的，MDV－2中2个起始密码子分别位于第280 bp和第349 bp，TATA框和CAAT框分别位于第二个起始密码子上游－137～－131 bp和－159～－155 bp（Cai J等，1999）。

（2）UL10（gM）蛋白的特点　UL10蛋白（glycoproteins M，gM）是Ⅲ型膜蛋白，是一个非必需但在疱疹病毒科中都为保守的糖蛋白（Baines J等，1993；MacLean等，1993）。UL10蛋白高度疏水，在含SDS的缓冲液中可发生明显的聚集，这一点与UL20蛋白极为相似（Baines等，2006）。

牛疱疹病毒1型（BHV－1）（Lipinska等，2006）UL10包含一对保守的脯氨酸-半胱氨酸，位于从N端开始的第44位和第45位氨基酸处（Wu等，1998；Lipinska等，2006），氨基酸对下游第12位氨基酸处为N糖基化位点。HSV－1UL10基因的开放性阅读框为1 230 bp，编码409个氨基酸，含有8个跨膜区域，有2个N端糖基化位点，与PRV UL10蛋白具有32%的同源性。PRV UL10基因在第一个亲水区有一个N端糖基化位点，并且此位点在大部分UL10蛋白中是高度保守的（Davison等，1986；Dijkstra等，1996；Lipinska等，2006；Baines等，2006）。但ILTV UL10蛋白序列中无N端糖基化位点，表明UL10蛋白是非糖基化的（Fuchs等，1999）。

UL10蛋白的C端胞质区包括酪氨酸基序和酸性簇基序两个潜在的运输基序。前者与接合体合成物相互作用以介导膜蛋白进入转移泡（Kirchhausen等，2001）；后者与连接蛋白PACS－1相互作用，有利于膜蛋白从包含体到高尔基体外侧网络（trans－Golgi network，TGN）的运输（Crump等，2001）。二者的缺失对病毒的复制造成轻微损伤，但病毒仍有活力。

UL10蛋白为非必需蛋白（Baines J等，1993；MacLean等，1993；Dijkstra等，1996；Fuchs等，1999；Baines等，2007）。当EHV－1、BHV－1、HSV－1和PRV缺失UL10时，病毒的复制仅受微弱影响。但UL10蛋白在MDV－1（Tischer等，2002）和EBV（Lake等，2000）中表现出对病毒复制的必要性。对HSV－1 UL10的转录时相分析发现，UL10蛋白在感染后5 h观察到，并在感染后期（10 h）继续积累（Baradaran等，1994）；BHV－1 UL10蛋白在感染后期9 h首次探测到（Wu等，1998），表明UL10蛋白为晚期蛋白（Gale等，2000）。

(3) UL10 (gM) 亚细胞定位 编码UL10蛋白的基因序列在α、β和γ疱疹病毒中的保守性表明，此蛋白质在疱疹病毒的生命周期中具有重要作用（Davison等，2002）。

通过免疫荧光电子显微镜观察发现，HSV-1 UL10蛋白定位于核周空隙和细胞外成熟病毒的外膜（MacLean等，1993；Colin等，2004；Baines等，2007），并且UL10蛋白以出芽方式通过核内膜进入病毒外膜，推测在这一过程中，UL10蛋白可能与UL10蛋白和UL35蛋白产生联系，但其机制尚待进一步研究（Baines等，1995；Reynolds等，2002；Naldinho等，2006）。膜内蛋白胞质中的核定位信号（NLS）在UL10蛋白定位于核膜的过程中起重要作用，它正确引导全体糖蛋白定向于内核膜上的包装位点，以达到与核蛋白壳相互作用的目的，使UL10蛋白在出芽之前就结合到病毒体中（King等，2006）。

2. 疱疹病毒UL10（gM）蛋白的功能 UL10蛋白与病毒进出细胞、侵染细胞膜等有关，并且在病毒与宿主免疫系统的相互作用中起着关键作用。

(1) 在病毒的复制、出芽和细胞间转染中的作用 UL10蛋白在HSV-1、PRV、EHV-1、BHV-1和ILTV中的缺失会不同程度地减少病毒的滴度和嗜斑大小。EHV-1（Rudolph等，2000；Rudolph等，2002）和EHV-4（Ziegler等，2005）中UL10蛋白的缺失会影响病毒的复制、出芽和在细胞间的传染，前者中，UL10蛋白缺失株的复制水平较野生毒株减少1～2个数量级；后者的嗜斑大小减小80%左右，严重影响病毒的侵染能力和出芽。PRV UL10蛋白缺失毒株在细胞培养中毒力下降10～50个滴度，并且在MDBK和Vero细胞中表现出延迟侵入（Jons等，1998）；PRV（Brack等，1999）和EHV-1（Rudolph等，2000）中UL10蛋白、US7蛋白/US8蛋白的同时缺失，会严重影响病毒的次级包装及成熟，Christian Seyboldt等推测，UL10蛋白和US7蛋白/US8蛋白在不同时间与皮层相互作用，直接影响病毒在高尔基体小囊泡的次级包装过程，但UL10蛋白可修复UL10蛋白、US7蛋白/US8蛋白同时缺失所造成的损伤，表明UL10蛋白、US7蛋白/US8蛋白在次级包装过程中的部分功能很可能是相似的。Yoshiaki Yamagishi等（2008）发现VZV UL10蛋白缺失株的噬斑大小较野生毒株减少90%，通过电子显微镜观察发现在UL10蛋白缺失株感染的细胞中存在大量散在的含有高电子密度物质的空泡。而HSV-1（Browne等，2004）和EBV（Lake等，2000）UL10蛋白的缺失对病毒的复制、组装和成熟造成轻微影响（Helena等，2004）。

(2) 与UL49.5蛋白的相互作用 在大多数疱疹病毒中UL10蛋白与UL49.5蛋白都以复合物的形式存在，两者在内质网结合。通过免疫沉淀，发现在受感染细胞中UL10蛋白和UL49.5蛋白有成熟和非成熟两种形式，说明复合物在生物合成的早期形成（Jons等，1998）。复合物的形成有两种方式：①通过二硫键连接，比如BHV-1

(Jons 等，1998)、PRV (Jons 等，1998)、HCMV (Mach 等，2005)、EHV－1 (Rudolph 等，2002) 等，其连接处位于两者保守的半胱氨酸之间；②非共价连接，其反应区位于 UL10 蛋白的末端氨基酸和 UL49.5 蛋白的外功能区，但其相互作用的本质还不清楚。

UL10 蛋白具有引导 UL49.5 蛋白定位的功能。有报道表明，BHV－1 UL10 蛋白与 UL49.5 蛋白形成复合物后，会将后者从内质网运输到 TGN (Lipinska 等，2006)；类似地，PRV UL10 蛋白的缺失不仅造成 UL49.5 蛋白的非糖基化，还使其大量聚集在内质网，说明 UL49.5 蛋白在没有 UL10 蛋白的"协助"下不能运输到细胞表面或非内质网的细胞质区域 (Jons 等，1998)。Fuchs 等 (2005) 发现 ILTV UL49.5 蛋白的正确加工依赖于 UL10 蛋白。但在 EHV－1 中，通过分析 UL49.5 蛋白缺失毒株侵染细胞中的 UL10 蛋白及细胞的生长情况，发现 UL10 蛋白功能丧失，说明在 EHV－1 中，UL10 蛋白的成熟依赖于 UL49.5 蛋白 (Rudolph 等，2002)；同时，EBV (Lake 等，2000) 中 UL49.5 蛋白的缺失也会造成 UL10 蛋白加工及其运输到 TGN 的障碍。

UL10 蛋白还会与其他一些蛋白相互联系，包括 US3，UL11，UL31，UL34，VP16 蛋白和糖蛋白 B、C、D 等 (Purves 等，1992；Torrisi 等，1992；Jensen 等，1998；Reynolds 等，2002；Naldinho 等，2006)，在 UL10 蛋白整合到病毒外膜及病毒增殖的过程中起着一定作用，但蛋白之间的作用机制还处于研究中。

(3) 抑制细胞间的融合　UL10 蛋白能够抑制 US6 蛋白、UL27 蛋白和 UL22 蛋白/ULL1 蛋白的表达 (Klupp 等，2000；Koyano 等，2003)，但在抑制细胞融合方面，不同疱疹病毒的 UL10 蛋白的表现不同，EHV－1、ILTV、HSV－1 和 HHV－8 等大部分病毒的 UL10 蛋白要与相应 UL49.5 蛋白形成复合物后才产生明显的抑制作用，而 PRV UL10 蛋白能在缺失 UL49.5 蛋白的情况下抑制细胞融合。PRV UL10 蛋白和 HHV－8，HSV－1 的 UL10 蛋白/ UL49.5 蛋白复合物能抑制人或牛的 RSV F 蛋白和 MoMLV Env 蛋白介导的融合 (Klupp 等，2000)。因此，UL10 蛋白或 UL10 蛋白/UL49.5 在抑制融合方面具有普遍效应。

Colin 等 (2004) 通过亚细胞定位的研究发现，PRV 和 HSV－1 中 UL10 蛋白/UL49.5 蛋白能引起 US6 蛋白和 UL22 蛋白/UL1 蛋白从细胞表面向细胞内的重新定位 (很可能是 TGN)，表明抑制融合可能与 US6 蛋白和 UL22 蛋白/UL1 蛋白从细胞表面被运输到细胞内部有关，使后者不能有效地刺激细胞融合。由此推测，抑制融合是由于细胞表面的"促融合"蛋白被移除而引起，UL10 蛋白/ UL49.5 蛋白恰好充当了除去细胞表面蛋白的角色。UL10 蛋白/ UL49.5 蛋白引起疱疹病毒包膜蛋白向 TGN 的重新定位，推测有两方面原因：①由于膜蛋白通过网格蛋白介导的 (细胞) 内吞作用发生细胞内摄，②由于疱疹病毒在次级包装部位维持了包膜蛋白足够的浓度。

EHV－1疫苗RavH中UL10蛋白的缺失，增加了疫苗在小鼠中的免疫原性，推测是受感染细胞表面糖蛋白水平的增加引起的（Colin等，2004）。

3. 鸭瘟病毒UL10（gM）基因及其编码蛋白 周涛、汪铭书等（2010）对DPV UL10（gM）的研究获初步结果。

（1）DPV UL10基因的分子特性 DPV UL10基因全长1 230 bp，由409个氨基酸残基组成，等电点为9.05；UL10蛋白含有1个信号肽和8个跨膜区，主要定位于细胞质中。UL10蛋白含有15个潜在的磷酸化位点。序列对比分析表明，DPV CHv UL10与α疱疹病毒的核苷酸同源性较高，其核苷酸序列与禽疱疹病毒2型（gallid herpesvirus 2）、鹦鹉疱疹病毒1型（psittacidherpesvirus 1）、人疱疹病毒5型（human herpesvirus 5）和火鸡疱疹病毒1型（meleagrid herpesvirus 1）的同源性为54.5%、3.5%、41.5%和46.4%，表明它们可能功能相似。

（2）DPV UL10基因的转录时相 根据DPV UL10基因和内参基因β－actin的保守序列分别设计了荧光定量引物，收集感染鸭瘟病毒后0.5、1、2、4、8、12、24、36、48、60、72 h等不同时间段的鸭胚成纤维细胞，Trizol法提取RNA后进行逆转录，以cDNA为模板进行RT－PCR扩增。结果表明，在0.5 h最早检测到DPV UL10基因的转录产物，36 h迅速放大，60 h达到峰值，72 h相对下降。

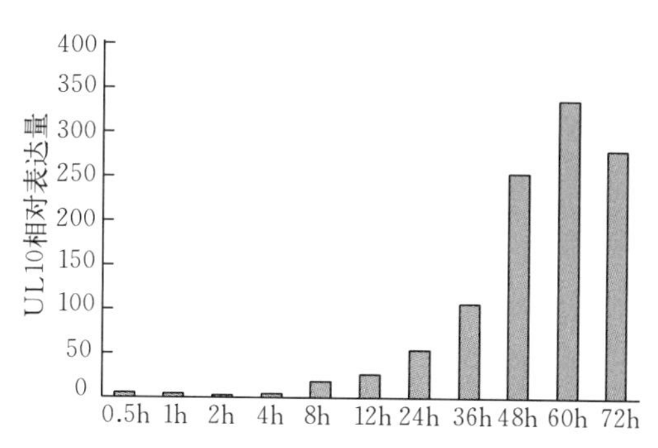

图3－11 DPV UL10基因在DEF中的转录时相

（程安春，汪铭书，朱德康）

（八）UL22（gH）基因及其编码蛋白

鸭瘟病毒UL22（gH）基因研究资料很少，以下有关疱疹病毒UL22（gH）基因的研究资料（杨丽莎等，2014）对进一步开展鸭瘟病毒UL22（gH）基因的研究将有重要参考作用。

1. 疱疹病毒UL22（gH）基因特点 通过序列测定和southern blotting分析发现，UL22基因正好位于TK基因下游的一段保守基因序列内（Nicolson L等，1990），与

TK 转录方向一致（Li H 等，2006），然而它们之间不是紧密连接的，中间相隔了一段距离，如在 BHV-5 中，gH 的 ORF 与 TK 的 ORF 间间隔 117 个核苷酸。不同的疱疹病毒 gH 基因的核苷酸序列在 G+C 组成上是不同的，EBV G+C 含量 54%、HSV-1 G+C 含量 67%、EHV-4 G+C 含量 45%。

2. **疱疹病毒 gH 蛋白特点** UL22 基因编码的囊膜糖蛋白 gH 在不同疱疹病毒中的称谓不同，如在 VZV 称为 gpIII、EBV 称为 gp85、BHV-4 称为 gp110（Lomonte P 等，1997），HCMV 称为 gpUL75 或 gp86（王晓燕等，2008）。gH 是病毒的一个必需成分，也是继 gB 后发现的第二个保守的糖蛋白，且 gH 和 gB 的氨基酸序列在 α、β、γ 三个疱疹病毒亚科中都是保守的。HSV 中，gH 分子量约为 115 kD，而 BHV-1、PRV、EHV-4 的分子量则分别为 108 kD（Baranowski E 等，1995）、95 kD（Nicolson L 等，1990；Babic N 等，1996）、94.1 kD（Nicolson L 等，1990），它们的主要翻译产物都是一个多肽。在所有已报道的 gH 的氨基酸中，β 和 γ 疱疹病毒 gH 的氨基酸数量较 α 疱疹病毒少，α 疱疹病毒中除 PRV gH 的氨基酸是 686 个外，其他的一般都为 800 个以上，如 HSV-1 838、VZV 841、BHV-1 882、EHV-4 855、DPV 834 等（Han XJ 等，2006）。

gH 是囊膜糖蛋白，具有膜蛋白的主要特征：①N 端信号肽，是由 gH 糖蛋白 N 末端的一段疏水性氨基酸残基组成的序列，末端氨基酸常为丙氨酸；②亲水胞外域，占整个糖蛋白大部分，含有 N 连接的糖基化位点，VZV、EHV-1、EHV-4 的 gH 蛋白含有 11 个 N-连接的糖基化位点，MDV 10 个，HVT 9 个，HSV-1 7 个，HCMV 6 个，EBV 5 个，PRV 3 个（Scott S 等，1993）。Takeda 等（1997）曾报道在 HHV-6B（HST 株）gH 的胞外域还含有一个中和单克隆抗体的抗原决定簇，通过免疫荧光检测和一系列的诱变处理发现这个作用主要是由 gH 389 位的精氨酸所主导的，因此猜想这个位点可能在病毒的感染中起着重要作用；③疏水跨膜区，存在于 C 末端，约含有 20 多个疏水性氨基酸残基，这些残基是以一个或多个 α 螺旋的二级结构形式跨过病毒外膜或受感染的细胞膜；④带电细胞质尾巴，对于 β、γ 疱疹病毒细胞质尾巴的氨基酸有 7 或 8 个，而 α 疱疹病毒则有 14 或 15 个（Nicolson L 等，1990），这一不同可能反映了膜与不同的细胞类型相互作用的差异。

HSV-1 gH 蛋白前 18 个氨基酸已被推测为信号肽序列；亲水胞外域包含 7 个 N 连接的糖基化位点和 8 个半胱氨酸，在半胱氨酸 5、6（即氨基酸 554 和 589 位）和 7、8（即氨基酸 652 和 706 位）分别形成了 2 个二硫键（Galdiero S 等，2008；Galdiero S 等，2010）；C 末端第 804～824 位氨基酸为一个跨膜区（TMR）；其 N 末端是一段真正的功能性区域，有 7 个抗原结合位点。

3. 疱疹病毒gH蛋白的功能域 HHV-6 gH由694个氨基酸组成，含有14个潜在的N-糖基化位点，N端还包含一个230个氨基酸的区域是gH与gL相互作用的必需部位（Takeda K等，1997）。Chen等（2012）研究发现，在gH/gL的表面有一个突出的KGD基序，通过KGD基序突变试验证明了它作为一个双功能域来指示B细胞和上皮细胞与EBV的融合和入侵；另外，通过gp42 N末端的62～66位氨基酸缺失试验表明KGD基序是与其发生作用的。

Chen J等（2013）为了研究EBV中gH/gL的功能区域，通过改变位于大的凹槽上的残基来构建EBV gH/gL的定点突变，在gH/gL结构中把结构域Ⅰ（D-Ⅰ）和结构域Ⅱ（D-Ⅱ）分开，然后发现丙氨酸代替207位亮氨酸后，降低了上皮细胞和B细胞融合，接着降低了gp42结合。另外，丙氨酸代替152位精氨酸、154位组氨酸或174位苏氨酸后降低了上皮细胞的融合，但B细胞没有影响。通过突变D-Ⅰ氨基酸的V47，P48和G49为半胱氨酸，与位于D-Ⅱ自由的C153形成新的亚基间二硫键来测试gH/gL中D-Ⅰ和D-Ⅱ之间区域的灵活性是否对膜融合活动很重要，并允许跨D-Ⅰ/D-Ⅱ槽潜在的相互作用。结果发现，G49C（gH/gL的预测与C153一起连接D-Ⅰ/D-Ⅱ）突变后有正常的B细胞融合活性，但降低了上皮细胞融合活性，用二硫苏糖醇治疗后部分恢复。得出结论，跨越的gH/gL D-Ⅰ/D-Ⅱ凹槽的结构重排和/或相互作用，对上皮细胞的融合是必需的，但B细胞的融合不受影响。

Gianni等（Gianni T等，2006）证明了HSV-1 gH含有一个融合肽和两段7肽重复区HR1和HR2。这是参与到膜融合过程中的糖蛋白的普遍特征，它们在gH的存在进一步强调了gH在膜融合过程中的重要性。融合肽是一个渗透到靶细胞膜的高度疏水性α螺旋，HSV-1 gH内部有6个这样疏水性的区域，受体的结合或低pH的诱导等原因，使gH的构象发生改变，暴露出其中的gH-（220-262）、gH-（381-420）、gH-（493-537）、gH-（626-644）四个区域，从无融合活性状态变为有活性状态，它们就以协同方式快速地诱导膜融合（Galdiero S等，2010）。HR1、HR2分别位于融合肽的下游和跨膜区的上游，在病毒侵入过程中发挥作用，可能是介导蛋白之间相互作用的关键基序。

4. 疱疹病毒gH蛋白的功能

（1）介导病毒的入侵和细胞间的传播 Babic等（1996）通过建立缺失gH的突变试验发现，缺失gH的PRV吸附到宿主细胞膜上的效率与野生型病毒一样，表明gH的缺失对PRV的吸附过程没有影响，但是这个突变体没有传染性且不能正常繁殖，这说明PRV的gH对病毒的入侵和在细胞之间的传播起着重要作用。另外，对成年小鼠的鼻内接种试验表明，gH的缺乏也会阻止病毒在小鼠神经系统的渗透和传播。Forrester 等（1992）、Meyer 等（1998）分别用类似的方法证明了 HSV－1、BHV－1 的 gH 也参与病毒的入侵和细胞间传播的过程。

（2）在膜融合过程中的作用　疱疹病毒的入侵过程，一般认为病毒先是吸附到细胞膜上，然后再通过外膜与细胞膜或胞内膜之间的融合过程来实现（郭宇飞等，2006），同样病毒在细胞与细胞间的传播也需要膜融合，而事实上，膜之间的融合又是靠病毒囊膜上一系列糖蛋白的作用。Babic 等（1996）的试验发现，当在缺少 gH 的 PRV 病毒中加入能够诱导膜融合的聚乙二醇（PEG）时，病毒又表现出了传染性，这表明 gH 介导病毒的侵入的实质是其在病毒粒子囊膜与细胞膜融合的过程中起着重要作用。

疱疹病毒常采用多组分融合机制（Galdiero S 等，2005），首先 gC 结合到 HSPG 上，然后 gD 作为受体锚定蛋白与特异性的细胞受体 HVEM、粘连蛋白－1（nectin－1）、3－OST 相结合，gD 的构象发生改变，激活 gH/gL 异质二聚体，再激活 gB 来执行融合功能（Atanasiu D 等，2013），使病毒粒子外膜与靶细胞膜发生融合并释放核衣壳，是一种级联方式，病毒在细胞间传播时细胞与细胞间的融合过程也类似。gH/gL 的功能就是通过诱导膜融合，介导病毒入侵靶细胞和病毒在细胞与细胞间的传播，具体说 gH/gL 是传播来自各种非保守的输入触发信号到高度保守的融合蛋白 gB 的转接器（Stampfer S 等，2013），并且该复合体在病毒与细胞或细胞与细胞之间的融合过程中都是必需的（Gianni T 等，2006；Avitabile E 等，2009）。HSV－1 gH 的插入突变降低了细胞融合率或细胞融合和病毒侵入的功能完全丧失（Jackson J 等，2010）。EBV gH/gL 可溶形式（sgH/gL）在与其他糖蛋白共表达和对融合试验使用外力的两种情况下，都不能介导细胞与细胞之间的融合，并且 sgH/gL 抑制细胞与细胞的融合是剂量依赖性的，sgH/gL 量增加时，融合水平就降低，因为 sgH/gL 量的增加导致 gH/gL 表达量的减少，sgH/gL 也会减少 gp42 的表达，造成整体融合的降低。另外，HSV 的 sgH/gL 不能抑制 EBV 的融合，表明其抑制是特异性的（Rowe C 等，2013）。

Farnsworth 等（2007）报道，gH 在病毒外出过程中也有一定作用，因为疱疹病毒必须先穿过核膜进入细胞质，最后从细胞中穿出，通过试验发现缺少 gH 和 gB 的突变体不能穿过核膜，但缺少 gH 或 gB 突变体的病毒的外出过程几乎没有受到影响，说明病毒包膜和外核膜的融合只需要 gB 或 gH 的作用，所以疱疹病毒的侵入和外出过程可能存在着一定差异，这还需通过试验进一步证实。

（3）抗原性　Ghiasi 等（1994）构建了重组杆状病毒来表达 HSV－1 的 gB、gC、gD、gE、gG、gH 和 gI 等 7 个糖蛋白。接种 gB、gC、gD、gE 和 gI 5 种亚单位疫苗后的小鼠对 HSV－1 产生较高的抗体效价，也保护小鼠免受致死剂量的HSV－1 对腹膜和眼睛的攻毒；相反地，接种 gH 和 gG 的小鼠对 HSV－1 产生低抗体效价，甚至无中和抗体产生，也就没有保护 HSV-1 攻击的能力。因此，与其他几种糖蛋白相比，gH 在预防潜伏期的感染上是无效的。之后，他们又单独用 gL 来接种动物，结果同样无中和抗体产生（Ghiasi H 等，1994）。从这些研究可以看出单独的 gH 和单独的 gL 都不能诱导动物机体产生中和抗体。

Browne 等（1993）用表达 HSV-1 gH/gL 复合体的重组牛痘病毒来检测该复合体对接种小鼠的保护作用，最后的结果令人失望，只产生了很低浓度的中和 HSV-1 的抗体，但是这些抗体能保护小鼠的神经节免受病毒的感染。鉴于以上的研究，Peng 等（1993）构建一个能分泌可溶性的 gHt/gL 复合体［包含在 792 位氨基酸的截段（gHt）和一个完整的 gL，gHt 缺少疏水跨膜区和细胞质尾巴］的哺乳动物重组细胞系 HL-7，再用免疫亲和层析法纯化复合体，证明了 gH/gL 复合体对宿主的免疫系统是一个主要的抗原，因为它能刺激中和抗体的产生，这些抗体在不依赖补体情况下表现出抗 HSV-1高滴定度。另外，为了测定 gHt/gL 作为疫苗的可能性，用该复合体免疫 BALB/c 小鼠，作为对照，其他小鼠则用鼠抗 HSV gD 高免血清免疫或注入生理盐水作空白对照，结果来自 gD 或 gHt/gL 免疫小鼠的血清表现出病毒中和活性的高滴定度，当用 HSV-1 攻击小鼠后发现，用 gD、gHt/gL 免疫的小鼠存活下来，这表明 gHt-gL 可以作为亚单位疫苗的候选蛋白。Birlea 等（2013）用 Zostavax 疫苗免疫一个 59 岁的 VZV 血清反应阳性患者 1 周后，得到的血浆细胞克隆，用于构建重组单克隆抗体（REC-RC IgG 抗体）。此抗体在组织培养中中和了 VZV 的感染，并且通过转染试验表明它能识别 gH/gL 蛋白复合体，但不能识别单独的 gH 或 gL 的蛋白。还有通过试验发现，接种了表达 gH/gL 复合体的 VRPS 疫苗小鼠产生的补体独立中和抗体比接种了 gH 或 gL 的小鼠引起的中和抗体反应滴度高（Loomis R 等，2013）。这再次证明了 gH/gL 复合物有作为病毒疫苗开发的潜能，不过 Browne 和 Peng 的研究结果令人感到非常疑惑，为什么用 gH/gL 免疫失败而 gHt/gL 则成功了呢？其中一个可能性就是 gH/gL 的表达水平太低，不足以诱导免疫反应，另一种可能是 Peng 等的试验灵敏度较高，所以为了得到更确切的结果，还有待于进一步试验证实。

（4）抗病毒作用　MDV 的 gB 和 gH 分别含有 11 个七肽重复区域，gH 的 HR1（gHH1）和 HR3（gHH3）、gB 的 HR1（gBH1）与一个螺旋的富含疏水域重叠，用蚀斑形成和鸡胚感染试验证实这些区域在膜融合的不同阶段展现出抗病毒活性。gHH1、gHH3 和 gBH1 之间彼此成对发生相互作用（gHH3-gBH1、gHH1-gBH1）。单独的 gHH1、gHH3 和 gBH1 并没有有效地抑制病毒感染，而 gHH1 和 gBH1 串联肽（即 gBH1-linker-gHH1）则产生了高效抗病毒效果（Chi X 等，2013）。

5. 疱疹病毒 gH 蛋白与其他蛋白的相互作用

（1）gH 和 gL 的相互作用　gH 和 gL 是为数不多的 3 个 α、β、γ 疱疹病毒亚科共有的糖蛋白。免疫沉淀试验证实，在许多疱疹病毒中，gH 与小分子非膜锚定糖蛋白 gL 在感染细胞内质网中通过寡聚化作用形成了一个异质低聚复合体。gL 是由 UL1 基因编码的，成熟的 gL 含有 N 端信号序列，但是没有疏水性的跨膜区，当它在缺乏 gH 表达时，它是从转染细胞中分泌的，若 gL 要在细胞表面保留则需要与 gH 共表达，当缺少 gL 时，gH 的抗原性和结构都不成熟，gL 是作为一个分子伴侣与 gH 共同作用的（Hutchinson L 等，1992；Peng T 等，1998）。当 gL 与特定的抗体试剂反应后，病毒的感染和细胞的融合都会受到抑制（Anderson R 等，1999），说明 gL 对 gH 的功能起着重要作用，这首先表现在 gL 对 gH 正确的折叠加工起作用；另外，gL 对 gH 从内质网到细胞表面的运输和 gH－gL 复合体在膜上的表达都是必需的（Pertel P 等，2002；Klyachkin Y 等，2006）。也有报道表明，gL 对 HSV－1、PRV、HCMV 的感染是必不可少的（Roop C 等，1993；Klupp B 等，1999；Hobom U 等，2000）。但 Gillet（2007）和 Hahn（2009）已分别证明 MHV－68 和 HHV－8 中 gH 在细胞表面的表达不依赖 gL，反之则不行，在无 gL 存在的情况下，MHV－68 和 HHV－8 仍具有传染性。值得注意的是，MHV－68 和 HHV－8 都是 γ 疱疹病毒亚科的成员，因此可以猜想是否在 γ 疱疹病毒中 gH 可以单独行使功能呢？

（2）gH 与 gE 的相互作用　Maresova 等（2005）通过试验发现，在 VZV 内吞作用后期 gE 不但与 gI 相互作用，而且还与 gH 形成复合体，gE/gH 复合体也在病毒粒子外膜中被发现。gE/gH 复合体的形成机制是 gH 在内化作用之后，通过位于 gE 长尾巴的其他运输基序穿梭到转移反面高尔基体管网（TGN）中。如果 VZV 中 gE 蛋白的内化作用中断，gH 和 gI 的运输也会被破坏，这对 VZV 生命周期的影响是致命性的。

（3）第三蛋白与 gH/gL 复合体的相互作用　在 EBV 感染 B 淋巴细胞和上皮细胞的过程中所需要的糖蛋白是不同的，上皮细胞的融合需要 gB、gH/gL，而 B 淋巴细胞的融合除需要 gB、gH/gL 之外，还需要由 BZLF2 开放阅读框编码的 gp42，而且 gH、gL、gp42 是以 1∶1∶1 的比例形成了一个稳定的异质三聚体（Kirschner A 等，2006），gp42 的功能是作为Ⅱ类白细胞抗原（HLA－Ⅱ）的配体使其激活，然后 HLA－Ⅱ作为 EBV 入侵细胞的表面辅助因子。有资料报道，这个异质三聚体还可能抑制病毒膜与上皮细胞的融合（Liu F 等，2010）。

在 HCMV 和 HHV－7 疱疹病毒中，唯一存在于 β 疱疹病毒亚科的糖蛋白 gO 作为一个分子伴侣与 gH/gL 复合体结合形成一个三分子复合体（Sadaoka T 等，2006；Ryckman B 等，2010），这个复合体在病毒入侵宿主细胞的过程中还起着重要作用。在HCMV中，gH/gL/gO复合体感染成纤维细胞，而形成的另一个复合体gH/gL/UL128/UL130则感染上皮细胞和内皮细胞（Ryckman B等，2008；Ryckman B等，2010）。在HHV-6A中，由U100基因编码的gQ也与gH-gL结合形成三分子复合体，然后再结合到受体CD46上（Mori Y等，2003）。另外，在Mori等（2004）的研究中发现，HHV-6还存在另一种gH/gL/gO三聚复合体形式，但是这种复合体不与CD46结合，因此猜想在病毒的感染过程中这两种三聚复合体起着各自不同的作用。

6. 鸭瘟病毒UL22（gH）基因及其编码蛋白 杨丽莎、汪铭书等（2014）对DPV UL22（gH）的研究获初步结果。

（1）DPV UL22基因的分子特性 UL22基因大小2 505 bp，编码834个氨基酸的gH蛋白，分子量92.543 3 kD，有一条信号肽和两个跨膜区，还含有8个N-糖基化位点和52个潜在的磷酸化位点，抗原位点较多，gH蛋白的分子之间形成了3个二硫键。gH蛋白在疱疹病毒中是非常保守的，且与马立克氏病病毒属的MeHV-1、GaHV-2和GaHV-3 UL22基因的同源性最高。

（2）DPV UL22基因截段基因gHt的表达特点及多克隆抗体 根据生物信息学预测结果，去除掉gH蛋白的信号肽和跨膜区得到了截段形式的gHt基因，经过PCR扩增、T克隆和亚克隆，最后成功构建了原核表达重组质粒pET-32c（+）-gHt，转化到宿主菌BL21后，在37 ℃、0.2mmol/L IPTG及10 h诱导条件下，得到gHt蛋白，该蛋白主要存在于包含体。然后，经过切胶纯化得到纯度很高的蛋白，且用western blotting试验证实该蛋白与兔抗DPV血清有很好的反应原性。最后，用琼脂扩散试验检测纯化的gHt蛋白免疫兔制备的高免血清效价，达到1∶32。

（3）DPV gH蛋白在细胞中的定位 采用间接免疫荧光试验来检测DPV gH蛋白在感染细胞内的表达和定位。试验结果表明，gH蛋白主要存在于细胞质中，与生物信息学预测结果一致。然后通过动态检测发现在病毒感染6 h后有特异性绿色荧光，说明在此时gH蛋白开始表达，在30 h和43 h特异性绿色荧光的量达到最大。

（4）鸭瘟病毒UL22基因真核表达载体的构建及蛋白表达 构建T克隆质粒pMD20T-gH和pMD19T-gHt，双酶切后与真核表达载体pCMV-HA连接，构建了重组真核表达质粒pCMV-HA-gH和pCMV-HA-gHt。经脂质体Lipofectami-neTM2000转染HEK293细胞，利用RT-PCR、间接免疫荧光试验分析gH和gHt蛋白在HEK293细胞的表达情况，结果表明pCMV-HA-gH和pCMV-HA-gHt在HEK293细胞中的表达量较高，定位位于细胞质。

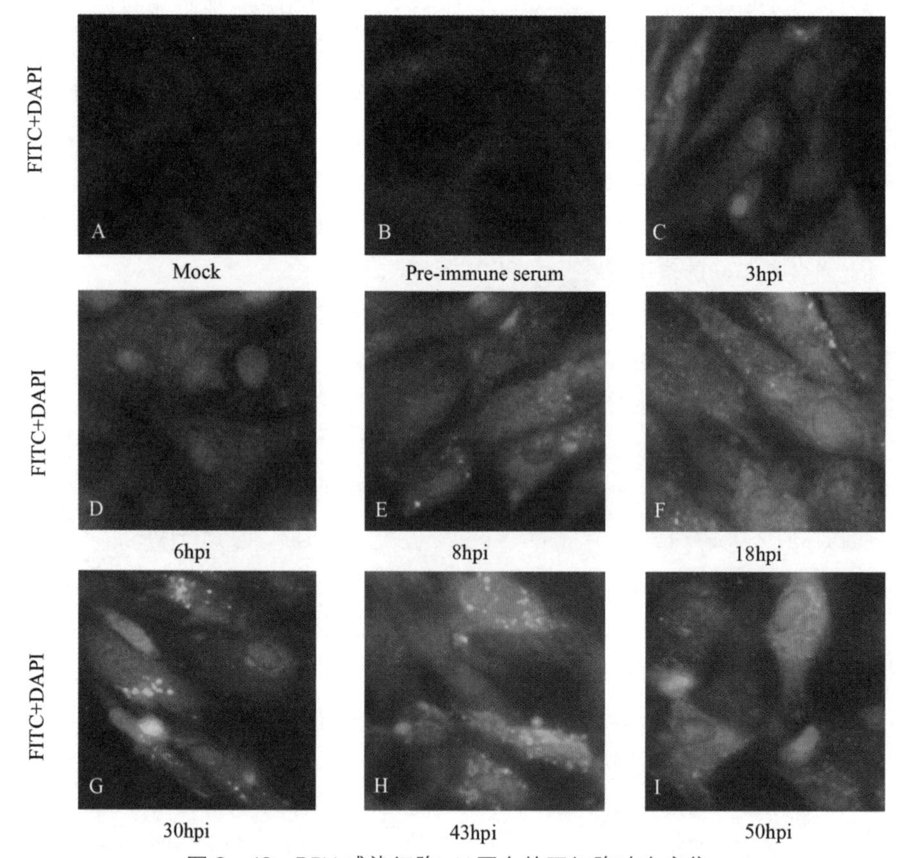

图 3－12 DPV 感染细胞 gH 蛋白的亚细胞动态定位

A. 未感染 DPV 的 DEF　B～I. 感染了 DPV 的 DEF　C～I. 分别为感染 DPV 3、6、8、18、30、43 和 50 h 的 DEF

A、C～I 一抗是孵育兔抗 DPV gHt IgG，B 一抗是阴性血清；二抗均是孵育 FITC 标记的羊抗兔 IgG。绿色荧光为特异性荧光，蓝色为 DAPI 所染的细胞核

（程安春，汪铭书，朱德康）

（九）UL27（gB）基因及其编码蛋白

鸭瘟病毒 UL27（gB）基因研究资料很少，以下有关疱疹病毒 UL27（gB）基因的研究资料（林丹等，2009）对进一步开展鸭瘟病毒 UL27（gB）基因的研究将有重要参考作用。

1. 疱疹病毒 UL27（gB）基因特点　疱疹病毒 UL27 基因编码糖蛋白 B（gB）。Bzik（1984）对单纯性疱疹病毒－1（HSV－1）KOS 株 gB 基因进行测序，随后 PHILIP

(1985) 等人 HSV－1 的 F 株的 gB 基因测序分析发现两株之间的 gB 基因相差 53 个碱基。Kongsuwan 等 (1991) 测定了鸡传染性喉气管炎病毒 ILTV SA－2 株 gB 基因的序列，张绍杰等 (2001) 也获得了 ILTV WG 株 gB 序列，A－2 株与 WG 株的 gB 基因同源性为 99.6%，氨基酸的同源性为 98.4%。Holloway 等 (1999) 对马疱疹病毒 5 (EHV5) gB 基因进行测序，与 EHV2 的同源性达到 79%。Kentaro 等 (1999) 确定了 MDV2 UL27 基因的开放阅读框与 MDV2 SB－1 毒株相比只相差 3 个碱基，所以同一亚科疱疹病毒的 UL27 基因有很高的保守性 (Essam 等，1999)。

UL27 基因的高保守性被运用于疱疹病毒的系统进化分析及种属鉴定 (Roizman 等，2001)。Herbst 等 (2004) 用纤维乳头状瘤疱疹病毒 (CFP－HV) 的 UL27 基因与其他疱疹病毒的该基因比对，确定 C－FP－HV 为 α 疱疹病毒。蔺会云等 (2001) 将分离的病毒 DNA 序列与 BVE2490 株的 UL27 基因进行比对，将新分离物确定为猴 B 病毒。UL27 基因对于疱疹病毒的毒性和耐药性也有着非常紧密的关系。Yoko 等 (2007) 发现 HSV－1 弱毒株 (HF10) UL27 基因编码的 gB 蛋白第 787 位氨基酸被亮氨酸 (Leu) 代替，从而使病毒的毒性致弱。Benjamin 等 (2006) 通过标记营救发现，由于 UL27 基因中的 3 个碱基发生突变才导致 HSV－1 耐药。Palliser D 等 (2005) 用针对 HSV－2 UL27 基因设计的 siRNA，发现它可使小鼠免于致死性感染。

2. 疱疹病毒 UL27 (gB) 蛋白的结构特点 所有疱疹病毒的糖蛋白 B (gB) 都存在于疱疹病毒囊膜上，包含胞外、跨膜和胞内三个区域。以 HSV－1 F 株为例，gB 糖蛋白以寡聚体形式存在于病毒囊膜上，其胞外区包含 696 个氨基酸，跨膜区包含 69 个氨基酸，胞内区包含 109 个氨基酸。Qadri I 等 (1992) 发现，HSV－1 gB 的胞外区 68～76 残基富含赖氨酸集中着硫酸乙酰肝素 (HS) 的结合位点。胞外区还含有 3 个中和表位，即 D1、D2、D5a，是 gB 的功能区。D1 含有连续抗原决定簇，位于 gB 的氨基酸N末端；D2、D5a 含有不连续抗原决定簇；D2 位于 gB 衍生的 457 位氨基酸上；D5a 位于氨基酸 (600～690 位) 之间；D2、D5a 并列存在 gB 胞外区；除此之外，还含有多个糖基化位点 (Qadri I 等，1991)。跨膜区的 69 个疏水氨基酸 3 次跨膜可分为片段 1 (727～746 位氨基酸)、片段 2 (752～772 位氨基酸) 和片段 3 (775～795 位氨基酸)。Wanas 等 (1999) 发现，gB 的保守碱基突变后，正常的折叠形式及信号传导受影响，从而降低了病毒的感染及影响胞内运输。位于片段 2 和片段 3 连接处的 P774 突变可导致跨膜区构型发生变化而改变 gB 的功能。胞质区即 gB 的 C 端也包含数个糖基化位点，存在一个核定位信号 (RKRR)，该信号可能参与病毒在细胞核的定位。它还存在一个含有酪蛋白激酶Ⅱ磷酸化位点的酸性氨基酸簇－TNPDASGEGEEGGDFDE，通过与一种胞质分类蛋白 PACS－1 相互作用而发挥其定位作用。Faster 等 (2001) 使HSV－1 gB的C端28个氨基酸突变，病毒即失去吸附功能，说明gB的C端对于病毒吸附细胞也起着重要作用。胞质区在HSV-1各株间高度保守，其中SM44株、17株、F株、KOS株和Patton株此区域的同源性为100%。

gB以寡聚体形式存在病毒囊膜上，有些是由二聚体组成，有些是由三聚体组成。Holloway等（1999）研究发现马疱疹病毒-5的gB是由二硫键连接而成的异源二聚体，两个亚单位的分子量分别是92和68 kD。Pereira等（1994）通过脉冲试验发现，ILTV的gB在内质网中的初期是以单体的前体形式存在的，然后迅速被组装成同构物二聚体。Ekaterina E等人通过对HSV-1的晶体结构研究说明，HSV-1gB是由三聚体组成（2006）。

疱疹病毒家族中gB是保守性最高的一种糖蛋白。将EHV5 gB的序列与其他7种丙型疱疹病毒进行比对发现，它们都含有10个半胱氨酸残基和3个N糖基化位点（Holloway等，1999）。疱疹病毒不同属病毒的gB同源性也较高。VicramM等（1991）把BHV-1gB基因插入HSV-1基因中，发现重组HSV-1毒株的生物学特征并没有改变，而HSV-1gB特异性单抗对新构建的毒株中和能力降低，表明前者能够替代后者功能。Eberle等（1997）用共转染的方法得到含猿猴疱疹病毒的UL27基因的HSV-1重组株（HSV1/SgB），此毒株在老鼠身上的病理表现与猿猴疱疹病毒的相似。

3. 疱疹病毒gB蛋白在感染中的作用机制 gB是囊膜的组成成分，使病毒吸附于宿主细胞膜上，介导病毒囊膜与细胞膜融合、病毒穿入和病毒胞间扩散、引发病毒循环复制过程。gB是如何介导病毒感染细胞的还不是很清楚。研究显示，gB是通过和细胞膜上氨基葡聚糖硫酸乙酰肝素或硫酸软骨素结合，使病毒吸附于宿主细胞膜上，介导病毒囊膜与细胞膜融合、病毒穿入和病毒胞间扩散；也有学者认为，gB是通过与其他的一些糖蛋白构成一个具有脂溶性熔化蛋白复合体孔道而发挥作用（Philip E等，1985）。Shaw M等（2002）发现，增加仓鼠细胞表面的$\alpha3\beta1$复合体的表达，可使人类疱疹病毒8型（HHV-8）的感染力加强。针对gB的中和抗体不仅能阻止病毒穿入细胞，而且能抑制病毒在细胞间的扩散和细胞的融合。Benjamin等（2001）通过试验推测，抗病毒药物也许影响了其他蛋白而间接使gB发生构象变化，从而使病毒不能顺利进入细胞。Foster等（2001）用细胞融合测试法发现，gB的C端H17b的α螺旋结构可导致细胞融合，并可抵消肝磷脂对细胞融合的抑制作用。Laquerre等（1996）还发现，HSV gB的Cys596、Cys633改变使gB不能进入成熟病毒包膜内，突变分子被异常加工后滞留在内质网而不能产生感染性病毒。

4. 疱疹病毒gB蛋白免疫特性 gB蛋白在感染细胞中含量最多，是感染宿主细胞免疫和体液免疫的主要靶标，也是特定细胞毒T淋巴细胞（CTL）主要靶标；gB还能产生补体依赖性和补体非依赖性的中和抗体，是淋巴因子激活的自然杀伤细胞的识别对象（Blacklaws 等，1985；Barbara A 等，1990；Julie M 等，1994）。丁巧玲等（2002，2003）构建了含有 MDV gB 基因的重组鸡痘病毒免疫 1 日龄 AA 肉用雏鸡，可诱导鸡体产生免疫保护。Tong 等（2001）构建含 ILTV gB 基因的重组鸡痘病毒，免疫结果显示其效果等同于传染性喉气管炎弱毒疫苗和鸡痘活疫苗。McDermott 等（1989）发现用腺病毒载体表达的 HSV gB 能有效抵抗 HSV 的致死剂量攻击。Baghian 等（2002）用包含 HSV－1 gB 的 Sindbis 病毒质粒作为疫苗，对 BALB/c 小鼠进行肌肉内接种。结果在两种不同的小鼠模型中都诱导出了病毒特异性抗体、细胞毒性 T 细胞，而且也能有效抵抗致死剂量病毒攻击。有学者用 PRV 纯化的 gB 免疫小鼠和猪时，产生了补体依赖性病毒中和抗体，再用野毒株 PRV 攻击免疫过的小鼠和猪，其死亡率大大降低。HSV gB 表位（该表位位于 HSV gB 的 498～505 位氨基酸）在 HSV 感染的早期被快速提呈，使得 gB 表位特异的 CTL 活化。Lint 等（2004）报道也证实，gB 表位特异的 CTL 在病毒感染的早期就已出现，CTL 不仅限制 HSV 从最初感染的部位扩散，而且具有清除感染后正在复制的病毒的作用。用 HSV－1 缺陷 gC 或抗原变化的 gB 试验发现，其杀伤作用低于野生株的 2 倍（Bishop 等，1986）。

5. 鸭瘟病毒 UL27（gB）基因及其编码蛋白　林丹、汪铭书等（2009）对 DPV UL27（gB）的研究获初步结果。

（1）DPV UL27 基因的分子特性　DPV UL27 基因大小 3 003 bp，编码 1 000 个氨基酸组成 gB 的蛋白，分子量为 113.9 kD，等电点理论值为 8.87，Met 在 N 端，1～20 位氨基酸可能是 gB 的信号肽，含有 11 个 N－糖基化位点分别在 19、110、182、292、438、512、560、577、632 和 759 位残基上，与 HSV－1 的位点一样。gB 蛋白主要存在于胞膜外（52.0%），其次为胞质（12%），内质网和细胞核（12%），还有极少部分存在于分泌的小囊泡和线粒体中。在 850～880 位氨基酸含有跨膜区。

（2）DPV UL27 基因主要抗原域的表达特点及多克隆抗体　用 Primer 5.0 软件设计一对引物，整体扩增涵盖具有优势表位的基因片段（451～1 650 bp），成功构建 DPV gB 基因主要抗原域的重组原核表达载体 pET－28a－UL27M，转化大肠杆菌 BL21 后经 IPTG 诱导表达得到大小为 46 kD 的重组融合蛋白，占菌体总蛋白的 30%左右，主要以包含体的形式存在。纯化后的重组蛋白制备兔抗血清间接 ELISA 效价为 1∶819 200。中和抗体效价为 1/19。该抗体能够识别 UL27 天然蛋白。

（3）DPV gB 蛋白在细胞中的定位　通过免疫荧光对病毒感染 DEF 的亚细胞定位发现，特异性荧光最早可在感染后 8 h 的核膜上检测到，12 h 核膜周围荧光数量增多，24 h 荧光数量达到一个相对高的水平并向胞质转移，36 h 荧光基本分布胞膜边缘，48 h 荧光分布于细胞各个区域（图 3－13）。

（4）DPV UL27 基因类型　荧光定量PCR分析结果显示，DPV UL27 基因转录产物最早出现于感染后 6 h，于感染后 14 h 达到高峰，之后一直维持到 60 h。这种转录谱具有疱疹病毒晚期基因的典型特征。以制备的兔抗 UL27M 蛋白 IgG 为一抗，对感染鸭瘟强毒的 DEF 进行 western blotting 分析结果显示，在感染 60～72 h 的细胞蛋白提取物中可观察到与 DPV UL27 蛋白预测大小约 110kD 相一致的条带，在感染后 60 h 达到最大值，一直持续到感染后 72 h。基因转录及表达时相分析推测 DPV UL27 基因可能是晚期基因。

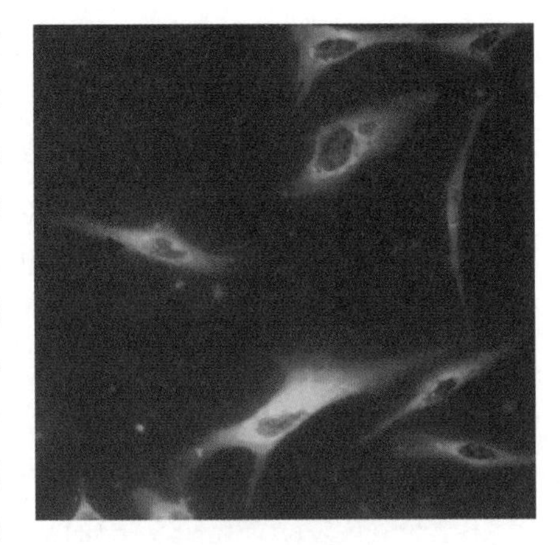

图 3－13　DPV 感染细胞 24 h 时 gB 蛋白的亚细胞定位

（程安春，汪铭书）

（十）UL44（gC）基因及其编码蛋白

鸭瘟病毒 UL44（gC）基因研究资料很少，以下有关疱疹病毒 UL44（gC）基因的研究资料（徐超等，2008；邹庆等，2010；蒋金凤等，2010；沈福晓等，2010；孙昆峰等，2013；练蓓等，2011）对进一步开展鸭瘟病毒 UL44（gC）基因的研究将有重要参考作用。

1. 疱疹病毒 UL44（gC）基因特点

（1）疱疹病毒 UL44（gC）基因及其编码蛋白

① UL44（gC）基因序列的特点　UL44 基因位于疱疹病毒基因组的 UL 特定长区，该基因具有典型真核基因结构特征，包含完整启动子序列、编码区，以及 poly（A）信号序列（Matsumura T 等，1993）。

② UL44（gC）基因的基因类型　疱疹病毒基因的转录及表达有一定的时序性，按其先后顺序可将病毒的基因分为 α、β、γ 或 IE（立即早期）、DE（早期或晚早期）和 L（晚期）三种类型。在感染宿主细胞后，病毒的立即早期基因利用宿主细胞的 RNA 聚合酶Ⅱ进行转录，产生立即早期基因 mRNA（Clements JB 等，1977；Jones PC 等，1979；Kozak M 等，1974）。IE mRNA 翻译后生成 IE 蛋白，包括感染性细胞多肽（ICPs）0、4、22、27 和 47。所有后续基因的表达都离不开 ICP4，这可能是因为 ICP4 与转录因子及其接头蛋白相关（Carrozza M J 等，1996；Smith C A 等，1993）。在 IE

蛋白合成后不久，DE 基因便开始转录，在病毒 DNA 复制启动后，DE 基因以最快速率表达。DE 蛋白参与病毒 DNA 的复制。最后表达的是 L 基因，激活 L 基因表达需要合成 DNA，以及至少 3 个病毒蛋白：ICP4、ICP27 和 ICP8。ICP27 激活 L 基因的转录，病毒 mRNA 的胞质运输，以及 L mRNA 的翻译。ICP8 则参与染色体修饰。根据现有资料报道，UL44 基因属于 L 或 γ2 基因（Godowski P J 等，1986；Cohen G H 等，1980），其转录和表达需要病毒 DNA 的合成，在其转录表达过程中，受到各种转录因子的调控。

ICP4 是 HSV-1 的 5 个立即早期基因之一，作为 UL44 基因的转录激活因子，它通过促使 UL44 基因启动子上转录复合物进行集合而提高 UL44 基因转录的效率（Compel P 等，2003）。ICP4 最大限度激活 UL44 基因启动子的转录需要起始密码子（INR）和普通转录因子（GTF）TFIIA 的参与，其中 TFIIA 对于 ICP4 诱导激活 UL44 基因表达并不是必需的，但这种非必需性需要一个完整的 INR 元件存在（Zabierowski S 等，2004）。当 INR 元件发生突变或者缺失时，体内和体外 ICP4 诱导激活的 UL44 基因启动子转录会明显地降低（Kim DB 等，2002），而 TFIIA 能稳定 TFIID 与 UL44 基因启动子 TATA 框之间的结合，从而提高 ICP4 对 UL44 基因启动子转录的诱导激活能力（Zabierowski S 等，2004）。由于 UL44 基因自身带有完整 INR 元件，而且 ICP4 还可以取代 TFIIA 来稳定 TFIID 与 UL44 基因启动子 TATA 框之间的结合（Zabierowski S 等，2008），因此，这允许 UL44 基因在早期基因 TFIIA 表达关闭的同时仍能有效地表达。

ICP27 是 HSV-1 中唯一一个具有明确同系物的立即早期基因，转录后变化刺激 UL44 基因 mRNA 的积累，从而提高 UL44 基因的转录（Perkins K 等，2003）。Sedlackova 等（2008）研究表明，来源于牛疱疹病毒 4 型（BHV-4）的 ICP27 同系物 HORF1/2 同样能有效诱导 UL44 基因 mRNA 的表达。ICP27 与 HORF1/2 诱导产生的 UL44 基因 mRNA 长度不一样，前者诱导产生的 UL44 基因 mRNA 大部分是非拼接的，而后者诱导生产的 UL44 基因 mRNA 大部分经过拼接组装，核苷酸序列中删去一个大小为 225 个核苷酸的内含子，最后表达成一种突变分泌性 UL44 基因编码蛋白——糖蛋白 C（glycoprotein C，gC）。这种突变 gC 更容易从感染细胞中分泌出来，有可能成为一种功能性致病因子。

Storlie 等（2006）报道，在水痘-带状疱疹病毒（VZV）感染细胞早期，有可能因为 gC 的转录激活因子- PBX/HOX 的合成不足，导致 gC 的合成速度非常缓慢，病毒感染后 72 h 内几乎检测不到新合成的 gC。感染细胞经过六甲撑二乙酰胺（HMBA）和维甲酸（RA）的处理后，能有效诱导 PBX/HOX 转录蛋白的生成。这两种转录蛋白生成后结合到 UL44 基因（ORF14）和 ORF4 的启动子上游 PBX/HOX 结合区，通过启动 gC 的表达及 ORF4 对 gC 表达的正调节，促使 gC 的合成速度大大加快。

③ UL44（gC）基因编码蛋白的类型　由 UL44 基因所编码的蛋白 gC 具有典型的膜蛋白特征：一个 N 端信号肽序列、一个外膜区、一个 C 端膜锚定区域和一个短的胞质区域。N 端信号肽序列为该蛋白定位在细胞膜所必需，在新生肽链导入内质网后被自动切除。外膜区包含大量潜在的糖基化位点、抗原决定簇，以及肝素样结合位点等功能位点，是蛋白功能的主要决定区。单纯疱疹病毒（HSV）的 gC 是病毒粒子在核衣壳从内部核膜出芽的过程中获得的，在这个过程中，gC 的胞质区可能与衣壳或被膜蛋白发生相互作用来促进 gC 特异性地结合进入新生病毒。在对 HSV－1 gC 的研究中，Holland 等（1988）通过构建编码 gC 胞质区缺失的突变病毒证实，胞质区对于 gC 在细胞质膜的稳定锚定是必需的，但是这个区域对于 gC 蛋白组装到病毒粒子中的作用并非是必需的。

④ UL44（gC）基因编码蛋白的性质　UL44 基因的转录翻译后期，在高尔基体上 N－乙酰半乳糖胺转移酶的 13 种不同的亚型中的一种能催化 O 糖基化反应（Mardberg K 等，2004），这个过程中等量的 N－乙酰半乳糖胺分别转移到完成翻译和折叠的多肽链的丝氨酸残基和苏氨酸残基上。N－乙酰半乳糖胺转移酶的各个亚型具有不同的肽受体底物特异性，在不同亚型间这种特异性会部分重叠，能在细胞和组织中通过差异性表达来发挥不同的功能（Gruenheid S 等，1993）。其中，gC 作为 N－乙酰半乳糖胺转移酶多个亚型的共同底物，在宿主细胞的不同细胞型内 gC 都能进行糖基化（Biller M 等，2000）。

此外，gC 蛋白还能够进行 N 糖基化。这些 N 糖基化和大量的 O 糖基化具有重要的生物学功能：①改变病毒的吸附模型，使细胞受体由硫酸乙酰肝素（HS）变为硫酸软骨素（CS）；②引起细胞培养的噬菌斑减少（Mardberg K 等，2004）。gC 的 9 个 N 糖基化位点中至少有 8 个位点能单独与聚糖复合物连接形成二级和三级结构（Olofsson S 等，2000），而 O 糖基化主要位点处于 gC 的 N 端受体结合部位中两个链霉蛋白酶抗性区域（Rux A 等，1996），两种糖基化在功能上具有密切联系。Biller 等（2000）对 HSV－1 gC 突变株的 O 糖基化进行研究发现，这种突变株在 O 糖基化信号邻近区域 Asn 73 缺少一个 N 糖基化位点。凝胶过滤分析表明，这种 HSV－1 gC 突变株的 N 糖基化能调整 N－乙酰半乳糖胺（GalNAc）转移酶进入 O 糖基化信号肽（80～104 位氨基酸）。N－乙酰半乳糖胺转移酶有 4 种同工酶，这些同工酶能启动 gC 衍生合成肽中的 O 糖基化，其中两种衍生肽（55～69 位氨基酸和 80～104 位氨基酸）能作为这 4 种同工酶的极佳底物。对于那些 N－乙酰半乳糖胺转移酶低频率表达的细胞型，这意味着它们在 HSV-1 感染后 O 糖基化 gC 同样能高水平表达。另外，牛疱疹病毒 4 型（BHV-4）能编码一种病毒特异性糖基转移酶，即 β-1，6-N-乙酰葡糖氨基转移酶，这种酶可以催化一系列反应，从而形成具有糖基化特性的免疫活性选择蛋白受体（Markine-Goriaynoff N 等，2003）。

gC 糖基化信号中氨基酸残基发生替换后增加糖基化含量。Mardberg 等（2004）构建了一种 HSV-1 gC 突变株，这种突变株 gC 的 O 糖基化信号中两个碱性氨基酸（Lys114 和 Arg117）被丙氨酸（Ala）取代，与野毒株相比，这种突变株的肽段更适合成为多肽 N-乙酰半乳糖胺转移酶的底物，从而可催化更多的 O 糖基化反应。

⑤ UL44（gC）基因编码蛋白的序列同源性　UL44 基因编码蛋白在不同疱疹病毒中有相应的糖蛋白。Allen 等（1988）证实了单纯疱疹病毒（HSV）的 gC 与疱疹病毒 α 亚科其他成员糖蛋白的同源性，如马疱疹病毒 1 型（EHV-1）的膜糖蛋白 g13、伪狂犬病毒（PrV）的 gⅢ 及水痘-带状疱疹病毒（VZV）的 gV，它们不仅氨基酸序列相近，蛋白质结构也相似。

Sun 等（2014）比较了 22 个 α 亚科疱疹病毒 gC 糖蛋白序列，发现了 8 个保守的半胱氨酸（Cys）残基，其间隔呈现明显的规律性，不同 gC 蛋白间的差异主要体现在 Cys1 残基之前和胞内区（表 3-1）。

表 3-1　疱疹病毒 α 亚科 gC 糖蛋白保守性半胱氨酸（Cys）残基间隔统计分析表

病毒名称（简称）	信号肽		C1-C2	C2-C3	C3-C4	C4-C5	C5-C6	C6-C7	C7-C8		跨膜区	细胞内区域
bovine herpesvirus 1 (BoHV-1)(IBRV)	26	115	16	130	60	38	3	26	25	27	23	11
bovine herpesvirus 5 (BoHV-5)	26	94	16	130	60	38	3	25	25	28	23	10
cercopithecine herpesvirus 9 (CeHV-9)(SVV)	20	124	16	160	60	38	3	27	25	29	23	6
equid herpesvirus 1 (EHV-1)(EAV)	27	48	16	145	61	38	3	28	25	32	23	14
equid herpesvirus 4 (EHV-4)	27	56	16	146	61	38	3	28	25	32	23	14
equid herpesvirus 8 (EHV-8)	27	56	16	145	61	38	3	28	25	32	23	13
equid herpesvirus 9 (EHV-9)	27	48	16	145	61	38	3	28	25	32	23	14
felid herpesvirus 1 (FHV-1)	27	117	17	147	60	38	3	30	25	33	23	6

（续）

病毒名称（简称）	信号肽		C1 - C2	C2 - C3	C3 - C4	C4 - C5	C5 - C6	C6 - C7	C7 - C8		跨膜区	细胞内区域
human herpesvirus 3 (HHV - 3) (VZV)	21	136	16	166	61	38	3	27	25	29	23	6
suid herpesvirus 1 (SuHV - 1) (PRV)	20	82	16	135	69	38	3	22	25	33	23	5
cercopithecine herpesvirus 1 (CeHV - 1) (B virus)	31	44	16	137	60	38	3	27	23	35	23	22
cercopithecine herpesvirus 2 (CeHV - 2) (SA8)	25	43	16	141	60	38	3	27	23	35	23	22
cercopithecine herpesvirus 16 (CeHV - 16) (HVP - 2)	22	43	16	142	60	38	3	27	23	35	23	22
human herpesvirus 1 (HHV - 1) (HSV - 1)	24	102	16	141	60	38	3	28	22	35	23	11
human herpesvirus 2 (HHV - 2) (HSV - 2)	27	102	16	141	60	38	3	27	23	35	23	11
saimiriine herpesvirus 1 (SaHV - 1)	19	140	16	138	63	38	3	27	23	32	23	7
gallid herpesvirus 1 (GaHV - 1) (ILTV)	22	4	16	248	60	0	0	0	0	30	23	5
psittacid herpesvirus 1 (PsHV - 1)	23	43	17	257	0	0	6	31	21	31	23	3
gallid herpesvirus 2 (GaHV - 2) (MDV - 1)	27	82	16	127	61	36	3	28	25	32	23	9
gallid herpesvirus 3 (GaHV - 3) (MDV - 2)	27	56	16	127	61	37	3	28	25	29	23	15
meleagrid herpesvirus 1 (MeHV - 1) (HVT)	31	70	16	150	61	37	3	28	25	33	23	4
anatid herpesvirus 1 (AnHV - 1) (DPV)	22	7	16	155	61	37	3	32	25	32	23	10

Rux 等（1996）的研究结果显示，HSV - 1 gC 双硫键组合为 Cys1 和 Cys2、Cys3

和 Cys4、Cys5 和 Cys8、Cys6 和 Cys7。Cys1 之前是 HSV-1 吸附到细胞表面的重要部分（Tal-Singer R 等，1995），二硫键 C1-C2 形成的环为 C3b 结合区域Ⅰ，C3b 结合区域Ⅱ和区域Ⅲ之间相距 46 个氨基酸，二者通过二硫键 C3-C4 连接在一起（Hung S L 等，1992），二硫键 C5-C8 在维持 HSV-1 gC 的天然、功能性构象方面发挥着重要作用（Hung SL 等，1994）（图 3-14）。

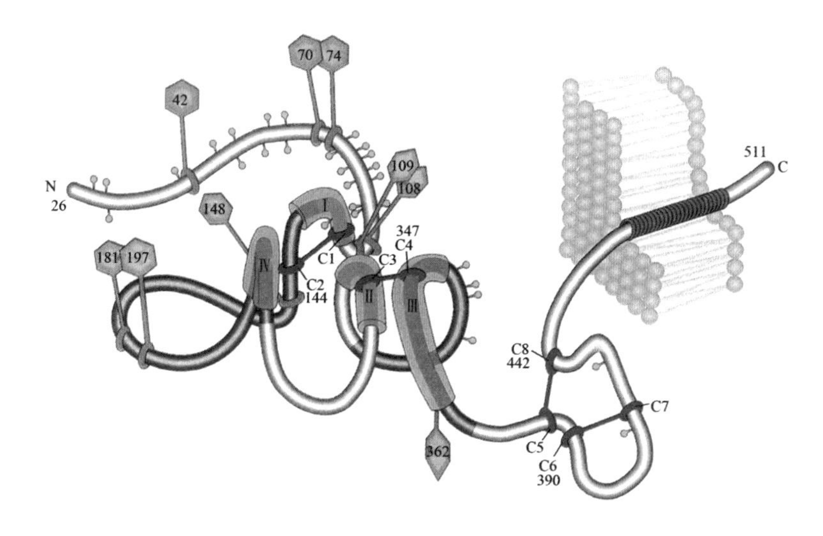

图 3-14 HSV-1 gC 结构模型

第 26 位氨基酸为成熟 gC 糖蛋白的 N 端（去除信号肽）；C1-C2、C3-C4、C5-C8、C6-C7 表示 4 个二硫键；Ⅰ、Ⅱ、Ⅲ和Ⅳ表示 4 个 C3b 结合区域；深蓝色部分（129～247 位氨基酸和 307～373 位氨基酸）表示抗原位点；橙色六边形代表预测的 N-糖基化位点；绿色小圈代表 O-糖基化位点

（Rux AL 等，1996）

（2）疱疹病毒 UL44（gC）基因编码蛋白的功能

① 介导病毒吸附到宿主细胞 在单纯疱疹病毒吸附并进入宿主细胞的过程当中，gC 扮演着一个重要的角色。首先，病毒通过 gC 和（或）gB 与靶细胞表面受体硫酸乙酰肝素蛋白多糖（HSPG）的相互作用而结合到靶细胞上（Shukla D 等，2001），HSPG 的类似物肝磷脂通过竞争性抑制 gC 的外功能区与靶细胞的吸附，从而完全阻断 gC 与靶细胞的结合。与此相反，gB 对靶细胞的结合不完全依赖于 HSPG，受到肝磷脂的抑制作用较小（Bender FC 等，2005）。随后，通过 gD 与其复合受体的结合，进一步介导疱疹病毒稳定吸附并进入靶细胞内（Spear PG 等，2000）。

细胞表面 gC 受体分别有硫酸乙酰肝素（HS）和硫酸软骨素（CS）。HSV-1 对细胞的初级吸附主要是通过糖蛋白 gC 与 HS 结合介导的。据报道，33～123 位氨基酸这一区域对于 HSV-1 有效吸附细胞具有很重要的作用（Tal-Singer R 等，1995）。在 HSV-1 gC 主要 HS 结合位点的突变分析中发现，位于 gC Cys127～Cys144 环上的碱性和疏水残基，残基 142IRRFRNSTRMEFRLQIWR160 及 129RR130 构成了主要的 HS 结合区域，靠近这 2 个半胱氨酸的 C 端区域含有最具活性的氨基酸（Mardberg K 等，2001）。

在缺乏 HS 时，HSV-1 会利用 CS 作为受体来吸附细胞。Mardberg 等（2002）利用一组 gC 点突变的 HSV-1 突变株、一组 gC 阳性 HSV-1 株和一组 gC 阴性 HSV-1 株进行试验发现，病毒对表达 CS 的细胞系的吸附和感染都是 gC 依赖性的，而且是由 gC 上不完全相同但重叠的区域来介导与 HS 和 CS 的结合。gC 蛋白的不同糖基化也会对病毒结合细胞表面 gC 受体的类型造成影响，当 gC O 糖基化序列子中的两个碱性氨基酸（114K 和 117R）被替换为 Ala 后会极大地增加 O 连接聚糖的含量，继而引起突变体病毒与表达 CS 细胞的结合能力下降，但不会影响 gC 与细胞表面 HS 的结合（Mardberg K 等，2004）。

与 HSV-1 一样，细胞表面的 HS 也作为 PrV 的最初受体；而与 HSV-1 不同的是，gC 是 PrV 囊膜上唯一的一个肝素结合蛋白。gC 能介导病毒对细胞快速、有效地吸附，但 PrV 的 gC 无效株仍能感染细胞，只是其吸附效率显著下降。Flynn 等（1996）研究发现，PrV gC 的 HS 结合区域是由靠近 gC 氨基端的三个不连续的肝素结合位点（HBDs）组成，依次命名为 HBD-1、HBD-2 和 HBD-3，分别对应于 76-RRKPPR-81、96-HGRKR-100 和 133-RFYRRGRFR-141 三个碱性残基簇。这些 HBDs 通过其氨基端带正电荷的氨基酸残基与 HS 中带负电荷的硫酸盐之间的静电力作用，能单独介导病毒与 HS 稳定结合。结合 HS 的能力依次为：HBD-2＝HBD-3＞HBD-1。然而，当 gC 突变株只表达一个 HBD 特别是 HBD-1 时，这个 HBD 对于病毒能否稳定地吸附到靶细胞上将起着至关重要的作用（Rue CA 等，2002）。Trybala 等（1998）研究每个残基簇在功能上的重要性时发现，当这 3 个残基簇中的其中 2 个碱性氨基酸残基同时被中性氨基酸取代时，形成的由单个的碱性残基簇占支配地位的 PrV 突变体，表现出了对 N-、2-O-和 6-O-脱硫肝素制剂不同程度的敏感性，以及对 HS 降解酶预处理细胞的吸附和感染效率的差异性。

② 补体调节特性　补体的两条激活途径都是以补体成分 C3 的活化为中心，而糖蛋白 gC 能结合其激活产物 C3b，因而 gC 在介导病毒的免疫逃避上主要有以下两方面的作用：保护感染细胞，防止其被补体替代激活途径所溶解；保护游离于细胞的病毒，防止其被补体经典激活途径所中和。

Friedman 等（1996）揭示了在感染的早期及抗体形成之前，gC 在保护 HSV-1 不受抗体非依赖性补体中和过程中的重要作用：gC为抵抗补体中和提供了强大的保护力，补体对gC突变株的中和很迅速，其半衰期为2～2.5 min，而野生型为1 h。

Hung等（1994）研究发现，HSV-1 gC（gC-1）上有2个不同的结构区域与补体相互作用：①位于中央的124～366位氨基酸，主要介导与C3b的结合；②与C5和备解素相互作用的区域，位于氨基端的33～123位氨基酸，这一区域阻断C5和备解素与C3b的结合。位于124～366位氨基酸的C3b结合部位进一步被划分为4个不同的区域，其中的3个结合区域在位置上与HSV-2 gC（gC-2）的C3b结合区域Ⅰ、区域Ⅱ和区域Ⅲ一一对应（Hung SL等，1992）。虽然gC-1和gC-2在C3b结合区域有高度的保守性，但是gC-2缺乏与C5和备解素作用区域，这表明gC-2逃避补体介导的先天免疫反应的机制可能与gC-1不同（Hook LM等，2006）。

Lubinski等（2002）报道，gC和gE在介导免疫逃避上有协同作用。gE可结合IgG Fc区域，干扰C1q的结合和抗体介导的细胞毒性（ADCC）。gC可结合补体成分C3及其激活产物C3b、iC3b和C3c，加速补体替代途径中C3转化酶的衰变，还能阻断C5和备解素结合C3b。gE和gC分别阻断了补体活化的不同阶段，在介导病毒的免疫逃避上具有协同作用。Hook等（2008）揭示了gC和gE介导的另一个免疫逃避机制：单独使用糖蛋白gB、gD和gH/gL的抗体对于gC/gE突变体和野生型病毒有同等的中和作用，但在联合使用各糖蛋白的抗体时，对gC/gE突变体的中和作用明显高于野生型病毒，表明gC和gE屏蔽了中和抗体对gB-gD、gB-gH/gL和gD-gH/gL相互作用的干扰。

③ gC与病毒毒力　gC是疱疹病毒重要的毒力因子之一。Lubinski等（1998）研究发现，gC无效株在补体完整的豚鼠体内产生的滴度比野生型或gC复苏病毒更低，其导致的病变也更加轻微；gC无效株在C3缺陷的豚鼠体内产生的滴度出现了明显升高，而野生型和gC复苏病毒在动物体内的滴度没有出现明显改变，表明gC与C3相互作用实现了gC在毒力方面的功能。另外，动物体内的其他病毒糖蛋白会补充或增强gC的功能。Mettenleiter（1988）和Zsak（1992）等研究表明，PrV的gC和gE的双重缺失型突变体在动物模型中是无毒的，但是缺乏任何一种糖蛋白的单突变体的毒力并未减弱。Tanghe等（2005）发现，BHV-1 gC和gD通过精子介导干扰精子与卵母细胞之间的结合，这种方式尤其会对人工授精造成危害。

④ gC与病毒免疫　疱疹病毒糖蛋白不仅是病毒感染时与细胞相互作用的重要因子，而且是宿主免疫系统识别的主要成分。其中，gC糖蛋白具有较好的免疫原性，既能诱导病毒特异性抗体的产生，从而引发体液免疫反应；又能激发特异的$CD4^+$和$CD8^+$细胞反应，从而引发细胞免疫反应（Glorioso J等，1985）。HSV-1的gC-1是

小鼠激发细胞毒性T细胞反应（CTL）的免疫显性抗原（Rosenthal KL等，1987）；作为HSV－1主要免疫原，gC能诱导病毒中和抗体的产生，而且产生免疫的水平与野生型病毒相当（Glorioso J等，1984）。而EHV－1的gC也能诱导MHC I限制性CTL反应（Soboll G等，2003）；在PrV感染的康复猪血清中，抗PrV的病毒中和反应大多是直接对抗gC（gⅢ）的（Ben－Porat T等，1986）。

由于传统的灭活和减毒活疫苗在抗病毒感染和病毒传播方面有其局限性，目前许多研究采用病毒糖蛋白作为免疫原来制备亚单位疫苗，其诱发的病毒中和抗体接近于灭活或弱毒疫苗，在一定程度上起到了预防病毒感染的作用。但是疱疹病毒一个很重要的特征是形成潜伏感染，即使体内有高水平的抗体，由于其对位于细胞内的病毒无法发挥作用，也并不能阻止病毒复发性感染。因此，各种针对细胞免疫反应的新型疫苗成为研究热点。

Gerdts等（1997）构建了分别包含PRV gC和gD的真核表达质粒并免疫仔猪。结果表明，gC对PrV 75V19株具有完全保护性，对PrV超强毒株仍有部分保护性，并表现更高的细胞免疫反应，免疫后至少9个月仍能检测到特异性抗体；相比之下，gD并没有表现出保护性。他们随后的研究（Gerdts等，1999）还证实，gB、gC和gD联合免疫能进一步增强免疫效果。Osorio等（2004）用编码HSV－1糖蛋白gB、gC、gD、gE和gI的5种质粒DNA（5pg DNA）对预防BALB/c小鼠HSV－1眼部的原发感染及潜伏感染进行研究。结果表明，接种5 pg DNA与接种表达相应5种蛋白抗原的亚单位疫苗相比，更能减少眼部病毒复制、降低睑缘炎发生率及病毒潜伏率，这表明多价体DNA疫苗可诱导比相应的亚单位疫苗更强的免疫反应。Xiao等（2004）在比较表达PrV gC的“自杀性”DNA疫苗与表达相同抗原的常规DNA疫苗的免疫原性和保护效力时发现，免疫BALB/c小鼠后“自杀性”DNA疫苗诱导了比常规DNA疫苗相对低水平的gC－特异性ELISA抗体和中和抗体，但产生了更强的淋巴细胞增殖反应和更高水平的IFN－γ。Tong等（2006）则证明C3b可以显著增强PRV gC基因疫苗的体液免疫反应，而且可以通过直接诱导Th2免疫反应途径来调节Th1/Th2免疫反应之间的平衡，使之产生更有效的免疫保护作用。尽管与PRV同属，BHV－1糖蛋白gC构建的DNA疫苗免疫小牛，虽能有效地诱导体液免疫反应，但是其所建立的免疫应答也不足以完全抵抗BHV－1的攻击（Gupta PK等，2001）。

2. 鸭瘟病毒UL44（gC）基因及其编码蛋白

（1）DPV UL44（gC）基因的分子特性　DPV UL44基因大小为1 296 bp，包括启动子序列、完整编码区及poly（A）信号序列。启动子序列中，GGTATAA可能为潜在的TATA box。在起始密码ATG前有一个典型Kozak序列（TATATCATGG）。

poly（A）信号序列位于终止密码子 TGA 下游的 25～30 位碱基（AATAAA）。UL44 基因编码蛋白（gC）由 431 个氨基酸组成，生物信息学分析显示：gC 分子量为45 kD，理论等电点（pI）为 5.29；其中含有 35 个强碱性氨基酸（K、R），45 个强酸性氨基酸（D、E），145 个疏水性氨基酸（A、I、L、F、W、V）和 126 个极性氨基酸（N、C、Q、S、T、Y）；N 端 1～22 位氨基酸为典型的信号肽序列，在 399～421 位氨基酸显著存在一跨膜区；在序列 170～425 位氨基酸有一个 Marek's disease glycoprotein A 保守结构域；52、58、163、279 位氨基酸有 4 个显著优势的 N-糖基化位点，但该蛋白不具有显著优势的 O-糖基化位点。SWISS-MODEL 预测 DPV gC 蛋白的三级结构见图 3-15，结合二硫键分析，推测的 DPV gC 蛋白结构模式见图 3-16。崔立虹等（2011）应用基因分段克隆表达，结合蛋白质印迹技术，确定 73～88 位氨基酸为 DPVgC 糖蛋白优势抗原表位，这段氨基酸序列位于 Cys2 和 Cys3 之间，该区域同时也是不同 gC 糖蛋白之间氨基酸残基差异较大的部分（表 3-1）。

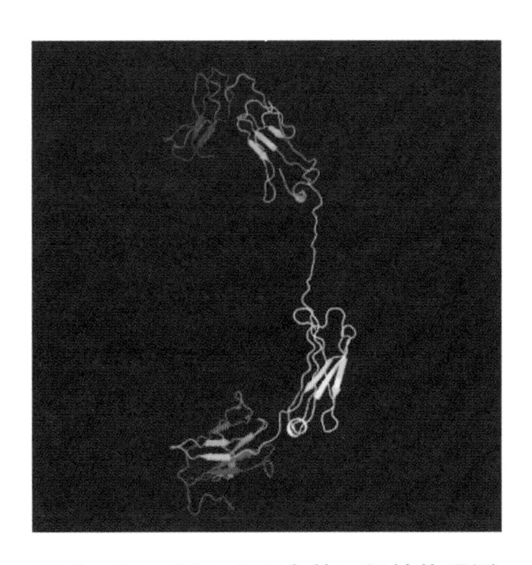

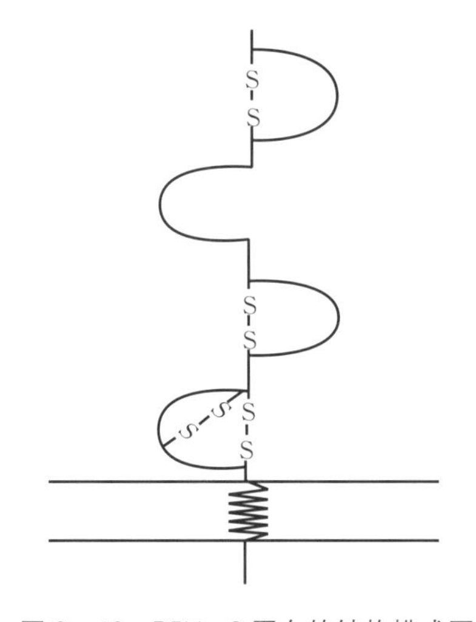

图 3-15　DPV gC 蛋白的三级结构预测　　图 3-16　DPV gC 蛋白的结构模式图

（2）DPV UL44（gC）基因的克隆、表达及多克隆抗体的制备　对经 PCR 扩增的 UL44 基因进行 pMD18-T 载体克隆，然后通过对 pMD18-T-UL44 及 pET-32a（+）进行 *Eco*R Ⅰ、*Xho* Ⅰ双酶切、连接，将 UL35 基因定向插入 pET-32a（+）。经 *Eco*R Ⅰ和 *Xho* Ⅰ双酶切及 PCR 鉴定表明，成功构建了重组表达质粒 pET-32a-gC，并将其转化入表达宿主菌 BL21（DE3），用 IPTG 进行诱导表达，得到大小约为 65 kD 的重组融合蛋白，与预期表达的蛋白大小相一致（图 3-17）。重组表达蛋白在菌体中主要以不溶的包含体形式存在，应用透析袋电洗脱获得较高纯度的重组融合蛋白。将纯化的重组蛋白对家兔进行免疫，制备兔高免血清。以 5 μg/mL 浓度包被 pET-32a-gC 重组蛋白，兔正常血清为阴性血清，HRP 标记的羊抗兔 IgG 为二抗，TMB 显色，读取 OD450 处的值，以 S/N>2.1 为阳性结果，ELISA 最低效价可达 1∶64 000。Western blotting 检测显示，其能够识别重组表达蛋白（图 3-18）。

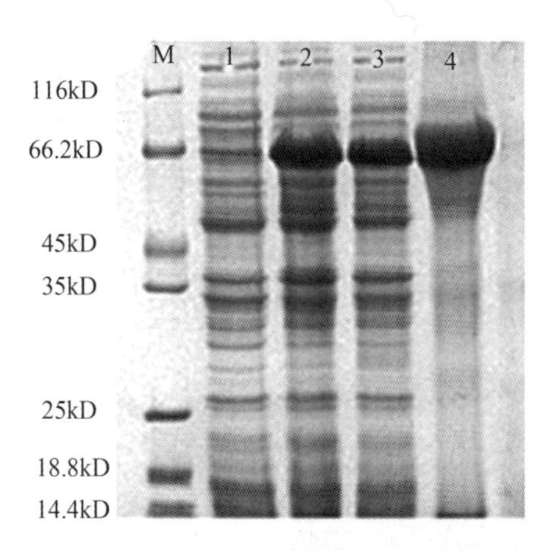

图 3-17 DPV UL44 重组表达蛋白纯化产物的 SDS-PAGE 分析

M. 标准蛋白质分子量 1. 未诱导载体 pET-32a（+）转化菌 2. 0.6mmol/L IPTG 诱导 pET-32a-gC转化菌 3. 1mmol/L IPTG 诱导 pET-32a-gC 转化菌 4. IPTG 诱导包含体

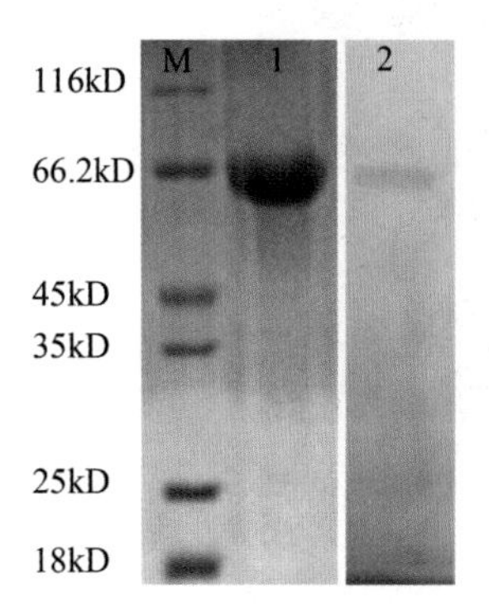

图 3-18 DPV UL44 重组蛋白纯化产物的 western blotting 检测结果

M. 标准蛋白质分子量 1. 纯化的 DPV UL44 重组蛋白 2. DPV UL44 重组蛋白 western blotting 结果

（3）DPV UL44（gC）基因的转录及表达时相 运用荧光定量 PCR 方法，测定 DPV 感染鸭胚成纤维细胞后 UL44 基因 mRNA 的表达情况。结果显示，UL44 基因的转录产物最早在病毒感染宿主细胞后 1 h 就能被检测到，随着感染时间的延长，其转录产物量迅速放大，并于感染后 28～36 h 达到高峰，随后开始下降，但在 72 h 时仍保持较高的水平。

应用 western blotting 方法，检测 DPV 感染鸭胚成纤维细胞后 UL44 基因的表达时相。结果表明，病毒感染 DEF 后 4～72 h，在大约 45 kD 的位置出现了与预测结果相一致的目的蛋白条带。在感染后 4 h 可观察到约 45 kD 的目的条带，说明此时在 DEF 内可能已经有少量 UL44 基因的转录产物开始表达。从 16 h 起，目的条带随感染时间延长，逐渐变大、清晰，48 h 达到最大值，说明随病毒的不断增殖，所表达的病毒蛋白也不断增多。之后条带逐渐变模糊，可能是由于病毒在宿主细胞不断增殖引起细胞病变，导致受感染细胞死亡。与转录时相研究结果进行比较分析，可知 DPV UL44 基因 mRNA 和蛋白的表达及表达峰值的出现在时间上有一定的差异，但总体上符合基因由转录到翻译的生命周期规律。从 DPV UL44 基因的表达时相结果来看，该基因编码蛋白在感染晚期得到大量表达，符合晚期结构基因的表达谱特征，说明 DPV gC 蛋白也为晚期病毒蛋白，可能参与病毒的组装与成熟过程，但其精确的定义有待进一步研究。

应用抗 DPV UL44 基因原核表达蛋白抗体介导的免疫组化和免疫荧光，经苏木素或 DAPI 对各组织的细胞核复染后发现，DPV gC 最早在 12 h 表达于靶细胞（小肠绒毛）上皮细胞的细胞质。24 h 时，gC 在肝细胞开始表达，表达蛋白依然位于细胞质中。随着时间的延长，肝细胞的胞核偶见有阳性染色，但多数存在于胞质中。腺胃黏膜上皮、食管上皮细胞、肺泡壁的上皮细胞均显示和肝细胞一致的结果。这表明，DPV 有胞核和胞质两种装配途径，并且胞质途径可能更为常见。

从感染 12 h 直至死亡鸭的各组织中，靶细胞可持续、稳定地检测到 gC 蛋白的表达，从而可推测 DPV DNA 的合成是持续进行的。这和单纯疱疹病毒、马疱疹病毒和伪狂犬疱疹病毒研究结果不一致：当这些疱疹病毒进行装配时，病毒 DNA 的复制就完全停止。而翟中和等（1983）利用放射自显影技术研究 DPV DNA 在细胞合成的结果表明，在被 DPV 感染的细胞中，病毒 DNA 的复制与壳体的装配、病毒粒子的成熟与释放是同时进行的，即病毒一边装配和成熟、一边合成新的 DNA。在 DPV 核衣壳在大量装配时，病毒 DNA 的合成还在以很高的速率进行，甚至在一些病毒已大量成熟与释放、濒临裂解的细胞内，病毒 DNA 依然在合成，似乎 DPV 的基因产物失去了对病毒 DNA 合成的调控能力。

（4）DPV UL44（gC）基因编码蛋白的亚细胞定位　在克隆表达 DPV UL44 基因、免疫家兔得到抗血清的基础上，利用间接免疫荧光法对 UL44 基因表达产物的亚细胞定位情况进行研究。结果表明，在感染 DPV CHv 强毒后 4 h，细胞质中就能检测到少量特异性的黄绿色荧光，一部分可能是由于初期感染的亲代病毒所致，另一部分可能是由于细胞核内病毒基因组控制的UL44基因已经开始在细胞质中少量表达；随着感染时间的延长，在细胞质中的荧光量不断增加，细胞质中合成的gC蛋白不断向细胞质的近核区域转移，则可能是已经合成的gC蛋白的作用下，病毒核衣壳包裹上囊膜、装配为具有感染性的成熟病毒颗粒。到感染后60 h，可能由于病毒在宿主细胞增殖所导致细胞病变，观察到细胞核形态缩小、不规则，细胞轮廓模糊，细胞质内荧光强度减弱。据此观察结果，结合疱疹病毒gC蛋白的相关功能，可以初步推测DPV gC蛋白与病毒的组装和成熟过程密切相关。

(5) DPV UL44（gC）基因编码蛋白的免疫原性　大肠杆菌表达的gC可以诱导鸭体产生抗DPV的中和抗体，其效价和弱毒组一致，在免疫后21 d达到最高。ELISA检测其血清抗体消长规律同弱毒组一致。重组蛋白组与弱毒疫苗免疫组免疫保护力差异不显著。这些表明DPV gC重组蛋白对鸭瘟病毒强毒感染具有一定的抵抗能力。

以不同途径和不同剂量将真核表达DPV gC质粒（pcDNA－DPV－gC）接种试验鸭，以生理盐水、空载质粒和鸭瘟弱毒疫苗为对照。采用淋巴细胞增殖试验（MTT法）和流式细胞仪（FACS）分析法，分别对鸭外周血中T淋巴细胞的转化功能、$CD4^+$和$CD8^+$ T淋巴细胞数进行检测。结果表明，pcDNA－DPV－gC接种试验鸭后，外周血T淋巴细胞对ConA的反应性有明显增强，$CD4^+$和$CD8^+$T淋巴细胞数也显著高于对照组，在免疫后第3天，pcDNA－DPV－gC接种组与对照组比较差异显著（$p<0.05$），且在免疫后5～7 d达到最大值。比较不同免疫途径，基因枪途径诱导鸭外周血T淋巴细胞增殖、$CD4^+$和$CD8^+$ T淋巴细胞免疫应答优于肌内注射途径；比较不同免疫剂量，基因枪和肌内注射途径均存在一定的剂量相关性，以基因枪6 μg和肌内注射200 μg诱导细胞免疫应答的能力较强。采用间接ELISA和中和试验分别对试验鸭血清中特异性血清IgG抗体和中和抗体动态变化进行检测。结果表明，pcDNA－DPV－gC以不同途径接种试验鸭后均能诱导产生DPV特异性血清抗体和中和抗体，基因枪和肌内注射各组间无明显差异，而弱毒对照组在各采样时间点均较基因枪和肌内注射各组高。以上结果表明，pcDNA－DPV－gC接种鸭后能够诱导机体产生良好的体液和细胞免疫应答，基因枪免疫较肌内注射更能诱导细胞免疫应答的产生。与弱毒疫苗相比，pcDNA－DPV－gC诱导细胞免疫应答的能力优于DPV弱毒疫苗，而DPV弱毒疫苗诱导体液免疫的能力更强。

(6) DPV UL44（gC）基因编码蛋白的分子生物学特性　一系列试验均证实，gC不是鸭瘟病毒复制所必需的，然而，gC缺失会导致病毒滴度和毒力的显著下降（Wang等，2011）。

与DPV亲本株相比，DPV-ΔgC-EGFP病毒在感染宿主细胞内的总滴度下降为亲本株的1/50，gC缺失对病毒释放到培养物上清中的滴度影响最大，ICID50测定结果表明其上清中的病毒滴度下降为亲本株的1/40；MEM液体培养基中可见DPV-ΔgC-EGFP主要通过细胞间传递；透射电镜下，很难发现游离的DPV-ΔgC-EGFP病毒颗粒；这些结果表明gC在病毒的装配中发挥作用。另外，可以观察到感染DPV-ΔgC-EGFP的DEF形成了多核巨细胞病毒，说明gC在鸭瘟病毒形成的细胞融合中发挥抑制作用。接种鸭的试验表明，DPV-ΔgC-EGFP致病性降低，能诱发一定的中和抗体，并为接种鸭提供100%抗强毒攻击的保护，揭示DPV gC缺失株有望发展成为有效预防鸭瘟的基因工程疫苗。

Hu等（2013）的研究表明，DPV gC是一种囊膜蛋白，在鸭瘟病毒黏附到鸡胚成纤维细胞过程中发挥作用；然而，与其他疱疹病毒的gC蛋白不同，这种作用不依赖于细胞表面受体硫酸乙酰肝素蛋白多糖。兔抗DPV gC蛋白的血清能够抑制DPV对鸡胚成纤维细胞的感染，但并不能完全抑制。Wang等（2011）对DPV gC缺失株的研究表明，gC缺失影响了病毒的排出却提高了病毒在细胞与细胞间的传播，空斑试验可见gC缺失株形成了更大的空斑。

（7）DPV UL44（gC）基因作为疫苗候选基因的初步研究

① 基因疫苗pcDNA-DPV-gC在鸭体内的分布规律　应用gC特异的基于TaqMan探针的定量PCR分析脂质体/gC基因疫苗复合物及壳聚糖/gC基因疫苗复合物，通过肌内注射、口服、滴鼻等途径进入鸭体内后在各组织器官的分布规律，同时与基因枪轰击和肌内注射裸质粒不同剂量进行比较。

注射部位：从时间点来看，免疫后1 h拷贝数最高，免疫后1 d拷贝数下降3～4个数量级，随后拷贝数变化不显著；免疫后1 h至1 d，裸质粒组下降最快，其次是基因枪轰击（以下简称基因枪）组，再次是肌内注射脂质体/pcDNA-DPV-gC组（以下简称脂质体组），下降最慢的是壳聚糖/pcDNA-DPV-gC组（以下简称壳聚糖组），说明各免疫佐剂有抑制质粒降解的作用，以壳聚糖效果最明显。从拷贝数来看，1 h时，基因枪6 μg组＞肌内注射壳聚糖组＞肌内注射脂质体组＞肌内注射200 μg组＞基因枪3 μg组＞肌内注射100 μg组＞基因枪1 μg组＞肌内注射50 μg组；最高的基因枪6 μg组拷贝数是肌内注射50 μg组的9.3倍。从免疫佐剂的角度来看，基因枪转染效率最高，远大于壳聚糖和脂质体；壳聚糖稍高于脂质体，但差异不显著。从免疫剂量来看，基因枪和裸质粒均有一定的剂量相关性，但并不呈线性关系。

肝脏：肌内注射各组免疫后1 h拷贝数最高，其余各组免疫后4 h拷贝数最高，免疫后1 d拷贝数下降1～3个数量级，随后拷贝数变化不显著；免疫后1 h至1 d，裸质粒组下降仍然为最快，其次是基因枪组，再次为脂质体组，下降最慢的仍是壳聚糖组；这些结果表明肌内注射有利于 gC 基因疫苗快速分布到肝脏。另外，肝脏中 gC 基因疫苗拷贝数降解速度与注射部位保持一致。从拷贝数来看，各组最高拷贝数顺序为：肌内注射壳聚糖组＞肌内注射脂质体组＞肌内注射 200 μg 组＞基因枪 6 μg 组＞肌内注射 100 μg 组＞基因枪 3 μg 组＞基因枪 1 μg 组＞滴鼻壳聚糖组＞滴鼻脂质体组＞肌内注射 50 μg 组＞口服壳聚糖组＞口服脂质体组。从接种途径来看，肌内注射组拷贝数最高，其次是基因枪组，再次是滴鼻组，口服组效果最差。同样的免疫途径，壳聚糖组要高于脂质体组。

脾脏、肾脏和心脏：分布规律与肝脏基本一致。

肺脏：与其他实质器官不同的是，滴鼻组拷贝数高于相同剂量的肌内注射组。

脑：从时间上来看，4 周和 10 周未检出；从佐剂上来看，壳聚糖组使得脑组织中 gC 基因疫苗的拷贝数更高。

气管：与其他组不同的是滴鼻组拷贝数更高，以及基因枪组在 8 h 拷贝数达到最高。

食管：口服组食管较其他组织拷贝数更高，滴鼻组分布较气管少但高于其他组织的拷贝数，基因枪组在 8 h 拷贝数达到最高。

法氏囊与肠道组织（包括十二指肠、直肠、盲肠）：脂质体使得此部位拷贝数略高于相同免疫途径的壳聚糖组，但差异不显著；口服组略高于滴鼻组。

② 基因疫苗 pcDNA－DPV－gC 在雏鸭体内的抗原表达时相和分布规律　各剂量免疫组第 1 天在肝、十二指肠、盲肠、直肠和注射部位检测到 DPV gC 蛋白，其中注射部位的阳性信号最强；第 2 周时，各组织中的抗原表达量达到高峰，随着时间推移，阳性信号以不同速度逐渐衰减；第 10 周时，各剂量免疫组仍在肝、法氏囊、脑、十二指肠、盲肠和直肠检测到持续表达 DPV gC 蛋白；而胰在所有时间点均未检出阳性信号；pcDNA－DPV－gC 在不同组织的表达量也存在差异，肝、脾、法氏囊、脑、十二指肠、盲肠和直肠是 DPV gC 抗原主要的分布器官；阳性信号主要出现在肝脏的肝细胞、脾脏白髓或红髓淋巴细胞、法氏囊皮质或髓质淋巴细胞、脑皮质神经胶质细胞及肠黏膜上皮细胞和固有层细胞等部位。

肌内注射组免疫后 1 d，肝脏、法氏囊、十二指肠、盲肠和直肠出现阳性信号。滴鼻组免疫 12 h，肺脏出现阳性反应细胞；免疫后 1 d，哈德氏腺和法氏囊检测到 DPV gC 蛋白。口服组免疫雏鸭 12 h，食管出现中等强度的阳性染色；免疫后 1 d，法氏囊、十二指肠、盲肠和直肠检测到 DPV gC 蛋白。其中，肺脏、食管、哈德氏腺、法氏囊、十二指肠、盲肠和直肠阳性信号较强，且持续时间长。阳性信号主要出现在肺脏和食管的上皮细胞、法氏囊、哈德氏腺淋巴细胞、肠黏膜上皮细胞和固有层细胞等部位。

不同剂量 pcDNA－DPV－gC 免疫雏鸭后，各组织的抗原表达量呈现的总体规律为 6 μg 组＞3 μg 组＞1 μg 组、200 μg 组＞100 μg 组＞50 μg 组，说明基因疫苗 pcDNA－DPV－gC 的免疫剂量与 DPV gC 抗原的表达和分布呈现一定的正相关，但非等比例增长。

基因枪轰击和肌内注射免疫 pcDNA－DPV－gC 后，DPV gC 抗原可在雏鸭体内广泛表达和分布。免疫早期，基因枪组各组织的 DPV gC 蛋白表达量大于肌内注射组，尤其是皮肤的 DPV gC 蛋白表达量高于注射部位肌肉；免疫中期，基因枪组和肌内注射组的阳性信号都有强烈的增加，肌内注射组略高于基因枪组，但差别不明显；免疫后期，基因枪组和肌内注射组各组织的阳性信号不断减少，免疫后 10 周大部分组织检测不到阳性信号。肌内注射、滴鼻和口服免疫脂质体/DNA 基因疫苗和壳聚糖/DNA 基因疫苗后，阳性信号在雏鸭不同组织的分布也产生一定的差异，如滴鼻组哈德氏腺的阳性信号比肌内注射组和口服组高，口服组食管的阳性信号比肌内注射组和口服组高，DPV gC 抗原在雏鸭各组织中的表达量和持续时间的总体规律为肌内注射组＞滴鼻组＞口服组。

免疫佐剂脂质体和壳聚糖都能促进 pcDNA－DPV－gC 在雏鸭体内抗原的表达和分布。壳聚糖/DNA 组在雏鸭各组织中的阳性信号强度比脂质体组更强，持续时间也比脂质体组长。因此，壳聚糖可作为 pcDNA－DPV－gC 免疫佐剂的首选。

（8）基于 DPV UL44（gC）基因及其编码蛋白建立的检测方法

① 抗 DPV UL44（gC）蛋白抗体介导的免疫组化检测 DPV 的研究和应用　以饱和硫酸铵沉淀法结合 High Q 阴离子交换柱层析纯化的兔抗 DPV gC 原核表达蛋白的 IgG 为一抗，生物素标记羊抗兔的 IgG 作为二抗，建立并优化了检测石蜡切片上 DPV 抗原的 SP（streptavidin－peroxidase，链霉菌抗生物素蛋白-过氧化物酶）免疫组化法。该法可特异检测到 DPV 感染鸭肝、肺、肾、脑、十二指肠、空肠、回肠、直肠、法氏囊、脾脏、腺胃、食管中 DPV 抗原的存在，DPV 主要分布于上述靶器官的上皮细胞和巨噬细胞。特异性试验表明，该法与正常鸭组织、鸭疫里默氏菌感染死亡鸭组织和小鹅瘟感染死亡鹅组织呈阴性反应。与兔抗全病毒抗体间接酶免疫组化法平行检测 DPV 感染致死鸭的肾和小肠，符合率为 100%。

② 抗 DPV UL44（gC）蛋白抗体介导的免疫荧光检测 DPV 的研究和应用　利用 DPV gC 表达蛋白抗体为一抗，建立的免疫荧光方法检验 DPV 在人工感染鸭体内病毒的分布与增殖具有直观、特异等优点，对鸭十二指肠、空肠、回肠、直肠、脾脏、肝脏、法氏囊、胸腺组织器官的阳性检出率较高。

③ 抗 DPV UL44（gC）蛋白抗体介导的 ELISA 检测 DPV 抗原的研究和应用　以兔抗

DPV UL44 基因原核表达蛋白为第一抗体，以纯化的兔抗 DPV IgG 为夹心抗体，建立并优化检测 DPV 抗原捕获 ELISA 方法（AC－ELISA）。结果表明，兔抗 DPV gC 表达蛋白抗体 1∶40 稀释，兔抗 DPV 抗体浓度 1∶80 稀释，酶标抗体浓度为 1∶2 000 时获得最适稀释度。特异性试验表明，本法（AC－ELISA）对鸭乙型肝炎病毒（DHBV）、鸭病毒性肝炎（DHV）、鹅细小病毒（GPV）、鸭源大肠杆菌（*E. coli*）、鸭源沙门菌（*S. anatum*）等病毒和细菌检验均呈阴性反应；灵敏度试验表明，该 ELISA 方法可检出 30ng 纯化的鸭瘟病毒；重复性试验表明，批内和批间变异系数均小于 10%。本方法敏感性、特异性、稳定性良好，可应用于 DPV 的快速、批量、特异检测。

④ DPV UL44（gC）蛋白作为包备抗原 ELISA 检测 DPV 抗体的研究和应用　以纯化的 DPV gC 原核表达蛋白作为包被抗原初步建立了检测鸭瘟抗体水平的间接 ELISA 法（gC－ELISA），并对该方法进行标准化研究。结果表明，gC 重组蛋白的最佳包被浓度为 1.6 μg/孔，检测血清的最佳稀释度为 1∶80，酶标二抗的最佳稀释度是 1∶1 000。特异性试验表明，与鸭乙肝病毒、鸭病毒性肝炎、鹅细小病毒、鸭大肠杆菌、鸭沙门菌阳性血清不发生交叉反应。用本法（gC－ELISA）和本实验室研制 DPV 抗体检测试剂盒平行检测 56 份送检血清，符合率为 94% ，表明建立的 gC ELISA 检测方法具有很好的特异性和敏感性，可以用于 DPV 感染的诊断和疫苗免疫后的抗体监测。

⑤ 检测 DPV UL44（gC）基因 PCR 方法的建立与应用　基于 DPV UL44 基因，设计一对引物对 DPV DNA 进行扩增，获得与预期大小相符合的特异性条带，建立了检测 DPV UL44 基因的 PCR 方法。特异性试验表明，应用该引物对正常 DEF 细胞、鸭胚尿囊液及鸭肝炎病毒、鸭乙型肝炎病毒、小鹅瘟病毒、鸭巴氏杆菌、鸭大肠杆菌、鸭疫里默氏杆菌的核酸提取物的 PCR 结果为阴性；而对 DPV DNA，其灵敏度可达到 1pg；应用该 PCR 方法对 DPV 感染病料各组织进行检测，能扩增出与预期大小一致的特异性条带。结果表明，基于 DPV UL44 基因的 PCR 方法灵敏、特异，可应用于临床 DPV 的诊断与监测。

⑥ 检测 DPV UL44（gC）基因定量 PCR 方法的建立与应用　基于 DPV UL44 基因设计引物和 TaqMan 探针，建立的标准曲线包含 8 个浓度梯度的动态线性范围（依次为 1.0×10^{8}～1.0×10^{1} 拷贝数）（图 3－19），标准曲线相关系数为 1.000，各曲线间距均匀且线型较好，且扩增效率高（100%），斜率为－3.321，各项指标都符合标准曲线要求（图 3－20）。而且标准曲线包括最小检测拷贝数（1.0×10^{1}），能够对 1.0×10^{8}～1.0×10^{1} 拷贝数进行精确定量；本检测方法还具有良好的特异性和重复性。该方法不仅能够用于研究 gC 基因疫苗在动物体内的动态分布，而且适用于临床样品中 DEV 的

检测和定量。

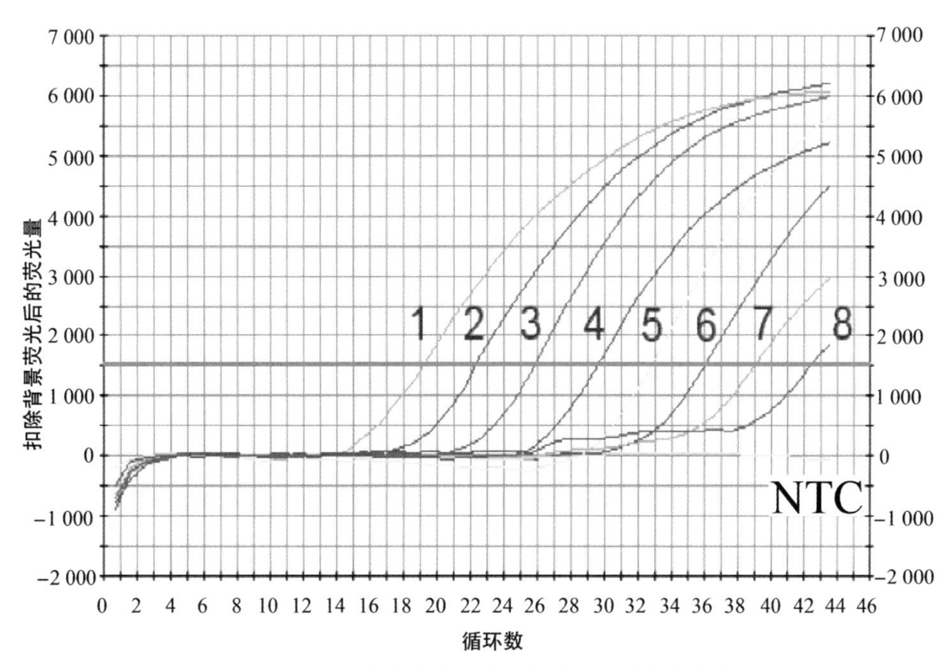

图3-19 10倍梯度稀释质粒标准样品的扩增曲线

1～8. 拷贝数依次为 1.0×10^{8}～1.0×10^{1} 的标准样品

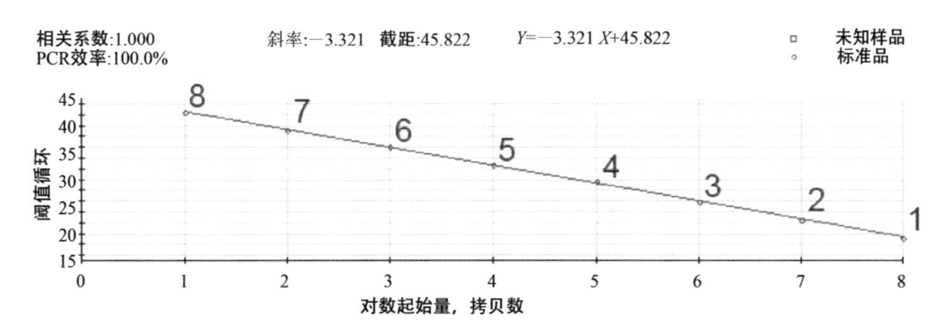

图3-20 10倍梯度稀释质粒标准样品的标准曲线

1～8. 拷贝数依次为 1.0×10^{8}～1.0×10^{1} 的标准样品

以 DPV UL44 基因为基础，建立检测 DPV 抗体的间接 EIISA 方法，检测 DPV 的抗原捕获 ELISA 方法（AC - ELISA），检测 DPV 的免疫组化 SP 法、间接免疫荧光（IF）和检测 DPV DNA 的 PCR 方法。四种检测均具有良好的特异性、敏感性，可应用于临床病料的早期检测。其中，定量PCR和PCR方法灵敏度最高，攻毒2 h即可检出组织中病毒核酸，其次为AC－ELISA、SP法和IF。AC－ELISA适用于大批量样品检测。SP法和IF可在细胞水平原位检测DPV抗原的分布。

（孙昆峰）

（十一）疱疹病毒UL49.5基因及其编码蛋白

鸭瘟病毒UL49.5基因研究资料很少，以下有关疱疹病毒UL49.5基因的研究资料（蔺萌、贾仁勇等，2013）对进一步开展鸭瘟病毒UL49.5基因的研究将有重要参考作用。

1. 疱疹病毒UL49.5基因及其编码蛋白的特点

（1）疱疹病毒UL49.5基因的特点　疱疹病毒UL49.5基因位于基因组UL49基因和UL50基因之间，伪狂犬病毒（PRV）UL49.5基因位于UL50基因上游，编码蛋白与HSV UL49.5基因的蛋白产物具有同源性（Jöns等，1996）。根据疱疹病毒糖蛋白命名法，将其编码的蛋白命名为gN。不同疱疹病毒中UL49.5基因的碱基数不完全相同，一般为200～400 bp，如人疱疹病毒3型（human herpesvirus 3，HHV－3）gN基因有264 bp（NCBI登录号NC_001348）、EB病毒gN基因有309 bp（NCBI登录号KC207814）、传染性喉气管炎病毒（infectious laryngotracheitis virus，ILTV）gN基因有354 bp（NCBI登录号JN804826）等。

（2）疱疹病毒gN蛋白的特点　不同疱疹病毒的UL49.5基因碱基数略有差异，编码蛋白的氨基酸组成和数量也稍有不同。PRV gN蛋白由98个氨基酸残基（NCBI登录号AEM63941）组成，分子量为10 kD；牛疱疹病毒1型（bovine herpesvirus 1，BHV－1）gN蛋白有96个氨基酸（NCBI登录号NP_045309）；HSV－1 gN蛋白有91个氨基酸（NCBI登录号NP_044652）；马疱疹病毒1型（equine herpesvirus 1，EHV－1）gN蛋白有100个氨基酸（NCBI登录号YP_053055）等。疱疹病毒gN蛋白含有一个可被水解的信号肽区和一个位于C末端的跨膜区，免疫电镜证实gN蛋白位于病毒囊膜上，是囊膜组成部分，O－糖基化酶处理显示gN蛋白为O－糖基化结构组分，在细胞质内完成成熟，O－连接的糖基化在高尔基体中进行（Jöns等，1998）。

2. 糖蛋白复合物gM/gN的形成方式　疱疹病毒gM蛋白是病毒感染的非必需蛋白，其调节机制主要在感染起始阶段（May等，2005），可依靠二硫键与gN蛋白结合形成复合物，gM蛋白缺失可影响gN蛋白的表达，导致gN蛋白表达量下降（Mach等，2005；Shimamura等，2006）。免疫沉淀试验发现，gN蛋白与gM蛋白复合物是在生物合成早期形成，受到成熟和非成熟感染细胞影响（Jöns等，1998）。该复合物有两种形成方式：①通过形成二硫键进行连接，如 PRV、BHV-1（Wu 等，1998）、EHV-1、HCMV（Mach 等，2005）等，其连接位点在两蛋白保守的半胱氨酸，在对 HCMV 的 gM 蛋白研究中发现，gM 蛋白与另一蛋白形成一个二硫键复合物，经验证实该未知蛋白存在于膜上，并与其他疱疹病毒的 gN 蛋白具有很高相似性，试验表明该未知蛋白是 gN 蛋白，由此可知 gM 蛋白与 gN 蛋白以复合物的形式存在于细胞并发挥作用（Shimamura 等，2006；Ryckman 等，2008）。②通过非共价进行连接，其相互作用的本质尚不清楚。

3. 疱疹病毒 gN 蛋白的功能

（1）在病毒复制和细胞感染中的作用　大多数疱疹病毒 gN 蛋白都在内质网与 gM 蛋白形成糖蛋白 gN/gM 复合物，存在于宿主细胞（Jöns 等，1998；Lipińska 等，2006），参与病毒复制、感染和细胞间感染过程，其作用却是非必需的（Mettenleiter 等，2002；Mach 等，2007）。在 PRV 中 gN/gM 复合物对病毒复制是可有可无的，而且在 PRV 感染小鼠神经系统过程中是非必需的（Masse 等，1999）。在 BHV-1 和 HSV-1 中，gN/gM 复合物中 gM 蛋白对病毒复制和感染影响非常小（König 等，2002），gM 蛋白、gN 蛋白在该过程中作用同样是非必需的（Dijkstra 等，1997）。然而，HCMV gN 蛋白 C 末端区域对病毒粒子形态发生却是必需的（Mach 等，2007），EBV gN 蛋白缺失会使病毒装配和感染受损（Lake 等，2000）。

（2）在病毒免疫逃避中的作用　病毒在感染宿主过程中往往需要克服宿主免疫系统防御，在长期宿主免疫选择压力下，病毒进化形成了潜伏感染、抗原变异、干扰抗原加工和呈递、调节宿主细胞因子、调控细胞凋亡，以及抑制补体抗体系统等一系列逃避机体免疫的能力。水痘疱疹病毒在疱疹病毒免疫逃避中有较深入的研究（Koppers-Lalic 等，2008）。

水痘疱疹病毒主要是通过 gN 蛋白调节使抗原处理相关转运蛋白（transporter associated with antigen processing，TAP）失活来逃避 T 淋巴细胞的识别（Koppers-Lalic 等，2005），gN 蛋白作为免疫逃避分子，阻碍 TAP 运输多肽进入内质网的机制分为两种：①抑制主要组织相容性复合体（major histocompatibility complex，MHC）Ⅰ类分子与多肽形成复合物，进而阻碍 TAP 运输多肽；②直接作用于 TAP，使其失活来抑制多肽运输过程（Verweij 等，2011；van Hall 等，2007）。BHV-1 抑制 TAP 主要依赖于 gN 基因编码一个小的膜蛋白，该蛋白阻碍 TAP 的多肽运输作用，同时可以使 TAP 降解（Lipińska 等，2006），而 PRV gN 蛋白使 TAP 失活来阻碍 TAP 运输多肽进入内质网（Deruelle 等，2009）。

然而又有报道指出，疱疹病毒 gN 蛋白的亚型蛋白可诱导细胞产生毒株特异性抗体反应，而 HCMV gN 蛋白的多态性可促进血清阳性者再感染，进而逃避该抗体反应（Burkhardt 等，2009），HCMV gM-gN 复合物是病毒主要中和活性靶蛋白。对线性菌株特异性抗原表位进行监测的结果表明，HCMV gN 亚型诱导菌株产生特异性中和抗体反应，但是 gN 亚型生物学意义尚不清楚（Pati 等，2012；Kropff 等，2012），用 HCMV编码 gM 蛋白和 gN 蛋白的 DNA 疫苗免疫小鼠，可以使小鼠对小鼠巨细胞病毒（murine cytomegalovirus，MCMV）产生免疫反应（Wang 等，2013）。

（3）在蛋白成熟过程中的相互作用　在疱疹病毒中，gN 蛋白、gM 蛋白的存在对双方蛋白的成熟过程有一定影响，牛疱疹病毒 1 型（bovine herpesviruses 1，BHV－1）中，gN 蛋白与 gM 蛋白形成复合物后，从内质网被运输到高尔基体（Lipińska 等，2006；Wu 等，1998）；PRV gM 蛋白缺失会造成 gN 蛋白的非糖基化，同时在内质网处大量聚集，表明在没有 gM 蛋白作用下，gN 蛋白不能运输到细胞表面或其他细胞质区域（除内质网外）（Jöns 等，1998）。研究发现，传染性支气管炎病毒（infectious laryngotracheitis virus，ILTV）gN 蛋白的正确加工需要依赖于 gM 蛋白，免疫共沉淀试验表明，gM 蛋白和 gN 蛋白有稳定的蛋白质-蛋白质相互作用（Fuchs 等，2005）。瞬时转染试验表明，马疱疹病毒 1 型（equine herpesvirus 1，EHV－1）gN 缺失毒株感染细胞中的 gM 蛋白功能丧失；放射免疫沉淀试验表明，gM 蛋白的成熟依赖于 gN 蛋白（Rudolph 等，2002）。人疱疹病毒 4 型（human herpesvirus 4，HHV－4）gN 蛋白的缺失也会造成 gM 蛋白的加工及其运输到高尔基体的障碍，而 gN 蛋白的正确加工也依赖于 gM 蛋白的表达（Lake 等，1998），人疱疹病毒 6 型（human herpesvirus 6，HHV－6）gM 蛋白对病毒的增长必不可少，但其成熟需要 gN 蛋白的存在（Kawabata 等，2012）。

（4）在细胞融合过程中的抑制作用　疱疹病毒 gM/gN 复合物具有抑制细胞融合的作用，HSV－1、人疱疹病毒 8 型（human herpesvirus 8，HHV－8）、ILTV、EHV－1 等疱疹病毒 gN 蛋白要以复合物的形式才会产生明显的抑制作用，而 PRV 中 gM 蛋白能在 gN 蛋白缺失的情况下抑制细胞融合。HSV－1、HHV－8 的 gM/gN 复合物和 PRV 的 gM 蛋白能抑制人或牛细胞融合（Klupp 等，2000）。gM/gN 可引起疱疹病毒包膜蛋白向高尔基体运输，可能是因细胞内吞作用或包膜蛋白浓度较高。通过亚细胞定位研究发现，HSV－1 和 PRV 中 gM/gN 能引起 US6 蛋白和 UL22 蛋白/UL1 蛋白从细胞表面向细胞内的运输（Crump 等，2004），表明抑制融合可能与这一运输过程有关，使其不能有效刺激细胞融合，由此推测 gM/gN 通过除去细胞表面蛋白来抑制融合。

4. 鸭瘟病毒 UL 49.5 基因及其编码蛋白　蔺萌、贾仁勇等（2013）对 DPV UL49.5 基因的研究获得初步结果。

（1）鸭瘟病毒 UL 49.5 基因分子特征　鸭瘟病毒 UL 49.5 基因大小为 288 bp，编码 95 个氨基酸，分子量约有 10 kD，编码 gN 蛋白含有一个保守区域，属于 Herpes_UL49.5 超级家族中的一员，含有 1 个主要位于 1～33 位氨基酸的信号肽，2 个位于 7～

29位氨基酸和61～83位氨基酸的跨膜区，5个磷酸化位点。亚细胞定位预测结果显示该蛋白66.7%存在于内质网。分析表明，DPV gN蛋白与α疱疹病毒亚科中gN蛋白相似性较低，MeHV-1 gN蛋白相似性最高，只有39.4%。

（2）鸭瘟病毒UL 49.5基因转录时相　通过实时荧光定量PCR方法对DPV UL 49.5基因在DPV感染的DEF中的转录时相分析表明，最早在感染后0.5 h能构检测出DPV UL 49.5基因，随着DPV感染时间的延长，转录产物量在8 h开始迅速增加，在60 h达到最大值，随后开始下降但仍保持着较高水平。这种转录变化属于疱疹病毒晚期基因的典型特征，说明DPV UL 49.5基因是一个转录晚期基因。

（3）鸭瘟病毒gN蛋白在DEF中的细胞定位　通过构建携带DPV gN蛋白绿色荧光蛋白质粒（pEGFP-C1/UL49.5），转染宿主细胞DEF，DPV gN蛋白定位分析表明，DPV gN蛋白首次被检测到是在转染后6 h，可见点状荧光分布于细胞质中。随着转染时间延长，DPV gN蛋白表达量迅速增加，到60 h时表达量达到最大值（图3-21）。DPV gN蛋白表达的整个过程中，其分布位置一直在细胞质中，而且主要集中在细胞核周围的区域，可能主要分布在内质网。

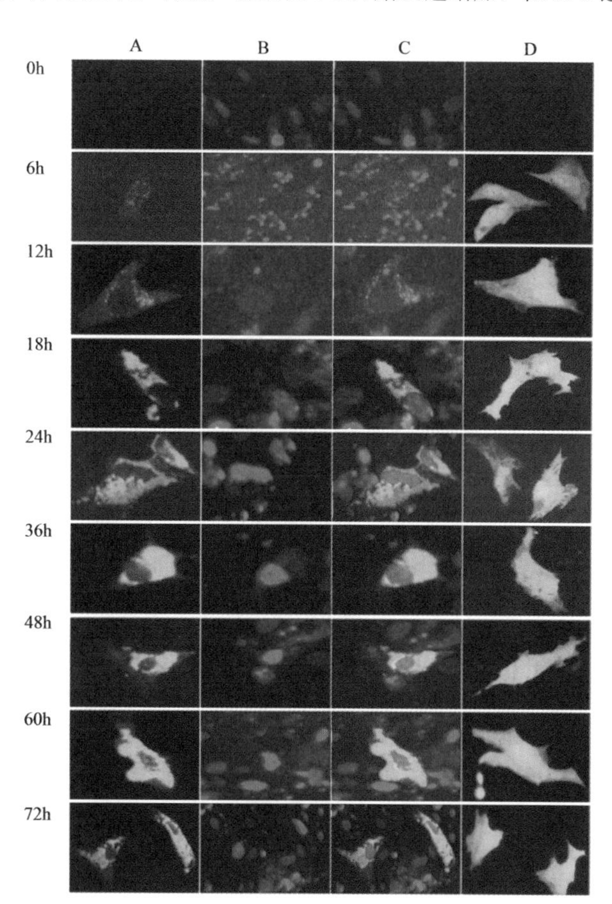

图3-21　DPV gN蛋白于不同时间点在宿主细胞中的定位分布及表达

A. gN+EGFP列，绿色荧光表示融合蛋白gN+EGFP在细胞中的位置　B. DAPI列．蓝色荧光表示细胞核的位置　C. Merge列，gN+EGFP和DAPI列的重叠　D. EGFP列，绿色荧光表示EGFP在细胞中的位置，为空载体对照组

（4）DPV gN蛋白与

gM 蛋白在 DEF 中的共定位　构建携带 DPV UL10 基因（DPV UL10 基因编码病毒 gM 蛋白）的红色荧光重组质粒（pDsRed1－N1/UL10），转染宿主细胞 DEF。结果显示，DPV gM 蛋白在转染后 12 h 开始出现表达产物，较 DPV gN 蛋白 6 h 表达时间稍晚，随着转染时间的延长，DPV gM 蛋白表达量逐渐增加，直到 60 h 时表达量达到最大值，这与 DPV gN 蛋白表达变化过程基本一致，DPV gM 蛋白主要集中分布在细胞核周围（图 3－22）。通过将质粒 pEGFP－C1/UL49.5 和质粒 pDsRed1－N1/UL10 共转染 DEF 后表明，病毒 gN 蛋白与 gM 蛋白从转染后 12 h 开始重叠，均在细胞质中，且分布区域

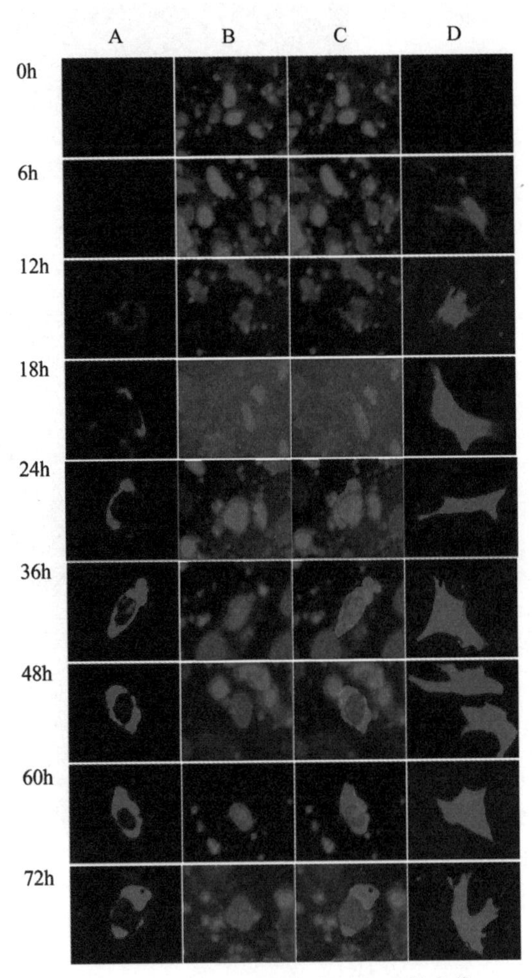

图 3－22　DPV gM 蛋白在 DEF 中的定位

A. gM＋RFP 列，红色荧光表示融合蛋白 gM＋RFP 在细胞中的位置　B. DAPI 列，蓝色荧光表示细胞核的位置　C. Merge 列，gM＋EGFP 和 DAPI 列的重叠　D. RFP 列，红色荧光表示 RFP 在细胞中的位置，为空载体对照组

完全重合（图 3－23），可以说明两种蛋白的功能区域一致，可能有相互作用，但尚需进一步验证。

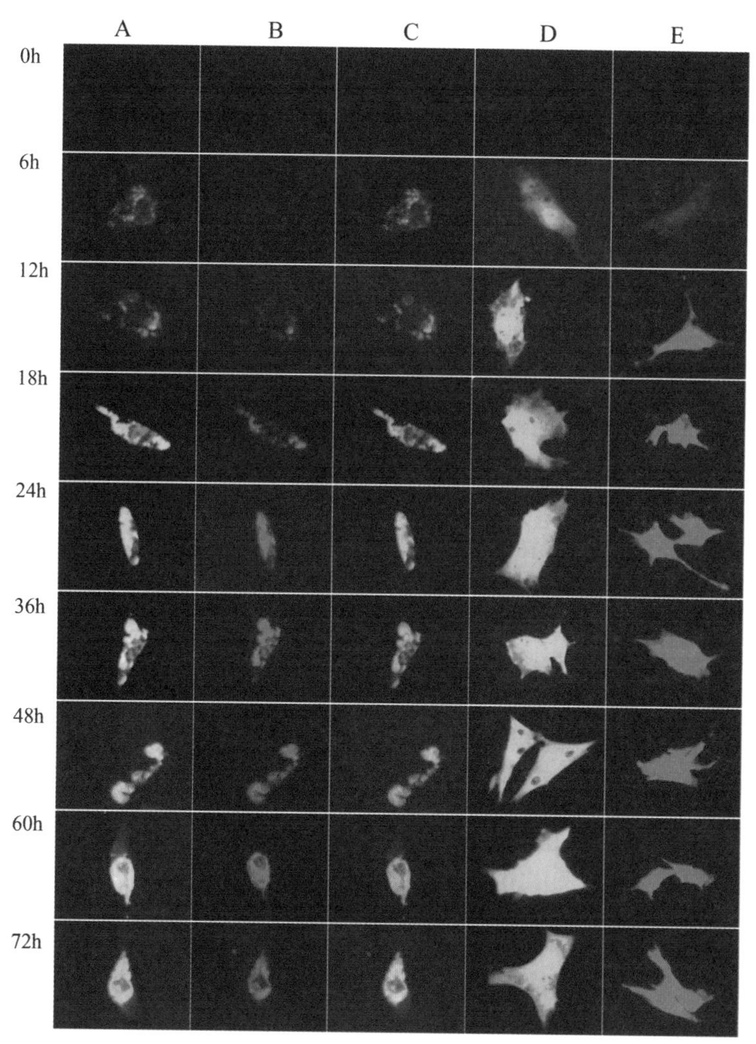

图 3－23　DEV gN 蛋白与 gM 蛋白的共定位

A. gN＋EGFP 列，绿色荧光表示 DPV gN 蛋白在细胞中的位置　B. gM＋RFP 列，红色荧光表示 DPV gM 蛋白在细胞中的位置　C. Merge 列，gN＋EGFP 列与 gM＋RFP 列的重叠　D. EGFP 列，红色荧光表示 EGFP 在细胞中的位置，为空载体对照组　E. RFP 列，红色荧光表示 RFP 在细胞中的位置，为空载体对照组

（贾仁勇）

（十二）UL53（gK）基因及其编码蛋白

鸭瘟病毒UL53（gK）基因研究资料很少，以下有关疱疹病毒UL53（gK）基因的研究资料（张顺川等，2011）对进一步开展鸭瘟病毒UL53（gK）基因的研究将有重要参考作用。

疱疹病毒UL53基因编码糖蛋白K（gK），是糖蛋白家族的重要成员之一，在病毒复制、装配、释放、细胞膜融合、病毒毒力及宿主免疫过程中均有重要作用。

1. 疱疹病毒UL53基因及其编码gK蛋白特点

（1）UL53基因序列的特征　疱疹病毒UL53基因高度保守（Foster等，1999），根据单纯疱疹病毒1型（HSV－1）UL53基因的序列设计的探针同时检测到了UL52和UL53基因的信使RNA（Moyal等，1992），推测这两个基因可能具有共同的多聚腺苷酸化位点，UL53基因的mRNA是完全嵌套在UL52的mRNA中（McGeoch等，1988）。

（2）UL53基因的类型　在感染细胞中，病毒基因基于基因的表达机制可以分为四种类型：立即早期基因（α－genes）的表达不依赖任何病毒前体蛋白而合成，早期基因（β－genes）的表达是完全不依赖病毒DNA的合成，晚期基因（γ－genes）又分为γ1－基因（部分依赖病毒DNA的合成）和γ2－基因（高度依赖病毒DNA的合成）。这种立即早期、早期及晚期基因的分类法主要用于描述病毒基因感染细胞早期的特征（David M等，2007）。

禽传染性喉气管炎病毒（ILTV）的UL53基因编码一个晚期转录参物，长约1.8kb（Moyal等，1994）。与此同时，HSV－1的UL53基因编码一个细胞融合糖蛋白K，这个基因通过放线菌酮（疱疹病毒蛋白合成抑制剂）和膦酸乙酸（疱疹病毒核酸合成抑制剂）抑制试验被鉴定为一个晚期基因（Johnson等，1995）。但报告称，通过增加膦酸乙酸的量却并没有减少糖蛋白K的合成量，而已经鉴定为晚期基因编码的糖蛋白C的合成却是明显减少，表明糖蛋白K是早期基因的参物（Mao等，1975；Hutchinson等，1992）。

（3）gK糖蛋白类型　与其他α疱疹病毒如伪狂犬病病毒（PRV）和水痘-带状疱疹病毒（VZV）研究结果不同，HSV－1 UL53基因编码的gK不是病毒粒子的结构蛋白（Hutchinson等，1995；Mo等，1999；Dietz等，2000；Foster等，2003）。但报告称，通过重组病毒将特异糖蛋白C表位抗原植入gK，研究结果表明HSV－1的gK像其他α疱疹病毒的糖蛋白K一样，是纯化的病毒粒子的结构成分（Hutchinson等，1992；Klupp等，1998；Foster等，2001；Foster等，2003）。

人巨细胞病毒（HCMV）属于保守的β疱疹病毒亚科，其UL53基因的表达产物pUL53具有使病毒颗粒从核原子伪包含体中释放到细胞质的功能，暗示pUL53是病毒粒子的结构成分，位于病毒粒子的皮层（Dal等，2002）。

（4）gK糖蛋白特征　HSV-1gK具有典型的糖基化膜蛋白的特征：含有一个信号肽切割位点位于氮端的30个氨基酸残基处、两个潜在的N-连接糖基化位点相隔10个氨基酸及4个疏水性区域（Debroy等，1985；Pogue等，1987；McGeoch等，1988；Pogue等，2007）。2个N-连接糖基化的甘露糖核心低聚糖连接gK多肽链的天门冬氨酸残基（Rajcani等，1999）。HSV-1的gK最初预测其含有4个疏水区域及4个跨膜区（Debroy等，1985）。四个跨膜区分别命名为：跨膜区1（HD1）、跨膜区2（HD2）、跨膜区3（HD3）和跨膜区4（HD4），其中跨膜区1（HD1）、跨膜区2（HD2）和跨膜区4（HD4）相对较短但具有极强的疏水性，跨膜区3（HD3）通过Kyte and Doolittle法预测并没有这样的特点（Kyte等，1982；Mo等，1997）。预测定位表明，gK的氨基端和羧基端均位于细胞膜的外侧；同时其仅含有3个跨膜区而不是4个跨膜区，另外一个疏水区较其他3个而言疏水性弱及序列更长，位于细胞外的环状部位。研究分析显示，这些区域包括合胞体突变区均为胞外结构域。它们可能相互作用形成一个复杂的三级结构，该结构对糖蛋白的生物学功能具有非常重要的作用（Foster等，2001）。

gK的拓扑结构学分析，gK不同的区域在核衣壳包封、膜融合、病毒复制及病毒释放方面功能各不相同（Foster等，1999）。对病毒的产率、噬斑的形成及病毒包封的影响实质性地归结于糖蛋白K的氨基端部分，包括N末端、细胞质环状结构及第二个胞外功能域。而胞质尾区对病毒复制和释放不是必需的。另外，比较不同α疱疹病毒的gK的氨基酸序列表明，该序列含有富含大量半胱氨酸和酪氨酸的保守基序。单纯疱疹病毒1型这些保守基序的突变主要发生在第一个胞质区和胞外的环状结构，它们对病毒复制和释放具有非常重要的作用，而N末端与异常核衣壳包膜和膜融合有关联（Nii等，1992；Mo等，1997；Foster等，2001；Foster等，2003；Dietz等，2000；Avitabile等，2003）。同时，HSV-1和PRV的gK均具有类似的结构和功能（Baumeister等，1995；Klupp等，1998）。

gK还具有另外一个特征：在体外表达时，其表达分子量通常会较理论值小。然而从学者对不同疱疹病毒糖蛋白K的研究结果可以归纳为三个原因：① 膜蛋白对热的敏感性所致，糖蛋白K和SDS上样Bufffer混合煮沸时糖蛋白K形成高分子量的聚合物，因而不能够进入聚丙烯酰胺分离胶，所以分子量偏小，这个特性由其羧基端1/3处的氨基酸残基决定的（Ramaswamy，等，1992；Hutchinson等，1992）。②有学者研究表明，UL53基因编码产物不是UL53基因完整的开放阅读框编码的，而是从其开放阅读框内部起始密码子开始编码的。通过对UL53基因编码的蛋白序列进行分析发现，其内部有一个甲硫氨酸，位于UL53基因开放阅读框起始密码子下游的第55个密码子（Moyal等，1994）。③体外翻译UL53基因的mRNA结果翻译的蛋白分子量比理论值小，同时经过天冬酰胺酰胺酶（PNGase）和内切糖苷酶H（*Endo* H）试验分子量明显减小（Kyte等，1982；Mo等，1997；Rajcani等，1999）。由此可知，糖蛋白K的N端具有信号肽序列约为30个氨基酸残基及2个潜在的糖基化位点，糖基化位点在原核表达中是否充分地修饰，对蛋白的分子量具有较大的影响（Hay等，1987；Hutchinson等，1992；Ramaswamy等，1992）。

（5）疱疹病毒gK糖蛋白序列相似性　gK在α疱疹病毒中是高度保守的（Davison等，1986；Zhao等，1992；Ren等，1994；Baumeister等，1995；Johnson等，1995；Mo等，1997），主要体现在糖蛋白K同源序列中都包含氨基端的信号肽序列，位于N端的潜在糖基化位点，半胱氨酸在该蛋白的位置较保守且主要位于该蛋白的胞外结构域，据此推断这些半胱氨酸残基主要参与二硫键的形成，对蛋白胞外功能域的结构起着重要作用。此外，这些病毒包含的疏水区在结构和序列的位置大致类似于HSV－1，具有类似的跨膜区结构（Foster等，1999；Dietz等，2000）。

2. 疱疹病毒gK的定位

（1）在感染宿主细胞中的定位　gK主要定位于感染的细胞核膜和内质网膜，有研究表明gK也定位于宿主细胞的表面（Spear等，1993；Klupp等，1998；Mo等，1999；Rajcani等，1999；Foster等，2001）。在HSV－1转染单纯疱疹病毒超级易感细胞试验中，gK主要复合定位于内质网，偶尔可见定位于高尔基体，其分布说明gK在感染细胞中被修饰，该结果与先前报道的研究结果一致（Kyte等，1982；Campadelli等，1993）。然而Foster等（2003）发现，不论是野生型的还是多核包体形式的HSV－1的gK，均在细胞表面和高尔基体表面表达，据此推断gK在病毒运输和释放方面具有重要作用。由以上数据可知，疱疹病毒gK在宿主细胞中的定位稍有不同，其原因可能是不同疱疹病毒中该蛋白的结构和功能有所差异。

（2）在病毒粒子中的定位　伪狂犬病毒（PRV）gK是第11个被描述的糖蛋白，是第10个被鉴定的为病毒粒子结构成分的糖蛋白（Klupp等，1998）。虽然试验证明gK存在于纯化的病毒粒子中，但是并没有数据显示gK是否存在于成熟病毒粒子的囊膜内（Rajcani等，1999；Foster等，2001）。与此同时，有研究人员证明gK不是病毒粒子囊膜的成分（Hutchinson等，1992；Hutchinson等，1995）。在β疱疹病毒中，目前对UL53基因的报道仅见于人巨细胞病毒，其编码的产物是病毒的结构蛋白定位于病毒颗粒的皮层内侧，该蛋白在病毒成熟过程中形成于核膜（Dal等，2002）。

3. 疱疹病毒 gK 蛋白的功能

（1）在病毒穿入、装配、释放及膜融合方面的作用　在疱疹病毒感染宿主细胞时，病毒的入侵和细胞间传播是不同且独立的过程。PRV gK 在病毒释放方面起着十分重要的作用，很可能阻止释放的病毒再次进入感染的细胞（Rauh 等，1991；Peeters 等，1992；Klupp 等，1998）。HSV－1 gK 突变体会延迟病毒的入侵（Pertel 等，1996）。但是到目前为止，在其他疱疹病毒还没有见到类似的功能报道，因此说明不同疱疹病毒的入侵和释放方式存在差异。

HSV－1、PRV 及水痘-带状疱疹病毒的 gK 缺失株被分离和鉴定（Foster 等，2003），在 α 疱疹病毒中 gK 对病毒形态和释放有着重要作用，HSV－1 缺失 gK 导致病毒形成小的噬斑、病毒的量减少及阻止病毒从胞质转移至胞外间隙（Hutchinson 等，1995；Jayachandra 等，1999；Foster 等，1999；Rajcani 等，1999）。值得注意的是，PRV UL53 基因缺失株释放后，似可以立即重新感染宿主细胞，暗示 gK 具有通过阻止病毒囊膜和质膜融合从而阻止释放到胞外的病毒再感染（Juretic 等，1998；Flamand 等，2001）。此外，如果过量表达 gK，那么在细胞中由于大量的 gK 会导致高尔基体溃解形成内质网，阻止病毒的释放、糖蛋白的运输，以及病毒介导的细胞融合（Foster 等，2003；Mott 等，2007）。

（2）在病毒复制中的作用　gK 在病毒复制过程中有重要作用，是病毒复制所必需的。因为在 UL53 基因的开放阅读框中插入和缺失都会导致病毒在组织培养物几乎不能生长，而过度表达 gK 将会阻止病毒复制（Hutchinson 等，1995；Jayachandra 等，1997;；Mo 等，1997Foste 等，2003）。通过对小鼠滴眼感染也表明，gK 可能是病毒复制所必需的，但是值得注意的是即使缺少 gK 也不会对病毒复制造成致命的危害，但会成百倍地减少病毒滴度及减弱病毒穿入侵主细胞的动力学（Klupp 等，1998；Foster 等，1999；Foster 等，2001）。

（3）与蛋白 pUL20 之间的相互作用　UL53 基因和 UL20 基因各自编码跨膜蛋白，且在所有 α 疱疹病毒中是保守的（Mott 等，2007）。UL20 基因编码的蛋白 pUL20 被推测具有一个膜拓扑学结构：与 gK 构成镜像结构，pUL20 的氨基端和羧基端均在细胞内，而 gK 的氨基端和羧基端均在细胞外（Zhao 等，1992；Hutchinson 等，1992）。研究结果表明，gK 存在翻译后修饰的 N 联糖的糖基化修饰位点，而蛋白 pUL20 却没有糖基化修饰位点（Debroy 等，1985；Hutchinson 等，1992）。基于 gK 和蛋白 pUL20 的拓扑解剖学结构，蛋白 pUL20 的氨基端特异地与 gK 的第 3 功能域相互作用，且该区域位于细胞内（Foster 等，2008）。

同时，gK 和蛋白 pUL20 是胞质病毒形态所必需的，因为突变株缺失 gK 或者蛋白

pUL20，核衣壳将会堆积在胞质而不能通过高尔基体出芽方式获得囊膜（Hutchinson 等，1995；Foster 等，1999，2004；Melancon 等，2004；Melancon 等，2005）。

（4）与其他蛋白之间的相互作用　gK 对 gB 的调节细胞融合和病毒释放是必需的，同时缺失 gK 和 gB、gB 和蛋白 pUL20 并不会阻止核周的病毒去包膜，表明 gK 和 gB、gB 和蛋白 pUL20 并没有多余的功能调节病毒囊膜和外核膜的融合（Avitabile 等，2003）。近来，gK 与 gB、D、H 及 L 的复合表达会阻止膜融合过程（Avitabile 等，2003；Melancon 等，2005）。

然而，大部分的合胞体突变株都是发生在 gK 和 gB，因此推测 gK 的氨基端是直接或者间接调节 gB 的成融性质（Foste 等，2003）。基于这个模式，gK 的氨基端对 gB 调节病毒与宿主细胞之间的融合有重要作用，由此可以推断 gB 在缺少 gK 的氨基端的情况下并不是完全承担蛋白成融的功能（Foster 等，2003；Chouljenko 等，2009）。

（5）在病毒毒力和宿主免疫方面的作用　gK 在病毒感染性、眼部致病，以及滑膜炎和大脑内的病毒致病性有决定因素的作用（MacLean 等，1991；Moyal 等，1994）。即 gK 的一个单一抗原决定簇可刺激 T 细胞增殖、干扰素 γ 在体外表达，以及细胞毒性 T 淋巴细胞在体内的激活，它们共同刺激 T 淋巴细胞亚群 CD8 产量应答反应（Osorio 等，2007）。HSV－1 的 gK 可能与人眼部疾病有非常重要的因果关系，因为有报道称抗 gK 的体液和细胞免疫应答会加重眼部疾病（Ghiasi 等，1996；Mott 等，2007）。用 gK 作为抗原进行免疫导致病毒在三叉神经节的清除受阻，并导致慢性和多发性的感染（Ghiasi 等，1996）。因此，HSV－1 gK 是病毒通过眼部感染在角膜传播、侵入神经和感染，以及在小鼠体内潜伏所必需的，虽然如此 PRV 在缺失 UL53 基因后出现减少了病毒的产率，但是并没有改变缺失株入侵中枢神经系统和眼部致病的能力（Flamand 等，2001；Spear P 等，2007）。这些研究结果显示，PRV 和 HSV－1 的 UL53 基因缺失株在感染神经系统的分子机制是有差别的。

4. 鸭瘟病毒 UL53（gK）基因及其编码蛋白　张顺川、程安春等（2011）对 UL53（gK）的研究获初步结果。

（1）DPV UL53 基因的分子特性　UL53 基因完整的 ORF 大小为 1 032 bp，编码 343 个氨基酸，其理论分子量为 38.119 kD，整体为一个完整的保守结构域，是疱疹病毒糖蛋白 K 家族的成员之一。通过 GENSCAN 程序预测表明，UL53 基因被分为最佳外显子区域（1～675 bp）和最适度以下外显子区域（676～1 032 bp）；UL53 基因编码糖蛋白 K 在氨基酸残基 30 处有一个信号肽切割位点，具有 3 个 N－连接糖基化位点、11 个潜在的磷酸化位点、4 个跨膜区。

（2）DPV UL53 基因主要抗原域的表达特点及多克隆抗体　PCR 法分别扩增 UL53

基因及 UL53 截段基因进行 T 克隆，然后分别构建重组表达质粒 pET－32b（＋）/UL53、pET－32b（＋）/tUL53，转化不同的表达宿主菌，经过 IPTG 诱导表达证实 UL53 全基因确实不易表达，与生物信息学预测结果一致。但是 UL53 截段基因却可以很好地表达，最佳表达条件为 0.4 mmol/L 的 IPTG 终浓度于 37 ℃下诱导 8 h，表达产物主要以包含体形式存在。表达的蛋白采用兔抗 DPV 的全血清作为一抗，经过 western blotting 证实是 DPV 的蛋白之一，随后纯化的蛋白用于制备兔抗多克隆抗体，通过琼脂扩散试验测定效价为 1∶32，微量中和试验证实制备兔抗 DPV tgK 抗体具有1∶5.623 的抗血清中和效价。

（3）DPV UL53 基因类型　通过实时荧光定量 PCR 方法检测不同时间点 DPV UL53 基因的转录产物，结果表明感染后 10 h 可以检测到 UL53 基因的转录产物，随后转录参物量增加，于感染后 36 h 达到高峰，感染后 48 h 其转录量降低，该结果表明 UL53 基因是个晚期基因；核酸抑制试验也进一步说明 UL53 基因是个晚期基因。从蛋白表达水平上鉴定基因早晚期类型，通过对 DPV UL53 基因在感染的鸭胚成纤维细胞中的表达动力学研究，试验结果表明 UL53 基因编码的 gK 是一个晚期蛋白，其表达的蛋白通过 western blotting 法在感染后 14 h 才可以检测到。

（4）DPV gK 蛋白在细胞中的定位　通过间接免疫荧光法可视化分析 gK 蛋白在感染细胞的定位，试验结果表明，感染 DPV 12 h 后的 DEF 中检测到 gK 定位于胞质，推测该蛋白在病毒核衣壳形成后参与病毒囊膜包封、病毒成熟及释放。组织定位结果表明，哈德氏腺、胸腺、肝、肾、肺脏、盲肠、十二指肠及直肠均出现明显的阳性信号；脾脏、心肌也检测到阳性信号但是较弱。这说明制备的兔抗 DPV tgK 多克隆抗体可用于检测感染病鸭各组织中的 DPV。

（程安春，汪铭书，朱德康）

二、衣壳蛋白

鸭瘟病毒衣壳蛋白研究资料很少，以下有关疱疹病毒编码衣壳蛋白基因的研究资料（向俊等，2011）对进一步开展鸭瘟病毒编码衣壳蛋白基因的研究将有重要参考作用。

（一）疱疹病毒衣壳结构基本特征

不同疱疹病毒的生物学特性有很大差异，但仍有许多共同之处。病毒粒子由核心、衣壳、皮层和囊膜四种成分组成，这是疱疹病毒的共有特征。衣壳是疱疹病毒的重要组成部分，它在细胞核内装配并包装 DNA ，然后转移到细胞质中被膜成熟。目前，关于疱疹病毒的衣壳蛋白研究最为深入的是单纯疱疹病毒 1 型（herpes simplex virus 1，HSV-1)。电镜与生化研究已基本阐明了 HSV-1 的衣壳结构组成，并且提供了大量关于病毒感染细胞核后衣壳如何形成的信息。

研究发现，在感染 HSV-1 的细胞中存在 A 型、B 型、C 型（Gibson 等，1972）3 种衣壳形式。在电镜观察下，3 种衣壳具有明显的形态差异，且它们能通过蔗糖密度梯度离心分离。它们都有基本的壳形结构，不同之处在于内部含有的物质。C 型衣壳包含病毒 DNA（Perdue 等，1976；Booy 等，1991）。A 型、B 型衣壳均缺乏 DNA，但 B 型衣壳能够包裹 DNA，成熟为具有感染性的病毒粒子。A 型被认为是由于未能成功包裹 DNA 而形成的半成品形式。每一种形式衣壳的数量可通过深色区域扫描电镜确定。

目前，关于 HSV-1 衣壳结构的图像多是通过 A 型、B 型衣壳的分辨率达 1.9～3.0 nm 的冷冻电镜图像再经三维图像重构而获得（Zhou 等，1994，1995)，重构后证明衣壳为一种厚 15 nm、直径为 125 nm 的蛋白壳层结构。它的主要结构特征就是有162 个衣壳粒（150 个六邻体和 12 个五邻体）位于二十面体晶格上（Pellett 等，2007)。每个五邻体呈五倍旋转对称（Newcomb 等，1993)，位于每个衣壳顶点。每个六邻体呈六倍旋转对称，构成衣壳边缘。所有衣壳粒有一个开放的轴向通道，从壳层延伸到衣壳内部。每 3 个衣壳粒通过不对称的三联体连接，它们位于衣壳粒突起的基部，而衣壳层内表面较为平滑。12 个顶点处是由门蛋白构成的环形通道（Chang 等，2007；Deng 等，2007；Nellissery 等，2007)，这与 DNA 的包装和释放有关。门蛋白所形成的复合物尽管对衣壳的组装是非必需的，但它的存在却能明显促使早期衣壳的形成（Newcomb 等，2005；Yang 等，2008)。

Wouter 等（2009）人利用生物化学与纳米压痕技术也比较了 3 种衣壳结构。原子能显微镜的试验结果显示，A 型和 C 型能被机械地区分，而 B 型则处于较低的能级。同时，还暗示 DNA 的包装促发了衣壳结构的稳固及成熟。

（二）衣壳蛋白的特征

参与疱疹病毒衣壳组装的蛋白都是比较保守的（Steven 等，2005)。上述提及的 3 种形式衣壳主要由 VP5（UL19 基因编码产物)、VP19C（UL38 基因编码产物)、VP23（UL18 基因编码产物)、VP26（UL35 基因编码产物）4 种蛋白构成。

VP5 由 1 374 个氨基酸组成，分子量为 149 kD，是衣壳粒的主要结构亚单位（Brian R 等，2003)，包括六邻体和五邻体。前者包含 6 个 VP5 分子，后者包含 5 个 VP5 分子，但两者的体积近似。因此，一个完整衣壳共有 960 个 VP5 分子。VP5 可形象地分为底层、中间区域、顶层 3 个区域。底层形成一薄而连续的壳层，直接相互作用形成内部壳粒连接，在衣壳组装过程中，它们与脚手架蛋白发生相互作用；中间区域主要结合三联体；顶层构成了五邻体和六邻体的顶部，此处结合小衣壳蛋白 VP26 及外层包裹的皮层蛋白。一个顶层的面由 9 个 α 螺旋构成，其对于顶层之间的连接十分重要，连接处其余部分主要由茎环和少量的 β 片层构成。顶层区域的顶点，即 VP5 的 N 端由多聚脯氨酸茎环构成，这一疏水区域对于连接 VP26 和皮层蛋白具有重要意义（Eugene 等，2007）。

VP19C 和 VP23 共同形成了三联体结构（Mercy 等，2006），每个三联体包含 1 分子的 VP19C 和 2 分子的 VP23，其构成可能因在衣壳层中位置而改变。VP19C 由465 个氨基酸组成，分子量为 50 kD。Spencer 等人在对 VP19 进行突变分析时发现，其氨基端 90 个氨基酸的敲出对衣壳组装无影响，但若敲除氨基端 105 个氨基酸，则阻止了衣壳组装，这可能提示 90～105 位氨基酸可能存在参与蛋白质相互作用或存在影响起始密码子的残基。通过表面碘化作用发现，在空衣壳中，仅仅微量的碘标记的 VP19c 能被检测到，而在完整核衣壳中，无任何标记信号，这暗示了 VP19c 是一种衣壳内部组件。Braun 等人将提纯的 HSV－1 衣壳蛋白在硝化纤维膜上同 ^{32}P 标记的 DNA 探针杂交，结果证明 HSV－1 的衣壳中包含了一种能有效结合 DNA 的多肽，而该多肽同 VP19c 在 SDS－PAGE 中具有同样的迁移率，从而证实 VP19c 具有结合 DNA 的功能，而且这种结合并非是序列特异性的，推测 VP19c 可能对 DNA 起到包装及固定在衣壳上的作用（Daniel 等，1984）。VP23 由 318 个氨基酸组成，分子量为 34 kD。表面碘化作用暗示它至少部分暴露在衣壳表面，VP23 在单独存在下呈部分折叠的熔球状态，可能便于与 VP19c 相互结合（Marina D 等，1998）。

VP26 分子量约为 12 kD，为一小衣壳蛋白，定位于六邻体头端末梢，每个 VP26 分子结合一个六邻体联合的 VP5（Booy F 等，1994；Antinone S 等，2006）。圆二色谱学揭示纯化的 VP26 的构象主要由 β_2 片层组成（大约 80%），而 α_2 螺旋只占小部分（大约 15 %）。它的关联状态是一个可逆的单体/二聚体平衡，解离常数大约为 2X1025M（Wingfield P 等，1997），而且 VP26 单体是由一个大的结构域和小的结构域组成，形成一个盖住每个六邻体主要衣壳蛋白上部区域边缘的 6 个亚单位圆环。Chi 和 Newcomb 等（Chi 等，2000；Newcomb 等，2000）研究发现，VP26 不是 HSV－1 前衣壳的成分，因为其存在病毒粒子和成熟衣壳，因此 VP26 是在前衣壳开始成熟时被添加到成熟衣壳上去的。它对如 HSV－1、PRV 等 α 疱疹病毒亚科的衣壳组装是非必需的（Desai 等，1998；Krautwald 等，2008），而对 β 和 γ 疱疹病毒亚科则是必需的（Borst 等，2001；Perkins 等，2008；Henson 等，2009）。另外，试验数据还表明，VP26 可能能够与存在于 HSV－1 核衣壳上的病毒 DNA 相互作用（Mcnabb 等，1992）。对 VP26 预测的氨基酸序列的分析表明，这个蛋白是呈极度碱性的，这就提示一个带有如此碱性特性的蛋白能够和病毒的

DNA相互作用。Blair和Honess对松鼠猴属疱疹病毒DNA结合蛋白的试验研究发现，一个12 kD碱性核衣壳蛋白的存在不管在体内或体外，似乎都能跟松鼠猴属疱疹病毒DNA相结合。这就表明这个蛋白可能浓缩和/或包装病毒的DNA进入完成的衣壳。

除了上述提及的衣壳蛋白，B型衣壳还包含了大量的脚手架蛋白（UL26.5基因编码产物）和少量的UL26基因编码的两种产物——VP24和VP21。UL26.5基因阅读框跨越了UL26基因的C端部分区域，因此脚手架蛋白的329个氨基酸序列等同于UL26编码产物的C端329个氨基酸（Liu等，1993，1995）。UL26基因编码635个氨基酸成熟蛋白激酶，包含DNA的衣壳组装正需要该酶的作用（Amy等，2000）。该蛋白激酶有R位点和M位点两个自身切割位点，可产生丝氨酸蛋白酶（VP24）、UL 26支架蛋白（VP21）和25个氨基酸短肽三段多肽。R位点的切割对于病毒的复制是必需的。由于脚手架蛋白与VP21蛋白C端329个氨基酸序列一致，故M位点也存在于脚手架蛋白中，它被切割后释放出VP22a和其C端25个氨基酸多肽。脚手架蛋白在M位点的切割与它从衣壳内部移除有关，因为其C端区域结合着主要衣壳蛋白。UL 26.5基因编码的是38 kD蛋白前体pre2VP22a，肽链内部含有M位点，被UL26蛋白酶识别并切割产生25个氨基酸的短肽和34 kD的蛋白VP22a（Deckman等，1992）。UL 26.5蛋白构成的支架存在于衣壳的内部，但是在成熟病毒粒子中不存在。UL26.5蛋白可自发形成自身联结，衣壳内部支架就是UL26.5蛋白通过这一形式形成的球状粒子。UL 26.5蛋白具有一核定位信号，能引导UL 19蛋白共同进胞核。另外，该蛋白还可磷酸化，衣壳装配完成后，支架的释放和DNA的包装同时协调发生，UL26.5蛋白前体pre-VP22a的磷酸化有助于支架的解体和出壳。pre-VP22a磷酸化后pH降低，DNA分子可能部分中和支架蛋白的电荷，从而促使支架分解（Mcclelland等，2002）。

（三）衣壳组装

重组杆状病毒表达系统为研究衣壳组装提供了重要途径（Tatman等，1994；Kut等，2004；Edward等，2008）。一组6种不同的杆状病毒，6种病毒分别表达6种疱疹病毒衣壳基因。当昆虫细胞同时感染这6种病毒，裂解，然后离心除去上清，将该提取物在28℃孵育1 h或更长，几乎正常组成及结构的B型衣壳则自发形成（Newcomb等，1994；Newcomb等，1996）。重组杆状病毒系统可帮助证实组成125 nm的衣壳所需的最少基因。另外，利用这些病毒的不同组合及定点突变能够改变特殊氨基酸残基，从而可以确定衣壳蛋白间的相互作用。

若昆虫细胞感染了6种重组杆状病毒，则形成的衣壳结构上呈现高度一致性，在形态与蛋白组成上都与在感染病毒的细胞中形成的B型衣壳一样。研究证实，衣壳组装所必需的基因有 UL18、UL19、UL38、UL26.5（或 UL26）四个。若 UL26.5 和 UL26 基因均缺乏，完整的衣壳则不能形成。相反，异常的衣壳结构存在于感染的细胞核中，在电镜下呈现为未封闭的衣壳层。这些结构经蔗糖密度梯度离心并 PAGE 电泳鉴定发现，它包含 VP5、VP19C、VP23 三种衣壳蛋白。若表达 UL35 的杆状病毒也同时感染，则该结构中存在 VP26。该发现即可证明，UL26 与 UL26.5 基因的产物用于形成脚手架结构，以便其他衣壳蛋白绕其形成二十面体衣壳。该脚手架功能也已通过缺失这两种基因得到证明（Desai 等，1994），当 UL26 与 UL26.5 基因均存在，则形成小核心 B 型衣壳；若 UL26 缺失，则形成大核心 B 型衣壳。这种核心形态的差异主要由于缺乏蛋白酶去切割 UL26.5 编码的脚手架。由此可见，脚手架的切割对于感染性病毒粒子的复制是必需的，缺失 UL26.5 后依然能形成完整衣壳，但没有明显的核心结构。该可视化核的缺乏暗示 UL26 蛋白（VP21）的 C 端可能形成一种不同于 VP22a 类型的脚手架结构。这可能由于 VP21 的 N 端多出的 59 个氨基酸。Gao 等证明，VP22a 的表达对于感染性病毒的复制是非必需的（Gao 等，1994），但缺失这一基因的病毒的产量相对于野生型则少了 10^2～10^3。这些结果说明，VP21 能取代主要脚手架蛋白但效率降低。利用杆状病毒表达 UL26 和 UL26.5 的突变形式，还证明了 VP22a 前体 C 端 25 个氨基酸对于衣壳的组装是必需的（Kennard J 等，1995）。当蛋白酶作用于 UL26 和 UL26.5 蛋白的 M 位点时，这 25 个氨基酸则被正常切除（Thomsen 等，1995）。UL26 和 UL26.5 蛋白截断形式的表达则仅产生异常衣壳结构。VP22a 前体能与主要衣壳蛋白 VP5 发生相互作用，而且上述 25 个氨基酸若切除则会阻止二者相互作用。

B 型衣壳组装的模式大致如下：在组装早期衣壳蛋白被转运进入细胞核。研究证实，VP22a 前体与 VP19C 两种衣壳蛋白依靠自身定位于细胞核，在 VP19c 的 N 端附近存在一个核定位信号（NLS），其精确序列尚未阐明，但已知定位在一段 33 个氨基酸区域内，而且比较发现，它不属于任何已知经典的 NLS 类别，VP5、VP23、VP26 需要一个“伴侣”才能进入核内。例如 VP5 的“伴侣”是 VP22a 前体或 VP19C，VP23 进入核内则需要 VP19C（Walt 等，2006）。另外，利用酵母双杂交系统也证实了 VP5 与 VP22a 前体、VP19C 与 VP23 间的相互作用（Rixon 等，1996；Desai 等，1996）。这些蛋白的相互作用在抑制异常衣壳结构的组装上扮演着重要角色。例如，VP5 与 VP22a 前体蛋白的相互作用可阻止异常结构形成。因为仅仅在缺失了 UL26 和 UL26.5 基因的病毒感染细胞后，才会形成异常结构。转运入核内后，VP5 与支架蛋白前体 pre－VP22a 自身联结复合体结合，再由 pre－VP22a 的核定位信号指导复合物进入细胞核聚合成支架，同时结合门蛋白等次要衣壳蛋白共同装配形成球状的前衣壳，之后 pre－VP22a 被磷酸化和水解，前衣壳变成含有大量 VP22a 蛋白支架的 B 衣壳，支架解体出壳后衣壳成熟（Wood 等，1997；Casaday 等，2004；Thomsen 等，2007）。

在六邻体和五邻体形成期间，三联体蛋白加入到复合体中。VP19c 同 VP23 组成的三联体通过与毗邻的 VP5 相互作用而保持衣壳稳定，VP19c 与 VP5 间还形成了二硫键增强结构稳定。若 VP19c 的 N 端突变，尽管不影响三联体结构的形成，但将使其无法结合 VP5，从而不能组装衣壳。

（四）组装中间体

体外组装系统已被用来研究每种可溶性衣壳蛋白形成成熟衣壳的过程（Thomsen 等，1994）。组装反应所需的混合物在 28 ℃孵育则可最大限度增加衣壳的形成。衣壳及其相关结构从反应混合物中获取后，经电子显微镜分析显示，部分衣壳、原衣壳、多面体衣壳分别为孵育 1 min、90 min 及 8 h 后分离获取的。

原衣壳就是由位于成熟衣壳晶格内的衣壳粒构成的封闭衣壳，与成熟衣壳不同的是，原衣壳是球形而非二十面体。原衣壳在形态发生上高度统一，它们构成的壳层区域和核心层在结构与蛋白组成上都类似于部分衣壳。原衣壳结构已通过冷冻电镜和三维图像重构证实达 2.7nm 的分辨率（Trus 等，1996）。比较成熟的二十面体衣壳，原衣壳具有更多的空隙。衣壳粒通道也更大，另外，在衣壳粒之间存在小孔，而这在 B 型衣壳中没有。三联体构成衣壳粒间主要连接，从而使其形成成熟衣壳的底层，原衣壳则大量缺乏三联体。原衣壳中的六邻体的形态比起成熟形式也有较大不同。如在成熟衣壳中的六邻体明显呈六边形，而在原衣壳中则变为椭圆形甚至细长（Haarr 等，1994）。

比起成熟的二十面体形式，原衣壳结构的稳定性较低，如在 2 ℃孵育 1 h 则会散开，而 B 型衣壳则没有影响。电镜分析多面体衣壳显示其在许多方面与 B 型衣壳不易区分。它们均有明显的面与顶点这些二十面体特征，且直径与壳壁厚度也一样。多面体衣壳在体外能通过提纯的原衣壳在 37 ℃孵育 4 h 而形成。这暗示它们能通过原衣壳结构转换而形成，而且不需要新的蛋白亚基。原衣壳和成熟衣壳结构的比较显示前者要转换成后者需要经历相当大的改变，而这个广泛的自发过程是如何发生的还有待深入研究。

组装始于小部分衣壳局部，通过少量壳壁与核心蛋白共同形成衣壳的大部分。较大的衣壳局部聚集形成球形原衣壳，最终形成成熟的多面体衣壳。研究证实，所有的衣壳中间体均包含 VP5、VP19C、VP23、脚手架蛋白和成熟蛋白酶五种蛋白。如上所述，原衣壳转换成多面体形式不涉及另外蛋白分子的接触。尽管脚手架蛋白经成熟蛋白酶切割涉及衣壳形成，但具体发生在哪一步仍不清楚。

（程安春，汪铭书，朱德康）

（一）UL18（Vp23）基因及其编码蛋白

鸭瘟病毒 UL18 基因的研究资料很少，有关疱疹病毒 UL18 基因的研究资料（陈希文等，2013）对进一步开展鸭瘟病毒 UL18 基因的研究将有重要参考。

1. 疱疹病毒 UL18（Vp23）基因及其编码蛋白的特点　作为疱疹病毒重要的组成部分，衣壳在细胞核内进行装配并且包装 DNA，接着就转移至细胞质中被膜成熟（McGeoch 等，1988）。在单纯疱疹病毒 1 型（HSV－1）基因组中，UL18 基因编码一个名为 VP23 的衣壳蛋白。当衣壳在细胞核中形成并装配时，VP19C（UL38 编码）和 VP23 之间可以形成三联体。一分子的 VP19C 和两分子的 VP23 形成一个三联体，这个三联体再和临近的 VP5（UL19 编码）分子交织在一起，对核衣壳起到稳定的作用。同时，有研究说明缺失 UL18 基因的 HSV－1 病毒无法形成衣壳，表明 UL18 基因在 HSV－1 病毒复制过程中是必需的（Klupp 等，2000；Donnelly 等，2001）。

不同疱疹病毒长度有较大差异，如鸡马立克氏病病毒（MDV）、单纯疱疹病毒（HSV）、鸡传染性喉气管炎病毒（ILTV）、猪伪狂犬病毒（PRV）等（Roizman 等，1979；Vlazny 等，1982；金奇，2001）。PRV Ea 株 UL18 基因为一个包含 891 bp 的开放阅读框，编码由 297 个氨基酸组成的蛋白质，其分子量大约为 31 kD（薛念波等，2008）。

HSV UL18 基因编码的 VP23 是病毒生长所必需的蛋白，是衣壳蛋白中的重要组成部分之一，由 318 个氨基酸组成，分子量约为 34 kD。表面的碘化作用表明，VP23 至少有部分暴露在衣壳表面，其单独存在下呈现部分折叠的熔球状态，这种状态可能利于和 VP19C 相结合。在 C 型核衣壳中，该蛋白与 VP19C 共同形成五聚体和六聚体的连接部分，因而也是子代 DNA 酶切包装及核衣壳的形成所必需。

人巨细胞病毒（HCMV）UL18 基因的 ORF 片段大小为 1104 bp，编码名为 M144 的跨膜糖蛋白（Lopez－Botet 等，2001），其可能的信号肽位于 3～20 位区，可能的 N 糖基化位点在第 56 位、第 66 位、第 74 位、第 95 位、第 123 位、第 127 位、第 150 位、第 167 位、第 177 位、第 193 位、第 240 位、第 282 位、第 291 位氨基酸，该蛋白序列类似于人类 MHC－Ⅰ类抗原。人巨细胞病毒 UL18 基因编码产物是人的 MHC－Ⅰ类重链分子的类似物，这两类分子在 $\alpha1$ 区段的同源性为 27%，在 $\alpha2$ 区段的同源性为 24%，在 $\alpha3$ 区段的同源性为 24%，且形成二硫键时其半胱氨酸残基全部保守。对 HCMV UL18 蛋白的三维结构进行 3D 同源模建分析发现，它具有由 2 个 α 螺旋和 8 股 β 折叠片层构成的肽结合槽，且肽主链原子和肽结合槽内形成 4 个（7 位、59 位、159 位、171 位）关键性氢键的酪氨酸残基在 UL18 中也全部保守。而体外试验也证实了 UL18 蛋白能够与β2 微球蛋白和内源性肽链结合在一起，并且被递呈到细胞表面。然而，那些与MHC-Ⅰ类重链相似但却没有结合的 UL18 蛋白分子，在细胞内却非常容易被降解(Chapman 等，1998；Lopez-Botet 等，2001)。研究还发现，HCMV 编码的 UL18 蛋白能与 NK 细胞结合，抑制 NK 细胞发挥功能。同时，HCMV UL18 蛋白与抑制器受体结合的紧密程度比 MHC-Ⅰ分子与抑制器受体结合的紧密程度要强 1 000 倍。

2. 疱疹病毒 UL18 蛋白的作用

(1) VP23 与核衣壳的形成　对疱疹病毒一些成员成熟核衣壳的分析表明，形成核衣壳的基本结构单位是 162 个衣壳体单位，包括 150 个六聚体和 12 个五聚体，它们形成一个十六面体的晶格结构（Thomsen 等，1995；Newcomb 等，1996；Spencer 等，1997；Homa 等，1997；Taus 等，1998；Lopez-Botet 等，2001；Newcomb 等，2003；Newcomb 等，2005；Scholtes 等，2009；Baines 等，2011；Schipke 等，2012)。在五聚体和六聚体亚单位中，存在一种主要的衣壳蛋白 VP5（UL19 基因编码），以及两种次要的衣壳蛋白 VP19C（UL38 基因编码）和 VP23（UL18 基因编码）。两种次要的衣壳蛋白形成三联体结构（Huang 等，1993；Guzowski 等，1993；Zhou 等，1995)，通常含有一个 VP19C 和两个 VP23。另外还有一种次要的衣壳蛋白 VP26，位于六聚体的外缘。由这些结构蛋白组成的五聚体及六聚体亚单位装配成为病毒核衣壳体之时，需要一个内部的支架蛋白 pre-rp22a（由 UL26.5 基因编码)。这些蛋白的相互作用，使一个完整的核衣壳体趋向成熟（Celluzzi 等，1990；Newcomb 等，1994)。

对疱疹病毒（如 HSV-1）核衣壳蛋白相互作用的研究表明，VP23 和 VP19C 具有明显的相互作用特性（Ace 等，1988；Spector 等，1990；Zhou 等，1994；Thomsen 等，1994；Newcomb 等，1999)。这种特性使得两个 VP23 的分子趋于形成一个同源二聚体，而此二聚体又能够与一个 VP19C 分子形成一个异源三聚体。这个三聚体在结构上表现为类三角棱体，是 HSV-1 核衣壳微粒结构的一个重要连接结构。VP23 是由 318 个氨基酸组成的，分子量是 34 kD。表面的碘化作用表明它至少有部分暴露在衣壳表面，在单独存在下 VP23 呈现部分折叠的熔球状态，可能利于和 VP19C 相互结合。一个熔球模型的 VP23 分子到其最终的形式可能是由 VP19C 存在下诱导的结构重排，在广泛的交织作用下形成均匀的三联结构。三联结构的形成在衣壳组装路径是一个非常早期的步骤，作为熔球状态的 VP23 存在可能代表一个非常短暂的阶段，紧随其合成。对 VP23 的突变分析也同样表明，VP23 的 C 端结构与三联体的结构活性直接相关，若去除其 C 端 10 个氨基酸，则即可使其结构活性丧失。而 N 端与三联体结构活性相关的区域则不太明显，当去除 N 端 71 个氨基酸时，才可看到其对三联体结构活性的影响。而从病毒衣壳体的整体结构看，由 VP19C 和 VP23 形成的三联体结构明显受到周围结构的影响。有报道认为，该三联体随周围壳微粒结构的不同而至少有 6 种不同的结构，但它们的意义和相互关系还都不清楚。

在研究三联体结构形成的同时，对主要壳体蛋白 VP5 与折叠蛋白 pre－VP22a 的相互关系，以及二者与三联体蛋白的关系也得以认识。体外蛋白装配体系和相关方法，如密度梯度离心等，均提示 VP5 可以首先和 pre－VP22a 发生一个动力学相互作用。这一相互作用依赖于 VP5 与 pre－VP22a C 端的 25 个氨基酸所形成的特定结构域的接触，从而形成一个 VP5 和 pre－VP22a 的复合体。而随着这个结合，则使得 pre－VP22a 折叠结构舒展开来，并以一个机制未知的动力学过程将上述 25 个氨基酸切下。此时，VP5 和 pre－VP22a 形成的复合物将作为衣壳微粒的主要结构。但是，该复合物还需与 VP19C－VP23 三联体复合物结合，形成一个半弧状的结构体，通常称之为核衣壳体部分结构单位（partial capsid）。多个这样的核衣壳体部分结构单位的进一步聚合，才形成球形的核衣壳前体（procapsid）。之后，该核衣壳前体内部的 pre－VP22a 经病毒丝氨酸蛋白酶的酶解清除，则此核衣壳前体即可进一步成熟为核衣壳体并装载人病毒的基因 DNA（此时即为 C 型颗粒阶段）。这一过程在病毒感染的细胞内基本得到了证实，而且细胞内的荧光定位分析进一步确认，VP5 与 pre－VP22a 的相互作用和 VP19C 与 VP23 形成三联体的相互作用，在细胞质内即已发生；之后，两个复合体蛋白转移入细胞核，在核内聚合形成核衣壳体部分结构单位和核衣壳前体（Spencer 等，1998）。

（2）VP23 对衣壳关闭的作用　在疱疹病毒（如 HSV－1）中，VP23 是核衣壳三聚体的一个重要组成部分。对于疱疹病毒来说，这个三聚体是很独特的，其由两个 VP23 和相互作用的一个 VP19C 组成，这个结构对于蛋白质外壳的添加物和稳定性具有很重要的作用。有研究利用一个随意调换的突变体去鉴定三聚体蛋白的功能域，以此来确定 VP23 的这个关键氨基酸在三聚体中形成是否必须。用丙氨酸诱变技术，在 VP23 的 318 个氨基酸上进行基因突变。结果表明，许多定位在 VP23 C 端（氨基酸205～241）和 VP19 有相互作用的位点，对于病毒的复制是必需的。这些数据确定了一个新的 VP23 区域对病毒装配时控制衣壳壳体关闭是必需的（Adamson 等，2006；Kim 等，2011）。

（3）VP23 对病毒毒力的影响　敲除 UL18 后的 HSV－1 基因组能够组装出子代病毒，但增值活性及感染力却严重受到影响。此外，VP23 的丢失也很大程度上影响了其他衣壳蛋白的细胞内定位，表明 VP23 在 HSV－1 的感染增值中具有重要作用。

（4）UL18 蛋白限制自然杀伤细胞介导的杀伤作用　自然杀伤细胞（NK）是机体重要的非特异性免疫细胞，其在病毒的防御中起重要作用。为了逃避 NK 细胞的监视，病毒可产生一种与机体 MHC－Ⅰ类分子类似的同源物，病毒 UL18 基因编码蛋白就是其中之一（Apostolopoulos 等，2002）。人巨细胞病毒 UL18 是最早报道能编码 MHC-Ⅰ类分子同源物的基因之一。NK 细胞功能受负反馈调节，即 NK 细胞表面识别自身 MHC-Ⅰ类分子的受体与靶细胞表面的 MHC 分子结合，会产生抑制信号，抑制 NK 的功能。UL18 蛋白可以在没有宿主 MHC-Ⅰ类分子的时候，充当 NK 细胞的诱饵分子与抑制性受体偶联，从而阻断 NK 细胞的杀伤功能。MCMV 及 HCMV 编码的 UL18 蛋白，为鼠及人类的同源分子，与 NK 细胞结合，抑制其功能表达。表达 UL18 蛋白的 MCMV 病毒的毒力亦强，其突变株不表达 UL18 者，则易被 NK 细胞清除（陈慰峰，1999）。在体内，MCMV 的Ⅰ类同源物与病毒毒性直接相关，缺乏 m144 的 MCMV 可被 NK 细胞更有效地清除（Browne 等，1992）。

（5）UL18 蛋白的定位　Nicholson 等（1994）通过豆苗病毒研究 HSV-1 的三个衣壳蛋白（VP23、VP5 和 VP22a）在细胞内的分布结果表明，当感染野生型 HSV-1 病毒时，这三种蛋白主要定位在核，即衣壳装配的位置。然而，当缺乏三种蛋白中的任何一种时，只有 VP22a 被发现在核心，VP5 和 VP23 则分布在整个细胞。因此，这些蛋白的核定位不是一种本质特性，其需要一种或多种 HSV-1 诱导蛋白的介导（Kotsakis 等，2001）。共表达试验表明，在 VP22a 存在的情况下，VP5 能有效地转运到细胞核，但是，在另外一个或两个蛋白同时存在的情况下，VP23 也不能转运到细胞核。这些结果表明，VP22a 本身能够定位在细胞核，并且影响 VP5 的分布，导致 VP5 迁移到细胞核，然而 VP23 的定位不受 VP22a 的影响，可分布在整个细胞内。

3. 鸭瘟病毒 UL18 基因及其编码蛋白　陈希文、汪铭书等（2013）对 DPV UL18 的研究获得了初步结果。

（1）DPV UL18 基因的分子特性　UL18 基因大小 969 bp，编码蛋白为一条含 322 个氨基酸残基组成的多肽，相对分子量为 35.250，等电点理论值为 8.37，无信号肽切割位点，含有 15 个潜在的磷酸化位点和 2 个 N-糖基化位点，15 个潜在的 B 细胞表位。

（2）DPV UL18 基因的克隆、表达及多克隆抗体　用 Primer Premier 6.0 软件设计合成一对特异性扩增 DPV UL18 基因的引物后，用该引物从 DPV 基因组中扩增 UL18 基因，并将其正向插入 pET-32a（+）原核表达质粒，成功构建了原核表达质粒 pET-32a-UL18。将 pET-32a-UL18 原核表达质粒转化 BL21（DE3）表达宿主菌，以 IPTG 诱导，获得了大小约为 55 kD 且主要以包含体形式存在的 pET-32a/DPV-UL18 重组蛋白。将该重组蛋白纯化后对家兔进行免疫，得到了兔抗 pET-32a/DPV-UL18 重组蛋白的高免血清。以纯化的 pET-32a/DPV-UL18 重组蛋白作为包被抗原，建立了基于 pET-32a/DPV-UL18 重组蛋白的间接 ELISA 方法；以纯化的兔抗 pET-

32a/DPV-UL18 重组蛋白 IgG 作为一抗，建立了基于兔抗 UL18 重组蛋白 IgG 的免疫组化和免疫荧光方法。

（3）DPV UL18 基因的的转录与表达特征　用荧光定量 RT-PCR 和 western blotting 对 DPV 感染鸭胚成纤维细胞（DEF）后 UL18 基因的转录和表达情况进行了检测。结果表明，DPV 感染 DEF 后 2 h，UL18 基因已经开始转录，感染后 12 h 检测到开始表达，感染 24 h 后转录和表达产物急剧上升，到 36 h 和 48 h 后转录和表达产物分别达最大值，之后逐渐下降。DPV UL18 基因在 DEF 细胞中的表达产物分子量约为 35 kD。根据该基因的转录和表达特征初步推测，DPV UL18 基因为病毒晚期基因。

（程安春，汪铭书，朱德康）

（二）UL19（Vp5）基因及其编码蛋白

1. 疱疹病毒 UL19（Vp5）基因及其编码蛋白　鸭瘟病毒 UL19 基因的研究资料很少，有关疱疹病毒 UL19 基因的研究资料（戴碧红等，2014）对进一步开展鸭瘟病毒 UL19 基因的研究将有重要参考。

（1）疱疹病毒 UL19（Vp5）基因　疱疹病毒 UL19 基因位于特定长区（UL），含有一反向的开放阅读框（ORF），其 ORF 包含 4 125 bp（Costa 等，1988；McGeoch 等，1988）。UL19 与 UL18 基因转录是共 3′终端的，也是病毒复制的必需基因，并且缺失 UL19 基因后可使 UL18 基因的表达水平相对增强，其原因不清楚（Desai 等，1993）。Klupp 等（1992）在研究 PRV 的毒力决定基因时，发现由 *Bam*HI酶切得到的片段 4 与 HSV-1 特定长区的某些基因同源，与 UL19 基因相似性达到 60%，推断其可能具有相同的复制起始位点。Desai 等（1999）使用回复突变体，对 UL19 基因 5′端 571 个密码子进行 DNA 序列分析，9 个回复体中有 6 个出现单碱基对变化，引起 30 和 78 位之间一个氨基酸替换，其中三个都是在 78 位由丙氨酸变为缬氨酸，从而提供了 VP5 蛋白活性区域的部分图谱。

（2）疱疹病毒 UL19（Vp5）蛋白的特点　VP5 蛋白由 1 374 个氨基酸组成，分子量为 149.075 kD，通过 8.5Å 冷冻电镜对整个衣壳的结构计算和可视化分析，确定了 VP5 蛋白中 39 个（其中 33 个定义明确，6 个较模糊）螺旋度大于 2.5 倍的 α 螺旋和部分 β 片层的结构（Jiang 等，2001；Baker 等，2003）。VP5 蛋白可形象地分为三个区域，即底层、中层和上层。底层形成一个薄（25Å）而连续的壳层，其余部分由底层向外呈放射状延伸形成的塔形结构。底层是 VP5 蛋白中唯一直接相互接触（除此之外通过三联体）形成衣壳内部连接的部分，其中的长螺旋形成一个互联网络，在衣壳内部并穿过衣壳粒，而且在衣壳组装过程中与脚手架蛋白相互作用（Zhou 等，1999；Zhou 等，

2000；Bowman等，2003）。Walters等（2000，2003）为研究VP5蛋白的脚手架蛋白相互作用域（scaffold interaction domains，SID），对VP5蛋白的N端疏水残基进行丙氨酸扫描突变，结果显示位于两个已预测的α螺旋（螺旋$1^{22\sim42}$，螺旋$2^{58\sim72}$）的7个残基（I27、L35、F39、L58、L65、L67和L71）非常重要，这7个氨基酸嵌入两个α螺旋（分别称为SID1和SID2）之中，直接与脚手架蛋白C端发生相互作用。脯氨酸残基对于多肽主链的构象非常重要，在α螺旋或β片层的开端它们一般耐受性良好。由于脯氨酸的吡咯环对多肽主链在这个位点上的旋转有很大的制约因素，因此它能够影响蛋白质的稳定性（Prajapati等，2003，2007）。Huang等（2007）研究发现，在SID1内引入一个脯氨酸，与脚手架蛋白的作用会缺失但不影响壳层的形成；在SID2内脯氨酸替换则对蛋白质积累和壳层形成都是有害的，反映了SID2是高度结构化的而且对螺旋结构的变动更加敏感，但是该区域对壳层的生成及稳定性却是很重要的；在F36、V68位赖氨酸的引入（F36K、V68K），不仅失去了与脚手架蛋白pre-VP22a（VP22a前体，基因UL26.5编码）的相互作用，而且影响了壳层的生成；V80K的突变株没有影响与VP22a的相互作用但会形成异常衣壳，同时可使复制受损；第59位是保守的甘氨酸（G59），虽然并不直接参与相互作用，但是对此区域的构象及定位非常重要，甘氨酸是最简单的氨基酸，侧链为一个氢原子，赋予了多肽链更大的灵活性，在此位点逐渐添加侧链，即变为丙氨酸（$—CH_3$）和缬氨酸（$—CH_2CH_3$），壳层由封闭转为开放。将VP5蛋白的底层与噬菌体（HK97，T4）的衣壳蛋白进行了对比（gp5，gp24），发现其具有类似的结构（Heymann等，2003；Baker等，2005）。衣壳成熟时底层的结构重排不仅发生在HSV-1的VP5蛋白，也在噬菌体中存在（Agirrezabala等，2007；Duda等，2009）。因此，这一结构的阐明对研究病毒的进化也有重要作用。

中层的主要功能是结合位于两相邻衣壳粒之间的三联体，起连接的作用。对此区域的空间螺旋排布进行分析，结果表明有10个紧密相关的螺旋（正好位于上层的下方），其中9个近似平行地紧密聚集在一起（平行间距只有10～15Å），第10个横跨在底部，共同形成了一个螺旋束，如此紧凑的结构使得这一区域成为VP5分子中最狭窄的部分（Baker等，2003）。另外，这一组织结构非常酷似于膜联蛋白家族中的一个折叠域（Liemann等，1997；Seaton等，1998）。结构分析的研究也表明，N端和C端部分的序列都有助于此区域的形成（Kelley等，2000）。

上层（aa 451～1 054）是整个蛋白折叠的核心，由很多α螺旋和大的β片层组成，构成六邻体和五邻体塔形的顶部，分别结合小衣壳蛋白VP26（由基因UL35编码）和皮层蛋白。Bowman等（2003）用胰蛋白酶水解VP5蛋白后，得到一个单一稳定的片段，分子量65 kD，包含604个氨基酸（由第451～1 054位）。此片段代表了VP5分子折叠的核心，并定义为上层（VP5 upper domain，VP5ud）。此区域含有大量的 α 螺旋和少量的 β 片层结构：9 个 α 螺旋组成的螺旋群形成了一个表面，对上层之间的相互作用非常重要，内部含有 3 个大的反向平行的 β 折叠，其余部分则主要由茎环以及少量 β 折叠和剩余的 α 螺旋构成，顶点处由一个多聚脯氨酸茎环构成，对连接 VP26 和皮层蛋白非常重要。另外，此区域在 862～880 位含有一抗原决定簇（Spencer 等，1997）。

（3）疱疹病毒 UL19（Vp5）蛋白的功能　VP5 蛋白是主要的衣壳蛋白，在病毒衣壳（总质量）中约占 60%（Newcomb 等，1996）。VP5 是衣壳粒的主要结构亚单位，可形成五邻体和六邻体，分别含有 5 个 VP5 单体和 6 个 VP5 单体。五邻体呈五倍旋转对称，位于二十面体的顶点；六邻体呈六倍旋转对称，构成二十面体的边缘（向骏等，2010）。这两者中 VP5 分子按一定方式排列，中间形成一轴向通道（直径 12 nm，高 15 nm），被认为是为脚手架蛋白解体出壳提供路径。六邻体顶端可结合 VP26，一个六邻体中 6 个 VP5ud 各结合一个 VP26，在顶端形成一个连续的环。但五邻体不结合 VP26，在相应位置与皮层蛋白结合（Zhou 等，1995，1999）。皮层蛋白覆盖在衣壳外表面使整体的外径达到 35 nm，另外它还可以招纳动力蛋白作为运输载体（Maurer 等，2008；Radtke 等，2010）。一个完整的衣壳含有 162 个衣壳粒，包括 150 个六邻体、11 个五邻体；1 个十二聚体门蛋白（基因 UL6 编码）；320 个三联体，1 个三联体由 1 个 VP19C（基因 UL38 编码）和 2 个 VP23（基因 UL18 编码）组成。因此，一个衣壳粒壳层含有 955 个 VP5、12 个门蛋白、320 个 VP19C 和 640 个 VP23（Zhou 等，1998；Brown 等，2011）。一个不对称晶胞含有 1 个 1/5 五邻体、15 个 1/6 六邻体和 5 个 1/3 个三联体，整个分子量为 3.2 MD（Zhou 等，1995；Saad 等，1996）。在二十面体的 12 个顶点处有 1 个为十二聚体门蛋白（基因 UL6 编码），与其他 11 个五邻体在结构上不同，虽然尺寸大小同其他五邻体一样，但是其形状为圆柱体呈 12 倍对称而不是五邻体中的 5 倍对称（Chang 等，2007；Albright 等，2011；Rochat 等，2011）。此门蛋白有一个轴向通道，为病毒 DNA 出入衣壳提供了路径（Trus 等，2004；Cardone 等，2007；Nellissery 等，2007；Conway 等，2011）。

病毒的衣壳由结构蛋白形成，在感染细胞中衣壳主要有三种存在形式，即 A 型、B 型、C 型。它们都含有基本的壳形结构，不同之处在于内部物质。A 型内部是空的，B 型内部含有脚手架蛋白，C 型内部含有病毒 DNA，A 型和 C 型被认为是由 B 型转化而来（B 型成功包裹 DNA 形成 C 型，否则形成 A 型）（Rixon 等，1993；Homa 等，1997）。

（4）疱疹病毒 UL19（Vp5）蛋白与其他衣壳蛋白的作用　VP5 的上层与 VP26（在六邻体中）、皮层蛋白（在五邻体中）发生相互作用中层结合由 VP23 和 VP19c 组成的三联体，底层与脚手架蛋白 pre－VP22a 作用。近年来还发现，UL17 与 UL25 编码蛋白也与 VP5 蛋白发生相互作用，因为它们的正常定位需要 VP5 和其他一些衣壳组分（Scholtes 等，2009）。利用低温冷冻电镜术重构 C 型衣壳，一个由 UL17 与 UL25 编码蛋白组成的异二聚体被发现，简称 CCSC（C capsid－specific component，C 型衣壳特定组件）。在每个衣壳粒的顶点处有一个五倍体的 CCSC 组件，其作用可能是支撑它相邻的五邻体以抵抗 DNA 衣壳化时的压力（Trus 等，2007；Cockrell 等，2009；Conway 等，2010；Cockrell 等，2011）。而另一个相似的结构几乎已在所有类型的衣壳中被检测到，被称作 CVSC（capsid vertex－specific complex，衣壳顶点特殊复合体），这一特殊结构的结合位点可能会成为抗病毒药物研究的重要靶位（Toropova 等，2011）。

除此之外，pre－VP22a 具有一个核定位信号，以协助 VP5 进入细胞核。由于衣壳在感染细胞的核内组装，包装 DNA 后转移到细胞质进一步加工，但 VP5 缺乏核定位序列（nuclear localization sequences，NLS），因此 VP5 在细胞质内与含有 NLS 的蛋白（分子伴侣）形成复合物后，转移到细胞核（Taylor 等，2002）。VP5 的分子伴侣是pre－VP22a，可自身相互作用形成复合体，与 VP5 结合后，由 NLS 指导共同进入细胞核，并聚合成支架结构，经过进一步装配形成球状（非二十面体）的原衣壳，然后pre－VP22a 被磷酸化和水解，原衣壳变成含有大量 VP22a 的 B 型衣壳（Loveland 等，2007）。局部的小衣壳逐渐聚合扩大，之后门蛋白开始参与，共同形成了衣壳前体。这一过程是以与脚手架蛋白形成复合体的形式调控的。如果没有脚手架蛋白的参与，门蛋白则无法进入原衣壳（Huffman 等，2008；Yang 等，2009；Cardone 等，2012）。VP5 蛋白与门蛋白之间的相互作用力很可能就是帮助锚定门蛋白进入衣壳层的（Lebedev 等，2007）。原衣壳一旦形成，病毒 DNA 开始被转运到其内部，此时门蛋白的顶点充当了导管的作用，通过它 DNA 可进入原衣壳内部（Yang 等，2008）。这一过程也需要末端酶的参与，它可以水解病毒 DNA 的末端，帮助其通过门蛋白顶点进入衣壳内部（Yang 等，2007）。同时 VP22a 解体出壳，原衣壳成角化从而由球形变为二十面体形，衣壳成熟。由于此末端酶并不水解线性 DNA，对哺乳细胞中 DNA 复制没有影响，因此与抗人类巨细胞病毒的药物类似，针对此末端酶的抑制剂将会被研发出来（Hwang 等，2009；Goldner 等，2011）。DNA 衣壳化后，其复合物经过一系列包装与去包装，然后被释放到细胞外（Mettenleiter 等，2009；Roos 等，2009）。在成熟的病毒粒中，VP5 与其他蛋白共同形成共价的交联结构，其中二硫键的形成可支撑五邻体（Szczepaniak 等，2011）。利用其他双链 DNA 病毒模型（如噬菌体 P22），前衣壳组装的机制将会进一步阐明，包括门蛋白的并入、脚手架蛋白的解体等。这些过程都将为抗病毒药物的研制提供参考（Chen 等，2011；Baines 等，2011）。

2. 鸭瘟病毒 UL19 基因及其编码蛋白　戴碧红、程安春等（2014）对 DPV UL19 的研究获得了初步结果。

（1）DPV UL19 基因的分子特性　鸭瘟病毒 UL19 基因全长 4 143 bp，编码 1 380 个氨基酸，理论分子量为 153.674 kD，高度保守不含信号肽，不是分泌蛋白；存在跨膜区的概率极低，初步估计应是膜外蛋白；疏水性区域分布广泛且比较分散；该多肽主要定位于细胞核、细胞质和内质网，并且内质网较多，可能与衣壳在宿主细胞核内装配然后转移到细胞质进一步加工成熟有关；三级结构预测发现，该多肽有一区域（第 486～1 050 位）与数据库中已知的 3D 结构模型同源性较高（图 3－24）。

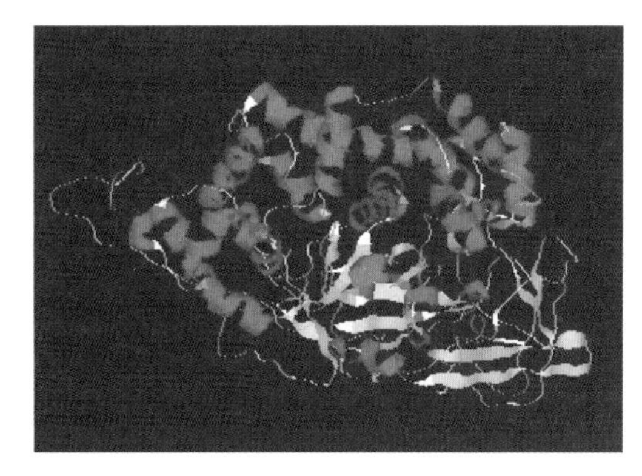

图 3－24　DPV UL19 的三级结构预测

（2）DPV UL19 基因的克隆、表达及多克隆抗体　由于序列较长，PCR 扩增该基因时易出现非特异性条带，因此扩增条件的选择比较苛刻。将 PCR 扩增出的 UL19 全基因先构建到 pUC118－2 载体，然后再构建到表达载体 pGEX－4T－1 进行诱导表达。虽然经过转化不同的表达宿主菌及各种条件的摸索，但最终都没有得到理论值大小的重组蛋白，因此推测该基因在原核表达系统中不易表达。可能的原因是在诱导过程中，片段较长又无法正确折叠成高级结构，从而使表达中断。

经过抗原表位分析，位于片段中间部分存在 B 细胞抗原表位的可能性较大。将该基因中间序列分成三个片段，分别进行 T 克隆及亚克隆，并转化至表达菌中诱导表达，三种表达产物主要以包含体形式存在。经过各种纯化条件摸索，最终采用切胶纯化与洗涤包含体的方法进行蛋白纯化，可以得到比较纯的蛋白。将纯化后的蛋白对兔进行免疫制备多克隆抗体，并用琼脂糖扩散试验测定效价，三个分段蛋白测得的效价可分别达 1∶8、1∶16 和 1∶16。

（程安春，汪铭书，朱德康）

（三）UL35 基因及其编码蛋白

鸭瘟病毒 UL35 基因的研究资料很少，有关疱疹病毒 UL35 基因的研究资料（蔡铭升等，2009）对进一步开展鸭瘟病毒 UL35 基因的研究将有重要参考。

1. 疱疹病毒 UL35 基因及其编码蛋白的特点

（1）UL35 基因序列的特点　UL35 基因是位于疱疹病毒的 UL 特定长区，在人的所有疱疹病毒及其他动物疱疹病毒的同系物中都存在。有研究指出，HSV-1 的 UL35 开放读码框（ORF）定位在其基因组图谱 0.463～0.465 的单位上。而对定位在 HSV-1 基因组这个区域 HSV-1 转录物的分析表明，UL33、UL34 和 UL35 的 ORF 是作为 3′共终端的 mRNAs 嵌套组合在感染晚期被转录的，但是对这个结果的证实还需要进行精确的 mRNA 作图。

（2）UL35 基因的基因类型　1992 年，David 等报道，HSV-1 可在大肠杆菌内 HSV-1 UL35 ORF 中表达，其蛋白是作为一个 TrpE-UL35 嵌合蛋白表达并且将这个嵌合蛋白作为一个产生多克隆抗血清的抗原，其血清能够特异性识别在感染 HSV-1 细胞内 UL35 ORF 的蛋白产物，而且 TrpE-UL35 抗血清也能够被用来检测 UL35 基因的合成动态学。这些研究揭示，UL35 基因产物是作为真正晚期基因（γ_2）产物被合成的。另外相关的研究也揭示，UL35 基因产物的合成绝对依赖先前病毒 DNA 的复制，表明 UL35 是一个真正的晚期基因（γ_2）。

然而人巨细胞病毒（HCMV）UL35 ORF 却被鉴定为一个早期的晚基因（Liu 等，2002）。它转录成两个共终端转录物，诱导合成两种磷酸化蛋白，ppUL35 和一个短形式的 ppUL35A。其和 ppUL35 羧端 193 氨基酸相对应。而短形式蛋白的合成在早期已经开始，全长形式的 UL35 蛋白却是一个晚期产物，随后被特异内装进病毒粒子内。这就表明，不同亚科的 UL35 基因在基因转录中可能属于不同的类型，可能与其所编码蛋白的定位和功能有关。

（3）UL35 基因编码蛋白的类型　研究发现，HCMV UL25 基因是 UL25 基因家族的成员之一，这个基因家族包括 UL25 和 UL35（Chee 等，1990）。在 β 疱疹病毒的成员当中 UL25 基因家族是比较保守的，而 UL25 基因家族的第二成员，UL35 在 β 疱疹病毒中也是相当是保守的，通过预测可以知道 UL35 蛋白编码区域的氨基酸呈相似性伸展（Liu 等，2001）。由于 UL35 基因和 UL25 基因是 UL25 基因家族的成员，因此两者都具有相同的保守性，UL25 编码一个间层磷蛋白（Zini 等，1999），这表明 UL35 ORF 也是编码一个结构蛋白；同时，HSV UL35 ORF 代表一个被活跃转录的基因，其在感染晚期才出现说明它编码一个病毒粒子的结构蛋白。

（4）UL35 编码蛋白的性质　1988 年，McGeoch 等在对 BP2 或 p12（VP26）的观察尝试确定是否在 HSV 基因组内，这些未确定特性的 ORF 能否编码一个 12 kD 的碱性蛋白。通过对 HSV-1 基因组内潜在的 ORF 的计算机辅助分析表明，UL35 ORF 可能编码这个蛋白，并且预测 UL35 ORF 编码一个分子量为 12 095 的蛋白（McGeoch 等，1988），其跟 p12 的分子量相一致（Heilman 等，1979）。此外，计算机分析表明，预测的 UL35 基因产物的氨基酸序列将产生一个等电点（pI）为 11.6 的磷酸化多肽，其跟 BP2 的碱基性质相一致，而且还呈现和主要衣壳蛋白 VP5（HSV－1 UL19 的产物）有大约等摩尔的数量（Newcomb 等，1993）。Davison 等（1992）后来对 HSV－1 的小衣壳蛋白（12 kD）VP26 的研究证实了上述的研究结果。相关的研究也发现，HCMV UL35 基因编码的长形式 ppUL35 蛋白和短形式的 ppUL35A 蛋白在合成后也被磷酸化（Chee 等，1990）。对 UL35 编码蛋白磷酸化形式进一步的研究表明，p12 的丝氨酸和苏氨酸残基是通过磷酸化被修饰的，而且苏氨酸和丝氨酸之间是以 4∶1 的比率被磷酸化的，这就说明 p12 包含几个附加的磷酸盐位点。另外，酸性尿素凝胶电泳分析表明，这个蛋白能够被分成三种成分，分别为 p12a、p12b 和 p12c。p12a 和 p12b 是 p12 蛋白质的磷酸化形式，而 p12c 可能代表未磷酸化的多肽。但是，在病毒粒子内 p12b 和 p12c 代表这种蛋白的主要形式（McNabb 等，1992）。

此外，圆二色谱学揭示纯化的 VP26 的构象主要由 β 片层组成（大约 80%），而 α 螺旋只占小部分（大约 15%）。它的关联状态是一个可逆的单体/二聚体平衡，解离常数大约为 2×10^{-5}M（Wingfield 等，1997），而且 VP26 单体是由一个大的结构域和小的结构域组成的，形成一个盖住每个六邻体主要衣壳蛋白（MCPs）上部区域边缘的六个亚单位圆环。

（5）UL35 蛋白的序列同源性　疱疹病毒的大多数主要衣壳蛋白和次要衣壳蛋白都拥有相对高的序列相似性，因此在这个物种之间其所有的衣壳蛋白结构是非常相似的。尽管通过一些 γ 疱疹病毒表达的蛋白证实这一家族的成员是具有同源性的（Lin 等，1997），但是 VP26 和其他疱疹病毒的同系物之间却没有多少序列相似性。有研究指出，与其他疱疹病毒的衣壳蛋白相比，大小跟 VP26 相似的蛋白不是很保守，范围从 EB 病毒的 176 个氨基酸（Lin 等，1997）到 DPV 的 117 个氨基酸（An 等，2008），再到 HSV－1 的 VP26 有 116 个氨基酸，而 HCMV 只有 75 个氨基酸。Wu 等（2000）对卡波济肉瘤相关疱疹病毒（KSHV）的最小衣壳蛋白 SCP（pORF65）的研究中，也得出了 SCPs 含有最低的序列同源性这一观点。不同疱疹病毒的 SCPs 说明，一个蛋白能够在序列、结构和功能上有明显的进化，但是它通过一个特异的低聚物状态和一个特异的配偶体相结合保存了它在病毒结构中的作用（Yu 等，2005），它们可能涉及病毒的专一性感染，并且在衣壳的组装和感染方面有不同的功能。

2. 疱疹病毒 UL35 基因编码蛋白的定位

（1）UL35 蛋白的亚细胞定位　关于 UL35 蛋白在感染细胞内的定位研究，有报道指出，HSV VP26 是定位在感染细胞的细胞核内，并且是严格定位在核内的特定区域

（斑点区域）（McNabb 等，1992），但是其对衣壳向细胞核的转运不是必需的（Antinone 等，1992）。而 Liu 等（2002）对 HCMV UL35 的研究表明，尽管有一个核定位信号的存在，在没有其他病毒蛋白存在的情况下，ppUL35 定位在近核室处并且被包装进入病毒粒子，而 ppUL35A 定位在细胞核内。

（2）UL35 蛋白在病毒自身内的定位　在构成 HSV－1 病毒粒子的 30 多种或更多的结构蛋白中（Cassai 等，1975；Powell 等，1975），只有 7 种多肽是核衣壳的结构组件。Gibson 和 Roizman（1972）从感染 HSV－1 细胞的核内鉴定 6 种蛋白（分别命名为 VP5、VP19c、VP21、VP22a、VP23 和 VP24）是作为衣壳的组件的。随后，Heilman（1979）和 Cohen 等（1980）鉴定了第 7 个衣壳蛋白（各自命名为 p12 和 NC7），其跟感染HSV－1细胞的核内分离的衣壳有关，这表明 p12 可能定位在核衣壳上。

Chi 等（2000）和 Newcomb 等（2000）的研究发现，VP26 不是 HSV－1 前衣壳的成分，因为其存在病毒粒子和成熟衣壳，VP26 是在前衣壳开始成熟时被添加到成熟衣壳上去的。随后，Booy 等（1997）通过对 VP26 的三维重建结果表明，6 个 VP26 亚单位对称的分布在包含 VP26 衣壳的每个六邻体凸出的外部顶点，而不是在五邻体上，并且围绕在 HSV－1 六邻体形成的喇叭形圆环上，甚至在这个蛋白超过 100 摩尔的量时也是如此，其不干扰衣壳和间层之间的相互作用（Chen 等，2001）。但是，一些研究人员在对 HCMV UL35 蛋白的研究却发现，与 HSV VP26 不同的是，ppUL35 是定位在至少由 20 种蛋白构成的间层上（Liu 等，2001）。

3. 疱疹病毒 UL35 蛋白的功能

（1）UL35 蛋白与衣壳的相互作用　有研究发现，VP26 与 HSV 感染宿主细胞核内分离的衣壳相关。Desai 等（2003）通过一个体外衣壳结合试验和一个绿色荧光蛋白（GFP）定位试验证实了 VP26 残基对其跟衣壳的相互作用相关。当 VP26 分子 C 末端（一个高度保守的区域）G93、L94、R95、R96 和 T97 氨基酸改变成丙氨酸时将废除 VP26 与衣壳的结合；附加的突变揭示 VP26 从 50～112 个残基范围的区域对融合蛋白（VP26－GFP）与衣壳的结合就已经足够；通过对 VP26 内保守残基采用定向诱变的方法表明两个对蛋白与蛋白之间起相互作用的主要残基 F79 和 G93 也能消除 VP26 与衣壳结构的结合；而残基 A58 和 L64 的突变导致了 VP26 与衣壳结合能力的降低；围绕 F79 的疏水残基 M78 和 A80 的突变也能够废除 VP26 与衣壳的结合。因此，这 3 个疏水残基构成了一个重要的相互作用区域，其对 VP26 和衣壳的结合是必需的。这些研究结果表明，VP26 和衣壳的相互作用比起 VP26 在核内的累积显得更加复杂。

（2）UL35 蛋白与 ATP 的相互作用　有资料显示，ATP 除了在 DNA 包装中起作用外（Dasgupta 等，2001），其对细胞外周的衣壳亚单位 VP26 组装到角化的衣壳上也是必需的。Chi 等（2000）在对 HSV VP26 的研究当中证实，在体内，当 VP26 被添加到成熟的角化衣壳上时需要 ATP 的介导。目前，还没有相关的研究指出为什么 ATP 对 VP26 募集到成熟衣壳上是必需的。一个可能性是依赖 ATP 的伴侣蛋白在衣壳的成熟过程中驱动这些晚期反应，因为这已经在其他的动物病毒衣壳中提出（Lingappa 等，1997；Weldon 等，1998）；或者是 ATP 可能是用来修饰 VP26 磷酸化的（这个过程能够影响 VP26 和衣壳的相关性）。然而，由于体外 VP26 募集到成熟衣壳上并不需要 ATP（Wingfield 等，1997），因此另外一个可能性是 ATP 对 VP26 进入核内是必需的。最后，可能在核内 VP26 运输至衣壳成熟的位点时其本身是一个需要能量的过程。

（3）UL35 蛋白跟病毒 DNA 的相互作用　有试验数据表明，与从 HSV 感染细胞的核碎片分离得到的衣壳相比，p12 在成熟 HSV－1 病毒粒子上的含量更多，这就表明 p12 可能与存在 HSV－1 核衣壳上的病毒 DNA 相互作用（McNabb 等，1997）。对 p12 预测的氨基酸序列的分析表明，这个蛋白是呈极度碱性的，这就提示一个带有如此碱性特性的蛋白能够和病毒的 DNA 相互作用。一些独立研究支持了 p12 跟病毒 DNA 相关联的可能性。Knopf 和 Kaerne（1980）发现，一个 12 kD 的酸溶性碱性磷蛋白（BP2）跟感染 HSV 细胞的染色质相关，表明这个多肽可能是一个由 HSV－1 所编码的 DNA 结合蛋白；另外，Blair 和 Honess（1983）对松鼠猴属疱疹病毒 DNA 结合蛋白的研究表明，一个 12 kD 碱性核衣壳蛋白的存在不管在体内或体外似乎都能跟松鼠猴属疱疹病毒 DNA 相结合。这就表明这个蛋白可能浓缩和/或包装病毒的 DNA 进入完成的衣壳。

（4）UL35 蛋白跟动力蛋白的相互作用　细胞质的动力蛋白是一个在细胞内沿微管（MT）向负端运输的主要“分子马达”，包含 2 条动力蛋白重链、2 条动力蛋白中间链和 3 个不同家族一系列动力蛋白轻链（Pfister 等，2006；Vallee 等，2004）。Douglas 等（2004）研究发现，VP26 和 14 kD 的动力蛋白轻链 RP3 和 Tctex1 有很强的相互作用。体外断裂方法（pull－down assays）证实，VP26 能跟 RP3、Tctex1 和完整的细胞质动力蛋白复合物相结合。而重组病毒衣壳被显微注射进活细胞并且在 37℃ 孵育 1 h 后能够观察到含有 VP26 的衣壳和 RP3、Tctex1、微管共定位，2～4 h 后含有 VP26 衣壳转移到细胞核附近，不含 VP26 衣壳仍然处于随机分布状态。这就说明，在细胞感染时 VP26 应该是通过跟动力蛋白轻链的相互作用调节进来的 HSV 衣壳与细胞质动力蛋白结合。

（5）UL35 蛋白与其他蛋白的相互作用　VP26 与 VP5 之间的相互作用一直以来受到了广大学者的关注。Rixon 等（2003）研究证明，只有当 VP5 也在核内时 VP26 才定位在转染细胞的核内，由此说明 VP26 直接跟 VP5 相关联。然而，有学者提出 VP5 和 VP26 之间最初的相互作用可能发生在细胞质中，并且这个复合物和支架蛋白一起易位到核内，在衣壳组装的位点进行 VP26 的累积；也有可能是当 VP5 开始在核内浓缩时 VP26 和 VP5 相关联。然而，最初和 VP5 发生相互作用的 VP26 构象与衣壳上的 VP26 不同，或者和 VP5 相互作用的 VP26 可能是一个单体/二聚体结构而不是存在于壳粒上的六聚复合物。对无 SCP（VP26）的 HSV－1 衣壳重组体的研究揭示，VP26 与 VP5 之间的相互作用不仅仅是和六邻体的构象相互作用，而且在 SCP 内的两条线性序列就足够引起 SCP 和 VP5 的相互作用（Lai 等，2003）。

然而，在病毒信号当中，UL35 基因编码两个蛋白都能够和间层蛋白 ppUL82 相互作用，但只有全长形式的 ppUL35 能够和 ppUL82 协调激活主要立即早期增强子-启动子（MIEP）（Murphy 等，2002；Nelson 等，1990）。Schierling 等（2004）通过对在转染和感染细胞内 ppUL35 和 ppUL82 这两种蛋白的共免疫沉淀鉴定其物理相互作用。另外，ppUL35 和 ppUL82 的相互作用在高盐浓度存在的条件下能够被检测，这使得蛋白质不可能形成一个不确定的合成物。然而，高盐浓度会降低结合，表明这种相互作用可能是由于静电结合力的作用，这跟许多异侧的相互作用大多通过静电结合的观察相一致。

（6）UL35 蛋白对 IE 基因表达的作用　Liu 等（2002）在对 HCMV 一个 22 kD 磷蛋白的表达通过 ppUL82（pp71）抑制 MIEP 激活作用的研究结果表明，UL35 蛋白可能调节主要立即早期基因的表达。而 Meier 等（2002）在认同 UL35 对 IE 基因表达作用的基础上观察了一个依赖多重感染（MOI）的病毒产量。当细胞感染的 MOI 为 0.01 时，UL35 是一个必不可少的基因；并且 IE 基因表达的缺陷能够采用输入大量病毒粒子来补偿，其跟一个在远端增强子缺失的 HCMV 突变体结果一样。对突变体 RVDELUL35（缺失 UL35）IE 基因表达的减少，一个可能的解释是没有 ppUL82 被嵌套进入病毒粒子，因为在晚期 ppUL82 没有向细胞质易位。当 Schierling 等（2005）分析间层蛋白被吸收进入感染野生型或突变体病毒的细胞内时，在阳性细胞染色中可观察到相同数量的 ppUL82 和 ppUL69。因此，IE 基因表达缺陷主要是因为缺乏 ppUL35，随后不能充分协调激活 MIEP。由此可以推测，ppUL35 在 IE 基因的表达起着一个重要的作用，但目前还不清楚其潜在的机制及对 IE 基因表达是直接的还是间接的。

（7）UL35 蛋白对病毒复制的影响　当 HCMV UL35 和 UL82 被共转染进病毒 DNA 时，研究人员发现一个感染力的协作增强作用。而且，病毒基因组 UL35 基因缺失像缺失 UL82 一样会导致一个增长缺陷，特别在低 MOI 时更加明显（Isomura 等，2003）。Dunn 等（2003）对 UL35 基因缺失的进一步分析支持了 UL35 基因缺失病毒的病毒产物减少的观点。而 Schierling 等（2005）发现，在感染突变病毒 0.1 MOI 的细胞中，其生长曲线表明病毒产物为原来的千分之一；当 UL35 基因被重新插入时这种缺陷能够被逆转。同时，接种突变体的 DNA 量比接种野生型病毒的高出 10 倍，采用电子显微镜分析时，病毒粒子看起来和正常一样，这就意味着突变体病毒需要 10 倍高数量的病毒粒子才能和野生型病毒一样达到相同的感染力。因此，ppUL35 的缺乏能够被输入大量病毒 DNA 或其他高水平间层蛋白或者是这两者的组合所补偿。当对每个输入 DNA 的量进行标准化时出现了 IE 基因表达的延迟，因此导致早期蛋白和晚期蛋白表达的明显减少，这也就导致了病毒 DNA 累积的大量减少和病毒产量的明显减少。这个观察使得 UL35 基因缺失成为病毒生长缺陷的唯一原因。

然而，有数据指出 VP26 对 HSV－1 在细胞培养中的生长不是必需的。Desai 等（1998）对 HSV－1 小衣壳蛋白 VP26 的研究表明，尽管一个含有 UL35 ORF 无效突变的 HSV－1 突变体表现出在感染细胞中病毒的产量是原来的二分之一，但是其在重组杆状病毒昆虫细胞组装系统内表现出对 HSV 衣壳的形成或者是 HSV 在细胞培养中的复制繁殖不是必需的，衣壳的组装和病毒粒子成分的合成似乎在 VP26 不存在的情况下不受影响。但是，VP26 对 HSV－1 在小鼠神经系统中的复制产量是必须的，其缺失会导致感染病毒在三叉神经节的产量为原来的百分之一。而 Krautwald 等（2008）对 PRV pUL35 的研究也得出了上述类似的结论。因此，VP26 是唯一对病毒在细胞培养中的复制不需要的 HSV 衣壳蛋白。

4. 鸭瘟病毒 UL35 基因及其编码蛋白 蔡铭升、程安春等（2009）对 DPV UL35 的研究获得了初步结果。

（1）鸭瘟病毒 UL35 基因的分子特性 DPV UL35 大小为 354 bp，编码 117aa，包含 1 个保守结构域，为 Herpes－UL35，与小衣壳蛋白家族相关并在 Herpes－UL35 基因编码蛋白之间高度保守，而且 DPV UL35 蛋白（VP26）与 Genbank 上多种 α 疱疹病毒同源蛋白的核酸和氨基酸序列具有较高的同源性。另外，亚细胞定位分析表明 VP26 主要定位于细胞核中，为核靶向蛋白质。密码子偏爱性分析结果显示，编码 VP26 相同氨基酸的不同密码子使用频率有较大的差异，并且 VP26 与大肠杆菌、酵母和人的密码子使用偏爱性差异分别有 18、19 和 25 个。因此，DPV VP26 的密码子偏爱性与原核生物较为接近，与真核生物及人相差较大，其基因表达选择在大肠杆菌等原核系统较为合适。DPV UL35 的三级结构见图 3－25。

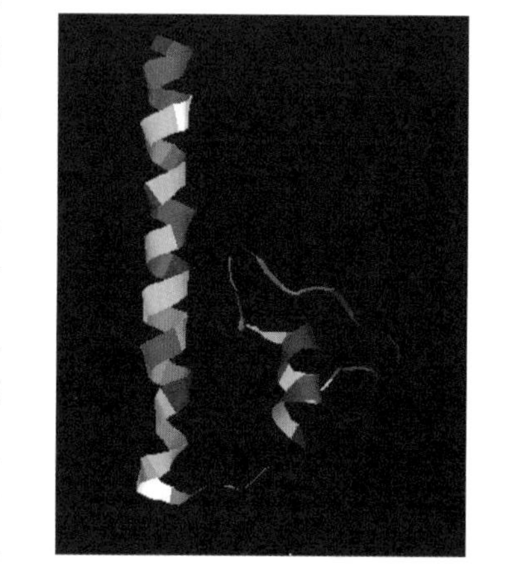

图 3－25 DPV UL35 的三级结构预测

（2）鸭瘟病毒 UL35 基因的克隆、表达及多克隆抗体的制备　对经 PCR 扩增的 UL35 基因进行 pMD18－T 载体克隆，然后通过对 pMD18－T－UL35 及 pET－32a（＋）进行 *Bam*HⅠ、*Hind*Ⅲ双酶切、连接，将 UL35 基因定向插入 pET－32a（＋），经 *Bam*HⅠ和 *Hind*Ⅲ双酶切及 PCR 鉴定表明，成功构建了重组表达质粒 pET－32a（＋）－UL35，并将其转化入表达宿主菌 BL21（DE3），用 IPTG 进行诱导表达，得到大小约为 33 kD 的重组融合蛋白，与预期表达的蛋白大小相一致。薄层扫描分析表明重组蛋白占菌体总蛋白的 32.3%，主要以包含体的形式存在，最佳表达优化条件为 1.0 mmol/L 的 IPTG 在 34 ℃下诱导 5 h。利用重组表达蛋白所带的 6×His 标签用镍柱亲和层析方法对其进行纯化，获得较高纯度的重组蛋白（图 3－26）。将过柱纯化的重组蛋白对家兔进行免疫，制备了兔高免血清，western blotting 检测显示，其能够识别重组表达蛋白，并且琼脂扩散试验效价高达 1∶32。

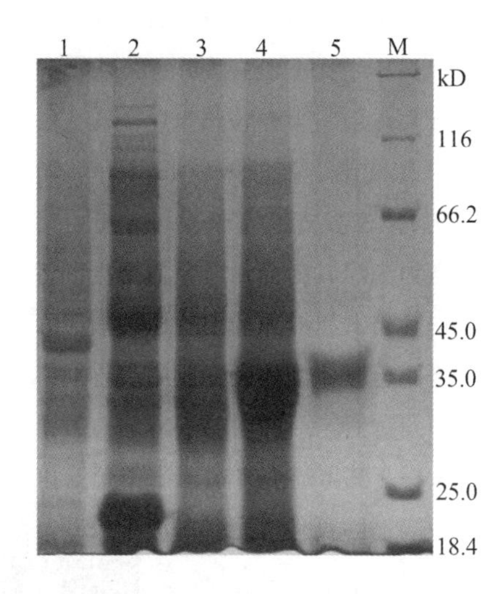

图 3－26　DPV UL35 重组表达蛋白纯化产物的 SDS－PAGE 分析

M. 标准蛋白质分子量　1. 未诱导载体 pET－32a（＋）转化菌　2. 诱导载体 pET－32a（＋）转化菌　3. 未诱导 pET－32a（＋）－UL35 转化菌　4. 诱导 pET－32a（＋）－UL35 转化菌表达沉淀　5. 纯化重组蛋白

（3）UL35 基因转录及表达时相　通过荧光定量 PCR 对 DPV UL35 基因在宿主细胞转录时相的检测结果表明，随着接毒时间的延长，DPV UL35 基因的转录产物呈现先急剧上升再缓慢下降的趋势。最早在 0.5 h 就已经检测到 UL35 基因开始转录，随后转录产物量迅速放大，并于感染后 12 h 达到高峰，24 h 后其相对含量下降到一定水平，但在 72 h 仍保持较高的水平。这种转录谱具有疱疹病毒早期基因的典型特征。以制备的兔抗 DPV VP26 IgG 为一抗，对感染鸭瘟强毒的鸭胚成纤维细胞（DEF）进行 western blotting 分析，在感染 12～72 h 的细胞蛋白提取物中可观察到与 DPV VP26 蛋白预测大小约 13 kD 相一致的条带。在感染后 12 h 隐约可见，随着感染时间的延长，从 24 h起目的条带逐渐变大变清晰，72 h 达到最大值（图 3－27）。综合分析 DPV UL35 基因的转录表达时相模式，推测该基因为病毒的晚期基因，其在感染晚期得到大量表达。说明其与病毒的组装与成熟密切相关，但其精确的定义有赖于进一步的研究。

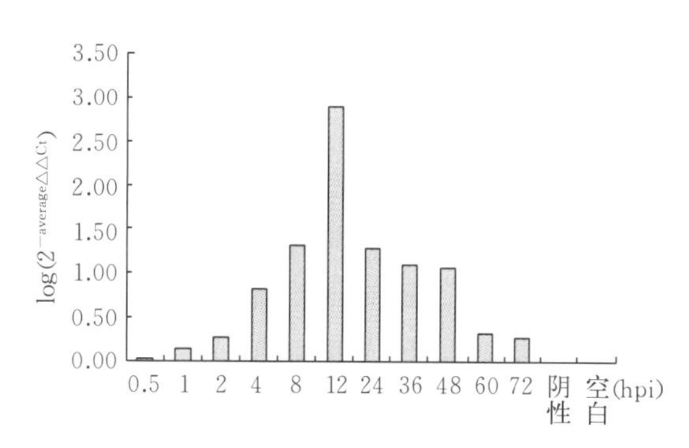

图 3－27 DPV UL35 基因转录时相的变化

（4）UL35 蛋白的亚细胞定位　通过细胞免疫荧光进行病毒感染 DEF 的亚细胞定位检测结果表明，DPV 感染 DEF 后 2～8 h 细胞核内荧光的量相对较少，12～36 h 逐渐增加，48～72 h 达到最多，并且在细胞核内的斑点区域聚集呈颗粒状分布；而在细胞质内 12 h才开始出现少量荧光，24～48 h 随病毒感染时间的延长而增加，72 h 荧光的量达到最多（图 3－28）。这种分布特征变化可初步推测，DPV 基因组编码的 VP26 先在细胞质中完成蛋白质的合成，然后转移至细胞核内并参与衣壳前体的组装，以发挥其基本生物学功能。

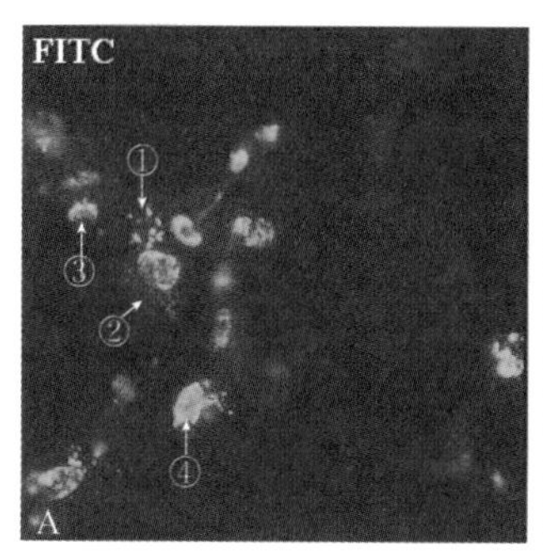

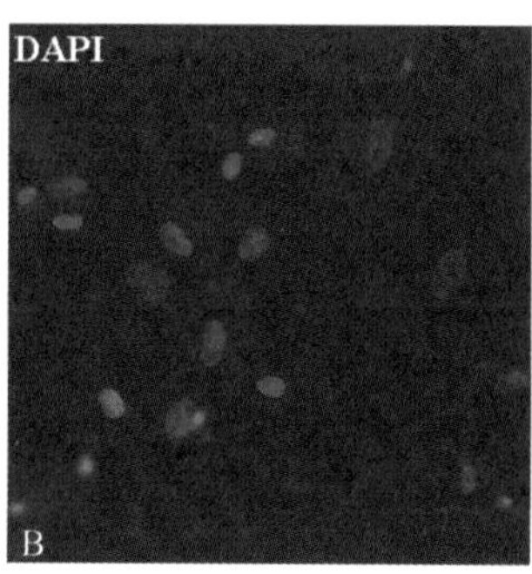

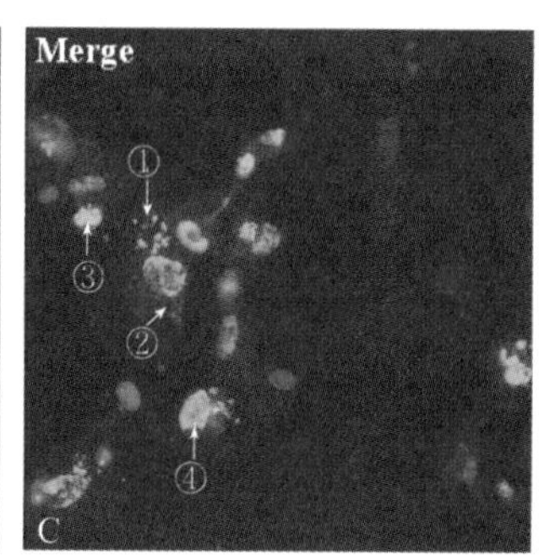

图 3－28 DPV UL35 蛋白的亚细胞免疫荧光定位

A. 感染病毒后 72 h FITC 染色　B. 感染病毒后 72 h DAPI 染色　C. Ja 和 Jb 的叠加。DPV 感染 72 h，细胞质中 UL35 蛋白量达到最多（A、C 中箭头①、②所示），细胞核内的也有大量 UL35 蛋白

（程安春，汪铭书，朱德康）

（四）鸭瘟病毒 UL38（Vp19c）基因及其编码蛋白

向俊、程安春等（2011）对 DPV UL38（Vp19c）基因的研究获得了初步结果。

1. DPV UL38（Vp19c）基因的分子特性 DPV UL38 基因全长 1398 bp，G+C 含量为 46.35%，编码 466 个氨基酸多肽蛋白（Vp19c），预测等电点（pI）为 8.78、理论分子量为 51.6411 kD。蛋白质中含量较高的氨基酸为 Arg（18.5%）、Leu（18.5%）、Ser（18.5%）、Ala（15.1%）、Gly（15.1%）。整个序列中疏水氨基酸（A、I、L、F、W、V）158 个，占氨基酸总数的 34.0%；亲水性氨基酸（N、C、Q、S、T、Y）128 个，占 27.5%；其中酸性氨基酸（D、E）43 个，占 34%；碱性氨基酸 51 个，占 40.0%。亚细胞定位预测结果显示该蛋白的定位分布为：细胞质（cytoplasmic）占 43.5%；细胞核（nuclear）占 26.1%；线粒体（mitochondrial）占 13.0%；空泡（vacuolar），细胞骨架（cytoskeletal），质膜（plasma - membrane），内质网（endoplasmic reticulum）均各占 4.3%。由此可以推测，该蛋白可能具有核定位的特征。Vp19c 蛋白产物的抗原表位主要集中在 1～12aa，18～26aa，34～54aa，66～84aa，118～125aa，144～153aa，166～177aa，192～202aa，214～216aa，265～283aa，361～367aa，380～385aa，392～396aa，404～410aa，425～441aa 区段。总体来看，N 端的抗原性较强且连续性较好。

DPV UL38（Vp19c）包含 1 个保守结构域，与多种 α 疱疹病毒同源蛋白的核酸和氨基酸序列具有较高的同源性。其编码产物不含有信号肽、跨膜区，可定位于细胞核，抗原表位较多且相对集中在 N 端，不含有多个连续的稀有密码子。

2. DPV UL38（Vp19c）克隆、原核表达及多克隆抗体 利用原核表达系统 pET - 32a（+），分别表达了完整 ORF 编码产物和部分 ORF 编码产物。SDS - PAGE 分析表明，融合蛋白大小分别约为 66 kD 和 45 kD；western blotting 分析表明，表达产物均可与兔抗 DPV 多克隆抗体发生特异性免疫反应；ELISA 分析表明，两个蛋白的抗原性接近。纯化重组蛋白，然后对家兔免疫制备了相应的多克隆抗体，琼扩效价为 1：8。western blotting 表明制备的抗血清能特异性地与病毒粒子反应。

3. DPV UL38（Vp19c）蛋白的表达时相和细胞内定位 通过 western blotting 确定 UL38 基因编码蛋白的表达时相发现，最早在病毒感染细胞后 8 h 检测到该蛋白，这与疱疹病毒典型的晚期蛋白表达谱是一致的。通过间接免疫荧光试验确定 UL38 基因编码蛋白的细胞内定位发现，最早在病毒感染细胞后 8 h 可检测到荧光在细胞质，随后逐渐靠近细胞核，在 30 h 集中于细胞核内（图 3 - 29）。为进一步确定该蛋白的定位，构建了融合表达绿色荧光蛋白载体，将质粒转染鸭胚成纤维细胞，通过荧光显微镜观察证实了该蛋白能主动定位于细胞核，说明其存在核定位信号。

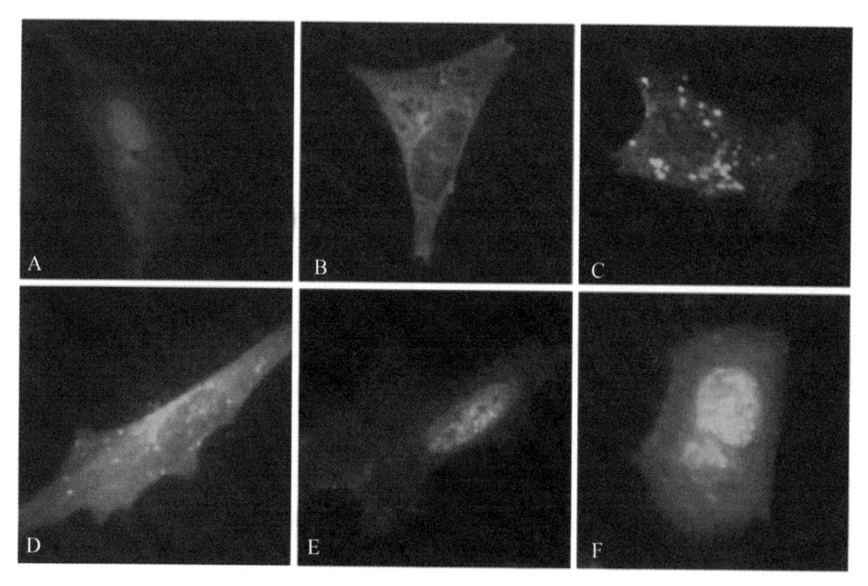

图 3－29 DPV UL19 VP19c 蛋白细胞内定位

不接毒的正常 DEF 及接毒后孵育阴性血清的对照组均未见特异性荧光（A、B），细胞核被 DAPI 复染为蓝色，形态规则，多数呈椭圆形。在病毒感染细胞后 8 h 可见细胞质出现特异性点状荧光（C）。细胞质中的荧光随病毒感染时间的延长而增加，并逐渐向细胞核靠近，在病毒感染细胞后 18 h 可见大部分荧光靠近核膜（D）。在病毒感染细胞 30 h 后可见细胞核内出现特异性荧光（E、F），呈颗粒状散在分布，而细胞质内则几乎未见荧光

4. RNAi 靶向 UL38 基因抑制 DPV 复制 根据 DPV CHv 株 UL38 基因序列、水禽类已知基因序列、短发夹 RNA 表达载体要求和 RNA 干扰靶位序列选择原则，应用 BLAST 工具筛选出了 3 条特异性地针对 DPV CHv 株的小干扰 RNA 序列，将构建好的干扰质粒与融合表达绿色荧光蛋白质粒共转染鸭胚成纤维细胞，荧光显微镜观察可见其中 1 个干扰载体表现出较好的抑制效果。随后将筛选的效果最好的干扰质粒转染鸭胚成纤维细胞，6 h 后接种病毒，通过观察细胞病变来判断 RNA 干扰对 DPV 在细胞中复制的影响情况。试验结果显示，该干扰载体对病毒在细胞中的增殖具有一定的抑制作用。

（程安春，汪铭书，朱德康）

三、皮层蛋白

（一）US3 基因及其编码蛋白

鸭瘟病毒 US3 基因的研究资料很少，有关疱疹病毒 US3 基因的研究资料（信洪

一，2009）对进一步开展鸭瘟病毒US3基因的研究将有重要参考。

α和β疱疹病毒US3基因位于US区（Longnecker等，1987；Zhang等，1990；Sakaguchi等，1992；Kongsuwan等，1995；Brunovskis等，1995），α和β疱疹病毒中US3基因编码蛋白性质并不相同。α疱疹病毒编码US3基因属于早期基因（E基因或β基因）（Munger等，2001），其编码蛋白为一类功能上类似蛋白激酶A（PKA）的蛋白酶，被称作丝氨酸/苏氨酸蛋白激酶（McGeoch等，1986；Frame等，1987；Walro等，1997；Takashima等，1999；Murata等，2000；Benetti等，2004）。而β疱疹病毒US3基因为立即早期基因（IE基因或α基因），编码蛋白并非蛋白激酶，可以与MHC-Ⅰ类分子结合成为复合物，使之滞留于内质网，而降低病毒抗原呈递给CTL。

US3蛋白在所有α疱疹病毒中是保守的（McGeoch等，1986，1994），位于疱疹病毒的皮层。其特异性识别具有RRRX（S/T）Z基序的底物，其中X为任意氨基酸，Z为非酸性氨基酸。此外，人单纯疱疹病毒型（HSV-1）和伪狂犬病毒（PRV）的US3基因可以编码两条大小不同的蛋白，分别被称为（US3和US3.5）（Van等，1990；Poon等，2005，2006）。其中US3.5蛋白形式上是截断的US3蛋白，其功能表现并不完全一致，还并不清楚存在两种表达形式的意义。目前还没有发现在其他疱疹病毒中存在类似情况。虽然研究证明该基因对于病毒在细胞培养物中生长并不是必需的（Longnecker等，1987；Purves等，1987；Nishiyama等，1992），但是US3基因缺失毒株感染动物宿主却表现出毒力和复制能力的减弱（Meignier等，1988；Kurachi等，1993；Kimman等，1992，1994；Schumacher等，2001；Lyman等，2003）。

US3蛋白主要具有如下三种活性：

① 促进初级包膜病毒与核外膜融合进而释放病毒核衣壳到细胞质，完成第一脱膜过程（Granzow等，2001，2004；Reynolds等，2002；Bjerke等，2002）。

② 诱导肌动蛋白压力纤维的解聚和细胞骨架的重排（Van等，2003；Schumacher等，2005；Favoreel等，2005）。

③ 具有抗凋亡活性（Leopardi等，1997；Galvan等，1998；Jerome等，1999；Hata等，1999；Asano等，1999，2000；Irie等，2000；Munger等，2001；Cartier等，2003；Ogg等，2004；Geenen等，2005；Mori等，2006；Peri等，2007）。

1. 疱疹病毒US3基因在基因组中定位 已有多种α疱疹病毒基因组全序列公布，其中HSV-1和PRV病毒基因组研究最早，也最详细，二者在基因结构组织方式也很相似。HSV-1的基因组DNA由共价连接的长节段（L）和短节段（S）组成，在每个节段的两端，含有反向重复序列［包括末端重复序列（terminal repeat，TR）和内部重复序列（internal repeat，IR）］。US3基因由短独特区5′端第三个开放阅读框编码。

类似的US3排列方式也在其他一些α疱疹病毒中出现（Daikoku等，1993；Gray等，1993；Zelnik等，1993；Tyack等，1997；Jang等，1998；Fernandez等，1999；Spatz等，2008）。各种疱疹病毒基因组由于L和S片段连接的方式不同，因此存在DNA的异构体形式。HSV的DNA共有4种同分异构体，即P（原型）、I_{UL}（长独特区倒置）、I_{US}（短独特区倒置）和I_{LS}（长、短独特区都倒置）。这种短独特区的倒置可能造成US3基因位置的改变（Fernandez等，1999）。在PRV病毒基因组中，US3基因直接位于gG基因的上游。US3基因和gG基因转录产生共同3′末端的mRNA（Van等，1990；Zhang等，1990）。这两种转录起始位点形成的转录物中，一个是次要转录体，另一个是主要转录体。US3基因中编码ATP结合域的序列中有一个保守的赖氨酸密码子，其对于激酶活性有重要作用。当把该赖氨酸密码子突变成丙氨酸密码子则能有效灭活US3蛋白的激酶活性，HSV US3蛋白密码子编码的第220位赖氨酸就是此类保守赖氨酸。

2. US3蛋白与病毒成熟、释放 疱疹病毒粒子的成熟需要经历初次包膜-脱膜-二次包膜的过程，即在核内形成的核衣壳首先通过核内膜而获得初级包膜，同时获得部分皮层蛋白。然后处于核膜间的初次包膜病毒再以出芽的方式从核外膜释放。在出芽释放过程中，初次包膜被融合到核外膜，而将包裹有部分皮层蛋白核衣壳的病毒粒子释放入胞质中；在细胞质中，病毒粒子再在高尔基体反面的网络结构中形成完全的皮层蛋白（Whiteley等，1999；Zhu等，1995），之后病毒粒子被运输囊泡运到细胞膜，在此出芽获得成熟的囊膜，成为成熟的病毒颗粒（Granzow等，1997，2001；Gershon等，2000；Mettenleiter等，2002）。

虽然研究显示US3蛋白在病毒细胞培养物中的生长是非必需的，但是US3缺失病毒感染动物细胞的病毒产量有很大减少（Takashima等，1999；Kimman等，2003）。Reynolds等（2002）发现，HSV-1 US3缺失病毒感染Vero细胞后，缺失病毒在细胞生长最大效价比野毒株的效价低0.1～0.3，这反映出缺失病毒粒子的生产和释放减少了。PRV US3缺失株感染细胞其在核膜处的包膜-脱膜过程受到抑制而使病毒粒子积累在核周，并在核膜内叶形成大的内陷（Wagenaar等，1995；Klupp等，2001；Reynolds等，2002）。

目前已经鉴定的病毒疱疹病毒的gK、UL11、UL31、UL34、UL20和US3蛋白都参与病毒的包膜-脱膜过程（Baines等，1992；Hutchinson等，1995；Jayachandra等，1997；Reynolds等，2001）。其中US3蛋白对病毒的包膜-脱膜过程发挥作用的一个可能机制是通过UL34蛋白的介导而实现的。

Reynolds等（2002）首先发现，HSV-1 UL31蛋白和UL34蛋白均分布在核边缘，并认为UL31蛋白和UL34蛋白相互作用形成复合体聚集在核膜中，对核衣壳在核膜内部包装成熟起重要作用。试验研究也显示PRV野毒感染细胞时，UL34蛋白被检测到主要在核周区，而US3蛋白却弥散分布于感染细胞。当UL34缺失时，仍旧可以在感染细胞的细胞质和核内检测到US3蛋白。比较起来，US3蛋白缺失却改变了UL34蛋白的细胞内定位，导致弥散分布，而核周区病毒积累明显减少。因此，病毒基因组中US3的缺失影响UL34蛋白的细胞内分布。这种效应在HSV-1也存在，当HSV-1 US3蛋白功能失活时，HSV-1包膜因子UL34蛋白错误定位于核膜的点状结构。超微结构研究显示，这些点状结构是包膜病毒粒子囊泡化后在核膜内侧的积累（Reynolds等，2002）。电子显微镜观察显示，这些囊泡是由核周区演化而来的，可能对病毒形态的发生起显著的阻止作用。而UL34蛋白错误定位而成簇排列，沿核内膜的不连续位置指导病毒包膜，导致核内囊泡的形成（Reynolds等，2001）。这些结果提示，US3缺失或突变灭活对病毒复制的影响是受UL34蛋白磷酸化缺陷介导的。而研究显示HSV-1 UL34蛋白主要是被US3蛋白磷酸化（Purves等，1991，1992；Park等，2006），提示US3蛋白对UL34蛋白的磷酸化作用可能对这种包膜-脱膜过程起一定作用。进一步研究证实，US3蛋白通过磷酸化UL34蛋白第195位苏氨酸和198位丝氨酸来调节其活性的（Leader等，1991；Purves等，1986）。而其磷酸化对于新合成的核衣壳正确的初次包膜和在核周均匀排布具有重要作用，这种现象在疱疹病毒中是保守的（Baer等，1984；McGeoch等，1988；Chee等，1990）。这也进一步说明US3蛋白在病毒复制过程中具有基础作用。目前发现至少有三种途径是UL34促进病毒核内释放可能机制（Ryckman等，2004）。首先，UL34通过核衣壳和内核膜彼此桥联直接介导包膜。其次，US3蛋白可能指导其他在病毒核内释放过程起重要作用的因子的定位来调节、介导包膜。最后，核纤层可能对病毒从核内释放起一个重要的物理阻碍作用，而疱疹病毒感染改变了这种结构（Scott等，2001）。

US3基因缺失还导致了UL31蛋白无法在核周分布，且感染US3缺失病毒的细胞产生了大量含有反常的UL31和UL34蛋白的核衣壳。在US3基因缺失株感染的细胞中，UL31蛋白聚集明显比野毒株感染细胞多。说明US3缺失使病毒的释放受到阻滞，从而使病毒发生生长缺陷和包膜病毒粒子在核周区的积累。PRV中UL31和UL34蛋白相互作用影响核衣壳的早期包膜。进一步的试验证实，UL31和UL34基因编码磷酸化蛋白，其中UL34是二类跨膜蛋白，主要定植于感染细胞的核膜，推测其为初次包膜蛋白，而UL31蛋白可能是初级皮层成分，二者可以彼此结合促进初次包膜过程（Reynolds等，2001；Fuchs等，2002）。

在伪狂犬病毒和单纯疱疹病毒感染细胞后的初次包膜过程中，UL31和UL34蛋白具有重要作用（Chang 等，1997；Klupp 等，2000；Roller 等，2000；Reynolds 等，2001）。当这两种蛋白缺失时，病毒在内核膜的初次包膜过程被阻止，病毒核衣壳在感染细胞核内积累。说明两者在核周或核膜定位是病毒初次包膜要求的，而 US3 激酶对于 UL31 和 UL34 在核边缘的均匀分布具有重要意义（Reynolds 等，2001）。进一步用 PRV 野生型毒株感染细胞发现，UL31 和 UL34 蛋白都在宿主核膜聚集，若缺失 UL34 蛋白，UL31 蛋白就不能聚集在核膜上，而是分散于整个核内，这说明 UL31 蛋白的定位是受 UL34 蛋白的影响的。酵母双杂交分析也显示，UL31 蛋白可与 UL34 蛋白的 N 端特异性相互作用，有利于 UL31 蛋白在核内的定位。由此分析，US3 蛋白对 UL31 蛋白的核周定位进而对病毒包膜-脱膜过程的影响可能也是通过 UL34 介导的。

虽然 US3 蛋白对 UL31 或 UL34 的核周定位及病毒的脱膜-包膜过程是重要的，但这并不是决定性的。对 PRV 感染细胞的研究发现，US3 蛋白缺失仅使胞内病毒效为原来的十分之一，而 UL31 或 UL34 蛋白缺失却可以使胞内病毒效价只有原来的 0.01～0.1。这说明 UL34 基因缺失使病毒出现严重的生长缺陷（Klupp 等，2000；Roller 等，2000），而 US3 基因缺失在培养细胞中却显示教微弱的病毒复制损害（Purves 等，1987）。从感染病毒 HEp－2 或 Vero 细胞裂解液免疫沉淀 UL34 蛋白，结果显示突变灭活或缺失 US3 蛋白基因都显著减少了 UL34 的磷酸化，但是并没有完全阻止。相应地，当突变 US3 识别基序中的磷酸化位点时，检测不到 UL34 蛋白的磷酸化。由此可以认为，UL34 蛋白磷酸化主要取决于 US3 蛋白，但并不是完全由其决定。至少有一个其他的蛋白激酶可以磷酸化 UL34 蛋白，而其磷酸化作用的效率不如 US3 蛋白激酶高（Ryckman 等，2004）。已知疱疹病毒表达的 HSV UL39 类似物——核苷酸还原酶大亚单位也具有激酶活性（McGeoch 等，1988；Chung 等，1989）。此外，所有疱疹病毒都可编码 HSV－1 UL13 蛋白类似物，其也具有激酶活性。也有试验显示，PRV US3 和 UL13 双突变株表现出严重的生长缺陷（De Wind 等，1992）。因此说明这些激酶有可能部分补偿 US3 缺失造成的损失，包括病毒在核膜区的包膜-脱膜过程的损失。上述研究认为，病毒在核内包膜-脱膜过程受阻滞可能由于 UL34 的磷酸化差异造成的。且无论 US3 蛋白是否存在，病毒粒子形态发生都可以继续进行，但 UL34 蛋白缺失却显著损害了病毒复制，对这种现象的解释是其他蛋白激酶的磷酸化补偿作用造成的（Klupp 等，2000）。但另一种推断认为，US3 基因缺失造成的病毒在核区的包膜-脱膜过程阻滞不完全是因为 UL34 蛋白未被 US3 磷酸化。这种解释认为既然当 US3 缺失时，PRV UL34 蛋白磷酸化过程却并未改变（Klupp 等，2001），那么说明 PRV UL34 蛋白的磷酸化并不完全受 US3 蛋白存在与否的影响。此外，PRV UL34 蛋白是 HSV－1 中磷酸蛋白类似物，但不像在 HSV－1 中一样，它在 PRV 中并不是专一受 US3 蛋白激酶的磷酸化。

PRV UL34 与 HSV－1 UL34 的氨基酸序列比较显示，US3 蛋白介导的磷酸化作用是与US3 蛋白所识别特定的一致序列相关联。在 HSV－1 UL34 蛋白区存在这种一致序列，但是这种识别区在 α 疱疹病毒 UL34 蛋白中并不保守，PRV UL34 就是此类。但无论如何，US3 蛋白存在与否确实影响了 PRV UL34 的细胞内定位（Klupp 等，2001）。由于US3 蛋白除了能磷酸化 UL34 蛋白外，还具有降低 UL34 蛋白在细胞质或核被膜聚集的作用（Reynolds 等，2001），推测 US3 缺失造成病毒粒子包膜-脱膜阻滞可能与 UL34在核膜中的数量减少相关，因此认为 US3 蛋白对病毒初级膜与细胞外核膜融合过程中具有重要的结构作用。

进一步研究显示，US3 蛋白存在与否并未引起病毒在核内衣壳初次包膜的根本性改变，但是初级囊膜通过和细胞核外膜融合而脱膜的过程似乎在 US3 缺失时效率明显变低。说明 US3 蛋白在病毒在核周区的脱膜过程起一定作用。另外，病毒 US3 蛋白的缺失只是抑制了病毒脱膜的过程但并没有完全阻止，说明 US3 蛋白在此过程中起调节作用。

UL37 蛋白可以与衣壳相关的 UL36 皮层蛋白相互作用（Klupp 等，2002），皮层蛋白 UL37 缺失时，皮层在早期形成受到抑制，导致细胞质内成簇的有序排列的核衣壳积累（Klupp 等，2001）。免疫电镜试验证实，这些成簇的核衣壳中包含 US3 蛋白。说明US3 蛋白要么在病毒从核膜脱膜过程中保留了下来，要么在病毒衣壳在细胞质中重新获得（Granzow 等，2004）。Granzow 等（2004）试验证实，PRV 初次包膜的病毒可以被特异的 UL31 和 UL34 抗体结合，但是与 UL36、UL37、UL46、UL47、UL48 和UL49 皮层蛋白特异的抗体没有反应性。而在细胞质中病毒粒子的反应性恰好相反。此外，无论核周初次包膜的病毒还是细胞内成熟的病毒核衣壳都与 US3 蛋白抗体具有反应性。说明 US3 蛋白是初级包膜病毒和成熟病毒粒子的皮层成分，而 UL34 和 UL31 仅是初级包膜病毒皮层结构（Granzow 等，2004）。类似结果也在 HSV－1 感染病毒中被发现（Reynolds 等，2002）。US3 蛋白在初次包膜病毒和成熟病毒中都存在可能与其在病毒感染期间的细胞内分布有关（Klupp 等，2001；Lyman 等，2003）。即在感染期间，细胞核周和细胞质中都可以检测到 US3 蛋白。研究显示，PRV US3 蛋白也可以在感染细胞的核膜中被检测到，但比 UL31 和 UL34 少很多。说明 PRV US3 蛋白是可以定位与核膜中的，并在初次包膜过程中融入病毒皮层的。然而，其他皮层蛋白，如 PRV UL27 或 UL48 虽然可以在核内定位，但是其都没有进入初次包膜的病毒粒子。因此有可能存在一种特异的分类机制限制其融入初级包膜病毒，以保证相关蛋白的融入，也有可能是病毒蛋白的表达时序影响病毒蛋白在病毒粒子中的定位。

PRV US3 基因转录产生两种在碳端相同的蛋白片段，大小分别为 41 kD 和 53 kD

（Van 等，1990；Zhang 等，1990）。其中较小的蛋白片段是成熟病毒粒子的皮层结构成分（Lyman 等，2003）。编码的两个 US3 蛋白都介导细胞蛋白的磷酸化，但在阻止凋亡和促进病毒粒子从核向细胞质迁移的能力不同（Poon 等，2006）。

US3 蛋白在病毒粒子中的定位受 gE 或 gI 蛋白的影响（Lyman 等，2003；Michael 等，2006）。因为减弱的 PRV 疫苗株 Bartha 并不能包裹 US3 蛋白，而 Bartha 株是缺失 gE 和 gI 基因的。此外，在病毒成熟过程中，病毒皮层成分间或皮层成分与囊膜成分间存在复杂的相互作用。但 US3 蛋白缺失并没有改变成熟病毒粒子皮层蛋白成分（UL37、UL46、UL47、UL48、UL49 和 UL11），说明这些皮层蛋白成分引入病毒粒子过程并不依赖 US3 蛋白。

US3 蛋白激酶显著影响编码病毒被膜磷蛋白 UL46 基因产物的稳定性。当 US3 基因发生缺失突变时，UL46 蛋白稳定性下降，且在 US3 基因缺失突变的病毒中无法检测到 UL46 蛋白，而体外检测也表明 UL46 蛋白可被 US3 蛋白磷酸化（Matsuzaki 等，2005）。HSV－2 UL46 基因产物为磷蛋白，主要编码病毒被膜磷蛋白 VP11 和 VP12，在病毒复制后期表达，它们被 US3 蛋白激酶磷酸化，可能是 US3 基因调控病毒释放及扩散的方式之一。

US3 解聚压力纤维肌动蛋白的功能已经在多种疱疹病毒中得到证实，但是其机制和调节在不同病毒中并不完全一致（Favoreel 等，2005）。编码点突变 US3 K220A 的质粒表达 US3 蛋白的酶活性受到破坏，但其也能引起鸡胚细胞压力纤维肌动蛋白的临时破坏，其表现和野毒株 US3 蛋白质粒一样有效。同时，US3 蛋白作用主要源于其蛋白激酶活性，而点突变使 US3 失活的病毒显示出与 US3 基因缺失表现的几乎一样。以上两点说明 US3 激酶活性在引起细胞压力纤维肌动蛋白的临时破坏作用中可能并不是必须的。相似的现象在痘病毒编码的 F11L 蛋白也有报道。报道证实 F11L 蛋白可以通过一个结构域与 RhoA 结合，该结构域与 ROCK 的一个结构域有相似性。因此认为有可能 F11L 结合 RhoA 阻止了 RhoA 和 ROCK 相互作用，从而抑制了下游信号传递，但其并不涉及 RhoA 的磷酸化（Valderrama 等，2006）。此外，转染 US3 突变质粒的细胞，在转染后 48 h 恢复了其压力纤维肌动蛋白。这种现象可能是由于病毒蛋白表达诱导的细胞压力反应产生的，而细胞压力反应可以导致肌动蛋白的聚集（Valderrama 等，2006；Bustelo 等，2007），说明 US3 蛋白对细胞压力纤维的解聚功能是一过性的。

在 HSV－1 感染的 BHK 细胞中，UL34 蛋白被磷酸化了，但是当 US3 基因缺失或者突变失活以后，或者 UL34 蛋白中 US3 催化识别位点突变都可以导致 UL34 无法磷酸化（Purves 等，1991，1992）。说明在 BHK 细胞中，UL34 蛋白的磷酸化是直接被 US3 催化的。且 UL34 蛋白在 BHK 细胞中是被 US3 蛋白专一性磷酸化，当 US3 突变失活或缺失造成 UL34 磷酸化作用消失时，有四个磷酸蛋白能和 UL34 蛋白共沉淀。而在感染的 HEp－2 细胞或 Vero 细胞中却没有这种现象。此外，在感染的 PK－13 细胞中，PRV UL34 蛋白的磷酸化状态似乎不受 US3 蛋白的影响。这些现象可能说明 UL34 细胞的磷酸化作用机制具有细胞依赖性，且很可能涉及一个或者几个存在于感染细胞的蛋白。

在 HSV－1 感染 HEp－2 细胞时，US3 缺失或者突变灭活都能导致显著的生长缺陷。US3 突变的传染性病毒与 HSV－1 野毒株比较发现，子代病毒释放受到拖延和减少。推测与 US3 突变相关的生长缺陷直接与在观测到的病毒形态发生过程影响相关的。然而这种推断并不是简单发生的，因为 US3 突变株在 Vero 细胞中产生相似形态表型，但没有表现明显的生长缺陷（Ryckman 等，2004）。这种现象说明，感染 HSV－1 病毒的 HEp－2 和 Vero 细胞对存在 US3 蛋白功能缺失的病毒复制的影响是有差异的。同时，因为感染病毒在 HEp－2 细胞中的复制不仅减少了，而且其复制起始也被拖延，说明这种差异是一个较复杂的现象。有许多可能的假说解释了不同细胞型间的差异，其中有两个假说受到相对较多的认可。第一个假说是，以生长试验测试为基础的。由于 US3 突变病毒感染的细胞病毒发生过程受到显著阻止而使病毒在核周积累，说明病毒具有的感染性多数是由核周病毒引起。相比之下，在野毒感染细胞中，病毒具有的感染性多数是由成熟病毒造成。因此，如果 Vero 细胞核周病毒的特异感染性接近成熟病毒，那么所用的生长试验方法不能检测到 HSV－1 US3 突变和野毒之间的差异。试验数据说明初次包膜病毒可能有一些感染性（Baines 等，1991），然而其比成熟病毒感染性弱。US3 蛋白功能缺失的病毒可以引起其在 HEp－2 细胞中生长缺陷而产生缺陷病毒在核膜的积累，而却对其在 Vero 细胞中的生长没有明显抑制。此外，核周和成熟病毒粒子之间特异的感染性差异在 HEp－2 细胞比在 Vero 细胞中更大。另一个假说是，既然 US3 蛋白有抵制感染细胞凋亡的能力，而且 HEp－2 细胞对病毒诱导的凋亡比 Vero 细胞更敏感。那么 US3 突变的 HSV 感染 HEp－2 细胞可能在病毒复制达到高效价之前就凋亡而死。然而，这似乎不能解释在复制开始就观察到的拖延现象。

HEp－2 细胞中，编码不被磷酸化的 UL34 蛋白的 HSV－1 突变株与野毒株感染细胞后在所测参数上没有显著差异。然而，US3 缺失株感染 HEp－2 细胞却引起病毒发生过程障碍。因此，既然 US3 催化活性对病毒在该细胞的形态发生是必需的，那么就有可能存在未被鉴定的 US3 底物，其对 HSV－1 在 HEp－2 细胞中的复制是重要的，如 US3 蛋白可以磷酸化细胞蛋白 HDAC1、HDAC2 和 PKA 等（Poon 等，2006，2007）。然而，在 Vero 细胞中，同样的病毒却在传染性子代病毒产生过程的开端存在显著的延迟。不像 US3 催化活性缺失的情况，这些病毒生长缺陷与明显的细胞形态反常或 UL34

蛋白的错误定位并没有关联。已知 US3 缺失株感染的 Vero 细胞没有引起明显的病毒发生过程障碍，说明 UL34 蛋白可能被细胞激酶的低水平磷酸化促进了细胞因子的相互作用。其在 Vero 细胞中是重要的，但对 HEp-2 却非必要。也就是说，US3 识别催化 UL34 的保守磷酸化位点突变可能破坏了一个重要的非磷酸化依赖的彼此作用位点。由此可以说明，HSV-1 US3 蛋白激酶和 UL34 蛋白间催化关系的重要性是有细胞型差异的。此外，在病毒形态发生过程中，可能是感染细胞蛋白而非 UL34 要求必须被磷酸化。在 HEp-2 中，HSV-1 明显依靠 US3 蛋白执行此过程，而 Vero 细胞似乎有能满足需要的内生激酶。这种现象也在 PRV 试验中存在。

HSV-2 US3 蛋白激酶影响病毒 US9 蛋白和 UL12 蛋白，以及细胞角蛋白 17（Daikoku 等，1994；Murata 等，2002；Kato 等，2005）。考虑到 US9 蛋白和 UL12 蛋白的功能，似乎这不能解释这里所说的 US3 依赖效应，而且 US3 蛋白对细胞角蛋白 17 磷酸化作用的影响只在稳定转染细胞系中 US3 过表达的条件下被观察到（Shao 等，1993；Nishiyama 等，1993；Brandimarti 等，1997；Murata 等，2002）。因此，这些潜在的催化关系在病毒复制中的重要性还不清楚。

US3 蛋白也显示磷酸化核纤层蛋白 A/C（lamin A/C），因而改变其定位，同时调节病毒的核释放（Mou 等，2007）。核纤层是病毒由核内释放的重要物理屏障，而疱疹病毒能编码破坏核纤层完整性的蛋白，从而使病毒粒子可以包膜和脱膜（Scott 等，2001；Muranyi 等，2002）。与 HSV 由核释放相关的核膜蛋白中，核纤层蛋白 B 受体在其氮端附近包含这一序列，而核纤层蛋白 B 受体被细胞激酶在其氮端的磷酸化是与有丝分裂过程中破坏核纤层有关的（Courvalin 等，1992；Nikolakaki 等，1996，1997）。

疱疹病毒可以诱导一种关键的核内膜蛋白 emerin 磷酸化并使其游离存在，诱导 emerin 的磷酸化有可能对其与核纤层、染色质或细胞骨架成分相互作用有影响，并促进病毒从核内释放（Morris 等，2007）。UL34 基因无义突变株感染的真核细胞核纤层蛋白并无破坏，且 UL34 基因产物又是 US3 蛋白激酶第一个被鉴定的底物，因此它可能是调控核纤层蛋白定位的关键基因。另外，在感染期间 emerin 的磷酸化作用涉及一个或几个细胞激酶，而且有可能受病毒 US3 蛋白激酶的影响（Morris 等，2007；Leach 等，2007）。

细胞蛋白 p60 可以与疱疹病毒 HSV-1 调节蛋白 ICP22 和 ICP0 相互作用，而 ICP22 和 ICP0 都是病毒的多功能蛋白，在病毒早期复制中具有重要意义，这说明 p60 有可能影响病毒复制过程。然而编码 US3 蛋白或 UL13 蛋白可以影响 p60 在感染细胞中的定位（Bruni 等，1999），同时 US3 蛋白也可以磷酸化 ICP22（Carter 等，1996），这些都间接说明 US3 蛋白有可能参与病毒复制过程调节。

感染细胞中，ICP22和US3蛋白激酶介导cdc25C碳端域的磷酸化，而cdc25C可以通过脱磷酸化作用而激活cdc2。已知cdc2可以与UL42形成复合物征募并磷酸化拓扑异构酶Ⅱα从而有效地表达病毒γ基因（Roizman等，2008），因此推断US3蛋白对于晚期基因的表达也有调控作用。在病毒感染腹膜巨噬细胞的研究中，发现US3蛋白激酶可能还影响病毒DNA的复制（Kurachi等，1993）。

3. US3蛋白与免疫逃逸、潜伏感染 US3蛋白激酶可以致宿主细胞形态改变，从而有利于病毒的传播。研究显示，HSV US3蛋白激酶可导致宿主细胞形态学的显著变化，如细胞变圆、肌动蛋白丝裂解等。蛋白激酶诱导的细胞形态改变极可能与Cdc42/Rac相关的信号转导途径有关，因为当其表达鸟苷三磷酸酶（sGTPase）Rho家族成员Cdc42 /Rac的活性形式时，宿主细胞形态的改变会部分被消除。此外，US3蛋白激酶对CK17的磷酸化可引起宿主中间丝的裂解。US3蛋白激酶还可急剧改变宿主细胞支架，使宿主细胞形成包含长肌纤蛋白和微管蛋白的突起。GFP标记病毒共聚焦显微镜分析表明，多种病毒内含物迁入该突起中，标记病毒同时也可在突起邻近细胞的细胞质内被发现。突起的形成既可被肌纤蛋白稳定类药物所抑制，又能被Rho激酶抑制剂Y27632所诱导。分析这些药物对病毒传播的影响显示，US3蛋白激酶诱导的这种细胞形态的改变利于病毒在细胞之间传播。

US3蛋白破坏宿主细胞核膜。病毒颗粒包封后，将由宿主细胞核内转移至细胞胞质，位于细胞核膜内层的核纤层蛋白是其主要障碍。该蛋白分为纤层蛋白A/C和纤层蛋白B，它们相互捆绑并与核纤层激活相关蛋白（lamin associate proteins，LAP）和染色体结合成一道屏障。绿色荧光蛋白（GFP）示踪表明，疱疹病毒感染可显著影响核纤层蛋白的定位及形态。Park等（2006）推测，HSV可能是在细胞有丝分裂过程于核纤层网膜制造裂缝，使病毒得以扩散。US3无义突变株感染试验发现，宿主的核纤层蛋白出现了极大的孔洞，US3可能是限制病毒感染过程中核纤层蛋白齿孔的形成。US3基因对宿主细胞核膜状态的直接调控能力，对病毒在核内包封后向外扩散极为重要。

病毒在宿主体内感染是病毒与宿主自身免疫体系相互作用的过程。病毒感染宿主以后可表现为增殖性感染和潜伏性感染。感染宿主的病毒能够利用不同的策略，尽可能逃避宿主免疫系统对其的损害，以保证自身在宿主体内生存。潜伏感染就是病毒逃避策略之一。其实质是病毒复制处于非活性的状态，基因表达受到抑制，只表达与病毒潜伏相关基因，其他无关基因则处于休眠状态，而在某些刺激因素作用下激活基因复制而使病毒增值，进而潜伏感染又转为增殖性感染。潜伏和复发感染是疱疹病毒的突出特点。大部分的病毒是通过获得基因整合的特性，将病毒DNA以一定方式整合进入宿主细胞的染色体DNA，在宿主细胞内建立潜伏感染。这种特性的获得是病毒在与宿主细胞及机体长期相互作用过程中，在选择压力之下形成的特殊生物学性状。而以 HSV 为代表的疱疹病毒却是通过在不同细胞内建立不同的感染形式来完成对宿主的潜伏感染。疱疹病毒在进化中能够获得如此独特的感染特性，与其复杂的基因组结构和多样的感染对象密不可分。一般来说，疱疹病毒复制最终导致细胞死亡，然而某些组织细胞对病毒复制具有一定的耐受作用。例如在生理条件下，病毒感染 TG 神经元能推迟 α 疱疹病毒诱导的细胞死亡（Geenen 等，2006），表现出对病毒复制一定程度的耐受。部分原因是在 TG 神经元中感染病毒的全病毒复制循环周期长，足够让新产生的病毒长距离传播到轴突末端。试验显示，48.9% 的 PRV 感染 TG 细胞都可以存活达到 4 d 以上，而猪的其他类型细胞都在感染 2 d 就死亡了。此外，当初次感染或潜伏激活感染时，TG 和其他神经元细胞可以在一定程度耐受病毒复制，进而进入或者维持潜伏（Simmons 等，1992；Geiger 等，1995；Perng 等，2000；Aleman 等，2001）。试验显示，疱疹病毒感染的 TG 细胞在感染后 96 h 仍旧存活，而且细胞内的病毒仍能感染其他细胞。这说明 TG 神经元对 PRV 病毒生长具有较强的耐受，进而有利于病毒感染向潜伏状态过渡（Geenen 等，2005）。总之，TG 神经元对 α 疱疹病毒复制造成的细胞死亡比其他类型细胞有更好的耐受。说明 α 疱疹病毒可以在感染宿主的感觉神经元建立潜伏感染（Preston 等，2000；Tomishima 等，2001）。已经证实，PRV 和 HSV-1 经由上呼吸道黏膜上皮和控制上皮的三叉神经中枢感染是其潜伏感染的主要位置。

病毒通过与在轴突位置的轴膜融合而进入神经系统。融合后的病毒衣壳和部分皮层蛋白借助微孔相关的快速轴突运输途径向神经元细胞体移动（Smith 等，2004；Bearer 等，2000）。一旦衣壳到达核膜，病毒 DNA 便释放进入核。病毒 DNA 运输到感觉神经元的核内导致两种可能的感染模式：一个模式是病毒以类级联方式启动完全复制循环，在此过程中首先是极早期和早期基因的表达引起病毒 DNA 复制，然后以复制级联模式表达晚期基因。另一模式是病毒在复制循环早期阶段建立潜伏感染。

神经元细胞对病毒的耐受机制还不清楚，但推测其可能依赖病毒活细胞的抗凋亡蛋白。至今，在 PRV 只有 US3 激酶蛋白被证实具有抗凋亡作用（Geenen 等，2005）。试验显示，PRV 野毒株在感染非神经元 TG 细胞晚期（>48 hpi）诱导细胞凋亡，而 US3 缺失病毒诱导凋亡却可以早得多（24 hpi）。然而，在一定感染时间内（24 hpi、48 hpi 和 72 hpi）PRV 野毒株和 US3 蛋白缺失毒株感染的神经元细胞都没有引起显著的凋亡。因此，TG 神经元显著的抗凋亡功能并不完全依赖 US3 蛋白（Geenen 等，2005）。这种耐受是否与其他病毒蛋白（与 HSV 抗凋亡相关蛋白类似物）有关（如 ICP4、ICP27、ICP22、US5、US6 和潜伏相关转录体/LATs）还不得而知（Aubert 等，2001）。

疱疹病毒科病毒为了维持其潜伏和完成复制演化可产生多种方法抑制宿主的免疫防

御过程（Nash 等，2000）。已知皮肤和黏膜感染疱疹病毒后通常通过感觉神经传播到三叉神经，并在此建立长期潜伏。潜伏病毒可以逆行转运至上皮细胞并被激活造成新一轮的病毒复制传染。中和抗体和抗病毒 CD4 和 CD8 T 细胞可以有效抑制但无法完全抑制病毒在黏膜和神经系统的复制，但可以对其有效抑制（Dahershia 等，1988）。进一步的动物模型试验显示，CD8 T 细胞对控制 HSV－1 在感觉神经中枢的传播具有重要作用（Simmons 等，1992）。病毒向神经系统的扩散伴随 CD8 T 细胞的渗透，其可以在急性感染消散后仍长期维持（Shimeld 等，1995）。小鼠试验显示，缺乏 CD8 T 细胞的动物清除病毒时间延长同时伴有神经元的显著损失（Simmons 等，1992）。感染小鼠的三叉神经中枢体外移植并用 CD8 抗体处理造成病毒加速激活。这说明 CD8 T 细胞控制病毒感染。HSV－1 ICP47 蛋白显示，与抗原递呈相关的转运体（TAP）相互作用可阻止抗原肽的结合及向内质网迁移和随后向目标细胞表面运转 MHC 一类分子。HSV－1 感染细胞也显示，具有抗 MHC Ⅱ类分子限制的 $CD4^{+}$T 淋巴细胞诱导细胞凋亡的能力（Jerome 等，1998，1999）。研究显示，US3 蛋白保护 HSV－1 感染细胞抵抗由 MHC 一类分子限制的 CD8 T 细胞的裂解作用，而不影响抗原递呈或 T 细胞的触发。小鼠在用环磷酰胺进行免疫抑制以后，角膜途径感染 HSV－2 US3 缺失株的侵入神经能力有所恢复（Yamamoto 等，1996）。这种神经侵害作用在环磷酰胺治疗的免疫抑制小鼠中被重建，说明体内 US3 活性对免疫调节具有重要作用。此外，HSV－2 US3 蛋白显示具有抑制小鼠角膜上皮细胞和初级传入神经元受感染病毒诱导凋亡的能力（Asano 等，1999，2000）。单纯疱疹病毒基因 US3、US5 和 US12 可以不同程度地调节 CTL T 细胞诱导产生的毒性（Aubert 等，2006），并证实 US3 缺失病毒在预防感染成纤维细胞裂解能力表现出一定的缺陷。

US3 基因对病毒抵抗干扰素影响具有一定意义。HSV－1 US3 缺失株对干扰素作用比野毒株或 US3 蛋白缺陷弥补后的缺失病毒株更敏感。虽然 US3 缺失病毒在干扰素处理的 HEp－2 细胞进一步生长过程并没有受到明显的抑制，但是与野毒株感染比较起来，子代病毒的产生和细胞病理效应都受到较大的抑制。US3 缺陷病毒感染 Vero 细胞后形成噬斑的数量和大小都随着干扰素浓度增加而显著减少（Piroozmand 等，2004）。这些结果都说明 US3 蛋白缺失的 HSV－1 对干扰素作用敏感。

凋亡本身也是机体对外来刺激的保护性反应。有试验利用剔除巨噬细胞的小鼠肝脏培养 US3 缺失 HSV，细胞在炎性细胞渗出的局部区域发生凋亡，从而限制了病毒的复制传播（Irie 等，2004）。说明疱疹病毒通过 US3 蛋白抗凋亡活性可以逃逸机体的这一初级免疫反应。

HSV－1 病毒编码一个 Fc 受体，其分别由 gE、gI、UL13 和 US3 组成（Ng 等，

1998)。但此受体对于病毒与受感染动物免疫间具有何种关系有待进一步研究。

总之，疱疹病毒的免疫逃逸机制是复杂而多方面的，而且依赖各种病毒蛋白具有的部分辅助活性。

4. US3 蛋白与病毒的传播、致病性　脑内接种 HSV-1 US3 缺失株没有致病性 (Meignier 等，1998)。HSV-2 US3 缺失株的神经侵害作用明显降低。US3 缺失 HSV 对小鼠致病性减小是因为 US3 抗凋亡活性的消失。同时 PRV US3 基因删除导致病毒对自然宿主毒力显著减弱 (Kimman 等，2003)。一些数据说明，与 US3 缺失相关的病毒释放缺陷也可能对于致病性减小有贡献。伪狂犬病毒 US3 缺失株感染神经元后产生的病毒粒子比野毒株少 10 倍，而且通过眼部感染啮齿动物 US3 缺失 PRV 其毒力有一定的减弱，同时症状表现也比野毒株晚。此外，水痘-带状疱疹病毒 ORF66 基因编码蛋白是 HSV-1 US3 类似物，其缺失抑制了 VZV 对 T 细胞的感染性 (Moffat 等，1998)。

疱疹病毒侵入神经系统并在外周神经系统的感觉中枢建立感染循环是一个复杂的过程，其在神经元细胞内长距离运输包括两个阶段。第一阶段是在病毒与外周神经系统的末梢轴突接触并侵入时开始启动。这个转运阶段主要是微管蛋白支持的逆行运动，此过程在疱疹病毒到达外周神经中枢的细胞核时结束。第二个运输阶段发生在感染外周神经元细胞复制子代病毒以后，通常在潜伏持续期发生，是感染病毒输出阶段。病毒粒子主要是顺行方向朝轴突末梢移动，并在此扩散导致体表细胞的感染并向新的宿主传播。在神经元的转运方向是受病毒粒子内的移动相关因子而非感染细胞本身的变化控制的。有报道显示，PRV 转运方向是与包膜状态相关的。新生病毒一旦进入细胞则其包膜与细胞膜融合而消失，同时脱膜的病毒衣壳启动逆行转运。相反，PRV 病毒粒子向轴突末梢移动是与脂质膜和病毒跨膜蛋白相关。子代病毒明显需要维持膜联结状态以实现向轴突末梢转运并释放传播，新生病毒粒子一旦膜结构损失就会向细胞体转运。试验显示，这些错误移动的病毒粒子的速率和运行长度与病毒初次侵入神经元时没有明显差别 (Coller 等，2008)。说明子代病毒粒子在从所感染细胞释放前又进入了逆行运转状态，而在正常情况只有病毒粒子传播入另一细胞时才会发生。推测 PRV 可能利用细胞内膜结构来防制衣壳吸附诸，如 dynein 等逆行转运启动因子，同时招募 kinesin 等顺行转运启动因子。病毒 UL13 和 US3 基因编码两种蛋白激酶，其都是病毒结构成分。已知病毒激酶都具有通过改变微管蛋白启动因子的活性、控制运输相关因子与病毒粒子结合或者修饰病毒粒子成分来调节细胞内病毒运输能力。UL13 和 US3 两种激酶缺失的病毒在感染病毒释放阶段有大量异常的逆行转运现象。这种缺陷只有在两种酶活性都失活情况下才发生，而且逆行转运频率增加可达到 50%的理论最大值，即新生病毒逆行转运和顺行转运的量是一致的。说明子代病毒衣壳首先顺行转运脱离细胞体，并向轴突末梢移动，而后逆转出现异常的逆行移动。也有解释认为突变病毒粒子向神经元细胞转运是由于感染后期细胞外病毒粒子进入导致。但以下理由说明这是不可能的。首先，感染病毒的细胞使新病毒侵入很难，背根神经节传入神经元中，在感染后 4 h 细胞就开始启动阻止再次感染，而且这种效应是不依赖 US3 和 UL13 的。其次，在感染早期，甚至在感染后 12～15 h，看到的侵入病毒粒子量达到峰值，这无法解释病毒释放阶段看到的病毒粒子移动量递减的现象。进一步利用 US3 和 UL13 双激酶缺失突变病毒株进行衣壳转运试验，结果显示 US3 和 UL13 双激酶缺失病毒表现出停转事件频率增加。相比而言，在激酶活性缺失时，顺行转运速度和运行长度没有减少。然而在突变病毒进入神经元后逆行移动立即出现明显的增加。虽然逆行速率和运行长度的增加应该提高轴突末梢感染病毒后衣壳向细胞体转运动力学，然而相关联的顺行转运缺陷预示在 US3 和 UL13 激酶活性缺失情况下，子代病毒粒子向轴突转运是无效的。

病毒激酶缺失时，逆行运动增加可能是由与病毒成分相联结的微孔马达调节改变引起的，或者由于病毒成分本身改变引起的。PRV 病毒粒子在神经元的顺行转运期间是被膜结构包裹着的。在释放病毒期间若病毒粒子缺乏脂质和病毒糖蛋白时就会有持续的逆行转运。有报道通过构建的表达红色荧光蛋白（RFP）核衣壳病毒和 gD－GFP（绿色荧光蛋白）膜标记，在病毒轴突转运期间可以对两种病毒成分的影像捕获。其在培养的背根神经节传入神经元中感染和复制后，可以检测到在轴突中顺行运动的病毒粒子主要是具有 gD－GFP 荧光的子代病毒。而在 US3 和 UL13 激酶缺失病毒却表现出异常的逆行运动增加，且逆行运动衣壳并不是简单的包膜病毒粒子反转运动，而是伴有包膜损失的。这些试验结果证实，疱疹病毒顺行转运是要求包膜的。疱疹病毒衣壳通过出芽进入细胞内由细胞分泌通路演化来的膜结构，从而包膜成熟。在释放病毒期间，经历顺行转运的子代病毒粒子是包含衣壳、皮层蛋白、脂质和跨膜糖蛋白的成熟病毒粒子（3、4、37）。因此，病毒粒子膜损坏就需要膜融合过程，如病毒囊膜和环境中细胞转运囊泡膜结构之间的融合。这与病毒囊膜通过与目标细胞膜融合而进入细胞是一个类似过程。此外，如果衣壳与膜结合但却没有完全包膜，仅仅解离事件就可以造成膜损失。有试验为了测试在感染病毒释放过程中，转运病毒粒子的膜损失是否由转运病毒粒子膜融合造成的，构建了编码糖蛋白 gB 的基因缺失株（Coller 等，2008）。已知 gB 膜蛋白对病毒膜融合及侵入细胞过程是必需的。能表达 gB 的细胞用来增殖 gB 缺失病毒，增殖病毒用以感染初级传入神经元。这种子代缺失病毒可以感染细胞，但是由此产生新的的子代病毒缺乏 gB 蛋白，其膜融合活性丧失不能感染其他细胞。与相应野毒感染的神经元比较，gB 缺失并没有显著改变感染病毒释放期间转运事件的频率，而且缺乏激酶活性的病毒逆行频率增加也不依赖 gB 蛋白。因此，说明转运病毒粒子膜损失及其伴随的反转向神经元细胞转运都不依赖融合相关的病毒成分。由此推测病毒激酶 US3 和 UL13 在病毒粒子表面与细胞囊泡交界处发挥作用（Coller 等，2008）。Kelly 等（2008）为了确定神经元转运调节对病毒粒子是否为特异的，用四甲基罗丹明右旋糖酐标记背根神经节传入神经元，其标记在神经元内逆行和顺行转运囊泡。标记神经元随后被 PRV 感染或伪感染12 h，追踪顺行囊泡并分析转运速率和转运长度。结果囊泡运动没有显著改变，而且顺行移动囊泡的转运动力学与顺行移动病毒粒子运动没有差别。这与预测的病毒借助内生细胞成分的结合而顺行转运一致。进一步通过构建表达 RFP 衣壳和融合 GFP 的 US3 或 UL13 蛋白的 PRV 重组毒株，验证神经元细胞轴突中的衣壳运动与 US3 和 UL13 激酶之间的关系，结果也说明病毒激酶是转运衣壳的组成成分。同时发现缺乏激酶活性的 PRV 在转运病毒衣壳到神经元细胞核所需要的逆行运动略有提高，而在病毒复制后向轴突末梢转运出现不成比例的减少现象。而且，这种顺行转运减少是由于感染病毒释放阶段伴有膜联结损失造成病毒运动异常反转而出现持续的逆行移动造成的。这些结果与以前认为膜联结决定衣壳在神经元转运的结论一致，进一步说明 US3 和 UL13 蛋白激酶在此过程其调节作用。

以前预测包膜病毒衣壳将完全装配成传染性病毒粒子，而病毒囊膜和周围转运囊泡膜融合产生无膜衣壳，其可逆行向神经元细胞体转运。目前，也有认为病毒粒子包膜时内陷进囊泡膜，没有形成完全包膜的病毒。该模型得到以下试验结果的支持，HSV 感染细胞纯化的包膜病毒粒子常常部分被囊泡膜包裹。而且，这些与衣壳联结的内陷囊泡在体外明显可以通过征募 kinesin 而沿着微管迁移。这种部分包膜的核衣壳也在 HSV 感染的感觉神经元轴突中被发现。虽然这些粒子以前都归因于顺行转运结束后发生的晚期出芽事件，但是试验中 US3 和 UL13 激酶突变病毒显型显示这些粒子至少部分是由顺行转运到轴突的。

US3 和 UL13 激酶缺失使 PRV 增殖减少，然而两个激酶在此过程中的作用并不清楚。已知 US3 和 UL13 激酶磷酸化病毒皮层和膜蛋白而且在不同情况下促进病毒蛋白的结合或解聚。在这点上，US3 和 UL13 激酶可能通过调节病毒粒子成分和加强病毒跨膜蛋白和皮层及衣壳蛋白间的相互作用，提高病毒粒子与膜联结而影响有效的顺行转运。因此，病毒编码的 US3 和 UL13 蛋白激酶通过防止包膜与衣壳解离和限制衣壳参与逆行转运事件，在维持病毒粒子向轴突末梢长距离转运中协调发挥作用。

5. US3 蛋白与细胞凋亡 病毒感染细胞产生两种相对立的现象，既引起感染细胞的凋亡同时也限制病毒在细胞中的表达、复制（Shen 等，1995；Galvan 等，1998）。为了消除感染细胞后对病毒复制的限制，病毒建立相应的机制以利于病毒传播，其中抗凋亡是其致病机制之一，主要利于病毒复制和致瘤作用发挥功能（Thomson 等，2001），包括 HSV 等许多病毒都拥有抗凋亡基因（Chiou 等，1994；Bump 等，1995；Xue 等，1995；Cheng 等，1997；Koyama 等，2000）。病毒具有选择性抑制凋亡机制，如马疱疹病毒-8 可以通过编码无功能的死亡域与 FADD 结合从而抑制 Fas 受体诱导的凋亡（Bertin 等，1997；Thome 等，1997），而其并不能抑制紫外辐射诱导的凋亡（Bertin 等，1997）。HSV-1 可以抑制由 UV、乙醇诱导凋亡的核内事件（如 DNA 降解）、热激（Leopard 等，1996）、TNF-α（Galvan 等，1998；Yu 等，1999）、Fas 配体（Sieg 等，1996；Fox 等，2001）（如抗 Fas 抗体）、渗透休克（Koyama 等，1997）等诱导的凋亡，但对磷脂酰丝氨酸在包膜表面化没有影响，HSV-2 却在这些调节下没有显示抗凋亡活性。

HSV 表达 US3 蛋白可以抵抗由病毒感染、Bcl-2 家族成员过表达、$CD8^+$ T 细胞或各种外部刺激（渗透压、UV 辐射等）诱导的凋亡（Leopardi 等，1997；Hata 等，1999；Jerome 等，1999；Asano 等，2000；Murata 等，2002；Cartier 等，2003；Ogg 等，2004；Calton 等，2004）。US3 蛋白激酶直接阻止线粒体应激的凋亡反应或者作用于可以触发线粒体应激凋亡的病毒某基因产物（Munger 等，2001）。HSV d120 突变病毒感染的细胞主要通过 α 蛋白表达积累而诱导凋亡的（Galvan 等，2000），然而试验证实 US3 蛋白激酶表达不影响 ICP0、ICP22 或者 ICP27 等 α 蛋白在 d120 突变病毒感染的细胞中积累。同时，研究显示 HSV 诱导的凋亡伴随显著的 caspase-3 和 caspase-8 活性降低。因此说明 US3 蛋白主要通过对细胞内凋亡相关蛋白的调节而实现抗凋亡活性的。HSV US3 缺失毒株 d120 可以刺激感染的 HEp-2 释放细胞色素 C 而启动促凋亡酶促级联，导致 caspase-3 的裂解激活，而 US3 蛋白却可以阻止释放细胞色素 C 和 caspase-3 的裂解激活。这说明 US3 蛋白是在线粒体通路中阻止促凋亡蛋白的激活（Munger 等，2001）。

在线粒体凋亡通路中，细胞丝氨酸/苏氨酸激酶催化 Bad 而抑制凋亡（Yang 等，1995）。未磷酸化的 Bad 通过与抗凋亡蛋白 Bcl-2 和 Bcl-XL 形成异二聚体而使线粒体凋亡通路激活，最终活化效应 caspase-3 而促进凋亡（Zha 等，1996）。细胞表达的一些与抑制凋亡信号相关的激酶是通过磷酸化 Bad 中的保守丝氨酸发挥作用的，如 Akt（亦称蛋白激酶 B）、PKA 或核糖体 S6 激酶（Rsks）分别磷酸化 Bad 中第 112、136 和 155 位的丝氨酸（Datta 等，1997；Fang 等，1999；Bonni 等，1999；Lizcano 等，2000；Zhou 等，2000；Tan 等，2000；Virdee 等，2000）。当 Bad 中这些丝氨酸残基被磷酸化后，可以使 Bad 从异二聚体中释放，进而与细胞质蛋白 14-3-3 结合而失活（Zha 等，1996；Tzivion 等，2001）。这种现象揭示，US3 蛋白可能通过催化 Bad 而发挥抑制凋亡的功能。进一步研究证实 US3 表达的蛋白可以诱导磷酸化 Bad 中第 112、

136和155位的丝氨酸，并可以抑制由Bad过表达引起的细胞凋亡（Munger等，2001）。最近也有研究显示，US3对Bad上这两个丝氨酸的磷酸化作用与其抗凋亡活性不完全相关（Benetti等，2003）。US3蛋白抗凋亡活性与抑制Bad被水解激活相关，US3与Bad共转染细胞抑制了Bad的有效裂解产生截短的活性片段（Munger等，2001）。说明其可能是通过Bad上游的一个caspase起作用，从而阻碍caspase依赖的Bad裂解。US3蛋白激酶在细胞色素C释放前起作用，抑制其释放及随后的凋亡蛋白前体级联激活（Munger等，2001）。但有试验显示，其在线粒体下游阶段也能发挥作用，且非活性催化形式的US3蛋白激酶不能阻止凋亡，说明其激酶活性是抗凋亡必须的（Ogg等，2004）。US3蛋白激酶也可以阻止由Bid和Bax过表达诱导的凋亡，Bid是与Bad平行的凋亡因子，而Bax是Bad下游的凋亡因子。

细胞丝氨酸蛋白酶Granzyme B（GrB）可以裂解激活几个细胞底物，如caspase-3。Caspase-3可激活依赖caspase激活的DNAse（CAD），CAD进入核，裂解DNA成200 bp碱基片段导致细胞死亡（Darmon等，1995，1996；Nicholson等，1995；Tewari等，1995），而CTLs通过交联目标细胞表面受体诱导凋亡。这种相互作用经转接分子FADD招募并激活caspase-8，激活的caspase-8进一步激活caspase-3诱导细胞死亡。最近研究显示这两种途径在线粒体汇聚，由GrB和caspase-8裂解Bid，截断形式的Bid诱导膜去极化，从而释放细胞色素C等前凋亡蛋白，进一步激活caspases达到细胞死亡所需的阈值导致凋亡（Sutton等，2000；Heibein等，2000）。US3表达没抑制T细胞诱导的caspases激活，但阻止了T细胞和GrB诱导的Bid激活。US3通过抑制GrB从而阻止暴露于特异CTLs的成淋巴细胞系（LCLs）中的Bid水解激活，而caspases抑制剂对此过程却没有明显作用，因此确定GrB对Bid的裂解是CTL促发的蛋白水解级联反应导致细胞死亡过程的限速步骤。值得强调的是虽然LCLs不是HSV-1的生理学上的目标细胞，但其比上皮细胞和神经元细胞表达HLA一类分子的水平高，而且是更有效的抗原递呈细胞，因此US3蛋白在这类细胞的表达而获得的保护作用可能被低估了。最近研究显示Bid敲除小鼠中，GrB仍可以引起凋亡（Thomas等，2001），这与Bid在GrB诱导凋亡过程的核心作用相抵触。其可能的解释是Bid敲除后，多种挽救途径被激活以弥补其作用，说明生物体抗凋亡机制的可塑性和适应性。

Desangher等（2001）发现，当用酪蛋白激酶Ⅰ和Ⅱ磷酸化Bid后，caspase-8对其裂解激活作用受到抑制，并具有抵抗二型细胞Fas配体诱导凋亡作用。这一结果都说明磷酸化作用可能是Bid激活调节的机制。有趣的是，GrB在鼠Bid氨基酸序列76和78位置的裂解位点附近出现两个丝氨酸残基。这种残基在人Bid中也是保守的，而且在人Bid蛋白序列的68、71、84和88位置又包含了精氨酸。这种碱性环境与US3蛋白对其催化的磷酸化位点的极碱性共有序列要求相一致（Purves 等，1987）。一系列试验也证实，US3 也是通过对 Bid 的修饰而实现抗 CTL 诱导凋亡过程。第一，当外源 GrB 与表达 US3 细胞的抽提物混合使 Bid 能力只有原来的十分之一，说明 Bid 受保护而未被有效水解。第二，仅 US3 蛋白表达产物可以有效抑制 GrB 对 Bid 裂解，说明 US3 蛋白可以直接或间接修饰 Bid。第三，同样条件下没有影响 GrB 对 caspases 激活，说明 US3 选择性地修饰 Bid。第四，表达 US3 细胞以 λ 蛋白磷酸酶酶解处理后恢复了 GrB 对 Bid 裂解作用，说明磷酸化作用是其抗凋亡的重要机制。第五，重组表达 Bid 在体外可以作为 US3 磷酸化作用的直接底物。值得注意的是，US3 蛋白与检测到的 Bid 穿梭流动没有关联。可能因为这种穿梭是调节凋亡过程中，体内对 Bid 固有磷酸化作用和脱磷酸化作用相互转换的结果（Desagher 等，2001）。因此，US3 磷酸化作用可能抵消了暴露于不同应激信号激活的磷酸酶活性。

此外，HSV 感染刺激活化 JNK/p38 MAPK（McLean 等，1999；Zachos 等，1999），虽然 JNK 信号转导途径激活有利于 HSV 复制，但是持续和过量的激活可能导致诱导凋亡（Xia 等，1995；Zanke 等，1996；Zachos 等，1999；McLean 等，1999）。JNK 信号转导途径中通过上调 Bim（Bcl－2 家族的促凋亡蛋白，仅含有 BH3 域）介导神经元凋亡（Putcha 等，2001；Whitfield 等，2001）。在病毒感染早期，这种凋亡对病毒复制能产生毁灭性影响。而 PAK 是 JNK 和 p38 MAPK 的上游酶促剂，对其激活有抑制作用。进一步研究显示，HSV US3 缺失病毒株 L1BR1 比野毒株具有更强的诱导激活 c－Jun N－末端激酶（JNK）的活性（Murata 等，2000）。JNK 是一种在神经元应激反应中的凋亡调节子（Putcha 等，2001；Whitfield 等，2001），而 HSV 表达的 US3 蛋白抑制 JNK 激活并控制神经元凋亡（Nishiyama 等，1992；Mori 等，2004）。由此，可以推断 US3 可能作为一个对 JNK 激活的负调控因子起到抑制凋亡的作用。此外，US3 蛋白激酶既可以通过改变 JNK 活性阻止渗压休克诱导的凋亡（Murata 等，2002），也可以抑制三叉神经中枢的角膜分泌细胞和神经元细胞的凋亡（Asano 等，2000）。在 L1BR1 毒感染的神经元细胞中 JNK 和 c－Jun 都被磷酸化而激活，但野毒株却没有。说明 US3 蛋白激酶对信号转导通路中 JNK 激活的抑制，可能是由于 JNK 的酶促级联激活过程被抑制造成的。

病毒在外周神经系统诱导的凋亡可能阻碍其感染中枢神经系统（CNS）（Mori 等，2004）。在小鼠角膜感染 HSV 试验中，HSV US3 可以调节病毒感染诱导的三叉神经中枢的感觉神经元和角膜分泌细胞凋亡（Yamamoto 等，1996；Asano 等，1996；Asano 等，2000）。HSV US3 蛋白减弱了病毒诱导的外周化学感应神经元的凋亡，使病毒易于向 CNS 传播。这种对外周神经系统凋亡的抑制是宿主自我保护的一种反应。小鼠通过鼻途径感染 HSV 后，其 US3 蛋白可以调节由病毒引起的鼻梨骨和嗅觉系统中化学感应神经元的凋亡，有利于病毒病毒的神经侵入和神经毒性。病毒在大脑诱导的凋亡造成神经系统损伤（Watanabe 等，2000；Mori 等，2003，2004），而同时凋亡又限制了感染病毒的复制。这两者是相对立的统一。

PRV US3 编码长度不同的两条异构体蛋白，且两个异构体差别仅是氮端 51 个氨基酸序列，其是线粒体定位信号。短片段 PRV US3 过表达可以抑制 Bax 过表达诱导的凋亡，而长片段具有线粒体定位序列，且抗凋亡作用更强，说明这种线粒体定位对抗凋亡具有好处。由于线粒体在凋亡过程具有重要作用（Desagher 等，2000），因此这种线粒体定位可能并不是偶然的。另外，US3 蛋白抗凋亡活性是计量依赖的，只有其表达水平达到一定量（至少达到病毒感染期间表达量）才能抑制凋亡（Cartier 等，2003）。

6. 鸭瘟病毒 US3 基因及其编码蛋白　信洪一、程安春等（2009）对 DPV US3 的研究获得了初步结果。

（1）DPV US3 基因的分子特性　US3 基因长 1 158 bp，其中碱基 A 共 350 个，碱基 C 共 231 个，碱基 G 共 276 个，碱基 T 共 301 个，C+G 含量约为 43.78%，具有典型的激酶蛋白域（图 3-30）。

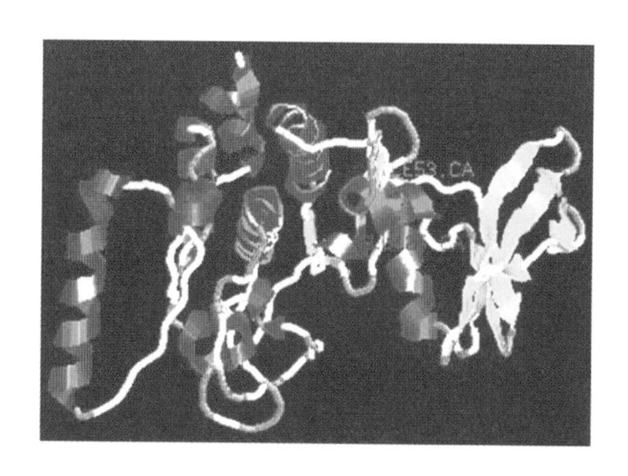

图 3-30　DPV US3 蛋白三级结构预测

绿色区域为丝氨酸/苏氨酸蛋白激酶基序（IiHrDVKleNIFL），白色和红色点状区为以 ClustalW 方法对 US3 蛋白质序列作同源比对的保守区，黄色点状区为 DEV US3 保守赖氨酸位置

（2）DPV US3 基因的克隆、表达及多克隆抗体　据 DPV US3 序列设计 PCR 引物，扩增并克隆到 pMD18-T 载体，构建重组载体 pMD18T-US3，亚克隆到原核表达载体 pET-32a（+）构建重组表达载体 pET-32a-US3，转化入表达宿主菌 BL21（DE3），诱导表达出一条分子量约 63 kD 的融合蛋白，主要以包含体形式存在于宿主菌。原核表达最佳 IPTG 诱导浓度为 0.6 mmol/L、最佳诱导表达温度为 30 ℃、最佳诱导时间为

4 h。重组蛋白经过包含体洗涤粗提后溶于 8 mol/L 的尿素中，溶解的表达产物再经镍离子亲和层析纯化，获得了高纯度的表达蛋白免疫家兔可制备抗 DPV US3 蛋白高免血清。

（3）DPV US3 基因转录、表达时相和蛋白亚细胞定位　用荧光定量方法对 DPV 感染不同时间 US3 基因的转录时相进行分析，结果显示 DPV US3 基因在感染后 1 h 开始启动转录，在感染后 8 h 达到最高峰，而感染后 12 h 以后转录水平明显下降并维持在一定水平。试验同时也以间接免疫荧光技术对 DPV 感染细胞后 US3 蛋白表达时相进行了分析，结果显示在病毒感染后 2 h 可以在感染细胞中检测到 DPV US3 蛋白表达，此后随着感染时间延长表达量持续增多，虽然在感染后 8 h 病毒转录量明显减少，但病毒持续表达蛋白的积累效应使 DPV US3 蛋白在细胞质中大量存在。亚细胞定位分析显示，DPV US3 蛋白在感染后 2 h 主要定位于核周，随着 US3 蛋白的不断表达而进入细胞质，到感染后 12 h 时及以后 US3 基因表达蛋白大量存在于细胞质（图 3－31）。

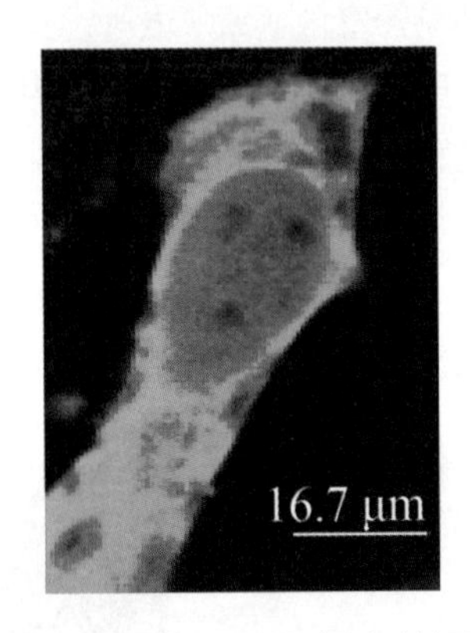

图 3－31　DPV US3 蛋白的亚细胞定位

DPV 感染细胞 24 h，US3 蛋白集中分布于核周及其细胞质中

（4）抗 US3 蛋白抗体介导的酶免疫组化检测 DPV　建立并优化了以抗 DPV US3 蛋白 IgG 介导的酶免疫组化检测方法，并利用该方法检测人工感染鸭 DPV 后，在雏鸭心、肝脏、脾脏、肺脏、肠道、肾脏、胰腺、哈德氏腺、法氏囊、脑等不同组织或器官中 US3 蛋白的表达时相和分布规律，结果显示鸭病毒性肠炎病毒人工肌内注射雏鸭，在感染 6 h 后可以在心脏、肝脏、脾脏、肺脏、肾脏、胸腺、法氏囊中检测到 DPV－US3 蛋白抗原；在感染后 8 h 可以在脑、腺胃、胰腺、哈德氏腺、十二指肠、空肠中检测到 DPV－US3 蛋白抗原；而感染后可 12 h 在食管、直肠检测到 DEV－US3 蛋白抗原。DPV 强毒感染 24 h 酶联免疫组化检测脾脏结果见图 3－32。

（5）抗 US3 蛋白抗体介导的免疫荧光检测 DPV　建立并优化了以抗 DPV US3 蛋白 IgG 介导的免疫荧光检测方法，并利用该方法检测 20 株临床鸭病毒性肠炎阳性样本，结果检出率为 100％。进一步利用该方法研究人工感染鸭 DPV 后，在雏鸭心脏、肝脏、脾脏、肺脏、肠道、肾脏、胰腺、哈德氏腺、法氏囊、脑等不同组织或器官中 US3 蛋白的表达时相和分布规律，结果显示鸭病毒性肠炎病毒人工肌内注射雏鸭，在感染 4 h 后可以在胸腺、法氏囊中检测到 DPV－US3 蛋白抗原；在感染 6 h 后可以在心脏、肝脏、脾脏、肺脏、脑、胰腺、肾脏中检测到 DPV US3 蛋白抗原；感染后 8 h 可以在腺胃、哈德氏腺、十二指肠、空肠、食管、直肠中检测到 DPV US3 蛋白抗原。DPV 强毒感染 48 h 免疫荧光检测肺脏结果见图 3－33。

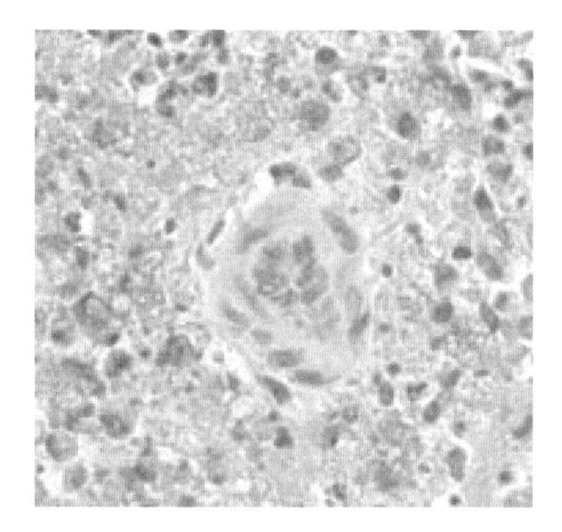

图 3－32　抗 US3 蛋白抗体介导的酶免疫组化检测 DPV

DPV 强毒感染 24 h 酶联免疫组化检测脾脏结果（×600）

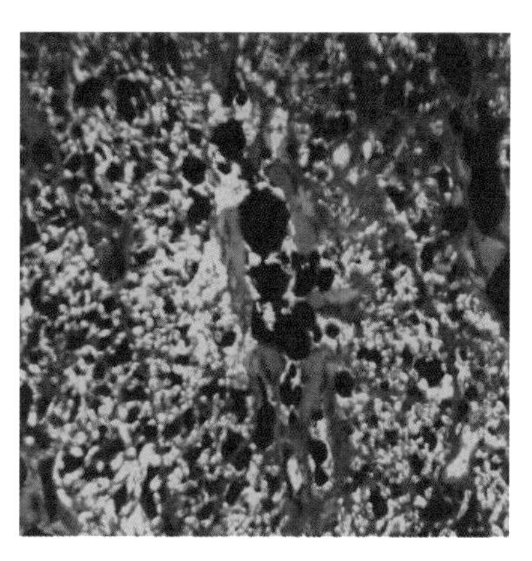

图 3－33　抗 US3 蛋白抗体介导的免疫荧光检测 DPV

强毒感染 48 h（×200）

（6）US3 蛋白作为包备抗原 ELISA 检测 DPV 抗体　用纯化的原核表达 DPV US3 作为包被抗原，建立了间接 ELISA 检测 DPV 抗体的方法。通过对包被抗原和待检阳性血清的方阵加样，测定了以不同浓度抗原包被和不同稀释度一抗条件下的检测效果，结果显示最适包被蛋白浓度为 2.2 μg/mL，最适一抗稀释度为 1∶320。进一步试验利用该优化的抗原包被浓度和一抗稀释度测定了不同稀释度酶标二抗条件下的检测效果，结果显示 1∶2 000 倍稀释的酶标二抗检测具有最大的 P/N 比，因此确定 1∶2 000 倍稀释为最适酶标二抗稀释度。利用该优化条件，试验验证了间接 ELISA 检测 DPV 抗体的特异性、敏感性和重复性。结果显示该优化条件下的间接 ELISA 检测方法具有良好的特异性，且敏感性可达 1∶6 400，重复性变异系数均小于 5%，也说明该方法具良好的重复性。此外，试验利用建立的该 ELISA 方法检测了 120 个鸭病毒性肠炎临床样品，结果检测率为 85%，与本实验室（四川农业大学禽病防治中心）建立的全病毒包被抗原间接 ELISA 检测试剂盒具有相同的检出率。说明试验建立的间接 ELISA 方法具有很好的检测效果，可以应用于临床上检测抗 DPV 抗体。

（程安春，汪铭书，朱德康）

（二）US10 基因及其编码蛋白

鸭瘟病毒 US10 基因的研究资料很少，有关疱疹病毒 US10 基因的研究资料（赖茂银等，2014）对进一步开展鸭瘟病毒 US10 基因的研究将有重要参考。

1. 疱疹病毒 US10 基因特点

（1）基因序列的特点　在 α 疱疹病毒亚科中，US10 基因位于 US 特定短区，对病毒复制是非必需的（Nishiyama 等，2004；Brown 等，1987；Parcells 等，1994；Zelnik 等，1994）。HSV－1 全基因组 G+C 含量为 68%（Brown 等，2007），US10、US11 和 US12 基因的 mRNA 为 3′端共终端，US10 和 US11 基因的编码区重叠了 111 个密码子（McGeoch 等，1988）。缺失 US9、US10、US11 和 US12 四个基因的 HSV－1 N38 突变株与原始 SP23 毒株的生长曲线几乎一致，说明这些基因在病毒对 Vero 细胞的感染过程中是非必需的（Umene 等，1986），且 HSV－1N38 缺失株对鼠神经侵袭、潜伏期感染和病毒的再激活过程是不必要的（Nishiyama 等，1993）。DPV 基因组与典型的 α 疱疹病毒亚科类似，但 US10 基因发生了易位，基因排列顺序为－US1－US10－SORF3－US2－US3－，且 US10 和 SORF3 基因转录方向相反（Ho 等，2009），而这个排列顺序在 MDV、HVT 和 DPV 中高度保守（Li 等，2009）。BV 的 US 特定短区基因排列位置与 HSV－1 完全相同，其 US 区 G+C 含量为 73.2%，US10 基因可编码 311 个氨基酸的蛋白质，该蛋白 C 端高度保守，但是 N 端却不保守（Ohsawa 等，2002）。采用 lacZ 基因作为报告基因，证实了 MDV 的复制非必需区基因为 US1（Parcells 等，1994）、US10（也叫 MDV089 基因）（Parcells 等，1994）、US2（Parcells 等，1994；Cantello 等，1991）、US3（Sakaguchi 等，1993）、US6（Parcells 等，1994）等，其中在 US10 基因处插入外源基因后获得的重组体最稳定，故 US10 基因为最稳定的外源基因插入位点（Sakaguchi 等，1994）。虽然 US10 基因对 MDV 在 CEF 上的复制是非必需的，但是删除了 US10 基因及相邻的 US1/US2/SORF1/SORF2 和 SORF3 基因的 MDV RB1BΔ4.5lac 缺失株对 CEF 的感染力、对鸡的致死率和体内肿瘤发生率都有所下降（Parcells 等，1995）。

另外，其他 α 疱疹病毒亚科中同样存在 US10 基因的同源物。例如，HVT 基因组 US 特定短区 ORF2（也叫 HVT086 基因）可编码 209 个氨基酸的 US10 蛋白（Afonso 等，2001），无论体内外 US10 基因都是病毒复制非必需的（Zelnik 等，1994），且该基因已广泛用作外源基因插入和表达位点（Zelnik 等，1995）。VZV 的 ORF64 基因位于 IRs 区，ORF69 基因位于 TRs 区，这两个基因是重复基因但转录方向相反，且这两个基因都是 US10 基因的同源物（Cohrs 等，2003）。用抗 gE 的单克隆抗体处理同时缺失

ORF64 和 ORF69 的突变株 rOKAΔORF64/69 感染的黑色素瘤细胞，再通过共聚焦显微镜观察到糖蛋白 gE 的表达量明显高于用相同方法处理的单独缺失 ORF64 的突变株 rOKAΔORF64 和野毒株 rOKA。由此可知，ORF64 和 ORF69 基因产物可使糖蛋白 gE 的表达量下调（Sommer 等，2001）。EHV-1 的 IR5 基因（亦叫 ORF66 基因）也是 US10 基因的同源物，可编码 236 个氨基酸的蛋白，该基因包括一个 TATA 盒、一个 CART 盒和一个 polyA 信号序列（Cullinane 等，1988）。ILTVUS10 基因可编码 278 个氨基酸的蛋白质，该基因中发现了高度保守的锌指结构，在终止密码子后有一个 163 bp 的 polyA 信号序列，但是启动子的位置尚不清楚（Spatz 等，2012）。

在 β 疱疹病毒亚科中，HCMV US10 基因可编码一种跨膜糖蛋白（Furman 等，2002；李琦涵等，2009），该基因也是病毒复制非必需的（Jones 等，1991）。在对 HCMV RV35 缺失株（缺失了 US6～10 这 5 个基因）、RV134 重组株（在 US9 与 US10 基因之间插入了一个 β-葡萄糖醛酸酶基因）和野毒株 AD169 的研究时，发现 RV35 和 RV134 在感染 ARPE-19 视网膜上皮细胞 21 d 后产生的噬斑都比 AD169 产生的噬斑小（Huber 等，2002）。目前，在 γ 疱疹病毒亚科中还未找到 US10 基因及其同源物。

（2）US10 基因的类型　疱疹病毒基因组庞大，其基因的表达调控遵循严格的线性顺序。根据基因表达时间的不同，疱疹病毒基因可分为立即早期基因（immediate early gene，α）、早期基因（early gene，β）、晚期基因（late gene，γ），它们之间相互调节。另外，晚期基因又可细分为两类，即早晚期基因（leaky-late gene，γ1）和真正晚期基因（true-late gene，γ2）（Knipe 等，2007）。

Yamada 等（1997）在 HSV-1 接种 Vero 细胞后的培养基中加入 300 μg/mL 的病毒核酸合成抑制剂 PAA，于接毒后 15 h、25 h 提取细胞裂解物，经 SDS-PAGE 和 western blotting 观察到在 PAA 存在时 US10 蛋白不存在；而用相同方法处理不加 PAA 的对照组，US10 蛋白则在接毒后 10 h 开始出现，表明 PAA 可抑制 HSV-1US10 基因的表达，该基因是真正晚期基因。

另外，Holden 等（1992）通过 northern blotting 和 S1 核酸酶分析来验证 EHV-1 IR5 基因类型，发现在病毒感染后 2 h 就能检测到长 0.9kb 的单股 mRNA，而且此 mRNA 的合成在 PAA 存在时其产量明显下降，说明 EHV-1 IR5 基因为早晚期基因。

2. 疱疹病毒 US10 基因编码蛋白的特点

（1）US10 蛋白的特点　HSV-1 17 株 US10 基因可编码 313 个氨基酸的蛋白，分子量为 33 kD（McGeoch 等，1985）。HSV-1KOS 株感染 Vero 细胞后表达的 US10 蛋白有些以磷酸化形式存在（Yamada 等，1997）。另外，HSV-2、VZV、EHV-1、MDV、DPV、ILTV 均可编码与 HSV-1 US10 蛋白同源的蛋白质，且这些 US10 同源

蛋白都拥有由13个氨基酸序列（C-X3-C-X3-H-X3-C）构成的潜在的锌指结构（Sommer等，2001；Spatz等，2012；Yamada等，1997；Holden等，1992；Liu等，2011）。

Huber等（2002）通过放射性同位素示踪和*Endo* H消化性试验，发现重组腺病毒载体表达的HCMV糖蛋白US9和US10以双联体形式存在于HEC-1A细胞中，可被*Endo* H消化为两种单细胞蛋白。

（2）US10蛋白的细胞定位　Yamada等（1997）通过间接免疫荧光试验发现HSV-1 US10蛋白主要定位于Vero细胞核中。当用HSV-1 KOS株接种Vero细胞后3 h、5 h、8 h、12 h、20 h收集细胞飞片，再用US10抗血清和FITC标记的猪抗兔IgG处理，结果发现病毒感染后3 h、5 h时细胞中不能检测到荧光，而8 h、12 h时细胞核中可观察到颗粒状绿色荧光但细胞质中无绿色荧光，20 h时在细胞核中可观察到更大的颗粒状绿色荧光。

Huber等（2002）运用复制缺陷型腺病毒作载体分别表达了HCMV US7、US8、US9和US10基因，并通过共聚焦免疫荧光显微镜观察到这四个蛋白主要定位于HEC-1A细胞质中。重组腺病毒载体AdUS8表达的糖蛋白US8与两种高尔基体标记蛋白GM130和p115，以及一种TGN标记蛋白TGN46都共定位于HEC-1A细胞的高尔基体；而另外三个重组腺病毒载体AdUS7、AdUS9和AdUS10表达的糖蛋白US7、US9和US10则都与两种内质网标记蛋白-钙联蛋白（calnexin）和PDI共定位于内质网。此外，糖蛋白US7、US8、US9和US10都不与细胞连接标记蛋白-β-连环蛋白（β-catenin）共定位，也即这四种糖蛋白都未到达细胞表面或是细胞连接。

3. US10蛋白的功能

（1）α疱疹病毒US10蛋白为病毒的结构蛋白　疱疹病毒的皮层是一种比较特殊的结构，厚度不一，从而导致病毒粒子的直径差异较大。由于皮层一侧与衣壳相连，而另一侧则通过糖蛋白的细胞质尾巴与一些囊膜成分相连，因此保持了病毒的完整性（Mettenleiter等，2002）。在α疱疹病毒中，HSV-1、HSV-2、BV、VZV、EHV-1、MDV、DPV等的US10基因产物或其同源基因产物均为一种病毒粒子的结构蛋白。然而，目前只在HSV-1和HSV-2中明确了US10基因产物为皮层蛋白。Yamada等（1997）在研究HSV-1时，发现US10蛋白与核基质存在紧密的联系：当用非离子型去污剂TritonX-100、DNase Ⅰ和高浓度盐溶液连续处理病毒感染的Vero细胞后，可得到Vero细胞核基质。将核基质中的各种蛋白用SDS-PAGE分离后银染，再用US10抗血清作为一抗，HRP标记的羊抗兔IgG作为二抗进行western blotting反应，发现US10蛋白存在于经高浓度盐溶液处理后的核基质中。

锌指蛋白是一类具有手指状结构域的转录因子，通过特异性地与自身或其他锌指蛋白、核酸序列结合，可在转录和翻译水平上调控基因的表达情况（Laity 等，2001）。α 疱疹病毒 US10 蛋白拥有由 13 个氨基酸序列（C－X3－C－X3－H－X3－C）构成的潜在的锌指结构，而这种结构与一些逆转录病毒粒子中的 C2HC（C－X2－C－X4－H－X4－C）型锌指结构类似。以往研究证明，具有 C2HC 型结构的锌指蛋白可与单链核苷酸相互作用，据此可推测 US10 蛋白可能参与 DNA 绑定，但还没有试验证明 US10 蛋白可与单链 DNA 或 RNA 相互作用。目前，对 US10 基因编码的蛋白相关功能的研究仍甚少（李琦涵等，2009；Yamada 等，1997；Perelygina 等，2003），有必要就此开展相关研究。

（2）β 疱疹病毒 US10 蛋白参与免疫逃避　在病毒与宿主细胞漫长的进化过程中，HCMV 也形成了一套自有的免疫逃避机制，从而可逃脱宿主免疫系统对自身的清除。HCMV 基因组的 US 特定短区至少编码 5 种糖蛋白，如 US2、US3、US6、US10 和 US11，通过将 MHC－Ⅰ型分子滞留在细胞质、降解或使之错误定位，从而降低 MHC－Ⅰ型分子（如 HLA－A 和 HLA－B）在细胞膜表面的表达水平来干扰抗原递呈作用，最终为病毒在宿主体内复制和繁殖争取到时间（Pizzato 等，2004；Noriega 等，2009）。Furman 等（2002）证实，HCMV 糖蛋白 US10 与 MHC－Ⅰ型分子的重链相结合，推迟了 MHC－Ⅰ型分子从内质网向细胞质中的移动过程，也即 US10 蛋白延迟了 MHC－Ⅰ型分子的后熟和在细胞表面的表达。但这种作用可使 MHC－Ⅰ型分子与 US2、US3、US6 和 US11 等蛋白有更长的反应时间，进而降低 MHC－Ⅰ型分子在细胞表面的表达水平。另外，Park 等（2010）也证实了 HCMV 的 US10 蛋白除了延迟经典的 MHC－Ⅰ型分子的抗原递呈作用外，还干扰非经典的 MHC－Ⅰ型分子的抗原递呈作用，即 US10 蛋白可以抑制 HLA－G 在细胞表面的表达。这是因为 US10 蛋白的细胞质尾巴 TRSLLL 中含有三个对 HLA－G 的降解起到决定性作用的亮氨酸，通过用丙氨酸分别取代 1～3 个亮氨酸，构成 TRSALL、TRSAAL、TRSAAA 三个突变体，结果发现取代 2 个亮氨酸后，HLA－G 在细胞表面的表达水平恢复了一些；而取代 3 个亮氨酸后，US10 蛋白对 HLA－G 则完全没有作用。

（3）US10 蛋白与 SCA2 的相互作用　疱疹病毒 US10 蛋白与其他蛋白相互作用的研究还较少。已有的资料显示，MDV US10 蛋白可与 SCA2 相互作用。Mao（2010）构建了两个 MDV 重组体，其中一个重组体的 US10 基因被 EGFP 替代，另一个重组体的 US10 基因则与 EGFP 基因融合表达。通过 EGFP 的表达，在 DF1 细胞中可观察到 US10 蛋白和 SCA2 共定位于细胞质中，SCA2 的大量表达可损害 MDV 噬斑的大小并降低体外成纤维细胞被感染的比例，但这些效应必须在 US10 蛋白的存在下才能发挥作用。

4. 鸭瘟病毒 US10 基因及其编码蛋白 赖茂银、程安春等（2014）对 DPV US10 的研究获得了初步结果。

（1）DPV US10 基因的分子特性分析 DPV US10 基因片段全长 969 bp，可编码 322 个氨基酸构成的蛋白质。对 US6 蛋白进行分析发现，US10 蛋白是一个碱性亲水蛋白，不含有信号肽和跨膜区，主要定位于感染细胞的胞质中。US10 蛋白保守结构域分析表明，该蛋白与 Gene66 家族的基因 66（IR5）蛋白有相同的保守结构域。翻译后修饰分析表明，该蛋白具有 5 对二硫键和 35 个可能的磷酸化位点。氨基酸系统进化树分析表明，US10 蛋白与马立克氏病毒属亲缘关系最近。US10 基因密码子偏爱性较均一，且不含有 2 个以上连续稀有密码子串。

（2）DPV US10 基因原核表达及其多克隆抗体制备 根据 CHv 株 US10 基因的核苷酸序列，运用 Oligo 7.0 软件设计了一对引物对全基因进行 PCR 扩增，扩增片段大小为 988 bp。将 PCR 产物送大连 TaKaRa 公司进行 T 克隆，成功构建了克隆质粒 pMD18－T/US10。之后通过酶切、连接等步骤构建了表达质粒 pET－32a（＋）/US10，将此表达质粒转化入表达菌 BL21 进行重组蛋白诱导表达，结果发现表达产物主要以 56 kD 左右的包含体形式存在。表达蛋白的鉴定采用 western blotting 方法，以兔抗 DPV 血清为一抗，HRP 标记的羊抗兔 IgG 为二抗，证明了表达蛋白确与兔抗 DPV 血清具有反应原性。通过镍柱亲和层析方法对重组蛋白进行纯化（图 3－34），免疫兔子制备多克隆抗体，琼脂扩散试验测定效价达到 1∶8。

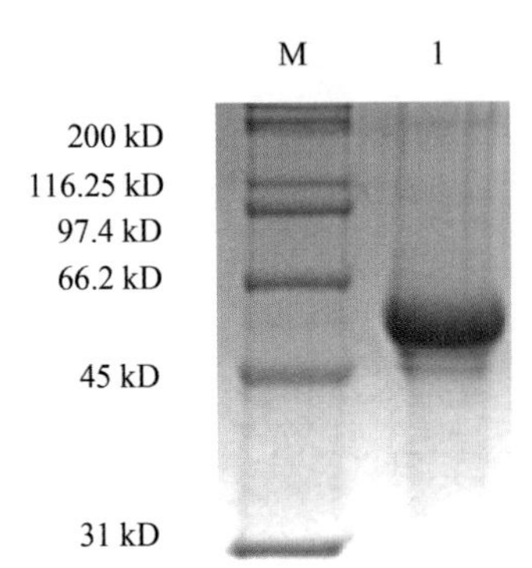

图 3－34 纯化 US10 蛋白

M. 蛋白 Marker 1. 纯化的重组蛋白

（3）DPV 体外感染 DEF 后 US10 蛋白的亚细胞定位分析 间接免疫荧光法检测 DPV US10 蛋白在宿主细胞 DEF 中的定位及动态分布，结果表明 DPV CHv 株感染 12 h 时可观察到呈颗粒状特异性绿色荧光，且弥散分布于细胞质内（图 3－35 C）；24 h 时，细胞中的荧光随着病毒感染时间的延长而增加，整个细胞质中遍布荧光（图 3－35 F）；36 h 时，颗粒状特异性绿色荧光继续增强增多，且由原来的弥散状态逐步开始聚集在细胞核周围，形成更大的绿色荧光点（图 3－35 I）；48 h 时，细胞质和细胞核周围仍存在颗粒状绿色荧光，但荧光信号显著减弱（图 3－35 L），整个过程中特异性绿色荧光主要存在于细胞质中，表明 US10 蛋白主要定位于细胞质中。

（4）DPV 体外感染 DEF 后 US10 基因的转录时相分析 以 pMD18－T/US10 质粒和

pMD18－T/β－actin 质粒为模板，建立标准曲线。采用 SYBR Green Ⅰ荧光定量 PCR 法实时检测 DPV 体外感染宿主细胞 DEF 后不同时间点 US10 基因 RNA 的转录情况，反应完成后采用 $2^{-\Delta\Delta Ct}$法来计算不同时间点 US10 基因的相对转录量。结果表明 RNA 在感染后8 h可被检测到，72 h 达到高峰，之后转录量开始下降（图 3－36）。利用 GCV 和 CHX 这两种抑制剂来判断 US10 基因的类型，β-actin基因作为内参对照。结果表明当加入工作浓度的更昔洛韦和放线菌酮后，US10 基因的转录受到明显的抑制；而无论药物存在与否，β－actin基因都能被检测到；证明 US10 基因具备晚期基因特征。

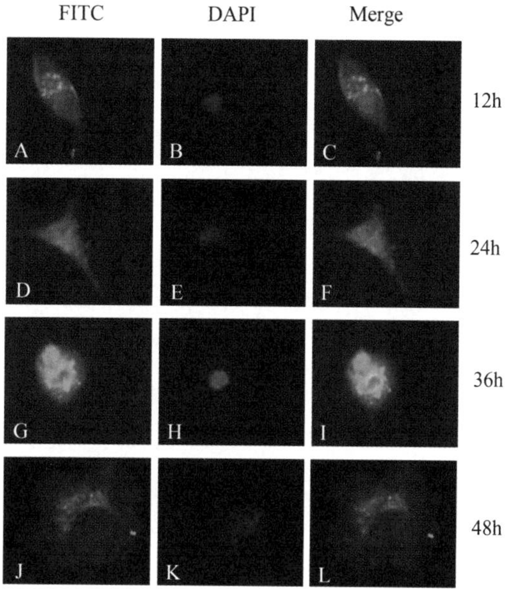

图 3－35 间接免疫荧光法检测 DPV US10 蛋白的细胞内定位（×400）

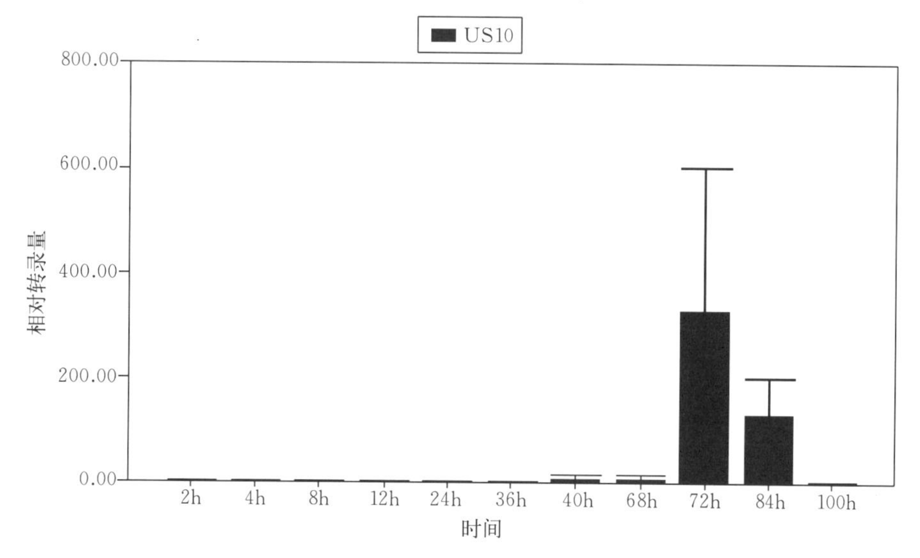

图 3－36 US10 基因的相对转录量

（程安春，汪铭书，朱德康）

（三）UL7基因及其编码蛋白

鸭瘟病毒UL7基因的研究资料很少，有关疱疹病毒UL7基因的研究资料（黄杰等，2013）对进一步开展鸭瘟病毒UL7基因的研究将有重要参考。

UL7基因蛋白作为一种皮层蛋白，在参与病毒粒的组装和释放、延迟病毒神经侵染和调节线粒体蛋白功能等方面有显著的作用。

1. UL7基因序列及其编码蛋白的结构特点

（1）UL7基因序列特点　UL7基因在哺乳动物和禽类的α、β、γ疱疹病毒中具有一定保守性（Johannsen等，2004；Fuchs等，2005，2007；Kelly等，2009；Li等，2009），其中在人疱疹病毒1型（HSV-1）（Tanaka等，2008）和人疱疹病毒2型（HSV-2）（Nozawa等，2002）中具有较高保守性。近年来，研究认为，伪狂犬病毒（PRV）、HSV-2和牛疱疹病毒1型（BHV-1）的UL7基因在病毒复制过程中是非必需的（Schmitt等，1996；Nozawa等，2002；Fuchs等，2005）。HSV-1的UL7和UL6基因转录时具有共同的3′末端且两条转录体在DNA抑制剂存在的情况下均能合成（Pateli等，1995），说明HSV-1的UL7基因是一个晚期基因。

（2）UL7基因的类型　α、β、γ疱疹病毒中UL7基因的类型有所差异。BHV-1的UL7基因属于早期基因，证据是用^{32}P标记UL7 ORF的DNA能够在感染3 h后检测到UL7转录的1.7kb和3.5kb RNA，5～6 h检测到RNA的量最多（Schmitt等，1996）。HSV-1的UL7基因作为晚期基因，其表达依赖于病毒DNA的合成（Pateli等，1995）。同时，HSV-1的UL7基因在β疱疹病毒人巨细胞病毒（HCMV）中的同源基因UL103也为晚期基因（Ahlqvist等，2011）。

（3）UL7基因编码蛋白的特点　疱疹病毒的UL7基因编码皮层蛋白（Perelygina等，2003；Loret等，2008；Kelly等，2009；Zhang等，2010；Tai等，2010）。HSV-1的UL7蛋白为33.1 kD，由296个氨基酸残基组成，G+C的含量为66.1%，且在UL7～8中含有共同的CACACA序列（Cunningham等，2000；Brown等，2007）。HSV-1 UL7的同源物在非洲淋巴细胞瘤病毒（EBV）中为BBRF2（Johannsen等，2004）。此外，有研究发现HSV-1的UL7与同源物在编码蛋白质时，所需要的ORF的量有差异（Roizman等，1996）。Michael等（2006）研究显示，PRV的UL7基因编码的蛋白由266个氨基酸组成，其结构只能在二维结构蛋白电泳分析中被确定。鸭瘟病毒（DPV）的UL7基因编码的蛋白由321个氨基酸组成，且在12种α疱疹病毒中，UL7蛋白同源物没有相同的构型，然而氨基酸218-LNT-220和235-VLP-237却是完全相同的位点，但其功能还不清楚（Li等，2009）。BHV-1的UL7蛋白为33 kD，

但是不编码任何 *Sal* Ⅰ位点（Robinson 等，2008）。BHV-1 的 UL7 基因编码的蛋白质与马疱疹病毒 1 型（EHV-1）、水痘-带状疱疹病毒（VZV）编码的蛋白同源性较高，分别为 41%、43.3%。该蛋白聚集于感染细胞胞质和胞核周围，UL7 的 mRNA 在感染初期受到严格限制，UL6-UL7 结构双顺反转录出现后期阶段。Johannsen 等（2004）研究表明，EBV 中 BBRF2 的肽链很少在该病毒成熟的病毒粒中检测到，而能在含有该病毒的细胞中检测到（Johannsen 等，2004）。尽管对疱疹病毒 UL7 基因编码的蛋白做了很多的工作，但是仍有很多 UL7 基因仅知道编码的氨基酸数量，如猫疱疹病毒 1 型（FHV-1）（Tai 等，2010）、马立克氏病病毒（MDV）（Lee 等，2000）、鹦鹉疱疹病毒 1 型（PsHV-1）、鸡传染性喉气管炎病毒（ILTV）（Thureen 等，2006）和牛疱疹病毒 5 型（BHV-5）（Delhon 等，2003）。由此，还需要对它们进行更深入的研究，从而认识其编码蛋白的特点。

2. UL7 蛋白的功能

（1）UL7 蛋白在病毒组装释放方面的作用　在病毒和宿主相互作用的过程中，病毒的一些蛋白在参与基因表达的调节，以及细胞中氧化还原、电子传递和神经传递的生命活动过程起着十分重要的作用。这些蛋白不但介导对靶细胞的感染，而且是被感染的宿主免疫系统识别的主要抗原。虽然 UL7 蛋白在病毒复制过程中被认为是非必需的，但在机体内外都能影响病毒粒子的组装与释放。Ahlqvist 等（2011）研究表明，HCMV UL103 基因表明该基因在病毒粒子的成熟，调节病毒粒子的组装和致密体的释放方面具有重要作用。Nozawa 等（2002）研究了 HSV-2 的 UL7 蛋白，结果表明 UL7 蛋白存在成熟病毒粒皮层上，在细胞核中也能瞬时检测到，其在感染后期表达，在病毒 DNA 的切割和组装过程中起辅助作用。但是它的合成受到高度抑制，这与 HSV-2 感染细胞的衣壳和病毒粒子有关。猴疱疹病毒 1 型（CeHV-1）UL7 蛋白也与 DNA 的裂解与组装有关（Perelygina 等，2003）。Fuchs 等（2005）认为，PRV 和 HSV-2 的 UL7 蛋白能够影响病毒粒子的组装和释放，UL7 蛋白参与了病毒粒子的后期形成。另外，Tanaka 等（2008）为了弄清楚 HSV-1 的 UL7 蛋白在病毒粒复制中的作用，通过一株缺失 UL7 基因的 HSV-1 变异株（MT102）和 UL7 蛋白的相互作用伴侣-腺嘌呤核苷酸转运体 2（ANT2）（UL7-interacting partner ANT2）在 COS-7 细胞中共表达，然后对其进行特性分析。结果显示 UL7 可能通过 ANT2 控制线粒体功能，因 ANT2 是线粒体内膜蛋白重要成员，调节线粒体的生存，但是 UL7 蛋白与 ANT2 相互作用的确切机制仍未知。该研究发现缺失 UL7 基因的 HSV-1 变异株（MT102）产生的空斑比野株产生的空斑小，并且毒粒产量只有原来的 0.01～0.1，说明 UL7 基因对病毒复制的重要性。

（2）UL7 蛋白对神经毒力的作用　Fuchs 等（2005）研究显示，PRV UL7 蛋白在细胞感染后的 3～9 h 开始大量增长。用 UL7 亲代野 PRV 株（PRV－Ka）和缺失 UL7 株（PrV－UL7F）对 8 周龄的小鼠进行鼻内感染，平均死亡时间分别为 50 h、70 h。PRV－Ka 在感染的第 2 天就能观察到小鼠表现异常的兴奋，痉挛，严重消化不良，大量的面部抓伤痕迹和鼻部皮肤严重的糜烂、出血等临床症状，而 PrV－UL7F 感染的小鼠在第 3 天才能观察到。PRV－Ka 感染三叉神经的一阶和二阶神经元最早能检测到的时间是 24 h、48 h，然而 PrV－UL7F 却需要 48 h、72 h。结果表明缺失 UL7 基因的 PRV 对神经的侵染会延迟（Fuchs 等，2005；Klopfleisch 等，2006）。因此 PRV 的 UL7 蛋白对神经毒力有一定的调节作用。

（3）UL7 蛋白对线粒体的调节作用　Schmitt 等（1996）研究表明，HSV－1 和疱疹病毒科的其他成员在感染细胞时，UL7 基因蛋白可能会有调节线粒体作用的功能，但是其调节机制尚不清楚。也有研究利用蛋白质组学技术，确定了细胞线粒体蛋白质 ANT2，让其与 HSV－1 中 UL7 基因蛋白搭档来研究 UL7 基因蛋白的作用。当 ANT2 短暂被表达在感染 HSV－1 的 COS－7 细胞中，ANT2 与 UL7 蛋白免疫共沉淀。同时，HSV－1 感染时检测到 UL7 蛋白存在于线粒体和胞质中，而 ANT2 仅存在线粒体中。结果表明 UL7 在 HSV－1 病毒粒子复制的重要性，也确认了它与 ANT2 为相互作用伴侣。该研究还同时证明了在 HSV－1 中的 UL7 基因序列对于其相邻基因的表达没有影响。UL7 蛋白在感染细胞中相当于是一种线粒体病毒蛋白（Fuchs 等，2007）。

3. UL7 蛋白与其他蛋白的作用　Zhivotovsky 等（2009）认为，ANT2 具有促进蛋白存活，那么 HSV－1 的 UL7 蛋白作为 ANT2 的相互作用伴侣，是否也具有该功能还有待于进一步研究。Ohta 等（2011）研究显示，UL7 蛋白具有调节细胞凋亡的作用。此外，还有研究认为，HSV－1 的 UL7 蛋白和在 β 和 γ 疱疹病毒中的 UL51 与 UL14 所编码的蛋白具有类似作用（Cunningham 等，2000）。

4. 鸭瘟病毒 UL7 基因及其编码蛋白　黄杰、汪铭书等（2013）对 DPV UL7 的研究获得了初步结果。

（1）DPV UL7 基因的分子特性　DPV UL7 基因包含 1 个保守结构域，其编码的产物无信号肽和跨膜区，具有 12 个潜在的磷酸化位点、1 个 N－糖基化位点和 1 个潜在酰基化位点。亚细胞定位预测表明 UL7 蛋白主要位于细胞质。

（2）DPV UL7 基因的克隆、表达及多克隆抗体　据 DPV UL7 基因序列，采用 Oligo 6.71 软件设计一对特异性引物，经 PCR 扩增出 UL7 基因的整个 ORF，然后克隆到 pMD20－T 载体上，再与原核表达载体 pET－32a（＋）进行连接，从而构建原核重组表达质粒 pET－32a－UL7，并将其转化到表达宿主菌 BL21pLysS 中进行诱导其表达，得到大小约为 50 kD 的重组融合蛋白。Western blotting 分析显示表达产物可与兔抗 DPV 多克隆抗体发生特异性反应。表达产物以包含体的形式存在，表达的最优条件为 0.5 mmol/L的 IPTG 在 30 ℃下诱导 7 h。将纯化的 UL7 重组蛋白免疫家兔制备了 UL7 融合蛋白的高免血清，琼脂扩散试验检测其效价达 1∶32。

（3）DPV UL7 基因转录和表达时相、基因类型和蛋白亚细胞定位　用实时荧光定量 PCR 法（qRT－PCR）对 DPV UL7 基因在鸭胚成纤维细胞的转录时相进行了分析，结果显示在感染后 4 h 检测到 UL7 基因开始转录，感染后 56 h 达到高峰，随后其相对含量开始下降（图 3－37）。qRT－PCR 法对 UL7 基因的转录体结果分析表明，该方法快速、稳定且特异性较好。同时也研究了抗病毒药物对 UL7 基因转录体的影响，其结果显示 UL7 基因属于 DPV 的一个晚期基因。

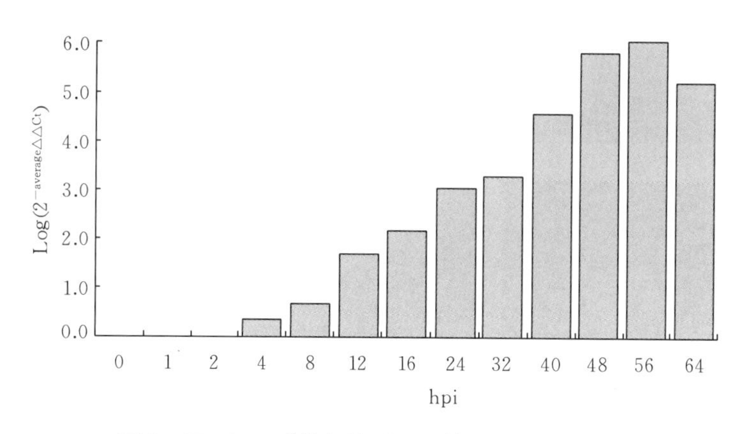

图 3－37　DPV 感染细胞后 UL7 基因的相对转录量

用间接免疫荧光法检测 DPV UL7 蛋白在宿主细胞中的定位分布，经过对方法的条件优化，得到了检测 UL7 蛋白的最优条件。结果表明 DPV UL7 蛋白主要存在宿主细胞的细胞质中，与前面的生物信息学分析结果一致，且在病毒感染后 8 h 检测到特异性绿色荧光，感染后 48 h 特异性荧光强度达到最大（图 3－38）。

（4）DPV UL7 基因真核表达　构建 pMD20－T－UL7 T 质粒，将 UL7 基因克隆到真核表达载体 pcDNA3.1（＋）中，构建真核重组质粒 pcDNA－UL7。重组质粒经脂质体 LipofectamineTM2000 转染 DF－1 细胞后，利用 RT－PCR、间接免疫荧光（IF）及 western blotting 检测分析 DPV UL7 基因在 DF－1 细胞中的表达情况。结果表明重组质粒 pcDNA－UL7 能在 DF－1 细胞中表达，且蛋白主要位于细胞质，分子量约为 36 kD。

（程安春，汪铭书，朱德康）

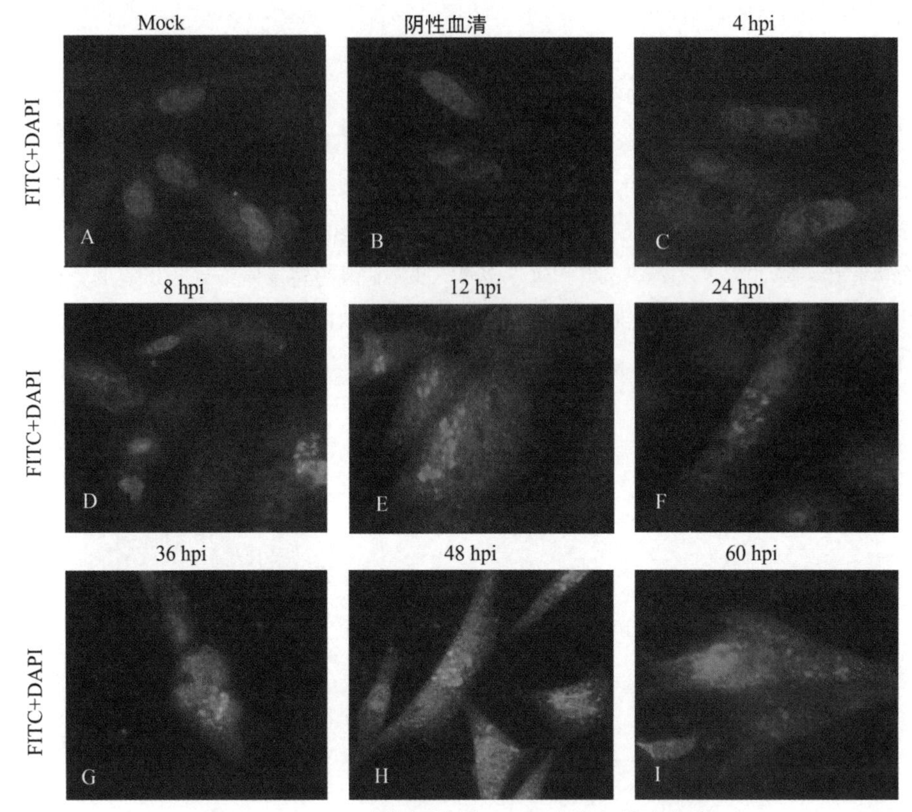

图 3－38 DPV 感染细胞后 UL7 蛋白的细胞内定位

A. 未感染 DPV 的 DEF B～I. 均为感染了 DPV 的 DEF

（B 中一抗为阴性血清，其余为纯化的兔抗 UL7 IgG；绿色荧光为特异性荧光，蓝色为 DAPI 所染的细胞核）

（四）UL16 基因及其编码蛋白

鸭瘟病毒 UL16 基因的研究资料很少，有关疱疹病毒 UL16 基因的研究资料（何琼等，2011）对进一步开展鸭瘟病毒 UL16 基因的研究将有重要参考。

1. 疱疹病毒 UL16 基因序列的特点 除了鸡传染性喉气管炎病毒外，在所有的禽类和哺乳动物疱疹病毒中 UL16 基因位于基因组长区 UL15 基因的两个外显子之间，毗邻 UL17 开放阅读框（ORF），其基因排列结构为 UL15－UL16－UL17－UL15（Fuchs 等，1999；Klupp 等，2004，2005）。有研究指出，人单纯疱疹病毒 1 型（HSV－1）UL16 基因 ORF 定位在其基因组核酸序列第 30 174～31 295 位（McGeoch 等，1988）。

而对定位在基因组这个区域的转录物分析表明，UL15基因两个外显子的ORF和UL16的ORF转录方向相反，UL16和UL17基因转录方向相同（Costa等，1985；McGeoch等，1988）。近年来的研究发现，UL16基因在疱疹病毒α、β和γ亚科中高度保守，人巨细胞病毒（HCMV）UL94（Wing等，1996）、EB病毒BGLF2（Baer等，1991）、人疱疹病毒8型ORF33（Guo等，2009）、人单纯疱疹病毒2型（HSV-2）UL16（Oshima等，1998）、水痘-带状疱疹病毒（VZV）OFR44（Davison等，1986）等都是同源基因。

2. 疱疹病毒UL16基因编码蛋白氨基酸序列的特点 UL16同源基因都是晚期表达基因，编码一种皮层蛋白，蛋白C端可能有一个锌指结构，在N端有一个潜在的核定位信号序列。Wing等（1996）利用PILEUP方法将HCMV UL94与疱疹病毒VZV OFR44、HSV-1 UL16、EB BGLF2、马疱疹病毒1型（EHV-1）UL16、猴疱疹病毒（SHV）UL16、人单纯疱疹病毒6型（HSV-6）UL16同源基因编码的氨基酸序列进行多重比对，结果表明UL16蛋白氨基酸序列的相似性很高，尤其在C端氨基酸序列的相似性最高。这个区域富含丝氨酸-苏氨酸，是潜在的磷酸化位点。同时在氨基酸序列中间有7个保守的半胱氨酸残基和2个组氨酸残基，有助于形成锌指结构与DNA结合。最近的研究发现，HCMV UL94氨基酸序列80～84位、BGLF2氨基酸序列65～69位、猪伪狂犬病毒（PRV）UL16氨基酸序列261～267位都有一个核定位信号，但在其他的一些疱疹病毒UL16蛋白还没有发现这种典型的核定位信号（Baer等，1991；Wing等，1996；Klupp等，2005）。

3. 疱疹病毒UL16基因编码蛋白的定位 基因编码蛋白质在病毒粒子结构中的定位对研究病毒的繁殖、致病机制有重要的作用，同时确定病毒基因编码的蛋白质在宿主细胞中的定位，对于了解病毒蛋白质的功能有重要意义。UL16基因在疱疹病毒科中编码一种皮层蛋白，位于衣壳和囊膜之间，推之UL16基因为一晚期基因。Nalwanga等（1996）用间接免疫荧光发现HSV-1在感染细胞18 h后，UL16蛋白同主要的衣壳蛋白ICP5、支架蛋白ICP35和VP22a共同定位在细胞核内DNA装配区域，呈颗粒状弥撒性分布、感染后22 h，UL16蛋白主要分布在围绕细胞核的细胞质中；间接免疫荧光发现HSV-2在感染宿主细胞后9 h UL16蛋白呈不连续的颗粒状分布在细胞核，主要是定位在C型衣壳上，随着时间的推移，UL16蛋白大量的聚集在细胞核周围的胞质中，感染后期UL16蛋白主要聚集在胞质中（Oshima等，1998）。Guo等（2009）发现，γ疱疹病毒亚科的鼠疱疹病毒（MHV）在感染后的早期ORF33蛋白定位在细胞核内。UL16蛋白早期主要定位细胞核内的C型衣壳，可能与病毒粒子的形态以及成熟有密切的关系。

4. 疱疹病毒 UL16 基因编码蛋白质的功能

(1) UL16 蛋白与衣壳的相互作用 Nalwanga 等（1996）用 HSV－1 感染 HEp－2 细胞，通过间接免疫荧光发现感染后 18 h，UL16 蛋白与 ICP8 蛋白同定位在细胞核，ICP8 蛋白结合到解旋单链 DNA 上，在聚合酶的作用下以单链的 DNA 为模板进行复制。在细胞核衣壳装配区域，除了主要的衣壳蛋白 ICP5、衣壳支架蛋白 ICP35 外，还发现 UL16 蛋白。UL16 蛋白与 ICP5 连接并入到 C 型衣壳上，参与核衣壳的装配和核衣壳的初次囊膜化。研究发现，UL16 蛋白氨基酸残基富含半胱氨酸和组氨酸，与锌指结构的氨基酸组成有高度的相似性，Oshima 等（1998）发现，HSV－2 UL16 蛋白能与单链的 DNA 结合，在细胞核内，UL16 蛋白与 C 型衣壳相互作用，把核衣壳从核内运送到胞质中，在细胞核周围的胞质中 UL16 蛋白再从核衣壳上脱离下来。Meckes 等（1996）研究发现，UL16 蛋白与核衣壳的相互作用呈动态的，且受 pH 的调控。在疱疹病毒粒子从出芽到高尔基体网状结构内（TGN）成熟之前，UL16 蛋白结合到 C 型衣壳上。在细胞内它们的结合作用很微弱，当病毒粒子运送到 TGN 中，TGN 的 pH 较低，在低 pH 的环境中 UL16 蛋白的构象发生变化，有利于与核衣壳的紧密作用，进行病毒的囊膜化和成熟。当病毒粒子释放到细胞外时，环境的 pH 升高，UL16 蛋白与衣壳的相互作用消失。

(2) UL16 蛋白参与病毒粒子的成熟与出芽 病毒粒子包装成熟经过几个过程。首先是在细胞核内，形成衣壳和 DNA 包装进入衣壳，在细胞核的内膜核衣壳进行初次的囊膜化，穿过核外膜时脱去囊膜，然后出芽到胞质中 TGN 内皮层化和囊膜化成熟为具有感染力的病毒粒子（Mettenleiter 等，2002，2004）。UL16 基因位于末端酶 UL15 基因两个外显子之间，编码的皮层蛋白位于衣壳和囊膜之间。UL16 基因虽然不是病毒复制所必需的基因，但在病毒粒子成熟和出芽过程中有重要的作用。PRV UL16 缺失株感染 RK－13 细胞，病毒 DNA 的复制没有受到影响，但是病毒粒子的滴度降低了 10 倍，噬斑的大小只有原始毒株的 35%，UL16 的缺失影响病毒粒子的出芽和在细胞之间的传播（Klupp 等，2005）。细胞核内 UL16 蛋白和核衣壳结合，对核衣壳进行第一次的囊膜化，在穿过核膜过程中，脱去初次的囊膜，进入到细胞质内，UL16 蛋白再结合到 C 型核衣壳上，通过细胞质内的肌动蛋白的作用，核衣壳被运输到 TGN 内，和定位其上 UL11 蛋白相互作用，进行病毒粒子的第二次囊膜化，使其成为成熟的病毒粒子（Meckes 等，2010）。对 HSV－1 的 UL16 蛋白的研究发现，UL16 蛋白与衣壳的作用呈动态的。UL16 蛋白中有 20 个半胱氨酸残基，UL16 蛋白结合到 TGN 上时，衣壳和皮层蛋白位于一个酸性和有氧的环境，UL16 蛋白中的自由半胱氨酸残基被质子化，与衣壳上的残基形成二硫键，使得与衣壳紧密地结合在一起，有助于病毒的成熟和出芽。当病毒粒子感染其他细胞时，UL16蛋白和衣壳的这种紧密结合的作用消失，有利于病毒脱衣壳，DNA进入下一个细胞。由此推测UL16蛋白也可能是一种酶，二硫键异构酶，能催化二硫键的形成和断开。一般二硫键异构酶在活化中心有一个C-X-X-C的氨基酸残基序列，通过蛋白序列的比对发现，这个基序在UL16蛋白中很保守（Meckes等，1996；Yeh等，2008）。Guo等（2009）用MHV ORF33（UL16的同源基因）缺失株感染BHK-21细胞，发现病毒DNA的复制、早期和晚期基因的表达、DNA的包装及衣壳的装配都不会受到影响，但是核衣壳从细胞核内释放到胞质中受到限制，部分皮层化的未成熟的衣壳大量聚集在胞质中而不能进行第二次的囊膜化和成熟及释放到培养液的上清中。同时发现ORF33缺失，皮层蛋白ORF45和糖蛋白gB不能装配到病毒粒子上。有研究发现，在成熟的疱疹病毒粒子中有大量的肌动蛋白存在，在细胞核，核衣壳通过与肌球蛋白V相互作用沿着微管运送到细胞质中（Feierbach等，2006；Favoreel等，2007）。而ORF33缺失，未成熟的病毒粒子和肌动蛋白的作用受到限制，阻止部分皮层化的衣壳通过肌动蛋白被运输到TGN进行病毒的成熟。

（3）UL16蛋白与其他蛋白的相互作用　疱疹病毒粒子在胞质中的皮层化和囊膜化是一个复杂而有序的过程，牵涉许多的蛋白质，其中UL11、UL16和UL21蛋白之间的相互作用受到广泛的关注。UL21皮层蛋白定位在细胞核内的核衣壳上，第268～535位的氨基酸残基与UL16蛋白的半胱氨酸残基相互作用结合在一起，同时UL21蛋白与胞核内的微管结合，在肌球蛋白V的作用下把核衣壳运送到胞质中。UL11蛋白位于胞质中的TGN，有一个亮氨酸-异亮氨酸基序和一簇酸性氨基酸基序，能与UL16蛋白的第247、269、271和275位半胱氨酸残基紧密地结合在一起，对核衣壳进行第二次的皮层化和囊膜化为成熟的病毒粒子（De等，1992；Takakuwa等，2001；Klupp等，2005；Yeh等，2008；Liu等，2009；Harper等，2010）。

β疱疹病毒亚科中HCMV感染宿主细胞时偏嗜上皮细胞。HCMV UL94蛋白（UL16蛋白同源物）169～180位氨基酸残基序列（VTLGGAGIWLLP）与上皮细胞表面抗原表位NAG-2（CGVLGVGIWLAA）有高度的相似性，潜伏感染HCMV的宿主细胞中抗UL94蛋白抗血清IgG能特异性地识别和结合到上皮细胞，使一系列基因编码的蛋白大量表达，如细胞黏附相关的蛋白分子、炎性趋化因子、生长因子、细胞凋亡因子等，使表皮成纤维细胞大量增殖，细胞基质沉淀。大量抗UL94蛋白的抗血清与上皮细胞上的NAG-2抗原表位结合，最后导致机体上皮细胞的大量凋亡和内部器官及皮肤的纤维化，促使HCMV的大量繁殖和在机体内的传播，成为弥散性的硬皮病（Lunardi等，2000；Namboodiri等，2004；Lunardi等，2006）。有研究指出，γ疱疹病毒亚科 KSHV ORF33 编码的蛋白质（UL16 蛋白的同源物）有 $CD4^+$T 细胞识别的抗原表位，ORF33 蛋白与 $CD4^+$T 细胞相结合，使抗原表位更充分的暴露，诱导机体的细胞免疫（Robey 等，2009）。

5. 鸭瘟病毒 UL16 基因及其编码蛋白 何琼、汪铭书等（2011）对 DPV UL16 的研究获得了初步结果。

（1）DPV UL16 基因的分子特性 UL16 基因包含一个 1 089 bp 大小的完整开放阅读框（ORF），编码 362 个 aa。蛋白质结构域预测，DPV UL16 蛋白在疱疹病毒科中有 1 个高度保守的结构域 Herpes_UL16 superfamily，为典型的疱疹病毒皮层蛋白。无信号肽和跨膜区结构，有 2 个潜在的糖基化位点、16 个潜在的磷酸化修饰位点，其中依赖 cAMP 和 cGMP 的蛋白酶磷酸化位点各 1 个，蛋白酶 C 磷酸化位点 5 个，蛋白激酶Ⅱ磷酸化位点 5 个，豆蔻酰化位点 4 个。DPV UL16 氨基酸序列的无规则卷曲和转角的亲水区有 12 个潜在的抗原位点，主要分布在细胞的线粒体、细胞质中。

（2）DPV UL16 基因的克隆、表达及多克隆抗体 PCR 扩增包括 UL16 完整 ORF 在内的 1 098 bp 核酸片段，插入克隆载体 pMD18－T，构建重组质粒 pMD18－T－UL16。pMD18－T－UL16 重组质粒用 *Hin*d Ⅲ和 *Xho* Ⅰ双酶切，凝胶电泳回收双酶切插入的目的片段，将目的片段与同样双酶切的原核表达载体 pET－32b（＋）连接，构建重组原核表达质粒 pET－32b（＋）－UL16。阳性重组原核表达质粒 pET－32b（＋）－UL16 转化入 *Rossetta*（DE3）表达菌。包含有 DPV UL16 基因的表达菌用 IPTG 诱导表达，SDS－PAGE 分析表明带 6×His 标签的 UL16 蛋白成功表达，融和蛋白大小约为 60 kD。融和蛋白表达的最佳条件为加入 IPTG 终浓度为 0.2 mmol/L，37 ℃诱导 6 h，融和蛋白主要以包含体的形式表达。先用2 mol/L 的尿素洗涤，再用镍柱进行亲和层析纯化重组蛋白。纯化的重组蛋白复性后 western blotting 分析显示，能被兔抗 DPV 全病毒阳性血清特异性识别（图 3－39）。将纯化复性的蛋白免疫兔，制备兔抗 DPV UL16 多克隆抗体，琼脂扩散试验效价为 1∶8。Western blotting 显示，制备的血清亦能与表达的重组蛋白特异性识别。

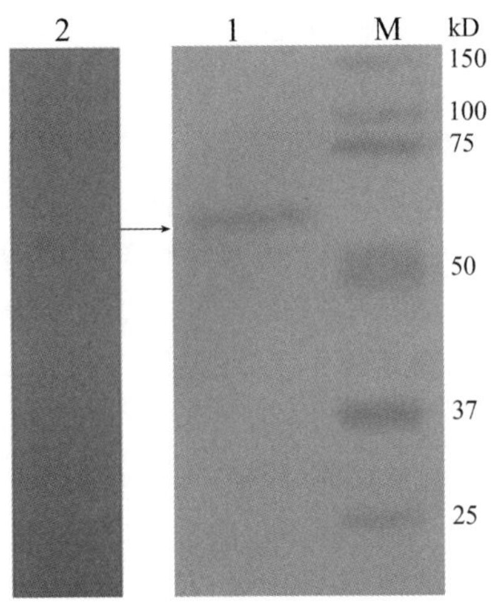

图 3－39 重组 DPV UL16 蛋白 western blotting 检测

M. 蛋白 Marker 1. 兔抗 DPV 阳性血清 2. 兔阴性性血清

（3）DPV UL16 基因 mRNA 转录时相、表达分析和基因类型　用实时荧光染料定量 PCR 法对 DPV UL16 基因 mRNA 在 DEFs 中的转录时相分析，DPV 感染后的早期能检测到少量的 UL16 mRNA，0～18 h 转录水平较低，18 h 后能检测到的 UL16 mRNA 逐渐增多，36 h 达到高峰（图 3－40），48 h 后又逐渐下降。同时采用 DNA 合成抑制试验研究 UL16 基因的转录，DPV 感染 DEFs 后，在维持液中加入 DNA 合成抑制剂阿昔洛韦（ACV），36 h 后检测 UL16 基因的转录，结果显示 UL16 基因未转录，表明 UL16 基因的转录依赖病毒 DNA 复制。采用 western blotting 法对 DPV UL16 基因表达时相分析，DPV 感染后早期 UL16 表达量极少，随着时间的推移，48 h 时 UL16 蛋白的表达量达到高峰。由此可以推断 DPV UL16 基因为一晚期基因。

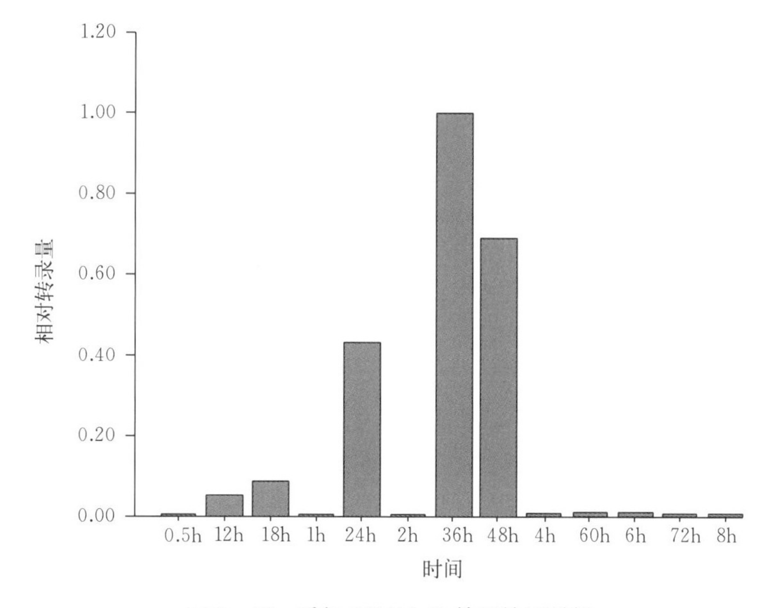

图 3－40　重组 DPV UL16 基因转录时相

（4）DPV UL16 蛋白亚细胞定位　以兔抗 DPV UL16 蛋白多克隆抗体为一抗，间接免疫荧光法检测 DPV 感染 DEFs 后 UL16 蛋白在 DEFs 中的亚细胞定位。结果显示感染后的 18 h，在靠近细胞质周围可观察到少量的特异性荧光（图 3－41）。随着感染时间推移，在细胞质中可观察到大量的特异性黄绿色荧光呈不连续的颗粒状分布。随着感染时间的增加到晚期细胞溶解凋亡，能观测到特异性荧光渐渐变少。

（5）基于 DPV UL16 蛋白间接 ELISA 检测 DPV 抗体方法　以重组 DPV UL16 蛋白为包被抗原，建立检测 DPV 抗体的间接 ELISA 法。对反应条件进行优化。融合蛋白的最佳包被浓度为 1.25 μg/mL，血清的最佳稀释度为 1∶160，酶标二抗的最适稀释度为 1∶

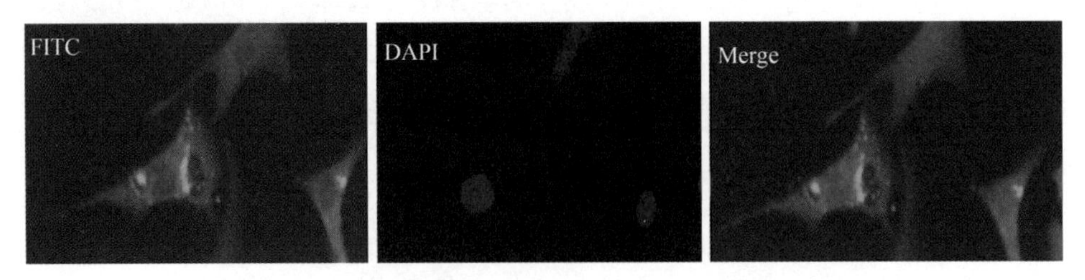

图 3-41　DPV 感染细胞 18 h 时 UL16 蛋白的亚细胞定位

10 000，阴阳性临界值为 0.598，批内和批间的变异系数都小于 10%，与鸭 DHBV、DHV、*RA*、*E. coli*、*S. anatum*、H5N1 和 DSHDV 阳性血清均无交叉反应。用建立的该方法与经典的血清中和试验检测临床疑似鸭血清，结果显示符合率为 95.5%。表明建立的间接 ELISA 方法具有快速、特异、敏感、可重复性，可用于检测 DPV 及流行病学调查。

（程安春，汪铭书，朱德康）

（五）UL21 基因及其编码蛋白

鸭瘟病毒 UL21 基因的研究资料很少，有关疱疹病毒 UL21 基因的研究资料（石勇等，2013）对进一步开展鸭瘟病毒 UL21 基因的研究将有重要参考。

1. 疱疹病毒 UL21 基因特点

（1）UL21 基因序列的特点　不同疱疹病毒 UL21 基因大小有差异，如人单纯疱疹病毒Ⅰ型（HSV-1）UL21 基因大小 1 608 bp（Baines 等，1994）、人单纯疱疹病毒Ⅱ型（HSV-2）UL21 基因大小 1 599 bp（Aidan 等，1998）、马立克氏病病毒Ⅱ型（MDV-2）UL21 基因大小 1 596 bp（Shinichi 等，1999）、鸭瘟病毒（DPV）UL21 基因大小 1 686 bp（Shi 等，2012）。禽传染性喉气管炎病毒（ILTV）UL21 基因不同于 HSV-1，ILTV UL21 基因没有与 UL22 基因相邻，而是与 UL44 基因相邻（Katharina 等，1998）。UL21 基因在疱疹病毒各亚科中具有保守性（Barbara 等，2009；Pei 等，2011；Shi 等，2012；Ritesh 等，2012），如单纯疱疹病毒属的 UL21 基因在该属中具有保守性，HSV-1 的 UL21 基因与伪狂犬病毒（PRV）的 UL21 基因有 36%的相似性（Klupp 等，1992），MDV-2 的 UL21 基因与 HSV-1 的 UL21 具有中等的相似性（Shinichi 等，1999）。此外 HSV-1、DPV、牛疱疹病毒 1 型（BHV-1）、鹑鸡疱疹病毒 2 型（GHV-2）、鹑鸡疱疹病毒 3 型（GHV-3）、PRV、马疱疹病毒 4 型（EHV-4）和水痘-带状疱疹病毒（VZV）的 UL21 基因在 73～92 氨基酸序列具有很高的相似性（Jie等，2006）。在β、γ亚科中关于UL21基因报道较少，但有研究称在黑猩猩巨细胞病毒中没有找到人巨细胞病毒（HCMV）UL21基因同系物（Andrew等，2003）。

（2）UL21基因的性质 一般来说，立即早期基因编码的蛋白可以调节其他基因表达，早期基因表达大量糖蛋白和一些涉及核酸代谢和DNA复制的酶，晚期基因多表达一些病毒的结构蛋白（Duncan等，2006）。Baines等（1994）使用膦酸乙酸作用感染HSV-1的细胞，通过抑制病毒DNA复制，测定HSV-1 UL21基因编码产物，发现蛋白的表达量明显减少，表明UL21是晚期基因。但Alireza等（2012）运用定量RT-PCR分析ILTV基因，发现UL21基因具有早晚期基因的特点。

2. 疱疹病毒UL21基因编码蛋白的特点

（1）UL21蛋白的结构特点 HSV-1的UL21基因编码535个氨基酸大小的蛋白，预测大小57.6 kD。MDV-2 UL21基因编码531氨基酸大小的蛋白，预测分子量为58.8 kD。PRV UL21基因编码525氨基酸大小的蛋白。分析PRV pUL21氨基酸序列发现，该蛋白含有一个亮氨酸拉链结构，这可能与蛋白质-蛋白质的相互作用相关；另一个特点是富含天门冬氨酸和甘氨酸残基，预测含有一个柔性的铰链区，该铰链区可能是蛋白酶加工的位点（Wind等，1992）。HCMV UL21A基因编码大小15 kD的蛋白，该蛋白在细胞质中可以被蛋白酶降解，使用蛋白酶抑制剂可以增加其稳定性（Anthony等，2010），因此推测HCMV pUL21也存在蛋白酶加工位点。

UL21蛋白存在翻译后的修饰作用。通过SDS-PAGE测定PRV与HSV-1UL21蛋白的实际分子量远远大于其通过氨基酸序列计算的预测值，因此认为pUL21在翻译后进行了大幅度的修饰（Wind等，1992）。向感染了HSV-1的细胞中加入含有^{32}P标记的正磷酸盐和35S标记的甲硫氨酸，利用抗血清进行免疫沉淀分析，在感染HSV的细胞中裂解产物中检测到了含有放射性元素的UL21蛋白，而在阴性试验中没有检测到，这表明UL21蛋白进行了磷酸化修饰（Hiroki等，2001）。

（2）UL21编码蛋白pUL21的定位

① UL21蛋白的亚细胞定位 UL21蛋白在感染细胞的细胞核和细胞质中均有分布。用间接免疫荧光检测HSV-1感染细胞，可见UL21蛋白主要分布在细胞质中，少量分布在细胞核周围，极少分布在核内。检测PRV感染细胞，在分离的细胞质和细胞核中均有大小为60 kD的UL21蛋白（Wind等，1992）。

② UL21蛋白在病毒结构中的定位 不同种类疱疹病毒的间层蛋白厚度不同，为20～40 nm，且存在一种与时间相关性的变化。显微观察发现，细胞内的病毒间层是均匀的，细胞外的病毒间层是不均匀分布的（William等，2009）。间层蛋白至少有20种，包括ICP0、ICP4、VP11/12（UL46）、VP13/14（UL47）、VP16（UL48）和UL41、

US2、US3、US10、US11、UL11、UL13、UL14、UL16、UL17、UL21、VP1/2（UL36)、UL37、VP22（UL49)、UL51 和 UL56 基因的编码产物（Fred 等，1997)。HSV-1 的 UL21 蛋白是间层的次要成分（Hiroki 等，2001)。利用含有0.1 mol/L NaCl 相对低盐浓度的分离液分离衣壳，运用 western blotting 在 ABC 三种衣壳位置都检测到了 UL21 蛋白。但使用 0.5 mol/L NaCl 的分离液时分离衣壳再进行检测，在 ABC 三种衣壳位置上未检测到 UL21 蛋白，这表明 UL21 蛋白微弱地与核衣壳发生了联系（Hiroki 等，2001)。

(3) UL21 蛋白的功能

① UL21 蛋白与病毒粒子的复制的相关作用　Wind（1992）将终止密码子插入 PRV UL21 基因两端，使 PRV 缺失整个 UL21 基因，发现变异的病毒出现复制缺陷，几乎所有的 DNA 都不能进行加工。其认为，pUL21 在病毒复制过程中能把 DNA 分裂成特定长的线状分子，促进核衣壳的成熟。Frains 等（2001）支持了这一论点，其通过构建 PRV 不同 UL21 基因大小的缺失株，在培养后通过显微镜观察发现变异毒株复制时可以发生不同程度的 DNA 缺失，产生不含有 DNA 的空衣壳或只含有很少 DNA 的衣壳，因此认为 PRV pUL21 具有组装 DNA 的功能（Frans 等，2001)。但 Baines 等（2005）对缺失 UL21 基因的 HSV-1 的变异毒株进行培养，通过测定噬斑发现，变异毒株与亲本在 Vero 细胞中的复制大致相同，只是在人胚肺细胞中产率只有原来的0.2～0.3。Klupp 等（2005）通过插入卡那霉素基因筛选得到 PRV UL21 基因缺失株，发现缺失 UL21 基因只是对病毒的大小和滴度产生影响（Barbara 等，2005)。Mbonga 等（2012）通过构建HSV-1UL21 基因缺失株，定量分析蛋白质和 mRNA 表明缺失 UL21 蛋白可以延迟病毒在复制周期早期阶段的复制（Ekaette 等，2012)。因此，可以肯定 UL21 基因对于病毒复制是一个非必须基因，但是 UL21 蛋白是否具有组装 DNA 功能还有待深入研究。

② UL21 蛋白对表达细胞的影响　将含有 HSV-1 UL21 基因的重组表达质粒转染 Vero 细胞，发现许多表达 UL21 蛋白的 Vero 细胞形态变得细长，类似神经元，这可能是由于 UL21 蛋白与细胞的微管蛋白发生了相互作用。对 UL21 蛋白和微管蛋白进行双荧光染色，利用紫衫碱（微管蛋白组装促进剂）作用 Vero 细胞，可以观察到 UL21 蛋白与微管蛋白结合在一起；而使用长春碱（微管蛋白组装抑制剂）作用 Vero 细胞，可以发现 UL21 蛋白从微管上解离下来。同时，分别收集感染 HSV-1 和转染含有 UL21 基因表达质粒的细胞裂解产物，通过分离微管蛋白，使用抗 UL21 蛋白血清进行 western blotting 分析，发现在微管蛋白上都可以检测到 UL21 蛋白。因此，UL21 蛋白与细胞质中的微管蛋白存在相互作用。通过构建不同大小 UL21 基因缺失发现，当 UL21 基

因缺失 726～874 富含脯氨酸的区域时，UL21 蛋白对于 Vero 细胞形成长形结构的作用几乎消失。因此，UL21 基因中富含脯氨酸的区域对促进表达细胞形成长形结构有重要作用（Hiroki 等，2001）。

③ UL21 蛋白与运输的关系　微管蛋白是一种高度保守的蛋白，它是细胞骨架的成分，通过与其他蛋白相互作用，维持微管的聚合与解聚，保持细胞形状，参与细胞分裂，调节细胞表面受体，参与细胞运动、胞内物质运输等（Ricardo 等，1995；Cecilia 等，2009；Mark 等，2010），破坏微管会抑制细胞内的物质运输。疱疹病毒 UL21 蛋白可以与微管蛋白发生相互作用，因此推断 UL21 蛋白可能参与了细胞内的病毒运输，使病毒在细胞内的运输更容易（Hiroki 等，2001）。但是构建含有荧光蛋白标记的 PRV UL21 基因缺失重组体，通过荧光显微镜观察和定量分析，发现 UL21 蛋白对核衣壳在神经细胞中的运输没有可见的影响（Sarah 等，2006）。因此，UL21 蛋白是否具有运输作用还有待深入研究。

④ UL21 蛋白与病毒粒子毒力的相关作用　PRV UL21 基因与毒力之间的关系研究相对较多。PRV 疫苗株 Bartha 是一个弱毒株，广泛用于猪伪狂犬病的免疫防治（Thomas 等，2000）。该毒株基因组包含有部分 US 区域缺失和 gE、UL21 基因突变。UL21 基因下游存在三个突变位点，这三个突变导致基因表达蛋白的移码，有研究将毒力减弱的作用归因于 UL21 基因的突变（Klupp 等，1995）。PRV 疫苗株 Bartha 逆向轴突运输的能力并没有被破坏，但是在神经元之间的传递能力降低。修复 UL21 基因，可以增强 PRV 在体内外神经细胞间传播感染的能力。这可能是由于 UL21 基因缺陷导致具有传染性的病毒粒子数目减少，病毒在突触前传递延迟，降低了感染倍数（Curanovie 等，2009；Dusica 等，2009）。通过构建 PRV UL21 基因缺失株，将变异毒株接种小鼠，相比原毒株发现小鼠的存活时间延长，病毒毒力大大降低（Robert 等，2006）。综上所述，PRV 的 UL21 基因与毒力相关。

⑤ UL21 蛋白与免疫相关的作用　HSV 的局部细胞免疫应答对于抑制病毒的重复感染具有重要作用。耐受的 CD4 T 细胞浸润的抗病毒作用可能包括细胞毒性、淋巴因子的分泌、引发体液和 CD8 细胞反应。克隆表达 HSV－2 的 0.67－0.73 图单位区域基因发现，UL21 蛋白与 T 细胞存在免疫反应，同时测出 UL21 蛋白的 T 细胞表位为148－181、283－293 氨基酸残基位点。研究表明 HSV－2 的间层蛋白可能参与了抗原的递呈，提供了把间层蛋白作为疫苗成分的可能性（David 等，1998，2000；Lichen 等，2012）。

⑥ UL21 蛋白对 UL46、UL49 和 US3 蛋白的作用　Kathrin（2007）研究发现，当 PRV 缺失 UL21 蛋白时，可以使 UL46、UL49 和 US3 蛋白组装进入成熟病毒粒子的能

力降低 80%～90%。当把野毒株的 UL21 蛋白移入缺失 UL21 基因的毒株中，发现变异毒株组装 UL46、UL49 和 US3 蛋白的能力得到恢复。UL21 基因在疱疹病毒中是一个保守基因，而 UL46、UL49 和 US3 蛋白只存在 α 疱疹病毒亚科，因此推测在 β、γ 亚科中，存在 UL21 蛋白与其他非保守蛋白的相互作用。

⑦ UL21、UL11 和 UL16 蛋白的相互作用　UL11 蛋白是一个与核膜、细胞膜存在联系的间层蛋白，它与病毒粒子的组装和释放相关。UL11 蛋白会降低病毒组装和释放的能力（Baines 等，1995）。UL11 蛋白具有高尔基体靶向作用，当不存在其他蛋白时，可以蓄积在高尔基体（Joshua 等，2001，2006）。UL16 蛋白是与衣壳联系的间层蛋白，与核衣壳的组装相关，UL11 蛋白可以与 UL16 蛋白发生结合（Joshua 等，2003），UL21 蛋白也可以与 UL16 蛋白结合，UL21 和 UL11 蛋白不能发生结合。当同时存在 UL11、UL16 和 UL21 蛋白时，三者可以结合形成复合体（Amy 等，2010）。研究证明，UL11 基因前 49 个氨基酸、UL16 基因的保守区域、UL21 基因的第 268－535 氨基酸与三者的结合有关（David 等，2008；Pei 等，2008）。但是用酵母双杂交系统检测没有发现 HSV－1 的 UL16 蛋白和 UL21 蛋白存在相互作用（Valerio 等，2005）。

关于 UL11、UL16 和 UL21 蛋白的联合作用机制，可能与病毒组装、运输和释放有关。UL16 蛋白在到达高尔基体之前结合到衣壳上，这种结合是微弱的，受 pH 调控，UL11 蛋白与核膜相联系，这种联系增加了 UL16 蛋白结合到衣壳的可能性。当缺少 UL11 蛋白时，UL16 蛋白的结合能力会降低 70%（David 等，2007，2010）。结合到衣壳上的 UL16 蛋白促进衣壳的成熟。在具有高尔基体靶向作用的 UL11 蛋白和可以与微管蛋白结合的 UL21 蛋白共同作用下（Hiroki 等，2001；Joshua 等，2001，2006），将核衣壳运到高尔基体，完成芽殖、成熟，最后在 UL11 蛋白作用下将病毒释放到细胞外（Baines 等，1995）。

UL21、UL11 和 UL16 蛋白在疱疹病毒科中均保守（Pooja 等，2012），但缺失三者中任何一个，除影响病毒嗜斑的大小和滴度，对病毒在细胞中的复制没有其他可见影响（Martina 等，2003）。因此，关于三者蛋白相互作用机制及对病毒的影响仍有待进一步研究。

3. 鸭瘟病毒 UL21 基因及其编码蛋白　石勇、汪铭书等（2013）对 DPV UL21 的研究获得了初步结果。

（1）DPV UL21 基因的分子特性　DPV UL21 基因全长 1686 bp，编码 561 个氨基酸大小的蛋白，理论分子量约 62 kD，等电点 pI 5.49。此蛋白含有 27 个潜在磷酸化位点、3 个潜在糖基化位点，不含有跨膜区域和信号肽。蛋白亚细胞定位预测表明，该蛋白 65.2%分布在细胞质，17.4 %分布在细胞核。DPV UL21 基因在 240～255 序列区域含有一个保守的结构域。

（2）DPV UL21 基因的克隆、表达及多克隆抗体　PCR 扩增 1735 bp 包含整个 UL21 基因 ORF 基因片段。进行 T 克隆，构建了 PGEMT/UL21 T 克隆重组质粒，而后通过亚克隆构建了 pET－32c（＋）/UL21 重组表达质粒，转化 B21 表达菌进行原核表达。通过优化温度、IPTG 浓度和表达时间，确定了 UL21 重组蛋白最佳表达条件：30 ℃、IPTG 终浓度 0.4 mmol/L、诱导表达 8 h。重组蛋白主要以包含体形式存在，通过 SDS－PAGE 切胶回收目的蛋白，免疫兔子制备多克隆抗体，琼脂扩散试验抗血清效价达到 1∶16。

（3）DPV UL21 基因 mRNA 转录时相及基因类型　用 SYBR Green Ⅰ实时荧光定量 RT－PCR 法分析 UL21 基因在感染 DPV 的鸭胚成纤维细胞中不同时间点转录情况，结果表明该基因在 36 h 开始有明显的转录，72 h 达到转录高峰，而后转录水平开始下降。向接毒后的细胞培养液中加入工作浓度的更昔洛韦，发现 UL21 基因转录受到明显的抑制，证明 DPV UL21 是一个晚期基因。

4. 鸭瘟病毒 UL16 与 UL21 蛋白的共定位及相互作用　曾春晖、程安春等（2015）对 DPV UL16 与 UL21 蛋白的共定位及相互作用的研究获得了初步结果。

（1）DPV UL21 蛋白亚细胞定位　利用间接免疫荧光法检测 DPV UL21 蛋白在病毒复制过程中的细胞动态定位，结果显示在阴性对照组没有观察到荧光；接种 DPV 后 12 h，只有极少的绿色荧光分布在细胞质；随着时间增加，荧光数量逐渐增多，感染后 24 h，荧光数量有所增加，主要聚集在细胞核周边呈点状分布；感染后 36 h，荧光明显增多且主要分布在细胞核中；感染后 48 h，荧光数量继续增多，但主要分布在细胞质中；感染后 60～72 h，细胞变形皱缩呈团状，细胞核也呈不规则的形状，但是荧光数量却达到了顶峰，亮且多，呈团状主要分布在细胞质中（图 3－42）。

（2）DPV UL16 与 UL21 蛋白细胞共定位分析　通过间接免疫荧光及真核瞬间共转染两种方法，研究 DPV UL16 与 UL21 蛋白在细胞中的共定位，结果发现两者的荧光区域存在重合。说明两者存在共定位区域，在空间上为两者发生相互作用提供了可能性。但是两种方法的结果存在差异，间接免疫荧光法所得出的结果为两个蛋白存在共定位且核质中均有分布，而通过真核瞬间共转染 pEGFP－N1/UL16 与 pDsRed－express－C1/UL21 质粒所得出的结果却显示，两种荧光完全重合且只分布在细胞质中。

（3）DPV UL16 与 UL21 蛋白相互作用　通过免疫共沉淀试验进一步验证，发现用 UL16 蛋白的抗体沉淀后的复合物中进行蛋白免疫印迹试验，用 UL21 蛋白的一抗及相应的二抗能检测到 UL21 蛋白，反之亦然，表明 UL16 蛋白与 UL21 蛋白存在相互作用。

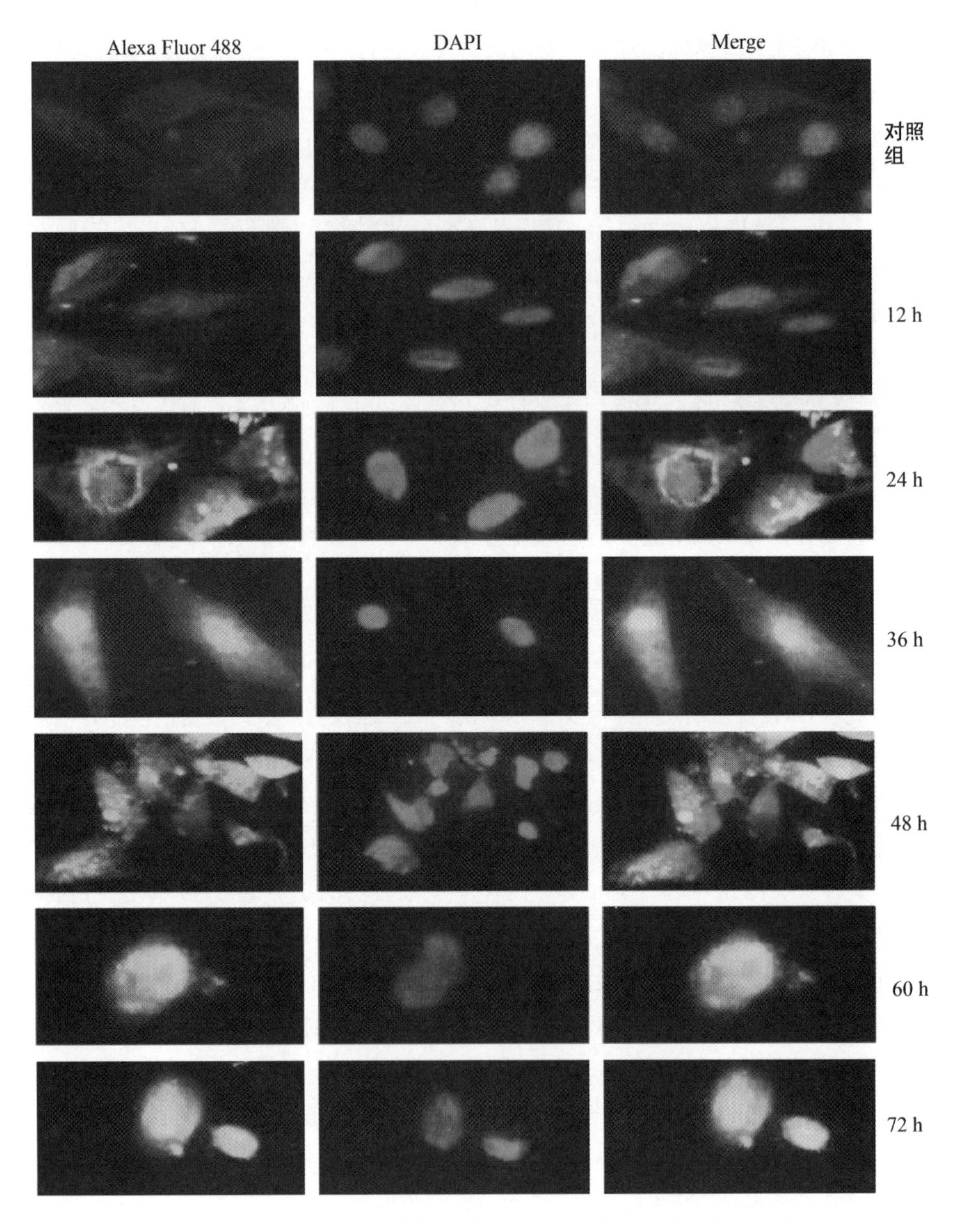

图 3－42　DPV 感染细胞 UL21 蛋白的亚细胞定位

（程安春，汪铭书，朱德康）

（六）UL41 基因及其编码 VSH 蛋白

鸭瘟病毒 UL41 基因的研究资料很少，有关疱疹病毒 UL41 基因的研究资料（曹雪莲等，2014）对进一步开展鸭瘟病毒 UL41 基因的研究将有重要参考。

迄今疱疹病毒只有单纯疱疹病毒 HSV－1、HSV－2 的 U41 基因研究得比较深入，其他疱疹病毒的研究相对落后。目前，对 UL41 基因编码的 VHS 蛋白在病毒的发病机制和免疫逃避中是怎样发挥作用、其具体机制如何及利用其蛋白特性研制可用疫苗等研究引起了学界的关注。Geiss 等（2000）研究表明，VHS^-病毒在作为免疫原方面无论是细胞免疫还是体液免疫，要显著性地优于 VHS^+病毒。Lin 等（2010）通过比较野生型和 UL41 缺失型的伪狂犬病毒（pseudorabies virus，PRV）的生物学特性发现，缺失 UL41 可使 PRV 在小鼠体内高度致弱，同时也使肿瘤坏死因子 α（TNF－α）表达量激增。

1. 疱疹病毒 UL41 基因特点　疱疹病毒 UL41 基因编码宿主细胞关闭蛋白（virion host shutoff protein ，VHSP)，不同疱疹病毒的 UL41 基因片段长度有所不同。

Fenwick 等（1984）研究揭示，在细胞感染过程中 α 亚科疱疹病毒普遍引起大分子物质合成的抑制，进而介导宿主细胞蛋白质翻译过程的阻断或者部分阻断。深层次的研究表明，单纯疱疹病毒（HSV）中 UL41 基因编码的磷酸化蛋白引起了宿主细胞内大分子合成的关闭（Read 等，1993）。

VHS 蛋白的同源基因可在所有已测序的 α 亚科疱疹病毒中找到，但在 β 和 γ 亚科中则找不到对应的同源基因，这暗示在 α 疱疹病毒感染的过程中 VHS 蛋白可能起着十分重要的作用。Covarrubias 等（2009）研究表明，在 γ 疱疹病毒感染中宿主关闭现象是一种保守的表型，暗示 γ 疱疹病毒中存在与 VHS 功能相似的结构。至于 γ 疱疹病毒中找不到 VHS 的同源基因，推断可能与进化距离的远近有关，具体原因有待进一步分析。

不同病毒的 VHS 蛋白大小有所不同。其中，伪狂犬病病毒（PRV）VHS 蛋白最小只有 365 个氨基酸；然而马疱疹病毒 1 型（EHV－1）VHS 蛋白最大，有 497 个氨基酸（Berthomme 等，1993）。经序列分析发现，全部的 α 疱疹病毒亚科 VHS 同源蛋白氨基酸序列中含有 3 段同源性高的保守区（Berthomme 等，1993；Everly 等，1997）。同时，VHS 蛋白的氨基端和中间保守区与人着色性干皮病相关基因编码的 XPG 蛋白、DNA 修复核酸酶 RAD2、DNA 聚合酶及核酸酶 FEN－1 家族相应的氨基端和中间的保守区域高度同源，而对应羧基端的保守区域则没有与之对应的同源序列（Everly 等，2002；马相如等，2005)，其中 VHS 蛋白与结构特异性核酸酶 FEN－1 家族氨基酸序列的同源程度最高。

不同 α 亚科疱疹病毒 VHS 蛋白的宿主蛋白关闭活性差异较大。其中活性最强的是单纯疱疹病毒 HSV 的宿主蛋白关闭活性，牛疱疹病毒 1 型（BHV－1）次之，相比之下水痘-带状疱疹病毒（VZV）和伪狂犬病病毒（PRV）的活性较弱。HSV－1 和 HSV－2 毒株高度同源，即使如此，二者 VHS 蛋白的宿主蛋白关闭活性仍然有十分显著的差异。HSV－2 感染细胞 2 h 后，VHS 就能将细胞中的 mRNA 全部降解，然而 HSV－1 则需要其 3 倍的时间；更夸张的是在体外转染表达试验中，HSV－2 VHS 蛋白的 mRNA 降解活性竟差不多是 HSV－1 的 40 倍（Everly 等，2002）。

当宿主细胞感染 HSV 后，其 VHS 蛋白在病毒的各基因表达前会立即介导关闭细胞大分子的合成，此过程的有效进行需要 ICP27（Sciabica 等，2003）的参与。病毒感染的裂解期，VHS 蛋白作为皮层的组成部分，一进入细胞质就立刻介导关闭宿主细胞蛋白质合成和降解细胞内 mRNA。通过降解细胞内宿主细胞和病毒的 mRNA，VHS 蛋白使宿主细胞从表达宿主基因进而转向表达病毒基因，加速病毒 mRNA 的更新，并推动立即早期、早期、晚期病毒基因的有序表达（Read 等，1993）。有趣的是，VHS 既然无选择性地降解宿主细胞和病毒的 mRNA，那么病毒 mRNA 是如何积累的呢？Smibert 等（1994）的研究提出可能是在宿主细胞内 mRNA 降解之后，VP16 通过与 VHS 结合阻止其 mRNA 降解活性，从而在转录后水平刺激病毒基因表达。另有研究表明，在 HSV 感染的细胞中，VHS 蛋白有 58 kD 和 59.5 kD 两种分子形式，这两种分子均能与细胞核内 B、C 衣壳结合，但包装进细胞质中含包膜的病毒颗粒的只有 58 kD 的 VHS 蛋白（Read 等，2007）。

2. 疱疹病毒 UL41（VSH）蛋白功能　VHS 蛋白具有多种功能：

（1）VHS 蛋白自身就是一个核酸酶，单独存在或与细胞因子共同作用从而特异性降解细胞内 mRNA（Everly 等，2002）。Taddeo 等（2006）研究表明，HSV－1 的 GST－VHS 融合蛋白是一种与 RNase A 有相似的底物特异性的内切核酸酶，切割单链 RNA 3′的胞嘧啶和尿嘧啶残基。Liang 等（2008）的研究表明，γ 干扰素依赖基因的表达被 US3 突变株和 VHS 抑制。能被 US3 突变体抑制是因为 US3 能将 γ 干扰素受体磷酸化，从而引起下级表达反应；而 VHS 则是通过其 mRNA 降解活性来影响干扰素依赖基因的转录水平从而达到调控表达的目的。去除或抑制 VHS 介导的 mRNA 降解活性可通过点突变改变位于其活性中心高度保守的氨基酸残基来实现。在兔网织红细胞裂解液体外翻译系统中单独表达的 VHS 蛋白既有核酸内切酶活性又有外切酶的活性，能降解 mRNA，然而抗 VHS 蛋白的抗体则能阻断这一功能。关于 VHS 蛋白的降解机制有不同的报道，如 Taddeo 等（2003）和 Esclatine（Esclatine 等，2004）等报道的 3′→

5′降解及 Perez 等（2004）报道的体外 5′→3′降解。

（2）极少部分的 VHS 蛋白能结合细胞膜上的类脂体，从而参与细胞内信号转导途径，这表明其也是一个皮层蛋白（Lee 等，2003）。

（3）VHS 蛋白是一个重要的毒力因子。有研究表明，其在 α 亚科疱疹病毒的免疫逃避和发病机制过程中起十分重要的作用（Strelow 等，1997；Murphy 等，2003）。研究表明，在动物感染中，VHS 起着抑制干扰素介导的抗病毒反应及先天和适应性免疫反应的一个关键作用（Murphy 等，2003；Pasieka 等，2008，2009；Wylie 等，2009）。Pasieka 等（2008）研究证明，VHS 缺失病毒感染细胞后，不仅使病毒 RNA 的积累有所增加，而且干扰素生理活性水平、磷酸化的 eIF2α、干扰素刺激基因（ISG）RNA 等也有所增加，即单纯疱疹病毒 VHS 缺失病毒能建立抗病毒状态。HSV-1 的 VHS 还能够阻断 SeV（仙台病毒）和 NDV（新城疫病毒）引起的 DC（树突细胞）活化，这种阻断使得这两种病毒的基因表达增多，暗示细胞感染 HSV-1 后由于 VHS 的活动可使细胞对其他病原体的易感性增强（Cotte 等，2010）。同样，Coffin（2010）的研究表明，VHS 也能阻止 DC 的激活。其研究也表明 HSV 感染中，要使 DC 细胞活化达到最大值从而刺激免疫反应则需 UL41 基因中断、UL43 基因保持完整。

（4）VHS 蛋白还具有其他的一些功能。Barzilai 等（2006）研究表明，VHS 还具有抗凋亡功能，即 VHS 变异病毒引起凋亡细胞死亡比野生病毒还早，从而解释了 VHS 能通过暂时回避凋亡细胞对病毒感染的反应而保证病毒复制的原因。Pasieka 等（2009）的研究也表明，即使是在高度易感的 $Stat1^{-}/^{-}$ 小鼠中，所有的组织测试都显示 VHS 缺失病毒感染后病毒滴度减小，从而印证了 VHS 对病毒复制的重要性。Saffran 等（2010）的试验表明，在 Hela 细胞中瞬时转染的 VHS 在靶 mRNA 水平无显著改变的情况下能调节报告基因的表达，说明 VHS 能起到翻译调控的作用。试验中用双顺反子结构作为报告基因，5 顺反子和 3 顺反子中间插入内部核糖体进入位点序列（IRES）元件。结果显示 VHS 抑制 5 顺反子的表达，3 顺反子的表达则依据 IRES 元件的不同而不同：若是野生型脑心肌炎病毒（EMCV）IRES 则抑制，若是突变的 EMCV IRES 和编码凋亡蛋白酶活化因子 1（ApaF1），免疫球蛋白结合蛋白（BiP）和死亡相关蛋白（DAP5）的细胞 mRNA 的 IRES 则激活表达。另外，有研究指出 HSV-1 的 VHS 与绿色荧光蛋白 GFP 融合后，VHS 蛋白的氨基端 42 个氨基酸可充分介导膜结合和皮层的组建（Mukhopadhyay 等，2006）。

总之，VHS 蛋白能减少宿主细胞中 MHCⅠ、MHCⅡ类分子的表达，干扰 IFN-α/β 介导的抗病毒反应，减少免疫过程中病毒抗原的递呈，同时能抑制宿主先天性的免疫反应等。通过这一系列的途径，VHS 蛋白扮演着类似于一个功能多样的免疫调节剂的角色，在α亚科疱疹病毒的免疫逃避和发病机制过程中起着举足轻重的作用（Koppers等，2001 ；Trgovcich 等，2002；Prechtel 等，2005；Pasieka 等，2008，2009；Korom等，2008；Cotte等，2010；Saffran等，2010；Tombácz等，2011）。

3. **疱疹病毒 UL41（VSH）蛋白与其他蛋白的相互作用**

（1）VHS蛋白与VP16蛋白的相互作用　VHS蛋白通过降解病毒的mRNA来调控病毒各时期基因的有序表达，但当VP16与VHS结合后其对病毒mRNA的降解作用则被消除（Jin等，2001）。Strand等（2004）研究显示，VP16与VHS的结合域是VHS的mRNA降解活性所需。Schmelter等（1996）研究发现，HSV-1的VHS蛋白能与VP16蛋白相互作用形成一个复合体，VHS蛋白氨基酸序列的第310～330位的21个氨基酸残基是VHS蛋白与VP16蛋白复合体形成的充分必要条件，第321位色氨酸对VHS与VP16蛋白复合体的形成具有决定作用。而PRV的VHS蛋白中对应区域的氨基酸残基全部缺失，推测PRV的VHS与VPl6蛋白可能不具有类似的相互作用。同时，Smibert等（1994）的研究表明，VHS蛋白第238～344位氨基酸残基是与VP16结合所必需的，且VP16酸性转录激活区域对两者的相互作用是非必需的。

（2）VHS蛋白与细胞内翻译起始因子的相互作用　Everly等（2002）在*E. coli*中表达的VHS蛋白与细胞内翻译起始因子eIF4H融合蛋白在体外可形成一个复合体，该复合体具有RNA酶活性。改变VHS蛋白保守区关键氨基酸残基从而形成VHS蛋白突变体，此突变体与eIF4H形成的复合体则没有了RNA酶活性。说明VHS蛋白与细胞因子共同作用可以特异性地降解mRNA。Feng等（2001）发现，VHS蛋白通过与eIF4H形成复合体的方式从而能选择性地作用于mRNA而不是非mRNA，且能定位在翻译的起始区域。其他的研究同样证明，VHS蛋白可与细胞翻译起始因子eIF4H及其相关因子eIF4A和eIF4B作用，这种相互作用被认为是VHS定位于mRNA翻译起始区的机制（Doepker等，2004 ；Feng等，2005）。然而，Page等（2010）的试验表明，HSV的VHS蛋白能与eIF4F相结合。这种结合与VHS和eIF4A的结合能力相关但与eIF4H无关。Doepker等（2004）在酿酒酵母（*Saccharomyces cerevisiae*）中表达VHS，发现此系统表达的VHS蛋白能在没有哺乳动物细胞因子时明显表现出依赖于VHS的RNA酶活性，这种活性能分别被细胞翻译起始因子eIF4H、eIF4B及兔网织红细胞裂解物（RRL）显著增强。表明VHS本身就具RNA酶活性，而eIF4H、eIF4B或其他细胞因子起增强这种活性的作用。

4. **疱疹病毒 UL41基因工程（缺失）疫苗**　疱疹病毒在自然界广泛存在，能引起人和许多动物的感染。其中HSV-2是一种常见的人类病原体，全球几乎有16%的人受到感染（Looker等，2008）。因此，研究开发针对疱疹病毒感染的特定疫苗具有十分重大的意义。Dudek 等（2006）研究表明，复制缺陷病毒既有灭活病毒的安全性又能在感染细胞中表达病毒抗原，使得 MHCⅠ和 MHCⅡ的抗原递呈有效。

由于 VHS 蛋白缺失病毒增值滴度只有原来的 0.1～0.2，虽然它有活性但缺乏致病性。VHS 蛋白缺失病毒的免疫原性增强但其毒力减弱的特点使其成为十分有潜力的候选疫苗（Strelow 等，1997）。Geiss 等（2000）研究发现，ICP8 与 VHS 蛋白双缺失的 HSV－1 重组病毒对小鼠进行免疫后，此小鼠对 HSV 野毒攻击的免疫保护效果显著优于其他普通疫苗。Dudek 等（2008）研究也表明，HSV－2 突变株 dl5－29－41L 在体外培养细胞中对宿主细胞蛋白合成的抑制能力下降，诱导的细胞病变也减少；然而用其感染小鼠，则比 dl5－29 复制缺陷突变株要引起更强的中和抗体反应及 $CD4^+$ 和 $CD8^+$ 细胞反应。有研究证实，将 HSV－2 dl5－29 复制缺陷株中的 UL41 基因用 HSV－1 的 UL41 基因替换，则重组体 dl5－29－41.1 与 dl5－29 或者 dl5－29－41 显示出几乎相同的免疫原性和保护性（Reszka 等，2008；Hoshino 等，2008）。虽然其免疫原性未显示出增加，但补充细胞，则其比 dl5－29 生长到更高的滴度水平（Reszka 等，2008）。另外，鉴于 VHS 蛋白的核酸酶活性及宿主关闭功能，目前已成为自杀基因的候选基因在基因治疗中得到进一步研究。在 HIV 基因治疗的研究过程中，VHS 蛋白能抑制 HIV 的复制环节；并且在 HIV－1 和 HSV 双重感染下，对患者进行抗 HSV 的治疗，则其血清和生殖器的 HIV－1 病毒的 RNA 水平有所下降。这种变化可能减小了 HIV－1 的传输速率，同时使其转变为 AIDS 的进程也减慢（Nagot 等，2007）。

5. 鸭瘟病毒 UL41 基因及其编码蛋白　曹雪莲、汪铭书等（2014）对 DPV UL41 的研究获得了初步结果。

（1）DPV UL41 基因的分子特性　DPV UL41 基因大小为 1 497 bp，编码 498 个氨基酸，既没有信号肽也没有跨膜区，有 24 个潜在磷酸化位点。通过对该基因编码蛋白的二级结构预测分析发现无规则卷曲和 α 螺旋比例较大，三级结构预测发现与 flap endonuclease－1（FEN－1）有同源性（图 3－43）。

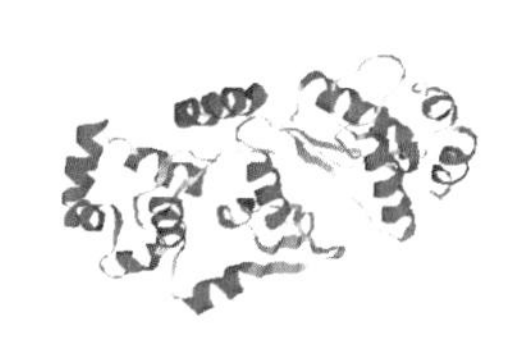

图 3－43　DPV UL41 蛋白三级结构预测

（2）DPV UL41 基因的克隆、表达及多克隆抗体　PCR 扩增 1 526 bp 囊括了完整的 UL41 基因开放阅读框（ORF），插入 pMD19－T 载体，构建重组质粒 pMD19－T－UL41。通过 *Eco*RⅠ和 *Xho*Ⅰ双酶切 pMD19－T－UL41 重组质粒回收目的片段，再将该目的片段定向插入 pET－32a（＋）原核表达载体，构建重组质粒 pET－32a（＋）－UL41，转化大肠杆菌 BL21（DE3）感受态细胞诱导表达，在 IPTG 的诱导下成功表达得到与预期大小相同的 76 kD 6×His 重组融合蛋白，此蛋白主要以包含体形式存在。UL41 蛋白最优表达条件为 37 ℃摇菌培养加入 0.2mmol/L IPTG 诱导 10 h。重组 UL41 蛋白的 western blotting 检测说明其能被兔抗 DPV 阳性血清识别。重组 UL41 蛋白纯化后用于制备兔抗 UL41 多克隆抗体，琼脂扩散试验效价为 1∶8。该多克隆抗体 western blotting 检测表明能特异识别表达的 UL41 重组蛋白。

（3）DPV UL41 基因转录时相及亚细胞定位　用荧光定量 PCR 相对定量法检测 UL41 基因转录的情况，结果显示 UL41 基因 6 h 开始出现转录，36 h 达到最高峰，54 h 仍有转录（图 3-44）。

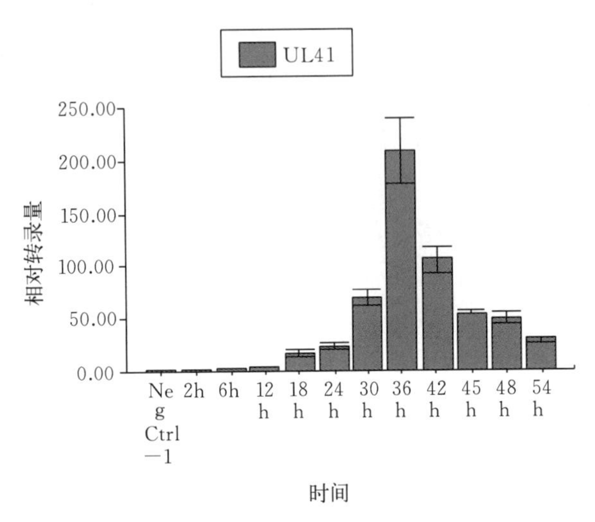

图 3-44　DPV UL41 基因转录时相

用间接免疫荧光法检测 UL41 基因编码蛋白的亚细胞定位情况，结果 DPV 感染后 6 h 即能在细胞观察到荧光，随着时间的延长荧光也增强，48 h 仍能检测到荧光，UL41 蛋白定位于细胞质中。

（程安春，汪铭书，朱德康）

（七）UL46 基因及其编码 VP11 蛋白

鸭瘟病毒 UL46 基因的研究资料很少，有关疱疹病毒 UL46 基因的研究资料（路立婷等，2010）对进一步开展鸭瘟病毒 UL46 基因的研究将有重要参考。

疱疹病毒 UL46 基因是晚期基因，翻译后被磷酸化为磷蛋白 VP11/12（Zhang 等，1993）。作为皮层构成成分之一，VP11/12 因能增强 αTIF 介导的 α 转录作用的效率而受到越来越多的关注。

1. 疱疹病毒 UL46 基因序列的特点　UL46 是位于 UL 特定长区的基因。在 HSV-1 中，UL46 基因的 C 端区域脯氨酸重复出现（Zhang 等，1993）。UL46 在不同的疱疹病毒亚科中的保守性不尽相同，其在 α 疱疹病毒亚科，如单纯疱疹病毒 1 型（human simplex virus 1，HSV-1）中是保守的（McGeoch 等，1988）；而在 β 疱疹病毒亚科，如人巨细胞病毒（human cytomegalovirus，HCMV）（Chee 等，1990）和 γ 疱疹病毒亚科，如人疱疹病毒 4 型（human herpesvirus 4，HHV－4）（Baer 等，1984）中却是不保守的。

研究发现，在 α 疱疹病毒亚科基因组的 UL 区域，尤其是在伪狂犬病毒（pseudorrabies virus，PRV）基因组中紧靠反向重复序列区域，存在一段保守的由 4 个开放阅读框 UL46、UL47、UL48 和 UL49 组成的基因簇结构，它们分别编码的磷蛋白 VP11/12、VP13/14、VP16（α－反式诱导因子，即 αTIF、ICP25、VP16、Vmw65）和 VP22 是病毒皮层的主要构成成分。该基因簇从一种共同的祖先基因以一种与 α 疱疹病毒 US 基因区域保守的糖蛋白基因簇类似的方式进化（Fuchs 等，2003）。据报道，这种典型的基因簇结构已经在所有 α 疱疹病毒亚科基因组，包括 MDV（Yanagida 等，1993）和 ILTV（Ziemann 等，1998）中发现，但是在 β 或 γ 疱疹病毒亚科的基因组中没有发现。对部分疱疹病毒碱基成分的分析表明，UL 46 的 G+C 含量较高（46%～74%），如水痘-带状疱疹病毒（varicella zoster virus，VZV）中占 46%，DPV 中占 57.16%，HSV－1 中占 68.3%，而在 PRV 中则高达 74%。

2. VP11/12 的细胞定位　VP11/12 在病毒 DNA 合成高依赖反式感染晚期产生，可在纯化的病毒粒子中检测到。Zhang 等（1993）第一次通过共聚焦激光扫描免疫荧光显微镜检测到 HSV－1 VP11/12 定位于细胞质而非核内。将绿色荧光掺入到 HSV－1 VP11/12 中感染细胞，可在细胞质中的核边缘检测到直径为 0.4～1.2 μm 的荧光颗粒，并聚集在核周形成围核环状物，而在细胞核内却未检测到类似颗粒（Willard 等，2002）。类似结论在检测鸡传染性喉气管炎病毒（infectious laryngotracheitis virus，ILTV）感染鸡细胞产生的抗血清单一特异性时也得以证实（Helferich 等，2007）。

3. VP11/12 表达时相　Nozawa 等（2004）使用共聚焦激光显微镜对免疫荧光进行分析，在 HSV－2 感染细胞 6 h 时，VP11/12 特异荧光出现在细胞质中近核区域，之后细胞质中的荧光尽管有所增加，但与感染晚期在荧光大小和形状上并无较显著的改变。此外，PRV－Ka 感染细胞的溶菌产物中，VP11/12 在感染后的 4 h 开始表达，之后持续积累，并且在 24 h 时蛋白累积量达到最大（Kopp 等，2002）。

4. VP11/12 的功能

（1）VP11/12 的结构功能和调节功能　疱疹病毒皮层蛋白具有结构和调节双重功能。VP11/12 除了连接囊膜和核衣壳之外，还作为疱疹病毒元件或成熟病毒颗粒的输送调节蛋白确保病毒得到更加有效的复制（Willard 等，2002），而且这种皮层调节蛋白对 HSV－1 α 基因的表达也有一定影响（Zhang 等，1993）。VP11/12 虽然对病毒复制是非必需的，但其可以调节 αTIF 的活力，从而启动 α 基因的转录。Mettenleiter（2004）认为，皮层蛋白极可能调节宿主细胞产生一种有益于病毒复制的环境。有报道称，UL46 在 MDV－1 感染晚期发挥重要作用，并且能够在高度感染细胞中所形成的病毒斑块中心探测到其踪迹（Dorange 等，2002）。而 PRV VP11/12 与感染后病毒基因早期表达的反式激活有关，其与 gE 或 gM 之间的相互作用对于在反式-高尔基泡内的出芽生殖极可能是一种必要条件（Fuchs 等，2003）。此外，在 HSV－1 复制的即早期阶段可以检测到 UL46 转录产物（Roizman 等，2001），而在 ILTV 中却未检测到，至今尚不清楚 ILTV 和 HSV－1 中不同的表达动力学是否与它们保守 α 疱疹病毒基因的特殊功能相关。

（2）UL46～49 基因簇编码蛋白的功能　通过构建 4 倍缺失体 PRV－ΔUL46～49 并感染 RK13 细胞，Fuchs 等（Fuchs 等，2003）认为 UL46～49 对于病毒复制都是非必需的；PRV UL46～49 基因产物之间在病毒形态发生时可能相互关联并具有冗余或者说是重叠的功能，这 4 种基因中的一种或两种基因的缺失能够通过基因簇中剩余的其他基因得到补偿，而四种基因同时缺失对病毒可能就是致命的。在 HSV－1 中也得出类似结论（Pomeranz 等，2000）：病毒体中皮层蛋白的总量虽然是不变的，但是不同皮层蛋白的相对比却是可变的。然而，Mettenleiter（2004）却提出与之完全不同的结论：基因簇中的四种基因同时缺失而构建的 PRV 4 倍缺失体的病毒滴度与仅仅缺失 UL48 基因时的病毒滴度相比并不明显，即基因簇之间功能的补偿对于突变体病毒复制的作用不大。类似地，在 HSV－1 和 PRV 中，UL46～49 4 倍缺失体的存在并未影响到病毒的组装进程（Vittone 等，2005）。缺失 VP13/14，生成的病毒粒子中 VP11/12 的水平得以增加，再次证明了 VP11/12 和 VP13/14 之间的结构冗余。

5. VP11/12 与某些酶和其他蛋白的相互作用

（1）US3 蛋白激酶对于 VP11/12 表达稳定性的影响　HSV US3 基因编码一种丝氨酸／苏氨酸蛋白激酶（PK），能影响病毒早期囊膜的形态。HSV－1 的 US3 PK 是分子量为 66 kD 并且具有自磷酸化活性的酶（Mou 等，2007）。Matsuzaki 等（2005）通过蛋白免疫印迹法检测发现，VP11/12 可能直接或者间接地受 US3 PK 限制；缺失 US3，VP11/12 含量很不稳定，对降解极敏感；US3 PK 在感染细胞中直接对 VP11/12 磷酸化，甚至在转染细胞中，VP11/12 是依赖 US3 来稳定其存在的。这与之前 Lemaster（1980）的报道相吻合。因此，US3 可能通过磷酸化 VP11/12 间接地影响 VP16 的稳定性和功能，进而调节病毒释放并且尽早启动病毒基因的早期表达。

（2）UL21 对 VP11/12 组装的影响　PRV UL21 编码蛋白是一种在病毒基因组的分裂和壳体化进程中与衣壳成熟有关的衣壳结合蛋白，在 PRV 的体外复制中发挥重要的作用（Wagenaar 等，2001）。在 PRV－Ka 株，UL21 编码蛋白的缺失导致结合到成熟病毒粒子中的 UL46 外膜元件降低了 80％～90％，表明 VP11/12 的组装效率在 UL21 缺失时大大降低；而当 gE 存在时，UL21 可与 UL46 相互作用从而增强了 UL46 结合到成熟病毒粒子中的效率；在 PRV－Ka 减毒株和 PRV－Ba 株也得到类似研究结果（Michael 等，2007）。

（3）VP11/12 与 VP13/14 之间的相互作用 UL46 和 UL47 基因在大多数 α 疱疹病毒基因组中都是保守的（Roizman 等，2001；Helferich 等，2007）。在 HSV－1 中，UL46 和 UL47 均属病毒复制的非必需基因，但是蚀菌斑测定结果表明二者中的任意一种或者二者同时缺失都会明显影响蚀斑的形成（Zhang 等，1993）。UL46 和 UL47 基因的缺失均未显著改变 PRV 的神经侵染性（McKnight 等，1987）。在 MDV，UL46 和 UL47 基因位于互补的链上，二者共用一个聚腺苷酸（Poly A）信号；两个基因同时缺失或单个基因缺失的重组 PRV 均能够在细胞上增殖，只是 UL47 的缺失导致病毒滴度只有原来的十分之一，但缺失 UL46 时病毒滴度下降的却并不明显。由此可见，UL46 的功能与病毒毒力不相关（Yanagida 等，1993）。研究发现，PRV VP13/14 的缺失没有影响 VP11/12 在病毒体中的定位，反之亦然，因此这两种蛋白是互不依赖地合成到新生病毒体中的（Kopp 等，2002）。

（4）VP11/12 与 VP16 之间的相互作用 Kato 等（2000）通过 HSV－2 的共区域化和共纯化研究证实了 VP11/12 与 VP16 之间的相互作用：感染晚期，VP11/12 与 VP16 在细胞质内核周区域共存，并且二者通过直接或间接的联系共同合并到病毒体中；通过获得对 HSV－2 VP11/12 特异的家兔多克隆抗血清，证明了包含 UL46 的 HSV－2 DNA 片段增强了 VP16 介导的 α 基因在瞬时表达中的效率。此外，HCMV VP11/12 在与 VP16 共表达时，具有增强 αTIF 启动子调节基因表达的能力，而 UL46 独自表达时 αTIF 启动子依赖基因表达很明显的受到抑制；体内阻滞试验也得出类似结论。

（5）VP11/12 和 VP13/14 对 αTIF 蛋白的调控作用 HSV－1 VP11/12 和 VP13/14 之间的相互作用能增强 αTIF 介导的 α 转录作用的效率（Zhang 等，1993）。McKnight 等（1987）指出，这种效率的增强可能是通过它们病毒体之间的相互作用介导的。研究发现，UL46、UL47 和 UL46/47 缺失突变体可以改变病毒体脱氧胸腺嘧啶苷激酶（TK）诱导的动力学，UL46 的基因产物能使 αTIF 介导的 αTK 活力增强 2～3 倍，而缺失 UL46 或 UL47 则导致病毒 TK 活力的降低；动力学分析表明在所有 UL46 和 UL47 单个缺失突变体中 TK 的活力呈现大约 2 h 的迟滞，而在 UL46/47 二倍缺失突变体中，TK 活力迟滞了 2 倍，说明 VP11/12 和 VP13/14 在增强 αTIF 介导的 α 基因表达的效率方面可能发挥了相同的作用；同时 HSV－1 纯化病毒的吸光度分析表明病毒外膜中 VP11/12 和 VP13/14 的水平与 αTIF 的摩尔比值接近，并且认为 UL46 和 UL47 增强 αTIF 介导转录的能力是由在感染病毒体中的 VP11/12 和 VP13/14 与 αTIF 之间的一种化学计量关系引起的（Zhang 等，1993）。

6. 鸭瘟病毒 UL46 基因及其编码蛋白 路立婷、汪铭书等（2010）对 DPV UL46 的研究获得了初步结果。

（1）DPV UL46 基因的分子特性 DPV UL46 大小为 2 220 bp，编码 739aa，在 20～500aa 处存在一个 Herpes_UL46 结构功能域，属于疱疹病毒 UL46 蛋白家族，在 17～470aa 范围内存在大量的一致性序列，尤其是在 356～413aa 区段，显示了高度的保守性。在单一氨基酸位点上，Gln372、Asn376、Tyr382 和 Trp385 完全保守。DPV UL46 基因与 24 个疱疹病毒参考株 UL46 基因的氨基酸同源性均不高。

DPV UL46 基因存在 10 个转录启动子序列。UL46 编码蛋白共有 35 个抗原表位，分布于 UL46 多肽链的整个序列中，但主要位于氨基端 Ser423～Thr449、Val451～Ser500、Phe502～Tyr526、Asn540～Thr596、Glu614～Ala651、Ser655～Ser671、Gly681～Cys700 区域。编码的多肽链中亲水区域大于疏水区域，具有较好的亲水性、可塑性和较高的抗原指数，无跨膜区域，是一种膜外蛋白，定位于细胞质的核周区，无信号肽切割位点，成熟蛋白即为 739aa，具有 72 个潜在的磷酸化位点，2 个潜在的糖基化位点。密码子偏嗜性分析表明，DPV UL46 基因对编码的氨基酸 Trp、Met、His、Lys、Glu 具有一定的偏嗜性。编码蛋白的结构多为柔性区域，富含 α 螺旋和 β 折叠，含少量无规则卷曲。同源模建分析，未发现与该蛋白相匹配的三级结构。

（2）DPV UL46 和 DPV UL46M 基因的克隆、原核表达及多克隆抗体 根据 DPV UL46 基因序列分别设计两对引物 P1/P2（含有 *Bam*H Ⅰ 和 *Xho* Ⅰ 酶切位点，扩增幅度为2 558 bp，含完整的 DPV UL46 基因）和 P3/P4（针对 UL46M 基因，基因序列位于 699～2 220 bp，含主要抗原域的，含有 *Bam*H Ⅰ 和 *Xho* Ⅰ 酶切位点，扩增幅度为 1 522 bp），构建了重组表达质粒 pET－32a（＋）/UL46 和 pET－32a（＋）/UL46M，并转化入 *E. coli* Rosetta 感受态细胞中。经 IPTG 进行诱导表达，SDS－PAGE 分析表明主要抗原域区段得以顺利表达，表达产物以包含体形式存在，分子量约为 79 kD。最佳表达条件：IPTG 浓度为 0.2mmol/L，在 *E. coli* Rosetta 中 37 ℃诱导 4 h。而 DPV UL46 完整基因表达失败。用经过镍柱亲和层析而获得的较高纯度的重组蛋白免疫家兔以制备兔高免血清，western blotting 方法显示制备的多克隆抗体能与融合蛋白特异性地结合，琼脂扩散试验显示制备的多克隆抗血清效价达 1∶8。基于兔抗 DPV UL46M IgG 的 Dot－ELISA 方法检测 DPV 与其他毒/菌株，结果显示，该抗体能与 DPV 特异性的结合，而与其他毒/菌株均呈现阴性反应。

（3）DPV UL46 基因的转录、表达时相和基因类型 荧光定量 PCR 检测结果表明，UL46 基因的转录在 12 h 左右时开始增加，随着时间的延长，转录量逐渐增加，在 24 h

左右显著增加并在 54 h 左右达到峰值，此后表达量逐渐降低（图 3－45）。

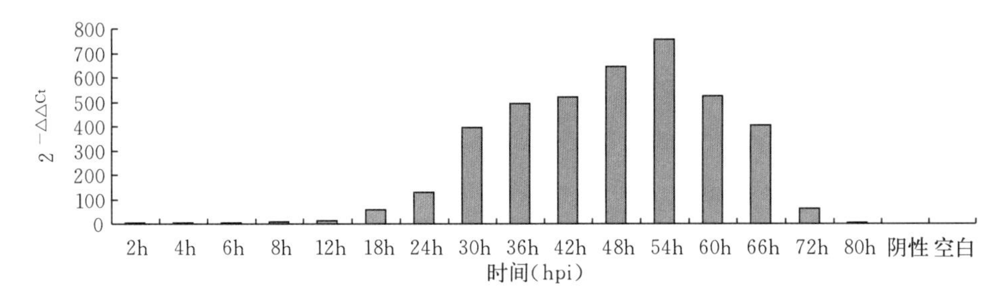

图 3－45　DPV UL46 基因转录时相

通过 western blotting 对 DPV 感染的 DEF 中 UL46 蛋白的表达时相进行分析，结果显示 DPV UL46 蛋白感染宿主细胞后 12 h 可见约 81.8 kD 的特异性条带，随时间推移表达量逐渐增多，在 60 h 左右达到最大值，符合晚期基因的表达谱特征，同时与 UL46 基因的转录时相相符。转录时相和表达时相结果说明，UL46 基因的转录表达规律符合基因由转录到翻译的生命周期规律，且具有先转录后表达的模式，也表明了 DPV UL46 基因是一个晚期基因。

（4）DPV UL46 蛋白的属性　收集感染 DPV 后 25 h 时的 DEF，低速离心并经 PBS 清洗，NP－40 破碎细胞后取上清和沉淀分别进行 western blotting。结果发现，能够与兔抗 DPV UL46M IgG 特异性结合并出现大小与目的蛋白相符的条带的是不溶于 NP－40 的沉淀部分。由此可以证实，DPV VP11/12 是 DPV 的结构蛋白，是皮层的组成部分之一。

（5）基于兔抗 DPV UL46M IgG 的双抗体夹心 ELISA 方法检测 DPV　以纯化的兔抗 DPV UL46M IgG 为第一抗体，纯化的小鼠抗 DPV IgG 为夹心抗体，建立并优化检测 DPV 的双抗体夹心 ELISA 方法。结果表明最佳反应条件为：兔抗 DPV UL46M IgG 和小鼠抗 DPV IgG 的稀释度分别为 1∶320 和 1∶20，酶标抗体的稀释度为 1∶5 000，可检出 52 ng 纯化的 DPV。应用建立的双抗体夹心 ELISA 方法检测可疑病料，并与常规 PCR 作比较，结果显示建立的方法特异、敏感性好，适用于 DPV 的快速、批量、特异性检测。

（程安春，汪铭书，朱德康）

（八）UL47 基因及其编码蛋白

鸭瘟病毒 UL47 基因的研究资料很少，有关疱疹病毒 UL47 基因的研究资料（罗丹丹等，2010）对进一步开展鸭瘟病毒 UL47 基因的研究将有重要参考。

1. 疱疹病毒 UL47 基因序列及编码蛋白结构特点

(1) 疱疹病毒 UL47 基因序列特点 UL47 基因位于特定长区，在大多数疱疹病毒中都是保守的。牛疱疹病毒 1 型（BHV－1）UL47 基因包含一个 2 226 bp 的开放阅读框，编码蛋白由 742 个氨基酸组成（Carpenter D E 等，1991）。位于马立克氏病病毒（MDV）基因组独特长区的 UL47 基因与 UL49、UL49.5 在下游编码区共同缺乏一个多聚腺苷酸信号（Yanagida 等，1993）。禽传染性喉气管炎病毒（ILTV）UL47 基因与鸟类、哺乳动物类 α 亚科疱疹病毒 UL47 基因存在一些不同之处，UL47 从特定长区易位到独特短区 US4 基因的上游，但编码蛋白与其他疱疹病毒一样，为病毒的一个主要皮层蛋白（Helferich 等，2007；Wild 等，1996；Ziemann 等，1998）。

(2) UL47 基因编码蛋白结构特点 HSV－1 UL47 基因为一个晚期基因，编码位于皮层的两种毒粒蛋白，VP13 和 VP14。UL47 蛋白是真正的 RNA 结合蛋白，N 端有一个 RNA 结合区，包含一个对 RNA 结合必需的精氨酸基序，该区还掺入了 HSV－1 UL47 的核定位信号（Zhang 等，1993；Chen 等，1996；McLean 等，1990）。而 Donnelly，等（2001）证实，HSV－1 VP13 和 VP14 为不同修饰形式的同种蛋白，UL47 基因瞬时表达的产物主要是 VP14，在感染晚期也能检测到少量的 VP13。此外，所有的 HSV－2 UL47 基因编码产物是 VP14，无 VP13 生成。牛疱疹病毒 1 型（BHV－1）UL47 编码的是一个分子量为 96 kD 的 γⅡ 型蛋白，又称 VP8，与 HSV－1 UL47 蛋白具有很高的同源性，是 BHV－1 的主要结构蛋白（Hurk 等，1995；LaBoissiere 等，1992；Verhagen 等，2006）。ILTV 独特短区开放阅读框 3 编码了一个 601 个氨基酸组成的蛋白，约 67.5 kD，与 HSV－1 UL47 蛋白存在 18% 的同源性（Kongsuwan 等，1995）。伪狂犬病毒（PRV）UL47 基因编码蛋白由 750 个氨基酸组成，分子量为 97 kD，与 α 亚科疱疹病毒 UL47 编码的蛋白极其类似（Bras 等，1990；Fuchs 等，2002）。人巨细胞病毒（HCMV）UL47 基因 ORF 编码蛋白分子量为 110 kD，UL47 蛋白的损耗或缺失将延迟病毒 DNA 的释放（Hyun 等，1999；Bechtel 等，2002）。

2. 疱疹病毒 UL47 蛋白的作用

(1) UL47 在病毒复制中的作用 α 亚科疱疹病毒 UL47 基因从 HSV－1、PRV、MDV 中的缺失导致病毒产生小空斑，与野毒株相比，复制速度更为缓慢。其中，HSV－1 UL47 基因的缺失，导致大约 10 倍的病毒滴度减少，同时也降低了立即早期基因表达的蛋白水平，虽然这对病毒的生长不是必需的，但还是轻微地影响了病毒复制（Zhang 等，1991；Dorange 等，2002）。

(2) UL47 参与病毒粒子形态发生 典型的疱疹病毒形态发生是衣壳在核内组装，病毒粒子在细胞质中生成，大量的胞外病毒粒子在质膜排列成线。而在感染了 UL47 缺失型的 PRV 细胞中，只观察到病毒粒子在细胞质中生成和衣壳局部群体的有序排列，感染晚期阶段还观察到大部分衣壳被一些高电子密度的物质所包围。表明 UL47 的缺失导致次级包装受损和皮层化的衣壳在细胞质中聚集，UL47 在病毒粒子的形态发生中有重要作用（Kopp M 等，2002）。

（3）UL47 蛋白参与 RNA 形成　通过观察 HSV-1 感染细胞发现，当 UL47 表达后不久，UL47 蛋白和主要的病毒转录激活因子 IPC4 一起定位于细胞核。利用 RNA 免疫沉淀反应，Donnelly 等（2007）证实，UL47 至少结合了一个病毒转录物 ICP0 mRNA。由于在 RNA 结合区掺入了 UL47 的核定位信号，结合 mRNA 后的复合物主要定位于感染细胞的核中的主要转录区，表明 HSV-1 UL47 蛋白在 RNA 的形成中有一定作用。而且，近期的研究结果也显示，UL47 蛋白在 BHV-1 感染细胞中的穿梭能力能够被更生霉素（转录抑制剂）所改变。这提供了直接的证据表明 BHV-1 UL47 蛋白也参与 RNA 的形成。

（4）UL47 蛋白核质穿梭功能　通过转染细胞的研究表明，HSV-1、BHV-1 UL47 蛋白都能快速地从细胞核穿梭到细胞质，其穿梭机制有可能归因于蛋白包含的核输出信号（NES）。但 Verhagen 等（2006）研究结果显示，虽然两蛋白的穿梭行为类似，但两者的 NES 几乎不存在序列上的同源性。另有研究表明，UL47 蛋白的穿梭机制在某种程度上与 UL47 蛋白和 RNA 的结合并将其从核中输出有关，具体的穿梭机制仍不太确定（Donnelly 等，2007）。

（5）其他作用　据研究结果显示，BHV-1 UL47 蛋白能够刺激 T 细胞增殖和抗体产生，表明 UL47 蛋白在对 BHV-1 诱导的体液免疫中有一定作用。此外，由于 UL47 蛋白是一个 γⅡ 型蛋白，理应在感染早期不能被合成，但感染后 2 h 在细胞核中检测出了 UL47 蛋白，表明其有调节立即早期基因表达的功能（LaBoissiere 等，1992）。另有报道表明，PRV UL47 蛋白在病毒的组装、成熟中有重要作用。HSV-1、HSV-2 UL47 蛋白能够被特异的 T 细胞克隆识别，是 T 细胞主要的靶抗原（Bras 等，1999；Koelle 等，2001；Verjans 等，2000）。

3. UL47 蛋白与其他蛋白的相互作用

（1）UL47 蛋白与 UL48 蛋白　研究表明，HSV-1 UL47 蛋白能够调节 UL48 蛋白的转录激活功能，而亚磷酰乙酸（DNA 合成抑制剂）能影响其调节功能。此外，UL47 蛋白还能提高 UL48 蛋白介导的基因表达效率。Morrison 等（1998）提出当病毒进入细胞后，UL47 蛋白在核输入信号的指挥下进入细胞核。与此同时，UL48 蛋白也通过病毒编码激酶的磷酸化作用从皮层解离，与 UL47 蛋白一起被输入细胞核，从而激活立即早期基因，因此推测 UL47 蛋白可能有利于 UL48 蛋白的核输入。但两蛋白间是否有直接的相互作用，仍需要进一步研究（Blaho 等，1994；McKnight 等，1994；Liu 等，2005）。此外，Vittone 等（2005）研究结果显示，UL47 蛋白的存在加强了 UL48 蛋白编入衣壳的能力，而 Michael 等（2006）报道缺失 UL47 基因后 UL48 蛋白出现特殊的增加。

（2）UL47 蛋白与糖蛋白 gp10　研究显示，利用 HSV－1 UL47 蛋白制备的抗血清与马疱疹病毒 1 型（EHV－1）及 4 型（EHV－4）的糖蛋白 gp10 有交叉反应性，表明 UL47 蛋白与 EHV 开放阅读框 B6 编码蛋白存在较高的蛋白序列同源性。当 EHV 开放阅读框 B6 出现在与 HSV－1 UL46、UL47、UL48 和 UL49 具有同源性的一串阅读框中时，UL47 蛋白与糖蛋白 gp10 显示出相同的功能（Whittaker 等，1991）。

（3）UL47 蛋白与 UL46 蛋白　Donnelly 等（2001）研究显示，UL47 蛋白的缺失增加了 UL46 蛋白的表达水平，因此推测 UL46 蛋白与 UL47 蛋白在结构上可能存在重复的区域，从而减少 UL47 蛋白缺失对病毒造成的影响。

4. 鸭瘟病毒 UL47 基因及其编码蛋白　罗丹丹、程安春等（2010）对 DPV UL47 的研究获得了初步结果。

（1）DPV UL47 基因分子特性　DPV UL47 全基因大小为 2 367 bp，编码 788 个氨基酸组成的分子量约为 87.95 kD 的蛋白。编码蛋白含有 73 个磷酸化位点，3 个 N－糖基化位点，无跨膜区和信号肽。UL47 蛋白亲水区在多肽链占据的位置明显大于疏水区。亚细胞定位分析表明，UL47 蛋白有 69.6%分布于细胞核，13%分布于细胞膜，还有少量分布于线粒体、细胞质和囊泡分泌系统中。二级结构预测结果显示，该蛋白以 α 螺旋为主（40.36%），β 转角和无规则卷曲的含量较少，都为 11.93%。

（2）DPV UL47 基因主要抗原域的原核表达及抗体制备　通过对 UL47 全基因和 UL47 基因主要抗原域分别设计引物，进行 PCR 扩增及构建 T 克隆和亚克隆重组质粒 pET－32（＋）－UL47。通过 *Bam*H Ⅰ单酶切、*Bam*H Ⅰ/*Xho*1 Ⅰ双酶切、质粒 PCR 及测序鉴定，成功将全基因及主要抗原域片段分别定向插入载体中，构建了 T 克隆及亚克隆重组质粒 pET－32（＋）－UL47。IPTG 诱导 BL21 进行表达。结果表明，UL47 全基因未能表达，而 UL47 主要抗原域成功表达，蛋白大小为 55 kD，符合理论值。表达形式分析表明 UL47 融合蛋白为包含体，大量存在于超声破碎后的沉淀中。经过一系列表达条件优化，确定 37 ℃下，加入 0.2 mmol/L 的 IPTG 诱导 6 h，UL47 主要抗原域蛋白表达量最大。利用纯化后的 UL47 主要抗原域蛋白制备兔抗 UL47 多克隆抗体，琼扩效价为 1∶16。免疫印迹结果显示 UL47 主要抗原域蛋白能与兔抗 DPV 抗体和兔抗 UL47 抗体相互作用，表明该蛋白具有免疫原性（图 3－46）。此外，根据 UL47 基因一段核苷酸片段设计 5′端以地高辛标记的寡核苷酸探针，然后应用该探针对 GPV、

DHV、PRV、MDV、MDPV、ILTV、DPV及UL47基因T克隆质粒进行检测，同时设置未接毒的DEF核酸提取物为阴性对照，与试验组平行操作。试验结果为UL47基因T克隆重组质粒和DPV DNA显示紫褐色，其余均不显色，表明UL47基因确为DPV UL47基因（图3-47）。

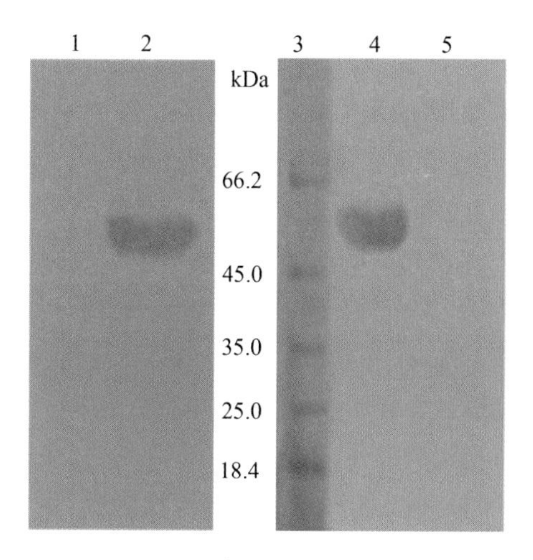

图3-46　UL47蛋白western blotting检测结果

1. 未免疫（DPV）兔血清　2. 兔抗DPV抗血清　3. 蛋白质Marker　4. 兔抗UL47抗血清　5. 未免疫（UL47）兔血清

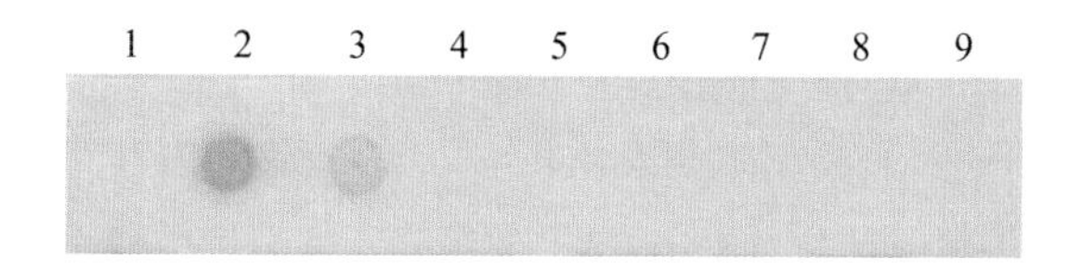

图3-47　寡核苷酸探针斑点杂交

1. 未接毒的DEF　2. UL47 T克隆重组质粒　3. 鸭瘟病毒　4. 鹅细小病毒　5. 伪狂犬病毒　6. 鸭病毒性肝炎病毒　7. 传染性喉气管炎病毒　8. 番鸭细小病毒　9. 鸡马立克氏病病毒

（3）UL47基因转录时相分析　根据内参基因β-actin和鸭瘟病毒UL47基因的保守序列分别设计了荧光定量引物，收集感染鸭瘟病毒后1 h、2 h、4 h、6 h、8 h、10 h、12 h、14 h、16 h、20 h、24 h、30 h、36 h、48 h、54 h、60 h、72 h等不同时间段的鸭胚成纤维细胞，采用Trizol法提取细胞总RNA，然后进行逆转录，以cDNA为模板进行荧光定量PCR扩增。试验结果显示感染鸭瘟病毒后的8 h以内，UL47基因一直处于低转录水平，24 h后转录产物量出现较迅速增加，36 h达到峰值，随后产物量有所下降，但仍持续到感染后72 h。UL47基因转录时相具备病毒晚期基因的典型特征，推测DPV

UL47 基因为一个晚期基因（图 3－48）。

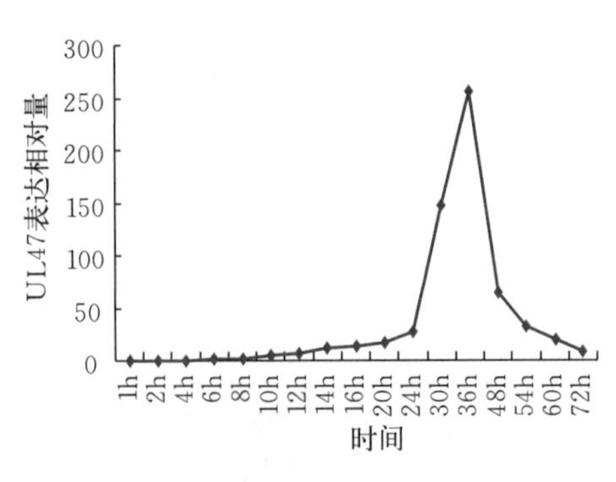

图 3－48 DPV UL47 基因在 DEF 中的转录时相变化检测结果

（程安春，汪铭书，朱德康）

（九）UL48 基因及其编码蛋白

鸭瘟病毒 UL48 基因的研究资料很少，有关疱疹病毒 UL48 基因的研究资料（李倩等，2011）对进一步开展鸭瘟病毒 UL48 基因的研究将有重要参考。

1. 疱疹病毒 UL48 基因序列 UL48 位于长节段在 UL47 和 UL49 之间。UL48 基因编码的蛋白，命名为 VP16、vmw65 或者阿尔法反式诱导因子（α trans－inducing factor，α TIF）（Weinheimer 等，1992）。疱疹病毒 UL48 蛋白在病毒复制早期为一个重要的转录激活因子，在病毒复制的晚期参与病毒的包装，是病毒的间层组成成分（Mossman 等，2000；张春龙等，2006；Triezenberg 等，1988），是研究疱疹病毒转录、调控及潜伏感染激活的良好目标基因（Grondin 等，2000）。

2. 疱疹病毒 UL48（VP16）结构 UL48 的同源基因在多种疱疹病毒中都已发现并进行了序列测定，大部分疱疹病毒 VP16 的羧基端带有富含酸性氨基酸残基的转录激活域。HSV－1（单纯疱疹病毒 1 型）VP16 的 49～412 位氨基酸为非常保守的区段，为 VP16 核心区域，这一区域对 VP16 发挥其立即早期转录因子的作用是必需的（VP16 与细胞因子 HCF 和 Oct－1 形成 VIC 复合体）（Freiman 等，1997；Lai 等，1997；Stern 等，1989）。通过晶体衍射试验可看出，VP16 核心三维结构类似于椅子状，大部分的氨基酸残基都参与了这个结构的形成，而只有第 350～394 和第 403～412 位氨基酸残基呈现不规则的状态（Grossmann 等，2001）。整个“椅子”结构分三部分：两段反向平行的 α 螺旋及其中间 6 个氨基酸的环组成“椅子”的背部，两段螺旋结构呈 V 形结构组成的表面，以及 6 段 β 折叠组成底部。个别的氨基酸尤其是立体结构里面氨基酸的改变可能导致 VP16 整体结构发生变化，从而导致 VP16 不能装配到病毒粒子中，且不能形成 VIC 的复合体。插入、缺失及点突变试验（Stern 等，1989）表明，第 350～394 位这段不规则区段是 VP16 识别并且结合 DNA 和形成 VIC 所必需的，当 VP16 与细胞因子 HCF、Oct－1 结合后可能使这一段的构象发生改变，而转变为稳定而有序的结构。许多疱疹病毒的立即早期启动子中都含有 TAATGARAT 序列，其中 TAAT 与 Oct－1 的 POUH 功能域结合，GARAT 则与 VP16 第 350～394 位的不规则区段结合（Yu 等，1999）。

有报道称，MDV（马利克氏病毒）VP16的氨基端有一个保守的酸性区（1～60aa）和脯氨酸富集区（60～100aa）（金奇等，2001）。HSV-1 VP16通常也含有一段保守的氨基酸序列（AELRAREE）（Yanagida等，1993）。

3. 疱疹病毒UL48（VP16）的功能 作为立即早期启动基因，疱疹病毒UL48的转录出现在病毒DNA复制之前。它的表达不依赖于病毒蛋白的合成，而且在病毒复制晚期，参与病毒包装，是病毒间层的组成成分。

当HSV-1感染细胞并脱核衣壳后，VP16形成了VIC诱导复合物。该复合物与病毒α基因（立即早期基因）转录激活元件TAATGARATTC相结合，从而启动病毒基因表达（Freiman等，1997；Lai等，1997；Stern等，1989）。因为VP16本身只有微弱的DNA结合能力，只有形成VP16诱导复合物VIC才能发挥其作用。当VP16被募集至α基因启动子上游特异性序列时，就可通过其激活功能域启动α基因转录（Strand等，2004）。

Wysocka等（2003）认为，VP16所形成VIC诱导复合物后对于感染细胞的HSV起着调控作用，调控该病毒是启动病毒α基因转录而表达进入裂解感染模式还是抑制病毒α基因转录从而进入潜伏感染模式。

有报道称VP16除了能组成VIC高效激活α基因表达外，还能下调病毒体宿主关闭蛋白vhs（virion host shut off protein，UL41编码），vhs能无选择地降解病毒及细胞mRNA（Naldinho等，2006）。若没有VP16的调节作用，则未受限制的vhs活性能直接影响宿主细胞的存活及对病毒复制的支持（Mossman等，2000）。

在Prv（伪狂犬病毒）UL48基因缺失突变体，病毒表现为生长延缓、噬斑变小、病毒效价降低，而在UL48表达的细胞中感染则没有上述现象。RNA分析表明，Prv UL48与立即早期转录基因的调节有关。Prv UL48基因缺失突变体只能形成一个严重缺陷的病毒颗粒形态（Walter等，2002）。

另外VP16还在病毒囊膜形成期间发挥重要作用（Naldinho等，2006），这亦是病毒组装与成熟所必需的。VP16的转录激活域不仅能与通用转录因子相互作用，而且还与修饰染色质的辅激活蛋白，如组蛋白乙酰转移酶等有相互作用（Memedula等，2003；Lentine等，1990）。

4. 疱疹病毒UL48（VP16）细胞定位 免疫荧光的研究表明，Prv UL48蛋白主要存在于细胞质中（Walter等，2002）。Fuchs等（2002）利用免疫电子显微镜法研究Prv发现，初级病毒粒子和成熟病毒粒子的间层蛋的组成成分不同，Prv UL36、37、46、47、48、49编码的间层蛋白只存在于成熟的病毒粒子中。因此，猜测这些蛋白在病毒感染的初期并不整合进入Prv中（Walter等，2003）。

5. 疱疹病毒 UL48 基因与其他基因之间的相互作用 HSV－1 UL46、UL47 为病毒生长的非必需基因，是磷酸化的内膜蛋白，它们对 UL48 和 α 基因有调节作用（Wysocka 等，2003；Walter 等，2003）。

VP22（UL49 编码）为疱疹病毒另一个重要的间层蛋白（郭宏雄等，2007）。试验证明，该蛋白在 HSV－1 和 HSV－2 中具有较高的相似性，同时和 VP16 相互作用（Elliott 等，1995）。已知 UL48 和 UL49 基因被转录为一个双顺反子 mRNA，然而将 MDV－1（马立克氏病病毒）的 UL48 和 UL49 基因分别克隆到杆状病毒载体表达 VP22 和 VP16，制备的单克隆抗体以 7∶1 混合后对感染 MDV－1 的细胞进行检测，但是都只能检测到 VP22 表达，只有在体外控制环境的情况下才能低水平地检测到 VP16（Fabien 等，2000）。

有报道称，HSV－1 的立即早期蛋白 ICP22 和 VP16 对 α 基因的转录调控，发现 ICP22 对 α 基因的转录作用有抑制作用（寸伟等，2008）。而 VP16 对这种抑制作用有解除作用，这种解除作用又依赖 α 基因上游的特定序列。故推测，ICP22 和 VP16 存在某种分子生物学联系，但免疫共沉淀试验表明 ICP22 与 VP16 并没有直接的相互作用。有资料称，VP16 通过形成诱导复合物 VIC 锚定于启动子区并与相应的转录因子作用从而行使其转录激活功能（Robert 等，2001）。ICP22 与转录复合物中各种转录因子存在相互作用，故推测 ICP22 与 VP16 对 α 基因的转录协同调控，可能是通过二者与转录复合物中相关蛋白因子的某种未知的作用来实现。

Mogensen 等（2004）通过研究发现，HSV－1 的 VP16 缺失突变株的体内试验和体外试验均能明显刺激刺激促炎细胞因子高水平的表达，然后又通过 mRNA 稳定性分析发现 HSV－1 的 VP16 缺失突变株感染的细胞中白介素－6（IL－6）mRNA 的半衰期明显高于正常的 HSV－1 感染的细胞。这个试验证明了 HSV－1 可能通过 VP16 来激活 ICP27 和 ICP4 的表达、从而降低了细胞 mRNA 的稳定性、抑制了促炎细胞因子的表达，而阻止了宿主细胞的抗病毒反应。同时 Gross 等（2003）报道了 VP16 能和与病毒入侵相关的糖蛋白 gH 的尾部发生相互作用。Ellisont 等（2005）也报道了 VP16 mRNA 的翻译能够受到 ICP27 的调控，缺失 ICP27 时 VP16 mRNA 不能与有翻译活性的多核糖体相结合。Valerio（2005）用酵母双杂交系检测到了 VP16 与另一间层蛋白 VP12 有相互作用。这些都能够说明 VP16 参与了一个复杂的调控网，而研究 VP16 有助于弄清楚这个调控网。

6. 鸭瘟病毒 UL48 基因及其编码蛋白 李倩、汪铭书等（2011）对 DPV UL48 的研究获得了初步结果。

（1）DPV UL48 分子特性 DPV UL48 基因开放阅读框大小为 1 425 bp，编码由

474aa 组成的分子量大小为 58 kD 的蛋白质。DPV UL48 基因编码的蛋白具有较强的亲水性，不含信号肽，没有跨膜区，具有一个磷酸化位点。抗原性分析结果表明，该蛋白的抗原位点分散于整个基因。亚细胞定位预测结果表明，DPV UL48 蛋白主要定位于细胞质（43.5%）和细胞核（26.1%），结果与其他疱疹病毒 UL48 蛋白主要定位于细胞质相一致。DPV UL48 密码子偏爱性分析结果表明，DPV UL48 密码子使用较为平均（NC 值为 53.972），且密码子偏爱性和酵母较为接近，以酵母作为表达载体可能更利于 DPV UL48 的表达。稀有密码子分析结果表明，DPV UL48 基因不含有两个以上相连的稀有密码子串。进化树分析表明，DPV UL48 基因编码蛋白 VP16 与人疱疹病毒 1 型/2 型、牛疱疹病毒、猪疱疹病毒同源性较高，但为独立分支。

（2）DPV UL48 基因的克隆、原核表达和抗体制备　依据鸭瘟病毒的 UL48 基因设计了特异性引物，然后从提取的鸭瘟病毒基因组中通过 PCR 扩增出 UL48 基因并连接到 T 载体，克隆质粒经酶切和测序鉴定正确后，将目的片段双酶切后进行胶回收。在连接酶作用下，与 pET－32a 表达载体连接构建重组表达质粒 pET－32－UL48，鉴定正确的重组表达质粒转化入表达菌 BL21，挑取单个菌落扩大培养并在 IPTG 诱导下对重组质粒进行诱导表达得到了与理论值相符的大小为 78 kD 的重组蛋白。通过优化诱导条件发现加入 1mmol/L IPTG 后在 37 ℃诱导 4 h 可获得最佳表达量的 UL48 蛋白。获得的蛋白为包含体形式存在的带 6×His 标签的融合蛋白。重组蛋白经超声破碎后，通过低浓度尿素多次洗涤纯化后超滤，可获得纯化的重组 pET－32－UL48 蛋白。经 western blotting 分析表明，纯化的重组蛋白能被兔抗 DPV 全病毒阳性血清特异性识别，表明该原核表达蛋白与兔抗鸭瘟病毒血清有较好的反应原性。将纯化复性的蛋白免疫兔，制备兔抗 DPV UL48 多克隆抗体，得到的琼脂扩散试验效价为 1∶8。

（程安春，汪铭书，朱德康）

（十）UL51 基因及其编码蛋白

鸭瘟病毒 UL51 基因的研究资料很少，有关疱疹病毒 UL51 基因的研究资料（沈婵娟，2010）对进一步开展鸭瘟病毒 UL51 基因的研究将有重要参考。

1. 疱疹病毒 UL51 基因的特点

（1）疱疹病毒 UL51 基因在基因组中定位　HSV－1 UL51 开放读码框（ORF）位于病毒基因组 UL 区域的右侧末端位置，在其基因组图谱 109 011～108 279 bp 的位置上，而且它的同源基因在整个 α 疱疹病毒亚科中是保守的（Nozawa 等，2005；Mc-

Geoch等，1988；Barker等，1990）。先前的研究表明，HSV－2、SA－8、SBV、MDV－1、MDV－2与HSV－1基因组的排列方式相同，并且这些病毒的UL51基因都定位于病毒基因组UL区域的右侧末端位置（Dolan等，1998；Tyler等，2005；Perelygina等，2003；Lee等，2000；Izumiya等，1998）。PRV基因组DNA，也由UL和US通过共价连接而成，但仅在US的两端含有TR和IR，PRV UL51基因位于病毒基因组UL区域的左侧末端位置（Klupp等，2005；Klupp等，2004）。先前的研究表明，VZV、EHV－1、BHV－1、BHV－5、ILTV、DPV与PRV基因组的排列方式相同，并且这些病毒的UL51基因都定位于病毒基因组UL区域的左侧末端位置（Davison等，1986；Klupp等，2004；Telford等，1992；Delhon等，2003；Leung－Tack等，1994；Ziemann等，1998；Li等，2009；程安春等，2006）。由于β和γ疱疹病毒亚科成员基因组的排列方式差异较大，因而这两个亚科成员中与α疱疹病毒UL51基因同源的基因，如HCMV UL71、HHV－6 U44、EBV BSRF1、EHV－2 U51、BHV－4 ORF55、HVS ORF55和KSHV ORF55等的定位也各有不同（Dunn等，2003；Gompels等，1995；Baer等，1984；Zimmermann等，2001；Albrecht等，1992；Telford等，1995；Moore等，2001）。

（2）疱疹病毒UL51基因的类型　在疱疹病毒中，病毒基因的转录是按照级联的方式而有条不紊地进行的，其基因组的表达具有很高的时序性（Weir等，2001）。按照基因转录的先后顺序可以将病毒基因组中的基因分为立即早期基因（immediate early gene，IE，α），早期基因（early gene，E，β）和晚期基因（late gene，L，γ），其中的γ类基因又可以分为γ1（部分依赖病毒DNA的合成）和γ2类（高度依赖病毒DNA的合成）（Roizman等，2006；寸铧等，2003）。疱疹病毒感染细胞后，α基因最先转录，其表达产物对β和γ基因的转录起调节作用，而γ基因的转录又需要β蛋白的存在，且γ蛋白主要是病毒粒子的结构蛋白成分（Roizman等，2006；寸铧等，2006）。Daikoku等（1998）指出，HSV－1 UL51基因属γ2类病毒基因，因为其表达产物严格依赖病毒DNA的合成。然而，Hamel等（2002）通过northern blotting试验证明BHV－1 UL51基因属于病毒基因组中的γ1类，它的转录部分依赖病毒DNA的合成。此外，Baer等（1984）对EBV－B95－8毒株的DNA序列和其编码蛋白进行分析，结果表明EBV BSRF1基因（α疱疹病毒UL51基因的同源基因）也是一种γ类病毒基因。这就表明，虽然不同种类疱疹病毒UL51基因在基因转录类型上略有差异，但它们仍都属于γ类病毒基因。

2. 疱疹病毒UL51基因编码蛋白的特点

（1）UL51基因编码蛋白的基本特性　Lenk等（1997）检测出PRV UL51基因产物的分子量为30 kD（预测出的分子量为25 kD）。此外，Daikoku等（1998）在HSV－1感染的宿主细胞和病毒粒子中，HSV－1UL51 基因产物被发现以 27 kD、29 kD 和 30 kD 的磷酸化蛋白形式存在（预测出的分子量为 25.47 kD）。Hamel 等（2002）用蛋白质免疫印迹方法检测到，在 BHV－1 感染细胞中，BHV－1 UL51 基因产物是一种分子量为 28 kD 的蛋白（预测出的分子量为 24.985 kD）。以上几种 α 疱疹病毒（HSV－1、BHV－1和 PRV）感染细胞中的 UL51 蛋白通过 western blotting 检测到的分子量都比软件预测出的分子量偏大，可能是由于翻译后修饰（如磷酸化修饰）或是由于不同的氨基酸组成，如丙氨酸（13.9%）、亮氨酸（7.9%）和脯氨酸（6.7%）等疏水性氨基酸在 UL51 蛋白中有相对高的含量造成的（Wada 等，1999；Nozawa 等，2003）。Mettenleiter（2002）的研究发现，蛋白磷酸化在确定皮层装配和/或皮层蛋白的功能上起着重要作用。

HSV－1 UL51 基因编码的蛋白是一种皮层成分，其同源物（除 HCMV UL51 蛋白外），都有相似的分子大小，为 200～262 个氨基酸，它们都含有一些高度保守的集团，并且它们在整个疱疹病毒科成员中都是保守的（Albrecht 等，1992；Daikoku 等，1998；Hamel 等，2002；Baumeister 等，1995；Chee 等，1990）；然而，与 β 和 γ 疱疹病毒亚科成员中的 UL51 蛋白同源物相比，HSV－1 UL51 蛋白同哺乳动物和禽类 α 疱疹病毒，如 VZV、PRV、EHV－1、BHV－1、MDV－2 和 ILTV 等中的 UL51 蛋白有较高的同源性（Izumiya 等，1998；Fuchs 等，2000）。

虽然 HSV－1 UL51 蛋白是病毒粒子的一种组成成分，它的同源物在疱疹病毒科成员中是保守的，但它对 HSV－1 在体外的复制却是非必需的，并且该 UL51 蛋白 N－末端的第 9 位氨基酸（Cys－9）被十六酰基化，这种酰基化作用对其定位到高尔基体和与膜进行牢固结合都是必需的（Nozawa 等，2005；Daikoku 等，1998；MacLean 等，1989）。十六酰基化的蛋白已在大量病毒（包括牛痘和 Sindbis 病毒）的装配和穿出中显示出重要作用（Schmidt 等，1979；Schmidt 等，2003）。但是，对于十六烷酰化的精确作用机制，目前仍不清楚。

（2）UL51 基因编码蛋白的定位

① UL51 蛋白的亚细胞定位 确定一种蛋白的亚细胞定位是理解其功能的第一步（Nair 等，2003）。疱疹病毒的衣壳是在细胞核中得到装配的，其皮层和囊膜是在胞质中得到组装的。就疱疹病毒的皮层蛋白而言，不同的亚细胞定位反映了皮层蛋白的不同功能，例如，疱疹病毒 UL48 蛋白在细胞核中具有转录调节功能，而在细胞质中是病毒皮层蛋白的一种组成成分（Mettenleiter 等，2002；Elliott 等，2000；Hafezi 等，2005）。关于 UL51 蛋白在感染细胞内的定位研究，有报道指出，HSV UL51 蛋白主要定位在感染细胞的胞质内，并且 UL51 蛋白同高尔基体标记蛋白（Golgi－58K 和

GM130）在 HSV－1 感染细胞中有部分共定位（Nozawa 等，2003）。Hamel 等（2002）用免疫荧光测定出，BHV－1 UL51 蛋白主要位于感染细胞的胞质及胞核附近区域。此外，Klupp 等（2005）也通过免疫荧光方法检测出，PRV UL51 蛋白主要位于 PRV 感染细胞的胞质中。这些结果表明，HSV－1、BHV－1 和 PRV 的 UL51 基因产物都主要定位于感染细胞的胞质中，暗示这些 UL51 基因同源物可能具有相似的功能。Nozawa 等（2002）的研究还指出，HSV－1 UL51 基因在转染的 ST51 细胞中得到了稳定表达，其表达产物与高尔基体标记蛋白（Golgi Marker 蛋白，包括 Golgi－58K、GM130 和 β－COP 蛋白）在近核区域共定位。

② UL51 蛋白在病毒自身内的定位　成熟 HSV－1 粒子的二十面体衣壳由 6 种蛋白构成，即 pUL6、pUL18（VP23）、pUL19（VP5）、pUL25、pUL35（VP26）和 pUL38（VP19C）（Roizman B 等，2006）；围绕在衣壳外的皮层中含有 22 种蛋白，即 pUL4、pUL11、pUL13、pUL14、pUL16、pUL17、pUL21、pUL36（VP1/2）、pUL37、pUL41、pUL46（VP11/12）、pUL47（VP13/14）、pUL48（VP16）、pUL49（VP22）、pUL51、pUL56、pUS2、pUS3、pUS10、pUS11、ICP0 和 ICP4（Mettenleiter T. C 等，2004）；最外面的囊膜中含有 5 种蛋白，即 pUL20、pUL43、pUL45、pUL49A 和 pUS9，还有 11 种囊膜糖蛋白，即 gpUL1（gL）、gpUL10（gM）、gpUL22（gH）、gpUL27（gB）、gpUL44（gC）、gpUL53（gK）、gpUS4（gG）、gpUS5（gJ）、gpUS6（gD）、gpUS7（gI）和 gpUS8（gE）（Mettenleiter 等，2004）。Nozawa 等（2005）的研究也证实，HSV－1 UL51 蛋白最终被嵌入病毒粒子中构成了皮层的外层，且其主要位于病毒囊膜内侧。

3. 疱疹病毒皮层蛋白功能　皮层蛋白一直被认为是一种无定形的蛋白基质，但有研究表明，HSV－1 的皮层是一种有序结构，并且在成熟的 HSV－1 粒子中形成了一种位于衣壳和囊膜之间的不对称帽状结构（Zhou 等，1999）。目前已知的 HSV－1 皮层蛋白约有 20 多种（表 3－2），这些皮层蛋白发挥了多种不同的功能，或起调控作用，或是病毒粒子的一种组成成分，是连接外侧的衣壳蛋白和内侧的囊膜蛋白之间的桥梁（Nozawa 等，2003；Kelly 等，2009；Mukhopadhyay 等，2006）；并且这些皮层蛋白中的 pUL36、pUL37、pUL48 和 ICP4，在细胞培养中是必需的（essential，E），对 HSV－1 的增殖起着关键作用。此外，大多数编码 HSV－1 皮层蛋白的基因（除编码 pUS2、pUS10、pUS11 和 ICP34.5 的基因外），在 α 疱疹病毒亚科中都是保守的；编码 HSV－1 皮层蛋白 pUL23 的基因，在 β 疱疹病毒亚科中也是保守的；而编码 HSV－1 皮层蛋白 pUL7、pUL11、pUL13、pUL14、pUL16、pUL21、pUL36、pUL37 和 pUL51 的基因，在 β 和 γ 疱疹病毒亚科中也都是保守的。研究表明，保守的皮层蛋白

pUL7、pUL11、pUL13、pUL16、pUL23、pUL36、pUL37 和 pUL51 也存在于纯化的病毒粒子中（Kelly 等，2009）。

表 3-2　HSV-1 皮层蛋白的特性和功能

（引自 Kelly 等，2009）

HSV-1 皮层基因	HSV-1 皮层蛋白	预测分子量（kD）	细胞培养中必需（E）或非必需（NE）	在三个疱疹病毒亚科中的保守基因			功　能
				α	β	γ	
UL7	pUL7	33.1	NE	Yes	Yes	Yes	调控线粒体的功能
UL11	pUL11	10.5	NE	Yes	Yes	Yes	次级包膜
UL13	pUL13	57.2	NE	Yes	Yes	Yes	蛋白激酶，皮层分离，调控凋亡和 pUS3，抑制干扰素反应
UL14	pUL14	23.9	NE	Yes	Yes	Yes	核输入，调控凋亡，衣壳的靶向定位
UL16	pUL16	40.4	NE	Yes	Yes	Yes	次级包膜
UL21	pUL21	57.6	NE	Yes	Yes	Yes	次级包膜，调控微管装配
UL23	pUL23	41	NE	Yes	No	Yes	胸苷激酶，病毒 DNA 的复制
UL36	pUL36（VP1/2）	335.9	E	Yes	Yes	Yes	衣壳运输，次级包膜，病毒 DNA 的释放，去泛素活性
UL37	pUL37	120.6	E	Yes	Yes	Yes	次级包膜，调控病毒转录
UL41	pUL41	54.9	NE	Yes	No	No	调控宿主/病毒的翻译和免疫反应
UL46	pUL46（VP11/12）	78.2	NE	Yes	No	No	次级包膜，调控 pUL48-依赖性转录
UL47	pUL47（VP13/14）	73.8	NE	Yes	No	No	次级包膜，调控 pUL48-依赖性转录
UL48	pUL48（VP16）	54.3	E	Yes	No	No	次级包膜，调控病毒的转录
UL49	pUL49（VP22）	32.3	NE	Yes	No	No	次级包膜，调控微管装配
UL50	pUL50	39.1	NE	Yes	No	No	dUTPase，病毒 DNA 的复制
UL51	pUL51	25.5	NE	Yes	Yes	Yes	病毒粒子从核周隙穿出和次级包膜
UL55	pUL55	20.5	NE	Yes	No	No	未知

（续）

HSV－1 皮层基因	HSV－1 皮层蛋白	预测分子量（kD）	细胞培养中必需（E）或非必需（NE）	在三个疱疹病毒亚科中的保守基因			功　能
				α	β	γ	
US2	pUS2	32.5	NE	No	No	No	未知
US3	pUS3	52.8	NE	Yes	No	No	蛋白激酶，初级去膜，皮层分离，调控肌动蛋白装配
US10	pUS10	34.1	NE	No	No	No	未知
US11	pUS11	17.8	NE	No	No	No	调控宿主翻译，衣壳运输
RL1	ICP34.5	26.2	NE	No	No	No	调控宿主翻译，病毒 DNA 复制和免疫反应
RL2	ICP0	78.5	NE	Yes	No	No	调控病毒的转录
RS1	ICP4	132.8	E	Yes	No	No	调控病毒的转录

4. 疱疹病毒 UL51 蛋白功能的研究进展　Naoki Nozawa 等（2005）的研究表明，UL51 基因在病毒复制中显示了多重作用，包括病毒粒子从核周隙穿出和在胞质中进行次级包膜，但是，UL51 基因促进病毒装配的精确机制仍需被进一步阐明。Klupp 等（2005）对 PRV UL51 基因进行突变分析揭示，虽然保守的 PRV UL51 基因从 PRV 基因组中删除后，在某种程度上损伤了细胞培养和小鼠模型中病毒的复制，但是并没有观测到明显的表型改变；并且证实 UL51 蛋白是一种膜连接皮层蛋白，与病毒粒子的成熟有关。

亲神经性是 α 疱疹病毒成员的一个显著特征，然而它的分子基础仍难以理解。过去的研究主要集中在病毒的囊膜蛋白在调节神经侵染力和神经毒力中的作用（Mettenleiter 等，2003）。为了进一步分析 α 疱疹病毒中 PRV 对神经侵染力的分子需求，Klopfleisch 等以鼻内方式对成年老鼠接种一系列单个或多个基因缺失的病毒突变株，即缺失 UL3、UL4、gM、UL11、UL13、UL21、UL41、UL43、UL43/gM、UL46、UL47、UL51 或 US3 基因，并与野毒株感染后的平均存活时间对比，通过测定这些缺失株感染后的平均可存活时间来评价其神经毒性，结果表明，以上这些基因的缺失，对调节神经侵染力和神经毒力有轻微的影响（Klopfleisch 等，2006）。

研究发现，HSV－1 UL11 基因与核衣壳加膜和出壳有关（Leege 等，2008；Farnsworth 等，2007），并且一种 PPV UL11 基因缺失株和一种同时缺失 PPV gM 和 UL11 基因的缺失株都显示出病毒在胞质中进行次级包膜方面的缺陷（Kopp 等，2003；Kopp 等，2004）。在 HCMV UL99 基因（HSV－1 UL11 基因的同源基因）的缺失，阻滞了细胞质内病毒粒子的形成（Silva 等，2003）。最近的研究指出，UL11 和 UL51 两种蛋白，被预测出享有几种共同特征（Klupp 等，2005；Koshizuka 等，2007）：①两者的开放阅读框（ORFs）在三种疱疹病毒亚科成员中都是保守的；②两种基因产物构成的小型病毒颗粒成分都可能是同囊膜相连的皮层的一部分（Klupp 等，2001）；③HSV－1 UL11 和 UL51 同源产物的膜相互作用被证明依赖饱和脂肪酸修饰：当 HSV－1 UL11 被十四酰基化和十六酰基化时，HSV－1 UL51 似乎形成了一种Ⅲ型的十六酰基化蛋白（Resh 等，1999；Loomis 等，2006）；④HSV－1 UL11 和 UL51 蛋白都含有特异性的高尔基体定位信号，表明这两种蛋白可能具有某种相似的功能（Klupp 等，2005；Klupp 等，2001；Loomis 等，2006；Loomis 等，2001）。因而，了解疱疹病毒 UL11 蛋白的作用，对研究 UL51 蛋白的作用也有一定帮助。

5. 疱疹病毒 UL51 蛋白与其他蛋白的相互作用 研究蛋白质-蛋白质相互作用，不仅可以从分子水平揭示蛋白质的功能，而且对于提示生长、发育、分化和凋亡等生命活动规律也至关重要，为探讨重大疾病的机制、疾病治疗、疾病预防和新药开发提供重要的理论基础。对疱疹病毒结构蛋白间相互作用的认识，对于理解病毒装配途径有重要作用。Lee（2008）和 Vittone（2005）等用 LexA 酵母双杂交方法，鉴定出了大量的 HSV－1 结构蛋白间的二元相互作用。这些相互作用中，6 种衣壳-衣壳间（pUL18－pUL18、pUL18－pUL38、pUL35－pUL18、pUL35－pUL19、pUL35－pUL25 和 pUL35－pUL38）相互作用，其中的 1 或 2 种作用可能有助于衣壳靶向定位到细胞核；16 种衣壳-皮层间（pUL19－pUL16、pUL19－pUL21、pUL19－pUL48、pUL35－pUL11、pUL35－pUL14、pUL35－pUL16、pUL35－pUL21、pUL35－pUL37、pUL35－pUL48、pUL35－pUL51、pUL35－pUS3、pUL37－pUL38、pUL46－pUL18、pUL46－pUL19、pUL46－pUL25 和 pUL46－pUL38）相互作用，其中的一半作用都与 pUL35 有关，它们的重要性还需进一步研究；15 种皮层-皮层间（pUL4－pUL56、pUL11－pUL16、pUL36－pUL37、pUL36－pUL48、pUL37－pUL36、pUL37－pUL37、pUL46－pUL21、pUL46－pUL37、pUL46－pUL48、pUL46－pUL49、pUL46－pUS3、pUL46－pUS10、pUL49－pUL48、pUL49－pUL49 和 pUS11－pUS11）相互作用，其中的某些作用可能对 HSV－1 内侧皮层蛋白与外侧皮层蛋白的链接有显著作用；2 种皮层-囊膜间（pUL46－gM 和 pUS9－pUL49）和 1 种囊膜-囊膜间（gB－gB）相互作用，这 3 种相互作用似乎与病毒装配期间的次级包膜进程有关。此外，先前也报道过，疱疹病毒皮层蛋白同病毒囊膜糖蛋白胞质尾部存在相互作用，包括 pUL48－gH、pUL49－gE/gI、pUL49－gM 和 pUL49－gD（Farnsworth 等，2007；O'Regan Kevin 等，2007；Gross 等，2003；Chi 等，2005；Fuchs 等，2002）。迄今为止，仅发现 HSV-1 pUL51 皮层蛋白与 pUL35 衣壳蛋白间的相互作用，然而，这种相互作用对病毒装配重要与否，仍有待于进一步研究。

6. 鸭瘟病毒 UL51 基因及其编码蛋白 沈婵娟、程安春等（2010）对 DPV UL51 的研究获初步结果。

（1）鸭瘟病毒 UL51 基因的序列特征 DPV UL51 基因（GenBank No. DQ072725）大小为 759 bp，编码一种皮层蛋白，含有 4 个潜在的磷酸化位点、1 个潜在的酰基化位点和 4 个潜在的线性 B 细胞表位，表明它可能是一种磷酸化和酰基化的蛋白，并且能够诱导较强的免疫反应；同时，该蛋白不含任何的 N-糖基化位点、跨膜区域、信号肽和核定位信号，却含有高尔基体定位信号，表明它可能定位于胞质的高尔基体中。

（2）DPV UL51 基因的克隆、原核表达、产物纯化及其多克隆抗体的制备 根据 DPV UL51 基因序列，采用 primer 5.0 软件设计一对特异性引物，运用 PCR 方法从 DPV 基因组 DNA 中扩增 UL51 基因，并将其克隆至 pMD18-T 载体中，经 *Eco*R Ⅰ和 *Xho* Ⅰ双酶切、PCR 和 DNA 测序鉴定正确后，将该基因正向插入原核表达载体 pET-28a（+）的 *Eco*R Ⅰ和 *Xho* Ⅰ位点之间，成功构建了重组表达质粒 pET-28a-UL51。将该表达质粒转化到表达宿主菌 BL21（DE3）中，用 IPTG 诱导，表达出了大小约为 34 kD 的重组 UL51 蛋白，并且主要以包含体形式存在（图 3-49）；经过对诱导剂 IPTG 浓度、诱导温度和诱导时间的优化，确定了该重组表达质粒的最佳诱导条件为 0.8mmol/L IPTG、37 ℃条件下诱导 4 h。将表达产物用镍柱梯度亲和层析纯化后，高纯度的表达蛋白与等量弗氏佐剂混合作为免疫原，4 次免疫家兔，获得了效价为 1∶32 的抗重组 UL51 蛋白高免血清。将该血清经辛酸-硫酸铵粗提和 High Q 阴离子交换柱层析纯化后，得到了特异性强的兔抗重组 UL51 蛋白抗体 IgG。

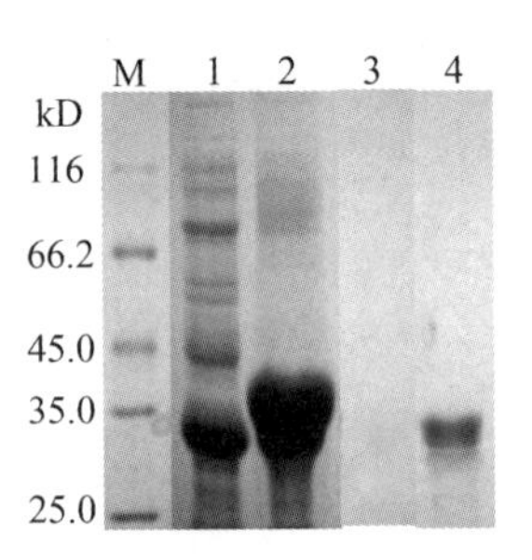

图 3-49 重组 UL51 蛋白纯化产物的 SDS-PAGE 分析

M. 蛋白质分子量 1. IPTG 诱导的 1 mL 菌液 2. 粗提的 UL51 蛋白包含体 3. 50mmol/L 咪唑洗脱峰（不含纯化的重组 UL51 蛋白） 4. 300mmol/L 咪唑洗脱峰（含有纯化的重组 UL51 蛋白）

（3）DPV UL51 基因在感染宿主细胞中的转录和表达特征 用荧光定量 PCR 法，

对接毒后不同时间收获的细胞中的DPV UL51基因转录量进行了比较。以β-actin基因为内参照，用delta-delta Ct法计算感染后不同时间DPV UL51基因的相对转录量，结果表明UL51基因在DPV感染后2 h时已经开始转录，8 h开始表达，48 h转录和表达量都达到最高峰，之后逐渐降低。进一步通过DAB显色的western blotting方法，以兔抗重组UL51蛋白抗体IgG为一抗，HRP标记的羊抗兔IgG为二抗，检测在DPV感染DEF细胞后不同时间点收获的细胞蛋白提取物，分析DPV UL51基因的表达情况，结果见图3-50。从图中可以看出，在感染8～60 h之间的细胞蛋白提取物中可观察到DPV UL51蛋白约为34 kD（比预测大小27.1 kD大，可能是由于翻译后修饰造成的），在感染后8 h可见较细的蛋白条带，之后表达量逐渐增加，48 h达到最大值，随后逐渐下降。对48 h收获的DPV细胞培养液中的DPV粒子进行了纯化，之后对纯化的DPV进行了western blotting分析，结果显示有一条特异性的、大小为34 kD的蛋白条带被检测到（图3-51），表明UL51蛋白是DPV粒子的一种组成成分。

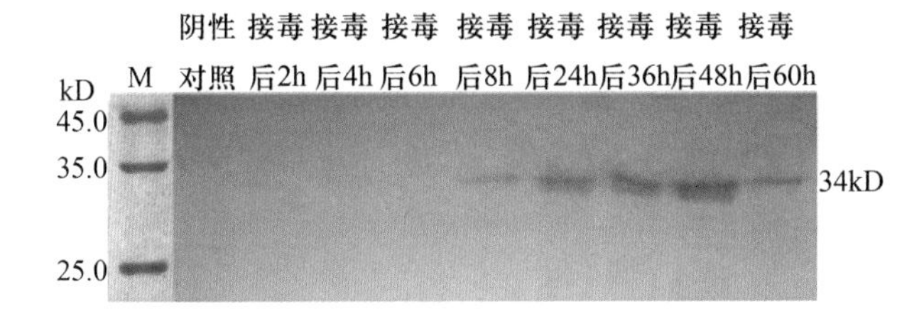

图3-50　DPV UL51基因表达时相的western blotting检测

泳道1. 蛋白Marker　泳道2. 正常细胞阴性对照　泳道3～10. DPV感染后不同时间收获的细胞

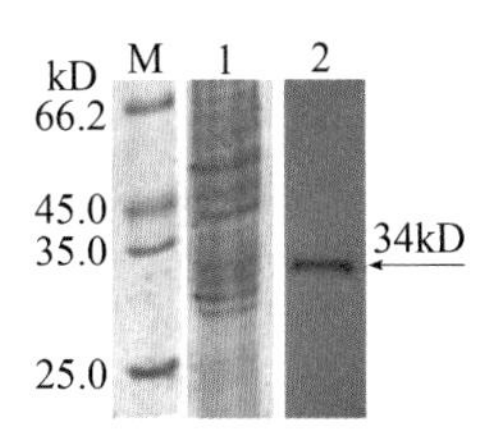

图3-51　DPV UL51蛋白与纯化的病毒粒子的关联分析

M. 蛋白Marker　1. SDS-PAGE分析结果　2. western blotting检测结果

（4）DPV UL51蛋白在病毒感染细胞中的定位　用间接免疫荧光显色法来检测DPV UL51蛋白的细胞内分布。观察发现，在感染DPV 8 h后，在细胞的胞质中能检测到零星的特异性荧光点；感染DPV 12 h后，在细胞的胞质特别是近核区域能检测到较多的强特异性荧光，形成很亮的团块（图3-52 A2、B2和C2）；感染DPV 36 h后，特异性荧光点及团块越来越多，几乎所有细胞的胞质近核区域都能检测到特异性荧光强点和团块（图 3－52 A3、B3 和 C3）；感染 DPV 48 h 后，各个细胞之间的界限越来越模糊，有越来越多的空斑形成，细胞核形态不一，出现核分裂现象，此时除在胞质中能检测到弥散的绿色荧光外，个别细胞的胞核中也有少量散在分布的荧光点出现（图 3－52 A4、B4 和 C4）；随着越来越多的空斑形成，到感染 DPV 后 60 h 大约有 80％的 DEF 细胞脱落，胞质和胞核中能检测到特异性荧光的细胞数量都明显减少。

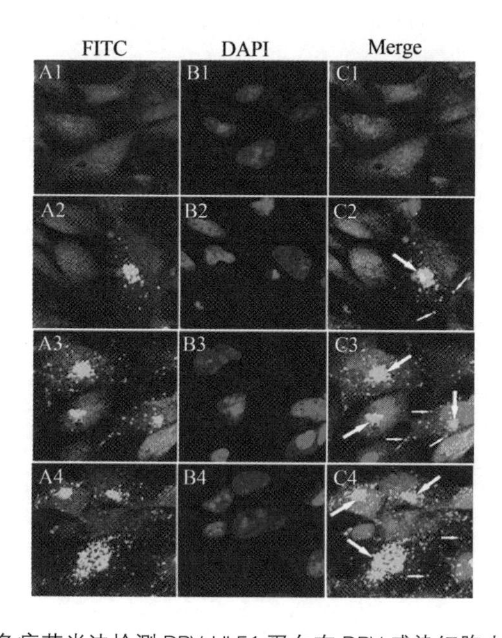

图 3－52　间接免疫荧光法检测 DPV UL51 蛋白在 DPV 感染细胞内的定位（×400）

A1、B1 和 C1. 对照细胞　A2、B2 和 C2. DPV 感染后 12 h 的细胞　A3、B3 和 C3. DPV 感染后 36 h的细胞　A4、B4 和 C4. DPV 感染后 48 h 的细胞

胶体金免疫电镜法检测 DPV UL51 蛋白在 DPV 感染细胞中的亚细胞定位，结果显示，用纯化后的兔抗重组 UL51 蛋白抗体 IgG 与对照细胞的超薄切片反应或用免疫前血清与 DPV 感染细胞超薄切片反应（图 3－53A），都不能观察到 UL51 蛋白特异性胶体金颗粒。此外，最早在感染后 6 h 在细胞的胞质中观察到少量散在分布的 UL51 蛋白特异性胶体金颗粒；感染后 12 h，大量的 UL51 蛋白特异性胶体金颗粒聚集于近核区域的高尔基复合体膜上（图 3－53B）；之后，细胞出现一系列显著的超微结构变化，随着内质网的扩张和空泡的形成，DPV 感染细胞中的病毒粒子的数量急剧增加，从 24～48 h，在一些胞质病毒粒子上和膜结构上，可见越来越多的 UL51 蛋白特异性的胶体金颗粒（图 3－53C 和 D）；在感染晚期 60 h 时，在细胞膜附近也出现了少量散在的胶体金颗粒。

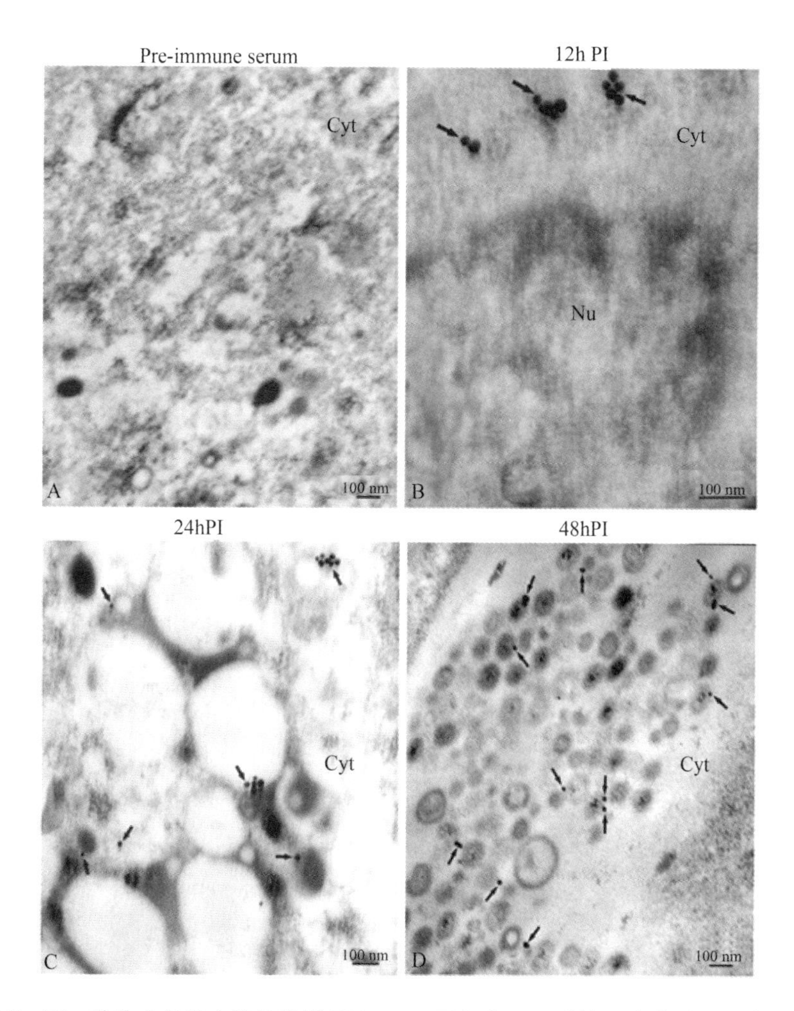

图 3－53 胶体金免疫电镜法检测 DPV UL51 蛋白在 DPV 感染细胞中的亚细胞定位

A. 用免疫前血清与 DPV 感染的细胞超薄切片反应（×17 万） B. DPV 感染后 12 h（×50 万） C. DPV 感染后 24 h（×35 万） D. DPV 感染后 48 h（×25 万）

简写：细胞质（Cyt）、细胞核（Nu）

（5）DPV UL51 基因真核表达载体的构建及其在 COS－7 细胞中的瞬时转录和表达特性 根据 DPV UL51 基因序列设计一对特异性引物，用 PCR 扩增并克隆至 pMD18－T 载体上，经双酶切和测序鉴定后，再将该目的片段亚克隆到 pcDNA3.1（＋）真核表达载体上，得到重组质粒 pcDNA3.1－UL51，通过脂质体介导将其转入 COS－7 细胞；应用实时荧光定量 RT－PCR、western blotting 和间接免疫荧光法检测该基因在 COS－7 细胞中的转录、表达和定位情况（图 3－54）。结果表明：该基因在转染后 6 h 时已经开始转录，12 h 开始表达，24 h 转录和表达量都达到最高峰，之后逐渐降低；并且该基因在 COS－7 细胞中的表达产物的分子量为 33 kD。间接免疫荧光法显示该基因的表达产物早期聚集于近核区域，晚期定位于胞质和胞核中。

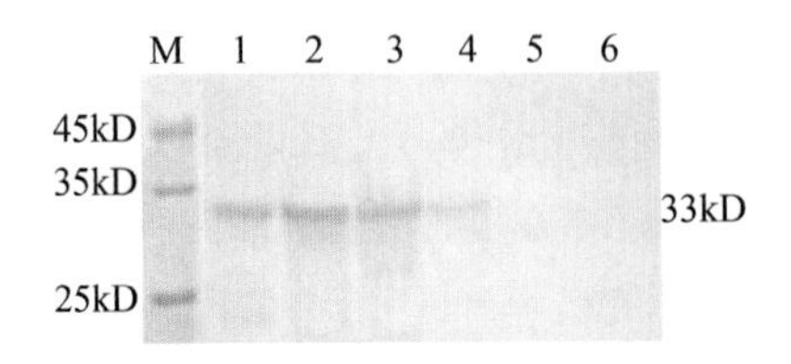

图 3－54 用 western blotting 检测 COS－7 细胞中 UL51 蛋白的表达情况

M. 蛋白分子量标准（kD） 1～5. 分别为重组质粒 pcDNA3.1－UL51 转染后 48、24、12、6 和 3 h 的 COS－7 细胞 6. 空载体 pcDNA3.1（+）转染的 COS－7 细胞

（6）用免疫组化方法检测 DPV UL51 蛋白在人工感染鸭组织中的定位和动态分布

采用 DPV 强毒 CHv 株人工感染 30 日龄鸭，攻毒后于不同时间采集法氏囊、胸腺、脾、哈德氏腺、肝、胰、食管、腺胃、小肠（包括十二指肠、空肠和回肠）、大肠（包括盲肠和直肠）、脑、肾、肺、心、肌肉组织或器官，用建立的基于重组 UL51 蛋白抗体的间接免疫荧光（表 3－3）和免疫酶组化法（表 3－4），分别检测 DPV UL51 蛋白在鸭体组织中的定位和动态分布。结果表明，DPV UL51 蛋白主要分布在法氏囊、胸腺、脾脏、肝脏、食管和肠道中，并且主要定位于淋巴细胞、网状细胞、巨噬细胞和上皮细胞的胞质中。

表 3－3 间接免疫荧光检测 DPV UL51 蛋白在人工感染鸭各组织中的定位和动态分布

器官	组织	DPV 感染后的时间													
		2 h	4 h	8 h	12 h	24 h	48 h	3 d	4 d	5 d	6 d	9 d	12 d	15 d	20 d
淋巴器官	法氏囊	—	—	+	+	+	+	+	++	+++	+++	++	+	+	—
	胸腺	—	—	+	+	+	+	++	++	+++	+++	+++	++	+	—
	脾脏	—	+	+	+	++	++	+++	+++	+++	+++	++	+	—	—
	哈德氏腺	—	—	—	+	+	+	++	++	++	++	+	—	—	—
消化器官	肝脏	—	+	+	++	++	+++	+++	+++	+++	+++	++	+	+	—
	胰脏	—	—	—	—	—	—	+	+	+	+	—	—	—	—
	食管	—	—	—	+	+	++	++	+++	+++	+++	++	++	+	—
	腺胃	—	—	—	—	—	+	+	+	++	++	+	+	—	—
	小肠	—	—	—	—	+	+	++	++	+++	+++	++	++	+	—
	大肠	—	—	—	—	+	+	++	++	+++	++	++	+	+	—

（续）

器官	组织	DPV感染后的时间													
		2 h	4 h	8 h	12 h	24 h	48 h	3 d	4 d	5 d	6 d	9 d	12 d	15 d	20 d
其他器官	大脑	—	—	—	—	—	—	+	+	+	+	+	—	—	—
	肾脏	—	—	—	—	—	+	+	++	++	++	+	+	—	—
	肺脏	—	—	—	—	—	—	+	+	++	++	+	—	—	—
	心肌	—	—	—	—	—	—	—	—	—	—	—	—	—	—
	肌肉	—	—	—	—	—	—	—	—	—	—	—	—	—	—

注：无可见黄绿色荧光为“—”，可见微弱黄绿色荧光为“+”，可见明亮的黄绿色荧光为“++”，可见耀眼的黄绿色荧光为“+++”。

表3-4 间接免疫酶组化检测DPV UL51蛋白在人工感染鸭各组织中的定位和动态分布

器官	组织	DPV感染后的时间													
		2 h	4 h	8 h	12 h	24 h	48 h	3 d	4 d	5 d	6 d	9 d	12 d	15 d	20 d
淋巴器官	法氏囊	—	—	—	+	+	++	++	+++	+++	+++	+++	++	+	—
	胸腺	—	—	—	+	+	+	++	++	+++	+++	+++	++	+	—
	脾脏	—	—	+	+	+	++	+++	+++	+++	+++	++	+	—	—
	哈德氏腺	—	—	—	—	+	+	++	++	++	++	+	—	—	—
消化器官	肝脏	—	—	+	+	+	++	+++	+++	+++	+++	++	+	+	—
	胰脏	—	—	—	—	—	—	+	+	+	+	—	—	—	—
	食管	—	—	—	—	+	++	++	+++	+++	+++	++	++	+	—
	腺胃	—	—	—	—	—	+	+	++	++	++	++	+	—	—
	小肠	—	—	—	—	+	+	++	+++	+++	+++	+++	++	+	—
	大肠	—	—	—	—	+	+	++	++	+++	+++	+++	++	+	—
其他器官	大脑	—	—	—	—	—	—	+	++	++	++	++	+	+	—
	肾脏	—	—	—	—	—	—	+	++	++	++	++	+	—	—
	肺	—	—	—	—	—	—	+	++	++	++	+	—	—	—
	心肌	—	—	—	—	—	—	+	+	+	+	+	—	—	—
	肌肉	—	—	—	—	—	—	—	—	—	—	—	—	—	—

无可见棕黄色为阴性（—）；仅个别细胞可见棕黄色为弱阳性（+）；少量细胞可见明亮棕黄色为阳性（++）；大量细胞可见明亮棕黄色为强阳性（+++）。

（7）基于重组UL51蛋白的间接ELISA法和胶体金免疫层析试纸条法检测鸭瘟病毒抗体的研究和应用　基于纯化的重组UL51蛋白，建立了一种间接ELISA法

(UL51-ELISA) 和一种免疫层析试纸条法 (UL51-ICS) 来检测 DPV 血清抗体。首先对 UL51-ELISA 法的反应条件进行优化，结果表明，最适重组 UL51 蛋白包被量为 2.5 μg/100μL，最佳的血清稀释倍数为 1∶200，最佳的酶标二抗稀释倍数为 1∶2000；用建立的 UL51-ELISA 法对鸭病毒性肝炎病毒 (DHV)、鸭疫里默氏菌 (RA)、鸭大肠杆菌 (*E. coli*) 的阳性血清进行检测，结果均为阴性，特异性好；对酶标板内或板间重复试验显示变异系数均小于 10%，能检出经 1∶3200 倍稀释的 DPV 阳性血清。UL51-ICS 是基于膜层析原理，并以胶体金标记的重组 UL51 蛋白和胶体金标记的羊抗兔 IgG 混合物共同作为示踪剂的一种方法。该法将纯化的重组 UL51 蛋白抗原包被于检测线 (T)，兔 IgG 包被于质控线 (C)。经优化和筛选，确定了 UL51-ICS 法中的重组 UL51 蛋白、兔 IgG、胶体金标记的重组 UL51 蛋白和胶体金标记的羊抗兔 IgG 的最佳工作浓度分别为 2 mg/mL、1 mg/mL、2 mg/mL 和 2 mg/mL。用建立的 UL51-ICS 法分别对非 DPV 的鸭源病原体阳性血清进行检测，结果均为阴性，特异性好；并能检出经 1∶128 倍稀释的 DPV 阳性血清；同时，该法也具有良好的批内及批间重复性和较好的稳定性，制备好的试纸条至少可在 4 ℃或 25 ℃保存 1 年。为了评价 UL51-ELISA 法和 UL51-ICS 法的效果，我们同时用 UL51-ELISA、UL51-ICS、包被全病毒的 ELISA 法 (DPV-ELISA) 和中和试验 (NT) 四种方法对 110 份地方鸭血清进行检测 (表 3-5)，结果显示，与 DPV-ELISA 和 NT 相比，本研究建立的 UL51-ELISA 法与 UL51-ICS 法都有较高的特异性、敏感性和很高的符合率，并且成本低，适于在现场或实验室进行 DPV 感染的血清学监测。

表 3-5 四种检测 DPV 抗体方法的比较

项　目	UL51-ELISA 法	UL51-ICS 法	DPV-ELISA	NT 试验
阳性血清个数	43	41	47	25
阴性血清个数	67	69	63	85
阳性比率	39.09%	37.27%	42.73%	22.73%

(8) 基于抗重组 UL51 蛋白抗体的抗原捕获 ELISA 法和胶体金免疫层析试纸条法检测 DPV 的研究和应用　使用纯化的大鼠抗重组 UL51 蛋白多克隆抗体和兔抗重组 UL51 蛋白多克隆抗体，分别建立了一种抗原捕获 ELISA 法 (AC-ELISA) 和一种胶体金免疫层析试纸条法 (ICS) 来检测 DPV。使用建立的抗原捕获 AC-ELISA 方法，可以检测到 1∶640 倍稀释的阳性 DPV 细胞培养液中的 DPV；检测含鸭病毒性肝炎病毒的鸭胚尿囊液、含鸭疫里默氏菌的菌体培养液和含大肠杆菌的菌体培养液等结果均为阴性。使用建立的 ICS 法，可以检测到 1∶80 倍稀释的阳性 DPV 细胞培养液中的

DPV；检测含鸭病毒性肝炎病毒的鸭胚尿囊液、含鸭疫里默氏菌的菌体培养液和含大肠杆菌的菌体培养液，结果均为阴性。为了评价 AC－ELISA 和 ICS 方法的效果，同时用 AC－ELISA、ICS 和常规 PCR 三种方法对 10 份人工感染 DPV 强毒后的病鸭泄殖腔棉拭子样品进行检测（表 3－6），结果显示，与 PCR 方法相比，本研究建立的 AC－ELISA 法和 ICS 法具有较高的特异性、敏感性和符合率，适于在现场或实验室进行 DPV 感染的检测。

表 3－6　三种检测 DPV 方法的比较

样品分类	项　目	基于抗重组 UL51 蛋白抗体的 AC－ELISA 法	基于抗重组 UL51 蛋白抗体的 ICS 法	常规 PCR 方法
10 份未感染 DPV 强毒的鸭的泄殖腔棉拭子样品	阳性个数	0	0	0
	阴性个数	10	10	10
	阴性比率	100%	100%	100%
10 份 DPV 强毒人工感染病鸭的泄殖腔棉拭子样品	阳性个数	10	9	10
	阴性个数	0	1	0
	阳性比率	100%	90%	100%

四、其他结构蛋白

（一）UL6 基因及其编码蛋白

有关鸭瘟病毒 UL6 基因的研究资料很少，以下有关疱疹病毒 UL6 基因的研究资料（孙涛等，2008）对进一步开展鸭瘟病毒 UL6 基因的研究将有重要参考作用。

1. **疱疹病毒 UL6 基因特点**　White 等（2003）在分析 HSV－1 UL6 和 UL7 两个开放阅读框的基础上，又发现两个基因在 HSV－1 基因组序列中存在 3′共终端。Dijkstra 等（1997）对伪狂犬病病毒基因组进行转录分析后表明 UL6、UL7 同样具有共终端的 3′端 mRNA 。这充分说明了 UL6 基因在不同疱疹病毒基因组的复杂性。

在疱疹病毒 DNA 复制过程中，在缺失 UL6 蛋白的情况下不能切割和包装 DNA，但病毒仍能经受基因组倒转（Lamberti 等，1996）。进一步研究发现，感染野生株的细胞复制 DNA 包含 UL 末端但不含 US 末端，然而感染缺失 UL6 突变株 hr74 的细胞复制 DNA 既不包含 UL 末端也不包含 US 末端。这证实了 UL 末端在复制 DNA 中被发现是切割和包装的结果，UL6 蛋白对于基因组倒转的出现是非必需的。

2. 疱疹病毒 UL6 基因的转录及表达特征 利用 northern blotting 技术，White 等（2003）证明在 HSV－1 的感染细胞中发现了 UL6 和 UL7 的转录产物。虽然在磷羟酰乙酸存在的情况下，两基因转录物数量极少，但依然表明，UL6 和 UL7 为晚期表达基因。后利用大肠杆菌表达的 HSV－1 6* His－UL6 融合蛋白制备多克隆血清，与早期 HSV－1 感染细胞做免疫印迹分析表明，一个分子量约 75 kD 的蛋白质在感染细胞中被发现，这与重组痘苗病毒表达的 HSV－1 UL6 蛋白免疫分析结果大小相同。这说明，UL6 蛋白在病毒 DNA 还未复制完全时就已在低水平上合成。

White 等（2003）利用构建的 HSV－1 UL6 基因断裂突变体研究，突变株在非互补体细胞中很难合成 UL6 蛋白并生产出具有感染性的病毒。突变体也很难使病毒 DNA 壳体化，合成后蓄积的只有未成熟的缺乏 UL6 蛋白的核衣壳。免疫荧光分析表明，当转染细胞感染的 HSV－1 短暂表达时，UL6 蛋白只局限于细胞核上。

3. 疱疹病毒 UL6 基因编码蛋白的形态、结构及在病毒中的位置 最早在分析疱疹病毒衣壳蛋白成分时，发现 UL19 是病毒的主要衣壳蛋白，为组成六邻体和五邻体的成分；UL18 是六邻体和五邻体之间内部衣壳化时的组成成分；UL19 和 UL18 形成的三联体，共同构成了病毒核衣壳五邻壳粒和六邻壳粒的基本单位（Newcomb 等，1993）。近年来发现，UL6 也是病毒的衣壳蛋白，Newcomb 等（2001）在研究单纯疱疹病毒 UL6 基因的产物时发现，UL6 编码蛋白形成了所谓的 DNA 进入衣壳的通道，并认为是病毒的一种次要衣壳蛋白。由 UL6、UL15、UL17、UL28 和 UL33 编码的 DNA 包装蛋白均定位在病毒衣壳的外表面（Wills E 等，2006）。

重组杆状病毒细胞表达 UL6 基因时，通过生化试验分离鉴定出 UL6 蛋白。经过纯化，UL6 蛋白以环状的形式被发现，且蛋白呈多形性（Trus 等，2004），包含 11、12、13、14 对称环，12 对称环可能是合并到前衣壳的低聚物。电镜图片显示外径为（16.4±1.1）nm，内径为（5.0±0.7）nm，高度为（19.5±1.9）nm。由扫描透射电镜技术勘测到单个环粒子量表明，大多数的疱疹病毒种群以 12 对称环的低聚物状态存在。

由于 UL6 蛋白存在于核衣壳的一个特殊位点并形成了 DNA 可以通过的通道（Newcomb 等，2001），这证明了 UL6 的基因产物形成 DNA 入口的观点。同时通过电子显微镜和图像分析技术（Trus 等，2004）也发现，在 1.6 nm 的分辨率上，UL6 蛋白形成一个中轴通道，外围凸缘，并安装在合适的空白顶点上，这种结构类似于噬菌体的通道蛋白。

系统研究单纯疱疹病毒 1 型的正二十面体的核衣壳（Cardone 等，2007）发现，它被一蛋白质性质的被膜和脂蛋白包膜包围。而在具尾的噬菌体中，二十面体衣壳在十二个顶角附近被打破，进而被 UL6 编码的环状通道蛋白占据，而不是被 UL19 编码的五邻体壳粒占据。入口环可以作为 DNA 进出衣壳的管道。应用 UL6 抗体标记的免疫金和 X 射线断层扫描核衣壳来看，可以确定 UL6 定居在最顶角。为使通道蛋白在组装衣壳时的背景可视化，用冰冻 X 射线断层扫描技术确定个别 A 衣壳（空的，发育成熟的衣壳）的三围立体结构。UL6 蛋白和 UL19 的五邻体壳粒在大小和形状上具有相似性，都是大约 800 kD 的圆筒状物。通道蛋白被装在衣壳底层的最外面，并有一个向外的狭长通道。大部分的噬菌体通道蛋白坐落在核衣壳外表面、内部、底层，然而这种布局不同于已知的噬菌体通道蛋白。这种不同也预示着在具备相关通道功能上的分歧。另外，UL6 基因产物所形成的通道与噬菌体连接体也非常类似，并且通道复合物为 DNA 的壳体化从属服务。这个相似性也支持了所提出的单纯疱疹病毒与双链 DNA 噬菌体的进化关系，同时也揭示了 DNA 包装较为保守这一基本理念。

4. 疱疹病毒 UL6 基因编码蛋白的功能 在单纯疱疹病毒 1 型的复制过程中，病毒 DNA 在受感染的细胞核中合成，然后 DNA 分子依次被切割并被包装进衣壳。由于 DNA 分子在被切割和包装时必须进入一个特殊的位置，经免疫电镜技术试验证实（Newcomb 等，2001）UL6 基因产物在这一特殊位置上。经特异的免疫胶体金试验也证明，UL6 基因产物出现在单纯疱疹病毒 1 型的 B 衣壳中。吸附的金标记显示，产物在衣壳壳体的十二个顶角处。UL6 基因产物的拷贝数在纯化的 B 衣壳中被发现为 (14.8±2.6)nm。这充分说明 UL6 基因与病毒 DNA 的切割和包装功能相关。

单纯疱疹病毒 1 型 UL6、UL15 和 UL28 的编码蛋白通常被认为与不同形式的稳定衣壳有联系，但它们与前衣壳之间的联系还没被考证过。试验表明，从受感染的细胞中分离 HSV-1 前衣壳，用 western blotting 去鉴定编码蛋白（White 等，2003），前衣壳包含了 UL15、UL28 蛋白。相反，UL6 蛋白水平在前衣壳、B 衣壳和 C 衣壳大体相似。UL15 和 UL28 蛋白与成熟衣壳之间的短暂联系说明它们与病毒 DNA 位点专一性切割有联系，同时也证明 UL6 蛋白是衣壳外壳的完整组件。

Lamberti 等（1996）证实了 UL6 基因和 UL15、UL17、UL28、UL32、UL33 等基因在 DNA 切割和包装上是必要的，缺少其中任何一个基因的病毒感染细胞后，都只能产生 B 型衣壳，说明这些基因在 DNA 切割的早期就已经发挥作用（Baines 等，1994；Lamberti 等，1998；Yu 等，1998；Yu 等，1998）。

5. 疱疹病毒 UL6 基因编码蛋白与其他相关蛋白之间的联系 疱疹病毒核衣壳是一种保护性外壳，起着容纳病毒遗传物质的作用。在衣壳组装好后，病毒 DNA 已经通过通道蛋白进入到衣壳内部。UL6 基因编码的通道蛋白是在病毒粒子二十面体结构顶点上建立起的环状结构。生成这样一种包含通道的核衣壳最低需要 4 种结构蛋白（VP5、

VP19C、VP23 和 UL6）以及 UL26.5 编码的支架蛋白（Singer 等，2005）。最近，UL26.5 编码的支架蛋白和通道蛋白之间的作用已经被证实，它在成熟的衣壳外壳上主要起一个支撑通道的作用。

在 HSV-1 编码的蛋白质中，UL6 还与 UL15、UL17、UL25、UL28、UL32 和 UL33 共七种基因被认为是 DNA 切割和包装所必需的（Yu 等，1998）。这些蛋白分布在 B 型和 C 型衣壳中。然而 UL15 蛋白、UL28 蛋白主要分布在 B 型衣壳和少量 C 型衣壳中，这说明，UL28 和 UL15 蛋白在包装过程中只与衣壳媒介作用有关。通过分别分析 HSV-1 UL6、UL15、UL25、UL28 和 UL32 缺失突变株的感染细胞发现，任何一种切割和包装蛋白都不会影响其他蛋白的表达。而且 UL6、UL25、UL28 与 B 型衣壳的形成有关。然而，在 HSV-1 UL6、UL28 缺失突变株的感染细胞中，UL15 蛋白不能有效与 B 型衣壳联系。这些结果都表明，通过 UL6、UL28 的作用，UL15 形成 B 型衣壳的能力才能实现。

6. 疱疹病毒 UL6 基因的保守性 目前关于疱疹病毒 UL 基因序列情况在 HSV 中已有详细报道，HSV 的 UL 区含有 50 多个基因（UL1～UL56），编码病毒的各种结构蛋白和酶类。其中编码衣壳蛋白 UL 区基因的 UL6、UL18、UL19、UL35、UL38 等均非常保守（黄文林等，2002）。

另据丁家波等报道，编码与 MDV DNA 复制相关蛋白的 UL 区基因，通过与 HSV UL 区基因比对发现，除 UL30 以外其他相似性均较高（丁家波等，2005），其中 UL6 基因与 MDV-2 有 70%的同源性，与 HSV-1 有 84%的同源性（Coussens 等，1988）。

在 DPV 基因组中，UL6 基因最早由 Plummer 等（1998）在 DPV-LA 株中测序发现其 3′端部分，并与水痘-带状疱疹病毒（varicella zoster virus，VZV）比对表明序列相似性为 64%。后郭霄峰等根据发表的 UL6 基因序列片段，对 DPV 北京株进行 PCR 扩增、测序，核苷酸序列的同源性达 99%，两者之间仅有一个碱基的差异，且氨基酸分析证实碱基所引起的突变为无意义突变（CCT→CCC）（郭霄峰等，2002）。在 DEV 基因组结构尚未完全清晰的情况下，2006 年陈淑红等利用 UL6 基因 3′端保守区序列进行靶基因步移 PCR 扩增，获得了该基因的完整 ORF。与其他疱疹病毒比对表明，UL6 基因在不同毒株中高度保守，其完整性为鸭肠炎病毒所独有（陈淑红等，2006）。

7. 鸭瘟病毒 UL6 基因及其编码蛋白 孙涛、汪铭书等（2008）对 DPV UL6 的研究获初步结果。

（1）DPV UL6 基因的分子特性 采用软件 DNAStar Protean 程序，综合运用二级结构、亲水性、可塑性和抗原性指数等参数，对 DPV CHv 毒株 UL6 基因（GenBank

登录号 EF055890）的氨基酸序列进行 B 细胞表位预测，分析结果显示在位于 UL6 蛋白羧基端第 Thr507 - Gln515、Thr521 - Met529、Asp531 - Phe539、Gly544 - Asn562、Thr568 - Gln585、Lys592 - Val604、Ala681 - Ala778 和 Tyr780 - Lys790 区域内含有主要的抗原决定簇。

（2）DPV UL6 基因的克隆、表达及多克隆抗体 以 DPV CHv 毒株基因组作为 PCR 反应模板，利用 Oligo6.0 软件设计一对引物，整体扩增涵盖具有优势表位的基因片段（1 483～2 385 bp），进行原核表达。以兔抗 DEV 多克隆血清进行 western blotting 试验，检测显示抗血清可与该融合蛋白发生特异性反应（图 3 - 55）。利用重组表达蛋白所带的 6×His 标签用镍柱亲和层析两种方法对其进行纯化，获得较高纯度的重组蛋白。过柱纯化蛋白分别对家兔进行免疫，制备兔高免血清，ELISA 效价高达1∶512 000。

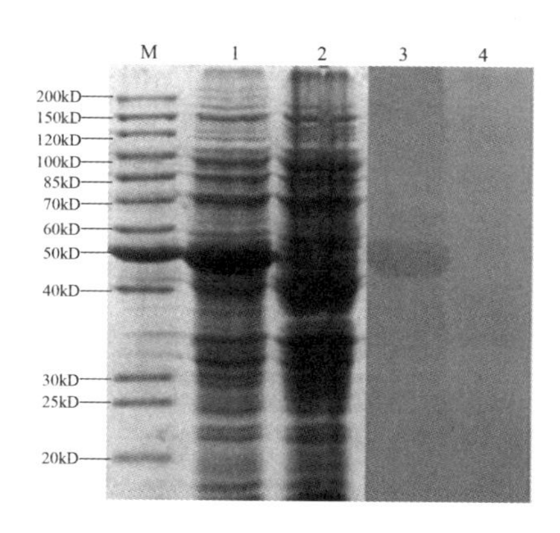

图 3 - 55 表达产物的 SDS - PAGE 和 western blotting 分析

M. 蛋白 Marker 1. 诱导的重组大肠杆菌 2. 未诱导的重组大肠杆菌 3. 免疫印迹检测 IPTG 诱导的蛋白产物 4. 免疫印迹检测 IPTG 未诱导的蛋白表达产物

（3）基于 UL6 主要抗原域蛋白的间接 ELISA 检测 DPV 抗体方法的建立 以纯化的鸭瘟病毒 UL6M 蛋白为抗原，建立了用于检测鸭血清中抗 DPV 特异性 IgG 抗体的间接 ELISA 方法，并对其进行了标准化研究，确定了最佳工作条件。结果显示，抗原包被浓度为 3.125 μg/孔的包被反应板可获得良好的敏感性，与 DEV 标准阳性血清呈阳性反应，而与鸭乙型肝炎（duck hepatitis B virus，DHB）、鸭病毒性肝炎（duck virus hepatitis，DVH）、鸭传染性浆膜炎（riemerella anatipestifer infectious，RA）、鸭大肠杆菌（*E. coli*）、鸭沙门菌（*Salmonella bacillus*，SB）5 种鸭源疾病阳性血清均无交叉反应。批间、批内试验变异系数不超过 10%。这一结果表明，该法特异性强、敏感性

高、重复性好，可用于鸭瘟病毒感染鸭的血清抗体检测

（4）鸭瘟病毒 UL6 基因主要抗原域基因工程重组亚单位疫苗的研制及免疫原性研究 应用基因工程技术获得的 UL6 主要抗原域蛋白制备亚单位疫苗，攻毒保护试验显示：重组亚单位疫苗免疫雏鸭，免疫后 7 d 左右能刺激机体开始出现抗体，14 d 抗体效价达到最高（OD 为 2.535），显著高于对照组（$p \leqslant 0.05$），与弱毒疫苗免疫组比较，效价的消长时间与弱毒免疫组变化相似，在 56 d 体内均维持较高水平。重组蛋白组发病率、死亡率分别为 50%（5/10）和 40%（4/10）明显低于对照组的 100%（10/10）和 100%（10/10），表明 UL6 主要抗原域重组蛋白在雏鸭体内具有良好的免疫原性，但保护效率较弱毒疫苗组略差。

（5）基于 DPV UL6 基因主要抗原域蛋白的免疫组化方法建立及其在 UL6 基因功能研究和 DPV 强毒感染鸭组织中定位分布规律的检测 检测鸭瘟病毒 UL6 基因产物在人工感染雏鸭组织中的表达动态与定位分布表明：感染鸭瘟病毒强毒 4 h，法氏囊、胸腺等免疫器官中即可见 UL6 衣壳蛋白的表达。随后，十二指肠、空肠、回肠、直肠等消化道组织靶细胞中可见 UL6 衣壳蛋白持续稳定地表达，3 d 后直至死亡鸭的体内各组织器官均可检测到 UL6 表达蛋白的存在。由此推测 DPV UL6 蛋白为晚期基因中率先表达的一类，并持续参与病毒 DNA 复制全过程。图 3－56 至图 3－67 为间接免疫组化检测 DPV UL6 基因产物在人工感染鸭体内的组织定位分布。图 3－68 至图 3－75 为间接免疫荧光检测 DPV UL6 基因产物在人工感染鸭体内的组织定位分布。

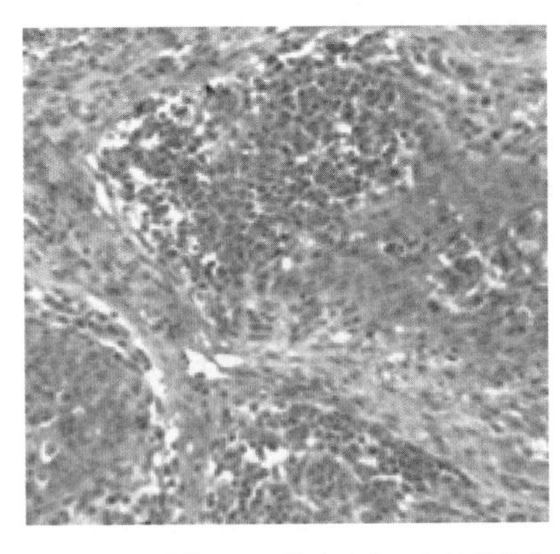

图 3－56 感染 4 d 后的法氏囊，阳性颗粒位于囊小结淋巴细胞内（×600）

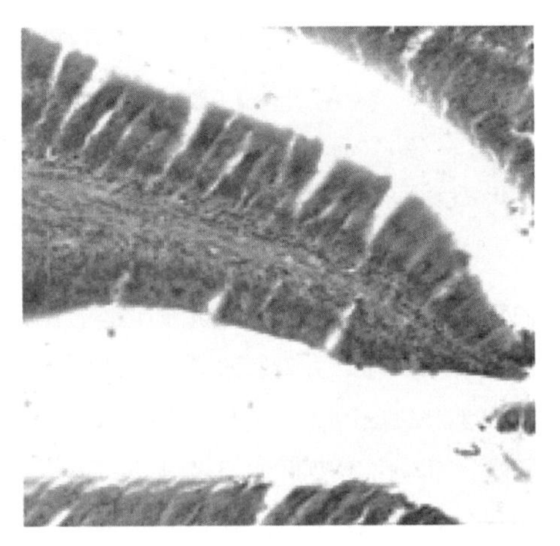

图 3－57 感染 12 h 后的十二指肠，阳性颗粒位于肠绒毛纵纹缘（×400）

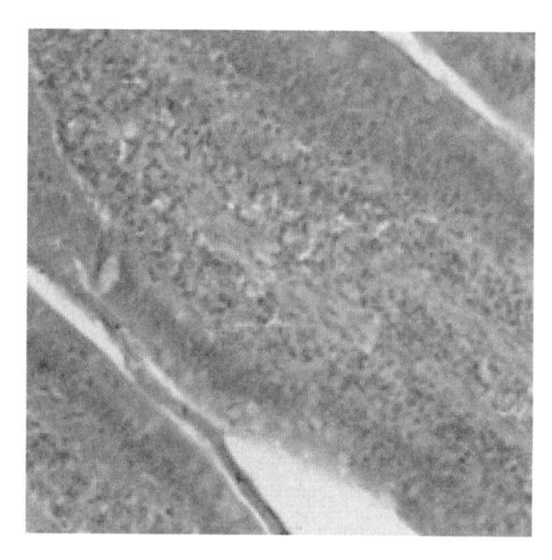

图 3－58 感染 4 d 后的十二指肠，阳性颗粒位于肠绒毛固有层细胞上（×600）

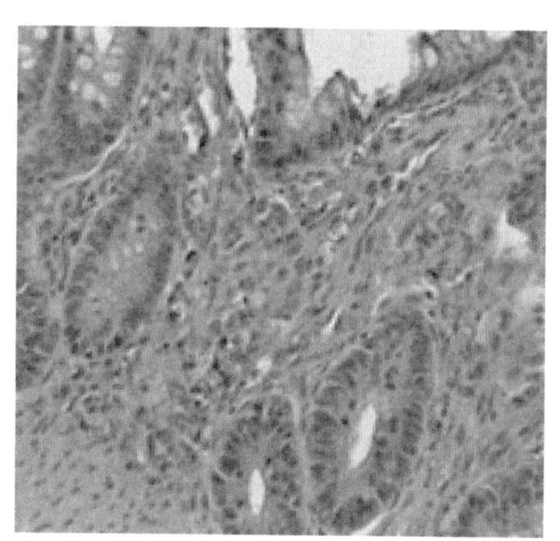

图 3－59 感染 3 d 后的回肠，阳性颗粒位于肠绒毛固有层细胞上（×600）

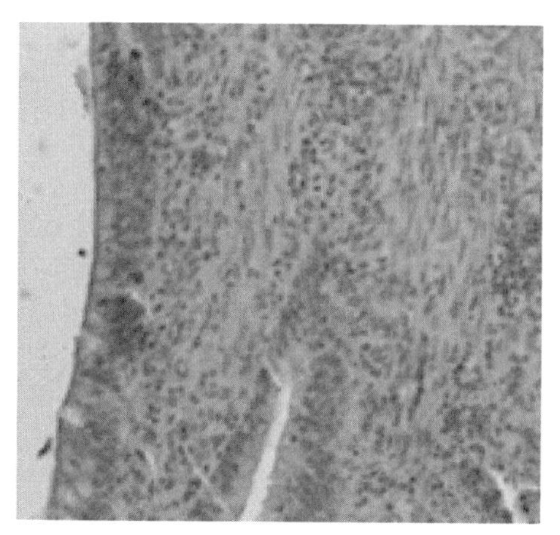

图 3－60 感染 3 d 后的直肠，阳性颗粒位于固有层细胞上（×400）

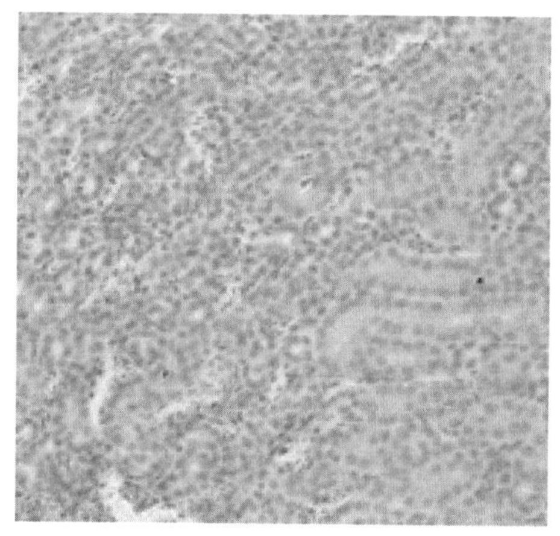

图 3－61 感染 3 d 后的肾脏，阳性颗粒位于肾小管上皮细胞内（×400）

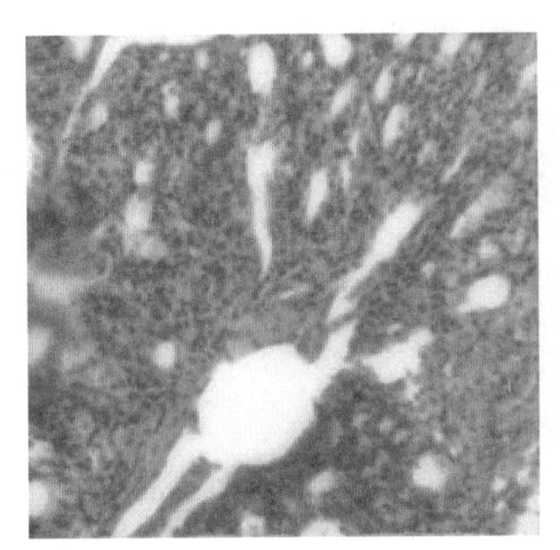

图3－62　感染5 d后的肺脏，阳性颗粒位于肺毛细管上皮细胞（×600）

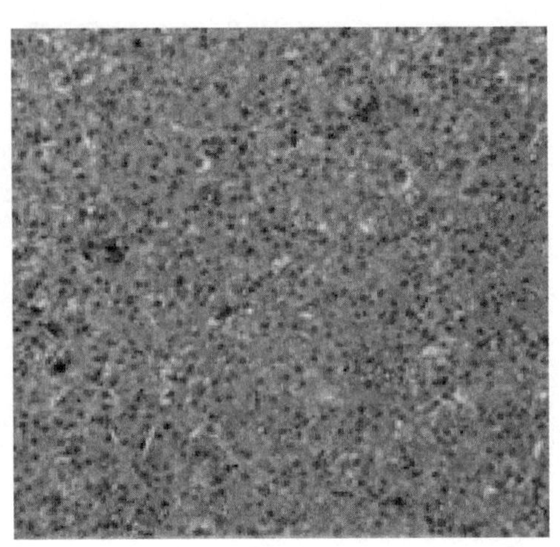

图3－63　感染4 d后的肝脏，阳性颗粒主要位于肝细胞的胞核和胞质中（×600）

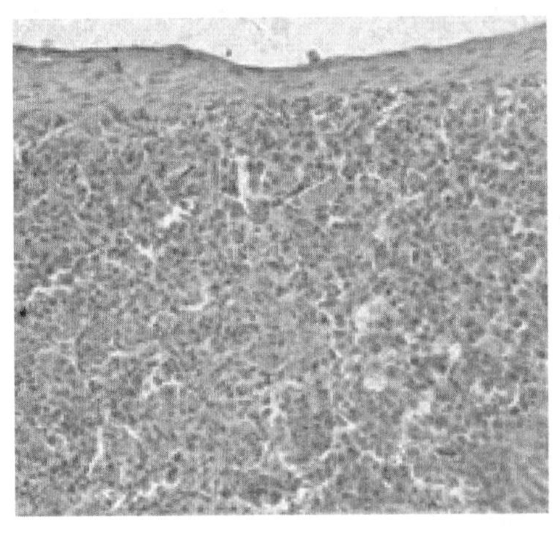

图3－64　感染3 d后的脾脏，阳性颗粒主要位于红髓区间质细胞（×600）

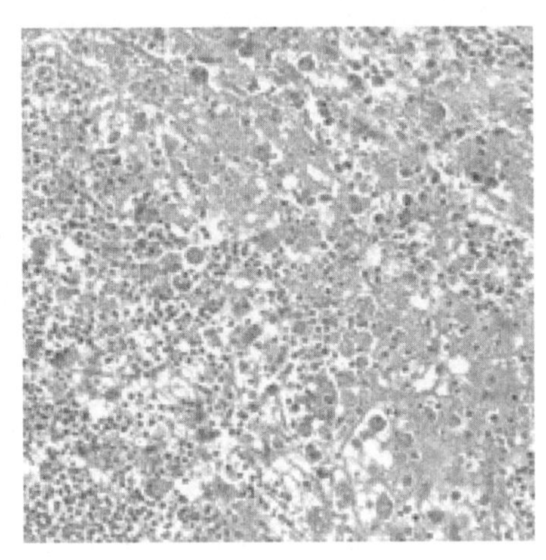

图3－65　感染3 d后的胸腺，阳性颗粒位于髓质区细胞（×600）

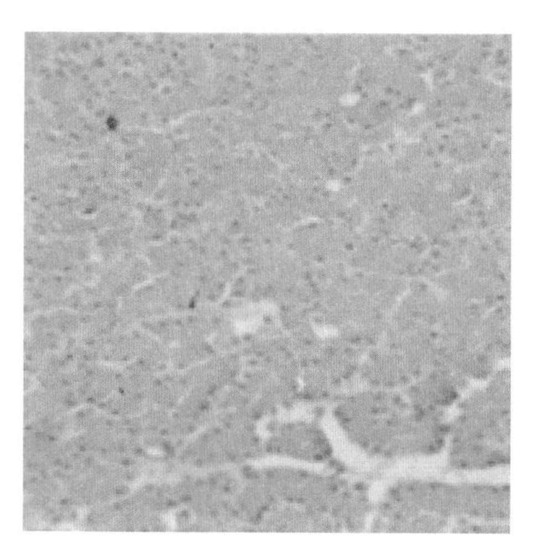

图 3－66 感染 5 d 后胰腺，阳性颗粒主要位于腺泡细胞胞质中（×600）

图 3－67 感染 48 h 后的脑，阳性颗粒分布在脑浆中（×400）

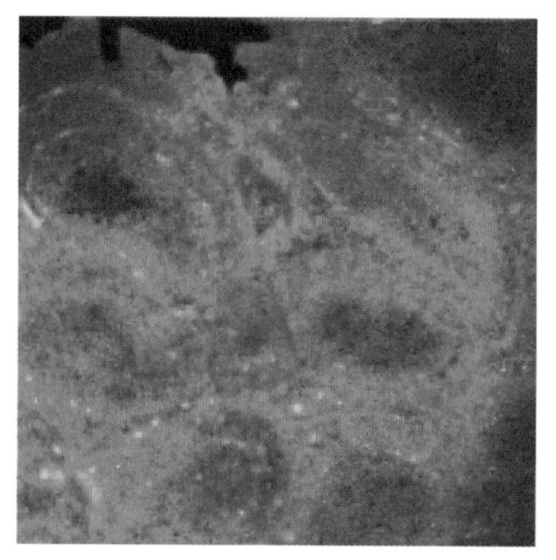

图 3－68 感染 4 h 后的法氏囊，荧光分布于囊小结淋巴细胞和表面上皮细胞中（IF，×40）

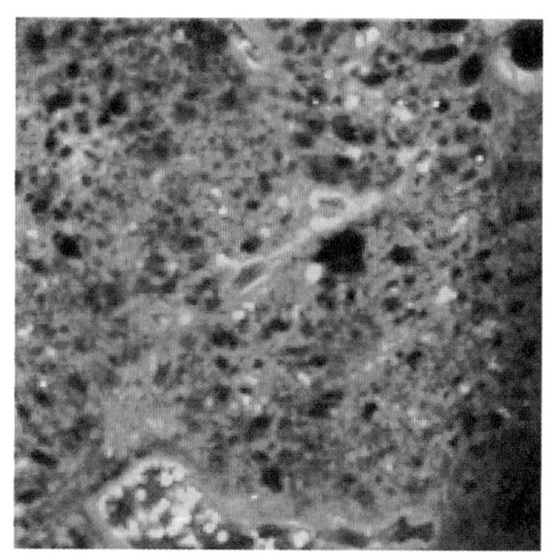

图 3－69 感染 48 h 后的肺脏，荧光分布于肺泡壁上皮细胞和尘细胞（IF，×40）

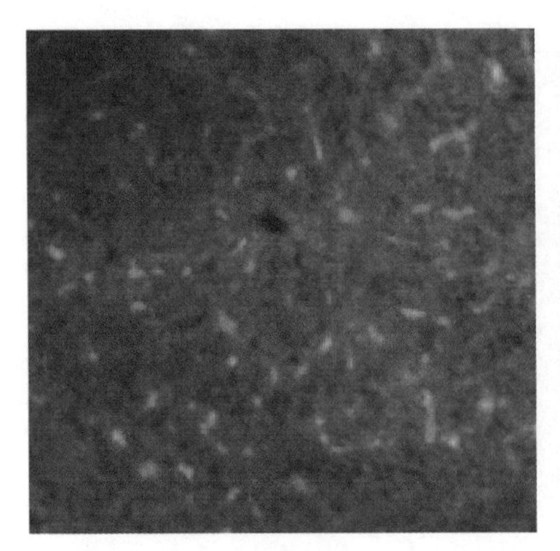

图 3－70　感染 8 h 后的肝脏，荧光主要位于肝小叶中央静脉区周围肝细胞细胞质和胞核中（IF，×40）

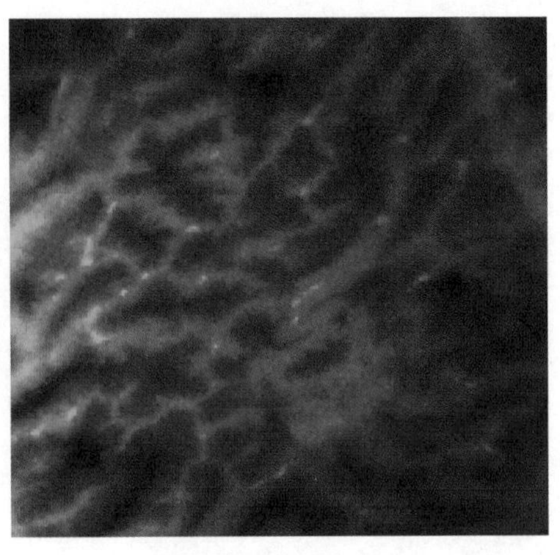

图 3－71　感染 12 h 后的哈氏腺，荧光分布于腺小管间质细胞（IF，×40）

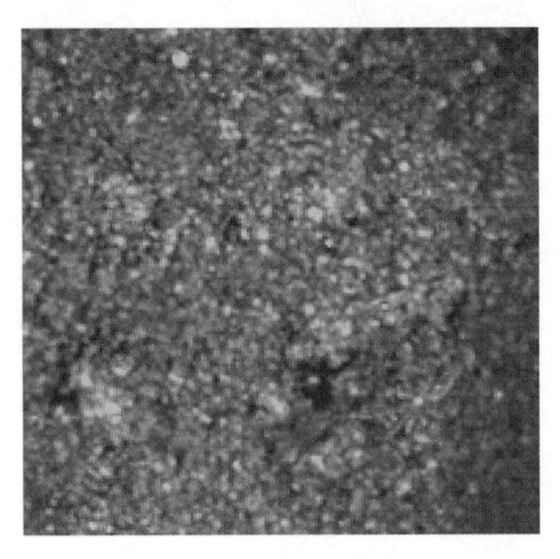

图 3－72　感染 24 h 后的脾脏，荧光主要位于红髓区间质细胞（IF，×40）

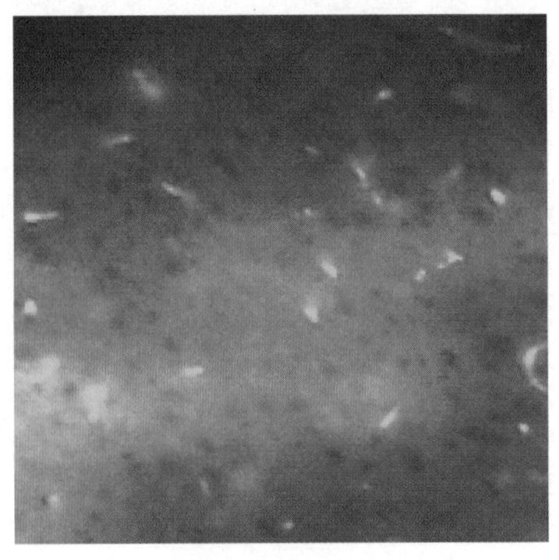

图 3－73　感染 8 h 后的大脑，荧光分布在脑神经细胞及小胶质细胞中（IF，×40）

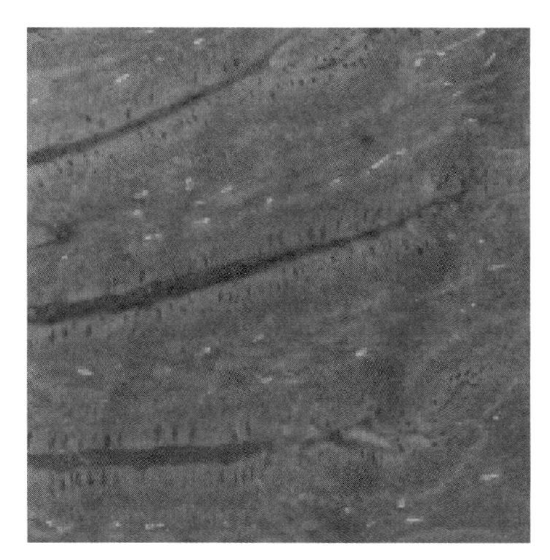

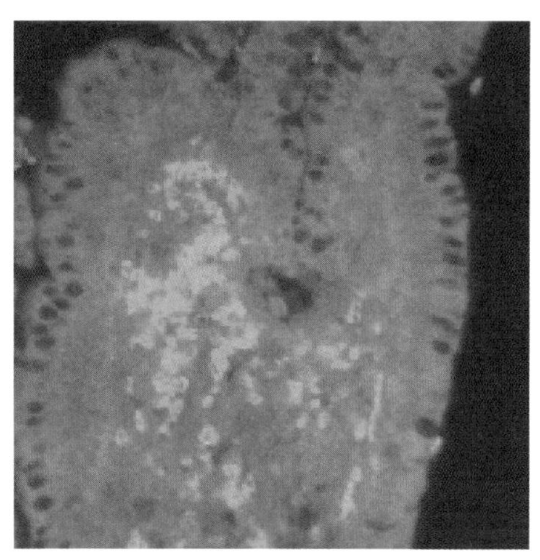

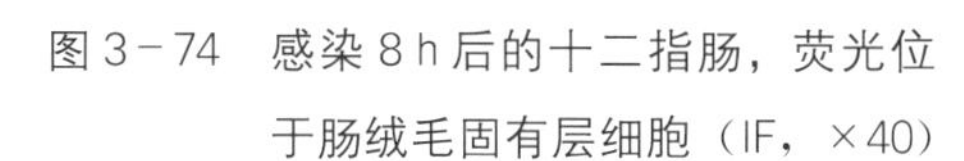

图 3－74　感染 8 h 后的十二指肠，荧光位于肠绒毛固有层细胞（IF，×40）

图 3－75　感染 24 h 后的肾脏，荧光分布于肾小管间质细胞（IF，×40）

（二）UL26 基因及其编码蛋白

有关鸭瘟病毒 UL26 基因的研究资料很少，以下有关疱疹病毒 UL26 基因的研究资料（王璐璐等，2009）对进一步开展鸭瘟病毒 UL26 基因的研究将有重要参考作用。

1. 疱疹病毒 UL26 基因

（1）疱疹病毒 UL26 基因序列及其编码蛋白的特点　疱疹病毒 UL26 基因位于 UL 特定长区，所有人疱疹病毒及其同系物 α、β、γ 疱疹病毒中都存在，与 UL26.5 基因内部重叠，具有共同的 C 末端但启动子不同。UL26 基因序列中第一、二个 ATG 都可以作为 UL26 转录的起始密码子，在单纯性疱疹病毒 1 型（HSV－1）感染细胞中第一个 ATG 作为首选的起始密码子（Valerie 等，1994）。UL26 基因编码两种蛋白，这两种蛋白的编码区拥有不同的转录单元，但是由一个共同的 poly（A）位点来终止的（Liu 等，1991）。

UL26 基因的 N 末端区域在疱疹病毒中是比较保守的区域（Liu 等，1992），与重叠基因 UL26 和 UL26.5 相似的基因排列方式在所有的疱疹病毒中都有发现（Kato 等，1999）。例如，人巨细胞病毒（HCMV）、非洲淋巴细胞瘤病毒（EBV）和水痘-带状疱疹病毒（VZV）中都以重叠基因形式存在有 UL26 和 UL26.5 的同源物（Welch 等，1991），并且在疱疹病毒不同亚科间这些同源物表现出一些相似的特征：其开放阅读框

（ORF）都在2 kb左右，叠基因都占据了约1/2阅读框的大小；但是不同亚科间这些同源物上游起始的TATA序列有所不同：α疱疹病毒是C/TATA，β疱疹病毒是TATTA，γ疱疹病毒是TATTTA（Liu等，1990；McGeoch等，1988）。

UL26基因的编码产物最初是一个有635个氨基酸的丝氨酸蛋白酶（serine protease）前体（Liu等，1993），它能够以自身为底物在其内部的R和M位点进行切割，产生三段多肽：分别是丝氨酸蛋白酶（VP24）、UL26支架蛋白（VP21）和25个氨基酸短肽。在其重叠基因UL26.5基因内部也含有M位点，也能够被UL26蛋白酶切割后产生25个氨基酸的短肽和最主要的支架蛋白VP22a（Deckman等，1992）。

UL26蛋白酶的活性功能区在疱疹病毒中都是相当保守的，所以其作用机制和水解过程都是相似的（Sybille等，1996；Welch等，1991）。UL26前体蛋白被划分为四个区域：Ⅰ区（1－9aa）、Ⅱ区（9－218aa）、Ⅲ区（218－306aa）和Ⅳ区（306－635aa）。Ⅰ和Ⅳ区为非必需区域，Ⅱ、Ⅲ区为UL26蛋白酶催化活性相关的必需区域。更多相关定位研究发现其具有催化活性的部分是Ⅱ区（Liu等，1992）。DiIanni等（1993）测定出真核细胞中UL26前体蛋白内部R和M位点的具体位置：Ala—247—Ser—248和Ala—611—Ser—612，分别被称为释放和成熟位点（release and maturation site）。R和M位点无论在UL26前体蛋白中还是在UL26.5蛋白中都是高度保守的（Welch等，1991；Harper等，1994）。无论R或M位点的切割都需要其他病毒蛋白质参与（Liu等，1993）。UL26前体蛋白中第114、115位的谷氨酸决定R位点的专一性，而R位点的切割效率不仅决定了VP21在B衣壳装配过程中的结合水平，也会影响到C衣壳中VP24的残留总量。在细胞质中R位点不会被暴露所以也不会发生切割作用，只有在进入细胞核后才会暴露（Gao等，1994）。

（2）UL26蛋白酶的功能　Liu等（Liu等，1992；Liu等，1993）在对多种蛋白酶抑制剂研究和蛋白酶定向诱变研究中证实，UL26基因编码的是一个丝氨酸蛋白酶。

在B型衣壳装配过程中，VP24水解前VP21和ICP35，改变原内部蛋白质层的形态与结构，形成缩小的骨架蛋白层。所以VP24对病毒生长的重要性关键在于它对ICP35的加工作用，通过加工改变其衣壳构象才能进行之后的DNA包装（Newcomb等，1999）。最后VP24与VP5共价结合附着在衣壳上面，DNA通过未知机制进入B型衣壳并伴随VP21、VP22a出壳，衣壳蛋白构象变化、结构亚基重排形成为成熟C型颗粒（Thomsen等，1995）。前衣壳作为衣壳成熟过程中的一个瞬时中间产物在被疱疹病毒感染的野生型中不容易被发现。它在没有VP24作用下会积累，说明负责加工支架蛋白的VP24控制着在疱疹病毒感染过程中从不稳定的前衣壳转变为成熟衣壳的转换过程（Stevenson等1997）。另外，与HSV－1同源的人巨细胞病毒（HCMV）蛋白酶除了能水解前- VP21 和 ICP35 外，还可以水解其内部蛋白酶活性区域从而引起蛋白酶的失活。这一位点在 HSV - 1 的 UL26 蛋白酶中不存在，而且能水解其活性区域也未被发现（Chee 等，1990）。

VP24 不仅作为一个具有酶活性的蛋白酶，它还是成熟病毒颗粒的结构组成部分，其主体包裹在囊膜内朝核衣壳伸展，通过其氨基端的疏水域锚定在病毒的囊膜上。在成熟的病毒颗粒中也有明显的残留，表明它可能在决定衣壳结构中起指导作用或在感染初期和衣壳瓦解过程中发挥作用（Booy 等，1991）。

（3）UL26 蛋白与其他蛋白的关系　多数大型双链 DNA 病毒的衣壳最初都有两层，有一个由支架蛋白构成的核在内部（Prevelige 等，1993），还有一个由衣壳蛋白构成的二十面体的壳体在外面。HSV - 1 B 衣壳的支架蛋白有两种：VP22a 和 VP21。由 UL26.5 基因编码的 VP22a 是最主要的支架蛋白（Newcomb 等，1993），比 UL26 基因编码的 VP21 蛋白多 10 倍以上，这种不同是在感染细胞中 VP21 的表达量远远少于 VP22a 的表达量造成的。这些支架蛋白最初以未加工的形式与 VP5 结合在细胞质中，防止 UL26 和 UL26.5 蛋白质在衣壳装配之前就发生水解。在衣壳装配过程中由 VP24 对其进行加工，切去羧基末端的 25 个氨基酸，才能形成真正意义上的支架蛋白。

尽管 UL26 蛋白和 UL26.5 蛋白 C -末端有 329 个氨基酸是完全相同的，也都含有相同的羧基末端 VP5 结合区域，但 UL26 和 UL26.5 编码蛋白在衣壳装配过程中发挥的作用是明显不同的。

B 衣壳的大小和对称性是由支架蛋白决定的，它们在衣壳形成过程中充当支架的角色。当 B 衣壳仅由 VP22a 构成而缺少 VP21 时能够确定衣壳的尺寸和其二十面体的对称性，而当 VP21 出现的量足够也可以从一定程度上代替 VP22a 保证衣壳正确的对称性（Desai 等，1994）。

尽管 UL26 基因序列在其羧基末端拥有完整的 UL26.5 ORF，但仅有 UL26 基因仍不能有效弥补缺失表达 UL26.5 基因病毒的生长（Matusick - Kumar 等，1994），但与完整的 UL26 ORF 相比，过量表达 VP21 前体却能在功能上弥补病毒生长的需要。衣壳中 VP24 的编码序列能够指导 VP21 结合到一个特异的结合位点上（Rixon 等，1993），过量的 UL26 蛋白表达会抑制衣壳的装配，UL26.5 基因缺失导致大量残缺的外壳只有少量完整的衣壳形成（Tatman 等，1994）。所以，不能排除 UL26 的过量表达可能会导致衣壳不能正常包装 DNA 或者可能会影响成熟衣壳的形成。

病毒衣壳中最主要的衣壳蛋白 VP5 约占 70%，它是由 UL19 基因编码的。它与 UL26 蛋白的最主要联系在于 UL26 蛋白能够协助 VP5 运输到细胞核中并且组织 VP5 在支架蛋白周围的装配（Oien 等，1991）。在 UL26 蛋白中与 VP5 发生关系的关键是 C

末端的25个氨基酸，其具有寡聚化作用，是衣壳装配所必需的。它能够与VP5发生缔合作用，将支架蛋白VP21和VP22a固定在衣壳上以形成封闭的衣壳（Hong等，1996）。缺少这25个氨基酸将会影响衣壳装配，阻断病毒的生长。虽然UL26蛋白酶（Pra）与其他丝氨酸蛋白酶相比酶活性并不强，但当UL26蛋白酶用杆状病毒系统在昆虫细胞中表达时，其发生自我水解更加迅速。这可能是有其他病毒或宿主的蛋白质或DNA参与了蛋白酶活性的调控，而VP5与蛋白酶C末端25个氨基酸的密切联系自然使VP5变为最有可能的候选者之一（Zhi等，1996）。

2. 鸭瘟病毒UL26基因及其编码蛋白 王璐璐、程安春等（2009）对DPV UL26的研究获初步结果。

（1）鸭瘟病毒UL26基因分子特征 DPV UL26基因大小为2124 bp，编码707个氨基酸。通过信号肽、跨膜区、磷酸化位点和疏水性进行分析预测，该基因编码的蛋白不存在跨膜区和信号肽结构，含有多达55个潜在的磷酸化位点，是一个亲水性蛋白质。通过进化树分析发现该基因属于α疱疹病毒属，并且GaHV-2、GaHV-3、MeHV-1等禽类疱疹病毒的进化关系最近，与其他疱疹病毒关系则较远。

（2）UL26基因的克隆、原核表达及多克隆抗体 通过构建pET-32/UL26重组原核表达载体，利用IPTG进行诱导表达，得到大小为97 kD的重组融合蛋白。与预期表达的蛋白大小一致，主要以可溶性蛋白形式存在。优化后最佳表达条件为0.2 mmol/L的IPTG，30 ℃下诱导6 h。重组蛋白纯化后制备兔抗血清间接ELISA效价为1∶260 900。Western blotting检测所制备的兔免疫血清，在目的蛋白处，抗体可特异性与之结合（图3-76）。

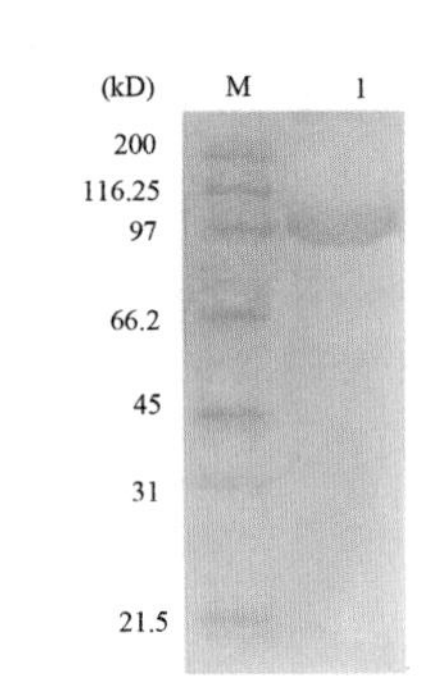

图3-76 兔血清免疫印迹图

M. 标准蛋白质分子量
1. 兔抗UL26阳性血清

（3）鸭瘟病毒UL26蛋白亚细胞定位 DPV感染宿主细胞后，用间接免疫荧光的方法检测到UL26编码的蛋白位于细胞胞核中。阴性对照如图3-77，病毒感染8 h后即可在细胞中检测到荧光（图3-78）；18 h开始大部分细胞的整个胞核均有绿色荧光聚集（图3-79）；40 h后开始出现局部荧光减弱（图3-80）；56 h后细胞轮廓模糊，所有细胞胞核内荧光出现显著减弱并出现核分裂，细胞核形态不一（图3-81）。

（4）鸭瘟病毒体外感染宿主细胞UL26基因转录及表达时相分析 通过相对荧光定量PCR方法检测该基因转录的情况。用SYBR Green Ⅰ染料法检测各时间段收取的细胞样品检测到：从8 h开始目的基因的表达量开始增加，38 h达到最高值，此后表达量逐渐降低，直至70 h仍可以检测到目的基因有表达量。表达时相的结果是UL26蛋白在感染后12 h可见少量表达，32～40 h达到最大值后56 h表达量开始下降（图3-82、图3-83）。转录时相和表达时相结果共同说明UL26基因转录表达规律总体上符合基因由转录到翻译的生命周期规律，基本满足转录在前、表达在后的模式，是一个晚期基因。

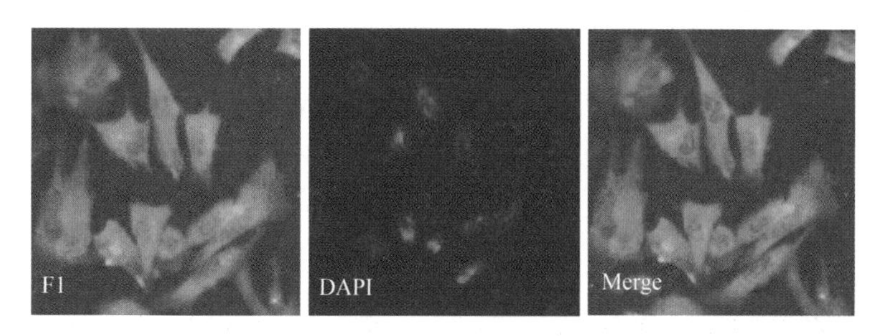

图3-77 DPV UL26蛋白亚细胞定位（无DPV感染细胞的阴性对照）

F1. 阴性对照FITC染色 DAPI. 阴性对照DAPI染色 Merge. 为A和B的叠加

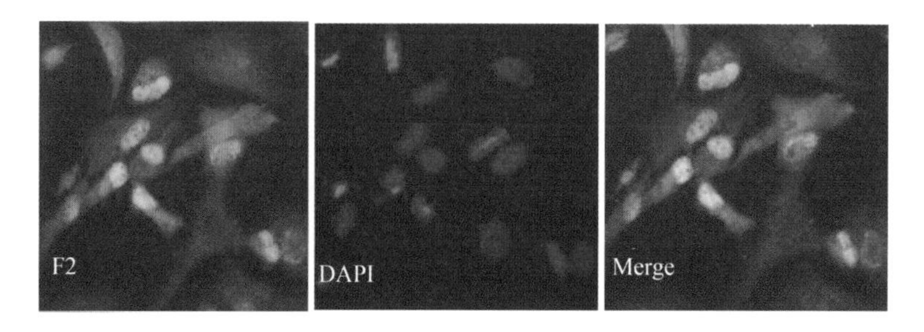

图3-78 DPV感染细胞8 h的UL26蛋白亚细胞定位

F2. 感染病毒后8 h FITC染色 DAPI. 感染病毒后8 h DAPI染色 Merge. 为两者的叠加

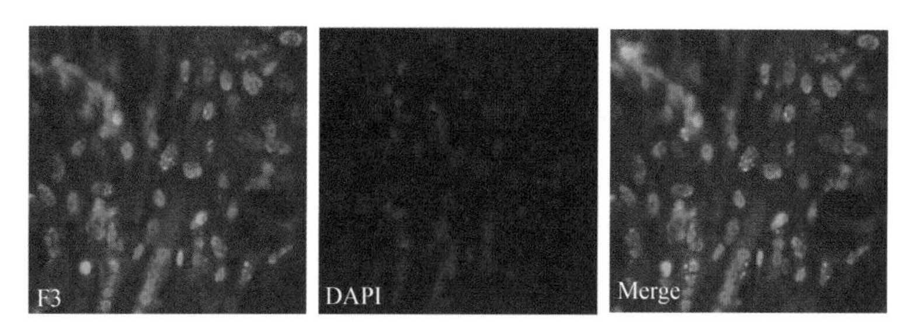

图3-79 DPV感染细胞18 h的UL26蛋白亚细胞定位

F3. 感染病毒后18 h FITC染色 DAPI. 感染病毒后18 h DAPI染色 Merge. 两者的叠加

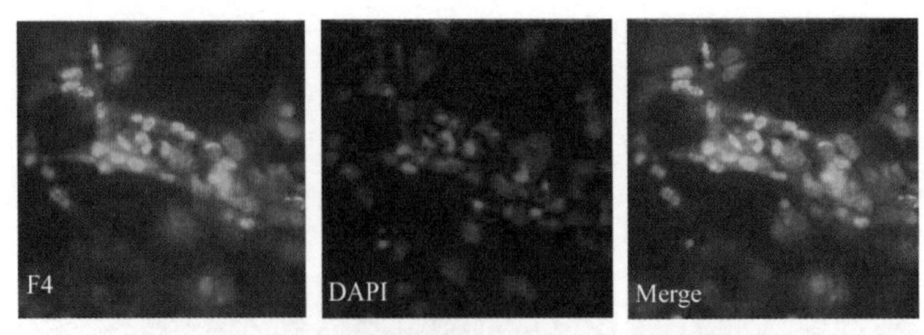

图 3－80　DPV 感染细胞 40 h 的 UL26 蛋白亚细胞定位

F4. 感染病毒后 40 h FITC 染色　DAPI. 感染病毒后 40 h DAPI 染色　Merge. 两者的叠加

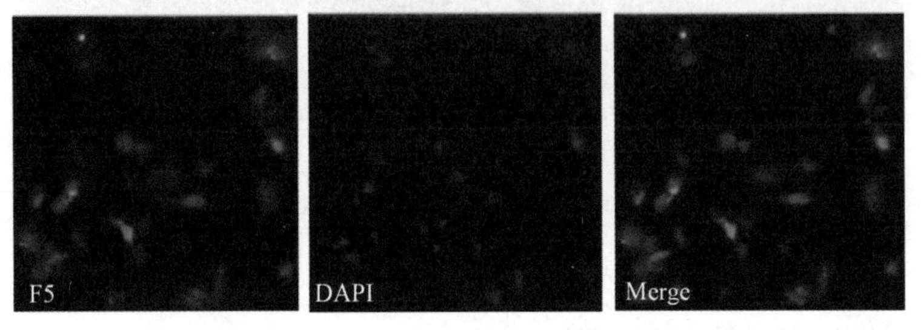

图 3－81　DPV 感染细胞 56 h 的 UL26 蛋白亚细胞定位

F5. 感染病毒后 56 h FITC 染色　DAPI. 感染病毒后 56 h DAPI 染色　Merge. 两者的叠加

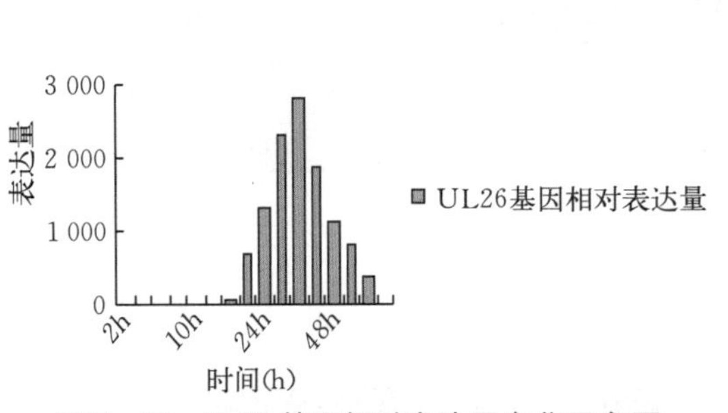

图 3－82　UL26 基因相对表达量变化示意图

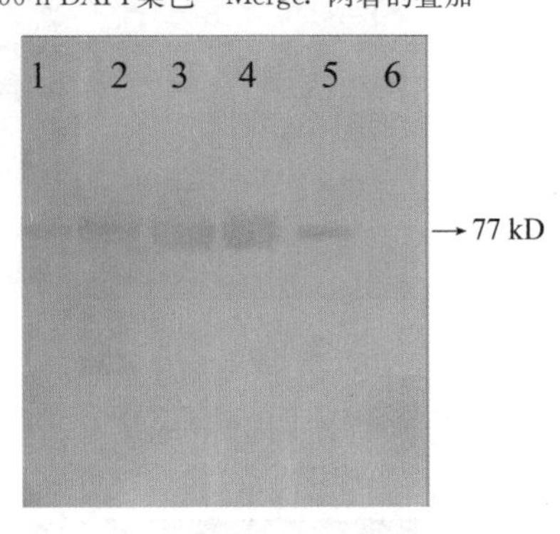

图 3－83　western blotting 检测不同时间 UL26 蛋白表达情况

1. 12 h　2. 20 h　3. 32 h　4. 40 h　5. 56 h　6. 72 h

（三）UL26.5 基因及其编码蛋白

有关鸭瘟病毒 UL26.5 基因的研究资料很少，以下有关疱疹病毒 UL26.5 基因的研究资料（张瑶等，2009）对进一步开展鸭瘟病毒 UL26.5 基因的研究将有重要参考作用。

1. 疱疹病毒UL26.5基因序列及其编码蛋白的特点

（1）UL26.5基因序列的特点 UL26.5基因与UL26基因内部重叠，具有共同的3′端，但是启动子各不相同，UL26.5的启动子位于起始密码子上游的UL26序列中。单纯疱疹病毒1型（herpes simplex virus 1，HSV-1）UL26.5由UL26转录起始位点大约+1000 bp的mRNA转录，+1099 bp的起始密码子甲硫氨酸开始翻译（Liu等，1991）。与重叠基因UL26和UL26.5相似的基因排列顺序在所有的疱疹病毒中都有发现（Kato等，1999；Welch等，1991；Baer等，1984；Davison等，1986）。HSV-1和EBV只有两个基因重叠，与巨细胞病毒（CMV）装配蛋白共3′端的有四个基因，而VZV可能有八个基因重叠，分别有不同的TATA启动子序列和不同的起始密码子，但是共用一个Poly尾，都是晚期表达基因。

（2）UL26.5氨基酸序列的特点 UL26.5蛋白是属于ICP35（infected-cell protein 35）蛋白质家族的一种磷酸化蛋白。UL26.5基因产物的最初形式是支架蛋白前体pre-VP22a（ICP35cd），被UL26蛋白酶切割变成支架蛋白VP22a（ICP35ef），而在人巨细胞病毒（human cytomegalovirus，HCMV）中的同源物又分别被称为装配蛋白前体（assembly protein precursor，pAP）和装配蛋白（assembly protein，AP）。UL26.5基因编码与UL26共C端的多肽，其特点与UL26密切相关。HSV-1 UL26基因产物最初是一个丝氨酸蛋白酶前体，它能够以自身为底物在其内部的R和M位点进行切割，产生三段多肽，分别是丝氨酸蛋白酶（VP24）、UL26支架蛋白（VP21）和25氨基酸短肽。UL26.5基因编码的是38 kD蛋白前体pre-VP22a，肽链内部含有M位点，被UL26蛋白酶识别并切割产生25个氨基酸的短肽和34 kD的蛋白VP22a（Deckman等，1992）。人巨细胞病毒（HCMV）中存在UL26和UL26.5的同源物，蛋白酶由UL80编码，UL80.5编码44 kD的蛋白前体，被UL80蛋白酶切割C端65个氨基酸肽段后产生37 kD支架蛋白（Welch等，1991）。除了切割的氨基酸序列长度不同，HCMV C端的65氨基酸序列和HSV-1 C端的25氨基酸序列也有很大差异。HSV-1UL26.5蛋白C端切割位点在Ala-610/ Ser-611（Deckman等，1992）。CMV装配蛋白C端同样要经历水解过程，切割位点在Ala-557/Ser-558，但水解区段和HSV-1的高度同源（Welch等，1991）。

2. 疱疹病毒UL26.5蛋白的作用

（1）UL26.5蛋白对病毒生长的影响 相对于正常病毒，缺失UL26.5蛋白的病毒突变体生长被严格限制，形体极小而且滴度下降为原来的0.1%～1%，即使在感染48 h后，这些突变体的子代病毒也没有明显增多。另外，缺失UL26.5蛋白导致大量的UL19主要衣壳蛋白无法正确定位入核，从而影响了病毒衣壳的正常装配和病毒的生长（Newcomb等，1993；Desai等，1993；Matusick-kumar等，1994）。HCMV UL80.5

氨基端保守区（ACD）是自联和 UL80 产物联系的区段，通过 ACD 的缺失和点突变（L47A）研究发现 ACD 的突变破坏了 UL80 蛋白之间的自联，并且影响了衣壳装配和有感染力病毒的产生（Loveland 等，2007）。

（2）UL26.5 蛋白自身的联结　UL26.5 蛋白自身联结是一种自发行为，衣壳内部支架就是 UL26.5 蛋白通过自身联结作用形成的球状粒子。鸡马立克氏病病毒（Marek's disease virus，MDV）和 HSV－1 的支架蛋白能在体外重新聚合成直径为 60 nm 的球状粒子结构，与天然 B 衣壳的内部核心很相似（Newcmb 等，1991；Kut 等，2004）。α 疱疹病毒亚科的 UL26.5 氨基酸序列中有五个高度同源区段，预测能够形成 α 螺旋的四个区段中三个与自联有关。HSV－1 支架蛋白 Ser54－His164、Ser165－His219 和Pro220－Arg329 这三个区段都含有支架蛋白自联的结构决定簇，但相互之间并不依赖。其中 Ser165－His219 是支架蛋白自联的重要核心区域，点定向突变表明自联区有一个假定的螺旋区。这个螺旋区在 α 疱疹病毒支架蛋白中高度保守，包含可能形成 α 螺旋的保守序列。双杂交分析这段核心自联区在仅有 N 端或 C 端侧翼存在就足以介导稳定的自联，说明 UL26.5 蛋白分子还有延伸构象可以通过等类螺旋平行定位。同时 N 端还存在自联的必需区段（Pelletier 等，1997；Preston 等，2002）。支架蛋白的自联大大促进了连接主要衣壳蛋白的稳定性，符合衣壳装配经由它们的稳定结合再在细胞核中进行装配的机制（Pelletier 等，1997）。HCMV 支架蛋白 N 端 His34－Arg52 区段在 β 疱疹病毒中高度保守也是自联必需，这一保守区段的缺失或碱基突变导致支架蛋白的自联消失并且减少了与主要衣壳蛋白的结合（Wood 等，1997）。

（3）UL26.5 蛋白的细胞定位　疱疹病毒蛋白分成三类，分别是 α、β 和 γ，它们的合成是遵循规律并且是级联瀑布式的（Honess 等，1974；Honess 等，1975）。与其他 DNA 病毒一样，疱疹病毒的基因转录也存在时序的不同，根据其基因转录的先后，分为立即早期 α(immediate early，IE)、早期 β(early，E) 和晚期 γ(late，L) 基因。疱疹病毒 α 基因的转录出现在病毒 DNA 复制之前，因此 α 基因表达并不依赖病毒蛋白的合成。一些早期（E）基因即 β 基因参与核苷酸代谢和 DNA 合成，如编码合成胸苷激酶(thymidine kinase，TK)、DNA 聚合酶等。晚期基因即 γ 基因编码包括主要衣壳蛋白、主要间层蛋白和包膜糖蛋白。从功能推测 UL26.5 基因应该是 γ 基因。UL26.5 蛋白不存在于成熟的病毒中，用 UL26.5 蛋白单克隆抗体（Zweig 等，1979）进行定位发现，UL26.5 蛋白在病毒成熟的全衣壳中不占主要，推测其出现与衣壳装配有关，而在 DNA 包装过程中撤离。免疫电镜观察 HSV－1 病毒感染细胞发现，UL26.5 蛋白主要集中在细胞核，蛋白合成后快速转移到细胞核装配成衣壳，仅在细胞核或细胞质中残留很少一点（Frazer 等，1988）。CMV 装配蛋白前体的合成在感染的晚期，然后进入细胞核（Gibson 等，1990）。在受重组痘病毒感染的细胞中 UL26.5 蛋白集中在细胞核中，有特点的是荧光集中在斑点状中，可以解释为 UL26.5 蛋白的聚集，证据是其在体外能自身聚合成直径约 60 nm 的球体并衍生成病毒的 B 衣壳。UL26.5 蛋白还能结合新合成的主要衣壳蛋白 VP5 共同转移到细胞核，在核中以 VP5－VP22a 单位聚集，通过自联和其他衣壳蛋白的协调作用形成 B 衣壳，有 VP5 蛋白存在的情况下 VP22a 蛋白的荧光信号分布更为均匀（Nicholson 等，1994）。Western blotting 检测 HSV－1 感染 BHK 细胞的提取物，感染后 6 h 就能检测到 VP22a 很弱的条带，在后续时间点 8、12、24 h 逐渐增强，前体和切割后两种形式均有，但是后面的时间点切割形式有所增加，细胞质和细胞核中均有发现（Stevenson 等，1997）。

（4）UL26.5 蛋白的核定位　UL26.5 蛋白的核定位信号（nuclear localization signal，NLS）能引导 UL19 主要衣壳蛋白共同进入细胞核。HSV－1 UL19 蛋白连接 UL26.5 蛋白后由细胞质转移到细胞核中（Nicholson 等，1994）。UL26 蛋白的入核也是共用 UL26.5 核定位信号（Gao 等，1994）。HCMV 中发现有两个核定位信号 NLS1（KRRRER [NLS1]）和 NLS2（KARKRLK [NLS2]），二者相对独立，NLS1 存在于所有的疱疹病毒中且作用较强，而 NLS2 却仅存在于 β 疱疹病毒中，但是任意一个核定位信号都能保证其入核（Plafer 等，1998）。除 β 疱疹病毒外，α 和 γ 疱疹病毒 UL26.5 蛋白均只有一个 NLS。

（5）UL26.5 蛋白参与衣壳装配　UL26.5 蛋白构成的支架存在于衣壳的内部，但是在成熟病毒粒子中不存在。衣壳装配起始于支架蛋白前体 pre－VP22a 自身的部分联结以及与 UL19 蛋白（主要衣壳蛋白 VP5）的连接；再由 pre－VP22a 的核定位信号指导复合物进入细胞核聚合成支架，同时结合 UL6 蛋白等次要衣壳蛋白共同装配形成球状的前衣壳，而后 pre－VP22a 被磷酸化和水解，前衣壳变成含有大量 VP22a 蛋白支架的 B 衣壳，支架解体出壳后衣壳成熟。所有的疱疹病毒在衣壳的装配机制上几乎相同，而且与 dsDNA 噬菌体前头装配过程极为相似（Pomeranz 等，2005）。噬菌体 Mu 基因结构与多数疱疹病毒一样，支架蛋白基因 gpZ 重叠内嵌于蛋白酶基因 gpI 中，使用不同的起始密码子，终止于同一个终止密码子（Cheng 等，2004）。VP22a 大量占据 B 衣壳内部空腔，这一点与噬菌体（salmonella typhimurium bacteriophage P22）支架蛋白 gp5 相似（Fuller 等，1980；Fuller 等，1981），在用 GuHCL 处理前衣壳时能够被溶解，并且衣壳完好。VP22a 在体外能自身聚合成直径约 60nm 的球体，与 T4 噬菌体有相同的特性（Newcomb 等，1991；Engel 等，1982；Van 等，1980）。

UL26.5 蛋白参与衣壳的装配，但是其前体 pre－VP22a 相对于 VP22a 在病毒衣壳的装配中更有意义。体外试验发现形态正常的衣壳装配与 UL26 酶的活力无关，蛋白的切割发生在衣壳装配之后。当 UL26.5 基因产物的 C 端 25 个氨基酸存在时才能与主要衣壳蛋白 VP5 结合。证明了未切割形式的 UL26 和 UL26.5 蛋白参与 HSV－1B 衣壳的装配。C 端的 25 个氨基酸可能直接与衣壳蛋白 VP5 连接（Thomsen 等，1995）。运用重组杆状病毒表达系统在体外成功重建了马立克氏病病毒（MDV－1）衣壳，并且发现衣壳内部的核心组成与 UL26.5 产物 pre－VP22a 蛋白有关（Kut 等，2004）。同时缺失 UL26 和 UL26.5 基因的突变株在没有补偿物的细胞中不能产生衣壳，仅缺失 UL26.5 基因表达的重组杆状病毒细胞产生大量不完整的衣壳和极少数完整的衣壳。尽管形态正常的衣壳支架可以全部由 UL26 支架蛋白组成，但是大量衣壳却不能包装 DNA，以致病毒的感染力严重降低（Matusick－kumar 等，1994；Tatman 等，1994）。重组杆状病毒感染细胞表达 UL26.5 蛋白截短形式（VP22a）未发现衣壳形成，然而表达 UL26.5 蛋白前体却发现了大量的衣壳（Kennard 等，1995）。支架蛋白的浓度影响新生前衣壳的结构，SDS-PAGE 分析表明小前衣壳比标准衣壳含有更少量的支架蛋白（Newcomb 等，2001）。

（6）UL26.5 蛋白的磷酸化　对病毒突变的研究表明从前衣壳到多面体衣壳的转变过程中，DNA 的包装和支架的释放是协调进行的（Church 等，1997；Rixon 等，1999）。支架的分解可能是 pH 降低（7.2～5.5）引发的。衣壳装配完成后，UL26.5 蛋白前体 pre－VP22a 的磷酸化有助于支架的解体和出壳。pre－VP22a 磷酸化后 pH 降低，DNA 分子可能部分中和支架蛋白的电荷，从而促使支架分解（Mcclelland 等，2002）。磷酸化也可能弱化 pre－VP22a 的自联作用，使得支架容易分解；带负电的磷酸基团与同样带负电的入核 DNA 静电排斥，有利于切割后的蛋白 VP22a 释放出壳（Casaday 等，2004）。猴巨细胞病毒（simian cytomegalovirus，SCMV）支架蛋白前体的两个相邻的丝氨酸 Ser156 和 Ser157 位点能被酪蛋白激酶Ⅱ（casein kinase Ⅱ，CKⅡ）识别而磷酸化；另外还有两个位点 Thr231 和 Ser235，分别能被糖原合酶激酶－3（glycogen synthase kinase 3，GSK－3）和有丝分裂原活化蛋白激酶（mitogen－activated protein kinase，MAPK）磷酸化位点识别（Plafker 等，1999），Thr231 作为 GSK－3 的底物，其磷酸化需要一个下游磷酸盐的启动（如 Ser235）并且能被 GSK－3 特异性抑制剂作用。其位点磷酸化的直接表现是电泳迁移率变慢。Thr231 和 Ser235 的磷酸化可能导致装配蛋白前体电荷传动型的构象变化，阻止这些变形将改变装配蛋白前体自身以及与主要衣壳蛋白的连接。磷酸化可能的意义是作为一种标签识别有无意义的装配蛋白前体，加强并稳定其与主要衣壳蛋白之间的联系从而入核装配。装配蛋白前体的磷酸化可能弱化自联作用，利于被切割的装配蛋白释放，带负电的磷酸基团与同样带负电的入核 DNA 相斥而利于其出壳（Casaday 等，2004）。巨细胞病毒装配蛋白前体的磷酸化发生在病毒感染的细胞和质粒转染的细胞中，表明细胞的酶类能对其进行修饰，且修饰的酶不止一种（Plafker 等，1999）。

3. 疱疹病毒 UL26.5 蛋白与其他蛋白的相互作用

(1) UL26.5 蛋白与 UL19 蛋白的连接 HSV-1 需要 UL26.5 蛋白 C 端的 25 个氨基酸参与封闭衣壳的形成。UL26.5 蛋白前体 pre-VP22a C 端形成一个 α 螺旋结构，可特异性作用于 UL19 蛋白（主要衣壳蛋白）疏水区，共同进入核内进行衣壳装配（Hong 等，1996）。衣壳装配完成后 pre-VP22a 连接 UL19 蛋白的 25 个氨基酸在衣壳内部被切割，促使支架与衣壳脱离（Kennard 等，1995；Matusick-kumar 等，1995）。pre-VP22a C 末端在与主要衣壳蛋白的连接中起关键作用。牛疱疹病毒 1 型（Bovine herpesvirus 1，BHV-1）支架蛋白能代替 HSV-1 UL26.5 蛋白形成衣壳（Haanes 等，1995）。水痘-带状疱疹病毒（varicella zoster virus，VZV）和杂合的 VZV/HSV-1 支架蛋白能代替 HSV-1 UL26.5 蛋白进行衣壳装配。HCMV 支架蛋白 C 端 65 氨基酸区被 HSV-1C 端 25 肽段代替后也可在 HSV-1 中形成支架（Oien 等，1997）。尽管 BHV-1 编码的氨基酸序列与 HSV-1 只有 41%的相似性，并且差异最大的部分是参与支架构成的部分，但是 BHV-1 UL26 和 UL26.5 蛋白能够形成与 HSV-1 蛋白无法分辨的杂交 B 衣壳。BHV-1 C 端切割区较 HSV-1 多 4 个氨基酸残基，其最后的 12 个残基还包括 HSV-2，EHV-1（Telford 等，1992）和 VZV（Davison 等，1986）都有一个半保守的 motif，即 A-X-X-F-V/A-X-Q-M-M-X-X-R。F-V/A 和 Q-M-M 残基也存在于 ILTV 中（Griffin 等，1990）。但是 HCMV 装配蛋白和同源的 SIMV、EBV 没有这个半保守 C 端（Haanes 等，1995）。

在人巨细胞病毒（HCMV）基因组中与 UL26.5 基因同源的是 UL80.5 基因。在 HSV 的杆状病毒衣壳装配体系中用 HCMV UL80.5 基因代替 UL26.5 基因，研究发现：无论是 UL80.5 蛋白的全长还是截短其 C 端 65 个氨基酸时都没有完整的衣壳装配；当把 UL80.5 蛋白 C 端的 65 个氨基酸用 UL26.5 蛋白 C 端的 25 个氨基酸代替时，有完整的衣壳并且 UL80.5 蛋白与 VP5 能连接；当把 UL80.5 蛋白最后 12 个氨基酸 RRIFVAALNKLE 变成 RRIFVAAMMKLE 后能装配完整的衣壳。这些结果说明支架蛋白的自联由蛋白的 N 端序列介导而 C 端介导支架蛋白和主要衣壳蛋白的连接作用。UL26.5 蛋白 C 端最后 10 个氨基酸保守区中的两个 Met 是衣壳装配和主要衣壳蛋白连接的必需（Oien 等，1997）。在连接所需的片段中有一个在所有疱疹病毒中都很保守的 Phe 残基。疏水氨基酸围绕 Phe 形成一个疏水界面以此连接 UL19 蛋白。Phe C 端的连接位点很保守，但是 N 端的连接位点不保守。当病毒来自两个不同的亚科，N 端的作用位点决定病毒连接的特异性（Beaudet-miller 等，1996）。

(2) UL26.5 蛋白与 UL6 蛋白的连接 支架出壳和 DNA 包装必须经过衣壳上 UL6 蛋白组成的通道（Newcomb 等，2001）。体外混合纯化的 UL26.5 和门蛋白发现，

UL26.5 可与完整的门蛋白结合（Newcomb 等，2003）。UL6 蛋白只能通过与 UL26.5 蛋白连接形成复合物的方式装配到新生衣壳，体外混合 UL26.5 蛋白与 UL6 蛋白发现，UL26.5 蛋白能够结合完整的 UL6 蛋白（Singer 等，2005）。研究缺失 UL26.5 143～151 区段的突变体和一种影响 HSV-1 复制的小分子抑制剂 WAY-150138 时发现：在体内或体外装配系统中，UL26.5 蛋白自联功能被部分抑制后，形成的新生衣壳形态正常却缺乏 UL6 蛋白（Newcomb 等，2003；Newcomb 等，2002）。HSV-1 UL26.5 蛋白 144～148 区段中的保守序列 YYPGE 与自联和衣壳形成无关，但却是 UL6 蛋白连接的必需区段（Singer 等，2005；Yang 等，2008）。研究门蛋白和支架蛋白在衣壳装配中的机制提出（Singer 等，2005）：UL26.5 支架蛋白分子形成一条多分子、头尾相连的线性聚合物，门蛋白选择性地接合在其一末端（并非 UL26.5 聚合物内部），然后主要衣壳蛋白 VP5 再与聚合物中的每个 UL26.5 分子接合，形成前衣壳。即使缺乏门蛋白仍然可以形成正常形态的衣壳，可能是由于门蛋白接合的位置被主要衣壳蛋白取代。

4. 鸭瘟病毒 UL26.5 基因及其编码蛋白 对鸭瘟病毒 UL26.5 基因的研究资料很少，以下有关疱疹病毒 UL26.5 基因的研究资料（张瑶等，2009）对进一步开展鸭瘟病毒 UL26.5 基因的研究将有重要参考作用。

张瑶、程安春等（2009）对 DPV UL26.5 的研究获初步结果。

（1）DPV UL26.5 基因的分子特性 DPV UL26.5 大小为 1074 bp，编码 357 个氨基酸。UL26.5 蛋白含有 6 个保守功能结构域和 1 个丝氨酸蛋白酶水解位点，且具有与其功能相关的磷酸化位点；编码的多肽链中亲水区域大于疏水区域，是一种膜外蛋白。

（2）DPV UL26.5 基因原核表达及其多克隆抗体制备 对扩增的 UL26.5 基因进行 pMD18-T 载体克隆，通过对 pMD18-T-UL26.5 及 pET-32a（+）进行 *Bam*HI、*Xho*I 双酶切、连接，将 UL26.5 基因定向插入 pET-32a（+），经 *Bam*HI 和 *Xho*I 双酶切鉴定表明，成功构建重组表达质粒 pET-32a-UL26.5，并转化入表达宿主菌 BL21（DE3），用 IPTG 进行诱导表达，表达产物以可溶性蛋白形式存在，大小为 59 kD 左右。对表达条件进行优化，确定最佳表达条件为 IPTG 0.2mmol/L、37 ℃诱导 4 h。利用重组表达蛋白所带的 6×His 标签用镍柱亲和层析方法对其进行纯化，获得较高纯度的重组蛋白。用过柱纯化蛋白对家兔进行免疫，制备兔高免血清，western blotting 检测显示，其能识别该重组表达蛋白，琼脂扩散试验效价达 1∶32（图 3-84）。

（3）DPV 体外感染宿主细胞 UL26.5 基因的转录分析 通过荧光定量 PCR 方法对鸭瘟病毒 UL26.5 基因在宿主细胞的转录分析表明，随着接毒时间的延长，DPV UL26.5 基因的转录产物呈先缓慢增长、后急剧上升、再缓慢下降的趋势。12 h 之前 UL26.5 基因处于低转录水平，随后转录产物量迅速放大，到 54 h 达到高峰后有所下降，并一直持续到感染后 72 h

(图 3-85)。这种转录表达谱与 UL26.5 基因的特性和功能以及病毒的增殖有关。

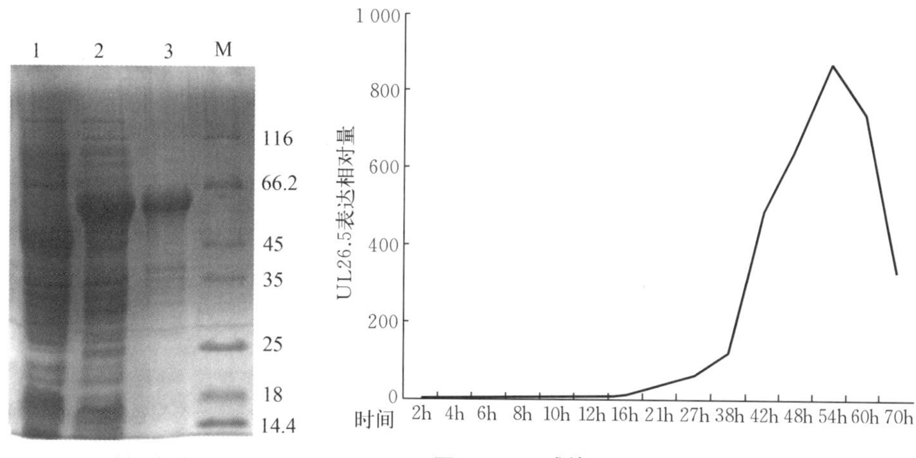

图 3-84 重组表达蛋白纯化产物的 SDS-PAGE 分析

M. 蛋白 Marker 1. 未诱导 2. 未纯化重组蛋白 3. 过柱纯化重组蛋白

图 3-85 感染 DPV 不同时期中 UL26.5 基因的转录水平

(4) DPV UL26.5 基因产物在宿主细胞中的表达与亚细胞定位 通过细胞免疫荧光进行病毒感染 DEF 的亚细胞定位检测表明，特异性荧光可在感染后 10 h 的胞核中检测到，随着感染时间的延长越来越多的细胞核中出现特异性荧光，且荧光由点状逐渐向核膜聚集（图 3-86）。从这种分布特征的变化可初步推测为 DPV 基因组编码的 UL26.5 蛋白在细胞核中组建成支架，进一步促进核衣壳的装配。

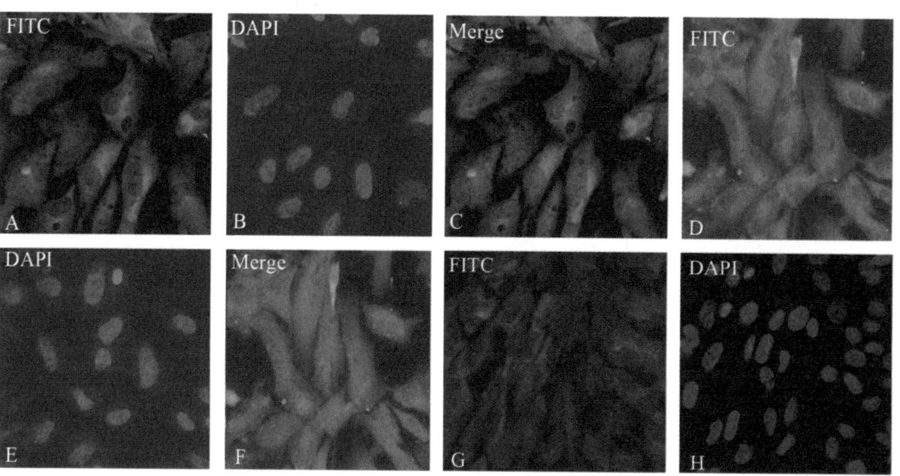

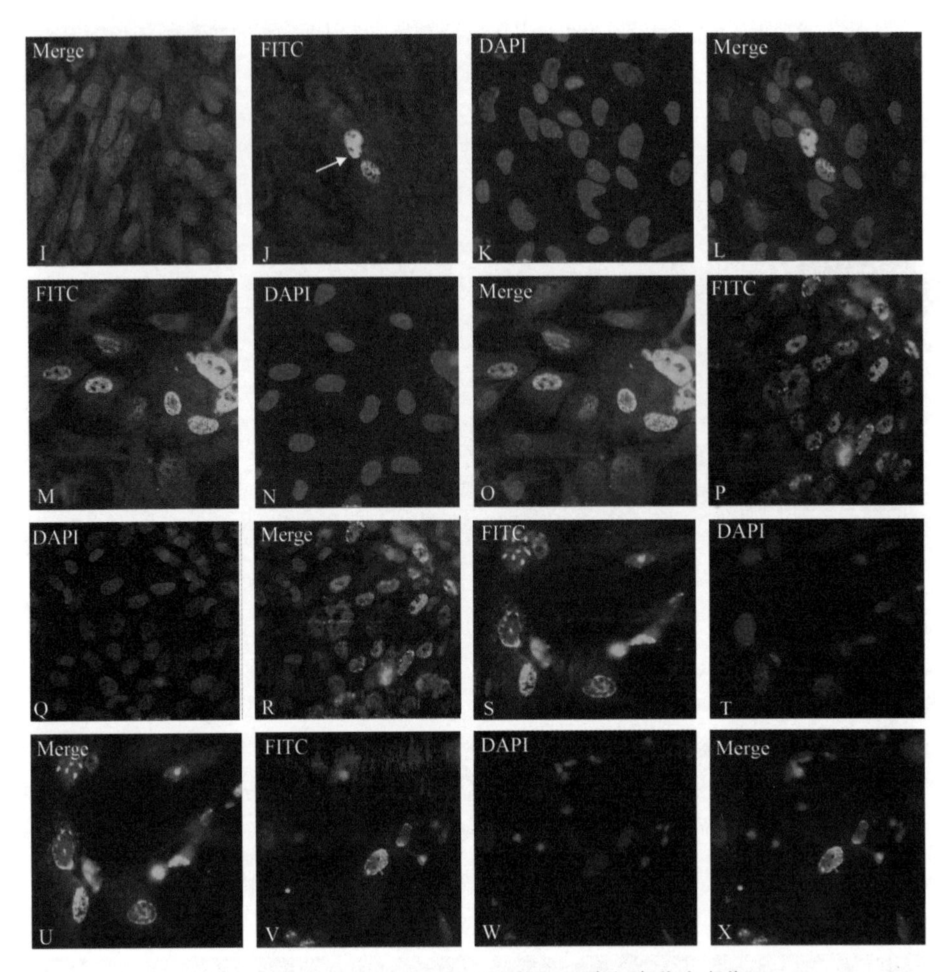

图 3－86 DPV UL26.5 基因产物亚细胞免疫荧光定位

A. 阴性对照 FITC 染色 B. 阴性对照 DAPI 染色 C. 为 A 和 B 的叠加 D. 感染病毒后 4 h FITC 染色 E. 感染病毒后 4 h DAPI 染色 F. 为 D 和 E 的叠加 G. 感染病毒后 8 h FITC 染色 H. 感染病毒后 8 h DAPI 染色 I. 为 G 和 H 的叠加 J. 感染病毒后 12 h FITC 染色 K. 感染病毒后 12 h DAPI染色 L. 为 J 和 K 的叠加 M. 感染病毒后 24 h FITC 染色 N. 感染病毒后 24 h DAPI 染色 O. 为 M 和 N 的叠加 P. 感染病毒后 36 h FITC 染色 Q. 感染病毒后 36 h DAPI 染色 R. 为 P 和 Q 的叠加 S. 感染病毒后 48 h FITC 染色 T. 感染病毒后 48 h DAPI 染色 U. 为S 和 T 的叠加 V. 感染病毒后 56 h FITC 染色 W. 感染病毒后 56 h DAPI 染色 X. 为 P 和 Q 的叠加

（程安春，江铭书，朱德康）

第二节　编码非结构蛋白基因及其功能

一、UL2 基因及其编码蛋白

有关鸭瘟病毒 UL2 基因的研究资料很少，以下有关疱疹病毒 UL2 基因的研究资料（尹雪琴等，2013）对进一步开展鸭瘟病毒 UL2 基因的研究将有重要参考作用。

（一）疱疹病毒 UL2 基因及其编码蛋白的特点

1. 疱疹病毒 UL2 基因序列的特点　人单纯疱疹病毒 2 型（HSV－2）的 UL2 开放阅读框（ORF）定位在其基因组图谱约 0.065～0.08 单位上，在基因的左末端（Caradonna 等，1987）；而水痘-带状疱疹病毒（VZV）、马疱疹病毒 1 型（EHV－1）、伪狂犬病病毒（PRV）、牛疱疹病毒 1 型（BHV－1）、马立克氏病病毒（MDV）和鸡传染性喉气管炎病毒（ILTV）等的 UL2 都位于基因的右末端（McGeoch 等，1988；Perry 等，1988；Worrad 等，1988；Mullaney 等，1989；Dean 等，1993；Khattar 等，1995）。对 HSV 基因组转录物的分析表明 UL1、UL2 和 UL3 的 ORF 可能是作为 3′共终端的 mRNAs 嵌套组合在感染早期被转录的，但 UL1、UL2 不是典型地靠近 UL3 的阅读框（McGeoch 等，1988），进一步的研究表明 UL1、UL2 和 UL3 的 ORF 是共 3′终端的（Perry 等，1988）。同样，PRV 与 BHV 的 UL1、UL2 和 UL3 的 ORF 也是 3′共终端的 mRNAs（Dean 等，1993）。据此是否可推测所有的疱疹病毒的 UL1、UL2 和 UL3 的 ORF 都是 3′共终端的mRNAs，这有待于进一步的实验证实。

2. 疱疹病毒 UL2 蛋白的序列同源性　自 HSV－1 和 HSV－2 的 UL2 基因都编码尿嘧啶 DNA 糖基化酶（UDG）（Worrad 等，1988；Mullaney 等，1989）公布以来，BHV、PRV、MDV、ILTV 等病毒的 UL2 基因编码 UDG 也相继报道出来。但相关报道指出 EHV－1 的 UL2 基因与缺陷干扰颗粒有关，与 HSV－1 的 UL55 基因同族（Harty 等，1993）。另外，EHV－1的 ORF61（Telford 等，1992）、VZV 与猿猴带状疱疹病毒（SVV）的 ORF59（Davison 等，1986；Davison 等，2009）、非洲淋巴细胞瘤病毒（EBV）的 BKRF3（Géoui 等，2007）、人巨细胞病毒（HCMV）的 UL114（Lu 等，2007）、大肠杆菌的 ung（Varshney 等，1988）及人 UDG（Olsen 等，1989）等也编码 UDG。UDG 广泛

存在于细菌、真菌、植物、动物和一系列的病毒（包括痘病毒、腺病毒、逆转录病毒、疱疹病毒）等生物有机体中，其氨基酸序列都高度保守，如 HSV－1 与 HSV－1、VZV、BHV－1、大肠杆菌、酵母的 UDG 相似率分别为 89.6%、52.9%、41.2%、44.8%和 43.4%（Olsen 等，1989），这些氨基酸序列 C 端都含有保守的“GVLLLN”等氨基酸残基，这些都证实了 UDG 的重要性以及在所有生物系统相似的作用机制（Zharkov 等，2009）。

3. 疱疹病毒 UL2 编码蛋白的性质 UL2 蛋白为单体蛋白，理化性质较稳定，分子量小。疱疹病毒 UL2 蛋白氨基酸残基数与分子量相近：PRV 的 UL2 编码 339 个氨基酸残基，分子量为 36 kD，等电点为 10.2（Dean 等，1993）；ILTV 的 UL2 编码 297 个氨基酸残基，分子量 33.9 kD，等电点为 8.82（Fuchs 等，1996）；BHV 与 HSV 的氨基酸残基分别为 204 个和 244 个，分子量分别为 23 kD 与 27.3 kD（Perry 等，1988；Chung 等，1996）。

由于其序列的高度保守性，这些酶的许多性质（如分子结构、酶活性不依赖金属辅因子等）相似。UDG 的活性不依赖 Mg^{2+}、Mn^{2+}、Zn^{2+}、Cu^{2+}、Ca^{2+} 等二价阳离子，故不受高浓度 EDTA 的影响，但却受单价阳离子如 K^+，Na^+ 和 NH_4^+ 的影响，当其浓度在 20～100 mmol/L 时酶的活性增强，当其浓度大于 200 mmol/L 时酶的活性受到轻微抑制（Sakumi 等，1990；Williams 等，1990）。精胺是一种普遍存在于机体的阳离子，是细胞生长增殖及蛋白质与核酸合成必需的物质（Hyv 等，2006），精胺既可与 DNA（UDG 的底物）结合，也可与 UDG 结合，所以精胺对 UDG 有双向作用：当精胺浓度为 25 μmol/L 时，精胺与酶结合，改变酶的构象，使其对底物 DNA 有较高的亲和力，酶活性可增加 2.5 倍；而在精胺浓度大于 100 μmol/L 时，精胺主要与 DNA 结合，形成一种不利于 UDG 作用的复合物，使酶活性受到抑制（Caradonna 等，255）。

另外，UL2 蛋白 C 端十分相似，一些区域可能是催化反应位点，而 N 端在长度和组成成分上都与 C 端相差较大，与调控作用、蛋白质与蛋白质作用反应及亚细胞定位相关（Zharkov 等，2009）。

（二）疱疹病毒 UL2 蛋白的功能

1. 疱疹病毒 UL2 蛋白在病毒 DNA 修复中的作用 UL2 蛋白即尿嘧啶 DNA 糖基化酶，是一种 DNA 碱基切除修复酶。DNA 分子中最常见的异常碱基是尿嘧啶，它可由胞嘧啶脱氨基形成，也可能在复制时被当作胸腺嘧啶错误插入，而胞嘧啶脱氨基形成的尿嘧啶会导致 G≡C→A ＝ T 的碱基颠换突变，UDG 能将尿嘧啶切除，保证 DNA 复制的正确性，防止基因突变（Khattar 等，1995；Krusong 等，2006）。UDG 对培养细胞 DNA 复制是非必需的，因为培养细胞本身要为其提供 UDG（Mullaney 等，1989），但在神经系统组织细胞中 UDG 活性很低甚至无活性（Focher 等，1990）。HSV－1 UL2

的缺失将影响病毒在老鼠体内特别是神经组织内复制的能力，表明 HSV-1 UL2 在神经细胞中潜伏感染以及复制和再次激活可能起一定的作用（Pyles 等，1994）。同样人巨细胞病毒（HCMV）的 UDG 基因缺失也导致病毒 DNA 的合成和复制的延迟（Prichard 等，1996；Courcelle 等，2001）。正是基于 UDG 的这种功能，近年来用 UDG 防止 PCR 产物污染的方法相继出现，由于 PCR 系统容易受到实验室中先前反应产物的污染（carry-over contamination）而出现假阳性，这是诊断实验室中常遇到的问题，而 UDG 法广泛地被用于消除这种假阳性现象。其方法为：在一个实验室中所有的 PCR 体系用 dUTP 代替 dTTP，与不含 dUTP 的样品 DNA 相比，先前的反应产物会被 UDG 选择性地降解（Udaykumar 等，1993；Tetzner 等，2007）。

2. 疱疹病毒 UL2 蛋白作用原理　UL2 蛋白（即 UDG）通过催化脱氧核糖和碱基间 N-C1 糖苷键的水解使尿嘧啶脱落形成 AP 位点，AP 位点的 5′末端被 AP 核酸内切酶（APE）识别断裂而产生 3′-OH 端和 5′-脱氧核苷酸，随后 DNA 聚合酶与连接酶共同作用完成 DNA 的修复（Chen 等，2002；Sire 等，2008）。AP 位点的形成依赖于 UDG 的结构，主要是因为 C 端保守氨基酸形成的尿嘧啶结合袋，以 HSV 为例：其晶体的整个结构像一个凹进的火柴盒，由 N 末端第 17～80 位残基的 4 个 α 螺旋形成一个大的左旋螺管，然后是由第 81 位残基至 C 末端第 244 位残基形成的 β-α-β 交替结构，在这里就是尿嘧啶结合袋，尿嘧啶可紧密地结合在口袋的内部。在其表面有许多极性并带正电的残基，它们与 DNA 链的骨架相互作用，使 UDG 沿 DNA 长轴平行方向在 DNA 上滑动直至遇到尿嘧啶碱基。此时，尿嘧啶核苷从 DNA 大沟中翻转出来，以使尿嘧啶碱基进入结合袋而被切除（Savva 等，1995）。

3. 疱疹病毒 UL2 蛋白与其他蛋白的相互作用　人 UNG2 可与繁殖细胞核酸抗原（PCNA）、复制蛋白 A（RPA）相互作用共同定位于复制位点，PCNA 是 DNA 合成的一种中心调节器，RPA 是 DNA 开始合成所必需的蛋白。UNG2 通过与这些蛋白作用促进病毒 DNA 晚期的复制，从而提高病毒复制的效率（Prichard 等，2005；Kiyonari 等，2008）。Prichard 等通过研究表明，疱疹病毒 HCMV 的 UDG 与 ppUL44（病毒 DNA 聚合酶辅助因子，DNA polymerase processivity factor）相互作用增强病毒早期和晚期的 DNA 合成，加速 DNA 的积累。Prichard 等也指出 PCNA 与 ppUL44 发挥着相同的功能并分别与人和 HCMV 的 DNA 聚合酶相互作用，且 UDG 与这几种蛋白都定位于 DNA 的复制位点（Prichard 等，2005）。同样，牛痘病毒的 UDG 与 A20R（DNA 聚合酶辅助因子）及 E9（DNA 聚合酶）相互作用，在这个系统中 UDG 对 DNA 的合成是必需的，且这种需要与切除尿嘧啶的能力无关（Stanitsa 等，2006）。HSV 有几种 DNA 修复酶（PRA、RAD51、NBS1 等）聚集在复制位点参与 DNA 的复制与修复，但没有 UND 与其他蛋白相互作用的信息（Wilkinson 等，2004），其他疱疹病毒中 UDG 与其他蛋白相互作用的信息也少见报道。

（三）鸭瘟病毒 UL2 基因及其编码蛋白

尹雪琴、程安春等（2013）对 DPV UL2 的研究获初步结果。

1. DPV UL2 基因的分子特性 DPV UL2 基因编码尿嘧啶 DNA 糖基化酶（uracil-DNA glycosylase，UDG），生物信息学分析方法预测结果表明，UDG 分子量为 37.294 6 kD，由 333 个氨基酸组成，没有信号肽及跨膜区；含 4 个保守结构和有 18 个功能位点，抗原表位较多；UL2 基因不含有多个连续的稀有密码子。

2. DPV UL2 基因克隆、表达及多克隆抗体 根据 DPV UL2 基因序列，采用 Primer Premier 5.0 软件设计了一对特异性引物，并将扩增出的 UL2 全基因克隆入 pMD18-T 载体中，经 *Bam*H Ⅰ和 *Hin*d Ⅲ双酶切后，克隆入原核表达载体 pET-32a（+）中，成功构建了 pET-32a-UL2 重组原核质粒。将此质粒转化表达宿主菌 Rosseta，确定了 pET-32a-UL2 重组质粒可在 Rosseta 中表达，表达的重组蛋白约为 58 kD。使用 Ni-NTA 琼脂糖凝胶纯化重组蛋白（图 3-87），将纯化后的重组蛋白免疫雄性家兔，制备兔抗重组蛋白高免血清，最高效价为 1∶32。

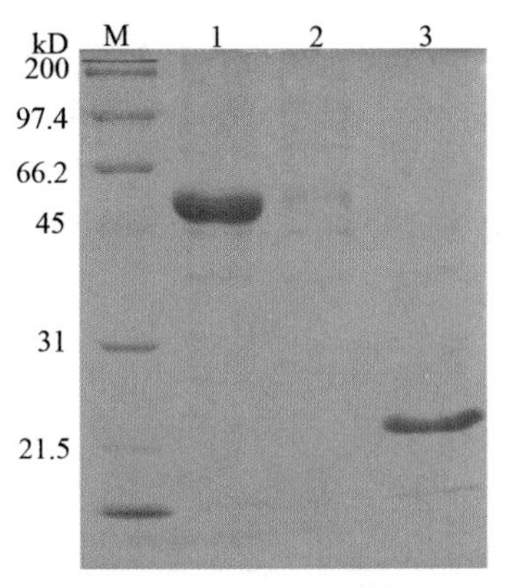

图 3-87 为重组蛋白纯化产物 SDS-PAGE 分析

1. 250mmol/L 咪唑洗脱后收集产物 2. 500mmol/L 咪唑漂洗后收集产物 3. pET-32a 空载诱导表达后经 250mmol/L 咪唑洗脱后收集产物 M. 蛋白质分子量标准

3. 一种鉴别鸭瘟病毒强毒与疫苗毒的 PCR 检测方法 对 DPV UL2 基因的分析发现强弱毒株的 UL2 基因存在较大差异，强毒株 UL2 基因片段为 1 002 bp，弱毒株 UL2 基因片段为 474 bp。利用这种显著差异建立了区分强弱毒感染的 PCR 方法。强毒敏感性结果见图 3-88，弱毒敏感性结果见图 3-89。对感染了强毒和疫苗毒的组织样本抽提 DNA 进行 PCR 扩增发现样本均呈阳性，而阴性对照及空白结果均为阴性，检测结果见图 3-90。据结果可判断该方法特异性及敏感性较好，可用于临床 DPV 强弱毒株的鉴别诊断。

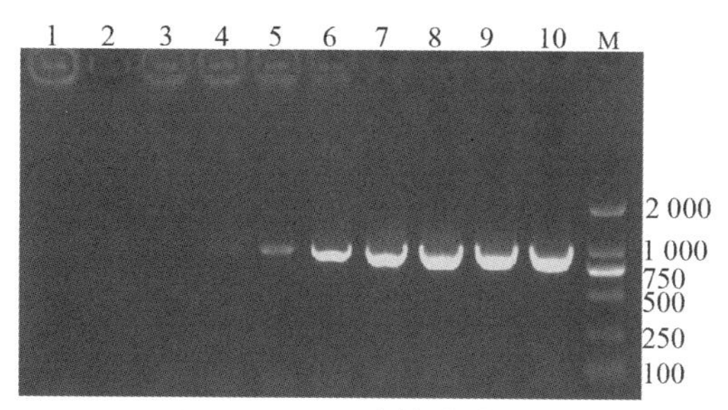

图 3－88　强毒敏感性检测

M. DL2000　1. 空白对照　2. 1.5 TCID50/mL　3. 1.5×10 TCID50/mL　4. 1.5×10^{2} TCID50/mL　5. 1.5×10^{3} TCID50/mL　6. 1.5×10^{4} TCID50/mL　7. 1.5×10^{5} TCID50/mL　8. 1.5×10^{6} TCID50/mL　9. 1.5×10^{7} TCID50/mL　10. 未经稀释的 DNA，1.5×10^{8} TCID50/mL

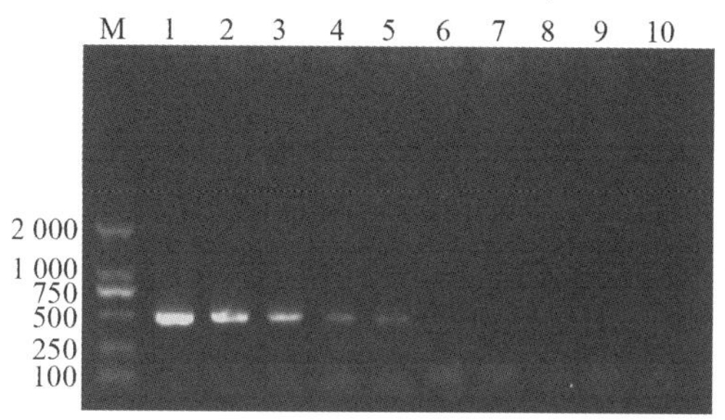

图 3－89　弱毒 PCR 敏感性检测

M. DL2000　1. 未经稀释的 DNA，$2\times10^{5.5}$ TCID50/mL　2. $2\times10^{4.5}$ TCID50/mL　3. $2\times10^{3.5}$ TCID50/mL　4. $2\times10^{2.5}$ TCID50/mL　5. $2\times10^{1.5}$ TCID50/mL　6. $2\times10^{0.5}$ TCID50/mL　7. $2\times10^{-0.5}$ TCID50/mL　8. $2\times10^{-1.5}$ TCID50/mL　9. $2\times10^{-2.5}$ TCID50/mL　10. 空白对照

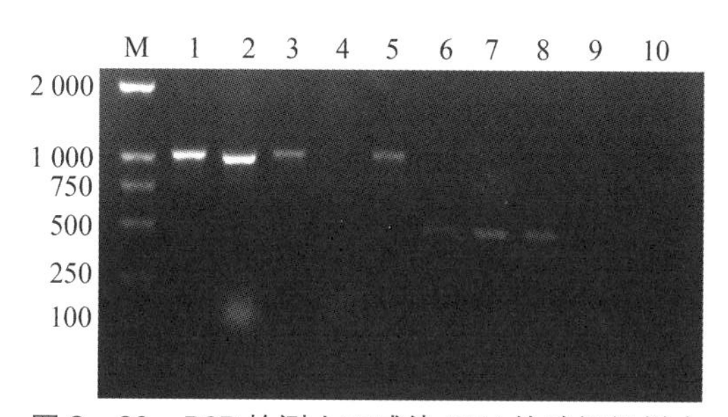

图 3－90　PCR 检测人工感染 DPV 的鸭组织样本

M. DL2000　1. 1 号鸭肝　2. 2 号鸭肝　3. 3 号鸭肝　4. 正常鸭肾组织　5. 5 号鸭肾　6. 6 号鸭肝　7. 7 号鸭肝　8. 8 号鸭肝　9. 正常鸭肝组织　10. 空白对照

（程安春，汪铭书，杨乔）

二、UL15 基因及其编码蛋白

1. 疱疹病毒 UL15 基因及其编码蛋白

（1）UL15 基因及其编码蛋白的特点 在疱疹病毒中 UL15 基因最先于 1991 年被报道（Dolan 等），在疱疹病毒中是高度保守的基因，尤其在 α 疱疹病毒亚科中其在基因组中的位置相同、蛋白大小相近，具有较高的同源性。

单纯疱疹病毒 1 型（HSV－1）UL15 位于 UL 区域，是一个拼接基因，由 exonⅠ和 exonⅡ两部分组成。UL15 基因有两个转录产物，UL15 和 UL15.5。UL15 为全长转录产物，编码 UL15 蛋白。而 UL15.5 编码的蛋白是一个与全长蛋白共终端，而 N 端截短的蛋白，这个截短的蛋白位于第二外显子内（Baines 等，1997；Yu 等，1997）。通常提到 UL15 或 UL15 蛋白指的是全长的 UL15 基因及其编码的 UL15 蛋白。

（2）UL15 蛋白的功能 在感染 HSV－1 的细胞中，病毒 DNA 以串联基因组的形式存在，因此需要通过末端酶在串联基因组上识别组装信号，并对其进行位点特异性剪切，在第一次剪切后产生 UL 区域的末端，第二次剪切后产生 US 区域末端，从而使单体基因组从串联基因组中游离出来，并通过末端酶将单体基因组组装进入衣壳，这一过程中需要水解 ATP 提供能量（Homa 等，1997；Deiss 等，1986；Nasseri 等，1988；Varmuza 等，1985；Conway 等，2011）。在 HSV－1 中 DNA 剪切与组装的过程中至少需要七种 HSV－1 基因编码的产物：UL6、UL15、UL17、UL25、UL28、UL32 和 UL33（Baines 等，1997；Al－Kobaisi 等，1991；Baines 等，1994；Lamberti 等，1998；Lamberti 等，1996；McNab 等，1998；Poon 等，1993；Salmon 等，1998；Tengelsen 等，1993）。末端酶复合物由其中的 UL15、UL28 与 UL33 基因编码的产物组成（Beard 等，2002；Yang 等，2006；Heming 等，2014）。其中 UL15 蛋白包含一个类似 ATP 酶的基序：这一基序可以水解 ATP 从而为 DNA 的转移提供能量（Yang 等，2011；Yu 等，1998）。

通常在疱疹病毒中至少存在 A 型、B 型和 C 型三种衣壳，这三种衣壳内部不同，但外层相同（Gao 等，1994）。其中，A 衣壳为空衣壳，B 衣壳包含支架蛋白，C 衣壳包含病毒 DNA（Trus 等，1996；Newcomb 等，1993；Newcomb 等，1996）。在疱疹病毒的剪切与组装过程中，末端酶与串联 DNA 上的识别位点相结合，对 DNA 进行精确的剪切，通过水解 ATP 提供足够的能量来克服阻力并经门蛋白使其单体基因组进入 B 衣壳，而后组装进单体基因组的 B 衣壳则成为了成熟的 C 衣壳。在感染了自发性温度敏感突变体（在 UL15 基因的第二外显子上发生突变）的细胞中，发现病毒 DNA 和 B 衣壳可以累积，但是 DNA 并没有被组装进入衣壳，从而可以推断 UL15 的作用是把

DNA 组装进入衣壳，UL15 蛋白在病毒 DNA 的剪切与组装过程中是必需的，在促进核衣壳的成熟过程中是必不可少的（Yang 等，2008）。

在疱疹病毒壳体化过程中，末端酶与衣壳之间的联系是通过 UL6 编码的门蛋白来完成的，UL6 蛋白为末端酶在衣壳上提供停泊位点。UL6 编码的蛋白质形成了一个具有内径至少为 6.5 nm 的十二基数的环，它存在于衣壳的顶部，作为病毒基因组壳体化时的一个通道，可以有效调节 DNA 进入衣壳（Trus 等，2004；Nellissery 等，2007；Newcomb 等，2001）。有报道指出 UL6 蛋白存在于 B 衣壳和成熟的 C 衣壳中，而 UL15 与 UL28 蛋白复合物并不存在于成熟的衣壳或病毒粒子内，这一复合物与 B 衣壳仅有短暂的结合（Beard 等，2004；Yu 等，1998）。当细胞感染了 UL6 发生突变的病毒后，UL15 蛋白与 B 衣壳不会结合。在感染了分别缺失 UL6、UL15 和 UL28 的突变体的细胞中，一种蛋白的缺乏并不影响其他蛋白的表达，但是 UL6 蛋白和 UL28 蛋白能够在缺失其他 DNA 剪切与组装蛋白的情况下与 B 衣壳结合，而 UL15 编码的蛋白在感染 UL6 和 UL28 的突变体的细胞内不能够与 B 衣壳有效地相结合。这个结果表明，UL15 蛋白与 B 衣壳结合的能力可能是通过与 UL6 蛋白和 UL28 蛋白间的相互作用来介导的（Yu 等，1998）。

在 HSV－1 中，UL28 蛋白可分别与 UL15 蛋白和 UL33 蛋白发生免疫共沉淀，而 UL15 蛋白和 UL33 蛋白在 UL28 蛋白不存在的情况下它们之间不会发生免疫共沉淀。UL28 蛋白可以使 UL33 蛋白在受蛋白酶降解的时候保持稳定，可以使其在感染病毒的细胞中保持稳定，而 UL15 蛋白并没有这种作用。UL33 蛋白的存在对于 UL15 蛋白与 UL28 蛋白之间的相互作用没有很大的影响，但是它可以增强 UL15 蛋白与 UL28 蛋白之间免疫共沉淀的趋势，促进 UL15 蛋白与 UL28 蛋白之间的相互作用。UL28 蛋白与 UL33 蛋白之间具有直接的相互作用，UL28 蛋白与 UL15 蛋白之间也具有直接的相互作用，但是 UL15 蛋白与 UL33 蛋白之间只有间接的作用。这说明 UL15 蛋白与 UL33 蛋白之间的作用可能是通过它们分别与 UL28 蛋白的相互作用来实现的（Yang 等，2006）。在细胞感染 UL28 或者 UL33 无效的突变体后，另外两种末端酶蛋白仍然与 ICP8 蛋白共同存在于细胞核内的 DNA 复制区域（Tengelsen 等，1993）。而与此相对应，在细胞感染 UL15 无效的突变体后，尽管通过免疫印迹分析显示它们仍然以正常的数量存在于被感染的细胞中，但却不存在于 DNA 的复制区域。这些资料表明，UL15 蛋白在使末端酶复合物停留在 DNA 的复制区域这一过程中起着重要的作用（Higgs 等，2008）。

（3）UL15 蛋白的定位　在 HSV－1 中，UL15 蛋白的定位在感染过程中发生了改变，感染后 6 h UL15 蛋白存在于核周间隙，而在感染后 12 h 则大量存在于细胞核内。对 HSV－1 的 UL15 氨基酸序列分析显示其具有潜在的核定位信号：PPKKRAKV，位于 UL15 蛋白氨基酸序列的 183～190 位氨基酸，所以 UL15 蛋白可以在缺乏其他病毒蛋白的情况下独立进入细胞核，并且可以携带末端酶复合物进入细胞核。UL15 蛋白定位的改变可能是因为构象发生改变并暴露了核定位信号区的结果，或是与其他本来就位于细胞核内的蛋白相互作用的结果（Baines 等，1994）。

2. 鸭瘟病毒 UL15 基因及其编码蛋白 朱洪伟等（2011）、杨乔等（2014）对 DPV UL15 的研究获初步结果。

（1）DPV UL15 基因的特点 DPV UL15 基因是一个高度保守性基因，位于病毒基因组的 UL 区域，是 DPV 中唯一的一个拼接基因。UL15 基因由两个外显子即 exonⅠ和 exonⅡ组成，其内含子大小为 3 485 bp，包含了与 UL15 基因反向的 UL16 与 UL17 两个基因的开放阅读框。完整的 UL15 基因经反转录后获得，其拼接位点序列通过 PCR 扩增并测序后获得，拼接位点序列如图 3－91 所示。

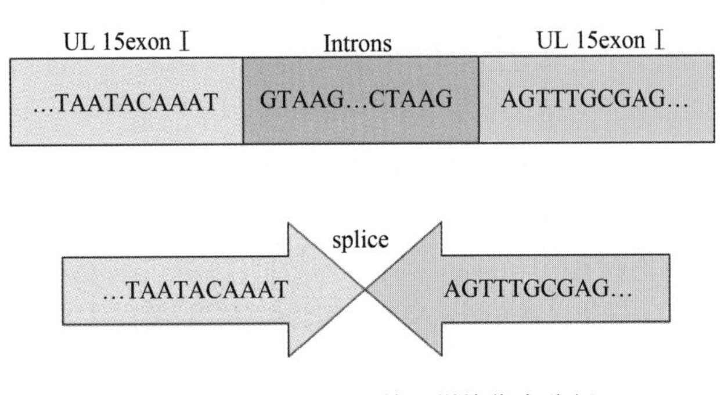

图 3－91 DPV UL15 基因拼接位点分析

朱洪伟（2011）通过 northern 杂交试验证实 UL15 基因有两个转录产物，并将两个转录产物分别命名为 UL15 与 UL15.5。通过 5′－RACE 和 3′－RACE 技术对 UL15 和 UL15.5 的 cDNA 末端进行扩增，获得 UL15 与 UL15.5 的全长序列。其中 UL15 的 cDNA 的长度为 2 882 bp，其开放阅读框大小为 2 220 bp，转录起始位点位于起始密码子 ATG 的上游 612 bp 处。UL15.5 的 cDNA 长度为 1 290 bp，其开放阅读框大小为 888 bp，转录起始位点位于 ATG 上游的 352 bp 处。UL15 与 UL15.5 具有共同的 3′－cDNA 末端序列，位于终止密码子 TAG 下游，大约为 50 bp。本文中主要介绍的是 UL15 基因及其编码蛋白。

经过生物信息学对 UL15 基因进行分析表明，它是表达末端酶亚基的一个基因，在病毒 DNA 的组装过程中发挥作用。那么，这个基因的某些特性是否符合作为末端酶亚基的要求？通过对鸭瘟病毒 UL15 基因的转录情况进行分析，发现放线菌酮或膦乙酸存在时，在感染细胞中检测不到 UL15 基因的转录。在感染鸭瘟病毒 24 h 和 36 h 时也没有明显检测到 UL15 基因的转录，直至感染后 48 h 才明显检测到 UL15 基因的转录，之后 UL15 基因的转录量逐渐上升，到 84 h 时达到转录高峰。这一结果说明 UL15 基因是一个晚期基因，依赖于病毒中立即早期基因及早期基因的表达，并且可以推测它应在病毒的感染后期发挥功能作用，这一特点符合作为末端酶亚基的特性。

（2）DPV UL15 蛋白氨基酸序列组成及分析　DPV UL15 基因所编码的蛋白由 739 个氨基酸组成，表达的蛋白预计为 82 kD。通过系统进化树对 UL15 基因的氨基酸序列进行分析后发现，UL15 与 α 疱疹病毒亚科中的火鸡疱疹病毒 1 型（MeHV－1）的 UL15 亲缘关系最近，其次较近的是禽疱疹病毒 2 型（GaHV－2）和禽疱疹病毒 3 型（GaHV－3），这三种病毒均属于马立克氏病病毒属。

通过在线的 Phyre 程序对 UL15 蛋白的功能进行分析，发现在鸭瘟病毒 UL15 蛋白的 C 末端区域与 HCMV UL89 蛋白的 C 末端区域的相似性为 100%。HCMV UL89 的 C 末端区域是一核酸酶活性区域，这一区域在 DNA 的组装过程中起着剪切病毒基因组 DNA 的作用，所以可以推测在 DPV 中 UL15 蛋白也应具有核酸酶功能。在与其他末端酶序列的比较发现，在 DPV UL15 的氨基酸序列中存在着 Walker 基序。Walker 基序是高度保守的氨基酸序列，分为 Walker A 和 Walker B 两部分，Walker 基序可以与核苷酸结合，由 Walker 于 1982 年首次报道（Walker 等，1982）。其中 Walker A 基序又称为 Walker loop 或者 P－loop（phosphate－binding loop），其氨基酸序列为 GxxGxGKT/S，其中 X 代表任意氨基酸，K 代表的赖氨酸在结合核苷酸的过程中起着关键的作用。Walker B 基序位于 Walker A 基序的下游，其氨基酸组成为 hhhhDE，其中 h 代表疏水氨基酸，D 代表的天冬氨酸可以整合镁离子，E 代表的谷氨酸在 ATP 的水解中起重要作用（Hanson 等，2005）。这两部分基序在鸭瘟病毒 UL15 上的序列分别为 VPRRHGKT和 LLFVDE，这也与其他疱疹病毒及噬菌体中 UL15 同源蛋白上的基序符合性较好。Walker 基序的存在说明 UL15 可能具有结合并水解 ATP 的功能。

另外鸭瘟病毒 UL15 蛋白的亚细胞定位分析表明，UL15 蛋白分布于内质网的可能性为 55.6 %，而分布在细胞核的可能性仅为 11.1 %，且在鸭瘟病毒中 UL15 蛋白不具有核定位信号，说明 UL15 蛋白最有可能分布于细胞质内。

（3）UL15 蛋白在鸭瘟病毒中的表达及其存在情况　DPV UL15 基因有两个转录产物，那么在蛋白水平上 UL15 是否也有两个表达产物？朱洪伟等（2011）制备了兔抗 UL15C^{232} 血清用以检测 UL15 蛋白的表达情况。通过免疫印迹试验对 UL15 蛋白的表达情况进行分析发现，在细胞裂解物中检测到两条特异性条带，分别在 72 kD 与 95 kD 之间和 26 kD 与 34 kD 之间，这与 UL15 蛋白的理论大小 82 kD 及 UL15.5 蛋白的理论大小 32 kD 相符。

以兔抗 UL15C^{232} 血清为一抗检测纯化的鸭瘟病毒粒子中 UL15 蛋白的存在情况，结果发现在病毒粒子中没有检测到 UL15 蛋白。通过这一结果可以推测 UL15 蛋白不是成熟病毒粒子的组成部分，所以 UL15 蛋白有可能在完成其功能后就去寻找下一个病毒衣壳，或者是在行使完功能后就降解了，从而没有包含在病毒粒子中；也可能是病毒粒子中 UL15 蛋白含量过低而检测方法不够灵敏未能检测到其存在。

（4）DPV UL15 蛋白在细胞内的定位情况　为了在 DPV 中只对 UL15 蛋白的定位进行分析而不被 UL15.5 蛋白所影响，杨乔等（2014）针对 UL15exon Ⅰ部分制备了鼠抗 UL15exon Ⅰ多克隆抗体，通过免疫荧光试验对 UL15 蛋白在感染鸭瘟病毒的鸭胚成纤维细胞内的分布情况进行检测。结果显示，UL15 蛋白在感染鸭瘟病毒的细胞内呈现动态分布的过程。其在感染鸭瘟病毒 12 h 的细胞内分布于细胞质，在感染 24 h 由细胞质转移到细胞核，之后在感染 48 h 时对其进行检测，发现其仍在细胞核（图 3－92）。根据 UL15 蛋白在细胞内的动态分布结果分析，鸭瘟病毒的 UL15 蛋白首先是在细胞质内合成，之后通过某种机制进入了细胞核并在细胞核内发挥其功能。这与其他疱疹病毒中 UL15 蛋白在细胞内的分布是一致的，推测鸭瘟病毒的 UL15 蛋白可能具有与它们相似的功能。

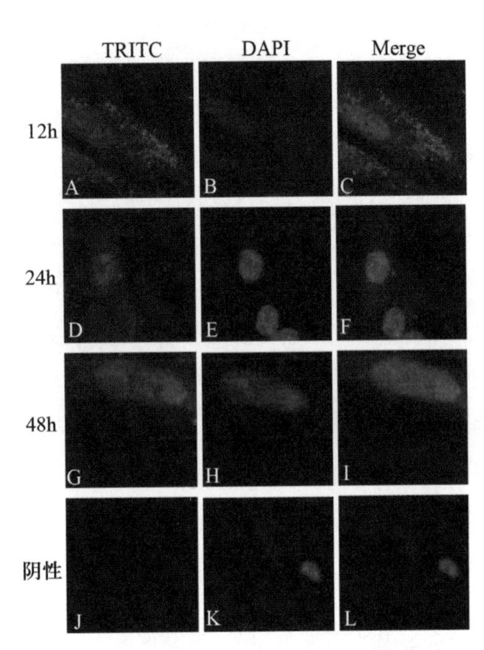

图 3－92　免疫荧光检测 DPV UL15 蛋白在感染宿主中的亚细胞定位

A、B、C. DPV 感染 12 h 后 UL15 蛋白的分布　D、E、F. DPV 感染 24 h 后 UL15 蛋白的分布　G、H、I. DPV 感染 48 h 后 UL15 蛋白的分布；J、K、L. 没有 DPV 感染对照

这一结果是在 DPV 其他蛋白存在的情况下发生的，那么，是否 UL15 蛋白在缺乏其他 DPV 蛋白的情况下仍然能够进入细胞核呢？通过对 DPV UL15 蛋白的瞬时转染情况进行检测。结果发现，在缺乏其他 DPV 蛋白存在的情况下，UL15 蛋白只在细胞质中分布，不能够主动进入细胞核（图 3－93），这一点与 HSV－1 的 UL15 基因是不同的。所以推测 UL15 蛋白的入核过程是被动的，需要另

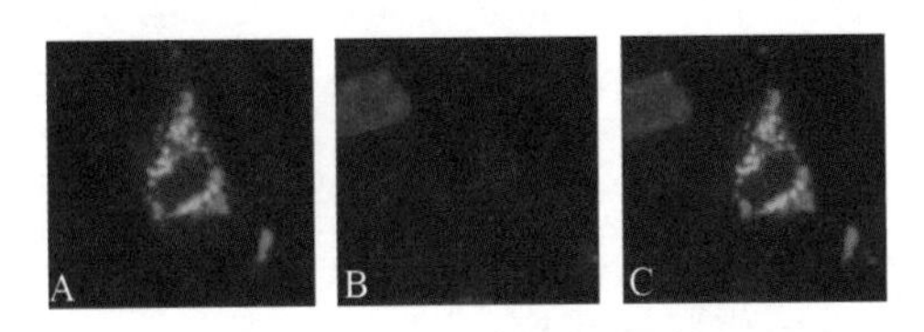

图 3－93　DPV UL15 蛋白的瞬时转染

A. 瞬时转染后 UL15 蛋白在细胞内的分布　B. DAPI 染色　C. 图 A 与图 B 合成图片

外一种蛋白携带 UL15 蛋白进入细胞核，或者 UL15 蛋白的转运蛋白与 UL15 蛋白之间需要另一种蛋白来介导才使得 UL15 蛋白进入细胞核。

（5）鸭瘟病毒 UL15 蛋白与 UL28 及 UL33 蛋白之间的关系　在 HSV-1 中，末端酶是由 UL15、UL28 和 UL33 蛋白组成的复合物。那么在鸭瘟病毒中，UL15、UL28 和 UL33 蛋白之间是否也有一定的联系？通过免疫荧光双标记的方法对 UL15 与 UL28 在感染了鸭瘟病毒的鸭胚成纤维细胞中的定位进行检测，结果发现在感染鸭瘟病毒 48 h 后 UL15 与 UL28 蛋白均定位在细胞核内（图 3-94），且二者的荧光可以叠加。这说明二者在细胞核内的分布相同，可以推测 UL15 与 UL28 蛋白在功能上可能有某种联系。

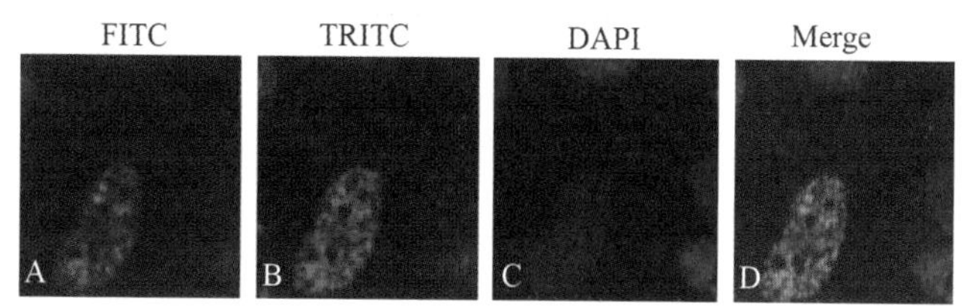

图 3-94　免疫荧光双标记检测 UL15 蛋白与 UL28 蛋白的定位

A. 感染鸭瘟病毒后 UL28 蛋白在细胞内的分布　B. 为感染鸭瘟病毒后 UL15 蛋白在细胞内的分布　C. 为 DAPI 染色　D. 为合成图片

另外对 UL15 蛋白与 UL33 蛋白之间的关系通过共转染及双分子荧光互补试验进行分析。将 UL15 与 U L33 的真核表达质粒进行共转染后发现，UL15 与 UL33 蛋白均分布于细胞质且分布的部位基本相同，而在细胞核中均没有二者的分布（图 3-95）。双分子荧光互补试验检测二者之间是否具有相互作用。将构建的 pBiFC-vc155-UL15 和 pBiFC-vn173-UL33 这两个真核表达质粒共转染后发现，在细胞质中有绿色荧光出现（图 3-96），这说

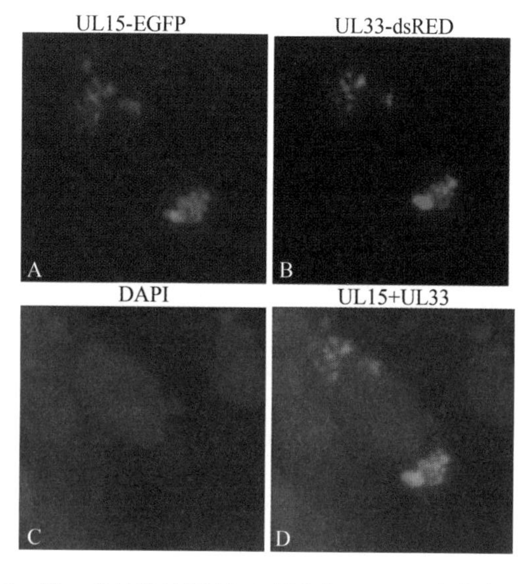

图 3-95　共转染检测 UL15 蛋白与 UL33 蛋白的定位

A. 共转染后 UL15 蛋白在细胞内的分布　B. 共转染后 UL33 蛋白在细胞内的分布　C. DAPI 染色　D. 合成图片

明鸭瘟病毒的 UL15 蛋白与 UL33 蛋白之间具有相互作用。

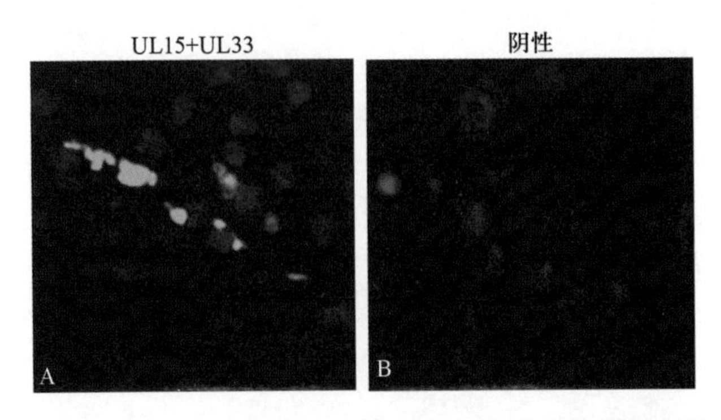

图 3－96　分子荧光互补检测 UL15 蛋白与 UL33 蛋白的相互作用

A. UL15 与 UL33 共转染后绿色荧光在细胞内的产生　B. 共转染空载后的细胞

另外对 UL28 蛋白进行核定位信号分析显示，其不具有核定位信号，推测 UL28 可能也不会进入细胞核。若在鸭瘟病毒中这三种蛋白均不能够主动进入细胞核，那么末端酶复合物是通过什么方式进入细胞核的？对于这一点还需要更加深入的研究。

（6）鸭瘟病毒 UL15 蛋白对病毒生长的影响　在疱疹病毒中，UL15 蛋白作为末端酶亚基在病毒的组装过程中起着重要的作用，是病毒生长复制的必需基因，但是在 DPV 中 U15 蛋白对病毒的生长是否也有一定的影响，这需要相关的试验来验证。RNA 干扰是基因表达的重要调控机制，可以引起转录后的基因沉默，由此可以使真核生物抵抗病毒的感染。对 UL15 的 RNA 干扰采用构建非病毒干扰质粒的形式进行。构建 4 个靶向 UL15 基因干扰质粒，分别为 shRNA－599，其靶序列为 GCGGTACTCTTGAATTATTCC；shRNA－868，其靶序列为 GCACATATACGGAAGGCTACA；shRNA－1181，其靶序列为 GCACTAGCTTCCTTTATAACC；shRNA－1210，其靶序列为 GCAACTGATGAATTGCTTAAC。对这几个干扰质粒的干扰效果进行检测发现，shRNA－1210 这一干扰质粒对 UL15 基因有明显的干扰效果，可以认为 GCAACTGATGAATTGCTTAAC 这一序列为 UL15 基因的有效干扰靶序列。

将干扰质粒 shRNA－1210 转染到鸭胚成纤维细胞 48 h 后观察病毒噬斑，发现与未进行干扰但接种了病毒的细胞相比，转染了有效的干扰质粒 shRNA－1210 的细胞中细胞有变圆的趋势，细胞脱落较少，偶有较小的空斑产生，如图 3－97 所示。这一结果说明靶向 UL15 基因的有效干扰确实对病毒噬斑的产生有一定的影响。另外通过对子代病毒滴度的检测发现，UL15 基因被干扰后子代病毒滴度在一定的时间内明显低于未干扰的子代病毒滴度。据此可以推测 DPV UL15 基因对该病毒的生长复制起着重要的作用，是病毒生长的必需基因。

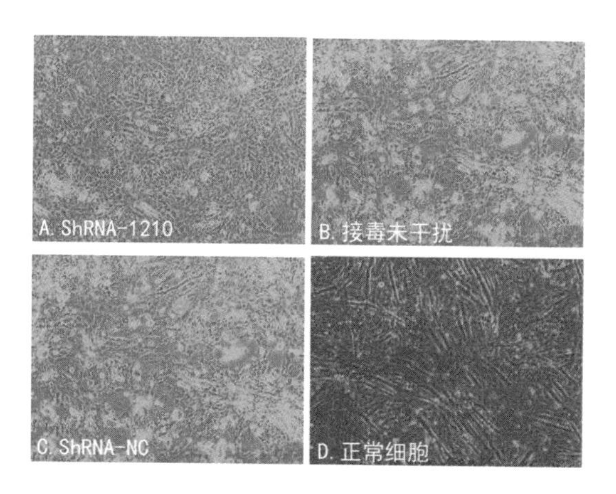

图 3-97 靶向 UL15 基因的干扰对病毒噬斑的影响

A. 转染干扰质粒 shRNA-1210 后接种鸭瘟病毒的细胞 B. 只接种鸭瘟病毒的细胞
C. 转染阴性干扰质粒 shRNA-NC 后接种鸭瘟病毒的细胞 D. 正常的鸭胚成纤维细胞

（杨乔，程安春）

三、UL23（TK）基因及其编码蛋白

有关鸭瘟病毒 UL23 基因的研究资料很少，以下有关疱疹病毒 UL23 基因的研究资料（文永平等，2010）对进一步开展鸭瘟病毒 UL23 基因的研究将有重要参考作用。

（一）疱疹病毒 UL23（TK）基因特点

1. TK 基因序列的特点 长期以来，对疱疹病毒主要毒力基因胸苷激酶（thymidine kinase，TK）基因的研究一直是学界热点，其中又以鸡传染性喉气管炎病毒（infectious laryngotracheitis virus，ILTV)（刘文波等，2005）、伪狂犬病毒（pseudorabies virus，PRV)（范伟兴等，2005）、锦鲤疱疹病毒（koi herpesvirus）（Costes 等，2008）、单纯疱疹病毒（herpes simple virus）（Wang 等，2009）TK 基因的研究较为深入。

通过分离澳大利亚犬疱疹病毒，发现在 gH 基因的 5′端与 UL24 基因的互补序列之间含有 TK 基因，并且以 UL24-TK-gH 顺序排列。同时，类似该排列顺序和位置保守也存在于 α 疱疹病毒亚科中（Reubel 等，2002）。对牛传染性鼻气管炎病毒（infectious bovine rhinotracheitis virus，IBRV）（Kibenge 等，1994）、狨猴疱疹病毒（marmoset herpesvirus 1，MarHV）（Esposito 等，1984）、犬疱疹病毒 CHV（canine herpesvirus，CHV）（Solaroli 等，2006）的 TK 基因序列分析，发现其大小相似。

2. TK 基因的同源性 Solaroli 等（2006）将 CHV-TK、FHV-TK 与 HSV-1TK 的序列比较，分别有 31%、35%的同一性和 54%的相似性。同时，也有资料表明（Blasco 等，1990）非洲猪瘟病毒（ASFV）与牛痘病毒的 TK 编码氨基酸序列有 32.4%的同源性。陈红英等（2008）对 ILTV 不同毒株 TK 基因序列分析表明其高度保守。相对而言，禽类的几个疱疹病毒如 MDV-1、MDV-2、HVT、ILTV 等的进化关系更近（Kingham 等，2001；Scott 等，1989）。因此，对于 TK 基因在同一物种不同毒株的同源性较高，不同物种之间的 TK 比对得出的同源性相对稍低，这与前人提出的 TK 基因有着较高的保守性仍相符（王琳等，2007）。

3. TK 基因的表达调控 疱疹病毒在感染靶细胞后是以一定的顺序进行转录的。对疱疹病毒的基因以表达的先后顺序命名可分为立即早期基因、早期基因和晚期基因。同时，立即早期基因、早期基因和晚期基因能相互调节，早期基因的转录需要立即早期蛋白的激活，而晚期基因的转录又需要早期蛋白的激活。以人单纯疱疹病毒 1 型（HSV-1）的转录为例，TFIIA 对于晚期启动子激活物 ICP4 是可有可无的，而对早期启动子 TK 的激活物是有效的（Narayanan 等，2005；Gelman 等，1985；Zabierowski 等，2008）。Loiacono 等（2004）也通过研究 HSV-1 发现，早期基因 TK 的启动子最早在脑神经元被激活。同时，这类基因在病毒 DNA 合成开始时优先表达。Jams Cook（Cook 等，1995）发现，缺失 TATA 框的 TK 启动子在转录起始位点依然能诱导其表达，这说明疱疹病毒 TK 基因的转录受 TATA 框影响很小。Griffiths 等（2005）在 HSV 的 TK 基因中发现罕见的内核糖体进入位点（IRES），并且发现 IRES 与 TK 在抗药性变异体中的表达相关联。近年来，有较多的学者选用放射性标记或 PET 技术（Miyagawa 等，2004）等监测 HSV 的 TK 基因表达情况（Haubner 等，2000；Buursma 等，2006；Brust 等，2001；Li 等，2008）。寸铧等（2003）在对 HSV-1 立即早期基因的描述中提出，TK 基因的表达高峰期约为感染后的 3～4 h。有文献报道，在大肠杆菌中可表达出具有生物学活性的 TK，并研究了不同的转录调节序列（如启动子等）对表达的调控作用（Garapin 等，2005）。陈伟等（2000）应用抗 TK 兔血清做免疫荧光染色，也检测到 HSV-1 TK 基因在转染细胞中的表达。

（二）疱疹病毒 UL23（TK）基因编码蛋白的特点

1. UL23（TK）编码蛋白的特点 疱疹病毒 TK 蛋白有 ATP 结构域（-DGXXGXGK-）（Lomonte 等，1992；Balasubramaniam 等，1990）及核苷酸结合结构域（-DRH-），它们

属于疱疹病毒TK蛋白氨基酸的核心序列，也是TK蛋白的活性中心。其中的D（Asp）、G（Gly）、K（Lys）在所有的α疱疹病毒中都较保守（Gentry等，1985）。ATP结合结构域的氨基酸序列能很大地影响疱疹病毒的毒力，如果位于三个甘氨酸残基中的一个发生突变，则TK蛋白的构象及TK蛋白与ATP的结合将会被影响，最终使得TK蛋白活性丧失（Prieto等，1991）。

2. UL23（TK）蛋白的亚细胞定位 Lee等（2007）通过免疫荧光试验证实，在HSV-1感染2 h后TK蛋白出现在细胞核。Degreve等（1998）发现在HSV-1胞内存在核定位信号（25RRTALRPRR33、R236-R237与K317-R318）并与其定位有关，而在HSV-2中不存在。在他进一步的研究中（Degreve等，1999），用HSV-2和VZV的TK-GFP分别转染肿瘤细胞，发现HSV-2的TK蛋白主要位于细胞质，VZV的TK蛋白在细胞质和细胞核都存在。然而，有人发现EBV的TK蛋白主要定位于中心粒周围，影响其定位的是氨基酸C末端的多肽序列，同时，这也是第一个已知的定位在中心粒的疱疹病毒TK蛋白（Gill等，2007）。

3. UL23（TK）编码蛋白的功能 TK基因在已知的疱疹病毒中是早期基因，且产物胸苷激酶是胸腺嘧啶合成过程中补救途径的酶，通过磷酸化胸腺嘧啶为dTMP，并继续磷酸化得到dTTP以参与DNA的合成（Al-Madhoun等，2004）。因此，利用其在核苷酸代谢中的作用，抗疱疹药物治疗研究较为广泛（Wang等，2009；Hayashi等，2004；Kieback等2009；Von等，2009；Zheng等，2009）。Frederick等（1986）提出“旁观者效应”，使得自杀基因TK在治疗肿瘤上成为可能，美国NIH已批准该系统进入临床试验（Kun等，1995）。在卵巢癌的研究中，Fujiwaki等（2002）发现病人的存活率与TK基因的表达高低相关，因此预测可以选用TK抑制剂来治疗上皮卵巢癌。同时，Ehlers（Ehlers等，2006）在新发现的大象疱疹病毒中也存在编码TK蛋白的基因，试图根据其核苷类似物对大象进行有效的抗病毒药物治疗。在竞争试验中，也发现EBV的TK蛋白对底物的特异性没有HSV-1的TK蛋白广泛。

（三）疱疹病毒UL23（TK）缺失疫苗

TK基因是疱疹病毒的主要毒力基因，而在其增殖过程中又是非必需的，并且TK基因最早主要出现在神经组织感染中（Han等，2002；Mettenleiter等，2000；Redaelli等，2008；Gill等，2009）。在伪狂犬病病毒中，研究发现缺失TK基因的疱疹病毒变异株能减弱其在神经细胞中的复制（Chen等，2006；Ferrari等，2000；Kit等，1985；Field等，1985；Coleman等，2002）。Richard等（1991）通过原位杂交试验也证实了这一点。TK基因作为首选靶基因被用来构建疱疹病毒基因缺失疫苗，陈红英等

(2008) 成功克隆了 ILTV 以色列疫苗株、ILTV－2CG、ILTV－XY TK 基因，为研制其缺失 TK 基因的基因工程疫苗奠定了基础。同时，这一研究思路构建的新的毒株，能解决弱毒疫苗株本身存在的毒力返强及终生病毒血症等一系列问题。

现已研制成功的是缺失 TK 基因的伪狂犬病病毒及牛传染性鼻气管炎病毒减毒活疫苗等。同时，也有资料报道以人巨细胞病毒、犬疱疹病毒和猫疱疹病毒 1 型的 TK 基因为插入位点构建表达活载体。

（四）鸭瘟病毒 UL23（TK）基因及其编码蛋白

文永平、汪铭书等（2010）对 DPV UL23 的研究获初步结果。

1. DPV UL23（TK）基因的转录与表达时相 转录时相显示 DPV TK 基因最早在感染后 30 min 开始转录，随后转录产物量迅速增加，并于感染后 4 h 达到高峰，36 h 后其相对含量下降到一定水平，72 h 转录产物极少（图 3－98）；表达时相显示感染后从 6 h 开始大量表达，8 h 达到表达的高峰，随后持续下降直到 48 h（图 3－99）。转录与表达时相共同证明，TK 基因具备疱疹病毒早期基因的典型特征。

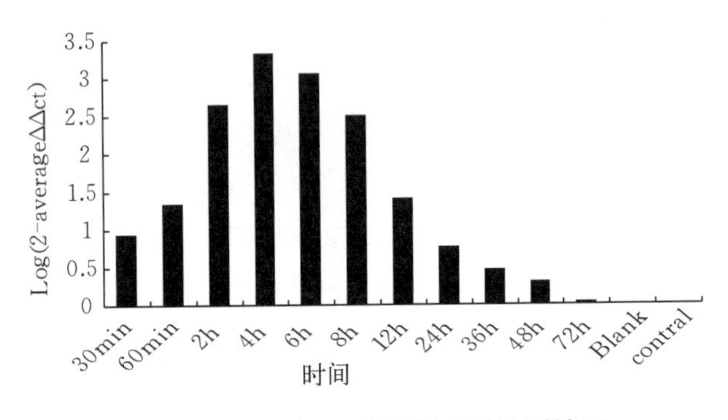

图 3－98　DPV TK 基因的定量检测结果

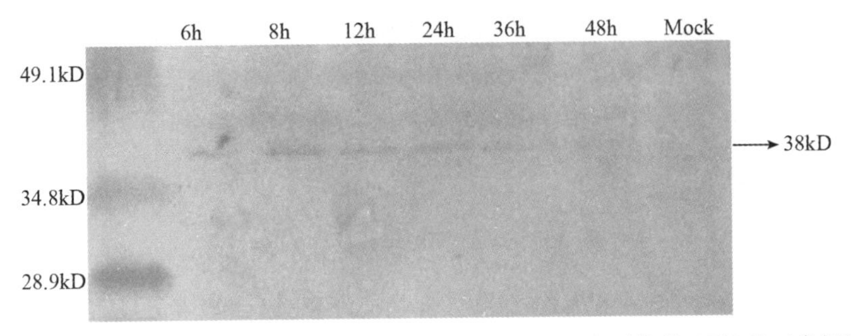

图 3－99　western blotting 检测 TK 蛋白表达情况（Mock 为不接种 DPV 的正常细胞）

2. DPV UL23（TK）重组蛋白作为包被抗原建立 TK－ELISA ELISA 条件优化后表明，最佳包被抗原稀释倍数、血清稀释倍数、酶标二抗稀释倍数分别为 2.5 μg /100μL（1∶200）、1∶80 及 1∶2000。通过用建立的 TK－ELISA 检测鸭病毒性肝炎病毒（DHV）、鸭乙型肝炎病毒（DHBV）、鸭疫里默氏菌、鸭大肠杆菌（*E. coli*）、鸭沙门菌

（*S. anatum*）血清，并与鸭瘟病毒（DPV）血清对照，显示出TK-ELISA具有良好的特异性（图3-100）。对一份鸭阳性血清做梯度稀释，依照临界值（0.401），最大能检测出1∶2 560的稀释度。通过免疫活疫苗，用TK-ELISA检测发现在第4周抗体达最高峰。对30份疑似感染鸭瘟血清临床样本检测，阳性检出率为90%（27/30），TK-ELISA与血清中和试验（SNT）显示出83.33%的符合率，与全病毒包被的ELISA（DPV-ELISA）显示出90%的符合率。另外，用鸭瘟弱毒活疫苗免疫后，可用TK-ELISA和DPV-ELISA监测鸭瘟抗体的动态变化。TK-ELISA能在免疫5 d后检测出来，并且在第4周达到抗体最高峰；而DPV-ELISA能在大约感染后7 d检测出抗体，相对TK-ELISA稍晚（图3-101）。

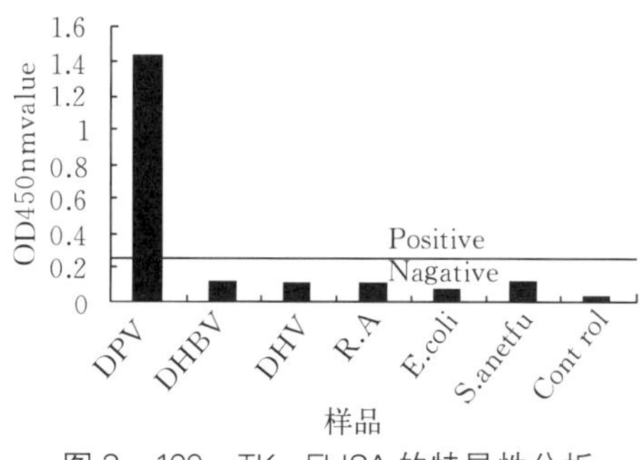

图3-100　TK-ELISA的特异性分析

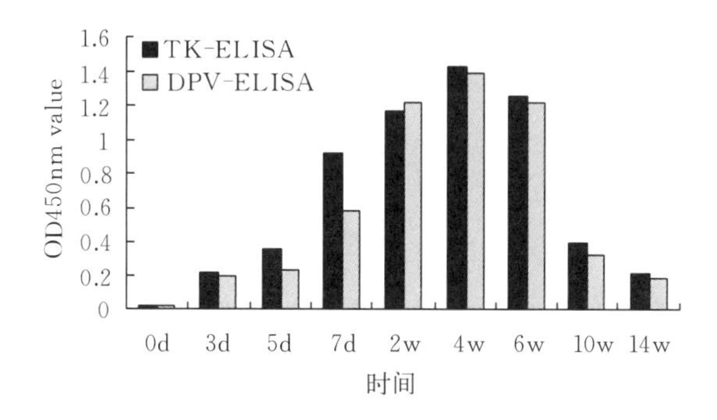

图3-101　用TK-ELISA和DPV-ELISA监测鸭瘟抗体的动态变化

（程安春，汪铭书，杨乔）

四、UL28（ICP18.5）基因及其编码蛋白

有关鸭瘟病毒UL28基因的研究资料很少，以下有关疱疹病毒UL28基因的研究资料（娄昆鹏等，2009）对进一步开展鸭瘟病毒UL28基因的研究将有重要参考作用。

（一）疱疹病毒UL28（ICP18.5）基因的基本特征

Nigro等（2004）用DNAstar软件对绿海龟疱疹病毒（GTHV）UL28基因进行序

列分析，他们采用反向PCR（Inverse PCR）基因组步移技术（genomic walking），经过两轮基因组步移，GTHV片段被依次克隆。序列分析表明扩增片段包含完整的UL28基因，还包含UL27基因部分序列。GTHV UL28基因位于DNA结合蛋白基因（UL29）上游，长度为2 250 bp，并且与UL27基因开放阅读框有部分重叠，它也参与UL27基因的职能编码糖蛋白B。GTHV UL28基因序列分析表明，C+G含量高达57.24%，定位方向为3′-5′，编码一种含750个氨基酸的多肽（分子量约为85.8 kD）。GHTV UL28基因系统进化分析表明，其与其他疱疹病毒属同基因高度同源，尤其是α疱疹病毒亚科的成员。GTHV UL28基因与PRV UL28相似性为48.8%。GTHV UL28与其他疱疹病毒属同基因无论在氨基酸水平还是核苷酸水平都有很高的相似性。在所有疱疹病毒中，UL28基因的G+C含量差别明显，从43%到75%不等（Beard等，2004）。

GHTV UL27和UL28之间没有内含子，并且GHTV UL28基因重叠区核苷酸和上游UL27基因核苷酸相连，比较来说，其他疱疹病毒属UL28基因序列与UL27基因有1～145个核苷酸重叠（Desloges等，2001；Izumiya等，2001；Maresova等，2003；Pederson等，1989）。另外，HHV-1和HHV-2中的UL27和UL28基因没有重叠区（Holland等，1984；McGeoch等，1991）。据推测，UL27基因多腺苷酸化信号［poly-adenylation signal；poly（A）：AATAAA］也有可能充当UL28基因poly（A）信号。这些已经在其他疱疹病毒UL27和UL28重叠区被观察到，并且表明这两个基因转录物有共同的末端（Whalley等，1989）。

PRV UL28基因亚细胞定位已经证明主要在感染细胞的胞核蓄积，但是意外的是没有其他的病毒蛋白参与时，UL28基因表达蛋白会被局限于细胞质（Pederson等，1991）。

（二）疱疹病毒UL28（ICP18.5）基因的功能及其编码蛋白的作用

对于UL28基因功能的研究主要是通过研究其缺失株来实现的。HSV-1 UL28基因缺失株能够影响糖蛋白的加工和运输，这个功能区位于糖蛋白B（UL27）和主要DNA结合蛋白之间（UL29）。Pellett等（1986）早在1986年就报道，为了证明这种蛋白质的存在，他们制备了兔抗UL28多克隆抗体，这个多抗根据靠近羧基端的亲水区预测序列制备而成。该多抗能被95.5 kD的表达蛋白识别。他们把这种蛋白命名为感染细胞蛋白18.5（ICP18.5）。

Abbotts等（2000）研究表明，UL28基因表达的野毒株蛋白有助于病毒复制，UL28基因与UL15基因能发生免疫共沉淀现象，二者互相依赖。他们证实UL28基因的五种缺失株蛋白都能与 UL15 基因相互作用，观察结果表明，UL28Δ5（缺失株 5）和 UL28Δ6 表达蛋白相互作用提示 UL28 至少有两个独立的区域，分别位于氨基酸的 1～464 位和 478～785 位，这些区域可能独立地促成病毒核酸侵染。

所有 UL28 基因对照缺失株和温度敏感型缺失株都能使病毒 DNA 复制和衣壳包装中止（Pancake 等，1983；Cavalcoli 等，1993；Addison 等，1990）。因此推定 UL28 基因的功能是引导病毒 DNA 生成加工的其他蛋白包装进入感染细胞核衣壳。核衣壳蛋白是病毒复制晚期的转录产物。衣壳的形成可能是 DNA 包装开始而不是将要中止的信号，合成的结果是至少部分包装产物留在衣壳内。

Pederson 等（1991）以 Cro - ICP18. 5 融合表达的方式在大肠埃希菌里表达了伪狂犬病病毒（PRV）ICP18. 5 的完整开放阅读框。兔抗 Cro - ICP18. 5 的血清分子量为 79 kD，ICP18. 5 在感染细胞 2 h 后就能检测到。间接免疫荧光分析证明 ICP18. 5 主要存在于胞核。亚细胞定位分析确认在脉冲追踪试验（pulse - chase experiments）中 ICP18. 5 合成随着时间的推移出现在胞核里，而且至少在合成后 2. 5 h 能稳定存在。脉冲追踪分析显示 ICP18. 5 在 2 - min 脉冲标记时以单体形式合成。用 ICP18. 5 抗血清免疫印迹识别全部感染细胞提取物，能检测到 79 kD 的 ICP18. 5 和一种 74 kD 的细胞蛋白。这种细胞蛋白在感染 PRV 的细胞和非感染细胞中表现出相似的产量。Tengelsen 等（1993）为了验证 UL28 基因产物（ICP18. 5）是病毒 DNA 包装和糖蛋白侵染细胞外膜所必需的观点，构建了两种 HSV - 1 UL28 缺失株 gCB 和 gCΔ7B，这两种缺失株能在 Vero 细胞内装配增殖。在 UL28 基因上分别缺失 1881 和 537 bp。虽然缺失株未能病毒 DNA 复制，但是它们不能在不表达 UL28 基因的细胞中产生有感染力的病毒 DNA。透射电镜和 southern blotting 分析表明，两种突变体都有切割病毒 DNA 和病毒体壳体化缺陷。

对 UL28 编码蛋白的研究，目前较多的是有关单纯疱疹病毒 1 型（HSV - 1）的报道。UL28 编码蛋白是病毒 DNA 切割和包装所必需的 7 种病毒蛋白之一（2006），UL28 编码蛋白 ICP18. 5 和 UL15 的编码蛋白有相互作用（2006），它们都扮演着病毒末端酶亚基的角色。末端酶是引导病毒 DNA 进入前衣壳的“分子马达”的关键组件，它能切开多联体病毒 DNA，引导“一份儿”遗传物质进入前衣壳，完成成熟衣壳的组装。最近有研究表明，与衣壳联系紧密的 UL6 基因编码蛋白位于正二十面体衣壳的特殊顶角位点（Yang 等，2007），它被认为是遗传物质进入前衣壳的入口。因此，ICP18. 5 在多联体病毒 DNA 切割成单体 DNA 和引导这种 DNA 进入正二十面体前衣壳的过程中发挥着重要的作用。Adelman 等（2001）在研究 UL28 引导单体 DNA 进入前衣壳的过程中的作用时报道，UL28 基因含有 pac1 DNA 包装基序，它可作为

ICP18.5 的高亲和性底物，然而序列完全相同的合成双链 DNA 不能被 ICP18.5 识别。研究结果表明，pac1 基序通过与 DNA 序列特异性结合来识别并包装，而 DNA 包装序列由以 ICP18.5 为组件的疱疹病毒切割包装机器——末端酶来生产。Mettenleiter 等（1993）通过 southern blotting 和电镜分析对伪狂犬病病毒（PRV）ICP18.5 在病毒复制周期中进行了研究，推断 ICP18.5 蛋白是病毒复制所必需的，并在成熟衣壳发育过程中发挥着重要作用。

另外，ICP18.5 能有效抑制蛋白酶对 UL33 表达蛋白的降解。Jacobson 等（2006）用蛋白酶抑制剂 MG132 对 CV33 细胞系进行处理，经 MG132 处理后用来传代。用不同浓度的 MG132 处理 CV33 细胞系，结果能增加 UL33 表达蛋白的检出量并能获得超过细胞常规量的 UL33 表达蛋白。这说明，在 CV33 细胞系里 UL33 表达蛋白能被蛋白酶降解。为了证实 ICP18.5 的作用，他们用蛋白酶抑制剂乳胞素重复做上述试验并设计对照，结论是在非感染 CV33 细胞系 UL33 表达蛋白能被蛋白酶降解，也就是说乳胞素不能保护 UL33 表达蛋白。然而用乳胞素处理感染细胞，增加了 UL33 表达蛋白在胞核内的蓄积量，在 UL28 缺失株感染细胞内的 UL33 也有被降解。这表明，ICP18.5 有和蛋白酶抑制剂一样的作用，能够阻滞感染细胞中蛋白酶对 UL33 编码蛋白的降解。ICP18.5 的表达能使 UL33 编码蛋白含量稳定，这就是 ICP18.5 和 UL33 编码蛋白相互作用的结果之一。

（三）疱疹病毒 UL28（ICP18.5）基因的保守性

在 HSV-1 和 HHV-1 中，UL28 基因编码的 ICP18.5 在疱疹病毒属中高度保守。这一点已得到广泛认可（Meyer 等，1997；Albrecht 等，1990）。在 HHV-1 中，UL28 基因在前衣壳成熟过程中发挥着重要的作用。UL28、UL6 和 UL15 在多联体病毒 DNA 切割成单体 DNA 和引导这种 DNA 前衣壳中都是必需的。UL28 还能与 UL15 作用形成复合物，并且它已被建议归为噬菌体双链 DNA 的末端酶类似物（White 等，2003），即后来称为的末端酶，这种酶能在特异位点切割折叠的多联体 DNA，使易位的 DNA 进入衣壳，这个过程需要水解 ATP 提供能量。

（四）鸭瘟病毒 UL28（ICP18.5）基因及其编码蛋白

娄昆鹏、汪铭书等（2009）对 DPV UL28 的研究获初步结果。

1. DPV UL28 基因序列的分子特性　DPV UL28 大小为 2 412 bp，编码 803 个氨基酸，包含 1 个保守结构域，名为疱疹病毒加工和包装蛋白（PRTP）。

2. DPV UL28 基因原核表达及其多克隆抗体　扩增的 UL28 基因连接至

pMD18-T 载体，将克隆片段测序正确后定向插入 pET-32a（+）载体，经 *Bam*HⅠ和 *Sal*Ⅰ双酶切鉴定表明，成功构建重组表达质粒 pET-32a/UL28 并转化入表达宿主菌 BL21（DE3），用 IPTG 进行诱导表达，表达产物以包含体形式存在，大小为 110 kD 左右。对表达条件进行优化，确定最佳表达条件为 IPTG 0.1mmol/L、25℃诱导 5 h。利用重组表达蛋白所带的6×His 标签用镍柱亲和层析方法对其进行纯化，获得较高纯度的重组蛋白（图 3-102）。用过柱纯化蛋白对家兔进行免疫，制备兔高免血清，western blotting 检测显示，其能识别该重组表达蛋白，琼脂扩散试验效价达 1∶16～1∶32。

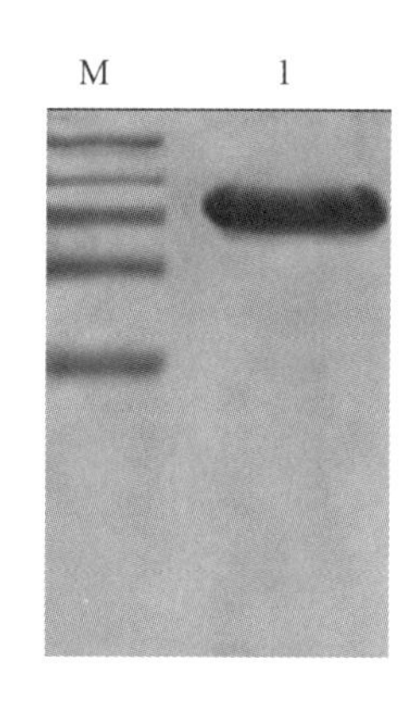

图 3-102　DPV UL28 重组表达蛋白的纯化

M. 蛋白质高分子量标准

1. 纯化蛋白

3. DPV UL28 蛋白亚细胞定位　通过细胞免疫荧光进行病毒感染 DEF 的亚细胞定位检测，结果表明特异性荧光可在感染后 2 h 的胞核中检测到，随着感染时间的增加，越来越多的细胞核中出现特异性荧光，12 h 检测到最强荧光，主要见于细胞核；之后荧光强度逐渐减弱，病毒侵蚀伴随着细胞核的裂解，胞核荧光逐渐弥散减弱；48 h 后就难以检测到荧光（图 3-103）。

4. DPV UL28 基因的转录时相　通过荧光定量 PCR 对 DPV UL28 基因在宿主细胞的转录时相检测结果表明，随着接毒时间的增加，DPV UL28 基因的转录产物呈现先急剧上升，然后持续下降的趋势。最早在 0.5 h 就已经检测到 UL28 基因开始转录，随后转录产物量迅速放大，并于感染后 12 h 达到高峰，24 h 后其相对含量下降到一定水平，32 h 后检测相对值接近零（图 3-104）。这种转录谱具有疱疹病毒早期基因的典型特征。

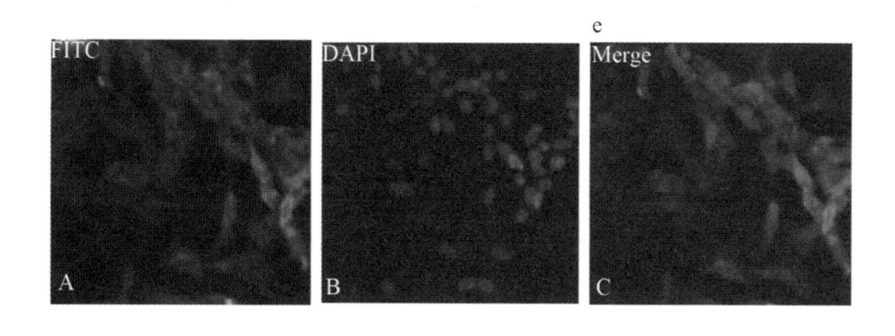

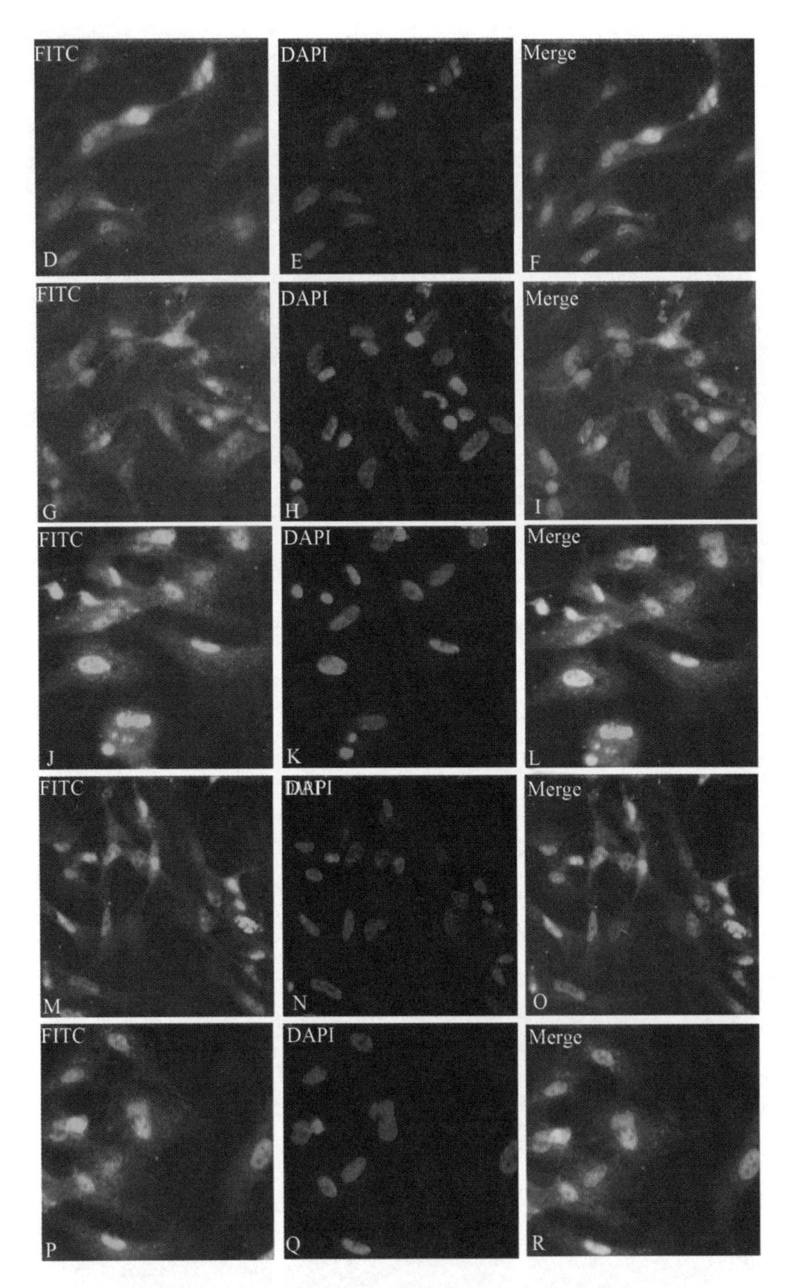

图 3－103　DPV UL28 基因产物亚细胞免疫荧光定位

A，B，C. 阴性对照，C 为 A 和 B 的叠加图　D，E，F. 感染后 2 h，F 为 D 和 E 的叠加图　G，H，I. 感染后 8 h，I 为 G 和 H 叠加图　J，K，L. 感染后 12 h，L 为 J 和 K 的叠加图　M，N，O. 感染后 24 h，O 为 M 和 N 的叠加图　P，Q，R. 感染后 48 h，R 为 P 和 Q 叠加图

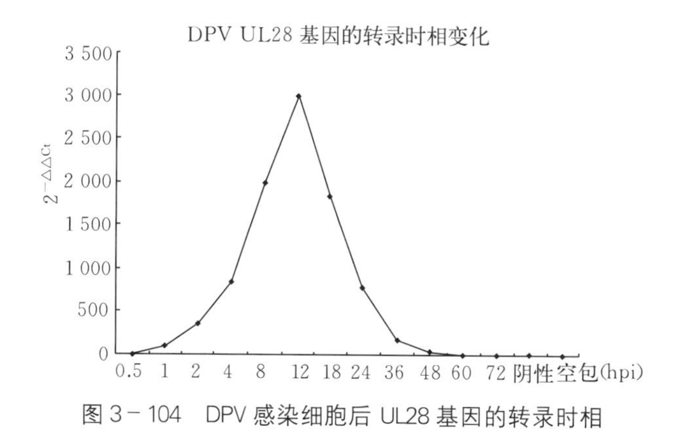

图 3－104　DPV 感染细胞后 UL28 基因的转录时相

（程安春，江铭书，杨乔）

五、UL30 基因及其编码蛋白

（一）疱疹病毒 UL30 基因及其编码蛋白

有关鸭瘟病毒 UL30 基因的研究资料很少，以下有关疱疹病毒 UL30 基因的研究资料（郑尚徯等，2009）对进一步开展鸭瘟病毒 UL30 基因的研究将有重要参考作用。

1. 盐类浓度对疱疹病毒 UL30 蛋白的影响　疱疹病毒 UL30 基因是 HSV－1 编码 DNA 聚合酶的重要组成亚基，在病毒增殖过程中具有不可替代的作用，为病毒增殖的必需基因（Whitley 等，1989）。

所有关于疱疹病毒 DNA 多聚酶的研究都有一个共同的特征，就是 DNA 多聚酶的活性在一个较高浓度的 buffer 中得到加强，而在一个较低浓度 buffer 中活性减弱或者没有活性。

HSV－1、PRV、HCMV、EHV－1 和 EBV 的 DNA 多聚酶的辅助蛋白在较低的盐浓度时抑制催化亚基的活性，在较高的盐浓度时会激发其活性，但是也有特殊的情况。例如，EHV－1 的全酶在没有盐类的环境中拥有极大的活性，而 HSV－1、PRV、HCMV和 EBV 在没有盐类的环境中其全酶却只表现出一点点或者几乎没有活性（Yoshihiro 等，1999）。然而随着增加盐类的浓度其活性也随之增加。但是从总体来看，EHV－1 的净效应还是多聚酶的辅助蛋白在较低的盐浓度活性被抑制，在较高的盐浓度活性被激发（Arianna 等，2006）。

2. UL30 和 UL42 基因所编码的蛋白的相互作用 在 HSV－1 中 UL30 基因编码蛋白是激活 DNA 多聚酶活性的一个催化亚基。UL42 基因编码蛋白为具有持续合成能力的附属的多肽。UL30 基因编码蛋白在病毒感染细胞的时候以与 UL42 编码多肽的附属亚基复合为异二聚体的形式出现（Franz 等，1999）。2 个蛋白质对病毒 DNA 的合成都是必需的，但是由于 UL42 编码的蛋白含量更多，所以很难确定它是否与 UL30 编码蛋白在活体内的相互作用是有关系的还是无关系的。通过利用截短的 UL30 表达的蛋白与 UL42 表带蛋白的试验证实，UL30 蛋白质羧基末端的序列对 DNA 聚合酶的活性是非必需的，而对病毒 DNA 的复制和与 UL42 蛋白的相互作用却具有重要意义（Gottliebtffu，1990）。同样在 EHV－1 中 pORF30 在结构和功能上与 pORF18 有重要关系的区域都已经被鉴定，更深层的突变的分析证明 pORF30 羧基端序列对其与 pORF18 的结合非常重要，一个缺乏羟基端 107 个氨基酸的 pORF30 突变体是不能与 pORF18 结合的，表明 pORF30 羧基末端的这 107 个残基对与 pORF18 的相互作用必不可少。

3. UL30 靠近 C 端一个高度保守的区域对与 UL42 的结合的关系 UL30 羧基末端上游的 36 个残基会局部影响共免疫沉淀试验中与 UL42 编码的蛋白的结合（Marsdentffu，1994）。缺乏羧基端 27 个按基酸残基的截短 UL30 突变体与 UL42 蛋白结合的能力仅为全长 UL30 蛋白的 1/4，表明这些氨基酸可能只与 UL42 发生 25% 的结合。然而对这些上游区域的具体作用和机制还没有得到证实（Gottliebtffu ，1994）。在 EHV－1 中 pORF30 氨基酸 1 114～1 220 残基对 pORF18 的相互作用是有关的，首先，缺失这段区域将显著影响结构和功能的联系。其次，这个片断可以单独结合 pORF18，虽然这些高度保守的 pORF30 的 C 端邻近区域在 pORF30－pORF18 结合中起作用，但是 EHV－1 DNA 多聚酶的亚基还是不可能在结构或者功能上被 HSV－1 的亚基取代，说明 UL-pORF30 和 pORF18 的相互作用可能还与 C 端邻近区域的非保守残基有关（Stowtffu ，1993）。

4. 二价金属离子对 UL30 的影响 众所周知，DNA 多聚酶的活性位点拥有 2 个至关重要的残基，该活性位点结合一对 2 价的金属离子和促进催化因子，Mg^{2+}很可能是大多数多聚酶在活体中利用的 2 价金属离子。Mn^{2+}可以替代 Mg^{2+} 作为一个必需的辅助因子，而且毫摩尔浓度的 2 价金属离子都足可以引起许多 DNA 多聚酶的功能障碍和影响 DNA 多聚酶的保真度。$MnCl_2$ 在与 UL30 相互作用的时候会导致模板一个构象的变化，这个变化会抑制 UL30 多聚酶的 $3'\rightarrow5'$的核酸外切酶活性。Mn^{2+} 可诱发有特殊损伤的 DNA UL30 加速翻译合成，而 Mg^{2+}的存在会使受损伤的 UL30 基因的 DNA 合成大部分被阻止。Mn^{2+}还可以通过减少 DNA 多聚酶的校正活性，和在结合到 DNA 的时候诱导 DNA 的构象变化来影响 HSV－1 复制的多聚酶的翻译能力（Villani 等，2002）。

（二）鸭瘟病毒 UL30 基因及其编码蛋白

郑尚徯、汪铭书等（2009）对 DPV UL30 的研究获初步结果。

（1）DPV UL30 基因的分子特性　DPV UL30 基因大小为 3 621 bp，编码 1 206 个氨基酸。用 NCBI Conserved Domains 查找工具分析发现该蛋白序列含有四个主要保守区域，分别是 B 系 DNA 聚合酶的核酸外切酶区域（DNA_pol_B_exo）、B 系 DNA 聚合酶区域（DNA_pol_b）、DnaQ 样核酸外切酶家族的保守的 3′→5′端外切酶保守区域（DnaQ_like_exo superfamlily）和 B 系 DNA 聚合酶的催化区域（POLBc superfamlily）。

（2）UL30 基因的克隆、原核表达及多克隆抗体　构建 pET-32-UL30 重组原核表达载体，利用 IPTG 进行诱导表达，得到大小约为 134.7 kD 的重组融合蛋白，与预期表达的蛋白大小相一致，主要以包含体的形式存在。最佳表达优化条件为 0.4 mmol/L的 IPTG、23 ℃下诱导 7 h。样品经过超声波破碎、溶菌酶裂解等一系列处理，初步纯化包含体后利用融合蛋白的 6×His 标签对镍离子特殊的亲和作用，使带有标签的经过洗涤的初步提纯的重组蛋白能够结合于镍胶上，然后将其洗脱，而达到进一步纯化的目的。利用纯化的重组蛋白制备兔抗高免血清。兔抗 UL30 IgG 经辛酸-硫酸铵盐析和 High-Q 阴离子交换层析纯化具高效、特异性强的优点。

（3）DPV UL30 蛋白亚细胞定位及表达时相　通过细胞免疫荧光进行病毒感染 DEF 的亚细胞定位检测结果表明，在接种病毒 2 h 后的鸭胚成纤维细胞中已经可以发现有绿色的点状荧光；4、6 h 后荧光逐渐增加；12 h 后绿色点状荧光可以很明显地观察到，并且在细胞核周围也有一定的分布；接种 DPV 24 h 后检测到的荧光数量达到最多，仍然是大部分荧光分布在细胞质中，少量分布在细胞核周围；48 h 观察到的荧光开始逐渐减少，分布也逐渐开始向细胞核靠拢；在 60、72 h 后荧光主要集中在细胞核周围（图 3-105）。通过 ECL 化学发光显色的 western blotting 方法，以 DPV UL30 基因原核表达的融合蛋白免疫家兔制备纯化的多克隆抗体 IgG 为一抗，HRP 标记的羊抗兔 IgG 为二抗，检测在 DPV 感染宿主细胞 DEF 后不同时间点收获的细胞蛋白提取物，分析

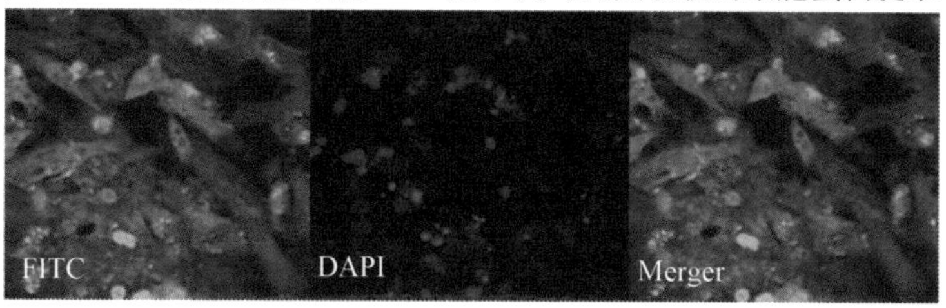

图 3-105　DPV 感染细胞 60 h 后 UL30 蛋白亚细胞定位

DPV UL30 基因的时相表达情况。结果发现在感染 8～72 h 的细胞蛋白提取物中可观察到与 DPV UL30 蛋白预测大小约 134.7 kD 相一致的条带，在感染后 8 h 隐约可见，12～24 h 达到最大值，随后逐渐下降并一直持续到感染后 60 h，其表达时相符合早期基因的表达特征。

（程安春，汪铭书，杨乔）

六、UL39（R1）基因及其编码蛋白

有关鸭瘟病毒 UL39 基因的研究资料很少，以下有关疱疹病毒 UL39 基因的研究资料（路国富等，2013）对进一步开展鸭瘟病毒 UL39 基因的研究将有重要参考作用。

（一）疱疹病毒 UL39（R1）基因及其编码蛋白

1. Alpha 疱疹病毒 UL39 的特征 α 疱疹病毒亚科被进一步分为单纯疱疹病毒属、水痘病毒属、马立克氏病病毒属和传染性喉气管炎病毒属 4 个属（Davison 等，2009）。其中，来自单纯疱疹病毒属的 R1 的分子量最大，尤其是 HSV－1 和 HSV－2，它们是 α 疱疹病毒里的两个典型代表，原因是 HSV－1 和 HSV－2 R1 蛋白的 NH2 末端域包含一个大小约 360 个氨基酸的延伸区域，这在哺乳类动物和其他病毒的 R1 中是缺席的。HSV－1 的 RR 具有最广泛的特征，HSV－1 编码的 RR 包含两个亚基（分子量分别为 140 和 38 kD），它们的基因图谱坐标位于全基因组 0.56～0.60 的范围内（Goldstein 等，1988）。

鹦鹉疱疹病毒 1 型（psittacid Herpesvirus 1，PsHV－1）和传染性喉气管炎病毒（infectious Laryngotracheitis virus，ILTV）中 UL39 基因的大小分别为 818 个和 785 个氨基酸，它们具有 50％的相似性（Dean 等，2006）。在牛疱疹病毒 1 型和 5 型（bovine Herpesvirus 1 and 5，BHV－1 and BHV－5）中，UL39 基因具有 97％的相似性，几乎是所有基因中氨基酸保守性最高的基因，但是 BHV－5 中的 UL39 基因仅仅和 PRV（最接近的非 BHV－1 物种）的 UL39 基因具有 67％的氨基酸相似性，因此 UL39 基因属于 BHV－1 和 BHV－5 中最保守的基因（Maria 等，2010；Delhon 等，2003）。猫疱疹病毒 1 型（feline herpesvirus 1，FHV－1）也属于 α 疱疹病毒，其 R1 的大小为 786 个氨基酸，分别与马疱疹病毒 1 型（equine herpesvirus－1，EHV－1）、马疱疹病毒 4 型（equine herpesvirus 4，EHV－4）、BHV－1、BHV－5、PRV、水痘-带状疱疹病毒（varicella zoster virus，VZV）有 64.8％、64.7％、57.9％、58.5％、61.2％、52.9％的氨基酸相似性。完整的 FHV－1 基因组有一个长度为 10 803 个核苷酸的序列（登录

号为GM036023），它编码的具有完整编码序列（complete coding sequence，CDS）的基因包括UL45、UL44、UL43、UL42、UL41和UL40，具有不完整编码序列的基因包括UL46和UL39，它们和基因库里可用序列具有99.6%的序列相似性。FHV-1 B927株（登录号为AJ006454）也有一个长度为5 587个核苷酸的序列，它编码的具有CDS的基因包括UL40和UL39，具有不完整编码序列的基因包括UL41和UL38，所有这些基因与FHV-1 C-27株具有99.4%的序列相似性（Sheldon等，2010）。UL39基因在DPV的2085、VAC、Clone-3和CHv四株中的相似性为99%，与其他株相比，DPV 2085株中R1的单个氨基酸的多态性为Val-204和Asp-452被Ile和Tyr所取代，而在DPV Clone-03株中Ile-538被Val所取代（Wang等，2011）。由此可见UL39基因在DPV中是保守的。Kaliman等判定了由PRV两个相邻ORF完整的DNA序列编码的RR大小亚基之间基因间隔9 bp的序列。序列分析后推断它们的ORFs编码R1和R2，大小分别为835个和303个氨基酸。和其他疱疹病毒的R1相比，ADV R1的N末端部显示出低的相似性。R1蛋白的剩余部分被具有较低同源性的片段分成包含高度保守的氨基酸序列（Kaliman等，1994）。PRV中UL39基因编码的R1作为核心但非结构蛋白的分子量大约为91.1 kD（Lisa等，2005）。来自Kaliman和Lisa关于ADV R1大小的报道是一致的。

疱疹病毒立即早期（immediate-early，IE或α）基因产物依次活化早期基因的转录，它们在DNA复制之前表达。当缺失编码R1的早期基因UL39时，它和病毒的毒力降低有关。晚期基因的表达通常晚于DNA的复制并且对于病毒的装配和外出是必需的。对HCMV基因的表达时序研究发现存在5个不同的动力学分组，β基因可以进一步分成β1（early）和β2（early late）基因，γ基因也可以分成γ1（leaky late）和γ2（true late）基因。IE基因的转录开始于感染后1 h并且在4～8 h达到高峰，β1和β2基因的转录开始于感染后4～24 h，L基因在感染24 h以后转录（Alireza等，2012；David等，2003；Da等，1997）。在HSV的所有基因之中，R1基因的诱导表达似乎是独一无二的。R1在感染后很快就开始转录（Honess等，1973；Honess等，1974），在放线菌酮存在的情况下可以被合成（Watson等，1979），其符合HSV α类基因表达的动力学特征。但是在PRV中，UL39基因的动力学类型却属于E/L（β2）基因（Dora等，2009；Braun等，2000）。

2. R1和R2的相互作用 Sun等（2000）对EHV-4 RR的R1和R2进行了克隆表达与纯化的研究，发现EHV-4的R1和R2重新组成一个有活性的酶，它们能与亲缘关系较近的HSV-1的R1和R2形成互补，并分析了亚基间的相互作用和酶活性。EHV-4 R1/HSV-1 R2和HSV-1 R1/EHV-4 R2都能够装配成异源亚基复合物。但这两个复合物都没有完全的活性。EHV-4 R1/HSV-1 R2 和 HSV-1 R1/EHV-4 R2 组成的酶分别只有它们各自野生型酶活性的 50%和 5%。定点突变位于 EHV-4 和 HSV-1 R1 蛋白 C 末端内部高度保守且有重要功能的两个非保守残基。分别突变对于亚基的装配没有影响的 EHV-4 和 HSV-1 R1 中 Pro-737 为 Lys 和 Lys-1084 为 Pro。在 EHV-4 R1 中，Pro-737 突变为 Lys 后使酶活性降低了 50%；在 HSV-1 R1 中，Lys-1084 被 Pro 替代后对于酶活性没有影响。这两个改变未能恢复成具有完全酶活性的异源亚基酶。因此，或许这些氨基酸在催化反应中都没有直接的作用。然而，在 HSV-1 R1 中，突变高度保守的 Tyr-1111 为 Phe 后，虽然不影响亚基的相互作用，但其酶活性却失活了。

3. HSV R1 独特的 N 末端域的作用 HSV 的 R1 与真核生物和原核生物细胞及其他病毒的相对物不同，它们拥有一个独特的大约 1/3 大小的 5′末端域。除了它在 RR 活性中的作用外，HSV-1 和 HSV-2 的 R1 蛋白 NH2 末端区域分子内部有一个具有内在蛋白激酶活性域、大小约为 300 个氨基酸的片段（Ali 等，1992）。另外有研究表明，HSV 的 R1 包含一个独特的具有丝氨酸/苏氨酸蛋白激酶（protein kinase，PK）活性的氨基末端域，HSV-2 R1（infected cell protein 10，ICP10）的 PK 域对于立即早期基因的表达和病毒的生长是必需的（Smith 等，1998）。

Cooper 等（1995）通过构建插入和缺失突变体质粒表达 R1 的 1～499 个氨基酸来研究 HSV-1 R1 的 PK 活性特点。C 末端缺失分析鉴定了该酶的催化核心由 1～292 个残基组成，此多肽对于用 X 衍射法测定其结构非常有用。在鉴定区域的蛋白激酶域内部插入 4 个氨基酸对其活性是必要的；在第 22 位和 112 位残基处插入时酶活性完全失活，在第 136 位残基处插入时可使酶的活性降低为原来的 1/6。但是在第 257、262、292 和 343 位残基处相似的插入对酶的活性没有影响。ATP 类似物 5′-对氟磺酰苯甲酰腺苷，在活性部位内部赖氨酸残基位点共价修饰常见真核生物的激酶，用其标记 HSV-1 R1，但是该标记却出现在 N-末端域范围之外。这些数据表明 HSV-1 的 R1 激酶是新奇的，也和其他真核生物的蛋白激酶不同。

HSV-2 的 R1（ICP10）是个多功能蛋白，它包含一个 RR 和一个丝氨酸/苏氨酸 PK 域，它有 3 个富脯氨酸残基序列，与 140、149 和 396 位处的 SH3 结合位点相一致。Nelson 等采用定点突变技术来鉴定激酶活性和与信号蛋白相互作用所必需的氨基酸。突变 Lys176 或 Lys259 并和 14C 标记的 ATP 类似物 ρ-氟磺酰基二氟乙酸甲酯苯甲酰 5′-腺苷酸（FSBA）结合，结果表明可使 PK 活性降低为原来的 1/8～1/5，酶活性并没有被消除。但对两个赖氨酸残基的突变和与 FSBA 的结合可以消除酶的活性，暗示两者之一都可以结合 ATP。在 Mg^{2+} 或 Mn^{2+} 离子存在的情况下，突变 Glu209（PK 催化剂基元Ⅲ）几乎可以消除酶活性。暗示 Glu209 在离子依赖型 PK 活性中发挥作用。ICP10 可以在体外和衔接蛋白 Grb2 结合。突变 ICP10 富脯氨酸基序 396 和 149 位的残基可以使 ICP10 与 Grb2 的结合能力分别降低为原来的 1/20 和 1/2。对这两个基序同时突变使得其结合能力得以消除。Grb2 C-末端 SH3 基序的多肽可以竞争 Grb2 与野生型 ICP10 的结合，表明其包含 Grb2 的 C-末端 SH3（John 等，1996）。

4. R1 的抗凋亡功能 HSV-2 R1 的 RR 域对于 R1 的抗凋亡功能是必不可少的（Stephane 等，2007）。HSV-1 和 HSV-2 的 R1 可以保护细胞抵抗 poly（I·C）诱导的细胞凋亡以及肿瘤坏死因子 α 和 Fas 配体与半胱氨酸天冬氨酸蛋白酶-8（caspase-8）相互作用后诱导的细胞凋亡，poly（I·C）是病毒 dsRNA 的一个合成类似物，可以快速地触发 caspase-8 的活化及 HeLa 细胞的凋亡（Florent 等，2011；Florent 等，2011）。HSV-2 ICP10 PK 也能保护通过抑制 caspase-3 的活化和 XIAP（凋亡抑制蛋白）上调造成神经生长因子的缺乏而导致的细胞凋亡。研究数据进一步表明 ICP10 PK 抑制的细胞凋亡不依赖于其他病毒的蛋白，这也是一个有前景的神经元基因治疗平台（Samantha 等，2007）。

5. HSV-1 中以 UL39 为靶基因的 siRNA 效果 Ren（2008）等用小 RNA 干扰技术（small interfering RNA，siRNAs），以 HSV-1 UL39 为靶基因，该基因编码 R1（ICP6），利用合成的 siRNAs 片段对 HSV-1 蚀斑形成和 UL39 mRNA 的相对表达量的影响进行了研究。该研究使用一个表达 ICP6 的报告质粒 pEGFP-N1 和体外感染模型，结果表明合成的 siRNA 可以有效地且特异性地沉默 UL39 mRNA 的表达和抑制 HSV-1的复制。他们的研究结果还表明 HSV-1 易受 RNAi 通路的影响。siRNAs 试验可以导致 HSV-1 UL39 基因的沉默和病毒蚀斑形成的减少。

6. PRV 和 VZV 的 R1 缺失 从 PRV 和 VZV 中缺失 R1 导致 PRV 对猪无致病力（DeWind 等，1993）或病毒在体外的生长受损（Heineman 等，1994）。PRV UL39 或 UL40 基因的突变株都能在人工培养的细胞中复制，但是都可使猪和小鼠严重消瘦。缺失 HSV-1 RR 的任何一个亚基都能导致酶活性的消除（Jichun 等，2001；Ali 等，1992）。Niels 等构建了一个 PRV R1 缺失株和一个同时缺失 R1 与糖蛋白 gI 基因的缺失株，它是 PRV 毒力的一个标志。用这两株 PRV 用来对猪进行毒力和免疫原性试验。与 PRV 拯救标记毒株（一个带有标记的 PRV 疫苗株）相反，R1 缺失突变体是无毒性的。感染强毒 PRV 后，这两个 R1 缺失突变体都能保护猪免受临床症状的侵害（DeWind 等，1993）。

VZV 的 ORF18 和 ORF19 分别与 HSV-1 基因编码的 RR 的大小亚基同源。Heineman 等（1994）通过 4 个重叠的黏粒 DNAs 转染人工培养的细胞，成功构建了

VZV 重组体。为了构建 RR 缺失株，他们从一个黏粒中删除了 VZV ORF19 97%的序列。该黏粒和其他亲代黏粒共同转染，构建了一个缺失了 2.3 kb 的 VZV 突变体，并通过 southern blotting 得到了证实。病毒特有的 RR 活性在感染缺失了 ORF19 的 VZV 的细胞里没有检测到。用缺失 ORF19 的 VZV 感染黑色素瘤细胞产生的蚀斑要小于那些感染亲代 VZV 的蚀斑。该突变体的生长速度也要略慢于亲代病毒。VZV RR 的化学抑制剂阿昔洛韦显示出具有较强的抗 VZV 的活性。同样，抑制 VZV RR 缺失突变体蚀斑形成所需要的 50%的阿昔洛韦的浓度仅为亲代病毒的 1/3。他们推断 VZV RR 对于病毒在体外的感染不是必要的；但是，删除该基因损害 VZV 在培养细胞中的生长且使得该病毒变得对抑制剂阿昔洛韦更加敏感。在分裂的细胞中HSV -1 RR 对于病毒的生长和 DNA 的复制是不需要的，但在不发生分裂的细胞中它对于病毒的生长可能是需要的（Jordan 等，1998；Goldstein 等，1988）。

7. R1 的其他功能 HSV - 2 的 R1 还能阻止外源性药剂或病毒基因产物诱导的程序性细胞死亡（Perkins 等，2002）。HSV - 1 至少编码三个蛋白激酶（Us3、UL13 和 UL39 基因产物），并可能利用它们调节自身的复制进程和修饰由特定病毒及细胞蛋白的磷酸化作用所导致的细胞加工过程（Kawaguchi 等，2003）。另外有研究证明HSV - 1 的 R1 除了其 RR 功能外，可能在病毒的发病机制中发挥另外的功能，在放线菌酮存在的情况下，R1 的 mRNA 很快产生，属于立即早期基因类型。在分化细胞的其他通路中，包括宿主细胞的还原酶，可用于病毒 DNA 的合成，因此在这种情况下，HSV 的 RR 对于病毒的复制是可有可无的（Jordan 等，1998）。HSV - 2 R1（ICP10）可以增强 IE 蛋白的功能，在潜伏期活化中发挥作用（Smith 等，1998）。

（二）Beta 疱疹病毒 UL39（R1）基因及其编码蛋白

与 α 和 γ 疱疹病毒不同，包括 CMV 的 β 疱疹病毒没有一个编码 R2 亚基的基因，而且 R1 亚基也缺乏重要的催化残基，由此推断它们不表达一个有功能的 RR（David 等，2008）。CMV 的基因组有一个和其他疱疹病毒的 R1 亚基有同源性的 ORF。这个 ORF 在人巨细胞疱疹病毒（human cytomegalovirus，HCMV）和鼠巨细胞疱疹病毒（mouse cytomegalovirus，MCMV）中被分别称为 UL45 和 M45（Walter 等，2003；Rawlinson 等，1996），UL45 和 M45 的功能并不完全相同，它们的区别可能在于它们的 N 末端序列不同。

HCMV 是一个普遍存在的 β 疱疹病毒，可以引起免疫功能不全的个体和新生儿严重的疾病，其在分化细胞中复制，在流产患者血液的中性粒细胞中传播（Sinzger 等，1995；Gerna 等，2000）。HCMV 编码一个与 R1 有关的蛋白，但是不编码相应的 R2。

R1 同源物 UL45 缺乏许多催化残基，并且它对 dNTP 产量的影响尚不清楚。研究表明 HCMV UL45 基因产物是一个病毒粒子的被膜蛋白，在感染的末期开始积聚，在低感染复数的情况下影响病毒的生长，为了研究 UL45 蛋白在其基因组内部的功能，通过转位子的插入来破坏 UL45 基因。UL45 敲除突变体（UL45 - knockout，UL45 - KO）在低感染复数的纤维母细胞里表现出生长缺陷和细胞与细胞间传播缺陷，这不是 dNTP 供应减少造成的，因为突变体病毒感染静息细胞里的 dNTP 库没有改变。对于 Fas 诱导的细胞凋亡，UL45 - KO 突变体感染细胞和那些亲代病毒感染相比中等敏感（Patrone 等，2003）。

人疱疹病毒 6 型和 7 型（human herpesvirus 6 and 7，HHV - 6 and 7）与 HCMV 和 MCMV 都属于 β 疱疹病毒，它们没有 R2 基因，因此它们不能装配成一个完整的病毒 RR。但它们编码一个 R1 蛋白，其 RR 的功能一直备受争论。有研究表明 HHV - 7 R1（UL28 基因编码产物）与 α 疱疹病毒 R2 亚基结合后组成的酶是不活跃的（Sun 等，1999）。然而，当研究 MCMV 感染细胞的 RR 的效果时，Landolfo 及其同事（Lembo 等，2000）发现一个唯一有效 R2 的感应，因此他们做出了这一假设：MCMV R1（M45）和细胞的 R2 装配成一个混合的病毒-细胞酶，推理该假设适用于所有的 β 疱疹病毒。这一假设暗示 M45 及其同系物不对等地承担部分 RIS 功能，因为它们已经失去了氧化-还原半胱氨酸和额外涉及从 R2 双铁中心（Kauppi 等，1996；Nordlund 等，1993）捕获酪氨酰胺自由基和在催化位点发生自由基反应的残基（Uhlin 等，1994；Eriksson 等，1997；Stubbe 等，2001），并且它们也没有用于和 R2 结合的细胞 R1 C - 末端延伸的等价物（Davis 等，1994；Lycksell 等，1994）。另一方面，M45 对于 MCMV在内皮细胞中的复制是必要的（Brune 等，2001），当感染一个敲除 M45（M45 -knockout，M45 - KO）突变体时，它经历一个过早发生的细胞凋亡，M45 在巨噬细胞上的生长也是有缺陷的。这一发现揭示了 M45 的一个新奇的抗凋亡作用，将有助于研究 MCMV 朝着成血管细胞系的向性运动（Patrone 等 ，2003）。最近对 HCMV R1（UL45）在感染背景下的作用进行了评估。一个生长在人脐静脉内皮细胞上的促内皮功能的 UL45 - KO 衍生物菌株具有正常的动力学，也没有细胞凋亡的迹象（Hahn 等，2002）。

分析 α 和 γ 疱疹病毒的基因组序列发现普遍存在基因编码的功能等同物，用于细胞核苷酸合成代谢的酶（Duncan 等，2006；Caposio 等，2004）。β 疱疹病毒的基因组缺乏与 DNA 前体生物合成有关的大部分的基因，即胸腺嘧啶核苷酸酶、胸苷酸合成酶、二氢叶酸还原酶和核糖核苷酸还原酶小亚基，相反，编码 R1 亚基和 dUTPase 的基因容易发生突变并且常编码无催化活性的蛋白（Patrone 等，2003；Holzerlandt 等，2002）。

直到现在，β疱疹病毒的R1仍是生物学科的一个谜团（David等，2008）。

（三）Gamma疱疹病毒UL39（R1）基因及其编码蛋白

在疱疹病毒中发现一个非常保守的编码去泛素化酶（deubiquitinating enzyme，DUB）的一个基因片段。EBV的BPLF1编码一个（3 149个氨基酸）展现去泛素化活性的被膜蛋白，突变活性位点半胱氨酸对其没有影响。然而疱疹病毒的DUBs仍然是难懂的。为了调查一个预测的EBV BPLF1和EBV RR之间的相互作用，功能克隆构建了一个EBV BPLF1 N-末端的246个氨基酸（BPLF1 1～246），通过免疫沉淀反应证实病毒的R2小亚基和BPLF1蛋白之间存在相互作用。此外，RR的大亚基R1似乎在体内和体外都被泛素化了，然而并没有检测到R2亚基的泛素化形式。泛素化R1需要表达RR复合物的两个亚基。此外，共表达R1和R2以及BPLF1 1～246可以取消R1的泛素化。EBV R1、R2和BPLF1 1～246在人胚肾293T细胞中共定位于细胞质中。最后，有酶活性的BPLF1 1～246的表达降低了RR活性，非功能活性位点的突变（BPLF1 C61S）对其没有影响。这些结果表明EBV的去泛素化酶与泛素基质相互作用影响EBV RR的活性。这是第一个证实的以EBV泛素化酶为目标的蛋白（Christopher等，2009）。

在含有游离体病毒DNA的肿瘤细胞中，鼻咽癌（nasopharyngeal carcinoma，NPC）和EBV主要以潜伏感染的形式存在。有研究表明无环核苷磷酸酯（acyclic nucleoside phosphonate analog，ANP）类似物和西多福韦可以通过其导致的细胞凋亡抑制鼻咽癌异种移植物在裸鼠体内的生长。已经证明RR抑制剂、羟基脲和3，4-二羟基苯并氧肟酸可以抑制肿瘤的生长从而被用来作为抗病毒物质和抗癌药物。RR抑制剂可以增强西福多韦在EBV转化上皮细胞里的抗肿瘤作用。羟基脲还可以显著地提高西多福韦抑制NPC在无胸腺小鼠内的生长抑制作用，增强ANP对NPC的抗肿瘤作用（Naohiro等，2005）。

（四）鸭瘟病毒UL39（R1）基因及其编码蛋白

路国富、程安春等（2013）对DPV UL39的研究获初步结果。

1. DPV UL39（R1）基因分子特性 DPV UL39基因大小为2 433 bp，G+C含量为45.05%，编码810个氨基酸多肽蛋白（R1），有4个潜在的糖基化位点，40个潜在的磷酸化修饰位点，无信号肽和跨膜区。预测分子量大小为91.602 07 kD，等电点为6.520。

2. DPV UL39（R1）基因的原核表达及多克隆抗体 将用高保真酶PCR扩增的

UL39 基因产物送宝生物工程（大连）有限公司进行 T 克隆并测序，构建重组质粒 pMD20-T-UL39。用 *Bam*HⅠ和 *Hin*dⅢ双酶切 pMD20-T-UL39 重组质粒，回收纯化目的片段产物，定向插入经 *Bam*HⅠ与 *Hin*dⅢ双酶切的 pET-32a（+）载体，构建重组表达质粒 pET-32a/UL39，转化入 Rosetta（DE3），用 IPTG 诱导表达发现 R1 蛋白以包含体形式为主，大小为 110 kD 左右。对表达条件进行优化，确定最佳条件为终浓度 0.4 mmol/L 的 IPTG 在 30 ℃水浴诱导表达 6 h。Western blotting 分析时以兔抗 DPV 的阳性血清作为一抗检测重组蛋白 pET-32a/ DPV-R1，HPR 标记的羊抗兔 IgG 作为二抗，以空载 pET-32a（+）表达产物作为阴性对照。结果表明：成功表达的重组蛋白为 DPV 的 R1 蛋白（图 3-106）。采用切胶回收和电透析的方法对 R1 进行纯化，获得的重组蛋白纯度较高。用纯化蛋白和弗氏佐剂混匀后对家兔进行免疫，制备兔抗 DPV R1 多克隆抗体，琼脂扩散试验效价达 1∶(16～32)。

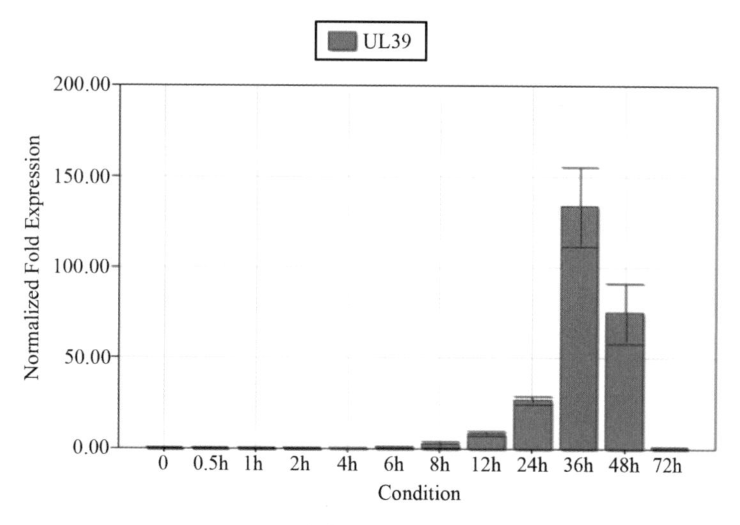

图 3-106 DPV 感染细胞后 UL39 基因转录时相

3. DPV UL39（R1）基因转录和表达时相 通过 FQ-PCR 对 DPV UL39 基因在 DEF 中的转录时相检测结果表明：DPV 感染细胞后的转录产物 2～4 h 开始能检测到，36 h 能检测到的 UL39 mRNA 达到高峰，48 h 开始下降。采用 DNA 和蛋白质合成抑制试验研究 UL39 基因的基因类型。采用 western blotting 法对 DPV UL39 基因表达时相分析，DPV 感染 3～6 h 时 R1 表达量很少，36 h 时 R1 的表达量达到高峰，推断 DPV UL39 基因为立即早期基因。

4. DPV UL39（R1）蛋白亚细胞定位 间接免疫荧光法检测 DPV 感染 DEF 后 UL39 蛋白在 DEF 中的定位，发现特异性荧光主要集中在胞核周围（图 3-107）。

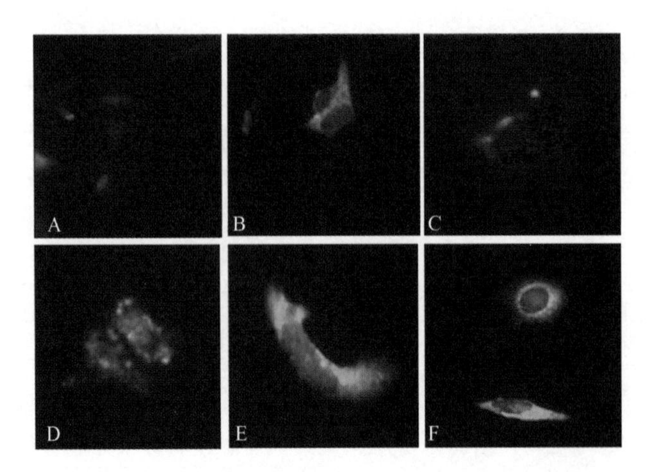

图 3－107　DPV 感染细胞后 UL39 蛋白的亚细胞定位

A. 未感染 DPV 的 DEF　B. 感染 DPV 12 h 的 DEF　C. 感染 DPV 24 h 的 DEF　D. 感染 DPV 36 h 的 DEF　E. 感染 DPV 48 h 的 DEF　F. 感染 DPV 60 h 的 DEF

其中一抗是孵育兔抗 DPV R1 的抗体 IgG，二抗均是孵育 FITC 标记的羊抗兔 IgG，细胞核均由 DAPI 复染为蓝色

（程安春，汪铭书，杨乔）

第三节 编码其他蛋白基因及其功能

一、US2 基因及其编码蛋白

（一）疱疹病毒 US2 基因及其编码蛋白

有关鸭瘟病毒 US2 基因的研究资料很少，以下有关疱疹病毒 US2 基因的研究资料（高洁等，2014）对进一步开展鸭瘟病毒 US2 基因的研究将有重要参考作用。

1. 疱疹病毒 US2 基因的特点　US2 基因是一个作用于免疫调节的基因，US2 基因编码的 US2 蛋白是一个外膜蛋白（间层蛋白），同时也是一个高度保守的蛋白（Kang 等，

2010）。在不同疱疹病毒中它的作用不同，但其主要作用于主要组织相容性复合物（major histocompatibility complex/MHC）分子的重链，诱导 MHC 分子在细胞质中被蛋白酶体降解，干扰 MHC 复合物在感染细胞表面的表达，影响抗原递呈途径从而逃避宿主免疫机制。US2 基因在不同的病毒中有不同的名称，如在马疱疹病毒 1 型（EHV－1）中称为 68 基因，人单纯疱疹病毒 1 型（HSV－1）中称为 US2 基因，而在伪狂犬病病毒（PRV）中称为 28K 基因（Meindl 等，1999）。α 疱疹病毒的 US2 同源物除了 PRV 是向右转录的，其他的都是向左转录（Zelnik 等，1993）。US2 基因位于疱疹病毒的 US 特定短区内，对某些疱疹病毒在体外细胞的复制中是非必需的（Kang 等，2010）。Keith 等在研究 US2、gC、UL13 的表达对 MDV 水平传播的影响中发现，US2 基因的缺失并不影响 MDV 的水平传播（Jarosinski 等，2010）。Ohsawa 等（2002）研究发现在猴 B 病毒（BV）中，其 US2 氮端的 70%是高度保守的，这与哺乳动物（如 HSV－1、HSV－2）和禽 α 疱疹病毒中的 US2 基因特点是一致的，即它们有着相同的序列，而且被可变序列分隔开。

2. 疱疹病毒 US2 基因编码蛋白特点　除了水痘-带状疱疹病毒（VZV）不编码 US2 同源物，US2 基因被大部分 α 疱疹病毒和未分类的鸟类疱疹病毒的同源物所编码，包括 HSV－1、PRV、MDV、EHV－1、马疱疹病毒 4 型（EHV－4）、HVT、牛疱疹病毒 1 型（BHV－1）和传染性喉气管炎病毒（ILTV）（Jiang 等，1998）。US2 基因编码的蛋白在某些疱疹病毒中有其特殊称谓，如 PRV 称为 28K 蛋白（Furman 等，2002）。

Thilo 等（2006）的研究表明其在人巨细胞病毒（HCMV）的感染早期 US2 基因开始表达 US2 蛋白。THOMAS R. 等对 HCMV 的研究中证明 US2 基因编码 US2 糖蛋白（gpUS2），而且在病毒复制的整个过程中都表达，在细胞内的半衰期也很短（Jones 等，1997）。

HCMV 的 US2 是一个 199 个氨基酸的膜蛋白，是内质网腔的组成部分，有一个单独的跨膜区和一个短的细胞质内尾区（Gewurz 等，2001）。对 HCMV 的研究表明：gpUS2 单独作用不能完全有效地防止 $CD8^+$ T 淋巴细胞识别被感染的纤维细胞，只有与 gpUS3、gpUS6、gpUS11 蛋白共同作用才能有效地发挥其免疫逃避机制从而躲避宿主免疫（Besold 等，2009）。马立克氏病病毒（MDV）的 US2 蛋白同源物对病毒在胞内和胞外的复制是非必需的（Jarosinski 等，2010）。MDV 的 US2 基因最初由 Cantello 测定了序列，并推断出其编码一个有着 32.4 kD 分子量的蛋白质（Cantello 等，1991）。Brunovskis 和 Velicer 也证明了 MDV US2 产物在感染细胞中是一个有 30 kD 分子量的蛋白质（Zelník 等，1994）。MDV、火鸡疱疹病毒（HVT）以及所有 α 疱疹病毒 US2 蛋白的氮端区域是高度疏水性和高度保守的（Zelnik 等，1993）。PRV 的 US2 基因编码一个有 263 个氨基酸的蛋白质，可以预测其分子量大小为 28 kD，它是成熟病毒粒子的外膜蛋白，是所有 α 疱疹病毒中最保守的（Kang 等，2010；Lyman 等，2006）。US2 在

PRV 中是一个早期基因，在 PRV 感染早期就被表达，集中在细胞质运输小泡中和细胞膜上（Clase 等，2003）。另外，Ming-Hsi Kang 发现在 PRV 中，US2 的异戊二烯化对于其在细胞膜上的定位是必要的（Kang 等，2010）。

鸭瘟病毒（DPV）US2 基因编码 239 个氨基酸，分子量是 34 kD，而且编码的蛋白质还有两个潜在的 N-链接糖基化位点，分别在 85～88 位和 127～130 位氨基酸位点上（Hu 等，2009）。McGeoch 等发现 HSV-1 的 US2 基因编码的蛋白有一个疏水性氮端区域，而且可能与膜组成有关（Parcells 等，1994；McGeoch 等，1985）。Zelnik 等对 HVT 的 US2 蛋白在微粒体中表达的研究发现，此蛋白大小并没有受到影响，由此推断 HVT 的 US2 蛋白不可能有信号肽的作用，尽管其氮端是高度保守的（Zelník 等，1994）。McGeoch 等由人单纯疱疹病毒 2 型（HSV-2）的 US2 基因推测出其编码一个 291 个氨基酸、分子量为 33 kD 的蛋白质（Jiang 等，1998）。EHV-1 的 US2 蛋白被认为和病毒外膜及细胞膜有关（Meindl 等，1999）。但是大多数 α 疱疹病毒 US2 蛋白都没有异戊二烯化或者脂修饰信号，而且也没有特定的跨膜区（Kang 等，2010）。

3. 疱疹病毒 US2 蛋白的功能

（1）US2 蛋白与病毒毒力　Jiang 等的研究结果表明当小鼠作为宿主时，US2 基因产物并不是人单纯性疱疹病毒 HSV 致病性的决定性因素（Jiang 等，1998）。伪狂犬病毒 28K 蛋白缺失株对其毒力没有影响。28 kD 蛋白对病毒在体外细胞内的增殖、在口咽部的增殖是非必需的，对病毒的毒力表达和在中枢神经系统的扩散也是非必需的（Kimman 等，1992）。但是，研究表明 US2 蛋白在病毒的自然感染中对毒力起到了决定性作用（Kang 等，2010；Lyman 等，2006）。对 EHV-1，US2 蛋白的研究发现，US2 蛋白将宿主细胞膜和病毒膜连接起来，调节病毒进入细胞以及病毒在细胞间的传播能力，支持 EHV-1 在细胞内持续复制（Meindl 等，1999）。Keith 等利用 US2 缺失株，包括 US2 的全 ORF 缺失株和起始密码子缺失株证明，US2 蛋白对 MDV 在家禽中的水平传播是非必需的（Jarosinski 等，2010）。

（2）US2 蛋白在细胞代谢方面的作用

① US2 蛋白对 ERK 的作用　US2 对细胞外信号调节激酶（extracellular signal-regulated kinase，ERK）的作用使得 ERK 不能正常将细胞外信号转导到细胞核内，影响了细胞的正常细胞信号转导功能，从而使宿主细胞和外界无法“沟通”而导致其出现生长受阻（Kang 等，2010）。在 PRV 中，ERK 被 US2 蛋白控制，US2 蛋白给予 ERK 膜蛋白的特性。在没有 US2 时，ERK 广泛地分布在细胞核和细胞质中。在有 US2 存在的细胞中，大多数 ERK 定位在细胞膜、核膜和可见斑点空泡状结构里。US2 连接在 ERK 上，将其定位于细胞膜和细胞核周围的囊泡，阻止 ERK 进入细胞核（Kang 等，2010）。野生株的

US2 蛋白将 ERK“锁定”在细胞质当中，使得 ERK 不能进入细胞核去激活转录因子 Elk-1。Elk-1 的主要功能是调节与细胞生长有关的蛋白，此时细胞的生长就受到影响。除了 US2 蛋白，还没有其他蛋白被证明能调节 ERK 的定位。但试验发现 US2 并不阻止 ERK 的活化也不抑制 ERK 酶的活性，US2 表现出的对 ERK 的信号转导是受空间限制的。US2 和 ERK 相互结合作用是以其高级结构存在的，而不是一条直线型的多肽（Kang 等，2010）。同时还发现 US2 蛋白可以指导 ERK 并入病毒的外膜，而这也许可以改变新感染细胞的生理功能（Lyman 等，2006）。其他疱疹病毒 US2 蛋白对 ERK 的调节作用尚未见报道。

② US2 蛋白对 HFE 的作用　人巨细胞病毒（HCMV）US2 蛋白作用于调节铁代谢的遗传性血色素沉着症候选基因产物（HFE）——非典型Ⅰ型分子，然后被蛋白酶体降解（Basta 等，2002）。HCMV 的 US2 基因在人胚肾（human embryo kidney，HEK）293 细胞中的稳定表达导致了 HFE 在细胞内和细胞表面的表达缺失。正因 US2 蛋白对 HFE 和典型Ⅰ类组织抗原复合物（MHC Ⅰ）有影响，US2 蛋白为 HCMV 改变细胞代谢提供了一个有效的工具，所以 US2 蛋白通过调节铁代谢可能影响病毒复制（Ben-Arieh 等，2001；Vahdati-Ben Arieh 等，2003）。虽然 US2 蛋白可以作用于典型Ⅰ类分子（如 HLA）和非典型Ⅰ类分子（如 HFE），但是 US2 对 HFE 和 HLA 的影响相似但不完全相同，因为 US2 蛋白攻击这两种分子重链的能力不同（Vahdati-Ben Arieh 等，2003）。

（3）US2 蛋白在细胞免疫应答方面的作用

① US2 蛋白对 MHC Ⅰ类分子的作用　体内所有的细胞都能表达 MHC 的Ⅰ类分子，它参与来自细胞内的抗原提呈。MHC 的Ⅰ类分子是一个异二聚体，由可糖基化的重链分子和 $\beta 2$-微球蛋白以非共价键结合（Oresic 等，2006）。US2 和 Us11 蛋白能将新合成的Ⅰ型 MHC 复合物分子的重链迅速从内质网诱导到细胞质中，然后被蛋白酶体降解，导致细胞不表达 MHC 分子。当缺乏Ⅰ型 MHC 的表达时，在细胞表面就缺乏能将 T 细胞和抗原结合起来的“信使”，抑制细胞表面的 MHC Ⅰ型分子的表达正好促进了病毒对 $CD8^{+}$ 细胞毒性 T 细胞识别的逃避（Clase 等，2003；Barel 等，2003；Oresic 等，2008；Schempp 等，2011），从而影响抗原递呈途径来抑制机体的特异性免疫应答。MHC 的Ⅰ类分子的重链先是被糖基化，然后紧接着被蛋白酶体降解。在整个过程中还需要易位子和辅因子的作用。在病毒感染的早期，在内质网中的 US2 和 US11 蛋白独立地结合到新合成的 MHC Ⅰ类分子上，然后通过 Sec61 易位子将分子的重链转移到细胞质中（Gewurz 等，2001）。其中 US2 和 Us11 对Ⅰ类 MHC 分子作用的辅因子是转位链相关膜蛋白 1（translocating chain-associated membrane protein-1/TRAM1）（Oresic 等，2009）。Helen 等研究表明 TRC8（易位到肾癌中的染色体 8 基因）是 MHC Ⅰ类分子降解所必需的。TRC8 是一个内质网（ER）的 E3 泛素连接酶，是 US2 介导的Ⅰ型 MHC 分子泛素化

所必需的，TRC8 的损耗会导致Ⅰ型 MHC 不泛素化，即使表达了 US2，Ⅰ型 MHC 分子还会正常定位到细胞表面，只是不能被相关的 CD8＋T 细胞识别（Stagg 等，2009）。

研究还发现 US2 和 Us11 蛋白攻击复合物重链分子的能力不同。US2 和 Us11 蛋白通过不同策略作用于 MHC 的重链，目前的研究表明 US2 和 Us11 分别作用于 HLA 重链分子的不同区域（Barel 等，2003；Oresic 等，2009；Machold 等，1997）。US2 和 Us11 用不同机制来介导重链降解，US2 同时作用于重链的跨膜区和细胞质内的尾区催化降解，而 US11 仅需作用于跨膜区（Furman 等，2002）。当然，也不是所有的Ⅰ类 MHC 都对此降解反应敏感（Barel 等，2006）。

HLA－A、HLA－B、…、HLA－H 是 MHC 的Ⅰ类基因编码分子重链的一组基因，称为 Ib 类基因。研究发现 HCMV 的 US2 蛋白攻击 HLA－A 和 HLA－B 基因的产物，而不是 HLA－C 和 HLA－G 基因的产物，尽管这些基因产物之间在 US2 蛋白结合位点有高度同源性，但是 US2 蛋白又降解与 HLA 同源性不高的 MHCⅡ类分子的 DR 部分和 DM 部分，这些情况说明在特殊组织中表达的 MHC 分子可能对 US2 蛋白有不同的敏感性（Vahdati－Ben Arieh 等，2003）。另外有研究表明所有的 HLA－A 和 HLA－G 的表达产物，尤其是 HLA－B 等位基因的表达产物会被 US2 蛋白影响。但一些 HLA－B 等位基因以及所有 HLA－C 和 HLA－E 等位基因产物很有可能对 US2 蛋白介导的降解不敏感。BENJAMIN E 等也证明内质网腔的 US2 区域允许与 HLA－A 位点编码的Ⅰ型分子重链紧密结合（Gewurz 等，2001）。Kristina Oresic 和 Domenico Tortorella 证明 US2“破坏”Ⅰ类 MHC 复合物分子是利用了特殊的分子伴侣去促进Ⅰ型复合物的错误定位，即从内质网诱导到细胞质，US2 蛋白通过促进Ⅰ类分子重链的降解导致Ⅰ类分子在 HCMV 感染早期中的向下调节。在降解的过程中会有分子伴侣参与（Oresic 等，2008；Rehm 等，2002）。就如同内质网对错误折叠的蛋白的降解一样，US2 和 Us11 蛋白介导的降解在某种程度上与其相似（Oresic 等，2008）。

② US2 蛋白对 MHC Ⅱ类分子的作用　US2 蛋白除了催化降解Ⅰ型 MHC 复合物分子还催化降解Ⅱ型 MHC 复合物分子（Schempp 等，2011），US2 已经被证明在抗原递呈途径上催化降解Ⅱ型复合物的两个部分：DR－α 和 DM－α（Rehm 等，2002；Wiertz 等，2007）。对 HCMV 缺失株的研究表明，HMCV 的主要免疫调节基因定位在病毒基因组 US2－Us6 以及 Us11 的区域，免疫调节基因只是部分介导或者并不介导 MHC Ⅱ型分子在树状突细胞表面表达量的减少（Schempp 等，2011）。

4. US2 编码蛋白与其他蛋白的相互作用

（1）US2 编码蛋白与 Us10 蛋白的相互作用　Us10 的作用是延迟Ⅰ型 MHC 分子的成熟，但是研究发现，在星形胶质瘤细胞中，Us10 蛋白并不影响 US2 蛋白对Ⅰ型

MHC 分子的降解作用，即没有明显的促进或抑制作用（Furman 等，2002）。

（2）US2 编码蛋白和 Us11 蛋白的作用　US2 和 Us11 两种蛋白联合起来对Ⅰ型 MHC 分子进行降解，作用于Ⅰ类 MHC 分子重链的不同区域（Furman 等，2002；Barel 等，2003；Machold 等，1997），然后通过细胞运输小泡将其运到细胞质中被蛋白酶体降解（Jarosinski 等，2010；Jiang 等，1998；Machold 等，1997）。在病毒感染的早期，在内质网中的 US2 和 Us11 蛋白独立地结合到新合成的 MHC 的Ⅰ型分子上，然后通过 Sec61 易位子将分子的重链转移到细胞质中（Gewurz 等，2001）。

（二）鸭瘟病毒 US2 基因及其编码蛋白

高洁、程安春等（2014）对 DPV US2 的研究获初步结果。

1. 鸭瘟病毒 US2 基因的分子特性　DPV US2 基因大小为 720 bp，共编码 239 个氨基酸，分子量为 26 069.17 D。DPV US2 蛋白无信号肽和跨膜区，具有良好的抗原性。DPV US2 蛋白功能位点预测分析表明 US2 蛋白质有 2 个蛋白激酶 C 磷酸化位点、3 个酪蛋白激酶Ⅱ磷酸化位点、4 个 N－豆蔻酰化位点、1 个酰胺化位点、2 个 N－糖基化位点，这说明翻译后蛋白质修饰对蛋白的结构和功能有重要的作用。表达的 US2 蛋白在感染细胞内主要定位于细胞质和细胞核，内质网和分泌小泡中也有少量分布。氨基酸 Blastn 比对和进化树构建发现 DPV US2 和禽马立克氏病病毒属亲缘关系较近。密码子分析表明 US2 在原核表达中不需要优化密码子，表达比较容易。

2. 鸭瘟病毒 US2 基因的克隆、原核表达以及多抗的制备　通过 PCR 扩增 US2 基因，将其克隆到 T 载体上。经 TaKaRa 测序正确的 T 克隆质粒 pMD18－T/US2 用 *Eco*RⅠ和 *Hin*dⅢ进行双酶切，胶回收目的片段并定向插入表达载体 pET－32a（＋）后，获得了 PCR、酶切和测序鉴定正确的重组表达质粒 pET－32a（＋）/US2。表达质粒经 IPTG 诱导后能在 BL21 菌中表达出一条大小约为 45 kD 的条带蛋白。以兔抗鸭瘟病毒血清作为一抗，通过免疫印迹方法来检测 US2 重组蛋白与一抗的反应原性，结果表明 pET－32a（＋）/US2 表达载体诱导表达后的菌体蛋白与 DPV 全病毒血清反应产生了一条分子量和重组蛋白大小一致的条带（约 45 kD），说明其具有良好的反应原性。用经过尿素包含体洗涤液洗涤后的纯化 US2 蛋白免疫兔获得了兔抗 US2－IgG 多克隆抗体，抗体琼扩效价为 1∶16。

3. 鸭瘟病毒感染鸭胚成纤维细胞（DEF）后 US2 基因 mRNA 转录水平、表达动力学及细胞定位分析　采用实时荧光定量 PCR 技术对 DPV 感染 DEF 不同时期 US2 mRNA的水平变化进行荧光定量分析，并提取不同感染时期的细胞蛋白，利用蛋白免疫印迹法检测 US2 蛋白在 DEF 中的表达水平变化。荧光定量检测结果表明：DPV 感染 DEF 24～72 h，US2 基因转录水平持续上升，84～96 h US2 mRNA 含量急剧下降，与对照组的转录水平相比，有明显差异（图 3－108）。加入核酸抑制剂放线菌酮和更昔洛韦处理的药物抑制试验表明，DPV US2 基因的转录受到核酸抑制剂的抑制作用。免疫印迹检测 US2 蛋白在感染细胞内的表达时相结果表明，DEF 感染 DPV 从 48 h 开始能明显检测到 US2 蛋白。综合上述三个试验表明，DPV US2 基因是一个晚期基因。用间接荧光免疫方法对 DPV US2 基因在感染细胞内的定位进行分析，结果显示 DEF 在感染 DPV 后的 39～50 h，蛋白主要集中在细胞膜上，而且越来越多；从 60 h 开始集中在细胞质和细胞核周围，到了 84 h 时蛋白在细胞质中明显增多（图 3－109）。

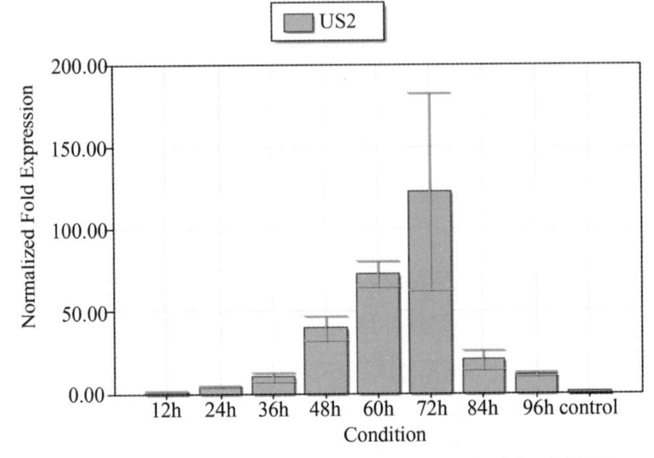

图 3－108　鸭瘟病毒 US2 基因在不同时间点的相对转录量

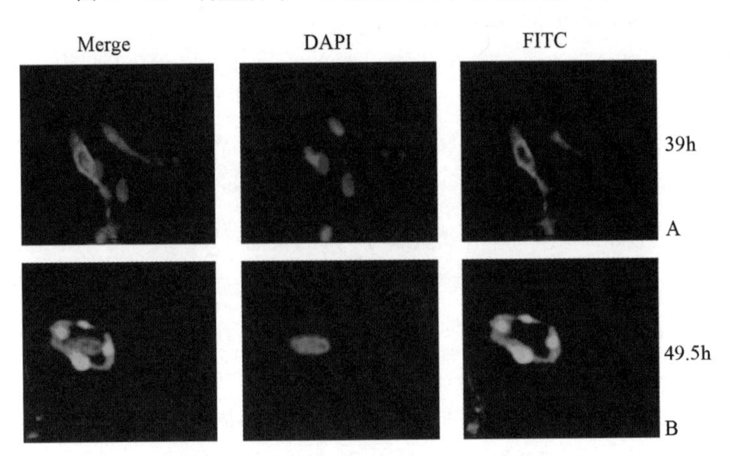

图 3－109　US2 蛋白的细胞内定位

细胞在感染后 39 h（A）和 49.5 h（B）被固定，以 US2－IgG 作为一抗，FITC 标记的二抗进行间接免疫荧光反应，DAPI 染核（蓝色）

4. 小 RNA 干扰对 DPV US2 基因功能的影响　针对 US2 ORF 的不同靶区，我们设计并合成4个shRNA载体以确保靶基因被有效抑制。目的是筛选出有效的干扰shRNA来干扰DPV US2基因转录，为研究DPV US2基因的功能提供基础。用荧光定量技术筛选出能有效干扰US2基因转录的RNA载体，然后干扰US2的转录表达，用MHC ELISA试剂盒检测到DEF细胞表面上的MHC的表达量有显著增加，该试验可以推断DPV US2基因对DEF细胞表面的MHC抗原递呈分子的表达有抑制作用。

5. 用浓缩纯化病毒颗粒进行病毒蛋白酶K试验证实了US2蛋白是皮层蛋白　研究鸭瘟病毒US2基因表达产物是否属于结构蛋白，属于哪种结构蛋白，对探索其基因编码蛋白的功能、病毒的转染、出芽、释放等具有重要意义。目前文献中提到US2蛋白在疱疹病毒中属于外膜或者皮层蛋白，但是对DPV的US2蛋白是哪种蛋白并没有进行探究。该试验利用高浓度蔗糖溶液来浓缩病毒粒子，然后分别用去垢剂SDS和蛋白酶K分别溶解DPV的外膜脂溶性蛋白和其他蛋白成分，同时用已经明确是皮层蛋白的UL51蛋白作为对照，试验结果证明US2蛋白在DPV中是一种皮层蛋白（图3-110）。

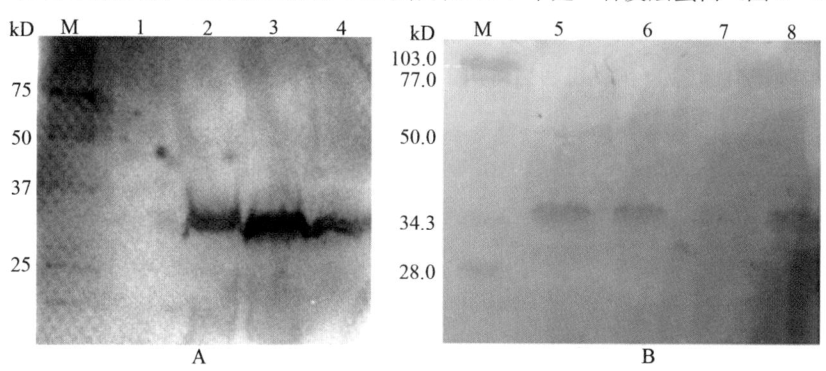

图3-110　蛋白属性分析

A. US2蛋白在浓缩病毒粒子下的免疫印迹　B. UL51蛋白在浓缩病毒粒子下的免疫印迹

M. 蛋白Marker　1. US2在SDS和蛋白酶K的处理下降解　2. 只有蛋白酶K处理的病毒粒子US2蛋白没有降解　3. 只有SDS处理的病毒粒子US2蛋白没有降解　4. 用PBS处理的病毒粒子作为对照组　5. 只有蛋白酶K处理的病毒粒子UL51蛋白没有降解　6. 只有SDS处理的病毒粒子UL51蛋白没有降解　7. UL51在SDS和蛋白酶K的处理下降解　8. 用PBS处理的病毒粒子作为对照组

（程安春，汪铭书，吴英）

二、UL17基因及其编码蛋白

有关鸭瘟病毒UL17基因的研究资料很少，以下有关疱疹病毒UL17基因的研究资料（温婷等，2014）对进一步开展鸭瘟病毒 UL17 基因的研究将有重要参考作用。

（一）疱疹病毒 UL17 基因及其编码蛋白

1. 疱疹病毒 UL17 基因序列的特点 疱疹病毒 L17 是位于特定长区的基因，存在于人的全部疱疹病毒及其他动物疱疹病毒的同源物中。疱疹病毒基因组是由即刻早期（IE）、早期（E）和晚期（L）基因构成，但 HSV 不采用 IE、E、L 基因这些名称，而是分别称为 α、β、γ 基因，它们在病毒感染增殖过程中呈现严格的线性转录特点，这使得病毒基因组的基因能有序地按照病毒增殖的要求来表达。HSV 的 UL17 基因是晚期基因（Goshima 等，2000）。HSV－1、DPV、水痘-带状疱疹病毒（VZV）、伪狂犬病病毒（PRV）UL17 基因 ORF 位于 UL15 基因内部，与 UL16 基因的开放阅读框相连，并且与 UL15 基因序列方向相反（McGeoch 等，1988；Visallir 等，2007；Wu 等，2012；Klupp 等，2004）。另外，研究发现猫疱疹病毒 1 型（FHV－1）UL17 基因中存在一种新的基因标记位点 SalI（Hamano 等，2005）。

2. 疱疹病毒 UL17 编码蛋白的特点 HSV－1 UL17 编码蛋白（pUL17）同时存在于衣壳前体、A 型、B 型、C 型核衣壳以及成熟病毒粒子中，另外还存在于仅由间层和囊膜组成的非感染性粒子 L 粒子中。并且它在成熟病毒粒子中的数量大约是 C 型核衣壳中的 2 倍。这些现象表明，它既是一种次要的核衣壳蛋白，同时又以病毒间层蛋白的形式存在（McGeoch 等，1988；Salmon 等，1998；Thurlow 等，2005）。HSV－1 的 UL17 编码蛋白位于核衣壳的外表面，在核衣壳形成过程的早期就结合到核衣壳的外表面上（Thurlow 等，2005；Wills 等，2006）。它连接 VP13/14 与衣壳的外表面，并与 VP13/14 一同组成病毒的间层部分（Scholtes 等，2010）。在电镜下观察，pUL17 和 pUL25（UL25 编码蛋白）均位于病毒核衣壳外表面（Wills 等，2006；Newcomb 等，2006），在五邻体与六邻体之间形成了细长的异二聚体，以五拷贝的分子序列呈线性排列位于每个衣壳的顶点周围，位于三联体 Ta 和三联体 Tc 上面，六邻体 P 的边上，且 UL17 蛋白位于最接近衣壳顶点的区域（Conway 等，2010；Cardone 等，2012；Toropova 等，2011）。由于最接近顶点的区域不能够充分地容纳 UL17 蛋白，因此很可能 UL17 蛋白有一部分是很柔韧易变的，并且这部分与五邻体的接触不稳定（Toropova 等，2011）。该异二聚体最初被定义为 C 型衣壳特异复合体（CCSC）（Trus 等，2007），但 Cockrell 等人随后在 A 型、B 型、C 型衣壳的重组体上发现了该物质，认为它更应该被定义为衣壳顶点特异成分（CVSC）（Cockrell 等，2011）。Roos 等发现 pUL17 和 pUL25 在 C 衣壳中大量存在，在 A、B 衣壳中仅少量存在，且二者在 A 衣壳和 B 衣壳中含量相似（Newcomb 等，2006；Trus 等，2007；Roos 等，2009；Thurlow 等，

2006)。推测也许 pUL17 和 pUL25 在衣壳上有两种构象：位于顶点附近和以在构造上无序的复合体的形式散乱地分布在其他类似的位点（Trus 等，2007)。伪狂犬病病毒（PRV）的 UL17 编码蛋白在 A 型衣壳中未发现，在 B 型衣壳的外部和 C 型衣壳的内部可检测到。推测它是伴随基因组 DNA 合并入衣壳。此外，pUL17 在成熟病毒的间层和 L 粒子中均未发现，表明 PRV pUL17 仅是一种衣壳内蛋白，不是间层蛋白（Klupp 等，2005)。如 HSV-1 的 pUL17 和 pUL25 一样，PRV 的 pUL17 和 pUL25 也被鉴定出是必要的衣壳相关蛋白（Roos 等，2009；Thurlow 等，2006；Taus 等，1998)。马立克氏病病毒Ⅰ型（MDV-1）pUL17 是一种细胞核蛋白（Chbab 等，2009)。

3. 疱疹病毒 UL17 蛋白的功能

（1）DNA 切割和组装　对 HSV-1 来说，UL17 蛋白对 DNA 的复制不是必需的，但却是 DNA 切割和组装所必需的。在核衣壳 DNA 的装配过程中，pUL17 是病毒 DNA 进入核衣壳前体必不可少的结构。疱疹病毒的 DNA 在复制时会形成首尾相接的串联体（concatemer）基因组，在合并组装入衣壳前需将其切割成基因组单元，pUL17 就参与切割和组装的整个过程。在缺乏 UL17 蛋白的情况下，DNA 组装不能进行，表明 UL17 蛋白是一种在衣壳装配早期起关键性作用的 DNA 组装蛋白（Salmon 等，1998；Thurlow 等，2005)。对 PRV 来说，其 UL17 蛋白与 HSV-1 的同源物一样，是病毒复制和病毒 DNA 切割及组装所必需的（Klupp 等，2005)。MDV 的 UL17 蛋白是病毒增殖所必需的，但其具体作用还有待研究（Chbab 等，2009)。

（2）衣壳在细胞内的正常分布　HSV-1 UL17 蛋白对细胞内复制区域衣壳的正确分布是必需的。在缺乏 UL17 蛋白的情况下，衣壳在感染细胞的细胞核内聚集，不能正常分布。Taus 等的试验提示，HSV-1 UL17 蛋白具备在病毒基因组 DNA 组装时将衣壳及衣壳相关蛋白正确定位到受染细胞核内 DNA 复制小室的功能（Taus 等，1998)。

（3）UL17 蛋白与 UL25 蛋白复合体的作用　HSV-1 UL17 基因缺失后，突变体 B 衣壳中的 UL25 蛋白水平比野生型 B 衣壳中的 UL25 蛋白水平低得多。此结果说明有效合并 UL25 蛋白到 B 衣壳中需要 UL17 蛋白，即 UL17 蛋白能使 UL25 蛋白有效合并到 B 衣壳中，而 B 衣壳被认为是 A、C 衣壳的前体。试验证实 pUL17/pUL25 复合体能加固核衣壳的外壳并稳固核衣壳。在缺少 pUL17 或 pUL25 的情况下，均会影响衣壳的稳定性和机械强化性（Salmon 等，1998；Newcomb 等，2006；Trus 等，2007；Thurlow 等，2006；Mcnab 等，1998)。且 UL17 蛋白还可能稳固核衣壳前体（Thurlow 等，2006)。同时，它有防止衣壳过早角化的作用（Salmon 等，1998)。pUL17/pUL25 复合体的相互作用、相互反应和定位会影响病毒及其蛋白质在感染细胞内的多重功能。这两种蛋白对疱疹病毒来说是必需且高度特异的，有很大的可能性作为抗病毒药物作用的靶目标结构。UL17 蛋白通过 C 末端与 UL25 蛋白的 C 末端结合，能够对其作为药物靶目标作出基础的解释（Toropova 等，2011）。用免疫沉淀反应分析 pUL25 突变体与 pUL17 相互作用的能力，显示出 pUL25 的前 50 个氨基酸对 pUL17 和 pUL25 形成异二聚体不是必需的（Scholtes 等，2009）。Trus 等（2007）发现 A 型衣壳的每个衣壳含有 7～8 个衣壳顶端特异性成分（capsid Vertex－specific component，CVSC），C 型衣壳的每个衣壳含有 27～33 个，于是提出了另一种衣壳成熟的过程，由于 DNA 的组装，也许会引发 pUL17/pUL25 复合体的形成。结合 Trus、Roos 等的研究结果，表明 A 衣壳和 C 衣壳强度的增强也许是伴随自发的，或者是在 CVSC 最接近衣壳顶点的构象形成之后（Trus 等，2007；Roos 等，2009）。Cardon 等在研究 UL36 编码蛋白（VP1/2）这一主要的间层蛋白时发现，在衣壳包装 DNA 后发生了构象的改变，pUL17/pUL25 复合体才会大量地结合到衣壳顶点附近的位点上。由于 pUL17/pUL25 复合体的结合，衣壳的构象再次改变，VP1/2 便结合到衣壳上。他们证实了 VP1/2 结合到衣壳上是需要 pUL17/pUL25 复合体的，并且在电镜下观察到 UL36 是与 pUL17/pUL25 复合体邻近顶点的部分相联结的（Cardone 等，2012）。

Yang 和 Baines 通过试验证实了 pUL31、细胞核通道复合物（NEC）的成分、pUL25 和 pUL17 有相互作用，并且 pUL31、pUL25 和 pUL17 在衣壳不完整的情况下也能相互作用，即 pUL31、pUL25 和 pUL17 三者能形成不依赖衣壳的复合体。他们在试验中发现：① pUL31、pUL25 和 pUL17 三种蛋白中的任意两种蛋白要发生免疫共沉淀反应都需要三种蛋白全部表达；②pUL31、pUL25 和 pUL17 的免疫共沉淀反应不依赖衣壳形成和 pUL34（pUL31 相互作用的搭档）；③pUL31 与衣壳结合需要 pUL25，这是 pUL31 在衣壳上的定位也许与 CVSC 一致的结果。但 pUL17 对 pUL31 结合到衣壳上不是必需的，却能增加 pUL31 与衣壳的结合度（Yang 等，2011）。

pUL17/pUL25 复合体在衣壳上的结合标志着细胞核通道的形成，C 衣壳已准备好从细胞核释放到细胞质中（Trus 等，2007；Cockrell 等，2009）。疱疹病毒以出芽方式通过核内膜，在出芽的过程中含 DNA 的核衣壳由核内膜获得被膜。在此过程中，UL31 和 UL34 蛋白在核内膜上形成复合物，称为细胞核通道复合物（NEC），控制病毒的复制和核衣壳的出芽（Liang 等，2005；Schnef 等，2006）。同时在此过程中 pUL17/pUL25 复合体和细胞核通道复合物（NEC）中的 pUL31 相互作用，形成一种保护机制，保证其在此过程中不受到损害，能形成具有感染性的病毒粒子（Yang 等，2011）。有种假设解释了 C 衣壳是怎样被挑选出来包膜的，在 DNA 组装完成后 pUL25 和 pUL17 会更加有效地结合到 C 衣壳的表面，随后这些衣壳会直接或间接地吸引 NEC 复合体（pUL31/pUL34 复合体）结合到衣壳上。与这项假设一致的发现是：在缺少

pUL25 和 pUL17 的情况下，衣壳不会进行包膜（Salmon 等，1998；Mcnab 等，1998）。然而，CVSC 的成分还具有另外的功能，它们也许能间接帮助衣壳的包膜。例如，pUL17 是 DNA 裂解和组装所必需的，pUL25 是最佳的 DNA 裂解后基因组进入衣壳的标志位点必需的产物（Mcnab 等，1998；Cockrell 等，2009；Stow 等，2001）。对伪狂犬病病毒的试验也证实了细胞核通道复合体与衣壳的相互作用，解释了细胞核通道是如何选择含 DNA 的 C 衣壳的（Leelawong 等，2011）。

通过分析 PRV 和 HSV - 1 的 pUL17/pUL25 复合体发现，不同病毒的 pUL17/pUL25 复合体可能具有不同的功能，或者它们需要与不同环境中的其他病毒蛋白相互作用才能发挥各自的功能（Kunh 等，2010）。

（4）UL17 蛋白与其他蛋白的相互作用 HSV - 1 UL17 蛋白是衣壳在细胞核内正常分布以及 pUL6、VP5、ICP35 蛋白共定位所必需的（Taus 等，1998），pUL17 在细胞核内与主要衣壳蛋白 VP5 和骨架蛋白 ICP35 共定位（Goshima 等，2000）。HSV - 2 pUL17 与 VP26 蛋白在细胞核内各处共定位。HSV - 2 的 UL17 蛋白和 UL14 蛋白结合，在 VP26 转移到细胞核的过程中起很大作用，pUL14 还会影响 pUL17 在细胞内的定位（Yamauchi 等，2001）。马立克氏病病毒（MDV）的 pUL17 与 HSV - 1 同源物一样，在感染细胞内定位于细胞核与衣壳蛋白 VP5 和骨架蛋白 ICP35 共定位（Chabab 等，2009）。pUL17 不仅与 pUL25 相互作用，还与主要的间层成分 pUL46 和 pUL47 作用（Scholtes 等，2010）。

（二）鸭瘟病毒 UL17 基因及其编码蛋白

温婷、程安春等（2014）对 DPV UL17 的研究获初步结果。

1. DPV - UL17 基因的分子特性 鸭瘟病毒 UL17 基因大小为 2 055 bp，共编码 684 个氨基酸，分子量为 75.942 98 kD。UL17 蛋白具有丰富的 B 抗原表位，说明 UL17 蛋白应该具有较强的免疫原性，能够有效刺激机体产生抗体。UL17 蛋白具有 19 个磷酸化位点、4 个糖基化位点、7 个豆蔻酰化位点，表明 UL17 蛋白翻译后经过修饰才能发挥其正常的生理功能。UL17 蛋白无信号肽位点和跨膜区，在感染细胞内主要定位于细胞核和细胞质。密码子偏好性分析表明 UL17 基因偏好性较弱，三个及三个以上的连续稀有密码子仅 3 组。

2. DPV - UL17 基因克隆表达、蛋白纯化和多克隆抗体制备 根据 DPV UL17 基因序列，用 Premier 5.0 软件设计出一对特异性引物，并将扩增的 UL17 全基因克隆入 pMD20 - T 载体中，先后经 *Xho* Ⅰ 和 *Bam*H Ⅰ 酶切后，克隆到原核表达质粒 pET - 32a（+）中，成功构建了 pET - 32a - UL17 重组原核表达质粒。之后转化到 BL21（DE3）

表达宿主菌，经IPTG诱导表达后，在包含体中获得了与理论值大小（约96 kD）一致的目的条带。用western blotting方法检测DPV UL17重组蛋白同兔抗DPV全病毒血清的反应原性，结果表明重组DPV UL17蛋白能与兔抗DPV血清特异性结合，反应原性良好（图3-111）。使用Ni-NTA琼脂糖凝胶过柱纯化UL17重组蛋白，免疫BALB/C雄性小鼠和雄性家兔，制备的鼠抗重组蛋白高免血清和兔抗重组蛋白高免血清，最高效价分别为1∶4和1∶32。

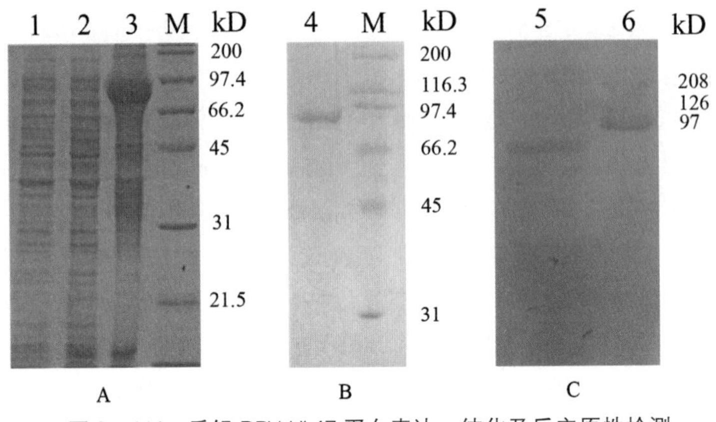

图3-111 重组DPV UL17蛋白表达、纯化及反应原性检测

M. 蛋白Marker 1. 含表达质粒pET-32a-UL17菌体总蛋白（未诱导） 2. 含表达质粒pET-32a-UL17菌体上清蛋白（诱导） 3. 含表达质粒pET-32a-UL17菌体沉淀蛋白（诱导） 4. 纯化重组DPV UL17蛋白 5. 含表达质粒pET-32a-UL17菌体总蛋白（诱导） 6. 预染蛋白Marker

3. DPV UL17基因转录和表达时相分析 将pMD20T-UL17和pMD18T-β-actin质粒分别10倍梯度稀释，作为模板用于构建FQ-PCR标准曲线，用实时荧光定量的方法检测感染后不同时间点UL17基因的转录情况，结果表明UL17基因从12 h开始转录，48 h达到最大，72 h开始急剧下降（图3-112）。为确定DPV UL17基因的转录类型，用药物更昔洛韦（GCV）和放线菌酮（CHX）处理DPV感染的鸭胚成纤维细胞（同时设立未加药物的对照组），鸭β-actin基因为内参基因。提取感染细胞内的总RNA，以反转录后的cDNA为模板进行PCR，结果表明大小约144 bp的DPV UL17基因片段只出现在未加药物的对照组中，而大小约178 bp的鸭β-actin基因片段出现在所有实验组中，说明更昔洛韦和放线菌酮均抑制DPV UL17基因的转录，UL17基因为晚期基因。通过western blotting研究DPV UL17基因在感染细胞内的表达时相，可最早于36 h检测到UL17蛋白。综合三个试验的结果说明UL17基因为晚期基因。

4. DPV UL17基因编码蛋白亚细胞定位 采用间接荧光免疫法检测UL17蛋白在

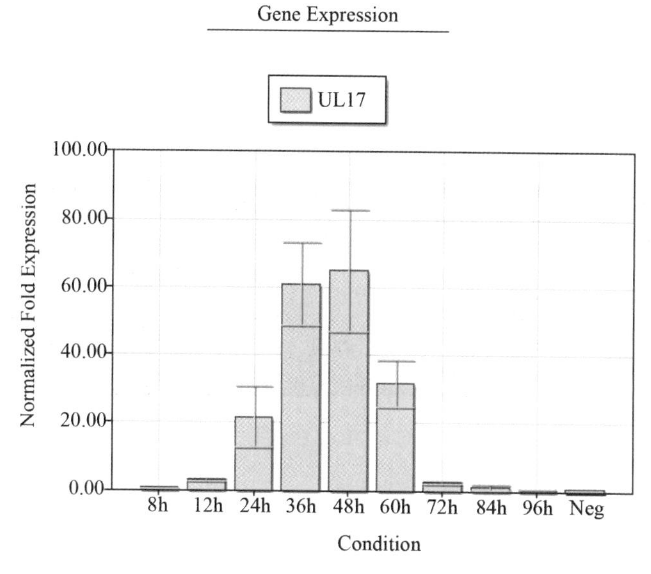

图 3－112 DPV UL17 基因转录时相

DPV 感染的鸭胚成纤维细胞内的定位情况。结果显示在感染后 6 h 细胞质可见少量特异性颗粒状绿色荧光；随着时间的增加，特异性绿色荧光的数量增多和亮度增强。感染后 24 h 观察到细胞核周围有一圈大量明显的绿色荧光，同时细胞质也发出绿色荧光。感染后 36 h 开始细胞核也开始发出绿色荧光，且随时间增加亮度增强（图 3－113）。可看出 UL17 蛋白在 DEF 中的定位呈现动态定位，由最初的细胞质、逐渐靠近细胞核并进入细胞核，定位于细胞核及细胞质。

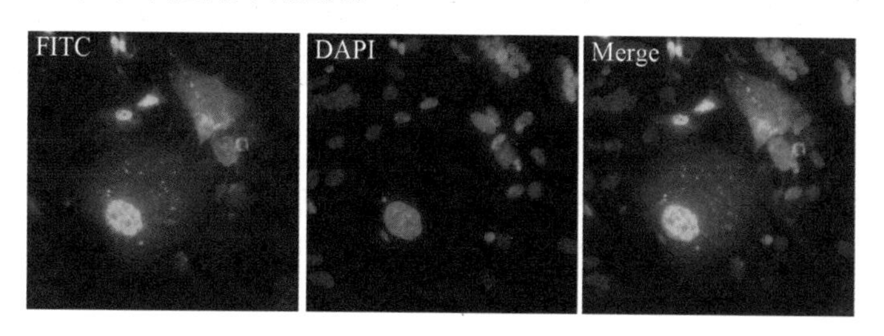

图 3－113 DPV UL17 蛋白在感染 DPV 的 DEF 中的定位情况（60 hpi）

5. DPV UL17 蛋白与 UL25 蛋白、UL26.5 蛋白亚细胞共定位研究 采用双重间接荧光免疫法检测 UL17 蛋白与 UL25 蛋白，UL17 蛋白与 UL26.5 蛋白在 DPV 感染的鸭胚成纤维细胞内是否共定位。

UL17 与 UL25 蛋白的共定位结果显示，DPV 感染 DEF 后 4 h，细胞质可见绿色及红色荧光但发光位置不同，说明二者开始在细胞质表达但未定位；感染后 12 h 开始在细胞核和细胞质同时发现绿色及红色荧光，且发出的荧光显示为颗粒状，说明二者共定位在细胞核及细胞质；24 h 细胞核的荧光增强，二者细胞核共定位的情况更加明显；36 h 细胞核整体发出强烈荧光，二者细胞核共定位情况非常明显；48 h 细胞核内已经无荧光，细胞质荧光明显，表明 UL17 蛋白与 UL25 蛋白共定位于细胞核和细胞质（图 3 - 114）。

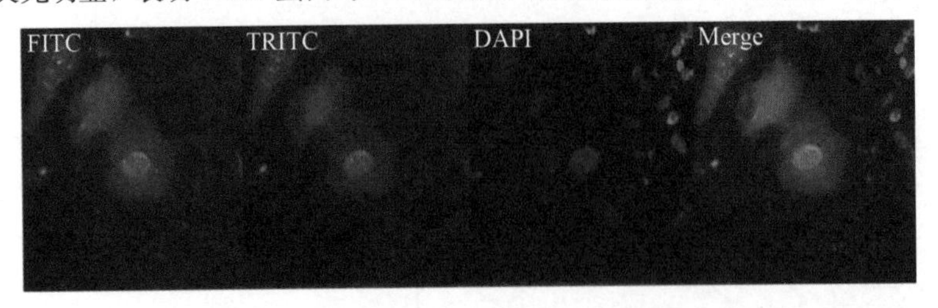

图 3 - 114　DPV UL17 蛋白与 UL25 蛋白在 DEF 中的共定位结果（36 hpi）

UL17 与 UL26.5 蛋白的共定位结果显示，DPV 感染 DEF 12 h 后，细胞质发出绿色及红色荧光，说明二者共定位在细胞质；DPV 感染 DEF 24 h 后开始，细胞核也开始发出绿色及红色荧光，且有明显的颗粒状荧光，可明显看出二者定位在细胞核，同时也定位在细胞质。随着时间增加，细胞核发出的荧光更加明显，二者共定位的情况也更加清楚（图 3 - 115）。二者在感染 DPV 的 DEF 中的定位是一个动态的过程，UL17 蛋白与 UL26.5 蛋白共定位于细胞核和细胞质。

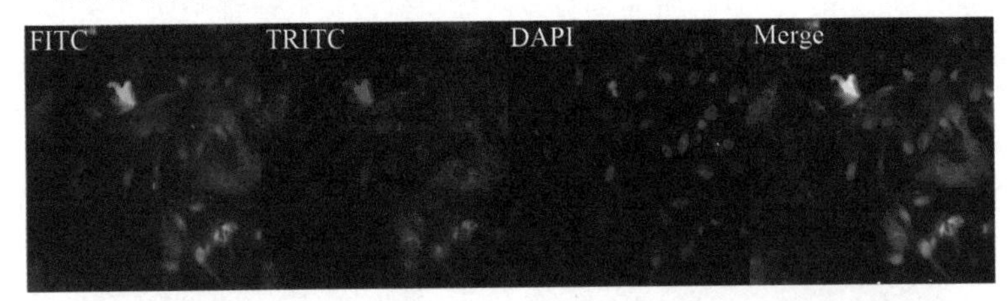

图 3 - 115　DPV UL17 蛋白与 UL26.5 蛋白在 DEF 中的共定位结果（24 hpi）

共定位结果表明 DPV UL17 蛋白与 UL25 蛋白、UL26.5 蛋白之间有相互作用。推测 DPV UL17 蛋白同 HSV UL17 蛋白一样，与 UL25 蛋白、UL26.5 蛋白一起在细胞核内发挥其功能，共同协助病毒 DNA 复制、合成，并对衣壳装配具有重要作用。

（程安春，汪铭书，吴英）

三、UL24 基因及其编码蛋白

有关鸭瘟病毒 UL24 基因的研究资料很少，以下有关疱疹病毒 UL24 基因的研究资料（贾仁勇，2008，2012）对进一步开展鸭瘟病毒 UL24 基因的研究将有重要参考作用。

（一）疱疹病毒 UL24 基因及其编码蛋白的特点

1. UL24 基因序列的特点 疱疹病毒 UL24 基因位于 UL 特定长区，与 TK 基因部分重叠（Roizman 等，1993；Jacobson 等，1989）。迄今为止，UL24 被认为是疱疹病毒的一个核心基因，在所有哺乳动物和禽类疱疹病毒中都存在（Lymberopoulos 等，2007）。研究发现，来源于 3 个已识别 mRNA 起始位点的 6 种不同的转录产物中含有 UL24 序列，这 6 种 UL24 转录产物代表 3 对不同的 mRNA 5′末端。每对转录产物由一个短片段和一个长片段组成，通过同一启动子转录。短片段的 3′末端与一个正好位于 UL24 开放阅读框下游的多聚腺嘌呤对应，长片段的 3′末端与一个位于 UL26 基因下游的多聚腺嘌呤对应（Cook 等，1996；Hann 等，1998）。在病毒 DNA 合成后，UL24 基因产物以积累形式在感染晚期出现，表明 UL24 基因属于晚期基因（Pearson 等，2004；Hong - Yan 等，2001）。

2. UL24 基因编码蛋白的特点 在疱疹病毒科病毒中，存在 5 个高度保守区域的 UL24 蛋白均比较保守（Jelic 等，2003），且在不同疱疹病毒中有相应的蛋白。可能由于病毒属性不同，导致编码蛋白存在一定差异。研究认为，单纯疱疹病毒 UL24 基因编码膜蛋白（Ward 等，1994；Rajcani 等，1998），同时 Adair 等（Adair 等，2002）研究报道人巨细胞病毒（human cytomegalovirus，HCMV）UL24 基因编码一个 40 kD 的 γ1 型蛋白，是 HCMV 的外膜蛋白。但伪狂犬病毒（pseudorabies virus，PRV）UL24 开放阅读框编码了一个由 171 个氨基酸组成、分子量为 19.076 kD 的基质蛋白（Dezélée 等，1996），也有人认为 UL24 基因编码产物为核蛋白（Pearson 等，2004；Hong - Yan 等，2001）。而在蛋白质性质上，UL24 基因编码的蛋白也存在一定差异。人单纯疱疹病毒 1 型（herpes simplex virus 1，HSV - 1）UL24 蛋白由 269 个氨基酸组成，是一种高度碱性蛋白，其蛋白 N 端较 C 端更为保守（Jacobson 等，1989）。人单纯疱疹病毒 2 型（herpes simplex virus 2，HSV - 2）UL24 基因编码一个 281 个氨基酸组成的蛋白，约 32 kD（Hong - Yan 等，2001）。

（二）疱疹病毒 UL24 基因编码蛋白的定位

对病毒基因编码蛋白在宿主细胞内定位的研究，为进一步了解病毒基因编码蛋白的功能提供了重要的途径。Yan Hong 等（2001）报道指出，HSV - 2 感染细胞 9 h 后，少量 UL24 蛋白在细胞核出现，呈分散的颗粒状分布；在转染 24 h 后，UL24 蛋白集中存在于细胞核，少量 UL24 蛋白呈树枝状分布于细胞质，表明 HSV－2 UL24 蛋白质是定位在感染细胞的细胞质核周区域。贾仁勇等（2009）将鸭病毒性肠炎病毒 DPV 感染鸭胚成纤维细胞（DEFs），在感染早期，UL24 蛋白质出现在细胞质，随后荧光颗粒逐渐变大，在感染后期，UL24 蛋白质弥散状分布消失，进一步融合特定区域定位在核膜。

关于 UL24 蛋白在病毒自身内的定位研究，Nishiyama 等（2004）发现，UL24 基因编码病毒粒子蛋白和非糖基化膜结合蛋白，认为 UL24 蛋白主要存在于病毒粒子。同时一些研究人员在对 HSV－2 UL24 蛋白的研究中发现，UL24 基因编码的外膜蛋白也存在于病毒粒子（Hong－Yan 等，2001）。

（三）疱疹病毒 UL24 基因编码蛋白的功能

1. UL24 蛋白影响病毒毒力 UL24 基因编码蛋白是疱疹病毒重要的毒力决定因素之一，在疱疹病毒致病过程中发挥着重要作用。Jacobson 等（1998）利用缺失了 UL24 基因的 HSV－1 病毒重组体感染小鼠角膜，结果显示病毒在三叉神经节的增殖及潜伏期感染能力大大下降，表明 UL24 基因编码蛋白在 HSV－1 有效感染小鼠三叉神经节上有重要作用。Blakeney 等（2005）通过构建 HSV－2 的 UL24－β 葡萄糖醛酸酶插入突变体，并感染豚鼠研究发现，突变体导致的病灶数和疾病的严重程度远远低于亲代毒株引起的危害。近期的研究结果也显示马疱疹病毒 1 型开放阅读框 37（编码 UL24 蛋白）缺失后，不能引起感染小鼠神经障碍，而且病毒在神经细胞的滴度明显低于亲代毒株，表明 UL24 蛋白是马疱疹病毒 1 型的毒力决定子（Kasem 等，2010）。

2. UL24 蛋白在病毒复制中的作用 UL24 基因从 HSV－1 中的缺失导致病毒滴度减少，在神经元尤为显著，同时失去了从潜伏期复活的能力；在 UL24 基因中有一些高度保守的残基，其中当编码核酸内切酶的残基缺失后，导致 10 倍的病毒滴度减少，同时在三叉神经的病毒滴度减少了 2 log10 倍，虽然 UL24 基因表达蛋白对病毒的生长不是必需的，但对 HSV－1 在体内复制过程中起着重要作用（Cook 等，1996；Leiva 等，2010）。也有研究表明，当缺失水痘－带状疱疹病毒（varicella zoster virus，VZV）UL24 基因同系物—开发阅读框 35 时，病毒在 T 细胞中的复制减少（Ito 等，2005）。另有报道指出，UL24 参与疱疹病毒 DNA 的同源重组，这与病毒复制和病毒进化密切联系（Lilley 等，2005）。在疱疹病毒潜伏感染期，UL24 介导病毒基因组从线性到环形的过渡，并且由于 UL24 蛋白诱导病毒并行复制和重组，能引发对特定基因组结构的识别和分析（Jackson 等，2003）。研究显示，人疱疹病毒 1 型（human herpesvirus 1，HHV－1）的 UL24 基因编码一种潜在的 PD－（D/E）XK 核酸内切酶，而 HHV－1 的 UL12 基因编码一种 PD-（D/E）XK 核酸外切酶，这两种酶共同作用，导致多余病毒核酸裂解，这对疱疹病毒复制过程是必需的，进一步为 UL24 蛋白参与病毒复制提供了证据（Bujnicki 等，2001；Knizewski 等，2006）。

3. UL24 蛋白参与核仁素的散布　核仁素能调控 RNA 聚合酶Ⅰ的转录和 rRNA 的成熟，因此核仁素在核糖体生源说中发挥着重要作用，而疱疹病毒的感染对核糖体生源说有一定影响，在感染期间，UL24 蛋白对核仁素的散布有着重要作用（Mongelard 等，2007；Rickards 等，2007；Bertrand 等，2008）。Bertrand 等（2008）用血凝素标记 HSV-1 UL24 基因，转染 COS-7 细胞后发现 UL24 基因在细胞核和高尔基体中短暂表达，且在大多数转染细胞中，UL24 特异核染剂呈弥散分布，少量 UL24 蛋白存在于核仁，表明了 HSV-1 UL24 基因保守的 N 端区域能特异地诱导核仁素的散布。Bertrand 等（2010）进一步研究显示，UL24 蛋白高度保守残基对核仁素在细胞核的分布起着重要作用，并证实了在感染期间，UL24 基因编码的核酸内切酶对 UL24 功能的发挥有重要影响。

4. UL24 蛋白参与细胞膜融合　UL24 蛋白的 C-端结构域是高尔基体定位所必需的，而由高尔基体衍生小囊泡参与病毒粒子的晚期包装，因此推测 UL24 蛋白的 C 端结构域能介导在病毒感染后期的细胞膜融合，这为缺失 UL24 基因诱导合胞体噬斑的形成提供了合理解释（Bertrand 等，2008）。此外，有研究进一步证明，UL24 蛋白能定位于胞质中由高尔基体衍生的小囊泡，引起细胞膜融合，并指出缺乏 UL24 基因病毒粒子，导致参与融合作用的病毒蛋白或细胞蛋白功能发生了改变，引起异常融合和合胞体形成（Bertrand 等，2010）。

5. UL24 蛋白与 HSV 调节蛋白 ICP27　HSV-1 的 ICP27（infected-cell protein 27）是必需且高度保守的蛋白，它参与 HSV-1 不同阶段的基因调控，同时在病毒感染期中止宿主基因表达，该蛋白主要功能是在转录后水平抑制 mRNA 剪接及促进转录产物从细胞核输出（Zhao 等，2008）。Hann 等（1998）研究结果显示，UL24 转录产物的短暂表达受不同多腺嘌呤调控，虽然 ICP27 对 UL24 1.4kb 短片段转录产物的积累不起作用，但能调控 5.6kb 长片段转录产物的转录水平。此外，Pearson 等（2004）研究发现，UL24 晚期长片段转录产物的有效表达需要 ICP27 参与调控，而早期短片段转录产物表达不需要 ICP27，感染 ICP27 无效突变体较感染野毒株 UL24 表达产物减少了 70%。

6. UL24 蛋白与细胞周期蛋白 B/Cdc2 复合体　细胞周期蛋白 B/Cdc2 复合体是一个重要的中介因子，控制着细胞从分裂 G2 期到有丝分裂的过渡。在对人 α、β 和 γ 疱疹病毒 UL24 蛋白的研究中发现，UL24 蛋白促进了 Cdc2 蛋白酪氨酸的磷酸化，并加强了细胞周期蛋白 B 的表达，导致细胞有丝分裂合成的细胞周期蛋白 B/Cdc2 复合体失活，进而引发细胞程序性死亡，诱发细胞周期停滞。结果表明，UL24 蛋白能影响细胞分裂周期调节蛋白，而控制细胞分裂周期是疱疹病毒适应细胞的一个重要的特性（Nascimento 等，2009）。同时，Nascimento 等（2007）也证实，UL24 同系物，鼠 γ 疱疹病毒 68 开发阅读框 20 编码蛋白也能抑制细胞周期蛋白 B/Cdc2 复合体的形成，导致细胞周期停滞。

7. UL24 蛋白调节胸腺激酶 研究显示，在 HSV－1 病毒感染早期，胸腺激酶的下降促进了 UL24 mRNA 的积累，尤其是 1.4kb 转录产物，表明 UL24 mRNA 积累的衰减调节需要胸腺激酶的参与，因而推测胸腺激酶通过转录或转录后机制影响 UL24 蛋白的表达水平（Cook 等，1996）。

（四）鸭瘟病毒 UL24 基因及其编码蛋白

贾仁勇等（2008，2012）对 DPV UL24 的研究获初步结果。

1. DPV UL24 基因的分子特性 DPV UL24 基因大小为 1 230 bp，具有一个完整的开放阅读框，编码 409 个氨基酸残基，编码蛋白为疱疹病毒 UL24 保守蛋白。与来自 GenBank 的其他 26 株疱疹病毒参考株序列比较，相似性在 20.9%～34.7%，其中与 α 禽疱疹病毒 GaHV－3 相似性最大，可达 34.7%，与火鸡疱疹病毒、禽传喉气管炎病毒、马立克氏病病毒等疱疹病毒亲缘性较近，与猕猴疱疹病毒、鼠疱疹病毒等病毒亲缘性较远。编码 UL24 蛋白相同氨基酸的不同密码子使用频率有较大差异，在与大肠杆菌、酵母和人的密码子使用时，偏嗜性差异分别为 20、16 和 23 个，因此，选择酵母表达 DPV UL24 蛋白是最为适合的表达系统。

2. 鸭瘟病毒 UL24 基因的克隆、表达及多克隆抗体的制备 根据鸭瘟病毒 UL24 基因序列，设计一对特异引物，从鸭瘟病毒基因组中扩增抗原较好的基因片段，并将其克隆至 pMD18－T 载体，经 PCR、酶切和 DNA 测序鉴定后，将鸭瘟病毒 UL24 基因正向插入原核表达载体 pET－32a（＋）的 *Eco*RⅠ和 *Xho*I 位点之间，成功构建了重组表达质粒 pET－32a（＋）/DPV－UL24。重组表达质粒 pET－32a（＋）/DPV－UL24 转化表达宿主菌 BL21（DE3），用 IPTG 诱导，能表达出大小约为 38 kD 的 UL24 重组蛋白，与预期表达蛋白的分子量大小基本相符；经对不同诱导时间及诱导剂 IPTG 浓度等条件进行优化，确定重组质粒 pET－32a（＋）/DPV－UL24 的最佳诱导条件为 0.2mmol/L IPTG、37 ℃条件下诱导 5 h。表达产物用镍柱梯度亲和层析纯化可获得纯度较高蛋白（图3－116），此蛋白与等量弗氏佐剂混合制备 UL24 重组蛋白疫苗免疫家兔，琼脂扩试验显示，抗体效价达 1 ： 64。获得的抗 UL24 高免血清经辛酸-硫酸铵粗提后，High Q 阴离子交换柱层析后获得高纯度抗体 IgG。

3. DPV UL24基因原核表达产物免疫原性研究　制备的UL24重组蛋白疫苗免疫7日龄雏鸭，并在免疫后3、5、7、10、14、21、28、35、42、49、56、70、84、98 d分别血清检测ELISA效价和中和效价，并于免疫后21 d将其中一半进行保护试验。结果显示，在免疫后28 d重组蛋白ELISA抗体效价OD_{450nm}达到最高1∶5 120，弱毒疫苗组达1∶10 240，显著高于对照组（$p\leqslant 0.05$），此后两个月抗体效价均维持较高水平，其消长规律一致。中和试验也表明在免疫后21～28 d，重组蛋白组和弱毒免疫组中和效价分别可达1∶128、1∶256以上，其抗体消长规律与ELISA检测结果相似。重组蛋白免疫保护组发病率50%、死亡率30%，较对照组鸭的发病率100%、死亡率100%明显减少，与弱毒疫苗免疫组（发病率30%、死亡率10%）比较差异不显著，表明DPV-UL24重组蛋白对鸭瘟病毒强毒感染具有一定的保护能力。

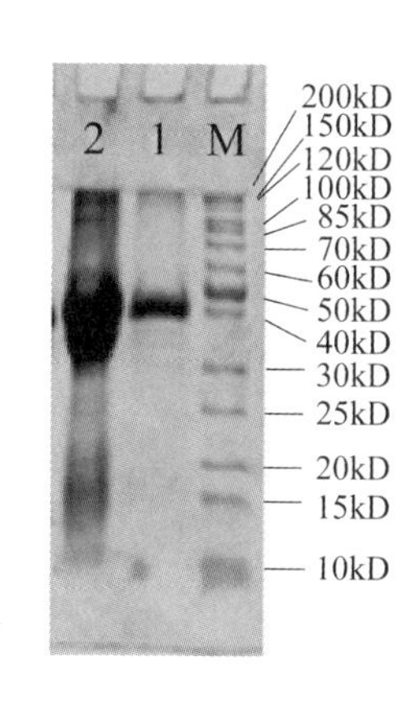

图3-116　DPV UL24基因融合表达蛋白包含体纯化结果

M泳道. 蛋白Marker
泳道1. Ni+NTA层析纯化
泳道2. 切胶纯化

4. UL24基因在人工感染鸭瘟病毒鸭组织中的表达时相与定位　鸭瘟病毒中国强毒CHv株（DPV-CHv）人工感染28日龄鸭，攻毒后于不同时间采集脾脏、胰腺、哈德氏腺、法氏囊、肝脏、肠道、肾脏、肺脏、心、脑等组织或器官，经建立的DPV-UL24基因表达蛋白抗体间接免疫组化方法，检测DPV-UL24基因在感染鸭体内的表达时相、侵染过程与定位分布。结果显示：感染后2 h可在脾脏、胸腺、肝脏、十二指肠中检测到DPV-UL24基因编码蛋白抗原；攻毒4 h时，哈德氏腺、腺胃可检测到DPV-UL24基因表达蛋白，8 h时在回肠、肺脏，12 h在法氏囊和肾脏，24 h时在胰腺和肠道各段均呈现阳性反应。通过对鸭瘟病毒蛋白与UL24基因编码蛋白的侵染过程与定位比较发现，免疫器官与肠道黏膜既是病毒，也是UL24基因编码蛋白的靶器官或靶组织，但UL24基因编码蛋白在脑组织嗜性低，分析表明该蛋白可能是膜蛋白，具有运输核浆与引导病毒组分进入核内参与病毒复制的功能。

利用DPV-UL24基因表达蛋白抗体介导的间接免疫荧光方法，对UL24基因在鸭体组织中的表达时相检测，并对该基因表达蛋白侵染与定位分布进行分析。结果显示：感染鸭瘟病毒强毒2 h时，UL24基因即可在脾脏、胸腺、法氏囊、哈德氏腺等免疫器官和肝脏、肺脏、腺胃及大部分肠段编码蛋白，4 h时，在脑、心肌和胰腺也检测出UL24基因编码蛋白，8 h时在食管黏膜层表达蛋白荧光阳性反应。研究表明：脾脏、胸腺、法氏囊、哈德氏腺免疫器官和肠道黏膜也是UL24基因编码蛋白主要的靶器官或靶组织，且在靶器官的侵染与分布具有一定选择性，对黏膜上皮细胞损害严重。26份鸭瘟组织检验，检出25份阳性，阳性率为96.1%（25/26），表明免疫荧光检测石蜡切片中DPV-UL24基因编码蛋白的方法灵敏、特异性强。

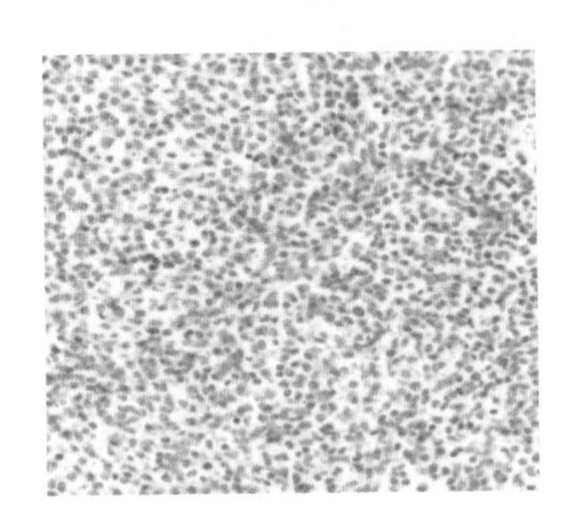

图3-117　DPV感染雏鸭12 h，免疫组化检测出脾脏中的UL24蛋白抗原（×600）

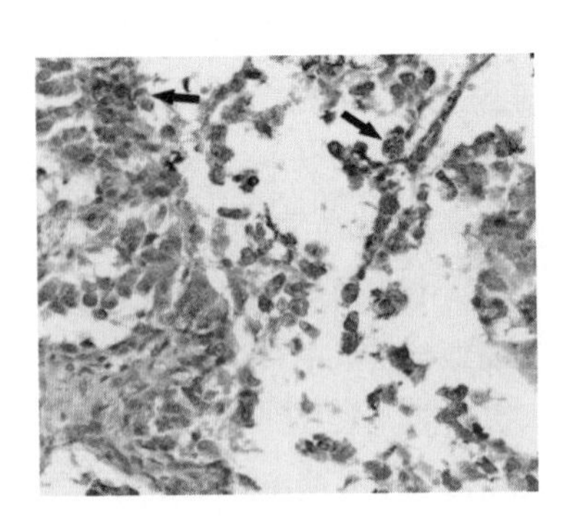

图3-118　DPV感染雏鸭7 d，免疫组化检测出食管中的UL24蛋白抗原（×600）

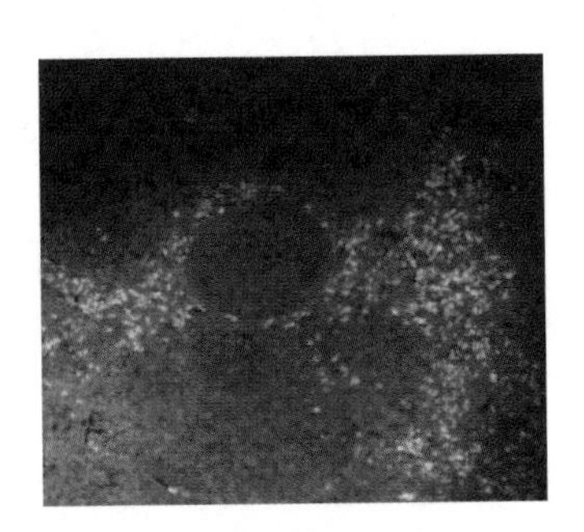

图3-119　DPV感染雏鸭4 h，免疫荧光检测出脾脏中的UL24蛋白抗原（×200）

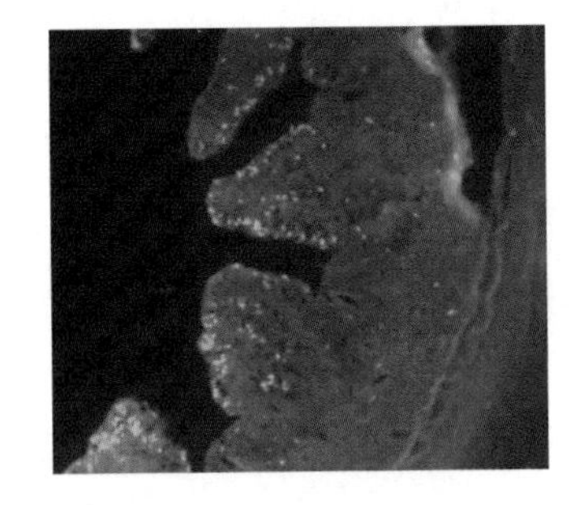

图3-120　DPV感染雏鸭7 d，免疫荧光检测出肠道中的UL24蛋白抗原（×200）

5. 抗DPV UL24蛋白抗体介导的ELISA检测DPV抗原　通过包被兔抗DPV UL24蛋白抗体，以鸭抗DPV-UL24抗体作为夹心抗体，建立并优化DPV抗原捕获ELISA方法，结果表明：兔抗DPV-UL24抗体浓度为5.0 μg/100μL，鸭抗DPV-UL24抗体浓度为9.0 μg/100μL，酶标抗体浓度为1∶2 000时获得最适比例稀释度；对乙型肝炎病毒（DHBV）等非鸭瘟病毒感染其他鸭源病原体阳性血清检验均呈现阴性反应，酶标板板间、板内检测变异系数均小于10%，且可检测出46ng纯化的鸭瘟病毒含量，表明了AC－ELISA具有良好的特异、敏感、稳定性。对人工感染DPV强毒后，病毒在雏鸭肝、脾脏、脑、食管、肺、肾等各组织器官的分布与增殖检测与免疫组化、免疫荧光检测UL24基因编码蛋白结果相似。

6. DPV UL24蛋白ELISA检测鸭瘟病毒抗体 以包被重组DPV－UL24蛋白作为抗原检测DPV抗体研究表明：重组表达蛋白包被浓度为1∶80（2.5 μg/100μL），被检血清稀稀释倍数为1∶320，酶标二抗1∶2 000时为最适稀释比例，建立的间接ELISA方法检测鸭乙肝、鸭疫里默氏菌病等阳性血清均为阴性，板内或板间重复试验显示变异系数均小于7%，能检出经1∶2 560倍稀释的鸭瘟阳性血清，对127份鸭临床疫病血清检测，阳性检出率为77.2%，与包被全病毒检测DPV试剂盒相比，符合率为92.5%。

7. DPV UL24基因疫苗的构建及初步免疫效果 以DPV UL24基因为靶基因，以大肠杆菌不耐热肠毒素B亚单位（*E. coli* LTB）基因为基因佐剂，进行了DPV基因疫苗的构建与免疫原性研究。

（1）*E. coli* LTB基因的克隆及真核表达质粒的构建 采用PCR扩增*E. coli* K88ac的LTB基因，将其插入pMD18－T载体，构建重组质粒pMD18－T/LTB。测序分析表明：克隆的*E. coli* LTB基因长度为414 bp，与GenBank公布的LTB序列（Accession：EU113245.1）相似性为100%。以pVAX1为载体，分别成功构建了真核表达质粒pVAX1－LTB、pVAX1－UL24及pVAX1－LTB－UL24。

（2）重组减毒沙门菌的构建及其生物学特性 将真核表达质粒pVAX1－LTB、pVAX1－UL24和pVAX1－LTB－UL24分别电转化入减毒鼠伤寒沙门菌SL7207中，构建携带真核表达质粒的重组减毒沙门菌SL7207（pVAX1－LTB）、SL7207（pVAX1－UL24）和SL7207（pVAX1－LTB－UL24）。对重组沙门菌进行革兰镜检和生化试验，并在体外检测重组减毒沙门菌的质粒稳定性。结果表明，三种重组减毒沙门菌的生物学特性与SL7207一致，且在抗生素环境下16 h内，质粒在沙门菌内的稳定性在90%以上。将重组减毒沙门菌体外感染鸭胚成纤维细胞，通过间接免疫荧光证实：表达质粒pVAX1－UL24和pVAX1－LTB－UL24被有效传入细胞，且能对目的蛋白进行表达。通过RT－PCR证实，质粒pVAX1－LTB在传入细胞中进行了有效转录。

（3）重组减毒沙门菌的体内表达及其安全性 鸭口服携带真核表达质粒的重组减毒沙门菌SL7207（pVAX1－LTB）＋SL7207（pVAX1－UL24）、SL7207（pVAX1－UL24）和SL7207（pVAX1－LTB－UL24）后，分别提取鸭回肠末端肠道细胞总RNA作为模板，通过RT－PCR分别检测到LTB基因、UL24基因和LTB－UL24基因转录。将重组菌SL7207（pVAX1－LTB－UL24）以1×10^{9}、1×10^{10}与1×10^{11}CFU/只的剂量口服免疫鸭，试验组与对照组之间的体重无显著性差异；在免疫后第8周，免疫鸭粪

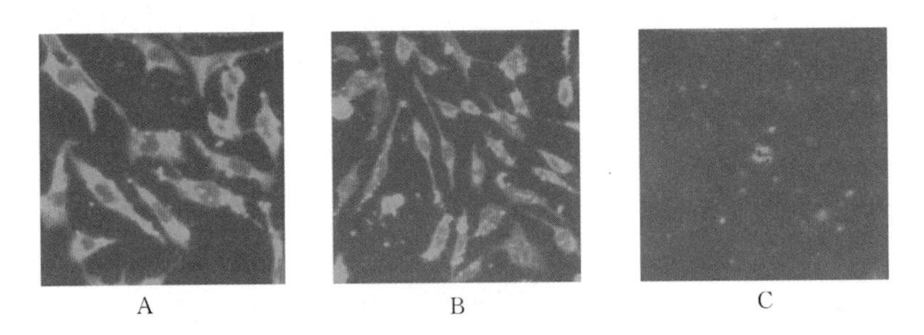

图 3－121 重组细菌体外感染鸭胚成纤维细胞间接免疫荧光检测 UL24 和 LTB－UL24 基因表达（×200）

A. SL7207（pVAX1－LTB－UL24） B. SL7207(pVAX1－UL24） C. SL7207（pVAX1）

便、肝脏和脾脏检测不出重组减毒沙门菌。结果表明，重组减毒沙门菌具有良好的安全性。

（4）DPV UL24 基因疫苗免疫原性 7 日龄雏鸭，按照免疫剂量为 200 μg/只分别肌内注射的基因疫苗 pVAX1－UL24、pVAX1－LTB＋pVAX1－UL24 和 pVAX1－LTB-UL24，按免疫剂量为 1×10^{10} CFU/只的 SL7207（pVAX1－LTB）＋ SL7207（pVAX1－UL24）、SL7207（pVAX1－UL24）和免疫剂量为 1×10^{9}、1×10^{10} 与 1×10^{11} CFU/只的 SL7207（pVAX1－LTB－UL24）分别进行口服，间隔两周加强免疫一次，共免疫 3 次。在免疫后 1、2、3、4、5、6、7 和 8 周通过间接 ELISA 测定免疫鸭各器官特异性 DPV IgG、IgA 和 IgM 抗体水平。结果表明：肌内注射免疫组能有效诱导体液产生特异性 DPV IgG、IgA 和 IgM，口服免疫组能有效诱导黏膜和体液产生特异性 DPV IgG、IgA 和 IgM，且 IgG 和 IgA 在第 6 周达到高峰，IgM 在第 5 周达到高峰，较对照组差异极显著（$p<0.01$）。同时，试验组 pVAX1－LTB－UL24 显著高于试验组 pVAX1－UL24（$p<0.05$），试验组 SL7207（pVAX1－LTB－UL24）显著高于试验组 SL7207（pVAX1－UL24）（$p<0.05$）；试验组 SL7207（pVAX1－LTB－UL24）1×10^{11}CFU 免疫剂量组显著高于试验组 SL7207（pVAX1－LTB－UL24）1×10^{9}CFU 免疫剂量组（$p<0.05$）、高于试验组 SL7207（pVAX1－LTB－UL24）1×10^{10}CFU 免疫剂量组。结果显示：鸭瘟病毒 UL24 基因疫苗具有良好的免疫原性，LTB 基因具有良好的佐剂效应，以减毒沙门菌为载体的基因疫苗免疫原性与免疫剂量有关。

（5）DPV UL24 基因疫苗免疫保护效果 鸭瘟病毒 UL24 基因疫苗免疫后第 6 周，以 1 000 LD_{50} DPV 强毒 CHv 株口服感染试验鸭，观察鸭死亡情况。结果表明：口服免疫组存活率较对照组显著提高，其中 SL7207（pVAX1－LTB－UL24）1×10^{11}CFU 达

80%，高于肌内注射免疫组 40%的存活率，且显著高于对照组 10%的存活率（$p<0.05$）。研究显示：鸭瘟病毒 UL24 基因疫苗有一定的免疫保护效果。

8. DPV UL24 基因疫苗细胞免疫　将构建真核表达质粒 pVAX1、pVAX1 - UL24、pVAX1 - LTB 和 pVAX1 - LTB - UL24 分别采用肌内注射，减毒沙门菌携带质粒的 SL7207（pVAX1）、SL7207（pVAX1 - UL24）、SL7207（pVAX1 - LTB）及 SL7207（pVAX1 - LTB - UL24）采用口服的方式接种试验天府肉鸭。

（1）ConA -诱导试验鸭外周血淋巴细胞（PBLs）转化　通过 MTT 法检测天府肉鸭外周血淋巴细胞的增殖转化，结果表明：肌内注射 pVAX1 - UL24、pVAX1 - UL24＋pVAX1 - LTB 和 pVAX1 - LTB - UL24 疫苗后，ConA 诱导三组试验鸭的 PBLs 增殖值均在免疫后 1 周开始增加，6 周时达到最大，从 8 周开始下降，高于 pVAX1 组和 0.85%生理盐水组（$p<0.05$），从第 3 周开始，肌内注射 pVAX1 - UL24 和 pVAX1 - LTB - UL24 两疫苗组中的 PBLs 对 ConA 的反应值又较 pVAX1 - UL24＋pVAX1 - LTB 组的值高（$p<0.05$），在整个试验过程中，pVAX1 - LTB - UL24 疫苗组又略高于 pVAX1 - UL24 疫苗组中的值（$p<0.05$）。口服组中，免疫 SL7207（pVAX1）后的反应值最低（$p<0.05$），但仍高于 pVAX1 和 0.85%生理盐水组，SL7207（pVAX1 - LTB - UL24）反应能力最强（$p<0.05$），特别是口服剂量为 10^{11} CFU 组，其次为 SL7207（pVAX1 - UL24）＋SL7207（pVAX1 - LTB）（$p<0.05$），最后为 SL7207（pVAX1 - UL24）免疫组的反应值（$p<0.05$）（图 3 - 122）。

（2）外周血中 T 淋巴细胞的分析　流式细胞仪分析法对 PBLs 中 $CD4^+$、$CD8^+$ T 淋巴细胞数的动态变化进行了检测，结果表明：从第 1 周到第 6 周，每试验组中 $CD4^+$ 和 $CD8^+$ 淋巴细胞数呈持续性增加的变化趋势，到 6 周时达到最大值，8 周时开始下降（$p<0.05$）。所有试验组中产生的 $CD4^+$ 和 $CD8^+$ T 淋巴细胞数由多到少依次为鸭瘟弱毒疫苗组、10^{11} CFU SL7207（pVAX1 -LTB - UL24）组、10^{10} CFU SL7207（pVAX1 - LTB - UL24）组、10^{9} CFU SL7207（pVAX1 - LTB - UL24）组、SL7207（pVAX1 - UL24）＋SL7207（pVAX1 - LTB）组、SL7207（pVAX1 - UL24）组、pVAX1 - LTB - UL24 组、pVAX1 - UL24 组、pVAX1 - UL24＋pVAX1 - LTB 组、SL7207（pVAX1）组、pVAX1 组和 0.85%生理盐水组（$p<0.05$）。并且所有试验组中的淋巴细胞数的值均高于 pVAX1 组和 0.85%生理盐水组两对照组（$p<0.05$）（图 3 - 123、图 3 - 124）。

（3）不同时间点血液和脾脏中 IL - 2、IFN - γ 的含量　首次免疫后第 1、2、3、4、6 和 8 周六个时间点分别采集血样和脾脏，用双抗体夹心 ELISA 分析 IL - 2、IFN - γ 的含量。结果表明，各试验组在免疫后第 1 周便开始增多，在第 6 周达到峰值，但在首免第 8 周后开始下降，但仍高于第 2 周的值（$p<0.05$）。从总体上观察，脾脏中 IFN - γ

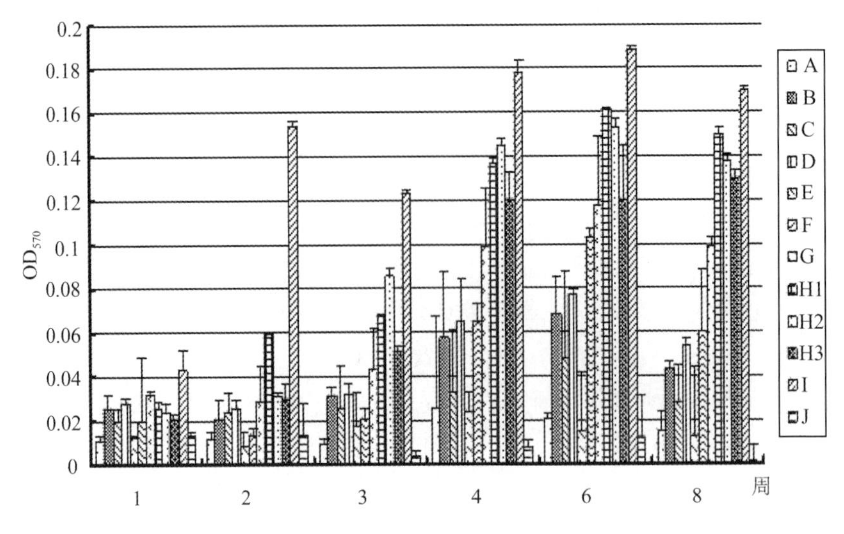

图 3－122　疫苗免疫鸭外周血中 T 淋巴细胞的增殖效果

A. 肌内注射 pVAX1　B. 肌内注射 pVAX1－UL24　C. 肌内注射 pVAX1－UL24＋pVAX1－LTB　D. 肌内注射 pVAX1－LTB－UL24　E. 口服 SL7207（pVAX1）　F. 口服 SL7207（pVAX1－UL24）　G. 口服 SL7207（pVAX1－LTB)＋SL7207（pVAX1－UL24）　H1. 口服 10^{11} CFU SL7207（pVAX1－LTB－UL24）　H2. 口服 10^{10} CFU SL7207（pVAX1－LTB－UL24）　H3. 口服 10^{9} CFU SL7207（pVAX1－LTB－UL24）　I. 免疫鸭瘟弱毒疫苗　J. 肌内注射 0.85% 生理盐水

和 IL－2 的含量分别高于血液中 IFN－γ 和 IL－2 的含量（$p<0.05$），并且 IFN－γ 的含量略高于 IL－2 的含量（$p<0.05$）（图 3－125 至图 3－128）。

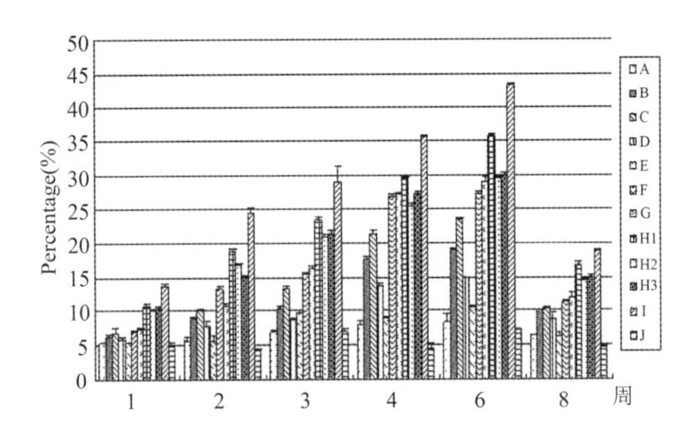

图 3－123　鸭免疫后外周血中 CD4⁺ T 淋巴细胞的数量变化

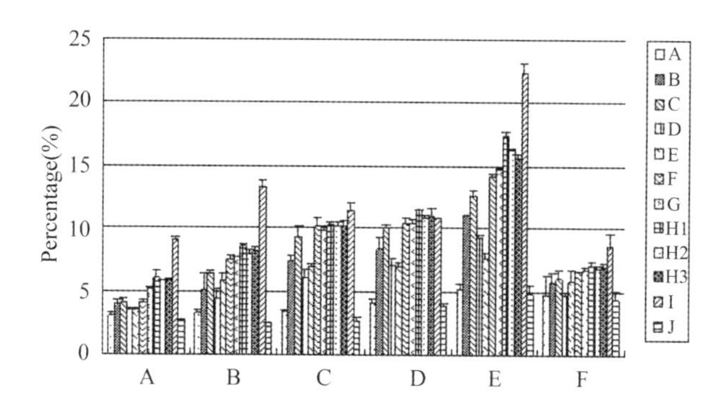

图 3-124 鸭免疫后外周血中 CD8^{+} T 淋巴细胞的数量变化

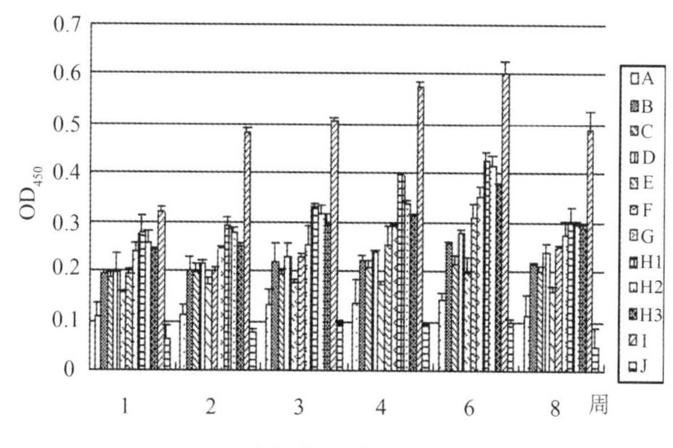

图 3-125 鸭免疫后脾脏中 IL-2 的含量

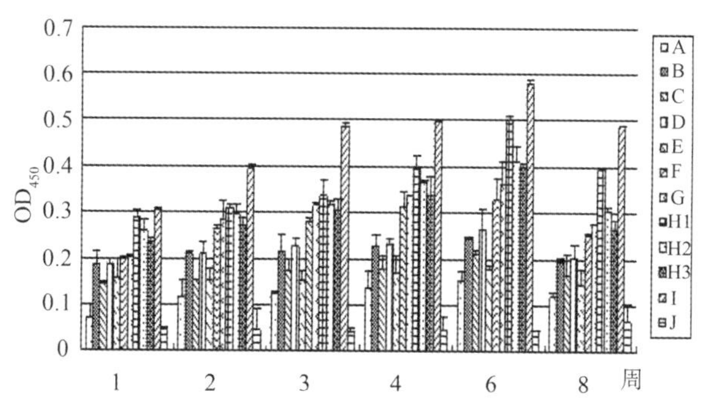

图 3-126 鸭免疫后血液中 IL-2 的含量

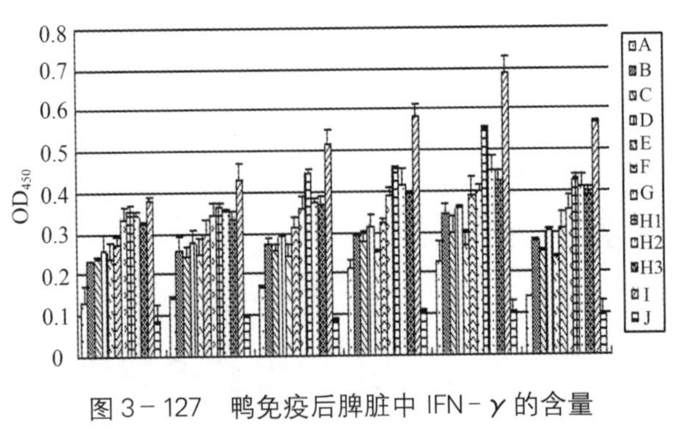

图 3－127　鸭免疫后脾脏中 IFN－γ 的含量

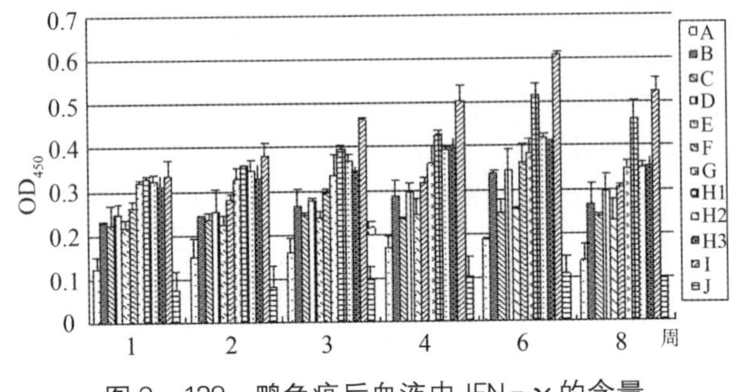

图 3－128　鸭免疫后血液中 IFN－γ 的含量

A. 肌内注射 pVAX1　B. 肌内注射 pVAX1－UL24　C. 肌内注射 pVAX1－UL24 ＋ pVAX1－LTB　D. 肌内注射 pVAX1－LTB－UL24　E. 口服 SL7207（pVAX1）　F. 口服 SL7207（pVAX1－UL24）　G. 口服 SL7207（pVAX1－LTB）＋SL7207（pVAX1－UL24）　H1. 口服 10^{11}CFU SL7207（pVAX1－LTB－UL24）　H2. 口服 10^{10}CFU SL7207（pVAX1－LTB－UL24）　H3. 口服 10^{9}CFU SL7207（pVAX1－LTB－UL24）　I. 免疫鸭瘟弱毒疫苗　J. 肌内注射 0.85%生理盐水

（4）间接免疫组化检测组织中 $CD3^+$淋巴细胞的含量及分布　用 HRP 标记的生物素检测石蜡切片中 $CD3^+$淋巴细胞的含量及分布结果表明：间接免疫组化整体上检测的各试验组除脾脏外，各组织的 $CD3^+$淋巴细胞阳性信号较弱，黄色细胞不是很明显。在整个试验中，$CD3^+$淋巴细胞阳性信号于免疫后第 1 周最先在脾脏中散在出现，于第 3 周开始成团出现。其后在哈德氏腺、胸腺和法氏囊中检测到阳性细胞。肌内注射组中阳性细胞在十二指肠、空肠、回肠、盲肠和直肠等肠道中于免疫后第 3 周才出现。在口服免疫组中，阳性细胞在各肠段出现的时间相对肌内注射组较早，于免疫后 1 周零星出现。免疫器官中的 $CD3^+$阳性细胞数量在第 4 周上升至峰值，在免疫后第 5 周开始下降。各肠段中，$CD3^+$淋巴细胞数在第 1 周到第 6 周呈上升趋势，在第 6 周时达到峰值，后开始减少（图 3－129、图 3－130）。

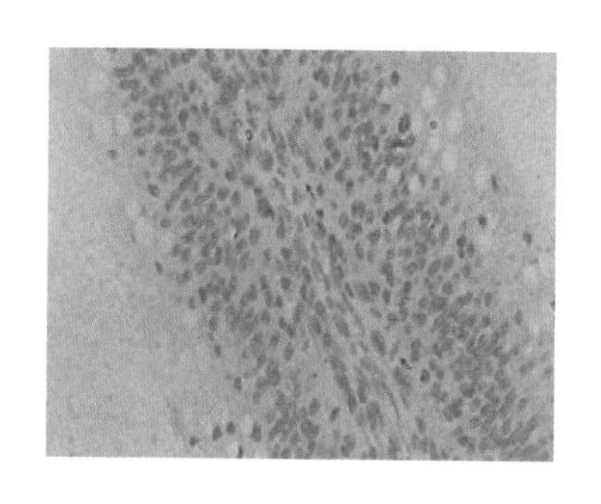

图 3-129 口服 10^{11} CFU SL7207（pVAX1-LTB-UL24）免疫后 2 周在空肠绒毛中出现 $CD3^+$ 细胞（×600）

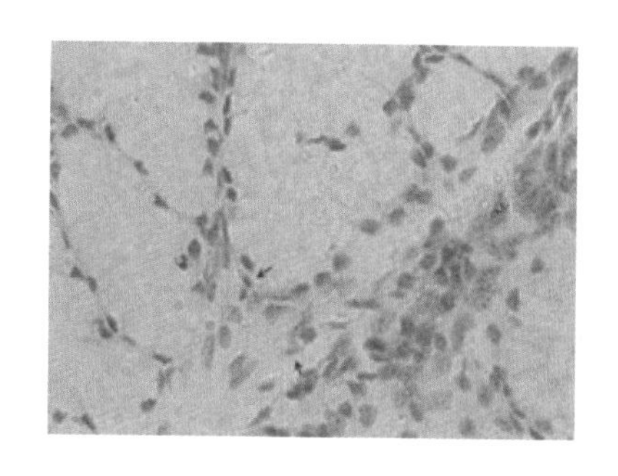

图 3-130 口服 10^{11} CFU SL7207（pVAX1-LTB-UL24）疫苗免疫后 4 周在哈德氏腺中出现 $CD3^+$ 阳性细胞（×600）

（5）间接免疫荧光检测组织中 $CD3^+$ 淋巴细胞的含量及分布 通过 FITC 标记的荧光二抗用间接免疫荧光技术检测石蜡切片中 $CD3^+$ 淋巴细胞的含量和分布结果表明：试验组中 $CD3^+$ 淋巴细胞的阳性信号于免疫后第 1 周首先在脾脏、哈德氏腺、胸腺和法氏囊中出现，而肌内注射组中，十二指肠、空肠、回肠、盲肠和直肠等肠道中阳性信号在早期相对较少，口服组中各肠段阳性细胞检测时间较肌内注射组早且多。免疫器官中 $CD3^+$ 阳性细胞数量在第 1 周到第 4 周这段早期时间呈上升趋势，并在免疫后第 4 周达到最大值，8 周开始有下降的趋势，但下降速率慢，在各免疫器官中仍能见到较多阳性细胞，各肠段中，$CD3^+$ 淋巴细胞数在第 1 周到第 6 周呈上升趋势，第 6 周时达到最大（图 3-131、图 3-132）。

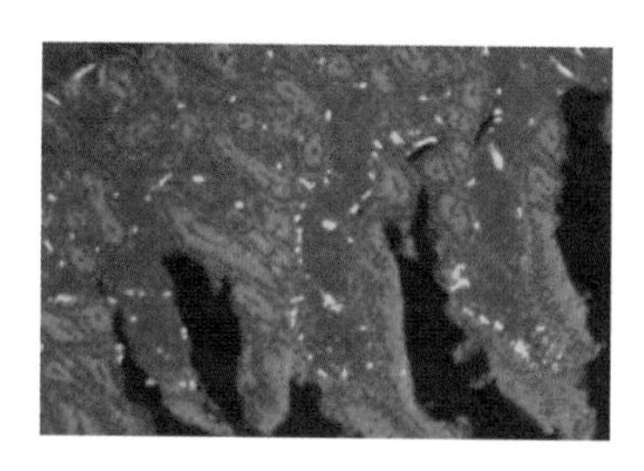

图 3-131 口服 1011CFU SL7207（pVAX1-LTB-UL24）免疫后 5 周十二指肠中出现大量 $CD3^+$ 细胞（×400）

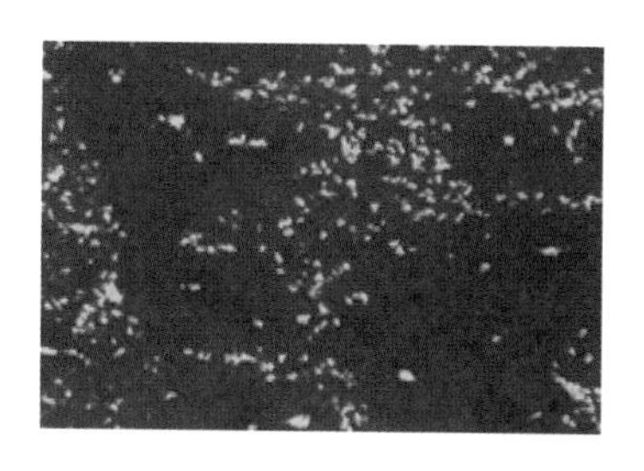

图 3-132 口服 1011CFU SL7207（pVAX1-LTB-UL24）免疫后 5 周脾脏白髓和红髓中出现大量 $CD3^+$ 细胞（×600）

9. DPV UL24 基因疫苗诱导鸭体液免疫及抗原动态分布 将真核表达质粒 pVAX-UL24、pVAX-LTB-UL24 和 pVAX-UL24/pVAX-LTB 质粒分别以每只 200 μg 肌内注射 15 日龄雏鸭，减毒沙门菌 SL7207（pVAX-LTB-UL24）基因疫苗分别以每只雏鸭口服

免疫 1×10^{11}、1×10^{10} 和 1×10^{9} CFU，而 SL7207（pVAX－UL24）和 SL7207（pVAX－LTB）/SL7207（pVAX－UL24）均以每只雏鸭口服免疫 1×10^{10} CFU，以 0.5mL DPV 弱毒疫苗、1×10^{10} CFU SL7207 和 0.5mol/L PBS 分别以皮下、口服和肌内注射等不同免疫途径免疫 15 日龄雏鸭为对照组，在免疫后不同时间点（1 周、2 周、3 周、4 周、5 周、6 周和 8 周），随机采集雏鸭的血、胸腺、法氏囊、脾、哈德氏腺、胰、肝、肺、十二指肠、空肠、回肠、盲肠和直肠组织进行特异性抗 DPV 血清 IgG 的间接 ELISA 方法的建立及其免疫效果检测、DPV UL24 基因疫苗在雏鸭组织器官中抗原动态分布。

（1）检测抗 DPV 特异性血清 IgG 间接 ELISA 方法的建立及 DPV UL24 基因疫苗诱导雏鸭体液免疫反应　经过优化和筛选，间接 ELISA 方法的 DPV 抗原浓度在 0.25 μg/mL，一抗工作浓度为 1∶160，一抗孵育温度和时间分别为 37 ℃、1 h，酶标二抗的工作浓度为 1∶2 000，其孵育温度和时间 37 ℃、1 h。口服和肌内注射 DPV UL24 基因疫苗都能诱导雏鸭产生一定程度的体液免疫反应，但口服组免疫效果强于肌内注射组，含 LTB 佐剂组免疫效果优于无佐剂组；以减毒沙门菌 SL7207 基因疫苗载体可显著提高机体的体液免疫水平，且 LTB 基因具有良好的佐剂效应；与鸭瘟弱毒疫苗比较，DPV UL24 基因疫苗诱导的体液免疫水平略低（图 3－133）。

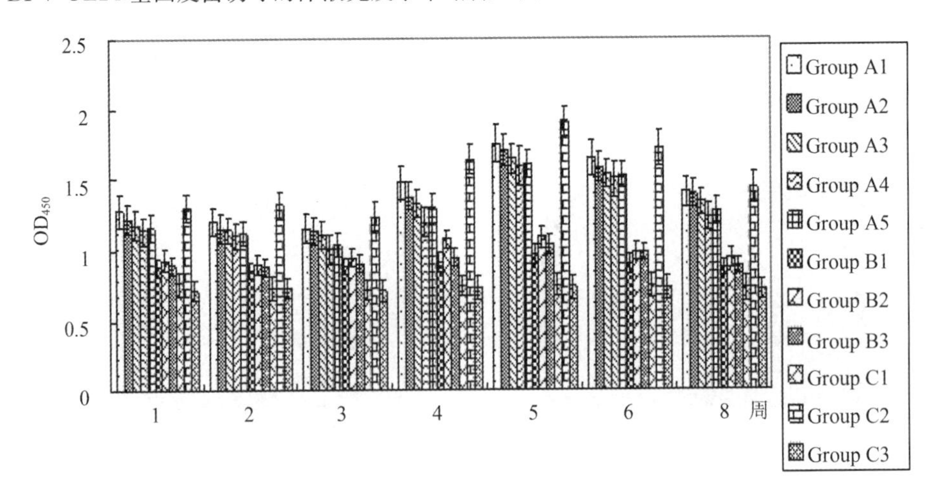

图 3－133　疫苗免疫鸭血清中特异性抗 DPV IgG 抗体水平

A1. 口服 SL7207（pVAX1－LTB－UL24）（10^{11} CFU /只）　A2. 口服 SL7207（pVAX1－LTB－UL24）（10^{10} CFU /只）　A3. 口服 SL7207（pVAX1－LTB－UL24）（10^{9} CFU/只）　A4. 口服 SL7207（pVAX1－UL24）（10^{10} CFU /只）　A5. 口服 SL7207（pVAX1－LTB）＋SL7207（pVAX1－UL24）（各 10^{10} CFU/只）　B1. 肌内注射 pVAX1－UL24（200 μg/只）　B2. 肌内注射 pVAX1－LTB－UL24（200 μg/只）　B3. 肌内注射 pVAX1－LTB＋pVAX1－UL24（200 μg/只）　C1. 口服 SL7207（pVAX1）（10^{10} CFU/只）　C2. 皮下注射鸭瘟弱毒疫苗　C3. 肌内注射 PBS（1 mL/只）

（2）口服免疫 DPV UL24 基因疫苗在雏鸭组织器官中的动态分布　口服免疫 1 周后，肺脏检测到大量棕黄色颗粒，出现强阳性信号，但在第 3 周，阳性信号开始减弱；1 周后，脾脏、哈德氏腺、法氏囊和各段肠道出现阳性信号，并在第 3 周达到极值，持续到第 6 周，阳性信号逐渐减弱；肝脏和胰脏在整个免疫过程中，一直处于弱阳性状态。

（3）肌内注射 DPV UL24 基因疫苗在雏鸭组织器官中的动态分布　肌内注射 1 周后，脾脏、哈德氏腺、法氏囊和肝脏出现阳性信号，3 周后在这些器官中出现强阳性信号，并在各段肠道和肺脏出现大量棕黄色颗粒，胸腺和胰脏在整个免疫过程中一直呈弱阳性；6 周后阳性信号减弱，但在第 10 周，各组织器官仍存在阳性信号。

10. DPV UL24 基因筛选出互作 UL54 基因

（1）DPV CHv 株感染 DEF 细胞后的酵母双杂交 cDNA 文库构建　采用 SMART 技术和酵母同源重组的技术，按照 Clontech 的文库构建试剂盒操作步骤，成功构建了 DEV 感染 DEF 细胞后酵母双杂交 cDNA 文库。该文库的转化效率为 2.33×10^6 转化子/4.34 μg pGADT7 - Rec（$>1.0\times10^6$），文库密度为 1.75×10^9 cells/mL（$>2\times10^7$ cells/mL），初级文库和扩增文库滴度分别为 6.75×10^5 Pfu/mL、2.33×10^7 Pfu/mL，库容分别为 1.01×10^7、1.14×10^9，重组效率为 97.14 %。从随机挑选的 27 个克隆子来看，文库插入片段范围在 0.323～2.017 kb，插入片段的平均长度为 0.807 kb。27 个克隆子序列分析发现，14 条 cDNA 序列为 DEV 基因，3 条序列为亚线粒体基因，3 条序列与原鸡的基因相似，1 条序列与褐家鼠基因相似，2 条序列为鲑精 DNA。将 14 条 DEV 的 cDNA 序列与 DEV 基因组进行比对，发现 5 个 poly A 位点、1 条疑似全长的 LORF3 mRNA 序列（1443 bp）、1 条新的转录物位于 IRS 和 US1 基因之间（668 bp），以及 2 条非全长的 mRNA 序列。

（2）鸭瘟 UL24 基因的酵母双杂交诱饵载体的构建及酵母双杂交筛选　将 UL24 基因 N 端 1～720 bp 碱基对做密码子优化后连入 pGBKT7 载体并转化酵母 Y2HGold 菌株，表达诱饵蛋白无自激活活性、对诱饵菌株无毒性；经筛选发现 UL24 蛋白可能与 DEV UL54 蛋白和鸭 PSF2、GNB2L1 基因编码产物相互作用。比对后认为 UL54 基因未发生移码突变，GNB2L1 基因发生移码突变，而 PSF2 mRNA 未报道，不确定是否发生移码突变，但经 5′RACE 扩增鸭 5′ PSF2 mRNA 及全长 PSF2 mRNA 序列表明：Y2H 阳性克隆子序列位于全长 PSF2 mRNA 序列的 3′UTR 区。

（3）免疫共沉淀验证 UL24 蛋白与 UL54 蛋白相互作用　将 UL24 基因和 UL54 基因分别克隆至 pCMV - myc - N 和 pCMV - Flag - N 载体上，共转染 293T 细胞后，进行免疫共沉淀试验。分别用 myc - agarose 和兔抗 UL24 多抗偶联 protein A&G - agarose 进行免疫共沉淀，然后用 Flag 标签抗体进行 WB 检测，均证实 UL24 与 UL54 蛋白有相互作用（图 3 - 134）。

(4) UL24 蛋白与 UL54 蛋白共定位 将 UL24 基因和 UL54 基因分别克隆至 pEGFP - N1 和 pDsRed - N1 载体上，转染 DF - 1 细胞，进行 DAPI 染色，荧光显微镜观察并分析发现：pEGFP - N1 - UL24 和 pDsRed - N1 - UL54 共表达时，UL24 蛋白均匀分布于胞核，部分 UL54 蛋白出胞核，部分的共表达细胞没有微核出现，说明 UL24 蛋白与 UL54 蛋白的相互作用使 UL24 蛋白的分布发生改变（图 3 - 135）。

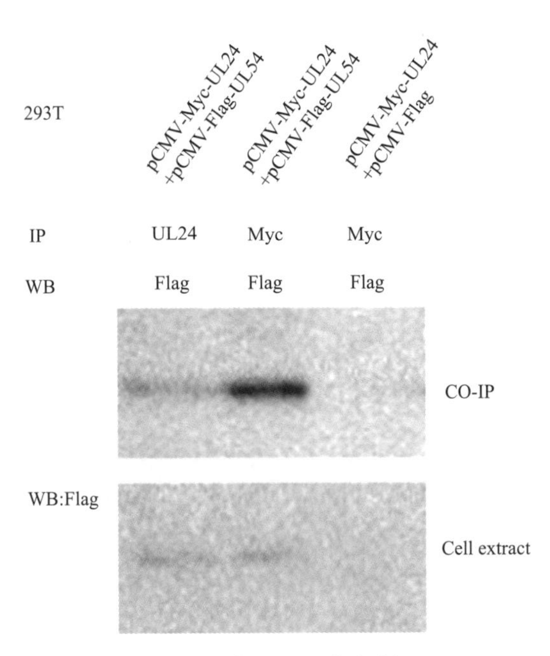

图 3 - 134 血免疫共沉淀试验验证 UL24 和 UL54 蛋白的相互作用

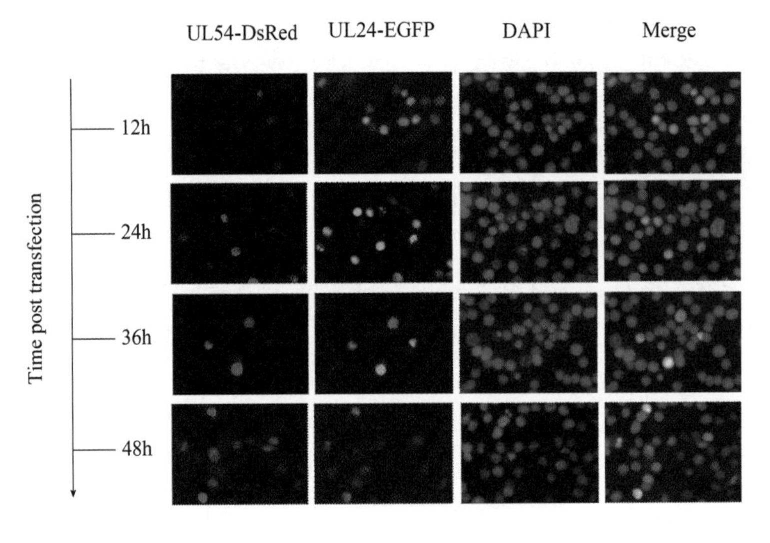

图 3 - 135 DPV UL24 - EGFP 与 UL54 - DsRed 蛋白在 DF - 1 细胞中的共定位

（贾仁勇）

四、UL25 基因及其编码蛋白

（一）疱疹病毒 UL25 基因及其编码蛋白

鸭瘟病毒 UL25 基因研究资料很少，以下有关疱疹病毒 UL25 基因的研究资料（孙磊等，2009）对进一步开展鸭瘟病毒 UL25 基因的研究将有重要参考作用。

1. 疱疹病毒 UL25 基因序列的特点 疱疹病毒 UL25 基因长约 1 797 bp，Desloges 等（2003）人用大肠杆菌表达的 T7 tag - UL48 融合蛋白做参照，证明 BHV - 1 UL25 属于晚期基因（γ2）类病毒基因，编码疱疹病毒的衣壳蛋白。UL25 ORF 位于病毒基因组的 60 602～62 398（在左侧方向）位置上，产生一个 4.5 kb 的转录物，此转录物在感染后 3 h 聚积到一个低丰度，此后到感染后 12 h 水平增加，到感染后 24 h 数量保持不变。另外，UL25 转录开始于翻译起始密码子上游区的 303 位碱基，相应地分别到达假定的 TATA 和 CAAT 框下游区的 26 和 354 b，因此提供了这些成分的功能类似于 UL25 启动子的证据（Desloges 等，2003）。580 个氨基酸的 UL25 基因 ORF 从 HSV - 1 基因组核苷酸的 48813（ATG）延伸到 50553（TAG）。5 个 mRNAs 以共 3′终端的转录物方式从 HSV - 1 基因组的这个区域被表达；三个最大的转录物（5.6、5.4 及 4.2 kb）包括了全部的 UL25 开放阅读框（Holland 等，1984）。UL25 基因的存在对病毒侵入和衣壳装配起到非常关键的作用，UL25 的基因产物在病毒包装过程中是必需的。

2. 疱疹病毒 UL25 蛋白的形态结构 生物化学方面的研究对 UL25 结构上面的描述起到了有力的支持。在 Booy 等（1991）的研究里，UL25 被发现作为 HSV - 1 衣壳的次级结构组件存在（Lamberti 等，1998）。包含 DNA 的衣壳（C 衣壳）被发现有一个相比起缺乏 DNA 的衣壳更为高等的 UL25 内含物蛋白（换言之即前衣壳，A 衣壳和 B 衣壳），前衣壳的功能是稳定地被填充到衣壳上面，以抑制内部的 DNA 压力（Stow 等，2001；Kanamaru 等，2004；Klupp 等，2006）的衣壳。利用免疫电子显微技术，Ogasawara 等（2001）证明了在一个或更多的衣壳顶角上 UL25 的定位。Ogasawara 等（2001）还报道了 UL25 可以特异性地结合到 HSV - 1 DNA，以及 UL25 能够装订在主要衣壳蛋白（UL19）或三联蛋白（UL38）的能力。最近，一个高分辨率的结构被确认为 UL25 的一个实质蛋白（Bowman 等，2006）。

在 Newcomb 等（1991）的研究里，UL25 的位置是通过测定当衣壳被胰蛋白酶处理的时候其对消化作用的敏感性，以及通过免疫电子显微技术等方法来检测的。所做的试验包括通过胰蛋白酶处理 B 衣壳，在内部的台架和蛋白酶蛋白质都未受影响的情况下它被消化分裂，以此来支持UL25暴露在衣壳表面的观点。实际上，通过对UL25衣壳蛋白的测试发现，对其胰蛋白酶消化最为敏感。一个未经消化的UL25种群数的缺失支持了所有UL25分子暴露在衣壳表面的观点。

免疫电子显微镜研究被用于更精确地确定UL25的位置。最有启迪作用的观测如下：①UL25标签在C、B和A衣壳的复杂和特殊的位置被找到。然而对照的缺失UL25的衣壳却未在加标记的复杂位点被观察到。②在一项关于B和C衣壳的典型试验里大多数UL25在顶角被发现，正如Ogasawara（2002）和他的同事在免疫电子显微镜里所见，他们也观察到UL25有选择性的定位于衣壳顶角。

在Newcomb等（1991）所报道文章中的免疫电子显微镜结果和以前研究者（Rixon等，1993）所得的结论都支持UL25定位于衣壳表面多重位点的观点。Newcomb等（1991）观察到大量的UL25繁殖标记衣壳，在C、B和A衣壳中分别为52%、11%和16%。合成的特殊门顶点上面可能也包含UL25。

UL25在衣壳顶点的位置与对它功能的推测相符合——稳定衣壳以抑制包装完成后的DNA产生的压力。Stow（2001）证明UL25被称为一个顶角强化蛋白，以强调它在衣壳稳定中的作用。UL25在A、B和C衣壳拷贝数的测量结果与之前研究得出的UL25内含物大多在C衣壳内的结论相同（Stow等，2001；Thurlow等，2006）。其结果显示，在以前对B衣壳测定的基础上增加了A和C衣壳的完全拷贝数（Ali等，1996）。UL25浓度在C衣壳里更高的结果和Stow（Stow等，2001）提出的UL25被大量插入正在包装或已完成包装的DNA里面的观点相一致。

3. 疱疹病毒UL25基因产物的作用 UL25基因产物的作用被认为是在包装过程的后期保持DNA留在衣壳里。例如，它可能涉及封闭门通道或者稳定衣壳以抑制由包装DNA制造的内压力。在DNA注入衣壳过程的后期，UL25的功能表明：①它可能定位于衣壳的外面而非在大多数包装DNA内；②它可能在活体外附加在缺乏它的衣壳上面。

Barbara等（2006）在对PRV的研究里得出了有关于UL25的几点结论：①在细胞培养阶段，UL25对于PRV的复制过程是必需的；②它对病毒基因组的裂解和包装不是必需的；③它对衣壳从细胞核中流出这一过程是必需的。

Brian（2006）报道UL25的作用可能类似于一个支架，但在成熟过程中却是被插入而不是从衣壳中去除。这一点可以促进后面阶段衣壳的成熟。UL25基因产物的存在对病毒侵入和衣壳装配起到非常关键的作用，UL25的基因产物在病毒包装过程中是必需的。

除了UL25在DNA包装中的作用之外，Brian（2006）报道UL25可能还扮演了另外一个重要的角色：UL25 掺入到 C 衣壳以建立起一个对衣壳具有重要意义的作用，此作用可以使衣壳从细胞核和病毒粒子被膜之间的分层中流出。

Yohei Yamauchi 等（2001）的报道中指出：UL25 蛋白与其他六种病毒基因编码蛋白 UL6、UL15、UL17、UL25、UL28、UL32 和 UL33 对于 DNA 裂解和包装过程是必需的。

Stow（2001）的研究中指出，UL25 蛋白在头部灌注过程的晚期阶段祈祷重要作用，此作用的发生先于衣壳进入到细胞质。

Ogasawara 等人（2001）报道了 UL25 基因产物与被 VP5 和 VP19C 结合的衣壳形成一个紧密的联系，其可能在铆钉病毒基因组方面扮演了一个重要角色。

疱疹病毒的成熟衣壳主要由 5 种蛋白组成，UL25 是其中之一，其他 4 种分别为 UL19/VP5、UL18/VP23、UL38 和 UL35（Kaelin 等，2000），它们对维持疱疹病毒衣壳的正常生理功能都具有十分重要的作用。

（二）鸭瘟病毒 UL25 基因及其编码蛋白

孙磊、汪铭书等（2009）对 DPV UL25 的研究获初步结果。

1. DPV UL25 基因的分子特性 DPVUL25 基因大小为 1 797 bp，编码 598 aa，多肽链有 6 段主要的疏水区，分别位于氨基酸序列的 60～110 位、165～298 位、325～435 位、460～550 位和 575～595 位；多肽链二级结构特征为转角（Turn）占的比例较大（含量高达 54%），折叠（Sheet）含量为 23%，螺旋（Helix）的含量为 14%，而卷曲（Coil）的含量为 9%；该蛋白定位于细胞核内，为核靶向蛋白质。在 35 个疱疹病毒参考株之间高度保守，并与 α 疱疹病毒的氨基酸同源性较之与 β、γ 疱疹病毒要高。

2. 鸭瘟病毒 UL25 基因序列的密码子偏爱性分析 DPV CHv UL25 基因在 35 个疱疹病毒参考株之间高度保守，与禽疱疹病毒首先类聚，并与 α 疱疹病毒的氨基酸同源性较之与 β、γ 疱疹病毒要高。CAI、ENC、GC3S 值表明疱疹病毒 UL25 同义密码子的使用呈偏爱性。DPV UL25 多肽链由 61 种密码子编码而成，密码子的第三位偏爱于碱基 A 和 T。DPV UL25 基因与大肠杆菌、酵母及人 3 种密码子使用频率差值较大的大肠杆菌有 25 个，酵母有 20 个，人有 24 个。方差分析显示 DPV UL25 基因密码子与酵母差异极显著（$r=0.043\ 72$，$p<0.01$）。DPV UL25 基因的密码子使用偏爱性程度与基因表达水平有高度相关性。

3. UL25 基因的克隆、原核表达及多克隆抗体的制备 采用 pET－32a（＋）表达载体构建了原核表达质粒 pET－32－UL25，选用带有蛋白酶缺陷的噬菌体 DE3 溶原菌

BL21（DE3）为表达宿主菌进行表达。利用IPTG进行诱导表达，得到大小为80kD的重组融合蛋白，与预期表达的蛋白大小相一致。分析表明重组蛋白主要以包含体的形式存在。最佳表达优化条件为0.8 mmol/L的IPTG，30 ℃下诱导4～5 h。重组蛋白纯化后制备兔抗血清间接ELISA效价为1：102 400。获得的兔抗DPV UL25蛋白的一抗能与表达蛋白反应，产生与预期大小的印迹条带。兔抗UL25 IgG经辛酸-硫酸铵盐析和High－Q阴离子交换层析纯化具有高效、特异性强的优点。

4. 鸭瘟病毒UL25基因产物在宿主细胞中的亚细胞定位 通过细胞免疫荧光进行DPV UL25在宿主DEF的细胞内定位进行检测，结果表明DPV感染DEF后2～8 h细胞核内荧光的量相对较少，24～54 h达到最大，72 h逐渐减弱，并且在细胞核内的斑点区域聚集呈颗粒状分布；而在细胞质内8 h才开始出现少量荧光，24～54 h随病毒感染时间的延长而增加达到最大量，72 h见细胞轮廓模糊，荧光显著减弱并由胞核分散弥漫于整个细胞，细胞核形态不一，出现核分裂现象（图3－136）。这种动态的变化可能是由于UL25蛋白质合成场所和功能发挥场所发生转移，怀疑与病毒UL25基因功能的发挥和DPV在DEF上的形态发生规律存在着重要的关系。初步推测UL25蛋白在细胞核前体复制区完成蛋白质的合成，然后转移至细胞核内发挥其基本生物学功能，协助病毒DNA复制的起始、合成，以及对衣壳装配具有重要作用。

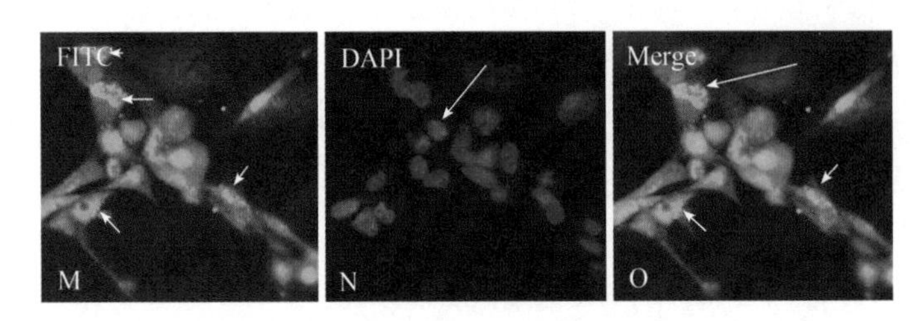

图3－136 DPV UL25基因产物亚细胞免疫荧光定位（36 hpi）

5. 鸭瘟病毒体外感染宿主细胞UL25基因转录时相分析 用实时荧光定量PCR的方法检测DPV UL25基因在感染宿主细胞中的转录时相，表明不同时间点的样品中UL25转录产物的相对含量总体上显现出一个先增大后减小的趋势。DPV UL25基因转录产物最早可在DPV感染宿主细胞后1 h检测到，随后转录产物量迅速放大，并于感染后12 h达到最高峰，相对含量为1 219.05。12 h后其相对含量逐渐下降到一定水平，到66 h以后该蛋白的相对转录量降低到一定的水平，但值得注意的是，在72 h仍然保持一定的水平（图3－137）。DPV UL25基因在DEF中的转录时相具备病毒晚期基因的典型特征，与疱疹病毒属的其他病毒UL25基因一样均属晚期基因，可能与病毒衣壳的装配和成熟密切相关。

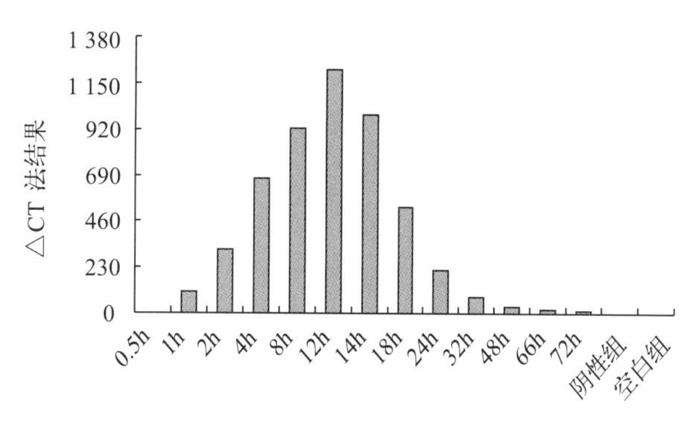

图 3－137　DPV UL25 基因转录时相变化

（程安春，汪铭书，吴英）

五、UL29（ICP8）基因及其编码蛋白

（一）疱疹病毒 UL29（ICP8）基因及其编码蛋白

鸭瘟病毒 UL29 基因研究资料很少，以下有关疱疹病毒 UL29 基因的研究资料（张显等，2009）对进一步开展鸭瘟病毒 UL29 基因的研究将有重要参考作用。

1. 疱疹病毒 UL29 基因序列的特点　UL29 基因位于 HSV－1（hepers simplex virus 1）基因组上 9 809～13 393 bp，UL 左起特定长区，长约 3 000 bp，属于延迟早期基因，具有独立的启动子和起始密码子。ICP8 基因初始转录产物为 mRNA，大小约 4.2kb，含有 3591 bp 的编码区域。还有发现少数 ICP8 基因转录的特殊产物 mRNA 可达 10kb（Paulo K. Orberg 等，1987）。此外，HSV－1 ICP8 基因与同属疱疹病毒的基因序列同源性很高，其中与鸭瘟的相似性最高，可达到 99%，而与其他疱疹病毒 1 型亚科中的马鼻肺炎病毒和水痘－带状疱疹病毒同样具有较高的相似性，均可达到 53.7% 和 51.6%。

2. 疱疹病毒 UL29（ICP8）氨基酸序列的特点　UL29 基因编码 ssDNA 结合蛋白（single－strand DNA－binding protein），即 ICP8，是一个大小为 128 kD、含 Zn 原子的金属核内蛋白质，由 1 196 aa 组成（Nimonkar AV 等，2003）。ICP8 的 C 端含有由 60

aa 残基组成的晶体结构，晶体结构由 N 端（含 9～1 038 个氨基酸残基）和 C 端（含 1 049～1 129 aa）组成，其解析度为 3.0Å。ICP8 在 ssDNA 链上的结合位点排列大约位于一个 ICP8 到 12～22 aa 范围内（Boehmer 等，1993；Dutch 等，1993），与电子显微镜技术测得的 15～18 aa 位点相符。通过电子显微镜技术和负染色法对未与 ssDNA 结合的 ICP8 进行检测，发现在缺少 ssDNA 的情况下 ICP8 结构呈螺旋长丝状（Ruyechan 等，1984）。

3. 疱疹病毒 UL29（ICP8）蛋白的功能 ICP8 是受感染细胞中主要的单链 DNA 结合蛋白，是病毒 DNA 复制绝对必需的七个基因产物之一，在条件致死菌株中病毒 DNA 复制受到阻止（Liptak 等，1996），说明 ICP8 在病毒 DNA 复制和病毒增殖中是必需的。在受感染细胞中，ICP8 不是单独行使功能，首先与 UL5、UL8、UL52、UL9 蛋白结合成复制聚合物前体形式，然后被定位在细胞衣壳结构的复制前体区（Crute 等，1989；Zhu 等，1992），伴随着病毒多聚合酶进入复制前体区，开始病毒的复制过程，在解螺旋酶、引发酶作用下，ICP8 识别单链 DNA 结合其上，并维持单链 DNA 形态，以确保整个复制过程的完成。

（1）UL29（ICP8）蛋白核定位信号区　根据遗传学分析，ICP8 的核定位信号区（NLS）在 C 末端，由 28 个氨基酸组成的 C 末端片段指引 ICP8 进入核内（Gao 等，1992）。有试验证明，用 SV40 T-抗原的 NLS 替换此 28 aa 片段而未得到 ICP8 核内定位，因为在病毒复制和晚期基因表达上形成了缺失型突变病毒株，此结果说明这 28 个氨基酸组成的 C 末端片段在复制蛋白分子间的作用过程中具有引导 ICP8 复制前体聚合物进入细胞核的功能（Gao 等，1993）。由寡核苷酸探针标记得知，ICP8 上至少有 386～902 aa 残基是功能区，这些氨基酸残基以三级立体结构包围在一个 Zn 原子周围（Howard M. Temin 等，1995），从而使 ICP8 具有结合 ssDNA 的亲和区域，这样的功能保守区同样在噬菌体、病毒、原核和真核生物 β 链结构中可见（Prasad 等，1987；Philipova 等，1996；Dietrch Suck 等，1997；Craig Rochester 等，1998），但是高度保守的芳香族序列和一般序列都能够影响蛋白质与核酸之间的堆积力和静电作用力，以致影响 ICP8 与 ssDNA 的结合能力。例如，荧光标记的 5-顺丁烯二酰亚胺（Tuyechan 等，1988）被修饰后使得两个半光氨酸（Cys）亚基定位在 254 和 455 位置上（Dudas 等，1998），从而改变了功能区的三级结构而影响了整个 ICP8 蛋白结构的稳定性和亲和力。

（2）UL29（ICP8）蛋白核定位　HSV-1 DNA 复制主要发生在核内的主要区域，此区称为“复制区”，已有证实病毒复制的一系列必要蛋白都在复制区内，尤其是起始复制蛋白（origin-binding protein）和聚合酶复合体；相反，UL5、UL8 和 UL52 蛋白分散在核内结构中。当病毒复制被特殊抑制剂［如乙磷酸（DAA）或多醚菌素（Pol）］抑制后（Bush M 等，1991），ICP8 则大量分散在核内的复制前位点，此期间 UL40 蛋白较多，UL30 蛋白相对较少；当 DNA 复制被抑制剂多醚菌素（Pol）、乙磷酸（PAA）、羟基脲等阻滞后，通过免疫荧光方法对 ICP8 的亚细胞定位分析，发现在前期 2～3 h，荧光出现在核内复制前位点（Quinlan 等，1984 ；De Bruyn Kops 等，1988），即病毒 DNA 的复制被阻止但核内前体复制区仍然保留原有大小并随着质粒感染的过程逐渐分散在核内，所以 ICP8 首先是定位在核内复制前位点。复制前位点是病毒 DNA 复制蛋白辅助结构的中间产物，在细胞早期感染期间，ICP8 定位在复制前位点上，随着感染时间的延后，ICP8 主要定位在细胞核内，细胞质中较少。

（3）UL29（ICP8）核定位所需的蛋白　虽然病毒 DNA 复制是发生在细胞核复制区内，但 ICP8 实际上是在核内复制前位点首先结合解螺旋酶复合体和 UL9 发挥作用。细胞受 UL5、UL8、UL52、UL9 突变株毒力感染后通过共聚焦显微镜观察到 ICP8 分散在整个核内区中，并没有被装配到核内复制前位点，说明在受 UL5、UL8、UL52、UL9 突变株感染后的细胞中 ICP8 没有被转录表达（Quinlan 等，1996），因为解螺旋酶复合物（由 UL5、UL8 和 UL52 蛋白组成）和复制起始点结合蛋白 UL9 是 ICP8 在感染细胞中定位到核内复制前位点的必需蛋白。

（4）UL29（ICP8）蛋白参与病毒 DNA 复制　大多数疱疹病毒 DNA 结合蛋白通常指的是感染细胞的多肽氨基酸，即为 ICP8，它不仅是病毒 DNA 复制过程中必需的蛋白之一，还协助 UL9 蛋白促进起始复制。ICP8 能优先牢固地结合到 ssDNA 上，它具有熔化双链 DNA 的能力，使其不再复性保持 ssDNA 单链结构，以免 ssDNA 受核酸酶的降解。伴随着 DNA 复制的开始，ICP8 由胞质转移到细胞核基质内复制前位点，然后转移到核内同步拷贝的复制层保持 DNA 复制的连续性，确保晚期基因的复制。因此，ICP8 除了在细胞核内个别位点参与病毒 DNA 复制起始复合物的形成之外，还决定了晚期基因是否得以完整正确复制。通过预测 ICP8 的氨基酸序列在 499～512 位点上的序列同- X2 - 5 - Cys2 - 15 - Cys/His - X2 - 4 - Cys/His 保守且一致（Gupe 等，1991），ICP8 氨基酸序列- C - N - L - C - T - F - D - T - R - H - A - C - V - H -位于一级结构的正中间，其三级结构具有一个与二价金属离子（如 Zn^{2+}）结合的位点，一旦这类金属离子（如 Zn^{2+}）结合到这个位点上，便加强了 ICP8 整体结构的稳定性，从而保证 ICP8 能稳定有效地发挥它在病毒 DNA 复制中的重要作用。

4. UL29（ICP8）蛋白与其他蛋白的相互作用

（1）UL29 蛋白与 UL9 蛋白作用　UL9 是一个特殊序列的 DNA 结合蛋白，分子量为 94 kD，能够识别 DNA 复制起始位点，同时具有 DNA 解旋酶和 ATPase 活性，与同族的ICP8形成特殊复合物（Paul等，1998）。UL9蛋白的解旋酶活性将双链DNA解开，ICP8再结合其上，所以解旋的双链DNA长度直接影响着ICP8-UL9蛋白复合物。其作用机制是通过改变UL9蛋白的解旋酶活性和ATPase活性，从而增强或减弱UL9蛋白持续合成的能力，以致加速或减缓UL9蛋白在DNA链上的移位和改变自身的二级结构。因此ICP8-UL9蛋白形成的复合物最终影响的是病毒DNA复制的起始效率。

UL9蛋白作用于底物DNA链需要一个持续的时间和缓慢的限速过程，伴随着时间的延迟，会降低UL9蛋白解旋酶活性。但是当ICP8结合到UL9蛋白C末端，并同UL9蛋白的浓度比为1∶1时，形成的ICP8-UL9蛋白复合物会加快UL9蛋白在链上由3′～5′方向的移位速度，当先解开的引发链在ICP8的作用下保持稳定的单链形态，10 min作用后，DNA解链效率便可达到最高。

（2）ICP8蛋白与UL5、UL8、UL52蛋白的作用　病毒DNA复制主要是发生在细胞核内，但是当病毒DNA复制受到阻遏时，病毒复制蛋白则被滞留在核内复制前位点。在分别构建的7个复制必需蛋白基因缺陷毒株中发现，有4个复制蛋白，分别是：UL5、UL8、UL52和UL9基因编码蛋白，它们都是ICP8核内复制前位点定位的必需蛋白。同样，UL5、UL9、UL52蛋白和ICP8是UL8蛋白和病毒DNA聚合酶定位的必需蛋白。UL5、UL8、UL52蛋白构成的解旋酶-引发酶复合体同UL9蛋白结合后，ICP8再与前两者装配形成规则的构象体，在DNA聚合酶和多聚酶辅助蛋白（UL42）伴随下，协同完成病毒DNA的复制过程（Crute等，1989）。

（二）鸭瘟病毒UL29基因及其编码蛋白

张显、程安春等（2009）对DPV UL29的研究获初步结果。

1. DPV UL29基因的分子特性　DPV UL29基因大小为3 565 bp，与α疱疹病毒的同源性较高，氨基酸序列同源性为44%～53.6%，与β疱疹病毒和γ疱疹病毒同源性较低；编码1 196氨基酸多肽，该多肽链没有跨膜区域，是一种膜外蛋白。预测分子量是131 228.3 kD，等电点pI 5.98；理论推导半衰期为30 h，不稳定参数是37.66，属于稳定蛋白，抗原位点分布于UL29多肽链的整个序列中。整个蛋白质疏水性最大值是2.756，最小值为−3.378。而亲水区在蛋白质多肽链占据的区域略小于疏水区域，估计蛋白质属于疏水性蛋白。三级结构预测结果见图3-138。

2. DPV UL29基因的克隆、原核表达及多克隆抗体　通过构建pET-32-UL29重组原核表达载体，将其转化至表达宿主菌Rosetta（DE3），用IPTG进行诱导表达后，在148 kD处出现了一条特异的蛋白条带，与预期表达的蛋白大小相一致。薄层扫描分析表明重组蛋白占菌体总蛋白的 34.5%，主要以包含体的形式存在。最佳表达优化条件为 0.2 mmol/L 的 IPTG，23 ℃下诱导 3～4 h。利用纯化的重组蛋白制备兔抗高免血清，间接 ELISA 效价为 1：120 400。Western blotting 检测所制备的兔免疫血清，在目的蛋白 148 kD 处，抗体可特异性与之结合，说明制备的重组表达蛋白的高免血清具有较好的反应原性。兔抗 UL29 IgG 经辛酸-硫酸铵盐析和 High－Q 阴离子交换层析纯化，具有高效、特异性强的优点。

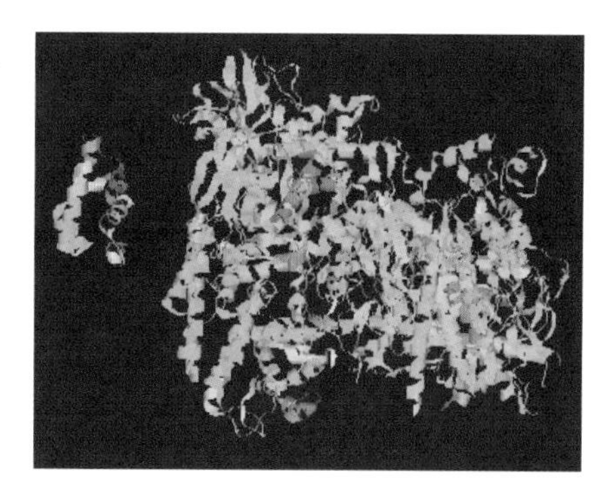

图 3－138 UL29 蛋白三级结构预测

3. DPV UL29 基因产物在宿主细胞中的表达与亚细胞定位 通过细胞免疫荧光进行病毒感染 DEF 的亚细胞定位检测，DPVUL29 基因表达产物在 DEF 中的亚细胞定位是一个动态的变化过程（图 3－139），8 h 在细胞核前体复制区，24～36 h 转移到细胞核，48 h 开始向细胞质中分散，随后分散于细胞核与细胞质中，54 h 分散在整个细胞中，这种动态的变化可能是由于 UL29 蛋白质合成场所和功能发挥场所发生转移，推测 UL29 蛋白在细胞核前体复制区完成蛋白质的合成，然后转移至细胞核内发挥其基本生物学功能，协助病毒 DNA 复制的起始、合成，以及对晚期蛋白表达和毒力调节具有重要作用。

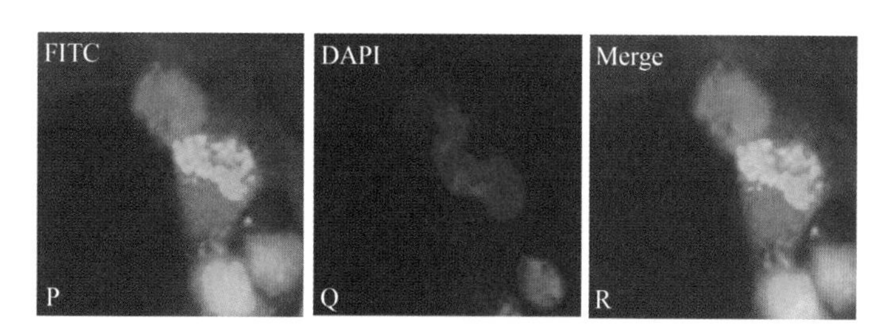

图 3－139 DPV UL29 基因产物亚细胞免疫荧光定位

4. DPV UL29 基因产物在宿主细胞中的转录时相和表达时相 运用实时荧光定量对 DPV UL29 基因进行了转录时相分析，发现 DPV UL29 基因转录产物最早出现于感染后 1 h，且在感染后 18～24 h 达到转录最高峰，一直持续到了感染后的 72 h（图 3－140）。这种转录谱具备疱疹病毒早期基因的典型特征。且 DPV UL29 基因转录时相规律与亚细胞定位动态分布规律基本一致，说明 DPV UL29 基因的转录和表达在细胞核内是同时进行的。根据病毒学界对疱疹病毒 UL29 基因已有认识的综合分析，可以认为 DPV UL29 基因在病毒感染过程中是一个延迟早期基因，其早期转录及表达在一定程度上是受到病毒基因组早期基因 UL9、UL5 和 UL8 蛋白的表达调控。DPV UL29 表达先于病毒 DNA 的复制过程，是在病毒 DNA 复制的高保真度上结合到 DNA 单链结构上，从而保证了子代病毒核酸 DNA 的有效复制。同时，该基因亦对晚期蛋白如衣壳蛋白、囊膜糖蛋白等的表达起激活作用。推测这种基因表达时序的调控作用是一种网络式相互作用。

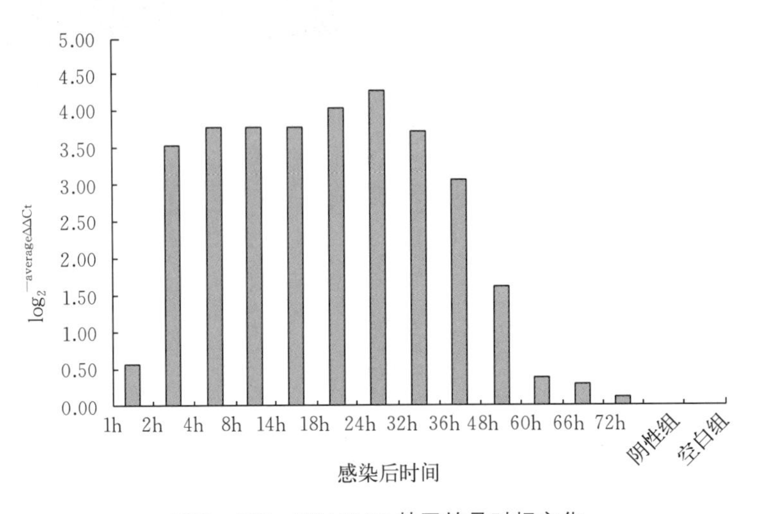

图 3－140 DPV UL29 基因转录时相变化

表达时相分析结果表明，DPV UL29 基因产物最早在病毒感染细胞后 4 h 出现，蛋白条带大小约 128 kD，与预测结果相一致。24 h 达到最大值，随后逐渐下降并一直持续到感染后 54 h。其与亚细胞定位中荧光产生规律大致相同。根据其规律进行推测，病毒在 24 h 前增殖速度较快，但在感染宿主 24 h 后增殖速度开始减慢，但由于其病毒数量已达到一定量，所以其并未表现出显著减少。而是随着时间的推移而逐渐减少。从亚细胞定位 8 h 可观测到绿色颗粒荧光推测从开始病毒就已经开始合成 UL29 蛋白，12～24 h 时，UL29 蛋白含量伴随病毒繁殖增加而增大，且在 24 h 通过亚细胞定位也可以观测到细胞中荧光达到最大，表达时相的条带也最明显，转录时相结果在 24 h 也达到最高峰值，说明 DPV UL29 蛋白在 24 h 病毒增殖到达一个相对稳定的时期。综合分析 DPV UL29 基因的转录表达时相模式，推测该基因为病毒的早期基因。

（程安春，汪铭书，吴英）

六、UL31 基因及其编码蛋白

（一）疱疹病毒 UL31 基因及其编码蛋白

鸭瘟病毒 UL31 基因研究资料很少，以下有关疱疹病毒 UL31 基因的研究资料（谢伟等，2009）对进一步开展鸭瘟病毒 UL31 基因的研究有重要参考作用。

1. 疱疹病毒 UL31 基因特点　HSV－1 DNA 基因组至少编码 74 种不同的基因，其中大约有 40 种核心基因（Nishiyama 等，2004）。UL31 基因就是位于独特 UL 序列中的一个核心基因，具有典型的开放阅读框特征，含有相应的启动子、TATAbox、CAATbox、poly（A）尾巴序列，其编码一种磷酸化蛋白，是病毒核基质形成过程中的重要成分，该蛋白通常含有一个亲水的氨基端和一个核定位信号，但近期研究发现一些疱疹病毒没有这种典型的核定位信号（Chang 等，1993；Yoshihiro 等，1999）。另外，UL31 蛋白中有一些相同的酪蛋白激酶、CAMP 依赖的蛋白激酶和蛋白激酶 C 磷酸化位点（Kennelly 等，1991），可能在核衣壳出芽时核千层的磷酸化起作用。

UL31 基因在 α 疱疹病毒亚科中高度保守，在 β、γ 疱疹病毒亚科中也有同源基因，如人巨细胞病毒（HCMV）的 UL53、鼠巨细胞病毒（MCMV）的 M53、EB 病毒的 BFLF2。最近研究也表明 UL31 基因在所有的禽类和哺乳动物中的疱疹病毒都有同源性（Helferich 等，2007），马相如等（2004）将 PRV 与疱疹病毒 α 亚科其他成员牛疱疹病毒 1 型（BHV－1）、马疱疹病毒 4 型（EHV－4）、单纯疱疹病毒 1 型（HSV－1）、火鸡疱疹病毒（THV）等 UL31、UL32、UL33 和 UL34 同源基因编码的氨基酸序列多重比对，结果说明 UL31 基因同源程度最高，各毒株间同源程度均大于 50.2%，同时在 UL31 基因的氨基酸序列中发现具有 4 个保守的功能性结构域。Schnee 等（2006）利用蛋白互补分析（CPA）研究不同种属疱疹病毒 UL31 和 UL34 蛋白的结合区域，结果表明在 UL31 蛋白结合区域是保守的，只是实际的作用位点随进化发生了改变。这些结果都证实 UL31 基因十分保守，具有种属特异性，对 UL31 基因进化关系的研究可能会如实反映疱疹病毒的系统进化史。

2. UL31 蛋白的定位　UL31 蛋白质是核基质相关的核磷酸化蛋白质，定位在感染细胞核内。Zhu 等（1999）将单纯疱疹病毒 2 型（HSV－2）UL31 基因转染 Vero 细胞，在转染早期，UL31 蛋白质呈点样弥散状分布在细胞核内，随后逐渐融合变大，在转染后期进一步融合形成颗粒，弥散状分布消失。Reynolds 等（2002）报道 HSV－1 野毒株感染 Vero 细胞后，UL31 及 UL34 蛋白质分别定位在感染细胞的核内膜和核外膜病毒颗粒中，在核外病毒颗粒中检测不到 UL31 及 UL34 蛋白质，而在核膜、核外及细胞质膜中都可发现 US3 蛋白质。

US3 蛋白是由 US3 基因编码的一种丝氨酸/苏氨酸激酶，它能影响病毒早期囊膜的形态，同时对 UL31 蛋白的正确定位是必不可少的（Kato 等，2005；Fan Mou 等，2007）。Reynolds 等（2001）认为 HHV－1 UL31 蛋白和 UL34 蛋白在核边缘的正确分布需要 US3 蛋白激酶的作用，缺少 US3 时，UL31 与 UL34 蛋白质之间的作用出现在细胞核边缘内的离散性区域。因此，US3－编码蛋白质激酶对位于细胞核边缘上的 UL31 蛋白质正确定位来说是必需的。

3. UL31 和 UL34 基因的关系 关于疱疹病毒包装过程及蛋白质相互作用的研究资料很多。通过研究分析，UL31 和 UL34 蛋白之间存在特殊的物理作用，UL31 和 UL34 蛋白在核膜形成一个复合物，相互增强其稳定性，任意去掉一种蛋白都会导致另一种蛋白的错误定位，同时对病毒初期包膜的形成有重要作用（Roller R J 等，2000；Klupp B G 等 2000；Fuchs 等，2002），如 HSV－1 UL34 缺失突变株感染细胞时，UL31 蛋白很容易被蛋白酶降解，也不再集中于核边缘，完全累积在核原生质（Ye 等，2000；Reynolds 等，2001；Reynolds 等，2002）。

Reynolds 等通过免疫荧光证实了 UL31 和 UL34 之间的关系，并认为 UL31 蛋白和 UL34 蛋白相互作用形成复合体，聚集在核膜中，对核衣壳在核膜内部包装成熟起重要作用。随后，Fuchs 等（2002）也发现 PRV 中 UL31 和 UL34 蛋白相互作用影响核衣壳的早期包膜，而且酵母双杂交分析表明 UL31 蛋白可与 UL34 蛋白的 N 端特异性相互作用，有利于 UL31 蛋白在核内的定位。在 β 和 γ 疱疹病毒中也存在相似的情况，如鼠巨细胞病毒（MCMV）中 M50/P35（UL34 同源性蛋白）的一端插入核内膜与 M53/P38（UL31 同源性蛋白）聚合形成衣壳停泊位点，其相互作用也有利于彼此的稳定和病毒的成熟（Muranyi 等，2002）。最近，Klupp 等（2007）将伪狂犬病毒 UL31 和 UL34 基因同时表达，转染兔肾细胞，发现在核周间隙能形成与初期囊膜相似的小囊泡，进一步证实了 UL31 和 UL34 蛋白之间存在某种特殊的物理作用。

4. UL31 蛋白的功能 在病毒与宿主的相互作用中，病毒的一些蛋白起着重要的作用，它不仅介导对靶细胞的感染，而且还是被感染的宿主免疫系统识别的主要抗原。近几年来，对 HSV－1、HSV－2、PRV、EBV－1、MCMV、HCMV 和 EB 病毒研究表明，UL31 蛋白与病毒核衣壳初期包膜形成、病毒 DNA 的合成、包装和释放有积极的作用。

（1）UL31 蛋白在病毒复制中的作用　UL31 基因虽不是病毒复制所必需的基因，但是它对感染细胞病毒颗粒产生的效率有一定的相关性，是 DNA 病毒包装成原初衣壳最适条件的必需物（Chang 等，1997；Yamauchi 等，2001）。UL31 蛋白是核基质相连的蛋白，其分散于细胞核边缘，然而，核基质是许多核反应的中心，例如，病毒 DNA 的合成、基因的表达和调控等（Berezney 等，1991；Nickerson 等，1995）。因此，UL31 蛋白在病毒衣壳组装阶段的成熟、DNA 合成、分裂和包装过程也发挥了有效的作用（Vlazny 等，1982；Ben - Ze′ev 等，1983；Bibor - Hardy 等，1985；De Bruyn Kops 等，1994；Lukonis 等，1997），Chang 等（1997）将 HSV - 1 UL31 基因缺失突变体病毒感染限制细胞如 Vero 细胞，发现缺失病毒产生的核外病毒颗粒比野生型少1 000 倍。另外，UL31 无效突变体感染非互补的细胞引起病毒 DNA 的减少，表明 UL31 在病毒 DNA 的合成、裂解和包装上有积极的作用。同时研究表明，HSV - 1 UL31 和 UL34 基因产物能增强核周间病毒复制的晚期成熟（Simpson - Holley 等，2004）。另外，UL31 蛋白与核千层 A 结合的区域与能染色质相互作用，表明了 UL31 介导染色质变化的机制（Taniura 等，1995；Stierle 等，2003）。

UL31 蛋白可能形成一个与核基质相连的核网，使细胞的结构利用最大化，其较弱的、没有特异性的结合 DNA，为 DNA 合成和组装提供了一个锚定的位点（Chang 等，1997），因此，进一步的研究将证明 UL31 蛋白在病毒复制周期中的作用。

（2）UL31 蛋白在病毒包装中的作用　疱疹病毒的成熟由许多蛋白控制，要经过一个早期包膜-去包膜-二次包膜的过程，在早期包装中涉及 UL31、UL34、US3、UL11、UL36 和 UL37 等蛋白（Gershon 等，2000；Scott 等，2001；Metenleiter 等，2002；Susan 等，2006）。α 疱疹病毒 UL31 基因编码的保守蛋白在初期包膜的形成起重要作用，β 疱疹病毒 MCMV M53 基因产物（UL31 同源性蛋白）和 γ 疱疹病毒 EB 病毒的 BFLF2 基因产物（UL31 同源性蛋白）也具有相似的功能（Lake 等，2004）。Lotzerich 等（2006）从 MCMV 细菌人工染色体中去除 M53 基因（UL31 同源基因），病毒不能复制，将 M53ORF 插入异位也能够恢复病毒的复制。Chang 等（1997）报道 HSV - 1 UL31 缺失突变株感染细胞，病毒虽仍能形成核衣壳，但未出现有囊膜的病毒粒子。Walter 等（2002）研究认为 PRV UL3l 和 UL34 蛋白是病毒早期囊膜的组成成分，UL31 基因突变体感染大肠杆菌空斑的数量及病毒滴度明显减少。另外，UL34 蛋白是病毒包膜形成所必需的（Barbara 等，2000；Bjerke 等，2003），然而，UL34 蛋白的正确定位需要 UL31 蛋白，同时也说明了 UL31 对病毒衣壳早期囊膜的形成是必不可少的。

（3）UL31 蛋白在病毒出芽中的作用　病毒核衣壳在细胞核中形成后，以出芽方式通过核内膜进入核周间隙时获得初期包膜。然而，核纤层（nuclear lamina）是真核细胞中紧贴内核膜内层、主要由核纤层 A/C 和核纤层 B 组成的不溶性纤维状网架结构

(Bridger等，2007)。由于核衣壳的大小使其不能通过核孔复合体，因此，作为核内膜不溶的核纤层蛋白构成的网状结构是疱疹病毒出芽的一个主要障碍，疱疹病毒必然会修饰核纤层蛋白，来使核衣壳能够通过核内膜（Metenleiter 等，2002；Reynolds 等，2004；Simpson-Holley 等，2005）。

目前，关于疱疹病毒核衣壳如何通过核内膜的详细机制还不清楚，许多研究都显示了UL31蛋白对α、β、γ疱疹病毒核衣壳出芽起到不可替代的作用。α疱疹病毒HSV-1感染细胞诱导核纤层构象的变化需要UL31基因，UL31蛋白与核纤层A/C的尾部相结合，可能导致了核纤层蛋白丝的解聚（Reynolds 等，2004），同时UL31基因缺失突变株感染非互补细胞，病毒累积在细胞核，不能通过核内膜进入核周间隙。HSV-1在宿主细胞核内形成复制区域（RCs），导致宿主细胞染色质的边缘化，围绕病毒复制区域形成一个密集的层，与核纤层形成病毒出芽的障碍，UL31基因缺失病毒不能够崩解宿主染色质和重建核纤层的结构（Simpson-Holley 等，2004）。关于疱疹病毒如何使核纤层崩解，Park 等（2006）试验证实 HSV-1感染细胞中UL31和UL34蛋白形成的复合物能够利用蛋白激酶C（PKC）使核千层蛋白B磷酸化，从而导致核纤层蛋白的溶解，与β疱疹病毒MCMV M50/P53和M53/P38蛋白使核纤层溶解相似，表明UL31蛋白对核纤层的崩解有重要作用。最近研究进一步证实不均一核糖核蛋白K（hnRNP K）与UL31/ UL34复合物相互作用，对核衣壳出芽有重要作用。关于核衣壳出芽的机制还在不断探索中，研究结果都支持UL31蛋白有利于病毒粒子的出芽。

（二）鸭瘟病毒 UL31 基因及其编码蛋白

谢伟、程安春等（2009）对DPV UL31的研究获初步结果。

1. DPV UL31基因的克隆及分子特性分析 DPV UL31基因大小为933 bp，编码310aa，等电点为7.56；UL31蛋白没有信号肽和跨膜区，主要定位于细胞核中，共有28个潜在的磷酸化位点，主要集中于N末端，包含22个丝氨酸磷酸化位点，2个苏氨酸磷酸化位点、4个酪氨酸磷酸化位点。

2. DPV UL31基因的原核表达及多克隆抗体 通过构建pET-32-UL31重组原核表达载体，利用IPTG进行诱导表达，得到大小为55 kD的重组融合蛋白，与预期表达的蛋白大小相一致。薄层扫描分析表明重组蛋白占菌体总蛋白的28.5%，主要以包含体的形式存在。最佳表达优化条件为0.8 mmol/L的IPTG，37 ℃下诱导3 h。通过包含体洗涤、超声破碎和Ni+-NTA琼脂糖凝胶亲和层析免疫家兔后，成功获得琼脂糖扩散试验效价高达1∶32的兔抗UL31多克隆抗体。Western blotting 结果显示，所获抗体能特异性识别 UL31 基因产物，表明该多克隆抗体具有良好的反应原性，可应用于对 UL31 基因进行的功能研究。

3. DPV 体外感染宿主细胞 UL31 基因转录　用 real - time PCR 方法对 DPV 感染宿主细胞后病毒 UL31 基因 mRNA 表达水平的变化进行了动态分析。结果发现 DPV UL31 基因的转录产物最早出现于感染后 1 h，但是其只是进行微量转录，随后转录产物量迅速放大，并于感染后 36 h 达到高峰，随后其相对含量逐渐下降，这种转录谱具备疱疹病毒晚期基因的典型特征。在 36 h 时，DPV UL31 基因转录量达到高峰，这可能跟病毒在细胞中的不断增殖有关，随着子代病毒的成熟，也会进一步导致检测到的 UL31 基因转录本大量增加。而到了 DPV 感染的后期，细胞病变和病毒增殖的速度减慢可能使得转录水平的下降（图 3 - 141）。

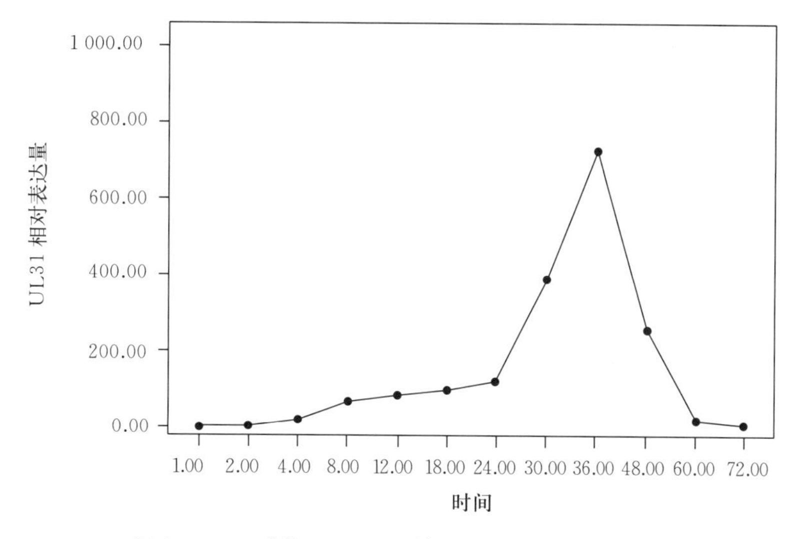

图 3 - 141　感染 DPV 不同时间 UL31 基因的转录水平

4. DPV UL31 基因产物在感染宿主细胞中的亚细胞定位　通过细胞内间接免疫荧光进行 DPV UL31 在感染宿主 DEF 中的亚细胞定位检测，结果表明，UL31 基因产物定位在感染宿主细胞的细胞核中，并呈动态变化过程：特异性荧光可最早在感染后 4 h 检测到，其呈弥散状分布于细胞核中；随后荧光强度随感染时间的增加而增强，到 36 h 时，荧光呈细小的颗粒状分布于细胞核中；随后荧光强度减弱，到 60 h 时，大部分荧光转移到细胞核边缘。DPV UL31 基因产物的这种定位变化可能与其介导病毒出芽的功能相关。

5. DPV UL31 抗原在人工感染鸭组织的定位分布　用 DPV CHv 强毒株感染成年鸭

复制鸭瘟急性病例，分别于接种后不同时间，取心、肝、肾、脾、胸腺、十二指肠、法氏囊、脑和胰等组织制作石蜡切片，进行间接免疫荧光检测 DPV UL31 在人工感染鸭组织的定位分布。结果表明：心、肝、脾、肺、肾、法氏囊、脑、胸腺、十二指肠、空肠、回肠、直肠、盲肠免疫荧光呈阳性或强阳性，胰腺、肌肉、皮肤呈阴性。最早可在感染后 2 h 检测到 DPV UL31 抗原位于胸腺、脾脏、法氏囊；感染 4 d 后，可在大部分组织器官中检测到 DPV UL31（图 3-142）。可见，皮下注射 DPV 后，病毒首先侵害肠道和免疫器官，并迅速编码 DPV UL31 蛋白，而腺胃、胰腺、气管和肌肉等组织荧光较弱或者无荧光，表明 DPV UL31 对不同的器官组织嗜性不同，DPV UL31 对免疫器官和肠道具有较高的嗜性，该结果有利于对鸭瘟病毒的诊断及致病机制的研究。

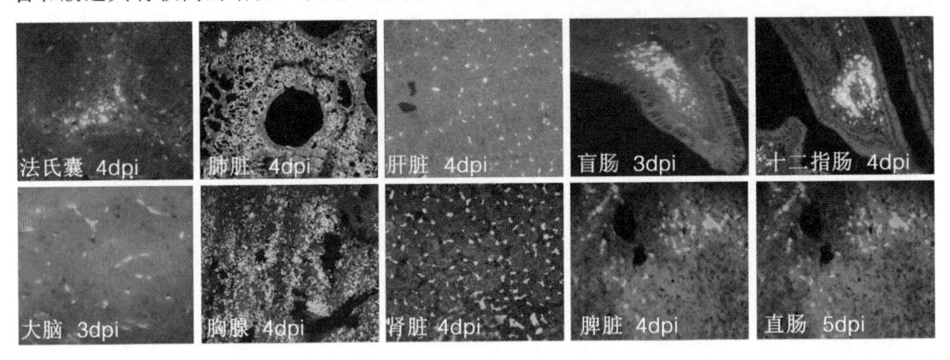

图 3-142 间接免疫荧光检测石蜡切片中 DPV UL31 基因产物在鸭体内的组织定位分布

dpi 为鸭瘟强毒感染鸭后的天数，如 5 dpi 即为感染后第 5 天

（程安春，汪铭书，吴英）

七、UL32 基因及其编码蛋白

鸭瘟病毒 UL32 基因的研究资料很少，以下有关疱疹病毒 UL32 基因的研究资料（陈万平等，2009）对进一步开展鸭瘟病毒 UL32 基因的研究将有重要参考作用。

（一）疱疹病毒 UL32 基因及其编码蛋白

1. 疱疹病毒 UL32 基因的特点 UL32 基因在人的所有疱疹病毒及其他动物疱疹病毒（α、β、γ 疱疹病毒）的同系物中都存在。人单纯疱疹病毒 1 型（HSV-1）的 UL32 基因为反向基因，与 UL31 基因具有相同的转录方向，研究发现，在 HSV-1 和马立克氏病病毒 1 型（MDV-1）中 UL31 和 UL32 是共用一个转录终止信号（Izumiya 等，

1999）。

2. 疱疹病毒 UL32 基因的类型 HSV-1 的 UL32 基因属于真正的晚期基因（$\gamma 2$），其基因的表达依赖病毒 DNA 的合成（Holland 等，1984；Sherman 等，1987），另外，Carmela Lamberti 等（1998）用 HSV-1 缺失 UL32 突变株-hr64 感染细胞证实，病毒 DNA 的复制能够正常进行，但不能对新合成的 DNA 进行切割和包装，进一步证明 HSV-1 UL32 基因是一个晚期基因。在 β 疱疹病毒亚科，人巨细胞病毒（HCMV）UL32 基因主要在病毒复制晚期起作用（Zipeto 等，1993；Meyer 等，1997）。有资料证明 pp150 是一个真正的晚期基因（Geballe 等，1986；Jahn 等，1987），Gabriele Hensel 等（1995）用免疫印迹对 HCMV 两个主要的间层磷蛋白 pp65（UL83 编码）和 pp150（UL32 编码）的表达时相进行分析，在感染后 48 h 能够检测到 pp150 的存在，72 h 含量明显增多，96 h 达到顶峰，而 pp65 早在 4 h 就能检测到，并随病毒复制循环持续增多，pp65 作为一个早期晚基因曾被报道（Geballe 等，1986；Depto 等，1989）。

3. UL32 基因编码蛋白的类型 序列分析表明，HSV-1 的 UL32 蛋白是包装糖蛋白家族的一员，这个蛋白家族的成员包括马疱疹病毒（EHV）-ORF28、巨细胞病毒（CMV）-UL52 和非洲淋巴细胞瘤病毒（EBV）-BFLF1。HSV-1 UL32 蛋白的同系物是一个与封装有关的包装糖蛋白，这在马疱疹病毒-1 型和 HCMV 中已经被证明（Whittaker 等，1992；Borst 等，2008），推测 UL32 蛋白也是一个与封装有关的包装糖蛋白，目前为止还无资料表明其作为一个结构蛋白而存在。氨基酸序列预测结果显示，在 HSV-1 的 UL32 蛋白氨基酸序列 106～117 的位置，表现出与逆转录病毒天冬胺酰蛋白酶高度的同源，但在噬菌体展示系统或置换假定酶的活性中心序列（Asp-110-Gly），结果都未能证明 UL32 蛋白作为一个必需的蛋白酶存在（Chang 等，1996）。HCMV UL32 基因编码一个磷酸化的间层蛋白-pp150，也被称为基本磷蛋白，由 1 048 个 aa 组成，是病毒粒子的主要组成成分，Gibson 等测定 pp150 占到病毒蛋白含量的 20%（Gibson 等，1983；Jahn 等，1987）。pp150 是三个主要的磷酸盐受体之一，在感染细胞内，病毒体相关的蛋白激酶负责此蛋白的磷酸化（Mar 等，1981；Britt 等，1986）。pp150 含有 19%的 Ser 和 19%Thr，并含有一个唯一的 O-连接 N-乙酰氨基葡萄糖，这种修饰也出现在核孔蛋白（Benko 等，1988），可能代表着 pp150 与核衣壳结合后，在催进核衣壳出核膜过程中所起的作用。

4. 疱疹病毒 UL32 基因编码蛋白的性质 HSV-1 的 UL32 基因编码一个 596 aa 的多肽。对 UL32 基因及其同系物的序列进行分析发现，UL32 蛋白有一个富含半胱氨酸的锌结合区（CXXC），这个区域在 α 疱疹病毒同系物中是保守的（Barbosa MS 等，1989；Coleman JE 等，1992；McIntyre 等，1993）。Chang 等（1996）用锌印迹法证明，不管是从 HSV－1 感染细胞获得的 UL32 蛋白，还是由重组杆状病毒表达的 UL32 蛋白都要结合锌。资料表明 pp150 的 N 端序列对 pp150 的作用有关键性的影响（Baxter 等，2001），剔除 pp150 的 N 端序列或破坏该蛋白的保守区序列—CR1 或 CR2，在二次感染的过程中，不能产生有感染性的病毒粒子，相反，剔除羧基端的基因序列只能使病毒部分地成熟，而破坏这个蛋白的糖基化位点则没有影响（AuCoin 等，2006）。

5. 疱疹病毒 UL32 蛋白的保守性 UL32 蛋白在 β 疱疹病毒亚科是保守的。HCMV UL32 缺失突变株－ΔUL32－BAC 在增殖过程中的缺陷已被证明。一株来自非洲绿猴的巨细胞病毒的同源基因（CMV UL32）能够弥补 ΔUL32－BAC 在增殖过程中的缺陷，而鼠类的巨细胞病毒的同源基因 M32 则不能弥补此缺陷。这与啮齿目动物和灵长类动物的巨细胞病毒在进化上的分歧是一致的（AuCoin 等，2006）。通过对大鼠巨细胞病毒（RCMV）R32 基因编码蛋白—p8R32 的氨基酸序列预测表明，pR32 与 HCMV UL32、鼠巨细胞病毒 M32，以及人疱疹病毒 6－型和 7－型的 UL1 基因有高度的相似性，相关的研究证明 RCMV pR32 不管在其一级结构还是在功能上，都是 HCMV ppUL32 蛋白的同系物（Beuken 等，1999）。

（二）疱疹病毒 UL32 蛋白的定位

1. UL32 蛋白的亚细胞定位 以前报道认为 HSV－1 的 UL32 蛋白主要存在于感染细胞的胞质内（Chang 等，1996）。Carmela Lamberti 等通过在 UL32 蛋白 N 末端附加一个 EE 表位，把表达此重组蛋白的质粒和 HSV UL32 突变株 hr64 共转染 Vero 细胞，通过瞬态互补作用使 UL32 突变株 hr64 具有野生型一样的活力，用针对 EE 表位的单克隆抗体和 UL32 蛋白的多克隆抗体处理感染细胞，免疫荧光结果显示，UL32 蛋白主要存在于感染细胞的胞质内，并弥散分布，但在感染后 18 h，UL32 蛋白在感染细胞核的复制区聚集出现（Lamberti 等，1998）。HCMV UL32 的基因产物是一个间层蛋白，被称为 pp150，定位在显著的胞质包含体内（Gibson 等，1983；Roby 等，1986 ；Jahn 等，1987）。Gabriele Hensel 等（1995）用单克隆抗体 α－pp150（XPI）来检测 pp150 在感染细胞内的分布，感染后 48 h，荧光在胞质邻近核的区域呈颗粒状聚集，并以帽形围绕着细胞核，另外，在其中的一些细胞内，荧光也呈小泡状分布在细胞质中。但通过对分离到的细胞碎片进行免疫印迹，结果显示，在感染后 48 h pp150 首先出现在细胞核内，在感染后 72 h 在细胞质内出现。免疫电镜进一步揭示了 pp150 在细胞内的定位，通过对感染 96 h 的样品电镜观察，pp150 存在于正在形成衣壳的表面，并聚集在核质内的病毒装配位点。

2. UL32 蛋白在病毒自身内的定位 Chang 等（1996）用免疫印迹的方法分析

HSV-1感染细胞的亚组分（从蔗糖密度梯度离心所获得的），结果表明UL32蛋白不是膜相关的，这与序列预测显示的其上有一个膜相关的长疏水区域，以及由其同系物——马疱疹病毒1型UL28基因编码一个包装糖蛋白-gp300所推测的结果是不一致的（Allen等，1987；Whittaker等，1992）。Carmela Lamberti等（1998）用免疫印迹的方法分析从感染细胞分离得到的B-衣壳和完整的病毒粒子，同样没有检测到UL32蛋白的存在，而另外两个切割包装蛋白UL6、UL25在A、B、C-衣壳和完整的病毒粒子都能检测到（Pateli等，1995；Ali Mira等，1996；McNab等，1998）。HCMV的UL32蛋白是一个间层蛋白，免疫电镜技术显示，核质内的UL32蛋白直接邻近核衣壳或就在含有DNA/无DNA衣壳的表面，而在胞外一些游离的病毒粒子显示，UL32蛋白精确地定位在衣壳和囊膜之间（Hensel等，1995）。

（三）疱疹病毒UL32基因编码蛋白的功能

1. HSV-1 UL32蛋白在切割包装过程中的作用 Carmela Lamberti等用HSV-1 UL32基因的插入突变株——hr64感染Vero细胞，发现不能对新合成的DNA进行切割包装，也不能形成感染性的病毒粒子并以出芽的方式排出到细胞外。当hr64在转染了重组有UL32基因质粒的细胞内培养时，上述的两种缺陷则能够被纠正（Lamberti等，1998），这与P. A. Schaffer等分离到的HSV-1温度敏感型突变株——tsN20表型一致（Schaffer等，1973）。资料表明，除了UL32蛋白外，至少还有另外6种基因（UL6、UL15、UL17、UL25、UL28和UL33）与HSV-1 DNA的切割包装有关（Lamberti等，1996；Sheaffer等，2001；Beard等，2002；White等，2003；Beard等，2004；Thurlow等，2005；Wills等，2006；Newcomb等，2006）。通过研究衣壳与切割包装体系的关系发现，在hr64感染细胞内，衣壳分散在细胞核内，而当用野生型病毒KOS感染细胞后（感染后6～8 h），衣壳出现并集中在细胞核内的复制区（Lamberti等，1998），这表明UL32蛋白在引导预先装配的衣壳到病毒DNA包装位点发挥主要作用，而在UL32的插入突变株——hr64感染的细胞内不能集中衣壳到特定位点，则可能解释此突变体中切割包装DNA功能的丧失。另外，UL32蛋白的亚细胞定位表明，其主要存在于细胞质的，在核内也有少部分存在，存在于细胞核内的UL32蛋白与假定的切割包装功能是一致的，而大量存在于细胞质内的UL32蛋白的功能还不十分清楚，推测可能与当病毒粒子从细胞核内出芽时获得感染性有关。

2. UL32蛋白在病毒粒子成熟中的作用 HCMV的UL32蛋白pp150（也称ppUL32），是一个主要间层蛋白，它集中存在于显著的胞质包含体内，有资料表明，这些包含体是病毒粒子的终膜化的场所（Hensel等，1995；Scholl等，1988；Sanchez

等，2000；Homman-Loudiyi 等，2003），同时也是间层蛋白（pp65、pp28 和 pp150）和包装糖蛋白（gB、gH）与核衣壳共同聚集的场所。由亚细胞定位结果推测 pp150 与不含 DNA 的核衣壳结合后促进对 DNA 的衣壳化，并协助核衣壳穿过核膜正确地到达终膜化的场所（Sanchez 等，2000）。但 AuCoin 等（2006）用缺失 UL32 的突变株-ΔUL32-BAC 感染细胞显示，病毒 DNA 的复制和所有动力层面的基因都能正常表达，能装配成含 DNA 的病毒粒子，并聚集在细胞质内，但这些病毒粒子不能侵染临近细胞。表明 pp150 的缺失除了表现出阻止病毒粒子在细胞质内的成熟并从胞质释放外，它还可能指导间层在胞质内的正确装配。

3. HSV-1 UL32 蛋白与末端酶的联系 末端酶在 DNA 病毒中普遍存在，是完成病毒 DNA 包装的主要蛋白。通过一些研究得到清楚的噬菌体的模拟，推测疱疹病毒编码一个末端酶复合体来切割和移动 concatemeric DNA。在 λ-噬菌体中，gpF1 蛋白影响末端酶的作用效率（Catalano 等，1995），gpF1 蛋白与末端酶的结合将促进 DNA 与衣壳的相互作用（Murialdo 等，1997），由此推测，UL32 蛋白可能与 gpF1 蛋白一样通过引入衣壳到复制区促进 DNA 与衣壳的相互作用，然而目前没有文献报道在纯化的 B 衣壳或病毒粒子中检测到 UL32 蛋白的存在。如果 UL32 蛋白的作用与 λ-噬菌体中 gpF1 蛋白的作用相似，可以预见在 UL32 蛋白与衣壳和末端酶之间有一种短暂的联系。尽管在 HSV 中还没有最终确定末端酶的存在，但研究表明 UL15 蛋白可能是末端酶复合物的一部分（Davison 等，1993；References 等，1994；Yu 等，1997）。UL15 主要在 B 衣壳被检测到，在 C 衣壳中也可检测到一部分。UL32 蛋白很可能在衣壳、末端酶和病毒基因组之间有短暂的作用，但这一作用的具体方式还不清楚。

4. HSV-1 UL32 蛋白在切割包装过程中作用的独立性 切割包装过程涉及多个蛋白之间的相互作用，为了证明 UL32 蛋白与其他切割包装蛋白的关系，Carmela Lamberti 等用免疫印迹来测定 UL6、UL15、UL25 和 UL28 蛋白，以及蛋白酶类和支架蛋白在缺失 UL32 基因的突变株感染细胞内的表达，结果表明，切割包装有关的蛋白及蛋白酶类和支架蛋白都能正常表达，说明这些蛋白的表达不依赖于 UL32 蛋白。同时，在感染缺失 UL32 基因的突变株细胞内提纯 B-衣壳检测发现，UL6、UL25 都能被检测到，说明 UL6、UL25 蛋白在 B-衣壳内的聚集不依赖于 UL32 蛋白的功能。亚细胞定位结果表明，UL32 蛋白主要是细胞质的，但在核内的复制区也能被检测到，用免疫荧光的方法检测只转染 UL32 基因的细胞内 UL32 蛋白的分布，结果表明，在没有其他切割包装蛋白存在的条件下，UL32 蛋白依然能正确地分布在细胞质和细胞核内（Lamberti 等，1998）。这些结果表明，UL32 蛋白在切割包装过程中的作用是相对独立的，目前还没有资料显示 UL32 蛋白与其他切割包装蛋白的联系。

（四）鸭瘟病毒 UL32 基因及其编码蛋白

陈万平、程安春等（2009）对 DPV UL32 的研究获初步结果。

1. DPV UL32 基因分子特性　DPV UL32 基因大小为 1 962 bp，编码 653aa，包含 1 个保守结构域，为 Herpes_env，是疱疹病毒科推定的包装糖蛋白。通过预测，该基因编码的蛋白不存在跨膜区和信号肽结构，含有多达 33 个潜在的磷酸化位点，是一个亲水性蛋白质。

2. DPV UL32 基因的克隆、原核表达及多克隆抗体　通过构建 pET－32a－UL32 重组原核表达载体，选用带有蛋白酶缺陷的噬菌体 DE3 溶原菌 Rosetta（DE3）为表达宿主菌进行表达。通过 IPTG 进行诱导，得到大小约为 92.2 kD 的重组融合蛋白，与预期表达的蛋白大小相一致。薄层扫描分析表明重组蛋白占菌体总蛋白的 33.1%，主要以包含体的形式存在。最佳表达优化条件为 1.0 mmol/L 的 IPTG，25 ℃下诱导 5 h。通过镍 NTA 琼脂糖凝胶 FF 过柱纯化重组蛋白，收集不同浓度咪唑洗脱峰，进行 SDS－PAGE 电泳，发现 300mM 咪唑洗脱峰蛋白为目的重组蛋白。利用纯化的重组蛋白制备兔抗高免血清，琼扩效价为 1∶16。Western blotting 检测所制备的兔免疫血清，在目的蛋白处，抗体可特异性与之结合，说明制备的兔抗 UL32 蛋白 IgG 经辛酸-硫酸铵盐析和 High－Q 阴离子交换层析纯化，具高效、特异性强的优点，重组 UL32 蛋白具有较好的反应原性。

3. DPV UL32 基因产物在宿主细胞中的表达与亚细胞定位　通过细胞免疫荧光进行病毒感染 DEF 的亚细胞定位检测，结果表明特异性荧光在感染后 10 h 的细胞质中检测到，感染后 16 h 开始在细胞核内聚集；感染后 24 h 在细胞核的特定区域聚集，这些毗邻深染的区域外被认为是病毒粒子的装配位点，可能聚集衣壳到复制区促进病毒 DNA 的壳体化；感染后 48 h，在细胞核内均匀分布并有所增强（图 3－143），推测此时感染该细胞的病毒大量增值，导致在细胞质内合成的蛋白被源源不断转进核内，造成了 UL32 蛋白在感染细胞核内的大量聚集，也可能代表该细胞功能的丧失，聚集于细胞核内的 UL32 蛋白随着细胞的解体被分散开来。

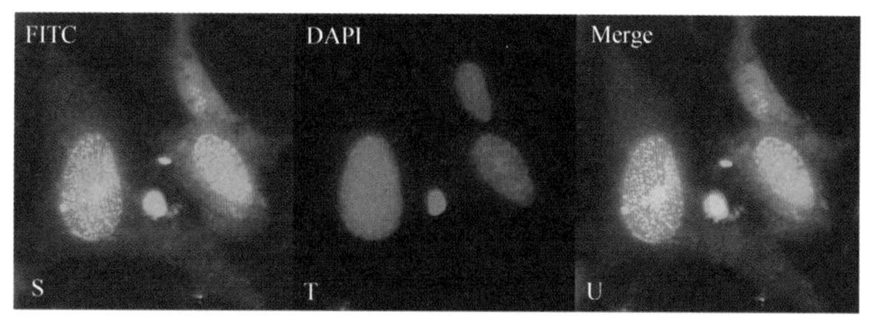

图 3－143　DPV 感染细胞后 48 h UL32 蛋白亚细胞定位

4. 鸭瘟病毒体外感染宿主细胞 UL32 基因转录及表达时相 采用 SYBR Green 实时荧光定量 PCR 方法，检测在不同时段的 DEV 感染 DEF 中 DPV UL32 基因的表达变化。扩增曲线呈现典型的 S 型荧光定量动力学曲线，为理想的扩增曲线。用此方法检测各时间段收取的细胞样品并通过 $2^{-average\Delta\Delta Ct}$ 法计算得出 UL32 基因的相对转录量，结果发现，从 10 h 开始目的基因的表达量增加，60 h 达到最高值，此后表达量又开始逐渐降低，但是 70 h 的表达量依然很高，为 278。这一切表明，这种转录谱具备疱疹病毒晚期基因的典型特征。根据病毒学界对疱疹病毒 UL32 基因已有认识的综合分析，可以认为 DPV UL32 基因在病毒感染过程中是一个晚期基因，其在病毒包装过程中起重要作用，很可能是通过聚集衣壳到复制区的包装位点来促进对病毒 DNA 的壳体化。而 western blotting 检测 DPV UL32 在感染宿主细胞中的表达时相的结果是 UL32 蛋白在感染后 12 h 可见少量表达，60 h 达到最大值，72 h 表达量下降。表达时相和转录时相结果说明，UL32 基因的转录表达规律总体上符合基因由转录到翻译的生命周期规律，而且基本满足转录在前、表达在后的模式。结合 DPV UL32 基因转录谱的特征，可以给出两个重要的信息，一是该基因主要作为一个晚期基因被转录，二是该蛋白是一个非结构蛋白。

（程安春，汪铭书，吴英）

八、UL33 基因及其编码蛋白

（一）疱疹病毒 UL33 基因及其编码蛋白

鸭瘟病毒 UL33 基因研究资料很少，以下有关疱疹病毒 UL33 基因的研究资料（蒲阳等，2009）对进一步开展鸭瘟病毒 UL33 基因的研究将有重要参考作用。

1. 疱疹病毒 UL33 基因及其编码蛋白的特性

（1）疱疹病毒 UL33 基因特性 所有 α 疱疹病毒中，UL33 基因有 300～400 个碱基组成，具有相对保守的特性。研究表明，在人单纯疱疹病毒 1 型（HSV-1）上，UL33 大概位于基因 0.45～0.46 的图距单位上（van Zeijl 等，2000；Brown 等，2004）。

（2）疱疹病毒 UL33 基因编码蛋白特性 疱疹病毒 UL33 编码的蛋白产物均称为 UL33 蛋白（pUL33）。随着研究的深入，pUL33 与其他 6 个基因蛋白（pUL6、pUL15、pUL17、pUL25、pUL28、pUL32）统称为 DNA 包装蛋白。它们是 α 疱疹病毒串联体 DNA 裂解成独立的长基因和病毒基因包装成完整的衣壳所必需的。而在 α 疱疹病毒亚科中，早期有学者认为 pUL33 是一个通道蛋白，当裂解的病毒 DNA 插入时，该蛋白能引导 DNA 进入衣壳内部（Reynolds 等，2000）。但 Wills 等（2006）却认为在这 7 个基因蛋白中，pUL6 才是通道蛋白，pUL33 只是起一个经 UL6 编码的蛋白通道引导病毒 DNA 进入衣壳内部的作用。对于 pUL33 的研究，更多则关注到它是末端酶的组成成分——末端酶小亚基，研究其作为一个末端酶亚基在病毒的装配中的作用。而末端酶又称为包装酶，是由大小亚基所组成。在 α 疱疹病毒中，pUL15 是大亚基，可特异结合病毒衣壳顶角处的通道蛋白、金属离子及 ATP；pUL28 和 pUL33 是小亚基，其功能除了与特异性包装位点结合以启动包装外，主要是辅助大亚基单位完成其生物学功能，它们在胞内形成了一个假设的能分裂环状 DNA 成基因链的蛋白酶。在 β 疱疹病毒中，末端酶大小亚基分别是 UL56（Scholz 等，2003）和 UL89，只有一个小亚基 UL89，初步预测其功能与 α 疱疹病毒的末端酶功能一致（Buerqer 等，2001；Thoma 等，2006）。UL89 相当于 α 疱疹病毒里面的小亚基 UL28，而与 UL33 的同系物目前还未发现。

2. 疱疹病毒 UL33 基因编码蛋白的功能

（1）在 DNA 裂解和包装中的作用　疱疹病毒的包装机制为病毒结构蛋白在细胞内预先形成衣壳，然后病毒 DNA 被特异性识别并包装进入衣壳，形成完整的病毒颗粒。在 α 疱疹病毒包装开始时，末端酶首先识别基因组串联体上的包装信号，切出 1 个末端并与之结合，然后在 ATP 供能下末端酶将基因组串联体拖至空的前衣壳（precapsid）处，并铆钉在前衣壳的门蛋白上，然后同样在 ATP 供能下，末端酶将病毒 DNA 转移入前衣壳中，当一定量的基因组完整进入衣壳后，末端酶识别下一个包装信号，特异性地切断并携带后面的基因组串联体离开核衣壳，去寻找下一个空衣壳，重复上述过程（Catalano 等，2000）。而 pUL33 作为末端酶亚基，"分子马达"的组成成分，参与病毒基因组 DNA 的剪切及包装。近来研究者已经发现启动"分子马达"酶的核心结构，它们在一些病毒组装的时候，首先装配蛋白质头部的蛋白质外鞘，然后把 DNA 装配进这个空壳体，病毒在感染宿主后继续复制（Mitchell 等，2002；Sun 等，2007）。这就进一步证实 pUL33 在 DNA 的裂解和包装中的作用。

（2）在形成完整衣壳中的作用　对于一个完整的病毒颗粒，如果缺失了 pUL33，会造成在感染病毒的细胞核中只能检测到 B 衣壳（缺失了 DNA）而无 C 衣壳（包含了 DNA），即没有有感染力的衣壳形成，使感染力大大下降（Patel 等，1996）。Kobaisi 等（1991）通过温度的改变使 UL33 第 50 位碱基由 T 变为 A，pUL33 处的氨基酸由异亮氨酸变为天门冬氨酸，导致被感染病毒的细胞中完整衣壳和空衣壳缺失，出现大量的含有内部结构的衣壳，即完整衣壳的前体。由于病毒无法形成完整的病毒衣壳，因此对病毒的毒力产生了巨大影响。

（3）与 pUL15、pUL28 之间的作用　目前对 pUL15、pUL28 和 pUL33 的相互作用

研究较多，主要集中在三者作为末端酶亚基，共同免疫沉淀后的复合物对病毒 DNA 的裂解和包装的作用。三者在细胞的溶菌产物中发现有免疫共沉淀现象，但 pUL15 和 pUL33 在没有 pUL28 的存在下不会发生免疫共沉淀现象（Beard 等，2002；acobson 等，2006；Yang 等，2006；Yang 等，2008），pUL28 起一个桥梁的作用，将 pUL15 和 pUL33 联系到一起。该复合物是先存在于细胞质中的，然后再在细胞核上影响 pUL6（Yang 等，2006）。pUL28 和 pUL15 首先在胞质里形成一个复合体，然后与 pUL33 发生共沉淀现象（Yu 等，1998；Koslowski 等，1999；Przech 等，2003），最后通过 UL15 上面的一个核定位信号（NLS）的结构而将其三者的复合物运输进入胞核（Higgs 等，2008）。

（4）与 pUL32 之间的关系　有研究通过细胞定位发现，pUL32 和 pUL33 可能在进入核之前会形成一个复合物，两者除了有裂解和包装 DNA 的作用外，可能还有其他功能（Wills 等，2006）。pUL6、pUL15、pUL25 和 pUL28 直接对病毒 DNA 的裂解和包装起作用，pUL32 和 pUL33 可能与前面 4 种蛋白的作用机制不同，它们起一个连接作用，确保了 4 种蛋白能正确地折叠和聚集，以致成为一个正确的复合体，且保证了其他蛋白的正确运输。但这些功能尚未得到证实，只是一个猜想而已，有待试验进一步证实。

（二）鸭瘟病毒 UL33 基因及其编码蛋白

蒲阳、程安春等（2009）对 DPV UL33 的研究获初步结果。

1. DPV UL33 基因的分子特性　DPV UL33 基因大小为 408 bp，编码 135aa。通过信号肽、跨膜区、磷酸化位点和疏水性进行分析预测，发现该基因编码的蛋白不存在跨膜区和信号肽结构，只含有 8 个潜在的磷酸化位点。

2. UL33 基因的克隆、原核表达及多克隆抗体　通过构建 pET－32/UL33 重组原核表达载体并将其转化至表达菌株 BL21（DE3）中，利用 IPTG 进行诱导表达，得到大小为 37 kD 的重组融合蛋白，与预期表达的蛋白大小相一致，其主要是以包含体的形式存在。最佳表达优化条件为 37 ℃下加入 0.2 mmol/L IPTG 诱导 6 h。重组蛋白纯化后制备兔抗血清间接 ELISA 效价为 1∶409 600。Western blotting 检测所制备的免疫兔血清，在 37 kD 左右出现特异性条带，表明抗体可特异性地与之结合，说明制备的重组表达蛋白的高免血清具有较好的反应原性。兔抗 UL33 抗体 IgG 经辛酸-硫酸铵盐析和 High－Q 阴离子交换层析纯化，该方法具有高效、特异性强的优点。

3. DPV UL33 基因转录时相　通过荧光定量 PCR，检测到 DPV 感染宿主细胞后 1 h 开始出现转录，8 h 达最高峰，为 3 194.85，之后又逐步降低，到感染后 32 h 下降至最低水平（图 3－144）。结合 DPV UL33 的转录时相结果和亚细胞定位时相结果可以看

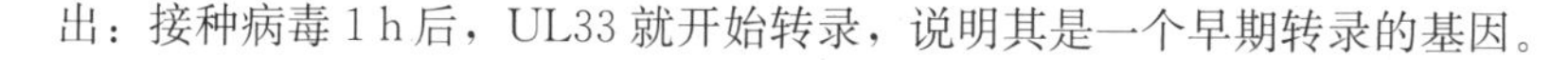

出：接种病毒 1 h 后，UL33 就开始转录，说明其是一个早期转录的基因。

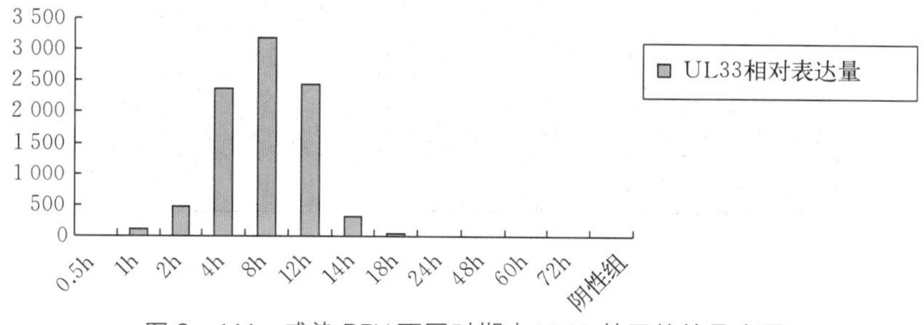

图 3－144　感染 DPV 不同时期中 UL33 基因的转录水平

4. **DPV UL33 蛋白亚细胞定位**　DPV 感染宿主细胞后，用间接免疫荧光的方法检测到 UL33 编码的蛋白位于细胞核中。对其蛋白表达时相的动态分析结果为病毒感染 2 h后可在细胞中检测到荧光，8 h 荧光量达到最大，之后逐渐降低（图 3－145）。

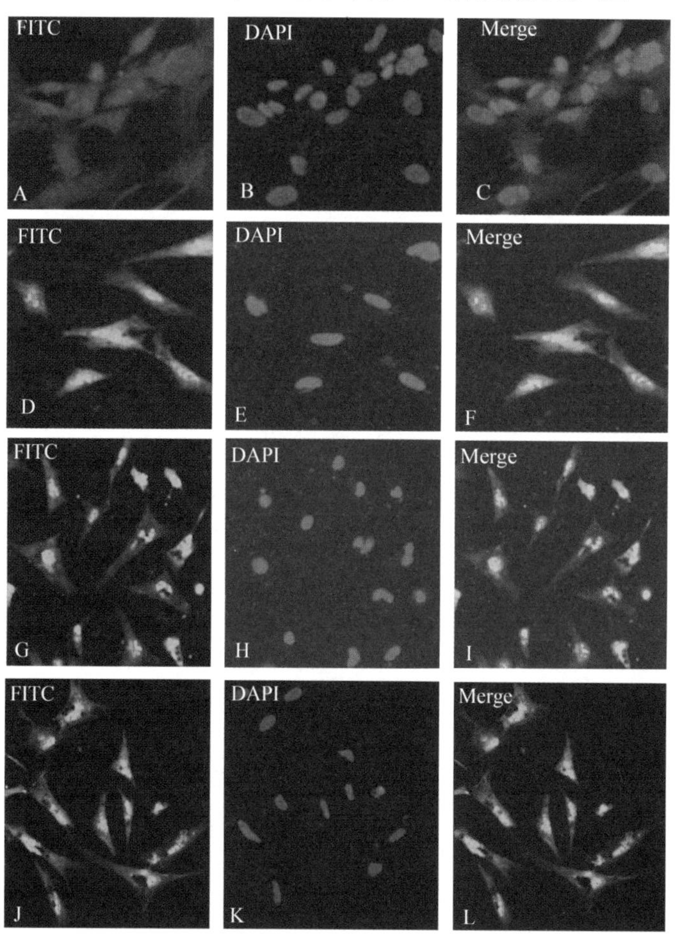

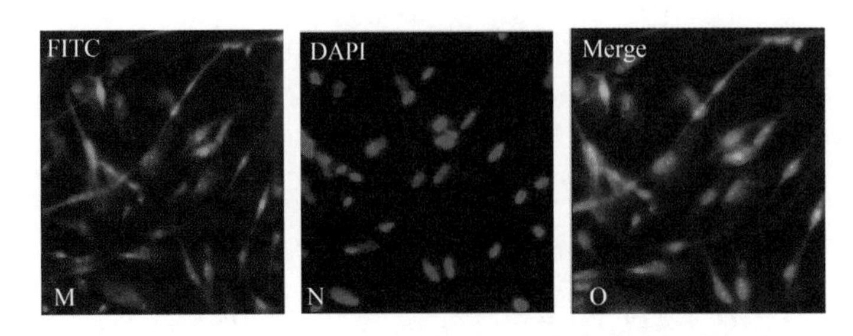

图 3－145 DPV 感染细胞后 UL33 蛋白亚细胞定位

A～C. 阴性对照 D～F. 感染后 2 h G～I. 感染后 8 h J～L. 感染 12 h M～O. 感染后 24 h

（程安春，汪铭书，吴英）

九、UL34 基因及其编码蛋白

鸭瘟病毒 UL34 基因研究资料很少，以下有关疱疹病毒 UL34 基因的研究资料（钟小容等，2009）对进一步开展鸭瘟病毒 UL34 基因的研究将有重要参考作用。

（一）疱疹病毒 UL34 基因及编码蛋白结构特点

UL34 基因是疱疹病毒家族中高度保守的基因之一，在疱疹病毒家族的各成员中大多都存在 UL34 基因的同源物；该基因位于疱疹病毒基因组长节段中间部分，对病毒核衣壳在细胞核内的初始膜化、病毒的成熟和出芽，以及对 UL31 蛋白和核纤层蛋白在感染细胞中的正确定位都具有重要作用（McGeoch 等，1988；Neubauera 等，2002；Bjerke 等，2003；Reynolds 等，2004；Liang 等，2005；钟小容等，2007）。

1. 疱疹病毒 UL34 基因序列特点 UL34 基因在所有人疱疹病毒中都存在，UL34 基因 G+C 含量相对偏大，如在伪狂犬病毒上为 72.77%，其密码子第三位置上 G+C 含量更是高达 96.95%，密码子使用率最高的依次为 GCC、CGC、GGC，编码的相应氨基酸分别为 Ala、Arg、Gly（马相如等，2004）；HSV－1 和 DPV 中 G+C 含量分别为 67.05%、57.16%。

2. 疱疹病毒 UL34 编码蛋白结构特点 UL34 蛋白是一种Ⅱ型膜蛋白，几乎存在于所有疱疹病毒中。HSV－1 UL34 蛋白由 275 个氨基酸组成，N 端 247 个氨基酸残基暴露在细胞质；C 端为 22 个氨基酸残基组成的疏水跨膜区（TM），且最后 3 个氨基酸具有微体靶向信号序列（Ye 等，2000）。TM 区可将 N 末端锚定到细胞质，删除 TM 区将导致子代病毒不能复制，且使病毒定植在细胞质而不能到达细胞核（Shiba 等，2000）。

UL34 蛋白是一种磷酸化蛋白，其磷酸化直接或间接地由 Us3 蛋白激酶调控。疱疹病毒的 UL34 蛋白大小不一，如 PRV UL34 蛋白为 28.06 kD、HSV-2 UL34 蛋白为 31～32.5 kD（Bubeck 等，2004），而鼠巨细胞病毒（MCMV）的 UL34 蛋白为 49 kD（Yamauchi 等，2001）。

另有报道表明，鼠巨细胞病毒（MCMV）的 M50/P35 相当于 PRV 的 UL34 蛋白（Lapierre 等，2001）。M50/P35 功能的发挥聚集在保守的 N 末端部分，包括与 M53/P38（相当于 UL31 蛋白）相互作用的位点，该区域的缺失将导致病毒复制和生长受到限制。非保守 C 端的 TM 区的氨基酸组成对病毒功能的发挥至关重要，而 TM 区外的氨基酸对病毒包装和病毒长度的改变是非必需的，它的删除不会影响蛋白质功能的发挥。因此，这些区域可被用来插入靶点标记监测病毒形态的变化。

（二）疱疹病毒 UL34 在病毒复制中的作用

1. UL34 在病毒初始膜化中的作用 疱疹病毒具有区别于其他病毒的典型的两步膜化模型，即初始膜化—去膜化—再膜化的模型，病毒粒子的装配大致经历了病毒前体从宿主细胞核内的逸出，完成初始壳体化；病毒从核周隙的逸出、去初始化膜，以及在细胞质内的壳体化三个过程（Roller 等，2000）。郭宇飞等（2006）在电镜下观察到了两种形式的具有包膜的病毒：一种是位于细胞核膜间隙的核衣壳，另一种是成熟的病毒粒子。免疫电镜资料表明在核周空隙的初始膜化的毒粒之中存在 UL34 和 UL31 编码蛋白，二者的功用类似于再膜化的成熟毒粒中所存在的糖蛋白 D（gD），UL34 和 UL31 编码蛋白及 gD 分别在核膜及内质网膜上表现为保守信号，并在初始膜化和再膜化的过程中分别装配到从核内到核周隙、从内质网到胞质及胞外的不同装配阶段的毒粒中。Roller 等（2007）发现删除了 HSV UL34 基因的重组体病毒在细胞上形成的噬斑很小，且只包括一些感染细胞，而在 Vero 细胞中观察到大量不能视为噬斑的单个感染的细胞。

Simpson-holley 等（2004）报道在 Vero 细胞中接种 UL34 缺失株后，病毒虽仍能形成核衣壳，但在细胞质和细胞表面均未出现有囊膜的病毒粒子。Bjerke 等（2003）也发现缺乏 HSV-1 UL34 的重组体不能获得早期囊膜。Klupp 等（2005）发现病毒早期囊膜在感染了 PRV UL34 缺失株的细胞中不能合成，核周间隙的病毒颗粒、细胞质中的核衣壳和病毒粒子都不存在。这些试验结果都证明了 UL34 蛋白在病毒核衣壳的初始膜化中扮演了重要角色，当核衣壳形成后，特异性地移至聚集有大量病毒膜蛋白的内核膜部分，在 UL34 蛋白与其他病毒膜蛋白共同作用下，对病毒核衣壳进行初始膜化。

2. UL34 在病毒衣壳出芽中的作用 尽管对疱疹病毒从细胞核进入细胞质的机制存在两种观点，但大多数资料都支持早期病毒衣壳是以出芽方式通过核内膜进入核周间隙。这个过程中，UL31 和 UL34 蛋白在核内膜上形成复合物，控制病毒的复制和核衣壳的出芽，缺乏其中任何一种蛋白，病毒的复制都不能完成（Leopardi 等，1997；Schnee 等，2006；Metteleiter 等，2006），因为缺失 UL34 的突变体感染细胞后，核衣壳在细胞核内聚集而不能通过核内膜出芽到核周间隙，且在非完整细胞系中不能很好地复制。Mettenleiter 等（2004）研究发现 HSV-1 在感染细胞内形成的 RCS 区（病毒 DNA 复制、晚期基因转录和壳体化的区域）可以在感染后期延伸到达核边缘，从而突破阻止病毒核衣壳出芽的宿主核染色质层和核纤层。而感染了 UL34 缺失突变株的细胞在感染后 18 h 仍可见大量 RCS 定位在核中央而没有延伸，且有大量边缘化的宿主染色质围绕，大多数细胞的核染色质层都未见明显的突破。相反，宿主核染色质层继续环绕 RCS，使其不能延伸，进一步阻止病毒的出芽。有资料（Fuchs 等，2002）报道，一些遗传缺陷病毒，如缺乏 UL34 基因，将导致病毒裸露核衣壳在核内聚集而使出芽失败；Ye 等（2000）发现未感染或感染了杆状病毒空载体的细胞，核内、外膜相互紧靠，而 UL34 蛋白表达了的细胞则出现核内、外膜特征性地分离，暗示 UL34 蛋白导致了细胞形态学的改变，从而有利于病毒通过横跨两层核膜的方式出芽。

（三）疱疹病毒 UL34 蛋白与其他蛋白的相互作用

作为疱疹病毒早期包装的关键蛋白，UL34 蛋白与其他蛋白的关系已成为关注的热点。

1. UL34 蛋白与 UL31 蛋白的相互作用 研究发现，UL34 编码蛋白为一个Ⅱ型的 C 末端锚定的膜蛋白，UL31 基因编码的是一个核内磷酸化蛋白，二者均可在核内膜发现。具体的分析发现，由于 UL34 编码蛋白的特殊结构，以及与 UL31 蛋白之间的相互作用，使得 UL31 编码蛋白具有结合于核膜的特性，并且由于 UL31 编码蛋白的存在而得以加强（Liang 等，2004）。Reynolds 等（2002）通过免疫荧光观察发现：HSV-1 感染细胞 10 h 后，UL31 和 UL34 蛋白都均匀地分布在核边缘；UL34 缺失株感染细胞后，UL31 蛋白从核边缘扩散到核中央，少量扩散到细胞质中；UL31 缺失株感染细胞后，UL34 蛋白出现在核边缘、复制区、细胞质；单独将 UL31 和 UL34 转染细胞后，UL31 蛋白广泛分布在核质区，UL34 蛋白主要分布在细胞质和核边缘；将 UL31 和 UL34 共转染细胞后，UL31 和 UL34 蛋白全部分布在核边缘。Fuchs 等（2004）报道感染了 PRV UL34 缺失的细胞，UL31 蛋白缺乏或显著下降、不稳定且不能聚集在细胞核边缘，而是分散在细胞核。酵母双杂交分析表明，UL31 蛋白与 UL34 蛋白 N 端特异性的相互作用，有利于 UL31 蛋白在核内的定位，且可影响病毒核衣壳的初始膜化。另外，Liang 等通过 HSV-1 UL31 缺失株感染细胞后，观察到 UL34 蛋白迷乱地分布在 Vero 细胞和

CV1 细胞的细胞质和核质中，而在家兔皮肤细胞中则分布在核膜（Plummer 等，1998）。作者推测家兔皮肤细胞可以使 UL34 蛋白正确定位在核膜，这种作用部分地补充了 UL31 蛋白的功能，说明 UL34 和 UL31 蛋白相互作用有利于彼此的正确定位。

2. UL34 蛋白和 Us3 蛋白的相互作用　Us3 蛋白是由 Us3 基因编码的一种丝氨酸/苏氨酸激酶，而 UL34 蛋白是一个磷酸化蛋白，具有磷酸化位点，Us3 激酶通过使 UL34 蛋白磷酸化影响病毒早期囊膜的形态、病毒的复制和子代病毒的出芽（Mou 等，2007）。Purves 等（1992）发现感染 HSV-1 Us3 缺失株的细胞，UL34 蛋白没有发生磷酸化分解，一些新的磷酸化蛋白在感染 Us3 缺失或 UL34 蛋白磷酸化发生阻碍的细胞中出现，而在感染 UL34 蛋白发生了磷酸化的细胞中没有出现，表明 UL34 蛋白是 Us3 激酶的靶对象，在处于非磷酸化状态时才与其他磷蛋白结合在一起。Ryckman（2004）等报道感染了 PRV 的 Vero 细胞内似乎有内源性的激酶足够满足 UL34 蛋白的磷酸化，证明细胞类型的不同将引起 UL34 蛋白磷酸化激酶的不同。当 Us3 和 UL34 单独表达时，UL34 蛋白以分散状态遍布在细胞质和核被膜，Us3 蛋白广泛地分布在细胞质和细胞核外；当 UL34 和 Us3 共表达时，UL34 蛋白更容易定位在核被膜及遍布在细胞质，说明 UL34 和 Us3 蛋白相互作用有利于彼此的定位和分布。Us3 蛋白除了能磷酸化 UL34 蛋白外，还具有降低 UL34 蛋白在细胞质或核被膜聚集的作用（Yeung-Yue 等，2002）。

3. UL34 蛋白与动力蛋白的相互作用　细胞质动力蛋白是胞内运输中涉及的主要动力蛋白之一，且是分裂间期细胞中唯一一个逆向运输的动力。细胞质动力蛋白是最大且最复杂的动力蛋白，包括 4 个亚基：负责动力产生的重链、中间轻链、未知功能的轻链，以及位于动力蛋白分子基底与其他蛋白相结合的 ICs（Ye 等，2000）。在活体内，UL34 蛋白在病毒进入细胞期间与细胞质中的神经性动力蛋白中间链 DIC 的氨基末端相互作用，使新来的核衣壳定向到核膜，在脱膜阶段可作为动力蛋白的配位体。病毒进入细胞后，UL34 蛋白开始暴露并与动力蛋白相互作用，利用微管系统将衣壳被膜逆向运输到核孔。在核孔处，壳皮蛋白 ICP1～2 的结构或构象发生变化，触发病毒 DNA 释放入细胞核。在另一复制周期的后期，新合成的 UL34 蛋白被运输到核膜，并形成 2 个链环，一个与 UL31 蛋白连接，另一个与衣壳内的 ICP5 连接并进行包装。UL34 蛋白与动力蛋白的这种相互作用在病毒逆向运输中的确切作用还需要被进一步证实（Reynolds 等，2004；Douglas 等，2004；Gonnella 等，2005）。

4. UL34 对核纤层蛋白的调控功能　核纤层是位于细胞核内层核膜下的纤维蛋白片层或纤维网络，分为核纤层蛋白 A、C 和 B。它的主要功能是保持核的形态、参与染色质与核的组装。Reynolds 等（2006）报道感染了野生型 HSV-1 的细胞表现出核纤层蛋白的裂解和细胞核形态的改变，而感染了 UL34 缺失的细胞未出现该种变化，说明 UL34 蛋白有分解核纤层蛋白的能力。这种能力的大小取决于每个细胞中 UL34 蛋白的表达水平，该蛋白在未感染细胞中的过度表达足以使一些核纤层蛋白 A/C 重新定位在细胞核。另外，UL34 蛋白对核纤层蛋白 A/C 分解的更快，对 B 则要求有更高水平蛋白的表达。Reynolds 等（2004）认为，UL34 蛋白在活体内介导核纤层蛋白的分解，很可能是通过形成 UL31 和 UL34 蛋白复合物，直接或间接地与核纤层蛋白 A/C 相互作用分解核纤层以促使病毒核衣壳从细胞核释放。Bjerke 等（2005）还发现当 UL34 单独表达时，足够导致核纤层蛋白膜 A/C 和 B 的崩解，而当 UL34 和 Us3 共表达时，UL34 和 Us3 蛋白不影响核纤层蛋白 A/C 的定位，暗示 Us3 和 UL34 蛋白对核纤层蛋白分解具有相互调控的功能，而 Us3 蛋白主要起限制核纤层蛋白崩解发展的作用。

（四）鸭瘟病毒 UL34 基因及其编码蛋白

钟小容、汪铭书等（2009）对 DPV UL34 的研究获初步结果。

1. DPV UL34 基因的分子特性 DPV UL34 基因编码 276 个氨基酸的多肽，含有疱疹病毒 UL34 类似蛋白家族保守区。编码蛋白在 252～274 位氨基酸之间有一个明显的跨膜区，其中 1～251 位氨基酸位于膜外，275～276 位氨基酸位于膜内，在 252～274 氨基酸跨膜区处为一螺旋结构，C 末端有一微体靶向序列（ARL），但无信号肽序列；含有 4 个酪蛋白激酶Ⅱ磷酸化位点，3 个蛋白激酶 C 磷酸化位点，5 个 N-豆蔻酰化位点和 1 个 N-糖基化位点；亚细胞定位主要位于，为 C 端锚定的Ⅱ型膜蛋白。

2. DPV UL34 基因的克隆、原核表达及多克隆抗体的制备 通过构建 pET-32/UL34 重组原核表达载体，利用 IPTG 进行诱导表达，得到大小为 52 kD 的重组融合蛋白，与预期蛋白大小相一致。可溶性分析表明主要以包含体的形式存在，最佳表达优化条件为 0.4 mmol/L 的 IPTG，37 ℃下诱导 4 h。重组蛋白过柱纯化后制备的兔抗血清间接 ELISA 效价为 1∶153 600。利用 UL34 重组蛋白作为抗原进行 western blotting 结果表明，该蛋白能与兔抗 DPV 全血清和 UL34 蛋白抗血清相互作用，证明 UL34 编码蛋白具有免疫原性。经硫酸铵盐析和 High-Q 阴离子交换层析纯化后，兔抗 UL34 IgG 具有高效、特异性强的优点。

3. DPV UL34 编码蛋白在宿主细胞中的定位研究 以纯化的兔抗-UL34 IgG 作为一抗进行免疫荧光染色检测 UL34 蛋白在 DEF 中的亚细胞定位，结果发现该编码蛋白主要存在于感染细胞的核膜；特异性荧光可最早在感染后 12 h 的细胞核膜中检测到，24 h 大量绿色荧光聚集于核膜；48 h 后随着细胞的崩解和细胞形态的破坏使得绿色荧光显著减弱（图 3-146）。该试验结果进一步证明了 UL34 蛋白是一种Ⅱ型膜蛋白，与生物信息学分析的结果具有一定的一致性，推测在病毒核衣壳穿过核外膜时，初始囊膜的组成成分 UL34 编码蛋白由于和核外膜融合而导致初始囊膜的丢失，因此在细胞质和释放到细胞外的成熟的病毒粒子中并未观察到绿色荧光的存在，很好地解释了病毒在出芽过程中的一系列动态特征。

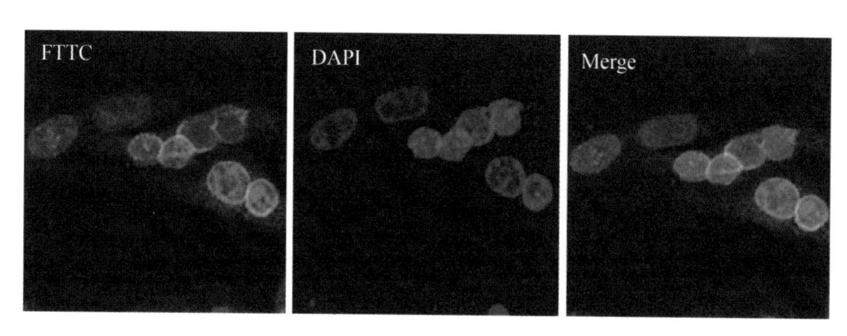

图 3－146　DPV 感染细胞后 8 h 时 UL34 蛋白亚细胞定位

4. DPV UL34 抗原在人工感染鸭组织的定位分布　用 DPV CHv 强毒株感染成年鸭复制鸭瘟急性病例，取感染 4 d 后的试验组和对照组不同组织，包括肝、肾、脾、十二指肠、空肠、回肠、直肠、盲肠、法氏囊、心、脑等进行石蜡包埋，间接免疫荧光检测石蜡切片中 UL34 抗原在人工感染鸭组织的定位分布。结果表明，肝、脾、肺、肾、十二指肠、空肠、回肠、直肠、盲肠、扁桃体免疫荧光呈阳性或强阳性，而在脑、哈德氏腺、肌肉等组织荧光较弱。该试验结果表明，UL34 蛋白在感染鸭体内广泛分布，消化器官和免疫器官为其主要靶器官，同时利用制备的 UL34 蛋白多克隆抗体建立的间接免疫荧光法克服了全病毒抗体较难制备和提纯的缺点，可能为检测 DPV 提供了一种敏感、特异、直观、快速的诊断方法。

5. DPV UL34 基因在宿主细胞中的转录时相和表达时相　以荧光定量 PCR 检测 UL34 基因转录情况，结果表明，UL34 基因的转录在 12 h 后出现显著增加，以后随着时间的延长转录量急剧增长；在 28 h 左右出现峰值，随后又急剧下降；在约 32 h 后达到一个相对稳定的变化水平（图 3－147）。

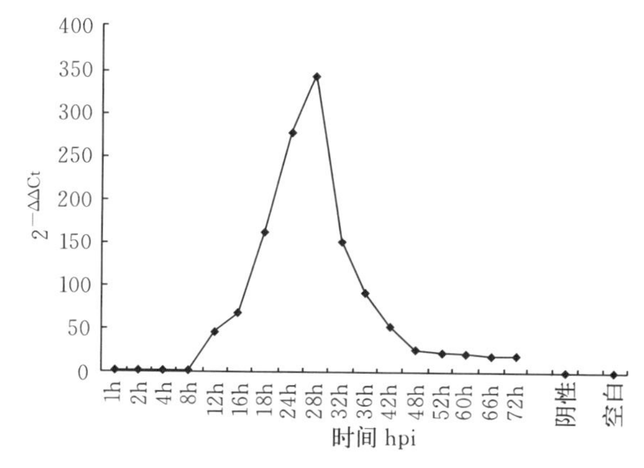

图 3－147　DPV UL34 基因在 DEF 中的转录时相

收集感染 DPV 不同时间段的 DEF，通过反复冻融和利用细胞裂解液抽提病毒蛋白，将纯化后的 UL34 IgG 进行 western blotting 检测。发现 UL34 蛋白最早在 12 h 能够检测到，随着时间的延长，病毒表达量逐渐增加。该试验结果证实 UL34 基因的转录和表达时相与 DPV 的增殖规律正好一致，为病毒的一个晚期基因，且具有边转录、边表达的特点，进一步支持了 UL34 基因对病毒粒子的初始膜化、病毒毒力的完整具有重要的作用。

（程安春，汪铭书，吴英）

十、UL45 基因及其编码蛋白

（一）疱疹病毒 UL45 基因及其编码蛋白

鸭瘟病毒 UL45 基因研究资料很少，以下有关疱疹病毒 UL45 基因的研究资料（沈爱梅等，2010），对进一步开展鸭瘟病毒 UL45 基因的研究将有重要参考作用。

1. 疱疹病毒 UL45 基因特点 UL45 基因位于疱疹病毒基因组的特定长区（UL），比较特殊的是 ILTV 基因组的 UL22～UL44 发生倒置，导致 UL45 位于 UL22 之后（Ziemann 等，1998）。HSV 的 UL45 有其独立的启动转录子，并且与 UL44 共享 3′多聚腺苷酸信号（Rajcani 等，2004），且该信号在马立克氏病病毒 2 型（MDV2）的 UL45 ORF 下游也被检测到（Yanagida 等，1993；Izumiya 等，1998）。人巨细胞病毒（Human Cytomegalovirus，HCMV）UL45 的 ORF 内有 UL44 启动子末端的 TATA 段（Isomura 等，2007）。

2. 疱疹病毒 UL45 基因的保守性 UL45 为非必需基因，编码一个与病毒囊膜有关的结构蛋白，其产物保守性较低。单纯疱疹病毒 1 型（human simplex virus 1，HSV-1）、单纯疱疹病毒 2 型（human simplex virus 2，HSV - 2）、马疱疹病毒 1 型（equid herpesvirus1，EHV-1）、马疱疹病毒 4 型（equid herpesvirus 4，EHV - 4）、猫疱疹病毒 1 型（feline herpesvirus 1，FHV - 1）、犬疱疹病毒（canine herpesvirus，CHV）、火鸡疱疹病毒（turkey herpesvirus，HVT）、MDV 和 ILTV 等病毒基因组中都存在 UL45 同系物，但它们的氨基酸同源性不高（Kato 等，1989；Telford 等，1992；Willemse 等，1994；Cockrell 等，1998；Telford 等，1998；McGeoch 等，1988；Oettler 等，2001；Nishikawa 等，2002）。PRV、牛疱疹病毒 1 型（bovine herpesvirus 1，BHV - 1）和水痘-带状疱疹病毒（varicella zoster virus，VZV）的基因组中没有 UL45 同系物。PRV 的 UL45 被一组高度重复序列替代，VZV 的 UL45 相应位置为一个编码胸腺苷酸合成酶的基因（Bras 等，1999；Schwyzer 等，1996；Davison 等，

1986)。此外，鼠巨细胞病毒（murine cytomegalovirus，MCMV）的 UL45 对应物（M45）和 HCMV 的 UL45 则编码无功能的核苷酸还原酶 R1 亚基（Lembo 等，2004；Jarvis 等，2002；Lembo 等，2000）。

虽然总体上 UL45 在不同疱疹病毒亚科之间的保守性不高，但是在小范围内还是存在较高的同源性。其中 HSV-1 的 UL45 与 HSV-2 的 UL45、HVT 的 ORF2 有很大的同源性（Kato 等，1989；Visalli 等，1993），UL45 在 MDV1 和 MDV2 中也有较高的同源性（Yanagida 等，1993）。此外，UL45 在同种疱疹病毒不同毒株间是保守的，这在 HSV-1 高度弱化的自然变异株 HF10 株和 17 株及 MDV 的 GA 株、Md-5 株和 BC-1 株中都已证实（Yanagida 等，1993；Ushijima 等，2007）。

3. 疱疹病毒 UL45 蛋白结构 HSV-1 和 HSV-2 UL45 蛋白的第 24～48 位氨基酸为一个高疏水区，可起膜锚定作用，相似结构在 MDV2、HVT、ILTV、EHV-1、EHV-4 和 CHV 中都有发现（Kato 等，1989；Telford 等，1992；Telford 等，1998；Izumiya 等，1998；Nishikawa 等，2002；Rajcani 等，2004）。HSV-2 的 UL45 蛋白为一种包含 172 个氨基酸，分子量为 20 kD 的Ⅱ型膜蛋白，它与 HSV-1 的 UL45 氨基酸序列相似度高达 97%，没有一致的 N 端糖基化位点，但与 HSV-1 UL45 抗体有较弱的交叉反应（Visalli 等，1993；Cockrell 等，1998）。HSV-1 的 UL45 蛋白三级结构预测表明蛋白的 7 个 β 片层和弯曲的 α 螺旋被 4 个半胱氨酸二硫键连接成整体，为 C 型凝集素蛋白（Wyrwicz 等，2008）。

4. 疱疹病毒 UL45 基因转录表达时相 HSV-1 感染细胞后 6 h 首次检测到 UL45 的 mRNA，mRNA 持续积累，12 h 达到峰值，24 h 开始减少，且其转录依赖于病毒 DNA 合成的开始。UL45 蛋白在 HSV-1 感染细胞 9 h 后开始表达，24 h 和 48 h 蛋白大量积累（Visalli 等，1993）。HCMV 感染细胞 3 h 后 UL45 开始转录，PFA 能抑制病毒的转录。HCMV 感染细胞 24 h 后 UL45 蛋白开始表达，且一直持续到感染后 120 h（Patrone 等，2003）。MCMV 感染细胞 12 h 后 M45 蛋白开始表达，并且在感染全过程中持续积累，比较特殊的是，M45 蛋白的表达不依赖病毒 DNA 的合成（Lembo 等，2004）。

5. 疱疹病毒 UL45 蛋白的功能

（1）作为装配病毒粒子组件 UL45 蛋白存在于纯化的 HSV-1 和经去垢剂（NP-40）萃取病毒的上清中，表明 UL45 蛋白是病毒的囊膜蛋白（Visalli 等，1993），这在 HSV-2 和 HCMV 中也被证实（Patrone 等，2003；Visalli，等，2002）。用 M45 抗体与纯化的 MCMV 的蛋白提取物进行蛋白免疫印迹分析也证实了 M45 蛋白为病毒的结构蛋白（Lembo 等，2004）。

（2）对细胞-细胞融合的影响 由囊膜糖蛋白介导的膜融合，对病毒进入细胞，在细胞中的扩散和细胞间的融合（合胞体产生）是必要的（Turner 等，1998）。UL45 蛋白对 HSV－1 感染后的细胞-细胞融合是必不可少的，且可能调节糖蛋白 B（gB）的融合活性（Haanes 等，1994）。

（3）对病毒生长复制和释放的影响　UL45 对 EHV－1 在细胞中的复制不是必需的，但缺失会导致病毒释放量和细胞外病毒滴度的显著下降（Oettler 等，2001）。UL45 对 HSV－1 在 Vero 和 HeLa 细胞中的生长不是必需的，但会导致细胞病变延迟，噬斑变小且形状不规则，病毒释放量减少（Visalli 等，1991）。UL45 蛋白对小鼠大脑低剂量感染 HSV－1 时病毒的复制和诱发脑炎是必需的，推测 UL45 在自然获得性感染中起重要作用（Visalli 等，2002）。此外，缺失 UL45 对 HCMV 在人胚肺成纤维细胞（human embryonic lung fibroblast，HELF）和人脐静脉上皮细胞（human umbilical veins epithelial cell，HUVEC）中的生长没有影响（Jarvis 等，2002；Hahn 等，2002）。但低感染复数（multiplicities of infection，MOI）时，缺失会导致 HCMV 在成纤维细胞中的生长和胞间传播出现缺陷（Patrone 等，2003）。类似的，缺失 M45 对 MCMV 在成纤维细胞、骨髓基质细胞和肝细胞中的生长没有影响，但导致 MCMV 不能在巨噬细胞和上皮细胞中生长（Lembo 等，2004；Caposio 等，2004）。用野毒株 MCMV 和 M45 不同突变体病毒感染小鼠后发现，野毒株 MCMV 和 M45 修复突变体在小鼠的肺脏、脾脏、肝脏、肾脏和唾液腺能有效传播和复制，而 M45 的其他突变体病毒在所有的靶器官中都不能复制，对免疫缺陷（SCID）小鼠没有致病力。表明 M45 对 MCMV 在其自然宿主中的复制是必不可少的（Lembo 等，2004）。

（4）对病毒毒力的影响　Visalli 等通过测定小鼠大脑低剂量接种不同 HSV－1 UL45 突变体的半数致死量（LD50）和死亡率证实低剂量感染时，UL45 对 HSV－1 的完全毒力是至关重要的，缺失 UL45 导致 HSV－1 毒力消失，对小鼠没有致病力；但高剂量接种不同 HSV－1 UL45 突变体到小鼠大脑后，小鼠死亡率没有明显变化，表明缺失 UL45 对病毒毒力的影响可以通过高剂量接种病毒来弥补，推测病毒有一个替换机制来弥补 UL45 的缺失（Visalli 等，2002）。

（5）抗细胞凋亡功能　细胞凋亡是细胞抵抗病毒感染的有效机制（Brune 等，2001）。感染缺失 UL45 的 HCMV 的细胞相对于感染亲代病毒的细胞对脂肪酸诱导的细胞凋亡较敏感（Patrone 等，2003）。M45 蛋白有抗细胞凋亡功能，主要存在于对细胞凋亡很敏感的上皮细胞和巨噬细胞中（Brune 等，2001；Patrone 等，2003）。

（二）鸭瘟病毒 UL45 基因及其编码蛋白

沈爱梅、程安春等（2010）对 DPV UL45 的研究获初步结果。

1. DPV UL45 基因的分子特性 DPV UL45 基因大小为 675 bp，编码 224 氨基酸，等电点为 6.51。UL45 蛋白没有信号肽，有一个较大的跨膜区，阈值为 0.5 时，共有 13 个潜在的磷酸化位点，包括色氨酸（Serine）8 个，苏氨酸（Threonine）4 个，酪氨酸（Tyrosine）1 个。推测可能的 B 细胞表面抗原位于 13～17、20～28、40～47、51～56、157～161 和 202～206 位氨基酸，主要的 T 细胞表面抗原位于 68～73、130～133 和 157～160 位氨基酸。密码子偏嗜性分析表明 UL45 基因偏嗜性不强，异源表达量较低，最适合于大肠杆菌表达系统。

2. DPV UL45 去跨膜区的原核表达及多克隆抗体的制备 分别构建了 UL45 全基因和去跨膜区的重组原核表达质粒（pET－32－UL45 和 pET－32－UL45Δ），并将其转化入大肠杆菌 BL21（DE3）PlysS 菌中。IPTG 诱导结果表明 UL45 全基因不能有效表达，去跨膜区的 UL45Δ 基因高效表达，得到大小约为 33 kD 的可溶蛋白，与预期蛋白大小一致。优化的最佳表达条件为 0.2 mmol/L IPTG，30 ℃诱导 4 h。将制备的 UL45 蛋白样品经超声后上清用盐析的方法（NaCl 终浓度为 0.7M）可取得很好的纯化效果（图 3－148）。重组蛋白纯化后用于制备兔抗 UL45Δ 抗体，琼脂糖扩散试验表明其效价为 1∶32，分别利用兔抗 UL45Δ IgG 和兔抗 DPV IgG 作为一抗进行 western blotting 检测，发现在目的蛋白处，兔抗 UL45Δ IgG 和兔抗 DEV IgG 都可特异性地与之结合。免疫印迹结果表明抗体能特异性地识别 UL45Δ 蛋白，并且证明 UL45 基因是 DPV 基因组的组成部分。

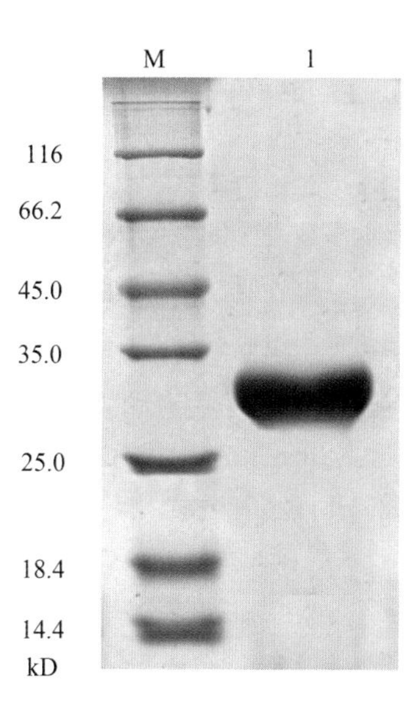

图 3－148 重组蛋白的盐析纯化

M. 标准蛋白质分子量 1. 盐析纯化后 UL45Δ 蛋白

3. DPV UL45 基因转录特性研究 以 β－actin 为内参，用荧光定量 PCR 方法对 DPV 感染宿主细胞后病毒 UL45 基因 mRNA 表达水平的变化进行了动态分析。结果表明，UL45 mRNA 在感染后 0～18 h 处于低水平表达，感染后 24 h 开始迅速积累，感染后 42 h 达到高峰。随后 UL45 mRNA 的量开始减少，但是一直持续到感染后 72 h（图 3－149）。这种转录特点符合疱疹病毒晚期基因的典型特征，推测 DPV UL45 基因为晚期基因，这与其他疱疹病毒的相关报道一致，并且能够为以后的研究提供依据。

4. UL45 基因编码蛋白属性分析 利用超速离心机得到纯化的 DPV，并用去垢剂 NP－40 萃取纯化病毒，破碎病毒结构，得到上清（囊膜蛋白和极少数皮层蛋白）和沉

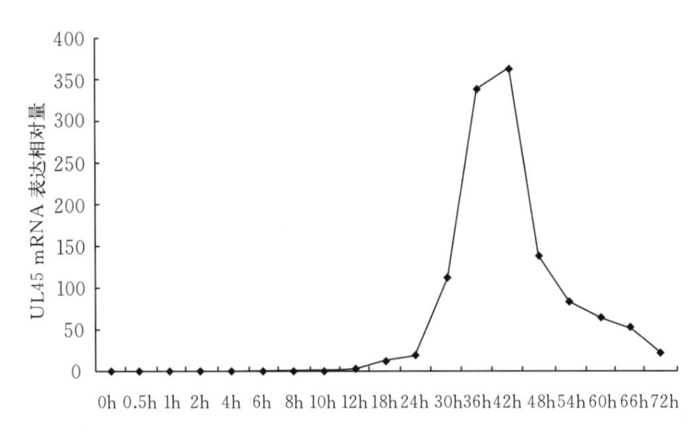

图 3－149　感染 DEV 不同时间点 UL45 基因的转录水平示意图

淀（大多数皮层蛋白和衣壳蛋白）。通过对纯化病毒和得到的上清、沉淀进行免疫印迹分析，结果表明 UL45 蛋白只在病毒和去垢剂可溶的上清中发现，表明 24 kD UL45 蛋白是病毒的组成部分，并且很可能与病毒囊膜有关。UL45 蛋白不可能是皮层蛋白，因为大部分的皮层蛋白存在于去垢剂不可溶的沉淀部分，而免疫印迹没有在沉淀中检测到 UL45 蛋白的存在。但是不能排除 UL45 蛋白松散与皮层结合的可能。结构蛋白分析表明，UL45 蛋白是结构蛋白，且可能与囊膜有关。这一结论与 UL45 基因的转录特点一致。

（程安春，汪铭书，吴英）

十一、UL55 基因及其编码蛋白

鸭瘟病毒 UL55 基因研究资料很少，以下有关疱疹病毒 UL55 基因的研究资料（吴英等，2015），对进一步开展鸭瘟病毒 UL55 基因的研究将有重要的参考作用。

（一）疱疹病毒 UL55 基因及其编码蛋白的特点

1. 疱疹病毒 UL55 基因序列的特点　以 HCMV 为代表的 β 疱疹病毒科的 UL55 基因是一个 gB 糖蛋白基因（Yurochko 等，1997；Heineman 等，2004；Dunn 等，2003），其核苷酸组成与 α 疱疹病毒科的 HSV 和 γ 疱疹病毒科的 EBV 的 gB 糖蛋白基因、VZV 的 *gp*Ⅱ基因表现出较低的一致性（Spaete 等，1994），尽管其 UL 区的基因组织结构极为相似。

2. 疱疹病毒 UL55 基因的基因类型　为了定义 UL55 基因在 HSV－2 基因的类型，研究者通过加入病毒 DNA 合成抑制剂 PPA（磷羟酰乙酸）来检测 UL55 在感染细胞溶解物中的积累量。研究表明无 PPA 存在时，UL55 蛋白在 10 h 被检测到，并大量增长，其在 15 h 时达到量增长的最高水平；在 25 h 时累积成为相当可观的变化。因为 UL55 蛋白在感染后期出现，它被认为应当归入 HSV 基因的 $\gamma1$ 或 $\gamma2$ 类。当感染细胞维持 300 $\mu g/\mu L$ PAA 的水平以抑制 DNA 合成的条件下，UL55 蛋白没有被检测到，推断 UL55 蛋白是作为一个 $\gamma2$ 基因被合成的。但也可能是因为有 PAA 的存在，使得 western blotting 中 UL55 量低而未被检测到，所以为了精确定义其基因类型，还需要通过 northern blotting 进行动力学研究（Yamada 等，1998）。而 EHV-1UL2 蛋白在感染细胞后 4 h 就能够很微弱地被检测到，之后一直到 12 h 大量增长。UL2 蛋白在未感染细胞中没能获得。这些数据与 UL2 基因在早期动力蛋白分类中的位置一致（Harty 等，1993）。

而 β 和 γ 疱疹病毒科 UL55 编码的基因产物 gB 糖蛋白作为病毒重要的囊膜糖蛋白在晚期被包装到病毒粒子上，属于病毒的结构蛋白。它在感染晚期被合成，说明 UL55 基因产物是作为真正晚期基因（$\gamma2$）产物被合成的。这表明不同亚科的 UL55 基因在基因转录中可能属于不同的类型，这可能与其所编码蛋白的定位和功能有关。

3. 疱疹病毒 UL55 基因编码蛋白的类型 对于 α 疱疹病毒 UL55 基因编码的蛋白分类尚存在许多争议。通过对只有 α 疱疹病毒同系物编码的 UL55 的研究表明：在大多数情况下，UL55 蛋白通常都被定义为核蛋白（McGeoch 等，1988；Dolan 等，1998；Tai 等，2010）、核基质关联蛋白（Lee 等，2000；Tyler 等，2005；Tulman 等，2000；Spatz 等，2007），还有目前分类尚不明确、需要进一步的证据支持的皮层蛋白（Loret 等，2008；Kelly 等，2009）。在对鸭瘟病毒的研究中，有分析预测 UL55 蛋白在病毒粒子亚单位分类上属于 DPV 的囊膜成分。

与 α 疱疹病毒亚科 UL55 蛋白分类尚不明确的情况相比，β 和 γ 疱疹病毒亚科 UL55 蛋白编码的 gB 糖蛋白却是一个确定的结构蛋白（Yurochko 等，1997；Dunn 等，2003；Spaete 等 1994；Schleiss 等，2008；Bahr 等，2001；Hansen 等，2003；Zhu 等，2005；Utz 等，1989；Kattenhorn 等，2004；Roizman 等，2007）。对 β 疱疹病毒科的 HCMV-5 的研究表明，其 UL55 开放阅读框编码的糖蛋白 B 是人巨细胞病毒的主要包装糖蛋白（Mhiri 等，2008），是 HCMV 的外膜组成成分（Utz 等，1989；Gonczol 等，1990）。它包含一个信号肽，是一种 Ⅰ 型膜蛋白。

4. 疱疹病毒 UL55 编码蛋白的性质 HCMV 的 gB 蛋白以毒株的差异而编码一个 906aa 或 907aa 组成的初级翻译产物。gB 囊膜糖蛋白是一个蛋白复合体，来自于切割后的 150～180 kD 的蛋白前体。切割发生在加工位点（R/R-X-K/R-K/R）模块附近的 gB R460 处。N 端 93～116 kD 的切割产物代表 Ⅰ 型糖蛋白成分，而 55 kD 的 C 末端切割产物则构成了复合体的跨膜成分。许多病毒囊膜糖蛋白的成熟包括 gB 都是通过在内质网（ER）上向初级多肽上添加多糖，然后转移到高尔基体上进行加工修饰而完成。BALF4 ORF 编码的 EBV 同系物与 HCMV 的 gBs 形成了有趣的对比，这个 110 kD 的糖蛋白没有在高尔基体被加工，也没有在 EBV 感染细胞的细胞质膜或者病毒的囊膜上被检测到。EBV gB 定位在细胞核内外靠近内质网的地方（Roizman 等，2007）。

Wu 等（2010）对 DPV UL55 编码蛋白的生物信息学预测表明：UL55 蛋白由 186AA 组成，分子量大小为 20.798 1 kD，理论等电点 PI= 6.97。无信号肽与跨膜区。该蛋白序列中共有 9 个潜在的磷酸化位点。其中共有 7 个 Ser 磷酸化位点，分别位于序列的 24、57、65、92、131、132 位点；2 个 Thr 磷酸化位点分布于序列的 28、46 位。具有蛋白激酶 C 磷酸化位点、酪蛋白激酶Ⅱ磷酸化位点、N－豆蔻酰化位点等功能位点。

（二）疱疹病毒 UL55 编码蛋白的定位

研究病毒基因编码蛋白在宿主细胞内的表达和定位，在对病毒蛋白基因在宿主细胞中的功能和抗病毒药物的设计研究方面具有广阔的应用前景。另外，如果一个基因编码的蛋白是结构基因，该基因编码的蛋白在病毒粒子结构中的定位研究对病毒的繁殖、致病机制也有重要的研究意义。

1. 疱疹病毒 UL55 蛋白的亚细胞定位 为了对 HSV－2 UL55 蛋白在感染细胞内进行定位研究（Yurochko 等，1997），研究者将感染细胞的细胞核和细胞质通过 1%的 NP40 或 0.5%的 NP40＋0.5%DOC 进行分离。通过 NP40 溶解获得的细胞核分离物包括核周的丝状结构，而 DOC 则被用来去除这些核分离物的丝状结构。虽然 DOC 的加入减少了能在核分离物中检测到的 UL55 蛋白量，但大量的 UL55 蛋白依然被细胞核分离物分割，在感染细胞的核基质中广泛存在。间接免疫荧光法分析 HSV－2 感染细胞中 UL55 蛋白的细胞内分布结果表明：在感染后 17 h 的时候，UL55 蛋白以明亮的荧光颗粒形式分散在细胞核内和核周。UL55 蛋白与衣壳蛋白 ICP35（UL26.5）邻接并部分重叠。两种亚细胞定位方法在结果上相互支持。而 Wu 等（2010）利用 PSORT 程序对 DPV UL55 编码的蛋白进行亚细胞定位预测，结果显示该蛋白的定位分布为：细胞质（cytoplasmic）占 60.9%，细胞骨架（cytoskeletal）占 17.4%，细胞核（nuclear）占 13.0%，peroxisomal 占 4.3%，线粒体（mitochondrial）占 4.3%。

2. 疱疹病毒 UL55 蛋白在病毒自身内的定位 关于 UL55 蛋白在病毒粒子中的成分问题目前尚无统一定论。GenBank 上目前关于 α 疱疹病毒亚科的 UL55 蛋白及其同系物的最新注释大多为核蛋白、皮层蛋白或其类似物。成熟的 HSV－2 中缺乏 UL55 蛋白（Yamada 等，1998）。而在最近关于 HSV－1 细胞外病毒粒子的研究中，UL55 蛋白作为一种新的病毒粒子成分被发现，因其含量＜1%而被归为一种低丰度蛋白。由于其缺乏显著的衣壳特征和预期的跨膜区而被暂时性地配到皮层（Loret 等，2008）。作为一种新发现的功能未知的非必需皮层蛋白基因，它仅在 α 疱疹病毒亚科保守，在 HCMV、EBV、KSHV 中都尚未发现其同系物（Kelly 等，2009）。在关于 DPV UL55 的成分定义上，有研究者倾向于将其归为病毒的囊膜成分。相对而言，作为 β 和 γ 亚科的 UL55 产物 gB 的定位则显得相对明确，作为病毒主要的囊膜糖蛋白，在病毒的结构中不可或缺，发挥着不可替代的作用。

（三）疱疹病毒 UL55 蛋白的功能

1. 疱疹病毒 UL55 蛋白与病毒复制　据推测，gB 基因属于涉及病毒的生存和进化等关键生物学功能的保守性原始家族成员。所有的疱疹病毒都能编码 gB 及其同系物，在任何情况下，gB 对于病毒的复制都是必需的（Heineman 等，2004）。病毒与易感细胞接触时，病毒外膜糖蛋白（主要是 gB）引起与宿主细胞质膜融合，使核衣壳直接进入胞质。UL55 编码的 gB，在囊膜上作为一个二硫键连接的同二聚物存在，是一个最高度保守的核心糖蛋白，它对于和乙酰肝素硫酸盐的最初作用，以及接下来病毒结合和进入、细胞间转移、感染细胞的融合和可能涉及的子代对于外膜的锚定等步骤都很关键。在病毒成熟的过程中，每个 160 kD 的 gB 单元都被一个细胞内的弗林蛋白酶类似物切割成一个 116 kD 的表面糖蛋白成分和一个大小为 55 kD 的跨膜成分，以建立二硫键连接（Roizman 等，2007）。最近关于 HCMV gB 和 gH 的研究首次通过证明 gB 在细胞侵入，为感染细胞间的转移和细胞融合等功能提供了这方面的证据。HSV gB 在体外被证明对于病毒复制来说十分必要，HSV gB 也涉及病毒与细胞膜的融合（Spaete 等，1994）。而关于 KSHV ORF8（UL55 同系物）编码的 gB 则通过与细胞内的 $\alpha3\beta1$ 受体作用，介导病毒进入（Zhu 等，2005）。

有报道指出 HSV－1 的 UL55 和 UL56 ORF 对病毒复制来说都不是必需的，在 HSV－1 TK 基因或劳斯氏肉瘤病毒启动子控制下，拥有尚未鉴别的 ORF（a27，UL55 和 UL56）的 AT1 质粒能抑制氯霉素乙酰转移酶基因向稳定的 DNA 中间产物的转化与表达。大约一半的基因对于病毒在细胞培养物中的复制都是非必需的。这些非必需基因的产物对于病毒在天然宿主中的繁殖和扩散是很重要的。目前 GenBank 上提交的 α 疱疹病毒 UL55 序列及其同系物大多被注释为参与病毒粒子的包装和成熟。尽管在细胞外纯化的 HSV－1 病毒粒子中，UL55 能够被作为成熟病毒粒子的皮层成分检测到（Zhu 等，2005）；但在纯化的 HSV－2 病毒粒子中，UL55 却不能被检测到，说明 UL55 蛋白不是 HSV－2 的一个稳定成分。该蛋白可能在病毒包装和成熟过程中扮演辅助角色（Yamada 等，1998）。HSV－2 也可以诱导 UL55 基因产物入核和参与主要的衣壳蛋白

p73 的折叠和膜补充，p73 在工厂中缺乏，说明 p73 是在细胞质中合成和折叠，然后补充到工厂中。UL55 蛋白是衣壳蛋白在核内的装配位点。UL55 定位在与包装和 DNA 复制复合体部分重叠的非相同结构上。这些不同的结构是否彼此关联，是否是不同疱疹病毒蛋白的同系物聚集或者只是简单的蛋白的单一聚集尚不清楚（Netherton 等，2007）。

2. 疱疹病毒 UL55 蛋白与转录调节 HCMV 编码两种主要的囊膜糖蛋白 gB 和 gH。它们在病毒附着于细胞表面，以及继而发生的病毒融合和进入中起作用（Yurochko 等，1997）。HCMV 中 UL55（gB），UL75（gH）的作用是通过结合到特定的细胞内受体来快速激活开启细胞转录的信号 Sp1 和 NF - κB 来完成的（Bahr，Darai，2004）。尽管使用了中和抗体，病毒膜介导的激活仍然依靠主要的囊膜糖蛋白 UL55 和 UL75。用抗 gB 抗体预处理纯化的 HCMV gB 后，这种由纯化的 gB 所介导的效应都受到抑制。说明这种 gB 受体特异性交互作用直接开启了转录信号。这些结果支持了研究者的假设：HCMV 糖蛋白介导了一种起始信号转导途径，它导致了宿主细胞转录因子的上流调节，在这种转录模式中，病毒介导的细胞内活化作用改变的启动紧接着病毒囊膜糖蛋白与相关的细胞内受体的结合之后进行（Yurochko 等，1997）。可溶解的 gB 被用来研究发现细胞内受体的识别和其与表面生长因子受体的相互作用，类似通行受体 2 和 β1 整合蛋白。CMV 受体区域的识别依然有争议。可溶性 gB 和细胞表面的作用有助于病毒粒子的进入和模拟细胞内信号途径的激活。UL55 基因与其两侧的序列可能编码涉及病毒基因表达和转移抑制的额外蛋白。瞬时共转染试验指出一个完整的 UL55 ORF 对于这种抑制性作用非常必要（Harty 等，1993）。

3. 疱疹病毒 UL55 蛋白与免疫 在疱疹病毒的结构蛋白中，糖蛋白的研究非常重要，这是由于它涉及病毒的识别、吸附、侵入宿主细胞并导致感染、病理过程和免疫原性，以及亚单位疫苗的研制等。纯化的各种糖蛋白可以分别产生相应的中和抗体，人们试图在不同疱疹病毒中应用引起中和抗体能力最强的糖蛋白制备亚单位疫苗，以预防病毒感染。尽管最近的研究热点集中于 T 细胞免疫机制，但由于 gB 是病毒中和抗体的一个主要靶位，它成为了亚单位疫苗的首要候选基因（Wells 等，1990；Spaete 等，1991；Marshall 等，1990），它的囊膜上可能存在一个 Fc 受体（Spaete 等，1994）。现在争论的焦点集中在中和抗 gB 抗体在经胎盘途径转移中的角色。识别 gB 两个不同抗原区的抗体能够抑制病毒附着或阻止膜融合，这和病毒粒子的多步进入细胞的过程有关（Roizman 等，2007）。

4. 疱疹病毒 UL55 同系物蛋白在 DIPs 感染中的作用 在不稳定的条件下连续进行病毒传代时，经常导致缺损病毒粒子（DIPs）的出现，DIPs 是缺乏全部或部分基因组的病毒粒子。经证实，大量的动物病毒都能够产生在病毒持续性感染中起作用的 DIPs。

在单纯疱疹病毒、伪狂犬病病毒和马鼻肺炎病毒的研究过程中，都发现过这种现象（Harty 等，1993）。EHV－1 UL2 基因是 HSV－1 UL55、VZV ORF2 的同系物。EHV－1 UL2 基因，在 DIPs 中维持介导持续性感染。EHV－1 UL2 基因和代表这个区域（L 末端序列）的两侧序列在 EHV－1 DIPs 中显示出高度的保守性。这个蛋白在感染标准株和 DIPs 的细胞中都是早期被合成（4～6 h）。UL2 在 DIPs 感染中过度表达，DIPs 基因组是由一串其保守区域的重复组成，UL2 蛋白的过量可能是由于 DIPs 基因组中 UL2 基因的多重拷贝造成的。DIP 基因组中的非保守 EHV－1 基因的表达在 DIPs 感染不如标准株感染中显著，也为一假设提供了间接证据（Harty 等，1993）。所以 UL2 多肽在被 DIPs 感染细胞中与 EHV－1 标准株感染细胞相比，具有相对更快的转换率（Yamada 等，1998）。UL2 的这种转换率被认为与 UL1 蛋白的转换率相当，UL1 蛋白在 EHV－1 的持续性感染中大量产生。研究表明，在富含 EHV－1 DIPs 子代的感染细胞中，UL2 mRNA 和多肽的表达水平都显著高于被 EHV－1 标准株感染的细胞。而且，在标准株感染中 UL2 转录的起始和终止位点也是 DIPs 感染细胞中的主要位点。酶切分析说明 UL2 转录的起始和终止位点在感染 EHV－1 标准株和 DIP 感染中的利用是保守的。在感染中，UL2 蛋白合成水平和调节对于建立持续性感染中具有重要作用。

5. 疱疹病毒 UL55 蛋白与核基质（细胞核骨架）的作用 研究表明，α 疱疹病毒亚科的 UL55 是一个核基质关联蛋白（Tyler 等，2005；Spatz 等，2007；Nishiyama 等，2004），这种蛋白在病毒 DNA 合成抑制剂 PPA（磷羟酰乙酸）存在的时候不能被检测到。核基质是蛋白原子下层结构，是维持细胞核完整性和物理结构的核骨架。它在许多分子进程中扮演活跃角色，比如染色质结构、DNA 复制、基因转录、RNA 拼接和 DNA 超螺旋环化（He 等，1990；Capco 等，1982；Nelson 等，1986；Deppert 等，1996）。间接免疫荧光法研究证明在 HSV－2 感染后期 UL55 蛋白以离散颗粒的形式定位在细胞核内和核周。核分级研究显示这种蛋白与感染细胞核基质有联系。UL55 蛋白的这种分布格局不同于那些衣壳蛋白和 DNA 复制中的蛋白。UL55 蛋白在感染细胞核中的这种分布提高了它与核基质部分联系的可能性。这些观察结果说明核基质可能涉及 HSV 复制的各个方面，UL55 蛋白可能作为 HSV－2 病毒粒子的组成成分在病毒复制的过程中与核基质关联（Yamada 等，1998）。研究 HSV 主要的衣壳蛋白和 DNA 结合蛋白发现，这两种蛋白可能在他们的合成和转移到细胞核中的过程中或者之后与细胞骨架相互作用或者结合。当 DNA 结合蛋白结合到病毒 DNA 上之后仍然不时的与细胞核骨架作用。所以，病毒 DNA 可能附着到细胞核骨架上。经证实 DNA 结合蛋白和衣壳蛋白从细胞质骨架到细胞核骨架的交换是蛋白从一种结构到另一种结构的直接移动。DNA 复制的抑制增强了 DNA 结合蛋白与细胞质框架的结合和其从细胞质骨架到细胞核骨架的交换速率，说明他们之间存在功能性关系。而 HSV UL55 作为假定的病毒粒子成分，可能正是通过此结合蛋白和衣壳蛋白在细胞骨架上的转移过程与核基质发生联系，协助病毒的装配与成熟过程的进行（Quinlan 等，1983）。

6. 疱疹病毒 UL55 蛋白与 ICP35 的关联 在 HSV－2 UL55 定位的研究中，包含 UL55 蛋白的不连续区域被发现临近包括衣壳蛋白 ICP35 的指定装配隔间。为了确定 UL55 蛋白是否与衣壳蛋白共定位，感染 HSV 的 Vero 细胞的 17 h 玻片培养物被固定，并进行 UL55 抗血清和衣壳支架蛋白 ICP35 的鼠多克隆抗体双重着色。结果表明：UL55 蛋白邻接并与衣壳蛋白 ICP35 部分重叠。在细胞中 ICP35 并没有定位在离散的外围结构，但是在细胞核中大量积累，这种邻接特征占主要地位。已有研究证明衣壳蛋白 ICP35、VP5 和 VP19C 在晚期结合，并形成致密结构定位于细胞核内和核周，但是不邻接于核膜，同时这些结构指定的配件被定位于大量由涉及 DNA 复制的蛋白组成的球状组织的周围（Yamada 等，1998）。而 UL55 可能由于其在病毒复制中的功能性需要而与 ICP35 在空间上邻接。

7. 疱疹病毒 UL55 基因缺失的影响 HSV HF10 基因组包括 UL53，UL54 和 UL55 的双重拷贝（Zhang 等，2006）。序列分析却揭示 HF10 缺乏功能性基因 UL43、UL49.5、UL55、UL56、LAT 的表达（Mori 等，2005）。可能是由于结构替换突变，HF10 的 UL55 基因没有表达，它的缺失对于 HSV 的功能性影响目前还不明确（Watanabe 等，2010）。但有报道称基于的 HSV 的多重缺陷而导致 HF10 毒力大大减弱（Zhang 等，2006）。通过删除 HSV－2 GA 株的 γ1 34.5 gene、UL55、UL56、UL43.5 和 US10－12 区域来构建一个弱毒的重组 HSV－2（AD472）。AD472 没有阻止感染或者细胞复制的进行，但是减少了损伤的发展和其对剂量依赖的程度。AD472 作为疫苗增强了遗传和表型的稳定性。AD472 在体外能够很好地复制，但是在豚鼠体内，模型却不能够很好地复制，可能是复制水平的不足引起了动物不受进一步损害的免疫反应。这些包括 UL55 的删除赋予其表型稳定性，还可能是其在体外复制效果减弱的原因。增加疫苗剂量使得病毒体内复制弱化加剧并导致更强的免疫反应（Prichard 等，2005）。

gB（UL55）在病毒的复制循环中扮演重要角色。在细菌人工染色体系统中 UL55 基因被半乳糖激酶（pAD/CreΔUL55）所取代而产生的重组病毒显示出 gB 在 UL55 病毒基因组中缺失可能导致的结果证明 UL55 是一个必需基因（Isaacson 等，2009）。检测所有阶段的基因表达，发现有大量的抗脱氧核糖核酸酶，DNA 酶基因组，表示整个完整的病毒粒子被释放到感染细胞上层。层析纯化这些病毒粒子显示它们缺乏 gB 但有其他的病毒结构。这些缺乏 gB 的病毒粒子和野生型的含 gB 的病毒粒子一样可以吸附在细胞表面，但在病毒进入和细胞间播散的时候有缺陷。总结起来，结果显示 gB 不是病毒粒子附属物，有助于病毒进入和细胞间播散。然而，HCMV gB 在病毒联结或装配和从感染细胞中释放并不是绝对需要（Isaacson 等，2009）。

疱疹病毒 gB 糖蛋白的功能研究在近年来取得了巨大的进展。它是连接细胞表面的乙酰（型）肝素硫酸盐。涉及宿主细胞、细胞与细胞之间的病毒转移和感染细胞的融合，还具有充当体液免疫和细胞免疫的重要靶蛋白的显著意义。研究者利用 gB 蛋白的强免疫原性制备基因疫苗和亚单位疫苗，有效地预防病毒感染。而对于 α 疱疹病毒亚科成员编码的 UL55 蛋白及其同系物的功能却尚未明确。目前 GenBank 提交的数据表明 UL55 蛋白可能在病毒包装、成熟、出芽和释放的过程中扮演一个辅助角色。

（四）鸭瘟病毒 UL55 基因及其编码蛋白

吴英、程安春等（2015）对 DPV UL55 的研究获初步结果。

1. 鸭瘟病毒 UL55 基因的分子特性 DPV UL55 基因由 561 bp 核苷酸组成，包括一个完整的开放性阅读框，编码一个由 186 个氨基酸组成，大小为 20.798 1 kD 的蛋白质。信号肽分析的结果表明 UL55 蛋白为非分泌蛋白，缺乏跨膜区的 UL55 蛋白预示着它不可能为一个膜蛋白。报道称 HSV－2 UL55 蛋白为一个核基质关联蛋白，与包含主要衣壳蛋白的 ICP35 的装配子复合物邻近，负责病毒的装配和成熟（Li 等，2009；Yamada 等，1998；Tyler 等，2005）。但是在纯化的病毒粒子中不能检测到 UL55 蛋白，与此同时 UL55 蛋白对于 HSV 的复制非必需，推测 HSV UL55 蛋白可能是一种功能蛋白，而非结构蛋白或核酸复合物。保守型区域分析表明 UL55 基因在疱疹病毒家族中保守，意味着编码的 UL55 蛋白可能与其对应的疱疹病毒同系物 UL55 蛋白具有相似的性质和功能。亚细胞定位分析结果显示 UL55 蛋白主要定位于细胞质（占 60.9%），细胞骨架（cytoskeletal）占 17.4%，细胞核（nuclear）占 13.0%，peroxisomal 占 4.3%，线粒体（mitochondrial）占 4.3%。密码子分析结果表明，DPV UL55 基因在六重和四重简并密码子的使用上表现出强烈的偏好性，并且倾向于使用 A/T 结尾的密码子，这也与 DPV CHv UL55 基因的高 AT 含量组成一致。鸭瘟病毒的密码子使用模式与人类系统的密码子使用模式最接近，更适合 UL55 基因的体外表达。UL55 蛋白整体表现出亲水性，其抗原表位主要集中在相应亲水区域无规则卷曲区。生物信息学分析显示 UL55 蛋白可能与其在疱疹病毒家族的同系物一样，是一个与病毒的进入、装配、出芽、成熟和释放相关的蛋白。但其可能是作为一个辅助角色而在上述过程中发挥作用。基于 UL55 基因和其疱疹病毒家族相应同源基因核苷酸序列的进化树分析显示，DPV 在进化关系上和马立克氏病病毒基因属最接近。在 UL55 进化树的拓扑结构上，DPV 被归为马立克氏病病毒属，又在其内部形成单独的一支，并在进化位置上与 MeHV－1 接近，这跟目前

DPV 被归为 α 疱疹病毒亚科马立克氏病病毒属的分类结果一致。同时，结果表明 DPV 的保守型区域与类 MDV 病毒最接近（Li 等，2006），预示着 DPV 的禽疱疹病毒特征。

2. 鸭瘟病毒 UL55 基因克隆、原核表达及多克隆抗体制备 对经 PCR 扩增的 UL55 基因进行 pMD18 - T 载体克隆，然后通过对 pMD18 - T - UL55 及 pET - 32a（+）进行 *Bam*HⅠ和 *Xho*Ⅰ双酶切 T 克隆质粒后回收 UL55 基因片断，与经相同酶切的 pET - 32a（+）表达载体连接，并转化 DH5α，得到重组表达质粒 pET - 32a（+）/UL55（理论大小 6 169 bp），经 *Bam*HⅠ和 *Xho*Ⅰ双酶切、PCR 鉴定及测序成功地构建了原核重组表达载体 pET - 32a（+）/UL55。将鉴定正确的重组质粒 pET - 32a（+）/UL55 转化表达菌株 BL21（DE3）用 IPTG 进行诱导表达。通过优化诱导表达的条件，UL55 重组蛋白能在 37 ℃条件下，通过 0.8 mM 的 IPTG 诱导表达 4 h 产生大量 40 kD 左右非可溶形式的包含体蛋白（图 3 - 150）。将包含体蛋白通过裂解后进行纯化及复性处理再与兔抗 DPV CHv 多克隆抗体进行了免疫印迹反应，结果表明纯化复性后的 UL55 蛋白具有与天然蛋白相似的免疫反应活性。复性后的 UL55 蛋白免疫兔子制备的高免血清做 1∶16 稀释后，仍能够与纯化的 UL55 重组蛋白发生强烈的免疫反应，说明 UL55 蛋白具有良好的免疫原性，可作为临床上检测鸭瘟抗体的检测抗原。以此蛋白制备的兔抗 UL55 多克隆抗体具有良好的反应原性。

3. 原核表达 UL55 蛋白作为抗原检测抗 DPV 血清的间接 ELISA 方法的建立及应用 通过固相抗原的制备、一抗结合、二抗结合、显色及检测并判定等步骤建立了一种可用于检测鸭瘟病毒抗体的方法。本方法是基于纯化的重组 UL55 原核表达蛋白建立的间接 ELISA 法，特异性好，对鸭病毒性肝炎病毒（DHV）、鸭疫里默菌、鸭大肠杆菌（*E. coli*）、鸭源沙门菌、肿头性出血症病毒和鸭源流感病毒的阳性血清进行检测，结果均为阴性（图 3 - 151）；该方法的对酶标板内或板间重复试验显示变异系数均小于 10%，能检出经1∶6 400倍稀释的 DPV 弱毒疫苗免疫鸭的阳性血清（图 3 - 152）。UL55 - ELISA 与经典的中和试验及 DPV 全病毒包被的 ELISA 同时检测 50 份。感染了 DPV 的临床鸭血清样本，发现 UL55 - ELISA 能从 50 份 DPV 感染鸭血清中检出 40 份阳性血清，检出率为 80%

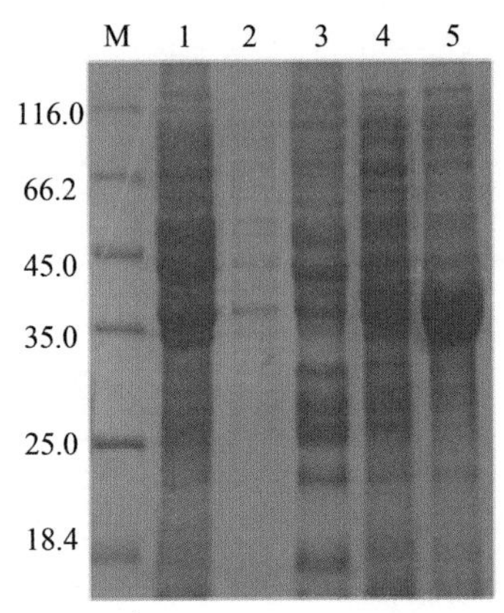

图 3 - 150 pET - 32a（+）/UL55 在 BL21（DE3）宿主菌中的诱导表达

M. 蛋白 Marker 1. pET - 32a 空载 2～3. 未诱导 pET - 32a（+）/UL55 上清和沉淀 4～5. IPTG 诱导 pET - 32a（+）/UL55 上清和沉淀

(40/50)，而 NT 和 DPV - ELISA 检测的阳性血清分别为 37、44 份，检出率分别为 74% (37/50)、88% (44/50)。UL55 - ELISA 的检测效果介于二者之间，且其对阳性样本的检测结果一致（表 3 - 7）。由于其制备方法简便、操作简单，特异性、灵敏性较高。且不存在散毒的风险，具有良好的应用前景，为进一步组装成试剂盒奠定了基础。

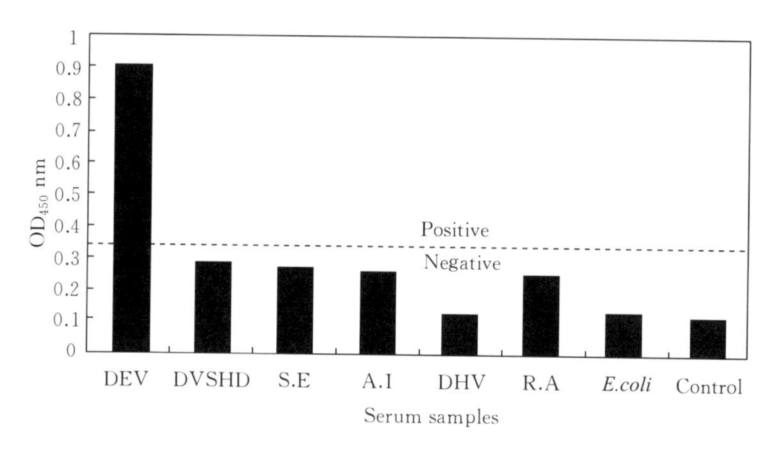

图 3 - 151　UL55 - ELISA 特异性试验结果

柱状对应不同的病毒或细菌感染鸭后的血清样本，虚线代表 UL55 - ELISA 临界值

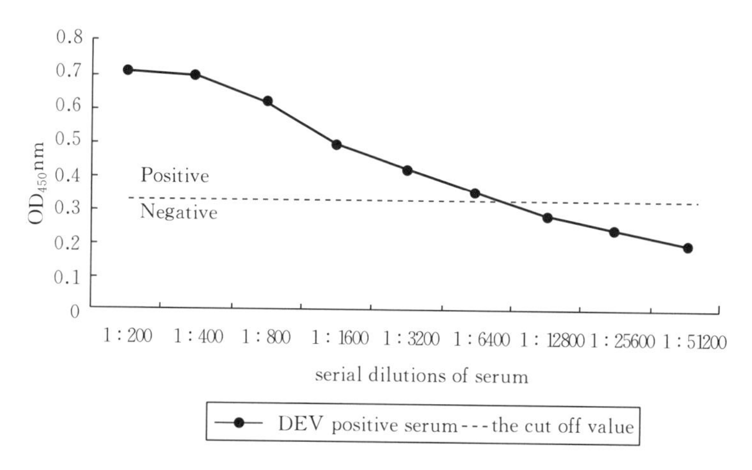

图 3 - 152　UL55 - ELISA 敏感性试验

实线上的点代表不同稀释度 DPV 阳性血清的 OD450 nm，虚线代表 UL55 - ELISA 检测方法的阴阳临界值

表 3-7 50 份 DPV 感染鸭血清临床样本检测比较

Neutralization Test	UL55-ELISA			DPV-ELISA		
	Positive（+）	Negative（−）	Total	Positive（+）	Negative（−）	Total
Positive（+）	37	0	37	37	0	37
Negative（−）	3	10	13	7	6	13
Total	40	10	50	44	6	50

4. **鸭瘟病毒 UL55 基因转录、表达时相分析** 采用 *β-actin* 基因作为内参基因，用相对荧光定量的方法对 UL55 基因在体外感染宿主细胞中的转录情况进行了分析。首先将 pMD18-T/*β-actin* 和 pMD18-T/UL55 通过系列倍比稀释后构建相对定量的标准曲线，标准曲线显示二者具有相似的扩增效率和斜率，之后基于构建好的标准曲线，用 icycer IQ5 对不同时间的 UL55 基因 RNA 反转录后进行检测。转录时相分析结果表明 UL55 基因在转录后的 0～8 h 内处于一个较低的水平；12 h 后开始迅速增加直至在感染后 36 h 达到转录峰值，之后开始逐步下降，直到感染后的 60 h 仍然可以检测到大量转录的 UL55 基因（图 3-153）。核酸抑制剂更昔洛韦的加入证明 UL55 基因对于更昔洛韦敏感，其转录过程可以被核酸抑制剂抑制，说明 UL55 基因为严格依赖于 DNA 合成的 γ2 基因。Western blotting 分析体外感染宿主细胞中 UL55 基因的表达时相表明

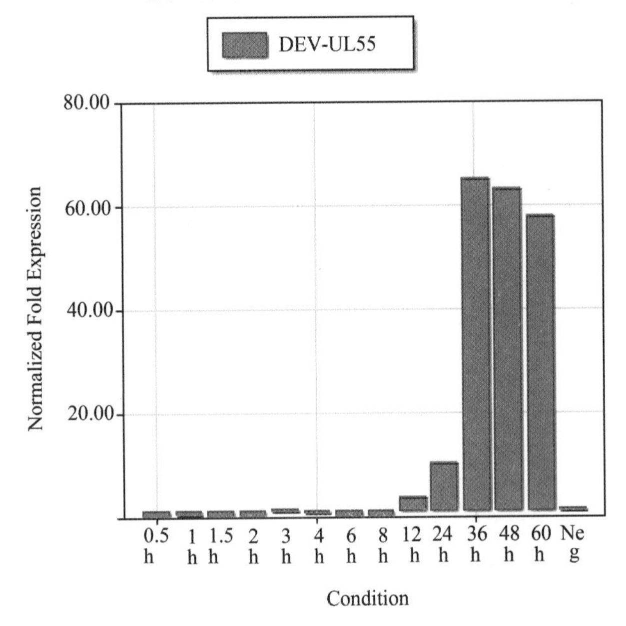

图 3-153 DPV UL55 基因在体外感染宿主细胞中的转录时相分析

UL55 蛋白的表达水平也表现出相似的规律，进一步佐证了 UL55 基因为 γ2 基因的结论，此外由于其在感染后的 60 h 仍可被微弱的检测到，推测其可能为 DPV 完整病毒粒子的成分。

5. 重组鸭瘟病毒 UL55 基因缺失株的构建及其体内外生物学特性研究 在构建的细菌人工染色体重组鸭瘟病毒拯救系统平台的基础上，利用 DPV 重组病毒可以在细菌中进行复制增殖的特点，在细菌体内用两步 RED 重组构建 UL55 基因缺失株及其回复突变株。首先通过将包含 UL55 左右同源臂和 kana 抗性基因的表达盒通过同源重组打靶到 UL55 基因区域，再利用打靶上的 Kana 抗性基因两侧的 FRT 位点，在大肠杆菌中通过转入 Pcp20 表达能识别 FRT 位点的 FLP 重组酶切除 Kana 抗性基因，再通过 42 ℃热灭活温度敏感质粒 Pcp20，获得敲除了 UL55 整个 ORF 的缺失株 DPV CHv－BAC－GΔUL55（图 3－154）。

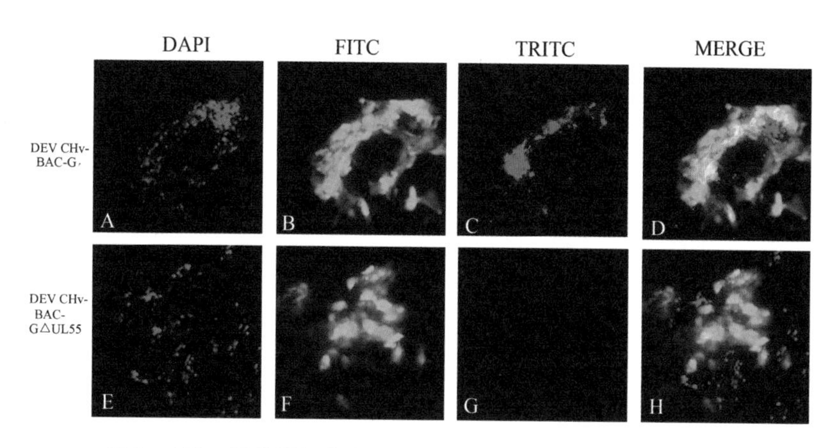

图 3－154 拯救重组病毒 DPV CHv－BAC－GΔUL55 的 IF 鉴定

A～D. DPV CHv－BAC－G 感染细胞 E～H. DPV CHv－BAC－GΔUL55 感染细胞

经 PCR 及 IF 鉴定正确后用于构建 UL55 基因回复突变株。回复突变株的获得是通过将带 UL55 基因左右同源臂的 UL55－Kana 片段作为线性打靶片段通过两步 RED 重组获得。PCR 初步鉴定正确后，对构建好的 DPV CHv－BAC－G、DPV CHv－BAC－GΔUL55 和 DPV CHv－BAC－GΔUL55R 的进行质粒酶切图谱分析，结果显示 DPV CHv－BAC－G 和 DPV CHv－BAC－GΔUL55R 经 *Bam*HⅠ、*Eco*RⅠ酶切以后产生的条带无差异，且与预期的酶切谱图条带一致。相较而言，对应的 UL55 基因缺失株则在 *Eco*RⅠ酶切以后于 4kb 左右缺失了一条带、6kb 左右增加了一个条带（图 3－155 A/B＊），*Bam*HⅠ的酶切分析结果则与 DPV CHv－BAC－G、DPV CHv－BAC－

G△UL55R 相同，与预期的酶切图谱完全一致。表明通过 2 轮 RED 重组成功地构建了 UL55 基因缺失株 DPV CHv - BAC - G△UL55 和其回复突变株 DPV CHv - BAC - G△UL55R。

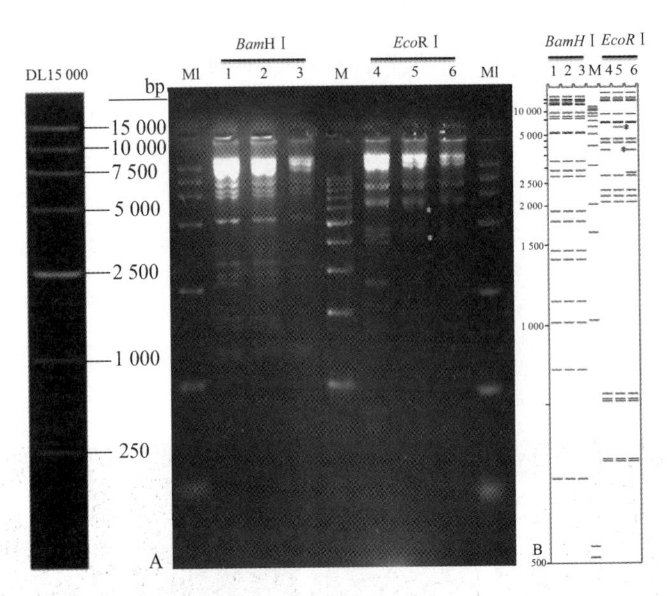

图 3 - 155　拯救重组病毒 DPV CHv - BAC - G、DPV CHv - BAC - G△UL55、DPV CHv - BAC - G△UL55R RFLP 分析

A. *Bam*H Ⅰ、*Eco*R Ⅰ 酶切电泳图　B. 模拟 *Bam*H Ⅰ、*Eco*R Ⅰ 酶切电泳图　M. 1kb plus ladder　M1. DL15 000　1. DPV CHv - BAC - G　2. DPV CHv - BAC - G△UL55　3. DPV CHv - BAC - G△UL55R　*：缺失或多出的条带

进一步用兔抗 UL55 多克隆抗体作为一抗，TRITC 标记的羊抗兔作为二抗 IF 检测 UL55 基因的表达情况（图 3 - 156），结果表明 DPV CHv - BAC - G△UL55 不能检测到 UL55 基因的表达，而其亲本株 DPV CHv - BAC - G 和回复突变株 DPV CHv -BAC - G△UL55R 中 UL55 基因正常表达，进一步证明 UL55 基因缺失回复突变株 DPV CHv - BAC - G△UL55R 构建成功，UL55 基因的表型得到了回复。

空斑试验结果显示，亲本毒 CHv、拯救重组病毒 DPV CHv - BAC - G、UL55 基因缺失株 DPV CHv - BAC - G△UL55 和 UL55 基因缺失回复突变株 DPV CHv - BAC - G△UL55R 在感染宿主细胞 DEF 后，形成的空斑大小接近，形态也非常相似。用 0.02MOI 拯救重组病毒 DPV CHv - BAC - G、UL55 基因缺失株 DPV CHv - BAC - G△UL55 和 UL55 基因缺失回复突变株 DPV CHv - BAC - G△UL55R（5 代以内）感染

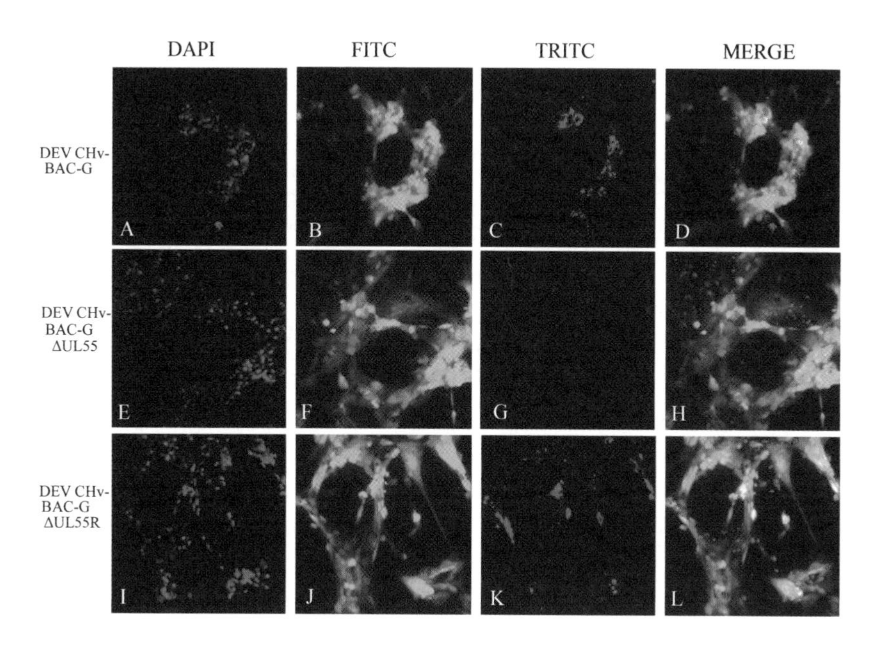

图 3-156 拯救重组病毒 DPV CHv-BAC-GΔUL55R 的 IF 鉴定

A～D. DPV CHv-BAC-G 感染细胞 E～H. DPV CHv-BAC-GΔUL55 感染细胞

I～L. DPV CHv-BAC-GΔUL55R 感染细胞

DEF，在感染后的不同时间点收取细胞样品，测定病毒的滴度（图 3-157）。从图中可以看出，在感染后的前 24 h 内，感染细胞的上清和细胞中都检测不到病毒含量的增加，说明其处于潜伏状态。在感染 24 h 后，二者在上清和细胞中的含量都显著增加，到 48 hpi时细胞中的病毒不再增加，而上清中的含量却在持续增加，说明此时病毒的复制已经进入裂解释放时期。以 DPV CHv-BAC-G 为亲本株构建的 UL55 基因缺失株 DPV CHv-BAC-GΔUL55 和 UL55 基因缺失回复突变株 DPV CHv-BAC-GΔUL55R 对细胞的感染力十分接近，且表现出相同的趋势，据此推测，UL55 基因与病毒的复制及其对细胞的感染力无关。以上体外生物学特性比较结果显示，UL55 基因缺失不改变 DPV 在宿主细胞上的生长特性，UL55 基因缺失株在体外感染的 DEF 细胞上潜伏期相同，产生了与其亲本相似的病变、空斑及遵循相同的复制周期。说明 UL55 基因是一个复制非必需基因、其功能缺失不影响病毒的复制且不改变病毒的潜伏期和其对宿主细胞的致细胞病变效应。根据预测，尽管作为晚期基因的 UL55 基因在病毒生命周期的晚期在病毒粒子的包装、成熟、出芽和释放过程中发挥作用，但从分析结果来看，UL55 基因应该只是在上述过程中发挥一个辅助作用而非必不可少，其功能上的缺失可由其他基因替代，缺乏 UL55 基因的病毒粒子没有发生任何表型上的变化。

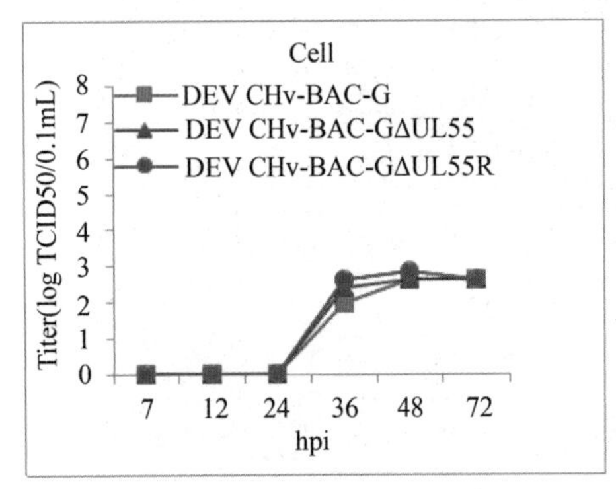

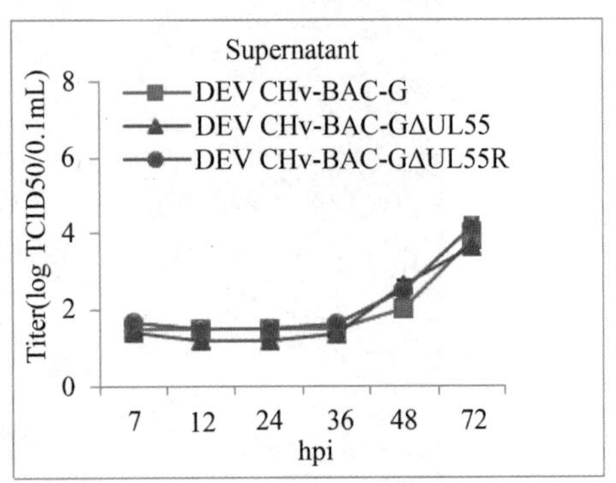

图 3－157　拯救重组病毒 DPV CHv－BAC－G、UL55 基因缺失株 DPV CHv－BAC－GΔUL55 和 UL55 基因缺失回复突变株 DPV CHv－BAC－GΔUL55R 的一步生长曲线比较

6. DPV UL55 基因在感染宿主细胞内的定位分析　将感染 DPV CHv 的 DEF 在感染后 40 h 收获，用兔抗多克隆 UL55 抗体作为一抗、FITC 标记的羊抗兔作为二抗建立了间接免疫荧光方法，成功地在 DPV CHv 感染细胞内检测到了 UL55 基因编码蛋白的表达（图 3－158）。从图中可以看出，UL55 基因编码蛋白在感染宿主细胞的细胞质中以明亮的绿色荧光颗粒的形式散在分布，且有极少量分布于细胞核中，而对应的未感染 DPV CHv 的 DEF 细胞则观察不到荧光的出现。随后，用建立的间接免疫荧光检测 UL55 基因编码蛋白在感染细胞内的动态分布。结果显示，UL55 蛋白最早在感染后的 5.5 h 内开始在细胞质表达，并随着时间的推移表达量逐渐增多，其表达量在感染后的 22.5 h 达到峰值。之后 UL55 蛋白的表达量逐步下降，并从细胞质内的散在分布颗粒逐渐形成荧光斑向核膜周边转移，大量存在于核膜两极。之后随着时间的推移，UL55 蛋白的荧光逐渐消失，推测其随着病毒复制周期的结束和细胞的崩解而消失。

为了分析 UL55 蛋白和 UL26.5 蛋白在细胞内的相互作用，设计用鼠抗 UL55 多克隆抗体和兔抗 UL26.5 多克隆抗体作为一抗，分析 UL55 蛋白和 UL26.5 蛋白在 DPV CHv 和 UL55 基因缺失株感染细胞中的共定位情况，结果表明，UL55 蛋白在 DPV CHv 感染细胞 60 h 后，聚集成荧光斑广泛分布于核周围并有小部分存在于细胞核中，而 UL26.5 蛋白则形成耀眼的荧光斑广泛分布于细胞核及核膜附近（图 3－159 E～H）。二者的共定位情况显示 UL55 蛋白在 DPV CHv 感染细胞中的分布与 UL26.5 邻接并有小部分重叠（图 3－159 L 黄色部分）。

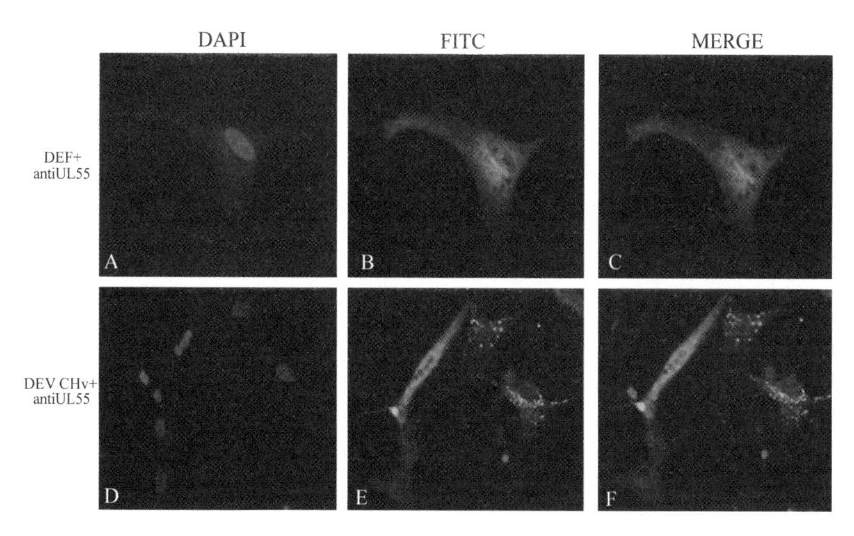

图 3－158　DPV UL55 基因编码蛋白在感染宿主细胞中的表达

A～C. 未感染病毒的 DEF 细胞　D～F. DPV CHv 感染 DEF 细胞

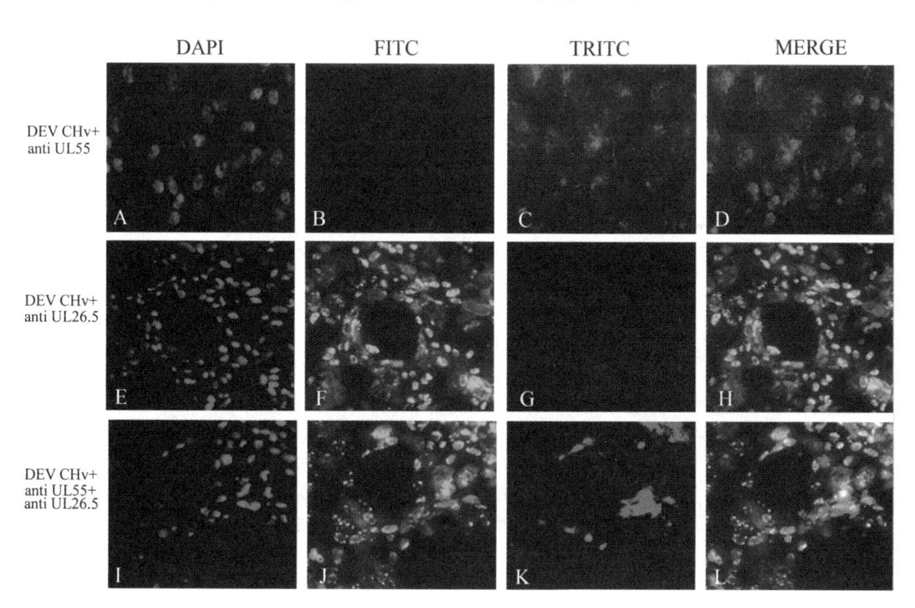

图 3－159　DPV CHv 感染宿主细胞中 UL55 蛋白和 UL26.5 蛋白的定位情况

A～D. 鼠抗 UL55 IgG 作为一抗检测 DPV CHv 感染宿主细胞中 UL55 蛋白的定位　E～H. 兔抗 UL26.5 IgG 作为一抗检测 DPV CHv 感染宿主细胞中 UL26.5 蛋白的定位情况　I～L. 鼠抗 UL55 IgG 和兔抗 UL26.5 IgG 作为一抗检测 DPV CHv 感染宿主细胞中 UL55 和 UL26.5 蛋白的共定位情况

为进一步分析 UL26.5 在细胞内的分布是否受 UL55 蛋白的作用，设计用 UL55 基因缺失株 DPV CHv - BAC - GΔUL55 感染细胞，检测 UL55 基因缺失后 UL26.5 蛋白的定位情况，同时检测 DPV CHv - BAC - GΔUL55 亲本株 DPV CHv - BAC - G 和其回复突变株 DPV CHv - BAC - GΔUL55R 感染宿主细胞中 UL26.5 的分布情况作为对照（图3 - 160）。结果发现（图 3 - 160 E～H），在 UL55 基因缺失株感染的 DEF 细胞中，UL26.5 蛋白在感染细胞的细胞核中发出耀眼的荧光，并与重组病毒 EGFP 基因表达发出的绿色荧光重合。相应地，UL55 基因缺失亲本株 DPV CHv - BAC - G 和其回复突变株 DPV CHv - BAC - GΔUL55R 也观察到了相同的定位情况（图 3 - 160 A～D、I～L）。表明 UL55 基因缺失株编码的 UL26.5 蛋白与野毒株编码的 UL26.5 蛋白在宿主细胞内的定位无差异，UL26.5 在宿主细胞内的定位尽管与 UL55 蛋白在空间结构上相邻并部分重叠，但是 UL26.5 蛋白的定位并不受 UL55 蛋白的影响。

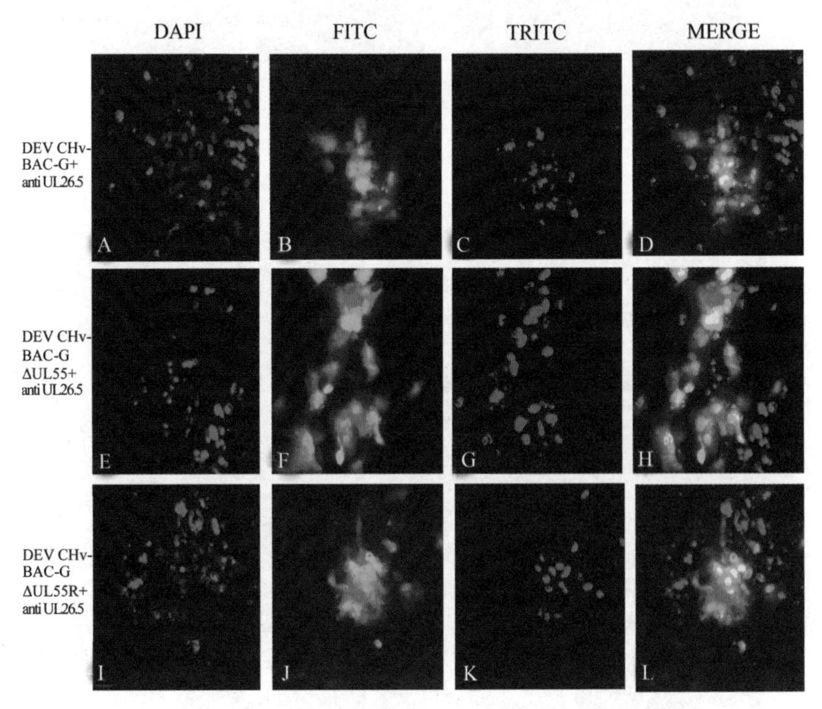

图 3 - 160 拯救重组病毒感染宿主细胞中 UL26.5 蛋白的定位情况

A～D. 兔抗 UL26.5 IgG 作为一抗检测 DPV CHv - BAC - G 感染宿主细胞中 UL26.5 蛋白的定位情况 E～H. 兔抗 UL26.5 IgG 作为一抗检测 DPV CHv - BAC - GΔUL55 感染宿主细胞中 UL26.5 蛋白的定位情况 I～L. 兔抗 UL26.5 IgG 作为一抗检测 DPV CHv - BAC - GΔUL55R 感染宿主细胞中 UL26.5 蛋白的定位情况

（吴英，程安春）

第四章

生态学和流行病学

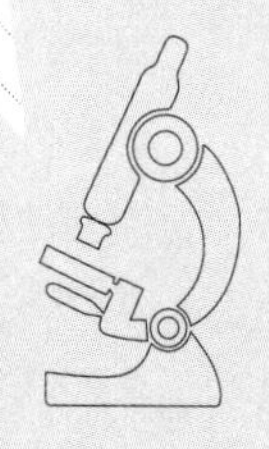

第一节 传染源

鸭瘟的传染源主要是病鸭和潜伏期的感染鸭，以及病愈不久的带毒鸭。易感鸭与感染鸭之间的直接接触或与污染环境的接触均能发生感染。

水禽生活在水上，采食、饮水、运动都借助于水体，因此水体是患病者与敏感者之间的自然传播媒介，感染一旦发生，所在水域或被感染的水禽对易感水禽具有传染性。

被病鸭和带毒鸭的分泌物、排泄物污染的饲料、饮水、用具和运输工具等，都是传播鸭瘟的重要因素，而将感染水禽转移到易感禽群或无病原污染的水域会造成新流行的发生，形成新的疫点。某些野生水禽感染后，可能成为传播本病的自然疫源和媒介。另外，鸭瘟的传染过程和速度与鸭、鹅等的饲养密度和患病鸭与易感鸭之间的传播率关系较大。养鸭密度高的地区，本病的扩散速度快，死亡率也高。种鸭通常被圈养于一定的地点范围之内，即使被感染，疫情也不会过大；而肉用鸭群通常随着它们的生长而被转移到曾饲养过成鸭的舍中，易感雏鸭进入的是污染的环境时，就会出现一种连续性感染的恶性循环，使疫情不断发生。

（程安春）

第二节 传播途径

一、病毒侵入机体的途径

据黄引贤（1962）的报道，利用人工方法通过口服、滴鼻、滴眼、滴泄殖腔和皮下、肌内注射，划破皮肤及自然直接接触等途径均能引起典型的鸭瘟。上海市农业科学院程德勤等（1964）的试验指出：肌内和腹腔注射、口服、滴鼻和泄殖腔接种等方法感染亦均获成功。由此可以推断，在自然条件下，此病毒主要是通过消化道、眼、鼻及泄殖腔等途径进入健鸭体内的。

在病毒血症期间，吸血昆虫是潜在的传播途径。自然流行中发现病鸭泄殖腔中的病毒可进入蛋中。

二、病毒在鸭体内的分布

本病毒广泛分布于病鸭体内各组织、器官及口腔分泌物和粪便中，这些地方均含有大量的病毒。黄引贤（1962）的试验资料表明，肝、脾、脑等组织含毒量较高，稀释至10^{-8}注射1毫升，对鸭仍有致病力；血液、肺脏及肌肉的含毒量分别为10^{-6}、10^{-5}和10^{-4}；肾脏、口腔分泌物及粪便等则在10^{-4}以下。由此看出，本病毒是一种泛嗜性的病毒。

三、DPV强毒不同途径感染鸭体内增殖分布规律

杨晓燕、程安春等（2006）的试验资料表明，DPV－CHv强毒株分别经皮下注射、滴鼻和口服三种途径攻毒和同居感染20日龄鸭，攻毒组于10、30、60、90 min及4 h、12 h、48 h、72 h、9 d、15 d，同居组于12 h开始采样，每组每次分别剖检两只鸭，采集心、肝、脾、肺、肾、脑、胸腺、法氏囊、哈德氏腺、回盲处、血液、气管、气管分泌液、食管、食管分泌液、十二指肠、空肠、回肠、盲肠、直肠及各肠段分泌液，应用TaqMan－MGB探针、实时荧光定量PCR对DPV－DNA拷贝数在这些组织器官、血液及分泌液的分布增殖规律进行检测。结果表明：DPV分布到具体器官的速度与感染的途径、鸭的解剖结构密切相关，其中皮下注射是DPV分布到各组织器官速度最快的途径，30 min于皮下感染鸭的肝（脾、胸腺、法氏囊、哈德氏腺、肺、脑、肾、血液）、口服感染鸭的肺（法氏囊、食管、食管内液、气管、各肠段、回盲处及血液）、滴鼻感染鸭的心脏、气管和哈德氏腺检测到DPV－DNA；90 min所有攻毒组受检样品中都能检测到DPV－DNA。各同居组12 h时，除皮下同居组的气管（肾和气管内液）、口服同居组的气管（气管内液、心、肺和肾）、滴鼻同居鸭的肺外，其他受检样品中均可检测到DPV－DNA。不同途经感染鸭的相同器官在同一时间内的DPV－DNA拷贝数在多数情况下以皮下感染鸭最高。皮下同居鸭相同器官在同一时间内的DPV－DNA拷贝数也多高于其他两个同居组。DPV致死鸭的法氏囊和肾是DPV－DNA含量最高的实质器

官。攻毒组和同居组鸭检测结果均显示，DPV 感染鸭后，通过感染部位由血液最早到达最近的免疫器官并增殖，感染后期，各肠段尤其是盲肠和回盲交界处是 DPV 繁殖最快的部位。鸭抗 DPV 感染免疫器官的重要性依次是脾、胸腺、法氏囊和哈德氏腺，30 min内 DPV－DNA 分布到脾、胸腺、法氏囊的速度和数量决定了 DPV 感染的潜伏期和疾病的严重程度。DPV 分布到消化道的途径和病毒量决定了 DPV 对肠道的损坏程度，从而决定了 DPV 强毒感染鸭的病程。

（一）皮下途径感染

1. 皮下途径攻毒感染鸭 最早于攻毒后 30 min 在所有免疫器官、肝、肺、脑、肾、回盲处和血液中检测到 DPV－DNA，90 min 时所有被检样品中均可以检测到 DPV－DNA。肾中的 DPV－DNA 拷贝数从攻毒 60 min 后增加较快，与其他受检样品相比，拷贝数始终处于较高水平。攻毒 4 h 后，各受检样品中的 DPV－DNA 拷贝数明显高于 90 min的基因组拷贝数，其中以法氏囊最高，其次是肾和脑。72 h 时，各肠段、肾、法氏囊、肝和脾中 DPV－DNA 拷贝数较高，盲肠中 DPV－DNA 拷贝数在同一时段中都高于其他肠段（表 4－1）。死亡鸭体内各组织器官中 DPV 含量以法氏囊、肾、回盲处、各肠段及其分泌液中 DPV－DNA 拷贝数最高（表 4－3）。

2. 与皮下途径攻毒感染鸭同居的鸭 同居鸭于 12 h，在除气管、肾和气管内液没有检测到 DPV－DNA 外，其余所有受检样品 DPV－DNA 检测为阳性，DPV－DNA 拷贝数以脾最高，其次是哈德氏腺和胸腺。至 48 h，所有受检样品中都可检测到 DPV－DNA，从 12～48 h，各样品中的 DPV－DNA 拷贝数增高较快。72 h 时，各受检样品中 DPV－DNA 拷贝数以各肠段中较高，其中又以盲肠和回盲处最高（表 4－2）。死亡鸭体内 DPV 的分布与皮下攻毒组死亡鸭基本相同（表 4－4）。

（二）口服途径感染

1. 口服途径攻毒感染鸭 最早于攻毒后 30 min，在食管、食管内液、气管、肠道和肠道内液、肺、法氏囊、回盲处及血液中检测到 DPV－DNA，其中以肺部的 DPV－DNA 拷贝数最高；90 min 后所有受检样品中都能检测到 DPV－DNA，拷贝数也持续增高；48 h 时，盲肠中的拷贝数最高，之后始终是拷贝数最高的受检样品。第 9 天时，回盲处的 DPV－DNA 拷贝数也明显增加，高于除盲肠外的所有受检样品。第 15 天时，各肠道中的 DPV－DNA 拷贝数明显高于其他组织（表 4－1）。

表 4-1　DPV 不同途径感染鸭 DPV 基因组拷贝数平均对数值

病料	组别	10min	30min	60min	90min	4h	12h	48h	72h	9d	15d
胸腺	皮下	ND	4.409	4.712	4.850	6.203	6.341	6.313	7.383		
	口服	ND	ND	4.988	5.181	5.430	5.623	5.789	6.009	6.479	7.500
	滴鼻	ND	ND	3.167	3.160	4.050	5.485	4.850	5.927	4.905	4.795
哈德氏腺	皮下	ND	5.099	5.154	5.375	6.341	6.368	5.651	6.479		
	口服	ND	ND	5.181	5.789	5.789	4.988	5.678	5.733	6.092	7.169
	滴鼻	ND	4.601	5.320	5.457	4.601	6.727	5.291	5.954	5.319	4.519
法氏囊	皮下	ND	4.767	4.878	5.374	9.156	8.797	9.736	10.094		
	口服	ND	3.553	5.043	5.843	5.927	5.789	6.396	6.389	6.617	7.693
	滴鼻	ND	ND	3.553	3.801	3.691	5.292	4.905	5.154	5.071	4.851
心	皮下	ND	ND	3.056	3.387	5.375	7.031	7.003	7.472		
	口服	ND	ND	ND	3.774	4.491	4.547	4.712	5.595	5.844	6.092
	滴鼻	ND	3.360	4.519	6.200	5.402	6.175	5.954	6.037	5.375	5.237
肝	皮下	ND	4.464	4.547	4.629	6.810	5.485	6.203	9.081		
	口服	ND	ND	5.540	5.761	5.927	5.899	6.727	6.755	6.617	8.825
	滴鼻	ND	ND	2.752	3.084	2.973	7.886	6.617	6.755	5.651	3.084
脾	皮下	ND	5.237	5.595	5.844	5.595	6.286	7.334	8.852		
	口服	ND	ND	5.181	5.154	5.678	5.347	5.871	6.865	7.031	6.203
	滴鼻	ND	ND	2.697	3.967	4.712	5.209	5.513	8.107	4.851	4.657
肺	皮下	ND	5.071	5.154	5.291	5.733	6.258	5.595	7.387		
	口服	ND	5.016	5.540	5.623	5.706	5.816	6.200	6.203	6.865	5.816
	滴鼻	ND	ND	5.540	5.623	5.706	5.816	6.200	6.203	6.865	5.816
肾	皮下	ND	4.574	3.581	5.457	8.852	8.797	9.377	9.956		
	口服	ND	ND	5.154	5.237	4.767	4.821	4.905	5.099	5.237	5.485
	滴鼻	ND	ND	ND	5.016	4.933	6.948	5.816	6.092	5.789	5.540
脑	皮下	ND	5.126	5.099	5.237	8.549	6.672	6.893	7.969		
	口服	ND	ND	5.043	5.099	5.181	5.099	5.927	6.065	6.368	6.479
	滴鼻	ND	ND	4.491	6.313	5.954	6.423	5.430	5.733	4.821	4.601
气管	皮下	ND	ND	ND	4.739	4.518	8.603	7.223	7.499		
	口服	ND	3.331	3.966	4.573	4.794	4.794	5.098	5.18	5.263	5.18
	滴鼻	ND	2.972	5.152	5.374	5.263	5.926	5.732	5.980	5.650	5.484

（续）

病料	组别	10min	30min	60min	90min	4h	12h	48h	72h	9d	15d
食	皮下	ND	ND	4.242	4.132	6.809	7.168	7.471	7.720		
管	口服	ND	4.96	5.015	5.208	5.567	5.594	6.036	6.202	7.098	7.527
	滴鼻	ND	ND	4.821	4.877	4.932	5.512	5.374	5.705	5.512	5.529
十二指肠	皮下	ND	ND	3.636	3.581	4.242	6.816	6.913	8.800		
	口服	ND	4.076	4.711	4.297	3.911	4.214	5.236	6.064	6.919	8.879
	滴鼻	ND	ND	ND	3.276	3.441	3.800	3.580	4.490	4.546	4.794
空	皮下	ND	ND	ND	3.856	4.794	4.877	5.208	10.09		
肠	口服	ND	4.492	4.270	4.463	5.008	6.533	6.754	6.974	6.726	8.299
	滴鼻	ND	ND	ND	3.386	3.662	4.490	3.938	5.042	5.125	4.932
回	皮下	ND	ND	ND	4.188	4.490	5.015	5.147	8.217		
肠	口服	ND	4.601	4.739	4.739	5.236	5.567	6.395	6.367	7.582	8.962
	滴鼻	ND	ND	ND	3.369	4.270	4.352	4.297	4.849	5.098	4.987
盲	皮下	ND	ND	4.160	4.270	5.153	8.520	7.509	10.31		
肠	口服	ND	4.822	4.904	5.098	5.180	5.374	8.741	8.824	8.934	9.238
	滴鼻	ND	4.822	4.904	5.098	5.18	5.374	8.741	8.824	8.934	9.238
直	皮下	ND	ND	3.248	3.441	4.021	4.684	6.274	8.299		
肠	口服	ND	3.911	4.159	4.297	4.711	5.042	5.180	6.146	6.246	7.295
	滴鼻	ND	ND	ND	2.696	3.690	3.938	3.856	4.711	4.756	5.263
回	皮下	ND	4.822	4.518	4.877	5.788	5.981	7.72	8.134		
盲	口服	ND	4.352	4.739	4.159	5.098	5.650	5.843	6.285	7.996	8.548
处	滴鼻	ND	4.076	4.546	4.159	5.180	5.429	5.153	5.594	5.843	4.546
	皮下	ND	ND	ND	4.435	4.551	4.791	5.181	5.789		
气管内液	口服	ND	ND	3.772	4.463	4.711	4.904	5.346	5.650	5.677	5.567
	滴鼻	ND	ND	ND	ND	ND	4.270	4.435	4.573	4.794	5.115
	皮下	ND	ND	ND	4.077	4.160	4.850	5.070	5.246		
食管内液	口服	ND	5.125	5.263	5.373	5.677	5.815	6.174	6.312	7.002	7.582
	滴鼻	ND	ND	ND	ND	3.856	4.904	5.456	5.594	5.926	5.788
十二指肠	皮下	ND	ND	ND	3.641	3.580	4.518	5.539	7.527		
内液	口服	ND	ND	4.518	4.684	4.932	5.098	5.318	6.395	6.892	9.156
	滴鼻	ND	ND	ND	ND	3.580	3.773	5.084	5.374	5.539	7.830

（续）

病料	组别	10min	30min	60min	90min	4h	12h	48h	72h	9d	15d
空肠液	皮下	ND	ND	ND	3.690	3.938	4.352	4.821	8.824		
	口服	ND	ND	4.546	4.711	4.877	5.153	6.837	6.892	7.006	8.575
	滴鼻	ND	ND	ND	ND	ND	3.994	4.767	5.374	5.622	7.582
回肠内液	皮下	ND	ND	ND	ND	4.546	4.904	5.705	7.582		
	口服	ND	ND	3.800	4.049	4.684	5.732	6.589	6.671	7.554	9.045
	滴鼻	ND	ND	ND	ND	ND	4.187	4.684	5.208	5.843	8.134
盲肠内液	皮下	ND	ND	3.966	4.049	4.739	6.367	6.319	7.720		
	口服	ND	ND	4.987	5.070	5.263	5.540	8.907	9.100	9.238	9.348
	滴鼻	ND	ND	ND	ND	ND	4.049	4.960	5.788	6.285	8.548
直肠内液	皮下	ND	ND	ND	3.883	4.352	4.601	5.484	6.616		
	口服	ND	ND	4.408	4.904	5.098	5.236	5.567	6.643	7.471	7.858
	滴鼻	ND	ND	ND	ND	ND	3.994	4.242	5.098	5.180	7.389
血液	皮下	ND	3.445	4.850	4.961	4.795	4.988	5.099	7.445		
	口服	ND	3.056	3.663	5.264	5.126	5.181	5.789	5.937	6.147	6.368
	滴鼻	ND	ND	3.525	7.031	4.816	4.905	4.933	5.457	5.181	4.687

ND为没有检测到DPV－DNA；组织、血液、分泌物（食管、气管、各肠段）中DPV－DNA基因组拷贝数分别为每克、每100μL、每毫升中DPV－DAN拷贝数平均对数值。

2. **与口服途径攻毒感染鸭同居的鸭** 12 h时，在除气管、气管内液、心、肺和肾外的所有受检样品中检测到DPV－DNA，肠道的DPV－DNA拷贝数较其他样品高，且盲肠的DPV－DNA拷贝数最高。48 h时所有受检样品DPV－DNA检测均为阳性；15 d时，十二指肠、哈德氏腺、盲肠和回盲处的DPV－DNA拷贝数高于其他受检组织，其中又以十二指肠的DPV－DNA拷贝数最高（表4－2）。

（三）滴鼻途径感染

1. **滴鼻途径攻毒感染鸭** 攻毒30 min后，哈德氏腺、气管和心中DPV－DNA检测为阳性，其中以哈德氏腺中DPV－DNA拷贝数最高；90 min时所有受检样品中都能检测到DPV－DNA，其中以肺中的DPV－DNA拷贝数最高，其次是脑、心、法氏囊和气管。在整个检测过程中，所有受检样品中DPV的基因组拷贝数以升降的形式交替出现。

2. **与滴鼻途径攻毒感染鸭同居的鸭** 除肺以外，所有受检样品12 h时都能检测到

DPV－DNA，其中以哈德氏腺和十二指肠的 DPV－DNA 拷贝数最高，之后各样品中的 DPV－DNA 拷贝数持续增高，15 d 时，又有所下降，但肠道中 DPV－DNA 拷贝数显著增高（表 4－2）。

表 4－2　DPV 不同途径感染鸭的同居鸭 DPV 基因组拷贝数平均对数值

病料	组别	10min	30min	60min	90min	4h	12h	48h	72h	9d	15d
胸腺	皮下	/	/	/	/	/	5.430	5.285	6.644	6.765	
	口服	/	/	/	/	/	4.702	5.595	5.954	6.202	6.403
	滴鼻	/	/	/	/	/	4.850	5.237	5.844	6.113	5.844
哈德氏腺	皮下	/	/	/	/	/	5.954	5.844	6.203	6.396	
	口服	/	/	/	/	/	4.225	5.375	5.761	5.928	7.942
	滴鼻	/	/	/	/	/	5.541	5.761	5.982	6.147	5.706
法氏囊	皮下	/	/	/	/	/	4.105	4.685	5.181	8.770	
	口服	/	/	/	/	/	5.237	5.485	5.651	5.789	6.120
	滴鼻	/	/	/	/	/	4.740	5.706	5.982	6.120	5.734
心	皮下	/	/	/	/	/	2.642	5.430	5.485	7.279	
	口服	/	/	/	/	/	ND	4.243	4.712	4.933	6.040
	滴鼻	/	/	/	/	/	ND	4.961	5.678	5.927	5.347
肝	皮下	/	/	/	/	/	4.701	4.905	5.568	8.908	
	口服	/	/	/	/	/	5.823	5.905	5.844	6.120	6.749
	滴鼻	/	/	/	/	/	5.740	5.595	5.651	6.506	6.094
脾	皮下	/	/	/	/	/	6.396	5.899	6.755	9.128	
	口服	/	/	/	/	/	5.209	5.292	5.954	6.203	6.031
	滴鼻	/	/	/	/	/	4.850	5.181	5.540	5.927	5.568
肺	皮下	/	/	/	/	/	4.326	6.313	6.479	7.251	
	口服	/	/	/	/	/	ND	5.568	5.927	6.037	6.147
	滴鼻	/	/	/	/	/	5.319	5.789	5.899	6.120	5.954
肾	皮下	/	/	/	/	/	ND	5.816	6.120	8.273	
	口服	/	/	/	/	/	ND	5.209	5.375	5.457	5.789
	滴鼻	/	/	/	/	/	3.581	4.464	5.430	5.485	5.264
脑	皮下	/	/	/	/	/	5.154	6.258	6.479	9.322	
	口服	/	/	/	/	/	5.651	5.706	5.844	6.562	7.390
	滴鼻	/	/	/	/	/	4.850	5.595	5.871	6.120	6.203

（续）

病料	组别	10min	30min	60min	90min	4h	12h	48h	72h	9d	15d
气管	皮下	/	/	/	/	/	ND	5.070	5.099	6.948	
	口服	/	/	/	/	/	4.685	4.823	4.850	5.181	6.037
	滴鼻	/	/	/	/	/	4.824	5.678	5.789	5.899	5.789
食管	皮下	/	/	/	/	/	6.424	6.589	6.755	7.856	
	口服	/	/	/	/	/	5.181	5.485	5.731	6.037	6.617
	滴鼻	/	/	/	/	/	4.878	5.375	5.851	5.816	5.678
十二指肠	皮下	/	/	/	/	/	6.424	6.589	6.756	7.856	
	口服	/	/	/	/	/	5.430	6.286	6.396	6.617	8.714
	滴鼻	/	/	/	/	/	5.375	5.430	5.651	5.816	7.666
空肠	皮下	/	/	/	/	/	4.601	4.878	9.377	9.321	
	口服	/	/	/	/	/	5.430	5.844	5.927	5.954	7.856
	滴鼻	/	/	/	/	/	5.071	5.181	5.595	5.761	7.638
回肠	皮下	/	/	/	/	/	3.498	4.961	9.542	10.32	
	口服	/	/	/	/	/	5.844	5.733	6.009	6.368	6.479
	滴鼻	/	/	/	/	/	4.932	5.099	5.237	5.375	7.969
盲肠	皮下	/	/	/	/	/	3.442	5.806	9.542	10.84	
	口服	/	/	/	/	/	6.203	6.672	6.893	7.886	8.135
	滴鼻	/	/	/	/	/	5.292	5.043	5.706	5.927	8.300
直肠	皮下	/	/	/	/	/	4.595	4.823	6.848	8.300	
	口服	/	/	/	/	/	5.016	5.430	5.485	5.789	6.696
	滴鼻	/	/	/	/	/	4.585	4.850	5.015	5.053	7.279
回盲处	皮下	/	/	/	/	/	4.878	5.375	9.377	10.76	
	口服	/	/	/	/	/	5.126	6.286	6.948	7.334	8.107
	滴鼻	/	/	/	/	/	4.740	5.751	5.816	6.396	5.706
气管内液	皮下	/	/	/	/	/	ND	4.712	4.822	6.865	
	口服	/	/	/	/	/	ND	4.409	4.712	4.878	6.286
	滴鼻	/	/	/	/	/	4.271	4.436	4.574	4.795	5.016
食管内液	皮下	/	/	/	/	/	3.801	4.574	4.988	7.361	
	口服	/	/	/	/	/	5.043	5.651	5.816	6.202	7.472
	滴鼻	/	/	/	/	/	4.905	5.457	5.595	5.927	5.789

（续）

病料	组别	10min	30min	60min	90min	4h	12h	48h	72h	9d	15d
十二指肠内液	皮下	/	/	/	/	/	4.685	4.933	5.568	7.942	
	口服	/	/	/	/	/	4.961	5.099	5.209	5.457	9.239
	滴鼻	/	/	/	/	/	3.774	4.855	5.375	5.540	7.831
空肠液	皮下	/	/	/	/	/	4.381	4.547	7.914	8.135	
	口服	/	/	/	/	/	4.823	5.292	5.513	6.203	8.107
	滴鼻	/	/	/	/	/	3.995	4.768	5.375	5.623	7.583
回肠内液	皮下	/	/	/	/	/	3.581	4.768	7.116	8.301	
	口服	/	/	/	/	/	5.154	5.568	6.092	6.203	8.273
	滴鼻	/	/	/	/	/	4.188	4.685	4.209	5.844	8.135
盲肠内液	皮下	/	/	/	/	/	3.581	5.264	7.638	8.935	
	口服	/	/	/	/	/	5.899	6.756	6.976	8.135	8.576
	滴鼻	/	/	/	/	/	4.050	4.961	5.789	6.286	8.549
直肠内液	皮下	/	/	/	/	/	3.995	4.409	6.590	9.024	
	口服	/	/	/	/	/	5.156	5.653	5.816	5.871	6.782
	滴鼻	/	/	/	/	/	3.995	4.243	5.099	5.181	7.390
血液	皮下	/	/	/	/	/	4.740	4.878	5.237	5.347	
	口服	/	/	/	/	/	3.581	4.077	4.795	5.209	5.816
	滴鼻	/	/	/	/	/	4.436	5.016	5.181	5.319	5.099

“/”为没有进行检测。

不同途径攻毒所采集的同一种样品，在同一时间内的 DPV－DNA 拷贝数多以皮下攻毒组最高，但哈德氏腺、法氏囊、气管和食管中的 DPV－DNA 拷贝数在攻毒后 90 min前则存在以下特点：皮下和口服攻毒组胸腺中 DPV－DNA 的最早检出时间相同，但同一时段比较则口服组的基因组拷贝数高于皮下组；滴鼻组中哈德氏腺 DPV－DNA 的检出时间与皮下攻毒组相同，但早于口服攻毒组。口服攻毒组的法氏囊检出时间与皮下攻毒组相同，但早于滴鼻组。皮下攻毒组气管中的 DPV－DNA 检出时间要晚于其他两个攻毒组，其中以滴鼻组最早，于攻毒后 30 min 检出；食管中 DPV－DNA 最早于口服攻毒后 30 min 检出。肺中 DPV－DNA 的检出时间三个攻毒组相同，但滴鼻攻毒后 90 min，DPV－DNA 拷贝数明显高于其他两组。

不同攻毒组的同居鸭，同一种样品中 DPV－DNA 的检出时间和拷贝数存在一定差异。三组同居鸭都可以在 12 h 时在部分器官中检测到 DPV－DNA，但滴鼻同居组检测到 DPV－DNA 的样品多于其他两个同居组，只有心脏中检测不到。口服同居鸭各肠段中 DPV－DNA 拷贝数，在 12 h 多高于其他两个组。48 h 后，同一种样品在同一时段内的 DPV－DNA 拷贝数以皮下攻毒同居组较高。

表 4－3 皮下攻毒不同时间死亡鸭 DPV－DNA 基因组拷贝数平均对数值

死亡时间	鸭号	胸腺	哈德氏腺	法氏囊	心	肝	脾	肺	肾	脑	气管	食管	回盲处
	1	8.786	7.655	11.30	8.638	10.30	10.05	8.616	11.17	8.969	8.443	9.154	12.97
96 h	2	8.443	7.802	11.15	8.287	9.841	10.45	8.602	11.30	8.771	8.124	9.670	12.75
	3	8.266	7.591	11.45	8.847	9.941	10.88	8.279	11.05	9.011	8.299	9.941	12.30
144 h	1	9.191	7.974	11.35	8.859	11.18	10.87	8.747	12.98	10.06	8.156	10.57	13.27

死亡时间	鸭号	十二指肠	空肠	回肠	盲肠	直肠	十二指肠内液	空肠内液	回肠内液	盲肠内液	直肠内液	气管内液	食管内液
	1	11.87	11.85	12.16	12.96	10.37	10.93	9.837	10.20	12.84	10.18	8.076	9.822
96h	2	11.71	11.67	11.52	13.02	11.93	11.16	10.69	10.67	12.04	11.26	8.153	9.582
	3	11.91	12.57	11.14	12.84	10.82	10.89	9.572	11.71	12.36	11.54	9.904	10.67
144 h	1	12.18	12.97	12.06	13. 24	11.29	10.58	10.58	11.14.	13.15	11.65	10.65	10.37

表 4－4 皮下攻毒感染鸭的同居鸭在不同时间死亡鸭 DPV－DNA 基因组拷贝数平均对数值

死亡时间	鸭号	胸腺	哈德氏腺	法氏囊	心	肝	脾	肺	肾	脑	气管	食管	回盲处
7 d	1	8.457	7.756	11.17	7.928	9.506	10.01	8.595	10.54	11.39	7.678	8.617	12.33
8 d	2	8.396	7.850	11.43	7.942	9.094	10.12	8.568	10.03	11.25	7.755	8.927	12.70
9 d	3	9.403	7.954	11.65	7.957	9.749	10.91	8.844	10.73	11.70	8.037	8.856	13.12

死亡时间	鸭号	十二指肠	空肠	回肠	盲肠	直肠	十二指肠内液	空肠内液	回肠内液	盲肠内液	直肠内液	气管内液	食管内液
7d	1	10.95	11.17	11.52	12.28	10.42	10.93	9.837	10.20	12.84	10.18	7.207	8.878
8d	2	10.54	11.43	11.87	12.70	11.33	11.16	10.69	10.67	12.04	11.26	7.574	8.865
9d	3	11.43	12.65	11.95	13.54	10.95	10.89	9.572	11.71	12.36	11.54	8.361	9.273

（程安春，汪铭书，吴英）

第三节 宿主

鸭瘟病毒的宿主是鸭、鹅、天鹅、雁及其他雁形目禽类。

自然条件下，只有雁形目的鸭科禽（鸭、鹅和天鹅）对本病有敏感性。不同品种、年龄、性别的鸭均可感染本病。

我国的鸭瘟研究资料表明，常见的绍鸭、绵鸭（大种鸭，苏鸭或娄门鸭）和北京鸭，对鸭瘟的易感性并无显著差异。在病的自然流行中，成鸭（特别是种鸭）的发病和死亡较为严重，而 1 月龄以内的雏鸭则少见大批发病。人工感染天鹅、鸳鸯、绿头野鸭能复制出本病，并引起死亡。

试验条件下，除家鸭和家鹅外，发现绿头鸭、白眉鸭、赤膀鸭、赤颈鸭、姻鸭、凤头潜鸭、棉凫、白额雁、豆雁、疣鼻天鹅等均对鸭瘟敏感，可以发生致死性感染。其中绿头鸭的抵抗力较强，不至于死亡，这种鸭可能是自然的储毒宿主。

1967 年，美国长岛地区的规模化北京鸭养殖区暴发鸭瘟时，当地野生、自由飞翔的水禽也暴发鸭瘟。

1973 年，美国南达科他州的安地湖地区暴发的一次鸭瘟中，当地的短脚鸭、针尾鸭、绿头鸭及其杂交种、美洲赤头鸭、普通秋沙鸭、鹊鸭、帆背潜鸭、北美赤颈凫、姻鸭和加拿大黑雁等野禽也感染发病。

Leibovitz（1990）指出，此病自然暴发于各种家鸭，包括北京鸭、康贝尔鸭、印度走鸭、杂交种鸭和土杂交鸭。番鸭及鹅也有暴发的报道。

（程安春）

第四节 流行规律、 特点和发病原因分析

鸭瘟的流行没有明显的季节性，一年四季都可发生，特别是集约化养鸭场。

自由放牧和散养的鸭群，除了一年四季都可发生外，春夏和秋季流行最严重，因为此时为鸭群放牧和大量出售季节，饲养量大，接触频繁，容易造成本病的流行。

根据中华人民共和国农业部兽医公报公布的数据，2006—2014 年间全国范围暴发鸭瘟主要集中在东南沿海地区，如广东、广西、福建和浙江，长江流域如湖北、湖南、重庆、贵州和江西等地（图 4－1）。华东和华北部分地区偶见疫情出现，如山东、河北及海南由鸭瘟引起鸭的发病数均在 100 只以下，甚至山东和河北地区仅出现几例鸭瘟疫情。东北、华北及西北大部分地区在这 9 年间没有鸭瘟疫情报道。由此可以看出，鸭瘟主要流行于经济及交通运输发达的地区，这些地区养殖业一般较为发达，是很多疫病的常发地带。

新疆和西藏等地由于经济和交通运输的影响，其养殖业相对落后，水禽饲养量很少，这也是鸭瘟没有在这些地区发生的原因。

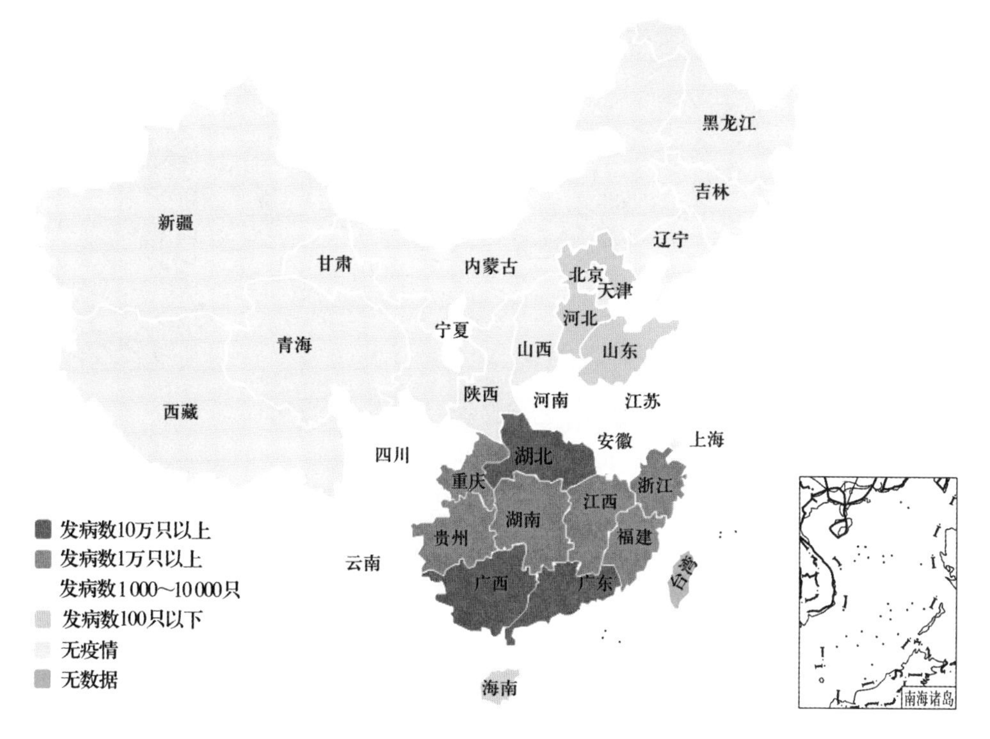

图 4－1　2006—2014 年全国范围鸭瘟流行分布图

地理环境对鸭瘟的发生和流行也有重要影响，从图 4－2 中可以看出鸭瘟主要暴发于温暖、湿润的地区，这些地区大部分由于秦岭及其他山脉对冷空气的阻挡，其四季温差较小，非常适合鸭瘟病毒的生长及传播。而如东北、华北及西北地区，气候较为干燥，并受由北而来的冷空气的影响，四季温差较大，使得这些地区不适合鸭瘟病毒的生长传播；同时，这些地区自由放牧和散养鸭的生产方式较少，多为防疫条件较好的规模化养鸭场，使得鸭瘟的发生和流行相对不容易。

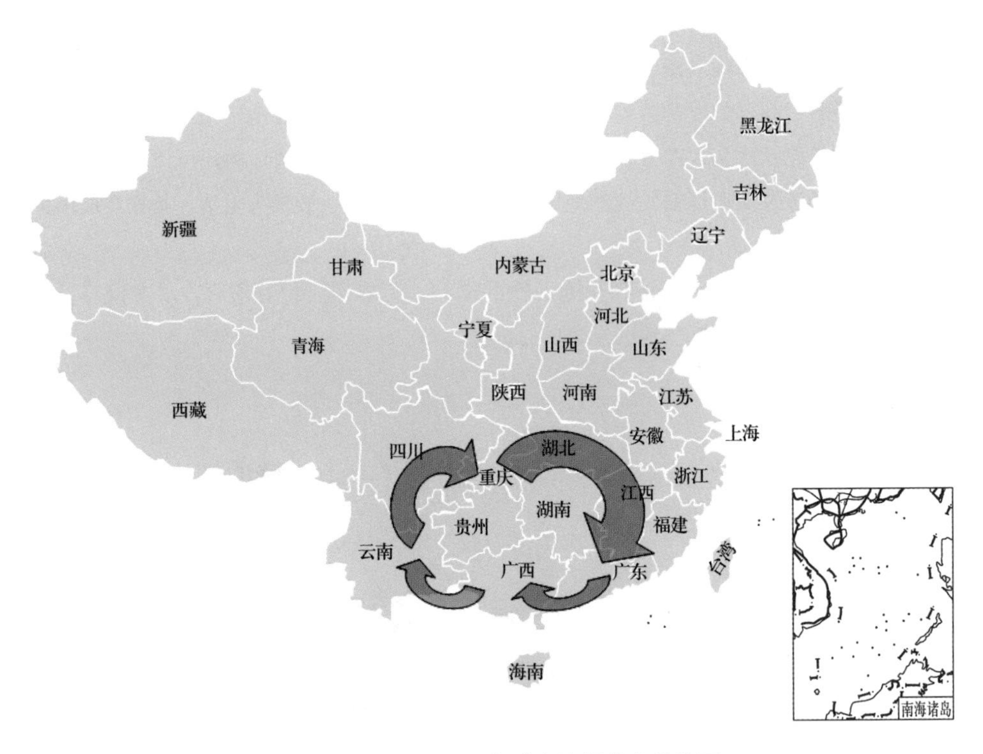

图 4－2　2006—2014 年鸭瘟流行分布趋势图

我们统计了 2006—2014 年间每年发生鸭瘟疫情最多的前三个省（表 4－5），从 2006—2009 年广东省连续四年排名第一位，在 2010 年其发病情况下降，2011—2013 年已经退出前 3 位，但是到了 2014 年又卷土重来，重归第一位。然后再看在 2010 年和 2011 年由广西排名第一，2012 年由云南排名第一，2013 年由重庆排名第一。另外尽管湖北省和湖南省从来没有排名第一，但是它们从 2006—2013 年间均排名靠前，其鸭瘟疫情的发生不容小觑。那么综合时间与空间的信息来看，鸭瘟疫情主要由华南沿海地区向内陆西南地区延伸，重庆等地可能需要加强对鸭瘟的防控措施。根据 2006—2014 年间每年暴发鸭瘟疫情最多的省份做成一份鸭瘟流行分布趋势图，从图中可以明显地看到，这 9 年间，鸭瘟主要的流行趋势是从广东-广西-云南-重庆-广东，并以这四省为边界，包含湖南、湖北、江西和贵州等省份在内的这些地区为鸭瘟疫情发生的主要流行地区。

表 4-5　2006—2014 年每年鸭瘟引起发病数最多的前三个省份

排名	2006 年	2007 年	2008 年	2009 年	2010 年	2011 年	2012 年	2013 年	2014 年
1	广东	广东	广东	广东	广西	广西	云南	重庆	广东
2	广西	湖北	湖北	湖北	广东	湖南	湖南	湖南	重庆
3	湖北	广西	湖南	湖南	湖北	湖北	广西	广西	广西

（杨乔，程安春）

第五章

分子流行病学

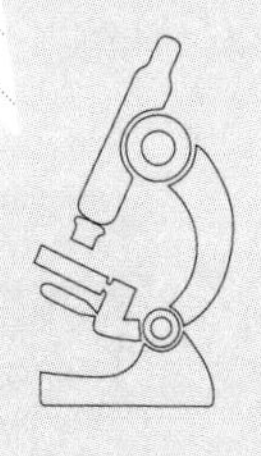

第一节 遗传进化分析

一、鸭瘟病毒的系统发生分析

将测序所得 DPV CHv 全基因组序列（JQ647509）进行在线相似性搜索，发现另外 5 条高度同源的 DPV 全基因组序列（表 5－1）。将这六株 DPV 全基因组核苷酸序列进行 BLAST 比对，发现强毒与强毒间，弱毒与弱毒间显示出较高的同源性且长度相当，中国的强毒株 CHv 和 CV 核苷酸序列高度相似。基于六株 DPV 全基因组的核苷酸序列，用邻接法构建了 DPV 的进化树（图 5－1）。DPV 系统进化树结果显示六株 DPV 的核苷酸序列高度同源，同时又按毒力的强弱和地域差异分成独立的几支。其中 CHv 在进化树上处于另外一株中国强毒 CV 株和欧洲强毒 2085 株的中间地位；三株中国弱毒（VAC/K/C－KCE）自成一束，而后又与两株中国强毒株（CHv/CV）形成进化树的一个大的分支结构。

表 5－1　DPV CHv 全基因组参考序列

物种	毒株	登录号	长度（bp）	蛋白数量	宿主	分离国家	毒力
anatid herpesvirus 1	CHv	JQ647509	162 175	78	duck	China	virulent strain
	CV	JQ673560	162 131	80	duck	China	virulent strain
	2085	JF999965	160 649	77	unknown	Germany	virulent strain
	VAC	NC _ 013036	158 091	77	duck	China	attenuated strain
	K	KF487736	158 089	77	duck	China	attenuated strain
	C－KCE	KF263690	158 015	77	duck	China	attenuated strain

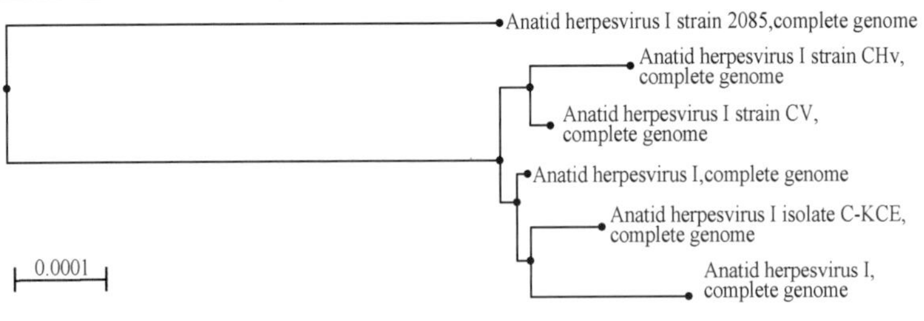

图 5－1　基于全基因组核苷酸序列的 DPV CHv 及同源序列进化树

二、鸭瘟病毒的序列分析

(一) 鸭瘟病毒的核苷酸序列分析

吴英等对包括 DPV CHv 在内的六条 DPV 全基因组核苷酸序列进行比对和进行同源性分析发现，CHv 与另外 4 株亚洲 DPV 在基因组核苷酸水平上高度同源（同源性>98.8%），与欧洲强毒株 2085 的同源性稍低（81.8%），如表 5－2 所示。CHv 的基因组长度（162 175 bp）在六株 DPV 中最长，C－KCE 基因组长度（158 015 bp）最短，但六株 DPV 总体 GC 百分含量极为接近，且在每一位核苷酸上的 GC 组成差别细微。

表 5－2 六株 DPV 基因组核苷酸同源性分析

	2085	K	VAC	C－KCE	CV	CHv
2085	100.00%					
K	80.80%	100.00%				
VAC	80.80%	100.00%	100.00%			
C－KCE	80.80%	100.00%	100.00%	100.00%		
CV	81.90%	98.80%	98.80%	98.80%	100.00%	
CHv	81.80%	98.80%	98.80%	98.80%	100.00%	100.00%

对比六株不同来源的鸭瘟病毒毒株的全基因组核苷酸序列，发现 DPV CHv 的 78 个 ORF 中有 20 个被认为是与 DPV 代谢相关的保守型基因，与 2085 和 VAC 株 100% 相同，这 20 个 ORF 有 16 个位于 UL 区，4 个位于 US 区（Wu 等，2012）。与 CHv 和 2085 这两株 DPV 强毒相比，弱毒株的 UL2、UL12、US10 发生了基因缺失，UL47、UL41 发生了非同义替换，意味着这几个基因区域在疫苗株致弱中可能扮演某些角色。另外，2085 株在 LORF3 中缺失了 CHv 和 VAC 株都有的 33 bp 重复序列，提示亚洲鸭瘟病毒和欧洲鸭瘟病毒的地域性差异。

而 2085 株与 VAC 株相比，最大的区别在于其在 LORF11、UL2 和 LORF3 区域分别多出了 2 343 bp、441 bp 和 33 bp。此外，2085 株的内部重复序列（IRS/TRS）的每个重复比 VAC 株短 137 bp。缺失的序列包括 UL－IRS 连接处的 47 bp 和 IRS－US 连接处的 90 bp，这些缺失序列都发生在与 IRS 连接的位置和独特区的非编码区。

为进一步分析 DPV 毒株间差异，对六株 DPV 的 ORF 进行逐个对比分析发现，六株 DPV 在 UL、US 区域分别有 23、5 个 ORF 在核苷酸水平上存在整个 ORF 的缺失，部分序列插入、缺失等情况出现（表 5 - 3）。从表 5 - 3 中可以看出，分别有 7、4、5、5、0 和 1 处特异性的 ORF、基因插入或缺失特异性地发生在 DPV CHv、CV、2085、VAC、K 和 C - KCE（表 5 - 3 底纹部分）。这些位点的突变可能是造成六株不同来源毒株毒力和地理差异的主要原因。而 DPV 基因组中不存在核苷酸序列插入或缺失的 53 个 ORF，除了个别发生不影响基因编码蛋白功能的氨基酸同义突变外，序列相似性极高。这高度同源的 53 个 ORF 多为 DPV 基因组的保守性基因，不受病毒传代致弱及地域差异的影响。从功能预测来看，这些基因编码的蛋白大多为与病毒 DNA 代谢相关的结构蛋白。

表 5 - 3　DPV 基因组中发生核苷酸插入或缺失的 ORF

开放阅读框	核苷酸长度（bp）						预期功能
	CHv	CV	2085	VAC	K	C - KCE	
UL56	/	708	/	/	/	/	unknown
hypothetical protein	/	456	/	/	/	/	unknown
LORF5/11	723	2 772	3 171	828	828	828	unknown
UL54	1 377	1 134	1 134	1 134	1 134	1 134	IE（立即早期）；gene regulation
UL53	1 032	1 005	1 005	1 005	1 005	1 005	gK
UL51	759	738	759	759	759	759	tegument protein
UL49	762	762	741	762	762	762	tegument protein
UL48	1 425	1 425	1 425	1 431	1 425	1 425	tegument protein
UL47	2 367	2 367	2 364	2 367	2 367	2 367	tegument protein
UL45	675	672	672	672	672	672	tegument/envelope protein
UL44.5	/	813	813	813	813	813	unknown
UL41	1 494	1 497	1 494	1 497	1 497	1 497	virion host cell shutoff factor
UL37	3 201	3 201	3 201	3 198	3 201	3 201	tegument protein
UL34	831	831	831	678	831	831	nuclear egress
UL17.5	/	309	309	309	309	309	unknown
UL13	1 575	1 539	1 431	1 539	1 539	1 431	protein - serine/threonine kinase
UL12	1 689	1 689	1 689	1 452	1 689	1 689	alkaline exonuclease
UL10	1 230	1 221	1 221	1 221	1 221	1 221	gM
UL6	2 373	2 373	2 388	2 373	2 373	2 373	capsid protein
UL4	717	717	717	714	714	714	nuclear protein
UL2	1 002	1 002	792	351	474	348	uracil - DNA glycosylase
LORF3	1 443	1 443	1 410	1 443	1 443	1 443	unknown
ICP22?	405	/	/	/	/	/	ICP22
US10	969	930	930	897	897	897	virion protein
US5	1 620	1 620	1 197	1 620	1 620	1 620	unknown
US7	1 116	1 116	1 116	1 089	1 116	1 116	gI
US9	/	279	/	/	/	/	unknown
US1	990	990	990	990	990	1 029	ICP22

注：? 代表未确定。

（二）鸭瘟病毒氨基酸序列分析

用NCBI CoBLAST工具对鸭瘟病毒基因组ORF进行比对，发现大多数有差别的ORF的区别主要体现在少量ORF编码蛋白的N端起始密码子突变产生截断蛋白，以及部分位点发生单个氨基酸的非同义突变（表5-4）。如UL54、UL53、UL51、UL48、UL45、UL34、UL13、UL12、UL10、UL6、US10、US5、US7、C-KCE的TRS端US1都在编码蛋白的N端或C端发生了不同程度的序列缺失，推测可能为这些对应的ORF起始密码子或终止密码子发生突变，导致翻译的后移或提前终止。其余的ORF变异则多由于单个氨基酸的缺失、插入或非同义突变造成。

1. DPV CHv特征序列 DPV CHv的特征性序列UL54、UL53、UL45、UL10分别在各自编码氨基酸的N端多81个氨基酸、9个氨基酸、1个氨基酸、3个氨基酸，其余部分100%相同，推测这些部分的插入可能由于CHv的起始密码子发生突变所致。由于强、弱毒株，亚洲、欧洲株都呈现出相同的序列，因此推测多出的部分序列应与毒力及地理差异无关。此外，CHv缺乏其余五株DPV共有的UL44.5和UL17.5，但多出了一个部分ICP22 ORF。

2. DPV CV特征序列 UL56、hypothetical protein和US9没有在除了CV之外的其他DPV基因组中搜索到，经过BLAST搜索发现，CV UL56与VAC株LORF11编码蛋白的N端215个氨基酸100%相同，但C端发生了巨大的变异，推测CV UL56应为LORF11的一部分，由于C端突变导致翻译提前终止形成了一个独立的ORF。而CV的hypothetical protein和US9则没有搜索到任何同源蛋白，为CV株所独有。此外由于CV的UL51起始密码子突变而造成ORF后移7个氨基酸，其余序列与其他DPV 100%相同。

3. DPV 2085株特征序列

（1）UL49 除2085株外的另外5株亚洲毒株UL49氨基酸序列100%相同。欧洲2085株的C端18个氨基酸发生了巨大的变异，包括10个氨基酸的非同义突变和7个氨基酸的缺失（图5-2），推测其可能为地理来源不同的特征性差异。

（2）UL47 3株弱毒氨基酸序列100%相同，与强毒CHv和CV相比仅在第36位氨基酸处发生了一处非同义替换（36V→A）。3株强毒之间进行比较发现，CHv和CV的氨基酸序列100%相同，而2085株则发生了两处非同义突变（113H→R，599A→T）和第149位氨基酸处的一个天冬氨酸（D）的缺失。

（3）UL6 2085株与其他毒株在UL6氨基酸水平差异主要体现在N端的14个氨基酸（图5-3）。2085株在氨基酸序列的N端前14位氨基酸中发生了3个氨基酸的缺

表 5-4　DPV 基因组不同 ORF 氨基酸序列比较

基因	CHv	CV	2085	VAC	K	C-KCE	基因	CHv	CV	2085	VAC	K	C-KCE
UL56	Δ	236 个氨基酸	Δ	Δ	Δ	Δ	UL37^{210}	A	A	A	S	A	A
hypothetical protein	Δ	152 个氨基酸	Δ	Δ	Δ	Δ	UL37^{211}	D	D	D	R	D	D
UL54$^{1\sim81}$	81 个氨基酸	Δ	Δ	Δ	Δ	Δ	UL37^{212}	T	T	T	Y	T	T
UL53$^{1\sim9}$	9 个氨基酸	Δ	Δ	Δ	Δ	Δ	UL37^{213}	Y	Y	Y	T	Y	Y
UL51$^{1\sim7}$	7 个氨基酸	Δ	7 个氨基酸	7 个氨基酸	7 个氨基酸	7 个氨基酸	UL37^{214}	A	A	A	R	A	A
UL49$^{235\sim240}$	6 个氨基酸	Δ	Δ	Δ	Δ	Δ	UL37^{215}	L	L	L	I	L	L
UL49$^{235/241}$	A^{241}	A^{241}	R^{235}	A^{241}	A^{241}	A^{241}	UL37^{385}	T	T	N	T	T	T
UL49$^{236/242}$	P^{242}	P^{242}	R^{236}	P^{242}	P^{242}	P^{242}	UL34$^{225\sim276}$	51 个氨基酸	51 个氨基酸	51 个氨基酸	Δ	51 个氨基酸	51 个氨基酸
UL49$^{237/243}$	S^{243}	S^{243}	T^{237}	S^{243}	S^{243}	S^{243}	UL17.5	Δ	103 个氨基酸	103 个氨基酸	103 个氨基酸	103 个氨基酸	103 个氨基酸
UL49$^{238/244}$	S^{244}	S^{244}	A^{238}	S^{244}	S^{244}	S^{244}	UL13$^{1\sim12}$	12 个氨基酸	Δ	Δ	Δ	Δ	Δ
UL49$^{239/245}$	H^{245}	H^{245}	C^{239}	H^{245}	H^{245}	H^{245}	UL13$^{13\sim48}$	36 个氨基酸	36 个氨基酸	Δ	36 个氨基酸	36 个氨基酸	Δ
UL49$^{240/246}$	R^{246}	R^{246}	K^{240}	R^{246}	R^{246}	R^{246}	UL12^{2}	S	S	S	Y	S	S
UL49$^{241/247}$	N^{247}	N^{247}	G^{241}	N^{247}	N^{247}	N^{247}	UL12$^{3\sim80}$	78 个氨基酸	78 个氨基酸	78 个氨基酸	Δ	78 个氨基酸	78 个氨基酸
UL49$^{243/249}$	S^{249}	S^{249}	V^{243}	S^{249}	S^{249}	S^{249}	UL10$^{1\sim3}$	3 个氨基酸	Δ	Δ	Δ	Δ	Δ
UL49$^{244/250}$	R^{250}	R^{250}	Q^{244}	R^{250}	R^{250}	R^{250}	UL10^{26}	L	L	S	L	L	L
UL49$^{245/251}$	R^{251}	R^{251}	P^{245}	R^{251}	R^{251}	R^{251}	UL10^{129}	H	H	R	H	H	H
UL49$^{246/253}$	Q	Q	Δ	Q	Q	Q	UL10^{173}	V	V	V	I	V	V
UL48$^{1\sim2}$	Δ	Δ	Δ	2 个氨基酸	Δ	Δ	UL6$^{1\sim3}$	3 个氨基酸	3 个氨基酸	Δ	3 个氨基酸	3 个氨基酸	3 个氨基酸
UL48$^{203/205}$	W^{203}	W^{203}	G^{205}	W^{203}	W^{203}	W^{203}	UL6^{6}	R	R	A	R	R	R
UL48$^{468/470}$	L^{468}	L^{468}	S^{470}	L^{468}	L^{468}	L^{468}	UL6$^{7\sim12}$	Δ	Δ	6 个氨基酸	Δ	Δ	Δ
UL47^{36}	A	A	A	V	V	V	UL6^{15}	R	R	Q	R	R	R

（续）

基因	CHv	CV	2085	VAC	K	C-KCE
$UL47^{113}$	R	R	H	R	R	R
$UL47^{149}$	D	D	Δ	D	D	D
$UL47^{599}$	T	T	A	T	T	T
$UL45^{1}$	M	Δ	Δ	Δ	Δ	Δ
$UL44.5^{241}$	Δ	V	I	V	V	V
$UL44.5^{250}$	Δ	N	D	N	N	N
$UL41^{44}$	G	G	G	E	E	E
$UL41^{125/126}$	D^{126}	D^{126}	$Δ^{125}$	D^{126}	D^{126}	D^{126}
$UL41^{302/3033}$	Y^{303}	Y^{303}	C^{302}	Y^{303}	Y^{303}	Y^{303}
$UL37^{5}$	D	D	G	D	D	D
$UL37^{170}$	K	K	K	I	K	K
$UL37^{197}$	T	T	T	R	T	T
$UL37^{198}$	S	S	S	Δ	S	S
$UL37^{199}$	M	M	M	L	M	M
$UL37^{200}$	D	D	D	G	D	D
$UL37^{201}$	S	S	S	F	S	S
$UL37^{202}$	E	E	E	R	E	E
$UL37^{204}$	I	I	I	D	I	I
$UL37^{205}$	V	V	V	R	V	V
$UL37^{206}$	N	N	N	V	N	N
$UL37^{208}$	L	L	L	F	L	L
$UL37^{209}$	L	L	L	T	L	L

基因	CHv	CV	2085	VAC	K	C-KCE
$UL6^{16}$	L	L	His	L	L	L
$UL6^{17\sim18}$	Δ	Δ	6 个氨基酸	Δ	Δ	Δ
$UL6^{378}$	S	S	P	S	S	S
$UL4^{87}$	Δ	Δ	K	Δ	Δ	Δ
$UL4^{176}$	E	E	Δ	Δ	Δ	Δ
$LORF3^{25}$	T	A	A	A	A	A
$LORF3^{304\sim325}$	11 个氨基酸	11 个氨基酸	Δ	11 个氨基酸	11 个氨基酸	11 个氨基酸
$LORF3^{319}$	D	D	E	D	D	D
ICP22?	135	Δ	Δ	Δ	Δ	Δ
$US5^{1\sim141}$	141 个氨基酸	141 个氨基酸	Δ	141 个氨基酸	141 个氨基酸	141 个氨基酸
$US5^{67/208}$	N^{208}	N^{208}	S^{67}	N^{208}	N^{208}	N^{208}
$US5^{96/237}$	W^{237}	W^{237}	W^{96}	W^{237}	W^{237}	R^{237}
$US5^{147/288}$	His^{288}	H^{288}	Y^{147}	His^{288}	His^{288}	His^{288}
US9	Δ	93 个氨基酸	Δ	Δ	Δ	Δ
US1（TRS）[320]	L	L	L	L	L	P
US1（TRS）[321]	A	A	A	A	A	R
US1（TRS）[323]	T	T	T	T	T	Y
US1（TRS）[324]	T	T	T	T	T	H
US1（TRS）[326]	R	R	R	R	R	T
US1（TRS）[328]	K	K	K	K	K	Q
US1（TRS）[329]	S	S	S	S	S	E
US1（TRS）$^{330\sim342}$	Δ	Δ	Δ	Δ	Δ	13 个氨基酸

注：Δ代表该毒株在相应 ORF 处不存在编码序列或对应部分氨基酸缺失，上标数字代表发生对应氨基酸变异的位点，? 代表未确定。

失、8个氨基酸的插入和3个氨基酸的非同义替换，此外，2085株还在第378位氨基酸处发生了一处非同义替换。疱疹病毒UL6基因产物为一个必需门户衣壳蛋白，参与门户环的形成，该结构参与基因组单位长度的切割和病毒DNA包装进入组装好的衣壳蛋白的过程。研究表明，2085 UL6蛋白N端14个氨基酸的差别不损害或灭活该蛋白的功能。

```
CHv    161  PRNNESLDALLEIAMVKITVCEGLELLEIANEYIKAHSDELSGQTPRQAAGRRDDGHTETTGRGRRSSVAPGGKDAQHAR  240
CV     161  PRNNESLDALLEIAMVKITVCEGLELLEIANEYIKAHSDELSGQTPRQAAGRRDDGHTETTGRGRRSSVAPGGKDAQHAR  240
2085   161  PRNNESLDALLEIAMVKITVCEGLELLEIANEYIKAHSDELSGQTPRQAAGRRDDGHTETTGRGRRSSVAPGGK------  234
VAC    161  PRNNESLDALLEIAMVKITVCEGLELLEIANEYIKAHSDELSGQTPRQAAGRRDDGHTETTGRGRRSSVAPGGKDAQHAR  240
K      161  PRNNESLDALLEIAMVKITVCEGLELLEIANEYIKAHSDELSGQTPRQAAGRRDDGHTETTGRGRRSSVAPGGKDAQHAR  240
C-KCE  161  PRNNESLDALLEIAMVKITVCEGLELLEIANEYIKAHSDELSGQTPRQAAGRRDDGHTETTGRGRRSSVAPGGKDAQHAR  240

       241  APSSHRNSSRRPQ  253
       241  APSSHRNSSRRPQ  253
       235  RRTACKGSVQPP-  246
       241  APSSHRNSSRRPQ  253
       241  APSSHRNSSRRPQ  253
       241  APSSHRNSSRRPQ  253
```

图5－2 DPV UL49氨基酸序列比较

```
CHv    1  MRDMSR------PARL--GTGRSKQRRINTGGRQQHSESMITDKLQCGLHDICDGICDWVRIHPTERTCLFKKILLGELG  72
CV     1  MRDMSR------PARL--GTGRSKQRRINTGGRQQHSESMITDKLQCGLHDICDGICDWVRIHPTERTCLFKKILLGELG  72
2085   1  ---MSAnqcgicPAQHdwGTGRSKQRRINTGGRQQHSESMITDKLQCGLHDICDGICDWVRIHPTERTCLFKKILLGELG  77
VAC    1  MRDMSR------PARL--GTGRSKQRRINTGGRQQHSESMITDKLQCGLHDICDGICDWVRIHPTERTCLFKKILLGELG  72
K      1  MRDMSR------PARL--GTGRSKQRRINTGGRQQHSESMITDKLQCGLHDICDGICDWVRIHPTERTCLFKKILLGELG  72
C-KCE  1  MRDMSR------PARL--GTGRSKQRRINTGGRQQHSESMITDKLQCGLHDICDGICDWVRIHPTERTCLFKKILLGELG  72

                                        ……

   313  RLHREVMMCHDLREHARVCQLLNTAPVKVLLGRKPEEERGIVGAQKAVEKALGAQEDAAAGSAASRLVKLIINLKGMRHV  392
   313  RLHREVMMCHDLREHARVCQLLNTAPVKVLLGRKPEEERGIVGAQKAVEKALGAQEDAAAGSAASRLVKLIINLKGMRHV  392
   318  RLHREVMMCHDLREHARVCQLLNTAPVKVLLGRKPEEERGIVGAQKAVEKALGAQEDAAAGPAASRLVKLIINLKGMRHV  397
   313  RLHREVMMCHDLREHARVCQLLNTAPVKVLLGRKPEEERGIVGAQKAVEKALGAQEDAAAGSAASRLVKLIINLKGMRHV  392
   313  RLHREVMMCHDLREHARVCQLLNTAPVKVLLGRKPEEERGIVGAQKAVEKALGAQEDAAAGSAASRLVKLIINLKGMRHV  392
   313  RLHREVMMCHDLREHARVCQLLNTAPVKVLLGRKPEEERGIVGAQKAVEKALGAQEDAAAGSAASRLVKLIINLKGMRHV  392
```

图5－3 DPV UL6氨基酸序列比较

（4）LORF3　LORF3仅在禽α疱疹病毒中（MDV、GaHV－3、HVT、ILTV和PsHV）保守。6株病毒相比，欧洲株2085缺乏亚洲株第304～315位氨基酸之间一个33 bp重复序列编码的DADVGEEDNNI序列（亚洲株含2个33 bp重复序列）。此外，还包括两个非同义突变CHv 25T→A和2085 319E→D，如图5－4所示。由于所有的亚洲强、弱毒株序列都表现出高度一致，因此推测该33 bp重复序列的缺失为欧洲株和亚洲株地理差异所致。

（5）US5　由于2085株的US5基因380 bp胞嘧啶和381 bp胸腺嘧啶的缺失导致了

```
CHv     1  MRVVMMHERAHIGGSEHDADAISITAIDGAYMACRGLAMEAVFHGNVDKIMIERLATTWATAMRFIMAYPQFSEHEQLKQ  80
CV      1  MRVVMMHERAHIGGSEHDADAISIAAIDGAYMACRGLAMEAVFHGNVDKIMIERLATTWATAMRFIMAYPQFSEHEQLKQ  80
2085    1  MRVVMMHERAHIGGSEHDADAISIAAIDGAYMACRGLAMEAVFHGNVDKIMIERLATTWATAMRFIMAYPQFSEHEQLKQ  80
VAC     1  MRVVMMHERAHIGGSEHDADAISIAAIDGAYMACRGLAMEAVFHGNVDKIMIERLATTWATAMRFIMAYPQFSEHEQLKQ  80
K       1  MRVVMMHERAHIGGSEHDADAISIAAIDGAYMACRGLAMEAVFHGNVDKIMIERLATTWATAMRFIMAYPQFSEHEQLKQ  80
C-KCE   1  MRVVMMHERAHIGGSEHDADAISIAAIDGAYMACRGLAMEAVFHGNVDKIMIERLATTWATAMRFIMAYPQFSEHEQLKQ  80

                                       ……

      241  DEEFVSLDVLLGIGRDENRETGNRNRESVGEENSDNAYIAEDQGGHGEEDNNIDADVGEEDNNIDADVGEEDNNIDADVG  320
      241  DEEFVSLDVLLGIGRDENRETGNRNRESVGEENSDNAYIAEDQGGHGEEDNNIDADVGEEDNNIDADVGEEDNNIDADVG  320
      241  DEEFVSLDVLLGIGRDENRETGNRNRESVGEENSDNAYIAEDQGGHGEEDNNIDADVGEEDNNI-----------DADVG  309
      241  DEEFVSLDVLLGIGRDENRETGNRNRESVGEENSDNAYIAEDQGGHGEEDNNIDADVGEEDNNIDADVGEEDNNIDADVG  320
      241  DEEFVSLDVLLGIGRDENRETGNRNRESVGEENSDNAYIAEDQGGHGEEDNNIDADVGEEDNNIDADVGEEDNNIDADVG  320
      241  DEEFVSLDVLLGIGRDENRETGNRNRESVGEENSDNAYIAEDQGGHGEEDNNIDADVGEEDNNIDADVGEEDNNIDADVG  320

      321  EEDRMDDGDQGVTGNVYLLDSDSFDEQPSGSNVAQEHEHDGANDEVLYTRASARRAELITRTQAALAAARAVLYSNESDD  400
      321  EEDRMDDGDQGVTGNVYLLDSDSFDEQPSGSNVAQEHEHDGANDEVLYTRASARRAELITRTQAALAAARAVLYSNESDD  400
      310  EEDRMDDGEQGVTGNVYLLDSDSFDEQPSGSNVAQEHEHDGANDEVLYTRASARRAELITRTQAALAAARAVLYSNESDD  389
      321  EEDRMDDGDQGVTGNVYLLDSDSFDEQPSGSNVAQEHEHDGANDEVLYTRASARRAELITRTQAALAAARAVLYSNESDD  400
      321  EEDRMDDGDQGVTGNVYLLDSDSFDEQPSGSNVAQEHEHDGANDEVLYTRASARRAELITRTQAALAAARAVLYSNESDD  400
      321  EEDRMDDGDQGVTGNVYLLDSDSFDEQPSGSNVAQEHEHDGANDEVLYTRASARRAELITRTQAALAAARAVLYSNESDD  400
```

图 5－4　DPV LORF3 氨基酸序列比较

其翻译的起始位点相对其他毒株后移了 423 bp，在 N 端产生了 141 个氨基酸的缺失。此外，2085 株在其第 67 位氨基酸和第 147 位氨基酸处分别发生了替换（67S→N、147Y→H）（图 5－5）。据报道，2085 株缺失的这 141 个氨基酸（26％）序列和两处氨基酸的替换并不影响其毒力和在体内外的复制能力。推测这种移码缺失可能是 2085 株的 US 区域发生倒位所致，是其地理起源区别的特征之一。其他 5 株亚洲来源的 DPV，除了C－KCE在第 237 位氨基酸处发生了精氨酸（R）替换色氨酸（W）的情况，其余序列在氨基酸水平 100％相同，说明 US5 的 N 端 141 个氨基酸是欧洲和亚洲株地理差异的重要标志。

```
CHv     1  MYTDVTVMWVAVILFTMSIQCSPTSPQPTMSLGVDATNPSTVTEPWTSTASVTTATPQTTSSTSAAEAPPDGIYNGANLT  80
CV      1  MYTDVTVMWVAVILFTMSIQCSPTSPQPTMSLGVDATNPSTVTEPWTSTASVTTATPQTTSSTSAAEAPPDGIYNGANLT  80
2085       --------------------------------------------------------------------------------
VAC     1  MYTDVTVMWVAVILFTMSIQCSPTSPQPTMSLGVDATNPSTVTEPWTSTASVTTATPQTTSSTSAAEAPPDGIYNGANLT  80
K       1  MYTDVTVMWVAVILFTMSIQCSPTSPQPTMSLGVDATNPSTVTEPWTSTASVTTATPQTTSSTSAAEAPPDGIYNGANLT  80
C-KCE   1  MYTDVTVMWVAVILFTMSIQCSPTSPQPTMSLGVDATNPSTVTEPWTSTASVTTATPQTTSSTSAAEAPPDGIYNGANLT  80

       81  IISNRTRCIRIDAPNAANVTIPLSFRGRNRSSATQYFNITLLKPENSTWHYYEIASFNGSTMINHDPQMWRMDYIYNVSH  160
       81  IISNRTRCIRIDAPNAANVTIPLSFRGRNRSSATQYFNITLLKPENSTWHYYEIASFNGSTMINHDPQMWRMDYIYNVSH  160
        1  -------------------------------------------------------------MINHDPQMWRMDYIYNVSH  19
       81  IISNRTRCIRIDAPNAANVTIPLSFRGRNRSSATQYFNITLLKPENSTWHYYEIASFNGSTMINHDPQMWRMDYIYNVSH  160
       81  IISNRTRCIRIDAPNAANVTIPLSFRGRNRSSATQYFNITLLKPENSTWHYYEIASFNGSTMINHDPQMWRMDYIYNVSH  160
       81  IISNRTRCIRIDAPNAANVTIPLSFRGMNRSSATQYFNITLLKPENSTWHYYEIASFNGSTMINHDPQMWRMDYIYNVSH  160
```

```
161  QPRRFDVNITMNKTLNNSLLVAKIYEKTIIYSYGLRRIMLFRLIVNDNLSGADTGIYTRFSTPKDIIDDTSLTAYPWVSA  240
161  QPRRFDVNITMNKTLNNSLLVAKIYEKTIIYSYGLRRIMLFRLIVNDNLSGADTGIYTRFSTPKDIIDDTSLTAYPWVSA  240
20   QPRRFDVNITMNKTLNNSLLVAKIYEKTIIYSYGLRRIMLFRLIVNDSLSGADTGIYTRFSTPKDIIDDTSLTAYPWVSA  99
161  QPRRFDVNITMNKTLNNSLLVAKIYEKTIIYSYGLRRIMLFRLIVNDNLSGADTGIYTRFSTPKDIIDDTSLTAYPWVSA  240
161  QPRRFDVNITMNKTLNNSLLVAKIYEKTIIYSYGLRRIMLFRLIVNDNLSGADTGIYTRFSTPKDIIDDTSLTAYPWVSA  240
161  QPRRFDVNITMNKTLNNSLLVAKIYEKTIIYSYGLRRIMLFRLIVNDNLSGADTGIYTRFSTPKDIIDDTSLTAYPRVSA  240

241  APCSHEYIEATNNGSLLYPWIPRWPNSGEDFPESAEIEDQDKDHFAGHYHHIAFANTTSPFPDRDSTLLKIIPPDEPHKA  320
241  APCSHEYIEATNNGSLLYPWIPRWPNSGEDFPESAEIEDQDKDHFAGHYHHIAFANTTSPFPDRDSTLLKIIPPDEPHKA  320
100  APCSHEYIEATNNGSLLYPWIPRWPNSGEDFPESAEIEDQDKDHFAGYYHHIAFANTTSPFPDRDSTLLKIIPPDEPHKA  179
241  APCSHEYIEATNNGSLLYPWIPRWPNSGEDFPESAEIEDQDKDHFAGHYHHIAFANTTSPFPDRDSTLLKIIPPDEPHKA  320
241  APCSHEYIEATNNGSLLYPWIPRWPNSGEDFPESAEIEDQDKDHFAGHYHHIAFANTTSPFPDRDSTLLKIIPPDEPHKA  320
241  APCSHEYIEATNNGSLLYPWIPRWPNSGEDFPESAEIEDQDKDHFAGHYHHIAFANTTSPFPDRDSTLLKIIPPDEPHKA  320
```

图 5－5　DPV US5 氨基酸序列比较

4. DPV VAC 特征序列

（1）UL48　除 VAC 外的另外 5 株 DPV 氨基酸序列 100％相同。VAC 与其他毒株相比，在 N 端发生了 2 个氨基酸的缺失和 2 个非同义突变（205G→W、470S→L）。

（2）UL37　VAC 在氨基酸序列第 197～215 位氨基酸之间发生了很大的变异，包括 1 处缺失（第 198 位氨基酸）和 17 个氨基酸的非同义突变（170I→K，197R→T；199～201LGFR → MDSE，197 ～ 216R - LGFRKDRVPFTSRYIRI → TSMDSEKIVNPLLADTYAL）。此外，2085 株存在 2 处非同义替换：5G→D、385N→T，如图 5－6 所示。

```
CHv    1    MDSGDQLSDNEYYDLDEDNTCSDNRSPRPVGRWLLKDMIVALKEIINTQSTPRWTEVEASKVKAIVSTFCLSQEQMTIPQ  80
CV     1    MDSGDQLSDNEYYDLDEDNTCSDNRSPRPVGRWLLKDMIVALKEIINTQSTPRWTEVEASKVKAIVSTFCLSQEQMTIPQ  80
2085   1    MDSGGQLSDNEYYDLDEDNTCSDNRSPRPVGRWLLKDMIVALKEIINTQSTPRWTEVEASKVKAIVSTFCLSQEQMTIPQ  80
VAC    1    MDSGDQLSDNEYYDLDEDNTCSDNRSPRPVGRWLLKDMIVALKEIINTQSTPRWTEVEASKVKAIVSTFCLSQEQMTIPQ  80
K      1    MDSGDQLSDNEYYDLDEDNTCSDNRSPRPVGRWLLKDMIVALKEIINTQSTPRWTEVEASKVKAIVSTFCLSQEQMTIPQ  80
C-KCE  1    MDSGDQLSDNEYYDLDEDNTCSDNRSPRPVGRWLLKDMIVALKEIINTQSTPRWTEVEASKVKAIVSTFCLSQEQMTIPQ  80
                                                 ……
     161  SYGVSAMRGKLLSWLTTFEAAVTTVLATTPDVLLDSETSMDSEKIVNPLLADTYALIYDFPFVQEGLRFLHRNANWMIPF  240
     161  SYGVSAMRGKLLSWLTTFEAAVTTVLATTPDVLLDSETSMDSEKIVNPLLADTYALIYDFPFVQEGLRFLHRNANWMIPF  240
     161  SYGVSAMRGKLLSWLTTFEAAVTTVLATTPDVLLDSETSMDSEKIVNPLLADTYALIYDFPFVQEGLRFLHRNANWMIPF  240
     161  SYGVSAMRGILLSWLTTFEAAVTTVLATTPDVLLDSER-LGFRKDRVPFTSRYIRIIYDFPFVQEGLRFLHRNANWMIPF  239
     161  SYGVSAMRGKLLSWLTTFEAAVTTVLATTPDVLLDSETSMDSEKIVNPLLADTYALIYDFPFVQEGLRFLHRNANWMIPF  240
     161  SYGVSAMRGKLLSWLTTFEAAVTTVLATTPDVLLDSETSMDSEKIVNPLLADTYALIYDFPFVQEGLRFLHRNANWMIPF  240
                                                 ……
     321  QDPFVREVQPGMASVRVRTSPDMVLRGGPVFGPALCIHSAAVLNVISGSKQDEFDLGRLNQAAKTTITEAARAAWDTIQH  400
     321  QDPFVREVQPGMASVRVRTSPDMVLRGGPVFGPALCIHSAAVLNVISGSKQDEFDLGRLNQAAKTTITEAARAAWDTIQH  400
     321  QDPFVREVQPGMASVRVRTSPDMVLRGGPVFGPALCIHSAAVLNVISGSKQDEFDLGRLNQAAKNTITEAARAAWDTIQH  400
     320  QDPFVREVQPGMASVRVRTSPDMVLRGGPVFGPALCIHSAAVLNVISGSKQDEFDLGRLNQAAKTTITEAARAAWDTIQH  399
     321  QDPFVREVQPGMASVRVRTSPDMVLRGGPVFGPALCIHSAAVLNVISGSKQDEFDLGRLNQAAKTTITEAARAAWDTIQH  400
     321  QDPFVREVQPGMASVRVRTSPDMVLRGGPVFGPALCIHSAAVLNVISGSKQDEFDLGRLNQAAKTTITEAARAAWDTIQH  400
                                                 ……
```

图 5－6　DPV UL37 氨基酸序列比较

（3）UL34 所有的3株强毒和2株弱毒K/C－KCE序列100％相同。VAC株的N端序列与另外5株毒100％相同，仅在C端缺失了51个氨基酸，推测可能是VAC在连续传代的过程中发生了突变，导致翻译提前终止，产生截断的UL34蛋白。

（4）UL12 除VAC外的另外5株DPV氨基酸序列完全相同。VAC株缺乏N端第3～80位氨基酸的78个氨基酸，推测其可能由于第3位的氨基酸突变为终止密码子导致该段序列的提前终止。此外，VAC在第2位氨基酸处发生一个氨基酸的非同义突变（Y→S）。

（5）US7 与另外五株DPV相比，VAC在C端的第329～362位氨基酸之间产生很大的变异。包括不连续的9个氨基酸的缺失（LDGT和DHKTE）和18处非同义替换（329P→S，332H→D，337～338LY→QG，343Q→K，347～352SIWYPN→LMRKLE，355～360AGGKTG→LAAYDS与362S→G）。此外在第296位氨基酸和第310位氨基酸处还有2处非同义替换296R→I、310L→R（图5－7）。这些替换和缺失可能是由于商品化的VAC株在鸡胚连续传代致弱所致，尤其是C端的第329～362位氨基酸处的巨大变异可以作为临床上区分商品化疫苗株VAC与其他毒株的目标区域。

```
CHv    161  TVIITDKINAVVPPDDNAYEKVTERPPVGEDFGVVADVGSICHHYDFYSGVPLDYHLMGISGPLEDDKHLKEEVSTEGFS  240
CV     161  TVIITDKINAVVPPDDNAYEKVTERPPVGEDFGVVADVGSICHHYDFYSGVPLDYHLMGISGPLEDDKHLKEEVSTEGFS  240
2085   161  TVIITDKINAVVPPDDNAYEKVTERPPVGEDFGVVADVGSICHHYDFYSGVPLDYHLMGISGPLEDDKHLKEEVSTEGFS  240
VAC    161  TVIITDKNNAVVPPDDNAYEKVTERPPVGEDFGVVADVGSICHHYDFYSGVPLDYHLMGISGPLEDDKHLKEEVSTEGFS  240
K      161  TVIITDKNNAVVPPDDNAYEKVTERPPVGEDFGVVADVGSICHHYDFYSGVPLDYHLMGISGPLEDDKHLKEEVSTEGFS  240
C-KCE  161  TVIITDKNNAVVPPDDNAYEKVTERPPVGEDFGVVADVGSICHHYDFYSGVPLDYHLMGISGPLEDDKHLKEEVSTEGFS  240

       241  TMKPVTVPTTNNYTTLSDDMQPTHNDTNSGLNIFDKIPNIYLIPAVMFVVLPLTIFIVLMCSPLKRKLCRCCTKRRVYTG  320
       241  TMKPVTVPTTNNYTTLSDDMQPTHNDTNSGLNIFDKIPNIYLIPAVMFVVLPLTIFIVLMCSPLKRKLCRCCTKRRVYTG  320
       241  TMKPVTVPTTNNYTTLSDDMQPTHNDTNSGLNIFDKIPNIYLIPAVMFVVLPLTIFIVLMCSPLKRKLCRCCTKRRVYTG  320
       241  TMKPVTVPTTNNYTTLSDDMQPTHNDTNSGLNIFDKIPNIYLIPAVMFVVLPLTRFIVLMCSPLKRKLCLCCTKRRVYIG  320
       241  TMKPVTVPTTNNYTTLSDDMQPTHNDTNSGLNIFDKIPNIYLIPAVMFVVLPLTIFIVLMCSPLKRKLCRCCTKRRVYTG  320
       241  TMKPVTVPTTNNYTTLSDDMQPTHNDTNSGLNIFDKIPNIYLIPAVMFVVLPLTIFIVLMCSPLKRKLCRCCTKRRVYTG  320

       321  STTSVINQSALDNPPSQDALESKHPELDGTLMRKLEEKLAAYDSSGDHKTE  371
       321  STTSVINQSALDNPPSQDALESKHPELDGTLMRKLEEKLAAYDSSGDHKTE  371
       321  STTSVINQSALDNPPSQGALESKHPELDGTLMRKLEEKLAAYDSSGDHKTE  371
       321  STTSVINQPALHNPPSLYALESQHPE----SIWYPNEKAGGKTGSV-----  362
       321  STTSVINQSALDNPPSQDALESKHPELDGTLMRKLEEKLAAYDSSGDHKTE  371
       321  STTSVINQSALDNPPSQDALESKHPELDGTLMRKLEEKLAAYDSSGDHKTE  371
```

图5－7 DPV US7氨基酸序列比较

5. DPV C－KCE特征序列 靠近TRS部分的US1除C－KCE外的另外5株毒氨基酸序列100％相同。C－KCE仅在C端的第320～342位氨基酸发生了7个氨基酸的非同义替换，并在C末端多出13个氨基酸，其余部分与另外5株毒100％相同（图5－8）。

6. LORF5/11、UL2、US10同源性比较 通过比对，发现6株DPV除了上述一些起

```
CHv     241  NFVLSSDTESERGYDSDASVRSVTSSSHSNCDDVDYDPLGDLDSEEEMTSSVSTSDSESEVIEVIGTKRKRPTTRSMSAL  320
CV      241  NFVLSSDTESERGYDSDASVRSVTSSSHSNCDDVDYDPLGDLDSEEEMTSSVSTSDSESEVIEVIGTKRKRPTTRSMSAL  320
2085    241  NFVLSSDTESERGYDSDASVRSVTSSSHSNCDDVDYDPLGDLDSEEEMTSSVSTSDSESEVIEVIGTKRKRPTTRSMSAL  320
VAC     241  NFVLSSDTESERGYDSDASVRSVTSSSHSNCDDVDYDPLGDLDSEEEMTSSVSTSDSESEVIEVIGTKRKRPTTRSMSAL  320
K       241  NFVLSSDTESERGYDSDASVRSVTSSSHSNCDDVDYDPLGDLDSEEEMTSSVSTSDSESEVIEVIGTKRKRPTTRSMSAL  320
C-KCE   241  NFVLSSDTESERGYDSDASVRSVTSSSHSNCDDVDYDPLGDLDSEEEMTSSVSTSDSESEVIEVIGTKRKRPTTRSMSAP  320

        321  AGTTKRPKS-------------  329
        321  AGTTKRPKS-------------  329
        321  AGTTKRPKS-------------  329
        321  AGTTKRPKS-------------  329
        321  AGTTKRPKS-------------  329
        321  RGYHKTPQElinlsrymlqsay  342
```

图 5－8　DPV US1 氨基酸序列比较

源特异性区别的 ORF 外，还有 LORF5/11、UL2、US10 三个 ORF 在不同 DPV 氨基酸水平存在较大差异。

（1）LORF5/11　LORF11 在马立克氏病病毒复制和毒力中起作用。不同毒株 LORF5/11 序列比较表明该段序列高度变异（图 5－9）。所有 6 株病毒 C 端的 60 个氨基酸相同且 3 株弱毒的 LORF5/11 序列 100%相同，但弱毒缺失强毒所共有的 44 个氨基酸 N 端序列。3 株弱毒与强毒相比在整个序列中发生了 10 处插入（共 82 个氨基酸）和 1 处缺失（3 个氨基酸），推测这些变异可能是弱毒在鸡胚上连续传代导致的突变，指示其与强毒的致弱部分关联。与 2085 株相比，CV 株缺失了 133 个氨基酸序列，而 CHv 株可能由于 LORF5 的不完整性而导致其与 2085 株相比缺失了 N 端 816 个氨基酸。MDV 的 LORF11 缺失突变株表明 LORF11 的功能丧失不影响病毒在体外的复制但其显著影响病毒在体内的复制并导致毒力的衰减，提示 LORF11 与病毒的毒力密切相关。

（2）UL2　各毒株在 UL2 的氨基酸水平上差异较大，其中以强毒和弱毒间的差异尤为明显，主要体现在氨基酸的 N 端（图 5－10）。UL2 编码对病毒复制非常重要的一种尿嘧啶 DNA 糖基化酶，该酶被证实在人单纯疱疹病毒（HSV）的 DNA 复制中起着举足轻重的作用。除了 VAC 之外的其他 DPV C 末端 71 个氨基酸完全相同，而 VAC 则只有 C 末端的 53 个氨基酸跟另外 5 株相同。其在第 24～45 位氨基酸的 22 个氨基酸发生了很大程度的变异。三株弱毒缺乏强毒共有的 N 端 170 个氨基酸，推测可能是弱毒在连续传代致弱的过程中发生了缺失突变。此外欧洲强毒株 2085 又缺失了亚洲强毒株 CHv 和 CV 共有的 N 端 70 个氨基酸，鉴于亚洲弱毒 K 也具有该段序列，推测这 70 个氨基酸可能是地域性差异所致，但由于亚洲弱毒 VAC 和 C－KCE 也缺乏了 70 个氨基酸中的 47 个氨基酸，因此，这种差异究竟是地域差异还是别的原因所致，还需要试验的证实。

```
CHv     1     MASSKALLKLGGIAVPPDALYTMLKRLVGVTTYSSIKCTSNLRSFESRPTVGT---------------VPYRFAF  60
CV      1     [683]MASSKALLKLGGIAVSPDALYTMLKRLVGVTTYSSIKCTSNLRSFESRPTVGT---------------VPYRFAF  743
2085    1     [816]MASSKALLKLGGIAVSPDALYTMLKRLVGVTTYSSIKCTSNLRSFESRPTVGT---------------VPYRFAF  876
VAC     1     --------------------------------------------MESHNTYGRYIDHINCEVWDLGRQIPHNDLM  31
K       1     --------------------------------------------MESHNTYGRYIDHINCEVWDLGRQIPHNDLM  31
C-KCE   1     --------------------------------------------MESHNTYGRYIDHINCEVWDLGRQIPHNDLM  31

        61    QFGRRKTECYTPRVIHCGAVSFVPLPSEETSVLG-----SEALM-NIPDQAT--YARTLTA-----------CRGIPPVH  121
        744   QFGRRKTECYTPRVIHCGAVSFVPLPSEETSVLG-----SEALM-NIPDQAT--YARTLTA-----------CRGIPPVH  804
        877   QFGRRKTECYTPRVIHCGAVSFVPLPSEETSVLG-----SEALM-NIPDQAT--YARTLTA-----------CRGIPPVH  937
        32    GYDNTTAQPNRPRSTSSAAIFERSVENGRFTVEGRANRRNETLYDNSSDESDTEFISLLTTDGDDWTNDRRDCGIPPPAY  111
        32    GYDNTTAQPNRPRSTSSAAIFERSVENGRFTVEGRANRRNETLYDNSSDESDTEFISLLTTDGDDWTNDRRDCGIPPPAY  111
        32    GYDNTTAQPNRPRSTSSAAIFERSVENGRFTVEGRANRRNETLYDNSSDESDTEFISLLTTDGDDWTNDRRDCGIPPPAY  111

        122   D---------------------YCLGLFFPIKGIYYLSDG--TRAHLGQWCQRFLSWL------------QWGEGSVHYE  166
        805   D---------------------YCLGLFFPIKGIYYLSDG--TRAHLGQWCQRFLSWL------------QWGEGSVHYE  849
        938   D---------------------YCLGLFFPIKGIYYLSDG--TRAHLGQWCQRFLSWL------------QWGEGSVHYE  982
        112   DELSILSTSDDMHHDRTEESVTHCESLS---RRDYYIANGHPRRQNVERPPDYFTSLLIHPPMYEESSSDRRDESPPPYV  188
        112   DELSILSTSDDMHHDRTEESVTHCESLS---RRDYYIANGHPRRQNVERPPDYFTSLLIHPPMYEESSSDRRDESPPPYV  188
        112   DELSILSTSDDMHHDRTEESVTHCESLS---RRDYYIANGHPRRQNVERPPDYFTSLLIHPPMYEESSSDRRDESPPPYV  188

        167   NLRKLVPLCD-----CFISD--------VVMNCNYFKYGFLFHLHCLPCQRCEKLVVEILRRAIEDAQKYKSTSTWFNVY  233
        850   NLRKLVPLCD-----CFISD--------VVMNCNYFKYGFLFHLHCLPCQRREKLVVEILRRAIEDAQKYKSTSTWFNVY  916
        983   NLRKLLPLCD-----CFISD--------VVMNCNYFKYGFLFHLHCLPCQRREKLVVEILRRAIEDAQKYKSTSTWFNVY  1049
        189   ELPRILYRYDRARERCTRTEFIGGGLIFVVMNCNYFKYGFLFHLHCLPCQRREKLVVEILRRAIEDAQKYKSTSTWFNVY  268
        189   ELPRILYRYDRARERCTRTEFIGGGLIFVVMNCNYFKYGFLFHLHCLPCQRREKLVVEILRRAIEDAQKYKSTSTWFNVY  268
        189   ELPRILYRYDRARERCTRTEFIGGGLIFVVMNCNYFKYGFLFHLHCLPCQRREKLVVEILRRAIEDAQKYKSTSTWFNVY  268

        234   RYTRDDY  240
        917   RYTRDDY  923
        1050  RYTRDDY  1056
        269   RYTRDDY  275
        269   RYTRDDY  275
        269   RYTRDDY  275
```

图 5－9 DPV LORF5/11 氨基酸序列比较

（3）US10 3 株弱毒的 US10 蛋白氨基酸序列 100％相同。3 株强毒比较，2085 株和 CV 株由于起始密码子的突变而发生移码，使其读码框从 CHv 起始密码子的下游第 40 bp 开始启动翻译导致翻译产物缺失了 CHv N 端的 13 个氨基酸，3 株强毒序列的其余部分 100％相同，表明 CHv N 端的 13 个氨基酸不影响毒力和功能。US10 蛋白在疱疹病毒家族中是作为一个皮层磷酸化蛋白而发生作用的。强、弱毒株进行比较表明氨基酸变异（插入、缺失和非同义替换）主要发生在序列的 C 端的 59 个氨基酸（图 5－

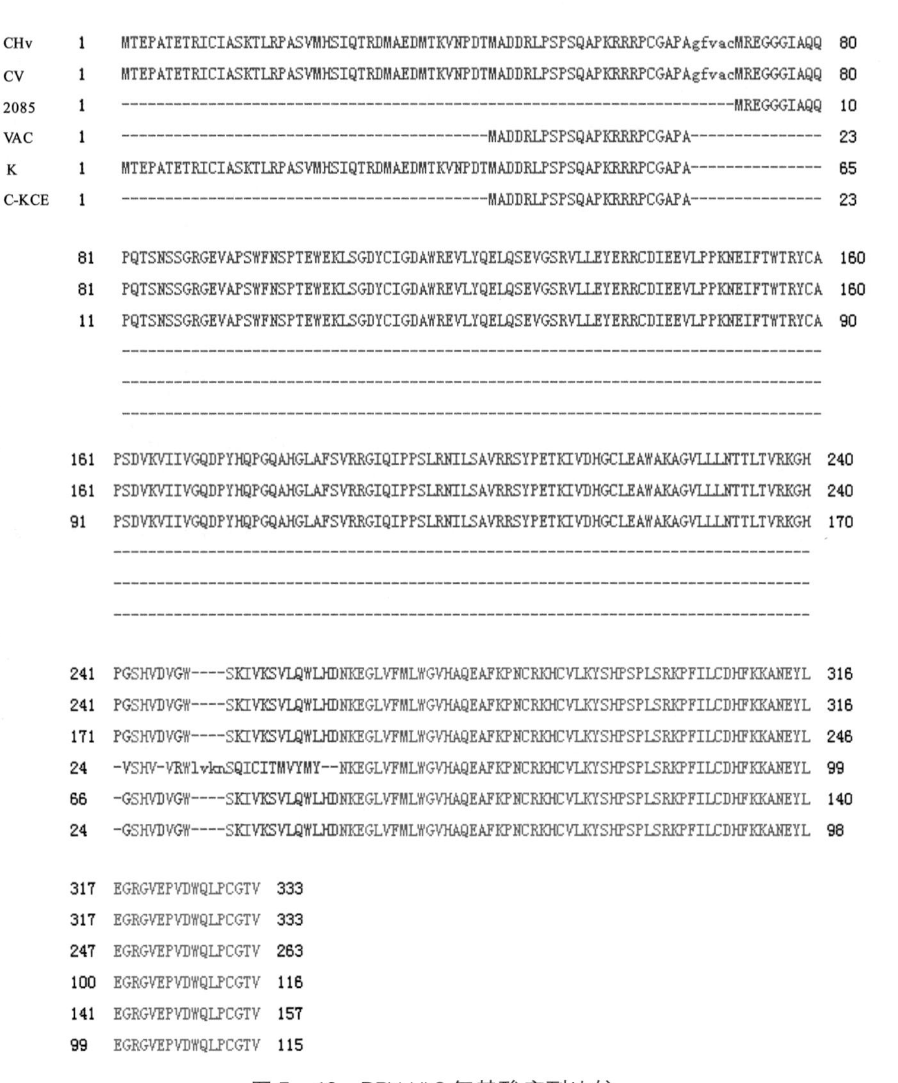

图 5－10　DPV UL2 氨基酸序列比较

11)。强、弱毒株之间在 US10 编码蛋白 C 端的显著差异表明该段序列可能是弱毒株 VAC/K/C－KCE 在致弱过程中发生的主要突变区域，是区分强弱毒株的重要特征。

目前，鸭瘟病毒由于其相对较短的复制周期和容易在三叉神经建立潜伏感染的特征而被归为疱疹病毒家族马立克氏病病毒属的一员（Shawky S 等，2002)。曾有报道称，哺乳动物和禽疱疹病毒来源于共同的祖先（McGeoch D. J. 等，2000)，但在长期的进化过程中，病毒却随着演化而在基因组核苷酸序列、基因组成和基因组结构方面产生了巨大的变异，逐渐形成了自己的种属特异性序列，如 LORF2、LORF3、LORF9、

```
CHv     1    mkrrclnlinrikMSASRTCVSSCASESASDADQYTQTQRRPTRKRFDILSRASKVMEKSRNSSCKDPERIYEKPPRPGP  80
CV      1    -------------MSASRTCVSSCASESASDADQYTQTQRRPTRKRFDILSRASKVMEKSRNSSCKDPERIYEKPPRPGP  67
2085    1    -------------MSASRTCVSSCASESASDADQYTQTQRRPTRKRFDILSRASKVMEKSRNSSCKDPERIYEKPPRPGP  67
VAC     1    -------------MSASRTCVSSCASESASDADQYTQTQRRPTRKRFDILSRASKVMEKSRNSSCKDPERIYEKPPRPGP  67
K       1    -------------MSASRTCVSSCASESASDADQYTQTQRRPTRKRFDILSRASKVMEKSRNSSCKDPERIYEKPPRPGP  67
C-KCE   1    -------------MSASRTCVSSCASESASDADQYTQTQRRPTRKRFDILSRASKVMEKSRNSSCKDPERIYEKPPRPGP  67

        241  CLGHAATCSMAWAYEKTCLRFFRGPFGCGTTPPDTIDTYWRPLVK-----LAATNPDTLAIDAAAAVRIYKRQDPNKVPL  315
        228  CLGHAATCSMAWAYEKTCLRFFRGPFGCGTTPPDTIDTYWRPLVK-----LAATNPDTLAIDAAAAVRIYKRQDPNKVPL  302
        228  CLGHAATCSMAWAYEKTCLRFFRGPFGCGTTPPDTIDTYWRPLVK-----LAATNPDTLAIDAAAAVRIYKRQDPNKVPL  302
        228  CLGHAATCSMAWAYEKTCLRFFSRPF-----------WLWNNAARYNRYVLATTCKAGRYKSRYLSYRRRSRRKDLQAPG  296
        228  CLGHAATCSMAWAYEKTCLRFFSRPF-----------WLWNNAARYNRYVLATTCKAGRYKSRYLSYRRRSRRKDLQAPG  296
        228  CLGHAATCSMAWAYEKTCLRFFSRPF-----------WLWNNAARYNRYVLATTCKAGRYKSRYLSYRRRSRRKDLQAPG  296

        316  SDYDDSD  322
        303  SDYDDSD  309
        303  SDYDDSD  309
        297  SE-----  298
        297  SE-----  298
        297  SE-----  298
```

图 5－11　DPV US10 氨基酸序列比较

LORF11 与 SORF3 这 5 个基因只在包括 DPV 在内的禽疱疹病毒［马立克氏病病毒（MDV）、火鸡疱疹病毒（HVT）、禽传染性喉气管炎病毒（ILTV）与鹦鹉疱疹病毒（PsHV）］中发现，表明这些基因只在禽宿主中发挥其特异性功能（Li Y 等，2009）。这也说明病毒的遗传进化信息是帮助我们认识病毒基因组结构、探索基因功能及病毒与宿主细胞的作用机制等的重要前提。分析结果显示，不同来源的 DPV 具有相似的基因组结构和基因组成，DPV 基因组的变异主要发生在基因组的 5′端 UL 区域且发生变异的 28 个 ORF 大多为病毒的非必需蛋白，或变异发生在必需蛋白的非功能区域，这些突变基本都不改变病毒生长和复制能力。分析这些发生变异的 ORF，结果表明这些变异大多与病毒的毒力强弱改变及地域性差异相关，几乎每一株 DPV 都有自己的特征性序列，这些差异性序列的存在为在临床上检测不同来源的 DPV 提供了靶位点。

此外，基于不同 DPV 全基因组核苷酸的进化树分析结果显示，中国强毒株在进化树上处于亚洲毒株与欧洲毒株的中间地位，提示 DPV CHv 与欧洲强毒株在进化上因为存在毒力方面的关联而彼此靠近，又与亚洲毒株因为地域性关联而接近。这些证据也说明了 DPV 来源于同一祖先并不断演化发展的事实，为进一步根据已有报道的禽疱疹病毒基因来研究 DPV 基因功能及致病机制等方面提供了理论基础。

（吴英）

第二节 鸭瘟的分子流行病学

一、鸭瘟的分子生物学

自1923年报道鸭瘟以来，围绕鸭瘟病毒的研究主要集中在病毒的理化特性、实验室培养和流行病学等方面。1998年以前，仅有几篇有关DPV核酸的研究报道，其分子生物学进展相对于其他疱疹病毒相对落后。

1992年，乔代蓉等用*Hind* Ⅲ、*Bam*H Ⅰ、*Hin*f Ⅰ、*Pst* Ⅰ、*Eco*R Ⅰ、*Sal* Ⅰ和*Xho* Ⅰ 7种限制性内切酶对DPV强毒株和疫苗株进行了酶切图谱分析，结果表明鸭瘟病毒核酸酶切分子量范围为1.43×10^3～22×10^3kD。两毒株包含6个*Eco*R Ⅰ酶切位点，均无*Hin*f Ⅰ酶切位点，酶切图谱基本相同；用*Hind* Ⅲ、*Bam*H Ⅰ、*Pst* Ⅰ、*Sal* Ⅰ和*Xho* Ⅰ酶切强毒株和疫苗株后产生的条带数分别为9和12、10和10、11和15、10和10、12和15，根据这5种酶切图谱的片段数、片段大小和迁移率可对这两个毒株进行鉴别。

Gardner等（1993）用*Bam*H Ⅰ、*Pst* Ⅰ、*Eco*R Ⅰ或*Bgl* Ⅱ酶切克隆纯化的DPV Holland株DNA，电泳后可见15～22个条带。所得限制性片段的物质的量比不等于1.0，说明异构体的存在。计算所得限制性片段的平均分子量为1.18×10^5kD。核酸外切酶Ⅱ和*Bgl* Ⅰ鉴定末端片段，发现其G+C含量为64.3%，证实了DPV基因组为无共价密闭末端的线性双螺旋DNA。DPV的G+C含量是当时报告的禽α亚科疱疹病毒中最高的。

余克伦等（1993）对鸭源的DPV鸡胚化弱毒株F61和鹅源的DPV鸡胚化弱毒株63-Ⅱ的分子生物学特性进行了研究，SDS-PAGE电泳和图谱薄层扫描结果表明两个弱毒株的蛋白至少由19种多肽组成，分子量在14～323 kD，但二者各种多肽的相对含量有一定差异，63-Ⅱ系的G带（69 kD）的含量显著高于F61株。此外，63-Ⅱ系在F带和G带之间还有一条F61株缺乏的F带（83 kD）。两个毒株DNA的*Bgl* Ⅱ酶切图谱相似但又存在差别，表现为二者酶切片段数目相同，但某些片段的电泳迁移率不同。

1998年，Plummer等对*Hind* Ⅲ消化DPV得到的约1.95kb的DNA片段进行测序分析表明，该片段与水痘-带状疱疹病毒（varicella zoster virus，VZV）的UL6和UL7部分基因同源。随后，Hansen等（1999）报道了DPV UL30基因的部分序列；郭霄峰等（2002）的研究表明 DPV 的 UL6 和 UL7 基因在不同毒株中高度保守。随着对 DPV 基因组结构的深入研究，多个 DPV 基因现已被成功克隆并进行了序列分析。韩先杰等（2003）利用兼并 PCR 的方法成功克隆了 DPV 完整的 TK、gH、UL24 基因和 UL25、UL26 基因的部分序列，同时实现了 gH 部分基因、UL24 及 TK 基因在大肠杆菌内的表达，并首次以 DPV TK 基因作为同源重组的区域，将 LacZ 基因表达盒插入 TK 基因内构建鸭瘟病毒转移载体，为以鸭瘟病毒为载体构建重组鸭瘟病毒活载体疫苗创造了条件。文明等（2005）应用鸟枪法成功构建了 DPV 基因文库，获得大于 100 bp 的 ORF 共 187 个，首次克隆并鉴定了 DPV 的核衣壳蛋白基因。陈淑红（2006）、高亚东等（2007）研究者应用靶基因步移 PCR 法分别获得 DPV 部分基因的完整 ORF，研究结果均指向 DPV 应归类为 α 疱疹病毒亚科的马立克氏病病毒属。李阳（2008）分别以 DPV UL35、UL50 和 SORF3 部分基因为起点设计引物，扩增出 DPV 基因组未知序列 UL36、UL51～UL55、US2 和 US3。Zhao Y 等（2009）获得了 DPV US10、US2、US3、US4 和 US5 并对这些基因进行了分子水平上的分析，认为 DPV 与 α 疱疹病毒亚科的同源关系最近。

随着基因组序列的深入研究，相关基因的功能研究也逐渐开展起来。李慧昕（2007）表达了 UL27 基因中段 UL27 - MHE UL6 基因的 UL6 - 1 和 UL6 - 2 两段，用 western blotting 和间接免疫荧光方法对其进行了检测，并制备了针对 UL19 - C 段蛋白的单克隆抗体，拟对 UL19 抗原表位进行初步定位。孙涛等（2008）对 DPV UL6 基因 B 细胞表位进行了预测并对其主要抗原域进行了原核表达，以兔抗 DPV 多克隆抗血清为一抗的 western blotting 分析表明 DPV 多抗血清可与该融合蛋白发生特异性反应。刘峰源（2008）对 DPV gC 基因胞外区进行了去信号肽原核表达，结果表明糖蛋白 gC 上的中和抗原表位能够刺激机体产生细胞免疫。潘华奇（2008）以纯化的重组 gB1 蛋白作为包被抗原，初步建立了检测鸭瘟病毒抗体的 igB1 - ELISA。金映红（2008）将切除信号肽和跨膜区而保留抗原区的 DEV gH 截断蛋白进行表达，产生的重组蛋白能与疫苗免疫的 DPV 阳性血清发生特异性反应，具有较好的抗原反应原性，为以此表达产物为抗原建立的 DPV 血清学检测方法和研究 DPV 感染过程中 gH 的作用奠定了基础。李子剑（2009）将绿色荧光蛋白插入到 DPV 基因 TK、US2、US1 和 US10，证明这四个基因为 DPV 复制非必需区。

李玉峰等（2007）应用 Shot-gun 方法完成了我国鸭瘟商品化疫苗（DPV VAC）的全基因组测序。结果表明，DPV VAC 基因组全长 158 089 bp，G+C 含量为 44.91%；由长独特区（unique long，UL）和短独特区（unique short，US）组成，US 区两端为一对反向重复序列，分别称为内部重复序列（internal repeat，IR）和末端重复序列

（terminal repeat，TR）。基因组结构为UL-IR-US-TR，呈典型的D型疱疹病毒基因组结构，UL区位于1～19 305 bp，共编码65个蛋白；US区位于132 336～145 062 bp，全长12 727 bp,共编码9个蛋白；IR和TR分别位于US区的两侧反向重复序列，均为13 029 bp，编码2个蛋白（李玉峰，2007；Li等，2009）。有67个蛋白与α疱疹病毒有同源性，1个蛋白与β疱疹病毒同源（UL17.5），5个只与禽疱疹病毒同源，分别是LORF11、LORF9、LORF3、LORF2和SORF3。VAC的UL区全长119 305 bp，包含65个基因。其中58个基因在几乎所有的α疱疹病毒中都能找到同源基因；LORF 11、LORF 9、LORF 3和LORF 2只与禽疱疹病毒具有同源基因。VAC的US区包括12 727 bp（132 336～145 062 bp），包含9个基因，分别是US10、US2、US3、US4（gG）、US6（gD）、US7（gI）、US8（gE）、SORF3和US5。其中，US10、US2、US3、US4、US6、US7、US8在HSV1中有同源基因，SORF3仅与MDV具有同源基因，而US5不与任何疱疹病毒具有同源性。基因的保守型分析表明参与DNA复制和核苷酸代谢的基因具有很高的保守性（31%～62%），这些基因分别是DNA聚合酶（UL30）、尿嘧啶DNA糖基化酶（UL2）、亚基核糖核苷酸还原酶（UL39和UL40）、胸苷激酶（UL23）和脱氧尿苷三磷酸酶（UL50）。此外，皮层蛋白（UL14、UL47、UL48与UL49等）和核衣壳蛋白（UL18、UL19、UL21与UL25等）也具有较高的保守性（25%～62%）。而囊膜糖蛋白相对前几种蛋白保守性较低。DPV VAC是由强毒株经鸡胚连续传代致弱的，对鸭无致病性，但保留了免疫原性。然而，关于DPV传代致弱的分子机制以及DPV强、弱毒株基因组差异尚不清楚。

随后又有相继报道DPV德国分离株2085株（Wang等，2011）、中国强毒株CHv株（Wu等，2012）的全基因组序列。GenomeComp1.3软件分析一株疫苗株（C-KCE）和湖北分离强毒株（WTDEV）的测序结果表明，弱毒株（C-KCE）与强毒株（CHv）之间的同源性差异最小：LORF11、UL2、US10的碱基缺失或添加是造成基因移码突变的原因；US5存在一个点突变108R→M，US7存在168I→N突变，以上突变都可能是导致DPV毒力减弱的突变。华中农业大学在广西分离的一株天然弱毒株（胡勇等，2013）的测序结果表明，该毒株缺失LORF11基因，表明LORF11极有可能在鸭瘟病毒致病中起到重要作用。此外，DPV基因组细菌人工染色体（BAC）研究也取得重大进展，Wang以gC基因为同源重组区，构建了DEV德国分离株2085株BAC（Wang与Osterrieder，2011）；Chen以UL15B和UL18为同源重组区，构建了DEV活疫苗株BAC（Chen等，2013）。Liu应用5段部分重叠的黏粒DNA，构建了DEV BAC感染性克隆（Liu等，2011）。感染性克隆系统的应用对DPV生物特性、致病机制以及疫苗开发提供了便利条件。对DPV编码的microRNA进行了鉴定，有利于理解

microRNA与病毒复制、致病性的关系（Xiang等，2012；Yao等，2012）。

近年DPV的蛋白功能研究也取得了一些进展，如Jia等（2009）在分析DPV UL24密码子偏好性的基础上，成功地在大肠杆菌中表达出UL24蛋白，建立了检测DPV UL24的抗原捕获ELISA方法。该方法具有良好的敏感性，可用于临床样品检测。随后，研究者们对US3、UL31、UL51、TK、UL35、UL38、UL44、UL45、UL46、gK、UL15、UL16、gI、US8、UL55、VP19c、UL27、UL29、UL30、UL49.5等进行了亚细胞定位、转录时相、体外表达或基因功能分析。Liu等（2010）表达了DEV UL26蛋白C末端，制备了相应的单抗，鉴定了DPV UL26和UL26.5的线性B细胞表位（5）（2）（0）IYYPGE（5）（2）（5），可用于DPV的诊断。

近几年，鸭瘟病毒的分子致病机制研究也有所进展，如体外试验表明，US2蛋白的抗血清对鸭瘟病毒吸附到鸭胚成纤维细胞没有影响，但能显著降低病毒在细胞之间的扩散，表明US2蛋白对病毒在相邻细胞之间的传播具有重要作用（Wei等，2013）；体外表达的DPV糖蛋白gC能结合到鸡胚成纤维细胞上，并能有效地抑制DPV吸附到鸡胚成纤维细胞；gC抗体能抑制DPV的感染，推测gC有助于DPV的吸附和感染，但病毒结合细胞不依赖细胞表面的肝素硫酸蛋白聚糖等（Yong等，2013）。

二、鸭瘟分子流行病学检测技术

1. PCR技术 Plummer等（1998）应用PCR技术检测DPV，至今已有很多文献进行了报道，涉及DPV的多个DNA片段，均具有较好的检测效果。PCR用于检测鸭瘟具有很高的特异性、敏感性，该法对于鸭瘟急性及隐性带毒禽类的检测具有重要意义。

2. 荧光定量PCR技术 实时荧光定量PCR技术（real-time fluorescent quantitative PCR，FQ-PCR）检测DPV，相对于普通PCR可实现完全闭管在线检测，无需PCR后产物电泳，避免假阳性和核酸染料对人体的伤害；并且可以自动分析处理数据，缩短了检测时间，提高了反应的灵敏度和特异性。

3. 环介导等温扩增技术 环介导等温扩增技术（loop-mediated isothermal amplification，LAMP）检测DPV，具有操作简便、反应快速、成本低廉和结果可视化等优点。

4. 核酸探针技术 核酸探针技术是最早用于DPV检测的分子生物学方法，使用放射性或非放射性物质标记核酸作为探针，在待检组织细胞识别特定核酸序列并显示阳性杂交信号。

5. 原位杂交技术 原位杂交（*in situ* hybridization，ISH）检测DPV具有直观、特

异性强等优点，是对 DPV 进行检测和病原定位的良好方法。

6. **原位 PCR 技术** 对于 DPV 的早期感染，原位 PCR（*in situ* PCR）技术的敏感性最高，同时还可以观察病原定位的细胞类型以及组织细胞的形态结构特征和病理变化。

（吴英，程安春）

第六章

临床症状与病理变化

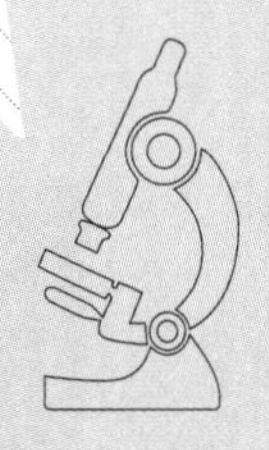

第一节 临床症状

人工肌内注射感染潜伏期均为52～60 h；人工感染3～4日龄雏鸭，潜伏期为40～52 h，以同日龄雏鸭10只混群感染，潜伏期为110～120 h。混群感染，潜伏期为60～72 h；自然病例的潜伏期为3～7 d，出现明显症状后1～5 d死亡。

病鸭早期最明显的症状是体温急剧升高至43 ℃以上，呈稽留热，多数病鸭体温稽留在43～43.8 ℃达72～96 h，个别病鸭高达44 ℃以上。体温开始升高时，精神、食欲稍差，喜饮水。其后12～24 h，精神委顿、食欲废绝。放牧鸭群，病鸭初显精神稍差，不愿下水，蹲于田坎上，如强迫下水，则漂浮于水面，不游水采食，并挣扎回岸；发病后1～3 d，部分病鸭两脚麻痹、乏力，走动困难，严重的卧地不能走动，强迫行走则见两翅扑地而走，走几步后又蹲于地上，病鸭口腔流出污褐色腥臭液体（图6－1）。病鸭流泪，眼周围羽毛沾湿；部分病鸭分泌物将眼睑粘连，眼结膜充血或小点出血，眼睑周围羽毛粘连形成眼圈（图6－2），有浆液性或黏液性鼻漏。

图6－1 口腔流出污褐色液体

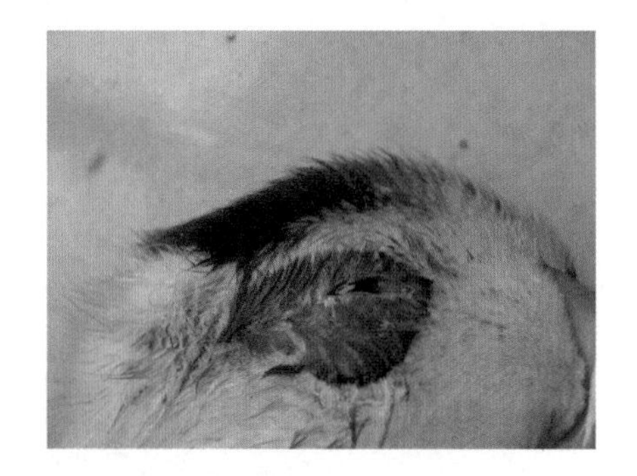

图6－2 眼睑羽毛粘连形成眼圈

在体温升高稽留期间，病鸭下痢，呈草绿色或灰绿色，腥臭；泄殖腔周围羽毛被排泄物沾污，肛门黏膜红肿突起，稍外翻，黏膜充血、水肿，有多少不等的出血斑点（图6－3）；部分病鸭肛门括约肌黏膜与皮肤交界处有辐射状坏死，上覆灰黄色伪膜。病程后期呼吸次数增加，如头部肿胀则有呼吸困难。有的病鸭有鼻塞音或咳嗽。病鸭临死前不久体温下降，极度衰竭、卧地不起、迅速死亡。病程一般为3～5 d，也有个别延至1周或1周以上。极少数病例可康复痊愈。

在病程中、后期，部分病鸭的头部或头颈部有不同程度肿胀（图 6－4），触之有波动感，俗称“大头瘟”。

图 6－3　泄殖腔黏膜充血、出血及水肿

图 6－4　部分鸭头颈部肿大

产蛋鸭群发生本病时，产蛋率急剧下降。

在自然条件下，鹅感染鸭瘟后，其临床症状与鸭的症状基本相同，但病程稍短，死亡较快。病鹅体温升高至 42.5～43 ℃，精神委顿，食欲减少或废绝，两眼流泪，鼻孔有浆性和黏性分泌物。两脚麻痹无力，步态不稳，卧地不愿走动。排出灰白色或草绿色稀粪，肛门常有水肿，有时黏膜外翻。病程 2～3 d，转归多死亡。

（朱德康，程安春）

第二节　病理变化

一、临床病理变化

鸭瘟引起的病理变化和毒株毒力及鸭的日龄、易感性、感染阶段密切相关。主要病理变化特征为全身性出血、黏膜和浆膜出血。部分头颈部肿大病鸭，切开其肿胀部位，流出淡黄色的液体，腹部皮下有淡黄色胶冻样渗出物（图 6－5）。

1. 出血 拔去羽毛之后，可见全身皮肤上散在出血斑点，有的几乎呈弥漫性紫红色，可视黏膜通常都有出血斑点，眼结膜肿胀和充血，均有散在的小出血点，外翻肛门时，可见黏膜潮红，表面散布有出血点，气管充血、出血严重（图 6－6）；腺胃黏膜有出血点，腺胃和肠道交界处有出血带（图 6－7）；肠道黏膜充血、出血，尤以十二指肠和直肠最严重，随病程发展有的肠道黏膜出现纽扣状溃疡灶（图 6－8）；部分病例心外膜及心冠脂肪有出血点（斑）（图 6－9），而以心外膜出血较为多见；法氏囊黏膜充血、出血，囊腔内有乳酪样渗出物（图 6－10）；胸腺充血、出血（图 6－11）；肠道相关淋巴组织充血、出血，其外壁浆膜面及肠道黏膜形成环状出血带（图 6－12）；卵黄囊憩室充血、出血，母鸭特别是产蛋期鸭的卵巢和输卵管病变尤其明显，大、小卵泡充血、出血，有些整个呈暗红色，切开时流出红色、浓稠的卵黄液，部分卵泡发生破裂引起卵黄性腹膜炎（图 6－13），公鸭睾丸充血、出血。

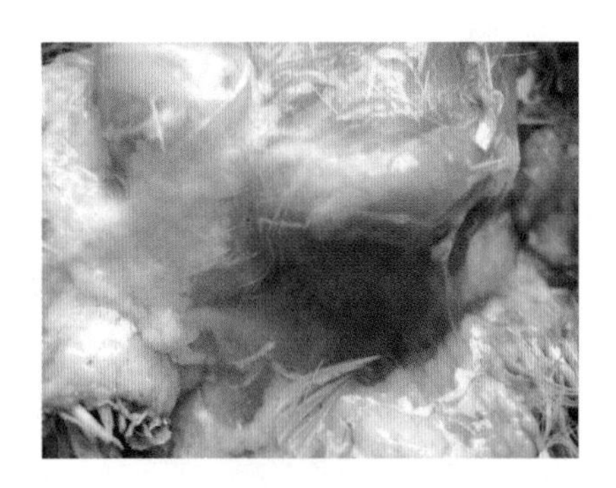

图6－5 腹部皮下有淡黄色胶冻样渗出物

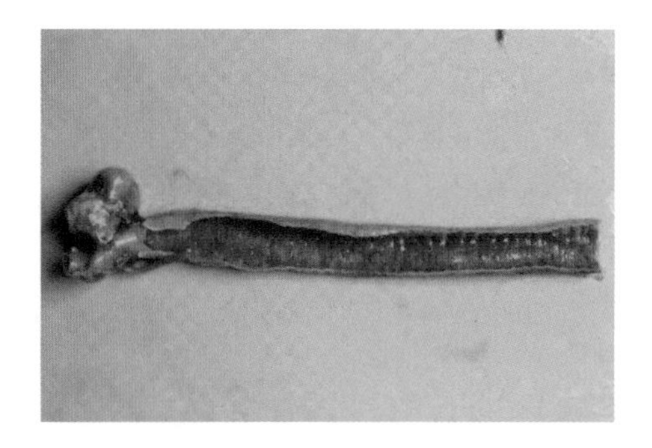

图6－6 气管充血、出血

图6－7 腺胃黏膜有出血点，腺胃和肠道交界处有出血带

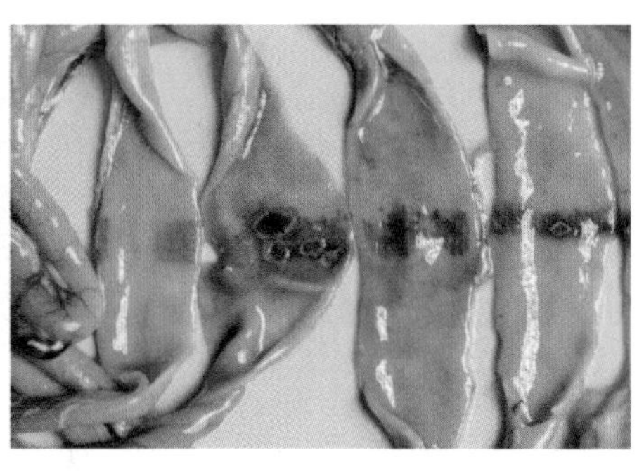

图6－8 肠黏膜充血、出血，纽扣状溃疡灶

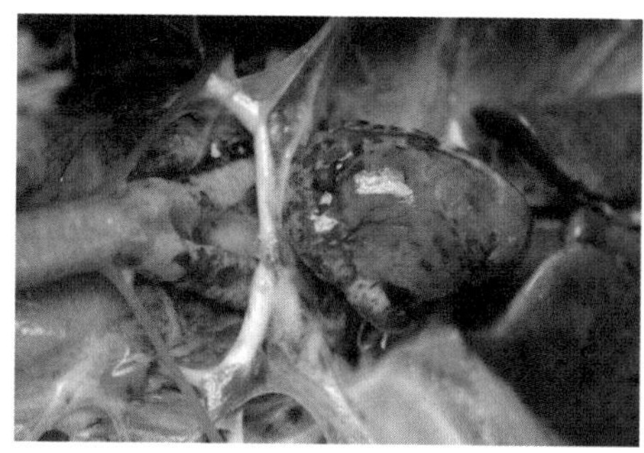

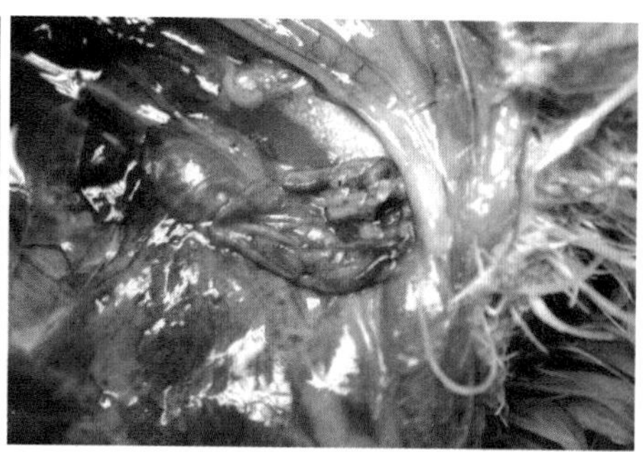

图 6－9　心外膜及心冠脂肪有出血斑

图 6－10　法氏囊黏膜充血、出血，囊腔内有乳酪样渗出物

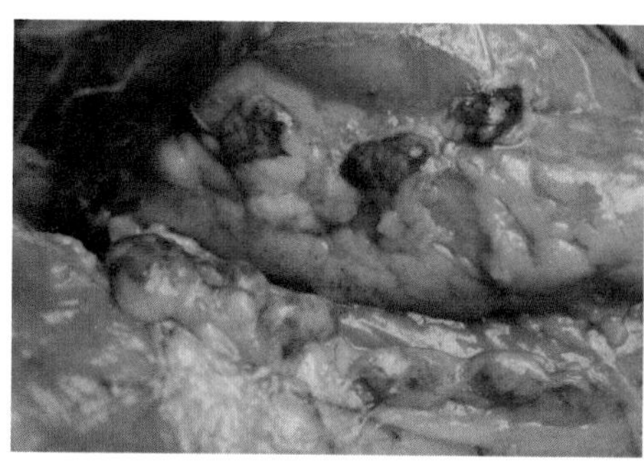

图 6－11　胸腺充血、出血

图 6－12　肠道四个环状出血带，卵黄囊憩室充血、出血

2. **消化道黏膜表面有伪膜**　口腔黏膜有黄色伪膜覆盖，而食管的病变是鸭瘟特征性的，无论自然发病或人工感染，几乎每只死鸭食管黏膜表面都有灰黄色粗糙的伪膜出现，多数散在呈斑块结痂或者融合成片，痂块不易剥离。食管黏膜可见有出血斑，食管黏膜上有时还可见出血性浅在溃疡，大小不一，溃疡表面有时黏附灰黄色坏死物质，随病程发展黏膜有粗糙的、呈纵向排列的黄绿色伪膜覆盖（图 6－14）；泄殖腔黏膜病变同样具有特征性，其坏死性病变与食管黏膜相似：出血斑点，黄绿色伪膜覆盖，不易剥离（图 6－15）。

3. **实质性器官的坏死病变**　肝脏有针尖大到粟粒或绿豆大、不规则的灰黄色或灰白色坏死灶，少数坏死灶中间有小点出血，或其外有出血环（图 6－16）。

脾脏并不肿大，少数稍肿大，并可见坏死点。大部分病例的胸腺有大量出血点和黄色病灶区。法氏囊黏膜变成紫红色，上有多量出血点；病程稍久者，法氏囊腔充有干酪样渗出物。

鹅感染鸭瘟病毒后的剖检病变与鸭相似。

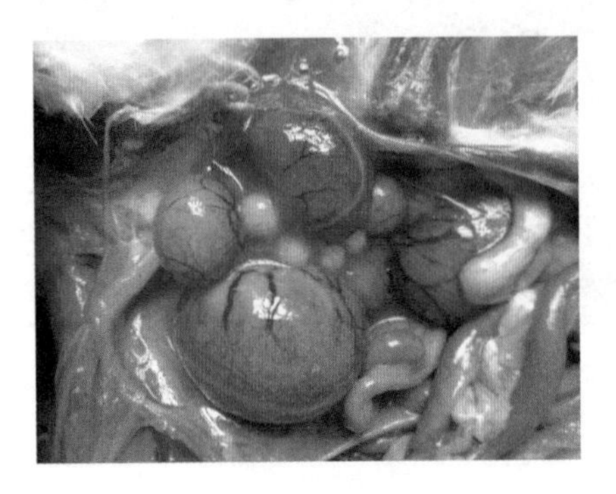

图 6－13　卵泡充血、出血，部分卵泡破裂

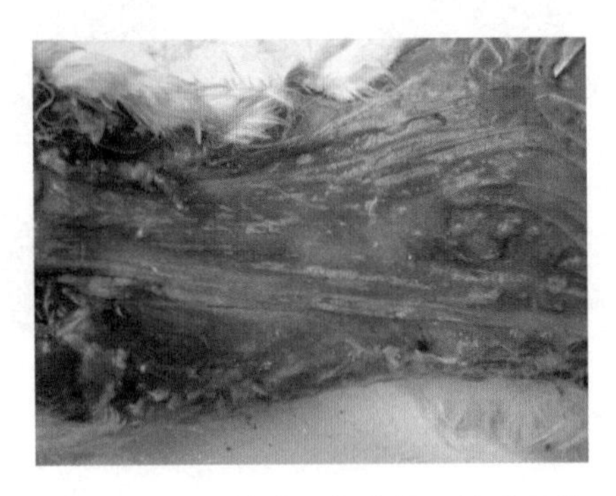

图 6－14　食管黏膜有黄绿色伪膜覆盖

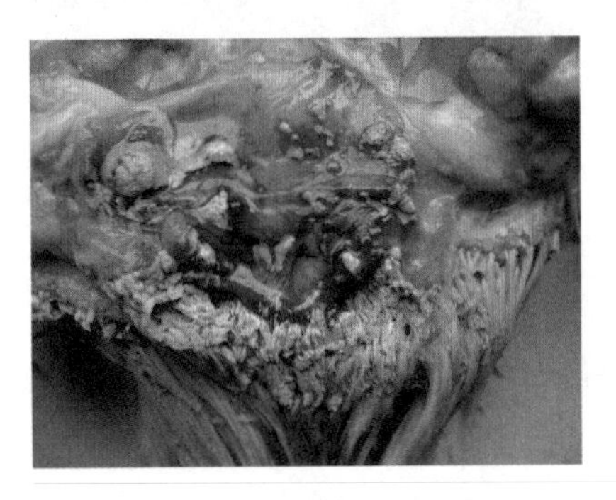

图 6－15　泄殖腔黏膜充血、出血和黄绿色结痂

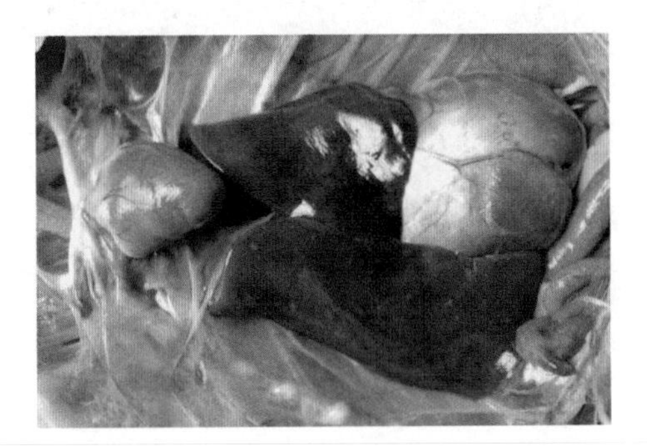

图 6－16　肝脏表面散在的、不规则的灰白色坏死点

二、组织病理变化

为了能够清晰了解鸭瘟的组织病理变化，韩晓英、程安春等（2004）用 DPV 中国强毒 CHv 株人工感染 3 月龄鸭进行人工感染攻毒试验，于攻毒后 2、4、6、12 与 24 h，然后每隔 24 h 剖杀感染鸭并采病料（2 只/次），至有鸭死亡为止，之后采集死亡鸭的病料。所采病料为食管、腺胃、十二指肠、直肠、肝、脾、肺、肾、法氏囊、胸腺、胰腺与大脑等组织，将所取材料置于 10%中性福尔马林固定液中，按常规方法包埋并制作石蜡切片，HE 染色，以光学显微镜观察病理组织学变化，较为详细记录了 DPV 感染鸭动态的病理组织学变化过程。

从人工感染DPV的大体病理学观察结果来看，鸭瘟病毒是一种泛嗜性病毒，对各组织器官均产生破坏作用。各组织出现眼观病变的先后顺序为：胸腺、肝脏、消化道、脾、法氏囊、胰腺、腺胃，最后是皮下组织、上眼睑等。出血伴随着整个病程，并随着病程的发展而加重。其中，食管黏膜和泄殖腔黏膜上纵行排列的黄色伪膜和肠道的四条环状出血带以及食管和腺胃交界处的出血是鸭瘟的特征性眼观病理变化；此外，实质器官的坏死尤其是肝脏、脾脏坏死，是另一眼观病变特征。

从组织学变化来看，消化道黏膜的破坏具有特征性。病初黏膜充血、出血，随着病程的发展，黏膜上皮细胞肿胀脱落，固有层的淋巴细胞数量先增加后逐渐减少到消失，固有层的结缔组织逐渐增生，绒毛变短甚至坏死。此外，淋巴器官、胰腺、肝脏、肾及肺脏等组织学病变均十分严重。脾脏组织以淋巴细胞减少，弥漫性出血、坏死，大量的中性粒细胞浸润以及大小不一的无细胞成分网状结构的出现为特征。

嗜酸性核内包含体出现是鸭瘟病毒引起的特征性病变之一，是鸭瘟病毒增殖后对细胞的一种退行性损害。该试验中包含体主要出现在肝细胞、胸腺、法氏囊髓质部的网状内皮细胞和食管上皮细胞。

各消化器官的严重病变可引起消化机能障碍和全身性营养不良、脱水和酸中毒。而机体的营养不良又会造成造血原料缺乏，如维生素、铁等的缺乏，以及促红细胞生成素原合成减少而导致贫血。

肝脏的严重病变导致脂类代谢障碍，故在病程后期肝脏、胰腺和腺胃深层复管腺出现严重的脂肪变性。

免疫器官脾脏、法氏囊、胸腺和黏膜免疫系统的严重病变，表明鸭瘟病毒对机体的免疫系统产生破坏作用，使机体对外界和病毒的抵抗力越来越弱，最终使病毒在与机体的斗争中占上风。再加上病毒对其他组织器官的破坏作用，从而使机体的整个内环境破坏，机体以死亡而告终。

（一）肝脏

4 h肝细胞出现脂肪变性和颗粒变性。6 h肝索排列紊乱，局部组织充血、出血，有些静脉管腔被均质红染的纤维蛋白分隔成网状，局部肝组织呈严重的颗粒变性，严重部位胞质消失呈空网状。一些肝细胞的胞核中出现嗜碱性团块。12 h整个肝组织呈网状，肝索之间无明显的界限，局部有炎性细胞浸润，胞核肿胀变圆且数量减少，少数胞核嗜酸性增强。24 h局部胆管大量增生，有较大的坏死灶，坏死灶中央肝实质细胞消失留下网状纤维，边缘有红细胞和中性粒细胞浸润，周围部分肝细胞核肿胀变圆甚至消失，只留下核影或无，部分肝细胞内有核内嗜酸性包含体。85 h肝组织大面积充血、出血、坏死，坏死灶内有大量的中性粒细胞浸润及核碎片，坏死区边缘及外周有核内嗜酸性包含体出现。91 h及以后肝组织大面积出血，整个肝组织呈严重的脂肪变性和有较多的坏死灶，肝实质细胞严重减少，坏死灶内有核碎片和中性粒细胞浸润，坏死区周围有大量的嗜酸性核内包含体出现（图6－17、图6－18）。融合细胞出现。

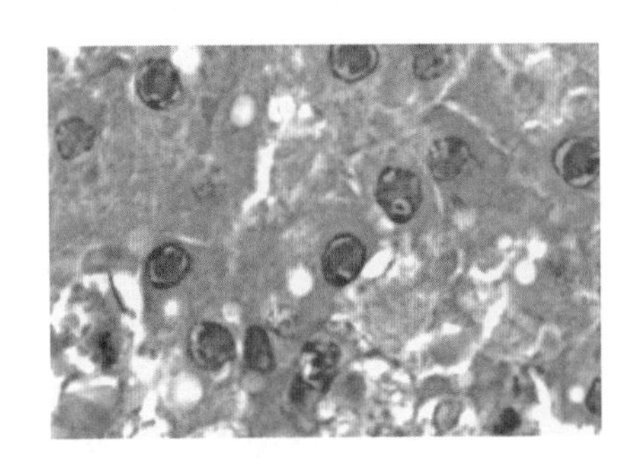

图6－17　肝细胞胞核中出现大量嗜酸性包含体（HE，×1 000）

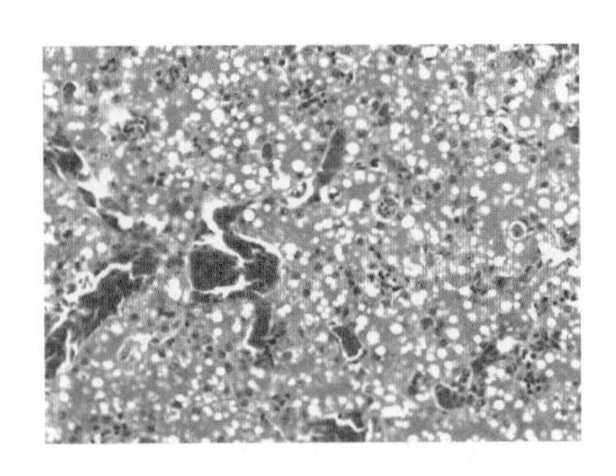

图6－18　肝组织血管、血窦充血，肝组织严重脂肪变性（HE，×200）

（二）胰腺

12 h血管充血，血管外有大量淋巴细胞浸润，局部腺泡结构紊乱；72 h胰腺组织出现几处局灶性坏死灶，坏死区腺泡酶原颗粒染色变淡甚至消失。85 h胰腺组织出现较大面积的坏死区，有些坏死区无细胞成分只留下增生的网状纤维，其周围的腺泡结构紊乱，同时胰腺组织出现脂肪变性。89 h胰腺组织出现多处较大面积的坏死灶和脂肪变性。坏死区腺泡结构消失，只留下核碎片、散乱的红色颗粒及中性粒细胞浸润，同时网状纤维增多，其边缘的细胞核嗜酸性增强。94 h血管严重充血、出血，血管周围组织坏死（图6－19），结构完整的胰腺组织内有较多的、大小不一的脂滴出现。97 h及以后整个胰腺组织有较多的脂滴及多处局灶性的坏死灶出现；许多腺泡溶解，酶原颗粒消失；部分腺泡上皮细胞核淡染甚至消失（图6－20），从而导致整个胰腺组织细胞成分减少。

（三）腺胃

6 h开始，黏膜上皮下的组织淋巴细胞增多；12 h有些深层复管腺内有大量的淋巴细胞浸润；24 h黏膜上皮下的组织有大量淋巴细胞浸润；48 h黏膜上皮溶解；85 h黏膜上皮溶解、坏死并有淋巴细胞浸润，与食管交接处的黏膜上皮充血、出血，坏死脱落，深层复管腺有许多的脂滴出现；91 h深层复管腺严重充血、出血甚至坏死，导致腺体结构紊乱（图6－21）。93 h开始，与食管交接处的黏膜大面积凝固性坏死，坏死区内有残存的核碎片和中性粒细胞浸润；深层复管腺呈严重的脂肪变性（图 6－22），其细胞肿胀变圆甚至消失；黏膜上皮下的组织充血、出血。

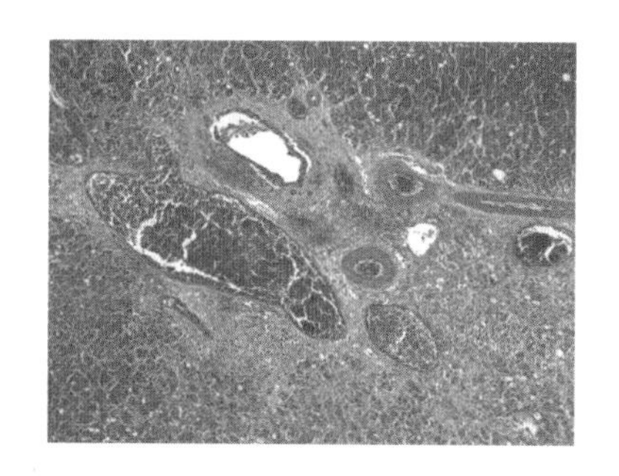

图 6－19　胰腺血管充血、出血，血管周围组织坏死（HE，×100）

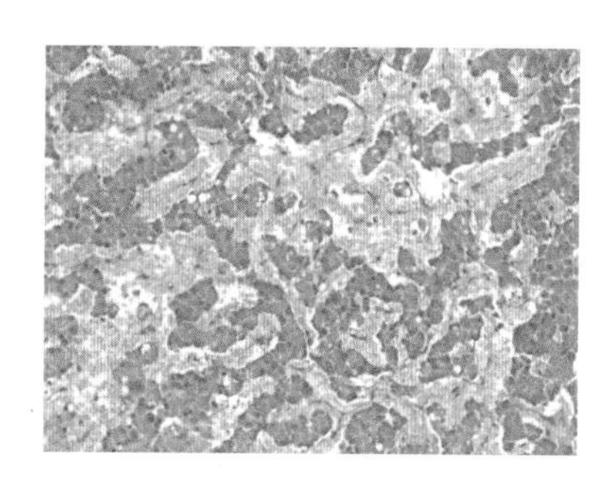

图 6－20　胰腺腺泡溶解，酶原颗粒消失（HE，×200）

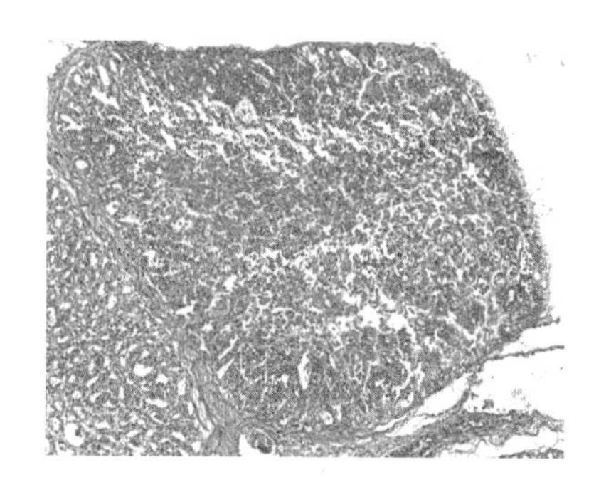

图 6－21　腺胃深层复管腺坏死（HE，×100）

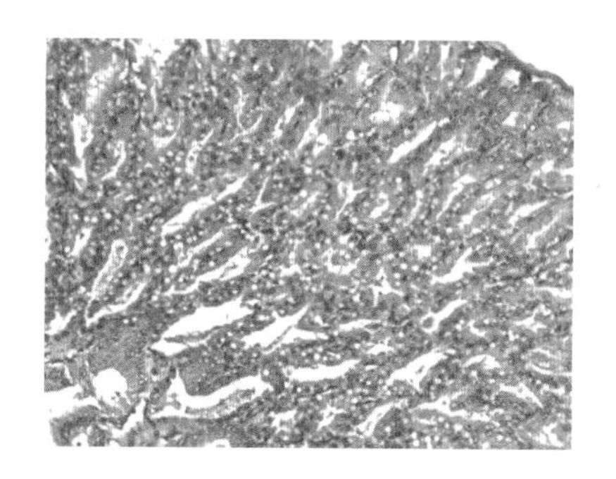

图 6－22　腺胃深层复管腺充满脂滴（HE，×200）

（四）脾脏

6 h 有零星的中性粒细胞浸润；12 h 有较多的中性粒细胞浸润，同时局部淋巴细胞数量减少，网状纤维增生；24 h 有大量的中性粒细胞浸润，淋巴细胞数量减少，网状纤维增生；48 h 组织充血、出血，有大量的中性粒细胞浸润，淋巴细胞数量减少，网状纤维增生，有零星的小坏死灶出现；72 h 许多部位充血、出血，有大量的中性粒细胞浸润，坏死灶面积增大；85 h 开始，整个组织弥漫性充血、出血并有较多的坏死灶，淋巴细胞成分大量减少，有的部位甚至无淋巴细胞而充满大量的红细胞，其间有巨噬细胞出现和较多的中性粒细胞，坏死部位只留下残存的细胞核碎片，同时有嗜酸性颗粒出现。89 h及以后，有些坏死灶只留下细胞崩解后的核碎片甚至无而呈空网状；出血部位有较多的中性粒细胞，网状纤维大量增生；有的网状部位出现淋巴细胞呈串珠样围绕血细胞的现象（图 6－23）。

（五）肾脏

4 h 有些中央静脉及组织毛细血管充血，部分肾小管上皮细胞出现颗粒变性，部分上皮细胞从基底膜上脱落；6 h 中央静脉瘀血，部分肾小球内有血栓，肾小管的上皮细胞出现颗粒变性和从基底膜上脱落，从而导致管腔呈红染状的模糊结构；12 h 中央静脉瘀血，肾小管之间有淋巴细胞浸润，肾小球内皮细胞和间质细胞增生。24、48 h 血管充血，有些肾小管上皮细胞胞核固缩浓染，有的肿胀变圆（图 6－24）。85 h 整个组织弥漫性充血、出血，肾小管上皮细胞肿大溶解，只留下少量的肿胀变圆的和固缩浓染的胞核。89 h 及以后整个组织弥漫性充血、出血；部分肾小球肿大充满肾小囊，肾小球的内皮细胞和间质细胞增生更加明显；部分肾小管上皮细胞溶解的地方有中性粒细胞浸润；部分肾小球萎缩。

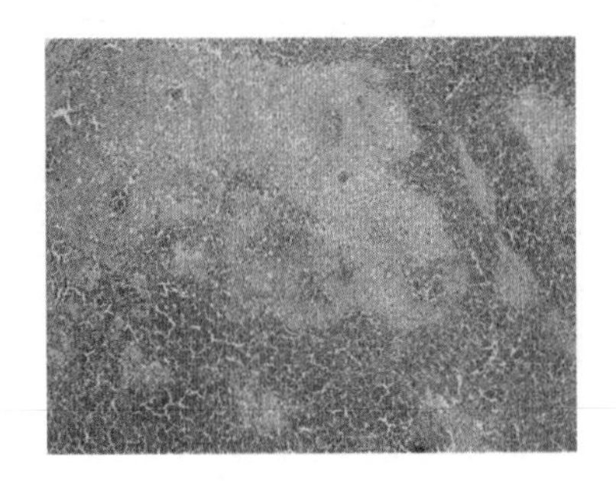

图 6－23　脾脏大面积出血、坏死，部分坏死区无细胞成分，呈网状（HE，×100）

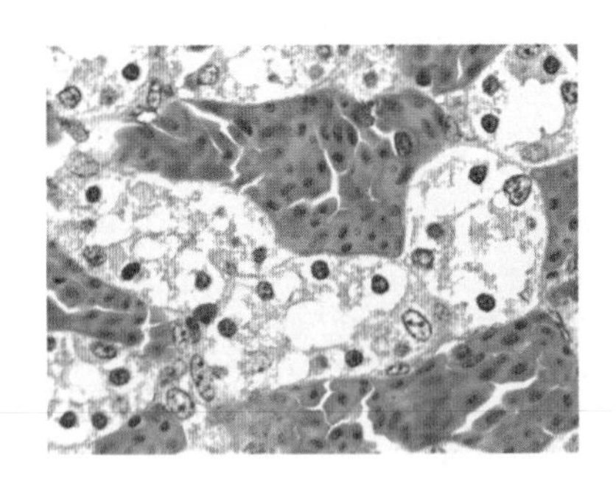

图 6－24　肾组织充血、出血，肾小管上皮细胞核固缩浓染，胞质溶解（HE，×1 000）

（六）十二指肠

6 h 开始，固有层淋巴细胞增多并有中性粒细胞浸润（图 6－25），部分绒毛固有层有轻微的充血、出血，肠腺上皮细胞出现嗜酸性核内包含体；48 h 固有层淋巴细胞大量增生；72 h 肠绒毛充血、出血，其上皮细胞脱落。85 h 固有层淋巴细胞减少，充血、出血、坏死，坏死区有较多的红细胞和核碎片（图 6－26）；绒毛变短，许多绒毛上皮脱落；脱落的上皮细胞肿大，胞核淡染。89 h 及以后固有层充血出血，有含铁血黄素出现，局部坏死，淋巴细胞减少，结缔组织增生（图 6－27）；绒毛变短，绒毛上皮细胞脱落。

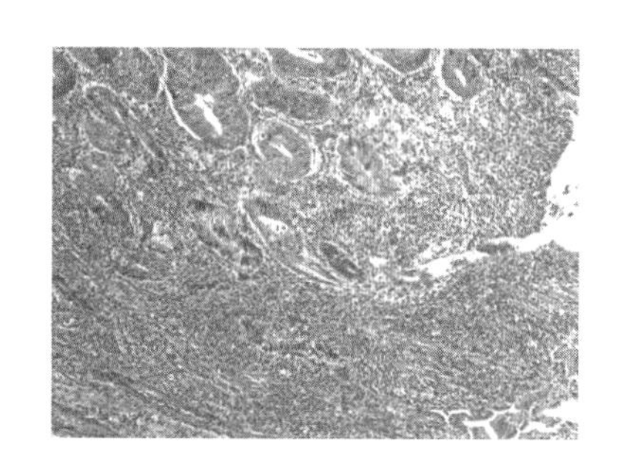

图 6－25　十二指肠固有层大量淋巴细胞浸润（HE，×100）

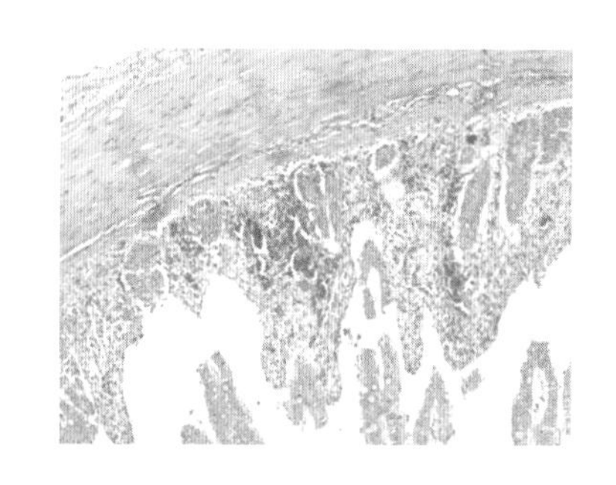

图 6－26　十二指肠固有层出血、坏死，黏膜上皮脱落，绒毛断裂（HE，×100）

（七）直肠

4 h 开始肠绒毛固有层淋巴细胞增多；12 h 肠绒毛固有层结缔组织增生，有中性粒细胞浸润；24 h 开始，肠绒毛上皮细胞脱落。72 h 淋巴细胞减少，有较多中性粒细胞浸润；固有层有较大面积的坏死灶，坏死灶内细胞成分少，中央只有细胞核碎片，边缘有中性粒细胞浸润。85 h 开始肠绒毛固有层充血、出血，结缔组织增生，淋巴细胞减少，有中性粒细胞浸润，部分肠绒毛上皮细胞脱落。肠绒毛固有层充血出血更严重并有坏死灶出现（图 6－28）；部分肠绒毛变短，部分肠绒毛上皮细胞脱落。

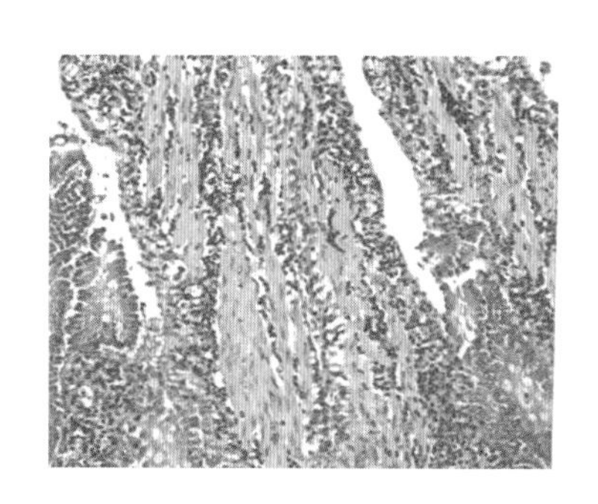

图 6－27　十二指肠绒毛固有层结缔组织大量增生，黏膜上皮脱落（HE，×200）

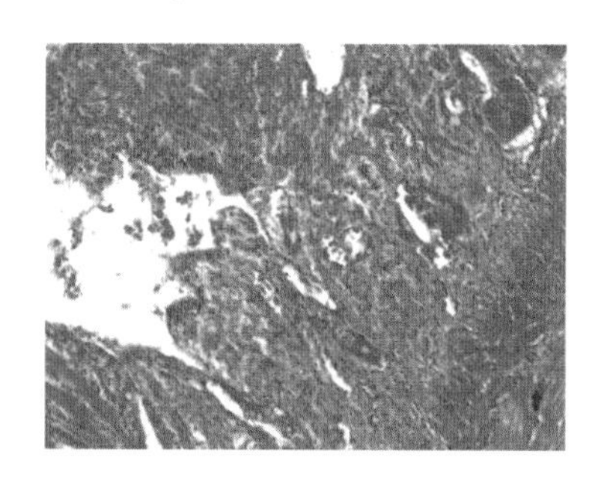

图 6－28　直肠肠绒毛严重出血坏死（HE，×200）

（八）肺脏

4 h 整个肺组织充血；6 h 整个肺组织充血、出血，肺泡腔中有染成红色的物质和红细胞；12 h 局部肺组织充血、出血，肺泡间隔增厚导致肺泡腔减小甚至消失。24 h 开始，肺组织充血、出血更严重，部分肺泡间隔增厚导致肺泡腔减小甚至消失；部分肺泡间隔中有较多的淋巴细胞浸润。48、72 h 开始，局部肺泡结构破坏同时该部位有许多的中性粒细胞浸润。85、89 h 肺组织充血、出血更严重，局部有坏死灶出现，淋巴细胞浸润减少，中性粒细胞浸润增多。97 h 及以后肺组织弥漫性充血、出血，导致肺泡间隔增宽或肺泡结构消失（图 6－29）；坏死灶数量多，面积更大，部分坏死区无细胞成分，中性粒细胞浸润更多。

（九）法氏囊

24 h 局部黏膜上皮空泡化；个别淋巴小结髓质部中心的淋巴细胞减少而成空网状。48、74 h 法氏囊皮质变薄，髓质淋巴细胞减少。91 h 弥漫性淋巴小结坏死，坏死区有核碎片；髓质部淋巴细胞减少，网状内皮细胞增生，增生的网状内皮细胞的胞核边缘有红染的包含体出现（图 6－30）。93 h 淋巴小结髓质部淋巴细胞减少甚至消失，网状内皮细胞增生，其核内有包含体出现；皮质和髓质界限不清；黏膜上皮下的结缔组织出血（图 6－31）。94 h 及以后黏膜上皮细胞的胞质溶解；黏膜上皮下组织严重充血、出血，上皮细胞坏死脱落；部分淋巴小结坏死；部分髓质部中心无细胞成分而呈网状；部分淋巴小结髓质部淋巴细胞减少甚至消失，网状内皮细胞增生，其核内有包含体出现；部分部位有中性粒细胞浸润。

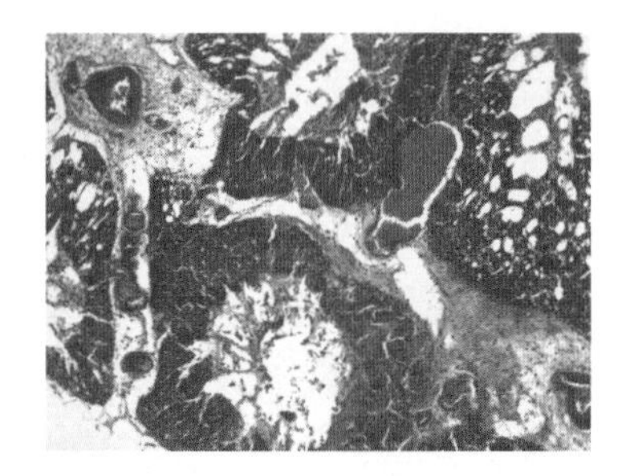

图 6－29　肺小叶肺泡消失而实变（HE，×100）

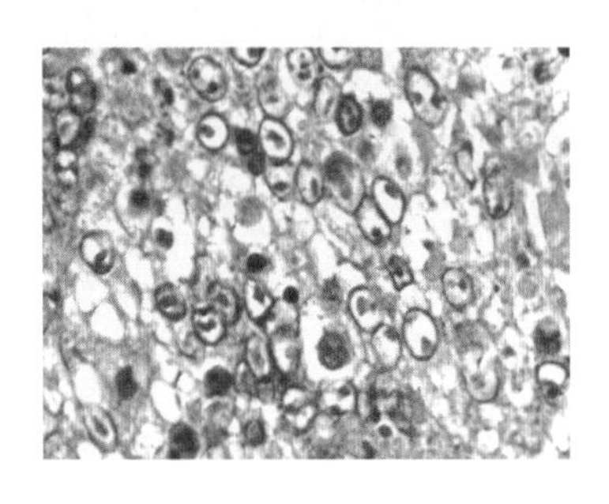

图 6－30　法氏囊髓质部淋巴细胞减少，网状内皮细胞增生，其内有嗜酸性核内包含体（HE，×1 000）

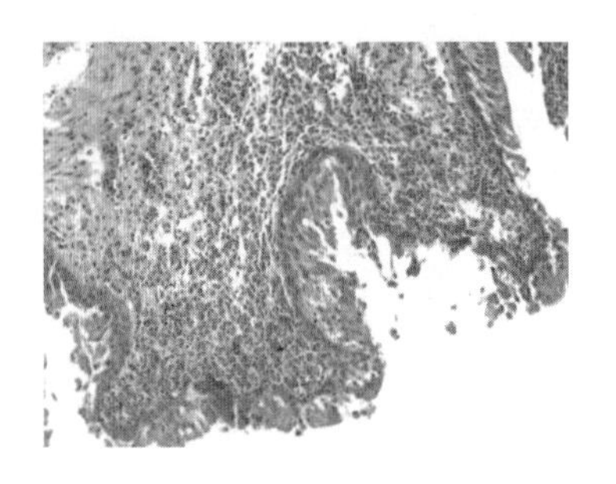

图 6－31　法氏囊黏膜下结缔组织出血坏死（HE，×200）

（十）胸腺

12 h 组织中有零星的中性粒细胞浸润，胸腺局部坏死，血管内形成血栓。24 h 血管内有红色血栓，组织出血、坏死（图 6－32）。48、72 h 整个组织开始大面积出血；同时有坏死灶出现。85 h 轻微出血，但坏死灶面积扩大，坏死区只有残留的细胞核碎片。89 h，出血，坏死面积扩大，坏死区域增多；坏死区内有残存的细胞核碎片和少量的红细胞或无细胞成分。91 h 充血、出血更严重，坏死区内有红细胞和零星的中性粒细胞浸润及嗜碱性颗粒出现。93 h 及以后，坏死面积更大。部分坏死区较大面积无细胞，而呈红染的网状或团块状（图 6－33）；部分部位淋巴细胞的嗜酸性增强染成深红色，为嗜酸性包含体；部分坏死区有较多的中性粒细胞浸润，偶见细胞融合现象。

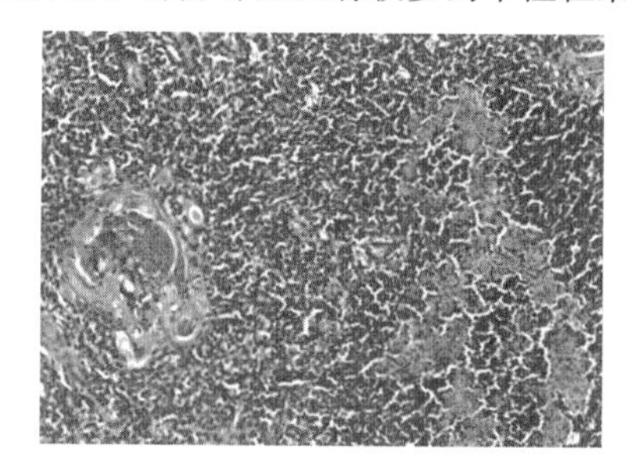

图 6－32　胸腺血管内形成血栓，有小面积的出血坏死（HE，×200）

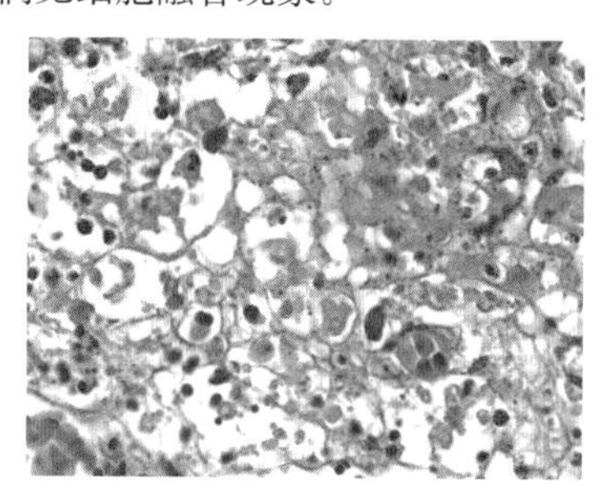

图 6－33　胸腺坏死区无细胞呈网状（HE，×1 000）

（十一）食管

6 h 局部黏膜上皮变薄，有大量淋巴细胞浸润。24 h 多处黏膜上皮变薄，这些部位固有层有大量的淋巴细胞浸润；个别黏液腺呈网状。48 h 多处黏膜上皮变薄，这些部位固有层有大量的淋巴细胞浸润；黏液腺病变数量增多，有的黏液腺甚至部分被淋巴细胞取代。89 h 黏膜上皮广泛溶解、坏死，甚至呈空网状；固有层淋巴细胞少见；黏液腺萎缩（图 6－34）。91 h 黏膜上皮广泛溶解、坏死，甚至呈空网状，固有层充血、出血的面积较大，淋巴细胞也少见；残留的上皮细胞核内有包含体（图 6－35）。93 h 及以后黏膜上皮变薄，部分部位脱落，未脱落部分嗜酸性增强，部分呈凝固性坏死（图 6－36）；固有层淋巴细胞几乎消失。残存的上皮细胞内有嗜酸性包含体出现；部分黏膜上皮呈空泡状。

（十二）大脑

4 h 开始，血管周间隙增宽；6 h 个别神经细胞核肿胀变圆、偏位，有的甚至消失只留下核影。12 h 有些神经元细胞核肿胀、偏位，核呈溶解状态，从而使整个细胞呈强嗜酸性，染成深红色。24 h 部分神经细胞肿胀变圆、偏位，甚至消失或只留下核影。48 h 部分神经细胞肿胀变圆甚至消失或只留下核影，出现噬神经元现象（图 6－37）。72 h 开始，血管充血。91 h 开始，胶质细胞增多。94 h 血管充血；部分神经细胞肿胀变圆，甚至消失或只留下核影；噬神经元现象明显。

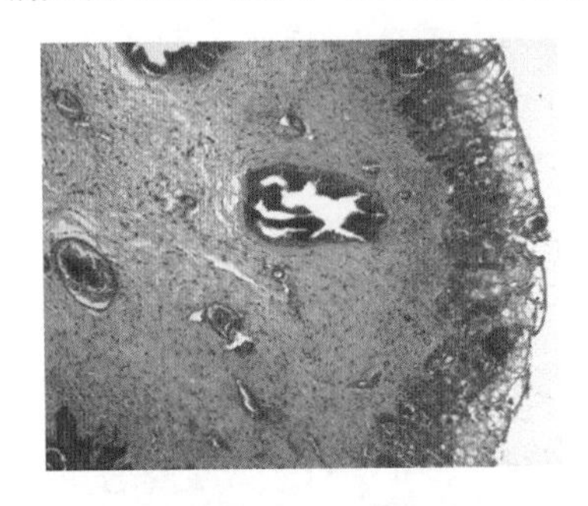

图 6－34　食管黏膜上皮溶解、坏死，黏液腺萎缩（HE，×100）

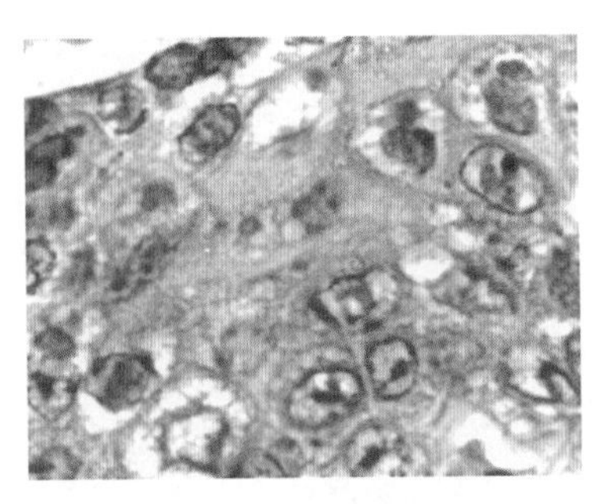

图 6－35　食管黏膜上皮细胞有嗜酸性核内包含体（HE，×1 000）

图 6－36　食管黏膜凝固性坏死（HE，×100）

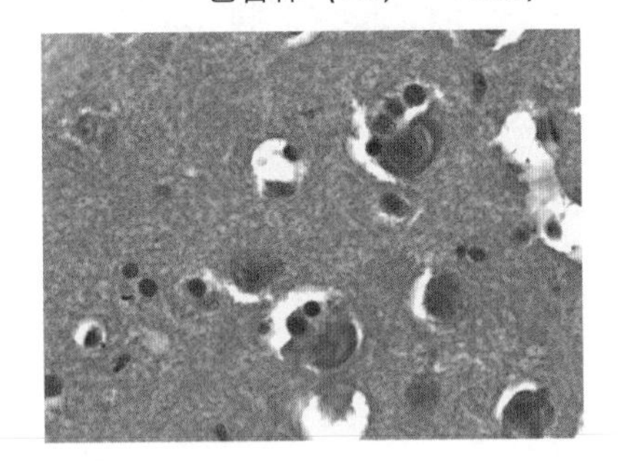

图 6－37　大脑嗜神经元现象（HE，×1 000）

三、超微病理变化

袁桂萍、程安春等（2007）将 DPV 中国强毒 CHv 株人工感染 2 月龄北京鸭（100 $TCID_{50}$/只），于接种后 2、4、6、12 及 24 h 各宰杀 2 只鸭，取肝脏、脾脏、肾脏、胰腺、法氏囊、心脏、十二指肠、胸腺、大脑等组织样本，以后每天宰杀 2 只，开始发病死亡则取新鲜死亡鸭具有典型肉眼病理变化的部位作为标本，制备超薄切片后于透射电镜下进行观察。结果发现，DPV 强毒株人工感染鸭后，超微病变最早发生于肝和肾，而鸭死亡后以免疫器官和消化器官损伤最严重。各种组织细胞的变化主要表现为坏死，细胞肿胀，染色质或浓缩、碎裂或溶解，核膜扩张或溶解。线粒体嵴断裂溶解呈空泡样结构，内质网扩张、粗面内质网脱颗粒。胸腺、脾脏、法氏囊中的淋巴细胞坏死，网状内皮细胞、巨噬细胞、成纤维细胞坏死并常见病毒包含体；肝细胞坏死，细胞核变形，细胞质中出现大量脂滴；十二指肠上皮细胞微绒毛断裂、固有层淋巴细胞浸润、坏死；胰腺外分泌细胞坏死、脱颗粒；肾小管上皮细胞肿胀坏死，肾小球内皮细胞肿胀、足突融合；大脑胶质细胞髓鞘断裂或溶解，神经元细胞肿胀变形；心肌细胞肿胀、心肌纤维断裂、线粒体变形。

（一）淋巴器官（胸腺、脾脏、法氏囊）

DPV 人工感染后，鸭淋巴器官（胸腺、脾脏、法氏囊）在淋巴细胞的超微结构变化上非常一致，淋巴细胞出现坏死和凋亡两种明显的超微结构变化。成年鸭接种 DPV 后 12 h 到感染鸭死亡，胸腺、脾脏、法氏囊中的淋巴细胞中都可以观察病毒粒子的存在。许多病鸭的淋巴细胞都可以观察到明显的细胞坏死性变化：初期淋巴细胞稍微肿胀、变圆，细胞核内染色质稍有凝聚；随后淋巴细胞肿胀，细胞间距增宽，染色质部分溶解或凝聚，核膜扩张或部分溶解，线粒体肿胀（图 6－38）；病毒接种 72 h 后坏死的淋巴细胞严重肿胀，细胞膜、核膜溶解或破裂，染色质聚集或固缩破裂，线粒体肿胀空泡化，细胞器严重坏死（图 6－39）。感染鸭死亡后，淋巴组织内淋巴细胞大量减少，细胞间距大大增宽，坏死的淋巴细胞膜、核膜均溶解或破裂，细胞内容物释放到细胞外，散在并且无明显可辨结构；大多数的还可辨认的淋巴细胞的细胞核凝聚，呈黑洞样结构或核碎裂，胞质浓缩成均质深染结构，胞膜完整或缺损（图 6－40、图 6－41）。这种黑洞核样变化的细胞整个固缩深染，染色质凝聚成团，呈黑洞样，胞质均质深染，无法辨别细胞器结构，细胞膜完整或有稍有缺损，但胞质并没有明显的溢出现象；有的胞质结构溶解消失，只剩下致密的、黑洞样团块状的固缩细胞核。除淋巴细胞外，胸腺、脾脏、法氏囊的其他种类细胞的超微变化也比较一致，主要表现为细胞肿胀，细胞核变形，染色质边集或固缩，核膜扩张，线粒体肿胀、嵴断裂，内质网扩张，粗面内质网脱颗粒等。成纤维细胞核固缩，线粒体肿胀、嵴断裂。细胞核中出现体积较大的病毒核内包含体（图 6－42）。血管内皮细胞肿胀，染色质往往边聚，细胞质肿胀，线粒体肿胀、嵴断裂，粗面内质网扩张、脱颗粒，胞质和胞核中都可见有包含体。死亡鸭脾脏见大量血细胞，细胞核皱缩变形，使细胞核外围空晕扩大；有的红细胞细胞核染色质浓缩边集，也有的染色质溶解，细胞核呈空泡状；胞质线粒体空泡化连同高尔基体扩张使细胞质出现许多空洞（图 6－43）。网状内皮细胞在病毒接种后 12 h 出现核染色质稍稍边集，感染后 24 h 网状内皮细胞稍肿胀，染色质边集，线粒体肿胀、嵴断裂、空泡化，粗面内质网扩张，细胞核内见病毒包含体（图 6－44、图 6－45）。巨噬细胞和网状内皮细胞中常见溶酶体增加，胞质中有残体或吞噬的凋亡细胞，线粒体空泡化（图 6－46、图 6－47）。

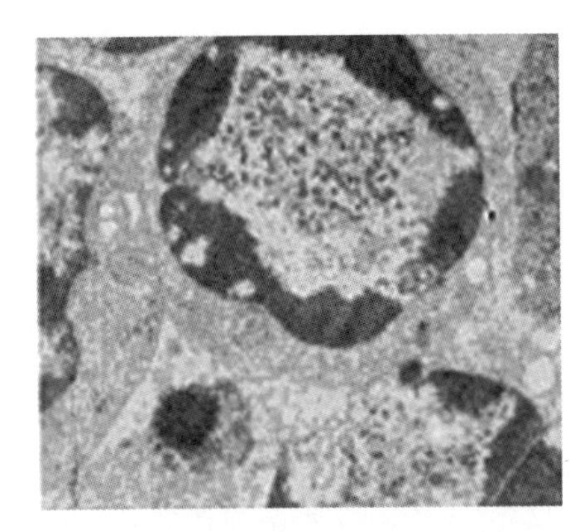

图 6－38 淋巴细胞肿胀，细胞间距增宽，染色质浓缩边集，细胞核内出现病毒包含体（×10 000）

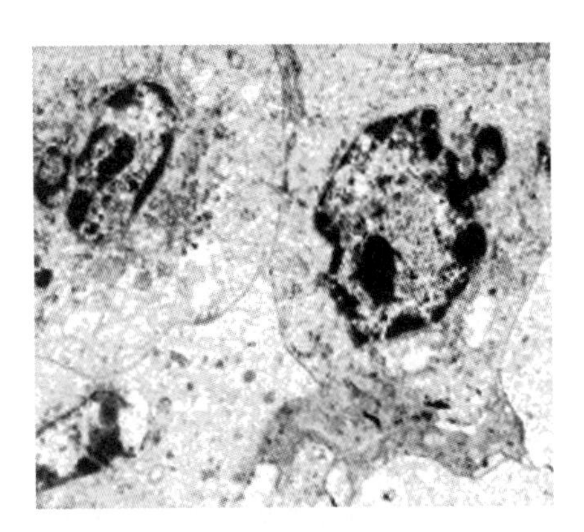

图 6－39 脾脏淋巴细胞的坏死变化：细胞肿胀，染色质凝聚，线粒体肿胀呈空泡化（×10 000）

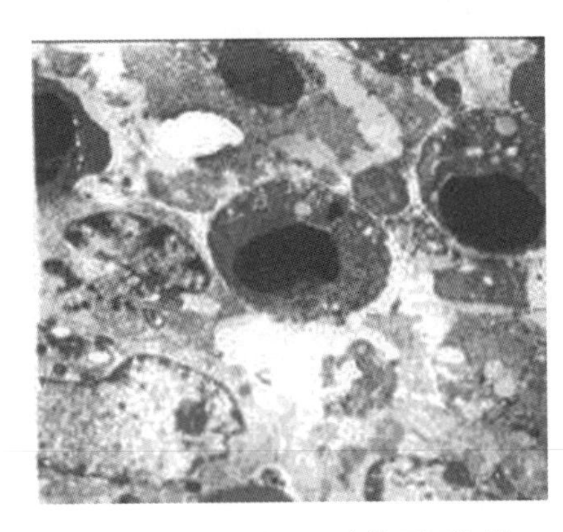

图 6－40 死亡鸭淋巴细胞的黑洞核样变化，核固缩，细胞质浓缩（×8 000）

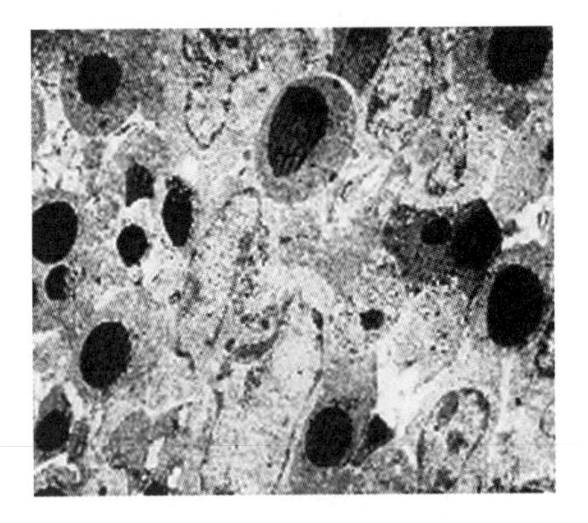

图 6－41 死亡鸭淋巴细胞的黑洞核样变化，核固缩碎裂，细胞膜破损（×6 000）

（二）肝脏

接种后 2 h 即见肝细胞出现轻微病变；4 h 后肝细胞中出现大量小脂滴，部分肝细胞肿胀，线粒体有部分嵴断裂（图 6－48）。6 h 后肝细胞脂滴增大增多，挤压细胞核至变形。24 h 后肝细胞糖原消失，肝细胞核染色质凝聚、边集，细胞核变形严重；肝窦内皮细胞肿胀，突入管腔，胞质中溶酶体增加。死亡鸭肝细胞糖原消失，充满大的脂滴，细胞核受挤压变形破裂，细胞核染色质凝聚、边集，胞质肿胀，细胞破裂，胞质和胞核常见病毒包含体（图 6－49），胞质空泡中可见成熟的病毒粒子。

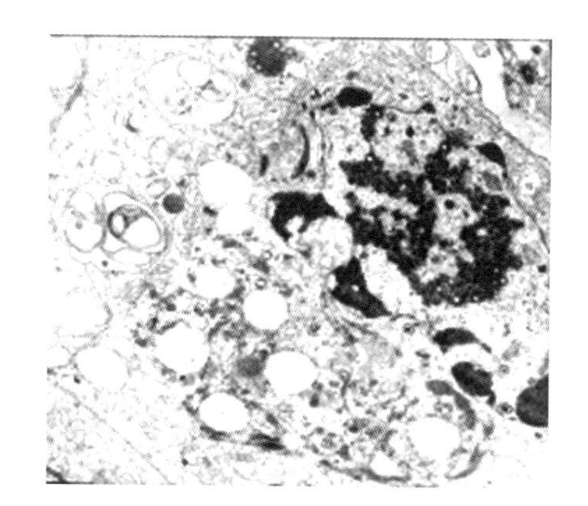

图6－42 成纤维细胞肿胀，染色质边集（×10 000）

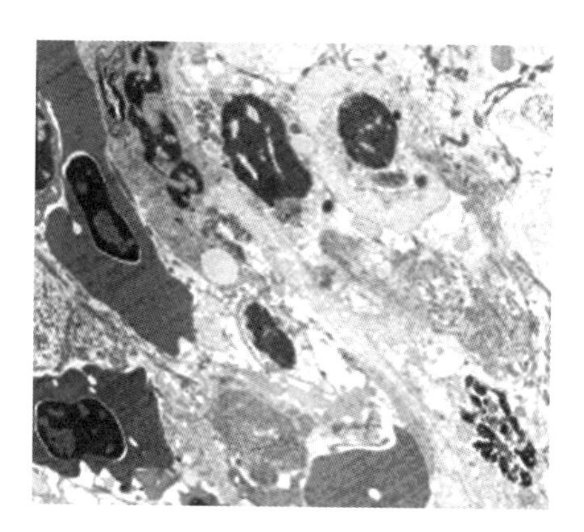

图6－43 脾窦内皮细胞肿胀和血细胞染色质固缩，线粒体空泡化（×6 000）

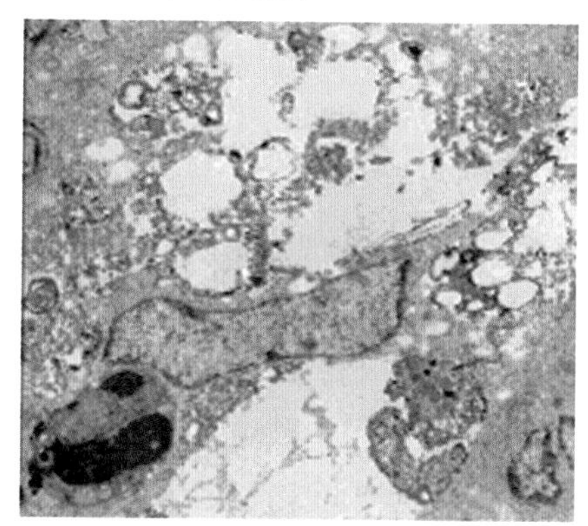

图6－44 网状内皮细胞染色质边聚，线粒体空泡化（×10 000）

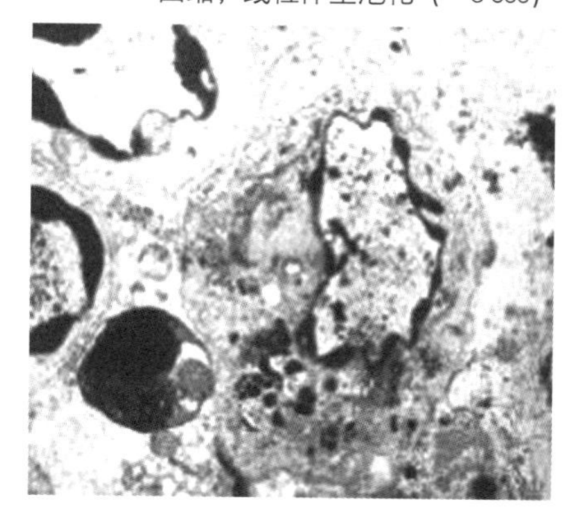

图6－45 网状内皮细胞染色质边聚，细胞核中出现病毒包含体（×10 000）

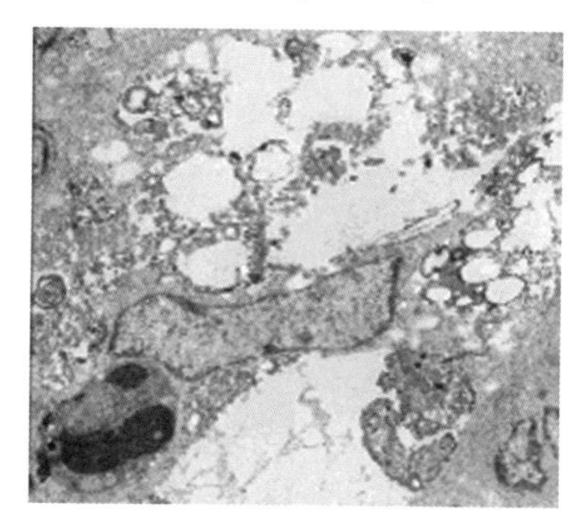

图6－46 巨噬细胞胞质空泡化，吞噬凋亡细胞（×10 000）

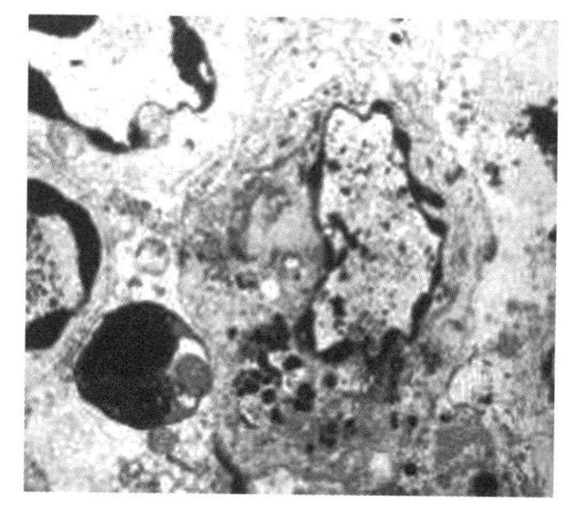

图6－47 巨噬细胞胞质空泡化和吞噬细胞残体，染色质边集（×10 000）

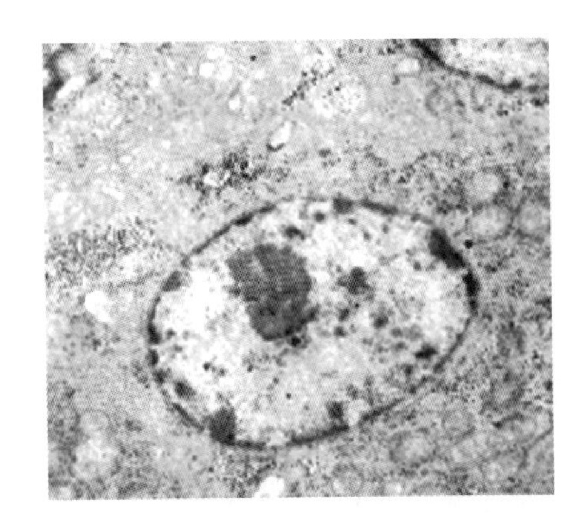

图 6－48 肝细胞早期病变：染色质稍凝集，线粒体嵴断裂（×10 000）

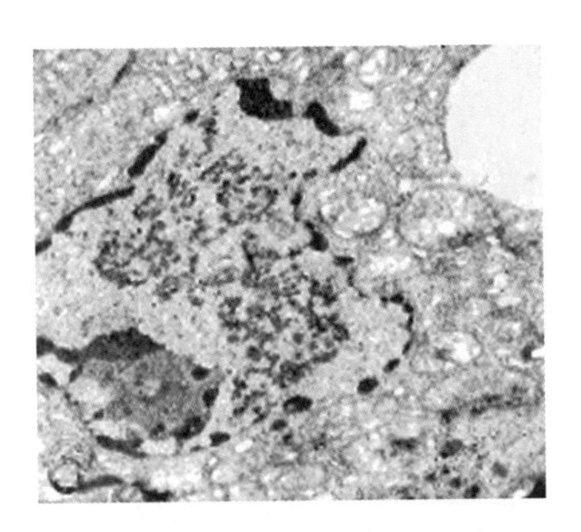

图 6－49 肝细胞病变：细胞核变形，染色质边聚，糖原消失，细胞质中出现大的脂滴（×10 000）

（三）十二指肠

接种后 6 h 上皮细胞肿胀，微绒毛有少量脱落。12 h 上皮细胞中出现较多的溶酶体。24 h 上皮细胞微绒毛断裂逐渐严重，变短变少；核变形，浓缩，溶解，核膜扩张，有少量上皮细胞破裂；固有层见淋巴细胞浸润。48 h 固有层见淋巴细胞明显浸润，固有层细胞核或凝固碎裂、或溶解，部分整个细胞溶解消失，仅剩下细胞痕迹，部分淋巴细胞可见典型的凋亡状态。死亡鸭上皮细胞肿胀破裂，微绒毛断裂严重，细胞器、细胞核甚至完整的细胞游离于肠腔（图 6－50）；肠腺上皮细胞肿胀，微绒毛水肿变短或断裂（图 6－51）；固有层充血、出血，淋巴细胞凋亡和坏死明显（图 6－52）；肌细胞核膜扩

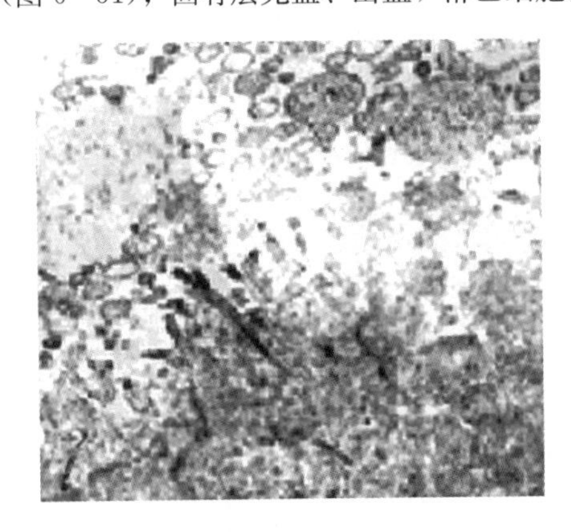

图 6－50 肠道上皮细胞微绒毛脱落，细胞器散落到肠腔中（×15 000）

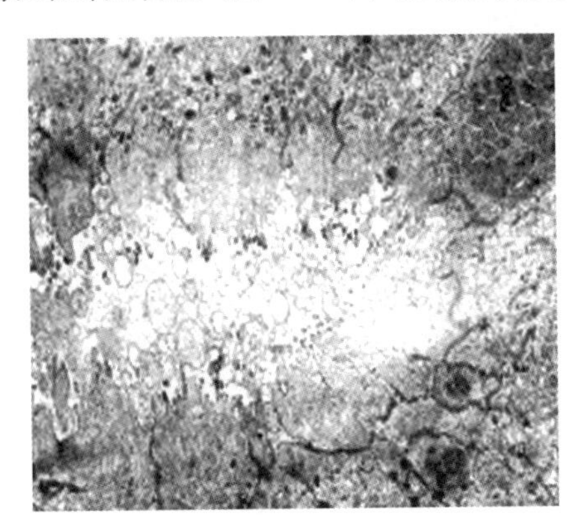

图 6－51 肠腺上皮微绒毛变短（×10 000）

张，染色质边集，接种后 4 h 起，肌细胞的肌原纤维凝聚呈条状带（图 6－53）；上皮细胞、肌细胞、纤维细胞中见病毒包含体。肠上皮细胞、平滑肌细胞、坏死的淋巴细胞、成纤维细胞等细胞质空泡中见大量病毒粒子。

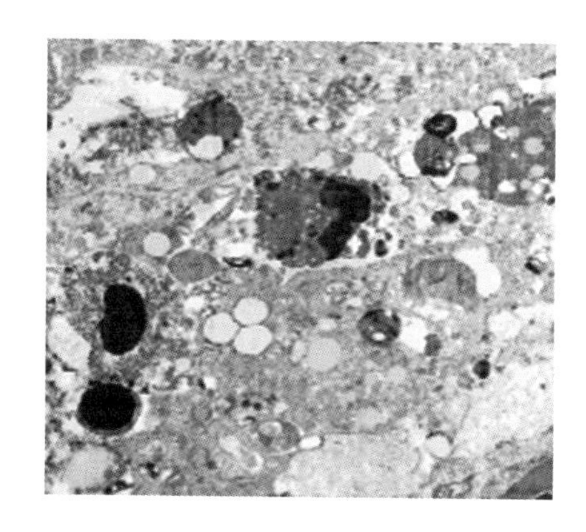

图 6－52　死亡鸭肠道固有层浸润的淋巴细胞出现坏死和凋亡现象（×6 000）

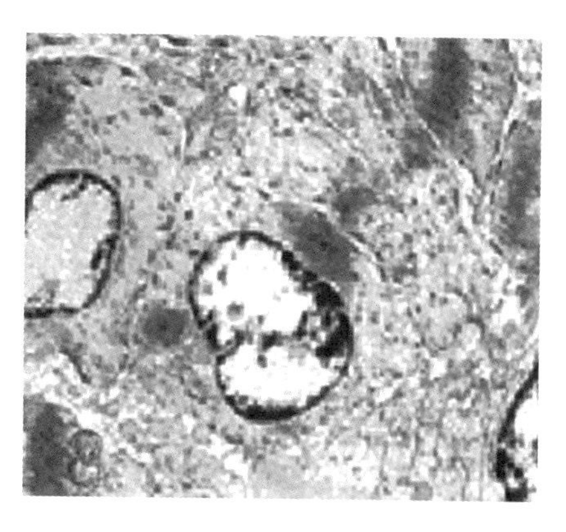

图 6－53　小肠平滑肌细胞核染色质边集，肌原纤维凝聚（×8 000）

（四）胰腺

接种后 12 h 胰腺外分泌细胞粗面内质网扩张，排列不规则，细胞核染色质逐渐边集，酶原颗粒局部减少；24 h 细胞核近核仁处出现均质团块状物质，形状与核仁相似，但电子密度较低，染色质凝聚，细胞中出现少量的脂滴，酶原颗粒减少；48 h 均质团块状物质数量增加，部分细胞肿胀，细胞核固缩破裂或肿胀变圆，染色质减少，细胞质肿胀，细胞器减少。少量细胞坏死至破裂（图 6－54）。死亡鸭部分外分泌细胞稍肿胀，粗面内质网排列紊乱，部分细胞核变形，核质固缩、边集，核中常见电子密度较核仁浅的均匀团块状物质，酶原颗粒消失（图 6－55）。

（五）肾脏

接种 2 h 即有部分小管上皮细胞肿胀，可见远曲小管近管腔端有大量的吞饮泡，胞质中有许多溶解灶；6 h 后可见以小管变性为主的明显病变，小管上皮细胞水肿。近曲小管细胞核固缩或肿胀，染色质常边集，细胞质肿胀，微绒毛水肿，融合扭曲呈螺旋状散乱分布于管腔中（图 6－56），细胞器减少，细胞溶酶体增多（图 6－57）；远曲小管细胞肿胀，胞核固缩或肿胀，染色质凝聚或溶解减少，微绒毛脱落、消失，胞质空泡扩张，质膜反褶消失或扭曲变形，胞质中有许多的溶解灶。死亡鸭肾小管细胞水肿严重，近基底处见水肿灶，使细胞与基底膜分离，细胞器减少坏死，胞质常见空泡，细胞核或肿胀破裂或染色质凝聚（图 6－58）；肾小球内皮细胞肿胀、足细胞融合（图 6－59）。

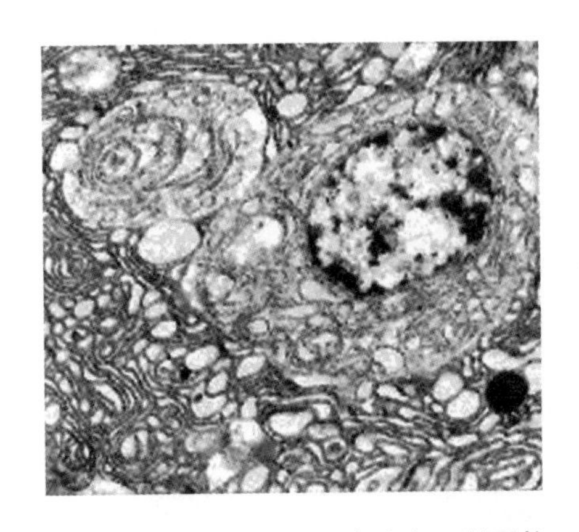

图 6－54 胰腺外分泌细胞肿胀、脱颗粒，染色质聚集，内质网排列无规则（×7 500）

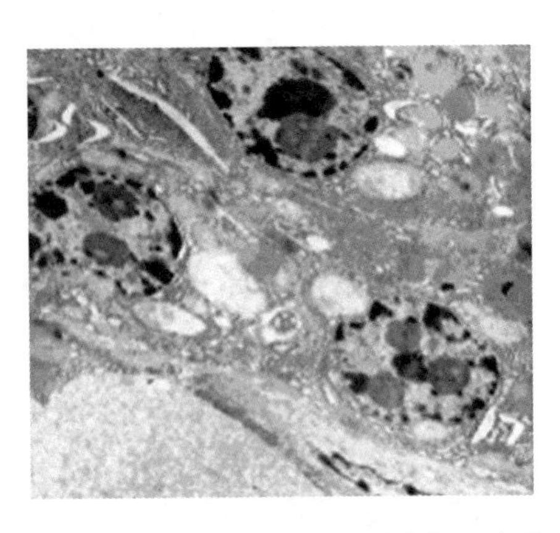

图 6－55 胰腺细胞核染色质边集、碎裂，细胞核内出现多个团块状物质（×7 500）

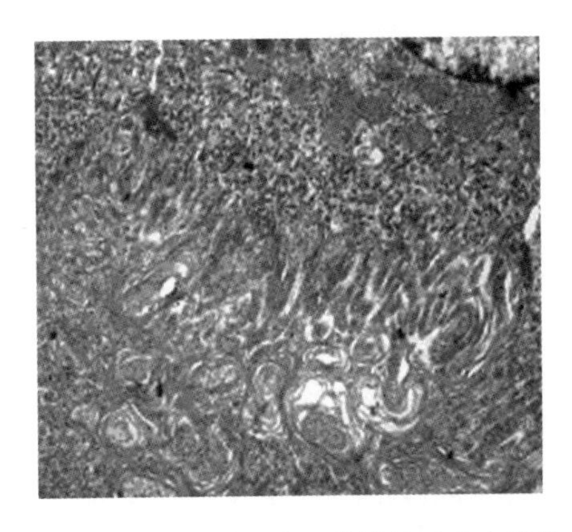

图 6－56 肾小管上皮细胞微绒毛融合卷曲（×10 000）

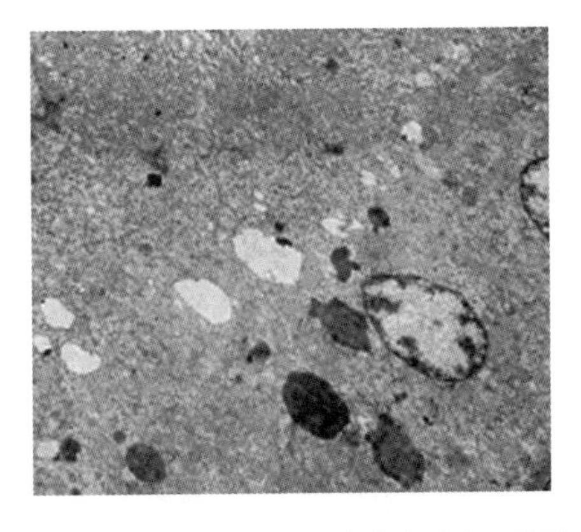

图 6－57 肾小管上皮细胞中出现大量溶酶体和空泡（×4 000）

（六）大脑

接种后 2 h 脑血管周围淋巴管开始扩张；6 h 大脑胶质细胞髓鞘的板层结构轻微紊乱，病变逐渐严重。24 h 神经元细胞稍肿胀，粗面内质网扩张、脱颗粒，线粒体嵴断裂；死亡鸭髓鞘板层结构紊乱、溶解、断裂（图 6－60），神经细胞肿胀，细胞核稍变形，核膜模糊，神经元细胞细胞器减少，尼氏小体消失，粗面内质网扩张、脱颗粒（图

6－61）。血管周围淋巴管扩张严重，神经毡肿胀。胶质细胞增生明显，血管充血。

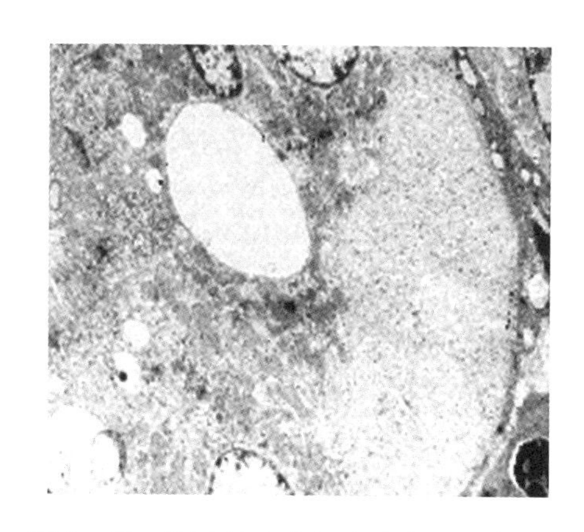

图 6－58 肾小管上皮细胞肿胀，细胞质中出现大的空泡，细胞基底部有大的水肿灶（×4 000）

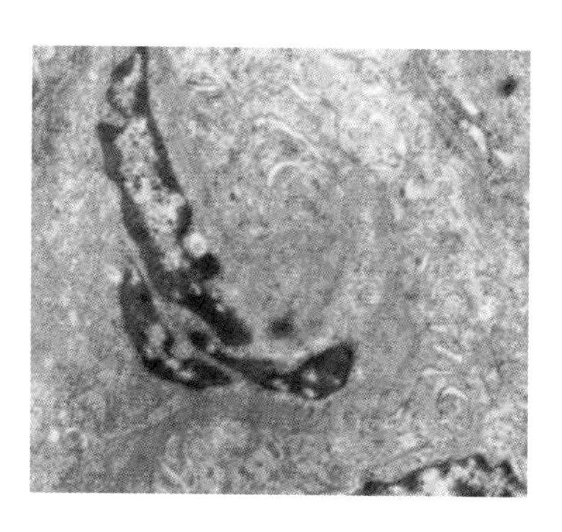

图 6－59 肾小球血管内皮细胞肿胀、足细胞足突融合（×6 000）

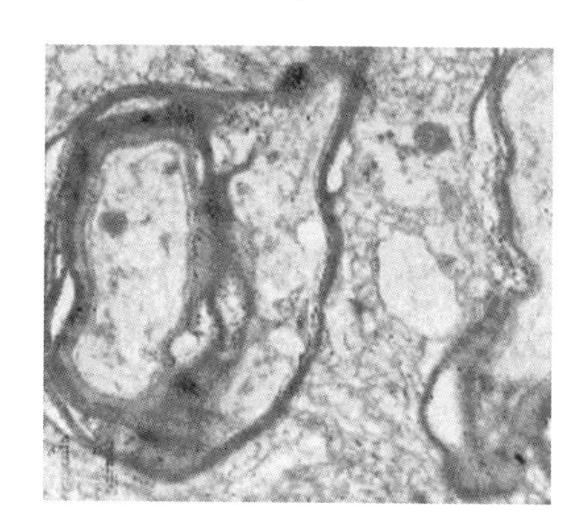

图 6－60 大脑胶质细胞肿胀，髓鞘散乱溶解（×30 000）

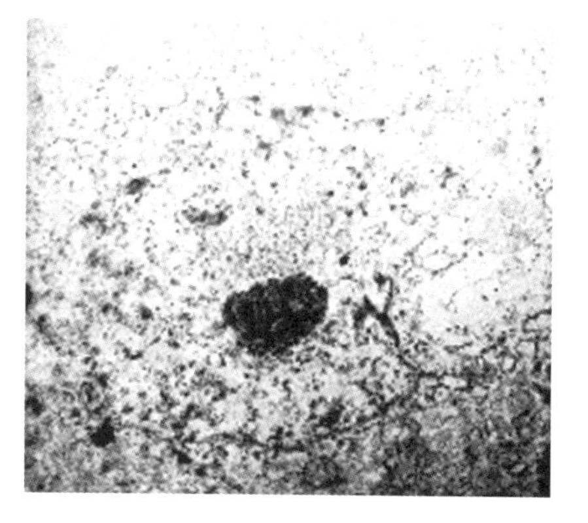

图 6－61 神经细胞肿胀，核膜溶解，细胞核稍微变形，尼氏小体消失，线粒体空泡化（×10 000）

（七）心肌

接种后 12 h 部分心肌细胞稍肿胀，肌丝局部溶解，明暗带增宽；死亡鸭心肌细胞肿胀，染色质稍有边集，胞质中较多脂滴，肌原纤维间距增宽，横纹两侧的肌原纤维溶解断裂（图 6－62、图 6－63、图 6－64）。线粒体稍肿胀或皱缩变形（图 6－65）。正常鸭心肌组织细胞没有明显的病变。

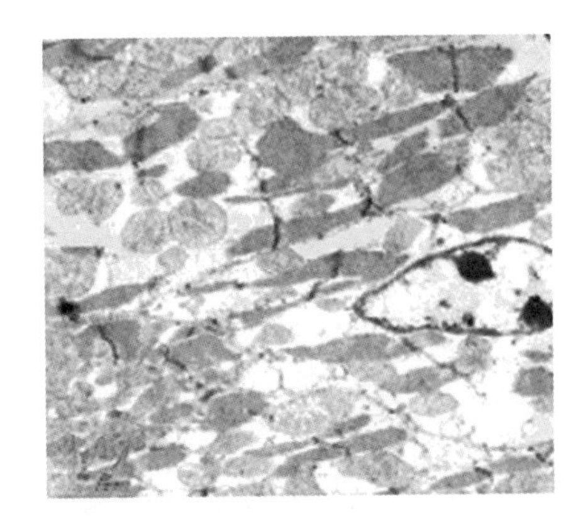

图 6－62　心肌细胞肿胀，细胞器散乱，染色质边集，心肌纤维断裂溶解（×5 500）

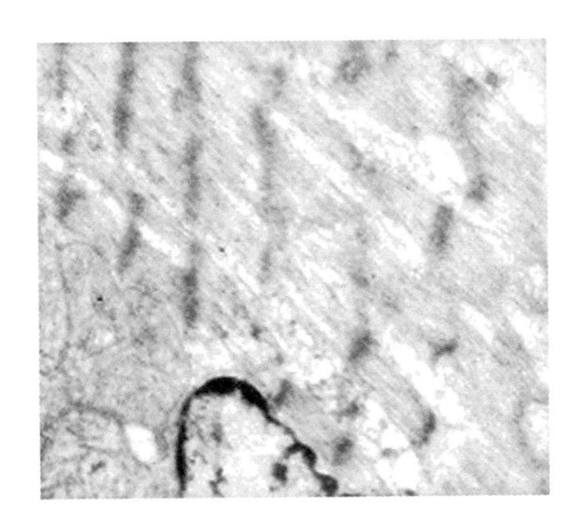

图 6－63　心肌细胞肿胀，细胞器散乱，染色质边集（×10 000）

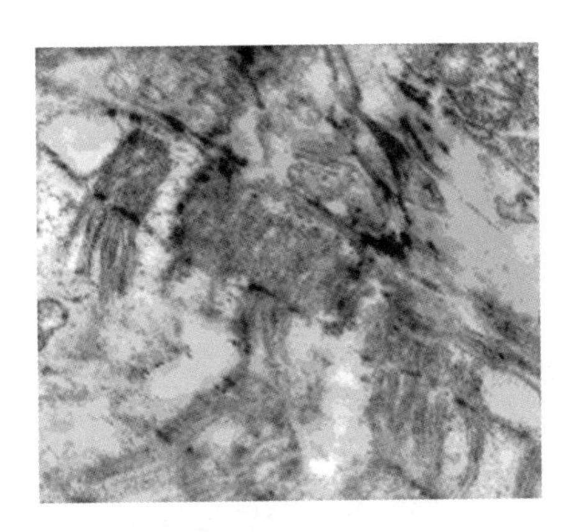

图 6－64　心肌细胞肌原纤维断裂（×10 000）

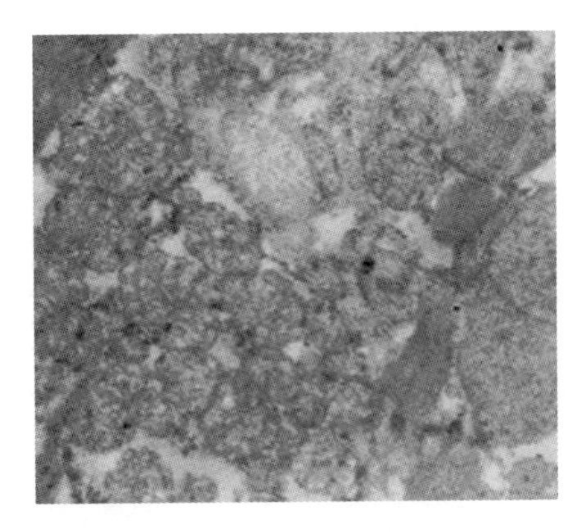

图 6－65　心肌细胞线粒体皱缩变形（×10 000）

四、鸭感染鸭瘟强毒后病毒各组织器官的复制规律

袁桂萍、程安春等（2007）对鸭感染鸭瘟强毒后，病毒在各组织器官的复制规律进行了较为详细记录。结果表明，DPV 强毒人工感染宿主 12 h 后，在脾脏和法氏囊首先观察到少量的 DPV 出现，24 h 后在脾、胸腺和法氏囊以及死亡鸭的肝脏、肠道和胰腺等组织器官中均观察到具有典型的疱疹病毒粒子及其核衣壳形态的 DPV。在死亡鸭的大脑胶质细胞以及肠道平滑肌细胞间隙神经细胞质中发现少量的病毒样颗粒。

DPV 核衣壳有空心型、致密核心型、双环型和内壁附有颗粒型四种形态，可能存在胞核和胞质两种装配方式。细胞核内核衣壳在核内获得皮层，通过核内膜获得囊膜成为成熟病毒，或者核内核衣壳通过内、外核膜进入胞质，核内和胞质内的核衣壳在细胞质中获得皮层，然后在各种质膜上获得囊膜，最后成熟病毒通过细胞破裂或其他方式释放到细胞外。

伴随着病毒的复制、装配和成熟，细胞中出现多种核内和胞质包含体、核内致密颗粒、核内微管和中空短管、胞质包含体。

（一）鸭瘟病毒在宿主细胞中的分布观察

鸭感染 DPV 12 h 后首先在脾脏和法氏囊观察到少量的病毒出现，24 h 后胸腺也开始出现病毒，病毒的数量逐渐增加，48 h 后在感染鸭的肝脏、脾脏、胸腺、法氏囊和十二指肠组织细胞中都能观察到病毒，而在死亡鸭组织中，除在肝脏（图 6－66）、脾脏（图 6－67）、十二指肠（图 6－68）、法氏囊（图 6－69）、胸腺（图 6－70）能发现数量极多的病毒存在外，还在胰腺（图 6－71）和大脑（图 6－72）组织中发现少量细胞中有病毒样颗粒存在，心脏和肾脏组织中没有能够观察到典型的病毒粒子。受到病毒感染的细胞主要有各个组织中的网状内皮细胞（图 6－73）、单核巨噬细胞、淋巴细胞、肠上皮细胞、肠道平滑肌细胞（图 6－74）、成纤维细胞、肝细胞、血管内皮细胞，其他如白细胞（图 6－75）、浆细胞、外周血淋巴细胞（图 6－76）中偶尔见到病毒的存在。淋巴细胞中成熟病毒较少，往往在病毒成熟之前凋亡或坏死。而在网状内皮细胞、巨噬细胞、肠上皮细胞、肠道平滑肌细胞、纤维细胞、肝细胞、血管内皮细胞常可见大量成熟病毒，在血管中偶尔可见游离的成熟病毒。胰腺外分泌细胞、大脑胶质细胞和肠道肌间神经细胞（图 6－77）中偶尔可以观察到病毒样颗粒存在。阴性对照鸭组织中未发现病毒。

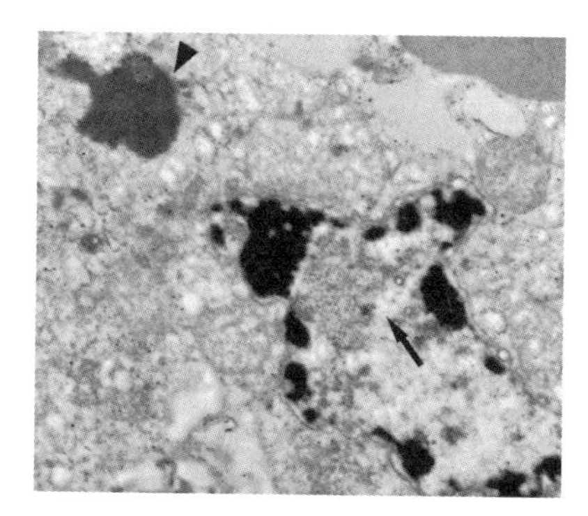

图 6－66 肝细胞核中的病毒包含体（长箭头）和细胞质中的病毒基质（短箭头）（×10 000）

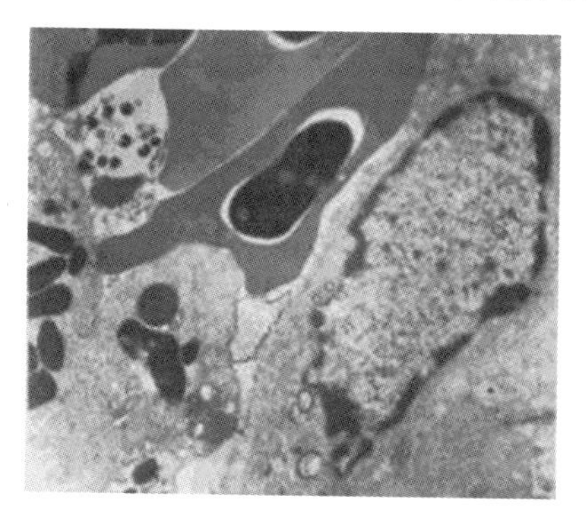

图 6－67 脾脏血管内皮细胞中的病毒颗粒和血管中游离的病毒粒子（×15 000）

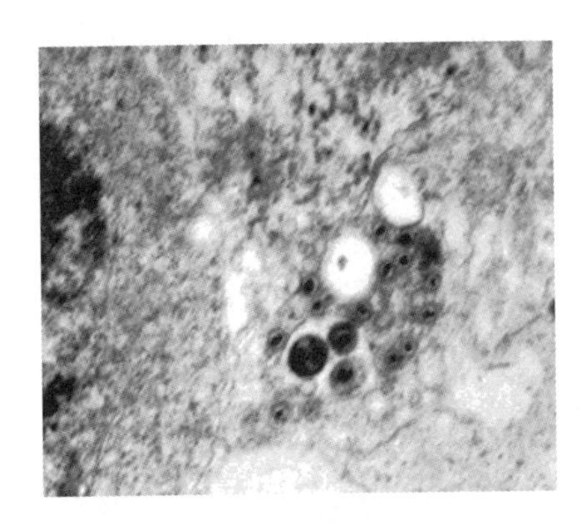

图 6－68　肠道上皮细胞质中的病毒粒子（×20 000）

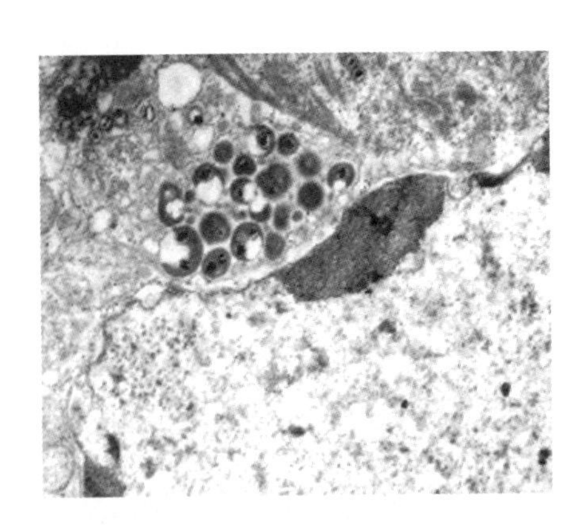

图 6－69　法氏囊成纤维细胞质中的病毒粒子（×20 000）

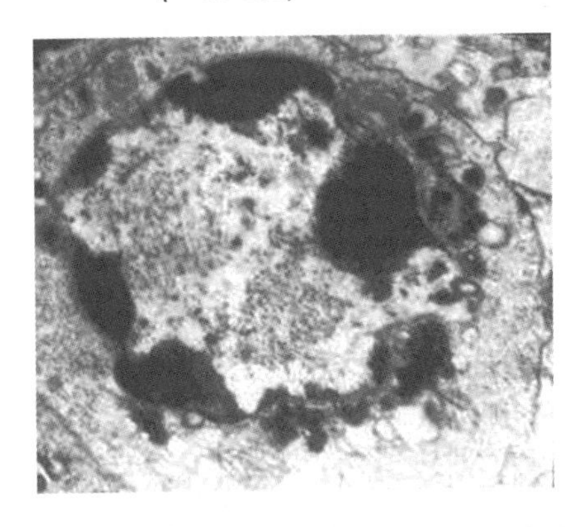

图 6－70　胸腺淋巴细胞细胞质中的病毒粒子（×15 000）

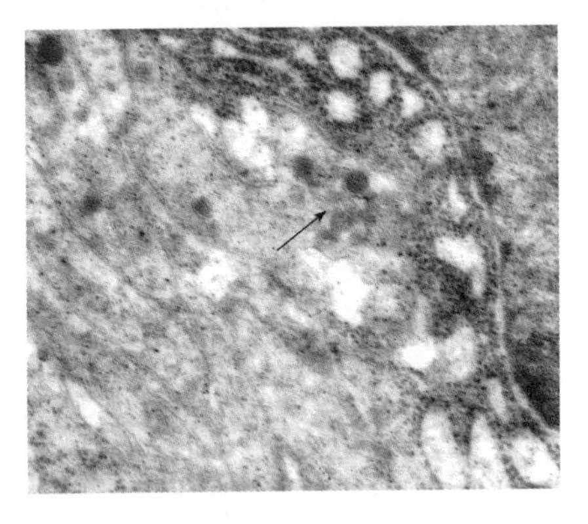

图 6－71　胰腺外分泌细胞中的病毒样颗粒（箭头）（×20 000）

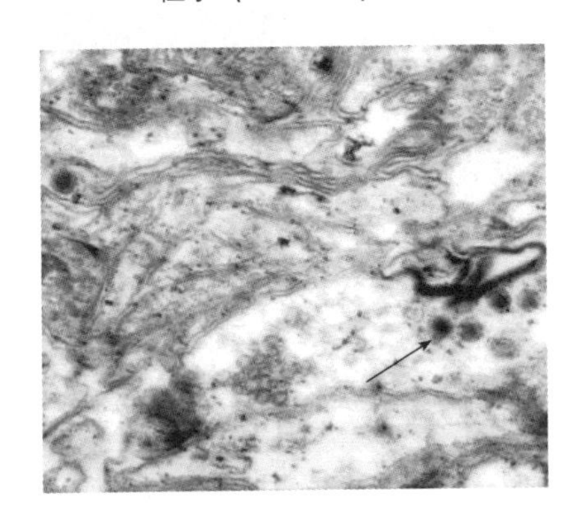

图 6－72　大脑胶质细胞中的病毒样颗粒（箭头）（×20 000）

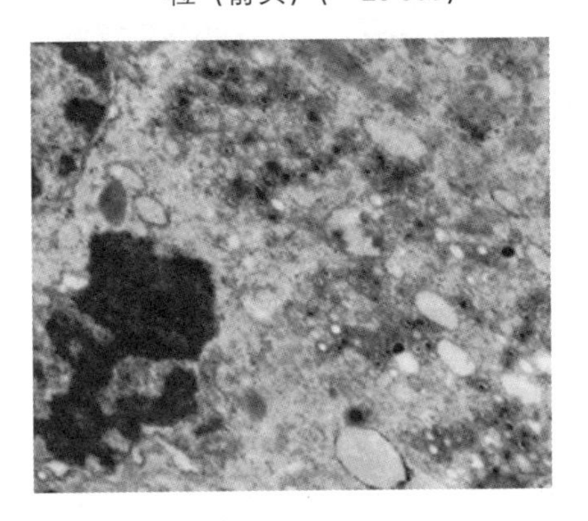

图 6－73　网状内皮细胞质中的大量病毒粒子（×20 000）

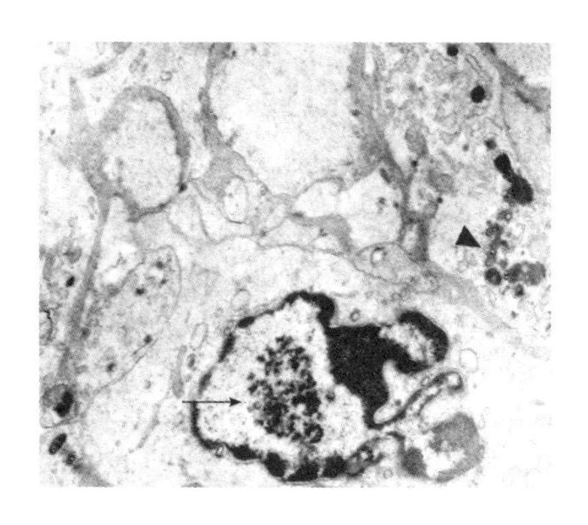

图 6-74 肠道平滑肌细胞中的病毒粒子和细胞核内包含体（箭头）（×10 000）

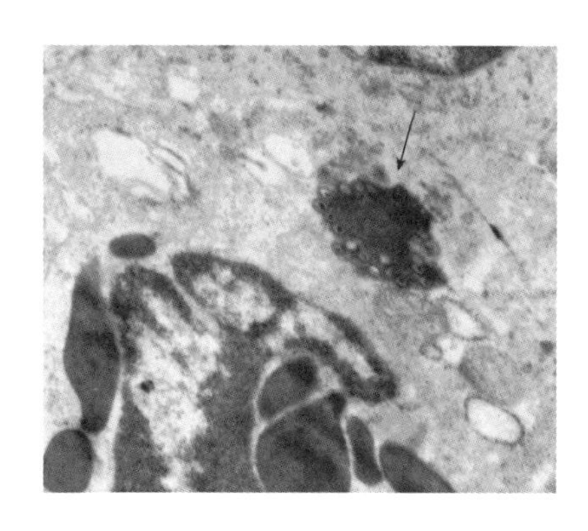

图 6-75 白细胞胞质中的病毒发生基质（箭头）（×20 000）

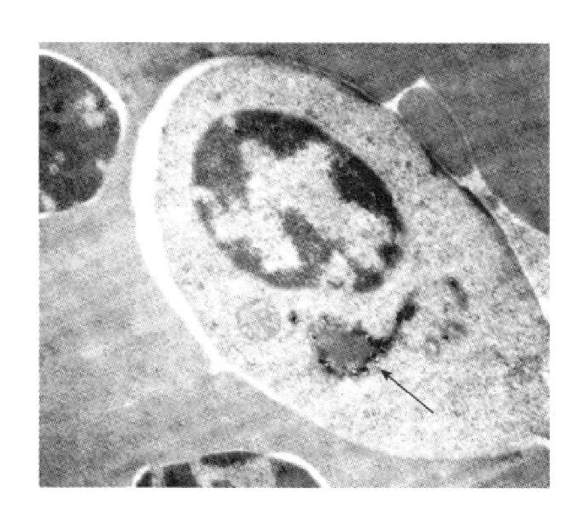

图 6-76 外周血淋巴细胞中的病毒粒子（箭头）（×12 000）

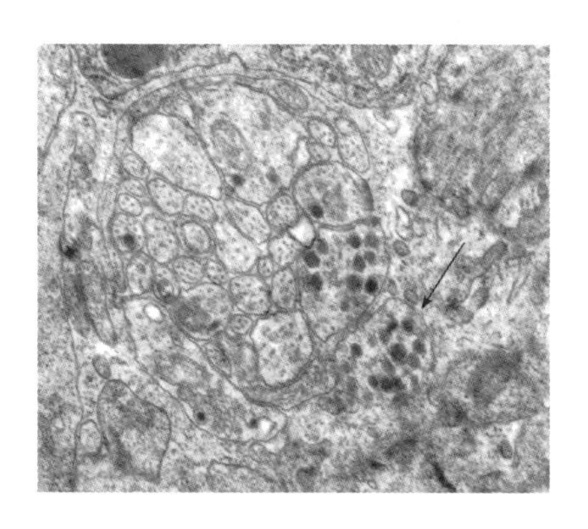

图 6-77 肠道肌间神经细胞胞质中的病毒样颗粒（箭头）（×20 000）

（二）鸭瘟病毒在宿主体内的形态发生学规律

1. 病毒的形态特征 电镜观察表明，病毒核衣壳直径为 42～94 nm，多为 90 nm 左右，细胞核和细胞质中都可见许多的核衣壳。在感染的宿主细胞内可观察到 DPV 四种类型的核衣壳（图 6-78A）：①中空型，核衣壳的中心为电子透明的空腔，为未装配核酸的空衣壳；②双环型，核衣壳内部有一致密或空心的环状结构；③内壁附有颗粒型，核衣壳的内壁附有 1～5 个不等的颗粒状的结构，多为 4 或 5 个颗粒附着，使核衣壳的内部呈现透明的十字架形或五角星形；④致密核心型，这种核衣壳具有电子致密的核心，核心的形状多变，部分近似圆形，部分呈棒状、哑铃形、蝌蚪形，极不规则，大小不均，有的只有几纳米，有的几乎充满整个核衣壳内腔。细胞核内四种形态的核衣壳都有，双环型和空心型稍少，多为致密核心型和内壁附有颗粒型；细胞质中也有很多致密核心型和空心型核衣壳，未见双环型和内壁附有颗粒型。核内的核衣壳与包含体联系紧密。胞质内的核衣壳则常分布于胞质致密电子物质或胞质包含体周围或内部，靠近空泡膜，空泡膜上常见深染致密的月牙形物质附着（图 6－79A）。

在感染宿主细胞的超薄切片中容易观察到处于不同成熟阶段的病毒，成熟的病毒颗粒呈圆形或椭圆形，常可见核衣壳偏心或核衣壳缺失等情形。病毒多分布于细胞质的空泡中（图 6－80），少数游离于细胞质，细胞外也可见较多的病毒颗粒。成熟病毒的直径为 83～228 nm，平均 173 nm。成熟的病毒在电镜下呈可分辨的四层结构：核心、衣壳、皮层、囊膜。皮层蛋白常在样品处理过程中丢失，皮层局部常常呈溶解状态，使病毒看起来残缺不全，而囊膜在超薄切片中不易与皮层结构明显区分开来，但在空泡中的病毒粒子常可以看到通过空泡膜出芽而获得囊膜时形成的膜性拖尾附着，有的拖尾甚至还连接在空泡膜上。细胞核和核膜间隙内偶尔也可见有囊膜病毒颗粒，这种病毒颗粒缺乏皮层结构，只有核心、衣壳、囊膜这三层可辨结构，直径约为 130 nm，称为小囊膜病毒（图 6－78B），有时膜形态不规则或多层，或一个囊膜中包裹多个核衣壳。偶尔还可见有多层囊膜结构的病毒和双核心（多核心）病毒。在胞质空泡中还常见一种只有皮层和囊膜结构的病毒粒子，病毒中不包含核衣壳，这种病毒粒子称为 L 粒子。

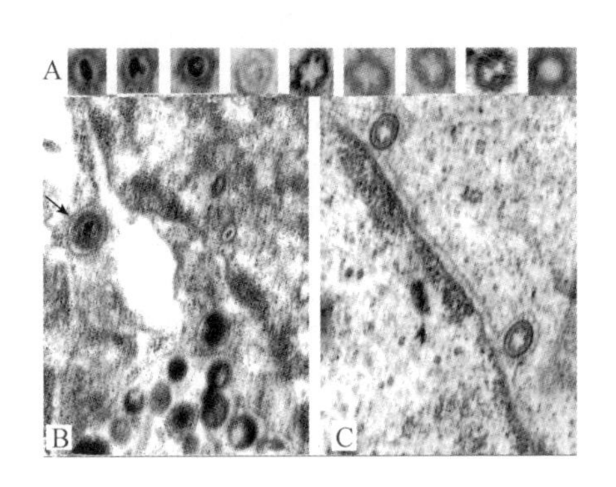

图 6－78　病毒的形态特征

A. 各种形态的病毒核衣壳，实际直径约为 90 nm　B. 细胞核膜间隙有带有皮层的成熟病毒颗粒（箭头）以及细胞空泡中的成熟病毒（标尺：200 nm）　C. 核膜间隙的小囊膜粒子（标尺：150 nm）

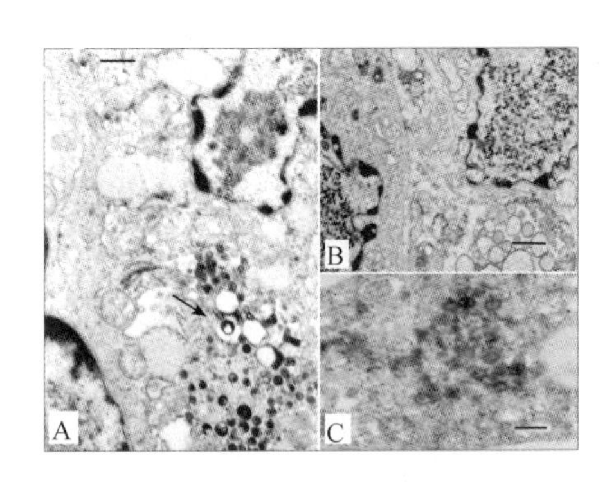

图 6－79　颗粒型包含体

A. 细胞核内的颗粒型包含体，由较为均匀的细颗粒聚集而成，附近和内部可见核衣壳，细胞质内见核衣壳靠近空泡膜，空泡膜上有月牙形致密物质附着（箭头）（标尺：500 nm）　B. 细胞核内的颗粒型包含体，由较粗的颗粒聚集而成（标尺：600 nm）　C. 胞质中的颗粒型包含体，内部见核衣壳（标尺：200 nm）

2. **病毒的成熟与释放** 病毒接种后12 h开始在感染鸭组织细胞中发现有子代病毒出现。感染细胞中最初只见病毒核衣壳，病毒核衣壳在细胞核中装配；随后，细胞核内核衣壳通过细胞核膜释放到细胞质中，核衣壳在细胞质向空泡中出芽时获得皮层和囊膜而成熟，成熟病毒聚集于细胞质空泡中。许多结构尚完整的细胞中可见到大量的病毒，可见病毒的释放是逐渐的，并不马上引起细胞的裂解。濒于裂解的感染细胞中有大量的病毒粒子堆积在细胞质空泡中，最后随细胞的裂解，病毒释放到细胞外，细胞核破裂同时也见核衣壳随之释放。观察到的与病毒装配和成熟基本过程相关的现象如下：①病毒核衣壳在细胞核中装配并积聚于细胞核中（图6－81B）；②核衣壳在细胞核内积累形成皮层和囊膜（图6－82A、B）并通过核内膜释放到核间隙中（图6－78A）；③核衣壳从内、外核膜出芽并释放到细胞质中（图6－78C，图6－82A、C）；④核衣壳靠近细胞质的空泡膜并出芽到空泡内（图6－83C，图6－79A）；⑤病毒在各种质膜上出芽（图6－78B，图6－83C），成熟病毒聚集于细胞质内的空泡内（图6－80）；⑥成熟病毒释放到细胞外（图6－83B）。另外，还见内核膜的凹陷结构和颗粒从核内膜出芽到核膜间隙（图6－83A）；细胞核间隙见少量的带有皮层的成熟病毒（图6－78B）。

3. **病毒感染细胞中的一些特殊结构** DPV感染的细胞核内和胞质中常可见包含体，有核内包含体的细胞核的染色质往往边聚于核膜周围，包含体则占据了细胞核的大部分空间。细胞核内包含体为电子密度或高或低的絮状和颗粒状物质，或松散或紧密地结合成团块，包含体中常见核衣壳（图6－79A、B）。细胞质内包含体有三种：一种为

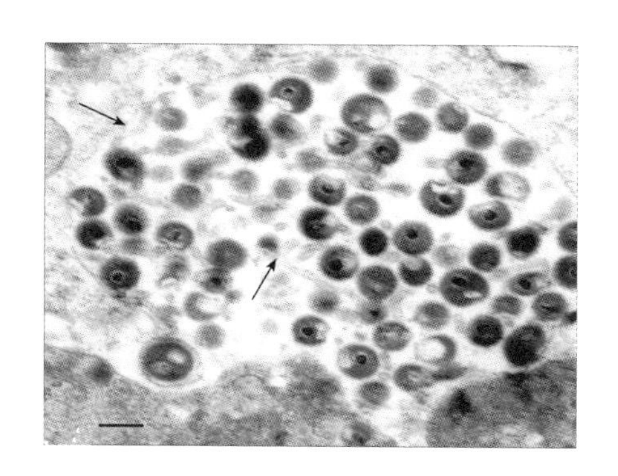

图6－80 细胞空泡内的大量成熟病毒颗粒，有的病毒颗粒带有尾状膜结构（箭头），甚至与空泡膜仍然连接，有的病毒颗粒中含有两个核衣壳，有的病毒粒子不含有核衣壳（标尺：200 nm）

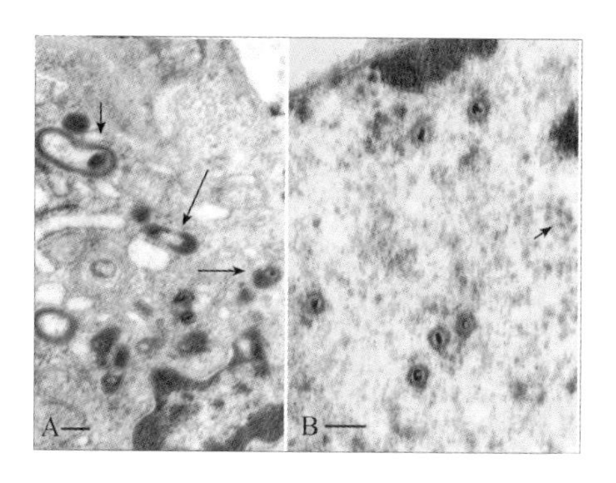

图6－81 环状结构、电子致密小体与核酸颗粒

A. 细胞质内的双层管状结构形成环状结构（短箭头）和膜包裹的电子致密小体（长箭头）（标尺：200 nm） B. 细胞核内的核酸颗粒（短箭头）（标尺：150 nm）

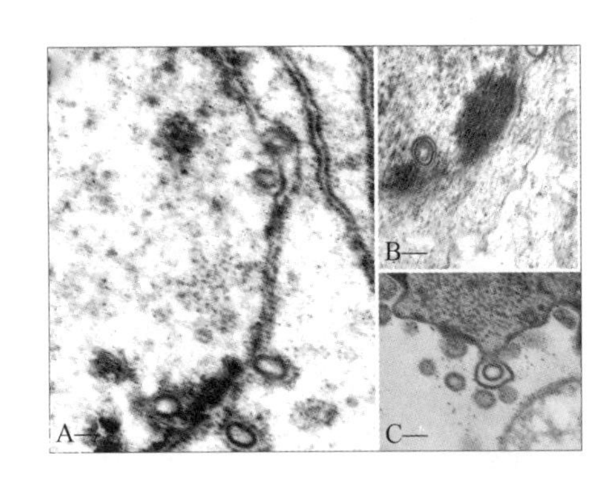

图 6-82 核心壳形成皮层、囊膜与出芽

A. 胰腺细胞核内的核衣壳从内、外核膜出芽并获得囊膜（标尺：100 nm） B. 淋巴细胞核的核衣壳在内核膜附近获得囊膜（标尺：150 nm） C. 核衣壳从细胞核内膜获得囊膜，并有实心颗粒从内核膜出芽（标尺：150 nm）

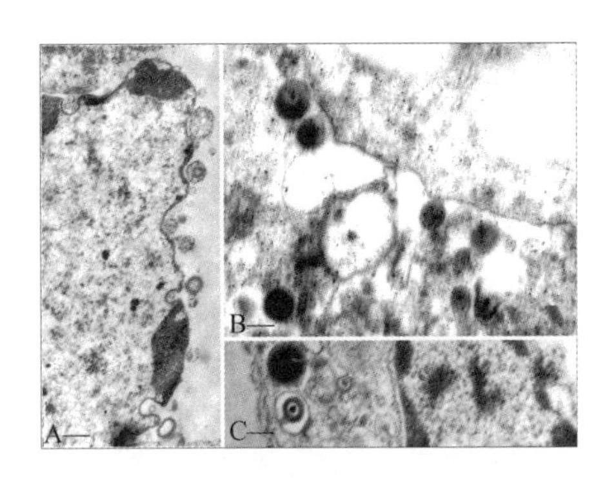

图 6-83 核衣壳出芽与释放

A. 细胞内核膜上的凹陷结构和空心核衣壳以及从内核膜出芽的实心颗粒（标尺：100 nm） B. 成熟的病毒粒子释放到细胞外（标尺：200 nm） C. 为病毒从细胞质空泡膜出芽到空泡内成熟，并且仍有膜状物与空泡膜连接（标尺：200 nm）

基质均匀、电子密度高的团块状物质，其周围有核衣壳排列呈花瓣状或内部有核衣壳而呈蜂窝状，这种包含体与细胞质常没有分界线，仅在极偶尔的情况下见于细胞质空泡中（图 6-84B），偶尔还见与细胞膜紧密连接（图 6-84A）；还有一种较为少见的细胞质包含体，体积往往较小，形态相似于细胞核内的包含体，为致密颗粒组成的团块状，与细胞质没有分界线，周围或其内部可见病毒核衣壳（图 6-79C），另外还有一种纤维样聚集物形成的包含体，病毒大量出现并且细胞破坏极严重时在细胞质中出现，其中间和周围少见病毒或核衣壳（图 6-84C）。

病毒感染的宿主细胞核内有 30 nm 左右的致密小颗粒，散在或聚集，周围常有病毒核衣壳（图 6-81B）；细胞核中常见到一种长短不一、电子密度较低的微管，常与包含体同时出现（图 6-85A）；偶尔在细胞核中见中空短管结构，直径与周围见空心核衣壳的直径相近（图 6-85B）。感染细胞胞质中有一种双层管状结构，有时形成环状与核衣壳联系紧密，该结构直径约 40 nm，中间的芯髓电子密度极高，外面被覆一层电子密度低的膜样物质（图 6-81A）；细胞质还常常见到由一层明显膜结构包裹的、致密的团块样或条形至不规则形状的致密物质（图 6-81A），其电子密度与病毒的皮层非常接近，这种结构常在观察到病毒前出现，随后内部常出现一个到多个核衣壳，除有时形态不太规则和体积较成熟病毒大外，与成熟病毒粒子几乎无法区分。

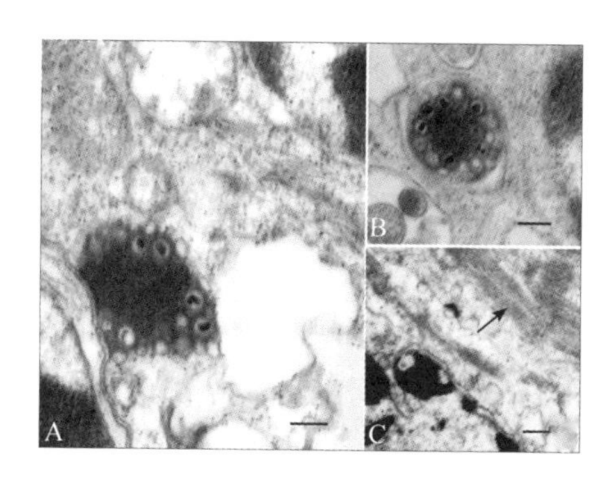

图 6－84 致密型与纤维型包含体

A. 细胞质内致密型包含体，紧密地附着在细胞膜上（标尺：200 nm） B. 细胞质内致密型包含体在胞质空泡内（标尺：200 nm） C. 淋巴细胞质中的纤维型包含体（箭头）（标尺：200 nm）

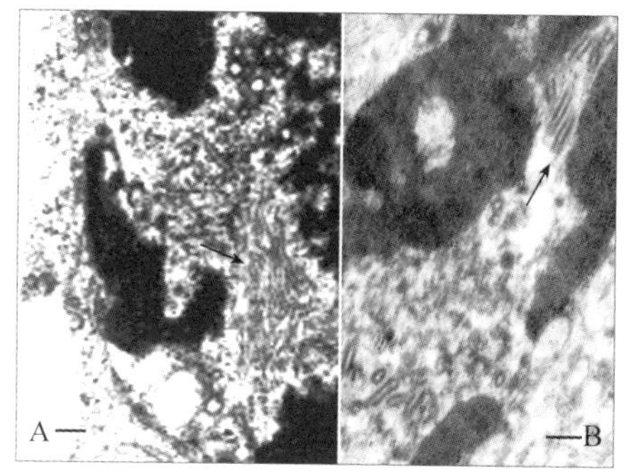

图 6－85 微管状物质与中空短管结构

A. 细胞核内的微管状物质（箭头）以及核内包含体和核衣壳（标尺：200 nm） B. 细胞核内的中空短管结构（标尺：300 nm）

（程安春，汪铭书，朱德康）

第七章

诊　断

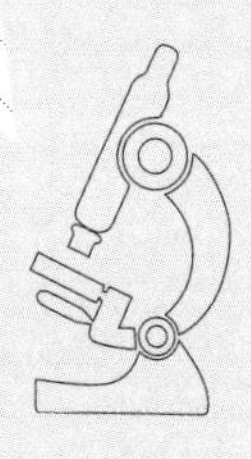

第一节 临床诊断

鸭瘟的临床诊断，主要从鸭瘟的流行病学特征、临床表现特点和眼观剖检病理变化特点等方面进行综合判断。临床实践中，鸭等患病水禽如果符合以下特征，可作出鸭瘟的临床诊断。

一、流行病学特征

自然条件下只有雁形目的鸭科禽（鸭、鹅和天鹅）等禽类发病，而陆禽（如鸡、鹌鹑等）、哺乳动物（如兔、猪等）不发病。

二、临床表现特点

1. 体温急剧升高至 43 ℃以上，呈稽留热，多数病鸭体温稽留在 43～43.8 ℃达 72～96 h，个别病鸭体温高达 44 ℃以上。

2. 病鸭流泪，两脚发软。

3. 病鸭口腔流出污褐色腥臭液体；有浆液性或黏液性鼻漏。

4. 病鸭下痢，呈草绿色或灰绿色，腥臭，泄殖腔周围羽毛被排泄物沾污，肛门黏膜红肿突起，稍外翻，黏膜充血、水肿，有多少不等的出血斑点。

5. 部分病鸭的头部或头颈部有不同程度肿胀。

三、眼观剖检病理变化特点

1. 全身性出血、黏膜和浆膜出血

（1）拔去羽毛之后，可见全身皮肤上散在出血斑点，有的几乎呈弥漫性紫红色，可视黏膜通常都有出血斑点。

（2）外翻肛门时，可见黏膜潮红，表面散布有出血点，气管充血、出血严重。

（3）肠道黏膜充血、出血，尤以十二指肠和直肠最严重，随病程发展，有的肠道黏

膜出现纽扣状溃疡灶。

（4）部分病例心外膜及心冠脂肪有出血点。

（5）肠道相关淋巴组织充血、出血，1月龄内雏鸭肠道外壁浆膜面及肠道黏膜形成环状出血带。

2. **消化道黏膜表面有假膜** 口腔、食管黏膜有粗糙的呈纵向排列的黄绿色假膜覆盖，泄殖腔黏膜可出现同样病变。

3. 患病鸭肝脏肿大、出血，伴有大量不规则坏死灶。

（程安春，朱德康）

第二节 鉴别诊断

在临床实践中，鸭瘟的临床表现有时容易与高致病性禽流感、鸭霍乱、鸭病毒性肝炎、鸭黄曲霉毒素中毒、鸭传染性浆膜炎等疾病混淆，应该注意加以鉴别。

一、鸭瘟与禽流感的临床鉴别诊断

从临床症状和病理变化方面，鸭瘟与禽流感有较多相似之处，如内脏器官的广泛性出血。不同之处，患高致病性禽流感的鸭出现摇头、扭颈、头颈震颤等神经症状；肺充血、出血，水肿，瘀血；胰腺表面有出血斑或透明样坏死灶；坏死的白色心肌纤维与正常粉红色的心肌纤维明暗相间形成“虎斑心”。但患禽流感的鸭食管黏膜不形成假膜，泄殖腔黏膜通常也不形成假膜，肠道浆膜不形成环状出血带。

二、鸭瘟与鸭霍乱的临床鉴别诊断

鸭霍乱是由多杀性巴氏杆菌引起鸭的一种急性败血性传染病。本病常呈暴发性流行，一般发病急，病程短，全身广泛出血，容易与鸭瘟混淆。

鸭霍乱一般无肿头、流泪、两脚发软等鸭瘟临床表现。剖检病理变化方面，鸭霍乱的特征是肝脏表面出现密集的、灰白色针尖大小坏死点；鸭瘟病例的肝脏表面有出血斑及呈散在的、不规则的灰白色坏死灶。

鸭霍乱病例食管黏膜不形成假膜，肠道外壁浆膜通常也没有环状出血带。青霉素和磺胺类抗生素药物对鸭霍乱有一定的治疗效果，而对鸭瘟则完全无效。

三、鸭瘟与鸭病毒性肝炎的临床鉴别诊断

鸭病毒性肝炎出现的肝脏肿大和出血的病理变化容易与鸭瘟混淆。

鸭病毒性肝炎的发病年龄多在 30 日龄内，青年鸭和成年鸭感染后无临床症状。但鸭瘟可使各年龄阶段的鸭发病，且成年鸭比雏鸭更为严重。

鸭病毒性肝炎出现的肝脏肿大和出血并不伴随坏死灶的出现，而鸭瘟病例肝脏肿大和出血常常伴随坏死灶的出现。

鸭病毒性肝炎病例的肠道浆膜面缺乏鸭瘟病例的环形出血带的病理变化。

四、鸭瘟与鸭黄曲霉毒素中毒的临床鉴别诊断

鸭黄曲霉毒素急性中毒的肝脏肿大和出血的病理变化容易与鸭瘟混淆。

黄曲霉毒素急性中毒的鸭缺乏鸭瘟病例全身各器官广泛出血、肝脏肿大并伴有灰白色坏死灶、鸭食管和泄殖腔黏膜常常形成假膜、肠道浆膜形成环状出血带等特征病变。

黄曲霉毒素中毒的鸭群，及时更换不含黄曲霉毒素的饲料后，患病鸭会逐渐康复。

五、鸭瘟与鸭传染性浆膜炎的临床鉴别诊断

鸭传染性浆膜炎部分病例有头颈肿大、下痢、浆液性或黏液性分泌物污染眼睑周围等症状容易与鸭瘟混淆。

鸭传染性浆膜炎的纤维素性肝周炎、纤维素性心包炎和纤维素性气囊炎等“三炎”病理变化是鸭瘟病例所不具有的。

鸭瘟病例全身各器官广泛出血、肝脏肿大并伴有灰白色坏死灶、食管和泄殖腔黏膜常常形成假膜、肠道浆膜形成环状出血带等特征病变在鸭传染性浆膜炎病例是看不到的。

鸭传染性浆膜炎的病原是鸭疫里默氏菌，许多抗生素对其有较好的治疗效果，而抗

生素对鸭瘟则完全无效。

（朱德康，程安春）

第三节 实验室诊断

鸭瘟的实验室诊断是确诊鸭瘟最为准确的技术手段。实验室鸭瘟诊断的经典方法是病毒分离和血清中和试验。随着科学技术的发展，鸭瘟的实验室诊断技术也得到快速发展，根据试验目的不同（病原的鉴定、血清流行病学调查、分子流行病学调查、疫苗免疫效果评价等）可选用不同方法。本节对鸭瘟的实验室诊断仅做简要介绍。

一、病毒分离与鉴定

一般采用发病后期或濒临死亡的病鸭血液、肝脏、脾脏或肾脏等器官或组织，经处理后接种鸭胚成纤维细胞（DEF）、9～14 日龄鸭胚（绒毛尿囊膜）或 1 日龄易感雏鸭进行病毒的分离鉴定。病毒接种 DEF 后 24～36 h 形成极小的葡萄状病变，随后病灶逐渐扩大和发生坏死，形成病毒蚀斑。鸭胚于接种后 4～10 d 内死亡并出现特征性的弥散性出血，肝脏有特征性灰白色和灰黄色针尖大小的坏死点就可初步确诊。若初代分离为阴性时，收获鸭胚绒毛尿囊膜均质化处理后盲传 2～4 代可产生病变。肌内注射 1 日龄易感雏鸭（番鸭），3～12 d 后感染鸭发病死亡，尸检发现典型病变，并结合攻毒保护试验或电镜观察及血清学诊断加以确诊。低毒力或非致病毒株可能不引起临床症状，此时应检测存活鸭体内抗体水平。

二、血清学方法

（一）血清中和试验（NT）

血清中和试验是鉴定鸭瘟最经典和公认的方法。但该方法繁琐耗时，试验要求严格，仅适用于实验室操作。此试验常用鸭胚、鸡胚，亦可以使用鸭胚成纤维细胞或鸡胚成纤维细胞等（Tantaswasdi 等，1977），其中以鸭胚成纤维细胞的敏感性高、操作简捷、使用最为方便。该试验主要采用固定血清/稀释病毒法。Ken Wolf 等（1974）首次发现鸭胚成纤维细胞对 DPV 非常敏感，即当 DPV 接触鸭胚成纤维细胞时，细胞会发生病变，整个过程只需要 60～72 h。他们利用这一特点进行了鸭胚成纤维细胞的微量中和试验。随后，Tantaswasdi（1977）、Davison（1993）分别采用血清中和试验分离、鉴定了 DPV。这种方法不但可以用于鉴定 DPV，还能利用不同时间段的鸭群的血清监测 DPV 抗体中和效价的变化趋势对该病做出判断。健康禽类的中和效价一般介于 0～1.5，如果中和效价达到或超过 1.75，就表明感染了 DPV。目前，NT 已经成为 OIE 指定的检测 DPV 方法之一。

（二）琼脂扩散试验（AGP）

AGP 是在琼脂糖凝胶中进行的抗原抗体免疫沉淀反应。该方法具有简单、试验条件要求低、易于推广等优点，但其敏感性较差。Cottral（1978）、陈伯伦等（1981）和叶润全等（1991）均报道，AGP 只能检测出血清中的 DPV 抗体或尿囊液中的病毒，而不能直接检测病料中的病毒。洪锋等（1989）使用鹅体制备的 DPV 高免血清，利用 AGP 检测 DPV 抗原的结果为阴性；叶润全等（1991）曾用冻融和超声波裂解方法处理病料，再用 AGP 检测其中 DPV，均获得阴性结果。因此，其认为 AGP 直接检测病料中 DPV 的关键之一在于提高待检材料中的 DPV 抗原的含量。1992 年，徐耀基等采用氯仿提取，聚乙二醇浓缩处理病料，提高病毒含量和纯度后，成功检测出病料中的 DPV，其中病料中肝脏 DPV 的检出率最高，其次是脑和脾脏。

（三）酶联免疫吸附试验（ELISA）

ELISA 是当前在 DPV 检测中应用最广、发展最快的一项技术。其过程是将抗原（或抗体）吸附于固体载相，在载体上进行染色，底物显色后用肉眼或分光光度计判定结果。ELISA 既可检测抗体，又可检测抗原，具有简单、快速、准确的特点，且样品需要量少，同时可用于大批量样品的检测，结果容易判断，易于基层推广。1987 年，王红宁等首先应用 ELISA 检测鸭瘟病毒。程安春等（1997）建立间接酶联免疫吸附试验检测鸭瘟抗体，与血清中和试验的符合率为 100%，但其敏感性比血清中和试验要高 1 000 倍，且重复性好，试验操作用时短（大约经 6 h 即可获得结果），可用于大批量样品的检测。袁明龙等（2001）以 Sephadex G 200 柱层析纯化的 DPV 作为包被抗原，将提取、纯化的羊抗鸭 IgG 以 HRP 标记作二抗，建立了检测 DPV 抗体的间接酶联免疫吸附试验。经对不同血清样品的检测，证明此方法特异性高、重复性好。随后，郑福英等（2004）、马秀丽等（2005）、闫虹光等（2008）先后建立并优化了检测 DPV 血清抗体间接 ELISA。Kumar 等（2004）成功建立间接 ELISA 检测 DPV，进一步证实了该法检测 DPV 抗体的特异性和敏感性。徐耀基等（1992）以硝酸纤维素膜为固相载体，建立了检测 DPV 抗原的 Dot－ELISA。经 3 次重复检测，对人工发病雏鸭的粪便检出率高达 80%，重合率达 100%。Malmarugan 等（2002）比较了 Dot－ELISA 和间接血凝试验（passive haemagglutination test，PHA）对 200 份样品的检测结果，证明两种方法相关性很高，差异不显著，该 Dot－ELISA 可用于田间试验。2007 年，齐雪峰等（2007）在前人的研究基础上，率先研制成功了间接 ELISA 检测 DPV 的试剂盒，试验证明该试剂盒可用于 DPV 的血清流行病学调查和鸭场免疫抗体水平的检测。贾仁勇等（2009）建立了有效检测鸭瘟病毒 UL24 蛋白的抗原捕获 ELISA（AC－ELISA），该方法建立在重组 DPV UL24 蛋白多克隆抗体的基础上，对人工感染的病鸭血清进行检测，最低检出量为46 ng/100 μL。AC－ELISA 能够短时间内准确、快速地直接检测大批量样品中的 DPV 抗原，明显优于病毒分离和免疫荧光技术等方法，而且具有半自动化的特点，能自动显示结果，更适合于各级兽医研究机构和生产单位应用。

（四）反向间接血凝试验（RPHA）

RPHA 对病原的诊断主要通过利用抗体致敏红细胞在相应抗原存在时会发生凝集反应来实现。优点是操作简单，不需要昂贵的设备和试剂，致敏红细胞可长期保存。1984 年，Deng 等建立并优化了 RPHA 检测 DPV 方法，并与其他两种检测技术［间接免疫荧光（IF）和病毒蚀斑试验（plaque assays，PA）］进行了比较分析。结果发现三种方法具有良好的相关性，但 RPHA 敏感性较低，不适合少量 DPV 检测。但该方法对于感染病鸭大量排毒而使送检组织存在大量病毒的 DPV 定性检测来说已经足够敏感，具有一定的实用价值。

（五）免疫荧光和免疫组化技术

免疫荧光技术包括免疫荧光和免疫组化，都是直接或间接检测细胞飞片、石蜡切片或冰冻切片上的各组织病毒抗原的方法。间接免疫荧光（IF）利用标记的荧光素或标记酶，在细胞飞片或组织切片进行一系列抗原和抗体特异性反应，最终通过荧光或特定的显色系统展示一定的颜色，并借助显微镜对颜色进行观察，以达到检测抗原的目的（许益民等，2001）。此外，该方法的一个显著优点是，可以研究病毒或病毒结构蛋白在细胞和组织中的定位，以及病毒在各组织中动态变化规律。目前 IF 被认为是 DPV 检测的一个经典方法。K. T. Lim 等（1994）最早应用间接免疫荧光检测鸭瘟病毒并发现 IF 和 NT 方法检测鸭瘟具有良好的符合率。Samia Shawky 应用免疫荧光染色法在脾、胸腺和法氏囊检测到鸭瘟病毒抗原，其研究表明 B 淋巴细胞和上皮细胞是鸭瘟病毒侵袭的主要靶细胞。Islam 等（1993）建立的免疫组织化学方法能够检测石蜡包埋组织块中的鸭瘟病毒抗原，并发现在经口感染的家鸭，病毒初步在消化道黏膜复制，然后扩散到法氏囊、胸腺、脾、肝等病毒复制的靶器官上皮细胞和巨噬细胞。胡薛英等（2006）利用 DPV 单克隆抗体研究鸭瘟病毒在鸭体内的分布，亦得到类似的结论。2007 年，徐超等建立了检测甲醛固定鸭组织石蜡切片上 DPV 抗原的间接酶免疫组化法，对强毒致死鸭的检测结果表明：该方法可特异性检测到肝、肺、肾、脑、十二指肠、空肠、回肠、直肠、法氏囊、脾脏、腺胃及食管中的 DPV。DPV 主要分布于这些器官的上皮细胞和巨噬细胞；对 1992—2004 年经 10%福尔马林保存的鸭瘟临床病例的肝脏检测结果均为阳性，表明该方法可以对甲醛固定组织进行回顾性诊断。沈福晓等（2010）曾报道应用间接酶免疫组化法检测 DPV 在人工感染鸭体内的细胞定位，结果显示，将肝、肾、肠道及食管作为检测的首选器官，能够准确定位，且操作相当简便。免疫组化法能够利用光学显微镜直观地观察到抗原物质在组织器官内细胞水平的准确分布及定位，是研究病原致病机制的有效手段和方法。该方法拥有特异性高、直观等优点，能够对肝脏、脾脏、胸腺、法氏囊及肺脏等组织进行检测，且阳性检出率比较高。但该技术需要荧光显微镜，设备要求较高，且非特异性染色问题尚未完全解决，结果判定的客观性不足，技术程序比较复杂。

（六）微量固相放射免疫测定法（micro-SPRIA）

微量固相放射免疫测定法（micro-SPRIA）是用表面能吸附抗体的塑料或其他材料作为固相载体，用同位素标记抗体或抗原，以测定相应抗原或抗体的一种微量检测技术（蒋伟伦等，1979）。其灵敏度和特异性高、操作简便、节省材料、标记抗体对抗原纯度要求不高，可广泛应用于微量可溶性抗原、抗体的检测。徐耀基等（1992）应用微量固相放射免疫测定法在人工感染鸭发病后 48 h 陆续从病鸭、鹅的肝、脾、脑及血清等材料检出 DPV，其中肝、脑的检出率为 80%，最高达 100%。该方法能够在感染 DPV 的鸭、鹅刚出现体温升高，特征性症状和病变尚未出现之前对鸭瘟进行检测，适用于发病早期的诊断，对疫情监测和交通口岸的鸭检疫具有重要的应用价值。

（七）胶体金免疫层析试纸条法（ICS）

胶体金免疫层析试纸条法（immunochromatographic strip，ICS）是在酶免疫结合试验的基础上发展起来的，作为当今检测病原体敏感的免疫学技术之一，其操作简便、快速、特异、可单份操作或大批量检测、不需要特殊设备和试剂、操作人员无需进行技术培训、结果判断直观，可广泛适用于基层单位，并适用于现场检测。沈婵娟等（2010）首次利用纯化的重组 DPV UL51 蛋白建立了能检测血液样品中 DPV 抗体的免疫胶体金快速诊断试纸条法（UL51 - ICS）。该方法是基于膜层析原理，并以胶体金标记的重组 UL51 蛋白和胶体金标记的羊抗兔 IgG 混合物共同作为示踪剂的一种方法。结果表明，该方法能够检出 1∶128 倍稀释的 DPV 阳性血清，具有较强的敏感性；该方法对非 DPV 的鸭源病原体阳性血清检测均为阴性，具有很好的特异性；同时，也具有良好的批内及批间重复性和较好的稳定性，制备好的试纸条在 4 ℃或 25 ℃至少可保存 1 年。对 110 份地方鸭血清检测结果显示，UL51 - ICS 与 ELISA、NT 具有很高的符合率，其敏感性介于 ELISA 和 NT 之间，并且该方法经济、快速（10～15 min 显示结果）、易于操作且不需要特殊的仪器设备。

同时，沈婵娟等（2010）还利用纯化的兔抗重组 UL51 蛋白多克隆抗体，建立了一种简单和快速的检测 DPV 抗原的 ICS。此方法能够检出 125 ng/mL 的病毒含量，具有较高的敏感性；该方法对非 DPV 的鸭源病原体检测结果均为阴性，具有很好的特异性；同时，也具有良好的批内及批间重复性和较好的稳定性，制备好的试纸条在 4 ℃、25 ℃或 37 ℃至少可保存半年。对 10 份感染 DPV 强毒病鸭的泄殖腔棉拭子的检出率达 90%，而对 10 份未感染 DPV 强毒鸭的泄殖腔棉拭子的检测结果均为阴性。同时用 AC - ELISA、ICS 和常规 PCR 三种方法对 10 份人工感染 DPV 强毒后的病鸭泄殖腔棉拭子样品进行检测，结果显示，与 PCR 相比，建立的 ICS 具有较高的特异性、敏感性和符合率，适于在现场或实验室进行 DPV 感染的检测。

三、分子生物学方法

（一）PCR

1998 年，Plummer 等对 DPV 的基因组酶切、克隆、测序，获得 DPV 的 UL6 和 UL7 基因，并最早根据 UL6 的高保守区设计了引物，PCR 检测鸭瘟临床样品和 DPV 传代后的鸭胚并获得阳性结果。1999，Hansen 等获得鸭瘟疫苗株基因组中的一个长约 765 bp 的 *Eco*R Ⅰ片段序列（DPV 聚合酶的一段基因），并根据其设计 PCR 引物，成功建立了检测鸭瘟的 PCR 方法。Hansen 发现在鉴定 DPV 时，PCR 能检测到 1fg 的鸭瘟疫苗株 DNA，相当于 5 个基因组的拷贝，PCR 较组织培养灵敏 20 多倍。随后学者们迅速开展了对DPV的PCR检测。随后，Pritchard等（1999）、郭霄峰等（2002）、陈建君等和韩先杰等（2003）、刘菲等和程安春等（2004）、宋涌等（2005）、魏雪涛等（2010）多位学者先后建立了检测DPV的PCR，用于诊断DPV或研究DPV在各组织的定位和分布规律等。PCR用于检测DPV具有很高的特异性、敏感性，对于急性鸭瘟及隐性带毒禽类的检测具有重要意义。

（二）实时荧光定量PCR

实时荧光定量PCR（real-time fluorescent quantitative PCR，FQ-PCR）相对于普通PCR可实现完全闭管在线检测，无需PCR后产物电泳，避免假阳性和核酸染料对人体的伤害，并且可以自动分析处理数据，缩短了检测时间，提高了反应的灵敏度和特异性。目前，应用于DPV检测的实时荧光定量PCR主要有SYBR Green染料法和TaqMan探针法。

SYBR Green染料法：在PCR反应体系中加入SYBR荧光染料，当染料特异性地掺入DNA双链后，发射荧光信号；而不掺入链中的SYBR染料分子不会发射任何荧光信号，从而保证荧光信号的增加与PCR产物的增加完全同步。汤承等（2006）以DPV标准强毒株DNA为模板，特异性地扩增DPV UL6和UL7之间101 bp的片段，建立了SYBR Green Ⅰ实时荧光定量PCR检测鸭瘟病毒的方法。用该方法检测鸭瘟标准强毒、疫苗毒及野毒株均为阳性，检测其他受试的非鸭瘟病毒DNA均为阴性，对6个临床送检样本的检出率为6/6，与病毒分离鉴定结果一致；检测时间缩短至3 h，可检测出每微升1.57×10^4拷贝的病毒DNA。

TaqMan探针法：在PCR反应体系中加入一对引物和一条特异性的荧光探针，双重保证，提高了特异性和灵敏度。该探针两端分别标记一个荧光发射基团和一个荧光淬灭基团。探针完整时，发射基团发射的荧光信号被淬灭基团吸收；PCR扩增时，探针和目的基因结合，Taq酶的5′-3′外切酶活性将探针酶切降解，使荧光发射基团和荧光淬灭基团分离，从而荧光监测系统可接收到荧光信号，即每扩增一条DNA链，就有一个荧光分子形成，实现了荧光信号的累积与PCR产物形成完全同步，从而实现定量。相比较而言，探针杂交技术在原理上更严格，所得数据更精确，而荧光染料技术成本更低廉，试验设计更简便。郭宇飞等（2006）使用第二代的TaqMan-MGB探针，建立、优化TaqMan探针检测DPV的实时定量方法，并将其应用于DPV在鸭胚成纤维细胞增殖变化规律的检测，填补了相关领域的空白。Yang Falong等（2005）以DPV的已知的DNA聚合酶基因序列为模板设计了一对引物和TagMan探针，建立了两步法检测DPV的定量PCR。汤承等（2006）用realtime PCR（实时荧光定量PCR）实现定量检测鸭瘟标准强毒（DPV F37）和鸡胚弱化疫苗毒（C _ KEC）在鸭胚中的动态分布。将该法与空斑法定量检测结果进行相关性分析，发现两者存在显著的直线相关，说明 Realtime PCR 技术完全可以替代空斑法定量检测 DPV，并可将检测时间从 144 h 缩短至 3 h。杨发龙等（2006）亦根据 DPV 的聚合酶基因序列建立了定量 PCR，最少可检测到 23 个阳性质粒，比传统 PCR 的敏感性高出 104 倍。石建平等（2009）、邹庆等（2010）、徐洋等（2012）也先后建立了检测 DPV 的 TaqMan 实时荧光定量 PCR，不仅实现了对 DP 的快速诊断，也实现了对 DPV DNA 由定性到定量的检测，对于隐性带毒病鸭的检测具有重要意义。

（三）环介导等温扩增技术（LAMP）

环介导等温扩增技术（loop - mediated isothermalamplification，LAMP）是一种核酸扩增技术，由 Notomi 等于 2000 研发，它通过识别靶序列上的 8 个特异性区域，利用 Bst DNA 聚合酶在恒温下（60～65 ℃）的瀑布式扩增特点，在等温条件下即可进行核酸扩增。该方法具有操作简便、反应快速、成本低廉和结果可视化等优点，被广泛应用于细菌、病毒、寄生虫、真菌等病原体的检测，是一种适用于基层实验室快速、准确检测 DPV 的方法。冀君等（2009）、许宗丽等（2012）利用 DPV 保守基因区域设计引物，先后建立了 DPV 的 LAMP 可视化检测方法。张坤等（2013）根据 DPV 基因组序列，设计 3 对特异性的环介导等温扩增引物，经优化反应体系，建立了 LAMP 快速检测方法。结果表明，LAMP 能够在 63 ℃恒温下，1 h 内实现目的核酸的大量扩增。结果判定时只需要在扩增产物中加入 SYBRGreen Ⅰ染料，就可以直接在可见光或紫外光下观察颜色变化。该方法敏感性可达 0.245 μg/L，比普通 PCR 灵敏性高 10 倍；对鸭病毒性肝炎病毒、H9N2 亚型禽流感病毒、鸭副黏病毒、鸭源偏肺病毒等的核酸无交叉反应。

（四）核酸探针技术

核酸探针技术是最早用于 DPV 检测的分子生物学方法，使用放射性或非放射性物质标记核酸作为探针，在待检组织细胞识别特定核酸序列并显示阳性杂交信号。贺东生等（1993）利用建立的光敏生物素标记鸭瘟病毒核酸探针方法检测鸭瘟病毒，最低可检测出 10pg 的病毒含量。Kerman 等（2003）成功应用核酸探针技术检测 DPV，结果表明，该方法不仅具有高特异性、高敏感性，还可以作为分子水平探讨鸭瘟发病机制和临床早期快速诊断的一种有效手段。韩先杰等（2004）利用 PCR 获得 DPV 的 DNA 聚合酶的一小段保守序列，制备成地高辛标记核酸探针，建立了利用核酸探针检测 DPV 的方法，最低检测量为 22pg，敏感性高。核酸探针技术适用于实验室检测及出入境动物的检疫。

（五）原位杂交技术（ISH）

原位杂交技术（in situhybridization，ISH）是分子杂交和组织化学的成功结合，以标记的 DNA 或 RNA 为探针，能在原位检测组织细胞内特定的 DNA 或 RNA 序列。该技术自 1969 年创立以来（gall J. G 等，1969；John H. A 等，1969；Buongiorno－Nardelli M 等，1970），经过 30 多年的发展、完善，现已广泛地应用于生物科学各个领域的基础研究。该方法具有直观、特异性强的优点，是对 DPV 进行检测和病原定位的良好方法，可用于 DPV 的侵染过程和致病机制研究，以及回顾性诊断检测。运用原位杂交技术，在显示阳性杂交信号的同时，还能判定含有靶序列的细胞类型，以及组织细胞的形态结构特征与病理变化。但有时候，原位杂交技术的应用受到其敏感性的限制。一般拷贝数较高的序列较易被检出，而细胞内单拷贝 DNA 序列和低于 10～20 拷贝的 RNA 序列，则不能被原位杂交技术检出。程安春等（2009）利用生物素标记探针建立了从石蜡切片中检测出 DPV 核酸的原位杂交方法，并对人工感染死亡鸭的各组织器官进行检测。

（六）原位 PCR

原位 PCR（in situ polymerase chain reaction）就是将 PCR 高效扩增与原位杂交的细胞定位相结合，在组织细胞原位检测单拷贝的特定 DNA 或 RNA 序列。原位 PCR 的待检样本一般需先经化学固定，以保持组织细胞良好的形态结构。细胞膜和核膜有一定的通透性，PCR 扩增所必需的各种成分，如引物、DNA 聚合酶、4 种 dNTP 等进入细胞内或核内，以固定的 DNA 或 RNA 为模板，在原位进行扩增。扩增反应在由细胞膜组成的“囊袋”内进行。而扩增产物因分子较大或互相交织，不易透过细胞膜向外扩散，因此，能保留在原位。经过 PCR，原来细胞内单拷贝或低拷贝的特定 DNA 或 RNA 序列呈指数扩增。这样就很容易应用原位杂交技术将其检出。原位 PCR 综合了 PCR 和原位杂交的特点，既能检出细胞内单拷贝或低拷贝的 DNA 或 RNA 序列，而且还可对含靶序列的组织细胞进行形态学分析。

廖永洪（2004）建立了间接原位 PCR，并用其检测鸭瘟强毒人工感染鸭的肝脏。结果表明，在感染后 2 h 即可出现阳性反应。原位杂交技术与间接原位 PCR 检测肝组织结果比较表明，间接原位 PCR 比原位杂交技术提前 2 h 从肝脏中检测到鸭瘟病毒 DNA；另外，间接原位 PCR 与原位杂交技术平行检测肝组织时，间接原位 PCR 检测到阳性信号明显强于原位杂交技术的检测结果。程安春等（2008）利用间接原位PCR，分别对18份肝脏临床病料和5份肝脏石蜡切片中DPV进行检测，最后结果显示均为阳性，与此同时，与病毒分离鉴定进行比较，符合率达到100%。这说明原位PCR能够用于DPV的快速诊断、分子流行病学调查，以及保存已久的蜡块的回顾性诊断和致病机制的研究，特别是对于DPV的早期感染，原位PCR的敏感性最高，同时还可以观察到病原定位的细胞类型以及组织细胞的形态结构特征和病理变化。

（程安春，吴英）

鸭瘟检测实验室的质量管理

实验室检测的质量控制涉及多个环节。一般而言，影响实验室检测结果的因素包括人员、设备设施与环境条件、样品方法、溯源性及与结果有关的材料等，如能控制上述影响因素，即可保证检测结果的准确、可靠。

一、病毒分离鉴定的质量控制要点

（一）细胞培养

细胞培养病毒是分离鸭瘟病毒（DPV）的主要手段之一，从临床样品分离所得的病毒悬液经0.22 μm滤器过滤以后，需要使用原代鸭胚成纤维细胞（DEF）进行病毒的体外培养。

病毒接种时，需要注意：原代鸭胚成纤维细胞的融合密度为80%～90%，且需要在制备的原代细胞24 h之内接种病原；病毒吸附过程中，需要使用预热PBS润洗细胞表面2次；接种待分离的无菌病毒悬液，37 ℃孵育悬液1 h，期间每隔15 min轻摇细胞瓶一次，使之充分吸附。有文献报道，DPV在DEF上的生长温度偏爱39.5～41.5 ℃，但是稍低的温度对病毒生长影响不大，一般实验室常选用37 ℃培育病毒。

细胞病变的出现一般在接种病毒后的2～4 d，且往往需要1代以上盲传才观察到明显的细胞病变（CPE）。可采用直接或间接免疫荧光方法鉴定病原。

（二）雏鸭的人工感染

常选用1～4周龄的非免疫雏鸭，以肌内注射的方式感染，易感雏鸭往往在3～12 d内发病、死亡。同时，设立以PBS代替病毒悬液的相同操作的实验对照组。一般，番鸭对DPV的易感性高于北京鸭。

（三）鸭胚的人工感染

使用9～12日龄非免疫鸭胚进行病毒接种，一般鸭胚在感染后3～7 d死亡。往往需要2代以上的盲传，病毒才能成功感染易感鸭胚。该方法必须使用处于易感日龄的易感鸭胚。鸡胚不易感DPV，因此不适用于该方法。

（四）核酸检测试验——PCR检测

制备10%组织黏膜悬液，按照酚氯仿法或使用病毒DNA提取试剂盒进行病毒DNA核酸提取，进而用作PCR检测的扩增模板。制备好的DNA模板可以在4 ℃保存数天，用于近期检测；长期保存，需要冻存于－20 ℃冰箱。严格按照PCR检测要求的试剂比例及PCR反应程序进行。

PCR产物的电泳需要使用1%琼脂糖凝胶，1×TAE（40 mmol/L Tris，1 mmol/L EDTA，pH8.3）；电泳时，控制电泳仪器电压90～120 V，电泳时间20～40 min。

二、设立独立质控品及对照组

每次检测试验都需要设立商品化的或由实验室自己制备（已经确定DPV病原阳性的样品）的质控品，且同时设置阴性对照组及空白对照组。实验室自制的质控品在使用前必须充分验证其性能特征，证明其合格性。

鸭瘟实验室检测过程中，务必利用多种手段如对盲样进行检测，从而验证检测工作的可靠性及稳定性。务必使用标准物对检测结果进行重复检测。同时，通过对标准物质的检测，确保检测仪器处于正常状态。最后，综合考虑多种检测结果，而编制检测报告。

（陈舜）

第五节 鸭瘟检测实验室生物安全管理

实验室生物安全是指为避免病原微生物对人、环境和社会造成的危害或潜在危害，而采取的防护措施和管理措施，以达到对人、环境和社会安全防护目的一种综合行为。

国家根据病原微生物的传染性、感染后对个体或者群体的危害程度，将病原微生物分为四类：第一类病原微生物，是指能够引起人类或者动物非常严重疾病的微生物，以及我国尚未发现或者已经宣布消灭的微生物；第二类病原微生物，是指能够引起人类或者动物严重疾病，比较容易直接或者间接在人与人、动物与人、动物与动物间传播的微生物；第三类病原微生物，是指能够引起人类或者动物疾病，但一般情况下对人、动物或者环境不构成严重危害，传播风险有限，实验室感染后很少引起严重疾病，并且具备有效治疗和预防措施的微生物；第四类病原微生物，是指在通常情况下不会引起人类或者动物疾病的微生物。

鸭瘟病毒在动物病原微生物分类中，属于第三类动物病原微生物。对鸭瘟病毒实验室操作的总体要求如下：鸭瘟病毒分离培养的实验室要求是 BASL－1，动物感染试验的实验室要求是 ABSL－2，未经培养的感染性材料试验的实验室要求是 BSL－2，灭活材料试验的实验室要求是 BSL－1。

一、操作鸭瘟病毒的实验室生物安全管理体系的运行

（一）严守法律法规

依据国家相关法律法规和标准，编制实验室生物安全手册，充实和完善各种生物安全管理制度，包括：准入制度，培训考核制度，健康监护制度，安全保卫制度，生物安全自查制度，设施/设备监测、检验和维护制度，资料档案管理制度，实验室意外事件处理及报告制度，以及医疗废弃物安全处置等相关制度。同时，各操作室根据各自从事工作的特点，分别制定相应操作性强、具体翔实的规章制度。

（二）建立健全组织机构

明确分工，落实生物安全责任制。根据生物安全的相关要求和具体工作，对生物安全委员会进行部分调整和增补。设立生物安全委员会办公室，由生物安全委员会办公室统一协调，各部门各司其职，各负其责，密切配合，共同做好病原微生物实验室生物安全管理工作。单位法人是实验室生物安全第一责任人，并确定实验室主管为实验室生物安全管理工作的主管领导，负责所有实验活动的安全；建立问责制度，对违反规定发生的实验室生物安全事件，逐级追究责任。

（三）人员管理

所从事的工作内容或所在岗位职责涉及病原微生物操作和管理的一切人员，包括：行政管理、专业技术、质量监督、安全保卫、健康监护、检验工作辅助、专职消毒、废弃物管理、洗刷、保洁人员和外来单位参观、学习、工作等人员。从事病原微生物操作和管理的各类人员必须具备相应的资质和工作经验，并接受相应的培训及通过考核。

（四）实验室人员的生物安全管理

工作人员进入实验室时，应严格按照生物安全二级防护，即必须着实验衣、工作帽、口罩、工作鞋，穿戴整洁。应穿着舒适、防滑并能保护整个脚面的工作鞋；在实验工作区头发不可下垂，避免与污染物质接触或影响实验操作，有此类危险的饰物也应避免带入工作区；由实验工作区进入非污染区要洗手，出入实验室严格按照人流路线行进。工作人员进入非污染区要脱去工作服，严禁穿工作服进入非污染区。

当天检测完毕的标本，按照编号顺序放入试管架中，应注明日期；用后的标本应放回原处，严禁随意乱放；废弃的标本应先用实验室内高压消毒锅灭菌处理后送污物处理中心。对具有传染性的特殊标本和分离株应保存在带锁的低温冰箱中，指定专人管理，并建立专门的登记本。

应将操作、收集、运输、处理及处置废物的危险减至最小；将废弃物对环境的有害作用减至最小；只可使用被承认的技术和方法处理和处置危险废弃物；废弃物的排放应符合国家或地方规定及标准的要求。

二、操作鸭瘟病毒的实验室安全设备和个体防护

安全设备和个体防护用品是防止实验室工作职员与致病微生物及其毒素直接接触的

一级屏障。

1. 生物安全柜是最重要的安全设备，形成最主要的防护屏障。实验室应按要求配备生物安全柜。所有可能使致病微生物及其毒素溅出或产生气溶胶的操纵，除实际上不可实施外，都必须在生物安全柜内进行。不得用超净工作台代替生物安全柜。

2. 必要时实验室应配备其他安全设备，如配有排风净化装置的排气罩等，或其他确保病微生物不会逸出的安全设备。

3. 必须给实验室工作职员配备必要的个体防护用品，包括：实验衣、工作帽、口罩、工作鞋，等等。

三、操作鸭瘟病毒的实验室布置和准进规定

1. 在主实验室应合理设置清洁区、半污染区和污染区。

2. 非实验有关职员和物品不得进出实验室。

3. 在实验室内不得进食和饮水，或者进行其他与实验无关的活动。

4. 实验室工作职员、外来合作者、进修和学习职员在进出实验室之前必须经过实验室主管的批准。

四、采集疑似鸭瘟病例的病原微生物样本应当具备下列条件

1. 具有与采集病原微生物样本所需要的生物安全防护水平相适应的设备。

2. 具有掌握相关专业知识和操作技能的工作人员。

3. 具有有效防止病原微生物扩散和感染的措施。

4. 具有保证病原微生物样本质量的技术方法和手段。

5. 工作人员在采集过程中应对样本的来源、采集过程和方法等做详细记录。

五、常用的普通设备的使用

（一）吸管的使用

使用前先检查吸管是否有破损或裂纹，若有，弃之，以避免使用过程中破裂造成人体伤害和环境污染；所有吸管应带有棉塞，以减少移液辅助器（如胶皮吸球）的污染，避免动作过大致使液体外溅；混合感染性物质时不能采用反复吹吸混匀法，应将感染性

物质装入带有密封盖的离心管震荡混匀后，再离心甩下盖子上的液体，然后小心打开盖子；使用后，若是安装胶皮吸球的吸管，在卸吸球前应将吸管内液体充分去尽，并在卸胶皮吸球时将吸管头对准盛有消毒剂的污物缸；污染的吸管应完全浸泡在盛有适当消毒液的防碎容器中，18～24 h 后再进行处理。

（二）加样器的使用

使用前确认所需刻度正确；安装加样头时用加样器从盒中直接取加样头安紧，避免用手拿加样头；吸液时向下按一档，待吸足后向外吹液时向下按两档；去除加样头时避免用手直接接触污染的加样头；卸下污染的加样头并处理。

六、鸭瘟病毒的实验室消毒

以高温高压灭菌处理接触鸭瘟病毒的器械及可疑污染物品；对于不能高压处理的含有病原的液体或固体废弃物，使用高温（100 ℃煮沸）处理；用含氯消毒剂或 75%乙醇擦实验台面、仪器表面及不耐高压的加样器等物品表面；用 0.5%过氧乙酸喷洒地面；紫外线照射室内空气；生物安全柜内壁先用含氯消毒剂擦拭，再用 75%乙醇擦拭，最后用紫外线照射 30 min（注意各种消毒剂的有效期和有效浓度）。

（陈舜）

第八章

流行病学调查与监测

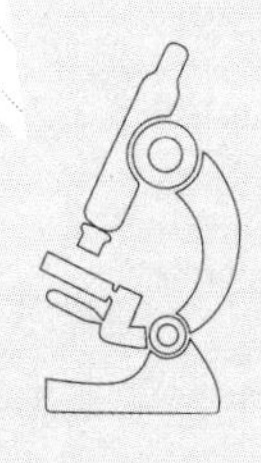

基本概念

一、流行病学

（一）概念

流行病学（epidemiology）：是研究动物群体疾病与健康状况的分布及其影响因素，并研究防治疾病、促进动物健康的策略和措施的科学。本章主要涉及鸭瘟的流行病学调查与监测，因此，本章流行病学主要是研究鸭群中鸭瘟发病与健康状况的分布及其影响因素，并研究防治鸭瘟、促进鸭群健康的策略和措施的科学（罗家洪，2010）。

鸭瘟流行病学体现以下几点含义：

1. **研究对象** 鸭群整体。

2. **研究内容** 研究鸭瘟发生、发展及防疫。

3. **研究重点** 从鸭瘟分布揭示该病的流行特征，发生、发展规律，以及影响该病分布的决定因素。

4. **研究目的** 运用现代科学研究方法和手段，结合鸭瘟发病情况，研究预防措施，实施监测预警，评估防控效果。

（二）特征

流行病学（胡永华，2010），在兽医学学科中属于基础学科，在其学术体系中体现出如下特征：

1. **群体性** 流行病学着眼于一个国家或一个地区的鸭群鸭瘟发病情况，主要涉及鸭群中的大多数，而不仅仅注意个体的发病情况。

2. **起点性** 流行病学是通过收集、整理并考察鸭瘟在时间、空间和鸭群中的分布特征，来揭示该病在鸭群中发生和发展规律，为进一步研究、防控疾病提供线索，即以鸭瘟分布为起点来认识鸭瘟的。

3. **对比性** 对比是流行病学研究中的核心方法，通过对大量资料的对比调查、对比分析，从中发现鸭瘟发生原因或线索。

4. **概率性** 在描述某个国家或地区特定鸭瘟发生或死亡等情况时，通常用相对数来反映该病在鸭群中的严重程度或发生情况，如发生率、发病率或死亡率等，不是用绝对数来表示。

5. **相关性** 鸭群健康与生存环境密切相关。鸭瘟发生不仅与鸭体内环境有关，还必然受到鸭群所处的饲养环境和饲养管理的影响和制约，在研究鸭瘟发生原因和流行规律时，应全面考察影响研究对象因素的相关性。

6. **预防性** 流行病学作为预防兽医学的一门分支学科，始终坚持以预防为主，并以此作为学科的研究内容之一，面向鸭群整体，着眼于鸭瘟的预防，保护或促进鸭群的健康。

二、流行病学调查

流行病学调查（epidemiological investigation）是认识鸭瘟发生的原因、传播条件和流行规律的重要方法，通过询问、信访、问卷、现场查看、检测等多种手段，全面系统地收集与鸭瘟事件有关的各种资料和数据，基于综合分析得出合乎逻辑的病因结论或病因假设的线索，提出鸭瘟防控策略和措施建议的行为（沈朝建等，2013）。

根据调查角度不同，流行病学调查有不同的分类方法。包括信息收集方式（访谈、问卷、检测、观察），调查深入程度（定性调查、定量调查），调查对象的覆盖面（全面调查、抽样调查、典型调查），调查项目性质（专题调查、基线调查），调查时序（回顾性调查、前瞻性调查），时间紧迫性（紧急调查、常规调查），对照设置方法（病例对照调查、现患病调查、暴露对照调查），调查内容（防控效果、发病原因、疾病现状等）（陈继明等，2009）。

三、流行病学监测

鸭瘟流行病学监测（epidemiological surveillance）是指监测人员定期、系统、连续地收集、整理和分析鸭瘟的发生和死亡情况及其他有用数据，观察鸭瘟在各地的发生和分布趋势，核实和分析这些疫情，定期提供疫病基本情况并对疫病进行解释说明。

鸭瘟流行病学监测可以分为主动监测和被动监测。主动监测是指数据的主要使用者为获得鸭瘟疫情而设计实施的监测活动，其特点是整个活动是数据使用者设计，所收集数据种类和质量能够满足使用者要求。被动监测是指所用数据已经收集、用于其他目的的监测活动，不管数据的使用者是否参与，这种数据已经产生，其特点是省钱，但数据不能完全满足使用者要求，数据质量难以控制。一般而言，流行病学调查属于主动监测的范畴（沈朝建等，2013）。

四、流行病学调查与监测的关系

流行病学调查与流行病学监测是两个很近的概念，在本章，均是指在流行病学基本原理和方法指导下，从鸭群角度，调查鸭瘟疫情分布情况，分析鸭瘟发生、发展的影响因素，探讨鸭瘟防控策略和措施，均属于流行病学的范畴（陈继明等，2009）。

但二者有所不同，流行病学调查是为解决某一特定问题而实施的主动行为，数据收集活动多数是一次性的，具有时段性，通过分析数据，找出鸭瘟发生、发展的原因，提出解决问题的方法或建议措施。流行病学监测则是长期系统地、连续地收集数据，可以掌握鸭瘟发病率、分布区域等动态变化，发现鸭瘟防控中存在的问题，为流行病学调查制订合理的防控措施提供素材（沈朝建等，2013）。

（贾仁勇）

流行病学监测

一、流行病学监测意义

1. 流行病学监测是掌握鸭群鸭瘟发生、发展、分布等特征的重要方法 通过对鸭瘟疫情长期系统、连续性观察、检验和资料分析，考察鸭品种、日龄、生理状态等群体特性对鸭瘟发生和流行的重要影响，考虑鸭群饲养方式、管理模式、预防措施等与鸭瘟发生、发展的关联性，分析鸭瘟疫情分布特征、发展变化与流行趋势，有助于该疫病防控策略的制订。加强鸭群鸭瘟流行病学监测是及时发现、及时预警、防止蔓延的重要保障。

2. 流行病学监测是制订科学免疫程序、评价鸭瘟预防控制策略效果的重要依据 对鸭群免疫效果的评估监测，是科学评价免疫成败的最直接、最可靠的依据。为获得最佳免疫时间、免疫剂量、免疫途径，达到最佳免疫效果，在实施免疫时要根据鸭体鸭瘟抗体水平监测分析结果来制订科学免疫程序。流行病学监测是鸭瘟预防、控制、根除的基础性工作，对某一特定区域鸭群疫情发生、发展、流行情况的跟踪监测，可反映鸭瘟防控策略实施后的效果，也可为调整鸭瘟疫情防控措施、计划或制定防控制度提供科学依据。

3. **流行病学监测是早发现、早预防、早控制、早扑灭鸭瘟的重要举措**　流行病学监测有助于病原变异、非疫区出现鸭瘟疫情的早期发现，防止疫情的扩散，为及时扑灭疫情争取时间，减少经济损失，减弱社会影响。对受威胁地区及时进行疫情监测，可随时掌握鸭瘟疫情动态（徐百万，2010）。

二、监测方法

1. **血清学监测方法**　在鸭瘟疫情的监测中，血清学检测是最为常用的方法。所谓血清学检测，通常是指在鸭体外利用已知的鸭瘟病毒与相应的抗体特异性结合的特性，来检查鸭血清或其他样品抗体滴度。随着血清学技术的进一步应用，学者们也逐渐建立了一些能够利用已知的鸭瘟病毒抗体来捕捉相应鸭瘟病毒的血清学方法。

自从 1913 年 Jones 将试管凝集试验用于鸡白痢的诊断以后，许多血清学检测技术［如血凝抑制试验（HI）、琼脂扩散试验（AGID）、酶联免疫吸附试验（ELISA）、病毒中和试验（SN）等］应用于动物健康监测，已经成为疾病确诊和控制不可或缺的工具。这些血清学检测方法，也在鸭瘟疫情的检测与诊断中广泛应用。为有效地利用血清学检测手段，解决鸭瘟疫情控制中的问题，还需要根据不同的检测目的选择不同的检测方法，并与鸭瘟流行病学监测病史、免疫史等资料结合进行分析。

2. **病原学监测方法**　鸭瘟是由鸭瘟病毒引起的，对鸭瘟病原学监测实际上就是对鸭瘟病毒的监测。根据病毒分离与鉴定技术要求，一般程序是采集样本、低温保存送检、样本处理（可加双抗）、过滤除菌、接种鸭胚、鉴定病毒种型、细胞培养（可电镜观察）、雏鸭回归试验等。

3. **分子生物学监测方法**　分子生物学诊断技术是现代分子生物学与分子遗传学取得巨大进步的结晶。继 PCR、DNA 芯片技术之后，近年来，分子生物学诊断技术方法学研究取得了很大进展，又将分子生物学诊断技术提高到一个崭新的阶段。学者们先后建立了限制性内切酶图谱分析、核酸分子杂交、限制性片段长度多态性连锁分析等方法，这些方法在鸭瘟疫情的分子生物学监测中大量使用。

（1）聚合酶链反应（PCR）　以鸭瘟病毒基因组 DNA 为模板、病毒基因组特定片段设计引物，在 4 种脱氧核糖核酸存在下，依赖 DNA 聚合酶的酶促合成反应使目的 DNA 区段得到扩增，每个循环中合成的引物延伸产物可作为下一循环中的模板，因而每次循环中靶 DNA 的拷贝数几乎呈几何级数增长，因此，20 次 PCR 循环将产生约一百万倍（2^{20}）的扩增产物，通过扩增产物实现对鸭瘟病毒扩增片段分析。在鸭瘟病毒基因扩增方法中，常见PCR类型有定性PCR、定量PCR、巢氏PCR等。

（2）DNA芯片技术　DNA芯片技术是近年出现的DNA分析技术，其特点在于高度并行性、多样性、微型化和自动化。高度并行性大大提高试验进程，更有利于DNA芯片技术所展示图谱快速对照和阅读。多样性是指在单个芯片中可以进行样品的多方面分析，从而提高分析的精确性，避免因试验条件不同产生的误差。微型化是指减少试剂用量和减小反应液体积，从而提高样品浓度和反应速率。自动化可降低制造芯片的成本和保证芯片的制造质量不易波动。所有的DNA芯片技术都包含四个基本要点：DNA方阵的构建、样品的制备、杂交和杂交图谱的检测及读出。应用DNA芯片技术进行鸭瘟疫情的监测是未来的发展方向。

（3）核酸分子杂交　具有一定互补序列的核苷酸单链在液相或固相中按碱基互补配对原则缔合成异质双链的过程叫核酸分子杂交，在基因诊断中占重要地位。应用该技术可对鸭瘟病毒基因组特定DNA序列进行定性或定量检测。常见方法有southern印迹杂交、northern印迹杂交、斑点杂交、原位杂交等。

三、流行病学监测程序

流行病学监测程序包括接受任务、制订方案、流行病学调查、样本采集、实验室检验、数据整理与分析、信息报送等过程。

接受任务：为切实掌握鸭群疫病的发生、发展或流行规律、蔓延趋势，及时发现疫情隐患，提高疫情预警与处置能力，自觉接受来自国家、省（自治区、直辖市）兽医主管部门下达的监测任务。

制订方案：根据监测目的，方案的制订通常需要考虑两个方面：一方面，需要进行鸭瘟疫情探测，发现疫情及相关风险因素，证明特定区域无鸭瘟疫情或感染状态；另一方面，需要确定鸭瘟疫情发生水平、分布状况，评估疫病控制消灭措施的实施效果。除此之外，监测方案一般还包括监测性质（感染监测还是健康监测）、监测内容、样本采集、实验室检验、数据处理等内容。

流行病学调查：了解鸭瘟临床症状、潜伏期、感染情况、地理分布、疫病发作形式、来源，以及鸭群日龄、品种、饲养管理、免疫状况等信息。

样本的采集应根据鸭瘟疫情监测情况和制订的方案，设计抽样，然后送实验室监测与分析，整理分析结果，评估鸭瘟疫情蔓延趋势，提出预防策略并报送这些信息。

（贾仁勇）

第三节 抽样设计

对鸭瘟疫情进行流行病学调查与监测，抽取合适的样本量是反映该疫病总体发生、发展或流行趋势情况，并合理进行抽样设计的重要保证。

一、基本概念

总体：所要调查或研究某一地区全部鸭群，即调查或研究对象的全体。

样本：鸭群总体中的一部分，是从总体中按一定方式抽选出来进行调查或检测的鸭群。

样品：检测所需要的鸭体原始材料，如血液、肝脏、脾脏、肠道等。

样本量：是从鸭群总体中抽取样本的数量，又称样本含量。样本量越大，监测结果越准确。

发病率：在一定时期内鸭瘟发生的频率。发病率能够反映鸭瘟疫情流行情况，但不能说明鸭瘟整体流行过程，因为存在一定潜伏或隐性感染。因此，一定时期鸭瘟病例数既包括具有临床症状的鸭群，也包括潜伏或隐性感染的鸭群。

$$发病率=\frac{一定时期鸭瘟病例}{一定时期鸭群平均数}\times 100\%$$

感染率：用临床诊断方法、血清学方法或分子生物学方法等检测出来的所有感染鸭瘟病例数量（包括隐性感染）占被检测鸭群数量百分比。能较深入反映出流行过程。

$$感染率=\frac{感染鸭瘟病例数}{检测鸭群总数}\times 100\%$$

死亡率：患鸭瘟死亡鸭数占鸭群总数百分比。表明鸭瘟导致患病鸭在鸭群中死亡的频率，在一定程度上能够反映疫病的流行动态。

$$死亡率=\frac{患鸭瘟死亡数}{鸭群研究对象总数}\times 100\%$$

致死率：鸭瘟患鸭死亡数占患鸭总数的百分比。表示疫病临床严重程度，能够反映鸭瘟疫病的流行过程。

$$致死率=\frac{鸭瘟患鸭死亡数}{鸭瘟患鸭总数}\times 100\%$$

二、抽样方法

1. **单纯性随机抽样** 最基本的抽样方法，将所有研究鸭群编号，利用随机数字或抽签、计算机等抽出进入样本的号码即为调查或监测对象鸭群，也是实验分组中最常用方法。

2. **分层抽样** 用于分布不均的鸭群，将按品种、日龄等不同特征或共同暴露于某一因素的鸭群分成若干层，层内变异越小越好，然后从每一层抽取一个随机样本。

3. **系统抽样** 按照一定顺序机械地每隔一定数量的单位抽取一个样本。

4. **整群抽样** 将鸭群总体分为若干群组，抽取其中部分群组作为观察单位组成样本，对被抽到的群组内的所有鸭群个体都进行调查。

5. **多级抽样** 用于鸭群大范围调查，从总体中先抽取一部分作为一级单元，再从一级单元中抽取范围较小鸭群作为研究对象的二级单元。

三、样本量确定

样本量的大小直接影响抽样误差、调查费用、调查所需时间及结果的可靠程度。鸭群样本量过小，虽然调查所需时间短、费用少，但会造成抽样误差增大、结果可靠程度相对小。若鸭群样本量过大，自然会造成人力、物力和财力浪费。样本量大小主要基于鸭群中鸭瘟疫情估计值所要求精确度和疫情期望频率来考虑。

1. **根据至少发现1只阳性鸭瘟病例来获得样本量** 可以采用OIE推荐公式进行计算。

$n=\ln(1-P)\div\ln(1-w)$ 其中，n 是样本量，ln 是自然对数，P 是置信度（也就是判断正确的概率），w 是估计的流行率。例如：某地鸭群鸭瘟感染率为0.5%，从该地区随机抽取多少只鸭才能保证有95%的概率至少检测到1只鸭患有鸭瘟？$n=\ln(1-95\%)/\ln(1-0.5\%)=598$ 只，此公式未考虑检测的灵敏度和特异性，若灵敏度为 L，特异性为100%，上述公式修正为 $n=\ln(1-P)/\ln(1-wL)$。

2. **估计鸭瘟发病率来获得样本量**

（1）从大群体（理论上无限总体）抽样 发病率是一种比例，所研究的鸭群数量越大，则鸭瘟发病鸭群数量也越多，即不依赖于鸭群总体数量。估计鸭瘟发病率所需样本量可用表8-1来确定。表中列出期望患病率和在90%、95%、99%三个置信水平要求精确度误差在10%、5%、1%范围内，置信限指估计值所在的特定区间，表中精确度为绝对值，可根据这些信息从表8-1中查得样本量。例如：假设鸭群真实发病率为

40%，若要求估计值在99%置信水平上的绝对精确度误差为5%，查表即得所需鸭群数量为637只；若要求估计值在95%置信水平上的绝对精确度误差为10%，查表即得所需鸭群数量为92只。

表8-1 按所要求的固定宽度置信限在大群体中估计患病率所需样本大小

（Cannon和Roe二氏，1982）

期望患病率（%）	置信水平 90% 要求的绝对精确度误差			置信水平 95% 要求的绝对精确度误差			置信水平 99% 要求的绝对精确度误差		
	10%	5%	1%	10%	5%	1%	10%	5%	1%
10	24	97	2 435	35	138	3 457	60	239	5 971
20	43	173	4 329	61	246	6 147	106	425	10 616
30	57	227	5 682	81	323	8 067	139	557	13 933
40	65	260	6 494	92	369	9 220	159	637	15 923
50	68	271	6 764	96	384	9 604	166	663	16 587
60	65	260	6 494	92	369	9 220	159	637	15 923
70	57	227	5 682	81	323	8 067	139	557	13 933
80	43	173	4 329	61	246	6 147	106	425	10 616
90	24	97	2 435	35	138	3 457	60	239	5 971

（2）从小群体（有限总体）抽样　从相对较小的总体抽样，所需要样本大小n可根据公式$\frac{1}{n}=\frac{1}{n_{\infty}}+\frac{1}{N}$计算，其中$n_{\infty}$表示无限群体大小（可从表8-1中查到），$N$为研究群体的大小。例如：在上述计算无限群体样本大小的例子中，若无限群体抽样所需鸭群数量为637，但研究对象为1 000只鸭的小群体，即$n_{\infty}=637$，N=1 000，则$\frac{1}{n}=\frac{1}{637}+\frac{1}{1\ 000}$，则$n=390$只。

四、确定研究变量和编制调查表

1. **研究变量**　鸭瘟疫情指标（发病率、死亡率），鸭群生产性能（产蛋量、日增重）、鸭群品种、日龄，以及其他相关因素（免疫、环境、饲料）等变量。

2. **编制调查表**　由于调查内容各不相同，通常不可能有统一调查表，可根据调查项目的内容来设计鸭瘟疫情的流行病学调查表。

调查表实例可参照《农业部兽医局印发〈全国动物疫病流行病学调查实施方案〉通知》（农医防便函［2015］370号）中“禽（鸡、鸭、鹅）（病）紧急流行病学调查表”进行调查项目的增减。见附件。

五、样本的获取

OIE将鸭瘟归为B类传染病，我国农业部将其列为二类传染病，对抽样对象、抽样策略、样本量有一定参考价值。通过调查表获得疫情背景信息，并对所调查样本进行实验室检查以获得所需的完整数据。

六、数据整理与分析

调查实施完成后，依据研究目的和方案设计，对研究资料的完整性、规范性、真实性进行核实，并进一步录入、归类，使其系统化、条理化，便于进一步分析。可用统计指标（发病率、死亡率等）、统计表、统计图或疫病分布区域图等，对资料的数量特征及分布规律进行测定和描述。也可采用参数估计、显著性检验和可信区间计算等统计推断方法，评估鸭瘟疫情情况，以及分析影响疫情分布因素与疫病的关联性。

附件 禽（鸡、鸭、鹅）（病）紧急流行病学调查表

说明：1. 本表由县级动物疫病预防控制机构在接到疫情报告后，开展流行病学调查时填写。

2. 本表述及的单元（流行病学单元）是指处在同一环境、感染某种病原可能性相同的一群动物。如处在同一个圈舍内的动物，或某个村内饲养的所有易感动物，均可称其为一个流行病学单元。

序号： 填表日期：　　年　　月　　日

一、基础信息

1. 疫点所在场/养殖小区/村养殖概况

名称		地理坐标	经度：　纬度：
地址	省（自治区、直辖市）　县（市、区）　乡（镇）　村（场）		
联系电话		启用时间	
易感动物种类	养殖单元（户/舍）数	存栏数（羽）	
蛋鸡			

（续）

名称		地理坐标	经度： 纬度：
肉鸡			
鸭			
鹅			
其他（ ）			

2. 调查简要信息

调查原因					
调查人员姓名		单位			
发现首个病例日期		接到报告日期		调查日期	

二、现况调查

1. 发病单元（户/舍）概况

户名或禽舍编号	家禽种类①	存栏数②（羽）	日龄	最后一次该病疫苗免疫情况							病死情况	
				应免数量	实免数量	免疫时间	疫苗种类	生产厂家	批号	来源	发病数③（羽）	死亡数（羽）

注：①家禽种类：同一单元存栏多种家禽的，分行填写；

②存栏数：是指发病前的存栏数；

③发病数：是指出现该病临床症状或实验室检测为阳性的动物数。

2. 疫点发病过程（用于计算袭击率）

自发现之日起	新发病数	新病死数
第1日		
第2日		
第3日		
第4日		
第5日		
第6日		
第7日		
第8日		
第9日		
第10日		

3. **诊断情况**

<table>
<tr><td>初步诊断</td><td colspan="7">临床症状：
病理变化：
初步诊断结果：　　　　诊断人员：
诊断日期：</td></tr>
<tr><td rowspan="5">实验室诊断</td><td>样品类型</td><td>数量</td><td>采样时间</td><td>送样单位</td><td>检测单位</td><td>检测方法</td><td>检测结果</td></tr>
<tr><td></td><td></td><td></td><td></td><td></td><td></td><td></td></tr>
<tr><td></td><td></td><td></td><td></td><td></td><td></td><td></td></tr>
<tr><td></td><td></td><td></td><td></td><td></td><td></td><td></td></tr>
<tr><td></td><td></td><td></td><td></td><td></td><td></td><td></td></tr>
<tr><td>诊断结果</td><td>疑似诊断</td><td colspan="3"></td><td>确诊结果</td><td colspan="2"></td></tr>
</table>

4. **疫情传播情况**

村/场名	最初发病时间	存栏数	发病数	死亡数	传播途径

5. **疫点所在地及周边地理特征**

请在县级行政区域图上标出疫点所在地位置；注明周边地理环境特点，如靠近山脉、河流、公路等。

6. 疫点所在县家禽生产情况（为判断暴露风险及做好应急准备等提供信息支持）

易感动物种类	疫区		受威胁区		疫区所在县	
	养殖场/户数	存栏量（万羽）	养殖场/户数	存栏量（万羽）	养殖场/户数	存栏量（万羽）
蛋鸡						
肉鸡						
鸭						
鹅						
其他（ ）						

7. 当地疫病史

三、疫病可能来源调查（追溯）

对疫点发现第一例病例前1个潜伏期内的可能传染来源途径进行调查。

可能来源途径	详细信息
家禽引进情况（种类、数量、用途和相关时间、地点等）	
禽产品购入情况	
饲料调入情况	
水源	
本场/户人员到过其他养殖场/户情况	
本场/户人员到过活禽交易市场情况	
营销人员、兽医及其他相关人员进出本场/户情况	
外来车辆进入或本场车辆外出情况	
与野禽接触情况	
其他	
初步调查结论	

四、疫病可能扩散传播范围调查（追踪）

疫点发现第一例病例前 1 个潜伏期至封锁之日内，对以下事件进行调查。

可能事件调查	详细信息
家禽调出情况（数量、用途及相关时间、地点等）	
禽产品调出情况	
粪便、垫料运出情况	
兽医人员诊疗情况	
饲养人员探亲/串门情况	
参加展览/竞技活动	
其他事件	
初步结论	

五、疫情处置情况（根据防控技术规范规定的内容填写）

疫点处置	扑杀动物数	
	无害化处理动物数	
	消毒情况（频次、药名、面积等）	
	隔离封锁措施（时间、范围等）	
	其他	
疫区防控	封锁时间、范围等	
	扑杀易感动物数	
	无害化处理数	
	消毒情况	
	紧急免疫数	
	监测情况	
	其他	
受威胁区防控	免疫数	
	消毒情况	
	监测情况	
	其他	
其他（如市场关闭等）		

填表人姓名：　　　　　　　　　　　　联系电话：

填表单位（签章）　　　　　　　　　　省级动物疫病预防控制机构复核（签章）

（贾仁勇）

第九章

预防与控制

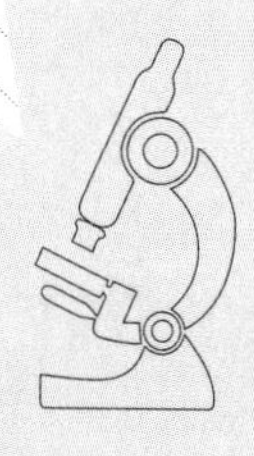

鸭瘟疫苗及免疫

一、鸭瘟免疫学

（一）疫苗种类、毒株与免疫效力

免疫接种是预防鸭瘟的关键性技术措施，并已用于控制该病的暴发。野外试验表明，灭活苗免疫效力没有弱毒疫苗效果好（Butterfield 等，1969）。而临床和实验室证实，DPV 弱毒疫苗是预防控制鸭瘟有效的生物制剂，其产生免疫力速度是所有家禽疫苗中最快的，免疫鸭后 3 d 即有 40%以上鸭能够抵抗 DPV 强毒的攻击（范存军等，1996；殷震等，1997；程安春等，1997；Sandhu 等，2003）。关于 DPV 弱毒疫苗迅速产生免疫保护力的原因目前尚不完全清楚。现有关于 DPV 弱毒苗免疫发生机制的研究资料主要集中于检测血清中 IgG 含量与免疫保护力的关系。

Jansen 等（1963）通过在鸡胚连续传代来致弱 DPV 强毒，并将致弱的 DPV 免疫鸭，使其获得了抵抗 DPV 强毒感染的免疫保护力；Jansen（1964）发现 DPV 弱毒免疫 4 h 后即可对鸭呈现一定程度的免疫保护力，并认为如此快的产生保护力是由于干扰素的原因。而 Toth（1970）使用鸭瘟弱毒株免疫鸭，发现免疫 2 d 后仅呈现较低的免疫保护力，直至 4 d 后免疫鸭才获得抵抗 DPV 强毒感染的坚强免疫力。这显示干扰素可能不是 DPV 弱毒株迅速产生免疫力的主要原因，而免疫力的差异可能与毒株的来源或者毒力不同有关。

Dardiri AH（1975）发现，用鸡胚致弱 DPV 免疫鸭，可使其产生低效价抗体水平，但在强毒感染时可产生显著的记忆免疫抗体，在抵抗强毒感染时可产生坚强的免疫保护力。然而，在继发感染其他微生物时，具有中等效价抗体水平的免疫鸭却不能抵抗 DPV 强毒攻击。一定程度上说明 DPV 强毒感染导致死亡率与抗体效价水平之间的联系，细胞免疫可能也发挥重要作用。

Lin 等（1984）分离到一株无致病性、免疫原性良好的鸭瘟病毒，成功地用于鸭的主动免疫，试验鸭免疫保护期达 1～2 个月。Lam（1986）等将分离自美国加利福尼亚州的一例可以使鸭获得坚强免疫力的非典型 DPV－6 毒株肌内注射试验鸭，发现用免疫鸭抗血清注射其他易感鸭，可使之获得抵抗 DPV 强毒感染的坚强免疫力。说明免疫鸭的体液免疫机制在抵抗 DPV 强毒感染中发挥关键作用。

Shawky（1997）将灭活的 DPV 分别免疫 2 周龄北京鸭和 3 周龄野鸭，并于免疫后 2 周分别进行 DPV 强毒攻毒试验。抗体含量通过间接 ELISA 进行检测。结果显示，灭活苗可激发鸭在免疫早期产生保护性抗体，类似于商用 DPV 弱毒疫苗的免疫效果。但灭活苗产生的 DPV 特异性 IgG 的 ELISA 效价要高于 DPV 弱毒疫苗 10 倍以上。说明 DPV 灭活苗在抵抗 DPV 强毒感染中，与弱毒疫苗同样有效。

马秀丽（2005）等应用间接 ELISA 对初生雏鸭的母源抗体进行监测，发现母源抗体于 7 d 达到峰值，然后逐步下降，在 21 d 降至临界值以下，这与范存军等（1990）、袁明龙等（2001）报道的结果相似。

细胞免疫在病毒性疾病中的一个重要作用是清除病毒和预防疾病。关于 DPV 如何诱导细胞介导免疫（cell mediated immunity，CMI）的报道较少。Kulkarni（1998）通过中和试验和白细胞迁移-抑制试验定期，对分别免疫鸭瘟弱毒疫苗和实验室研制鸭瘟灭活疫苗的体液免疫水平和细胞免疫水平进行检测。结果显示：在对免疫鸭进行鸭瘟强毒攻毒试验时，弱毒疫苗只产生部分免疫力，而免疫 2 倍剂量实验室研制鸭瘟灭活疫苗的鸭获得了满意的免疫水平，提示了在抵抗鸭瘟强毒感染时体液免疫和细胞免疫具有同等重要的地位。

Islam（2005）等将试验鸭设置为初次免疫 DPV 疫苗组、初次和再次免疫 DPV 疫苗组及对照组。试验结果显示：仅进行初次免疫 DPV 疫苗组鸭的平均抗体效价于免疫后 2 周、4 周、6 周和 8 周显著升高（$p<0.1$）。而进行初次和再次免疫 DPV 疫苗组鸭的平均抗体效价于初次免疫后 2 周和 4 周，以及再次免疫后 2 周和 4 周显著升高（$p<0.1$）。进行再次免疫 DPV 疫苗组鸭的抗体效价要高于仅进行初次免疫的试验鸭，对照组变化不显著。说明进行再次免疫 DPV 疫苗的鸭可更有效地产生体液免疫和细胞免疫。

（二）免疫途径与免疫效力

免疫途径、雏鸭的母源抗体水平等对鸭瘟弱毒疫苗的免疫效果有不同程度的影响。谭诗文等（1990）研究了利用鸭瘟弱毒株对含有母源抗体的雏麻鸭进行早期接种和不同免疫途径接种（肌内注射、皮下注射、点滴、饮水），对无母源抗体北京鸭于 1 日龄免疫和不同途径免疫（肌内注射、皮下注射、滴鼻、喷雾）。结果表明，对无母源抗体雏麻鸭可采用肌内注射和皮下注射途径免疫，最佳时间从 1 日龄开始免疫，免疫后 30 d 进行二次免疫；对含有母源抗体的北京鸭也可采用肌内注射、皮下注射途径，最佳时间从10日龄开始免疫；经过对两组鸭历时2个月的观察，免疫效果好，保护率达100%，免疫期达2个月。程安春等（1997）对鸭瘟、鸭病毒性肝炎二联弱毒疫苗对雏鸭早期最佳免疫途径也进行了研究。试验采用不含母源抗体和含有不同效价母源抗体的1日龄四川麻鸭雏鸭，用二联苗经皮下注射、饮水、滴鼻和喷雾四种免疫途径接种。结果表明，对于不含母源抗体的1日龄雏鸭，用二联苗进行免疫的最佳途径是皮下注射和饮水，皮下注射比饮水要好。皮下注射途径到3日龄，饮水途径到4日龄均产生对鸭瘟的坚强免疫力，免疫期达2个月以上。对于含有母源抗体的雏鸭进行免疫的最佳途径是饮水，到3～4日龄产生对鸭瘟部分免疫力，5日龄产生对鸭瘟的坚强免疫力，免疫期达2个月以上。范存军等（1990）认为在15日龄以前的雏鸭含有母源抗体，此时可采用饮水免疫的方法进行鸭瘟弱毒疫苗免疫，免疫期可达90 d以上，从而排除母源抗体对预防接种效果的影响。

二、鸭瘟疫苗

目前我国批准的鸭瘟疫苗包括灭活苗和弱毒疫苗两类，其中鸭瘟弱毒疫苗以安全、免疫方便、免疫力产生时间快、免疫保护期长等特点在生产中广泛使用。

DPV可以在9～14日龄的鸭胚中生长繁殖，病毒适应鸭胚后可以感染8～13日龄鸡胚，随着鸡胚继代增加出现更加明显的病变，鸡胚死亡时间缩短，而对鸭的毒力越来越弱，至一定代次后丧失对鸭的致病力，但仍保持其免疫原性，应用此法可培育鸡胚弱毒疫苗（姜平，2015）。

DPV可以在鸭胚成纤维细胞和鸡胚成纤维细胞内增殖和传代，并能在接种后2～6 d引起细胞病变，形成核内包含体和小空斑。一些毒株可能经盲传几代才能引起细胞病变。通过细胞继代也可以使病毒毒力减弱，应用此法可培育细胞弱毒疫苗（姜平，2015）。

目前我国制造鸭瘟鸡胚化活疫苗或鸭瘟鸡胚成纤维细胞活疫苗使用的种毒为C-KCE弱毒株。免疫鸭3～4 d后产生免疫力，2月龄以上鸭免疫期为9个月。对初生雏鸭也可应用，免疫期为1个月（姜平，2015）。

三、鸭瘟弱毒疫苗诱导黏膜免疫与系统免疫的发生机制

黏膜免疫是指发生在机体与外界相通腔道黏膜表面的免疫，主要指呼吸道、消化道及泌尿生殖道黏膜固有层和上皮细胞下散在的无被膜淋巴组织，以及某些带有生发中心的器官化淋巴组织。黏膜免疫系统是除了经典的细胞免疫和体液免疫外，

存在于机体的另一种高度完整和调节完善的免疫系统，它独立存在于系统免疫系统之外。

齐雪峰、汪铭书等（2007）利用 DPV 弱毒 Cha 株经过皮下注射、口腔灌服和鼻腔滴注三种途径免疫和同居免疫 20 日龄樱桃谷鸭，并检测其呼吸道和消化道等局部黏膜免疫的发生和变化规律，获得以下结果，对于读者理解鸭瘟弱毒疫苗的免疫发生机制有所帮助。

（一）DPV 弱毒在不同途径免疫鸭体内侵染、增殖和排泄规律

利用 DPV 弱毒 Cha 株分别经皮下注射、口腔灌服和鼻腔滴注三种途径免疫和同居免疫 20 日龄樱桃谷鸭，于免疫组免疫后 10 min、30 min、60 min、90 min、12 h、24 h、6 d、9 d、12 d、21 d、36 d、60 d，于同居组 12 h 开始采样，每组每次分别剖杀 5 只鸭，采集心、肝、脾、肺、肾、脑、胸腺、法氏囊、哈德氏腺、血液、气管、气管分泌液、食管、食管分泌液、十二指肠、空肠、回肠、盲肠、直肠及各肠段分泌液，应用 Taq-Man－MGB 探针实时荧光定量 PCR 对 DPV－DNA 拷贝数在这些组织、血液及分泌液中的分布增殖规律进行检测。结果表明：DPV 分布到具体器官的速度与免疫的途径、鸭的解剖结构密切相关。人工免疫后 10 min，于皮下注射组鸭的血液和胸腺，口腔灌服组鸭的回盲处及食管（十二指肠、空肠）分泌液，鼻腔滴注组鸭的气管分泌液中检测到 DPV－DNA；免疫后 30 min 于皮下注射组鸭包括免疫器官在内的各实质器官、回盲处及血液，口腔灌服组鸭胸腺、法氏囊、哈德氏腺、肾、脑、食管及其分泌液、各肠段及其分泌液、回盲处、气管分泌液及血液，鼻腔滴注组鸭的胸腺、哈德氏腺、心、肾、肺、脑、回盲处、气管及其分泌液、食管分泌液中检测到 DPV－DNA；免疫后 12 h，所有免疫鸭的样品中均可检测到 DPV－DNA。所有途径免疫，DPV 弱毒均对鸭十二指肠和盲肠具有较强嗜性，同时免疫鸭的脑和心中 DPV－DNA 检出时间较早，为 DPV－DNA 拷贝数较高的检测部位。所有免疫鸭体内的 DPV 弱毒在迅速分布于机体各组织器官并于侵染部位快速增殖后的 12～24 h 内数量开始降低，表明 DPV 弱毒可迅速诱导鸭免疫系统产生免疫力并对 DPV 的增殖具有抑制作用。DPV 弱毒在免疫鸭后 60 min 即可分布于机体所有免疫器官，其中以皮下注射组速度最快，各免疫器官中的 DPV－DNA 拷贝数的数量级与口腔灌服组和鼻腔滴注组鸭差异显著，是诱导鸭系统免疫的有效途径。口腔灌服途径免疫 DPV 弱毒最早侵染免疫鸭消化道并迅速在此处增殖，是诱导免疫鸭肠道黏膜免疫的有效途径；鼻腔滴注途径免疫 DPV 弱毒对鸭呼吸道侵染的速度最快，是诱导免疫鸭呼吸道黏膜免疫的有效途径；口腔灌服途径免疫和鼻腔滴注途径免疫 DPV 弱毒对鸭胸腺具有较强嗜性，而皮下注射途径免疫 DPV 弱毒对脾

脏有较强嗜性；各组同居鸭在同群饲养后的 12 h，可在除皮下注射组同居鸭空肠分泌液外的所有样品中检测到 DPV－DNA。同居鸭体内 DPV 增殖规律与人工免疫鸭相似，只是病毒数量要少于人工免疫鸭且 DPV 开始降低的时间要推迟。免疫鸭体内排出的 DPV 弱毒可再次通过消化道和呼吸道进入免疫鸭和同居鸭体内，具有重要的免疫学意义和生态学意义。

DPV 弱毒株经不同途径免疫 20 日龄鸭后，在免疫鸭和同居鸭体内的增殖规律见表 9－1和表 9－2。

1. 皮下免疫鸭和同居鸭

（1）皮下免疫鸭　皮下免疫后 10 min 可在胸腺和血液中检测到 DPV－DNA；90 min时除空肠分泌液和回肠分泌液 DPV－DNA 检测为阴性，其他样品都可检测到 DPV－DNA，其中脾、胸腺、法氏囊、哈德氏腺及脑中 DPV－DNA 拷贝数达到最高；免疫后 90 min 至 60 d，以上免疫器官中 DPV－DNA 拷贝数缓慢降低；12 h 后所有受检样品中都能检测到 DPV－DNA，其中心脏中 DPV－DNA 拷贝数最高；肠道中 DPV－DNA 拷贝数在免疫后 6～12 d 明显高于其他组织，其中盲肠是 DPV－DNA 拷贝数最高的受检样品。直肠分泌液中 DPV－DNA 最早于 90 min 检测到；60 d 时，心、脾、肺、回肠及回肠分泌液、直肠及直肠分泌液、血液中 DPV－DNA 检测为阴性，其他样品中 DPV－DNA 拷贝数都较低。（表 9－1）。

（2）与皮下免疫鸭同居的鸭　12 h 时除回肠分泌液中 DPV－DNA 检测为阴性外，其他所有样品中均可检测到 DPV－DNA，其中心、脾、肾、脑、气管分泌液和食管分泌液中 DPV－DNA 拷贝数达到最高，食管分泌液中 DPV－DNA 拷贝数在此时段所有样品中最高；24 h 时所有样品中 DPV－DNA 检测均为阳性，且除心、脾、肾、脑、气管分泌液、食管分泌液、盲肠分泌液和空肠分泌液外其他所有样品中 DPV－DNA 拷贝数均达到最高，盲肠分泌液和空肠分泌液中 DPV－DNA 拷贝数分别于 6 d 和 9 d 时达到最高；6～60 d 时，所有样品中 DPV－DNA 拷贝数均持续降低，至 60 d 时，心、回肠、直肠、气管分泌液中 DPV－DNA 检测为阴性，其他样品中 DPV－DNA 检测均为阳性（表 9－2）。

2. 口服免疫鸭和同居鸭

（1）口服免疫鸭　口服免疫 10 min 后，在食管分泌液、十二指肠分泌液、空肠分泌液和回盲处即可检测到 DPV－DNA；30 min 时除心、肝、脾、肺、气管及其分泌液 DPV－DNA 检测为阴性，其他样品都可检测到 DPV－DNA，其中食管分泌液中 DPV－

表 9-1　DPV 弱毒经皮下、口服和滴鼻途径免疫鸭后不同时间在不同组织、血液及分泌液中 DPV-DNA 拷贝数检测结果的平均对数值

病料	组别	免疫后时间											
		10 min	30 min	60 min	90 min	12 h	24 h	6 d	9 d	12 d	21 d	36 d	60 d
胸腺	皮下	3.966	6.12	7.141	9.736	8.162	7.031	6.396	6.423	6.009	5.485	4.436	3.629
	口服	ND	4.684	6.644	8.521	8.77	6.837	6.313	6.368	5.875	5.237	4.712	3.939
	滴鼻	ND	4.188	4.878	6.037	6.948	6.341	5.623	5.099	4.712	4.519	3.774	3.691
哈德氏腺	皮下	ND	4.133	4.657	8.135	7.472	7.086	6.782	6.427	6.258	5.54	4.174	3.519
	口服	ND	3.277	4.381	5.402	6.561	4.905	4.795	4.381	3.774	3.553	3.139	2.973
	滴鼻	ND	4.712	4.933	5.733	6.12	6.258	5.568	5.375	4.657	4.519	4.16	3.505
法氏囊	皮下	ND	2.863	6.043	9.598	8.549	6.893	5.154	5.099	4.574	4.464	4.381	4.077
	口服	ND	3.581	4.381	5.099	5.402	7.169	5.706	5.181	5.016	4.491	4.022	3.912
	滴鼻	ND	ND	4.116	4.353	5.457	6.81	4.961	4.767	4.077	3.829	ND	ND
心	皮下	ND	4.298	5.264	9.653	9.818	9.598	6.948	5.513	4.988	4.133	3.857	ND
	口服	ND	ND	5.071	5.816	6.727	7.141	6.285	5.347	5.043	4.547	3.746	ND
	滴鼻	ND	4.436	5.678	7.997	6.258	6.147	5.706	5.457	5.899	4.905	4.795	4.05
肝	皮下	ND	6.008	6.533	6.367	5.843	5.374	5.18	4.849	4.38	4.27	4.187	3.303
	口服	ND	ND	6.175	6.096	5.237	4.712	4.077	3.801	3.608	3.746	ND	ND
	滴鼻	ND	ND	4.767	5.623	5.871	4.85	4.657	4.022	3.939	3.36	ND	ND
脾	皮下	ND	4.133	7.602	9.932	8.273	8.659	6.727	5.237	4.795	4.298	3.415	ND
	口服	ND	ND	5.954	6.727	5.945	5.485	5.071	4.105	4.519	4.105	3.47	ND
	滴鼻	ND	ND	3.884	6.396	5.402	5.181	3.912	3.581	3.056	2.697	ND	ND

（续）

病料	组别	免疫后时间											
		10 min	30 min	60 min	90 min	12 h	24 h	6 d	9 d	12 d	21 d	36 d	60 d
肺	皮下	ND	ND	3.995	6.617	6.092	5.457	5.706	5.181	5.071	4.381	3.581	ND
	口服	ND	ND	5.237	6.258	6.948	5.457	5.292	5.153	5.098	4.878	4.712	ND
	滴鼻	ND	4.491	5.595	6.644	7.113	6.009	5.485	5.126	5.485	4.988	4.795	3.774
肾	皮下	ND	5.954	9.349	7.666	7.058	5.954	5.457	5.264	4.74	4.05	4.436	4.271
	口服	ND	3.995	4.188	5.651	5.733	5.844	3.746	4.409	4.491	4.133	3.829	ND
	滴鼻	ND	4.464	6.755	6.092	4.933	4.326	4.022	4.133	4.215	3.608	2.752	ND
脑	皮下	ND	4.795	9.046	9.791	6.948	6.12	5.292	4.795	5.099	4.353	4.629	4.105
	口服	ND	3.857	4.574	5.623	8.88	6.865	5.706	5.651	5.154	4.629	3.581	ND
	滴鼻	ND	4.14	4.989	5.706	6.893	7.831	7.445	6.975	5.623	5.099	5.319	3.801
气管	皮下	ND	ND	ND	5.016	7.472	6.699	5.209	5.181	4.767	4.16	4.05	3.912
	口服	ND	ND	4.657	6.009	7.693	6.258	5.237	4.905	4.326	3.525	3.249	ND
	滴鼻	ND	2.973	5.154	6.23	7.914	6.727	5.871	5.485	4.602	4.381	3.912	3.525
食管	皮下	ND	ND	4.491	5.181	5.982	7.528	6.893	6.589	5.982	5.457	4.326	4.16
	口服	ND	4.905	5.568	5.706	6.065	6.561	6.23	5.347	4.685	4.519	3.884	3.774
	滴鼻	ND	ND	4.795	4.905	5.485	6.175	5.789	4.961	4.767	4.105	3.553	3.277
十二指肠	皮下	ND	ND	ND	4.353	6.672	8.08	9.874	8.561	7.982	5.902	5.143	4.146
	口服	ND	4.16	4.74	5.126	7.113	7.666	7.031	6.837	6.037	4.133	4.243	3.581
	滴鼻	ND	ND	ND	3.222	4.795	5.154	6.009	5.402	4.823	4.519	3.829	2.946

（续）

病料	组别	免疫后时间											
		10 min	30 min	60 min	90 min	12 h	24 h	6 d	9 d	12 d	21 d	36 d	60 d
空肠	皮下	ND	ND	ND	3.801	6.589	7.831	8.576	7.105	6.543	5.709	4.829	3.498
	口服	ND	3.826	4.326	5.292	6.341	6.644	6.12	5.237	5.513	5.209	4.685	3.774
	滴鼻	ND	ND	ND	3.36	4.547	4.767	5.264	5.071	4.878	4.188	3.553	3.001
回肠	皮下	ND	ND	ND	3.111	3.663	7.610	7.721	6.975	5.833	4.981	4.691	ND
	口服	ND	4.026	4.795	4.85	5.651	6.451	6.285	5.844	5.733	5.681	4.464	4.077
	滴鼻	ND	ND	ND	3.442	4.326	5.016	5.513	5.181	5.071	4.519	3.581	3.028
盲肠	皮下	ND	ND	4.409	6.147	7.196	9.625	10.591	8.920	7.381	6.177	5.939	4.801
	口服	ND	4.629	4.961	6.396	7.279	8.659	8.742	8.852	5.319	4.657	4.05	3.691
	滴鼻	ND	ND	3.415	4.326	5.099	6.065	5.292	4.905	4.16	3.884	3.277	ND
直肠	皮下	ND	ND	ND	2.946	3.984	7.472	8.334	7.899	6.516	5.857	5.277	ND
	口服	ND	3.967	4.133	4.271	5.016	5.706	6.175	6.037	5.595	5.126	4.795	3.608
	滴鼻	ND	ND	2.973	3.36	4.436	5.292	5.761	5.54	5.375	4.629	4.133	3.277
回盲处	皮下	ND	3.857	4.961	6.561	6.092	4.629	4.602	4.712	5.126	4.905	4.74	4.243
	口服	3.608	3.691	4.519	5.209	5.457	4.988	4.547	4.188	3.995	4.105	4.022	3.829
	滴鼻	ND	3.498	4.491	4.685	5.347	4.63	4.464	3.912	3.636	3.774	3.36	3.553
气管分泌液	皮下	ND	ND	ND	4.857	7.644	7.037	5.933	5.795	5.381	4.801	4.636	4.691
	口服	ND	3.554	4.691	5.436	7.92	7.589	6.706	6.623	6.651	5.878	5.767	5.105
	滴鼻	3.214	4.104	5.511	6.353	6.954	6.899	6.319	6.126	5.933	5.491	4.884	4.277
食管分泌液	皮下	ND	ND	4.663	5.905	6.513	7.975	7.341	7.037	6.568	6.016	5.05	4.636
	口服	4.913	5.298	5.795	6.375	6.733	8.031	7.534	7.23	6.457	6.264	5.629	5.215
	滴鼻	ND	4.912	5.574	5.905	6.678	7.451	6.899	6.651	6.485	6.154	5.519	4.663

（续）

病料	组别	免疫后时间											
		10 min	30 min	60 min	90 min	12 h	24 h	6 d	9 d	12 d	21 d	36 d	60 d
十二指肠分泌液	皮下	ND	ND	ND	4.786	7.12	8.555	9.908	8.181	6.961	6.795	5.801	4.991
	口服	4.416	4.608	5.436	5.685	6.071	7.396	7.533	8.000	7.423	6.181	5.519	4.525
	滴鼻	ND	ND	4.581	4.884	5.298	6.181	7.009	6.733	6.678	6.209	5.464	4.774
空肠分泌液	皮下	ND	ND	ND	ND	7.037	7.865	8.831	7.657	7.162	6.533	5.691	4.304
	口服	4.223	4.499	5.464	5.795	6.43	8.141	7.948	7.23	6.706	6.043	4.939	4.47
	滴鼻	ND	ND	ND	5.05	5.933	6.761	7.451	6.154	5.85	5.491	4.608	4.332
回肠分泌液	皮下	ND	ND	ND	ND	4.387	8.617	7.920	6.652	5.912	5.304	5.415	ND
	口服	ND	4.305	4.719	5.133	5.74	7.561	7.589	6.568	5.85	5.215	4.829	4.691
	滴鼻	ND	ND	ND	5.105	5.353	6.264	6.789	6.237	5.933	5.188	4.608	4.415
盲肠分泌液	皮下	ND	ND	4.857	6.595	7.644	9.521	10.625	8.126	7.326	6.801	5.663	5.594
	口服	ND	4.801	5.988	6.678	7.727	7.203	6.595	5.878	5.353	5.188	4.829	4.884
	滴鼻	ND	ND	4.912	5.657	6.623	6.844	6.126	5.988	5.409	4.967	4.415	3.835
直肠分泌液	皮下	ND	ND	ND	4.222	4..608	7.816	8.921	7.657	6.165	5.701	ND	ND
	口服	ND	4.117	5.16	5.933	6.181	6.623	7.699	6.789	6.016	5.16	4.829	4.221
	滴鼻	ND	ND	ND	4.553	5.133	6.099	6.54	6.347	5.961	5.353	4.581	4.028
血液	皮下	3.139	4.409	5.54	5.789	4.767	4.878	4.795	4.409	4.353	4.215	4.105	ND
	口服	ND	2.973	3.581	5.209	4.657	4.353	4.298	4.077	3.663	3.746	3.581	3.719
	滴鼻	ND	ND	3.304	5.154	4.63	4.133	4.298	4.161	3.912	3.553	3.387	2.642

注：ND 为没有检测到 DPV－DNA。

组织、血液、分泌物（食管、气管、各肠段）中 DPV－DNA 拷贝数分别为每 1 g、每 100 μL 及整段食管（气管、各肠段）中 DPV－DAN 拷贝数平均对数值。

表 9-2　DPV 弱毒经皮下、口服和滴鼻途径免疫后同居鸭在不同时间的不同组织、血液及分泌液中 DPV-DNA 拷贝数检测结果的平均对数值

病料	组别	免疫后时间											
		10 min	30 min	60 min	90 min	12 h	24 h	6 d	9 d	12 d	21 d	36 d	60 d
胸腺	皮下	/	/	/	/	6.092	6.879	6.534	5.706	4.933	4.795	4.188	3.746
	口服	/	/	/	/	6.69	7.066	6.285	5.237	4.905	4.519	3.553	2.946
	滴鼻	/	/	/	/	5.568	6.175	4.988	4.767	4.16	3.857	3.001	ND
哈德氏腺	皮下	/	/	/	/	5.761	6.396	6.23	6.037	5.789	5.375	4.74	4.215
	口服	/	/	/	/	6.175	6.727	6.175	5.513	5.154	4.298	4.022	3.884
	滴鼻	/	/	/	/	5.982	6.534	6.23	6.175	5.54	4.988	4.464	4.133
法氏囊	皮下	/	/	/	/	6.224	6.638	6.975	6.727	5.899	5.457	4.602	4.133
	口服	/	/	/	/	6.828	7.031	6.617	6.502	5.871	4.85	3.608	2.89
	滴鼻	/	/	/	/	6.779	7.016	6.837	5.816	4.464	3.94	3.801	3.746
心	皮下	/	/	/	/	6.147	5.54	5.982	5.016	5.54	5.347	5.347	ND
	口服	/	/	/	/	7.141	6.383	4.326	4.271	5.099	5.347	4.912	4.629
	滴鼻	/	/	/	/	5.761	5.071	4.905	4.491	4.353	4.077	4.85	4.767
肝	皮下	/	/	/	/	5.126	6.948	6.782	5.981	4.878	5.457	3.884	3.553
	口服	/	/	/	/	5.761	6.313	5.816	4.795	4.409	4.077	3.663	ND
	滴鼻	/	/	/	/	5.568	6.12	6.644	5.678	4.16	3.001	ND	ND
脾	皮下	/	/	/	/	6.313	6.009	6.045	5.292	4.767	4.491	4.353	3.829
	口服	/	/	/	/	7.472	7.082	5.568	4.961	4.685	4.464	4.215	2.946
	滴鼻	/	/	/	/	5.816	5.154	4.905	4.133	3.967	3.498	ND	ND

（续）

病料	组别	免疫后时间											
		10 min	30 min	60 min	90 min	12 h	24 h	6 d	9 d	12 d	21 d	36 d	60 d
肺	皮下	/	/	/	/	5.485	6.368	5.154	5.043	4.795	4.133	3.801	3.553
	口服	/	/	/	/	5.927	6.92	5.071	4.961	4.381	4.16	3.387	3.028
	滴鼻	/	/	/	/	5.292	6.009	4.905	4.685	4.491	4.077	3.084	ND
肾	皮下	/	/	/	/	6.23	5.513	4.491	4.657	4.547	4.022	4.381	4.188
	口服	/	/	/	/	6.561	5.816	4.133	4.077	4.436	3.801	3.581	2.89
	滴鼻	/	/	/	/	5.899	5.209	4.602	3.608	4.215	3.36	2.946	2.863
脑	皮下	/	/	/	/	5.289	5.347	6.905	5.574	4.464	4.215	4.85	4.05
	口服	/	/	/	/	5.561	6.623	5.712	4.353	5.043	4.164	3.94	3.222
	滴鼻	/	/	/	/	5.482	6.402	5.491	4.387	4.547	3.663	2.918	ND
气管	皮下	/	/	/	/	6.589	6.658	6.423	5.871	4.961	4.491	3.857	3.47
	口服	/	/	/	/	7.196	6.39	6.206	5.099	4.574	3.939	3.801	2.946
	滴鼻	/	/	/	/	6.23	6.027	5.899	4.878	4.436	3.553	3.47	2.973
食管	皮下	/	/	/	/	6.23	6.92	6.561	6.396	5.761	5.126	4.105	3.774
	口服	/	/	/	/	6.589	7.055	6.782	6.12	5.154	4.629	3.912	3.028
	滴鼻	/	/	/	/	6.037	6.672	6.175	5.761	4.905	4.491	3.581	2.863
十二指肠	皮下	/	/	/	/	6.000	6.396	6.368	6.219	5.816	5.367	4.857	4.498
	口服	/	/	/	/	6.175	6.961	5.816	5.213	5.071	4.685	4.188	2.973
	滴鼻	/	/	/	/	5.844	6.341	5.54	4.933	4.961	4.491	3.581	2.67

（续）

病料	组别	免疫后时间											
		10 min	30 min	60 min	90 min	12 h	24 h	6 d	9 d	12 d	21 d	36 d	60 d
空肠	皮下	/	/	/	/	6.037	6.303	6.209	5.802	5.165	4.805	4.801	4.242
	口服	/	/	/	/	6.12	6.837	6.368	5.954	5.043	4.767	4.491	3.332
	滴鼻	/	/	/	/	5.789	6.099	6.313	5.706	4.905	4.519	3.857	3.25
回肠	皮下	/	/	/	/	5.016	6.092	6.126	5.522	4.665	4.208	4.172	ND
	口服	/	/	/	/	5.816	6.141	6.037	5.43	4.602	4.16	3.801	2.946
	滴鼻	/	/	/	/	5.623	5.92	5.844	5.402	4.74	3.939	3.028	2.67
盲肠	皮下	/	/	/	/	6.092	7.472	7.258	6.795	5.985	4.829	4.474	4.329
	口服	/	/	/	/	6.147	7.920	7.859	6.948	6.451	5.43	4.85	4.271
	滴鼻	/	/	/	/	5.816	6.672	6.813	6.313	6.175	5.43	4.436	3.277
直肠	皮下	/	/	/	/	5.816	6.875	5.933	5.651	4.933	4.077	3.277	ND
	口服	/	/	/	/	6.285	6.379	6.089	5.457	4.795	3.581	3.249	2.752
	滴鼻	/	/	/	/	6.065	6.196	5.534	5.574	3.857	3.581	3.057	2.412
回盲处	皮下	/	/	/	/	4.92	5.615	5.019	4.133	4.933	4.657	4.077	4.133
	口服	/	/	/	/	5.417	6.666	6.307	5.54	4.933	4.133	3.967	3.000
	滴鼻	/	/	/	/	5.334	5.638	5.837	5.264	4.823	4.077	3.691	2.918
气管分泌液	皮下	/	/	/	/	7.037	6.457	5.685	5.602	5.326	4.939	4.525	ND
	口服	/	/	/	/	7.368	7.065	6.071	5.271	5.05	4.581	4.277	3.725
	滴鼻	/	/	/	/	6.954	6.347	5.823	5.188	4.304	4.056	3.697	ND
食管分泌液	皮下	/	/	/	/	7.699	7.258	7.009	6.789	6.485	6.209	5.933	5.215
	口服	/	/	/	/	8.141	7.782	7.23	6.844	5.933	5.712	5.077	4.415
	滴鼻	/	/	/	/	7.975	7.699	7.045	6.402	6.043	5.519	4.829	4.222

（续）

病料	组别	免疫后时间											
		10 min	30 min	60 min	90 min	12 h	24 h	6 d	9 d	12 d	21 d	36 d	60 d
十二指肠分泌液	皮下	/	/	/	/	6.515	7.396	7.092	6.933	6.844	6.4	5.905	5.298
	口服	/	/	/	/	7.037	7.837	7.368	7.009	6.629	6.209	5.581	5.126
	滴鼻	/	/	/	/	6.706	7.672	6.402	6.568	6.099	5.381	4.912	4.25
空肠分泌液	皮下	/	/	/	/	6.457	6.181	7.23	7.534	5.753	5.629	5.346	4.915
	口服	/	/	/	/	6.789	6.375	6.54	7.258	6.347	5.629	5.133	4.222
	滴鼻	/	/	/	/	6.457	6.347	6.988	6.436	5.905	5.795	5.215	4.332
回肠分泌液	皮下	/	/	/	/	ND	6.988	6.345	5.884	5.988	5.353	5.077	4.304
	口服	/	/	/	/	6.126	7.313	7.037	6.292	5.584	5.332	4.387	4.139
	滴鼻	/	/	/	/	5.961	7.092	6.402	5.933	5.326	4.829	ND	ND
盲肠分泌液	皮下	/	/	/	/	6.432	7.917	7.975	6.402	6.071	5.553	4.861	4.421
	口服	/	/	/	/	6.899	7.699	6.982	6.264	5.733	5.105	4.525	3.918
	滴鼻	/	/	/	/	6.678	7.561	7.837	6.154	5.933	4.746	4.691	3.808
直肠分泌液	皮下	/	/	/	/	4.608	6.740	6.285	5.653	5.85	5.519	4.553	3.863
	口服	/	/	/	/	6.181	7.479	6.871	6.209	5.85	5.409	4.056	3.476
	滴鼻	/	/	/	/	5.905	7.23	6.706	6.154	4.581	4.235	ND	ND
血液	皮下	/	/	/	/	4.133	4.491	4.381	4.436	3.967	4.105	3.829	3.415
	口服	/	/	/	/	4.16	4.602	3.829	3.222	3.000	2.78	2.918	2.697
	滴鼻	/	/	/	/	3.525	4.133	3.912	3.332	3.139	2.725	2.918	ND

注："/"为没有进行检测。

组织、血液、分泌物（食管、气管、各肠段）中 DPV－DNA 拷贝数分别为每 1 g、每 100 μL 及整段食管（气管、各肠段）中 DPV－DAN 拷贝数平均对数值。

DNA 拷贝数达到最高；60 min 时所有受检样品中都能检测到 DPV－DNA，其中胸腺中 DPV－DNA 拷贝数最高；血液中 DPV－DNA 拷贝数在所有受检样品中最低；哈德氏腺及胸腺中 DPV－DNA 拷贝数于 12 h，脾及法氏囊中 DPV－DNA 拷贝数分别于 90 min 和 24 h 达到最高；十二指肠、空肠及回肠中 DPV－DNA 拷贝数于 24 h，盲肠和直肠分别于 9 d 和 6 d 达到最高；直肠分泌液中 DPV－DNA 最早于 30 min 检测到；60 d 时，心、肝、脾、肺、肾、气管及直肠分泌液中 DPV－DNA 检测为阴性，其他样品中均可检测到 DPV－DNA（表 9－1）。

（2）与口服免疫鸭同居的鸭　12 h 时所有样品中均可检测到 DPV－DNA，其中肾、脑、气管分泌液、食管分泌液和空肠分泌液中 DPV－DNA 拷贝数达到最高，食管分泌液中 DPV－DNA 拷贝数在此时段所有样品中最高；肝中 DPV－DNA 拷贝数于 6 d 时达到最高，其他样品中 DPV－DNA 拷贝数于 24 h 时达到最高；6～60 d 时，所有样品中 DPV－DNA 拷贝数均持续降低，至 60 d 时，除肝外其他所有样品中均可检测到 DPV－DNA（表 9－2）。

3. 滴鼻免疫鸭与同居鸭

（1）滴鼻免疫鸭　滴鼻免疫组：滴鼻免疫 10 min 后在气管分泌液中可检测到 DPV－DNA，30 min 时在胸腺、法氏囊、气管、心、肺、肾、脑和回盲处中可检测到 DPV－DNA；60 min 时除十二指肠、空肠及其分泌液、回肠及其分泌液、直肠分泌液 DPV－DNA 检测为阴性，其他样品都可检测到 DPV－DNA，其中肾脏中 DPV－DNA 拷贝数最高；免疫后 90 min，所有受检样品中都能检测到 DPV－DNA，其中心脏中 DPV－DNA 拷贝数最高；胸腺和哈德氏腺中 DPV－DNA 拷贝数于 12 h 达到最高，脾及法氏囊中 DPV－DNA 拷贝数分别于 90 min 和 24 h 达到最高；气管、气管分泌液及肺中 DPV－DNA 拷贝数于 12 h 达到最高；十二指肠及其分泌液、空肠及其分泌液、回肠及其分泌液中 DPV－DNA 拷贝数于 6 d 达到最高，盲肠及其分泌液、直肠及其分泌液中 DPV－DNA 拷贝数分别于 24 h 和 9 d 达到最高；血液中 DPV－DNA 拷贝数是所有受检样品中最低的。60 d 时，法氏囊、肝、脾、肾、盲肠中 DPV－DNA 检测为阴性，其他样品中 DPV－DNA 拷贝数都较低（表 9－1）。

（2）与滴鼻免疫鸭同居的鸭　12 h 时所有样品中均可检测到 DPV－DNA，其中心、脾、肾、脑、气管分泌液和食管分泌液中 DPV－DNA 拷贝数达到最高；肝、空肠分泌液、盲肠及其分泌液中 DPV－DNA 拷贝数于 6 d 时达到最高，其他样品中 DPV－DNA 拷贝数于第 24 h 时达到最高；6～60 d 时，所有样品中 DPV－DNA 拷贝数均持续降低，至 60 d 时，除胸腺、肝、脾、肺、脑、血液、回肠分泌液、直肠分泌液和气管液外的其他所有样品中均可检测到 DPV－DNA（表 9－2）。

对不同途径免疫鸭所采集的同一种样品，在不同时间检测的 DPV - DNA 拷贝数存在以下特点：

① 皮下免疫鸭胸腺中 DPV - DNA 检出时间最早，在 21 d 前 DPV - DNA 拷贝数最高，口服免疫鸭胸腺中 DPV - DNA 拷贝数在 36～60 d 最高；滴鼻免疫鸭哈德氏腺中 DPV - DNA 拷贝数在 30～60 min 最高，皮下免疫鸭哈德氏腺中 DPV - DNA 拷贝数在 90 min 至 60 d 最高；法氏囊中 DPV - DNA 拷贝数在口服免疫鸭和皮下免疫鸭中呈现此消彼长的特点；皮下免疫鸭脾脏中 DPV - DNA 检出时间最早，DPV - DNA 拷贝数始终为最高；口服免疫鸭回盲处 DPV - DNA 检出时间最早，但皮下免疫鸭回盲处 DPV - DNA 拷贝数（6.561）在 30 min 至 60 d 最高。

② 肝和肾中 DPV - DNA 拷贝数在同一时间内均以皮下免疫鸭最高；滴鼻免疫鸭肺中 DPV - DNA 拷贝数始终最高；脑中 DPV - DNA 拷贝数在 30～90 min 和 60 d 时以皮下免疫鸭最高，在 24 h 至 36 d 时以滴鼻免疫鸭最高；血液中 DPV - DNA 拷贝数多以皮下免疫鸭最高。

③ 滴鼻免疫鸭气管及其分泌液中 DPV - DNA 检出时间最早，其中气管及其分泌液中 DPV - DNA 拷贝数分别在 21 d 和 90 min 前最高。

④ 消化道及其分泌液中 DPV - DNA 检出时间均以口服免疫鸭最早，且其 DPV - DNA 拷贝数在 12 h 前最高；24 h 至 60 d 则多以皮下免疫鸭最高。

不同免疫组的同居鸭，同一种样品中 DPV - DNA 的检出时间和拷贝数存在一定差异。对三组同居鸭都可在 12 h 时在所有样品中检测到 DPV - DNA；口服同居鸭各样品中 DPV - DNA 拷贝数在 12～24 h 时均高于其他两个组。48 h 后，同一种样品在同一时段内的 DPV - DNA 拷贝数多以皮下免疫同居组较高。

对照鸭：对照鸭各个受检样品在不同时段的检测结果都为阴性。

（二）不同途径免疫 DPV 弱毒疫苗诱导鸭抗体介导的黏膜免疫与系统免疫发生规律

为探讨 DPV 弱毒疫苗诱导鸭局部黏膜和系统免疫中抗体发生的规律，齐雪峰、汪铭书等（2007）将 DPV 弱毒疫苗 Cha 株经不同途径人工免疫和同居免疫 20 日龄鸭后，于 60 d 内定时随机剖杀 5 只鸭，采集血液、胆汁、气管和消化道（食管、十二指肠、空肠、回肠、盲肠和直肠）分泌液，应用间接 ELISA 检测抗 DPV 的 IgA、IgM 和 IgG 效价（以 $\log_{10}$ 表示）。结果表明：所有免疫鸭和同居鸭血液、胆汁、上呼吸道和消化道分泌液中均可检测到 DPV 特异性 IgA、IgG 和 IgM。其中 IgA 在免疫鸭上呼吸道和消化道分泌液中检出时间较早（3～6 d），抗体效价最高，且维持时间最长。效价大多于免疫后第 21 天达到高峰，至 60 d 时依然可在上呼吸道和消化道中检测到特异性IgA；表明上呼吸道、哈德氏腺和消化道都是鸭黏膜免疫的重要组成部分，IgA 是 DPV 弱毒疫苗诱导鸭 MIS 中抗病原微生物的主要体液免疫因子。并且 DPV 弱毒疫苗除可在局部黏膜产生特异的高效价 IgA、IgM 和 IgG 外，还可在黏膜远端产生抗体，表明经黏膜途径免疫 DPV 弱毒疫苗可同时诱导黏膜免疫和共同黏膜免疫系统。口服免疫鸭消化道分泌液中 IgA 抗体效价高于滴鼻组，上呼吸道分泌液中 IgA 抗体效价低于滴鼻组；皮下免疫鸭消化道和上呼吸道中 IgA 抗体效价均较口服组和滴鼻组低。表明口服免疫相对于滴鼻免疫能够更有效地诱导鸭消化道黏膜免疫，而滴鼻免疫是激发鸭上呼吸道黏膜免疫的最佳途径。IgA 在血液中抗体效价最低，不是血液中的主要抗体。IgM 在所有受检体液中检出时间最早，大部分于第 3～6 天检测到，并于第 6～9 天达到高峰后迅速下降，是机体抗 DPV 感染早期的主要体液免疫因子。IgG 是血清中抗体效价最高、维持时间最长的免疫球蛋白，至免疫后第 60 天时仍然保持较高效价。但在上呼吸道和消化道分泌液中，相对于 IgM 和 IgA，IgG 抗体效价最低。表明 IgG 是系统免疫的主要体液免疫因子，而 DPV 经呼吸道和消化道感染鸭后，能同时激活黏膜免疫和系统免疫。胆汁中抗 DPV 特异性 IgA、IgG 和 IgM 的抗体效价依次降低，且 IgA 的抗体效价较呼吸道和消化道分泌液中 IgA 的抗体效价高。同居鸭体内抗体的发展规律反映了免疫鸭排出 DPV 弱毒的规律，提示 DPV 弱毒初次到达黏膜诱导位点的速度和数量与黏膜免疫系统产生抗体的时间和效价密切相关。

采用间接 ELISA 对试验组和对照组鸭血清、胆汁、气管和消化道分泌液中 DPV 特异性 IgA、IgM 和 IgG 抗体效价进行测定，经 SPSS 10.0 软件对数据分析证实，不同部位采集样品在工作浓度时所测 OD_{405} 值与其 ELISA 效价倒数以 10 为底数的对数之间存在一定的相关性（$R^2 \geqslant 0.95$），故便于不同种类抗体效价的比较，检测结果均以 $\log_{10}$ 平均值（±SD）表示。

1. DPV 弱毒疫苗不同途径免疫鸭和同居鸭不同时间血清、胆汁、气管和消化道中抗 DPV 特异性 IgA、IgM 和 IgG 效价及其分布特点 在 DPV 弱毒疫苗不同途径免疫鸭的血清、胆汁、气管和消化道分泌液中均可检测到抗 DPV 特异性 IgG、IgM 和IgA，其效价及其分布详细情况见表 9－3 至表 9－8。非免疫对照组鸭相应样品中均未检测到抗 DPV 特异性抗体。

（1）皮下免疫鸭与同居鸭

① 皮下免疫鸭 DPV 特异性 IgM 最早于免疫后第 3 天在免疫鸭的血清、胆汁、气管和十二指肠中检出，盲肠中 IgM 检出时间最晚（第 9 天），所有样品中 IgM 效价

多以免疫后第 9 天达到高峰，并于第 12～15 天消失，其中血清中抗体效价最高。血清中 IgG 检出时间最早（第 6 天），免疫后第 15 天时效价的数量级显著增加，气管、食管、空肠和直肠中 IgG 于第 9 天检出，胆汁和回肠中 IgG 检出时间最晚（第 15 天）。血清中 IgG 效价于第 36 天达到高峰，至检测结束时（第 60 天）依然保持较高效价。胆汁、气管和食管中 IgG 效价于第 21 天达到高峰，并于第 27～36 天消失。肠道中 IgG 效价于第 15 天达到高峰后，陆续于第 21～36 天消失。其中血清中 IgG 效价为所有样品中最高的。气管和十二指肠中 IgA 检出时间最早（第 3 天），血清、回肠和盲肠检出时间最晚（第 12 天）。胆汁中 IgA 于免疫后第 9 天检出，至第 12 天时其效价的数量级显著增加，并于第 27 天消失。其他样品中 IgA 效价多以免疫后第 21 天达到高峰。气管、食管、十二指肠和盲肠中 IgA 效价至测定结束时（第 60 天）依然可检测到，其他样品均在免疫后第 21～36 天消失。胆汁中 IgA 效价为所有样品中最高的（表 9－3）。

② 与皮下免疫鸭同居的鸭　皮下免疫同居组：皮下免疫同居鸭血清和胆汁中抗体消长规律与皮下免疫鸭相似，只是抗体效价较皮下免疫鸭低且检出时间要迟一个时间段（约 3 d）；同居鸭气管、食管和各肠道中 IgG 和 IgM 较免疫鸭低且检出时间晚。IgA 的检出时间虽较免疫鸭晚，但其抗体效价却较免疫鸭高，并且效价高峰多出现在免疫后第 27～36 天（表 9－6）。

（2）口服免疫鸭与同居鸭

① 口服免疫鸭　DPV 特异性 IgM 最早于免疫后第 3 天在免疫鸭的血清、气管、食管和十二指肠中检出，胆汁中 IgM 检出时间最晚（第 9 天），所有样品中 IgM 效价多以免疫后第 9 天达到高峰，并于第 12～15 天消失，其中血清中抗体效价最高。血清、气管、食管、十二指肠和空肠中 IgG 检出时间最早（第 9 天），其他样品中 IgG 于第 12～15 天检出。血清中 IgG 于免疫后第 21 天时效价的数量级显著增加，于第 36 天达到高峰，至检测结束时（第 60 天）依然保持较高效价。胆汁、气管和食管中 IgG 效价于第 21 天达到高峰，并于第 27～36 天消失。肠道中 IgG 效价多于第 15 天达到高峰后，陆续于第 21～36 天消失。其中血清中 IgG 效价为所有样品中最高的。食管、十二指肠和直肠中 IgA 检出时间最早（第 3 天），血清和回肠检出时间最晚（第 9 天）。胆汁中 IgA 于免疫后第 6 天检出，至第 12 天时其效价的数量级显著增加，并于第 21 天消失。其他样品中 IgA 效价多以免疫后第 21 天达到高峰。气管、食管和所有肠道中 IgA 效价至测定结束时（第 60 天）依然可检测到，其他样品均在免疫后第 21～36 天消失。胆汁中 IgA 效价为所有样品中最高的（表 9－4）。

② 与口服免疫鸭同居的鸭　口服同居鸭各样本中抗体的检出时间和消长规律与口

服免疫鸭相似，但各抗体效价较免疫鸭低（表 9－7）。

（3）滴鼻免疫鸭与同居鸭

① 滴鼻免疫鸭　DPV 特异性 IgM 最早于免疫后第 3 天在免疫鸭的血清、食管和直肠中检出，胆汁中 IgM 检出时间最晚（第 9 天）。肠道中 IgM 效价多以第 6 天达到高峰后迅速下降并消失，其他样品中 IgM 效价多以免疫后第 9 天达到高峰，并于第 12～15 天消失，其中血清中抗体效价最高。血清、气管、食管和十二指肠中 IgG 检出时间最早（第 9 天），胆汁中 IgG 检出时间最晚（第 27 天），其他样品中 IgG 于第 12～15 天检出。血清中 IgG 于免疫后第 21 天时效价的数量级显著增加，于第 36 天达到高峰，至检测结束时（第 60 天）依然保持较高效价。气管和食管中 IgG 效价于第 21 天达到高峰，并于第 27～60 天消失。肠道中 IgG 效价多于第 15 天达到高峰后，陆续于第 27～36 天消失。其中血清中 IgG 效价为所有样品中最高的。气管、十二指肠和直肠中 IgA 检出时间最早（第 3 天），血清和胆汁检出时间最晚（第 9 天）。胆汁中 IgA 于免疫后第 12 天时其效价的数量级显著增加，并于第 21 天消失。肠道中 IgA 效价多以免疫后第 21 天达到高峰。气管、食管和所有肠道中 IgA 效价至测定结束时（第 60 天）依然可检测到，其他样品均在免疫后第 21～36 天消失。胆汁中 IgA 效价为所有样品中最高的（表 9－5）。

② 与滴鼻免疫鸭同居的鸭　滴鼻同居鸭各样本中抗体消长规律与滴鼻免疫鸭相似，但各抗体效价较免疫鸭低且检出时间要迟一个时间段（约 3 d）（表 9－8）。

对照组：对照鸭各个受检样本在不同时段的检测结果都为阴性。

2. DPV 弱毒疫苗经不同免疫途径诱导鸭局部黏膜和系统免疫中 IgA、IgM 和 IgG 发生规律　在有关鸭瘟的研究和防治实践中，缺乏黏膜免疫和系统免疫与鸭抗 DPV 感染的关系的系统研究资料，通常以血清中抗 DPV 特异性 IgG 抗体水平这样一个系统免疫中最容易检测的指标作为评价 DPV 弱毒疫苗免疫效果的方法之一，忽略了研究探讨黏膜免疫在鸭抗 DPV 感染中发挥怎样的作用？而黏膜免疫系统（mucosal immune system，MIS）是存在于动物机体的系统免疫之外的、与外界相通的腔道黏膜表面的独特的免疫系统，它对通过黏膜入侵机体的病原体具有非常强大的防御能力。而 IgA 是 MIS 主要的体液免疫效应因子，在黏膜免疫反应中发挥着非常重要的作用。虽然共同黏膜免疫系统存在（common mucosal immunity system，CMIS），但抗原诱导部位抗原特异性 IgA 的抗体水平要远远高于其他部位，因此监测局部黏膜免疫反应最直接的方法，就是对局部黏膜抗原特异性 IgA 抗体水平的消长规律进行检测。对系统免疫的监测可直接对血液中抗体进行检测。本试验应用间接 ELISA，对 DPV 弱毒疫苗经不同途径免疫鸭后局部黏膜分泌液与外周血中的 DPV 特异性 IgA、IgG 和 IgM 的消长规律进行检测，以研究鸭局部 MIS 的构成及其功能和鸭黏膜免疫与系统免疫的关系。

表 9-3 DPV 弱毒皮下注射免疫鸭不同时间血清、胆汁、气管和消化道中 IgG、IgM 和 IgA 的 ELISA 效价

样品	抗体	免疫后时间									
		第 1 天	第 3 天	第 6 天	第 9 天	第 12 天	第 15 天	第 21 天	第 27 天	第 36 天	第 60 天
血 清	IgG	—	—	2.47±0.03	2.58±0.04	2.86±0.03	3.13±0.05	3.73±0.02	3.72±0.2	3.89±0.08	3.69±0.03
	IgM	—	2.41±0.01	2.75±0.05	3.1±0.02	2.89±0.02	2.41±0.01	—	—	—	—
	IgA	—	—	—	—	1.59±0.01	1.81±0.04	1.89±0.01	1.48±0.03	1.38±0.06	—
胆 汁	IgG	—	—	—	—	—	2.15±0.04	2.59±0.06	2.28±0.04	—	—
	IgM	—	1.2±0.01	1.32±0.01	1.75±0.04	1.26±0.01	—	—	—	—	—
	IgA	—	—	—	2.91±0.08	3.71±0.01	2.02±0.12	1.63±0.12	—	—	—
气 管	IgG	—	—	—	1.1±0.01	1.12±0.01	1.3±0.01	1.74±0.02	1.28±0.02	1.14±0.02	—
	IgM	—	1.26±0.02	2.09±0.04	1.96±0.05	1.2±0.01	—	—	—	—	—
	IgA	—	1.46±0.03	1.57±0.02	1.8±0.01	2.18±0.02	2.52±0.02	2.69±0.02	2.52±0.03	2.08±0.04	1.82±0.03
食 管	IgG	—	—	—	1.09±0.03	1.21±0.01	1.65±0.05	1.97±0.01	1.69±0.02	1.15±0.01	—
	IgM	—	—	1.65±0.02	1.98±0.03	1.6±0.04	1.49±0.01	—	—	—	—
	IgA	—	—	—	1.62±0.02	1.8±0.02	2.64±0.04	2.71±0.01	2.68±0.01	2.62±0.03	2.6±0.06
十二指肠	IgG	—	—	—	—	1.17±0.04	1.78±0.02	1.67±0.04	1.21±0.03	—	—
	IgM	—	1.57±0.04	1.66±0.04	1.88±0.05	1.71±0.03	—	—	—	—	—
	IgA	—	1.55±0.01	1.62±0.03	1.82±0.02	2.08±0.02	2.87±0.03	2.88±0.02	2.91±0.02	2.89±0.02	2.41±0.01
空 肠	IgG	—	—	—	1.3±0.01	1.46±0.04	1.7±0.03	1.58±0.08	1.42±0.04	1.4±0.02	—
	IgM	—	—	1.77±0.05	1.86±0.05	1.68±0.06	—	—	—	—	—
	IgA	—	—	—	1.66±0.04	1.92±0.04	2.03±0.04	2.35±0.04	2.31±0.01	1.95±0.06	1.89±0.13

（续）

样品	抗体	免疫后时间									
		第1天	第3天	第6天	第9天	第12天	第15天	第21天	第27天	第36天	第60天
回 肠	IgG	—	—	—	—	—	1.58±0.01	1.22±003	—	—	—
	IgM	—	—	1.61±0.02	1.47±0.06	—	—	—	—	—	—
	IgA	—	—	—	—	1.94±0.04	2.02±0.03	2.17±0.06	1.86±0.01	—	—
盲 肠	IgG	—	—	—	—	1.27±0.05	1.46±0.04	1.67±0.03	1.33±0.02	1.31±0.02	—
	IgM	—	—	—	1.79±0.01	1.4±0.02	—	—	—	—	—
	IgA	—	—	—	—	1.46±0.01	1.54±0.02	1.69±0.02	1.84±0.05	2.21±0.01	1.49±0.05
直 肠	IgG	—	—	—	1.18±0.02	1.36±0.03	1.59±0.03	1.21±0.06	—	—	—
	IgM	—	—	1.7±0.04	1.38±0.04	—	—	—	—	—	—
	IgA	—	—	1.57±0.04	1.6±0.03	1.8±0.03	1.82±0.01	1.87±0.02	1.78±0.02	1.77±0.07	—

表9-4 DPV弱毒口服免疫鸭不同时间血清、胆汁、气管和消化道中IgG、IgM和IgA的ELISA效价

样品	抗体	免疫后时间									
		第1天	第3天	第6天	第9天	第12天	第15天	第21天	第27天	第36天	第60天
血 清	IgG	—	—	—	2.27±0.04	2.46±0.02	2.96±0.03	3.72±0.02	3.55±0.5	3.73±0.04	3.67±0.01
	IgM	—	1.73±0.01	2.79±0.05	3.09±0.01	2.36±0.03	1.79±0.03	—	—	—	—
	IgA	—	—	—	1.31±0.02	1.72±0.03	2.12±0.04	1.98±0.03	1.83±0.04	1.63±0.03	—
胆 汁	IgG	—	—	—	—	1.4±0.02	1.54±0.07	2.14±0.05	1.63±0.02	1.47±0.05	—
	IgM	—	—	—	1.4±0.01	1.23±0.06	—	—	—	—	—
	IgA	—	—	1.77±0.05	2.63±0.03	3.54±0.04	1.65±0.01	—	—	—	—

（续）

样品	抗体	免疫后时间									
		第1天	第3天	第6天	第9天	第12天	第15天	第21天	第27天	第36天	第60天
气管	IgG	—	—	—	1.15±0.05	1.2±0.05	1.23±0.06	1.45±0.02	1.17±0.04	—	—
	IgM	—	1.39±0.02	1.78±0.03	1.82±0.03	1.41±0.03	—	—	—	—	—
	IgA	—	—	1.55±0.03	1.79±0.01	2.21±0.05	2.46±0.03	3.08±0.02	3.12±0.04	2.99±0.03	2.52±0.06
食管	IgG	—	—	—	1.06±0.05	1.24±0.02	1.42±0.05	1.96±0.05	1.72±0.06	1.51±0.01	1.12±0.05
	IgM	—	1.39±0.03	2.11±0.05	2.36±0.05	1.82±0.03	1.52±0.02	1.33±0.01	1.46±0.06	—	—
	IgA	—	1.48±0.02	1.88±0.02	1.99±0.02	2.56±0.02	2.96±0.02	3.19±0.03	3.14±0.03	3.09±0.01	2.75±0.01
十二指肠	IgG	—	—	—	1.16±0.05	1.15±0.03	1.73±0.06	1.55±0.02	1.21±0.04	—	—
	IgM	—	1.4±0.01	1.84±0.04	2.15±0.01	1.46±0.03	1.42±0.05	—	—	—	—
	IgA	—	1.86±0.01	2.16±0.04	2.59±0.02	2.95±0.04	3.33±0.02	3.49±0.05	3.37±0.05	3.29±0.03	3.07±0.04
空肠	IgG	—	—	—	1.1±0.01	1.41±0.03	1.62±0.06	1.41±0.02	1.24±0.03	1.1±0.01	—
	IgM	—	—	1.47±0.04	1.7±0.01	1.36±0.05	—	—	—	—	—
	IgA	—	—	1.92±0.01	2.09±0.02	2.17±0.04	2.5±0.05	2.81±0.01	2.41±0.03	2.17±0.06	2.14±0.04
回肠	IgG	—	—	—	—	—	1.46±0.01	1.08±003	—	—	—
	IgM	—	—	1.54±0.03	1.45±0.03	—	—	—	—	—	—
	IgA	—	—	—	1.2±0.04	2.14±0.02	2.17±0.03	2.28±0.02	2.26±0.02	2.07±0.04	2.15±0.02
盲肠	IgG	—	—	—	—	1.17±0.01	1.34±0.02	1.57±0.03	1.31±0.04	1.31±0.03	—
	IgM	—	—	1.46±0.04	—	—	—	—	—	—	—
	IgA	—	—	1.57±0.05	2.01±0.03	2.39±0.07	2.25±0.05	2.39±0.02	2.2±0.07	2.1±0.05	1.93±0.02
直肠	IgG	—	—	—	—	1.32±0.03	1.58±0.02	1.16±0.05	—	—	—
	IgM	—	—	1.56±0.01	—	—	—	—	—	—	—
	IgA	—	1.53±0.03	1.63±0.07	1.89±0.03	2.11±0.02	2.07±0.04	2.02±0.01	1.79±0.04	1.89±0.07	1.65±0.03

表 9-5 DPV 弱毒滴鼻免疫鸭不同时间血清、胆汁、气管和消化道中 IgG、IgM 和 IgA 效价

样品	抗体	免疫后时间									
		第1天	第3天	第6天	第9天	第12天	第15天	第21天	第27天	第36天	第60天
血清	IgG	—	—	—	2.2±0.03	2.33±0.03	2.59±0.02	3.6±0.02	3.63±0.01	3.67±0.03	3.61±0.06
	IgM	—	2.04±0.07	2.77±0.03	3.04±0.04	2.88±0.06	1.85±0.04	—	—	—	—
	IgA	—	—	—	1.37±0.04	1.67±0.03	2.1±0.01	1.89±0.08	1.6±0.03	1.49±0.04	—
胆汁	IgG	—	—	—	—	—	—	—	2.15±0.02	1.58±0.06	—
	IgM	—	—	—	2.02±0.09	1.18±0.04	—	—	—	—	—
	IgA	—	—	—	1.58±0.04	3.42±0.04	1.77±0.16	—	—	—	—
气管	IgG	—	—	—	1.06±0.06	1.16±0.05	1.25±0.04	1.42±0.04	—	—	—
	IgM	—	—	1.63±0.03	1.78±0.02	1.27±0.08	—	—	—	—	—
	IgA	—	1.69±0.03	1.76±0.04	1.89±0.07	2.06±0.05	2.66±0.05	3.07±0.04	3.22±0.11	3.07±0.08	2.89±0.09
食管	IgG	—	—	—	1.2±0.02	1.5±0.02	1.65±0.05	1.89±0.07	1.6±0.02	1.2±0.04	—
	IgM	—	1.35±0.06	2.11±0.03	2.21±0.02	1.92±0.04	1.66±0.04	1.63±0.03	1.4±0.02	—	—
	IgA	—	—	1.8±0.02	1.84±0.04	2.5±0.05	2.79±0.02	3.08±0.02	3.12±0.04	3.03±0.02	2.7±0.06
十二指肠	IgG	—	—	—	1.14±0.02	1.19±0.01	1.69±0.02	1.5±0.01	1.15±0.04	—	—
	IgM	—	—	1.8±0.01	2.09±0.07	1.49±0.08	—	—	—	—	—
	IgA	—	1.84±0.01	2.06±0.05	2.6±0.05	2.87±0.05	3.17±0.05	3.32±0.02	3.29±0.03	3.25±0.03	2.77±0.03
空肠	IgG	—	—	—	—	1.29±0.08	1.55±0.04	1.29±0.03	—	—	—
	IgM	—	—	1.99±0.02	1.98±0.05	1.41±0.01	—	—	—	—	—
	IgA	—	—	1.94±0.03	1.91±0.02	2.1±0.05	2.43±0.03	2.8±0.02	2.42±0.03	2.05±0.05	2.05±0.06

（续）

样品	抗体	免疫后时间									
		第1天	第3天	第6天	第9天	第12天	第15天	第21天	第27天	第36天	第60天
回肠	IgG	—	—	—	—	—	1.47±0.03	1.19±003	—	—	—
	IgM	—	—	1.74±0.12	1.5±0.02	—	—	—	—	—	—
	IgA	—	—	1.9±0.02	1.9±0.02	2.12±0.03	2.11±0.04	2.21±0.02	2.01±0.01	2.06±0.07	2.05±0.06
盲肠	IgG	—	—	—	—	1.12±0.1	1.35±0.05	1.53±0.04	1.26±0.03	1.17±0.05	—
	IgM	—	—	1.76±0.04	1.39±0.02	—	—	—	—	—	—
	IgA	—	—	1.5±0.01	1.9±0.06	2.21±0.05	2.21±0.06	2.27±0.03	2.01±0.03	1.79±0.04	1.72±0.04
直肠	IgG	—	—	—	—	1.18±0.02	1.48±0.03	1.09±0.04	—	—	—
	IgM	—	1.34±0.04	1.68±0.02	—	—	—	—	—	—	—
	IgA	—	1.62±0.01	1.49±0.02	1.89±0.04	1.91±0.06	1.75±0.02	1.94±0.02	1.77±0.05	1.77±0.03	1.51±0.05

表 9-6　DPV 弱毒皮下注射同居鸭不同时间血清、胆汁、气管和消化道中 IgG、IgM 和 IgA 的 ELISA 效价

样品	抗体	同居后时间									
		第1天	第3天	第6天	第9天	第12天	第15天	第21天	第27天	第36天	第60天
血清	IgG	—	—	—	2.51±0.05	2.64±0.03	2.94±0.04	3.22±0.02	3.34±0.05	3.22±0.05	3.08±0.05
	IgM	—	—	1.75±0.05	2.38±0.01	2.64±0.04	2.3±0.06	—	—	—	—
	IgA	—	—	—	—	1.32±0.01	1.76±0.04	1.99±0.02	1.63±0.02	1.53±0.03	1.32±0.01
胆汁	IgG	—	—	—	—	—	1.6±0.01	2.15±0.01	2.37±0.03	1.63±0.01	—
	IgM	—	—	1.22±0.01	1.4±0.01	1.5±0.02	1.32±0.01	—	—	—	—
	IgA	—	—	—	1.87±0.04	2.51±0.02	3.56±0.02	2.8±0.01	1.77±0.01	—	—

（续）

样品	抗体	同居后时间									
		第1天	第3天	第6天	第9天	第12天	第15天	第21天	第27天	第36天	第60天
气　管	IgG	—	—	—	1.09±0.08	1.23±0.01	1.27±0.03	1.39±0.02	1.57±0.02	1.37±0.04	1.18±0.03
	IgM	—	—	1.42±0.04	1.52±0.08	1.82±0.02	1.37±0.03	—	—	—	—
	IgA	—	—	—	—	1.8±0.01	2.11±0.01	2.67±0.03	2.81±0.01	2.53±0.04	2.31±0.08
食　管	IgG	—	—	—	—	1.08±0.03	1.3±0.01	1.61±0.01	1.7±0.02	1.38±0.02	1.12±0.01
	IgM	—	—	—	1.41±0.01	1.66±0.01	1.42±0.01	1.35±0.04	—	—	—
	IgA	—	—	—	—	2.03±0.08	2.76±0.01	2.82±0.02	2.79±0.01	2.84±0.03	2.73±0.07
十二指肠	IgG	—	—	—	—	—	1.18±0.03	1.31±0.02	1.49±0.01	1.31±0.01	1.11±0.01
	IgM	—	—	—	1.43±0.02	1.73±0.03	1.39±0.01	—	—	—	—
	IgA	—	—	—	1.87±0.02	1.9±0.01	2.26±0.01	2.58±0.03	3.07±0.06	2.93±0.03	2.49±0.07
空　肠	IgG	—	—	—	—	1.16±0.01	1.39±0.02	1.52±0.02	1.31±0.02	1.26±0.04	1.13±0.01
	IgM	—	—	—	1.42±0.02	1.69±0.02	1.41±0.03	—	—	—	—
	IgA	—	—	—	—	—	1.72±0.06	1.93±0.03	2.32±0.01	2.49±0.01	2.03±0.07
回　肠	IgG	—	—	—	—	—	1.17±0.06	1.4±0.01	1.18±0.03	—	—
	IgM	—	—	—	1.45±0.01	1.39±0.01	—	—	—	—	—
	IgA	—	—	—	—	—	1.9±0.03	2.29±0.06	2.16±0.05	1.89±0.02	—
盲　肠	IgG	—	—	—	—	—	1.2±0.01	1.26±0.01	1.33±0.02	1.26±0.02	—
	IgM	—	—	—	—	1.18±0.06	1.38±0.03	—	—	—	—
	IgA	—	—	—	—	—	1.46±0.05	1.56±0.01	1.89±0.01	2.44±0.01	1.87±0.03
直　肠	IgG	—	—	—	—	1.19±0.08	1.36±0.04	1.34±0.01	1.28±0.02	1.12±0.11	—
	IgM	—	—	—	1.32±0.01	1.58±0.03	—	—	—	—	—
	IgA	—	—	—	1.37±0.04	1.51±0.03	1.66±0.02	1.92±0.02	1.88±0.01	1.79±0.04	1.56±0.04

表 9-7 DPV 弱毒口服同居鸭不同时间血清、胆汁、气管和消化道中 IgG、IgM 和 IgA 的 ELISA 效价

样品	抗体	同居后时间									
		第 1 天	第 3 天	第 6 天	第 9 天	第 12 天	第 15 天	第 21 天	第 27 天	第 36 天	第 60 天
血 清	IgG	—	—	—	1.98±0.01	2.41±0.02	2.62±0.03	3.00±0.03	3.32±0.02	3.29±0.02	2.97±0.03
	IgM	—	1.43±0.02	1.74±0.05	2.3±0.02	2.39±0.02	1.69±0.01	—	—	—	—
	IgA	—	—	—	1.17±0.06	1.7±0.01	1.89±0.01	1.82±0.03	1.9±0.01	1.63±0.03	—
胆 汁	IgG	—	—	—	—	1.08±0.05	1.22±0.03	1.84±0.05	1.43±0.02	1.38±0.04	—
	IgM	—	—	—	1.28±0.01	1.06±0.05	—	—	—	—	—
	IgA	—	—	1.16±0.06	2.34±0.02	3.00±0.01	1.49±0.07	—	—	—	—
气 管	IgG	—	—	—	1.07±0.06	1.19±0.07	1.24±0.03	1.39±0.02	1.33±0.02	—	—
	IgM	—	1.27±0.05	1.41±0.01	1.66±0.05	1.31±0.01	1.32±0.02	—	—	—	—
	IgA	—	—	1.51±0.01	1.52±0.02	1.53±0.04	1.92±0.03	2.3±0.01	2.9±0.02	2.66±0.05	1.84±0.04
食 管	IgG	—	—	—	—	1.15±0.02	1.32±0.02	1.78±0.02	1.49±0.04	1.41±0.02	1.41±0.05
	IgM	—	1.26±0.04	1.51±0.01	1.79±0.02	1.69±0.09	1.37±0.02	1.31±0.01	—	—	—
	IgA	—	1.44±0.04	1.5±0.02	1.52±0.02	2.05±0.05	2.51±0.06	2.85±0.06	2.86±0.01	2.83±0.03	2.41±0.04
十二指肠	IgG	—	—	—	1.18±0.02	1.37±0.05	1.62±0.05	1.38±0.04	1.16±0.05	—	—
	IgM	—	1.25±0.15	1.48±0.06	1.79±0.02	1.35±0.05	1.15±0.04	—	—	—	—
	IgA	—	1.93±0.04	1.92±0.05	2.27±0.05	2.86±0.06	2.83±0.13	3.07±0.05	2.79±0.02	2.58±0.03	2.27±0.05
空 肠	IgG	—	—	—	1.21±0.09	1.37±0.04	1.58±0.02	1.36±0.03	1.42±0.02	1.24±0.03	—
	IgM	—	—	1.41±0.01	1.69±0.04	1.41±0.01	—	—	—	—	—
	IgA	—	—	1.89±0.01	1.9±0.01	1.98±0.03	2.19±0.02	2.21±0.01	2.14±0.04	1.84±0.06	1.85±0.06

（续）

样品	抗体	同居后时间									
		第1天	第3天	第6天	第9天	第12天	第15天	第21天	第27天	第36天	第60天
回　肠	IgG	—	—	—	—	—	1.38±0.05	1.17±0.02	—	—	—
	IgM	—	—	1.5±0.01	1.36±0.05	—	—	—	—	—	—
	IgA	—	—	—	1.86±0.01	1.92±0.01	2.01±0.02	2.16±0.05	2.01±0.01	1.98±0.02	1.89±0.03
盲　肠	IgG	—	—	—	—	1.25±0.05	1.27±0.05	1.37±0.05	1.35±0.05	1.12±0.01	—
	IgM	—	—	1.42±0.05	1.34±0.03	—	—	—	—	—	—
	IgA	—	—	1.49±0.05	1.57±0.03	1.7±0.06	1.8±0.06	2.08±0.02	1.85±0.05	1.77±0.02	1.75±0.05
直　肠	IgG	—	—	—	—	1.14±0.01	1.35±0.02	1.21±0.01	—	—	—
	IgM	—	—	1.41±0.01	1.24±0.01	—	—	—	—	—	—
	IgA	—	1.35±0.04	1.54±0.05	1.46±0.05	1.56±0.03	1.57±0.05	1.89±0.01	1.77±0.06	1.69±0.02	1.55±0.05

表9-8　DPV弱毒滴鼻同居鸭不同时间血清、胆汁、气管和消化道中IgG、IgM和IgA效价

样品	抗体	同居后时间									
		第1天	第3天	第6天	第9天	第12天	第15天	第21天	第27天	第36天	第60天
血　清	IgG	—	—	—	—	2.23±0.01	2.46±0.06	2.66±0.05	2.87±0.05	2.76±0.05	2.5±0.04
	IgM	—	—	1.89±0.01	2.09±0.02	2.17±0.03	1.7±0.02	—	—	—	—
	IgA	—	—	—	—	1.49±0.05	1.75±0.05	1.86±0.06	1.69±0.01	1.63±0.02	1.38±0.03
胆　汁	IgG	—	—	—	—	—	—	—	1.89±0.01	1.57±0.05	—
	IgM	—	—	—	—	1.57±0.04	1.71±0.03	—	—	—	—
	IgA	—	—	—	—	1.66±0.04	2.76±0.06	1.89±0.02	—	—	—

（续）

样品	抗体	同居后时间									
		第1天	第3天	第6天	第9天	第12天	第15天	第21天	第27天	第36天	第60天
气　管	IgG	—	—	—	—	1.06±0.05	1.17±0.05	1.2±0.02	1.17±0.04	—	—
	IgM	—	—	—	1.36±0.02	1.42±0.02	1.38±0.02	—	—	—	—
	IgA	—	—	—	1.52±0.02	1.61±0.05	2.1±0.03	2.37±0.04	2.49±0.02	2.88±0.02	1.72±0.05
食　管	IgG	—	—	—	—	1.16±0.04	1.37±0.03	1.46±0.06	1.59±0.01	1.42±0.02	—
	IgM	—	—	1.42±0.02	1.66±0.05	1.48±0.07	1.34±0.03	1.33±0.02	—	—	—
	IgA	—	—	—	1.54±0.03	1.94±0.06	2.26±0.06	2.5±0.04	2.49±0.1	2.73±0.03	2.56±0.05
十二指肠	IgG	—	—	—	—	1.16±0.04	1.16±0.03	1.44±0.06	1.31±0.01	—	—
	IgM	—	—	—	1.37±0.03	1.79±0.02	1.44±0.02	—	—	—	—
	IgA	—	—	1.86±0.02	1.9±0.02	1.93±0.04	2.09±0.07	2.2±0.04	2.65±0.06	2.51±0.03	2.28±0.02
空　肠	IgG	—	—	—	—	—	1.29±0.04	1.45±0.05	1.26±0.06	1.09±0.02	—
	IgM	—	—	—	1.53±0.03	1.69±0.01	1.39±0.02	—	—	—	—
	IgA	—	—	—	—	1.87±0.03	1.9±0.03	2.05±0.05	2.1±0.09	2.06±0.05	1.92±0.02
回　肠	IgG	—	—	—	—	—	1.14±0.06	1.31±0.01	1.16±0.06	—	—
	IgM	—	—	—	1.56±0.05	1.36±0.04	—	—	—	—	—
	IgA	—	—	—	1.87±0.02	1.85±0.05	1.95±0.04	1.92±0.02	2.1±0.01	1.92±0.02	1.88±0.01
盲　肠	IgG	—	—	—	—	—	1.26±0.06	1.29±0.02	1.37±0.07	1.15±0.05	—
	IgM	—	—	—	1.52±0.03	1.32±0.01	—	—	—	—	—
	IgA	—	—	—	1.49±0.05	1.65±0.06	1.63±0.03	1.61±0.01	1.86±0.06	1.6±0.05	—
直　肠	IgG	—	—	—	—	—	1.08±0.03	1.19±0.09	1.09±0.02	—	—
	IgM	—	—	1.41±0.04	1.52±0.02	—	—	—	—	—	—
	IgA	—	—	—	1.41±0.05	1.55±0.05	1.72±0.01	1.68±0.02	1.54±0.03	1.45±0.04	1.42±0.03

（1）消化道中抗 DPV 特异性抗体介导的黏膜免疫发生规律与鸭抗 DPV 感染的关系　检测结果显示：所有试验鸭的消化道分泌液中均可检测到抗 DPV 特异性 IgA、IgG 和 IgM，其中抗 DPV 的 IgA 是 DPV 弱毒疫苗免疫鸭后产生时间较早、效价最高、维持时间最长的免疫球蛋白（表 9－6），说明 IgA 是消化道分泌液中的主要抗体。因而 DPV 弱毒疫苗经不同途径免疫诱导鸭消化道产生的 DPV 特异性 IgA 抗体介导的黏膜免疫，在抵抗 DPV 强毒感染中发挥着重要的作用，这也突出了 MIS 作为机体防御 DPV 入侵的第一道防线的重要性。结合 DPV 弱毒疫苗经不同途径免疫鸭后在体内的增殖分布规律的试验结果，发现口服免疫 DPV 弱毒疫苗最早于免疫后 30 min 侵染免疫鸭的消化道。口服免疫鸭消化道分泌液中 IgA 于免疫后第 3～6 天即可检出，其效价为免疫组和同居组鸭消化道中 IgA 效价最高的。消化道黏膜上皮细胞（intestinal epithelial cell，IEC）和淋巴细胞是 DPV 感染鸭的主要靶细胞。通过消化道进入免疫鸭体内的 DPV 弱毒疫苗直接通过具有抗原递呈功能的 IEC 很快激活局部 MIS 并使其产生免疫应答，同时 IEC 还可通过产生分泌片并与 DPV 特异性的 IgA 结合形成 SIgA，然后进入肠腔并在肠黏膜表面形成保护。表明口服免疫可最迅速地将大量 DPV 弱毒疫苗递送至鸭消化道黏膜表面，使 DPV 及时有效地诱导鸭肠道相关淋巴组织（gut associated lymphoid tissue，GALT）并产生良好的抗体介导的黏膜免疫应答。滴鼻免疫鸭消化道中 IgA 产生时间与口服组鸭相似，均在免疫后第 3～6 天检出，但其效价却介于口服组和皮下组之间。滴鼻免疫 DPV 弱毒疫苗除大部分进入鸭呼吸道外，剩余的少量 DPV 则通过鼻腔进入消化道中。皮下免疫鸭消化道中 IgA 产生时间最慢、效价最低，皮下免疫 DPV 弱毒疫苗主要通过血液循环直接到达消化道组织，未通过消化道黏膜，不能有效诱导鸭 GALT 产生免疫应答。皮下组鸭消化道中 IgA 的产生主要是由于 DPV 弱毒疫苗皮下免疫鸭后 90 min 即可通过粪便排出体外并再次通过消化道和呼吸道等部位黏膜进入机体并诱导免疫鸭产生消化道黏膜免疫。以上结果说明，免疫鸭消化道中 IgA 产生的时间、抗体效价和维持时间与 DPV 弱毒疫苗初次被递送至肠黏膜表面的时间和病毒量密切相关。而模仿天然黏膜感应部位与病原体相遇的方式是激发机体黏膜免疫的有效途径。其中通过口服途径给予 DPV 弱毒疫苗可以诱导免疫鸭消化道产生良好的黏膜免疫应答。

各组肠道分泌液中 IgA 效价多于免疫后第 21 天达到高峰。各组免疫鸭体内 DPV 弱毒增殖分布的研究结果显示，免疫鸭肠道中 DPV－DNA 拷贝数的数量级多于免疫后第 21 天显著降低。表明 DPV 弱毒疫苗诱导鸭肠道黏膜免疫产生的免疫力抑制了肠道中 DPV 弱毒的增殖，而 DPV 弱毒疫苗免疫鸭后第 21 天为诱导鸭 IgA 抗体介导的肠道黏膜免疫的最佳保护期。相对于食管、空肠、回肠、盲肠和直肠分泌液，十二指肠分泌液中 IgA 检出时间最早、抗体效价最高、维持时间最长。这可能主要由于相对于其他肠段，DPV对十二指肠有较强的嗜性。同时十二指肠是消化道中DPV最早接触的部位，且十二指肠IgA浆细胞的数量也最多。说明十二指肠是消化道黏膜中抵抗DPV的主要场所，DPV弱毒疫苗对十二指肠的嗜性对诱导鸭消化道黏膜免疫具有重要意义。

各组免疫鸭消化道分泌液中IgG和IgM的检测结果表明，IgM检出时间最早，抗体效价介于IgG和IgA之间。说明IgM在抵抗DPV感染早期对消化道，尤其是对肠道的感染起着先锋抗体的作用。IgG检出时间最晚，抗体效价最低。有资料显示，黏膜分泌液中的IgG主要来源于血清。同时消化道分泌液中抗体效价从高到低依次为IgA、IgM和IgG。而消化道黏膜固有层是最大的黏膜效应位点，可分离到的IgA型浆细胞主要为淋巴细胞。其中20%～40%是B细胞，B细胞又以IgA细胞为主，70%～80%的浆细胞为IgA细胞，15%～20%的细胞为IgM细胞，IgG细胞最少。因此，IgA在消化道分泌液中的含量最高这一特点也在本试验中得到很好的证实。另外，鉴于临床观察到的DPV弱毒疫苗口服免疫可有效避免母源抗体的干扰而获得更好免疫效果的现象，一直缺乏有力的试验支撑数据，本研究的结果中口服免疫鸭气管和消化道中IgA含量最高，IgG含量最低，而母源抗体主要IgG，此结果在一定程度上很好地解释了这一现象。

(2) 呼吸道中抗DPV特异性抗体介导的黏膜免疫发生规律与鸭抗DPV感染的关系　呼吸道黏膜是病原微生物入侵的主要通道，因此，呼吸道黏膜对病原微生物的防御作用、对机体的健康至关重要。同时呼吸道（特别是上呼吸道）中存在许多与黏膜免疫相关的淋巴组织，其中呼吸道的支气管相关淋巴样组织（buonchus associated lymphoid tissue，BALT）及鼻相关淋巴组织（nose associated lymphoid tissue，NALT）为机体呼吸道黏膜免疫的重要组成部分，在黏膜免疫中发挥着重要作用。本试验检测结果显示：所有免疫鸭的气管分泌液中均可检测到抗DPV特异性IgA、IgG和IgM，其中抗DPV的IgA在免疫鸭后3～6 d即可于呼吸道中检出，其效价要高于IgG和IgM，同时也是维持时间最长的免疫球蛋白（表9－6）。而所有免疫鸭气管分泌液中抗DPV特异性IgA均以滴鼻组检出时间最早（第3天）、抗体效价最高，至测定结束时（第60天）依然可检测到高效价抗体。结合DPV在免疫鸭体内的增殖分布规律检测结果显示，滴鼻组鸭哈德氏腺DPV检出时间（30 min）较早，同时DPV－DNA拷贝数在免疫后60 min前为所有免疫鸭中最高的。哈德氏腺是禽类黏膜免疫系统中NALT的重要组成部分，同时也是离上呼吸道最近的免疫器官。该腺体可以主动吸收抗原，刺激腺管周围的浆细胞群，分泌特异性抗体进入泪腺和呼吸道，来抵御相同抗原的反复刺激。这种以B淋巴细胞为主的局部免疫器官，是该部位局部抗体的主要产生组织。DPV弱毒疫苗滴鼻免疫鸭30 min后可在哈德氏腺中检测出较高的DPV－DNA拷贝数，其原因可能是鸭哈德氏腺可摄取 DPV 弱毒疫苗并生成大量 DPV 特异性 IgA 生成细胞，使之分散到气管黏膜等效应部位，通过黏膜组织分泌 IgA 以抵抗 DPV 对呼吸道等黏膜的损伤。这是 DPV 弱毒疫苗滴鼻免疫鸭后能够迅速在气管分泌液中产生 DPV 特异性的、高效价的 IgA 抗体的原因之一；同时滴鼻免疫 30 min 后即可在气管及气管分泌液中检测到 DPV-DNA 且气管中 DPV-DNA 拷贝数是除心脏外其他所有检测组织中最高的，提示气管中的 DPV 弱毒疫苗通过侵袭气管扁平上皮细胞可有效诱导免疫鸭 BALT。因此，以上试验结果表明，DPV 弱毒疫苗诱导鸭呼吸道 BALT 及 NALT 参与黏膜免疫应答，哈德氏腺和呼吸道黏膜都是鸭黏膜免疫的重要组成部分，并在抵抗病原微生物感染过程中发挥重要的免疫作用。而通过滴鼻途径给予 DPV 弱毒疫苗可以诱导免疫鸭上呼吸道产生良好的黏膜免疫应答。口服免疫鸭呼吸道中 IgA 产生时间较晚（第 6 天），抗体效价介于滴鼻组和皮下组之间；皮下免疫鸭呼吸道中 IgA 效价为三组免疫鸭中最低的。皮下免疫 DPV 弱毒疫苗主要通过血液循环直接到达呼吸道组织，未通过呼吸道黏膜，不能有效诱导鸭 NALT 和 BALT 产生免疫应答。皮下组鸭呼吸道中 IgA 的产生主要是由于 DPV 弱毒疫苗皮下免疫鸭后 90 min 即可通过粪便排出体外并再次通过消化道和呼吸道进入机体并诱导免疫鸭产生呼吸道黏膜免疫。以上结果进一步说明了 DPV 弱毒疫苗被初次递送至局部黏膜表面的速度和抗原量决定了局部黏膜分泌产生 DPV 特异性抗体的时间、效价和维持时间。合理选择免疫途径对有效诱导鸭局部黏膜免疫的发生至关重要。

呼吸道分泌液中 DPV 特异性 IgG 和 IgM 的检测结果表明，对所有免疫鸭均在呼吸道分泌液中检测到 DPV 特异性 IgM，且检出时间最早，抗体效价介于 IgA 和 IgG 之间，说明 IgM 是呼吸道黏膜抵抗 DPV 感染的先锋抗体。DPV 特异性 IgG 抗体效价最低，说明 IgG 不是呼吸道中的主要抗体，这与相关资料的报道相符。同时皮下组鸭呼吸道分泌液中的 IgG 和 IgM 效价为三个免疫组中最高的，这可能主要是由于分泌液中的 IgG 和 IgM 主要来源于皮下免疫鸭诱导的系统免疫产生的高效价 IgG 和 IgM。同时呼吸道分泌液中 IgA、IgM 和 IgG 效价依次降低，与消化道分泌液中抗体效价表现类似特征。

（3）DPV 弱毒疫苗经不同途径免疫诱导鸭局部黏膜免疫系统和共同黏膜免疫系统之间的关系　许多试验都证明，在黏膜位点的刺激能使局部和黏膜表面远端都产生抗原特异性 IgA，这种 IgA 产生的内在联系被命名为共同黏膜免疫系统（common mucosal immunity system，CMIS），此理论能够解释 DPV 弱毒疫苗经口服免疫鸭后，除可在消化道局部黏膜检测到高效价 DPV 特异性 IgA 抗体之外，也能够在呼吸道分泌液中检测到高效价的 DPV 特异性 IgA 抗体；而滴鼻免疫 DPV 弱毒疫苗除可在呼吸道分泌液中检测到高效价 DPV 特异性 IgA 抗体之外，还可在消化道中检测到。本试验的结果同时显示：口服免疫鸭和滴鼻免疫鸭直肠分泌液中 DPV 特异性 IgA 产生的时间要早于空肠、回肠和盲肠，表明 CMIS 也存在划分，即产生 IgA 的 B 细胞可由黏膜诱导位点有选择性地向某些效应位点移动，而不是移向所有黏膜表面。

口服免疫鸭呼吸道 IgA 抗体效价同期相比较十二指肠和食管分泌液低，主要是由于黏膜免疫存在局部免疫的特点，即在一个黏膜部位致敏的免疫细胞，经胸导管进入血循环，逐步分化成熟，在特异的归巢受体介导下，多数免疫细胞（约 80%）归巢到致敏部位的黏膜固有层或上皮内，发挥免疫效应功能。另外约 20%的免疫细胞进入其他部位，发生免疫反应。但滴鼻免疫鸭呼吸道中 IgA 抗体效价同期相比也较十二指肠低，提示 DPV 弱毒疫苗免疫鸭通过口服或滴鼻途径诱导鸭局部黏膜免疫时，GALT 较 BALT 和 NALT 能够产生更良好的黏膜免疫应答。

（4）外周血中抗 DPV 特异性抗体介导的系统免疫发生规律与鸭抗 DPV 感染的关系

通常 IgM 和 IgG 都是系统免疫中体液免疫的主要抗体，其中 IgM 是抗病原微生物感染的先锋抗体，在抗感染早期发挥着重要作用；IgG 是血液中含量最高的抗体，是抗感染的主要抗体。因此，在用疫苗免疫动物后，能否在最短时间内激活机体系统免疫功能，产生抗原特异性 IgM 抗体，对疾病的紧急预防显得尤为重要；而能刺激机体产生高效价和维持时间长的抗原特异性 IgG 抗体，是评价一种疫苗质量的重要指标之一。本试验结果显示，在所有免疫鸭血清中均可检测 DPV 特异性 IgA、IgM 和 IgG。其中血清中 IgM 检出时间最早（第 3 天），并于第 9 天达到高峰；随着 IgM 抗体效价的降低，IgG 抗体效价逐渐上升并于第 21 天达到较高水平，至第 60 天检测结束时依然保持较高效价。表明 DPV 弱毒疫苗通过黏膜免疫途径进行接种时，既刺激了鸭黏膜局部免疫，又刺激了系统免疫，同时由于存在 CMIS，从而使免疫鸭处于全面有效的免疫保护中。血清中 DPV 特异性 IgM 和 IgG 发展规律呈现典型的双峰现象，说明 IgM 抗体在 DPV 感染早期发挥着重要作用，IgM 效价下降时，IgG 效价却上升并维持较长时间，较好地发挥了免疫接力棒的作用，而 IgA 在血清中出现时间晚，效价较其他两种抗体低，不是血清中的主要抗体。表明 IgM 和 IgG 是 DPV 弱毒疫苗免疫鸭所诱导的系统免疫抵抗 DPV 的主要抗体，是 DPV 突破黏膜免疫后的第二道防线。本试验中皮下免疫鸭血液中的 IgM 和 IgG 效价显著高于口服组和滴鼻组，说明皮下免疫 DPV 弱毒疫苗可更有效激发免疫鸭系统免疫。而皮下免疫 DPV 弱毒疫苗相对于口服和滴鼻免疫，能够更迅速在免疫鸭的重要免疫器官中侵染、增殖，这也是皮下免疫鸭能够产生高效价 IgM 和 IgG 的主要原因。研究资料表明，IgA 是由黏膜分泌的抗体，在血清中含量较 IgG、IgM 少。本试验的检测结果也显示，免疫鸭血清中检测到的 IgA 始终维持较低效价，说明 IgA 不是血清中的主要抗体。

（5）DPV弱毒疫苗诱导鸭抗体介导的黏膜免疫与系统免疫在抗鸭DPV感染中的协同作用　黏膜免疫和系统免疫是两个相对独立的免疫系统。黏膜免疫在机体黏膜表面形成一个强大的防御体系，可有效防止病原微生物通过黏膜侵入机体，而系统免疫则是对已经进入机体内的抗原进行抵抗，以清除或减少抗原对机体的致病作用。

临床和试验室证实DPV弱毒疫苗是预防控制鸭瘟有效的生物制剂，其产生免疫力速度是所有家禽疫苗中最快的，免疫鸭后3 d即有40%以上鸭能够抵抗DPV强毒的攻击。本试验的结果显示，DPV弱毒疫苗经不同途径免疫鸭后10～60 min即可分布于脾、法氏囊、胸腺等重要免疫器官，使免疫器官能较早产生免疫应答。当免疫鸭血清中抗DPV的ELISA抗体效价低于1：64时对DPV强毒攻击保护力弱，试验结果表明，DPV弱毒免疫鸭后第9～60天，所有免疫鸭血清中IgG的ELISA抗体效价高于1：64；免疫鸭消化道和呼吸道分泌液中产生时间早、最高、维持时间最长的IgA，使DPV弱毒疫苗快速产生免疫保护力的机制，从黏膜免疫和系统免疫的角度得到一定程度解释。

因此，DPV弱毒疫苗免疫鸭所激发的抗体介导的黏膜免疫与系统免疫，在抗DPV强毒感染的机制中发挥密切的协同作用。黏膜免疫与系统免疫是第一道与第二道免疫防御屏障的关系，在第一道屏障中，黏膜免疫发挥主要作用，系统免疫发挥次要作用，而在第二道屏障中，系统免疫发挥主要作用，黏膜免疫发挥次要作用，两者之间相互渗透、互为交叉，共同组成抗DPV感染的免疫防御体系。

3. 关于免疫鸭与同居鸭体内IgG、IgM和IgA的消长规律之间的关系　免疫鸭排出的DPV弱毒主要经由呼吸道、消化道和眼结膜黏膜等部位再次进入免疫鸭和同居鸭体内。齐雪峰等（2008）用TaqMan-MGB探针实时荧光定量PCR对DPV强、弱毒在家鸭体内侵染、增强和排泄规律的研究结果显示同居鸭与免疫鸭同群饲养后12 h即可由各样品中检出DPV弱毒。表明DPV具有较强的传染性，这也是临床上感染DPV强毒鸭多以急性感染为特征的主要原因。抗原通过黏膜通常会同时激活黏膜免疫和系统免疫，但系统免疫不会使黏膜免疫激活。试验结果显示所有试验鸭消化道和呼吸道中的IgA效价大多以皮下免疫鸭最低，但皮下免疫鸭血液中的IgG和IgM效价为所有试验鸭中最高的；而对口服和滴鼻免疫鸭除可在消化道和呼吸道中检测到高效价IgA外，还可以在血液中检测到高效价、维持时间较长的IgG和IgM。说明皮下免疫较口服和滴鼻途径而言，并不是诱导鸭产生黏膜免疫的有效途径，而是激发免疫鸭抗体介导的系统免疫的有效途径；而通过消化道和呼吸道等黏膜免疫途径既可以诱导免疫鸭产生高水平的抗体介导的黏膜免疫，还可以激发免疫鸭的系统免疫产生良好的体液免疫，同时可以避免母源抗体对其干扰。

而各同居鸭同群饲养后 15 d 的消化道和呼吸道中 IgA 效价多以皮下同居鸭为最高，主要是由于皮下免疫鸭在免疫后期持续向体外排出大量的 DPV 弱毒，这对持续有效诱导同居鸭黏膜免疫系统和系统免疫系统产生良好的体液免疫具有重要的免疫学意义。而口服免疫鸭可较快向体外排出 DPV，此结果可以解释口服同居鸭各黏膜分泌液中 IgA 效价于同群饲养 12 d 前为同居鸭中最高的；滴鼻免疫鸭向体外排泄的 DPV 数量最低，因此其同居鸭各黏膜分泌液中抗体效价为同居鸭中最低的。提示 DPV 弱毒初次到达黏膜诱导位点的速度和数量与黏膜免疫系统产生抗体的时间和效价密切相关，并且不同组同居鸭体内抗体的发展规律反映了其免疫鸭排毒的规律。

（三）DPV 弱毒苗不同途径免疫鸭局部黏膜及主要免疫器官中 IgA 生成细胞动态分布关系

齐雪峰、汪铭书等（2007）应用间接免疫组织化学染色检测法（IISM），对 20 日龄不同途径免疫 DPV 弱毒疫苗鸭消化道、上呼吸道和主要免疫器官石蜡切片中 IgA 生成细胞的动态变化规律进行检测。结果显示：所有免疫鸭及其同居鸭消化道、上呼吸道和免疫器官中 IgA 生成细胞数量与对照鸭相比均有不同程度的增加，其中消化道中 IgA 生成细胞数量最多。口服和滴鼻免疫鸭消化道中 IgA 生成细胞数量于免疫后第 3 天开始增加，并于第 12～15 天达到高峰；皮下免疫鸭则于第 12 天开始增加，并于第 15 天达到高峰。口服免疫鸭消化道中 IgA 生成细胞数量为所有免疫组中最多的，其中十二指肠中 IgA 生成细胞的数量，在各检测时间段都较其他受检组织器官多。肠道中 IgA 生成细胞主要聚集在肠黏膜固有层中，随着免疫时间的延长，在靠近消化道黏膜上皮细胞（IEC）处或 IEC 间可发现较多 IgA 生成细胞。表明肠道黏膜固有层是鸭黏膜免疫最大的效应位点，十二指肠黏膜固有层是肠道相关淋巴组织（GALT）的主要效应位点。滴鼻免疫鸭上呼吸道中 IgA 生成细胞的数量增加的时间早于口服组，且滴鼻免疫鸭上呼吸道中 IgA 生成细胞数量为所有免疫组中最多的，而皮下免疫鸭上呼吸道中 IgA 生成细胞数量开始增加的时间最晚、数量最少。表明黏膜免疫虽然存在共同黏膜免疫系统（CMIS），但 DPV 弱毒疫苗最先到达免疫鸭局部黏膜处诱导的 IgA 生成细胞数量要高于远端效应位点中 IgA 生成细胞数量。因此，免疫途径的选择对诱导鸭黏膜免疫效应位点中 IgA 生成细胞的产生至关重要。所有免疫鸭的法氏囊、脾脏和哈德氏腺中 IgA 生成细胞数量均较正常对照鸭有不同程度的增加。免疫器官中的 IgA 生成细胞通过血液循环或淋巴循环选择性地迁移到机体远端黏膜的效应位点，对诱导机体全身黏膜免疫具有重要意义。各组同居鸭消化道、上呼吸道和免疫器官黏膜固有层中 IgA 生成细胞的发生规律类似于各组免疫鸭的发生规律，但发生时间和 IgA 生成细胞数量均晚于和少于免疫鸭。所有免疫鸭和同居鸭体内 IgA 生成细胞的发生时间均较 IgA 抗体的发生时间早，表明免疫鸭局部黏膜效应位点中 IgA 生成细胞是产生特异性 IgA 抗体的前提和基础，两者之间密切联系，是一种因果关系。而免疫鸭肠道黏膜和 IEC 的结构完整性是保证 IgA 抗体被有效合成和释放入肠腔的必要条件。

1. IgA 生成细胞在 DPV 弱毒疫苗免疫鸭和同居鸭局部黏膜组织和免疫器官中动态分布和增殖规律

（1）消化道中 IgA 生成细胞的分布

1）口服免疫鸭与同居鸭

① 口服免疫鸭　免疫后 3 d，十二指肠肠腺间及肠绒毛固有层中 IgA 生成细胞略有增加，肠腺呈弱阳性反应（用↑标出，见图 9-1、图 9-2）。其他肠道和食管中 IgA 生成细胞较免疫前未发生明显变化。免疫后 9 d，空肠、盲肠和直肠肠腺间及肠绒毛固有层中 IgA 生成细胞略有增加，食管黏膜固有层中发现少量 IgA 生成细胞（图 9-3 至图 9-7）。免疫后 12 d，各肠道中 IgA 生成细胞进一步增加。免疫后 15 d，各肠道及食管中 IgA 生成细胞数量达到高峰，其中十二指肠中 IgA 生成细胞数量最多，且 IgA 生成细胞主要存在于肠绒毛固有层靠近 IEC 及肠腺间或者食管的黏膜固有层中。肠腺、部分肠黏膜表面呈阳性反应（图 9-8 至图 9-13）。免疫后 60 d，食管和十二指肠中 IgA 生成细胞数量较 15 d 时略有下降，空肠、回肠和盲肠中仍可见较多 IgA 生成细胞，直肠中 IgA 生成细胞数量最少（图 9-14 至图 9-18）。

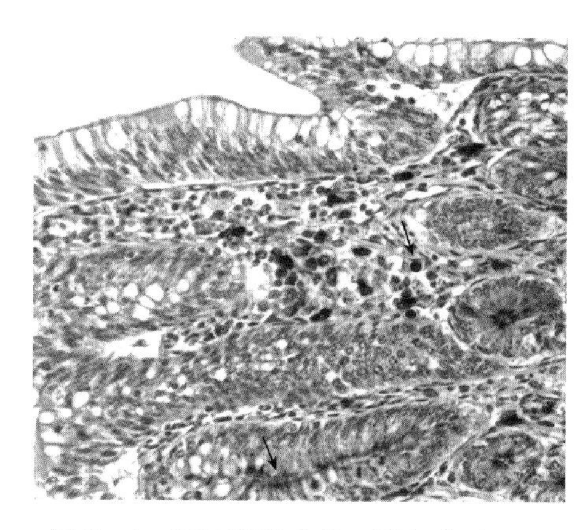

图 9-1　DPV 弱毒疫苗口服免疫后 3 d，鸭十二指肠绒毛固有层中 IgA 生成细胞增多，肠腺呈弱阳性反应（×400）

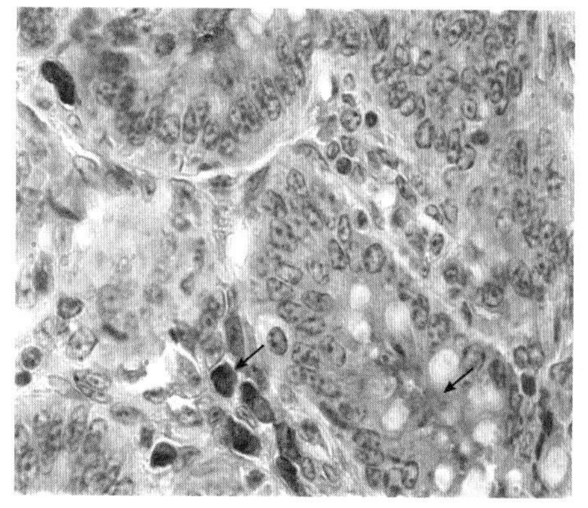

图 9-2　DPV 弱毒疫苗口服免疫后 3 d，鸭十二指肠肠腺间 IgA 生成细胞增多，肠腺呈弱阳性反应（×1 000）

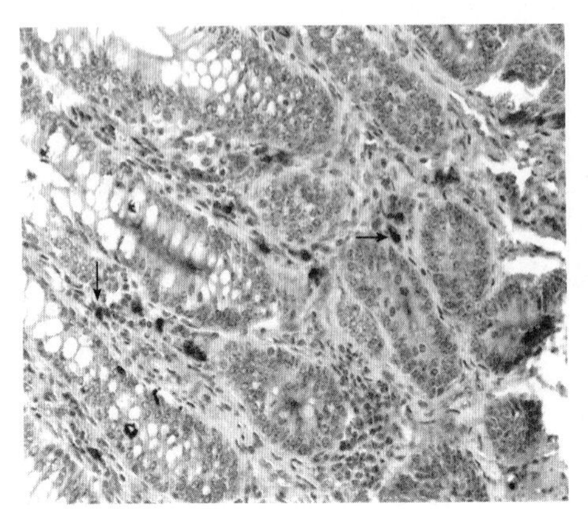

图9－3　DPV弱毒疫苗口服免疫后9 d，鸭空肠绒毛固有层及肠腺间IgA生成细胞增多，肠腺呈弱阳性反应（×400）

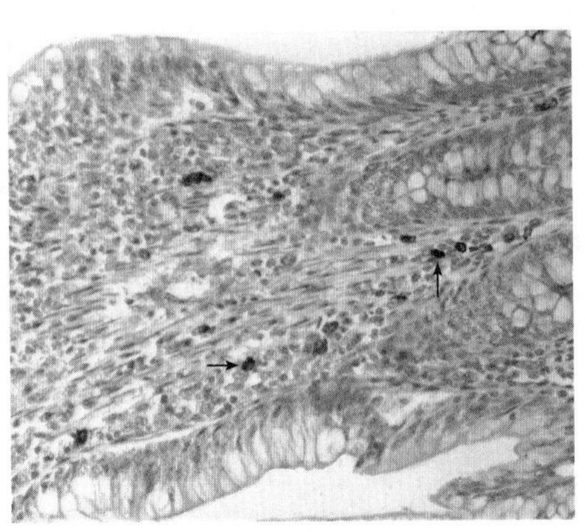

图9－4　DPV弱毒疫苗口服免疫后9 d，鸭盲肠绒毛固有层及肠腺间IgA生成细胞增多，肠腺呈弱阳性反应（×400）

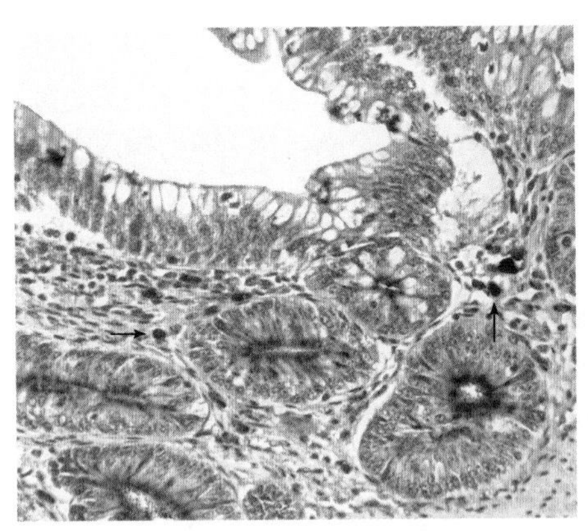

图9－5　DPV弱毒疫苗口服免疫后9 d，鸭直肠绒毛固有层及肠腺间IgA生成细胞增多，肠腺呈强阳性反应（×400）

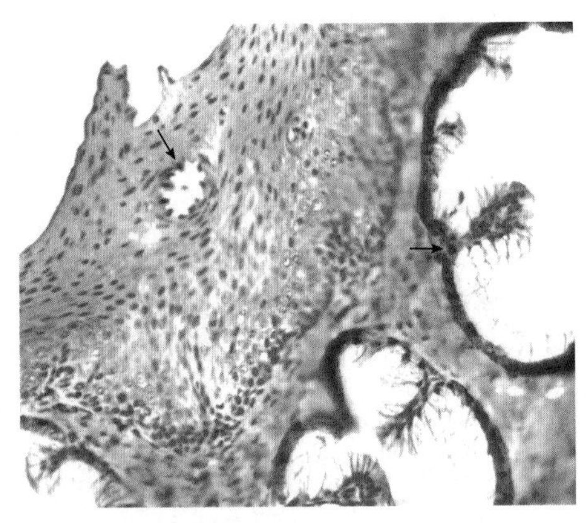

图9－6　DPV弱毒疫苗口服免疫后9 d，鸭食管固有层IgA生成细胞增多，食管黏液腺呈阳性反应（×400）

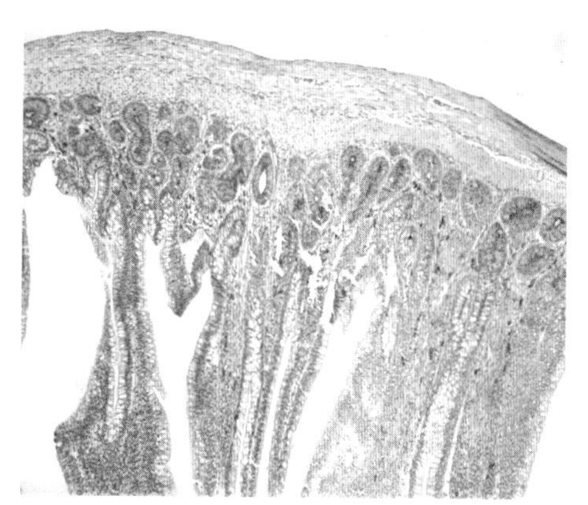

图9－7　DPV弱毒疫苗口服免疫后9 d，鸭盲肠固有层及肠腺间IgA生成细胞增多，肠腺呈强阳性反应（×200）

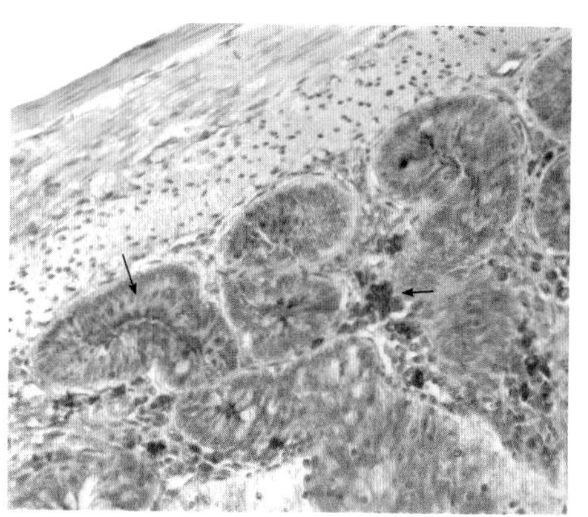

图9－8　DPV弱毒疫苗口服免疫后15 d，鸭十二指肠肠腺呈强阳性反应，肠腺间IgA生成细胞数量达到最高（×400）

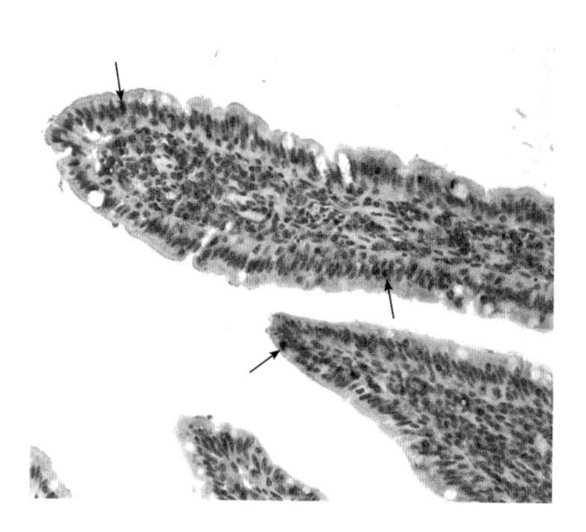

图9－9　DPV弱毒疫苗口服免疫后15 d，鸭空肠绒毛固有层中IgA生成细胞数量达到最高，大量IgA生成细胞存在于固有层靠近肠黏膜上皮细胞（×400）

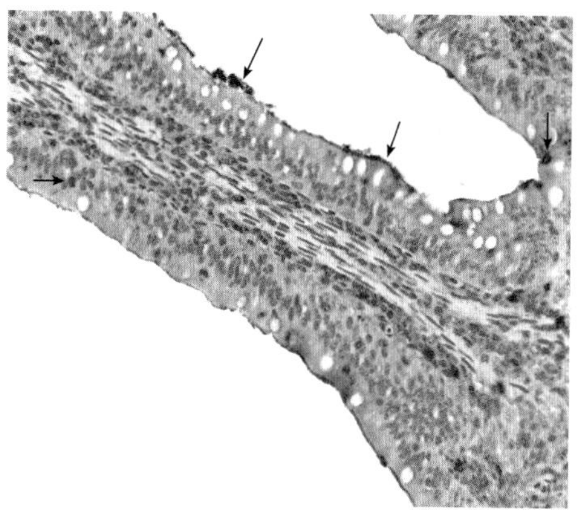

图9－10　DPV弱毒疫苗口服免疫后15 d，鸭十二指肠绒毛固有层中IgA生成细胞数量达到最高，黏膜表面呈阳性反应（×400）

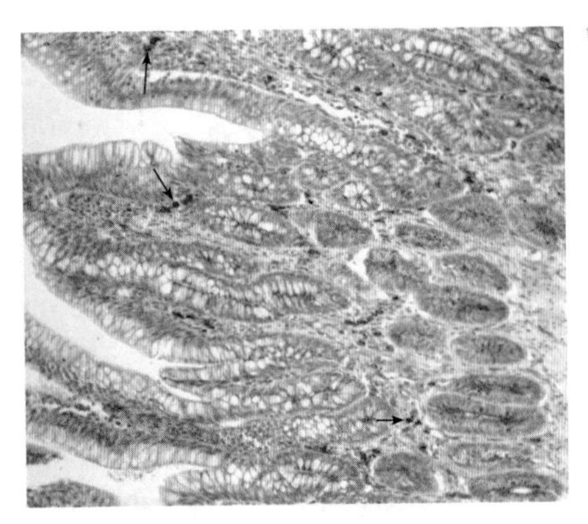

图 9－11　DPV 弱毒疫苗口服免疫后 15 d，鸭盲肠绒毛固有层及肠腺间 IgA 生成细胞数量达到最高，肠腺呈强阳性反应（×200）

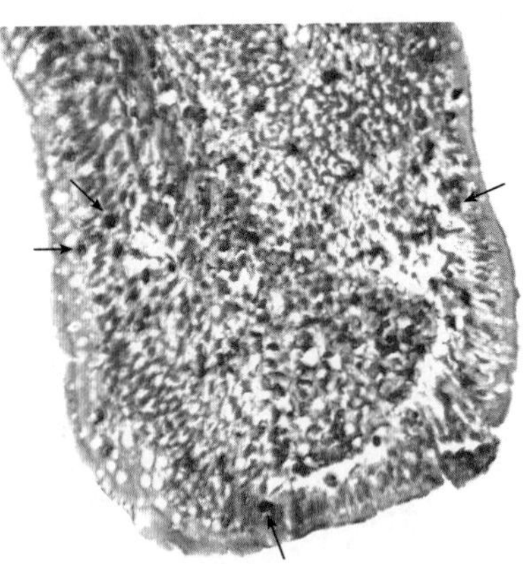

图 9－12　DPV 弱毒疫苗口服免疫后 15 d，鸭直肠固有层中 IgA 生成细胞数量达到最高，大量 IgA 生成细胞存在于固有层靠近肠黏膜上皮细胞或肠黏膜上皮细胞间（×400）

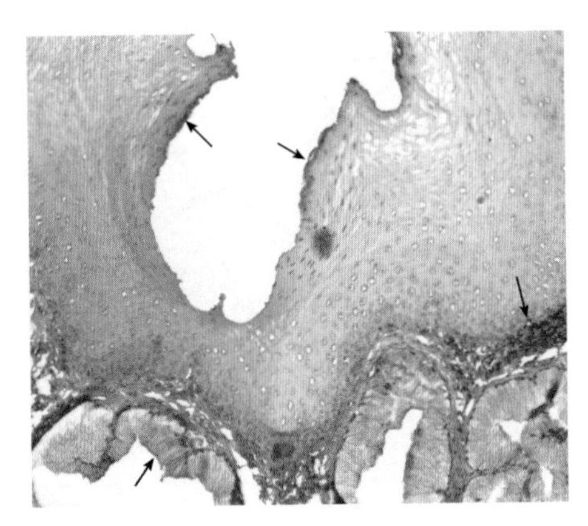

图 9－13　DPV 弱毒疫苗口服免疫后 15 d，鸭食管部分黏膜表面呈强阳性反应，固有层中可见较多 IgA 生成细胞，黏液腺呈弱阳性反应（×400）

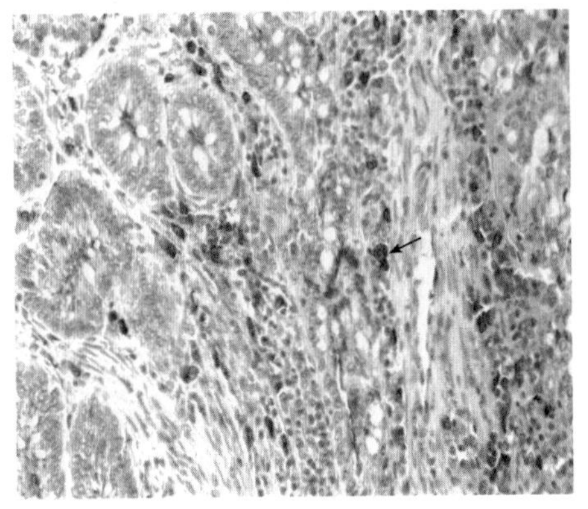

图 9－14　DPV 弱毒疫苗口服免疫后 60 d，鸭十二指肠固有层及肠腺间仍可见较多 IgA 生成细胞，肠腺呈弱阳性反应（×400）

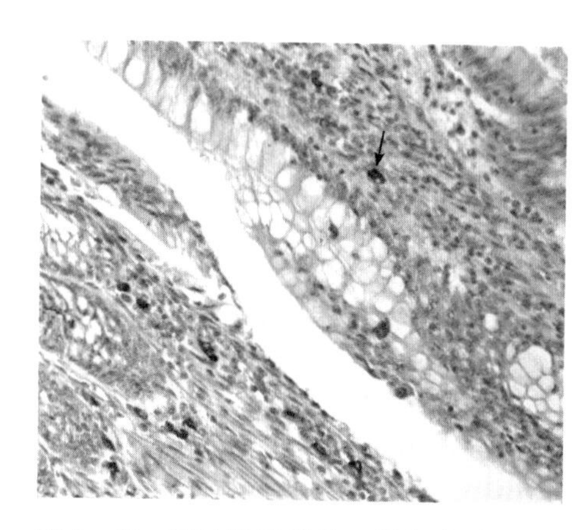

图 9－15　DPV 弱毒疫苗口服免疫后 60 d，鸭空肠绒毛固有层中可见较多 IgA 生成细胞，肠腺呈弱阳性反应（×400）

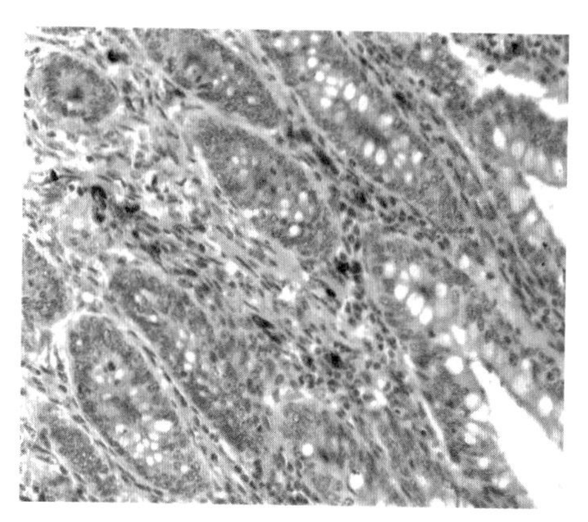

图 9－16　DPV 弱毒疫苗口服免疫后 60 d，鸭回肠肠腺间可见较多 IgA 生成细胞，肠腺呈弱阳性反应，部分绒毛黏膜表面呈阳性反应（×400）

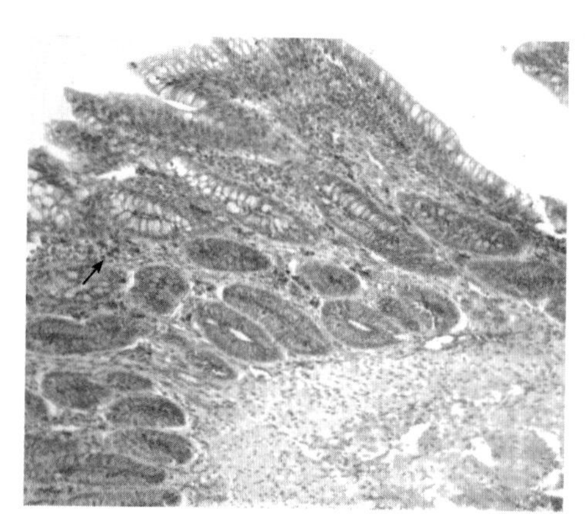

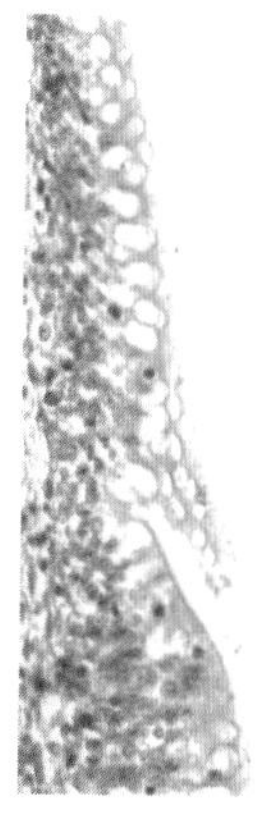

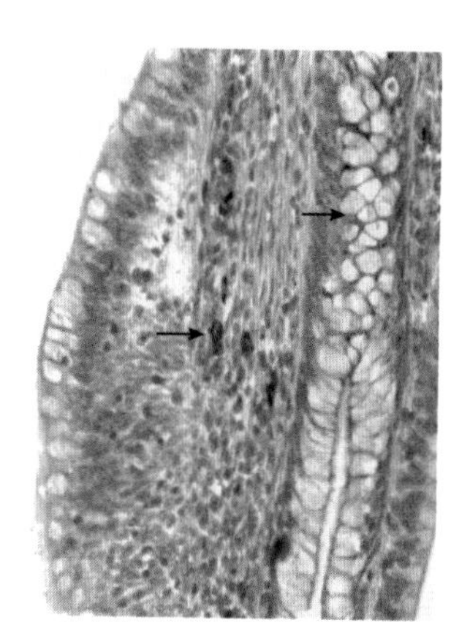

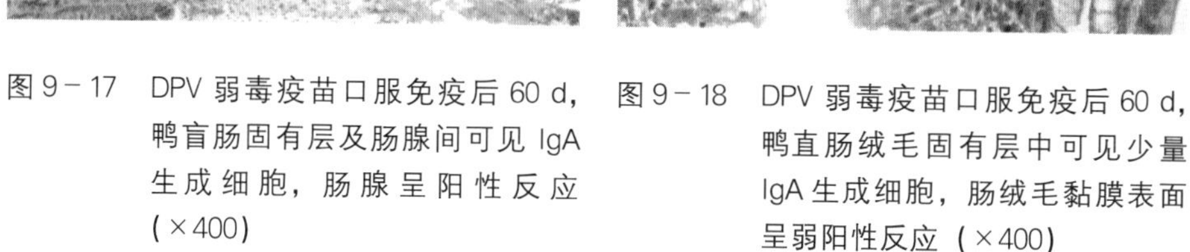

图 9－17　DPV 弱毒疫苗口服免疫后 60 d，鸭盲肠固有层及肠腺间可见 IgA 生成细胞，肠腺呈阳性反应（×400）

图 9－18　DPV 弱毒疫苗口服免疫后 60 d，鸭直肠绒毛固有层中可见少量 IgA 生成细胞，肠绒毛黏膜表面呈弱阳性反应（×400）

② 与口服免疫鸭同居的鸭　口服同居组 IgA 生成细胞数量变化与口服组基本一致，只是十二指肠 IgA 生成细胞数量在高峰期（15 d）较口服组略少（图 9－23）。

2）滴鼻免疫鸭与同居鸭

① 滴鼻免疫鸭　变化规律则与口服组基本相同，但各时间段中 IgA 生成细胞的数量均较口服组 IgA 生成细胞数量少。其中直肠中 IgA 生成细胞数量于 15 d 时略有增加（图 9－19），其他时间段未发生明显变化。

② 与滴鼻免疫鸭同居的鸭　滴鼻同居组 IgA 生成细胞数量的变化与口服同居组基本一致。

3）皮下免疫鸭与同居鸭

① 皮下免疫鸭　各时段肠道及食管中 IgA 生成细胞数量均小于口服和滴鼻免疫组。十二指肠、空肠和回肠肠腺间及肠绒毛固有层中 IgA 生成细胞于免疫后 9 d 时略有增加，至 15 d 时达到高峰。食管和盲肠中 IgA 生成细胞数量分别于 21 d 和 27 d 时达到高峰（图 9－20）。直肠中 IgA 生成细胞数量变化规律与滴鼻免疫组相似。免疫后 60 d，食管、十二指肠、空肠和盲肠中仍可见少量 IgA 生成细胞，回肠和直肠中可见零星 IgA 生成细胞（图 9－21、图 9－22）。

② 与皮下免疫鸭同居的鸭　皮下同居组 IgA 生成细胞数量变化与皮下组基本一致，只是十二指肠 IgA 生成细胞数量在高峰期（21 d）较皮下免疫组略多（图 9－24、图 9－25）。

（2）呼吸系统 IgA 生成细胞的分布

1）口服免疫鸭与同居鸭

① 口服免疫鸭　免疫后 9 d，气管黏膜固有层中出现少量散在分布的 IgA 生成细胞，较正常鸭略有增加，随着免疫期的增长，IgA 生成细胞数量也有所增加并于 21 d 达到最高峰。免疫后 60 d，气管中 IgA 生成细胞数量较 21 d 时略有下降。肺脏细支气管黏膜固有层于免疫后 15 d 发现少量 IgA 生成细胞。免疫后 21 d 肺脏中 IgA 生成细胞数量达到高峰，部分黏膜表面分泌液为阳性反应，部分肺泡壁呈阳性反应，肺间质结缔组织中亦出现少量 IgA 生成细胞（图 9－26、图 9－27、图 9－28）。免疫后 36～60 d，肺脏中仍可见少量 IgA 生成细胞（图 9－29）。

② 与口服免疫鸭同居的鸭　口服同居组 IgA 生成细胞数量变化与口服组基本一致，只是气管黏膜固有层中 IgA 生成细胞数量在高峰期（21 d）较口服组略少。

2）滴鼻免疫鸭与同居鸭

① 滴鼻免疫鸭　免疫后 6 d，气管黏膜固有层中出现少量散在分布的 IgA 生成细胞，较正常鸭略有增加，同时气管黏膜固有层中 IgA 生成细胞数量于 15～36 d 时均较口服组高。肺脏中 IgA 生成细胞变化规律与口服组基本相同（图 9－30、图 9－31）。

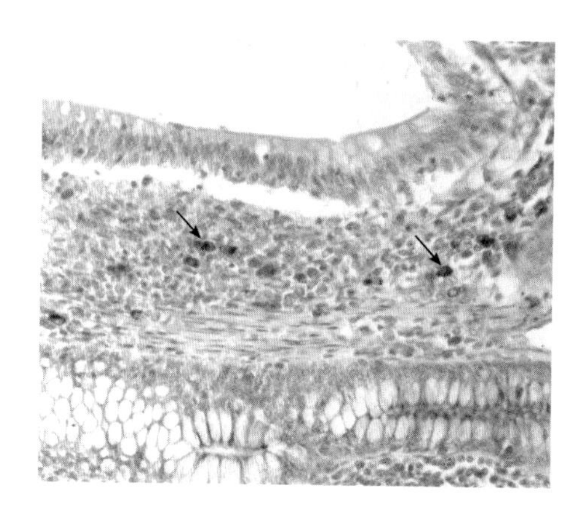

图 9－19　DPV 弱毒疫苗滴鼻免疫后 15 d，鸭直肠绒毛固有层中 IgA 生成细胞数量达到最多，肠腺呈阳性反应（×400）

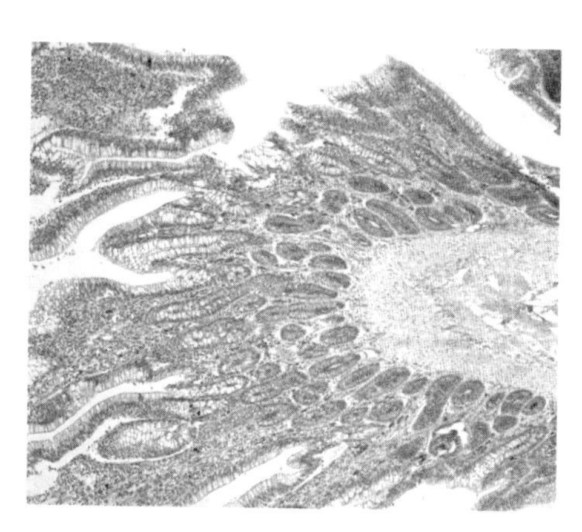

图 9－20　DPV 弱毒疫苗皮下免疫后 27 d，鸭盲肠肠腺呈强阳性反应，肠腺间及固有层中 IgA 生成细胞数量达到最多，肠绒毛黏膜表面呈弱阳性反应（×200）

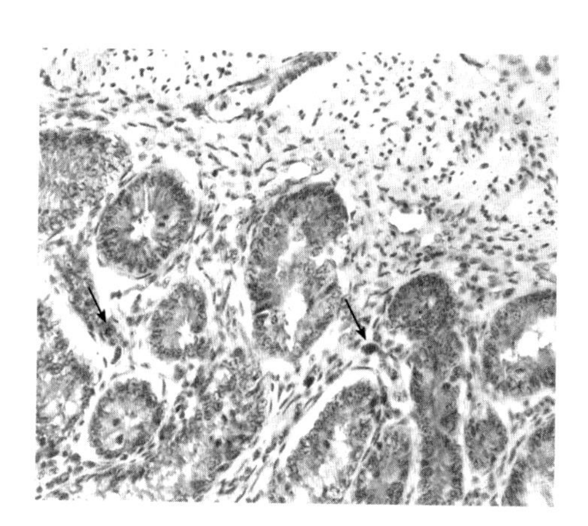

图 9－21　DPV 弱毒疫苗皮下免疫后 60 d，鸭回肠肠腺间可见少量 IgA 生成细胞，肠腺呈弱阳性反应（×400）

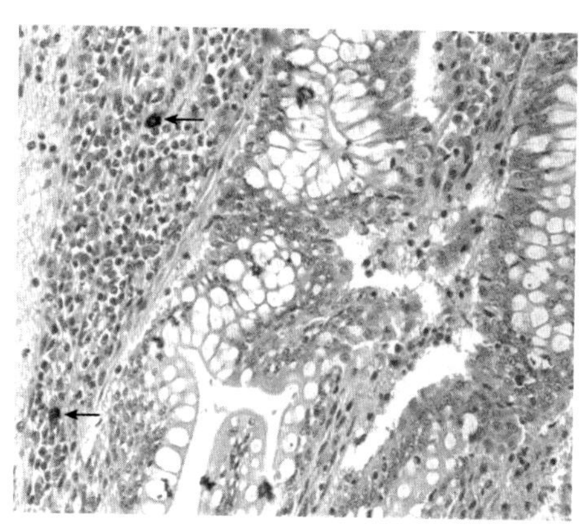

图 9－22　DPV 弱毒疫苗皮下免疫后 60 d，鸭直肠绒毛固有层可见零星 IgA 生成细胞（×400）

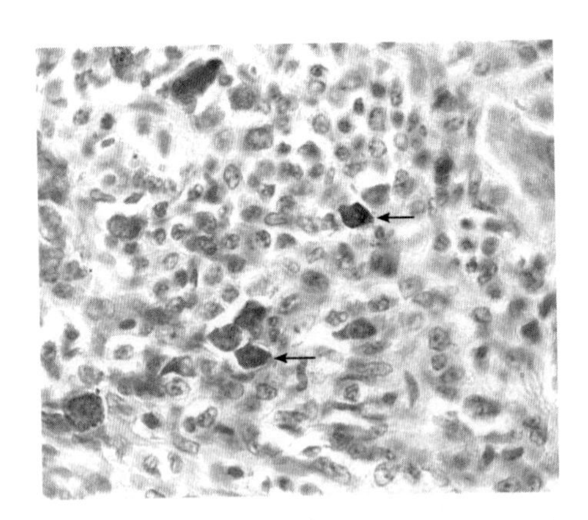

图 9－23 口服同居鸭同群饲养后 15 d，鸭十二指肠固有层中 IgA 生成细胞数量达到最高（×1 000）

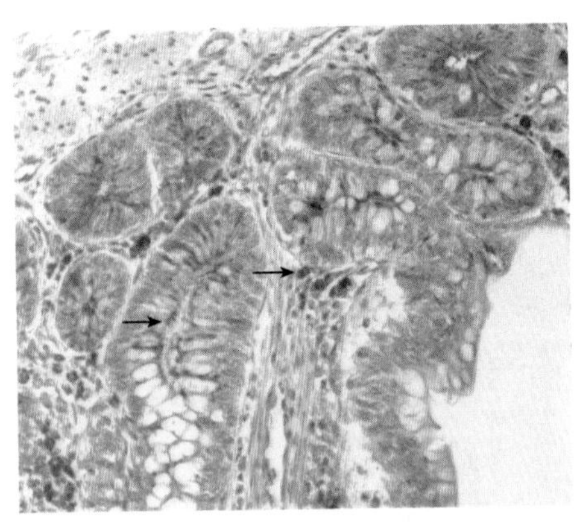

图 9－24 皮下同居鸭同群饲养后 21 d，鸭空肠肠腺间 IgA 生成细胞数量达到最高，肠腺呈阳性反应（×400）

图 9－25 皮下同居鸭同群饲养后 21 d，鸭十二指肠肠腺间及固有层中 IgA 生成细胞数量达到最高，肠腺呈阳性反应（×200）

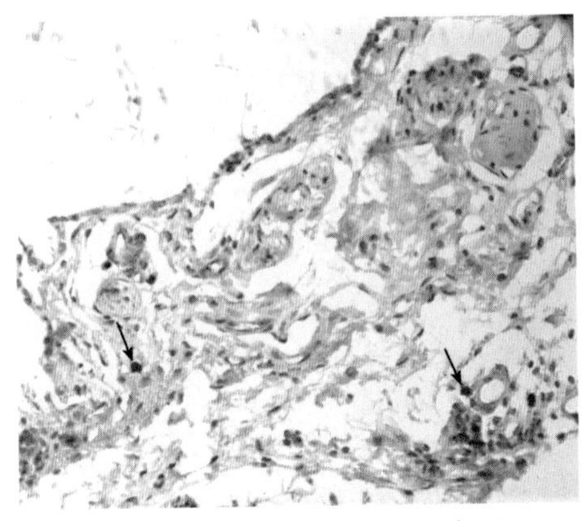

图 9－26 DPV 弱毒疫苗口服免疫后 21 d，鸭肺脏间质结缔组织中可见少量 IgA 生成细胞（×400）

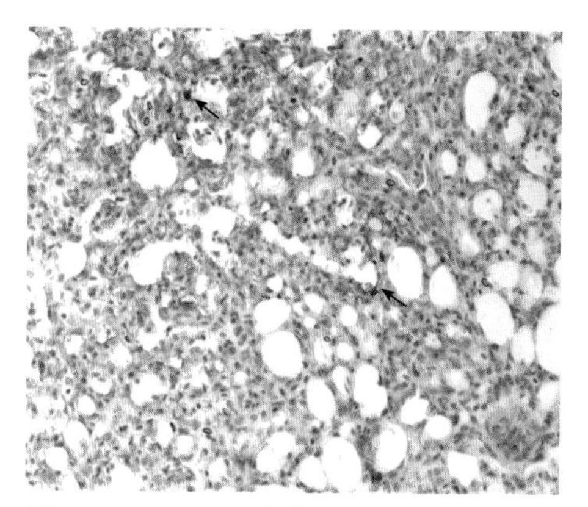

图 9－27　DPV 弱毒疫苗口服免疫后 21 d，鸭肺脏肺泡壁表面呈阳性反应，肺泡壁中可见少量 IgA 生成细胞（×400）

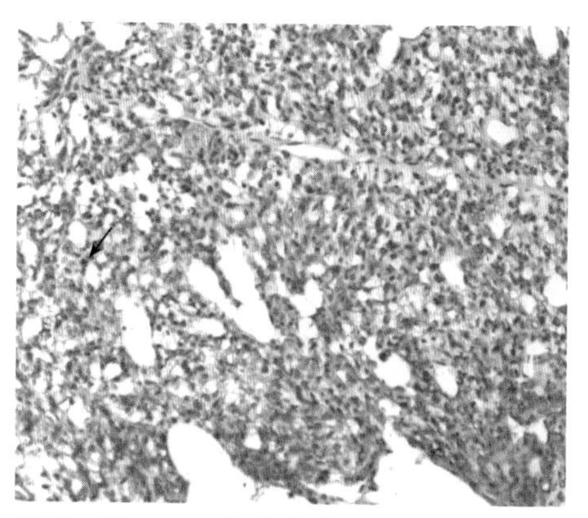

图 9－28　DPV 弱毒疫苗口服免疫后 21 d，鸭肺脏肺泡壁中可见少量 IgA 生成细胞（×400）

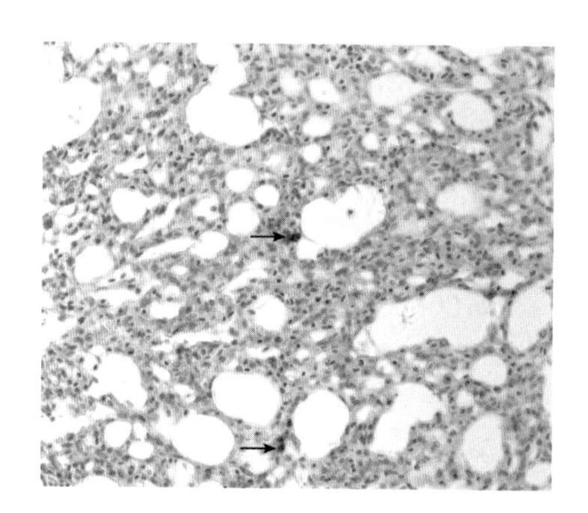

图 9－29　DPV 弱毒疫苗口服免疫后 60 d，鸭肺脏肺泡壁中可见少量 IgA 生成细胞（×400）

② 与滴鼻免疫鸭同居的鸭　滴鼻同居组 IgA 生成细胞数量变化与口服同居组基本一致。

3）皮下免疫鸭与同居鸭

① 皮下免疫鸭　气管黏膜固有层中 IgA 生成细胞数量免疫后 15 d 有所增加。免疫后 60 d，气管中仍可见少量 IgA 生成细胞。在整个试验期间，气管及肺脏中 IgA 生成细胞数量均较口服组和滴鼻组少。

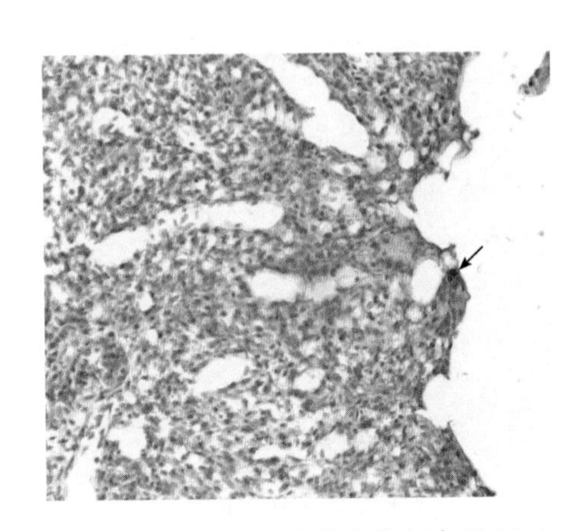

图 9－30 DPV 弱毒疫苗滴鼻免疫后 36 d，鸭肺脏肺泡壁中可见较多 IgA 生成细胞（×400）

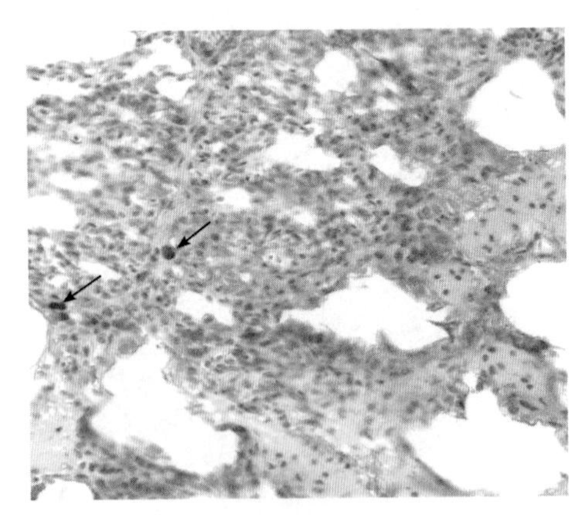

图 9－31 DPV 弱毒疫苗滴鼻免疫后 60 d，鸭肺脏肺泡壁中可见较多 IgA 生成细胞（×400）

② 与皮下免疫鸭同居的鸭 气管黏膜固有层中 IgA 生成细胞数量于免疫后 9 d 有所增加。免疫后 60 d，气管中仍可见少量 IgA 生成细胞。

（3）免疫器官 IgA 生成细胞的分布

1）口服免疫鸭与同居鸭

① 口服免疫鸭 法氏囊：于免疫后 3 d，法氏囊部分黏膜表面呈弱阳性反应，黏膜固有层 IgA 生成细胞开始增加（图 9－32）。至 6 d 时，皮质部也可见较多 IgA 生成细胞（图 9－33）。免疫后 21 d，法氏囊黏膜固有层及皮质部 IgA 生成细胞数量达到高峰，部分黏膜表面呈强阳性反应（图 9－34、图 9－35）。免疫后 60 d，法氏囊中仍可见少量 IgA 生成细胞（图 9－36）。脾脏：免疫后 9 d，在脾脏鞘毛细血管周围分布的 IgA 生成细胞数量增加明显，小静脉中可见少量 IgA 生成细胞，同时在红髓中分布有较少 IgA 生成细胞（图 9－37、图 9－38）。免疫后 21 d，脾脏被膜下和红髓内可见较多 IgA 生成细胞，IgA 生成细胞数量达到最高峰（图 9－39、图 9－40）。免疫后 60 d，脾脏中仍可见较多 IgA 生成细胞。胸腺：IgA 生成细胞数量仅于免疫后 21 d 时略有增加，其他时间段均较正常对照鸭未发生明显变化。哈德氏腺：免疫后 12 d，哈德氏腺腺管中 IgA 生成细胞数量略有增加。免疫后 21 d，哈德氏腺中 IgA 生成细胞数量较正常对照鸭明显增加，大部分腺泡上皮呈阳性反应（图 9－41）。免疫后 36～60 d，IgA 生成细胞数量显著下降。

② 与口服免疫鸭同居的鸭 与口服组变化基本一致。

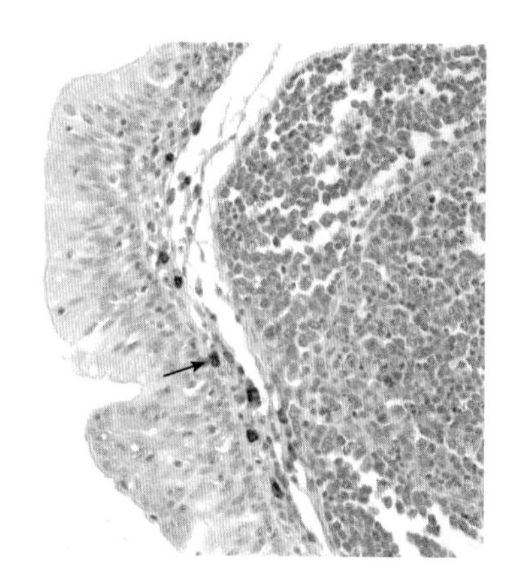

图 9－32 DPV 弱毒疫苗口服免疫后 3 d，鸭法氏囊黏膜固有层中可见少量 IgA 生成细胞（×400）

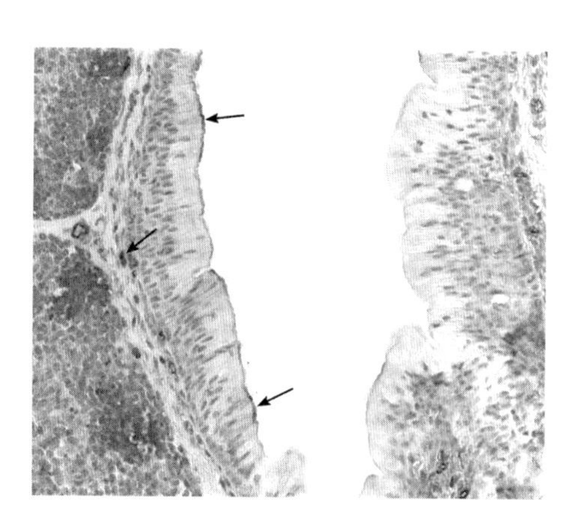

图 9－33 DPV 弱毒疫苗口服免疫后 6 d，鸭法氏囊黏膜固有层中可见较多 IgA 生成细胞，部分黏膜表面呈弱阳性反应（×400）

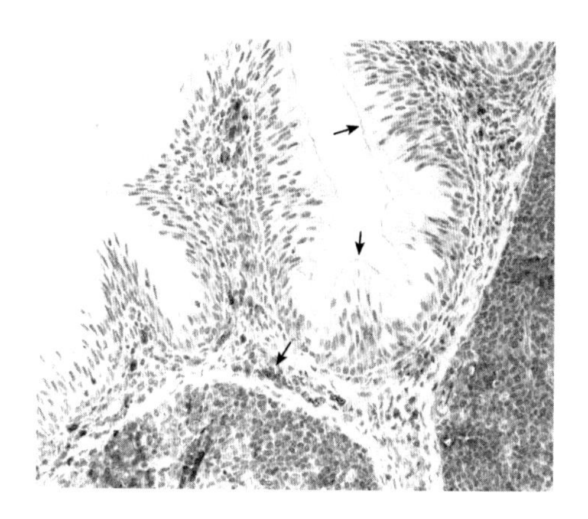

图 9－34 DPV 弱毒疫苗口服免疫后 21 d，鸭法氏囊黏膜固有层中 IgA 生成细胞数量达到最高，部分黏膜表面呈强阳性反应（×400）

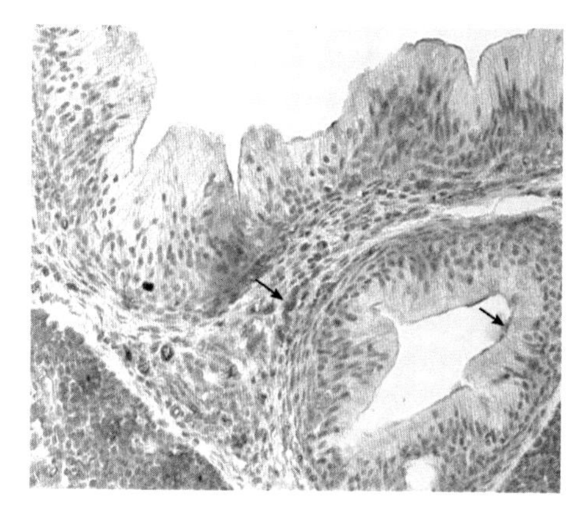

图 9－35 DPV 弱毒疫苗口服免疫后 21 d，鸭法氏囊黏膜固有层中 IgA 生成细胞数量达到最高，部分黏膜表面呈强阳性反应（×400）

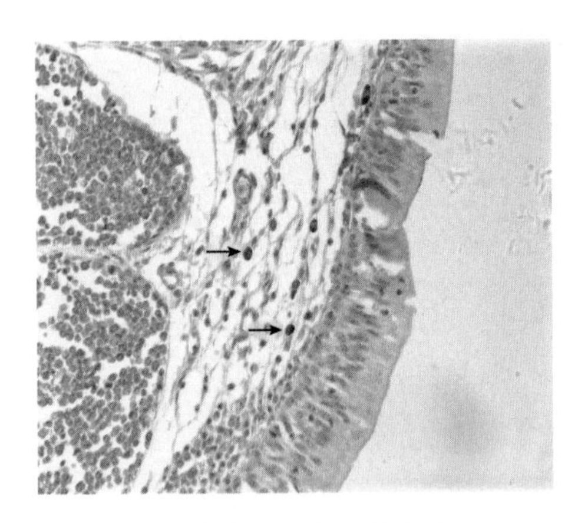

图 9－36 DPV 弱毒疫苗口服免疫后 60 d，鸭法氏囊黏膜固有层中可见少量 IgA 生成细胞（×400）

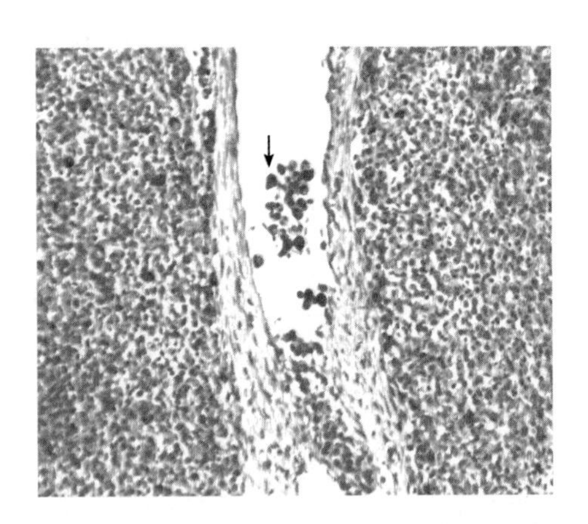

图 9－37 DPV 弱毒疫苗口服免疫后 9 d，鸭脾脏静脉中和血管周围可见较多 IgA 生成细胞数量（×400）

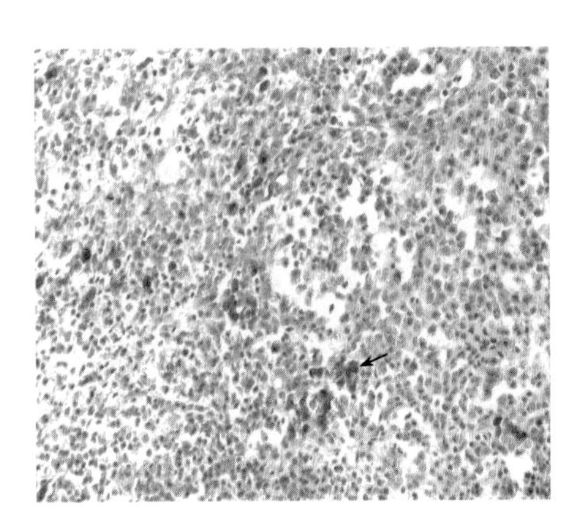

图 9－38 DPV 弱毒疫苗口服免疫后 9 d，鸭脾脏红髓中可见少量 IgA 生成细胞（×400）

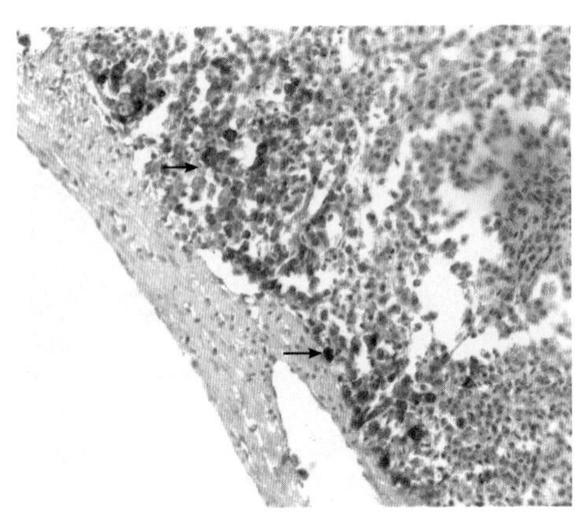

图 9－39 DPV 弱毒疫苗口服免疫后 21 d，鸭脾脏被膜中可见大量 IgA 生成细胞（×400）

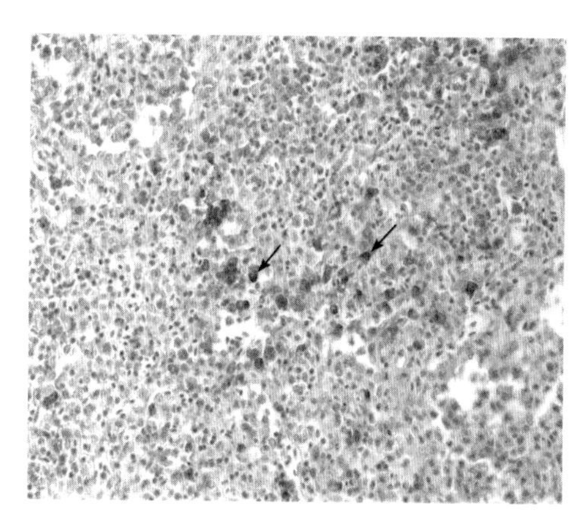

图 9－40　DPV 弱毒疫苗口服免疫后 21 d，鸭脾脏红髓中 IgA 生成细胞数量达到最多（×400）

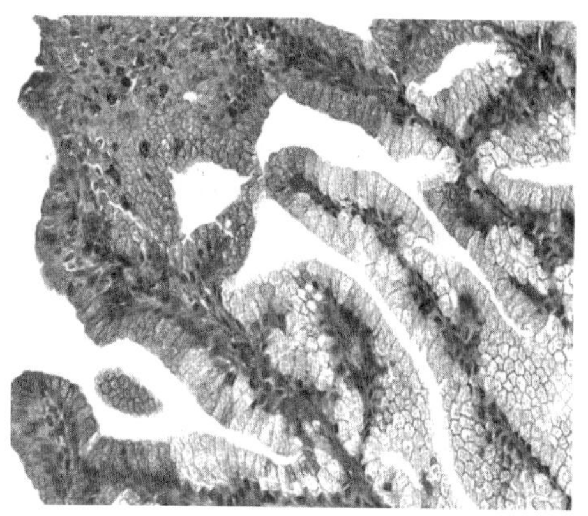

图 9－41　DPV 弱毒疫苗口服免疫后 21 d，鸭哈德氏腺中 IgA 生成细胞数量开始增加，大部分腺泡上皮呈阳性反应（×400）

2）滴鼻免疫鸭与同居鸭

① 滴鼻免疫鸭　脾脏和胸腺中 IgA 生成细胞数量变化规律与口服免疫鸭基本相同。各时间段滴鼻免疫鸭法氏囊中 IgA 生成细胞数量较口服组多，部分黏膜表面呈阳性反应（图 9－36、图 9－42）。在哈德氏腺于免疫后 6 d 即可发现 IgA 生成细胞数量较正常对照组有所增加，并于 21 d 时达到高峰，IgA 生成细胞数量也较口服组多。

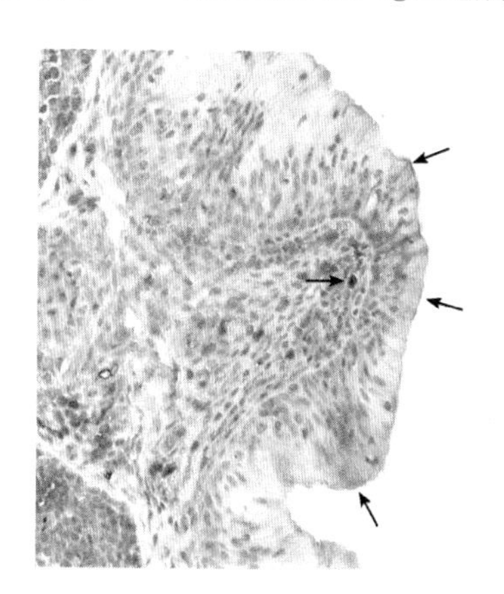

图 9－42　DPV 弱毒疫苗滴鼻免疫后 21 d，鸭法氏囊黏膜固有层中 IgA 生成细胞数量达到最高，部分黏膜表面呈阳性反应（×400）

② 与滴鼻免疫鸭同居的鸭　与口服组变化相似。

3）皮下免疫鸭与同居鸭

① 皮下免疫鸭　哈德氏腺、法氏囊和胸腺中 IgA 生成细胞数量均于免疫后 27 d 时达到高峰，脾脏中 IgA 生成细胞数量变化规律与口服组基本相同。且上述免疫器官中 IgA 生成细胞数量均较口服组和滴鼻组少（图 9－43）。

② 与皮下免疫鸭同居的鸭　法氏囊：免疫后 6 d，鸭法氏囊黏膜固有层中 IgA 生成细胞略有增加，黏膜呈阳性反应。脾脏：免疫后 9 d 在边缘区和红髓处可见少量 IgA 生成细胞。胸腺和哈德氏腺：在整个试验过程中 IgA 生成细胞没有明显变化。

注：正常对照组鸭各组织切片中均有少量的 IgA 生成细胞（图 9－44、图 9－45、图 9－46、图 9－47、图 9－48）。

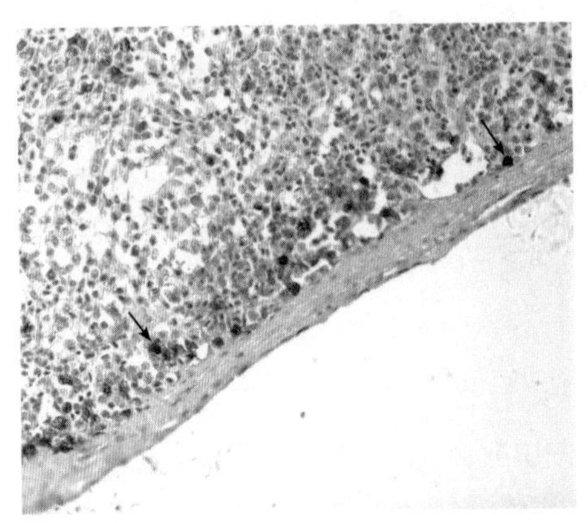

图 9－43　DPV 弱毒疫苗皮下免疫后 27 d，鸭脾脏被膜中 IgA 生成细胞数量达到最高（×400）

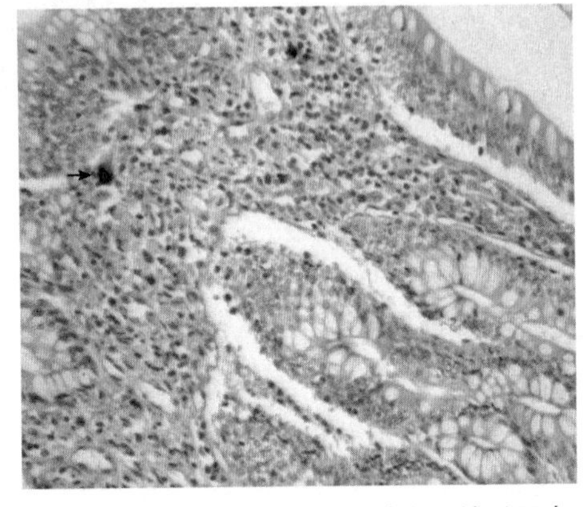

图 9－44　12 d 时正常对照鸭空肠绒毛固有层中可见零星的 IgA 生成细胞，部分肠腺呈弱阳性反应（×400）

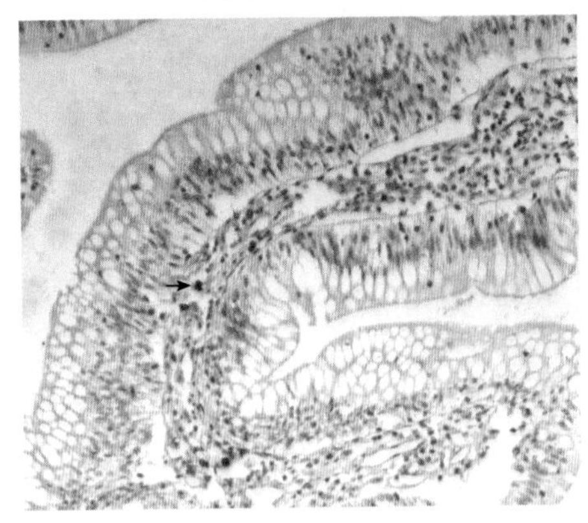

图 9－45　12 d 时正常对照鸭盲肠绒毛固有层中可见零星的 IgA 生成细胞（×400）

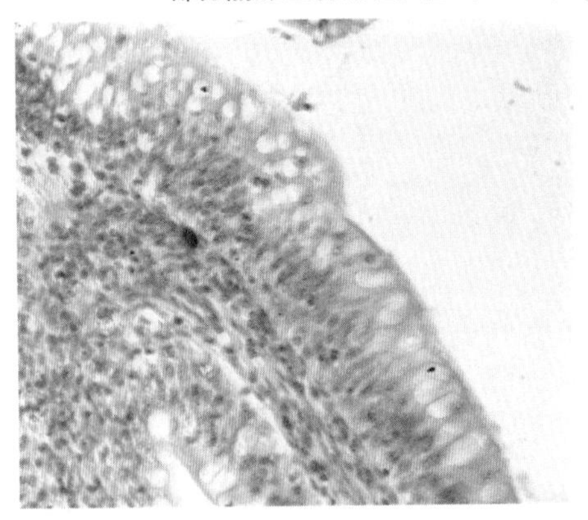

图 9－46　12 d 时正常对照鸭十二指肠绒毛固有层中可见零星的 IgA 生成细胞（×400）

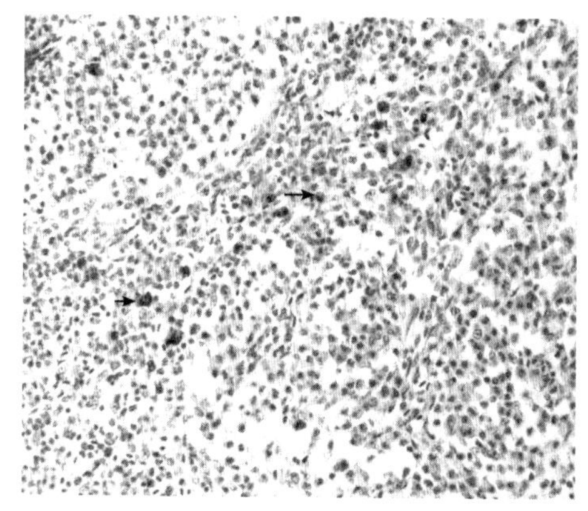

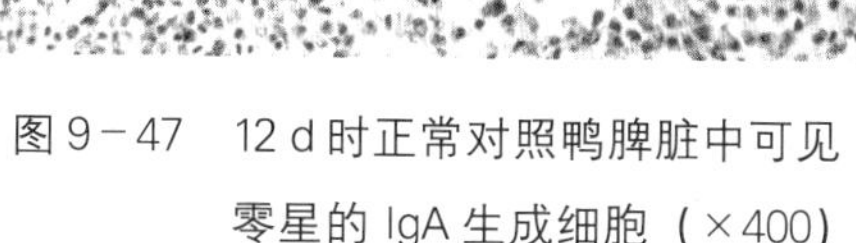

图 9－47　12 d 时正常对照鸭脾脏中可见零星的 IgA 生成细胞（×400）

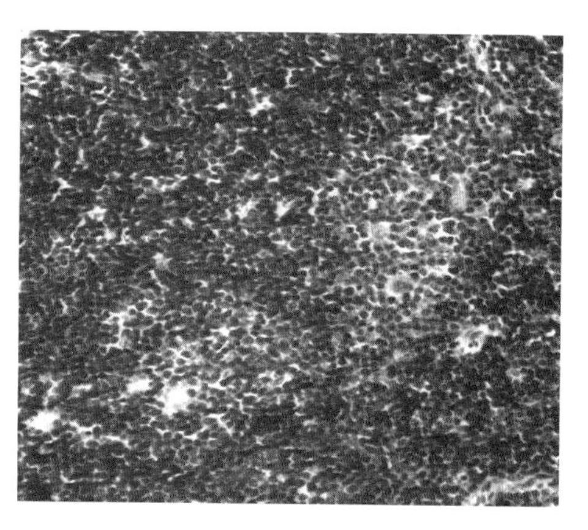

图 9－48　12 d 时正常对照鸭胸腺中可见零星的 IgA 生成细胞（×400）

2. IgA 生成细胞在消化道和呼吸道黏膜组织中的发生增殖规律及其黏膜免疫学意义

黏膜免疫系统的复杂性和完善性为机体提供了一种良好调节的双重防御，一部分是呈一定结构并局部分布，另一部分呈弥散分布，一方面，外源性抗原进入后被选择性摄取到免疫反应启动的高度结构化区域，另一方面是分散的效应细胞聚集体，包括 B 和 T 淋巴细胞、抗原递呈细胞（antigen－presenting cells，APC）、未分化的浆细胞等。这样一种独立而复杂的系统可作为宿主抵抗黏膜感染的一种主要防御屏障。

由于机体消化道和呼吸道黏膜的表面相当大，因此需要大量的淋巴细胞和效应分子才可引起有效的黏膜免疫。其中除了占细胞总数 60％的 T 淋巴细胞和 APC 等外，还有分泌 IgA 的浆细胞，其为机体黏膜免疫系统（MIS）的最主要 B 淋巴细胞。因此，能够有效诱导鸭效应位点生成大量 IgA 生成细胞是产生 IgA 抗体的基础，也是诱导鸭 IgA 抗体介导的局部黏膜免疫系统（MIS）和共同黏膜免疫系统（CMIS）的关键。本章的试验结果显示，所有免疫鸭消化道和上呼吸道中 IgA 生成细胞数量同对照鸭相比均有不同程度的增加，表明 DPV 弱毒疫苗能够诱导鸭黏膜相关淋巴组织（mucosal associated lymphoid tissue，MALT）生成 IgA 生成细胞。其中十二指肠中 IgA 生成细胞数量于免疫后 3 d 即开始增加，为消化道和呼吸道黏膜中 IgA 生成细胞增多最早的部位，而呼吸道和消化道其他部位中 IgA 生成细胞数量则于免疫后 9 d 开始增加。并且在相同检测时间段内，十二指肠中 IgA 生成细胞数量均大于包括呼吸道、消化道和免疫器官在内的其他部位中 IgA 生成细胞的数量。尤其是在 IgA 生成细胞发生的高峰期（免疫后 15 d），此现象更为明显。表明十二指肠是免疫鸭 MIS 中最主要的诱导位点和效应位点，此结果也可以解释十二指肠中 DPV 特异性 IgA 抗体效价为消化道和呼吸道分泌液中最高，表明诱导鸭效应位点生成大量的 IgA 生成细胞，是产生特异的、高效价的 IgA 抗体的必要条件。而且 IgA 生成细胞是诱导免疫鸭产生 IgA 抗体介导的黏膜免疫的主要效应细胞之一。Liiehoj 也通过研究鸡体内肠特有的 GALT 和局部黏膜免疫对肠道侵入病毒的反应，得出了 GALT 是家禽机体第一道抵抗病原的免疫屏障的结论，而且十二指肠是肠道局部黏膜免疫作用的主要部位。

本试验结果同时显示，肠道中 IgA 生成细胞最初主要是在肠绒毛黏膜中靠近肠腺的固有层和肠腺间出现，随着免疫时间的延长，肠绒毛基底处的 IgA 生成细胞继续增多，同时 IgA 生成细胞向肠绒毛中固有层迁移直至肠绒毛中靠近消化道黏膜上皮细胞（IEC）处或 IEC 间可发现较多 IgA 生成细胞。此时在所有肠道黏膜表面均可同时发现 IgA 阳性分泌物。此结果尤以十二指肠和空肠最为明显（图 9－9、图 9－10）。提示鸭肠道的黏膜固有层是包括鸭消化道和呼吸道黏膜在内的 MIS 中最大的效应位点，而 IgA 生成细胞聚集于靠近肠 IEC 处，使 IgA 浆细胞分泌出的聚合 IgA 在 IEC 的嗜碱性一侧与 SC 分泌片结合，继之被上皮细胞以内化的方式携入胞内形成吞饮小泡，在小泡被转运至上皮细胞的顶端，并以 IgA-SC 复合物的形式经胞吐释放入黏膜腔。进一步证实了鸭肠道中 IgA 抗体对免疫鸭肠黏膜表面进行全面有效的防御，来抵抗外来病原微生物感染的重要作用；显示了特异性 IgA 抗体是机体 MIS 的最主要体液免疫因子。而肠道黏膜和 IEC 的结构完整性是保证 IgA 抗体被有效合成和释放入肠腔的首要条件。而肠腺间可始终发现较多的 IgA 生成细胞，并且肠腺在大部分检测时间段均呈现 IgA 阳性反应。表明肠腺间也是鸭黏膜免疫反应主要的效应位点，而肠腺中的 IgA 阳性分泌物可能主要是由肠腺间的 IgA 生成细胞分泌的 IgA 抗体并被释放入肠腺。呼吸道及肺脏细支气管黏膜固有层也是 IgA 生成细胞聚集的主要位点，表明肺脏黏膜固有层也是鸭呼吸道黏膜免疫的主要效应位点。

通过对免疫鸭消化道和呼吸道中 DPV 特异性 IgA 抗体和 IgA 生成细胞的发生规律进行比较分析发现，消化道和呼吸道中 IgA 抗体的发生规律与 IgA 生成细胞的发生规律类似，只是 IgA 生成细胞的发生较 IgA 抗体的生成提前一个时间段，如食管和各肠道中 IgA 生成细胞的高峰期发生在免疫后 15 d，而特异性 IgA 抗体的效价高峰则多出现在免疫后 21 d，说明抗体生成细胞发生在前，而特异性抗体的生成在后。表明了诱导免疫鸭局部黏膜效应位点生成大量 IgA 生成细胞，是产生 IgA 抗体的前提和基础，两者之间密切联系，是一种因果关系。

本试验结果显示，不同途径免疫 DPV 弱毒疫苗诱导鸭消化道和呼吸道中 IgA 生成细胞的发生规律均存在各自的特点。口服、滴鼻和皮下三个免疫组鸭消化道中的

IgA 生成细胞数量均以口服组最多，而皮下组最低，且 IgA 生成细胞数量发生增长的时间较口服组和滴鼻组慢一个时间段。此规律与消化道中特异性 IgA 抗体的发生规律类似。而滴鼻组鸭气管黏膜固有层中 IgA 生成细胞数量在免疫后 15～36 d 时为三个免疫组鸭呼吸道中最多的。但在多数的检测时间段，滴鼻组鸭呼吸道黏膜固有层中 IgA 生成细胞数量较该组鸭消化道黏膜固有层中 IgA 生成细胞数量低。皮下组鸭消化道和呼吸道中 IgA 生成细胞数量达到高峰的时间较口服组和滴鼻组慢，且在高峰前的检测时间段，IgA 生成细胞数量均低于口服组和滴鼻组。表明消化道黏膜固有层是鸭体最主要的、最大的 MIS 效应位点。而所有免疫途径均可诱导免疫鸭消化道和呼吸道的黏膜固有层中 IgA 生成细胞数量的增加。但 DPV 弱毒疫苗被传递到免疫鸭消化道和呼吸道黏膜的诱导位点，对 MIS 效应位点中 IgA 生成细胞的产生很重要。表明选择合适的免疫途径，对诱导鸭局部黏膜的快速黏膜免疫应答至关重要。其中口服途径是诱导免疫鸭消化道 MIS 的效应位点迅速生成大量 IgA 生成细胞的有效途径，而滴鼻是诱导免疫鸭呼吸道在早期产生黏膜免疫的有效途径。皮下途径免疫 DPV 弱毒疫苗并不是诱导鸭早期黏膜免疫的有效途径。而黏膜免疫虽然存在 CMIS，但抗原首次诱导部位的抗体特异性水平要高于其他部位。至免疫后 60 d 仍可在所有免疫鸭的消化道和呼吸道中黏膜固有层中发现 IgA 生成细胞，此结果解释了此时在免疫鸭消化道和呼吸道分泌液中可以检测到 DPV 特异性 IgA 抗体。并且各组同居鸭消化道和呼吸道黏膜固有层中 IgA 生成细胞的发生规律类似于 IgA 抗体的发生规律。进一步反映了抗体分泌细胞和体液免疫因子之间的密切联系。

3. IgA 生成细胞在免疫器官中的发生规律及其免疫学意义　法氏囊是禽类特有的 B 淋巴细胞分化的场所，而脾脏、哈德氏腺和黏膜相关淋巴组织（MALT）等为次级淋巴样结构。本试验的结果显示，不同途径免疫 DPV 弱毒疫苗均可在免疫鸭脾脏、法氏囊和哈德氏腺中发现较多 IgA 生成细胞，这对 DPV 特异性 IgA 抗体的生成并释放至免疫器官黏膜表面，以形成抗病原微生物感染的第一道屏障无疑具有十分积极的意义。如本试验中口服免疫鸭后 6 d 在法氏囊黏膜表面形成的 IgA 阳性分泌物。同时免疫器官中的 IgA 生成细胞还可通过血液循环或淋巴循环选择性地迁移到机体其他黏膜的效应位点，对诱导机体全身黏膜免疫具有重要意义。其中口服组鸭法氏囊中 IgA 生成细胞数量于免疫后 3 d 即开始增长，为三个免疫组中速度最快的，并且在各检测时间段中，口服组鸭法氏囊中 IgA 生成细胞数量最多。这与 DPV 通过口服途径迅速侵染法氏囊 IEC 有关，进一步表明 IEC 作为诱导鸭局部黏膜免疫活性细胞的关键作用。鸭法氏囊中 IgA 生成细胞多存在于黏膜固有层或皮质部，提示法氏囊的黏膜固有层是鸭黏膜免疫的效应位点。而口服途径是诱导鸭法氏囊局部黏膜免疫应答的主要途径。皮下组鸭法氏囊中 IgA 生成细胞数量最少，且其发生规律较口服和滴鼻组晚一个时间段。这主要是由于接触皮下免疫鸭黏膜免疫诱导部位的 DPV 弱毒主要是经皮下免疫鸭排出后再以消化道和呼吸道为主要途径进入鸭体并诱导鸭局部黏膜免疫应答。因此皮下免疫 DPV 弱毒疫苗在诱导免疫鸭免疫器官黏膜免疫应答中不是理想的免疫途径。

对哈德氏腺的免疫机能研究表明，该腺体可以主动吸收抗原，刺激腺管周围的浆细胞群并分泌特异性抗体进入泪腺，来抵御相同抗原的反复刺激。这种以 B 淋巴细胞为主的局部免疫器官，是该部位局部抗体的主要产生组织。本试验的结果显示，滴鼻组鸭哈德氏腺中 IgA 生成细胞数量于免疫 DPV 弱毒疫苗后 6 d 即较对照组鸭有明显增加，其速度为所有免疫组中最快的，并于 21 d 达到数量的高峰（图 9 - 41）。而滴鼻组鸭哈德氏腺可最快地摄取经滴鼻途径进入鸭体的 DPV 弱毒疫苗，是该组鸭哈德氏腺中 IgA 生成细胞数量最早开始增加的根本原因。此结果也解释了滴鼻组鸭气管中特异性 IgA 抗体水平相对高于其他免疫鸭。

脾脏既可参与体液免疫，也可参与细胞免疫，是禽类最大的外周免疫器官。脾脏中含有大量的 B 细胞和浆细胞。免疫鸭脾脏中 DPV 弱毒的增殖规律表明脾脏在抗 DPV 感染中具有重要作用。本试验的结果显示，免疫鸭脾脏中 IgA 生成细胞数量在免疫后 9 d开始增长。IgA 生成细胞主要分布于脾脏静脉中及其静脉周围、脾脏红髓及其被膜下。脾脏中的 IgA 生成细胞可通过血液循环迁移至黏膜诱导或效应部位，这对增强鸭体其他黏膜部位的免疫应答具有积极意义。

禽类的胸腺是 T 细胞分化成熟的主要场所，主要参与机体的细胞免疫应答，不是 B 细胞分化成熟的主要场所。本试验的结果也显示，免疫鸭胸腺中 IgA 生成细胞的数量较正常对照鸭未发生明显变化。说明了胸腺在 DPV 弱毒疫苗诱导鸭抗体介导的黏膜免疫中不是 B 淋巴细胞分化、成熟的主要场所。

（四）DPV 弱毒疫苗免疫鸭局部黏膜组织和免疫器官中 DPV 弱毒和 $CD3^+$ 细胞水平变化的研究

齐雪峰、汪铭书等（2007）应用间接免疫组织化学染色检测法（IISM），对不同途径免疫 DPV 弱毒疫苗鸭（20 日龄）消化道、上呼吸道和主要免疫器官石蜡切片中 DPV 和 $CD3^+$ 细胞定植和增殖规律进行了检测。结果显示：在不同途径免疫鸭的消化道、上呼吸道和免疫器官的黏膜上皮细胞中均可最早于免疫后 1 d 检测到 DPV 弱毒。至免疫后 3 d，免疫鸭消化道和上呼吸道固有层及免疫器官中 $CD3^+$ 细胞数量较对照组开始增加，而 DPV 阳性染色则可在更多的检测组织和更广泛组织部位中发现。DPV 阳性染色主要见于各肠道的黏膜固有层和肠腺、食管的黏液腺，以及免疫器官的部分淋巴细胞中。至免疫后 15 d，免疫鸭消化道中 $CD3^+$ 细胞数量继续增加并达到高峰，而上呼吸道及免疫器官中 $CD3^+$ 细胞数量则于 21 d 达到高峰。消化道中 $CD3^+$ 细胞数量均以口服组鸭最高，且 $CD3^+$ 细胞主要聚集于肠道的固有层和肠腺间，在靠近 IEC 处或 IEC 之间也可发现大量 $CD3^+$ 细胞，其中十二指肠中 $CD3^+$ 细胞数量为相同检测时间段所有检测组织中最多。表明十二指肠是生成 $CD3^+$ 细胞的最主要的诱导位点和效应位点，而口服途径是诱导免疫鸭消化道黏膜免疫系统（MIS）的效应位点迅速生成大量 $CD3^+$ 细胞的有效途径。同时在气管黏膜固有层、肺脏间质结缔组织、肺泡壁上皮细胞间、细支气管黏膜固有层中发现较多 $CD3^+$ 细胞。免疫器官中 $CD3^+$ 细胞主要集中于法氏囊黏膜固有层、脾脏白髓的淋巴小结、胸腺小叶间隔（皮质和髓质部）和血管周围、哈德氏腺腺管中，其中部分 $CD3^+$ 细胞质呈 DPV 阳性染色。至免疫后 60 d，所有免疫组鸭十二指肠、空肠、脾脏和胸腺中，以及滴鼻组鸭气管和肺脏中仍然可见较多 $CD3^+$ 细胞。其他免疫组各检测组织中 $CD3^+$ 细胞数量则略高于或近似于正常对照组鸭。表明脾脏和胸腺在 $CD3^+$ 细胞介导的黏膜免疫中具有重要作用。而 DPV 阳性染色在免疫后 60 d 时则很少或偶尔在检测组织中发现。

1. 双抗原间接免疫组织化学方法检测 $CD3^+$ 细胞和 DPV^+ 在 DPV 弱毒疫苗免疫鸭和同居鸭局部黏膜组织和免疫器官中动态分布和增殖规律

（1）消化道中 DPV^+ 和 $CD3^+$ 细胞的分布

1）口服免疫鸭与同居鸭

① 口服免疫鸭　DPV^+：免疫后 1 d，十二指肠的 IEC 中可见猩红色 DPV 阳性染色（用→标出，图 9－49）。免疫后 3 d，十二指肠、空肠、回肠和盲肠的 IEC、肠绒毛固有层和肠腺中均可见 DPV 阳性染色，其中十二指肠中呈 DPV 阳性染色的 IEC 最多（图 9－50）。直肠中很少发现 DPV 阳性染色。免疫后 9～21 d，十二指肠和盲肠的 IEC 中仍可见 DPV 阳性染色，其他各肠道中很少或偶尔发现少量 DPV 阳性染色。食管黏膜少数 IEC 及食管腺仅于免疫后 1～6 d 呈 DPV 阳性染色（图 9－51），其他时间段很少发现 DPV 阳性染色。

$CD3^+$ 细胞：免疫后 3 d，最先在十二指肠的黏膜固有层中发现少量细胞膜或细胞质呈棕黄色的 $CD3^+$ 细胞（用↑标出，图 9－52、图 9－53）。免疫后 6 d，在空肠和回肠的肠绒毛固有层中也发现少量 $CD3^+$ 细胞（图 9－54、图 9－55、图 9－56）。直肠中 $CD3^+$ 细胞最早出现于免疫后 12 d（图 9－57），盲肠中 $CD3^+$ 细胞出现的时间最晚（15 d）（图 9－58）。随着免疫时间的延长，各肠道中 $CD3^+$ 细胞数量逐渐增多，至 15 d 时各肠道中 $CD3^+$ 细胞数量达到高峰，其中十二指肠中 $CD3^+$ 细胞数量最多。$CD3^+$ 细胞主要聚集于肠道的固有层和肠腺间，同时还可在靠近 IEC 处或 IEC 之间发现大量 $CD3^+$ 细胞

(图 9－59、图 9－60、图 9－61)。免疫后 60 d 时，在十二指肠和空肠中仍可发现较多 $CD3^+$ 细胞，回肠、盲肠和直肠中则只发现少量 $CD3^+$ 细胞（图 9－62)。免疫后 6 d，在食管固有层及食管腺间发现少量 $CD3^+$ 细胞，至 15 d 时食管中 $CD3^+$ 细胞数量达到高峰。

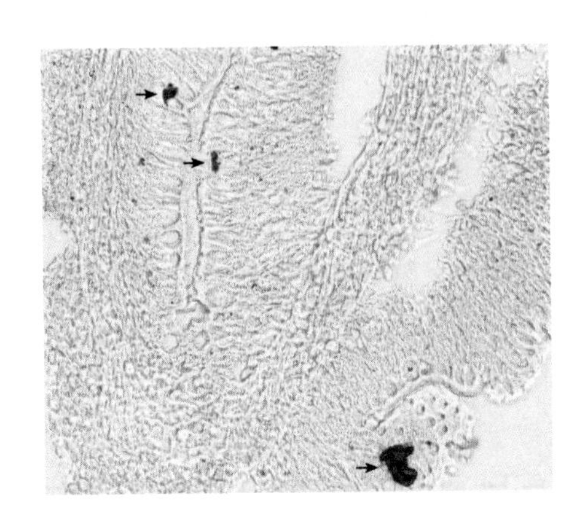

图 9－49 DPV 弱毒疫苗口服免疫后 1 d，鸭十二指肠黏膜上皮细胞可见较多呈猩红色 DPV 阳性染色（×1 000）

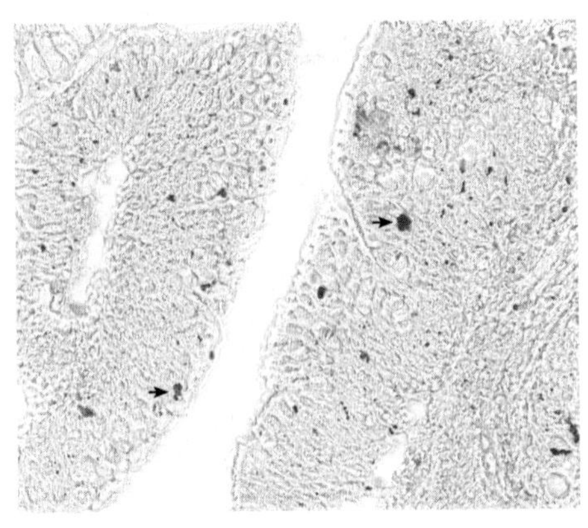

图 9－50 DPV 弱毒疫苗口服免疫后 3 d，十二指肠黏膜上皮细胞中可见较多强烈 DPV 阳性染色（×1 000）

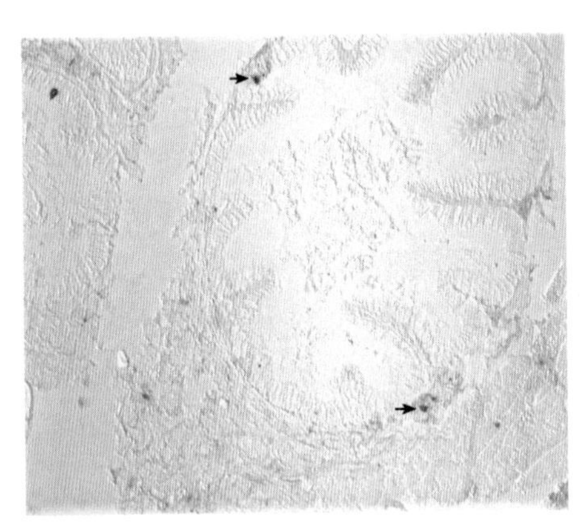

图 9－51 DPV 弱毒疫苗口服免疫后 1 d，鸭食管黏膜少数上皮细胞呈 DPV 阳性染色（×400）

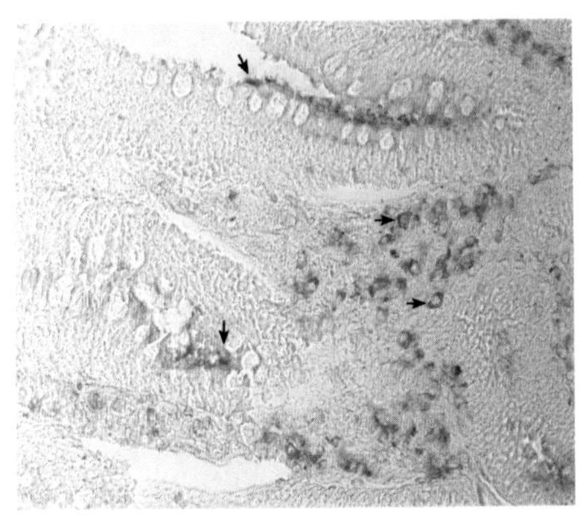

图 9－52 DPV 弱毒疫苗口服免疫后 3 d，鸭十二指肠靠近肠腺的固有层中可见大量 $CD3^+$ 细胞，同时在肠黏膜上皮细胞和固有层中可见少量 DPV 阳性染色（×400）

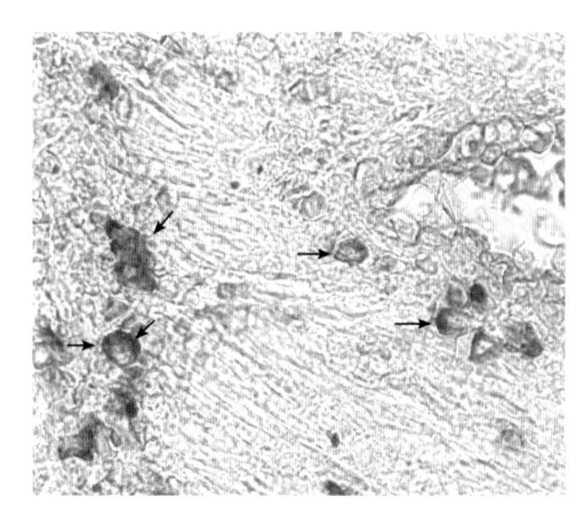

图 9－53 DPV 弱毒疫苗口服免疫后 3 d，鸭十二指肠的肠绒毛固有层中可见大量 $CD3^+$ 细胞和 DPV 阳性染色（×1 000）

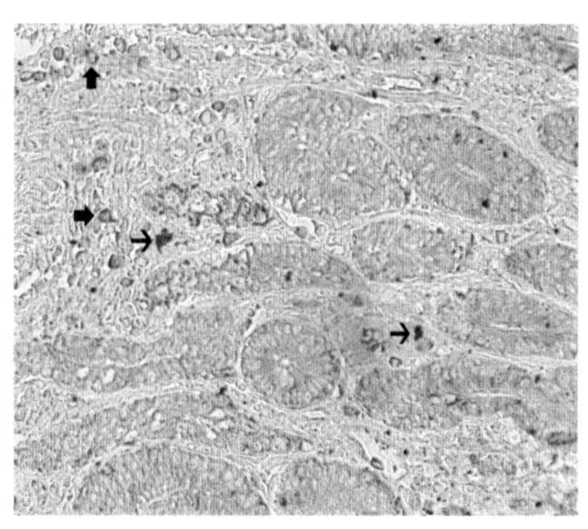

图 9－54 DPV 弱毒疫苗口服免疫后 6 d，鸭空肠靠近肠腺的固有层中可见少量 $CD3^+$ 细胞和 DPV 阳性染色，肠腺也可见少量 DPV 阳性染色（×400）

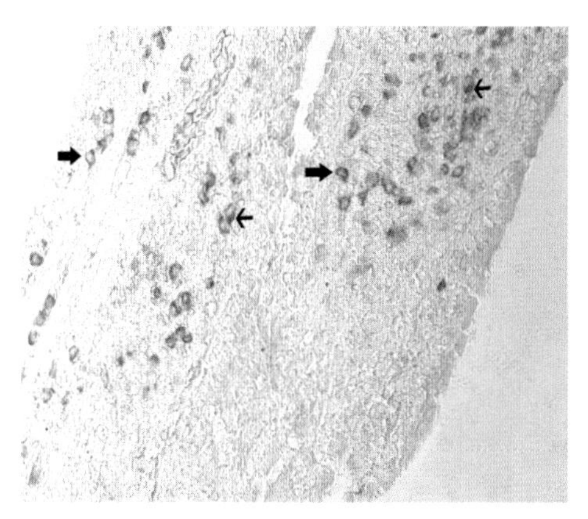

图 9－55 DPV 弱毒疫苗口服免疫后 6 d，鸭空肠肠绒毛固有层中可见大量 $CD3^+$ 细胞，部分 $CD3^+$ 细胞质中可见 DPV 阳性染色（×400）

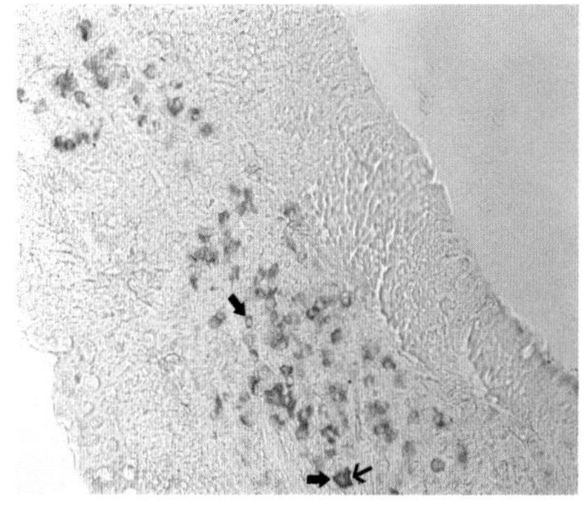

图 9－56 DPV 弱毒疫苗口服免疫后 6 d，鸭回肠的肠绒毛固有层中可见大量 $CD3^+$ 细胞，部分 $CD3^+$ 细胞质中可见 DPV 阳性染色（×400）

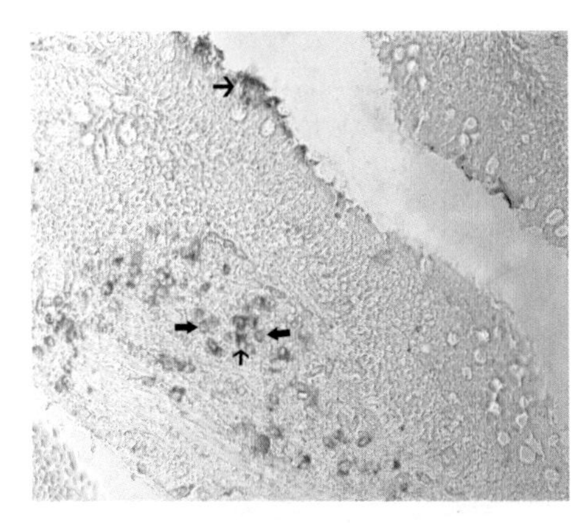

图 9－57 DPV 弱毒疫苗口服免疫后 12 d，鸭直肠绒毛固有层中可见大量 $CD3^+$ 细胞，同时在肠黏膜上皮细胞和固有层中可见少量 DPV 阳性染色（×400）

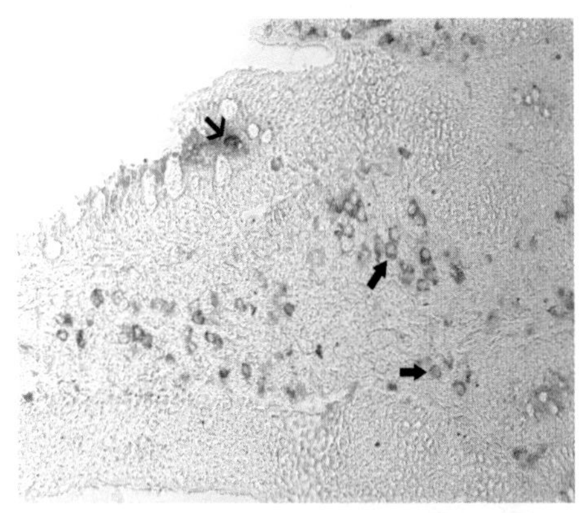

图 9－58 DPV 弱毒疫苗口服免疫后 15 d，鸭盲肠绒毛固有层中可见较多 $CD3^+$ 细胞，同时在肠黏膜上皮细胞可见少量 DPV 阳性染色（×400）

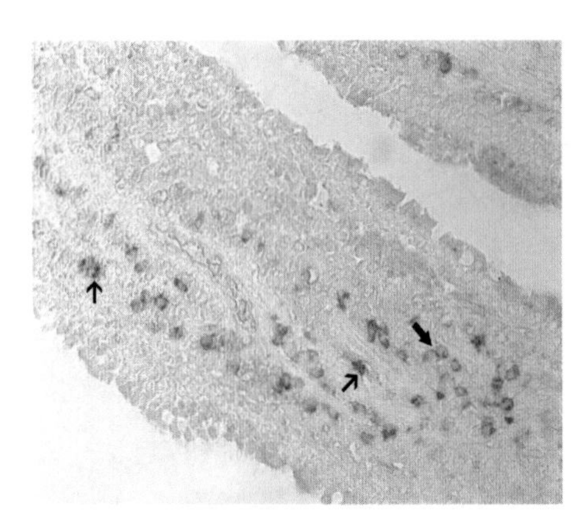

图 9－59 DPV 弱毒疫苗口服免疫后 15 d，鸭十二指肠绒毛固有层中 $CD3^+$ 细胞数量达到最高，同时在肠绒毛固有层中可见少量 DPV 阳性染色（×400）

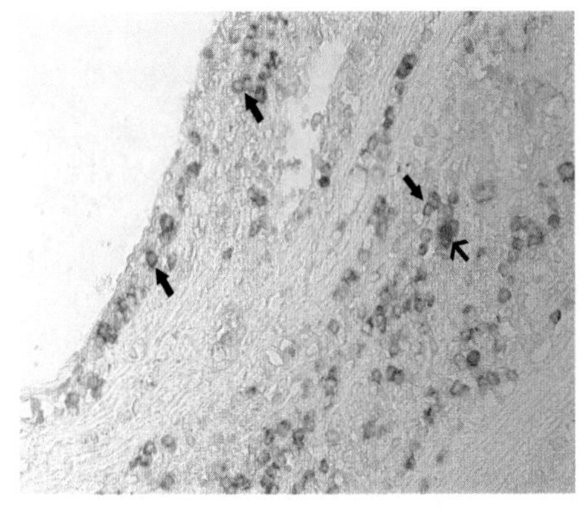

图 9－60 DPV 弱毒疫苗口服免疫后 15 d，鸭十二指肠绒毛固有层靠近肠黏膜上皮细胞或上皮细胞间可见较多 $CD3^+$ 细胞，同时在肠绒毛固有层中可见少量 DPV 阳性染色（×400）

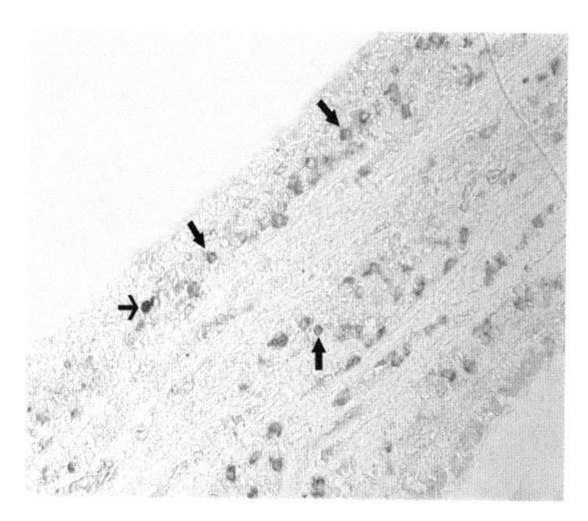

图 9－61　DPV 弱毒疫苗口服免疫后 15 d，鸭空肠绒毛固有层靠近上皮细胞处可见较多 $CD3^+$ 细胞，同时在肠绒毛固有层中可见少量 DPV 阳性染色（×400）

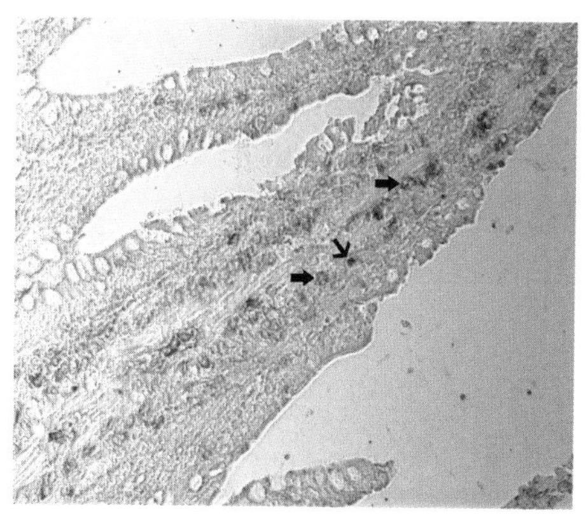

图 9－62　DPV 弱毒疫苗口服免疫后 60 d，鸭回肠绒毛固有层靠近上皮细胞处可见少量 $CD3^+$ 细胞，同时在肠绒毛固有层中偶尔可见少量 DPV 阳性染色（×400）

② 与口服免疫鸭同居的鸭　DPV^+ 与 $CD3^+$ 细胞变化规律与口服免疫组基本一致，只是检出时间较口服免疫鸭晚 3～6 d，同时 DPV^+ 与 $CD3^+$ 细胞的数量少于口服免疫组。

2）滴鼻免疫鸭与同居鸭

① 滴鼻免疫鸭　DPV^+：免疫后 3 d，十二指肠的肠黏膜上皮细胞中可见 DPV 阳性染色。免疫后 6 d，十二指肠和空肠的肠黏膜上皮细胞和肠腺中均可见 DPV 阳性染色，其中十二指肠中呈 DPV 阳性染色的黏膜上皮细胞最多。其他各肠道中很少或偶尔发现 DPV 阳性染色。食管黏膜少数上皮细胞及食管腺仅在免疫后 6 d 呈 DPV 阳性染色，其他时间段很少发现 DPV 阳性染色。

$CD3^+$ 细胞：免疫后 6 d，在十二指肠的肠绒毛固有层中最先发现少量 $CD3^+$ 细胞。免疫后 12 d，在空肠、回肠和直肠的肠绒毛固有层中也发现少量 $CD3^+$ 细胞（图 9－63、9－64）。盲肠中 $CD3^+$ 细胞出现的时间最晚（21 d）。随着免疫时间的延长，各肠道中 $CD3^+$ 细胞数量逐渐增多，至 15 d 时各肠道中 $CD3^+$ 细胞数量达到高峰，其中十二指肠中 $CD3^+$ 细胞数量最多。$CD3^+$ 细胞主要聚集于肠道的固有层和肠腺间，在靠近 IEC 处或 IEC 之间也可发现大量 $CD3^+$ 细胞。免疫后 60 d 时，在十二指肠和空肠中仍可发现较多 $CD3^+$ 细胞，回肠、盲肠和直肠中则只发现少量 $CD3^+$ 细胞。免疫后 12 d，在食管固有层及食管腺间发现少量 $CD3^+$ 细胞，至 15 d 时食管中 $CD3^+$ 细胞数量达到高峰。

② 与滴鼻免疫鸭同居的鸭　DPV 与 $CD3^+$ 细胞变化规律与口服同居组基本一致。

3）皮下免疫鸭与同居鸭

① 皮下免疫鸭　DPV^+：免疫后 1 d，十二指肠、空肠、回肠、盲肠和直肠的肠绒毛固有层、IEC 和肠腺中均可见 DPV 阳性染色。至免疫后 15 d 时，可在十二指肠、空肠、盲肠和直肠的固有层及肠腺发现 DPV 强阳性染色。食管黏膜少数上皮细胞及食管腺仅在免疫后 1～9 d 呈 DPV 阳性染色，其他时间段很少发现 DPV 阳性染色。

$CD3^+$ 细胞：免疫后 12 d，在十二指肠的肠绒毛固有层中可见少量 $CD3^+$ 细胞。免疫后 21 d，在空肠、回肠和直肠的肠绒毛固有层中也发现少量 $CD3^+$ 细胞。至 21 d 时各肠道中 $CD3^+$ 细胞数量达到高峰，其中十二指肠中 $CD3^+$ 细胞数量最多（图 9－65）。$CD3^+$ 细胞主要聚集于肠道的固有层和肠腺间，在靠近 IEC 处或 IEC 之间也可发现大量 $CD3^+$ 细胞。在十二指肠和空肠中于免疫后 60 d 仍可发现较多 $CD3^+$ 细胞。免疫后 15～36 d，在食管固有层及食管腺间可见少量 $CD3^+$ 细胞。

② 与皮下免疫鸭同居的鸭　DPV^+：同群饲养后 9 d，十二指肠的肠黏膜上皮细胞中可见少量 DPV 阳性染色。同群后 15 d，十二指肠、空肠、回肠和盲肠的肠绒毛固有层、IEC 和肠腺中均可见 DPV 阳性染色，直肠中很少发现 DPV 阳性染色。同群后 21～36 d，十二指肠和空肠的 IEC 中可见少量 DPV 阳性染色，其他各肠道中很少发现 DPV 阳性染色。食管黏膜少数 IEC 及食管腺仅于同群后 12 d 呈 DPV 阳性染色，其他时间段很少发现 DPV 阳性染色。

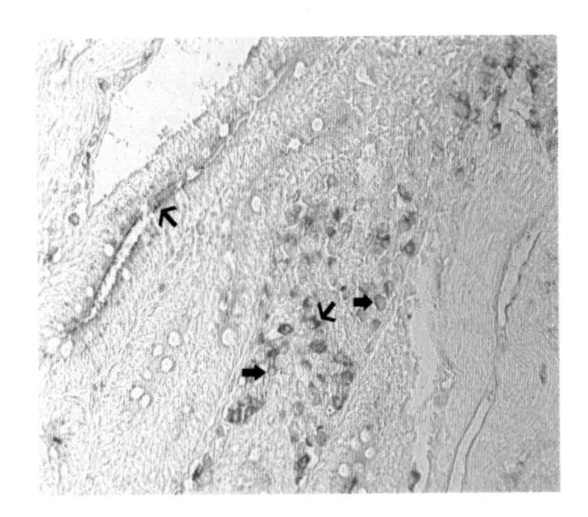

图 9－63　DPV 弱毒疫苗滴鼻免疫后 12 d，鸭十二指肠绒毛固有层中可见较多 $CD3^+$ 细胞，同时在肠绒毛固有层中可见少量 DPV 阳性染色（×400）

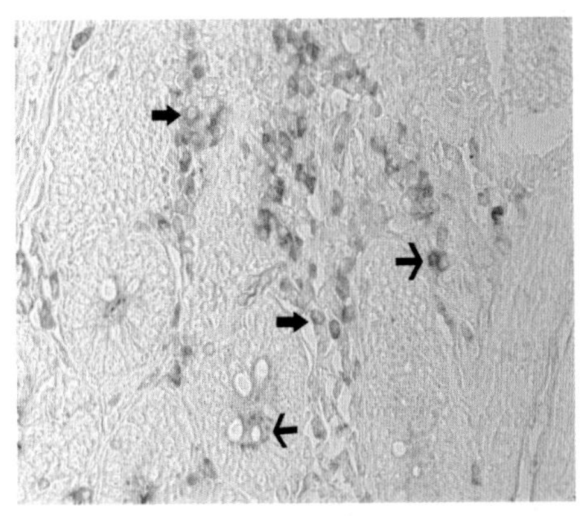

图 9－64　DPV 弱毒疫苗滴鼻免疫后 12 d，鸭十二指肠肠腺间可见较多 $CD3^+$ 细胞和少量 DPV 阳性染色（×400）

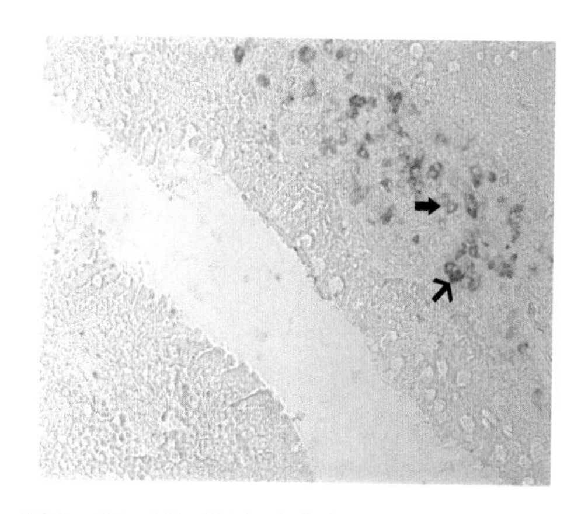

图 9－65　DPV 弱毒疫苗皮下免疫后 21 d，鸭十二指肠绒毛固有层中可见较多 $CD3^+$ 细胞，同时在肠绒毛固有层中可见少量 DPV 阳性染色（×400）

$CD3^+$细胞：同群后 9 d 时，十二指肠肠绒毛固有层中发现少量 $CD3^+$细胞。同群后 15 d，十二指肠和空肠黏膜固有层中可见少量 $CD3^+$细胞，其他肠道中很少发现 $CD3^+$细胞。免疫后 12～21 d，在食管固有层及食管腺间可见少量 $CD3^+$细胞。

（2）呼吸道中 DPV^+ 和 $CD3^+$细胞的分布

1）口服免疫鸭与同居鸭

① 口服免疫鸭　DPV^+：免疫后 1 d，气管黏膜多处上皮细胞中发现 DPV 强阳性染色。免疫后 3 d，气管少数黏膜上皮细胞中可发现 DPV 阳性染色。其他时间段未发现 DPV 阳性染色。在肺脏肺泡壁少数上皮细胞中于免疫后 1 d 可见 DPV 阳性染色（图 9－66），其他时间段未发现 DPV 阳性染色。

$CD3^+$细胞：免疫后 3 d，气管黏膜固有层中 $CD3^+$细胞较对照组增加，随着免疫时间的延长，固有层中 $CD3^+$细胞数量继续增加，至免疫后 21 d 时达到数量高峰。免疫后 60 d 时只发现少量 $CD3^+$细胞。免疫后 6 d，肺脏间质结缔组织、肺泡壁上皮细胞间、细支气管黏膜固有层中发现少量 $CD3^+$细胞（图 9－67），21 d 时 $CD3^+$细胞数量达到高峰，至 36～60 d，肺脏中 $CD3^+$细胞数量较少。

② 与口服免疫鸭同居的鸭　DPV^+ 与 $CD3^+$细胞变化规律与口服免疫组基本一致，只是检出时间较口服免疫组晚 3～6 d，同时 DPV^+ 与 $CD3^+$细胞的数量少于口服免疫组。

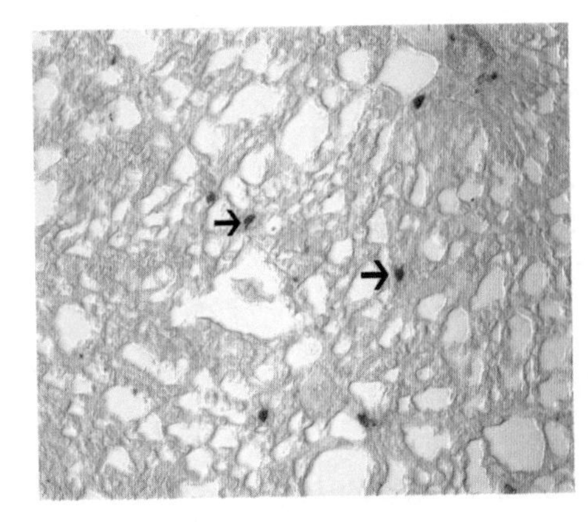

图 9－66 DPV 弱毒疫苗口服免疫后 1 d，鸭肺脏肺泡壁少数上皮细胞呈 DPV 阳性染色（×400）

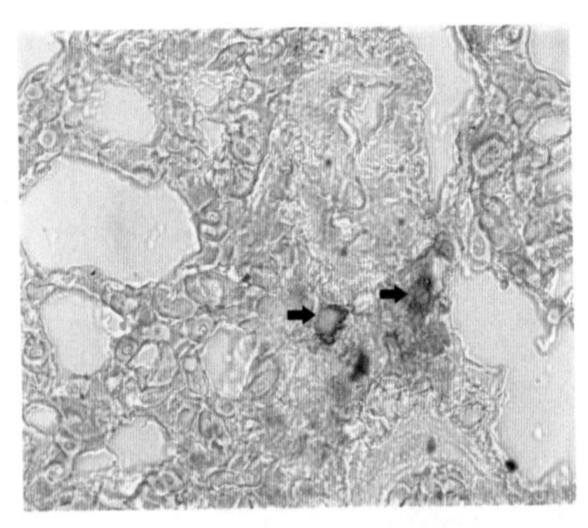

图 9－67 DPV 弱毒疫苗口服免疫后 6 d，鸭肺脏细支气管黏膜固有层中发现少量 $CD3^+$ 细胞（×1 000）

2）滴鼻免疫鸭与同居鸭

① 滴鼻免疫鸭 DPV^+：免疫后 1 d，气管 IEC 中呈 DPV 强阳性染色。免疫后 6 d，气管少数 IEC 中可发现 DPV 阳性染色。免疫后 1～6 d，肺脏肺泡壁多数上皮细胞中出现 DPV 阳性染色。

$CD3^+$ 细胞：气管和肺脏中 $CD3^+$ 细胞分布规律与口服免疫组相似，至 60 d 时，气管和肺脏中依然可发现较多 $CD3^+$ 细胞（图 9－68）。

② 与滴鼻免疫鸭同居的鸭 DPV^+ 与 $CD3^+$ 细胞变化规律与口服同居组基本一致。

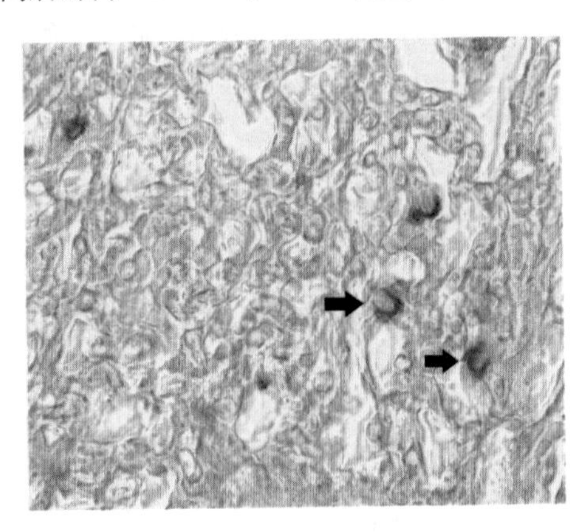

图 9－68 DPV 弱毒疫苗滴鼻免疫后 60 d，鸭肺脏肺泡壁少数上皮细胞中仍发现较多 $CD3^+$ 细胞（×1 000）

3）皮下免疫鸭与同居鸭

① 皮下免疫鸭 DPV^+：免疫后 1 d，气管黏膜上皮细胞中呈 DPV 强阳性染色。免

疫后 6 d，少数气管黏膜上皮细胞中可发现 DPV 阳性染色。免疫后 1～6 d，肺脏肺泡壁多数上皮细胞中出现 DPV 阳性染色。

$CD3^+$细胞：气管和肺脏中 $CD3^+$ 细胞分布规律与口服免疫组相似，至 36 d 时，气管和肺脏中可发现少量 $CD3^+$ 细胞，与正常对照组相似。

② 与皮下免疫鸭同居的鸭　DPV^+ 与 $CD3^+$ 细胞变化规律与口服同居组基本一致。

（3）免疫器官中 DPV^+ 和 $CD3^+$ 细胞的分布

1）口服免疫鸭与同居鸭

① 口服免疫鸭　DPV^+：法氏囊：免疫后 1 d，法氏囊黏膜多处 IEC 中可见 DPV 阳性染色，同时在皮质和髓质的少数淋巴细胞中可见 DPV 阳性染色。免疫后 6 d，法氏囊中 DPV 阳性染色变少。12～60 d 时，在法氏囊中很少发现 DPV 阳性染色。脾脏：仅于免疫后 1～3 d 在脾脏零星淋巴细胞中发现 DPV 阳性染色，其他时间段很少或偶尔发现 DPV 阳性染色（图 9 - 69）。胸腺：发现胸腺髓质中少数淋巴细胞于免疫后 1 d 呈 DPV 阳性染色，至 21 d 时依然可在胸腺中发现 DPV 阳性染色。哈德氏腺：发现少数腺泡上皮和腺管于免疫后 1 d 呈 DPV 阳性染色，其他时间段很少或偶尔发现 DPV 阳性染色。

$CD3^+$细胞：免疫后 3 d，法氏囊皮质部 $CD3^+$ 细胞数量较正常对照鸭增加，同时在黏膜上皮细胞间可见零星 $CD3^+$ 细胞；至 21 d 时，法氏囊中 $CD3^+$ 细胞数量达到高峰（图 9 - 70、图 9 - 71）；免疫后 60 d，法氏囊中 $CD3^+$ 细胞数量仍略高于对照组。免疫后 6 d，脾脏中 $CD3^+$ 细胞数量较正常对照组增加，$CD3^+$ 细胞主要聚集于白髓的淋巴小结中，同时在白髓的淋巴鞘也可见少量 $CD3^+$ 细胞（图 9 - 72）；至 21 d 时，脾脏以上部位中 $CD3^+$ 细胞数量继续增加并达到高峰（图 9 - 73）；免疫后 60 d 时，脾脏中可见较多 $CD3^+$ 细胞。正常对照鸭胸腺中 $CD3^+$ 细胞数量较多。免疫鸭胸腺中 $CD3^+$ 细胞数量于免疫后 6 d 时较对照鸭增加，$CD3^+$ 细胞主要聚集于胸腺小叶间隔和血管周围，在小叶皮质和髓质部也可见较多 $CD3^+$ 细胞（图 9 - 74）。至 21 d 时，胸腺以上部位中 $CD3^+$ 细胞数量继续增加并达到高峰（图 9 - 75）；免疫后 60 d 时，胸腺中仍可见较多 $CD3^+$ 细胞。哈德氏腺：免疫后 6 d，哈德氏腺腺管中 $CD3^+$ 细胞数量略有增加；21 d 时，哈德氏腺中 $CD3^+$ 细胞数量达到高峰，在部分腺泡上皮间可见少量 $CD3^+$ 细胞；免疫后 36～60 d，哈德氏腺中仍可见少量 $CD3^+$ 细胞。

② 与口服免疫鸭同居的鸭　DPV^+ 与 $CD3^+$ 细胞变化规律与口服免疫组基本一致。

图 9-69 DPV 弱毒疫苗口服免疫后 3 d，脾脏红髓中零星淋巴细胞呈 DPV 阳性染色（×400）

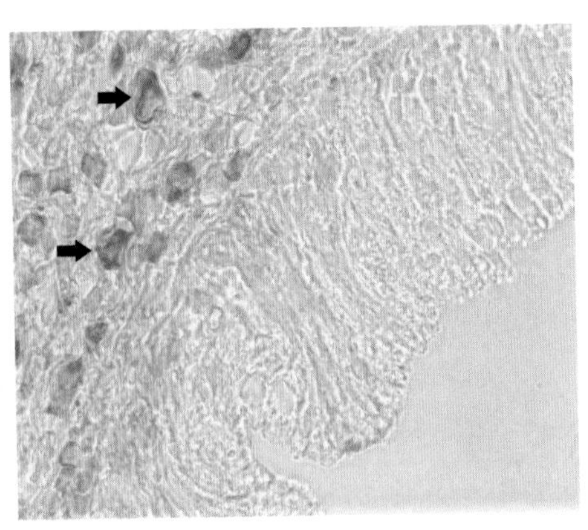

图 9-70 DPV 弱毒疫苗口服免疫后 21 d，鸭法氏囊皮质部中 $CD3^+$ 细胞数量达到高峰（×1 000）

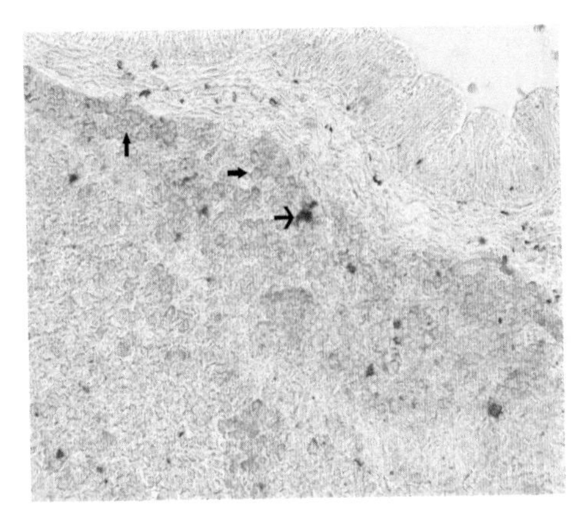

图 9-71 DPV 弱毒疫苗口服免疫后 21 d，鸭法氏囊皮质部中 $CD3^+$ 细胞数量达到高峰，同时可见少量 DPV 阳性染色（×400）

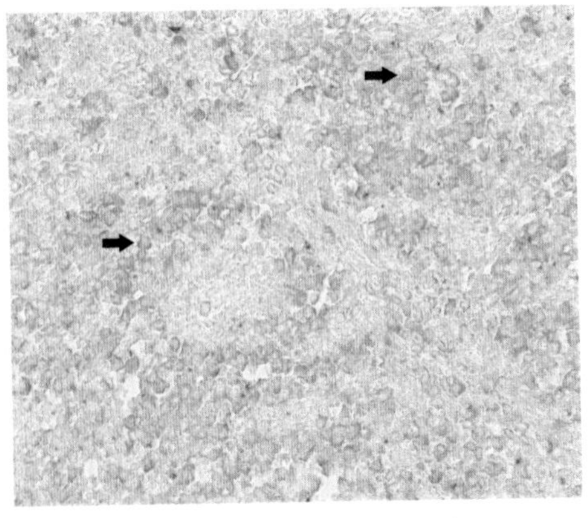

图 9-72 DPV 弱毒疫苗口服免疫后 6 d，鸭脾脏中 $CD3^+$ 细胞主要聚集于白髓的淋巴小结中，同时在白髓的淋巴鞘也可见少量 $CD3^+$ 细胞（×400）

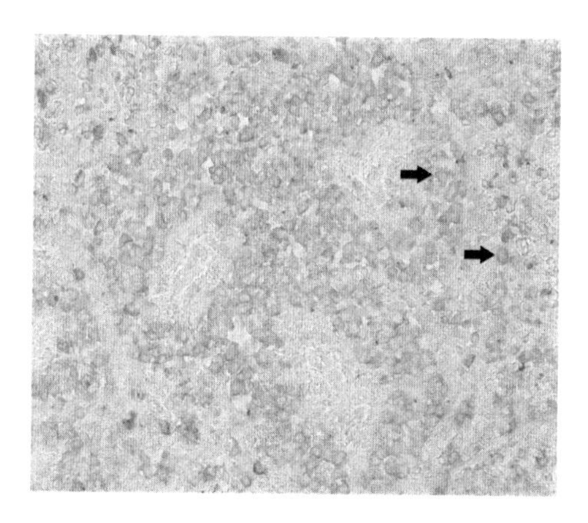

图 9－73　DPV 弱毒疫苗口服免疫后 21 d，鸭脾脏中 $CD3^{+}$ 细胞数量达到高峰（×400）

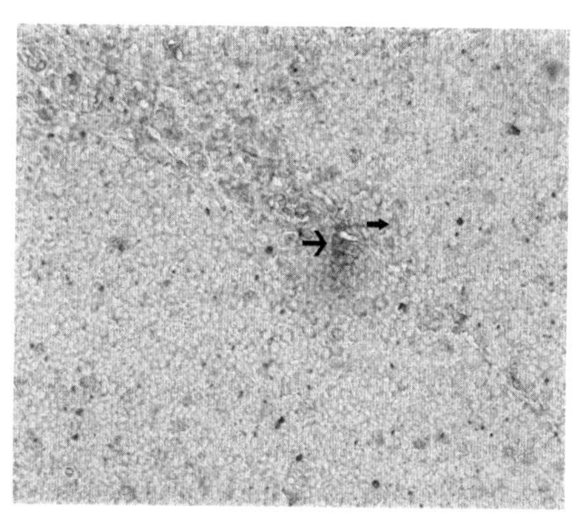

图 9－74　DPV 弱毒疫苗口服免疫后 6 d，鸭胸腺中 $CD3^{+}$ 细胞主要聚集于小叶间隔和血管周围，在小叶皮质和髓质部也可见较多 $CD3^{+}$ 细胞（×400）

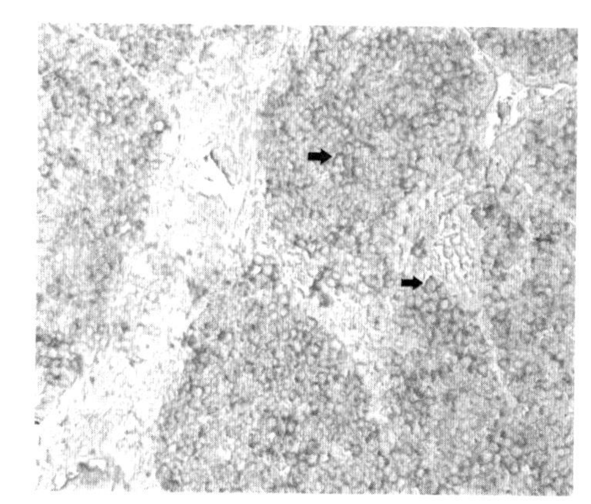

图 9－75　DPV 弱毒疫苗口服免疫后 21 d，鸭胸腺中 $CD3^{+}$ 细胞数量达到高峰（×400）

2）滴鼻免疫鸭与同居鸭

① 滴鼻免疫鸭　DPV^{+}：哈德氏腺：多数腺泡上皮和腺管于免疫后 1 d 时呈 DPV 强阳性染色（图 9－76），至 12 d 时仍可在哈德氏腺中发现少量 DPV 阳性染色，其他时间段很少或偶尔发现 DPV 阳性染色。在法氏囊黏膜多处上皮细胞仅于免疫后 1 d 可见 DPV 阳性染色，其他时间段很少或偶尔发现 DPV 阳性染色。胸腺：胸腺髓质少数淋巴细胞于免疫后 1 d 时呈 DPV 阳性染色，6～9 d 时依然可在胸腺中发现 DPV 阳性染色。脾脏：免疫后 1 d，在脾脏零星淋巴细胞中可见 DPV 阳性染色，其他时间段很少或偶尔

发现 DPV 阳性染色。

$CD3^+$ 细胞：脾脏和胸腺中 $CD3^+$ 细胞数量变化规律与口服免疫鸭基本相同。各时间段法氏囊中 $CD3^+$ 细胞数量较口服组少（图 9－77）。免疫后 3 d 即可发现哈德氏腺中 $CD3^+$ 细胞数量较正常对照组有所增加（图 9－78），并于 21 d 时达到高峰，$CD3^+$ 细胞数量也较口服免疫鸭多。

② 与滴鼻免疫鸭同居的鸭　DPV^+ 与 $CD3^+$ 细胞变化规律与口服同居组基本一致。

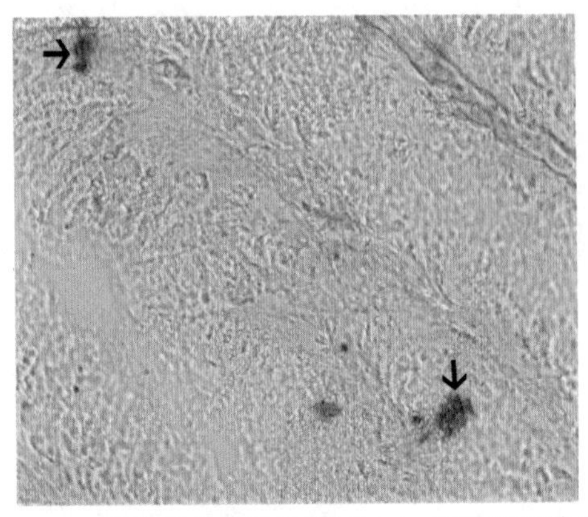

图 9－76　DPV 弱毒疫苗滴鼻免疫后 1 d，鸭哈德氏腺多数腺泡上皮和腺管中呈强烈 DPV 阳性染色（×1 000）

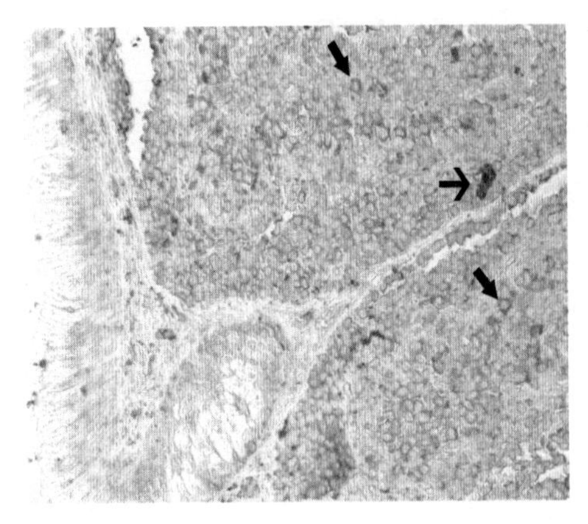

图 9－77　DPV 弱毒疫苗滴鼻免疫后 21 d，鸭法氏囊皮质部中 $CD3^+$ 细胞数量达到高峰，同时可见少量 DPV 阳性染色（×400）

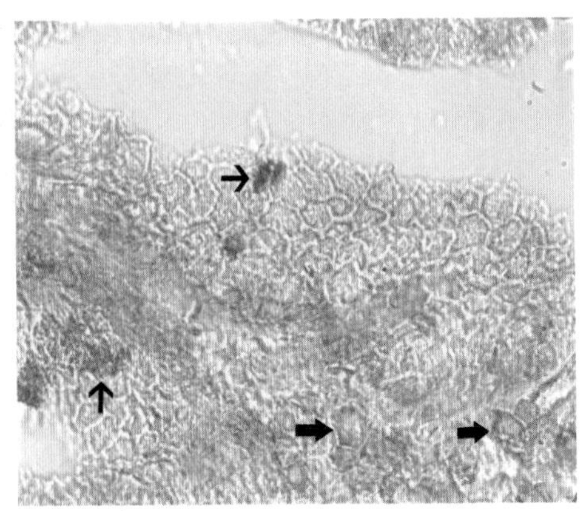

图 9－78　DPV 弱毒疫苗滴鼻免疫后 3 d，鸭哈德氏腺中可发现较多 $CD3^+$ 细胞（×1 000）

3）皮下免疫鸭与同居鸭

① 皮下免疫鸭　DPV⁺：脾脏：免疫后 1～9 d，在脾脏部分淋巴细胞及血管周围发现 DPV 阳性染色，其他时间段很少或偶尔发现 DPV 阳性染色。法氏囊：免疫后 1 d，在皮质和髓质的少数淋巴细胞中可见 DPV 阳性染色，同时少数 IEC 呈 DPV 阳性染色；免疫后 6～9 d，法氏囊中 DPV 阳性染色变少；12～60 d 时，法氏囊中很少发现 DPV 阳性染色。胸腺髓质中少数淋巴细胞中于免疫后 1 d 时呈 DPV 强阳性染色，于 6～21 d 时依然可在胸腺中发现 DPV 阳性染色。哈德氏腺：免疫后 1 d，在大部分腺泡上皮和腺管中发现 DPV 强阳性染色，于 6～21 d 时依然可在哈德氏腺中发现 DPV 阳性染色，其他时间段很少或偶尔发现 DPV 阳性染色。

$CD3^+$ 细胞：哈德氏腺、法氏囊和胸腺中 $CD3^+$ 细胞数量均于免疫后 27 d 时达到高峰，脾脏中 $CD3^+$ 细胞数量变化规律与口服免疫鸭基本相同（图 9－79）。且上述免疫器官中 $CD3^+$ 细胞数量均较口服组和滴鼻组少。

② 与皮下免疫鸭同居的鸭　DPV^+ 与 $CD3^+$ 细胞变化规律与口服同居组基本一致。

注：正常对照组鸭各组织切片中均有少量的 $CD3^+$ 细胞，未发现 DPV 阳性染色（图 9－80 至图 9－84）。

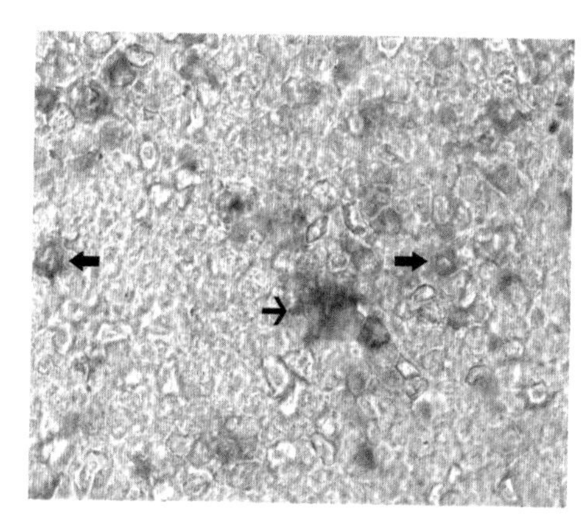

图 9－79　DPV 弱毒疫苗皮下免疫后 21 d，鸭脾脏中 $CD3^+$ 细胞数量达到高峰，同时可见少量 DPV 阳性染色（×1 000）

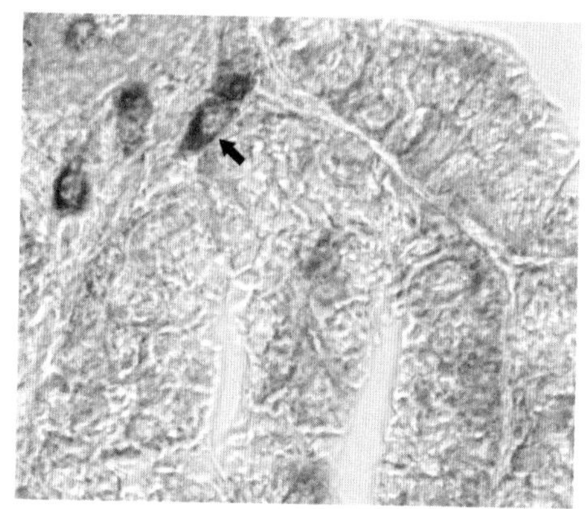

图 9－80　正常对照鸭 12 d 肠道中可见少量 $CD3^+$ 细胞（×1 000）

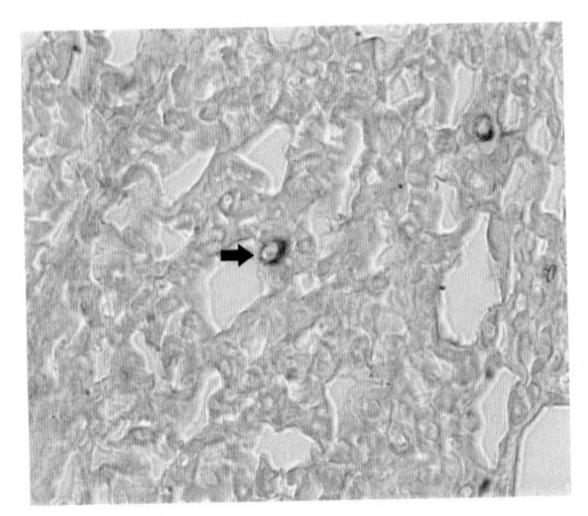

图 9－81　正常对照鸭 12 d 肺脏肺泡壁可见少量 $CD3^+$ 细胞（×1 000）

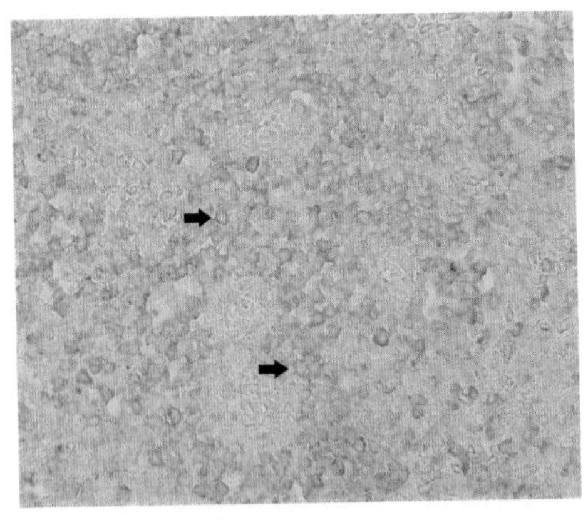

图 9－82　正常对照鸭 21 d，脾脏中可见较多 $CD3^+$ 细胞（×400）

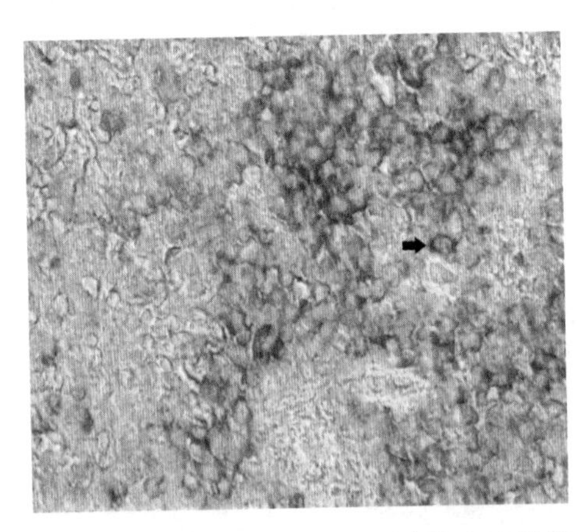

图 9－83　正常对照鸭 12 d，脾脏中可见较多 $CD3^+$ 细胞（×1 000）

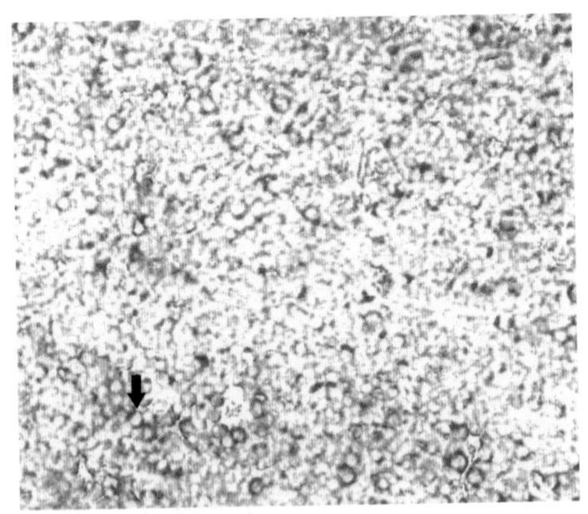

图 9－84　正常对照鸭 12 d，胸腺中可见较多 $CD3^+$ 细胞（×400）

2. DPV 弱毒和 $CD3^+$ 细胞在 DPV 弱毒疫苗免疫鸭局部黏膜组织中的动态分布和增殖规律及其黏膜免疫学意义　齐雪峰等（2008）用 TaqMan－MGB 探针实时荧光定量 PCR 对 DPV 弱毒疫苗在试验鸭体内的定量检测结果显示，DPV 弱毒可迅速分布于鸭体各组织器官中。本试验通过免疫组织化学法，对 DPV 弱毒在鸭消化道、呼吸道和免疫器官中的分布部位和增殖进行了检测。试验结果显示，所有试验鸭局部黏膜 IEC 是 DPV 弱毒最早侵袭的靶细胞，此结果尤以消化道中多数呈 DPV 阳性染色的 IEC 最为显著。Shawky（2000）和 Islam 也发现 IEC 和淋巴细胞是 DPV 的靶细胞。其中十二指肠呈 DPV 阳性染色的 IEC 为所有肠道中最多的。此结果与探针法的定量分析结果共同表明十二指肠为DPV弱毒侵袭的最主要靶器官（齐雪峰等，2008），而十二指肠是鸭MIS中的主要免疫器官，IEC是MIS中主要免疫诱导细胞。因此，相对于其他局部黏膜组织，DPV弱毒以最快的速度对十二指肠IEC的侵袭对诱导免疫鸭消化道MIS迅速生成免疫活性细胞具有极其重要的免疫学意义。而在免疫鸭消化道的效应位点，特别是口服组鸭十二指肠的固有层中于免疫后3 d即可发现$CD3^+$细胞数量较对照组鸭有所增加，这证实了DPV的侵袭特性对迅速激发鸭MIS的重要性。同时在消化道其他组织中也可发现$CD3^+$细胞数量较对照组鸭均有不同程度的增长。但其检出时间要较十二指肠晚，并且在相同的检测时间段，$CD3^+$细胞数量均以十二指肠为最高。说明DPV弱毒可诱导鸭GALT生成大量$CD3^+$细胞。而十二指肠是生成$CD3^+$细胞的最主要的诱导位点和效应位点。随着免疫时间的延长，各免疫鸭消化道中$CD3^+$细胞数量继续增多，并于15～21 d达到高峰。$CD3^+$细胞的增殖规律与IgA生成细胞相似，表明DPV弱毒诱导免疫鸭消化道MIS的B淋巴细胞和T淋巴细胞的消长规律基本一致。免疫鸭各肠道中$CD3^+$细胞数量在高峰期时主要分布于肠道的固有层和肠腺间，同时还可在靠近IEC处或IEC之间发现大量$CD3^+$细胞（图9-59、图9-60、图9-61）。分布于肠黏膜固有层的$CD3^+$细胞主要属于LPL（固有层淋巴细胞），该类细胞的功能主要有：促进或抑制IgA的合成；激活的LPL可表达高水平的IL-2、IL-4、IFN-γ等细胞因子；诱导LPL的LAK（淋巴因子激活的杀伤细胞）活性；产生细胞毒T细胞功能。其中部分$CD3^+$细胞通过与IgA生成细胞相互作用导致最终生成特异性IgA，这对于黏膜免疫来说是最重要的。靠近IEC处或IEC之间的$CD3^+$细胞主要属于IEL，该类细胞的主要功能有：分泌Th1、Th2、IFN-γ、IL-5、IL-2、TNF-α等功能相关细胞因子，诱导和调节黏膜免疫应答；可作为效应细胞，参与抗菌和抗病毒黏膜感染的应答；产生对食物抗原的免疫耐受。至免疫后60 d时，免疫鸭十二指肠和空肠中仍可发现较多$CD3^+$细胞，而其他肠道中只发现少量$CD3^+$细胞。结合不同途径接种DPV强、弱毒诱导鸭局部黏膜及免疫器官中IgA^+细胞水平变化的试验结果，提示DPV弱毒苗诱导免疫鸭生成的$CD3^+$细胞不如IgA生成细胞在消化道中存留的部位广泛、维持时间长，呼吸道亦表现类似结果。表明免疫鸭对DPV弱毒苗的免疫应答，特异性IgA抗体介导的黏膜免疫较$CD3^+$细胞介导的黏膜免疫更重要。同时结果显示各肠道中很少发现或偶尔发现DPV弱阳性染色。可见TaqMan-MGB探针实时荧光定量PCR对DPV的检测较免疫组化方法灵敏度更高。但是两种检测方法对各组鸭组织器官中DPV定植和增殖规律的检测结果是基本一致的。在所有肠道中部分$CD3^+$细胞质中可见DPV阳性染色，说明MALT的T淋巴细胞也是DPV的靶细胞。食管中$CD3^+$细胞主要分布于黏膜固有层及食管黏液腺中，表明食管中的$CD3^+$细胞主要属于LPL。

在免疫早期（1～6 d），在各组免疫鸭上呼吸道及肺脏均可发现少量DPV阳性染色。其他时间段很少发现DPV阳性染色。DPV阳性染色主要分布于气管IEC及肺泡壁IEC。$CD3^+$细胞数量于免疫后3 d较对照组开始增加，至21 d时达到高峰。其发生规律与IgA生成细胞相似。表明DPV弱毒苗可诱导鸭呼吸道黏膜生成大量$CD3^+$细胞。其中滴鼻组鸭上呼吸道和肺脏中$CD3^+$细胞发生规律在免疫早期与口服和皮下组相似，但在免疫后60 d时则较口服和皮下组中$CD3^+$细胞多。结合TaqMan-MGB探针法检测DPV的结果，提示DPV弱毒苗最先诱导的局部黏膜处的高浓度$CD3^+$细胞持续时间较长。同时发现同一免疫鸭在相同检测时间段内，呼吸道中$CD3^+$细胞数量均较消化道中少。表明免疫鸭消化道是MIS中生成$CD3^+$细胞的最主要诱导位点和效应位点。所有途径免疫鸭消化道和呼吸道中均可发现较多$CD3^+$细胞，表明通过不同途径进入鸭体内的DPV弱毒苗在最先接触的局部黏膜中诱导MALT生成一定数量的$CD3^+$细胞后，其中除大部分迁移到离诱导位点最近的黏膜效应位点后，其他的通过血液循环和淋巴循环选择性地归巢到其他黏膜MALT中发挥黏膜免疫效应。结合第五章的试验结果，表明DPV弱毒苗可同时诱导鸭MIS中MALT在局部黏膜和远端黏膜效应位点中生成大量IgA生成细胞和$CD3^+$细胞，从而使不同黏膜部位的免疫反应相关联。总之，DPV弱毒苗免疫鸭多处黏膜效应组织中的IEC（上皮细胞）、以IgA生成细胞为主的IEL（上皮细胞间淋巴细胞）等，共同组成防御DPV强毒感染的黏膜多层屏障。

3. DPV弱毒苗和$CD3^+$细胞在DPV弱毒苗免疫鸭免疫器官中的动态分布和增殖规律及其黏膜免疫学意义 系统淋巴组织是机体免疫系统中重要的组成部分。免疫抗原能否在最短时间内分布于淋巴组织，是及时有效诱导特异性体液免疫和细胞介导免疫（cell-mediated immunity，CMI）的必要条件。TaqMan-MGB探针法检测结果显示，DPV在脾脏、胸腺、法氏囊和哈德氏腺中都能被较早检出，其在各免疫器官中的最早检出时间与免疫途径密切相关。不同途径接种DPV强、弱毒诱导鸭局部黏膜及免疫器官中DPV和$CD3^+$细胞动态分布关系的研究获得了与此相似的结果，其中脾脏中淋巴细胞、胸腺髓质中淋巴细胞、法氏囊黏膜上皮细胞（皮质和髓质的淋巴细胞）、哈德氏腺腺泡上皮内淋巴细胞均可见DPV阳性染色，此结果分别以皮下免疫鸭脾脏和胸腺、口服组鸭法氏囊和滴鼻组鸭哈德氏腺最为显著。其中呈DPV阳性IEC和淋巴细胞及其他APC，可迅速诱导DPV特异性B细胞和T淋巴细胞增殖分化为效应性T淋巴细胞和抗体生成细胞，发挥系统免疫功能。而以上免疫器官在鸭MIS中同样具有重要作用。在本试验中，不同途径免疫DPV弱毒苗时，均可在免疫鸭脾脏、法氏囊和哈德氏腺中发现较多IgA生成细胞。这对鸭体免疫器官局部黏膜及远端黏膜形成抵御DPV强毒感染的体液免疫屏障具有重要意义。而很多研究显示，口服弱毒活疫苗可诱导黏膜和效应组织以及系统淋巴组织的抗原特异性 T 淋巴细胞亚群，其中 $CD3^+$ 细胞是 MIS 重要的免疫效应细胞。本试验结果显示，所有免疫鸭脾脏、胸腺、法氏囊和哈德氏腺中 $CD3^+$ 细胞数量均较正常对照鸭有不同程度的增加。法氏囊中 $CD3^+$ 细胞数量最早于免疫后3 d较对照鸭开始增加，于 21～27 d 达到高峰。至 60 d 时法氏囊中 $CD3^+$ 细胞数量仍略高于对照组。三个免疫组中以口服组鸭法氏囊中 $CD3^+$ 细胞数量增加时间最早，细胞数量最多。结合 DPV 弱毒苗在免疫器官中的定量检测结果，提示免疫器官中 CMI 与免疫途径密切相关。此结论亦可解释滴鼻组鸭哈德氏腺中 $CD3^+$ 细胞数量为最高。相对于法氏囊和哈德氏腺中 $CD3^+$ 细胞数量，各组免疫鸭脾脏和胸腺中 $CD3^+$ 细胞数量均为最高。其中胸腺是 T 淋巴细胞分化成熟的中枢免疫器官，主要参与机体的细胞免疫应答。而脾脏是成熟 B 细胞和 T 淋巴细胞的主要定居、繁殖和对抗原刺激进行免疫应答的部位。$CD3^+$ 细胞主要聚集于脾脏白髓的淋巴小结中，同时在白髓的淋巴鞘也可见少量 $CD3^+$ 细胞（图 9－72）。胸腺中 $CD3^+$ 细胞主要聚集于小叶间隔和血管周围，在小叶皮质和髓质部也可见较多 $CD3^+$ 细胞。表明免疫鸭脾脏和胸腺在 $CD3^+$ 细胞介导的黏膜免疫中具有重要作用。值得一提的是，口服组和滴鼻组鸭以上免疫器官中 $CD3^+$ 细胞数量均于免疫后 21 d 达到高峰。而皮下组鸭法氏囊、胸腺和哈德氏腺中 $CD3^+$ 细胞数量则于免疫后 27 d 达到高峰。此结果进一步解释了免疫途径的选择对有效诱导各免疫器官中 $CD3^+$ 细胞介导免疫应答至关重要。各免疫器官中的 $CD3^+$ 细胞还可通过血液循环达到免疫鸭其他黏膜效应部位，从而使鸭体各黏膜部位彼此相关联。试验结果同时显示，各免疫器官中较多 $CD3^+$ 细胞质中可见 DPV 阳性染色，表明除 B 淋巴细胞和上皮细胞外，胸腺、脾脏、法氏囊和哈德氏腺的 T 淋巴细胞可能也是 DPV 的靶细胞。

（程安春，汪铭书，朱德康）

第二节　鸭瘟防控策略及防控措施

一、防控策略

有效防控鸭瘟的策略是采取切实的生物安全措施，必要时配合鸭瘟疫苗进行免疫接种。

二、综合防控措施

鸭瘟的综合防控措施包括切实有效的生物安全措施、消除传染源、切断传播途径、对易感水禽进行免疫接种等。

（一）确保环境安全

健康鸭群应该避免接触可能被鸭瘟病毒污染的各种用具、物品、运载工具等，防止健康鸭群到有鸭瘟流行地区和有野生水禽出没的水域放牧。

严格执行科学合理卫生消毒制度，定期对鸭舍、运动场、饲养管理用具等进行清洁卫生，定期用1%～2%氢氧化钠、10%石灰乳、5%漂白粉等消毒效果好的消毒药物进行消毒。

（二）确保引种安全

鸭瘟康复鸭，常会较长时间带毒，因此，养鸭场要做到不从疫区引进种鸭、鸭苗或种蛋。一定要引进时，必须先了解当地有无疫情，确定无疫情，经过检疫后才能引进。鸭运回后隔离饲养，观察2周。

（三）确保良好的饲养管理

鸭瘟是一种疱疹病毒，在健康鸭群中有一定比例的鸭携带鸭瘟病毒（笔者的试验检测结果大约为25%），在鸭群免疫力下降时，往往会造成严重发病和死亡。鸭场应该保持良好的饲养管理，饲喂营养全价的饲料，使鸭群保持良好免疫力，防止鸭瘟的发生。

（四）确保鸭瘟疫苗免疫接种

鸭瘟疫苗免疫接种是预防和控制鸭瘟有效且经济的技术手段之一。

鸭瘟疫苗免疫母鸭可使雏鸭产生被动免疫，但13日龄雏鸭体内母源抗体大多迅速消失。

对受威胁的鸭群可用鸡胚适应的鸭瘟弱毒疫苗进行免疫。

对没有母源抗体的雏鸭，1日龄首次免疫，20日龄加强免疫。如果是产蛋种鸭，6月龄应加强免疫1次。

对有母源抗体的雏鸭，10日龄免疫，30日龄加强免疫。如果是产蛋种鸭，6月龄应加强免疫1次。

如果生产上无法避开母源抗体的影响而必须进行免疫接种，则采用口服免疫途径往往能够最大程度消除母源抗体对鸭瘟弱毒疫苗的影响。

三、发生疫情时采取的措施

鸭群一旦发生鸭瘟，必须迅速采取严格封锁、隔离、消毒、无害化处理死鸭、对无临床症状鸭进行鸭瘟弱毒疫苗的紧急免疫接种等综合性防疫措施。

多年来的临床实践证明，紧急免疫接种进行得越早、越快，防控效果越好。很多地区、养鸭场在发现鸭瘟时就应立即用鸭瘟弱毒疫苗进行紧急接种，配合进行严格隔离、消毒等措施，一般在接种后 1 周内死亡率显著降低，随后鸭停止发病和死亡。如果没有抓住有利时机，拖延时间注射疫苗，或者不配合进行严格隔离、消毒等措施，则疫苗保护率低。

发生鸭瘟时，严格禁止病鸭上市出售或流通，自由散养或放牧的鸭群应停止放牧，防止疫情进一步扩大和蔓延。

四、对患病鸭的处理措施

目前对鸭瘟尚无有效、实用的治疗方法。

对无治疗价值的、有临床症状的患病鸭，通常采用扑杀和无害化处理的措施。

对价值高或国家保护的珍稀野生水禽等，可在有效隔离、防止散毒的条件下进行适当治疗，具体方法是：发病初期肌内注射抗鸭瘟高免血清，每只鸭注射 0.5～1.5 mL。

配合肌内注射聚肌胞（一种内源性干扰素诱生剂）可获得良好治疗效果，每只 1 mg，3 天注射 1 次，用药 2～3 次，可收到较好的防治效果。

（程安春）

参考文献

白丽荣 . 2003. 生物芯片技术及其应用概述 . 生物学教学（12）：7－8.

病原微生物实验室生物安全管理条例（中华人民共和国国务院令第 424 号）.

蔡宝亮，刘秀梵 . 1996. 单克隆抗体技术及其应用 . 现代商检科技（1）：40－44.

蔡铭升 . 2009. 鸭瘟病毒 UL35 基因的原核表达、蛋白纯化、转录时相、表达时相及亚细胞定位 . 雅安：四川农业大学 .

曹雪莲 . 2014. 鸭瘟病毒 UL41 基因原核表达、转录时相及亚细胞定位 . 雅安：四川农业大学 .

曹雪涛 . 2010. 免疫学技术及其应用 . 北京：科学出版社 .

曾朝阳，李桂源 . 2001. 单核苷酸多态性 . 医学分子生物学杂志（3）：149－151.

曾春辉 . 2015. 应用免疫荧光和免疫共沉淀技术检测鸭瘟病毒 UL16 与 UL21 蛋白的共定位及相互作用 . 雅安：四川农业大学 .

曾浔，张建中 . 2002. 基因芯片在传染病分子流行病学中的应用 . 中华流行病学杂志（5）：399－401.

常华 . 2011. 鸭瘟病毒 gE 基因功能初步研究 . 雅安：四川农业大学 .

陈柏君，孙超，王勇，等 . 2004. 锚定 PCR（Anchored PCR）：一种新的染色体步行方法 . 科学通报，15（15）：1569－1571.

陈光 . 2003. 单克隆抗体技术历史与发展简述 . 生物学通报（9）：58－60.

陈焕勇，周培安 . 1985. 病毒寡核苷酸指纹图分析技术及其应用 . 国外医学（微生物学分册），5：11.

陈继明，黄保续 . 2009. 重大动物疫病流行病学调查指南 . 北京：中国农业科学技术出版社 .

陈锦生，葛明，陈霞，等 . 1994. 应用酶切图谱分析技术对肠道腺病毒 40、41 型分型鉴定的研究 . 中国人兽共患病学报，10（6）：12－14.

陈坤 . 2001. 分子流行病学概况 . 浙江预防医学，13（4）：1－2.

陈林姣，缪颖，陈德海 . 2000. 原位 PCR 技术及其应用 . 中国生物工程杂志（2）：58－63.

陈溥言 . 2015. 兽医传染病学 . 第 6 版 . 北京：中国农业出版社 .

陈万平 . 2009. 鸭瘟病毒 UL32 基因的原核表达及在病毒感染宿主亚细胞定位研究 . 雅安：四川农业大学 .

陈希文 . 2013. 鸭肠炎病毒 UL18 基因部分特性及其原核表达蛋白应用的研究 . 雅安：四川农业大学 .

陈兴栋 . 2012. 基于 TZL 的分子流行病学研究：食管癌及动脉粥样硬化 . 上海：复旦大学 .

程安春，汪铭书，方鹏飞，等 . 2004. 间接酶联免疫吸附试验（ELISA）检测血清 4 型鸭疫里默氏杆菌抗体的研究 . 中国家禽（16）：11－14.

程安春，汪铭书，廖德惠，等 . 1997. 酶联免疫吸附试验检测鸭瘟抗体的研究和应用 . 四川农业大学学报（3）：379－381.
程安春，王继文 . 2015. 鸭标准化规模养殖图册 . 北京：中国农业出版社 .
程安春 . 2012. 养鸭与鸭病防治 . 第 3 版 . 北京：中国农业大学出版社 .
程凯成 . 2004. 生物芯片技术：为生命解秘 . 今日科技（11）：2－3.
池晓菲，舒庆尧 . 2001. 生物芯片技术的原理与应用 . 遗传，4（4）：370－374.
崔立虹 . 2011. 鸭肠炎病毒 gC 和 gE 优势抗原表位的筛选 . 哈尔滨：东北农业大学 .
崔治中，L. F. Lee. 1991. 用非放射性的 Digoxigenin 标记的 DNA 探针检出马立克病病毒 DNA. 江苏农学院学报（1）：1－6.
代敏，王红宁，吴琦，等 . 2005. PCR 和核酸探针检测猪源沙门氏菌四环素耐药基因 tetC 的研究 . 畜牧兽医学报，5（5）：482－485.
戴碧红 . 2014. 鸭瘟病毒 UL19 基因截段表达、蛋白纯化及抗体制备 . 雅安：四川农业大学 .
邓小红 . 2008. 微生物耐药性的分子机制研究进展 . 今日药学，18（4）：3－6.
董国英，丁壮 . 2008. 鹅副粘病毒 F 基因的克隆及遗传变异分析 . 中国兽医学报（2）：176－179.
杜宁，杨霄星，蓝雨，等 . 2009. 1968 年香港流感（H3N2）病原学概述 . 病毒学报，25（B05）：17－20.
段广才，高守一，刘延清，等 . 1998. 霍乱弧菌 O1 群菌株多位点酶电泳分析 . 河南医科大学学报（3）：11－17.
段广才，刘延清 . 1991. 多位点酶电泳法在细菌的群体遗传学，分类学及分子流行病学中的应用 . 中华流行病学杂志（3）：177－180.
段广才，祁国明 . 1992. 分子流行病学研究及其应用 . 中华流行病学杂志（13）：240－242.
范薇 . 2012. 鸭瘟病毒 gD 基因功能初步研究 . 雅安：四川农业大学 .
范金坪 . 2009. 生物芯片技术及其应用研究 . 中国医学物理学杂志（2）：1115－1117.
范薇 . 2013. 鸭瘟病毒 gD 基因发现及重组蛋白应用研究 . 雅安：四川农业大学 .
冯福民，徐应军 . 2004. 传染病分子流行病学研究进展 . 中国煤炭工业医学杂志，7（2）：97－98.
高洁 . 2014. 鸭瘟病毒 CHv 株 US2 蛋白特性分析及小 RNA 干扰对 US2 基因功能影响初探 . 雅安：四川农业大学 .
高乐怡，方禹之 . 2002. 21 世纪毛细管电泳技术及应用发展趋势 . 理化检验（化学分册），1：1－6.
高兴红 . 2015. 鸭肠炎病毒 UL24 蛋白相互作用蛋白的筛选及其功能初探 . 雅安：四川农业大学 .
高秀丽，景奉香，杨剑波，等 . 2005. 单核苷酸多态性检测分析技术 . 遗传，27（1）：110－122.
宫航宇，石铭，韩博 . 2005. 基因探针技术在传染病诊断中的应用 . 临床肝胆病杂志（21）：380－382.
顾敏，彭大新，刘秀梵 . 2015. 我国 H9N2 亚型禽流感病毒的流行和进化特点 . 生命科学，27（5）：531－538.
郭存三，郭立征 . 1999. 分子流行病学在疾病研究中的作用 . 中华预防医学杂志（6）：2，329－330.
郭宇飞 . 2005. 鸭病毒性肠炎病毒 CH 强毒株部分生物学特性的研究及荧光实时定量 PCR 检测方法的建立和应用 . 雅安：四川农业大学 .
韩晓红，石远凯，冯奉仪，等 . 1999. 流式细胞术分析肿瘤患者免疫功能变化 . 实用肿瘤杂志，5（5）：

273 - 275.

何琴 . 2012. 鸭瘟病毒 UL16 基因原核表达、多抗制备及应用 . 雅安：四川农业大学 .

胡庆柳，丁振华 . 1997. 流式细胞术在细胞凋亡研究中的应用 . 中国细胞生物学学报（3）：119 - 123.

胡小欢 . 2014. DPV gJ 基因主要抗原域表达及抗体制备 . 雅安：四川农业大学 .

胡永华 . 2010. 实用流行病学 . 第 2 版 . 北京：北京大学医学出版社 .

胡勇，刘志刚，邹忠，等 . 2013. 鸭瘟疱疹病毒研究进展 . 中国畜牧兽医学会家畜传染病学分会第八届全国会员代表大会暨第十五次学术研讨会 .

扈庆华，梁华坚，张顺祥，等 . 2002. 核酸脉冲电泳场技术在霍乱分子流行病学调查中的应用 . 现代预防医学（4）：568 - 569.

黄杰 . 2013. 鸭瘟病毒 UL7 基因的原核表达、多抗制备及其应用 . 雅安：四川农业大学 .

黄海彬，程安春，汪铭书 . 2009. 疱疹病毒糖蛋白 C 的研究进展 . 中国人兽共患病学报，26（2）：171 - 174.

黄海波 . 1989. 核酸杂交诊断检测技术概况 . 中国兽医科技（3）：44 - 46.

黄娟 . 2012. 鸭病毒性肠炎病毒 UL24 基因疫苗细胞免疫的研究 . 雅安：四川农业大学 .

黄鹏，谭红专 . 2008. 分子流行病学研究中生物标志选择的系统方法 . 医学理论与实践，21（1）：2 - 4.

黄怡 . 2000. 细菌耐药机制的研究现状 . 国外医学（微生物学分册），23（1）：24 - 26.

黄引贤，欧守抒 . 1959. 拟鸭瘟的研究 . 华南农学院学报（1）：67 - 71.

黄原 . 2012. 分子系统发生学 . 遗传（11）：1455 - 1455.

贾仁勇 . 2008. 鸭瘟病毒蛋白质组二维电泳特性和 UL24 基因的发现、原核表达及应用研究 . 雅安：四川农业大学 .

姜平 . 2010. 兽医生物制品学 . 第 3 版 . 北京：中国农业出版社 .

蒋红霞，曾振灵 . 2001. 细菌耐药机制及耐药性控制对策 . 动物医学进展，22（4）：4 - 7.

蒋金凤 . 2010. 鸭肠炎病毒 gC 基因疫苗诱导 BALB/c 小鼠免疫发生的研究 . 雅安：四川农业大学 .

解增言，林俊华，谭军，等 . 2010. DNA 测序技术的发展历史与最新进展 . 生物技术通报，8（8）：64 - 70.

孔繁瑶 . 1999. 兽医大词典 . 北京：中国农业出版社 .

孔海深 . 1997. 金黄色葡萄球菌耐药机制的研究进展 . 国外医学（微生物学分册），20（1）：20 - 21.

赖茂银 . 2014. 鸭瘟病毒 UL10 基因克隆、表达及抗体制备 . 雅安：四川农业大学 .

雷松，魏于全 . 1996. 流式细胞术的基本原理 . 华西医学（4）：433 - 435.

李倩 . 2011. 鸭瘟病毒 UL48 基因的生物信息学分析及原核表达 . 雅安：四川农业大学 .

李崇辉 . 1993. B 群链球菌的分子流行病学：采用染色体 DNA 的限制性内切酶分析和 rRNA 基因的核糖分型法 . 国外医学（微生物学分册），4：29.

李德新 . 2012. 病毒学方法 . 北京：科学出版社 .

李建伏，郭茂祖 . 2006. 系统发生树构建技术综述 . 电子学报，34（11）：2047 - 2052.

李靖，李成斌，顿文涛，等 . 2008. 流式细胞术（FCM）在生物学研究中的应用 . 中国农学通报（24）：107 - 111.

李静 . 2003. 病毒感染与细胞凋亡 . 山西师范大学学报：自然科学版（1）：82 - 86.

李立明 . 2004. 流行病学 . 北京：人民卫生出版社 .

李丽娟 . 2011. 鸭瘟病毒 gI 基因的原核表达、多抗制备、转录时相及感染细胞定位研究 . 雅安：四川农业大学 .

李琦涵 . 2009. 人类疱疹病毒的病原生物学 . 北京：化学工业出版社 .

李艳杰，龙火生，李影，等 . 2003. 单核苷酸多态性（SNP）的研究进展和应用 . 畜牧兽医杂志（4）：16 - 18.

练蓓 . 2011. 鸭瘟病毒 gC 基因部分特征分析及 gC 基因疫苗诱导鸭免疫发生的研究 . 雅安：四川农业大学 .

练蓓，程安春，汪铭书 . 2009. 疱疹病毒 gC 基因及其编码蛋白研究进展 . 中国动物传染病学报，17（2）：82 - 86.

梁智辉 . 2008. 流式细胞术基本原理与实用技术 . 武汉：华中科技大学出版社 .

廖德惠，张敏，张化贤，等 . 1983. 四川麻鸭鸭瘟的调查研究 . 四川农学院学报，1（1）：99 - 108.

廖永洪 . 2004. 原位杂交和间接原位 PCR 检测鸭瘟病毒方法的建立及应用于对 DPV 人工感染鸭后病毒分布规律检测的研究 . 雅安：四川农业大学 .

廖永洪 . 2004. 原位杂交和间接原位 PCR 检测鸭瘟病毒方法的建立及应用于对 DPV 人工感染鸭后病毒分布规律检测的研究 . 雅安：四川农业大学 .

林丹 . 2009. 鸭瘟病毒 UL27 基因主要抗原域蛋白的原核表达、纯化、抗体制备及在 UL27 蛋白表达时相和亚细胞定位中的应用 . 雅安：四川农业大学 .

蔺萌 . 2013. 鸭肠炎病毒 gN 基因及其功能的初步研究 . 雅安：四川农业大学 .

刘峰源 . 2008. 鸭肠炎病毒糖蛋白 gC 基因的克隆、表达及部分功能的研究 . 哈尔滨：东北农业大学 .

刘汉明 . 1995. 分子流行病学中的分子生物学方法 . 北京：中国科学技术出版社 .

刘建柱，崔玉东，李鹏，等 . 2003. 多重 PCR 检测猪瘟病毒、猪细小病毒、猪伪狂犬病病毒 . 中国兽医学报（6）：535 - 537.

刘佩莉 . 1992. 分子流行病学 . 中国公共卫生（9）：411 - 414.

刘秀梵 . 2000. 兽医流行病学 . 第 2 版 . 北京：中国农业出版社 .

刘彦华，仝文斌，吴小意 . 2000. 生物芯片技术及其应用前景 . 中华检验医学杂志（3）：177 - 179.

娄昆鹏 . 2009. 鸭瘟病毒 UL28 基因的克隆、原核表达、亚细胞定位和转录时相研究 . 雅安：四川农业大学 .

卢大儒，刘艳红 . 2006. 肿瘤分子流行病学研究趋势和特点 . 实用肿瘤杂志，21（3）：197 - 200.

芦银华，谈国蕾，华修国，等 . 2002. 应用间接免疫荧光试验检测猪圆环病毒抗体 . 中国兽医科技（8）：19 - 20.

陆承平 . 2004. 高致病性禽流感与流感病毒 . 中国病毒学，19（2）：204 - 207.

陆亚华，糜祖煌 . 2005. 细菌耐药的遗传性基础及其分子机制 . 中国优生与遗传杂志，13（1）：11 - 12.

路国富 . 2013. 鸭瘟病毒 UL39 基因的原核表达、转录与表达时相和亚细胞定位 . 雅安：四川农业大学 .

路立婷 . 2010. DPV UL46 基因转录、表达时相和主要抗原域表达、抗体制备和夹心 ELISA 检测 DPV 研究 . 雅安：四川农业大学 .

罗丹丹 . 2010. 鸭瘟病毒 UL47 基因转录时相分析及主要抗原域的原核表达和抗体制备 . 雅安：四川农业大学 .

罗怀容，施鹏，张亚平 . 2001. 单核苷酸多态性的研究技术 . 遗传，23（5）：471 - 476.

罗家洪 . 2010. 流行病学 . 北京：科学出版社 .

莽克强 . 1975. 聚丙烯酰胺凝胶电泳 . 北京：科学出版社 .

毛煜，徐建明 . 2001. 毛细管电泳技术和应用新进展 . 化学研究与应用（1）：4 - 9.

莫美仪 . 1995. 分子流行病学 . 广东卫生防疫（1）：72 - 75.

穆丽娜，俞顺章，姜庆五，等 . 2005. 分子流行病学的研究设计 . 复旦学报（医学版），32（1）：113 - 116.

内伊 . 2002. 分子进化与系统发育 . 北京：高等教育出版社 .

倪丽娜，张婷，安志东 . 2002. 现代生物技术在环境微生物学中的应用：I. 基因探针和探针探测 . 氨基酸和生物资源（4）：31 - 33.

欧阳松应，杨冬，欧阳红生，等 . 2004. 实时荧光定量 PCR 技术及其应用 . 生命的化学（1）：74 - 76.

潘赛贻 . 1995. 分子流行病学常用实验方法及其应用 . 华南预防医学（2）：70 - 74.

裴建武，甘孟侯，刘爵 . 1994. 病毒寡核苷酸指纹图谱技术及其应用 . 中国兽医杂志（4）：42 - 44.

蒲阳 . 2009. 鸭瘟病毒 UL33 基因的克隆、原核表达、转录时相和亚细胞定位研究 . 雅安：四川农业大学 .

齐雪峰 . 2007. 家鸭人工免疫鸭瘟弱毒株的动态分布、黏膜免疫及对肠道菌群的影响 . 雅安：四川农业大学 .

秦鄂德，于曼，黄祥瑞，等 . 1986. Sindbis 病毒基因组的寡核苷酸指纹图 . 微生物学通报，13（2）：7.

秦继迅 . 2010. 蛋白质印迹技术在生物医学中的应用方法 . 遵义科技（1）：52 - 54.

瞿永华 . 2002. 肿瘤分子流行病学研究 . 肿瘤，22（5）：347 - 348.

沈爱梅 . 2010. 鸭肠炎病毒 UL45 基因去跨膜区原核表达、抗体制备、转录时相及编码蛋白特性研究 . 雅安：四川农业大学 .

沈婵娟 . 2010. 鸭瘟病毒 UL51 基因部分特性及其原核表达蛋白应用的研究 . 雅安：四川农业大学 .

沈朝建，王幼明 . 2013. 兽医流行病学调查与监测 . 北京：中国农业出版社 .

沈福晓，程安春，汪铭书，等 . 2010. 不同剂量鸭瘟病毒 gC 基因疫苗在雏鸭体内的表达时相和分布规律 . 畜牧兽医学报，41（6）：726 - 734.

沈福晓，蒋金凤，程安春，等 . 2011. 壳聚糖/pcDNA - DPV - gC 基因在雏鸭体内的抗原表达和分布 . 中国农业科学，(18)：3909 - 3917.

沈福晓，蒋金凤，程安春，等 . 2011. 壳聚糖为递送载体的鸭肠炎病毒 gC 基因疫苗诱导 Balb/c 小鼠产生的免疫反应 . 中国农业科学，44（16）：3454 - 3462.

沈福晓 . 2010. 鸭瘟病毒 gC 基因疫苗在雏鸭体内的抗原表达时相和分布规律 . 雅安：四川农业大学 .

石勇 . 2013. 鸭瘟病毒 UL21 基因的克隆表达与转录时相分析 . 雅安：四川农业大学 .

舒兵 . 2011. 鸭瘟病毒 UL24 基因疫苗的构建及其免疫效果的初步研究 . 雅安：四川农业大学 .

宋春花，段广才，郗园林，等 . 2003. 志贺菌多位点酶电泳分析 . 郑州大学学报（医学版），6：886 - 890.

宋虎跃，徐国栋，吴勇民 . 2007. 高效液相色谱技术的应用 . 内蒙古石油化工（6）：17 - 18.

宋平根．1992. 流式细胞术的原理和应用．北京：北京师范大学出版社．

孙磊．2009. 鸭瘟病毒 UL25 基因的原核表达及宿主亚细胞定位研究．雅安：四川农业大学．

孙芾，王厚芳．1999. 流式细胞术的发展和临床应用．中华检验医学杂志（6）：385－387.

孙慧萍，刘皈阳，崔佳．2003. 分子流行病学及其在感染性疾病防治中的应用．重庆医学（11）：86.

孙昆峰．2013. 鸭瘟病毒 gC 基因疫苗在鸭体内分布规律及 gC、gE 基因缺失株的构建和生物学特性的初步研究．雅安：四川农业大学．

孙涛．2008. 鸭瘟病毒 UL－6 基因主要抗原域的原核表达和应用．雅安：四川农业大学．

汤波．2009. 猪瘟病毒 E2 基因 RT－PCR 检测方法的建立及病毒分子流行病学研究．重庆：西南大学．

涂宜强．2007. 分子流行病学及其应用的研究进展．温州农业科技（1）：1－6.

汪渊，朱华庆，张素梅，等．2004. 蛋白质印迹技术．安徽医科大学学报（3）：245－246.

王艾琳，李坚．2004. 病毒与细胞凋亡．自然杂志，26（3）：125－128.

王建中，孙芾，王淑娟，等．1994. 流式细胞术检测活化血小板．中华检验医学杂志（4）：232－235.

王璐璐．2009. 鸭瘟病毒 UL26 基因原核表达及在感染宿主亚细胞定位研究．雅安：四川农业大学．

王枢群．1988. 分子流行病学研究进展．北京：人民卫生出版社：22.

王艳红，文勇立，孙静，等．2006. 哺乳动物生物钟模型及研究进展．四川生理科学杂志，28（1）：33－35.

王勇，薛颖，陈淑霞，等．2002. H3N2 亚型人流行性感冒病毒 HA1 的蛋白序列同源性比较、变异规律及结构与功能的分析．病毒学报，18（4）：289－296.

韦芳，王正荣．2002. 哺乳动物的生物钟分子机制研究进展．四川生理科学杂志，24（1）：1－4.

韦正吉，磨美兰，韦平，等．2006. 应用 PCR 及核苷酸序列分析技术对广西鸡传染性支气管炎病毒进行分子流行病学研究．中国农业生物技术学会动物生物技术分会第二届全国动物生物技术学术研讨会：103－109.

温婷．2014. 鸭瘟病毒 UL17 蛋白与 UL25 蛋白、UL26.5 蛋白的细胞共定位研究．雅安：四川农业大学．

温博贵．1987. 蛋白质印迹法．生理科学进展（4）：18.

温立斌．2005. 猪圆环病毒 2 型的分子流行病学研究．北京：中国农业大学．

文明．2005. DEV 基因文库构建、核衣壳蛋白基因的发现及克隆与表达．雅安：四川农业大学．

文永平．2010. 鸭瘟病毒 TK 基因转录与表达时相及 TK 重组蛋白 ELISA 方法的建立和应用．雅安：四川农业大学．

吴英．2015. 鸭瘟病毒中国强毒株基因组解析及 UL55 基因功能初步研究．雅安：四川农业大学．

吴超，杨盛力，赵志辉．2013. 生物钟基因 NPAS2 的研究进展．山东医药，53（31）：91－94.

吴聪明，陈杖榴．2003. 细菌耐药性扩散的机制．动物医学进展，24（4）：6－11.

吴晓薇，黄国城．2008. 生物标志物的研究进展．广东畜牧兽医科技（2）：14－18.

吴亚平．1995. 分子流行病学进展．医学信息（6）：269－272.

向骏．2011. 鸭瘟病毒 VP19c 蛋白的表达、细胞内定位及 RNA 干扰抑制病毒复制的初步研究．雅安：四川农业大学．

谢伟．2009. 鸭瘟强毒 UL31 基因的原核表达及其在感染宿主细胞内的定位分布．雅安：四川农业大学．

信洪一 . 2009. 鸭瘟病毒 US3 基因的发现、原核表达及应用研究 . 雅安：四川农业大学 .
徐百万 . 2010. 动物疫病监测技术手册 . 北京：中国农业出版社 .
徐超，李欣然，信洪一，等 . 2008. 鸭瘟病毒 gC 基因的克隆及其分子特性分析 . 中国兽医科学，38（12）：1038 - 1044.
徐超 . 2008. 鸭瘟病毒 gC 基因的发现、原核表达和应用研究 . 雅安：四川农业大学 .
徐德忠，王安辉 . 2001. 肿瘤分子流行病学的现状及其易感基因生物学标志研究进展 . 肿瘤防治杂志，8（6）：561 - 566.
徐德忠，王赤才，孙长生 . 1998. 分子流行病学 . 北京：人民军医出版社：1 - 127.
徐德忠 . 1998. 分子流行病学 . 北京：人民军医出版社 .
徐军，童建 . 2001. 生物钟基因研究进展 . 生物化学与生物物理进展，28（2）：181 - 183.
徐伟文 . 1995. 多位点酶电泳法在分子流行病学中的应用 . 国外医学（流行病学传染病学分册），6：267 - 269.
徐文斌，祁国明，刘延清 . 1994. 我国伤寒沙门氏菌的分子流行病学特征Ⅰ. 我国部分地区伤寒沙门氏菌的多位点酶电泳研究 . 中华流行病学杂志，15（4）：218 - 222.
徐耀先，周晓峰，刘立德 . 2000. 分子病毒学 . 武汉：湖北科学技术出版社 .
许俊泉，贺学忠，周玉祥，等 . 1999. 生物芯片技术的发展与应用 . 科学通报（24）：2600 - 2606.
薛开先 . 2000. 肿瘤分子流行病学——肿瘤易感性，风险评价与预防（1）：21.
薛开先 . 2001. 肿瘤分子流行病学的回顾与展望 . 中国肿瘤，10（9）：518 - 520.
阎小君，苏成芝，西安，等 . 1992. 一种快速微量的双温 PCR 法 . 生物化学与生物物理进展（6）：480 - 481.
杨乔 . 2014. 鸭瘟病毒 UL15 基因及其编码蛋白的功能研究 . 雅安：四川农业大学 .
杨丽莎 . 2014. 鸭瘟病毒 UL22 基因的分子特性分析、多抗制备、细胞内定位及真核表达研究 . 雅安：四川农业大学 .
杨瑞馥，宋亚军 . 1999. 生物芯片技术及其应用 . 生物技术通讯（4）：286 - 292.
杨晓燕 . 2006. 家鸭人工感染鸭瘟强毒株的动态分布、黏膜免疫及对肠道菌群的影响 . 雅安：四川农业大学 .
杨晓圆 . 2011. 鸭瘟病毒 US4 基因的原核表达、在病毒感染细胞中的定位及表达时相研究 . 雅安：四川农业大学 .
杨泽晓，韩雪清，王印，等 . 2011. 猪圆环病毒 2 型不对称 PCR 检测方法的建立 . 动物医学进展（2）：1 - 5.
叶明，周济兰，赵永芳 . 1988. 蛋白质印迹法的应用 . 生物化学与生物物理进展（1）：3.
叶应妩，杨天兵 . 1995. 细菌耐药机理的研究进展 . 中华医学检验杂志，18（6）：325 - 325.
尹雪琴 . 2013. 鸭瘟病毒 UL2 基因的原核表达及鉴别鸭瘟病毒强弱毒株 PCR 方法的建立 . 雅安：四川农业大学 .
余霞 . 2012. 鸭瘟病毒 UL24 基因疫苗诱导鸭体液免疫及抗原动态分布的研究 . 雅安：四川农业大学 .
余传霖 . 1994. 分子流行病学：现代技术在微生物分型中的应用 . 国外医学（微生物学分册），17：31.
余力，许兆祥，曲凤珍，等 . 1985. 乙脑病毒减毒株和有毒株基因组寡核苷酸图谱分析 . 病毒学报

（1）：20.

俞顺章．1997. 发展中的分子流行病学．中华流行病学杂志，18（4）：195－196.

俞顺章，蔡琳，穆丽娜，等．2003. 单纯病例研究方法在流行病学研究中的应用．中华流行病学杂志（5）：406－409.

俞顺章，陈声林．2000. 我国分子流行病学研究进展．中华流行病学杂志，21（5）：383－386.

俞晓峰，黄策．1995. 基因工程抗体：单克隆抗体技术发展的新时代．生命的化学（3）：20－22.

袁桂萍．2007. 鸭瘟强毒在实验感染鸭体内的致病与复制特征及 dUTPase 基因发现和初步鉴定．雅安：四川农业大学．

张瑶．2009. 鸭瘟病毒 UL26.5 基因的原核表达及在病毒感染宿主亚细胞定位研究．雅安：四川农业大学．

张丽，李天鹏，陈秀梅，等．2005. 动物生物钟基因研究进展．黄牛杂志，31（4）：48－51.

张顺川．2011. 鸭病毒性肠炎病毒 UL53 基因的分子特性、原核表达、蛋白表达动力学研究及其在感染细胞和组织中的可视化定位分析．雅安：四川农业大学．

张显．2009. 鸭瘟病毒 UL29 基因的原核表达、细胞定位及转录表达时相研究．雅安：四川农业大学．

张晓莉，府伟灵．1997. 关于细菌耐药的机制、监控及对策的研究进展．国外医学（临床生物化学与检验学分册），18（1）：37－39.

张永虹，余万霞．2004. 生物钟基因与癌细胞调控的研究进展．中国优生与遗传杂志，12（3）：28－29.

张永利，万献尧．2005. 细菌耐药性研究进展．中国医师杂志，6（12）：1721－1722.

长青，周开亚．1998. 分子进化研究中系统发生树的重建．生物多样性，6（1）：55－62.

招丽婵．2009. 鸭瘟强毒 dUTPase 基因的原核表达及其在感染宿主亚细胞定位．雅安：四川农业大学．

赵广英．2000. 野生动物流行病学．哈尔滨：东北林业大学出版社．

赵岭岭，陈桦，王继刚．2010. 结肠癌 RKO 细胞 P 物质和 NK－1 免疫细胞化学检测．齐鲁医学杂志（25）：289－290.

赵文华，朱建波，姚龙涛，等．2002. 鹅副粘病毒 F 基因的克隆测序及核苷酸序列分析．中国兽医学报（6）：544－546.

郑尚徯．2009. 鸭瘟病毒 UL30 基因原核表达及在宿主的亚细胞定位．雅安：四川农业大学．

郑文红，张乐，程绪鹏．2002. 分子流行病学应用于疾病研究进展．现代医药卫生，18（12）：1067－1068.

钟小容．2009. 鸭瘟病毒 UL34 基因的克隆、表达以及在病毒复制中的功能研究．雅安：四川农业大学．

周建光，杨梅．2011. 免疫学技术的发展及临床应用．医疗装备（7）：49－51.

周涛．2010. 鸭瘟病毒 UL10 基因分子特性及转录时相分析．雅安：四川农业大学．

朱广廉，杨中汉．1982. SDS-聚丙烯酰胺凝胶电泳法测定蛋白质的分子量．植物生理学报（2）：43－47.

朱洪伟．2011. 鸭肠炎病毒 UL15 及 UL41 基因的鉴定．北京：中国农业科学院．

庄辉，李奎，朱万孚，等．2000. 我国 14 个城市散发性戊型肝炎病毒部分核苷酸序列分析．中华医学杂志，12（12）：893－896.

邹庆．2010. 基于 DEV gC 基因 FQ－PCR 方法建立及 gC 基因疫苗在免疫小鼠体内分布规律的研究．雅安：四川农业大学．

左连富．1991. 流式细胞术样品制备技术．北京：华夏出版社．

左伶洁．2014. 鸭瘟病毒 UL1 与 gH 蛋白相互作用的初探．雅安：四川农业大学．

B Lian，A Cheng，M Wang，et al. 2011. Induction of immune responses in ducks with a DNA vaccine encoding duck plague virus glycoprotein C. Virology Journal，8（1）：214.

B Lian，C Xu，A Cheng，et al. 2010. Identification and characterization of duck plague virus glycoprotein C gene and gene product. Virology Journal，7：349.

Breese，S. S. Dardiri，A. H. 1968. Electron microscopic characterization of duck plague virus. Virology，34（1）：160－169.

Brzuszkiewicz E，Thürmer A，Schuldes J，et al. 2011. Genome sequence analyses of two isolates from the recent Escherichia coli outbreak in Germany reveal the emergence of a new pathotype：Entero－Aggregative－Haemorrhagic Escherichia coli（EAHEC）. Archives of Microbiology，193（12）：883－891.

Butcher G D，Collisson E W. 1990. Comparisons of the Genomic RNA of Arkansas DPI Embryonic Passages 10 and 100，Australian T，and Massachusetts 41 Strains of Infectious Bronchitis Virus. Avian Diseases，34（2）：253－259.

Duck virus entetitis. in：Chapter2. 3. 7（OIE Terrestrial Manual 2012）.

Fauquet，C. M.，Mayo，M. A.，Maniloff，J.，et al. 2005. Virus taxonomy：VIIIth report of the International Committee on Taxonomy of Viruses. America：Academic Press.

Geneva. 1993. Biomarkers and risk assessment：concepts and principles. Environmental Health Criteria（World Health Organization），

He Z，Hui Z，Hu Y，et al. 2006. Analysis of differential protein expression in Acidithiobacillus ferrooxidans grown under different energy resources respectively using SELDI－ProteinChip technologies. Journal of Microbiological Methods，65（1）：10－20.

John E. Walker，Matti Saraste，et al. 1982. Distantly related sequences in the α－and β－subunits of ATP synthase，myosin，kinases and other ATP－requiring enzymes and a common nucleotide binging fold. The EMBO Journal，1（8）：945－951.

K Sun，X Li，J Jiang，et al. 2013. Distribution characteristics of DNA vaccine encoded with glycoprotein C from Anatid herpesvirus 1 with chitosan and liposome as deliver carrier in ducks. Virology Journal，10（1）：89.

Kaleta，E. 1990. Herpesviruses of birds - a review. Avian Pathology，19（2）：193－211.

Kerr，J. R.，Wyllie，A. H.，Curie，A. R. 1972. Apoptosis：a basic biological phenomenon with wide ranging implications in tissue kinetics. British. Journal of. Cancer，26：239－257.

K F Sun，A C Cheng，M S Wang. 2014. Bioinformatic analysis and characteristics of glycoprotein C encoded by the newly identified UL44 gene of duck plague virus. Genetics and Molecular Research，13（2）：4505－4515.

King，A. M.，Adams，M. J.，Lefkowitz，E. J. 2012. Virus taxonomy：ninth report of the International

Committee on Taxonomy of Viruses. America：Elsevier.

Kusters J G，Niesters H G，Bleumink - Pluym N M，et al. 1987. Molecular epidemiology of infectious bronchitis virus in The Netherlands. Journal of General Virology，68（pt 2）（2）：343 - 352.

Li，Y.，Huang，B.，Ma，X.，et al. 2009. Molecular characterization of the genome of duck enteritis virus. Virology，391：151 - 161.

Liesegang T. J. 1992. Biology and molecular aspects of herpes simplex and varicella - zoster virus infections. Ophthalmology，99（5）：781 - 799.

Murray B E.，刘文英 . 1992. 细菌耐药的新动态和导致的治疗难题 . 国外医学（微生物学分册），4：8.

McGo.，KL，王国良 . 1991. 应用 DNA 探针诊断传染性疾病 . 国际遗传学杂志（1）：9.

Mcmichael A J. 1994. Invited commentary—"molecular epidemiology"：new pathway or new travelling companion? . American Journal of Epidemiology，140（1）：1 - 11.

Orlowski J，Kandasamy R A，Shull G E. 1992. Molecular cloning of putative members of the Na/H exchanger gene family. cDNA cloning，deduced amino acid sequence，and mRNA tissue expression of the rat Na/H exchanger NHE - 1 and two structurally related proteins. Journal of Biological Chemistry，267（13）：9331 - 9339.

Pan A H O，WHO. 2009. Outbreak of swine - origin influenza A（H1N1）virus infection - Mexico，March - April 2009. Mmwr Morbidity & Mortality Weekly Report，58（17）：467 - 470.

Park M Y，Choi S C，Lee H S，et al. 2008. A quantitative analysis of N - myc downstream regulated gene 2（NDRG 2）in human tissues and cell lysates by reverse - phase protein microarray. Clinica Chimica Acta，387（1 - 2）：84 - 9.

Perera F P，Weinstein I B. 1982. Molecular epidemiology and carcinogen - DNA adduct detection：new approaches to studies of human cancer causation. Journal of Chronic Diseases，35（7）：581 - 600.

Perera F P. 1996. Molecular epidemiology：Insights into cancer susceptibility，risk assessment，and prevention. Journal of the National Cancer Institute，88（8）：496 - 509.

Phyllis I. Hanson and Sidney W. Whiteheart. 2005. AAA+ proteins：have engine，will work. Nature Reviews，6（7）：519 - 529.

Plummer，P. J.，Alefantis，T.，Kaplan，S.，et al. 1998. Detection of duck enteritis virus by polymerase chain reaction. Avian Diseases：554 - 564.

Q Zou，K Sun，A Cheng，et al. 2010. Detection of anatid herpesvirus 1 gC gene by TaqMan fluorescent quantitative real - time PCR with specific primers and probe. Virology Journal，7（1）：37.

Roizman，B.，Knipe，D. M.，Whitley，R. J. 2013. Herpes Simplex viruses，Fields virology，6th ed. America：Lippincott Williams & Wilkins.

Schena M，Editor. 1999. DNA microarrays - a practical approach. Oxford：Oxford University Press .

Sang - Woo，Kim，Min - Gon，Kim，Hyo - Am，Jung，et al. 2008. An application of protein microarray in the screening of monoclonal antibodies against the oyster mushroom spherical virus. Analytical Biochemistry，374 (2)：313 - 317.

Scholtissek C，Von Hoyningen V，Rott R. 1978. Genetic relatedness between the new 1977 epidemic strains (H1N1) of influenza and human influenza strains isolated between 1947 and 1957 (H1N1) . Virology，89 (2)：613 - 617.

Selander R K，Caugant D A，Ochman H，et al. 1986. Methods of multilocus enzyme electrophoresis for bacterial population genetics and systematic. Applied & Environmental Microbiology，51 (5)：873 - 884.

Shawky，S.，Schat，K. A. 2002. Latency sites and reactivation of duck enteritis virus. Avian Diseases. 46 (2)：308 - 313.

Shi C Y，Seow A，Lin Y，et al. 1996. Biomarkers：a molecular approach to cancer epidemiology. Annals of the Academy of Medicine Singapore，25 (1)：49 - 54.

Swayned E. 2013. Diseases of Poultry. 13 ed. America：Wiley - blackwell.

Todd D，Mcnulty M S，Smyth J A. 1988. Differentiation of egg drop syndrome virus isolates by restriction endonuclease analysis of virus DNA. Avian Pathology，17 (4)：909 - 919.

Wagner J，Hahn H. 1999. Increase of antimicrobial resistance in human bacterial pathogens by resistance gene transfer from food of animal origin? . Berliner und Munchener Tierarztliche Wochenschrift，112 (10 - 11)：380 - 384.

Y Hu，X Liu，Z Zou，M Jin. 2013. Glycoprotein C plays a role in the adsorption of duck enteritis virus to chicken embryo fibroblasts cells and in infectivity. Virus Research，174 (1 - 2)：1 - 7.

Zhao，Y. & Wang，J. W. 2010. Characterization of duck enteritis virus US6，US7 and US8 gene. Intervirology，53：141 - 145.